Holzfrei

Nr. 26
S. 5677—5926

1954
30. Juni

Chemisches Zentralblatt

Vollständiges Repertorium für alle Zweige der reinen und angewandten Chemie

1830 gegründet. 1897—1945 von der Deutschen Chemischen Gesellschaft fortgeführt.
Im Auftrage der Deutschen Akademie der Wissenschaften zu Berlin, der Chemischen Gesellschaft in der Deutschen Demokratischen Republik, der Akademie der Wissenschaften zu Göttingen und der Gesellschaft Deutscher Chemiker

herausgegeben von Prof. Dr. **Maximilian Pflücke**

125. Jahrgang

1954

Chefredakteure: Dr. Eugen Klever und Prof. Dr. Maximilian Pflücke

Akademie-Verlag GmbH., Berlin — Verlag Chemie, GmbH., Weinheim/Bergstr.

Inhalt

Namenregister

Chemisches Zentralblatt

1954 **Nr. 26** **30. Juni**

A. Allgemeine und physikalische Chemie.

A_1. Kernphysik und Kernchemie.

Otto Halpern, *Eine vorgeschlagene Neudeutung der Quantenmechanik.* Es wird auf einen wesentlichen Punkt in der von BOHM (C. **1952.** 6001) gegebenen Deutung der nichtrelativist. Quantenmechanik hingewiesen u. gezeigt, daß die von diesem Autor gegebene alternative Deutung nicht haltbar ist. (Physic. Rev. [2] **87.** 389. 15/7. 1952. Los Angeles, Calif., Univ. of Southern California.) WEIGEL. 80

David Bohm, *Erwiderung auf eine Kritik einer kausalen Neudeutung der Quantentheorie.* Der von HALPERN (vgl. vorst. Ref.) kritisierte Punkt in der vom Vf. vorgeschlagenen Neudeutung der Quantentheorie wird diskutiert. Der von HALPERN vorgebrachte Einwand wird entkräftet. (Physic. Rev. [2] **87.** 389—90. 15/7. 1952. São Paulo, Univ. de São Paulo, Fac. de Filos., Ciênc. e Letras.) WEIGEL. 80

Louis de Broglie, *Über den Energie–Impuls-Tensor in der Theorie des subtraktiven Feldes.* Ausgehend von dem LAGRANGE-Schema der Theorie des subtraktiven Feldes, schlägt Vf. eine neue Form des Energie–Impuls-Tensors vor, die sich gegenüber dem bisherigen Schema als vorteilhafter erweist. (C. R. hebd. Séances Acad. Sci. **234.** 20—22. 2/1. 1952.) GERHARD SCHMIDT. 80

J. A. Simpson, W. Fonger und **L. Wilcox,** *Zeitliche Änderungen der Intensität der Nucleonenkomponente.* (Sitzungsbericht.) Durch Unterss. mittels eines Detektors für schnelle Neutronen in ~10 km Höhe wurden Schwankungen von bis zu 5% in der Intensität bestätigt. Die Energie der dafür verantwortlichen Primärstrahlung liegt mindestens bei 6—8 GeV. (Physic. Rev. [2] **87.** 240. 1/7. 1952. Univ. of Chicago.) WIEDEMANN. 85

Rogers D. Rusk und **Mildred D. Moore,** *Mittlere Lebensdauer neutraler durchdringender Strahlung.* (Sitzungsbericht.) Mittels einer Koinzidenz–Antikoinzidenz-Anordnung, Pb- oder Fe-Absorbern u. Paraffin wurde für eine neutrale durchdringende Strahlung eine mittlere Lebensdauer von $2 \cdot 10^{-9}$ Sek. gefunden. (Physic. Rev. [2] **87.** 239. 1/7. 1952. Mount Holyoke Coll.) WIEDEMANN. 85

C. A. Randall, *Absorption von Höhenstrahlung unter 120 m Wasseräquivalent Erde.* (Vgl. C. **1952.** 5037.) (Sitzungsbericht.) Die Absorption von Zwei- u. Dreifachkoinzidenzen wurde in einem Kohlenbergwerk unter 120 m Wasseräquivalent in Pb u. C gemessen. Danach könnte die Komponente, die von ~10 g/cm² Pb vollständig absorbiert wird, fast vollständig aus Anstoßelektronen (knock-on) von μ-Mesonen bestehen. (Physic. Rev. [2] **87.** 241. 1/7. 1952. Ohio Univ.) WIEDEMANN. 85

S. N. Biswas, *Die kovariante Theorie der Strahlungsdämpfung und die Streuung geladener skalarer Mesonen an Nucleonen.* Vf. zeigt, daß der starke Anstieg des Streuquerschnittes mit der Energie, der nach der kovarianten Störungsmeth. von FEYNMAN nicht gelöst werden kann, bei Berücksichtigung des Einfl. der Strahlungsdämpfung wiedergegeben werden kann. Die HEITLERsche Integralgleichung für die Streuung von positiven Mesonen an Protonen u. von negativen Mesonen an Neutronen wird mit Hilfe des Variationsverf. von GOLDBERGER für ein skalares Mesonenfeld mit Vektorkopplung gelöst. (Indian J. Physics Proc. Indian Assoc. Cultivat. Sci. **27.** 197—207. April 1953.) NELKOWSKI. 90

Serge Slansky, *Über die Vernichtungsquanten und die elektromagnetischen Wechselwirkungen.* (Vgl. C. **1954.** 935.) Unters. einiger Eigg. der Größe n_0 mit Hilfe der Wellenmechanik des Quants zur Darst. der Anzahl von Vernichtungsquanten. Auf die Begrenzung der Gültigkeit des Ausdrucks für die Quant–Elektron-Wechselwrkg. wird hingewiesen. (C. R. hebd. Séances Acad. Sci. **237.** 972—74. 28/10. 1953.) GERHARD SCHMIDT. 90

Jacques des Cloizeaux und **Georges Ambrosino,** *Vernichtungswahrscheinlichkeiten eines Positrons mit einem 3d-Elektron oder einem freien Elektron von Kupfer.* Approximationsberechnung der Vernichtungswahrscheinlichkeiten des Positrons unter Benutzung sphär. Koordinaten. Die Wellenfunktion des Elektrons der 3d-Schale, des

Positrons sowie die Bewegungsgrößen werden aufgestellt. (C. R. hebd. Séances Acad. Sci. **237**. 1069—71. 2/11. 1953.) GERHARD SCHMIDT. 90

Melvin Ferentz und **David Pines,** *Eine zusammenfassende Beschreibung von Nucleonenwechselwirkungen.* (Sitzungsbericht.) Es wird das Verh. eines unendlichen Kernmediums mit einer D. gleich der von wirklicher Kernmaterie u. mit typ. Kernaustauschkräften in Abhängigkeit von Nucleonenspin- u. den Isotopenspindichteschwankungen untersucht. Unter bestimmten Voraussetzungen besitzen diese Schwankungen einen Oscillatorcharakter. (Physic. Rev. [2] **87**. 188. 1/7. 1952. Univ. of Pennsylvania.) WEIGEL. 90

Walter Hauser und **Herman Feshbach,** *Die unelastische Streuung von Neutronen.* Ausführliche Darst. der C. **1952**. 171 referierten Arbeit. (Physic. Rev. [2] **87**. 366—73. 15/7. 1952. Cambridge, Mass., MIT, Phys. Dep. u. Labor. of Nucl. Sci.) WEIGEL. 90

Roy J. Glauber, *Die Streuung von Neutronen durch Kernsysteme.* (Sitzungsbericht.) Bei der Streuung durch einen Kernverband reagiert das eingestrahlte Neutron mit den quantisierten Schwingungsarten des Systems. Unter Berücksichtigung dieser Wechselwrkg. wird ein geschlossener Ausdruck für den differentiellen Streuquerschnitt abgeleitet, der für alle in Frage kommenden Neutronenenergien u. Schwingungstempp. gilt. Für die Streuung an Kristallgittern kann gezeigt werden, daß der Ausdruck für den Streuquerschnitt die Effekte der Emission u. Absorption einer beliebigen Zahl von Gitterquanten (Phononen) summiert. Beim Übergang zu hohen Energien nehmen die LAUE-Punkte GAUSSsche Intensitätsverteilung an u. nehmen an Zahl u. Breite zu. Bis zu der Grenze, an der Interferenzerscheinungen zu vernachlässigen sind, nähert sich der Streuquerschnitt demjenigen freier Kerne der korrekten red. Masse. Die Berechnungsmethoden lassen sich in gleicher Weise auf Elektronen- u. Röntgenstrahlenbeugung anwenden. (Physic. Rev. [2] **87**. 189. 1/7. 1952. California Inst. of Technol.) WEIGEL. 90

P. Huber, E. Baldinger und **R. Budde,** *Streuung von schnellen Neutronen an ^{4}He und ^{12}C.* (Vgl. C. **1952**. 7443.) Die Streuung schneller Neutronen an ^{4}He u. ^{12}C wurde mit einer für ^{16}O benutzten Meth. gemessen u. mit Hilfe eines Analogierechengerätes ausgewertet. Danach ist der Grundzustand von ^{5}He ein $P_{3/2}$-Zustand, u. das $P_{1/2}$-Niveau liegt um 1,76 MeV höher. Aus den im Winkelbereich von 180—63° (Schwerpunktssyst.) gemessenen differentiellen Streuquerschnitten für 2,6—4,15 MeV-Neutronen (Laboratoriumssyst.) an ^{12}C u. dem totalen Streuquerschnitt wird der Phasenverlauf der Streuwellen ermittelt. Bei 2,95 MeV tritt eine $D_{3/2}$-Resonanz u. bei 3,04 MeV eine $S_{1/2}$-Resonanz auf. (Helv. physica Acta **25**. 444—46. 15/9. 1952. Basel.) WERNER SCHULZ. 90

S. W. Peterson und **Henri A. Levy,** *Die kohärenten Neutronenstreuquerschnitte von Stickstoff und Vanadium.* Vff. führen Neutroneninterferenzmessungen an VN, VC u. KN_3 durch u. bestimmen aus den Streuintensitäten die kohärenten Streuquerschnitte von N u. V zu $\sigma_N = 11,1 \pm 0,3$ barn u. $\sigma_V = 0,029 \pm 0,01$ barn. Für N wird eine kohärente Streuamplitude $f_N = 0,940 \pm 0,015$, für V eine solche von $f_V = -0,048 \pm 0,010$ gefunden bei Verwendung von Neutronen mit einer Wellenlänge von 1,16 Å. (Physic. Rev. [2] **87**. 462—63. 1/8. 1952. Oak Ridge, Tenn., O. R. N. L., Chem. Div.) WEIGEL. 90

E. Graves, *Die Streuung von 30 MeV-α-Teilchen an He.* (Sitzungsbericht.) Vff. messen die Winkelverteilung bei der elast. Streuung von 30 MeV-Cyclotron-α-Teilchen an He. Die Verteilung zeigt eine Struktur mit breiten Maxima im Gebiet $\Theta' = 53°$ u. 90° des Schwerpunktssyst. sowie Minima bei $\Theta' = 40$ u. 70°. In Vorwärtsrichtung unterhalb von 40° erfolgt starker Anstieg. Der Nachw. der gestreuten α-Teilchen erfolgte mittels eines dreifachen Proportionalzählers, der in der He-gefüllten Streukammer drehbar aufgehängt war. Der absol. differentielle Querschnitt wurde durch vergleichsweise Messung der Streuung an einer Au-Folie zu $(2,8 \pm 1,4) \cdot 10^{-26}$ cm²/Raumwinkel bei $\Theta' = 83,3°$ bestimmt. Die auftretenden Maxima u. Minima scheinen auf eine definierte Beugung der DE BROGLIE-Wellenamplitude hinzudeuten, die mit der Bewegung der α-Teilchen durch gegenseitige Wechselwirkungspotentiale verbunden ist. (Physic. Rev. [2] **85**. 703. 15/2. 1952; Bull. Amer. physic. Soc. **26**. Nr. 6. 7. 24/10. 1951. MIT.) WEIGEL. 90

Wolfgang Finkelnburg, *Die Wandlung unserer Vorstellung von den Elementarteilchen.* Vf. betrachtet die Theorie der Elementarteilchen als das Zentralproblem der gegenwärtigen physikal. Grundlagenforschung. Die Schwierigkeiten der Kerntheorie u. bes. der Elementarteilchenphysik können ihre Lösung erst von einer Erweiterung der Atomtheorie erwarten, die grundsätzlich neue Elemente, unter ihnen wohl mit Sicherheit die gequantelte kleinste Länge u. damit auch eine gequantelte kleinste

Zeit, enthalten muß. (Naturwissenschaften **40.** 445—49. 1. Septemberheft 1953. Erlangen, Siemens-Schuckertwerke Akt.-Ges., Forschungslabor.) GERHARD SCHMIDT. 90

Thomas L. Collins, Alfred O. Nier und **Walter H. Johnson jr.,** *Atommassen und Kernschalenstruktur bei 20 und 28 Neutronen und Protonen.* (Sitzungsbericht.) Es werden die massenspektroskop. oder aus Kernreaktionsenergien bestimmten Massenwerte von insgesamt 81 stabilen u. radioakt. Kernen im Bereich von ^{32}S bis ^{70}Zn mit den nach der halbempir. WIGNER-Formel berechneten Massen verglichen u. Diskontinuitäten der Energiefläche bei N u. Z = 20 u. 28 gefunden. Die Diskontinuitäten äußern sich in einer Änderung des Verlaufs der Energiefläche u. nicht in diskreten Sprüngen der Bindungsenergie. (Physic. Rev. [2] **87.** 236—37. 1/7. 1952. Univ. of Minnesota.) WEIGEL. 95

L. Spruch und **A. Russek,** *Wechselwirkungsanteile an magnetischen Kernmomenten.* (Sitzungsbericht.) Es wird eine explizite Formel für den Wechselwirkungsanteil an magnet. Kernmomenten gegeben u. an experimentellen Daten überprüft. Die Übereinstimmung ist befriedigend. (Physic. Rev. [2] **87.** 189. 1/7. 1952. New York Univ.) WEIGEL. 95

Lincoln G. Smith und **C. C. Damm,** *Dublettmessungen bei den Massen 28 und 30 mit dem Massensynchrometer.* (Vgl. C. **1953.** 485.) Das ursprüngliche „Massensynchrometer" (C. **1952.** 173) wurde in ein Radiofrequenzmassenspektrometer umgeändert, bei dem die Massen durch harmon. Oberschwingungen ihrer Cyclotronfrequenzen gemessen werden. Bei der Dublettmessung erscheint die relative Massendifferenz $\Delta M/M$ der beiden Massen auf dem Oscilloskop als Frequenzdifferenz $\Delta f/f$. Folgende Werte für 3 Dubletts der M. 28 u. eines der M. 30 wurden erhalten (in $^1/_{10000}$ Masseneinheiten): $(^{14}N)_2 - {}^{12}C^{16}O = 112{,}372 \pm 0{,}021$; ${}^{12}C_2{}^1H_4 - {}^{14}N_2 = 251{,}493 \pm 0{,}041$; ${}^{12}C_2{}^1H_4 - {}^{12}C^{16}O = 363{,}877 \pm 0{,}041$; ${}^{13}C_2{}^1H_4 - {}^{14}N^{16}O = 489{,}623 \pm 0{,}055$. Jeder Wert stellt das Mittel aus 10—21 Einzelbestimmungen bei verschied. harmon. Oberschwingungen zwischen der 140. u. 160. der Cyclotronfrequenz dar. Die Übereinstimmung mit den aus Kernreaktionsenergien ermittelten Werten sowie den massenspektrograph. Werten von EWALD (C. **1952.** 2621) ist gut. Die erreichte Meßgenauigkeit ist ~5 mal größer als die der zum Vgl. angeführten massenspektrometr. Werte anderer Autoren. Die Auflösung einer Halbwertsbreite wird mit ca. 15000 angegeben. (Physic. Rev. [2] **90.** 324—25. 15/4. 1953. Upton, N. Y., Brookhaven Nat. Labor.; Dover, N. J., Picatinny Ars.) CONRAD. 95

P. C. Capron und **Y. Oshima,** *Theoretischer Gesichtspunkt zur „Chemie heißer Atome".* (Vgl. C. **1951.** II. 2836.) Wird die Retention als der Teil der Radioaktivität definiert, der der wss. Extraktion widersteht, so lassen sich Ausdrücke für die Retention als Funktion der Anfangsenergie des Rückstoßatoms angeben. Die Berechnung zeigt, daß sich die anfängliche Rückstoßenergie durch die Retention nicht bestimmen läßt. (J. chem. Physics **20.** 1403—10. Sept. 1952. Louvain, Univ., Inst. Interuniv. de Phys. Nucl.) GERHARD SCHMIDT. 103

W. Kohn, *Adiabatische Behandlung von Zusammenstößen langsamer Atome.* (Sitzungsbericht.) Wenn die relative Geschwindigkeit zweier kollidierender Atome klein ist gegenüber der Geschwindigkeit der Elektronen der Atome, so kann der Zusammenstoß mittels der adiabat. Näherung behandelt werden. Die Verhältnisse werden bes. einfach, wenn die gesamte innere Energie der beiden Atome vor u. nach dem Zusammenstoß die gleiche ist. Die Berechnung des Querschnitts erfordert dann nur die Kenntnis der Niveaus der Elektronenenergie des gesamten Syst. als Funktion des Kernabstandes. Von diesem Standpunkt aus wurde der $p + H \rightarrow H + p$-Prozeß bei Protonenenergien $\ll 23$ keV behandelt. (Physic. Rev. [2] **90.** 383. 15/4. 1953. Carnegie Inst. of Technol.) v. HARLEM. 103

J. L. Yarnell, R. H. Lovberg und **W. R. Stratton,** *Winkelverteilung der Reaktion $^3He(d, p)^4He$ zwischen 240 keV und 3,56 MeV.* (Vgl. C. **1954.** 240.) Vff. beschießen ein Target aus gasförmigem ^3He mit monoenerget. Deuteronen aus einem elektrostat. Generator u. untersuchen die gemäß der Rk. $^3He(d, p)^4He$ erzeugten Protonen in einem schwenkbar angeordneten NaJ(Tl)-Scintillator mit einem RCA 5819-Photomultiplier. Gemessen wird der Querschnitt σ für die obige Rk. im Winkelbereich $15^0 < \Theta < 130^0$ im Laboratoriumssyst. bei $E_d = 0{,}260$, 0,455, 0,978, 1,51, 2,01, 2,50, 3,01 u. 3,56 MeV. Bei $\Theta = 86^0$ wird σ im E_d-Bereich von 240—914 keV gemessen u. für $E_d = 430 \pm 30$ keV ein Maximum gefunden. In der Umgebung dieses Maximums erweist sich σ im Schwerpunktssyst. als isotrop; im Maximum selbst wird $\sigma_{total} = 0{,}90 \pm 0{,}10$ barn gefunden. Ein Vgl. dieses Wertes mit der aus der Einniveau-Dispersionsformel errechneten oberen Grenze liefert $J = 3/2$ für den auftretenden ^5Li-Zwischenkern. Bei 978 keV ist σ schwach von Θ abhängig, diese Eig. wird nach höheren Energien hin stärker ausgeprägt. Bei 2,50 MeV zeigt σ ein Minimum bei ca. 113°, das für 3,01 MeV auf 108° u. für 3,56 MeV auf 103° verschoben wird. (Physic. Rev. [2] **90.** 292—97. 15/4. 1953. Minneapolis, Minn., Univ. of Minnesota.) Weigel. 103

J. S. Pruitt, S. S. Hanna und **C. D. Swartz,** *Winkelverteilung der $^{9}Be + D$-Neutronen.* Die Winkelverteilung der Neutronen aus der Rk. ^{9}Be(d, n)^{10}*B*, ^{10}B* wird mit Hilfe der Rückstoßprotonenbahnen in 100 μ-Ilford C2-Platten im Bereich von 15 bis 140° für 5 Neutronengruppen untersucht. Die Reichweite–Energie-Standardkurve liefert für den Grundzustand von ^{10}B einen Q-Wert von 4,44 MeV, für die Anregungsenergien E_x Werte von 0,76, 1,78, 2,22 u. 3,68 MeV mit einem geschätzten Fehler von $\pm$0,05. Bei jeder Verteilungskurve ist ein Maximum in der Vorwärtsrichtung vorhanden, das einem Abstreifprozeß entspricht. Die Gruppe mit kleinster Neutronenenergie ($E_x = 3{,}68$ MeV) wird durch die theoret. Kurve für $l_p = 1$ gut angenähert. Die übrigen Verteilungskurven zeigen ein Anwachsen im rückwärtigen Quadranten, welches in ähnlicher Weise für die Rk. ^{9}Be(d, p)^{10}Be, ^{10}Be* beobachtet wurde. Die Abweichungen von der theoret. Abstreifkurve werden durch die Bldg. des Compoundkerns erklärt; dementsprechend wird die gemessene Verteilungskurve als Summe der theoret. Abstreif- u. der einfachen (1 — cos Θ)-Verteilungskurve dargestellt, wobei der Einfl. der Coulomb-Schwelle vernachlässigt wird. Die erreichte Annäherung ist befriedigend. Auf Grund analoger Messungen von Diesendruck (private Mitt.) für den (d, p)-Prozeß darf beim (d, p)- u. (d, n)-Prozeß die Zuordnung $l = 1$ u. gerade Parität für die Endzustände (Begrenzung der Drehimpulse auf 1, 2 oder 3) als gesichert gelten. (Physic. Rev. [2] **87.** 534—35. 1/8. 1952. Baltimore, Md., Johns Hopkins Univ., Dep. of Phys.) Werner Schulz. 103

G. Manning und **B. Singh,** *Eine Bemerkung zur $^{10}B(\alpha, p)^{13}C$-Reaktion.* Ein ^{10}B-Präp. von 5 μg/cm² wurde in Stärke von einigen 10^{-6} A mit elektrostat. beschleunigtem, einfach ionisiertem He des Energiebereiches 0,5—1,5 MeV beschossen. Mit Hilfe von Kernemulsionsplatten u. Zählern wurden neben 3 bekannten ^{14}N-Niveaus die Grundniveaus von ^{13}C u. ^{14}C u. die ^{13}C-Niveaus bei 3,68 u. 3,89 MeV gefunden, nicht jedoch das von verschied. Autoren angegebene ^{13}C-Niveau bei 0,7 MeV. (Proc. physic. Soc., Sect. A **66.** 842—43. 1/9. 1953. London, Imperial Coll., Dep. of Phys.) Heinsohn. 103

André Berthelot, René Cohen, Eugène Cotton, Henriette Faraggi, Tovy Grjebine, Antoine Levèque, Victor Naggiar, Monique Roclawski-Conjeaud und **Dolly Szteinsznaider,** *Änderung der Winkelverteilung der Protonen aus $^{16}O(d, p)^{17}O^*$ in der Nähe eines Resonanzeinfanges des Deuterons.* Vff. bestimmen experimentell den Anteil des Abstreifprozesses des Deuterons u. denjenigen der Bldg. des zusammengesetzten Kerns bei (d, p)-Reaktionen. Zu diesem Zweck wird die Änderung der Winkelverteilung der Protonen der Rk. ^{16}O(d, p)^{17}O* (875 keV-Niveaus) als Funktion der Deuteronenenergie von 1,5—2,3 MeV untersucht. Die Anregungskurven dieser Rk. werden bei 105° mit einem Scintillationszähler u. bei 150° mit einem Proportionalzähler unter Verwendung von Deuteronen aus dem elektrostat. Beschleuniger vermessen. Bei der gewählten Versuchsanordnung fällt das gerichtete Bündel auf ein dünnes Formvar-Target unter einem Einfallswinkel von 45°. Die nach allen Richtungen emittierten Protonen werden durch Kernemulsionen, die von 5 zu 5° kreisförmig um das Target angeordnet sind, aufgefangen. Für alle Energien einschließlich der Resonanzenergie (K) besteht ein mehr oder weniger ausgeprägtes Maximum in Vorwärtsrichtung in Übereinstimmung mit der theoret. Kurve von Butler für $l_N = 0$. Diese Übereinstimmung besteht für Winkel innerhalb 30° bei allen Energien u. erstreckt sich bis auf 60° für Energien $>$1,8 MeV. Oberhalb 30° ändern sich die Kurvenverläufe mit der Energie. Zwischen 1,6 u. 1,8 MeV besteht ein Maximum bei 80° mit vergleichbarer Amplitude des Maximums in Vorwärtsrichtung. Dieses Maximum verschwindet bei 1,8 MeV, u. es erscheint ein flacheres Maximum bei 110°, dessen Amplitude im Verhältnis zu derjenigen des Maximums in Vorwärtsrichtung sehr schwach ist. Die Winkelverteilung bei der Resonanz (ca. 2,1 MeV) ist in bezug auf 90° nicht symmetrisch. Werden die erhaltenen Kurven auf die gleiche Anzahl einfallender Deuteronen bezogen, so ergibt sich die Änderung der relativen Ausbeute mit der Energie für die verschied. Winkel. Vff. stellen fest, daß der Resonanzeffekt für alle Winkel einschließlich der Vorwärtsrichtung mit einer weniger ausgeprägten Amplitude zwischen 40 u. 80° besteht. (C. R. hebd. Séances Acad. Sci. **238.** 1312—14. 22/3. 1954.) Gerhard Schmidt. 103

Stewart D. Bloom, *Innere Paarbildung in ^{24}Mg.* (Sitzungsbericht.) Kurze Wiedergabe der C. **1953.** 8773 referierten Arbeit. (Physic. Rev. [2] **87.** 236. 1/7. 1952. Chicago, Ill., Univ. of Chicago, Inst. for Nucl. Stud.) Weigel. 103

John H. Marshall, *Eine Messung der Form des β-Spektrums von ^{40}K mit einer mit flüssigem Argon gefüllten Ionisationskammer.* (Sitzungsbericht.) Das β-Spektr.

von ^{40}K (aus 110fach angereichertem KCl) wurde aufgenommen durch Messung der Impulsgrößenverteilung in einer mit fl. Ar gefüllten Ionisationskammer. Die Messungen ergaben eine erlaubte FERMI-Kurve oberhalb 800 keV. Das korr. Spektr. stimmt mit dem von MARSHAK (C. **1946**. I. 846) für einen dritten verbotenen Übergang mit Paritätswechsel vorhergesagten Spektr. überein. (Physic. Rev. [2] **90**. 371. 15/4. 1953. M. I. T.) CONRAD. 103

L. G. Elliott, *Die Halbwertszeit des angeregten 1,3 MeV-Zustandes in ^{41}K.* Vff. bestrahlen ein in einer Quarzampulle eingeschlossenes Präp. von 99,6% ig. Ar 20 Min. mit therm. Neutronen u. beobachten die Aktivität des auftretenden 109 Min.-^{41}Ar mittels zweier trans-Stilbenscintillationszähler. Der eine Zähler sprach auf die ^{41}Ar-β-Teilchen, der zweite, mit einer Auflösungszeit von $2\ \tau_0 = 4 \cdot 10^{-9}$ Sek. in Koinzidenz geschaltet, auf die γ-Quanten in $^{41}K^*$ an. Aus mit verschied. Verzögerungszeiten gemessenen Koinzidenzkurven ergibt sich für den 1,3 MeV-Anregungszustand von ^{41}K eine mittlere Halbwertszeit von $(6{,}7 \pm 0{,}5) \cdot 10^{-9}$ Sek., die wesentlich größer als der theoret. Wert nach der Formel von WEISSKOPF ist. (Physic. Rev. [2] **85**. 942. 1/3. 1952. Chalk River, Ontario, Can., A. E. P., Nat. Res. Counc. of Canada.) WEIGEL. 103

D. N. Kundu, T. W. Donaven, M. L. Pool und **John K. Long,** *Kernreaktionen mit 21 MeV-^{3}He in einem Cyclotron.* Vff. berichten über die mit ^{3}He-Ionen auf Targetkernen von *Be, C, O* u. *Ni* erzeugten Aktivitäten, wobei die ^{3}He-Ionen bis zu einer maximalen Energie von 21 MeV beschleunigt worden sind. Die relativen Wirkungsquerschnitte der ^{3}He-Rkk. mit O- u. Ni-Kernen (im letzten Fall für die Ni-Isotope 58, 60, 62) werden angeführt. Für die Halbwertszeiten von ^{11}C u. ^{62}*Zn* ergeben sich Werte von $20{,}74 \pm 0{,}10$ Min. bzw. $8{,}4 \pm 0{,}2$ Stunden. (Physic. Rev. [2] **89**. 1200—02. 15/3. 1953. Columbus, O., Ohio State Univ.) GERHARD SCHMIDT. 103

A. W. Sunyar, J. W. Mihelich, G. Scharff-Goldhaber und **M. Goldhaber,** *Zerfall von ^{85}Sr und ^{85m}Sr.* Mit Hilfe von Koinzidenz-Scintillationsspektrometermessungen wird der Zerfall der 65 Tage-^{85}Br (**I**) u. 70 Min.-^{85m}Sr (**II**) untersucht. **I** zerfällt durch K-Einfang in einen 513 keV-Zustand von ^{85}Rb mit $T_{1/2} = (0{,}9 \pm 0{,}2)$ μSek., der seinerseits über einen M2-Übergang in den Grundzustand von ^{85}Rb übergeht. **II** zerfällt auf dreierlei Art: 14% durch K-Einfang zu einem 150 keV-Zustand von ^{85}Rb, 84,7% durch einen E3-Übergang von $7{,}5 \pm 1$ keV, gefolgt von einem 225 keV–M1-Übergang, u. 1% durch einen 232,5 keV-crossover-Übergang. Das Auftreten großer *ft*-Werte für erlaubte β-Übergänge in der Nähe abgeschlossener Kernschalen wird durch eine Umordnung der Nucleonen im g–g-Innenkern eines Kerns mit ungeradem A erklärt. **I** wird durch Deuteronenbeschuß von Rb_2CO_3 nach ^{85}Rb(d, 2 n)^{85}Sr u. chem. Abtrennung vom überschüssigen Rb hergestellt, **II** wird durch Bestrahlung von auf 63,7% angereichertem ^{84}Sr mit Meilerneutronen erhalten. (Physic. Rev. [2] **86**. 1023 bis 1027. 15/6. 1952. Upton, N. Y., Brookhaven Nat. Labor.; Cambridge, Mass., MIT, Labor. for Nucl. Sci. and Engng., u. Dep. of Phys.) WEIGEL. 103

Earl K. Hyde und **Grover D. O'Kelley,** *Radiochemische und Spektrometeruntersuchungen verschiedener Zr-Isotope mit Neutronenunterschuß und ihrer Zerfallsprodukte.* Vff. untersuchen eine Reihe von Zr-Isotopen mit $A < 90$. ^{87}Zr ($T_{1/2} = 94 \pm 6$ Min.) emittiert $2{,}10 \pm 0{,}02$ MeV-Positronen u. geht dabei in ^{87m}*Y* über. ^{87m}Y besitzt ein komplexes γ-Spektr., das seinen 14 Std.-Zerfall in den ^{87}Y-Grundzustand begleitet. Die am meisten ausgeprägten Konversionselektronen entsprechen einem $0{,}389 \pm 0{,}004$ MeV-γ-Quant. ^{87}Y geht unter Hüllelektroneneinfang in ^{87m}*Sr* über, das mit $T_{1/2} = 2{,}80 \pm 0{,}03$ Std. unter Emission eines $0{,}394 \pm 0{,}004$ MeV-γ-Quants in ^{87}Sr (stabil) übergeht. ^{86}Zr zerfällt unter Hüllelektroneneinfang mit $T_{1/2} = 17 \pm 2$ Std. in ^{86}Y, das durch β^+-Zerfall mit $T_{1/2} = 14{,}6 \pm 0{,}2$ Std. in stabiles ^{86}Sr übergeht. Das β^+-Spektr. von ^{86}Y ist komplex u. zeigt 2 Komponenten etwa gleicher Intensität mit den Energien $1{,}80 \pm 0{,}02$ u. $1{,}19 \pm 0{,}02$ MeV. Letztere scheint ein in 1. Ordnung verbotener Übergang mit $\Delta J = 2$ u. Paritätsänderung zu sein, wie aus dem FERMI–KURIE-Diagramm hervorgeht. Die Energie des ^{89}Zr-Positrons wird zu $0{,}910 \pm 0{,}010$ MeV neu bestimmt. Konversionselektronen werden nachgewiesen, die bisher unbekannten γ-Quanten von 0,027, 0,396, 0,917 u. 1,27 MeV entsprechen. ^{88}Zr scheint durch Hüllelektroneneinfang mit $T_{1/2} \sim 150$ Tage in 105 Tage-^{88}Y überzugehen. Konversionselektronen einer 0,406 MeV-γ-Strahlung herrschen im ^{88}Zr-Zerfallsspektr. vor. Die untersuchten Zr-Aktivitäten wurden wie folgt gewonnen: Dünne Streifen spektralreines Nb-Metall wurden 5—20 Min. mit 100 MeV-Protonen des 184 in.-Cyclotrons beschossen, so daß die vorhandene Gesamt-Zr-Aktivität ca. 10^9 Zerfälle pro Min. betrug. Die so aktivierten Streifen wurden sofort in konz. HNO_3 + konz. HF gelöst u. 10 mg $La(NO_3)_3$ unter Rühren zugegeben. Die Zr-Aktivitäten gehen quantitativ mit dem ausfallenden LaF_3. LaF_3 wird mit starker KOH zum Hydroxyd bzw. Hydroxosalz umgesetzt,

u. letzteres in 2 mol. $HClO_4$ gelöst. Aus dieser Lsg. wurde zwecks Entfernung noch vorhandener Nb-Spuren durch Zugabe von $KMnO_4$ u. Mn^{2+} eine MnO_2-Fällung gemacht, im Filtrat das Zr mit einer 0,2 mol. TTA-Lsg. (TTA = Thenoyltrifluoraceton) extrahiert, wobei das die Extraktion störende F^--Ion mit $Al(NO_3)_3$ abgefangen wird. Durch Waschen mit 2 mol. $HClO_4$ wird die Zr–TTA-Komplexlsg. von Fremdaktivitäten befreit, dann mit $^1/_{10}$ ihres Vol. an konz. HCl versetzt u. das Zr in die wss. Phase zurückextrahiert. Die so gewonnene HCl-Lsg. wurde zur weiteren Reinigung auf eine Ionenaustauscherkolonne gegeben, von der durch Elution mit HCl geeigneter Konz. entweder die Zr-Aktivitäten (4 mol. HCl) oder die Y-Tochteraktivitäten (10—12 mol. HCl) ablösbar waren. (Physic. Rev. [2] **82**. 944—51. 15/6. 1951. Berkeley, Calif., Univ. of California, Radiat. Labor., u. Dep. of Chem.) WEIGEL. 103

M. A. Vigon und **E. Montero**, *Selbstabsorption der Zerfallselektronen von ^{116}In in Indiummetall.* Vff. untersuchen den Verlauf der Absorption unter den speziellen Bedingungen, wie sie bei Messungen mit Scheibensonden vorliegen. Die Rückstreuung in der Halterung der Sonde hat einen steileren Absorptionsverlauf zur Folge. Zur Messung wurde eine dünne, durch (Ra + Be)-Neutronen in H_2O aktivierte In-Folie verwandt, bei der prakt. keine Selbstabsorption auftrat. Auf dieser Sonde lag der In-Absorber unmittelbar auf. Der mittlere Absorptionskoeff. α_β entspricht der Absorption in Al. Die Gewichtsfaktoren des β- bzw. γ-Anteils betragen $g_\beta = 0,966$ u. $g_\gamma = 0,034$. (Naturwissenschaften **40**. 458. Sept. 1953. Madrid, Junta de Energia Nucl.) GERHARD SCHMIDT. 103

J. C. Bowe und **P. Axel**, *Zerfall von ^{125m}Te.* Vff. untersuchen den zweistufigen Isomerenübergang in ^{125m}Te mit in Koinzidenz geschalteten Proportionalzählern, einem NaJ-Scintillationsspektrometer u. einem Dünnlinsen-β-Spektrometer. Folgende Verzweigungsverhältnisse werden gefunden: 1. 110 keV-Übergang, K-Konversion = 0,54 ± 0,01, andere Konversion = 0,46, unkonvertierter γ-Strahl = 0,0034 ± 0,0005; 2. 35,5 keV-Übergang, K-Konversion = 0,80 ± 0,05, L-Konversion = 0,11 ± 0,02, M-Konversion = 0,02 ± 0,004 u. unkonvertierter γ-Strahl = 0,07 ± 0,02. Die gefundenen Daten bestätigen die Niveauzuordnung in ^{125}Te zu $s_{1/2}$-, $d_{3/2}$- u. $h_{11/2}$-Zuständen, die Konversionskoeffizienten stimmen mit den extrapolierten theoret. Werten überein. Der 35,5 keV-Übergang ist ein fast reiner magnet. Dipolübergang mit $\leq 1\%$ elektr. Quadrupolanteil. (Physic. Rev. [2] **85**. 858—62. 1/3. 1952. Urbana, Ill., Univ. of Illinois, Dep. of Phys.) WEIGEL. 103

Michel Langevin, *Über die γ-Strahlung von $^{133}_{77}Ba$.* Vf. verwendet eine ^{133}Ba-Strahlenquelle, die aus dem Beschuß von Cäsiumchlorid mit Deuteronen hergestellt worden ist. Die Unters. mit einem γ-Scintillationsspektrometer erfolgte ca. 12 Monate nach der Bestrahlung. Unter diesen Bedingungen trat nur die Aktivität von ^{133}Ba mit $T_{1/2}$ = 10 Jahren in Erscheinung. Beobachtet wurden 4 γ-Strahlen mit Energien von 73 ± 2, 81,5 ± 1, 290 ± 4 u. 363 ± 2 keV. Falls eine weitere γ-Strahlung durch Emission von Positronen bestehen sollte, ist dieser Zerfall < $^1/_{1000}$ der Gesamtzahl der Zerfälle. (C. R. hebd. Séances Acad. Sci. **238**. 1310—12. 22/3. 1954.) GERHARD SCHMIDT. 103

Mario Alberto Rollier und **John Oscar Rasmussen jr.**, *Untersuchungen über die Kerne des Terbiums mit Neutronenmangel.* Von den Tb-Isotopen mit α-Aktivität hat ^{149}Tb (I) eine Halbwertszeit von 4 Std., für das Isotop mit 17,2 Std. ist die Zuordnung zu ^{151}Tb (II) am wahrscheinlichsten. Beim Beschuß von Gd_2O_3 mit 75 MeV-Protonen entstehen im Gemisch auch diese beiden Isotope, überwiegend **I**. Für α/K ergibt sich bei **I** ca. $2 \cdot 10^{-3}$, bei **II** ca. $4 \cdot 10^{-6}$ als untere Grenze. Bei der Unters. von ^{154}Tb (17 Std.) mit dem β-Strahlenspektrometer ergeben sich die Energien (MeV) β_1^+ 2,75, β_2^+ 1,66, β^- 2,34 (Zuordnung fraglich), e^- $0,54_9$ u. 6 kleinere Werte. (Atti Accad. naz. Lincei, Rend., Cl. Sci. fisiche, mat. natur. [8] **14**. 526—30. April 1953. Berkeley, Calif., Univ., Radiat. Labor.) R. K. MÜLLER. 103

Clyde L. McClelland und **Clark Goodman**, *Anregung schwerer Kerne durch das elektrische Feld von Protonen niedriger Energie.* Vff. beschießen Targets aus *Ta, Au, Pt, Hg, Tl* u. *Bi* mit monochromat. Protonen aus einem elektrostat. Generator u. messen in einem angeschlossenen NaJ (Tl)-Scintillator mit RCA 5819-Photomultiplier u. Einkanalanalysator die auftretenden γ-Spektren. Bei Ta wird ein 138 keV-Maximum beobachtet, das einem M1-Übergang vom 1. Anregungszustand ($g_{7/2}$) zum Grundzustand ($g_{7/2}$) von ^{181}Ta zugeordnet wird. Für E_p von 1,4—1,6 MeV wird σ zu ~0,4 mbarn abgeschätzt; im Falle einer 80% ig. inneren Konversion der 138 keV-Strahlung jedoch zu ~8 mbarn. Au zeigt ein 73 keV-Maximum für E_p = 1,42 MeV, Pt ein solches von 127 keV bei E_p = 1,64, 1,78 u. 2,0 MeV, das einem $f_{5/2}$-Zustand in ^{195}Pt (Grundzustand $p_{1/2}$) zugeordnet werden kann. Bei Tl tritt ein 380 ± 10 keV-

Maximum auf. Bei Hg sind Anzeichen für eine γ-Gruppe oberhalb von ~200 keV vorhanden; vorläufige Unterss. an Bi zeigen keine γ-Gruppen. (Physic. Rev. [2] **91.** 760—61. 1/8. 1953. Cambridge, Mass., MIT, Dep. of Phys. u. Labor. for Nucl. Sci.) WEIGEL. 103

P. Bolgiano, L. Madansky und **F. Rasetti,** *Das kontinuierliche, den β-Zerfall begleitende γ-Spektrum.* Vff. untersuchen die spektrale Verteilung u. absol. Intensität der inneren Bremsstrahlung beim β-Zerfall von ^{32}P, ^{91}Y u. *RaE.* Die γ-Strahlung wird mittels eines NaJ (Tl)-Kristalls, einer Photoröhre, eines Linearverstärkers u. eines Einkanaldiskriminators nachgewiesen. Sowohl die spektralen Verteilungen als auch die absol. Intensitäten der Kontinua sind mit den theoret. Voraussagen in sehr guter Übereinstimmung. Die durch erlaubte oder verbotene Typen des β-Überganges u. durch verschied. Wechselwirkungsformen hervorgerufenen Differenzen sind zu klein, um nachgewiesen werden zu können. Beobachtungen über die Winkelkorrelation der inneren Bremsstrahlung von β-Strahlern u. über die beim K-Einfang emittierte innere Bremsstrahlung werden mitgeteilt. (Physic. Rev. [2] **89.** 679—83. 15/2. 1953. Baltimore, Md., Johns Hopkins Univ.) GERHARD SCHMIDT. 103

E. Rabinowicz, *Eine quantitative Untersuchung des Abriebs an Metalloberflächen.* Von zwei aufeinander gleitenden Metalloberflächen wird eine radioakt. markiert u. die beim Gleiten übertragene Radioaktivität mittels Autoradiographie gemessen. Meßmethoden für Größe u. M. der abgeriebenen Teilchen werden entwickelt. Mit $_{64}Cu$ markiertes reines Cu wird bei einer Belastung von 2000 g mit einer Geschwindigkeit von 0,01 cm·sec^{-1} an *Stahl* gerieben u. die Größe der Abriebteilchen an 1 cm Schleifspur gemessen. Die kleineren Teilchen sind viel zahlreicher als die großen, doch ist ~90% der abgeriebenen M. in den großen enthalten. Die Häufigkeits- u. Größenverteilung der Berührungsstellen wird ermittelt, von denen die kleineren häufiger sind als die großen (Maximum bei ~4·10^{-4} cm). Einfl. von Druckerhöhung auf Abriebteilchengröße, Häufigkeit u. Größe der Kontaktstellen wird durch Reiben von mit ^{55}Fe markiertem Fe auf Cu mit 0,02 cm·sec^{-1} Geschwindigkeit bei 50 g u. 5000 g Belastung ermittelt. In Übereinstimmung mit der theoret. Berechnung ist die M. der größten Abriebteilchen proportional etwa der 0,3. Potenz der Belastung, was aber nur für einfachste Fälle gilt. 21% ig. Vergrößerung der größeren Berührungsflächen durch erhöhte Belastung bedeutet 90% ig. Vergrößerung der Gesamtkontaktfläche, doch bleibt die Häufigkeitsverteilung etwa gleich. (Proc. physic. Soc., Sect. B **66.** 929—36. 1/11. 1953. Cambridge, Mass., MIT, Dep. of Mechan. Engng., Lubricat. Labor.) MAX SCHMIDT. 108

Christopher Hinton, *Kernreaktoren und Energieerzeugung.* 1. Mitt. Plan u. Konstruktion energieerzeugender Reaktoren, wie z. B. der BEPO in Harwell u. die Windscale-Meiler werden beschrieben. (Atomics **5.** 115—23. April 1954. Risley.) GERHARD SCHMIDT. 110

J. E. Sanders, *Neutronenquellen für Experimentierzwecke.* Zusammenfassender Bericht über die verschied. Methoden zur Erzeugung von Neutronen mit Energien von 0,02 eV (Meilerneutronen) bis zu 400 MeV (mittels Cyclotronprotonen auf Be). (Atomics **5.** 78—82. März 1954. Harwell, A. E. R. E.) GERHARD SCHMIDT. 112

A. R. Crathorn, *Die Zählung geringer Aktivitäten.* Vf. diskutiert die verschied. Zählermethoden zur Reduzierung des Untergrundes für die Messung niedriger spezif. Aktivitäten. Auf die Messung von natürlichem ^{14}C in archäolog. Proben bei der Altersbest. wird bes. eingegangen, wobei sich zeigt, daß reproduzierbare Ergebnisse mit ausreichender Genauigkeit erzielt werden, wenn die zu untersuchende Probe als Gas oder Dampf in einen Proportionalzähler eingeführt werden kann. (Atomics **5.** 99—102. 112. April 1954. London, Royal Inst., Davy Faraday Res. Labor.) GERHARD SCHMIDT. 112

Joseph Seiden, *Wirkung der zufälligen Rotationen der Magnete auf die Resonanzbanden des Cosmotrons starker Konvergenz.* Matrizenberechnung der Erweiterung der Resonanzbanden durch den Rotationseffekt der Magnete des Cosmotrons. (C. R. hebd. Séances Acad. Sci. **237.** 560—62. 14/9. 1953.) GERHARD SCHMIDT. 112

S. Leroy Brown, *Impulsanalyse mit Hilfe eines mechanischen Syntheseanalysators.* (Sitzungsbericht.) Es wird die Anwendung eines mechan. Gerätes für die FOURIER-Analyse bei der Auswertung von Zählimpulsen beschrieben. Durch geeignete Einstellung der 15 Sinus- u. 15 Cosinuskomponenten des Gerätes gelingt es, das kontinuierliche Spektr. des jeweils untersuchten Impulses aufzunehmen. (Physic. Rev. [2] **85.** 753. 15/2. 1952; Bull. Amer. physic. Soc. **26.** Nr. 8. 5. 27/12. 1951. Univ. of Texas.) WEIGEL. 112

O. Haxel und **G. Schumann,** *Über die radioaktive Verseuchung der Atmosphäre.* Mit einem Filterverf. wurden seit 19. März 1953 laufend Unterss. der Radioaktivität der Luft auf dem Königstuhl bei Heidelberg (565 m) durchgeführt. Die Filter wurden im allg. alle 48 Std. gewechselt u. anschließend mit Zählrohrapparaturen auf ihre β-Aktivität untersucht. Neben dem (RaB + C)-Geh. ergibt dieses Verf. auch den (ThB + C)-Geh. der Luft. Darüber hinaus zeigte sich sehr bald, daß die Filter auch eine langlebige Aktivität aufwiesen, die im allg. erst nach dem Abklingen der Th-Aktivität deutlich wurde, in einigen Fällen jedoch die Abfallskurve von Anfang an beherrschte. Es handelt sich also offenbar um Gemische von Spaltprodd. aus Atombombenexplosionen, die je nach den meteorolog. Bedingungen in stark wechselnder Menge an den Untersuchungsort gelangen. Die Spaltprodd. werden zunächst mit ziemlich scharf begrenzten Luftmassen transportiert u. verteilen sich erst in Zeiten, die groß gegenüber dem Beobachtungszeitraum sind. Aus dem Abfall der Aktivität läßt sich das Alter der Spaltprodd. abschätzen. Während die bis 13. Mai exponierten Filter noch auf ältere Explosionszeitpunkte hinweisen, brachte das vom 13.—15. Mai 1953 exponierte die ersten Spaltprodd. vom 8. Mai 1953. Aktivitäten bis herunter zu 10^{-14} Curie/m^3 sind bequem nachweisbar. (Naturwissenschaften **40.** 458—59. Sept. 1953. Heidelberg, Univ., II. Physikal. Inst.) GERHARD SCHMIDT. 112

J. A. Mounsey, *Ein tragbares γ-Strahlen-Warngerät.* Vf. beschreibt einen tragbaren Monitor, der eine angenäherte Schnellanzeige von γ-Strahlen im Bereich von 0,025 r bis zu 2,0 r pro Std. liefert. Bei diesem Gerät wird die γ-Intensität durch einen GEIGER-Zähler gemessen, wobei die Strahlungsintensität durch die Anzahl der Entladungen einer Röhre mit kalter Kathode angezeigt wird. Die Zahl der Entladungen wächst mit zunehmender γ-Intensität. (Atomics **5.** 103—06. April 1954. Sellafield, Indust. Group, Dep. of Atomic Energy.) GERHARD SCHMIDT. 112

A₂. Optisches Verhalten der Materie.

W. Petrie und **R. Small,** *Die Intensitäten von atomaren und molekularen Nordlichtspektren.* (Vgl. C. **1953.** 1287.) Aus einer großen Zahl von Nordlichtspektrogrammen wurden hauptsächlich Gesamtintensitäten beobachtet. In Tabellen werden sowohl die Übergänge u. deren zugehörige Wellenlängen als auch gemessene Intensitäten u. relative Besetzungsverhältnisse für *O I, O II, N I* u. *N II* mitgeteilt. Anregungsmechanismen werden besprochen, u. die Vibrationstempp. der ersten negativen, der ersten positiven u. der zweiten positiven N_2-Banden werden berechnet. (Canad. J. Physics **31.** 911—26. Sept. 1953. Ottawa, Can., Defence Res. Telecomm., Establ., Radio Phys. Labor., Defence Res. Board, u. Dominion Observ.) GUDZENT. 113

N. J. Oliver, S. J. Wolnik, J. C. Scanlon und **J. W. Chamberlain,** *Einige Bemerkungen über Spektren von Nordlichtern geringer Intensität.* Es wurden 150 in Alaska während des Winters 1952—1953 aufgenommene Linien u. Bänder zwischen 3150 Å u. 8850 Å untersucht. Die Na D-Linie erscheint sehr stark. Banden des N_2 u. N_2^+ wurden beobachtet. Der atmosphär. O_2 erscheint stark, hingegen die erste negative Bande von O_2^+ nur in schwachen Konturen. Die meisten der erlaubten Linien von N I, N II, O I u. O II sind sehr schwach, auch Hβ u. Hγ sind sehr diffus u. schwach. (J. opt. Soc. America **43.** 710. Aug. 1953. Cambridge, Mass., Geophys. Res. Directorate, Air Force Cambridge Res. Center, Air Res. and Developm. Command.) GUDZENT. 113

R. F. E. van der Borght, *Der Einfluß von Titanoxydbanden auf die visuelle Helligkeit und Amplitude von langperiodisch veränderlichen Sternen.* Die Amplituden einer Anzahl Veränderlicher werden berechnet u. der Unterschied zwischen radiometr. u. visueller Amplitude durch Berücksichtigung der Ti-Bandenabsorption bei maximaler u. minimaler effektiver Temp. gedeutet. Für Sterne mit sehr tiefen Tempp. muß auch die Kondensation in der Sternatmosphäre berücksichtigt werden. (South African J. Sci. **48.** 402—06. Juli 1952. Durban, Univ. of Natal.) F. W. KRÜGER. 113

R. F. E. van der Borght, *Die Verschiebung des bolometrischen Maximums bei langperiodisch veränderlichen Sternen.* (Vgl. vorst. Ref.) Es wird der Einfl. der Ti-Absorptionsbanden auf die Verschiebung untersucht. (South African J. Sci. **48.** 406—10. Juli 1952.) F. W. KRÜGER. 113

S. Bloom, *Spektrallinienverbreiterung durch Elektronen.* (Vgl. C. **1954.** **1644.**) (Sitzungsbericht.) Vf. berechnet strahlungstheoret. die Wahrscheinlichkeit der Emission, die von der gemeinsamen Störung eines emittierenden Atoms durch ein Strahlungsfeld u. ein Elektron ausgeht. Es wird der vereinfachte Fall betrachtet, daß sowohl der Emittor wie der Störer nur zwei Zustände besitzen. Die resultierende Intensitätsformel ergibt 4 Resonanzen mit verschied. statist. Gewichten. (Physic. Rev. [2] **90.** 382. 15/4. 1953. R. C. A. Labor.) v. HARLEM. 114

B. Kivel, *Druckverbreiterung durch Elektronenstöße.* (Sitzungsbericht.) Der Einfl. von Elektronenstößen, die zu einer Auslöschung bzw. Nichtauslöschung oder Verbreiterung führen, auf die Emissionslinie eines sich in zwei Zuständen befindenden Atoms wird theoret. behandelt. Die Rechnung geht von dem quantenmechan. Störungsverf. nach BLOOM u. MARGENAU aus. Für H(2p — 1s) ist unter den gegebenen Umständen die Verbreiterung überwiegend. Beide elektron. Effekte sind um den Faktor 10 kleiner als die STARK-Verbreiterung durch Ionen der gleichen Dichte. (Physic. Rev. [2] **90.** 382. 15/4. 1953. Yale Univ.) v. HARLEM. 114

G. J. van den Berg, P. F. A. Klinkenberg und **J. C. van den Bosch,** *Struktur und Zeeman-Effekt im Spektrum des Tantalatoms Ta I.* 2. Mitt. (1. vgl. C. **1951** II. 1390.) Es werden in Ergänzung zur 1. Mitt. einige Grundniveaus u. eine große Anzahl hoher ungerader Niveaus angegeben, sowie ferner eine Gruppe hoher gerader Niveaus mit dem Ionisationspotential (7,77 ± 0,10) Volt. In Tabellen zusammengefaßt sind die klassifizierten 1262 Ta I-Linien, die Übergängen zwischen 22 geraden Grundniveaus, 182 ungeraden Niveaus u. 8 hohen geraden Niveaus entsprechen, sowie die ZEEMAN-Effektdaten der Linien. Es werden Konfigurationsberechnungen der niedrigen geraden Niveaus mit Hilfe der Meth. von RACAH durchgeführt, um die Lage vieler Linien zu bestimmen. Auf typ. Störungen wird hingewiesen. (Physica **18.** 221—48. April 1952. Amsterdam, Nederland, Univ., Zeeman Labor.) D. HAHN. 118

E. E. Salpeter, *Lambverschiebung für Wasserstoff und Deuterium.* Übersetzung der C. **1954.** 2330 referierten Arbeit. (Успехи Физических Наук [Fortschr. physik. Wiss.] **51.** Nr. 1. 115—29. Sept. 1953.) KLEVER. 118

Lawrence Wilets und **Lee C. Bradley III,** *Isotopenverschiebung bei Erbium.* Ausführliche Darst. der C. **1952.** 6170 referierten Arbeit. (Physic. Rev. [2] **87.** 1018—22. 15/9. 1952. Princeton, N. J., Princeton Univ., Palmer Phys. Labor.) EICHHOFF. 118

R. K. Laird und **R. F. Barrow,** *Das ultraviolette Bandenspektrum von Kohlenstoffmonoselenid.* Das Emissionsspektr. von CSe (elektrodenlose Entladung von Se-Dampf u. CH_2Cl_2) wurde mit einem Quarzspektrographen im Bereich von λ 2000 bis 6000 Å aufgenommen u. eine Anzahl von Bandenköpfen gefunden, von denen sich 7 bei der Rotationsanalyse dem Syst. der $^1\Pi - {}^1\Sigma$-Übergänge mit stark gestörtem $^1\Pi$-Zustand einordnen lassen. Ein nicht dazugehöriger Bandenkopf bei 2884 Å läßt noch andere Systeme von CSe vermuten. Die aus der Termanalyse berechneten Molekularkonstanten von CSe werden angegeben. r_e'' beträgt 1,67 Å. (Proc. physic. Soc., Sect. A **66.** 836—39. 1/9. 1953. Oxford, Univ., Phys. Chem. Labor.) HEINSOHN. 118

James H. Schulman, Robert J. Ginther und **Russell D. Kirk,** *Verstärkung der durch Röntgenbestrahlung erzeugten Absorptionsbanden in Erdalkaliverbindungen.* (Sitzungsbericht.) Ident. mit der C. **1953.** 8280 referierten Arbeit. (Physic. Rev. [2] **90.** 351 bis 352. 15/4. 1953. Naval Res. Labor.) RUDOLPH. 118

A. Glasner und **F. C. Tompkins,** *Bemerkung über einige Regelmäßigkeiten der Absorptionsbandenmaxima von verfärbten Alkalimetallhalogeniden.* Es werden einige Regelmäßigkeiten der Absorptionsbandenmaxima von verfärbten Alkalihalogeniden (*NaF, KF, LiCl, NaCl, KCl, RbCl, CsCl, NaBr, KBr, RbBr, KJ, RbJ*) sowie die Beziehungen, die zwischen diesen u. gewissen Parametern des Kristalls bestehen, betrachtet. Einige einfache empir. Regeln zur Berechnung dieser Kristallparameter werden vorgeschlagen. Eine Tabelle gibt die Beziehung zwischen der ersten Fundamentalbande f_1 des Gitters u. den F-Bandenmaxima an, eine weitere die Beziehung zwischen den verschied. V-Banden u. eine dritte die Abtrennarbeit des Kations u. Anions. (J. chem. Physics **21.** 1817—18. Okt. 1953. London, Imperial Coll. of Sci. and Technol., Dep. of Inorgan. and Phys. Chem.) D. HAHN. 118

Kozo Ishiguro und **Goro Kuwabara,** *Phasen- und Intensitätsmessungen für einige Aluminiumfilme.* Die Messungen wurden mit einem Interferometer vom RAYLEIGH-LOWE-Typ mit zwei Doppelspalten durchgeführt. Der jeweilige Al-Film wurde in einer solchen Anordnung auf die Glasplatte gedampft, daß mittels Kompensation der vierfache Phasenunterschied gemessen werden konnte. Gleichzeitig wird der Einfl. von Dickenunterschieden der Unterlage herabgesetzt. Die Filmdicke wurde durch Wägung des verdampften Al bestimmt. Es wurde bei senkrechtem Einfall u. bei 30° Einfallswinkel mit 590 mμ Wellenlänge beobachtet. Für Filmdicken über 100 Å nehmen die Phasenänderungen mit der Dicke monoton zu, erreichen ein Maximum u. nehmen wieder ab. (J. opt. Soc. America **43.** 365—67. Mai 1953. Tokyo, Univ. of Tokyo.) LINDBERG. 119

L. G. Schulz, *Optische Eigenschaften von Wismut im nahen Infrarot.* Laufende Unterss. zeigen, daß Bi-Filme im nahen Infrarot für Metalle ungewöhnliche opt. Eigg. haben. Aus Messungen der Durchlässigkeit als Funktion der Filmdicke (von 350 bis

1200 Å) wurden Brechungsindex n u. Absorptionskoeff. k berechnet. Die Absorption im Sichtbaren ist ca. 50 mal so groß wie die bei 3 μ. Da n ca. 20 beträgt, sind die Filme ziemlich undurchsichtig. Es wird angenommen, daß die opt. Eigg. von Bi nicht vorwiegend durch freie Elektronen bestimmt werden. Im Sichtbaren rührt die Absorption vom Übergang zwischen Energiebändern her, während die relative Transparenz im Infraroten auf die geringe Dichte der freien Elektronen zurückzuführen ist. (J. opt. Soc. America **43**. 406—07. Mai 1953. Chicago, Ill., Univ. of Chicago, Inst. for Study of Metals.) LINDBERG. 119

R. Mecke und **E. D. Schmid,** *Das Dokumentationsproblem in der Ultrarotspektroskopie.* Eine Lösung des Dokumentationsproblems in der Ultrarotspektroskopie ist durch Verwendung der Lochkarte zu erwarten. Randlochkarte mit manueller u. IBM-Karte mit maschineller Sortierung sind gleichermaßen geeignet. Vff. beschreiben ausführlich das Schlüsselsyst., das in den USA für die Wiedergabe molekülspektroskop. Ergebnisse auf der Randlochkarte entwickelt wurde. (Angew. Chem. **65**. 253—56. 21/5. 1953. Freiburg/Br., Univ., Inst. für physikal. Chem.) BECHER. 120

A. W. Ioganssen, *Spektrophotometrische Methoden zur Bestimmung der Intensität, der Form und der Breite der infraroten Absorptionsbanden einer Flüssigkeit.* (Vgl. C. **1953**. 3999.) Bei der Best. der wahren spektralen Charakteristiken einer Substanz aus den beobachteten (Index 0 bzw. b) wird die aus der Bandbreite $\Delta\nu$ des Monochromators erhaltene „Dreieckform" der Funktion f des Monochromators zugrunde gelegt: $f = [1/(\Delta\nu)^2](\Delta\nu - |\nu - \nu_0|)$, wobei $|\nu - \nu_0| < \Delta\nu$ ist. Die lineare Beziehung zwischen E_b^{-2} (E = Absorptionsintensität) u. $(\Delta\nu)^2$ ermöglicht die Ermittlung von E im Bandenmaximum durch Extrapolation auf unendlich schmalen Spalt (E_0), wenn die Form der Bande annähernd symm. ist. In Bandenmessungen an *Dodecen-(1)*, *Hepten-(1)* u. *2.4-Dimethylpentan* wird die lineare Beziehung zwischen $(1/E_b)^2$ u. $(\Delta\nu/a)^2$ nachgewiesen. Für den Fall $E(\nu) = E_0(1 + 4^2)^{-1}$ werden tabellar. für ν_0 u. $\Delta\nu = 0{,}0—2{,}0$ die Koeffizienten für E_0 u. E_0^2 (letztere als $-a_b$) gegeben. Mit einer Genauigkeit von 1—3% gilt: $\log(a_b/a_0 - 1) = 2{,}94 \log(\Delta\nu/a_b) + 0{,}47 - 0{,}11\, E_b$ (O). Es werden Gleichungen für die integrale Intensität abgeleitet. Für $\Delta\nu$-Werte zwischen 0,2 u. 2 ergibt sich eine Korrektur $\bar{\alpha}_b = 0{,}090\,\Delta\nu - 0{,}016$. (Доклады Академии Наук СССР [Ber. Akad. Wiss. UdSSR] [N. S.] **92**. 919—22. 11/10. 1953.) R. K. MÜLLER. 120

Lucienne Couture-Mathieu und **Jean-Paul Mathieu,** *Orientierung der Wassermoleküle im $LiClO_4 \cdot 3H_2O$-Kristall.* Intensitätsmessungen der RAMAN-Linien, die durch die Schwingungen der Wassermoll. in einem orientierten Einkristall von $LiClO_4 \cdot 3H_2O$ entstehen, gestatten die Best. der Orientierung dieser Moll. in der Elementarzelle u. zeigen an, wie ihre Polarisierbarkeit durch die umgebenden Atome beeinflußt wird. (Acta crystallogr. [Copenhagen] **5**. 571—73. 10/9. 1952. Berichtigung: **6**. 303. 10/3. 1953. Paris, Sorbonne, Labor. des Rech. Phys.) R. STEIN. 120

C. E. Mandeville und **H. O. Albrecht,** *Energiespeicherung in KCl–Tl und NaCl–Tl.* (Sitzungsbericht.) Mit GEIGER-Zähler u. Multiplier werden die mit 20 r Röntgenstrahlen erregten Phosphore in Abständen von 24 Std. über einen Zeitraum von 96 Std. nach Röntgenstrahlerregung mit Licht ausgeleuchtet u. das Lichtspeicherverh. der Tl-aktivierten Phosphore mit dem der Ag-aktivierten verglichen. Messungen der spektralen Emission bei α-Strahlerregung ergeben für KCl–Tl-Banden um 3000 u. 4000 Å, für NaCl–Tl Banden um 2950 u. 3900 Å. (Vgl. nachst. Ref.) (Physic. Rev. [2] **91**. 470—71. 15/7. 1953. Bartol Res. Foundat.) RUDOLPH. 125

H. O. Albrecht und **C. E. Mandeville,** *Phosphorescenz von und Energiespeicherung in silberaktiviertem Natriumchlorid.* (Sitzungsbericht.) Polykristalline NaCl-Phosphore mit 0,02, 0,004 u. 0,0008 Gew.-% AgCl werden längere Zeit nach Bestrahlung mit Röntgenlicht (20 r/Std.) kurzzeitig mehrmals in Abständen von 24 Std. mit Licht ausgeleuchtet. Die Intensität der ausgeleuchteten UV-Phosphorescenz wird während u. nach der Ausleuchtbestrahlung beobachtet. Es ergeben sich zusätzliche Werte für den Abklingverlauf der n. nichtausgeleuchteten Phosphorescenz der beiden Emissionsbanden des NaCl–Ag. (Physic. Rev. [2] **91**. 471. 15/7. 1953. Bartol Res. Foundat.) RUDOLPH. 125

A₃. Elektrizität. Magnetismus. Elektrochemie.

H. Motz, W. Thon und **R. N. Whitehurst,** *Versuche über die von schnellen Elektronen ausgehende Strahlung.* Linear beschleunigte Elektronen werden in einem evakuierten Wellenleiter durch ein zeitlich konstantes, aber in Bewegungsrichtung der Elektronen alle 20 mm sein Vorzeichen wechselndes Magnetfeld geschickt u. dadurch auf eine sinusförmige Bahn gezwungen. Der Elektronenstrahl sendet beim Durchgang durch den Undulator elektromagnet. Strahlung aus, u. zwar wurden bei 100 MeV Elektronenenergie sichtbares Licht u. bei 3—5 MeV Millimeterwellen (<1,9 mm) erzeugt. Für das sichtbare Licht wurde die zu erwartende Polarisation senkrecht zum Magnetfeld u. senkrecht zur Fortschreitungsrichtung der Elektronen experimentell nachgewiesen. Beim Betrieb im Millimeterwellenbereich konnte eine Strahlungsleistung bis zu 1 W abgegeben werden. (J. appl. Physics **24**. 826—33. Juli 1953. Palo Alto, Calif., Stanford Univ., Microwave Labor.) LENZ. 130

C. Boelhouwer, J. van Steenis und **H. I. Waterman,** *Herstellung von Wasserstoffatomen in einer elektrischen Entladungsröhre.* Unters. der Rk. eines nach WOOD (Proc. Roy. Soc. [London], Ser. A **102.** [1923.] 1) aus H_2 mit 2—3% Wasserdampf hergestellten Entladungsgases, welches neben H-Atomen auch geladene Teilchen enthält, mit fl. KW-stoffen. Durch Entfernung der geladenen Teilchen bzw. der H-Atome aus dem Entladungsgas wird nachgewiesen, daß eine Rk. nur durch H-Atome hervorgerufen wird. (Recueil Trav. chim. Pays-Bas **70.** 361—64. April 1951. Delft, Techn. Univ., Labor. of Chem. Technol.) EICHHOFF. 131

H. D. Beckey, W. E. Groth und **K. H. Welge,** *Anreicherung isotoper Moleküle in der Gleichstromglimmentladung.* 2. Mitt. *Der Vervielfachungsprozeß. Anreicherung von schwerem Wasserstoff.* (1. vgl. C. **1939.** II. 2012.) Die Abhängigkeit der Deuteriumanreicherung aus H_2–D_2-Gemischen an der Kathodenseite einer Gleichstromglimmentladung von den Versuchsbedingungen wird untersucht u. theoret. gedeutet. Rekombination der durch Entladung entstehenden Atome erfolgt in Gasphase im Dreierstoß. Da H-Atome um den Faktor $\sqrt{2}$ schneller fliegen als D-Atome, sind im Entladungsrohr mehr D- als H-Atome bzw. mehr leichte als schwere Moleküle. Der Anteil der Atome am Stromtransport der positiven Ionen ist größer als der der Moll., da die Ionisierungsspannung von H geringer ist als die von H_2, wodurch eine Anreicherung von Deuterium an der Kathode bewirkt wird, die u. a. von der stationären Atomkonz. abhängig ist. Der Gesamtanreicherungsvorgang wird in den Primärprozeß u. den Vervielfachungsprozeß gegliedert. Das Verhältnis der schweren zu den leichten Atomen wird zwischen 1 u. $\sqrt{2}$ liegen. Experimentell wurden viel höhere Anreicherungen, Trennfaktoren bis 2,0 gefunden. Es muß daher ein Vervielfachungsprozeß wirksam sein, der die prim. Anreicherung erhöht. Der Primärprozeß vergrößert das Verhältnis der Relativkonzz. von schweren u. leichten Ionen um den Faktor α ($\alpha > 1$), der zwischen 1,1 u. 1,2 angenommen wird. Der separierende u. nichtseparierende Anteil der im Entladungsrohr auftretenden axialen Strömungen wird untersucht. Nur der durch Ionentransport verursachte Strom ist für die Anreicherung maßgebend. Der Vervielfachungsprozeß kommt zustande, weil die an der Kathode entladenen Ionen in den Vorratsbehälter wandern, dort eine kleine Druckerhöhung erzeugen, die eine viscose, nichtseparierende POISEUILLEsche Rückströmung in die Entladung zurück zur Folge hat. Durch erneut wirkenden Primärprozeß erfolgt eine weitere Anreicherung um einen Faktor α u. damit wieder eine Konzentrationserhöhung der schweren Komponente im Vorratsbehälter. Diese Anreicherung wächst kontinuierlich, bis sie durch gleichfalls stärker werdende Rückdiffusion infolge des entstehenden Konzentrationsgefälles zwischen Kathoden- u. Anodenseite begrenzt wird. Aus einer abgeleiteten Transportgleichung für die schwere Komponente ergibt sich der Trennfaktor $\tau = 1{,}40$, der annähernd mit den gemessenen Anreicherungen übereinstimmt. log τ wächst linear mit der Rohrlänge, der Stromstärke u. dem Gasdruck u. ist umgekehrt proportional dem Rohrquerschnitt. Temperatur- u. Zeitabhängigkeit von τ werden graph. diskutiert. τ ist stark von der Rohrwandbeschaffenheit abhängig, da durch erhöhte Rekombination an der Wand die für starke Anreicherung nötige hohe Atomkonz. vermindert wird. Unter den untersuchten Bedingungen sind noch keine Sättigungserscheinungen bemerkbar, so daß durch größere Rohrlängen bzw. kleinere Querschnitte, höhere Stromstärken u. Gasdrucke die Anreicherung wesentlich gesteigert werden kann. (Z. Naturforsch. **8a.** 556—62. Sept. 1953. Bonn, Univ., Inst. für Physikal. Chemie.) MAX SCHMIDT. 131

H. A. Kramers, *Eine Modifikation der Theorie der Säulenionisation von Jaffé.* Es wird eine Modifikation der Theorie der Säulenionisation von JAFFÉ gegeben, die in ihrer ursprünglichen Form in Widerspruch steht zu den Ionisationsverss. an verflüssigten Gasen bei tiefen Tempp. (Vers. von GERRITSEN). Eine krit. Analyse der Bewegungsgleichung ergibt, daß im Fall tiefer Tempp. das Diffusionsglied von Anfang an vernachlässigt werden kann. Hieraus ergibt sich eine Lsg., die für gegenüber dem Sättigungsstrom kleine Ströme merklich von der JAFFÉschen Lsg. abweicht u. in besserer Übereinstimmung mit den experimentellen Ergebnissen ist. (Physica **18.** 665—75. Okt. Cummun. Kamerlingh Onnes Lab. Univ. Leiden, Suppl. **104c** 1—11. 1952. Leiden, Kamerlingh Onnes Labor.) v. HARLEM. 131

Makoto Moriyama, *Konzentrationsabhängigkeit der Dielektrizitätskonstanten von Ionenlösungen.* Unter der Voraussetzung, daß auf Grund der hohen Feldstärken innerhalb eines kugelförmigen Gebietes mit dem Radius a um ein Ion elektr. Sättigungserscheinungen auftreten müssen u. somit hier die DK. = 1 angenommen werden muß, ergibt sich nach DEBYE die DK. einer elektrolyt. Lsg. zu $\varepsilon^* = \varepsilon[1 - n(4\pi/3)a^3] = \varepsilon(1 - \gamma c)$, wo n die Anzahl der Ionen pro cm^3, ε die DK. des Lösungsm., c die Konz. u. γ eine für das Salz u. das Lösungsm. charakterist. Konstante sind. Vf. nimmt an, daß bei höheren Konzz. eine teilweise Überlappung von Hohlräumen eintreten muß, u. erweitert obige Formel durch Einführung eines Korrekturgliedes zu $\varepsilon^* = \varepsilon(1 - \gamma c + \lambda\gamma^2 c^2)$, wobei λ ein Maß für die Überlappung ist. Aus experimentellen Werten ergeben sich für wss. *NaCl*-Lsg. bei 21,0°: $\varepsilon = 80$, $\gamma = 0{,}15$, $\lambda = 0{,}6$ u. bei 1,5°: $\varepsilon = 84$, $\gamma = 0{,}16$, $\lambda = 0{,}39$. Die hieraus berechneten Kurven der Abhängigkeit der Konz. von ε^* stimmen mit experimentellen Messungen gut überein. (J. physic. Soc. Japan **8.** 423–24. Mai/Juni 1953. Electr. Comm. Labor. [Orig.: engl.]) H. JACOB. 132

Charles R. Mingins, Robert W. Perry und **David W. MacLeod,** *Die Wirkung von Rillen auf piezoelektrische Filterplatten.* (Sitzungsbericht.) Einschneiden schmaler Rillen in einkristalline piezoelektr. Bandfilterplatten verschiebt die Dicken–Scher-Resonanz nach höherer Frequenz u. verengt die Paßbreite des Filters. Zunehmende Rillenvertiefung kehrt die Verschiebung der Grundfrequenz nach Erreichen eines Höchstwertes um u. kann die Resonanz unter den Wert vor Einschneiden der Rillen bringen. Auf diese Weise kann die Paßbreite mehr als verdoppelt werden. Der Einfl. der Rillen auf die elektr. u. mechan. Eigg. der Filterplatten wurde untersucht u. diskutiert. (Physic. Rev. [2] **91.** 471. 15/7. 1953. Tufts Coll.) RUDOLPH. 133

T. B. Tomlinson, *Raumladungsbedingte Erniedrigung der niederfrequenten Schwankungen in Glühkathoden.* Es wird experimentell gezeigt, daß — entsprechend der theoret. Voraussage SCHOTTKYs — die reduzierende Wrkg. der Raumladung auf den Funkeleffekt größer als auf das Schrotrauschen ist. Die Rauschmessungen bei hohen u. niedrigen Frequenzen werden an einer Triode in n. Arbeitsweise u. als Diode unter Gegenfeldbedingungen ausgeführt. Die Reduktionsfaktoren für Funkel- u. Schroteffekt werden abgeschätzt. (J. appl. Physics **23.** 894–99. Aug. 1952. Southampton, Univ. Coll., Dep. of Electronics.) RUDOLPH. 134

Edmund S. Rittner, *Eine theoretische Untersuchung der Chemie der Oxydkathode.* Unter Berücksichtigung thermochem. u. diffusionstheoret. Fragen werden Aktivierungsprozeß, Ermüdungsvorgänge u. Lebensdauer der Oxydkathode eingehend behandelt. Die Unterss. der für die Aktivierung maßgeblichen, reduzierenden Wirksamkeit der Trägermetalle u. -legierungsbestandteile ergeben die Reihe der wirksamen Metalle: *Th, Mg, Be, Hf, Sc, Y, Sm, Nd, Pr, La, Zr, U, Al, Si, C* u. wahrscheinlich *Ti* u. *Ce.* Unwirksam sind Ni, Co, Cd, Sb, Cu, Pb, Bi, Tl, Ag, Au, Pd, Pt, Ru, Rh, Os u. Ir. Die Gase *CO* u. H_2 haben mäßige reduzierende u. aktivierende Wrkg.; CH_4 red. stark, erzeugt aber nur geringe Aktivität (offenbar infolge Störung durch C-Reste). Die Betrachtung der Diffusion der reduzierenden Komponenten im Kernmetall u. durch Zwischenschichtprodd. sowie des Ba im Oxydkristall ergibt die Bedeutung dieser Prozesse, bes. des ersteren für Ermüdungserscheinungen u. Lebensdauer der Oxydkathode. Für den letztgenannten Prozeß sind Vorgänge entsprechend dem KNUDSENschen Dampffluß u. der Volumendiffusion, für die die poröse Schichtbeschaffenheit von Bedeutung ist, maßgebend. Die beobachtete lange Lebensdauer der Oxydkathode führt zur Annahme starker Adsorptionskräfte der BaO-Oberfläche gegenüber dem Ba. (Philips Res. Rep. **8.** 184–238. Juni 1953.) RUDOLPH. 134

R. M. Matheson und **L. S. Nergaard,** *Abfall und Erholung der impulsbetriebenen Emission von Oxydkathoden.* In Dioden mit wassergekühlter Cu-Anode (im Abstand von 0,5 mm von der Kathode) wird die Emission von *BaO* auf Kathodennickel zwischen 1075 u. 1150° K untersucht. Die meisten Dioden zeigen bei erstmaliger Inbetriebnahme einen Stromabfall von 5–20% bei 150 µSek.-Impulsen. Diese Ermüdungserscheinungen verschwinden, wenn die Röhren unter Impulsbedingungen gealtert werden. Der Spitzenstrom nimmt linear mit dem Logarithmus des Impulsverhältnisses unabhängig von der Frequenz ab. Die Abnahme wird mit steigender Temp. geringer. Ein Vgl. der J/V-Charakteristiken, die während des Impulses durch kurze Testimpulse aufgenommen werden, mit den idealen Charakteristiken läßt eine eindeutige Unterscheidung zwischen Emissionsänderung u. Änderung der Kathodenimpedanz als Ursache des Stromabfalls nicht zu. (J. appl. Physics **23.** 869–75. Aug. 1952. Princeton, N. J., Radio Corp. of America, RCA-Labor.) RUDOLPH. 134

J. B. Johnson und **K. G. McKay,** *Sekundärelektronenemission von kristallinem MgO.* Als Beispiel für die Sekundärelektronenemission von Isolatoren wird die Emission von MgO-Einkristallen gemessen. Das maximale Verhältnis von Sekundärstrom zu Primärstrom beträgt 7 bei 20° u. 1000 Volt. Die Ausbeute wird 1 bei 33 V u. weit oberhalb 5000 V, sie sinkt mit steigender Temperatur. Für die Energie der Sekundärelektronen wird der Wert $\leq$ 1 eV gefunden. (Physic. Rev. [2] **91**. 582—87. 1/8. 1953. Murray Hill, N. J., Bell Telephone Labors.) M. DRECHSLER. 134

Louis Dunoyer, *Beobachtungen über die Metallisierung von Oberflächen durch Verdampfung im Vakuum.* Die zu metallisierende Oberfläche muß sorgfältig gereinigt werden. Gute Ergebnisse erzielt man, wenn man die Oberfläche im Hochvakuum mit therm. erzeugten Elektronen, die durch ein elektr. Feld beschleunigt sind, beschießt, mittels einer W-Drahtspirale auf hohe Tempp. erhitzt, zur Beseitigung der entstandenen Gase den Heizstrom unterbricht, evakuiert, die Beschießung fortsetzt, bis die Entladung rein elektron. ist, den Heizstrom endgültig unterbricht u. das Metall zur Verdampfung bringt. Da W-Draht leicht brüchig wird, empfiehlt sich die Verwendung eines Heizdrahtes aus Ta. Die auf diese Weise erzeugten Al-Beläge haften gut auf Glas, sind aber weich. Sie lassen sich härten, wenn man sie mit einem Leinenlappen oder mit Gemsenleder verreibt, wodurch der Glanz nicht leidet. (C. R. hebd. Séances Acad. Sci. **233**. 919—21. 22/10. 1951.) WESLY. 134

Donald C. Cronemeyer, *Optische und elektrische Messungen an Rutileinkristallen.* (Vgl. C. **1953**. 968, 4645.) (Sitzungsbericht.) Die Eigenleitfähigkeit von Platten, die entweder parallel der c-Achse oder senkrecht zu ihr geschnitten wurden, zeigt eine Aktivierungsenergie von 1,5 eV über einen Temperaturbereich von 350—850°. Die opt. Transmission zeigt eine Absorption, die nach 4100 Å hin ansteigt, bei tiefen Tempp. bewegt sie sich auf das UV zu u. nimmt gleichzeitig stufenweise zu. In der Nähe von 4° K liegt die Absorptionsschwelle bei 4100 Å, u. die Absorption zeigt dort über einen Wellenlängenbereich von 20 Å eine Änderung der opt. Dichte von 0,3 auf 3. Andererseits bewegt sich das Absorptionsmaximum langsam nach längeren Wellen hin, wenn die Temp. unter 100° K sinkt. Die opt. Aktivierungsenergie von 3,0 eV sollte der therm. von 1,5 eV entsprechen. (Physic. Rev. [2] **82**. 313—14. 15/4.; Bull. Amer. physic. Soc. **26**. Nr. 1. 26—27. 1/2. 1951. M. I. T.) H. W. LEVI. 135

R. A. Satten, *Elektrisches Kristallfeld in Neodymbromat.* (Vgl. C. **1953**. 1600.) (Sitzungsbericht.) Vers. zur Best. des lokalen Kristallfeldes um das Nd^{3+}-Ion im Bromatkristall, das die beobachtete Aufspaltung bestimmter J-Terme des freien Ions verursacht. Das allgemeinste Potential in diesem Falle ist von der Form $V = A_2V_2 + A_4V_4 + A_6V_6 + A_6^6V_6^6$, wobei V_L^M die Summen über die 4f-Elektronen der sphär. Oberflächenharmonischen Y_L^M, u. A_L^M angepaßte Werte sind. Es ergibt sich, daß alle vier A_L^M-Werte von Bedeutung sind, wobei der Quadrupolterm A_2V_2 einen geringen Einfl. auf die ${}^4I_{9/2}$-Grundtermaufspaltung hat. Dieser Term spaltet in 5 doppelt entartete Terme auf. (Physic. Rev. [2] **91**. 471. 15/7. 1953. M. I. T.) RUDOLPH. 135

D. Pines, F. Low, T. D. Lee und **C. N. Yang**, *Die Bewegung von langsamen Elektronen in polaren Kristallen.* (Sitzungsbericht.) Nach einer Variationsmeth. wurden die tiefliegenden Energieniveaus des Leitungselektrons in einem polaren Kristall untersucht. Wegen der starken Wechselwrkg. zwischen den Elektronen u. den longitudinalen opt. Gitterschwingungen sind Störungsmethoden nicht anwendbar. Die von den Vff. benutzte Meth. ist einer einfachen kanon. Transformation äquivalent. Wellenfunktionen u. Energieniveaus sind sehr einfach zu erhalten. Sie sind in Übereinstimmung mit den Ergebnissen von LEE u. PINES. Bei sehr starker Elektronen–Phononen-Wechselwrkg. wird die TOMONAGA-Näherung nicht anwendbar, da sie die Elektron–Phonon-Korrelation vernachlässigt. (Physic. Rev. [2] **90**. 382—83. 15/4. 1953. Univ. of Illinois, u. Inst. for Adv. Study.) v. HARLEM. 135

H. W. Henkels und **J. Maczuk**, *Elektrische Eigenschaften von flüssigem Selen.* 1. Mitt. Messungen der Thermokraft u. des elektr. Leitvermögens σ von reinem fl. Se zwischen 250 u. 500° ergeben rein elektron. Halbleitung mit exponentieller Abhängigkeit des σ von T^{-1} u. mit dem Vorzeichen einer Mangelleitung. Aus der für Thermokraft u. Leitvermögen übereinstimmenden Aktivierungsenergie ergibt sich unter Annahme einer Eigenleitung ein Bandabstand von 2,31 eV. Die Beweglichkeit der Defektelektronen übersteigt die der Elektronen u. ist $8{,}4 \cdot 10^6 \cdot T^{-3/2}$ cm²/V·Sekunde. Vorläufige Messungen an fl. Se mit Zusätzen von *As* (0,24—3,9%), *Sb* (0,59%) u. *Bi* (0,13%) ergeben Eigenleitung bei hohen Tempp. u. Überschußleitung bei tiefen Tempp. mit Vorzeichenumkehr der Thermokraft. Der Umkehrpunkt hängt von der Fremdstoffkonz. ab. Die Aktivierungsenergie der Eigenleitung deutet auf therm. Spaltung der homöopolaren Se–Se-Bindung. Die Überschußleitung des Se mit Zusätzen wird Donatorenniveaus zugeordnet, die durch die dreiwertigen Ionen der Zusatzelemente hervorgerufen werden. Dabei sind vermutlich zwei p-Elektronen in der Se-Kette gebunden, das dritte kann therm. angeregt werden. (J. appl. Physics **24.** 1056–60. Aug. 1953. Philadelphia, Pa., Univ., Moore School of Electr. Engng.) RUDOLPH. 135

W. E. Taylor, *Ein Vergleich der thermisch erzeugten Gitterfehlstellen in Germanium und Silicium mit den durch Nucleonenbeschuß hervorgerufenen Fehlstellen.* (Sitzungsbericht.) Die bei Si u. Ge durch Abschrecken einerseits u. durch Nucleonenbeschuß andererseits hervorgerufenen Leitfähigkeitsänderungen beruhen auf einer Änderung der Zahl der Ladungsträger u. können in beiden Fällen durch die Erzeugung von Elektronen- bzw. Löcherfallen gedeutet werden, die wahrscheinlich FRENKEL- u. möglicherweise SCHOTTKY-Fehlstellen zugeordnet sind. Die Bildungsenergie für diese Fehlstellen beträgt in Ge $W = (42700 - 12{,}5 \cdot T)$ cal/Mol. (Physic. Rev. [2] **86.** 642. 15/5. 1952. Oak Ridge, Tenn., Oak Ridge Nat. Labor.) SPEER. 135

Hisao Miyazawa und **Shun-ichi Fukuhara,** *Elektrolytische Leitung in* Cs_3Sb. Vff. berichten über Unterss. der Leitfähigkeit von Cs_3Sb. Nach längerem Anlegen eines Gleichfeldes von mehreren V/cm an dünne aktivierte Schichten, die auf Glas aufgetragen waren, wurde ein Vorgang beobachtet, der durch eine Elektrolyse der akt. Schicht von der Anodenseite her charakterisiert ist, wobei der elektrolysierte Teil in eine andere Substanz übergeführt wird u. einen deutlichen Farbumschlag (blaßgelb, vorher tiefrot) zeigt. Weitere Verss. ergaben u. a., daß das Cs^+-Ion das bewegte Ion ist. (J. physic. Soc. Japan **7.** 645–47. Nov./Dez. 1952. Kawasaki-shi, Kanagawa-ken, Japan, Tokyo Shibaura Electric Co., Matsuda Res. Labor. [Orig.: engl.]) v. HARLEM. 135

Nicolas Mostovetch, *Experimentelle Untersuchung der elektrischen Leitfähigkeit sehr dünner durch thermische Verdampfung hergestellter metallischer Schichten.* (Vgl. C. **1952.** 4570.) Es wird die elektr. Leitfähigkeit dünner auf Glas, Quarz oder Glimmer aufgedampfter Metallschichten in einer Stärke von ca. 100 Å u. weniger untersucht. Folgende Metalle wurden verwendet: *W, Ta, Mo, Rh, Pt, Fe, Ni, Cu, Au, Ag* u. *Al.* Die 1. Proben wurden in einem durch eine Öldiffusionspumpe hoher Leistung erzeugten Vakuum, die 2. u. 3. Proben dagegen in einer Ampulle hergestellt, in der durch eine aus Glas bestehende Pumpenanordnung ein stat. Vakuum von 10^{-8} Torr erreicht wurde. Die nach dem letzteren Verf. dargestellten Metallschichten sind luftempfindlich u. zeigen folgende Phänomene: 1. Einw. adsorbierter Gase auf die Leitfähigkeit. Dieselbe kann sowohl reversibel als auch irreversibel sein u. demzufolge eine Abnahme des Schichtwiderstandes bedingen. 2. Die elektr. Leitfähigkeit ändert sich exponentiell mit der Temp., u. es tritt eine Aktivierungsenergie von einigen Zehntel bis Hundertstel eV auf. 3. Elektr. Felder beeinflussen den log R mit der Quadratwurzel der Feldstärke. Vf. schlägt einige Deutungsmöglichkeiten der beobachteten Phänomene vor. So sind die stark irreversiblen Änderungen bestimmter Schichten durch die Beweglichkeit der verdampften Atome, sowie durch die Tatsache bedingt, daß diese Filme thermodynam. instabil sind u. dazu neigen, in einen stabilen Zustand überzugehen. Ein Leitfähigkeitsmechanismus, analog dem der Halbleiter, erlaubt es, die auftretenden Phänomene bis auf den Potentialeffekt, der wahrscheinlich mit einer Diskontinuität der Filme zusammenhängt, zu erklären. Durch diese Diskontinuität treten Potentialschwellen auf, die aber unter Einw. von elektr. Feldern kleiner werden (SCHOTTKY-Effekt). Schließlich versucht Vf., alle Phänomene mittels einer Schätzung des durch die Potentialschwellen fließenden Stromes zu deuten. (Ann. Physique [12] **8.** 61–125. Jan./Febr. 1953.) SURAWSKI. 136

B. Franken, A. van Itterbeek, G. J. van den Berg und **D. A. Lockhorst,** *Einfluß eines Magnetfeldes auf den elektrischen Widerstand von Eisenfilmen.* Die Abhängigkeit der Änderung des elektr. Widerstandes dünner Fe-Filme vom Magnetfeld zeigt zwischen 60 u. 180 Oe Extremwerte: Dünne Filme (Widerstand $> 10000\ \Omega$) zeigen dabei ein Maximum, dickere Filme (Widerstand $< 1000\ \Omega$) ein Minimum. Es wird gezeigt, daß das Feld, bei dem diese Extremwerte auftreten, angenähert mit der Koerzitivkraft zusammenfällt. Dies gilt nicht nur für Zimmertemp., sondern auch für tiefe Temperaturen. Die Koerzitivkraft wird so für einige dünne Filme in Abhängigkeit von der Temp. bis zur Temp. des fl. He herab gemessen, u. die Ergebnisse werden mit den Erwartungen nach der Theorie von KITTEL verglichen. (Physica **18.** 771–79. Okt. 1952. Leiden, Niederlande, Kamerlingh Onnes Labor.) v. HARLEM. 137

Yasuo Gondô und **Zenya Funatogawa,** *Über die magneto-thermoelektrische Kraft von Eisenkristallen bei niedrigen Temperaturen.* Vff. bestimmten die Abhängigkeit der Magnetothermo-EMK. von Fe-Einkristallen gegen Cu von der Magnetisierung im Temperaturgebiet Zimmertemp. bis -195^0 u. bestimmten die Anisotropiekonstanten $(E_m)_{100}$ u. $(E_m)_{111}$ (wodurch der Effekt längs den Richtungen [1 0 0] bzw. [1 1 1] bestimmt wird) bei verschied. Temperaturen. Aus diesen Messungen u. früheren bei höheren Tempp. ergibt sich, daß $(E_m)_{100}$ u. $(E_m)_{111}$ beide ein Maximum in der Nähe der Zimmertemp. besitzen, stetig mit abnehmender Temp. abnehmen u. gegen Null bei 0° K streben. (J. physic. Soc. Japan **7.** 589—92. Nov./Dez. 1952. Yokohama Nat. Univ. [Orig.: engl.]) v. HARLEM. 137

Nobuhiko Kunitomi, *Innere Reibung einer ferromagnetischen Substanz, hervorgerufen durch die Drehung der spontanen Magnetisierung.* Bei ferromagnet. Stoffen wird die Ursache der inneren Reibung bei kleiner Spannungsamplitude auf zwei Arten von Wirbelströmen zurückgeführt. Die erste Art, die makroskop. Wirbelströme, sind von BROWN untersucht worden, ihr theoret. vorausgesagter Beitrag zur inneren Reibung ist in Übereinstimmung mit den experimentellen Untersuchungen. Die zweite Art, die mkr. Wirbelströme, wurden bisher nur im entmagnetisierten Zustand untersucht. Vf. berechnet jetzt diese Verluste als Funktion der Magnetisierung unter der Annahme, daß die magnet. Anisotropieenergie vernachlässigbar klein ist gegenüber der Energie der inneren Spannungen. Es ergibt sich, daß die innere Reibung anfänglich mit anwachsender Magnetisierung zunimmt, dann aber in der Nähe der magnet. Sättigung schnell abnimmt. Die experimentellen Befunde über die innere Reibung können so qualitativ erklärt werden. (J. physic. Soc. Japan **7.** 578—83. Nov./Dez. 1952. Sendai, Japan, Tohoku Univ., Res. Inst. for Iron, Steel and Other Metals. [Orig.: engl.]) v. HARLEM. 137

Nobuhiko Kunitomi, *Innere Reibung der ferromagnetischen Legierung Ni_3Fe mit Überstruktur.* (Vgl. vorst. Ref.) Die innere Reibung von Ni_3Fe wurde in Abhängigkeit von der Magnetisierung bei verschieden stark ausgebildeter Überstruktur unter Verwendung von transversalen Schwingungen von 500 Hz untersucht. Für jeden untersuchten Zustand zeigt die Abhängigkeit der inneren Reibung von der Magnetisierung ein oder zwei Maxima. Dies Verh. läßt sich erklären unter der Annahme, daß das eine Maximum von den makroskop., das andere von den mkr. Wirbelströmen hervorgerufen wird. Unter Berücksichtigung der inneren Spannungen, die mit der Überstrukturbldg. verbunden sind, läßt sich die experimentell gefundene Kurve in ihren Einzelheiten erklären. (J. physic. Soc. Japan **7.** 584—89. Nov./Dez. 1952. [Orig.: engl.]) v. HARLEM. 137

Tokutaro Hirone, Hiroshi Watanabe, Takao Iwata und **Kenzi Ikeda,** *Über die Charakteristiken der Wechselstrommagnetisierung eines Perminvardrahtes.* Die Wechselstromcharakteristiken der Magnetisierung eines Perminvardrahtes unter Spannung (12,3 kg/mm²) wurden aufgenommen u. diskutiert auf Grund der Theorie röhrenförmiger Elementarbereiche. Die hieraus erhaltenen Ergebnisse werden wiederum verglichen mit denen der klass. Wirbelstromtheorie. Es ergab sich, daß die besagte Elementarbereichstheorie eine semi-quantitative Erklärung für die Wechselstromdaten gibt u. andeutet, daß noch ein anderer Effekt außer den Wirbelströmen vorhanden ist. Diese Ergebnisse sind in Übereinstimmung mit den Voraussagen von WILLIAMS u. Mitarbeitern über die Wechselstrommagnetisierungscharakteristiken eines *Fe–Si*-Einkristalls. Zum Schluß wird noch ein Vers. beschrieben, der auf der üblichen Technik der Best. des mittleren Vol. der Elementarbereiche beruht, wobei sich ergab, daß die berechneten Größen des Vol. nur geringe Bedeutung für die Wechselstromcharakteristiken haben. (J. physic. Soc. Japan **7.** 593—98. Nov./Dez. 1952. Tohoku Univ., Res. Inst. for Iron, Steel and Other Metals. [Orig.: engl.]) v. HARLEM. 137

Frank Ham und **Harvey Brooks,** *Einfluß der Grenzzustände auf den Diamagnetismus freier Elektronen.* (Sitzungsbericht.) Vff. berechneten die Energie u. das magnet. Moment der Zustände einzelner Elektronen in einem großen zylindr. Gefäß mit einem gleichmäßigen magnet. Feld in Richtung der Achse. Die Oberflächenzustände sind stark paramagnet., während die inneren Zustände das diamagnet. Moment des freien Elektrons zeigen. Es werden außerdem Korrektionsglieder für den DE HAAS-VAN ALPHEN-Effekt u. den LANDAU-Diamagnetismus berechnet. (Physic. Rev. [2] **90.** 383. 15/4. 1953. Harvard Univ.) v. HARLEM. 137

A. Knappwost, *Magnetische und resistometrische Untersuchungen an Stoffen mit negativem Volumensprung in der Umgebung des Schmelzpunktes.* Festkörper, die beim Schmelzen einen positiven Volumensprung, $\Delta v/v = 5-10\%$, zeigen, bezeichnet Vf. als raumstarke, solche mit kleinem oder negativem $\Delta v/v$ als raumschwache Körper. Zur Klärung der Frage, ob das anomale Schmelzverh. der letzteren erst am F. u. oberhalb oder schon unterhalb des F. auftritt, untersuchte Vf. den Temperaturverlauf des elektr. Widerstandes u. des Diamagnetismus von *Bi* u. Mg_2Pb. Bis zum F. ändert sich der anomale Diamagnetismus des Bi linear mit T, um beim F. sprunghaft in den temperaturunabhängigen n. Diamagnetismus überzugehen. Für die Widerstandsmessungen nach der vom Vf. entwickelten Kraftmeth. wurde eine Gleichung für die

Eichung bei niedrigen Leitfähigkeiten entwickelt. Der Widerstand des Bi steigt mit der Temp. bis zum F. monoton an. Ein gleicher Befund wurde für Mg_2Pb erhalten. Der Temperaturkoeff. des Widerstandes des Mg_2Pb ist oberhalb des F. negativ, der des Bi schwach positiv. Dieses Ergebnis wird vom Vf. auf die weitere Aufspaltung von Restaggregaten, die als Folge der Abnahme des Desorientierungsdruckes während des Schmelzens entstehen, zurückgeführt. Diamagnetismus u. Leitfähigkeit sind strukturempfindliche Eigg. dieser Restaggregate. Durch sie lassen sich auch die experimentellen Ergebnisse anderer Autoren, z. B. die Maxima in den Viscositätsisothermen bei Amalgamen, deuten. Die Existenz dieser Restaggregate wird durch das Phasengesetz nicht ausgeschlossen. (Z. Elektrochem., Ber. Bunsenges. physik. Chem. **57.** 618—24. 1953. Tübingen, Univ., Inst. für physikal. Chem.) WOELK. 137

Roger Cohen-Adad, *Einfluß des Harnstoffs auf die elektrische Leitfähigkeit von Elektrolyten.* 2. Mitt. *Untersuchung saurer und alkalischer Lösungen.* (1. vgl. C. **1953.** 6821.) Vf. berechnet die Gleichgewichtskonstanten K_h u. die Beweglichkeiten l der Anlagerungsverb. von Harnstoff (I) mit H-Ionen aus Leitfähigkeitsmessungen an wss. I-Lsgg. in Ggw. von HCl bei 25 bzw. 30° zu $K_h = 1{,}15 \cdot 10^{-14}$ bzw. $1{,}74 \cdot 10^{-14}$ u. $l = 36{,}8$ bzw. 46,5. Die Ergebnisse werden in ihrer Beziehung zur vermutlichen Struktur des I diskutiert, mit von anderen Autoren erhaltenen Werten verglichen u. durch Messungen der Geschwindigkeit der Isomerisation des I zu OCN^-- u. NH_4^+-Ionen gestützt. Aus Messungen der Leitfähigkeit wss. I-Lsgg. in Ggw. von OH-Ionen ergeben sich Anhaltspunkte für eine ähnliche Rk. des I mit OH-Ionen wie mit H-Ionen, die, falls sie sich nach anderen Methoden bestätigen ließe, für eine ampholyt. Zwitter-Ion-Struktur des I sprechen würde. (Bull. Soc. chim. France, Mém. [5] **20.** 1099—1104. Nov./Dez. 1953. Alger, Fac. des Sci., Labor. de Chim. Gén.) NIEMITZ. 138

Kurt H. Stern und **Charles C. Templeton,** *Die elektrische Leitfähigkeit von Lösungen von Kobalt(II)-nitrathexahydrat in Acetophenon bei 25°.* Die Leitfähigkeit von $Co(NO_3)_2 \cdot 6\,H_2O$ in Acetophenon haben Vff. im Konzentrationsbereich von 0,0001 bis 0,03 mol. bei 25° gemessen. Die D. der Lsgg. ist eine lineare Funktion der Konz. u. läßt sich durch die Gleichung $d_{25} = 1{,}0238 + 0{,}11$ mol. wiedergeben. Der Verlauf der Kurve Leitfähigkeit/Konz. ist grundverschieden von dem für wasserfreie Salze in organ. Lösungsmitteln. Oberhalb 0,001 mol. bleibt die Leitfähigkeit der $Co(NO_3)_2 \cdot 6\,H_2O$-Lsgg. konstant. Für Λ_0 erhalten Vff. auf 3 verschied. Wegen den Wert 60, für die maximale Dissoziation 5%. Dieses Ergebnis deutet darauf hin, daß die Extraktion von Metallnitraten mit O-haltigen organ. Lösungsmitteln im undissoziierten Zustand erfolgt. (J. electrochem. Soc. **98.** 443—46. Nov. 1951. Ann Arbor, Mich., Univ., Dep. of Chem.) WOELK. 138

A. R. Gordon und **R. L. Kay,** *Anomale Verschiebung der Indicatorkonzentration bei Messungen der Überführungszahlen mittels wandernder Grenzschichten.* Bei Messungen mit steigenden Grenzschichten stellt sich — wenn die Anfangskonz. der Indicatorlsg. größer ist als die von KOHLRAUSCH definierte krit. Konz. — in der Lösungssäule hinter der Grenzschicht die KOHLRAUSCH-Konz. ein, d. h. es tritt eine Abwärtsverschiebung der Indicatorkonz. ein. Vff. zeigen am Beispiel der Salzpaare 0,04 n *KCl–LiCl,* 0,01 n *KCl–KJO₃* u. 0,03 n *KCl–BaCl₂* in wss. Lsg., daß bei Indicatoranfangskonz. unter der KOHLRAUSCH-Konz. eine Aufwärtsverschiebung eintreten kann u. daß bei Messungen mit fallender Grenzschicht entsprechend eine Abwärtsverschiebung der Indicatorkonz. bei Anfangskonzz. über dem KOHLRAUSCH-Wert eintreten kann. Die verschied. Meßzellen sowie die Meßmethodik werden eingehend beschrieben. Vff. schlagen einen Mechanismus für den anomalen Verschiebungsvorgang vor u. zeigen, daß dieser Vorgang begründet ist durch die extrem kleinen Vermischungsgeschwindigkeiten zweier Lsgg. unter der Wrkg. eines Dichtegradienten in einem sehr engen Rohr, da ein Ausgleich der Konzentrationsänderungen nur durch Vermischung erfolgen könnte. Abschließend wird die Verschiebungsgeschwindigkeit angenähert berechnet. (J. chem. Physics **21.** 131—35. Jan. 1953. Toronto, Can., Univ. of Toronto, Chem. Dep.) KARUTZ. 138

J. D. H. Strickland, *Anwendung von Ionenaustauschharzen, um die Ladung eines Ions in wässeriger Lösung zu bestimmen.* Es wurde eine einfache u. schnelle Meth. zur Best. der Ionenladung eines Anions oder Kations in wss. Lsg. mittels Ionenaustauschern mit stark sauren oder bas. Gruppen entwickelt; sie ist auch bei sehr kleinen Konzz. des unbekannten Ions anwendbar. Die Anwendung des Massenwirkungsgesetzes auf Austausch-Rkk. führen zu einer Gleichung, aus der unter Hinzuziehung von radioakt. u. opt. Absorptionsmethoden die Ionenladung bestimmt werden kann. (Nature [London] **169.** 620. 12/4. 1952. London, Ministry of Supply, Royal Arsenal, Chem. Inspectorate.) JÄGER. 139

Georges Carpéni, *Elektrolytische Gleichgewichte in wässerigen Lösungen zwischen Molekülen und einfachen Ionen und kondensierten Ionen: Bemerkungen über das Postulat des isohydrischen Punktes.* Vf. behandelt vom theoret. Gesichtspunkt die Existenz von isohydr. Punkten, unter denen Schnittpunkte von p_H-Neutralisationskurven für verschied. Säurekonzz. verstanden werden, u. diskutiert eingehend alle Argumente, die für oder gegen das Auftreten derselben sprechen. Die kryoskop. Kurven wie auch die elektrometr. Titrationskurven der *Borate* weisen im isohydr. Punkt ein Minimum auf, dem die Existenz eines Salzes der Zus. $Na_2(HB_5O_9)$ zugeschrieben wird. Weiter kann Vf. bei den *Germaniumsäuren* ($H_2Ge_5O_{11}$ u. H_2GeO_3) eine gute Übereinstimmung zwischen berechneten u. experimentell ermittelten Werten der Neutralisationskurven feststellen. So fällt infolge seiner geringen Löslichkeit in konz. Lsgg. ein K-Pentagermanat aus, wobei der p_H der Lsg. ungefähr einem isohydr. p_H entspricht. Auf Grund seiner Ergebnisse gelangt Vf. zu der Schlußfolgerung: Die Annahme der Existenz eines isohydr. Punktes besteht zu Recht. (Bull. Soc. chim. France, Mém. [5] **19.** 1010—14. Nov./Dez. 1952. Marseille, Fac. des Sci., Labor. de Chim. P. C. B.) SURAWSKI. 139

Heinz Gerischer, *Zum Entladungsmechanismus von Komplexionen.* Vf. betrachtet die Entladung von Komplexionen als direkte, höhermol. Rk. an der Phasengrenze u. untersucht die Abhängigkeit der Austauschstromdichte von den Konzz. der Reaktionspartner. Aus der Kombination der kinet. Beziehungen für den anod. u. kathod. Teilstrom mit der Gleichung für das Gleichgewichtspotential von NERNST ergibt sich für die Austauschstromdichte $i_0 = k[M]^{(1-\alpha)} \cdot [X]^{\nu(1-\alpha)} \cdot [MX\nu]^{\alpha}$ (mit $1 > \alpha > 0 =$ Durchtrittsfaktor). Die Beziehungen für die Abhängigkeit von den analyt. erfaßbaren Konzz., die eine Modifizierung der von VETTER für Redoxsysteme aufgestellten Gleichungen darstellen, werden tabellar. zusammengestellt. Die experimentell ermittelten i_0-Werte sind für CN^--haltige Lsgg. wesentlich kleiner als für Na_2SO_4-Lsgg. u. zeigen keinen linearen Verlauf mit der CN^--Konzentration. Dies läßt auf 2 verschied. Entladungsvorgänge bei hohen u. niedrigen CN^--Konzz. schließen. Eine Berechnung der Durchtrittsfaktoren zeigt, daß die Entladung bei hohen CN^--Konzz. über $[Cd \cdot (CN)_3]^-$, bei niedrigen über $[Cd(CN)_2]$ erfolgt. Eine Änderung der Komplexbildnerkonz. kann eine Änderung der Stoßzahl oder eine Verschiebung des Gleichgewichtspotentials bewirken. Vf. gibt eine tabellar. Übersicht der bisherigen Ergebnisse über den Entladungsmechanismus von Komplexionen u. vermutet, daß auch in anderen Systemen die Entladung über Zwischenstufen niedriger Koordinationszahl abläuft. (Z. Elektrochem., Ber. Bunsenges. physik. Chem. **57.** 604—09. 1953. Göttingen, M. P. I. für physik. Chem.) WOELK. 140

Shozo Furui und **M. Masui,** *Oberflächenpotential bei der Eisbildung.* 15 cm³ dest. W. wurden in einem paraffinierten Trog in einem Kühlraum von —20° langsam zum Gefrieren gebracht u. der Potentialunterschied zwischen dem Innern des W. u. der Oberfläche beobachtet. Die aufgenommene Kurve zeigte beim Gefrieren eine bestehenbleibende Potentialdifferenz von ca. 0,3 mV. — 2 Abbildungen. Kagaku [Science] **21.** 89. Febr. 1951. Tokyo. [Orig.: japan.]) SCHULER. 140

N. A. Gorjunowa und **W. I. Pawlow,** *Oxydation wässeriger Natriumsulfitlösungen durch positive Wasserstoff-, Helium- und Sauerstoffgasionen.* Die Verss. ergaben, daß bei Ggw. der positiven Gasionen von H, He u. O, die bei Entladungen bei 2000—3000 V im Elektrolyseur entstehen, die Oxydation von Na_2SO_3 (I) zu Na_2SO_4 wesentlich rascher verläuft als bei anderen Elektrolysearten. Am reinsten verläuft die **I**-Oxydation mit He^+, da **I** bei Anwendung von H^+ nach der Neutralisation teilweise red. wird (bis zu Polythionverbb. oder S). Bei der **I**-Oxydation durch H^+ u. He^+ tritt die hypothet. Säure HSO_3 als Zwischenprod. auf, wobei mit He^+ weniger Neben-Rkk. beobachtet werden als mit H^+. Die **I**-Oxydation mit positiven O-Ionen zu Sulfat erfolgt in einer Kettenreaktion. (Журнал Общей Химии [J. allg. Chem.] **23** (**85**). 1253—63. Aug. 1953. Leningrad, Technol. Molotow-Inst.) LEBTAG. 141

C. Chalin und **I. Epelboin,** *Über die Verminderung der Dicke von Metallbändern durch elektrolytisches Polieren.* Nach früheren Arbeiten der Vff. kann man durch elektrolyt. Polieren beträchtliche Metallmengen gleichförmig von der Anode abtragen, wenn man durch eine geeignete Anordnung dafür sorgt, daß die Stromdichte an allen Stellen der Anode gleich groß ist. — Für Drähte oder Bänder wurde ein dynam. Verf. ausgebildet, bei dem das Material gleichförmig in der Weise bewegt wird, daß jeder Punkt der Anode nacheinander dieselben Stellen durchläuft. Vff. konnten so die Dicke von 50 m langen Bändern auf die Hälfte vermindern. — Für Laboratoriumszwecke wird ein stat. Verf. benutzt, mit dem von Folien 90—95% der Dicke abgetragen werden können. Aus 60 μ starken Bändern von 1 m Länge konnten Folien von 4 μ Stärke hergestellt werden. — Die Unters. solcher Folien hat gezeigt, daß die Herst. nach dem

Walzverf. oft unzweckmäßig ist. Der Aufwand bei diesem Verf. ist sehr groß, u. außerdem wird hierbei eine Oberflächenschicht mit abweichenden Eigg. erzeugt. Durch Unterss. an Folien aus *Mumetall* (Anfangsdicke 60 μ) wurde nachgewiesen, daß die pyknometr. ermittelte D. bei der Schichtstärke von 20 μ ein Maximum aufweist. Bei derselben Stärke haben auch die elektr. Leitfähigkeit, die magnet. Permeabilität u. der YOUNG-Modul Maxima. (J. Physique Radium **12.** 885. Nov. 1951. Paris, Fac. des Sci., Labor. de Phys.) SKALIKS. 141

I. Epelboin und **A. P. Ghaheri,** *Über die Verminderung der Dicke von Metallflächen durch elektrolytisches Polieren.* Die im vorst. Ref. angegebenen Verff. sind bei dünnen Drähten oder Fäden aus verschied. Gründen nicht anwendbar. Vff. haben dafür ein spezielles Verf. entwickelt, bei dem der Metallfaden in ein Rechteck aus stärkerem Draht desselben Metalles eingespannt wird. Um eine gleichmäßige Verteilung des Konzentrationsgradienten zu erzielen, wird entweder der rechteckige Rahmen bewegt, oder die Bad-Fl. wird durch Überlagerung eines magnet. Feldes in Bewegung gesetzt. Man kann $^9/_{10}$ der Dicke abtragen, also aus einem 100 μ starken Faden einen solchen von 10 μ herstellen. Weitere Angaben über die Herst. noch dünnerer Fäden. (J. Physique Radium **12.** 885—86. Nov. 1951.) SKALIKS. 141

Carl Wagner, *Theoretische Analyse der Stromdichteverteilung in elektrolytischen Zellen.* Die Stromverteilung an parallelen, ebenen Elektroden wird für die Fälle, daß ihr Abstand groß u. klein gegen ihre Breite sei, unter der Annahme einer linearen Polarisationskurve berechnet. Weiter wird die Stromverteilung für Elektroden mit einem dreieckwellenförmigen Profil für die Polarisation Null berechnet u. für hohe Polarisationen angenähert bestimmt. Die so erhaltenen Werte werden mit den experimentell von MANTZELL (Z. Elektrochem. angew. physik. Chem. **43.** [1937.] 174 u. früher) erhaltenen verglichen. Es wird gezeigt, wie mit Hilfe von Messungen mit der HARING-Zelle (Trans. electrochem. Soc. **44.** [1923.] 313) auch Stromdichteverteilungen für andere geometr. Bedingungen vorhergesagt werden können. (J. electrochem. Soc. **98.** 116—28. März 1951. Cambridge, Mass., Massachusetts Inst. of Technol., Dep. of Metall.) R. LEVI. 142

Dennis R. Turner, *Anodische Polarisationseffekte an Nickel in Schwefelsäure.* Das anod. Verh. des Ni in 2nH_2SO_4 hat Vf. im Stromdichtebereich unterhalb u. oberhalb der Passivierung untersucht sowie den Einfl. einer kathod. Vorpolarisation der Elektroden u. von Chloriden studiert. Die zeitlichen Änderungen der Potentiale wurden oscillograph. verfolgt. Bis zu 300 mA/cm² ist die anod. Auflösung der vorherrschende Elektrodenvorgang; oberhalb dieser Stromdichte erfolgt innerhalb weniger Sek. Passivierung unter Filmbildung. Im passiven Zustand besteht die Anoden-Rk. in der Entladung von Hydroxylionen, O_2-Entw. u. Bldg. eines in 2nH_2SO_4 lösl. Oxyds. Diese Löslichkeit bestimmt die Geschwindigkeit des Polarisationsabfalls. Nach einer kathod. Vorpolarisation befindet sich das Ni in einem aktiveren Zustand. Dies führt Vf. auf die Red. des Oxyds u. die damit verbundene Vergrößerung der Oberfläche zurück. Die minimale, für die Passivierung erforderliche Stromdichte wird durch die Ggw. von Cl-Ionen erhöht. (J. electrochem. Soc. **98.** 434—42. Nov. 1951. East Pittsburgh, Pa., Westinghouse Res. Labor.) WOELK. 142

Paul Drossbach, *Die Abscheidung von Tantal, Titan und Natrium als Natrium-Blei-Legierung aus geschmolzenen Salzmischungen.* (Vgl. C. **1954.** 4328.) Vf. beschreibt ein Thyratrongerät, das die Messung von Polarisationsspannungen ab 0,8 μSek. nach dem Ausschalten des Stromes mit einer Genauigkeit von ca. 3 mV ermöglicht. Mit diesem Gerät wurde das Abklingen der Überspannung des H_2 an verschied. Metallen nach der Abschaltung verfolgt. Auf Grund der erhaltenen Ergebnisse unterscheidet Vf. 4 Haupttypen von Polarisations/Zeit-Kurven: 1. Das Abklingen des Potentials beginnt zwischen 10^{-5} u. 10^{-4} Sek. nach dem Abschalten. Dies erfolgt an Elektroden aus Hg, Pt, Pd, Ag, Mo u. Wolfram. 2. An Kohle, bei Schmelzflußelektrolysen von K_2TaF_7, K_2TiF_6 oder $PbCl_2$ in Mischung mit KCl, NaCl oder LiCl erfolgt das Abklingen nach $\sim 10^{-3}$ Sekunden. Anschließend an diesen Potentialverlauf kann nun 3. ein weiterer, sehr langsamer Abfall zwischen 10^{-2} u. 10 Sek. erfolgen oder 4. die Polarisationsspannung bis zu 4 Sek. nach dem Abschalten konstant bleiben. 1. entspricht einer Aktivierungs-, 3. einer Konzentrationsüberspannung. Auch die Feststellung von Deckschichten ist mit Hilfe des Thyratrongerätes möglich. Vf. hat die Deckschichtbldg. am Ta u. Ti verfolgt u. zeigt, daß die an diesen Elektroden gemessenen Überspannungen meistens an den Deckschichten auftreten. Ferner wurden mit diesem Gerät die Polarisationsverhältnisse bei der Elektrolyse von Na-Halogeniden im Gemisch mit NaCN an Pb sowie von K_2TaF_7 u. K_2TiF_6 in Mischungen mit KCl u. LiCl untersucht. Es wurden die Stromausbeuten u. Abscheidungspotentiale ermittelt u. die möglichen

Elektroden-Rkk. auf Grund der erhaltenen Ergebnisse diskutiert. (Z. Eletrochem., Ber. Bunsenges. physik. Chem. **57.** 548—58. 1953. München, TH, Labor. für physik. Chem. u. Elektrochem.) WOELK. 142

J. O'M. Bockris, *Überspannung.* Nach einem Überblick über die Bedeutung der Überspannung für elektrochem. Prozesse sowie die experimentellen Arbeiten zu ihrer Deutung diskutiert Vf. die Schwierigkeiten, die einer exakten Unters. entgegenstehen. Besondere Bedeutung kommt der Reinheit der Elektrolyte zu, da, je nach der Stromdichte, schon 10^{-10} Mol/Liter Verunreinigungen die Meßwerte beeinflussen. An Hand der bekannten Arbeiten wird der gegenwärtige Stand der Theorie der H-Überspannung erläutert u. darauf hingewiesen, daß die weiteren Unterss. unter Berücksichtigung der Reinheit der Elektrolyte u. des Zustandes der Elektroden erfolgen müssen. — 28 Literaturangaben. (J. electrochem. Soc. **98.** 153C—57C. Nov. 1951. London, Univ., Imp. Coll. of Sci. and Technol., Dep. of Inorg. and Phys. Chem.) WOELK. 143

C. A. Knorr, *Quantitative Bestimmung verschiedener Überspannungsanteile aus Strom-Spannungs-Messungen an Edelmetallelektroden.* Die Überspannung (η) einer mit H_2 oder N_2 bespülten Elektrode ist durch $-\eta = 29 \log(i/i_0 + 1)$ bzw. $-\eta = 29 \lg(i/i_0)$ gegeben, worin i_0 die Austauschstromdichte darstellt. Bei höheren Stromdichten, >2 mA/cm², ergeben sich jedoch Abweichungen von den durch diese Beziehungen gegebenen Kurven. Die Überspannung setzt sich also aus zwei Anteilen, η_1 u. η_2, zusammen, wobei η_2 als Diffusionsüberspannung angesehen u. durch Messung des Potentialabfalls mit der Menge des nachentwickelten H_2 u. Extrapolation ermittelt werden kann. Vf. versucht, den verbleibenden Überspannungsrest, $\eta_1 = \eta - \eta_2$, durch eine Hemmung des Entladungsvorganges, durch eine verzögerte Rekombination 2. Ordnung oder durch eine gehemmte Rk. 1. Ordnung zu berechnen. Die an sehr akt. Pd-Elektroden gemessenen Werte lassen sich durch eine Gleichung $-\eta_1 = w \cdot i + RT/F \ln(i/i_0 + 1)$ entsprechend einer gehemmten Rk. erster Ordnung darstellen. Vf. diskutiert dieses Ergebnis auch im Zusammenhang mit den experimentellen Ergebnissen anderer Autoren. (Z. Elektrochem., Ber. Bunsenges. physik. Chem. **57.** 599—604. 1953. München, TH., Phys.-chem. Inst.) WOELK. 143

R. D. Misch und **R. B. Bernstein,** *Einfluß gewisser oberflächenaktiver Verbindungen auf die Wasserstoffüberspannung an Platin und Kupfer. Apparat zur schnellen Registrierung für Überspannungsuntersuchungen.* Ein mit einem Polarographen arbeitender App. zur schnellen Registrierung von Überspannungsmessungen wird beschrieben. Weiter werden in 1n HCl-Lsg. an Pt- u. Cu-Elektroden bei verschied. Tempp. die Kurven H-Überspannung–log Stromdichte aufgenommen u. die Neigung b der Kurven bei 25° zu $0,035 \pm 0,004$ u. $0,083 \pm 0,008$ bestimmt. Kleine Konzz. an *Thioharnstoff* ($>10^{-7}$ mol.) u. *Benzylsulfid* ($>4 \cdot 10^{-5}$ mol.) bewirken eine Zunahme von b u. eine Abnahme von i_0. Zum Vgl. werden auch Messungen mit sulfidiertem Cu u. Pt ausgeführt. (J. physic. Colloid Chem. **55.** 1401—09. Nov. 1951. Chicago, Ill., Illinois Inst. of Technol., Dep. of Chem.) R. LEVI. 143

I. A. Bagotzkaja und **A. N. Frumkin,** *Der Einfluß oberflächenaktiver Verbindungen auf das Eindringen von Wasserstoff in Eisen und der Mechanismus der Wasserstoffüberspannung.* Die Übertragung der H_2-Überspannung durch eine Fe-Membran (0,1 bis 0,07 mm stark) wird unter gleichzeitiger Messung der durch die Membran diffundierenden H_2-Menge (M) bei kathod. Polarisation in reiner 1nHCl u. mit Zusatz eines Inhibitors (Tetrabutylammoniumsulfat, **I**) zusammen mit KBr untersucht. Das Potential auf der Diffusionsseite der Membran bleibt konstant, das Potential P auf der Polarisationsseite steigt zunächst etwas an, geht bei Verminderung der Stromstärke (auf $^1/_{10}$) stark zurück, erreicht aber bei Wiedererhöhung der Stromstärke wieder den ursprünglichen Wert; nach Zusatz von **I** steigt P stärker an. Bis zum **I**-Zusatz verhält sich M wie P, fällt aber nach **I**-Zusatz ab. Vff. schließen aus den Verss., daß kein direkter Zusammenhang zwischen der Überspannung u. dem Eindringen von H_2 in Fe besteht, wie er bisher meist (vgl. KOBOSEW u. MONBLANOWA, C. **1935.** I. 3096; FISCHER u. HEILING, C. **1950.** II. 1438) angenommen wurde. Verss. mit As-Zusatz zeigen, daß die in Ggw. von As beobachtete Verstärkung der H_2-Diffusion damit zusammenhängt, daß das Stadium der Entfernung des H_2 von der Oberfläche verlangsamt wird. (Доклады Академии Наук СССР [Ber. Akad. Wiss. UdSSR] [N. S.] **92.** 979—82. 11/10. 1953.) R. K. MÜLLER. 143

A₄. Thermodynamik. Thermochemie.

Zevi W. Salsburg und **John G. Kirkwood,** *Anwendungen der Theorie des freien Volumens binärer Mischungen.* Vff. geben genaue Berechnungen für die Theorie des freien Vol. bin. Gemische an u. vergleichen sie mit experimentellen Ergebnissen. Es zeigt sich,

daß die Theorie Mischungswärmen u. -volumina die größere Werte als die beobachteten haben, u. Mischungsentropien, die unterhalb der experimentellen Werte liegen, voraussagt. Die aus der Theorie folgende Volumenkontraktion, negative Mischungsentropie u. positive Mischungswärme für Lsgg. von CCl_4 u. *Neopentan* stehen jedoch in qualitativer Übereinstimmung mit neueren Messungen. (J. chem. Physics **21**. 2169—77. Dez. 1953. New Haven, Conn., Yale Univ., Sterling Chem. Labor.)
WASSERROTH. 148

D. Ss. Zikliss, *Kompressibilität des Ammoniaks bei Drucken bis zu 10000 at.* (Vgl. C. **1953**. 975 u. 1445.) Bei 50, 100 u. 150° wird die Kompressibilität von NH_3 bei Drucken von 1000—4000 at in Abständen von je 500 at, von 4000—10000 at in Abständen von je 1000 at gemessen. Die experimentellen Werte folgen der Gleichung $V_P = V_0[1 - 0{,}3084 \cdot \log (B+P)/(B+P_0)]$, wobei V_0 u. P_0 Vol. u. Druck bei Nullbedingungen sind u. B folgende Werte annimmt: bei 50° 673, 60° 584, 70° 484, 80° 366, 90° 248, 100° 142, 110° 48, 120° —29, 130° —91, 140° —140, 150° —184. Die größte Abweichung der gefundenen von den berechneten Werten (0,5%) wird bei 150°, also oberhalb der krit. Temp. des NH_3, beobachtet. (Доклады Академии Наук СССР [Ber. Akad. Wiss. UdSSR] [N. S.] **91**. 889—90. 1/8. 1953.) R. K. MÜLLER. 148

Eugene M. Holleran, *Diffusion und thermische Diffusion von isotopen Gasen.* Vf. zeigt, daß der Ausdruck d ln D/d ln T (D Diffusionskoeff., T Temp.) für *Ar* u. *Ne* angenähert linear in ln T sein muß u. D daher einer empir. Gleichung der Form $D = \alpha T^{(\beta+\gamma \ln T)}$ gehorchen muß, wobei α, β u. γ Konstanten sind. Die Beobachtungen lassen sich durch verschied. Sätze von α-, β- u. γ-Werten wiedergeben, u. die experimentellen Daten sind noch nicht zahlreich genug, um die Konstanten daraus hinreichend zu bestimmen. Befriedigende Werte für β u. γ lassen sich aus den Beobachtungsergebnissen der therm. Diffusion bestimmen. Außer dem Faktor α kann D(T) also aus $R_T(T)$ (R_T therm. Diffusionsverhältnis) bestimmt werden. Außerdem ist die Berechnung von R_T aus Messungen des Diffusionskoeff. möglich, jedoch reichen für zuverlässige Bestimmungen die bisher verfügbaren Meßergebnisse noch nicht aus. (J. chem. Physics **21**. 2184—87. Dez. 1953. Brooklyn, N. Y., St. John's Univ.)
WASSERROTH. 149

Roger A. Strehlow, *Die Temperaturabhängigkeit des gegenseitigen Diffusionskoeffizienten für vier gasförmige Systeme.* Vf. untersucht in einer Zelle vom LOSCHMIDTschen Typ die Diffusionskoeffizienten der Systeme *He–Ar*, H_2–*Ar*, H_2–nC_4H_{10}, H_2–SF_6 im Temperaturintervall von 13—150°. Die Werte wurden analyt. während des Fortlaufs der Diffusion bestimmt, wobei die therm. Leitfähigkeit des Gases als Kriterium für die Konz. benutzt wurde. Vf. stellte allg. Gleichungen zur Berechnung der Diffusionskoeffizienten auf u. analysierte die vorhandenen Fehlermöglichkeiten. Aus den erhaltenen Werten wurden die bin. Kraftkonstanten für das LENNARD-JONES-6—12-Potential berechnet. Für das Syst. SF_6–H_2 ergab sich $\varepsilon/k = 320°$ K u. $(r_0)_{12} = 3{,}25$ Å. Die anderen 3 Systeme stimmen sehr schlecht mit der Theorie überein. Vf. diskutierte die Schwierigkeiten der Berechnung von LENNARD-JONESschen Kraftkonstanten aus experimentellen Viscositäts- oder Diffusionswerten. (J. chem. Physics **21**. 2101—06. Dez. 1953. Madison, Wis., Univ. of Wisconsin, Naval Res. Labor., Dep. of Chem.)
WASSERROTH. 149

Masataka Mizushima, Kimio Ohno und **Akiko Ohno,** *Theorie des intermolekularen Potentials und zweiten Virialkoeffizienten von Wasserstoff bei tiefen Temperaturen.* Unter Berücksichtigung der Abhängigkeit von der relativen Orientierung der Moll. berechnen Vff. das intermol. Potential zwischen H_2-Molekülen. Es werden die Matrixelemente des abstoßenden intermol. Potentials u. das LONDONsche Potential bestimmt. Das resultierende Matrixelement hängt von der Rotationsquantenzahl ab, wenn das intermol. Potential von der relativen Orientierung der zusammenstoßenden Moll. abhängig ist. Es wird gezeigt, daß der zweite Virialkoeff. von n. H_2 (bei tiefen Tempp. 75% der Moll. mit der Rotationsquantenzahl $J = 1$ u. 25% mit $J = 0$) u. reinem Parawasserstoff (bei tiefen Tempp. alle Moll. $J = 0$) verschieden sein muß. Durch numer. Lösung der SCHRÖDINGER-Gleichung wird der zweite Virialkoeff. für sehr tiefe Tempp. berechnet. (J. chem. Physics **21**. 2107—14. Dez. 1953. Durham, N. C., Duke Univ., Dep. of Phys., u. Tokyo, Japan, Univ. of Tokyo, Fac. of Sci., Dep. of Phys.)
WASSERROTH. 149

A. Achijeser und **W. Alexin,** *Magnetisierungszeit einer schwachen ${}^3He$-Lösung in ${}^4He$.* Für die Relaxationszeit τ einer schwachen Lsg. von ^{3}He in ^{4}He berechnen Vff. $\tau_0/\tau = (T/\varepsilon_0)^2$, falls $T \ll \varepsilon_0$, u. $\tau_0/\tau = ({}^8/_3)\pi^{-3}(\pi T/\varepsilon_0)^{1/2}$, falls $T \gg \varepsilon_0$. Hierbei ist $1/\tau_0 = 32 \cdot 3^{1/2} \cdot \pi^{11/2} \cdot m\mu^4 n^{4/3} \hbar^{-3}$; Entartungstemp. $\varepsilon_0 = (3\pi^2)^{2/3} \hbar^2 n^{2/3} m^{-1}$. (Доклады Академии Наук СССР [Ber. Akad. Wiss. UdSSR] [N. S.] **92**. 259—62. 11/9. 1953. Charkow, Physikal.-Techn. Inst. der Akad. der Wiss. der UkrSSR.) AMBERGER. 149

N. D. Litwinow, *Das isotherme Gleichgewicht Dampf–Flüssigkeit in Systemen aus drei sich unbegrenzt mischenden Flüssigkeiten.* (Vgl. C. **1953**. 4166.) Vf. leitet aus der Gleichgewichtsgleichung von STORONKIN u. aus der CLAPEYRON-MENDELEJEWschen Gleichung eine Differentialgleichung für die Isothermoisobaren im Dreistoffgemisch ab. Diese wird für Gemische, die dem RAOULTschen Gesetz folgen, integriert. Es ergeben sich die Isothermoisobaren u. die Geraden der Dampfzusammensetzung. Eine Unters. der Azeotropie an Hand dieser Gleichung zeigt, daß das für Zweistoffgemische abgeleitete Gesetz von KONOWALOW auch für Dreistoffgemische gültig ist. In Dreistoffgemischen sind 4 Typen von Azeotropie möglich: im absol. Maximum, im absol. Minimum, im Sattelpunkt u. auf der Horizontalen. Die drei ersten Typen sind prakt. beobachtet worden, der vierte jedoch nicht, u. seine prakt. Existenz ist unwahrscheinlich. Das zweite Gesetz von KONOWALOW, das den Zusammenhang der Konz. von Dampf u. Fl. in Zweistoffsystemen beschreibt, gilt für Dreistoffsysteme im allg. nicht. (Журнал Физической Химии [J. physik. Chem.] **26**. 1761–73. Dez. 1952.) ADOLPHI. 150

Bernard Kopelman und **Harry Bender**, *Die Dissoziation von Berylliumjodid in Platingefäßen.* Die Dissoziation von BeJ_2 in die Elemente wurde untersucht, um weitere thermodynam. Aufschlüsse über die „Heißdraht–Jodid-Meth." zu gewinnen, mit deren Hilfe es möglich ist, metall. Be mit besonderen Eigg. durch Heißdrahtzers. von BeJ_2 zu gewinnen. Es wurden Gleichgewichtsmessungen durch Best. des Jod–Dampf-Druckes im Temperaturgebiet zwischen 575 u. 1060° in Pt-Gefäßen durchgeführt, die durch Rk. zwischen BeJ_2-Dampf u. Pt gestört wurden. BeJ_2 ist im Dampfzustand dimer, die Gleichgewichtskonstanten für die Dissoziation in das Monomere betragen bei 576° 10,8, bei 636° 19,5, bei 766° 53,5. Die Dissoziationswärme wurde zu 14,8 kcal/Mol gefunden. Es wird eine *Be–Pt-Verb.* gebildet, deren Bildungswärme in der Gegend von 650° ungefähr 25 kcal beträgt. Bei 600° wurden keine Anzeichen für die Existenz einer Verb. *BeJ* gefunden. Um den Einfl. der Rk. zwischen Be u. Pt auf das Dissoziationsgleichgewicht des BeJ_2 auszuschalten, wurden Dissoziationsverss. in Ggw. eines Überschusses an metall. Be durchgeführt, der das Vorliegen einer Gleichgewichtskonz. an metall. Be gewährleisten sollte. In Übereinstimmung mit den thermodynam. Daten wurde unter diesen Bedingungen keine meßbare Menge an freiem Jod gefunden. Es ist damit erwiesen, daß die Zers. von BeJ_2 im Heißdrahtprozeß ausschließlich kinet. bedingt ist. (J. electrochem. Soc. **98**. 89–93. März 1951. Bayside, N. Y., Sylvania Electric Products, Inc., Metallurg. Labors.) R. LEVI. 150

André Lacam, *Über das Verhältnis γ der spezifischen Wärmen von Stickstoff unter Druck.* Vf. ermittelt aus Messungen der Schallgeschwindigkeit in N_2 $\gamma = c_p/c_v$ bei Drucken bis zu ca. 1150 at. Dabei stimmen die von ihm ermittelten Werte von γ bis ca. 450 at mit denen von MICHELS (Publication of the Van der Waals Fund. Nr. 115) überein, oberhalb dieses Druckes sind sie jedoch größer, wobei der Unterschied mit wachsendem Druck zunimmt. Diese Abweichungen ergeben sich, nachdem γ ein Maximum erreicht hat. Der Vf. schließt hieraus auf eine Dispersion oberhalb von 450 at infolge intermol. Wirkungen. (J. Physique Radium **14**. 427. Juni 1953. Bellevue, Labor. des Hautes Pressions.) H. JACOB. 151

Robert E. Connick und **Richard E. Powell**, *Die Entropie von wässerigen Oxyanionen.* Vff. zeigen, daß die Entropien der Oxyanionen von der Form XO_n^{z-} mit guter Annäherung durch die empir. Gleichung $\overline{S}_2^0 = 43{,}5 - 46{,}5\ (z - 0{,}28\ n)$ wiedergegeben werden können. Die Entropien von Oxyanionen, die Hydroxylgruppen enthalten, können ebenfalls nach dieser Formel berechnet werden, wenn bei der Best. der Zahl n der Sauerstoffionen die in den OH-Gruppen befindlichen O-Ionen vernachlässigt werden. Die Form der Gleichung wird teilweise durch eine Modellvorstellung begründet. Vff. zeigen, daß die Entropien der Oxyanionen, deren O-Atome um zwei verschied. Zentralatome gruppiert sind, abgeschätzt werden können, indem jede Seite des Ions unabhängig behandelt u. eine geeignete Anzahl von Entropieeinheiten für den Dimerisationsprozeß in Abzug gebracht wird. Für nachst. zweikernige Ionen ergaben sich folgende berechnete Entropiewerte (in Entropieeinheiten): $^-O_3Cr-O-CrO_3^-$ +54, $^-O_2S-SO_2^-$ +28, $^-O_2C-CH_2-CH_2-CO_2^-$ +28, $^-ON{=}NO^-$ +2. (J. chem. Physics **21**. 2206–07. Dez. 1953. Berkeley, Calif., Univ. of California, Dep. of Chem. and Chem. Engng.) WASSERROTH. 154

Leo Brewer, *Die thermodynamischen Eigenschaften der Oxyde und ihre Verdampfungsprozesse.* Vf. diskutiert zusammenfassend einzeln alle stabilen Oxyde einschließlich derjenigen der Transurane hinsichtlich ihrer thermodynam. Eigg., ihres Gitters u. ihrer Gasphase. Ausführlich wird auf den Verdampfungsprozeß eingegangen. Tabellen: ΔF_{298}, ΔH_{298}, ΔS_{298}, ΔH_0 der Gasphase, F., Gleichgewichtstempp. der Totaldrucke 1 u. 0,001 at. —

471 Literaturangaben. (Chem. Reviews **52**. 1—75. Febr. 1953. Berkeley, Calif., Univ. of California, Dep. of Chem. and Chem. Engng.) v. Haaren. 155

A. W. Wedenejew, L. I. Kasarnowskaja und **I. A. Kasarnowski**, *Bildungswärme der Peroxyde von Barium, Strontium und Calcium und die Affinität des Sauerstoffmoleküls zu zwei Elektronen.* Vf. bestimmt die Lösungswärme von Chloriden u. Peroxyden des Bariums, Strontiums u. Calciums in verd. Salzsäure. Aus den Ergebnissen wird die Bildungswärme von BaO_2, SrO_2 u. CaO_2 berechnet. Es ergibt sich $151{,}89 \pm 0{,}25$; $150{,}80 \pm 0{,}25$ u. $155{,}77 \pm 0{,}16$ kcal/Mol. Die Gitterenergien des Barium- u. Strontiumperoxyds werden berechnet. Für die Affinität des Sauerstoffmol. zu den zwei Elektronen ergab sich der Wert -175 ± 15 kcal. (Журнал Физической Химии [J. physik. Chem.] **26**. 1808—13. Dez. 1952. Moskau, Physikal.-Chem. Karpow-Inst.) Adolphi. 155

William Karush und **Gale Young**, *Temperaturanstieg in einem wärmeerzeugenden Festkörper hinter einem Oberflächendefekt.* Für einige Fälle, in denen der Wärmestrom von einem wärmeabgebenden festen Körper an ein Kühlmittel durch Beschädigung oder Veränderung der Austauschoberfläche gehemmt ist, werden einfache Ausdrücke zur Berechnung des Temperaturanstiegs vor dem Hindernis angegeben. Beschädigungen in Form langer Risse u. Streifen u. runder Flächen werden betrachtet. (J. appl. Physics **23**. 1191—93. Nov. 1952. Chicago, Ill., Univ. of Chicago, u. White Plains, N. Y., Nuclear Developm. Assoc., Inc.) Cramer. 158

A5. Kolloidchemie. Grenzschichtforschung.

S. R. Sivarajan, *Die Lichtstreuung an kolloidalen Farbstofflösungen.* (Vgl. C. **1953**. 3042.) Es wurden Intensität u. Depolarisation von transversal gestreutem weißem Licht für einige wss. bzw. alkoh. Lsgg. koll. Farbstoffe sowie ihre Abhängigkeit von der Temp. u. der Konz. eines anorgan. Fremdelektrolyten (*NaCl*) gemessen. Untersucht wurden *Chrysophenin G, Benzopurpurin 4 B, Durazol Fast Rubin BS, Chlorazol Fast Scarlet 4 BS, Kongorot, Durazol Fast Orange 2 GS* u. *Durazol Rot 2 BS*. Es werden Aussagen über Form, Größe u. Anisotropie der Micellen abgeleitet. (J. Indian Inst. Sci., Sect. A **34**. 75—79. April 1952. Bangalore, Ind., Inst. of Sci., Dep. of Phys.) Lindberg. 162

Olga Tanaevsky, *Das Verhalten von Dispersionen im Magnetfeld.* Die spezif. Susceptibilität der Hydrosole von SnO_2 u. HgO steigt ebenso wie diejenige der Sole von S, As_2S_3 u. Stärke an, wenn ihre Teilchengröße abnimmt. Dagegen findet man für die Sole von Ag, Ag_2S, Hg, β-ZnS u. β-CdS keine Abhängigkeit der Susceptibilität von der Teilchengröße. (C. R. hebd. Séances Acad. Sci. **234**. 2067—69. 19/5. 1952.) Hentschel. 162

R. S. Subrahmanya, M. R. A. Rao und **B. Sanjiva Rao**, *Eine einfache Methode zur Untersuchung der Änderung der Grenzspannung mit der Zeit.* Vff. beschreiben eine neue Meth. zur Best. der Änderung der Grenzflächen- u. Oberflächenspannung mit der Zeit, die die Vorteile der Meth. des hängenden Tropfens mit denen der Tropfengewichtsbestimmungsmeth. vereint. Die Änderungen der Grenzflächenspannung *Bzl.–Kongorot* u. der Oberflächenspannung von wss. Kongorotlsgg. wurden bestimmt. Aus den Unterss. über den Einfl. der Konz. des Kongorots auf die Änderung der Grenzspannung geht hervor, daß der Abfall bei Konzz. größer als 0,0005% groß ist. Salze, wie *NaCl* u. *KJ*, erniedrigen die Grenzflächenspannung zwischen Bzl.–Kongorot erheblich; auch bei Verminderung des p_H-Wertes wird sie erniedrigt. Vff. diskutieren abschließend die langsame Änderung der Grenzflächenspannung auf der Basis der Änderung des ζ-Potentials. (Proc. Indian Acad. Sci., Sect. A **35**. 136—44. März 1952. Mysore Univ.) G. Heinrich. 166

Hans Joachim Rodewald, *Die Zerreißfestigkeit flüssiger Quecksilberlamellen. Beiträge zur Physik der Flüssigkeitslamellen.* Zum Problem der Bldg. von Flüssigkeitslamellen (z. B. Schaumbldg.) unter der Wrkg. der Grenzflächenspannung u. der Zähigkeit stellt Vf. neue Grundbegriffe auf. Als charakterist. Größe für die Lamellenstabilität reiner Fll. wird die Lamellenzerreißfestigkeit ermittelt. Diese beträgt für reines Hg unabhängig vom umgebenden Medium $3{,}85 \cdot 10^5$ dyn/cm² u. ist weitaus größer als die Zerreißfestigkeit für W. u. alle anderen bisher untersuchten Flüssigkeiten. Die App. zur Herst. kugelförmiger Hg-Blasen wird beschrieben, u. der Bildungsmechanismus wird durch Filmaufnahmen erläutert. Verschied. Deutungen der auffallend großen Stabilität kugelförmiger Hg-Blasen werden mitgeteilt, u. die Versuchsergebnisse werden mit älteren Daten von Plateau (Statique expérimentale et théorique des liquides soumis aux seules forces moléculaires, Paris, London, 1873) verglichen. (Kolloid-Z. **132**. 100—33. Aug./Sept. 1953. Berlin-Charlottenburg, Techn. Univ., Phys. Inst.) G. Heinrich. 166

Werner Kuhn, *Spontane Aufteilung von Flüssigkeitszylindern in kleine Kugeln.* Vf. behandelt den Zerfall eines Flüssigkeitszylinders in einzelne Tröpfchen, ein Vorgang, der z. B. an einem langgestreckten Wasserteilchen in einer Öl-Scherströmung beobachtet wurde (vgl. TAYLOR, Proc. Roy. Soc. [London], Ser. A **146.** [1934.] 501). Für den spontanen Zerfall des Flüssigkeitszylinders ist zunächst eine Initialstörung, hervorgerufen durch BROWNsche Molekularbewegung, verantwortlich. Die Grenzflächenspannung unterstützt dann den endgültigen Zerfall des Zylinders in kleine Tropfen. Die Zeit zur Einleitung der Initialstörung wird abgeschätzt, u. für die endgültige Zerfallszeit (Θ) des Zylinders wird eine Näherungsgleichung angegeben, die die obere Grenze für die Lebensdauer des Zylinders darstellt: $\Theta = 400 \eta r_0/\sigma$. Für einige Werte von η u. σ werden die Zerfallszeiten berechnet. Aus diesen Zahlen geht hervor, daß sogar für Zylinder, deren Durchmesser etwa dem Erddurchmesser entsprechen, verhältnismäßig (im Vgl. mit geolog. Zeiten) niedrige Zerfallszeiten vorkommen. Ferner wird darauf hingewiesen, daß der spontane Abschnüreffekt bei biol. Vorgängen eine Rolle spielen kann. (Kolloid-Z. **132.** 84—99. Aug./Sept. 1953. Basel.) G. HEINRICH. 166

I. A. Dumanski, A. W. Dumanski und **L. W. Chailenko,** *Untersuchung des Strukturbildungsprozesses von Lösungen nach der Untersuchung ihrer elastischen und viscosen Eigenschaften.* Untersucht wurden die Rheogramme der völligen zeitlichen Schubdeformation der Lsgg. von *Gelatine* (**I**), *Cellulosexanthogenat* (**II**), *synthet. Latex* (**III**), *Glycerin* (**IV**) u. *Transformatorenöl–Kolophonium-Gemisch* (**V**) bei der ständigen Belastung P u. anschließender Entlastung (P = 0). Unterhalb 0,25% **I** wurde bei beliebiger Strukturierungszeit keine zeitlich relaxierende elast. Schubdeformation beobachtet. In der 0,35—0,55% ig. **I**-Lsg. trat bei P = 0,0322 Dyn·cm⁻² u. 144, 252 u. 253 Std. Strukturierzeit eine typ. elast. Deformation ein, die nach der Entlastung bis Null absank. Bei P = 0,0874 Dyn·cm⁻² u. höher wurde nach der elast. auch eine plast. Deformation beobachtet. Die 2,5% ig. **II**-Lsgg. lieferten Rheogramme, die sich von denen von **I**, **III** u. Kautschuk stark unterschieden. Das **III**-Rheogramm zeigte die typ. Strukturzerstörung, wie sie von den Solidolen bekannt ist. Bei **IV** wurde eine deutliche elast. Deformation beobachtet. **V** verhielt sich wie eine wahre NEWTONsche Flüssigkeit. Aus den Ergebnissen wird geschlossen, daß mit Hilfe des SCHWEDOW-Gerätes die nach den üblichen viscosimetr. Verff. nicht erkennbaren Mikroeigg. von Fll. untersucht werden können. (Доклады Академии Наук СССР [Ber. Akad. Wiss. UdSSR] [N. S.] **92.** 1189—91. 21/10. 1953.) LEBTAG. 173

D. W. van Krevelen, *Untersuchungen der Gasabsorption.* 6. Mitt. *Eine graphische Darstellung für die Wirksamkeit der physikalischen Absorption.* (5. vgl. C. **1950.** I. 1952.) Vf. leitet Gleichungen für die Absorptionsgeschwindigkeitskoeffizienten u. für die Wirksamkeit der Absorption von Gasen in Auswaschern ab. Aus deren Integrationen ergibt sich, daß das Prod. $K_G A$ (K_G = Absorptionsgeschwindigkeitskoeff., A = Oberfläche der Fl., die mit dem Gas in Kontakt gebracht wird) gleich der in der Wascher-Fl. pro sec absorbierten Gasmenge, dividiert durch das logarithm. Mittel der Druckdifferenz vor u. hinter dem Wascher ist. Dabei ist K_G keine Konstante, sondern hängt seinerseits vom Materialtransport im Gas u. in der fl. Phase ab, d. h. vom Grad der Turbulenz. Aus der Gleichung für die Wirksamkeit der Absorption läßt sich eine graph. Darst. ableiten, deren Benutzung die Verwendung der Gleichung sehr vereinfacht u. die Bedeutung der beiden neu eingeführten Faktoren α = Absorptionskontaktfaktor [$= K_G(RT)a\theta$, a = wirksame Oberfläche pro Volumeneinheit, θ = Aufenthaltszeit] u. β = Neuverteilungsfaktor (= Grammole in der Gasphase dividiert durch Grammole in der fl. Phase im Gleichgewichtszustand) erkennen läßt. $\beta = 0$, d. h. unbegrenzte Löslichkeit, läßt sich nur erreichen, wenn in der fl. Phase eine unmeßbar schnelle, irreversible chem. Rk. abläuft, durch die alles absorbierte Material immer wieder verbraucht wird. (Recueil Trav. chim. Pays-Bas **69.** 503—08. März 1950. Limburg, Staatsmijnen, Central Labor. Geleen.) NIEMITZ. 176

Albert D. Crowell, *Die Gasadsorption an metallischen Drähten, Filmen und Einkristallen.* Vf. gibt einen Überblick über Adsorptionsunterss. von Gasen an festen Substanzen, wobei vor allem die Prozesse an relativ homogenen Oberflächen in Betracht gezogen werden. Es werden als Beispiele dafür die Adsorption an Metalldrähten, -filmen u. -einkristallen gewählt. Auf die Arbeiten von LANGMUIR an W-Drähten, fortgeführt von ROBERTS, von BEECKS an Metallfilmen (Ni), von RHODIN an Cu-Einkristallen u. a. wird näher eingegangen. Resultate dieser Übersicht sind: 1. trotz der zahlreichen Arbeiten ist die Natur der Oberflächen in bezug auf ihre Kristallstruktur, Löcher u. Unregelmäßigkeiten noch wenig bekannt, 2. die Herst. einwandfreier Oberflächen, d. h. ohne Verunreinigungen, ist noch unbefriedigend. (Amer. J. Physics **20.** 89—98. Febr. 1952. Amherst, Mass., Amherst Coll.) JÄGER. 176

N. N. Awgul, O. M. Dshigit, A. W. Kisselew und **K. D. Schtscherbakowa,** *Adsorptionsisotherme und -wärme von Wasserdämpfen an Ruß.* In Fortsetzung einer früheren Arbeit von Awgul, Dshigit u. Kisselew (C. **1953.** 4018) wurden die Adsorptions-Desorptionsisothermen von Wasserdämpfen an *Sphäron-6* aufgenommen u. die Adsorptionswärmen ermittelt. Bis zu $p/p_s = 0,25$ nahm die Adsorption sehr langsam zu. Bis zum relativen Druck 0,5 nahm sie rasch, bis $p/p_s = 0,84$ langsam zu, um dann wieder stark anzusteigen. Bis zur Adsorption a = 1,97 mMol/g blieb die Adsorptionswärme Q_a mit ca. 10,75 kcal/Mol konstant. Bei a > 1,97 mMol/g war Q_a gleich der Kondensationswärme (10,55 kcal/Mol), entsprechend dem 2. Knickpunkt der Isotherme. Die Gegenüberstellung der Adsorptionsisothermen von Wasserdampf u. N_2 (aus der Literatur) für verschied. geglühte Sphäronproben ergab, daß durch Entfernung der flüchtigen Stoffe durch Vakuumerhitzen bis 900° die monomol. Adsorption erhalten bleibt, daß bei stärkerem Erhitzen die Oxyde an der Oberfläche zerstört werden, wodurch die Wasserdampfisothermen konkav werden u. schließlich bei 3200° keinen Knickpunkt aufweisen. Die Ergebnisse bestätigen die frühere Ansicht (l. c.) über die Rolle der H-Bindungen bei der Wasseradsorption. Danach ist für eine merkliche Adsorption der Wasserdämpfe die Ggw. von Oxyden u. Hydroxyden auf der Kohleoberfläche erforderlich. (Доклады Академии Наук СССР [Ber. Akad. Wiss. UdSSR] [N. S.] **92.** 105—08. 1/9. 1953. Moskau, Inst. für physik. Chem. der Akad. der Wiss. der UdSSR u. Lomonossow-Univ.) Lebtag. 176

N. N. Awgul, O. M. Dshigit, A. W. Kisselew und **K. D. Schtscherbakowa,** *Isotherme und Adsorptionswärme von Methylalkohol an Ruß.* (Vgl. vorst. Ref.) Die bei 19,0° aufgenommene Adsorptionsisotherme von *Methylalkohol* (**I**) an *Sphäron-6* (**II**) ist zunächst schwach konkav, dann konvex u. steigt dann nur sehr langsam (auch weiterhin wellenförmig) an. Die Wendepunkte der Isotherme entsprechen Energieänderungen bei der Adsorption. Aus den Adsorptionswärmen geht hervor, daß beim Übergang von H_2O zu **I** die Adsorptionswärme um 2,5 kcal/Mol ansteigt. Die **I**-Adsorption verläuft folgendermaßen: 1. Adsorption an bes. akt. Stellen; 2. Bldg. der lockeren 1. Schicht; 3. Bldg. der dichten 1. Schicht u. Bldg. der Doppelschicht; 4. Übergang zur 3. Schicht; 5. n. polmol. Adsorption in der 3. u. in den folgenden Schichten. Aus dem Vgl. der absol. Adsorptionsisothermen von **I** ergibt sich, daß die Isothermen für aschefreien Graphit u. Graphon zunächst viel tiefer liegen als die Isotherme von **II**. Im mittleren Teil nähern sie sich einander. Die n. polymol. Adsorption tritt in allen 3 Fällen annähernd bei gleichem Druck ein. (Доклады Академии Наук СССР [Ber. Akad. Wiss. UdSSR] [N. S.] **92.** 1185—88. 21/10. 1953.) Lebtag. 176

R. A. Wells, *Anorganische Chromatographie.* Vf. gibt eine Übersicht über das Gebiet. Er unterscheidet nach ihrer Wirkungsweise vier Arten von Adsorbentien. a) Oberflächenakt. Stoffe, zu denen er z. B. das Al_2O_3 zählt. b) Die gebundenen Fll. als Grundlage der Verteilungschromatographie, zu der die Papierchromatographie gehört. c) Chem. wirksame Stoffe, bei denen eine chem. Umsetzung erfolgt, wie z. B. das 8-Oxychinolin. Hierzu zählen auch d) die Ionen austauschenden Stoffe. Den Schluß bildet eine kurze theoret. Betrachtung. — 146 Literaturstellen. (Quart. Rev. [chem. Soc., London] **7.** 307—33. 1953. Teddington, Chem. Res. Labor.) Blasius. 177

A_6. Strukturforschung.

René Lecuir und **René Lecuir,** *Kontrolle der chemischen Einwirkung des Elektronenstrahls während der Aufnahme von Elektronenbeugungsbildern. Der Fall des Kobaltchloridhydrats.* Die Zers. von $CoCl_2 \cdot 6\,H_2O$ bei Erhitzen im Vakuum wird durch Elektronenbeugung verfolgt. Der im Objekt absorbierte Anteil der Elektronenstrahlung wird durch Strahlstrommessung vor u. hinter dem Objekt bestimmt. Aus der Kleinheit dieses Anteils schließen Vff., daß die Objektveränderungen unter dem Einfl. des Elektronenstrahls selbst neben den durch den eigentlichen Temperatureffekt bedingten zu vernachlässigen seien. (C. R. hebd. Séances Acad. Sci. **235.** 946—48. 27/10. 1952.) Lenz. 181

V. E. Cosslett und **W. C. Nixon,** *Das Röntgenschattenmikroskop.* (Vgl. C. **1953.** 3610.) Eine Röntgenstrahlenquelle von weniger als 1 μ Durchmesser wird durch verkleinerte Abb. des engsten Querschnitts eines Elektronenstrahlerzeugers (10 kV Strahlspannung) mittels zweier Elektronenlinsen auf eine W-Folie erzeugt, welche gleichzeitig Vakuumwand ist. In unmittelbarer Nähe der Röntgenstrahlquelle (Abstand $\leqq 1$ mm) angeordnete Objekte wurden mit einer Schattenbildvergrößerung von 20—100, einem Auflösungsvermögen von ca. 0,5 μ u. einer Belichtungszeit von der Größenordnung einiger Min. aufgenommen. Grundsätzliche Überlegungen ergeben, daß durch Vervollkommnung des Verf. eine Auflösungsgrenze von 0,1 μ erreicht werden könnte. (J. appl. Physics **24**. 616—23. Mai 1953. Cambridge, Cavendish Labor.) LENZ. 181

C. D. West, *Die Anzahl der Röntgenbeugungsgruppen.* Theoret. Bemerkungen zur Einteilung der VOIGT-LAUE-Gruppen $\bar{3}$ p 2 $\bar{1}$, $\bar{4}$ p 2 $\bar{2}$ u. $\bar{6}$ p 2 $\bar{2}$. (J. chem. Physics **22**. 150—51. Jan. 1954. Cambridge, Mass., Polaroid Corp.) R. STEIN. 181

J. Hoerni und **W. A. Wooster**, *Die Deutung diffuser Röntgenreflexe an Einkristallen.* Vff. beschreiben Konstruktion u. Gebrauch einer $\bar{\varphi}$, $\bar{\psi}$-Tafel, mit deren Hilfe es möglich ist, die Winkelkoordinaten jeder Linie im reziproken Gitter zu finden, die durch einen reziproken Gitterpunkt in der Nähe der Reflexionskugel geht. Zusätzlich wird eine R-Tafel beschrieben, die die Entfernung desselben Gitterpunktes vom Schnittpunkt dieser Linie mit der Reflexionskugel angibt. Vff. beschreiben unter Benutzung der LAUE- u. BRAGG-Reflexionen Methoden zur genauen Festlegung der Tafeln im Hinblick auf eine vergrößerte Zeichnung der diffusen Reflexe. (Acta crystallogr. [Copenhagen] **5**. 626—30. 10/9. 1952. Cambridge, Cavendish Labor., Crystallogr. Labor.) R. STEIN. 181

N. A. Bobkow, *Projektion der Kristallstruktur auf die (h k l)-Fläche.* An den Projektionen der Strukturen von *Chalkopyrit* von (0 0 1) auf (2 6 1), *Kunzit* von (0 0 1) auf (4 4 1), *Kassiterit* von (0 0 1) auf (1 1 1) u. *Diopsid* von (0 1 0) auf (1 2 1) wird die Best. der Koordinaten in der Ebene (h k l) besprochen, wenn die durch die Koordinaten gegebene räumliche Lage der Atome bekannt ist. Hierbei wird nur die Lage der Atome in der neuen Projektion ermittelt, die Wahl des Koordinatenanfangs offengelassen. (Записки Всесоюзного Минералогического Общества [Schr. Allunions mineralog. Ges.] [2] **82**. 185—95. 1953.) LEBTAG. 181

J. A. Abbott und **H. C. Bolton**, *Elektrische Polarisierbarkeit als Kriterium für molekulare Wellenfunktionen.* Ausführliche Darst. der C. **1953**. 4336 referierten Arbeit. (Proc. Roy. Soc. [London], Ser. A **216**. 477—92. 24/2. 1953. Newcastle upon Tyne, King's Coll., Dep. of Phys.) D. HAHN. 182

R. B. Harvey und **S. H. Bauer**, *Eine Elektronenbeugungsuntersuchung von Dischwefeldekafluordioxyd.* Die Molekülstruktur der aus den Prodd. der Umsetzung von S mit F_2 isolierten Verb. Dischwefeldekafluordioxyd ($S_2F_{10}O_2$, Kp. 49°, F. —95°, $D._{20}$ 1,82), deren chem. u. physikal. Eigg. ähnlich S_2F_{10} sind, entspricht auf Grund der Elektronenbeugungsunters. einem Peroxydtyp mit ähnlicher Konfiguration wie H_2O_2, wobei die H-Atome durch SF_5-Gruppen ersetzt sind. Die SF_5-Gruppen sind oktaedr.; die S–F-Abstände betragen 1,56 $\pm$0,02 Å, die Länge der O–O-Bindung 1,47 $\pm$0,03 Å, die Länge der S–O-Bindung 1,66 $\pm$0,05 Å. Der S–O–O-Bindungswinkel ist 105 $\pm$3°, der Winkel F_5S–∞–SF_5 107 $\pm$5°. (J. Amer. chem. Soc. **76**. 859—64. 5/2. 1954. Ithaca, N. Y., Cornell Univ., Dep. of Chem.) FORCHE. 182

Raymond C. Ferguson, *Mikrowellenspektrum, Struktur und Dipolmoment von Thionylfluorid.* (Vgl. C. **1954**. 2111.) In den Mikrowellenspektren von $^{32}S^{16}O^{19}F_2$ (dargestellt durch Fluorierung von $SOCl_2$ mit SbF_3 in Ggw. von $SbCl_5$) u. von $^{32}S^{18}O^{19}F_2$ (erhalten durch Erhitzen von mit ^{18}O angereichertem O_2 mit S u. Umsetzung des so gebildeten SO_2 mit AgF bei 200°) wurden ca. 30 reine Rotationsübergänge festgelegt. Die reziproken Trägheitsmomente betragen für $^{32}S^{16}O^{19}F_2$: a = 8614,75 $\pm$0,10, b = 8356,98 $\pm$0,10, c = 4952,96 $\pm$0,10 MHz; für $^{32}S^{18}O^{19}F_2$: a = 8582,33 $\pm$0,10, b = 7843,37 $\pm$0,10, c = 4777,90 $\pm$0,20 MHz. Die Strukturparameter sind F–F = 2,297 $\pm$0,001 Å, S–O = 1,412 $\pm$0,001 Å (aus Elektronenbeugungsmessungen 1,45), S–F = 1,585 $\pm$0,001 Å (1,6), Winkel F–S–F = 92° 49 $\pm$5' (106°), Winkel O–S–F = 106° 49 $\pm$5' (114°). Aus Messungen des STARK-Effektes ergibt sich ein Dipolmoment von 1,618 $\pm$0,010 Debye, 38° 50 $\pm$30' von der S–O-Bindung u. 80° 23 $\pm$30' von der S–F-Bindung. (J. Amer. chem. Soc. **76**. 850—53. 5/2. 1954. Cambridge, Mass., Harvard Univ., Mallinckrodt Chem. Labor.) FORCHE. 182

P. Selényi, *Erzeugung photographischer Bilder auf Selen durch Kristallisation unter der Einwirkung des Lichtes.* Die Kristallisation des glasigen Se, die bei ca. 100° eintritt u. von Farbänderung der Oberfläche nach Grau begleitet ist, sowie die bei 210° einsetzende Struktur- u. Farbänderung der Oberfläche eines Se-Überzuges sind lichtempfindlich. Diese Lichtwrkg. wurde an Se-Gleichrichterscheiben erkannt u. zur Erzeugung bzw. Reproduktion von Bildern auf Se benützt. Nach dem 1. Verf. wird geschmolzenes Se auf eine kleine Metallscheibe in einer 1/10 mm starken Schicht aufgebracht, die beim Erkalten glasig erstarrt. Auf die Platte, die auf 90—100° erwärmt wird, wird das diapositive Bild 1—3 Min. projiziert. Das entstandene positive Kristallisationsbild bleibt ohne weitere Behandlung fixiert. Ein Anrauhen der Selenoberfläche z. B. durch Polieren mit Seidenpapier) fördert die Gleichmäßigkeit der Kristallisation. Nach dem 2. Verf. wird eine bei 100° behandelte kristalline dunkelgraue Se-Oberfläche einige Min. bei 175° gehalten u. gleichzeitig ein Bild darauf projiziert. Es entsteht ebenfalls ein fixiertes hellgraues Kristallisationsbild. (Acta physica Acad. Sci. hung. **2.** 129—39. 1952. Budapest, Roland Eötvös Univ., Physikal. Inst.) D. BRÜCK. 190

W. van der Vorst, *Beobachtungen an den Oberflächen von AgCl-Kristallen.* Durch langsame Verdampfung aus gesätt. NH_3-Lsg. erhält man ziemlich große AgCl-Kristalle, deren Oberflächen opt. untersucht werden. Das Wachstum erfolgt spiralförmig. (Natuurwetensch. Tijdschr. **35.** 58. 1953. Gent, Rijksuniv., Labor. voor Kristallografie.) WESLY. 190

C. A. Beevers und **B. Raistrick,** *Eigenschaften der Calciumphosphate.* Vff. bestimmen röntgenograph. nach Einkristallmethoden die Struktur des $CaHPO_4 \cdot 2H_2O$, es sind a = 5,812, b = 15,810, c = 6,239 Å, β = 116°25′, was den Angaben von WOOSTER (Z. Kristallogr., Mineralog. Petrograph., Abt. A **94.** [1936.) 375) für Gips entspricht. Es ist Z=4, Raumgruppe I2/a. Ca u. P liegen auf den zweizähligen Achsen, die y-Parameter differieren genau um $^1/_2$. Durch FOURIER-Projektion wird gezeigt, daß die PO_4-Gruppen das zentrale P tetraedr. umgeben, die 8 Koordinationsplätze der Ca-Atome sind von O aus den PO_4-Gruppen u. 2 H_2O besetzt. Die Struktur kann aus Blättchen aufgebaut werden, die aus PO_4–Ca–PO_4–Ca-Ketten bestehen. (Nature [London] **173.** 542—43. 20/3. 1954. Edinburgh, Univ., Chem. Dep.; Scottish Agricultural Ind. Ltd., Res. Dep.) SIEWERT. 195

Armin Weiss, Günter Nagorsen und **Alarich Weiss,** *Über Quecksilberoxyhalogenide.* 2. Mitt. *Die Kristallstruktur des Trichlorotriquecksilber(II)-oxoniumchlorids.* Ausführliche Darst. der C. **1954.** 2978 referierten 1. Mitteilung. (Z. anorg. allg. Chem. **274.** 151—68. Dez. 1953. Darmstadt, TH, Eduard Zintl-Inst. für anorgan. u. physikal. Chem.) SIEWERT. 195

F. Hund, *Störungsmessung am metastabilen β-YOF.* Durch Abschrecken von 200 mg etwas überschüssiges YF_3 enthaltendem YOF von 1200° wurde reines kub. metastabiles β-YOF gewonnen u. dessen strukturelle Beziehungen zum stabilen α-YOF untersucht. Dimensionen der tetragonalen Zelle: $a_1 = a_2 = 3{,}910 \pm 0{,}005$ kX, $a_3 = 5{,}431 \pm 0{,}001$ kX; Würfelkante des kub. β-YOF $a_w = 5{,}363 \pm 0{,}001$ kX. Die c-Achse der kub. Zelle wird bei der Umwandlung gedehnt u. wird zur tetragonalen a_3-Achse; die a_2-Achse wird von 2,68 auf 3,91 kX aufgeweitet. Im β-YOF sind O^{2-} u. F^- statist. verteilt, im α-YOF in abwechselnd nur mit O^{2-} u. F^- besetzten Schichtebenen geordnet. Bei schnellem Abschrecken des β-YOF wird die Ionenbewegung in die idealen Punktlagen der α-Phase mehr oder weniger verhindert. Theoret. errechnet sich für β-YOF eine reine Temperaturstörung von $0{,}55 \pm 28 \cdot 10^{-16}$ cm²; gemessen: $2{,}56 \cdot 10^{-16}$ cm². Die entsprechende scheinbar große Amplitude von 0,18 kX ist ein Maß für große wärmeschwingungsartige unregelmäßige Gitterstörung der β-Phase (reine Wärmeschwingungsamplitude ~0,09 kX). Mittelwert der Primärteilchen mit idealem Kohärenzbereich $i = 1294 \pm 148$ kX, Mittelwert der Gitterverzerrung $da/a = 0{,}15 \pm 0{,}01$ %. Abschrecken bewirkt Schwankungen der Gitterkonstanten der kub. Zelle von ~15% der Einheit. Die Atome sind gegenüber den Ideallagen der Hochtemperaturphase statist. in Richtung auf ihre neue Punktlage der beständigen tetragonalen α-Phase verrückt. (Z. anorg. allg. Chem. **273.** 312—18. Okt. 1953. Stuttgart, TH, Labor. für Anorgan. Chem.) MAX SCHMIDT. 195

F. Hund, *Messungen der unregelmäßigen Gitterstörung und des elektrischen Widerstandes im System ThO_2–La_2O_3.* Vf. bestimmt an ThO_2 u. an den anomalen Fluoritmischkristallen mit 25 u. 46,6 Mol-% La_2O_3 die gesamte wärmeschwingungsartige Gitterstörung nach dem Absolutverfahren. Für ThO_2 wurde ein Störungswert von $0{,}45 \pm 0{,}04$, für den 25%ig. Mischkristall $0{,}75 \pm 0{,}05$ u. für den 46,6%ig. Mischkristall $1{,}52 \pm 0{,}03 \cdot 10^{-16}$ cm² gefunden. Die reine Temperaturstörung steigt von ThO_2 zum Mischkristall mit 46,6% La_2O_3 von 0,30 auf $0{,}35 \cdot 10^{-16}$ cm². Es ergibt sich also durch Vgl. der beiden Störungswerte eine erhebliche wärmeschwingungsartige Gitterstörung, die nur auf eine mit steigendem La_2O_3-Geh. zunehmende Fehlordnung zurückgeführt werden kann. An den gleichen Präpp. wurde die Temperaturabhängigkeit des spezif. elektr. Widerstandes gemessen. Eine Beziehung zwischen Widerstand u. Störungswert besteht nicht, die Leitfähigkeit wurde als elektrolyt. O-Ionengitterlückenleitung erkannt. (Z. anorg. allg. Chem. **274.** 105—13. Dez. 1953. Stuttgart, TH, Labor. für anorgan. Chem. u. Farbenfabriken Bayer, Werk Uerdingen.) SIEWERT. 195

G. E. Bacon, *Eine Neutronenbeugungsuntersuchung von Magnesium–Aluminium-Oxyd.* Das Neutronenbeugungsdiagramm von Spinell ($MgAl_2O_4$) zeigt, daß die Anordnung der Kationen nahezu mit der „n." Struktur übereinstimmt. Die Streuamplituden von Mg u. Al sind verschieden genug, um die „n." von der „inversen" Struktur zu unterscheiden. Der O-Parameter u wurde zu 0,387 bestimmt. (Vgl. auch C. **1954. 3642.**) (Acta crystallogr. [Copenhagen] **5.** 684—86. 10/9. 1952. Harwell, Atomic Energy Res. Establ.) R. STEIN. 195

R. E. Jamison und **T. H. Blewitt,** *Gleitlinien an meilerbestrahlten Kupfereinkristallen.* (Sitzungsbericht.) Cu-Einkristalle von hoher Reinheit (99,999%) wurden nach der BRIDGMAN-Meth. gezüchtet u. im Meiler schnellen Neutronen mit $5 \cdot 10^{17}$ bis $8 \cdot 10^{18}/cm^2$ ausgesetzt. Die nach kalter Verformung auftretenden Gleitlinien zeigten bemerkenswerte Unterschiede, je nachdem, ob der Kristall bestrahlt war oder nicht. Die beobachteten Gleitcharakteristiken bzw. die Verfestigungskurve entsprechen völlig den bei α-Messing gemachten Beobachtungen. (Physic. Rev. [2] **86**. 641. 15/5. 1952.)
SPEER. 197

R. R. Coltman und **T. H. Blewitt,** *Der Effekt der Neutronenbestrahlung auf die metallische Diffusion.* (Sitzungsbericht.) Elektr. Widerstandsmessung an dem ungeordneten Syst. Cu_3Au. Aus dem hieraus ableitbaren Ordnungsprozeß folgt, daß die metall. Diffusion bei Neutronenbestrahlung wegen der Zunahme der FRENKEL-Fehlstellen wächst. Röntgenstrukturunterss. ergaben für die mittlere Größe der geordneten Bezirke ca. 125 Å. Hieraus folgt für die Weglänge der FRENKEL-Fehlstellen bis zu ihrer Auflösung ein entsprechend hoher Wert. (Physic. Rev. [2] **86**. 641—42. 15/5. 1952.)
SPEER. 197

R. E. Eckert und **H. G. Drickamer,** *Diffusion von Indium in Gallium in der Nähe des Schmelzpunktes.* Für die Verss. wurden Ga-Kügelchen von $^1/_8$ in. u. In-Kügelchen von $^1/_4$ in. Durchmesser verwendet. Die Metalle wurden vor dem Vers. geätzt (vgl. C. **1952**. 6980). Der Diffusionskoeff. steigt zwischen 8,4° u. 30,00° von $7 \cdot 10^{-13}$ auf $1{,}02 \cdot 10^{-6}$ cm²/sec an, am F. zeigt sich keine Diskontinuität. Das starke Ansteigen des Diffusionskoeff. wird diskutiert. Für die Diffusion wird die Gleichung $D = 4{,}4 \cdot 10^{-6} \cdot \exp.(-50000/RT)$ cm²/sec angegeben. (J. chem. Physics **20**. 532. März 1952. Urbana, Ill., Univ. of Illinois, Dep. of Chem.) H. W. LEVI. 197

I. I. Kornilow, *Über feste Lösungen von metallischen Verbindungen.* Die Bldg. von ununterbrochenen festen Lsgg. inmitten von metall. Verbb. kann in folgenden Fällen stattfinden: 1. in Verbb. mit geordneter Struktur, die sich infolge einer Umwandlung von stetigen festen Metall-Lsgg. bilden; 2. in Verbb. mit gleichbleibender Zus. vom Daltonid-Typ, die sich bei der Kristallisation von Metallgemischen bilden; 3. in Verbb. mit veränderlicher Zus. vom Berthollid-Typ u. 4. zwischen Verbb. vom Daltonid- u. Berthollid-Typ. Es werden die einzelnen Möglichkeiten mit Beispielen erörtert, u. es wird auf die Wichtigkeit der Kenntnis dieser Bildungen für die Theorie metall. Legierungen sowie für die Unters. ternärer u. noch komplizierterer Systeme hingewiesen. (Доклады Академии Наук СССР [Ber. Akad. Wiss. UdSSR] [N. S.] **81**. 597—600. 1/12. 1951.) HOCHSTEIN. 197

David P. Shoemaker, Richard E. Marsh, Fred J. Ewing und **Linus Pauling,** *Atomabstände und Atomvalenzen in $NaZn_{13}$.* In Ergänzung der Arbeiten von KETELAAR (J. chem. Physics **5**. [1937.] 668) sowie ZINTL u. HAUKE (Nature [London] **25**. [1937.] 717 u. Z. Elektrochem. angew. physik. Chem. **44**. [1938.] 104) teilen Vff. die Ergebnisse neuer Pulveraufnahmen mit. Für die Parameter a_0, y u. z werden als Präzisionswerte $a_0 = 12{,}2836 \pm 0{,}0003$ Å, $y = 0{,}1806 \pm 0{,}0003$ u. $z = 0{,}1192 \pm 0{,}0003$ angegeben. Die Analyse der Atomabstände führt zur Annahme der Valenzen 5 für Zn_I, 4 für Zn_{II} u. 1 oder $1^1/_4$ für Na. Die Anzahl der Valenzelektronen in der Elementarzelle wird mit annähernd 432 angegeben u. in guter Übereinstimmung mit dem Wert 428,48 gefunden, der sich bei Annahme eines gefüllten BRILLOUIN-Polyeders aus den Flächen {444}, {640} u. {800} ergibt. Ergänzend werden die Ergebnisse einiger Pulveraufnahmen an KZn_{13} u. KCd_{13} mitgeteilt. Für KZn_{13} ergibt sich $a_0 = 12{,}360 \pm 0{,}005$ Å, für KCd_{13} $a_0 = 13{,}803 \pm 0{,}005$ Å. (Acta crystallogr. [Copenhagen] **5**. 637—44. 10/9. 1952. Pasadena, Calif., California Inst. of Technol., Gates and Crellin Labor. of Chem.) R. STEIN. 197

W. A. Jurkow, *Einige physikalische Eigenschaften der Pb–Sb-Legierungen.* An Legierungen des Syst. Pb–Sb, die durch Zusammenschmelzen der berechneten Mengen im Vakuum erhalten sind, werden bestimmt: linearer Ausdehnungskoeff. δ, D. d, Temperaturkoeff. γ des elektr. Widerstandes u. Thermo-EMK. gegenüber Cu α (μV/Grad). Die in Diagrammen mitgeteilten Ergebnisse zeigen in keinem Falle eine Unstetigkeit bei der dem Eutektikum entsprechenden Zus. (13% Sb). Die Änderung von δ entspricht prakt. der Mischungsregel. Die d-Werte nehmen bei hohem Sb-Geh. etwas rascher als linear ab; beim Eutektikum ist d 6% kleiner als nach der Mischungsregel berechnet. Die etwas raschere Änderung von δ u. d bei hohem Pb-Geh. ist durch die Löslichkeit von Sb in Pb bedingt. Die γ-Werte zeigen ein Minimum bei ca. 40% Sb. Bei Sb $<$20% deuten die α-Werte auf überwiegende Elektronendiffusion hin, bei Sb = 20% ist α prakt. gleich Null u. steigt dann bei zunehmendem Sb-Geh. zuerst langsamer, dann rascher an; das Verhältnis der Zahl der Valenzelektronen in Pb zu derjenigen in Sb ist etwa gleich dem Pb-Geh. (Gew.-%) in der Legierung mit $\alpha = 0$.

(Доклады Академии Наук СССР [Ber. Akad. Wiss. UdSSR] [N. S.] **91.** 891—93. 1/8. 1953. Archangelsk, Kuibyschew-Inst. für Forsttechnik.) R. K. MÜLLER. 197

N. F. Laschko, *Über das Zustandsdiagramm Ni–Si.* Auf Grund durchgeführter Verss. muß es als erwiesen angesehen werden, daß in bin. Ni–Si-Legierungen eine geordnete chem. Verb. mit flächenzentriertem Gitter eines Überstrukturtyps besteht. Die geordnete Gitterstruktur verschwindet bis zur Schmelztemp. nicht; infolgedessen entsteht diese Phase aus dem fl. Zustande. Bei Zusatz von Cr in eine Ni-Legierung mit 7% Si bildet sich die Phase Ni_3(Si, Cr) auf Grund der Ni_3Si-Verbindung. Hierbei wird der Gitterparameter vergrößert. So ist in einer Legierung, die 7% Si u. 14% Cr enthält, der Gitterparameter gleich $3{,}51_3$ kX. Überstrukturlinien bestehen nicht. Dies besagt, daß das in die feste Lsg. Ni_3(Si, Cr) eingehende Cr das Überstrukturgitter stört. (Доклады Академии Наук СССР [Ber. Akad. Wiss. UdSSR] [N. S.] **81.** 605—07. 1/12. 1951.) HOCHSTEIN. 197

R. P. Saletajewa, N. F. Laschko, M. D. Nessterowa und **Ss. A. Juganowa,** *Neue intermetallische Verbindung im binären System Fe–Mo.* Entsprechend der im Syst. Fe–W gefundenen intermetall. Verb. Fe_2W wurde in einem austenit. Cr–Ni–Mo-Stahl mit 0,1 (%) C, 16 Cr, 25 Ni u. 6 Mo mit oder ohne N_2 die Verb. Fe_2Mo gefunden. Während der isothermen Zers. der übersätt. festen Lsg. dieses Stahles nach der Abschrekkung scheidet sich zunächst eine Carbid-Phase aus. Nach Abbindung einer ziemlichen C-Menge durch das Carbid beginnt sich aus der verbleibenden festen Lsg. die Verb. Fe_2Mo auszuscheiden. Die Reihenfolge der Ausscheidung von carbid. Phasen bei der Alterung des Stahles ist ziemlich kompliziert. Im Anfangszustand der Alterung scheiden sich die Carbide $(Cr, Fe, Mo, Ni)_{23}C_6$ u. $(Fe, Ni)_2(Cr, Mo)_2C$ aus. Die Phase Fe_2Mo wird röntgenograph. zusammen mit $(Fe, Ni)_2(Cr, Mo)_2C$ beobachtet, wenn der Stahl von 1200° abgeschreckt u. 500—1500 Std. bei 650° oder 250—1000 Std. bei 750° angelassen wurde. Bei einer Anlaßtemp. von 700° erscheint die Fe_2Mo-Phase schon nach 100 Std. u. bei einer Temp. von 850° u. höher bereits bei Haltezeiten von 6 Stunden. Der Kristallaufbau der neuen Phase, die völlig analog dem der intermetall. Verb. Fe_2W ist, besteht aus einem hexagonalen Gitter mit den Parametern a = 4,73 Å u. c = 7,72 Å. Es wird festgestellt, daß Fe_2Mo u. Fe_2W in Schnelldrehstählen im Verlaufe einer Diffusion nach Abbindung von C durch Carbide erscheinen. (Доклады Академии Наук СССР [Ber. Akad. Wiss. UdSSR] [N. S.] **81.** 415—16. 21/11. 1951.) HOCHSTEIN. 197

G. W. Kurdjumow und **O. P. Maximowa,** *Über den Verlauf der Martensitumwandlung bei Temperaturen über Zimmertemperatur.* Die Geschwindigkeit der Austenit–Martensit-Umwandlungen wird in der Hauptsache durch die beiden Faktoren bestimmt: Umwandlungstemp. u. Unterkühlungsgrad. Die Kurve der Änderung der Umwandlungsgeschwindigkeit weist in Abhängigkeit von der Temp. ein Maximum auf. Die Lage des Geschwindigkeits-Maximums u. seine Größe werden durch den Martensitpunkt des Stahles bestimmt. Bei einer hohen Lage des Martensitpunktes liegt das Maximum bei Raumtemp. u. entspricht einer unmeßbar großen Umwandlungsgeschwindigkeit. In diesem Falle bestehen zwei Intervalle der isotherm. Austenit–Martensit-Umwandlung. Eine der wichtigsten Besonderheiten der Marsensitumwandlung ist die Beschränktheit der Anzahl der Martensitkristalle, die sich bei gegebener Temp. bilden. Die Abhängigkeit dieser Zahl von der Temp. ist noch nicht geklärt. (Доклады Академии Наук СССР [Ber. Akad. Wiss. UdSSR] [N. S.] **81.** 565—68. 1/12. 1951.) HOCHSTEIN. 197

F. Rohner, *Kriterium der Gleitbereitschaft metallischer Vielkristalle.* Die in der Arbeit entwickelte Betrachtungsweise führt zu der Auffassung, daß der Widerstand der Metalle gegen plast. Verformung nur indirekt, über den Elastizitätsmodul, mit den Bindungskräften des Gitters zusammenhängt, daß er aber in erster Linie durch die Einpassungsspannungen bestimmt wird, die in jedem Gleitelement, wenn der Zusammenhalt mit den Nachbarelementen gewahrt bleiben soll, aufgebracht werden müssen. Diese Auffassung führt zu der Konsequenz, daß ein Idealkristall von makroskop. Dimensionen einer Verformung prakt. keinen Widerstand entgegensetzt, also schon bei kleinsten Spannungen zu gleiten beginnt. Diese Konsequenz verträgt sich aber gut mit der Erfahrung. Idealkristalle von makroskop. Dimensionen sind allerdings prakt. nicht realisierbar. Man ist aber heute mit der Raffination vieler Metalle u. der Züchtung fehlstellenarmer Kristalle so weit, daß einer Extrapolation auf die Eigg. des wahren Idealkristalls in vielen Fällen keine Bedenken mehr entgegenstehen. Man kommt dabei immer auf eine verschwindend kleine Festigkeit des Idealkristalls. (Z. angew. Math. Physik [Basel] **3.** 383—90. 15/9. 1952. Neuhausen, Forschungsinst. der Aluminium-Ind.) KLEFFNER. 200

A_7. Gleichgewichte. Kinetik.

G. I. Gorstein und **N. I. Ssilantjewa,** *Verteilung von isomorphen und isodimorphen Komponenten zwischen der festen und der flüssigen Phase bei der Kristallisation aus wässerigen Lösungen.* 1. Mitt. *Gleichgewicht in einigen Systemen mit Komponenten vom Typ der Vitriole bei 20⁰.* Nach einem von CHLOPIN (1938) ausgearbeiteten Verf. zur schnellen Gleichgewichtseinstellung wurde bei 20⁰ die Gleichgewichtsverteilung der isomorphen u. isodimorphen Komponenten in den Systemen $FeSO_4$ (I)–$CoSO_4$ (II)–H_2O, $NiSO_4$(III)–I–H_2O u. III–$MgSO_4$ (IV)–H_2O untersucht. Das Syst. I–II–W. erwies sich als ideal. Der Gleichgewichtsverteilungskoeff. D_{Gl} (Fe, Co) betrug 1,20, D_{Gl} (Co, Fe) 0,84. Das Syst. III–I–W. war in beiden Gebieten der festen Lsgg. verschied. Struktur ideal. Im Gebiet der festen Lsgg. vom I-Typ war D_{Gl} (Ni, Fe) = 0,41, im Gebiet der festen Lsgg. vom III-Typ war D_{Gl} (Fe, Ni) = 0,50. Im Syst. III–IV–W. beobachtete man eine starke Abweichung von der Idealität, bes. im mittleren Teil des Diagramms. Es war D_{Gl} (Ni, Mg) = 1,23, D_{Gl} (Mg, Ni) = 0,65. (Журнал Общей Химии [J. allg. Chem.] **23** (**85**). 1290—1302. Aug. 1953.) LEBTAG. 221

Rowland E. Johnson, *Modifizierter Ausdruck für die Isotopenaustauschgeschwindigkeit.* Unter der Annahme, daß wegen einer Gleichgewichtsbeziehung zwischen Tracerisotop u. seiner Muttersubstanz die Gesamtaktivität des Tracerisotops gleichbleibt, wird eine neue Formel für die Austauschgeschwindigkeit entwickelt, deren Anwendung Messungen von Austausch-Rkk. mit sehr kurzlebigen Isotopen ermöglicht. Beispiele für brauchbare Mutter–Tochter-Paare: ^{90}Sr–^{90}Y, ^{42}Ar–^{42}K, ^{137}Cs–^{137}Ba. Auch eine Neutronenquelle kann als „Muttersubstanz" betrachtet werden. (J. chem. Physics **21**. 1405—06. Aug. 1953. Tallahassee, Fla., Florida State Univ., Dep. of Chem.) MAX SCHMIDT. 221

M. B. Neiman, M. G. Gonikberg, W. B. Miller, Ju. M. Schapowalow und **W. Ss. Swesdkin,** *Einfluß des Druckes auf die Geschwindigkeit von Ionenreaktionen bei Isotopenaustausch.* Es wurde der Isotopenaustausch zwischen *n-Propyljodid* u. *NaJ* sowie *n-Propylbromid* u. *NaBr* unter Zusatz prakt. unwägbarer Mengen an $Na^{131}J$ bzw. $Na^{82}Br$ in 90%ig. A. (Konz. des Propylhalogenids 0,5 mol., des Salzes 0,1 mol.) untersucht. Verwendeter Druck 1, 1500 u. 2400 at. Nach der Rk. erfolgte die Abtrennung des Alkylhalogenids durch Extraktion mit Cyclohexan (3mal) u. Verseifen mit NaOH (4 Std. bei 100⁰). Die Halogenionen wurden als Ag-Salze gefällt u. deren Aktivität im Zähler bestimmt. — Es ergab sich, daß die Volumdifferenz für den aktivierten Komplex u. die Ausgangsstoffe bei J ~13, bei Br ~12 ml betrug. Diese Werte entsprechen n. bimol. Rkk., so daß es sich im untersuchten Falle um keine Anlagerungs-Rk. handelt. Die Konstanten des Isotopenaustausches steigen mit dem Druck erheblich an. (Доклады Академии Наук СССР [Ber. Akad. Wiss. UdSSR] [N. S.] **92**. 365—68. 11/9. 1953. Inst. für chem. Physik u. organ. Chemie der Akad. der Wiss. der UdSSR.) v. WILPERT. 221

Je. Ja. Gorenbein, *Untersuchung der Komplexbildung in Lösungen ternärer Systeme nach den Methoden der physikalisch-chemischen Analyse.* 5. Mitt. *Das System* $SbBr_3$–$AlBr_3$–C_6H_5Cl. (4. vgl. C. **1953**. 5467.) Bei 15, 20, 25 u. 30⁰ u. bei den isomol. Konzz. 0,2 u. 0,3 erfolgte die Unters. der Viscosität der elektr. Leitfähigkeit u. der D. von $SbBr_3$–$AlBr_3$–C_6H_5Cl, wobei die Konz. der als Lösungsm. angesehenen Komponente konstant gehalten wurde, die Konzz. der beiden anderen Komponenten so verändert wurden, daß ihre Molsumme konstant blieb. Es zeigte sich, daß das Auftreten einer Elektroleitfähigkeit durch die Bldg. der Verb. $SbBr_3 \cdot AlBr_3$ bedingt ist. Die Abnahme des Leitfähigkeitsmaximums bei geringer Konz. bei gleichzeitiger Abnahme des Assoziationsgrades des Elektrolyten steht im Einklang mit dem Gesetz der sinkenden korrigierten mol. Elektroleitfähigkeit hochkonz. Elektrolyte bei ihrer Verdünnung. (Журнал Общей Химии [J. allg. Chem.] **23** (**85**). 1273—78. Aug. **1953**. Kiew, Veterinär-Inst.) LEBTAG. 223

A. C. Nanda und **S. Pani,** *Oxalatkomplex des dreiwertigen Antimons.* Beim Lösen von Sb_2O_3 in $K_2C_2O_4$ (I)–$H_2C_2O_4$ (II)-Lsgg. wechselnder Zus. (1:1 bis 1:8) im Temperaturbereich 25—30⁰ läßt sich an Hand von Löslichkeitsdaten u. p_H-Messungen die Bldg. eines Komplexes $Sb(C_2O_4)_2^-$ gemäß $SbO^+ + 2\,C_2O_4^{2-} + H_2O \rightleftharpoons Sb(C_2O_4)_2^- + 2\,OH^-$ nachweisen. Die Gleichgewichtskonstanten, freie Energien, Bildungswärmen u. Entropien berechnen sich für I:II = 1:1 u. 25⁰ zu $K_1 = 2{,}493 \cdot 10^{-13}$, $\Delta F_0 = 17{,}18$ kcal, für I:II = 2:1 u. 27⁰ zu $K_2 = 4{,}974 \cdot 10^{-13}$, $\Delta F_0 = 16{,}89$ kcal, $\Delta H = 59{,}54$ kcal, $\Delta S_0 = 0{,}142$ kcal/Grad, für I:II = 4:1 bzw. 8:1 u. 30⁰ zu $K_3 = 13{,}21 \cdot 10^{-13}$, $\Delta F_0 = 16{,}47$ kcal. Der hohe positive ΔS_0-Wert wird auf Ringbldg. durch Chelatisierung zurückgeführt. Die Koordinationszahl des Sb ist 4, für die Bindungsbldg. werden wahrscheinlich ein 5d- u. drei 5p-Niveaus herangezogen. (Current Sci. **22**. 300—01. Okt. 1953. Cuttack-3, Ravenshaw Coll., Dep. of Chem.) WANNAGAT. 223

G. Bähr (unter Mitarbeit von **Edith Hess, Edith Steinkopf** und **Gerhard Schleitzer**), *Über emprotide Schwermetall-Innerkomplexe der α-Diketondithiosemicarbazone* (*Thiazone*). 2. Mitt. (1. vgl. C. **1953**. 2407.) Neben Cu^{2+} u. Ni bildet auch Pd^{2+} schwerlösl. Innerkomplexe mit Thiazonen. Vff. versuchten vergeblich, nach dem in der 1. Mitt. angegebenen Verf. das Dithiosemicarbazon des Benzils zu gewinnen. Dabei entsteht ein orangefarbenes *5.6 Diphenyl-3-mercaptotriazin-(1.2.4)*, das keinen Cu-Komplex bildet. Thiazone mit längeren Seitenketten u. die entsprechenden Cu-Komplexe werden dargestellt u. deren Löslichkeitsverhältnisse diskutiert. *Cu-Dimethylthiazon* (**I**) unlösl. in Ae., wenig lösl. in sd. Dioxan. ***Cu-Methylphenylthiazon*** merklich lösl. in Ae. mit kirschroter Farbe, sehr gut lösl. in Dioxan mit tiefroter Farbe. *Cu-Methyl-n-butylthiazon* sehr gut lösl. in Ae. mit tiefroter Farbe u. bereits lösl. in fetten Ölen. **I** lösl. in fl. NH_3 mit tiefgelber Farbe. Nach Abdunsten des NH_3 bleibt **I** unverändert ziegelrot zurück. Rkk. der emprotiden Grundkomplexe mit starken Säuren werden untersucht. Rote Cu-Komplexe geben tiefblaue, grüne Ni-Komplexe tiefrote Lösungen. Zugabe von Cl^-, Br^-, J^-, SCN^- u. $[Fe(CN)_6]^{4-}$ fällt sehr gut krist. schwerlösl. Salze der protonisierten Grundkomplexe (Metallthiazoniumsalze). Stark polarisierbare Anionen wirken charakterist. farbändernd: *Cu-Dimethylthiazoniumrhodanid* ist metall. grün, das entsprechende Ni-Salz metall. gelb gefärbt. Pro Mol. des Grundkomplexes werden zwei Säureäquivalente nach nebenst. Gleichung aufgenommen.

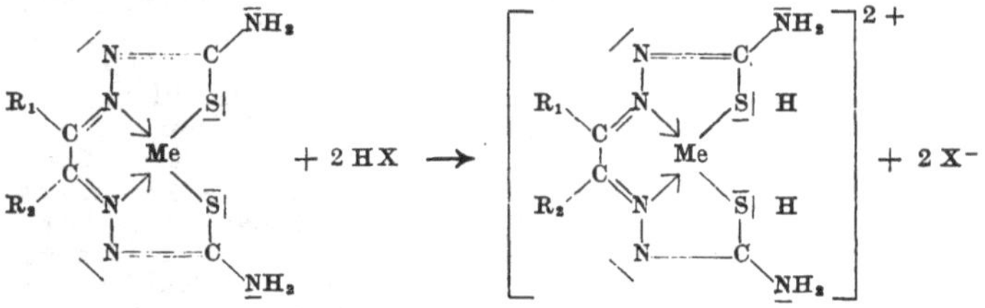

Fast alle festen Überkomplexe werden durch W. rasch total unter Grundkomplex-Rückbldg. zerlegt. Der Salzcharakter der Überkomplexe gegenüber den Grundkomplexen wird diskutiert. Letztere sind als typ. Chelate in indifferenten Medien lösl. u. gewöhnlich in W. unlösl., während die Überkomplexe in Ae. oder Dioxan absolut unlösl. sind. Festes *Cu-Dimethylthiazoniumchlorid* bleibt bei Zusatz gesätt. $MgCl_2$-Lsg. unverändert, wird aber von gesätt. $MgSO_4$-Lsg. sofort hydrolysiert. Zusatz gleichartiger Anionen zu dem Überkomplex verhindert Hydrolyse. Bei Zusatz von konz. H_2SO_4 zu überkomplexem Chlorid entweicht HCl, das Überkomplexsulfat geht blau in Lösung. H_2S fällt kein CuS aus Cu-Überkomplexlösungen. Die Grundkomplexe sind sehr schwache heterocycl. Basen, die mit Säuren leicht hydrolysierbare Salze bilden. Rationellste Darst. der Überkomplexe ist die direkte Synth. unter Überspringung der Grundkomplexstufe. Ein beliebiges Thiazon, festes Cu- oder Ni-Salz u. überschüssige H_2SO_4 (1 : 1 verd.) werden zusammengebracht. Bei Raumtemp. bilden sich rasch die Überkomplexe, die durch Zugabe geeigneter Anionen ausgefällt werden können. Diese Rkk. verlaufen so glatt, daß die Grundkomplexe jetzt durch Hydrolyse der prim. gebildeten Überkomplexe dargestellt werden. Auch metall. Cu geht beim Schütteln mit Thiazon u. Säure bei Raumtemp. unter Überkomplexbldg. in Lösung. Nur Übergangsmetalle scheinen Überkomplexe dieser Art zu bilden. Die Grund- u. Überkomplexe von Pd^{2+} werden besprochen. Ammoniakal. Pd^{2+}-Salzlsg. wird von alkal. Dimethylthiazonlsg. lilarot gefällt. Dieser Grundkomplex ist in H_2SO_4 bräunlich gelb löslich. Das aus dieser Lsg. fällbare überkomplexe Bromid bildet feine, gelbe Nadeln. Überkomplexbldg. kann auch aus nicht wss. Medium erfolgen. Einleiten von trockenem HCl in ätherlösl. rote Cu-Thiazone gibt quantitativ grüne, ätherunlösl. Überkomplexchloride. Darstellungsvorschrift für einige Überkomplexe des **I** s. Original. (Z. anorg. allg. Chem. **273**. 325—32. Okt. 1953. Jena, Univ., Inst. für Anorgan. Chem., u. Greifswald, Univ., Inst. für Anorgan. Chem.)

MAX SCHMIDT. 223

Priyadaranjan Rây und **Byomkes Sarma**, *Dicyano-bis-äthylendiaminkobalt(III)-Komplexverbindungen.* Durch Einw. von 2 Mol *KCN* auf eine wss. Lsg. von 1 Mol *Na*-Salz des ***trans-Dithiosulfatobisäthylendiamincobaltats*** (vgl. RÂY u. MAULIK; J. Indian chem. Soc. **10**. [1933.] 655) wurde ein neuer Typ von *Cyankobalt(III)*-komplexen dargestellt, *Dicyanobisäthylendiaminkobalt(III)-thiosulfat* (**I**) $[Co(CN)_2(en)_2]_2S_2O_3 \cdot H_2O$. Seidige, gelbe Nadeln; schwer lösl. in W., unlösl. in Aceton, A., $d_{4°}^{25°} = 1{,}459$. $\chi_{Mol} = -175{,}6 \cdot 10^{-6}$. **I** wird durch Alkalien oder Säuren nicht zersetzt. Bei 105° vollständige Entwässerung, es findet dabei kein Wechsel in der Farbe oder der Zus. statt, selbst nicht bei 150°. Bei Behandeln des rotgefärbten *Na*-Salzes des ***cis-Dithiosulfatobisäthylendiaminecobaltats*** mit der berechneten Menge KCN erhalten Vff. das gleiche gelbe Prod., aber wasserfrei. Durch Oxydation einer konz. Lsg. von **I** mit Ag_2O wurde *Di-*

cyanobisäthylendiaminkobalt(III)-sulfat (II), $[Co(CN)_2(en)_2]_2SO_4 \cdot 3 H_2O$, erhalten. Dunkelgelbe Nadeln, schwer lösl. in kaltem Wasser., $d_{4°}^{25°} = 1{,}490$, bildet mit den Sulfaten von Ni, Cu u. Co Doppelsalze. Aus II wurden durch Behandeln mit den entsprechenden Ba-Verbb. weitere Salze erhalten. — *Dicyanobisäthylendiaminkobalt(III)-chlorid*, $[Co(CN)_2(en)_2]Cl$, dunkelgelbe Prismen. Löslichkeit in W.: 13%. $d_{4°}^{25°} = 1{,}371$. Bildet Doppelsalze mit den Chloriden von Cu u. Hg. Durch Säuren u. Alkalien wird die Verb. nicht zersetzt. — *Dicyanobisäthylendiaminkobalt(III)-bromid*, $[CO(CN)_2(en)_2]Br$; $d_{4°}^{25°} = 1{,}556$. — *Dicyanobisäthylendiaminkobalt(III)-jodid*, $[Co(CN)_2(en)_2]J$; $d_{4°}^{25°} = 1{,}708$. — *Dicyanobisäthylendiaminkobalt* (III)-*nitrat*, $[Co(CN)_2(en)_2]NO_3$; dunkelgelbe Kristalle, leicht lösl. in W.; $d_{4°}^{25°} = 1{,}416$. — *Dicyanobisäthylendiaminkobalt(III)-dihydrogenphosphat*, $[Co(CN)_2(en)_2]H_2PO_4 \cdot H_2O$, Entwässerung bei 105°. — *Dicyanobisäthylendiaminkobalt(III)-hydroxyd*, $[Co(CN)_2(en)_2]OH$, dunkelgelbes, mikrokristallines Prod., sehr leicht lösl. in W.; die wss. Lsg. der Substanz setzt aus NH_4-Salzlsgg. NH_3 in Freiheit. — *Dicyanobisäthylendiaminkobalt(III)-thiocyanat*, $[Co(CN)_2(en)_2]CNS$, erhalten durch Umsetzung des Sulfats mit NH_4CNS, gelbe Kristalle. — *Dicyanobisäthylendiaminkobalt(III)-selenat*, $[Co(CN)_2(en)_2]_2SeO_4 \cdot 3 H_2O$, dargestellt aus dem Hydroxyd mit Selensäure, gelbe Nadeln. Entwässerung bei 105°. — *Dicyanobisäthylendiaminkobalt(III)-chromat*, $[Co(CN)_2(en)_2]_2CrO_4 \cdot 5 H_2O$, aus II u. K_2CrO_4, gelbe Nadeln. Entwässerung bei 105°. — *Dicyanobisäthylendiaminokobalt(III)-molybdat*, $[Co(CN)_2(en)_2]_2MoO_4 \cdot 4 H_2O$, aus II mit K_2MoO_4, gelbe Nadeln. Entwässerung bei 105°. — *Dicyanobisäthylendiaminkobalt(III)-tetrathiocyanatodiamminochromiat*, $[Co \cdot (CN)_2(en)_2][Cr(SCN)_4(NH_3)_2] \cdot H_2O$, aus äquimol. Lsgg. von Dicyanobisäthylendiaminkobalt(III)-salz u. Ammoniumtetrathiocyanatodiamminochromiat. Rosafarbige, seidige Kristalle; sehr schwer löslich. Entwässerung bei 105°. — *Dicyanobisäthylendiaminkobalt(III)-quecksilber(II)-chlorid*, $[Co(CN)_2(en)_2]Cl \cdot HgCl_2$, gelbe Nadeln. — *Dicyanobisäthylendiaminkobalt(III)-kupfer(II)-chlorid*, $[Co(CN)_2(en)_2]Cl \cdot 2 CuCl_2 \cdot 10 H_2O$, gelblichgrüne Kristalle. Entwässerung bei 105°. — *Dicyanobisäthylendiaminkobalt(III)-quecksilber(II)-bromid*, $[Co(CN)_2(en)_2]Br \cdot HgBr_2 \cdot 1{,}5 H_2O$, gelbe Kristalle. Entwässerung bei 105°. — *Dicyanobisäthylendiaminkobalt(III)-kupfer(II)-bromid*, $[Co(CN)_2(en)_2]Br \cdot CuBr_2 \cdot 12 H_2O$, dunkle, violettrote Kristalle. — *Dicyanobisäthylendiaminkobalt(III)-quecksilber(II)-jodid*, $[Co(CN)_2(en)_2]_2HgJ_4$, bräunlich gelbes, mikrokristallines Produkt. — *Dicyanobisäthylendiaminkobalt(III)-kupfer(II)-sulfat*, $[Co(CN)_2(en)_2]_2SO_4 \cdot 2 CuSO_4 \cdot H_2O$, gelblich grüne Nadeln. Entwässerung bei 105°. — *Dicyanobisäthylendiaminkobalt(III)-kobalt(II)-sulfat*, $[Co(CN)_2(en)_2]_2SO_4 \cdot 2 CoSO_4 \cdot 10 H_2O$, braunes, seidiges, mikrokristallines Produkt. Entwässerung bei 105°. — *Dicyanobisäthylendiaminkobalt(III)-nickel(II)-sulfat*, $[Co(CN)_2(en)_2]_2SO_4 \cdot 2 NiSO_4 \cdot 12 H_2O$, erbsengrüne Kristalle. Entwässerung bei 105°. — *Dicyanobisäthylendiaminkobalt(III)-silber(I)-thiosulfat*, $3 [Co(CN)_2(en)_2]_2S_2O_3 \cdot 2 Ag_2S_2O_3$, gelbes, schwer lösl. Prod., dunkelt allmählich nach. — *Dicyanobisäthylendiaminkobalt(III)-kupfer(I)-thiosulfat*, $2 [Co(CN)_2(en)_2]_2 S_2O_3 \cdot 3 Cu_2S_2O_3$, gelbe, kristalline, schwer lösl. Verbindung. — Bei I u. dem entsprechenden Chlorid wurden Messungen der Äquivalentleitfähigkeit bei 30° u. der Gefrierpunktserniedrigung in wss. Lsg. vorgenommen. Da sowohl aus *cis*- als auch aus *trans*-Dithiosulfatobisäthylendiamincobaltat die gleiche gelbe Verb. I gebildet wird, nehmen Vff. an, daß diese *trans*-Konfiguration besitzt. Wie die Leitfähigkeitsmessungen ergaben, stellt der neue Verbindungstyp im Gegensatz zu den bisher untersuchten substituierten *Cyanokobalt(III)*-Komplexen (vgl. z. B. RÂY u. DUTT, Z. anorg. allg. Chem. **234**. [1937.] 65) einen einwertigen Kationenkomplex dar. Er ist, wie alle Kobalt(III)-Komplexe, diamagnetisch. In verschied. physikal. Eigg. gleicht I dem *Dichlorodiäthylendiaminkobalt(III)-chlorid*. Die Äquivalentleitfähigkeitswerte bei verschied. Verdünnungen scheinen darauf hinzuweisen, daß der Komplex bei ~30° in wss. Lsg. langsam Hydrolyse erleidet. (J. Indian chem. Soc. **28**. 59—64. Febr. 1951. Calcutta, Univ., Anorgan. Chem. Labor.) E. L. JAHN. 223

A. N. Ternowskaja und **A. P. Belopolski**, *Absorption von Gasen in Gegenwart oberflächenaktiver Substanzen. 4. Mitt. Einfluß oberflächenaktiver Substanzen auf die Absorptionsgeschwindigkeit von CO_2 und NH_3 durch Wasser.* (3. vgl. C. **1953**. 2084.) Die Verss. ergaben, daß die Abhängigkeit der CO_2-Absorption durch W. von der Konz. des *Mersolates* die gleiche ist wie bei SO_2 (vgl. C. **1950**. II. 495). Von $0-1 \cdot 10^{-4}$ g/ml nimmt die Absorptionsgeschwindigkeit stark, bis $5 \cdot 10^{-4}$ weniger stark ab. Bei weiterer Zunahme der Konz. bleibt die Absorptionsgeschwindigkeit konstant, obwohl die Oberflächenspannung weiterhin stark abnimmt. Ebenso wie bei SO_2 nimmt bei CO_2 der „Minderungseffekt" bei Erhöhung der Flüssigkeitsgeschwindigkeit von 50 auf 130 ml/Min. von 21—35% zu. Bei der Absorption von NH_3 durch Lsgg. von Mersolat oder *Nekal* bleibt dieser Effekt prakt. aus. Die Ergebnisse mit CO_2 u. NH_3 bestätigen die Annahme, daß die Änderung der Bewegung der freien Fl. in Ggw.

eines Oberflächenfilms eines capillar-akt. Stoffes dann eintritt, wenn die Geschwindigkeit des Prozesses vom Widerstand des fl. Diffusionsfilmes abhängig ist. Die Abnahme der Absorptionsgeschwindigkeit wird dadurch verursacht, daß durch die hydrodynam. Veränderungen die effektive Dicke des fl. Diffusionsfilmes verstärkt wird. (Журнал Физической Химии [J. physik. Chem.] **26**. 1097—1102. Aug. 1952. Moskau, Wiss. Forschungsinst. für Düngemittel u. Insektofungicide.) LEBTAG. 224

L. Mirčevova, *Die Löslichkeit von Calciumcarbonat in Lösungen organischer Verbindungen.* $CaCO_3$ löst sich leicht in *NH_4-Citrat* u. *Na-Äthyldiaminotetraacetat* (*Versen*), mäßig in *Syntalgon* (= *Calgon*) u. *Syntron A* (= Deriv. der Nitrilessigsäure), schlecht in *NH_4-Acetat* u. *-Tartrat.* Die Verss. wurden mit pulverigem $CaCO_3$, mit Marmorstückchen u. mit verinkrustierten Plachen ausgeführt. (Listy Cukrovarnické **68**. 62—63. 1952.) STEINER. 224

K. P. Mischtschenko, *Ionensolvatation in Elektrolytlösungen.* 1. Mitt. *Chemische Solvatationswärmen einzelner Ionen und angenäherte Berechnung der Solvatationsenergie.* Vf. berechnet aus den thermochem. Daten die summar. chem. Solvatationswärme von 57 Ionenpaaren in unendlich verd. wss. Lsgg. von 25°. Die ausführlich begründete Annahme, daß die Solvatationswärmen von J u. Cs gleich sind, führt zur Berechnung der Solvatationwärme von 27 einzelnen Ionen (Li^+, Na^+, K^+, Rb^+, Cs^+, F^-, Cl^-, Br^-, J^-, Mg^{2+}, Ca^{2+}, Sr^{2+}, Ba^{2+}, Zn^{2+}, Cd^{2+}, Ag^+, Tl^+, NH_4^+, H_3O^+, OH^-, NO_3^-, CNS^-, $HCOO^-$, SO_4^{2-}, MnO_4^-, H^+). Die Asymmetrie des Dipols des Wassermol. wird berechnet. Sie beträgt $\beta = 0{,}25$ Å. Es wird die Vorstellung von einem veränderlichen effektiven Vol. der Wassermoll. in der solvatisierten Ionenschale eingeführt. Mit Hilfe einer sehr einfachen Formel für die Energie der gegenseitigen Einw. von Ionen u. Dipol wird die chem. Solvatationswärme einzelner Ionen berechnet. Die Abweichung von den experimentellen Ergebnissen ist ca. 8%. (Журнал Физической Химии [J. physik. Chem.] **26**. 1736—60. Dez. 1952. Leningrad, Technol. Lensowjet-Inst. u. Technol. Molotow-Inst.) ADOLPHI. 224

Gerhart Jander und **Werner Zschaage,** *Über das chemische Verhalten der Stoffe in geschmolzenem Aluminiumbromid, besonders in solvolytischer Hinsicht.* Vff. beschreiben die Darst. von $AlBr_3$ aus Al u. Br_2, sowie die Eigg. der geschmolzenen Verbb., soweit sie für die Betrachtung des $AlBr_3$ als wasserähnliches Lösungsm. interessant sind. Auf Grund der Annahme einer Eigendissoziation in geschmolzenem $AlBr_3$ nach $AlBr_3 \rightleftharpoons AlBr_2^+ + Br^- \rightleftharpoons AlBr^{2+} + 2\ Br^- \rightleftharpoons Al^{3+} + 3\ Br^-$ werden die Solvolyse-Rkk. mit *$BaSiF_6$, KF, HgS, PbS, Ag_2S,* sowie *Ba-, K-* u. *Pb-Sulfat* untersucht. Dabei ergeben sich folgende Rkk.: $3\ BaSiF_6 + 11\ AlBr_3 \rightarrow 3\ [Ba(AlBr_4)_2 \cdot AlBr_3] + Al_2(SiF_6)_3$ u. $6\ KF + 11\ AlBr_3 \rightarrow 3\ [2\ K(AlBr_4) \cdot AlBr_3] + 2\ AlF_3$. Die Solvolyse des HgS ergibt eine Verb. der wahrscheinlichen Zus. $Br_2Al–S–HgBr$. Bei der Rk. mit PbS scheint eine analoge Verb. entstanden zu sein, ein beobachteter Unterschuß an S deutet jedoch auf eine nicht vollständig verlaufene Solvolyse hin. Für die Solvolyse des Ag_2S wird als Endprod. ein Gemisch eines $Ag_2S–AlBr_3$-Solvates mit der Verb. $(2\ AgAlBr_4) \cdot AlBr_3$ angenommen. Die Unterss. an Sulfaten ergeben, daß die Stärke der „Schwefelsäure" in $AlBr_3$ sehr gering ist. Bei 150° befinden sich die Kationen fast vollständig in der entstehenden unteren Schicht, auch das SO_4-Ion ist, vor allem in verdünnteren Lsgg., bevorzugt in der unteren Schicht löslich. (Z. anorg. allg. Chem. **272**. 53—63. Febr. 1953. Berlin-Charlottenburg, Techn. Univ., Anorg.-chem. Inst.; Frankfurt/M.) SIEWERT. 224

E. Wicke, *Primärprozesse beim Abbrand graphitischen Kohlenstoffs.* Vf. beschreibt einleitend die drei experimentellen Methoden zur Erfassung der Primärprodd. bei der Kohleverbrennung: 1. die Glühfadenmeth. bei geringen Gasdrucken von L. MEYER (Z. physik. Chem. Abt. B **17**. [1932.] 385); 2. die Meth. des schnelldurchströmten Kohlekanals bei Normaldruck von BAETKE (C. **1952**. 3613) u. 3. die Inhibitormeth. von ARTHUR (C. **1952**. 494). Die Vor- u. Nachteile u. die wesentlichen Ergebnisse dieser drei Methoden werden krit. diskutiert. Aus den zusammengestellten Versuchsergebnissen ergibt sich, daß von 500—1100° gleichzeitige Bldg. von *CO_2* u. *CO* erfolgt, wobei der CO_2-Anteil mit steigender Temp. exponentiell abnimmt u. oberhalb 900° prakt. vernachlässigt werden kann. Von 1100—1600° tritt ausschließliche CO-Bldg. auf, wobei mit steigender Temp. die Reaktionsgeschwindigkeit abnimmt; oberhalb 1600° ist dann die Geschwindigkeit der CO-Bldg. temperaturunabhängig. Vf. schlägt zur Deutung dieser Ergebnisse, zusammen mit den Befunden über die Abhängigkeit der Geschwindigkeit des prim. Abbrandes von Temp. u. Druck, einen verhältnismäßig einfachen Reaktionsmechanismus vor. (Z. Elektrochem., Ber. Bunsenges. physik. Chem. **56**. 414—20. 1952. Göttingen, Univ., Inst. für Physikal. Chem.) G. HEINRICH. 225

E. Abel, *Zum Mechanismus der Reaktion zwischen Hydrazin und Permanganat.* Vf. schließt aus älteren Arbeiten anderer Autoren, daß bei der Rk. von NH_2NH_2

mit $KMnO_4^-$ die Umsetzung $MnO_4^- + NH_2NH_2 \rightarrow Mn^{2+} + N_2$ nicht die alleinige, meist noch nicht einmal die überwiegende sein kann. Auf Grund der früher (C. **1954**. 4801) dargelegten Auffassung über die Chemie des NH_2-Radikals wird ein Mechanismus der Rk. $NH_2NH_2 - KMnO_4^-$ entwickelt, bei dem auch eine Zers. des NH_2NH_2 nach $3\,NH_2NH_2 \rightarrow N_2 + 3\,NH_3$ angenommen wird. Diese letztere Rk. wäre als eine Mangan(II)-Ionen-Katalyse des Hydrazins aufzufassen. NH_2NH_2 wirkt bei diesem Mechanismus demnach oxydierend u. reduzierend. Das Aufteilungsverhältnis $\varphi = \Delta MnO_4^-/\Delta NH_2NH_2$, welches sich aus den Mengen MnO_4^- u. NH_2NH_2, die miteinander reagiert haben, ergibt, muß bei dem angegebenen Mechanismus mit sinkenden Anfangskonzz. der Reaktionsteilnehmer fallen u. einem Grenzwert zustreben, was durch ältere Literaturangaben bestätigt wird. (Mh. Chem. **84**. 754—61. 15/8. S.-B. österr. Akad. Wiss., math.-naturwiss. Kl., Abt. IIb **162**. 754—61. 1953. London, Hamilton Terrace.) J. MATTNER. 225

E. Abel, *Zum Mechanismus der Reaktion zwischen Hydrazin und Manganion.* (Vgl. vorst. Ref.) Vf. nimmt an, daß auch bei der Rk. zwischen NH_2NH_2 u. Mn^{3+} das NH_2NH_2 gleichzeitig oxydierend u. reduzierend wirken kann. Reduzierend wirkt es nach der Gleichung $4\,Mn^{3+} + NH_2NH_2 = 4\,Mn^{2+} + N_2 + 4\,H^+$, u. seine oxydierende Wirkg. zeigt sich im NH_2NH_2-Zerfall nach $3\,NH_2NH_2 = N_2 + 4\,NH_3$, eine Rk., die durch Mn^{3+} katalyt. beschleunigt wird. Diese Katalyse wird als abwechselnde Oxydation u. Red. von $Mn^{3+} - Mn^{4+}$ erklärt. Der Reaktionsmechanismus wird dargestellt. (Mh. Chem. **84**. 762—63. 15/8. S.-B. österr. Akad. Wiss., math.-naturwiss. Kl., Abt. IIb **162**. 762—63. 1953.) J. MATTNER. 225

D. S. Brackman und **W. C. E. Higginson,** *Die Reaktion zwischen Hydroxylamin und Natriumsulfit in verdünnt saurer Lösung.* Vff. untersuchen die Kinetik der Rk. zwischen Hydroxylamin u. schwefliger Säure im p_H-Bereich 1—7 bei 25°, die nach den Gleichungen $H_2SO_3 + NH_2OH \rightarrow NH_2SO_3H + H_2O$ u. $H_2SO_3 + NH_2OH \rightarrow H_2SO_4 + NH_3$ verläuft. Die Best. der Abnahme der Sulfitionenkonz. bei Überschuß an Sulfit bis zu einem Verbrauch von 85% des eingesetzten NH_2OH ergab unter Annahme, daß Sulfit u. NH_2OH äquivalent sind, Kurven einer Rk. 2. Ordnung. Die Geschwindigkeitskonstante der Rk. ergibt sich zu: $k = 2{,}09 \cdot 10^{-3}[H^+]^2/([H^+] + K_{s_1})([H^+] + K_{s_2})([H^+] + K_N)$ $Mol^{-1} \cdot Liter \cdot min^{-1}$ bei einer Ionenaktivität 0,5 u. 25°. Hierbei ist K_{s_1} die 1. u. K_{s_2} die 2. Dissoziationskonstante von H_2SO_3 mit $1{,}72 \cdot 10^{-2}$, bzw. $6{,}24 \cdot 10^{-8}$ $Mol \cdot Liter^{-1}$ u. K_N die Dissoziationskonstante des Hydroxylamin-Ions mit $1{,}04 \cdot 10^{-6}$ $Mol \cdot Liter^{-1}$. k erreicht den maximalen Wert von 0,120 $Mol^{-1} \cdot Liter \cdot min^{-1}$ bei p_H 3,9. (J. chem. Soc. [London] **1953**. 3896—98. Dez. Manchester, Univ.) SIEWERT. 225

H. Schüler und **V. Degenhart,** *Über die Bildung von Hydrazin (NH_2–NH_2) aus Ammoniak (NH_3) in der Glimmentladung.* (Vgl. C. **1953**. 5995.) Die quantitative Unters. der *Hydrazin* (**I**)-Bldg. in einer NH_3-Glimmentladung zeigte, daß unter folgenden Bedingungen aus NH_3 13—14 g **I**/kWh gewonnen werden können. Durch eine Entladungsröhre mit einem Elektrodenabstand von 60 cm u. einem Durchmesser von 2,2 cm wird NH_3 mit einem Druck von 4—6 Torr geleitet u. dann kondensiert. Der **I**-Geh. wird jodometr. nach Verdampfen des NH_3 unter $NaHCO_3$-Zusatz bestimmt. Die Spannung betrug 6400 V bei 15,5 Watt. Die Durchströmungsgeschwindigkeit des NH_3 lag bei 3,25 g/Minute. 50,9% des zerstörten NH_3 treten zu **I** zusammen. Es wurden Verss. mit Wechselstrom von 50 u. 500 Hz u. Spannungen von 4300 bzw. 6400 V durchgeführt. Die Leistungen wurden zwischen 10 u. 90 W u. die Strömungsgeschwindigkeit des NH_3 zwischen 1,75 u. 7,25 g/Min. variiert. Zum Vgl. wurden Verss. mit Ozonisatorentladungen vorgenommen, die zu wesentlich geringeren **I**-Ausbeuten führten (3—4 g **I**/kWh). Es konnte berechnet werden, daß mindestens 5,8% der gesamten Glimmerentladungsenergie zur Synth. von **I** aus NH_3 aufgewendet wird. (Z. Naturforsch. **8a**. 251—55. April 1953. Hechingen, Max-Planck-Ges., Forschungsstelle für Spektroskopie.) MOSLÉ. 226

Louis d'Or und **Adam Orzechowski,** *Ergänzende Untersuchungen über die Aktivierung bei der heterogenen Katalyse.* In gemischten *Ni–CeO_2*-Katalysatoren existiert Ni in zwei Formen, die beide bei 180° u. 1 at H_2 adsorbieren: eine metall., bei der Hydrierung von Phenol in der Gasphase akt. u. eine wahrscheinlich nichtmetall., katalyt. unwirksame Form. Sie können unterschieden werden durch ihr Adsorptionsvermögen gegenüber H_2 bei —195° u. 0,1 mm Hg. Unter diesen Bedingungen adsorbiert reines CeO_2 gar nicht, Ni-arme Katalysatoren adsorbieren wenig, während Ni-reiche Katalysatoren annähernd gleiche Adsorptionsfähigkeit zeigen wie bei 180° u. 1 at. Unter der Annahme, daß bei —195° nur das metall. Ni H_2 zu adsorbieren vermag, läßt sich seine Oberfläche je Masseneinheit des Katalysators berechnen. Messungen der relativen Oberfläche u. Aktivitäten gemischter Ni–CeO_2-Katalysatoren, bezogen auf reines Ni, zeigen, daß die „Qualität" der gemischten Katalysatoren bestenfalls die des reinen Ni erreicht (bei ca. 60% CeO_2). Der Einfl. des Aktivators auf den Katalysator besteht nur in einer Oberflächenvergrößerung. (C. R. hebd. Séances Acad. Sci. **235**. 430—32. 11/8. 1952.) M. Schenk. 227

B. Anorganische Chemie.

N. A. Pušin und **J. Makuc**, *Schmelzpunktdiagramm des binären Systems Phosphor-Brom.* Die therm. Analyse ergab, daß P u. Br folgende Verbb. bilden: *PBr_3*, farblose Fl., Kp. 171°, F. —40°; *PBr_5*, gelbe Kristalle, F. 106,5° (Zers.), bei 99° Übergang in eine andere Modifikation; *PBr_7*, rote Kristalle, die sich bei 106,5° in 2 fl. Schichten trennen; *PBr_{17}*, fester Stoff, F. 14,5°. Beim Mischungsverhältnis 83,3—88,4 u. 96,8 bis 100 At.-% Br bilden sich 2 nicht mischbare Schichten, die sich jedoch bei Steigerung der Temp. zu einer gemeinsamen Schicht vereinigen, wobei der krit. Punkt bei 139 bis 140° u. 93,5 At.-% Br liegt. (Гласник Хемиског Друштва Београд [Ber. chem. Ges. Belgrad] **15**. 17—25. 1950. Belgrad, Univ., Techn. Fakultät, Inst. für physikal. u. Elektrochemie.) v. Wilpert. 264

Lorentz Eldjarn, *Eine verbesserte Methode für die Synthese von Kaliumrhodanid, markiert mit radioaktivem Schwefel.* Nach der Rk. $K_2S + BrCN \rightarrow KSCN + KBr$ stellt Vf. KSCN, das mit ^{35}S markiert ist, in Ausbeuten bis zu 86% bei Ansätzen von 35—40 mg KSCN her. Da ^{35}S in Form von H_2SO_4 am billigsten erhältlich ist, wurde akt. $BaSO_4$ mit CO bei 850—900° zu BaS red., welches dann in einer Diffusionsapp. mit H_2SO_4 zersetzt wurde. Mit KOH wurde akt. K_2S gewonnen. Eine Lsg. von 1 Mol K_2S u. 2 Mol KOH in H_2O wurde bei 80° portionsweise mit 2 Mol BrCN versetzt. Nach Beendigung der Rk. wurde nichtmarkiertes KSCN zugesetzt, mit n HCl neutralisiert u. im Vakuum eingedampft. Der Rückstand wurde mit sd. A. extrahiert u. filtriert, der Extrakt wurde eingedampft u. der Rückstand hiervon mit kaltem Essigester extrahiert. Der nach dem Eindampfen des Essigesters verbliebene Rückstand bestand nach mehrmaligem Umkristallisieren aus absol. A. aus KSCN mit F. 172° (unkorr.). (Acta chem. scand. **7**. 343—46. 1953. Oslo, Norwegian Radium Hosp., Norsk Hydro's Inst. for Cancer Res., Biochem. Section.)
Siewert. 275

G. Wehner, *Über die basischen Chloride des Magnesiums.* Bei der Entwässerung von $MgCl_2 \cdot 6\ H_2O$, die von Vf. therm. verfolgt wird, tritt zwischen 285 u. 480° die Verb. *Mg(OH)Cl* auf, die von Vf. röntgenograph. untersucht wird; das erhaltene Röntgendiagramm ließ sich hexagonal mit a = 3,35 u. c = 17,0 Å indizieren, lediglich einige schwache Interferenzen konnten damit nicht in Einklang gebracht werden, was mit den Ergebnissen von Feitknecht (C. **1945**. II. 4) im allg. übereinstimmt. — Durch Umsetzung von MgO mit $MgCl_2$-Lsgg. erhält Vf. das bas. Salz *$MgCl_2 \cdot 3\ Mg(OH)_2 \cdot 8\ H_2O$*, die Röntgendiagramme der Verb. konnten nicht einwandfrei indiziert werden. Bei Verlust des Kristallwassers geht die Verb. in *$MgCl_2 \cdot 3\ Mg(OH)_2$* über, dessen Röntgendiagramm sich hexagonal mit a = 3,20 u. c = 16,65 Å indizieren läßt, was ebenfalls mit den Ergebnissen von Feitknecht übereinstimmt. — Beobachtungen über potentiometr. Titrationen an Lsgg. von MgO in $MgCl_2$-Lauge mit HCl u. Titrationsverss. von $MgCl_2$-Laugen mit Alkalien werden diskutiert. Es wird vermutet, daß in Lsgg. von MgO in $MgCl_2$-Laugen eine komlexe Base etwa der Zus. *$\{Mg[Mg(OH)_2]_3\}(OH)_2$* vorliegt. Aus derartigen Lsgg. gefälltes $Mg(OH)_2$ zeigt röntgenograph. Erscheinungen, die das Vorliegen einer Arnfelt-Struktur vermuten lassen. (Z. anorg. allg. Chem. **272**. 201—10. Febr. 1953. Bitterfeld, VEB Elektrochem. Kombinat.) Siewert. 282

E. R. Segnit, *Weitere Daten über das System Na_2O–CaO–SiO_2.* Vf. untersucht das Syst. nach der Abschreckmeth. in den Gebieten unterhalb von 50% SiO_2. Die Ergebnisse werden tabellar., u. in Dreieckskoordinaten die prim. Phasengebiete u. die Liquidus-Isothermen mitgeteilt. 9 prim. Phasen wurden aufgefunden: *α-$CaO \cdot SiO_2$* (**I**) (*Pseudowollastonit*), *$2\ CaO \cdot SiO_2$* (**II**), *$3\ CaO \cdot 2\ SiO_2$* (**III**), *$Na_2O \cdot SiO_2$* (**IV**), *$NaO \cdot 2\ CaO \cdot 3\ SiO_2$* (**V**), *$2\ Na_2O \cdot CaO \cdot 3\ SiO_2$* (**VI**), *$Na_2O \cdot CaO \cdot SiO_2$* (**VII**) u. die bisher unbekannten *$Na_2O \cdot 2\ CaO \cdot 2\ SiO_2$* (**VIII**) u. *$4\ Na_2O \cdot 3\ CaO \cdot 5\ SiO_2$* (**IX**). **VIII** ist wahrscheinlich moniklin u. neigt zur Zwillingsbldg., ähnlich dem Plagioklas. Der Brechungsindex beträgt 1,665, die Doppelbrechung 0,003. Der opt. Charakter ist biaxial mit einem hohen opt. Axialwinkel. Der Brechungsindex von **IX** beträgt 1,620, die Doppelbrechung 0,002. Die Debye-Scherrer-Diagramme werden von **VIII** u. **IX** mitgeteilt. **VIII** schm. bei ca. 1450° u. existiert in den Gebieten zwischen 11 u. 24% Na_2O, 43 u. 33% CaO, 46 u. 43% SiO_2 in dem Temperaturbereich von 1267—1446°. Das Feld ist von den Phasen **I, V, II, III** u. **VII** begrenzt. 4 der invarianten Punkte an den Ecken des Feldes sind Eutektika. **IX** weist einen inkongruenten F. bei 1125° auf u. existiert in den Gebieten zwischen 40 u. 47% Na_2O, 16 u. 12% CaO, 43,5 u. 41% SiO_2 in dem Temperaturbereich von 945—1124°. In dem Syst. wurden 13 neue Grenzlinien u. 9 Quintrupel-Punkte neu lokalisiert. **II** kann bis ca. 3% Na_2O als feste Lsg. enthalten. Dieses Ergebnis wurde im Zusammenhang mit dem Na_2O-Geh. von Portlandzementklinkern diskutiert. (Amer. J. Sci. **251.** 586—601. Aug. 1953. Melbourne, Commonwealth Scientific and Ind. Res. Organizat., Div. of Ind. Chem.) Moslé. 283

E. Herrmann, *Beitrag zur Kinetik der Abscheidung von Hydrargillit aus Natriumaluminatlösungen.* Vf. untersucht die Abscheidung von $Al(OH)_3$ aus Na-Aluminatlsgg. bei 49° sowie die Auflösungsgeschwindigkeit von Hydrargillit in NaOH bei 30, 35 u. 40° u. die Löslichkeit von Hydrargillit bei 100° in NaOH verschied. Konzentrationen. Bei der Unters. der Auflösungsgeschwindigkeit zeigt sich, daß der Vorgang nicht diffusionsbestimmt ist, sondern die Ablösearbeit von $Al(OH)_3$-Moll. von der Gitteroberfläche entscheidenden Einfl. auf die Geschwindigkeit hat; dies ist auch aus der Temperaturabhängigkeit der Lösungsgeschwindigkeit ersichtlich. Vf. schließt ferner aus den Verss., daß die $Al(OH)_3$-Moll. nach der Ablösung adsorptiv an der Grenzschicht festgehalten werden. Durch rechner. Behandlung des Lösungsvorganges läßt sich zeigen, daß an der Phasengrenzfläche die Sättigungskonz. niemals erreicht wird. — Während der Auflösungsvorgang zeitlich stetig verläuft, treten bei der $Al(OH)_3$-Abscheidung unregelmäßige Sprünge auf, was auf das Zusammenwirken von Keimbldg. u. Kristallisation zurückgeführt wird. Na-Aluminat stellt einen schwachen Komplex dar, dessen Lsg. sich wie eine Lsg. von $Al(OH)_3$ in NaOH verhält. Zur Beschleunigung des Ausrührprozesses muß nach den Ergebnissen des Vf. die Beweglichkeit der $Al(OH)_3$-Moll. in der Grenzschicht erhöht werden, was am besten durch Verwendung verdünnterer Lsgg. geschehen kann. Der Mechanismus der Keimbldg. wird diskutiert. (Z. anorg. allg. Chem. **274.** 81—104. Dez. 1953. Zagreb, Inst. für Leichtmetalle; z. Zt. Neuhausen am Rheinfall (Schweiz), Aluminium-Industrie A.-G., Forschungsinst.) Siewert. 294

Kurt Fischbeck und **Emil Messmer,** *Über das Reaktionsvermögen und die Titration von Tonmineralien.* Vff. konnten feststellen, daß *Kaolin* u. verschied. Tone mit Alkalihydroxydlsgg. bei Zimmertemp. mit meßbarer Geschwindigkeit u. bei 100° schnell reagieren; bei 500° bilden sich dabei feuerfeste Massen. Zur Klärung der Verhältnisse im stark alkal. Gebiet wurde zunächst das Verh. der Tone um den Neutralpunkt untersucht. Rkk. zwischen p_H 2 u. 13 verliefen meist reversibel. Vff. zeigen, daß sich Tonsuspensionen mit Alkali oder Säure titrieren lassen, dies wird z. B. beim *Bentonit* auf die Rk. [Ca-Bentonit (fest)] + H_2O = [H-Bentonit (fest)] + $Ca(OH)_2$ zurückgeführt. Durch Titration der Tone kann der Geh. an Tonsäure u. Tonsalz ermittelt werden, wie am Beispiel des Pfälzer u. Klingenberger Tons gezeigt wird. (Z. anorg. allg. Chem. **274.** 1—10. Dez. 1953. Heidelberg.) Siewert. 294

Felix B. Litton, *Gewinnung und einige Eigenschaften von Hafnium.* (Foote Prints **23.** 25—28. 1951. — C. **1952.** 7462.) Werner. 323

N. K. Kulshrestha, A. K. Dey und **S. Ghosh,** *Untersuchungen über hydratisiertes Zinnoxyd.* 1. Mitt. *Fällung durch lösliche Hydroxyde.* Vff. teilen einige vorläufige Ergebnisse über die Fällung hydratisierter Oxyde aus $SnCl_4$-Lsgg. mit OH-Ionen (NaOH) mit: Die zur vollständigen Ausfällung des Sn notwendige Alkalimenge ist immer kleiner, als dem theoret. Äquivalent entspricht. Mit zunehmender Temp. nimmt dieser Wert ab, während die Hydrolyse zunimmt. In sehr verd. Lsgg. sind 25% der theoret. Alkalimenge ausreichend, um das Sn vollständig auszufällen. Durch K_2SO_4 werden die Fällungswerte ebenfalls herabgesetzt. In saurem Medium ist die Fällung vollständig; wird die Lsg. schwach alkal., löst sich der Nd. wieder auf. Die Na-Ionenadsorption steigt mit abnehmender Acidität, während die Cl-Ionenadsorption fällt. (Kolloid-Z. **132.** 143—45. Aug./Sept. 1953. Allahabad, India, Univ., Chem. Labor.) G. Heinrich. 327

Ss. M. Arija, Ss. A. Schtschukarew und **W. B. Gluschkowa,** *Chromdioxyd. Gewinnung, Eigenschaften und Bildungsenthalpie.* Bei der Zers. von Cr_2O_3 bei 420—450° u. 200—300 at O_2-Druck entstand in allen Fällen schwarzes $CrO_{1,98}$ (**I**), dessen Elementarzelle 4 Cr-Atome u. 8 O-Atome enthielt. **I** erwies sich als ferromagnet. mit einem Curie-Punkt bei 115°. Oberhalb dieses Punktes war die Magnetisierbarkeit annähernd gleich dem berechneten Wert in der Annahme, daß **I** Cr^{4+} enthält u. kein Mischoxyd ($Cr_2O_3 \cdot CrO_3$) darstellt. Bei der Red. von **I** bis zu Cr_2O_3 bei 20 at H_2 wurde calorimetr. eine Enthalpieänderung von —59,8 ± 0,5 kcal gefunden. Hieraus ergab sich für die Bildungsenthalpie von **I** der Wert —139,4 ± 0,5 kcal. (Журнал Общей Химии [J. allg. Chem.] **23** (**85**). 1241—45. Aug. 1953.) Lebtag. 335

R. Nikolić und **A. Grizo**, *Die Überführung von Natriumchromat in Natriumbichromat durch Kohlensäure.* Bei 0, 20 u. 25° u. 5 u. 10 at wurde die Umwandlung von Na_2CrO_4 (I) in $Na_2Cr_2O_7$ (II) durch CO_2 untersucht. Reaktionsdauer ½—4 Std., zur Ermittlung der Rückumwandlung bis 72 Stunden. Es ergab sich, daß Steigerung der I-Konz. u. des Druckes sowie Senkung der Temp. die Reaktionsgeschwindigkeit günstig beeinflußten, Steigerung der I-Konz. erhöhte die Ausbeute an II. Die Geschwindigkeit der umgekehrten Rk. beeinflußte das Endergebnis nicht wesentlich. Es wurden Umwandlungen I → II bis 81% beobachtet, die jedoch nach Übergang auf atmosphär. Druck in 72 Std. auf 45—46% zurückgingen. Filtriert wurde im Unterschied zu anderen Verff. bei Atmosphärendruck. (Гласник Хемиског Друштва Београд [Ber. chem. Ges. Belgrad] **15.** 39—50. 1950. Belgrad, TH, Inst. für techn. Chemie.)
V. WILPERT. 335

C. C. Addison und **N. Hodge**, *Das Trinitratouranylkomplexion.* Metall. U reagiert mit fl. N_2O_4 sehr langsam, wobei der *Trinitratouranyl-Komplex* (I), $[UO_2(NO_3)_3]^-$, (I) gebildet wird. Wird außerdem Diäthylammoniumnitrat im N_2O_4 gelöst, so verläuft die Rk. unter Bldg. von I u. NO-Entw. sehr heftig. Aus der Lsg. scheiden sich nach einigem Stehen durchsichtige grüngelbe Kristalle, die kein N_2O_4 eingeschlossen enthalten, ab. Ihnen kommt der Analyse nach die Formel $[(C_2H_5)_2NH_2][UO_2(NO_3)_3]$ (II) zu. Bei der Elektrolyse einer verd. Lsg. von II wandert das U zur Anode, wodurch die Anwesenheit von UO_2^{2+} im II-Anion sichergestellt ist. Mit Mono- (III) u. Triäthylammoniumnitrat in fl. N_2O_4 verläuft die Rk. ähnlich. Bei Verwendung von III ändert sich die Zus. der krist. Verb. mit der Konz. der Lösung. Als Reaktionsprod. erhielten Vff. I mit etwas $[UO_2(NO_3)_4]^{2-}$. Die Bldg. von I unter den angegebenen Bedingungen zeigt dessen große Beständigkeit in Lösungsmitteln mit kleiner Dielektrizitätskonstante. In W. dissoziiert I. Die Geschwindigkeit der Bildungs-Rk. hat einen positiven Temperaturkoeffizienten. Sie wird jedoch nur durch Zugabe von Verbb., die die DK. des Mediums erhöhen, gesteigert. Aus diesem Grunde nehmen Vff. an, daß die Anfangs- u. geschwindigkeitsbestimmende Rk. die Bldg. des NO^+ u. NO_3^- ist. Darauf folgt die Rk. $U + nNO^+ \rightarrow U^{n+} + nNO$, wobei n aus kinet. Gründen eine kleine Zahl ist. U^{n+} wird dann nach $U^{n+} \xrightarrow{N_2O_4} UO^{2+} \xrightarrow{N_2O_4} UO_2^{2+}$ weiteroxydiert. Nur das U(VI)-Salz krist. aus der Lsg., obgleich in ihr U niedrigerer Wertigkeit vorhanden ist. Vff. stellen Vgll. zwischen dem H_2O- u. N_2O_4-Syst. an. In letzterem wird durch die dargestellten Salze die amphotere Natur des U gezeigt. (Nature [London] **171.** 369—70. 28/3. 1953. Nottigham, Univ.)
PLUST. 339

W. B. H. Lord, *Einige physikalische Eigenschaften von metallischem Plutonium.* Metall. Pu existiert zwischen Zimmertemp. u. seinem F. in 5 allotropen Modifikationen α, β, γ, δ u. ε, deren Umwandlungstempp. durch dilatometr. Messungen beim Aufheizen u. Abkühlen bestimmt wurden. Es ergaben sich für die Umwandlungen α in β 136°, β in α 85°, β in γ 225°, γ in β ca. 160°, γ in δ 320°, δ in γ 250°, δ in ε 480° u. ε in δ 480°. Dichtebestimmungen der einzelnen Phasen ergaben die Werte: α 19,0; β 17,4; γ 16,6; δ 15,4 u. ε 16,4 g/cm³. Die linearen therm. Ausdehnungskoeffizienten betragen für α unter 70° 40, über 70° 65, β unter 190° 32, über 190° 54, γ 48, δ —33 u. ε 20. (Nature [London] **173.** 534—35. 20/3. 1954. Aldermaston, Berkshire, Atomic Weapons Res. Establish.)
SIEWERT. 343

J. G. Ball, J. A. L. Robertson, P. Mardon, J. A. Lee und **E. T. Adams**, *Einige physikalische Eigenschaften von metallischem Plutonium.* Die parallel zu der Unters. von LORD (vgl. vorst. Ref.) ausgeführten Unterss. der Vff. über die Umwandlungstempp. der Pu-Modifikationen stimmen mit den Ergebnissen von LORD auf ±5° überein. Auch bei den Dichtewerten ist Übereinstimmung festzustellen. Ferner bestimmen Vff. die spezif. elektr. Widerstände, sowie deren Temperaturkoeffizienten. (Nature [London] **173.** 535. 20/3. 1954. Harwell, Berkshire, Atomic Energy Res. Establish.)
SIEWERT. 343

W. Morawietz, *Die thermische Oxydation von Eisensulfid mit Schwefeldioxyd zu Elementarschwefel.* Das Gleichgewicht der Rk. $3\ FeS_{1+u} + 2\ SO_2 \rightleftharpoons Fe_3O_4 + (5 + 3u)/2\ S_2$ wird berechnet u. nach der Mitführungsmeth. kontinuierlich gemessen. Die Reaktionsgeschwindigkeit ist bedingt durch die Diffusionsgeschwindigkeit im freien Gasraum der Poren des gebildeten Fe_3O_4. Versuchsbeschreibung vgl. Original. (Z. Elektrochem., Ber. Bunsenges. physik. Chem. **57.** 539—548. 1953. Duisburg, Duisburger Kupferhütte, Forsch.-Abt.)
MAX SCHMIDT. 354

H. D. Keith und **J. W. Mitchell**, *Versuche über die Reduktion von Silberbromidkristallen.* Vff. untersuchen die Red. von AgBr-Kristallen in der Form dünner Blättchen mit planparalleler Oberfläche mit verschied. Reduktionsmitteln. Es zeigt sich, daß sich dabei Ag in drei charakterist. Formen bildet: 1. in Haufen zusammenhängender

Mikrokristalle, die mit den 1 1 1-Flächen des AgBr zusammenhängen; 2. festen Vorsprüngen aus Agglomeraten kleinerer Kristalle u. 3. lockeren Bündeln von Mikrokristallen, die mit Silberfasern verbunden sind. Die Bedingungen, unter denen die verschied. Abscheidungsarten entstehen, werden diskutiert. (Philos. Mag. [7] **44.** 877—99. Aug. 1953. Bristol, Univ., H. H. Wills Physical Labor.) SIEWERT. 359

A. D. Troitzkaja, *Komplexverbindungen des zweiwertigen Platins mit Stickstoff–Platin–Phosphor-Bindung.* Die isomeren Verbb. $[PtP(OC_2H_5)_3C_6H_5NH_2Cl_2]$ haben die umgekehrte räumliche Konfiguration, als sie ihnen von ROSENHEIM (C. **1904.** I. 156; **1905.** I. 503) zugeschrieben wird, d. h. die gelbe Verb. ist das trans-, die weiße das cis-Deriv. (I). Die Verbb. mit N–Pt–P-Bindung sind in Farbe u. F. analog denjenigen mit nur Pt–P-Bindung. Aus **I** wird neu das cis-Thioharnstoffderiv. $[PtP(OC_2H_5)_2OC_6H_5NH_2\{CS(NH_2)\}_2]Cl_2$ (II) dargestellt: Eine Lsg. von 0,4 g Thioharnstoff in 3 cm³ W. wird bei gewöhnlicher Temp. mit einer Lsg. von 0,2 g **I** versetzt; die farblose Lsg. liefert bei Zusatz von 0,5—1 cm³ konz. HCl einen farblosen Nd. von **II.** (Журнал Прикладной Химии [J. angew. Chem.] **26.** 781—86. Aug. 1953. Kasan, Chem.-Technol. Kirow-Inst.) R. K. MÜLLER. 368

C. Mineralogische und geologische Chemie.

A. T. Myers und **Paul R. Barnett,** *Spektrographische Bestimmung der Verunreinigung von Gesteinsproben während der Pulverisierung.* Für verschied. Gesteinsproben (6 harte Gesteine, 6 unverfestigte Sedimente u. je ein dichter Quarz u. Quarzit) wurde Art u. Stärke der Verunreinigung bei der Pulverisierung bestimmt. Die spektrograph. Analyse ergab, daß Fe bis zu 1,5, Ni 0,006, Mo 0,002, Cr 0,001, Co 0,002, V 0,001, Cu 0,003, Mn 0,1% anwachsen können. (Amer. J. Sci. **251.** 814—30. Nov. 1953. Denver, Colo., U. S. Geolog. Survey.) HILLER. 372

W. I. Michejew, *Bestimmung der Mineralien der Chloritgruppe nach röntgenometrischen Methoden.* Aus der Beziehung zwischen der chem. Zus. u. der Größe der Elementarzelle der Chlorite wird eine röntgenometr. Einteilung abgeleitet, bei der als Kriterium die Werte von b u. $c\cdot\sin\beta$ dienen. Danach gibt es 3 Untergruppen. Zu der 1. Gruppe gehören *Pennin, Leuchtenbergit, Klinochlor* u. *Magnesiumchlorit* mit $c\cdot\sin\beta > 14{,}15$ sowie *Sheridanit, Korundophilit, Prochlorit* mit $c\cdot\sin\beta < 14{,}15$. Die b-Werte sind hier gering (9,12—9,28). Zur 2. Gruppe gehören *Kämmererit, Diabantit, Magnesiumchamosit, Rhipidolith, Kotschubeit* u. *Schuchardtit* mit b von 9,22 bis 9,45 u. $c\cdot\sin\beta > 14{,}2$. Die 3. Gruppe umfaßt: *Aphrosiderit, Daphnit, Bavalit, Thuringit* u. *Cronstedtit.* Hier ist $b > 9{,}30$, $c\cdot\sin\beta < 14{,}0$. (Записки Всесоюзного Минералогического Общества [Schr. Allunions mineralog. Ges.] [2] **82.** 214—17. 1953.) LEBTAG. 372

D. ter Haar, *Das Alter des Universums.* Zusammenfassender Überblick über das Alter der Erde, des Mondes, der Meteoriten u. Sterne. Das Alter der Sonne wird mit ca. 5 Milliarden Jahren, das der Abkühlung der Erdkruste mit 2—4 Milliarden Jahren angegeben. (Sci. Monthly **77.** 173—81. Okt. 1953. St. Andrews, Schottland, Univ., United Coll.) HILLER. 378

Robert W. Young und **O. B. Muench,** *Die chemische Analyse eines Euxenits zur Altersbestimmung.* Ein Euxenit von New Mexico wurde analysiert u. ergab ein Alter von ca. 1030 Mill. Jahren. Analyse: Pb 0,775, U 4,010, Th 3,040, Seltene Erden als Oxyd 13,96, CaO 5,16, MgO 0,41, Nb, Ta, Ti als Oxyd 41,26, Verlust bei 110° 0,70, Glühverlust 5,51%. (Amer. J. Sci. **251.** 784—88. Nov. 1953. Las Vegas, N. Mex., Highlands Univ., Dep. of Chem.) HILLER. 378

R. M. Garrels und **R. M. Dreyer,** *Mechanismus der Kalksteinverdrängung bei niederen Temperaturen und Drucken.* Die metasomat. Verdrängung des Kalkes unter Erhaltung des Vol. durch $CuSO_4$- u. $CuCl_2$-Lsgg. wurde synthet. untersucht. Die Löslichkeit des $CaCO_3$ steigt mit fallendem p_H-Wert um 1 Einheit auf das Hundertfache. Die Ionenkonz. in der Lsg. ergibt bei einer Erhöhung um 0,7 eine 10fache Löslichkeit. Der Einfl. von Druck u. Temp. sind gering. Bei der Verdrängung durch $CuSO_4$-Lsgg. entsteht *Brochantit* u. bei der durch $CuCl_2$ *Atakamit.* Letzterer bildet eine porenfreie Schicht, die die Rk. zum Stillstand bringen kann. In Ggw. von freier Säure bilden sich keine Krusten. Bei der Einw. unter Druck diffundiert die Lsg. stärker in den Kalk. Die Rk. hört auf, wenn das Verhältnis von ausgefälltem Cu-Mineral zu gelöstem Muttergestein größer als 1 wird. In Fe- u. $CuCl_2$-haltigen Lsgg. entstehen Eisenoxydhydrate u. Atakamit. Die Korngröße ist eine Funktion der Fällungsgeschwindigkeit. (Bull. geol. Soc. America **63.** 325—80. April 1952. Evanston, Ill., Northwestern Univ.) ENSSLIN. 378

C. R. van der Merwe und **H. Heystek,** *Tonmineralien der südafrikanischen Bodengruppen.* 1. Mitt. *Laterite und verwandte Böden.* Die Arbeit bringt Ergebnisse der Anwendung der therm. Differentialanalyse u. der Röntgenmeth. auf Tonmineralien der südafrikan. Böden. Die in einer älteren Arbeit getroffenen Unterteilungen nach morpholog. Gesichtspunkten, wie Einflüsse des Urgesteins, des Klimas, der Vegetation, der Topographie u. anderer bodenbildenden Faktoren werden durch die neu gewonnenen Resultate bestätigt. (Soil Sci. **74.** 383—401. Nov. 1952. U. S. Dep. of Agriculture, Council for Sci. and Ind. Res.) BÄR. 380

G. ap Griffith, *Blasiger Laterit.* Vf. weist darauf hin, daß die blasigen Formen des Laterits gedeutet worden sind als Prodd. von Termitentätigkeit. In der Aripo Savannah in Trinidad sind nur blasige Laterite gefunden worden, die durch progressive Auslaugung des im Boden verteilten Materials, Zusammenwachsen der einzelnen Teilchen u. schließlich Wegführung des losen Restmaterials ihre Form erhalten haben. (Nature [London] **171.** 530. 21/3. 1953. Trinidad, B. W. I., Imperial Coll. of Tropical Agriculture, Dep. of Soil Sci. and Chem.) HILLER. 380

E. J. Wayland, *Blasiger Laterit.* Kurze Bemerkung zu vorst. referierter Arbeit von GRIFFITH. (Nature [London] **171.** 1079. 13/6. 1953. London.) HILLER. 380

August Goldstein jr. und **Duane H. Reno,** *Petrographi und Metamorphose von Sedimenten der Quachita Facies.* (Bull. Amer. Assoc. Petroleum Geologists **36.** 2275—90. Dez. 1952. Tulsa, Okla.) · ——————— ENSSLIN. 385

Walter L. Kubiëna, Bestimmungsbuch und Systematik der Böden Europas. Ill. Hilfsbuch zur leichten Diagnose u. Einordn. d. wichtigsten europ. Bodenbildgn. unt. Berücks. ihrer gebräuchlichsten Synonyme. Madrid: Institut für Bodenkunde. Stuttgart: Enke. 1953. (392 S. m. Abb., 26 Taf.) DM 38.—.

D. Organische Chemie.

D_1. Allgemeine und theoretische organische Chemie.

S. Nagakura und **H. Baba,** *Dipolmomente und Absorption im nahen Ultraviolett einiger monosubstituierter Benzole. Der Einfluß von Lösungsmitteln und Wasserstoffbrücken.* Unters. des Einfl. verschied. Lösungsmittel (Heptan, Dioxan, Ae., PAe., CCl_4) auf das Absorptionsspektr. im nahen UV u. das Dipolmoment von *Anilin, Dimethylanilin, Phenol* u. *Anisol.* Wenn keine spezif. Bindung zwischen Lösungsm. u. Gelöstem vorliegt, wachsen Dipolmoment u. Verschiebung der Absorption mit dem Brechungsindex des Lösungsmittels; Dioxan macht eine Ausnahme. Bes. hohe Werte treten auf, wenn mit Ausbildung einer Wasserstoffbrücke gerechnet werden kann. In bin. Gemischen von Lösungsmitteln, deren einer Partner zur Wasserstoffbrückenbldg. befähigt ist, wird aus der Konzentrationsabhängigkeit der Meßwerte die Gleichgewichtskonstante der Rk. u. die freie u. gesamte Wechselwirkungsenergie errechnet. Für die experimentellen Ergebnisse wird eine theoret. Deutung im Anschluß an HERZFELD u. SKLAR gegeben. (J. Amer. chem. Soc. **74.** 5693—98. 20/11. 1952. Tokyo, Univ., Inst. of Sci. and Technol.) K. L. WOLF. D 118

J. W. Breitenbach und **J. Derkosch,** *Die Ultraviolettabsorption von organischen Peroxyden und verwandten Verbindungen.* Vff. haben die UV-Absorption von *Benzoylperoxyd, o-* u. *p-Toluyl-, o.o'-* u. *p.p'-Dichlorbenzoyl-, Cinnamoylperoxyd* sowie *Tetralinhydroperoxyd* (F. 56°) u. *Dekalinhydroperoxyd* (F. 93,8°) im Vgl. zu den Anhydriden der Benzoe-, o- u. p-Toluyl- u. Zimtsäure, sowie von 9-trans-Dekalol (F. 53,5°) teils in Bzn., teils in Chloroformlsg. nach der Meth. von SCHEIBE gemessen. Die Lage der Banden wird an Hand von Tabelle u. Absorptionskurven erörtert. Form u. Lage der Absorptionsbanden der Aroylperoxyde sind ganz ähnlich der der Anhydride, aber etwas nach kürzeren Wellenlängen verschoben. Im allg. entspricht die spektrale Wirksamkeit der Diaroylperoxydgruppe am Benzolkern der Carboxylgruppe. Die O,O-Gruppe liefert keinen Beitrag zur UV-Absorption in dem gemessenen Bereich. (Mh. Chem. **81.** 530—38. 15/6.; S.-B. österr. Akad. Wiss., math.-naturwiss. Kl., Abt. IIb **159.** 530—38. 1950. Wien, Univ., I. Chem. Labor.) RIECHE. D 118

André Bernanose und **Paul Vouaux,** *Untersuchung des von Acridinorange bei Erregung durch elektrische Wechselfelder ausgesandten Spektrums.* Adsorbate fluorescierender organ. Farbstoffe mit phosphorescierenden Eigg. senden unter dem Einfl. hochgespannter elektr. Wechselfelder Licht aus (vgl. C. **1954.** 970). Das sogenannte Elektroluminescenzspektr. von mit *Acridinorange* angefärbten Cellulosefolien (Herst. unter strengem Ausschluß von Luft u. Feuchtigkeit) wird aufgenommen u. mit dem gewöhnlichen Fluorescenzspektr. verglichen. Die Intensität der Lichtaussendung bei elektr. Erregung ist zu gering, um im RAMAN-Spektrographen ein verwertbares Spektr. zu ergeben. Die Messungen werden deshalb unter Verwendung von Interferenzfiltern mit schmalen Durchlässigkeitsbereichen vorgenommen. Die Zuverlässigkeit dieser Meth. ergibt sich durch Vgl. der nach beiden Methoden aufgenommenen Fluorescenzspektren. Beim Elektroluminescenzspektr. erhält man die Strahlungsintensitäten bei Anwendung verschied. Effektivspannungen durch einfache Kurvenstreckung, die spektrale Zus. des Lichtes ist also von der Erregerspannung unabhängig. Es ergibt sich ein Maximum bei 552 mμ, das mit dem Maximum der Fluorescenzstrahlung zusammenfällt. Außerdem wird beim Elektroluminescenzspektr. eine Schulter bei 595 mμ u. ein Maximum bei 436 mμ beobachtet. Wie Vgl. mit dem von SCHEIBE (C. **1954.** 1161) aufgenommenen Phosphorescenzspektr. zeigt, findet man die Extrema der Elektroluminescenz zum Teil im Fluorescenz- u. Phosphorescenzspektr. wieder, mit Ausnahme des Maxima im Blauen (436 mμ), das eine Eigentümlichkeit des Elektroluminescenzspektr. zu sein scheint. Das hier aufgenommene Fluorescenzspektr. reproduziert nur unvollkommen das von SCHEIBE (l. c.) gemessene, wobei die p_H-Abhängigkeit berücksichtigt werden muß. (Bull. Soc. chim. France, Mém. [5] **20.** 962 bis 966. Okt. 1953. Nancy, Fac. de Pharm.) MANTHEY. D 118

René de Mallemann, François Suhner und **Jean Grange,** *Über die Invarianz der Rotation beim Übergang vom gasförmigen in den flüssigen Zustand. Experimentelle Untersuchung am Diäthyläther.* Messungen der Magnetorotation ließen weithin im gasförmigen Zustand etwas höhere Werte erkennen, als nach den Drehungswerten der Fll. zu erwarten waren. Da die Effekte aber sehr nahe bei den Meßfehlern liegen, wurde am Beispiel des *Diäthyläthers* ($Kp._{750}$ 34,5°, $D.^{20}{}_{20}$ 0,7151, o_{578} 1,3563) eine Präzisionsmessung ausgeführt, die vor allem auch die Dampfdichte einbezieht. Das Ergebnis ist ein Effekt von 3%: Verdet-Konstante bei 20° $\Lambda = 1{,}140 \cdot 10^{-2}$ Min., Rotativität bei 20° $[\Omega]_M$ 28,46 $\cdot 10^{-5}$, im Dampf zwischen 40 u. 60° 29,7—29,1 $\cdot 10^{-5}$. (C. R. hebd. Séances Acad. Sci. **230.** 1819—21. 22/5. 1950.) K. L. WOLF. D 119

R. Mathis-Noël, *Beitrag zur Untersuchung der Absorption der Methylhalogenide im Gebiet von 1,6 μ.* Es wurden die Infrarotabsorptionsspektren von CH_3Cl, CH_3Br u. CH_3J bei ca. 1,6 μ untersucht. Bei allen 3 Halogeniden treten auf der Seite der hohen Frequenzen eine Gruppe von 2 Banden auf, die eine parallel (b), die andere senkrecht (c), die man der Oberschwingung 2 ν_2 zuordnen kann. Die Frequenzen der Bandenzentren sind tabellar. zusammengestellt. Bei dem Übergang vom Chlorid zum Bromid u. zum Jodid verändert die parallele Bande (b) ihr Aussehen. Der im Spektr. des Chlorids noch deutlich sichtbare Q-Zweig ist sehr viel schwächer bei dem Bromid u. bei dem Jodid nicht mehr feststellbar. Die nach niedrigeren Frequenzen zu auftretenden Spektren sind sehr viel komplexer. Im Spektr. des Chlorids treten zwischen 5650—6000 cm^{-1} senkrechte (Q)-Banden auf, die man der Kombination $\nu_2 + (\nu_1, 2\,\nu_4, 2\,\nu_3)$ zuteilen kann, was eine doppelte FERMI-Resonanz zwischen den Niveaus ν_1, 2 ν_3 u. dem parallelen Subniveau von 2 ν_4 anzeigt. In den Spektren des Bromids u. Jodids lassen sich nur 2 senkrechte Banden feststellen, denen man die Kombination $\nu_2 + (\nu_1, 2\,\nu_4)$ zuordnen kann. Das Niveau 2 ν_3 nimmt an der Resonanz wegen seiner großen Entfernung in bezug auf ν_1 u. 2 ν_4 nicht teil. (J. Physique Radium **12.** 550—53. April 1951. Labor. de Phys. du P. C. B.) GOTTFRIED. D 120

Ch. Courtoy, *Infrarotspektrum von CD_3Br mit großer Dispersion (2900—3400 cm^{-1}).* Im Bereich von 2900—3400 cm^{-1} werden die harmon. u. Kombinationsbanden 3 ν_2, $\nu_4 + \nu_6$, $\nu_4 + \nu_2$ u. $\nu_4 + \nu_5$ des CD_3Br-Mol. festgestellt u. diskutiert. (Ann. Soc. sci. Bruxelles, Sér. I **66.** 173—77. 31/12. 1952. Namur, Fac. des Sci.) EICHHOFF. D 120

D. H. Whiffen, *Der Einfluß des Lösungsmittels auf eine Ultrarotabsorptionsbande des Chloroforms.* Vf. untersucht den Einfl. verschied. Lösungsmittel auf die Absorptionsbande des Chlf. bei 760 cm^{-1}. Bandenhöhe u. Bandenbreite bei halber Bandenhöhe sind beträchtlich vom Lösungsm. abhängig, nicht dagegen die Bandenfläche. Unsicherheiten in ihrer Ermittlung, bes. an den Bandenkanten, lassen die Frage offen, ob quantitative Intensitätsmessungen in Lsg. mit denen an Gasen übereinstimmen. (Trans. Faraday Soc. **49.** 878—80. Aug. 1953. Birmingham, Univ., Chem. Dep.) BECHER. D 120

R. H. Hall, A. R. Philpotts, E. S. Stern und **W. Thain** *Darstellung und Infrarotspektren der geometrischen Isomeren des [Buten-(1)-yl-(1)]-butyläthers.* Durch katalyt. Zers. von Butanaldibutylacetal (I) in der Dampfphase bei 350° wird [*Buten-(1)-yl-(1)*]-*butyläther* erhalten, der nach Trennung des Azeotropen mit Butanol mittels $NaHCO_3$ durch fraktionierte Dest. in die *cis*- (**II**) u. die *trans*-Verb. (**III**) weitergetrennt wird. **II** u. auch **III** geben bei Hydrierung Di-n-butyläther, bei Hydrolyse Butanal. Die Konfiguration ergibt sich aus den Infrarotspektren; **II** besitzt kein ausgeprägtes Maximum zwischen 850 u. 1030 cm^{-1}, dagegen eine breite cis-Bande bei 733 cm^{-1}; umgekehrt zeigt **III** keine charakterist. Absorption im Gebiet um 700 cm^{-1}, dagegen eine starke trans-Bande bei 933 cm^{-1}. — *Butanaldibutylacetal* (I), $Kp._{10}$ 97—98°, durch 24std. Kochen von 250 g Butanal, 1110 g Butanol u. 10 cm^3 konz. HCl in Methylenchlorid; n_D^{20} 1,4161; 78% (Ausbeute). — *cis-[Buten-(1)-yl-(1)]-butyläther* (II), $C_8H_{16}O$, $Kp._{10,5}$ 35,5°, $Kp._{751}$ 138,5°, aus 303 g I, 5,4 g Chinolin u. 0,27 g Isopropylsulfat innerhalb 4,5 Std. beim Durchleiten der im N_2-Strom verdampften Mischung durch ein auf 350—355° geheiztes leeres Glasrohr, Hauptfraktion (279 g) 11 mal mit je 600 cm^3 0,5%ig. $NaHCO_3$-Lsg. waschen, dann Fraktionierung des Rückstandes (159 g) im Vakuum; n_D^{20} 1,4179; 61,6 g. — *trans-[Buten-(1)-yl-(1)]-butyläther* (III), $Kp._{10}$ 41,5°, $Kp._{750}$ 146,5°, neben vorst. Verb.; n_D^{20} 1,4199; 50,4 g. (J. chem. Soc. [London] **1951.** 3341—44. Dez. Great Burgh, Epsom, Surrey, Distillers Co. Ltd., Res. and Dev. Dep.) KLEINFELLER. D 120

E. F. Hartree, *Über die Konfiguration der sogenannten Dioxymaleinsäure.* Vgll. der „*Dioxymaleinsäure*" in wss. Lsg. mit Säuren verwandter Struktur in bezug auf Dissoziationskonstanten, chemotakt. Eigg. u. $FeCl_3$-Rk. hatten schon früher Beweise für ihre trans-Konfiguration, also für die Konst. einer *Dioxyfumarsäure* (I), geliefert. (Literaturzusammenstellung.) Dies Ergebnis wird durch die vorliegende Unters. des Vf. bestätigt. Er führt zugleich Beweise für die Enolstruktur von I an. Behandlung von I mit HCl in A. ergibt 2 Ester (**IIA** u. **B**) (vgl. FENTON u. WILKS [1912]). Auf Grund ihrer UV-Spektren u. ihrer chem. Eigg. wurde **IIA** (F. 68—70°) als *Dioxymaleinsäurediäthylester* u. **IIB** (F. 156—158°) als *Ketoäpfelsäurediäthylester* (III) erkannt. Vom *Methylester* wird bei analoger Darstellungsweise nur die trans-Form gebildet, die auch bei der Methylierung von I mit CH_2N_2 bei —40° entsteht. Der Konfigurationswechsel bei der Darst. von II wird auf die anderen Löslichkeitsverhältnisse von II zurückgeführt. I zeigt in Ae. u. in dem ketonisierenden Lösungsm. W. das UV-Spektr. eines Enols. Im Gegensatz zu den Ketomalatanalogen Oxalessigsäure u. Äpfelsäure ist I in W. wenig lösl. u. zeigt eine Absorptionsbande bei 310—320 mμ (festes I als Film). Auch die Röntgenanalyse spricht für eine trans-Konfiguration von I (vgl. GUPTA, C. **1954.** 5721). Leitfähigkeitsmessung des Borsäurekomplexes von I hat für die Konfigurationsaufklärung keinen Wert (vgl. LUNDBLAD, Ark. Kem., Mineralog. Geol., Ser. A **25.** Nr. 5. [1947.] 1). Die Wrkg. der Borsäure auf die spontane Zers. von I u. ihren Estern in W. u. 0,25 mol. Borsäure in Abwesenheit von O_2 wurde durch die Änderungen der opt. D. an den Absorptionsmaxima gemessen u. diskutiert. Die elektr. Leitfähigkeit des Borsäurekomplexes der *Ascorbinsäure* (**IV**) wurde bestimmt. Zur Best. der Acidität von Endiolgruppen wurde das von **I**, **IIA** u. **B**, **III** u. **IV** aus einem $NaHCO_3/CO_2$-Puffer in Freiheit gesetzte CO_2 gemessen. Vf. schließt aus den Ergebnissen, daß zwischen sauren Endiolen u. Borsäure keine stabilen Komplexe gebildet werden.

Versuche: *Dioxyfumarsäure* (**I**), reines *Dihydrat* aus Aceton + W. bei —15°. *Äthylester* (**IIA** u. **B**), $C_8H_{12}O_6$, **IIA**: F. 68—70° (?) (Ae. bei —15°), durch 4tägiges Stehen einer mit HCl gesätt. Lsg. von 3 g I in A., lösl. in Ae., Nadeln; λ_{max} 310 mμ (ε in Ae. $10{,}4 \cdot 10^3$); 1,02 g (Ausbeute). Bildet *Monohydrat.* **IIB**: F. 156—158° (A. + PAe.). Nebenprod. von **IIA**, unlösl. in Ae., kurze Prismen; 0,44 g. *Methylester* (III), $C_6H_8O_6$, F. 181—184 u. 178—180° (Methanol), dimorph. a) Darst. analog II aus 3 g I in Methanol; 1,61 g; b) durch Methylierung von 1 g I mit CH_2N_2 in Ae. bei —40°; 0,47 g; λ_{max} 309 mμ ($\varepsilon = 9{,}5 \pm 0{,}1 \cdot 10^3$). (J. Amer. chem. Soc. **75.** 6244—49. 20/12. 1953. Cambridge, Univ., Molteno Inst.) JOHN. D 123

Samuel Siegel, *Die relativen Konfigurationen der 2- und 3-Oxycyclohexancarbonsäuren und der entsprechenden Methylcyclohexanole; die Stereochemie der katalytischen Hydrierung von substituierten Cyclohexanonen.* Die Konfigurationen der *2-* u. *3-Oxycyclohexancarbonsäuren* (**I** u. **II**) (vgl. PASCUAL, SISTARÉ u. REGÁS, J. chem. Soc. [London] **1949.** 1943, u. BOORMAN u. LINSTEAD, J. chem. Soc. [London] **1935.** 258) wurden auf die der entsprechenden Methylcyclohexanole bezogen unter Anwendung chem. Rkk., die kein Asymmetriezentrum angreifen (vgl. OWEN u. ROBINS, J. chem. Soc. [London] **1949.** 326). Die Ergebnisse stimmen mit der modernen stereochem. Theorie disubstituierter Cyclohexane überein (vgl. HASSEL, Arch. Kjemi Bergvesen **3.** [1943.] 32, u. BECKETT, PITZER u. SPITZER, C. **1948.** II. 944). Die älteren Konfigurationsbezeichnungen der *3-Methylcyclohexanole* müssen umgekehrt werden. Vf. gibt eine Erklärung auf ster. Grundlage für die begünstigte Bldg. des instabilen Isomeren bei der katalyt. Hydrierung substituierter Cyclohexane.

Versuche: *cis-2-Oxymethylcyclohexanol*, $C_7H_{14}O_2$, F. 49—50°, $Kp._{0,1}$ 140 bis 150° (Bad), durch Red. von 5 g *cis*-I (F. 80—81°) mit $LiAlH_4$ nach NYSTROM u. BROWN (vgl. C. **1948.** I. 1098); 3 g (Ausbeute). — *cis-2-Methylcyclohexanol*, durch Zugabe von p-Toluolsulfochlorid in trockenem Pyridin zu 2 g vorst. Verb., Extraktion mit Methylenchlorid; 2,1 g rohes *Monotosylat*, das mit $LiAlH_4$ zum Monoalkohol red. wurde; 0,8 g. *Hydrogenphthalat*, F. 103,5—105,5° (verd. Essigsäure). — *trans-2-Oxymethylcyclohexanol*, Kp.$_{0,07}$ 112—130° (Bad), aus 5 g trans-I (F. 111°) analog der cis-Verb.; 2,7 g. *Monotosylat*, $C_{14}H_{20}O_4S$, F. 75,5—76,5° (absol. Ae.), aus 2,2 g Glykol 2,5 g. — *trans-2-Methylcyclohexanol*, durch Red. vorst. Verb.; *saures Phthalat*, F. 123,5—124,5°. — *cis-3-Oxymethylcyclohexanol*, $C_7H_{14}O_2$, Kp.$_{0,3}$ 100—103°; aus 15 g cis-II (F. 133,5—134,5°); 7,5 g. — *α-3-Methylcyclohexanol*, analog den Isomeren. *p-Nitrobenzoat*, F. 53—55° (Methanol, PAe.). *Saures Phthalat*, F. 90—92° (verd. Essigsäure). — *trans-3-Oxymethylcyclohexanol*, $C_7H_{14}O_2$, Kp.$_{0,1}$ 135—150° (Bad), aus trans-II (F. 121—122°). *β-3-Methylcyclohexanol*, analog den Isomeren. *p-Nitrobenzoat*, F. 60—61° (Methanol). *Piperaziniumsalz* des *Hydrogenphthalats*, F. 122—123° (Aceton). (J. Amer. chem. Soc. **75.** 1317—20. 20/3. 1953. Fayetteville, Ark., Univ., Dep. of Chem.) JOHN. D 123

A. Schmillen, *Abklingzeitmessungen an flüssigen und festen Lösungen mit einem neuen Fluorometer.* (Vgl. C. **1953.** 9425.) Es wird ein neues Fluorometer für schwache Fluorescenzintensitäten beschrieben, bei dem die Phasendifferenz zwischen der anregenden (mit Ultraschall modulierten) Strahlung u. dem Fluorescenzlicht mittels Sekundärelektronenvervielfacher u. besonderer Verstärkeranordnung mit Transposition der hochfrequenten Signale ins Niederfrequenzgebiet direkt gemessen wird. Die Frequenzumwandlung bringt eine geringe Bandbreite u. damit einen hohen Empfindlichkeitsgewinn. Mit der Meßanordnung werden Abklingzeiten für folgende organ. Farbstofflsgg. bei zum Teil sehr geringen Konzz. bis 10^{-6} Mol/Liter u. in dünnsten Schichten gemessen: *Fluorescein* (I) in W., *Trypaflavin* (**II**) in Methanol, *Rhodamin 6 G extra* (**III**) sowie *Rhodamin B* (**IV**) in Methanol, *Anthracen* (**V**) in Bzl., Mischungen von **I** mit *Erythrosin* in W., von **III** mit **II** u. **IV** mit **II** in Methanol; feste Lsgg. von **V** in *Naphthalin* (**VI**), *Tetracen* (**VII**) in **VI**, von **VII** in **II**, von *Pentacen* in **V**, von **VII** in *Chrysen*, von **V** u. **VII** in *Phenanthren* sowie von **VII** in *2.6-Dimethylnaphthalin* u. *2.3.6-Trimethylnaphthalin*. Aus dem Abklingverlauf u. dessen Änderungen mit der Konz. der Lsgg. wird geschlossen, daß teils reine strahlungslose Energieübertragungsprozesse, teils Übertragungen durch Absorption kurzwelligerer Fluorescenzstrahlung bei der sensibilisierten Fluorescenz von Mischlsgg. wirksam sind. (Z. Physik **135.** 294—308. 1953. Gießen, Univ., Physikal. Inst.) RUDOLPH. D 125

G. A. Barclay, R. J. W. Le Fèvre und **B. M. Smythe**, *Die Abhängigkeit der Dipolmomente von Äthylamin, Diäthylamin und Triäthylamin vom Zustand.* Es werden die Dipolmomente der drei Äthylamine im Gaszustand, in benzol. Lsg. u. als unverd. Fll. bestimmt: *Äthylamin* 1,22; 1,32 bzw. 1,09; *Diäthylamin* 0,920; 1,03 bzw. 1,11; *Triäthylamin* 0,660; 0,91 bzw. 0,76 D. Die Ergebnisse werden diskutiert sowohl im Vgl. mit den entsprechenden Daten von Ammoniak u. Methylaminen wie auch im Hinblick auf den Lösungsmitteleinfluß. (Trans. Faraday Soc. **46.** 812—20. Okt. 1950. Sidney, Univ.) K. L. WOLF. D 132

L. E. Orgel, T. L. Cottrell, W. Dick und **L. E. Sutton**, *Die Berechnung der Dipolmomente einiger konjugierter heterocyclischer Verbindungen.* Da die einfache Vektorzus. der Dipolmomente aus Gruppenmomenten nur Erfolg hat, wenn alle Bindungen lokalisiert sind, wird der Vers. gemacht, unter Verwendung einiger weniger halbempir. Parameter die Dipolmomente solcher Verbb. genauer zu berechnen, bei welchen die Elektronenverteilung mit Hilfe der M.-O.-Meth. berechnet werden muß. Die Übereinstimmung der für heterocycl. Verbb., die N, O oder beides enthalten, berechneten Momente mit den beobachteten ist im allg. auf 0,3 D genau, diejenige der Richtungen auf 10°. Die Berechnung der Energien ist weniger zufriedenstellend, die diesbzgl. Daten werden mitgeteilt. Im einzelnen werden behandelt: *Pyridin, Pyridazin, Pyrimidin, Pyrrol, N-Methylpyrazol, N-Methylimidazol, 1-* u. *2-Phenyl-1.2.3-triazol, 1-* u. *4-Phenyl-1.2.4-triazol, Furan, Oxazol, Isoxazol, Dimethyloxadiazol, Dimethylfurazan, Benzfurazan, Benzoxazol* u. *Sydnon.* (Trans. Faraday Soc. **47.** 113—20. Febr. 1951.) K. L. WOLF. D 132

H. Harry Szmant und **Ronald L. Lapinski**, *Das kryoskopische Verhalten organischer Verbindungen in Schwefelsäure.* 3. Mitt. *Diarylsulfone.* (2. vgl. C. **1953.** 2573.) Wie bereits l. c. gezeigt wurde, bildet der aus der Gefrierpunktserniedrigung von Sulfonen in 100%ig. H_2SO_4 berechnete VAN'T HOFFsche i-Faktor ein Maß für die Neigung der Sulfongruppe, Protonen anzulagern. Es werden nun weitere substituierte Diarylsulfone, nämlich Bis-[m-nitrophenyl]-, -[3-nitro-4-chlorphenyl]-, -[p-chlorphenyl]-sulfon, o-Nitrophenylphenylsulfon, 2.4-Dinitrophenylphenylsulfon, 2.4-Dinitrophenyl-4'-chlorphenylsulfon, Bis-[p-aminophenyl]-sulfon u. p-Nitrophenyl-p-tolylsulfon kryoskop. untersucht. Der Vgl. der Wrkg. der verschied. Substituenten auf die Basizität (B.)

der Sulfongruppe ergibt, daß B. proportional dem Doppelbindungscharakter der S—O-Bindung ansteigt, was durch die Resonanzstabilisierung des Komplexes aus Sulfon u. Schwefelsäure erklärt wird. (J. Amer. chem. Soc. **74.** 4395—96. 5/9. 1952. Pittsburgh, Pa., Duquesne Univ., Dep. of Chem.) GROSSE-RUYKEN. D 139

Friedrich Becker, *Über die Stabilität von Ammonium- und Amminiumsalzen der Arylamine.* Der Einfl. aromat. Substituenten auf die bas. Dissoziationskonstante des Ammoniaks ist auf eine Stabilisierung des freien Amins gegenüber dem Ammoniumion durch Teilnahme des freien Valenzelektronenpaars des N am π-Elektronensyst. der Liganden zurückzuführen. Es werden die Ergebnisse theoret. Berechnungen der Resonanzenergien u. der Dissoziationskonstanten für *Anilin, Diphenylamin, Triphenylamin* u. die drei entsprechenden *p-Tolylderivv.* angegeben. Die steigende Neigung zur Bldg. von Amminiumsalzen mit wachsender Anzahl der aromat. Substituenten am Ammoniak wird durch die Abnahme der Ionisierungspotentiale der Amine erklärt. Die Ergebnisse halbempir. Berechnungen der ersten Ionisierungspotentiale der genannten Verbb. stehen mit den experimentellen Befunden im Einklang. (Chem. Ber. **86.** 1150—57. 9/10. 1953. Saarbrücken, Univ., Chem. Inst.)
H. ULRICH. D 139

Ludwig Holleck und **Horst Marsen,** *Über den Chemismus der Carbonylgruppenreduktion aromatischer Aldehyde an der Quecksilbertropfelektrode.* Die Red. des Benzaldehyds haben Vff. in 0,001 n Lsg. im p_H-Bereich von 1,1—13 polarograph. untersucht. Im sauren Gebiet wird eine echte Doppelstufe gefunden, die Lage der einen ist p_H-abhängig u. verschiebt sich um 69 mV/p_H-Einheit nach unedlen Werten. Das Potential der zweiten bleibt konstant. Bei p_H-Werten >5 erscheint nur noch eine Stufe, deren Höhe einer zweiwertigen Red. entspricht. Weiter steigende p_H-Werte bewirken ein Absinken des Diffusionsstromes, bei p_H 13 entspricht die Stufenhöhe einem 1-Elektronenvorgang. In saurer u. alkal. Lsg. ist also ein verschied. Reaktionsmechanismus anzunehmen. Im ersten Fall erfolgt er über 2 Ladungsstufen, im letzteren endete mit der Aufnahme eines Ladungsäquivalents. Die potentialbestimmenden Schritte sind: im sauren Gebiet $R\cdot C\genfrac{}{}{0pt}{}{\nearrow O}{\searrow H} + e + H^+ \rightarrow R\cdot\overset{H}{\underset{H}{C}}O\cdot$ (I), im alkal. $R\cdot C\genfrac{}{}{0pt}{}{\nearrow O}{\searrow H} + e \rightarrow R\cdot\underset{\cdot}{\overset{H}{C}}O^{(-)}$ (II). Im Übergangsgebiet besteht ein Dissoziationsgleichgewicht zwischen diesen beiden Formen, das allerdings durch Folge-Rkk. gestört werden kann. Im alkal. Bereich entstehen so aus dem Radikalion II *Hydrobenzoin*-Ion bzw. *Isohydrobenzoin*-Ion. Bei kleinen p_H-Werten erfolgt Weiterred. von I u. schließlich Hydrolyse bzw. Protonenanlagerung zu $R\cdot CH_2OH$. Für die Gleichgewichtskonstante des Dissoziationsgleichgewichtes zwischen I u. II ermitteln Vff. einen Wert der Größenordnung 10^{-10} bis 10^{-9}. (Z. Elektrochem., Ber. Bunsenges. physik. Chem. **57.** 301—04. 1953. Freiburg/Br., Univ., Inst. für physikal. Chem.) WOELK. D 142

R. C. Kaye und **H. I. Stonehill,** *Die polarographische Reduktion von Pyridin, Chinolin und Phenazin.* Im Gegensatz zu verschied. bakteriecid wirkenden Aminoacridinen u. Di- bzw. Triphenylmethanfarbstoffen zeigen *Pyridin* (I), *Chinolin* (II) u. *Phenazin* (III) keine bzw. nur sehr instabile Semichinone als Zwischenprodd. bei der polarograph. Reduktion. I gibt eine einzige Reduktionsstufe mit 4,8 für die Zahl der aufgenommenen Elektronen, II u. III bilden um p_H 7 sehr instabile Semichinone. Die p_H-Abhängigkeit der Halbstufenpotentiale der zwei Einelektronen-Reduktionsschritte für III ist ähnlich der des 1-Oxyphenazins u. des Azocyanins. (J. chem. Soc. [London] **1952.** 3240—43. Aug. Bradford, Techn. Coll., Dep. of Pharm.; Gillingham, Medway Techn. Coll., Dep. of Sci.) GABRIELE GÜNTHER. D 142

Vernon Myers, *Zwischenmolekulare Kräfte in Aceton und Methylalkohol.* Vf. benutzte für die genannten Verbb. (I u. II) die Literaturangaben für das Dipolmoment sowie für die opt. Dispersion, aus letzterer konnte die stat. Polarisierbarkeit, die Oscillatorstärke u. die Resonanzenergie entnommen werden, um Formeln für das Potential von I u. II abzuleiten u. den 2. Virialkoeff. zu berechnen. Dabei wurde den Berechnungen einmal ein starres Kugelmodell u. ein anderes Mal eine exponentielle Abstoßungskraft zugrunde gelegt. Die theoret. Werte für die Virialkoeffizienten wurden mit den experimentell von LAMBERT u. Mitarbeitern (Proc. Roy. Soc. [London], Ser. A **196.** [1949.] 113) ermittelten Werten zwischen 323 u. 383 bzw. 333 u. 393° K verglichen. (J. chem. Physics **20.** 1806. Nov. 1952. State College, Pa.)
L. FISCHER. D 146

Bertil Jacobson, *Zwischenmolekulare freie Weglängen im flüssigen Zustand.* 1. Mitt. *Adiabatische und isotherme Kompressibilitäten.* Vf. stellt eine empir. Beziehung zwischen der zwischenmol. freien Weglänge L im fl. Zustand u. der adiabat. Kompressibilität β_{ad} der Form $\beta_{ad} = k L^p$ auf, wobei k u. p in gewissem Umfang von der Temp. abhängige Konstanten sind, deren Werte bei 20° $p = 2{,}082$ u. $\log k = 7{,}097$ betragen. Die freie Weglänge wird definiert als $L = 2 V_a/Y$, wobei das verfügbare Vol. $V_a = V_T - V_0$ gleich der Differenz zwischen den Mol.-Vol. bei T° absol. u. bei 0° absol. ist. Y ist die Oberfläche aller Moll. eines Mols. Die Beziehung wird an 54 organ. nichtassoziierten Fll. u. an 16 fl. Mischungen geprüft, wobei sich ergibt, daß L aus der Beziehung mit wenigen % Genauigkeit berechnet werden kann. Aus Kompressibilitätsdaten können so Assoziationsfaktoren für Fll. oder fl. Mischungen erhalten werden. Die isotherme Kompressibilität folgt einer ähnlichen Beziehung, jedoch mit geringerer Genauigkeit. Daten sind angegeben für *2-Methylbutan, Pentan, Bzl., Cyclohexan, Hexan, Toluol, Methylcyclohexan, Heptan, o-, m-, p-Xylol, Äthylbenzol, Octan, Pseudocumol, Cumol, Mesitylen, Äthyl-, Amylbromid, Brombenzol, Octylbromid,* CCl_4, *Chlf.,* CH_2Cl_2, $C_2H_2Cl_4$, $C_2H_4Cl_2$, *Propylchlorid, Chlorbenzol, p-Chlortoluol, n-Octylchlorid,* CH_2J_2, CH_3J, C_2H_5J, *Jod-, Fluorbenzol, Pyridin, Piperidin, Anilin, Methyl-, Dimethylanilin, o-Toluidin, Nitromethan, -benzol, o-, m-Nitrotoluol, Methyl-, Äthyl-, Propyl-, Butyl-, Amylacetat, Ae., Acetylaceton,* CS_2, *Benzaldehyd, Acetophenon.* (Acta chem. scand. **6.** 1485—98. 1952. Stockholm, Karolinska Inst., Biochem. Dep.) NIEMITZ. D 148

Frederick Welty, J. A. Gerster und **A. P. Colburn,** *Dampf–Flüssigkeitsbeziehungen. Das System n-Butan–cis-Buten-(2)–Furfurol–Wasser.* Im Anschluß an Arbeiten über Gemische von C_4-KW-stoffen mit *Furfurol* (**I**) u. *W.* (**II**) (vgl. MERTES u. COLBURN, C. **1947.** 1715) werden mit Hilfe der MARGULES-Gleichungen für das System *n-Butan–cis-Buten-(2)*–**I**–**II** sowie die entsprechenden bin. u. tern. Systeme die Dampf–Flüssigkeitsgleichgewichte berechnet u. mit experimentellen Daten bei 120, 150 u. 200° F verglichen. Der Vgl. zeigt die Brauchbarkeit der verwendeten Berechnungsmeth., die bei guter Genauigkeit mit wenig Daten zu rechnen gestattet. Die Meth. kann daher zur Vorhersage der relativen Flüchtigkeiten in quaternären Mischungen von **I**, **II** mit anderen C_4-KW-stoffen benutzt werden. (Ind. Engng. Chem. **43.** 162—72. Jan. 1951. Newark, Del., Univ.) v. SCHIESZL. D 150

C. A. Werner, *Dampfdruck von Phthalsäureestern.* Es wird eine ausführliche Beschreibung der App. gegeben, die mit Hilfe der Taupunktmeth. kleinste Dampfdrucke von 200 μ an zu messen gestattet. Die Ergebnisse werden entweder nach ANTOINE $\log p = -A/(T + c) + B$ oder nach CLAUSIUS-CLAPEYRON angegeben. Gemessen wurden *Phthalsäuredibutylester* ($A = 2872$, $B = 11{,}008$, $c = 176{,}5$), der *Dioctylester* ($A = 3811$, $B = 12{,}639$, $c = 201{,}2$), *Diisooctylester* ($A = 4829$, $B = 13{,}262$), *Dicyclohexylester* ($A = 5069$, $B = 13{,}94$), *Butylcyclohexylester* ($A = 4924$, $B = 14{,}194$) u. der *Dicaprylester* ($A = 4864$, $B = 13{,}283$). (Ind. Engng. Chem. **44.** 2736—40. Nov. 1952. Philadelphia, Pa., Chem. Dye Corp., Res. Labor.) W. KAUFMANN. D 150

D. E. Hoare, *Die Reproduzierbarkeit bei der langsamen Verbrennung des Methans.* Vf. untersuchte die Methanverbrennung in 73 cm³ großen Reaktionsgefäßen, deren innere Oberflächen in verschied. Weisen behandelt waren. Die Verbrennungsgeschwindigkeit v der CH_4/O_2-Gemische wurde aus der bei der Verbrennung auftretenden Druckabnahme bestimmt. Zur Aufklärung des Einfl. der Oberflächenbehandlung wurde das Gefäß auf folgende Weisen vorbehandelt: 1. Das Quarzgefäß wurde auf 950°, entweder im evakuierten Zustand oder mit 1 at O_2 gefüllt, erhitzt. Die nachfolgende Rk. des $2\,CH_4/O_2$-Gemisches bei 625° zeigte eine erhebliche Verlangsamung von v gegenüber einem neuen, unbehandelten Gefäß. Wurden genügend häufig die CH_4-Oxydationen hintereinander durchgeführt, wurde die ursprüngliche v wieder erreicht. 2. Zur Feststellung, ob Gase die Oberfläche aktivieren können, wurden die Verbrennungsprodd. vom CH_4 30 Min. lang bei 625° im Reaktionsgefäß gelassen. Weder diese noch *Wasserdampf, Formaldehyd, Trioxan, CO,* H_2, *Ameisensäure,* CH_4, O_2 u. *Essigsäure* zeigten Wirkungen auf die folgende Reaktion. 3. Um den Einfl. der Radikale auf v zu erkennen, wurde *A.* bei 625° durch Pyrolyse zersetzt. Dies bewirkte eine vorübergehende starke Abnahme von v. 4. Eine elektr. Entladung durch Wasserdampf, CH_4 oder O_2 verminderte den Anstieg von v um den Faktor b, der bei aufeinanderfolgenden Rkk. beobachtet wurde, wenn das Gefäß nach 1. behandelt war. H_2 jedoch zeigte bei elektr. Entladung aktivierende Eigenschaften. 5. *PbO* u. *HF* verminderten v bes. stark, doch derartig oberflächenbehandelte Gefäße zeigten bes. gute Reproduzierbarkeit der Ergebnisse. Die Wrkg. des PbO blieb auch erhalten, wenn die Belegungen mit verd. HNO_3 abgewaschen wurden (Ursache: Bldg. einer entglasten Quarzoberfläche durch katalyt. Einw. des PbO). *KCl* zeigte eine weniger starke Wrkg. als PbO, jedoch eine stärkere als die Behandlung nach 1. Vf. nimmt an, daß auf Grund der aktivierenden Wrkg. bei Ggw. von H_2 H-Atome oder HO_2-Radikale für die Erhöhung von v verantwortlich zu machen sind. WARREN hat bereits ähnliches am Syst. H_2/O_2 beobachtet. Da die Entglasung eine bedeutende Wrkg. auf v zeigte, empfiehlt Vf., vor jeder Versuchsserie die Gefäße nicht mit HNO_3, sondern mit HF zu waschen u. mehrere Male zu erwärmen oder mit einem nichtflüchtigen Belag zu überziehen, um reproduzierbare Ergebnisse zu erhalten. (Trans. Faraday Soc. **49.** 628—29. Juni 1953. Swansea, Univ. Coll., Chem. Dep.) ROEDER. D 157

Jean Loiseleur und **Michèle Petit,** *Hemmender Einfluß von sauerstoffanlagernden Stoffen auf die Ultraschallwirkung.* Bei Beschallung von *Strychnin* wird dessen tox. Wrkg. herabgesetzt. Durch Hinzufügen eines sauerstoffanlagernden Stoffes wird diese entgiftende Wrkg. des Ultraschalls weitgehend rückgängig gemacht. (C. R. hebd. Séances Acad. Sci. **236.** 918—20. 2/3. 1953.) FALKENHAGEN. D 159

H. L. Booij und **A. M. van Leeuwen,** *Der Einfluß organischer Verbindungen auf Seifen- und Phosphatidkoazervate.* 18. Mitt. *Der Einfluß des p_H-Wertes bei der Einwirkung von Fettsäuren auf Seifenkoazervate (mit Bemerkungen über die germicide Wirkung von Netzmitteln).* (17. vgl. C. **1954.** 3428.) Die Wrkg. von Fettsäuren auf ein Oleatkoazervat bei p_H 9,6 ergibt, daß *Palmitinsäure* u. *Stearinsäure* einen kondensierenden (salzsparenden) Einfl. besitzen, während Säuren mit längerer oder kürzerer C-Kette einen öffnenden (salzbeanspruchenden) Einfl. haben. Wahrscheinlich findet eine bevorzugte Aufnahme der ungeladenen Moll. durch die Micellen im Koazervat statt, bes. wenn das zugegebene Mol. genau in die Micellstruktur hineinpaßt. Dieser Einfl. der Kettenlänge zeigt sich auch bei der Wrkg. von Fettsäuren auf ein *Cetylsulfat*-Koazervat bei verschied. p_H-Werten; bei dem Oleatkoazervat bleibt bei Zugabe von o-Kresol das Vol. nicht beständig, sondern schrumpft innerhalb einiger Stunden. Hier ist im Koazervat eine andere Micellenart als in einer Seifenlsg. vorhanden. Die verschied. Hypothesen über die Wirkungsweise der Netzmittel auf lebende Zellen u. ihre germicide Wrkg. werden besprochen u. die Ergebnisse im Hinblick auf Modellverss. über den Einfl. von Netzmitteln auf die lipoide Phase der Zellen diskutiert. In vielen Fällen kann man diese Wrkg. mit der Störung eines solchen Lipoidsyst. in der Zelle u. nicht mit der Bldg. unabhängiger Micellen in Zusammenhang bringen. (Proc., Kon. nederl. Akad. Wetensch., Ser. B **56.** 255—67. Mai/Juni 1953. Leiden, Univ.) HENTSCHEL. D 166

I. E. Smith und **J. Anderson Storrow,** *Diffusionskoeffizienten von Äthylalkohol in wässerigen Lösungen.* Der App. bestand aus 2 zylindr., ineinander gesteckten Gefäßen, von denen das innere am unteren Ende ein Diaphragma von 0,2 cm Dicke mit Poren von 5—10 μ trägt. Ein magnet. betriebenes Rührwerk befindet sich oberhalb u. unterhalb des Diaphragmas. Die Zelle wurde mit KCl geeicht u. die Reproduzierbarkeit festgestellt. Die Messungen wurden bei 25,0, 39,5, 57,5 u. 72,5° ausgeführt. Meßresultate sind in Kurven wiedergegeben: Abhängigkeit der Diffusionskonstanten von der Temp. u. von der Konzentration. Bei 30 Mol-% A. ergibt sich ein Minimum, bei 90% ein Maximum. Die Viscosität der Lsgg. werden in 9 weiteren Kurvenbildern in Abhängigkeit von Temp. u. Konz. wiedergegeben. (J. appl. Chem. **2.** 225—35. Mai 1952. Manchester, Coll. of Technol., Appl. Chem. Dep., Chem. Engng. Labor.) MIETHING. D 171

Lina Guastalla, *Adsorption der Myristin- und Palmitinsäure an Paraffin.* Die Grenzflächenspannung p_i eines aus Lsg. an einem festen Körper adsorbierten Oberflächenfilms ergibt sich als Differenz der Adhäsionsspannungen ($\tau_{Lsg.} - \tau_0$) für die Lsg. u. das reine Lösungsm., bezogen auf den festen Körper; sie stellt die freie Adsorptionsenergie der Moll. des Oberflächenfilms dar, während der Oberflächendruck p als Differenz ($\gamma_0 - \gamma$) der Oberflächenspannungen die freie Adsorptionsenergie an der Flüssigkeitsoberfläche darstellt. Für auf n/100 HCl gespreitete u. an einer Paraffinoberfläche adsorbierte *Myristinsäure* zeigt die Kurve für p in Abhängigkeit von c/A zwei Wendepunkte, dagegen verläuft die entsprechende Kurve für p_i — c/A kontinuierlich u. nahezu geradlinig. Für *Palmitinsäure* erhält man beim Eintauchen u. Herausziehen der Paraffinlamelle verschied. Werte für p_i, wobei nur den beim Eintauchen gefundenen p_i-Werten Bedeutung zukommt. (C. R. hebd. Séances Acad. Sci. **234.** 2051—53. 19/5. 1952.) HENTSCHEL. D 176

W. Forter und **P. Karrer,** *Das Verhalten einiger Flavine im Papierchromatogramm.* Bei der Papierchromatographie auf WHATMAN Nr. 1, Temp. 20—22° u. 18 Std. Laufdauer erhielten Vff. mittels Butanol–Ameisensäure–W.-Gemisches (77 : 10 : 13) für eine Reihe von Flavinen folgende R_F-Werte: Pentoseflavine: 1. *6.7-Dimethyl-9-[D-1'-ribityl]-isoalloxazin* (*Riboflavin*) [R_F =] 0,186; 2. *6.7-Dimethyl-9-[L-1'-ribityl]-isoalloxazin* 0,188; 3. *6.7-Dimethyl-9-[D-1'-arabityl]-isoalloxazin* 0,184; 4. *6.7-Dimethyl-*

9-[L-1'-arabityl]-isoalloxazin 0,182; 5. *6.7-Dimethyl-9-[D-1'-xylityl]-isoalloxazin* 0,182; 6. *6.7-Dimethyl-9-[D-1'-lyxityl]-isoalloxazin* 0,189; 7. *6.7-Dimethyl-9-[L-1'-lysityl]-isoalloxazin* 0,186; 8. *6-Methyl-9-[D-1'-ribityl]-isoalloxazin* 0,166; 9. *7-Methyl-9-[D-1'-arabityl]-isoalloxazin* 0,169; 10. *7-Methyl-9-[D-1'-xylityl]-isoalloxazin* 0,153; 11. *6-Methyl-7-äthyl-9-[D-1'-ribityl]-isoalloxazin* 0,314; 12. *7-Äthyl-9-[D-1'-ribityl]-isoalloxazin* 0,251; 13. *7-Äthyl-9-[L-1'-arabityl]-isoalloxazin* 0,102. — Flavine mit Desoxyribose- u. Rhamnosegruppen: 14. *6.7-Dimethyl-9-[D-1'-desoxyribityl]-isoalloxazin* 0,244; 15. *6.7-Dimethyl-9-[D-1'-rhamnityl]-isoalloxazin* 0,286. — Hexoseflavine: 16. *6.7-Dimethyl-9-[D-1'-sorbityl]-isoalloxazin* 0,136; 17. *7-Methyl-9-[D-1'-sorbityl]-isoalloxazin* 0,103; 18. *7-Methyl-9-[D-1'-mannityl]-isoalloxazin* 0,110; 19. *7-Methyl-9-[D-1'-dulcityl]-isoalloxazin* 0,106. — Disaccharidflavin: 20. *6.7-Dimethyl-9-[D-1'-maltosityl]-isoalloxazin* 0,056. Die R_F-Werte sind um so niedriger, je mehr OH- u. je weniger Alkylgruppen vorhanden sind. Geringeren Einfl. übt dagegen die stereochem. Verschiedenheit der Zuckerreste aus (vgl. 1—7). Ersatz von Methyl durch Äthyl begünstigt die Wanderung (11), ebenso auch Vermehrung des %-Anteils des „organ." Restes auf Kosten der OH-Gruppen (vgl. 14 u. 15 gegen 1—7). Hexoseflavine u. Disaccharidflavin zeigen wegen der erhöhten OH-Gruppenzahl geringere R_F-Werte. (Helv. chim. Acta **36.** 1530—31. 15/10. 1953. Zürich, Univ., Chem. Inst.) Sander. D 177

R. T. Sanderson, *Kohlenstoff—Kohlenstoff-Bindungslängen.* Vf. berechnet nach früher beschriebener Meth. (C. **1952.** 5537) die Länge von C—C-Bindungen u. findet für C_2F_6 (I) zu hohe Werte, die er durch die gegenseitige Abstoßung der beiden gleichgeladenen C-Atome erklärt. Die trotzdem vorhandene große Stabilität der Verb. kommt durch die elektrostat. Anziehung zwischen den F-Atomen u. den nächsten, nicht gebundenen C-Atomen zustande. Ähnliches gilt für C_3F_8 u. Octafluorocyclobutan. Die Hemmung der freien Drehbarkeit in solchen Moll. ist daher größer als bei den KW-stoffen, dies drückt sich in der Potentialschwelle (4350 cal/Mol für I gegenüber 3000 cal/Mol für C_2H_6) aus. In Verbb. mit einer C—C-Bindung zwischen 2 C=C- oder C≡C-Bindungen werden zu kleine Werte gefunden. Man kann danach die Einfachbindungen in verschied. Bindungstypen einteilen. Zwischen den Längen der Kohlenstoff-Kohlenstoff-Bindungen in den verschied. Bindungstypen herrschen Beziehungen, allg. ist die Länge einer bestimmten C—C-Bindung aus der berechneten Einfachbindungslänge durch Multiplikation mit Faktoren, die für den Bindungstyp charakterist. sind, errechenbar. Für die Größe dieser Faktoren gilt die Formel $f = 1—0{,}0385\,\eta$, wobei η für gewöhnliche Einfachbindungen 0, für Einfachbindungen zwischen 2 Doppelbindungen, neben Dreifachbindungen oder im Graphit 2, zwischen 2 Doppelbindungen oder im aromat. Ring 3, für Doppelbindungen 4 u. für Dreifachbindungen 6 ist. (Science [Washington] **116.** 41—42. 11/7. 1952. Iowa City, Io., State Univ., Dep. of Chem. and Chem. Engng.) du Mont. D 182

Pauline Ramart-Lucas, *Struktur und Absorption der Hydroxylderivate des Xanthens (Resorcinbenzeine).* Die Spektren von *Resorcinbenzein,* dessen *Methyläther* u. *2.4.5.7-Tetrabromderiv.* (Xanthenringzählung) wurden in A., Dioxan, A. + HCl u. 5%ig. NaOH aufgenommen. Ebenso wie bei den Oxyderivv. des Triphenylmethans (vgl. Ramart-Lucas, Bull. Soc. chim. France, Mém. [5] **12.** [1945.] **477**) zeigte sich die Existenz von jeweils 3 gefärbten Formen (A, B u. B'), die reversibel ineinander umwandelbar sind. Die Formen A können durch die übliche chinoide Formulierung wiedergegeben werden, B u. B' erfordern aber eine tiefergreifende Veränderung im Elektronenzustand am zentralen C-Atom (Übergang des tetraedr. in graphit. C). (C. R. hebd. Séances Acad. Sci. **235.** 1652—54. 22/12. 1952.) Spaeth. D 182

M. P. Gupta, *Die molekulare Konfiguration der aliphatischen dibasischen Säure $C_4H_4O_6 \cdot 2\,H_2O$.* (Vgl. Hartree, C. **1954.** 5716.) Die Röntgenstrahlanalyse der aliphat., dibas. Säure $C_4H_4O_6 \cdot 2\,H_2O$ (I) ergab folgendes: I ist monoklin (pseudoorthorhomb.). Elementarzellendimensionen: a = 6,40, b = 13,03, c = 5,34 Å; β = 126,5°. D. 1,715. — Klasse: 2/m; Raumgruppe: $P\,2_1/c$. — 2 Moll. in der Elementarzelle müssen die Stellungen 0, 0, 0 u. 0, $^1/_2$, $^1/_2$ einnehmen u. zentrosymm. sein. Daraus ergibt sich die trans-Konfiguration von I. Es handelt sich also um *Dioxyfumarsäure.* (J. Amer. chem. Soc. **75.** 6312—13. 20/12. 1953. London, Univ. Coll., Dep. of Chem. Cryst.) John. D 195

D. Grdenić und **A. Bezjak,** *Die Kristall- und Molekularstruktur von Phthalylharnstoff.* Phthalylharnstoff wurde in Form monokliner farbloser Nadeln aus Aceton erhalten. Die Elementarkörperdimensionen wurden bestimmt zu a = 13,00 Å; b = 5,21 Å; c = 12,60 Å; β = 98°. Raumgruppe ist C_{2h}^5 — $P\,2_1/n$; Z = 4. Die Struktur wurde mit Hilfe von Fourier- u. Patterson-Projektionen aufgeklärt. Es ergaben

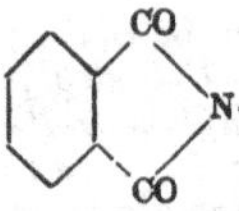

sich die folgenden Parameter: C_1 (x =) —0,110; (z =) —0,200; C_2: —0,088; —0,280; C_3: —0,038; —0,124; C_4: 0,005; —0,270; C_5: 0,054; —0,120; C_6: 0,074; —0,200; C_7: 0,154; —0,032; C_8: 0,192; —0,156; C_9: 0,340; —0,044; O_1: 0,188; 0,044; O_2: 0,254; —0,188; O_3: 0,400; —0,030; N_1: 0,220; —0,080; N_2: 0,405; —0,030. Aus der so gefundenen Struktur ergibt sich einwandfrei, daß Phthalylharnstoff die nebenst. Struktur besitzt. (Arhiv Kemiju [Arch. Chim.] **25**. 101—08. 1953. Zagreb, Prirodoslovno-Matem. Fak., Labor. za opću i anorg. Kem.)

GOTTFRIED. D 195

Joseph L. O'Brien und **Carl Niemann,** *Die durch Säure katalysierte Cyclisierung von α-Acylaminosäuren.* Bei der Unters. der Ionisierung gewisser polyfunktioneller Verbb. in absol. schwefelsaurer Lsg. wurden folgende VAN'T HOFFsche „i"-Faktoren (vgl. NEWMAN u. Mitarbeiter, C. **1945**. II. 769 u. früher) bestimmt: *Glycin* 2,2, *Acetylglycin* (I) 2,5, *Benzoylglycin* (II) 3,6 u. *Benzoylsarkosin* (III) 3,8; dies beweist, daß α-Acylaminosäuren in schwefelsaurer Lsg. mindestens teilweise entsprechend nebenst. Schema zu den entsprechenden Oxazoloniumionen cyclisiert sind. Dafür spricht, daß beim schnellen Eingießen einer schwefelsauren Lsg. von p-Nitrobenzoylalanin in überschüssiges wss. KOH die für alkal. Azlactonlsgg. charakterist. Rotviolettfärbung auftritt, u. daß beim Eingießen einer schwefelsauren Lsg. von α-Acetamidozimtsäure, die über Nacht bei Raumtemp. gestanden hat, in W. *2-Methyl-4-benzaloxazolon-(5)*, F. 150—152°, entsteht. Im Falle von I sind im Gleichgewicht die beiden nichtcycl. Strukturen bevorzugt; im Falle von II u. III ist auf Grund der „i"-Werte die Cyclisierung prakt. vollständig. — Die durch Säure katalysierte Cyclisierung der α-Acylaminosäuren kann auch in Acetanhydrid durchgeführt werden. (J. Amer. chem. Soc. **72**. 5348—49. Nov. 1950. Pasadena, Calif., Inst. of Technol., Gates and Crellin Labors. of Chem.)

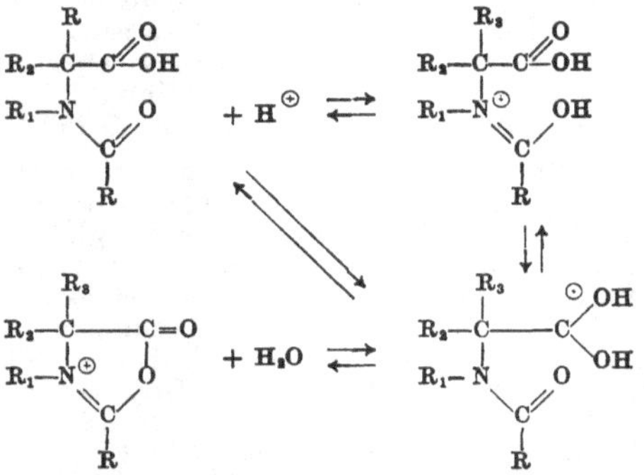

K. F. MÜLLER. D 221

Per Ekwall, Ingvar Danielsson und **Sture Henrikson,** *Ein neuer Effekt der Erhöhung der Löslichkeit.* Im allg. ändert sich die Leitfähigkeit von löslichkeitserhöhenden, koll. Substanzen in wss. Lsg. von KW-stoffen bei der Zugabe nur wenig. Sind die gelösten Stoffe polare, langkettige Verbb., wie prim. Alkohole oder Fettsäuren, sinkt die Leitfähigkeit häufig, während bei dem Glykol *Decandiol-(1.10)* (I) ein Anstieg beobachtet wird. Dieser Effekt wird an I näher untersucht. Die Löslichkeiten werden mit Hilfe eines ZEISS-LOEWE-Interferometers gemessen. Die Löslichkeit von I in W. oder Salzlsgg. geringer Ionenstärke beträgt 720—730 mg/Liter bei 20° u. 1400 mg/Liter bei 40°. Die Löslichkeit steigt stark an bei der Zugabe von Natriumoleat (II), u. zwar linear über einen Bereich von 0,0015—0,17 mol. II. Die Leitfähigkeit einer 0,0125 mol. II-Lsg. steigt bei Zugabe von I linear bis zur Sättigungskonz. von I u. bleibt bei weiteren Zugaben von I konstant. Auch Na-Myristat, -Laurat, -Laurylsulfat sowie Hexadecyltrimethylammoniumbromid zeigen diesen Effekt auf die Leitfähigkeit von I, während die ebenfalls die Löslichkeit stark erhöhenden Natriumcholat- sowie -desoxycholatlsgg. keine Leitfähigkeitserhöhung bewirken. Vff. vermuten, daß der Effekt auf Änderungen der Micellarstruktur der Kolloide zurückzuführen ist, etwa daß die Micellen kleiner werden, ihre Anzahl steigt u. ihre interion. Wechselwrkg. mit den Gegenionen geringer wird. (Acta chem. scand. **6**. 1297—98. 1952. Åbo, Finnland, Akad., Inst. of Phys. Chem.)

V. SCHIESZL. D 224

G. Natta und **E. Mantica,** *Die Verteilung der Produkte in einer Reihe von aufeinanderfolgenden Konkurrenzreaktionen.* Vff. leiteten Ausdrücke ab für eine Reihe von aufeinander folgenden irreversiblen Konkurrenz-Rkk. des Typs $A + B = AB$; $AB + B = AB_2$; $\cdots AB_{n-1} + B = AB_n$, die die Anzahl der Mole N_{AB_i} der gebildeten Prodd. AB_i als Funktionen der Anzahl der Mole A, die reagiert haben, u. der sogenannten „Verteilungskonstanten" $k_i = K_i/K_1$ (K = Geschwindigkeitskonstante) der Rk. $AB_{i-1} + B = AB_i$ darstellen. Es wird gezeigt, daß die abgeleiteten Gleichungen befriedigend angewendet werden können auf Prozesse ohne erneute Teilnahme von Zwischenprodd. an der Rk. (z. B. Chlorierung von Methan, Bldg. von Alkanolaminen); für Prozesse mit

Teilnahme von Zwischenprodd. werden die Gleichungen entsprechend abgeändert. (J. Amer. chem. Soc. **74.** 3152—56. 20/6. 1952. Mailand, Ist. di Chim. Ind. Politechn.) J. ROTHE. D 225

A. D. Stepuchowitsch, *Sterische Faktoren einiger elementarer reversibler Anlagerungsreaktionen von atomarem Wasserstoff an ungesättigte Moleküle.* (Vgl. Доклады Академии Наук СССР [Ber. Akad. Wiss. UdSSR] [N. S.] **90.** [1953.] 213.) Die ster. Faktoren der untersuchten Rkk. werden für die monomol. Rk. (S_1 = a) u. für die bimol. Rk. (S_2 = b) nach einem früher (Журнал Физической Химии [J. physik. Chem.] **26.** [1952.] 145) mitgeteilten Verf. berechnet. Dabei ergibt sich für $\overline{C_2H_5} \rightleftharpoons C_2H_4 + H$ (900° K) a = ca. 1, b = $3 \cdot 10^{-3}$; iso-$\overline{C_3H_7} \rightleftharpoons C_3H_6 + H$ (900° K) a = 0,6, b = $4 \cdot 10^{-4}$; iso-$\overline{C_4H_9} \rightleftharpoons$ iso-$C_4H_8 + H$ (840° K) a = $3 \cdot 10^{-2}$, b = $1 \cdot 10^{-3}$; $\overline{C_2H_3} \rightleftharpoons C_2H_2 + H$ (846° K) a = $2 \cdot 10^{-5}$, b = $1 \cdot 10^{-3}$. Unter der Annahme, daß die Bldg. inakt. Radikale durch Anlagerung eines H-Atoms an das Olefin- bzw. Acetylenmol. erfolgt, wird eine schemat. Darst. dieser Rkk. mit Angabe der C—C-Abstände gegeben. Bei der Berechnung der Rotationssummen wird von der geometr. Form der Moll. u. Radikale u. den bekannten Größen ihrer geometr. Parameter (Abstände, Winkel) ausgegangen, die auf einen Freiheitsgrad bezogenen Schwingungssummen des Radikalzustandes u. des aktivierten Zustandes können als gleich angenommen werden. Der ster. Faktor des Zerfalls der untersuchten Radikale nimmt mit zunehmender Kompliziertheit des Radikals ab. Eine Doppelbindung im Radikal stabilisiert es gegen Zerfall, wie der niedrigere ster. Faktor zeigt. Die Größenordnung der berechneten Faktoren (10^{-3}) steht in Einklang mit den in der Literatur für bimol. Radikal-Rkk. angenommenen ster. Faktoren. (Доклады Академии Наук СССР [Ber. Akad. Wiss. UdSSR] [N. S.] **92.** 127—30. 1/9. 1953.) R. K. MÜLLER. D 225

Raymond T. Morrow, Stanley J. Cristol und **Robert W. Van Dolah,** *Die Reaktion von n-Butylnitrat mit Alkalihydrosulfiden.* Aus n-Butylnitrat (I) u. NaHS entstehen in wss. A. *n-Butylalkohol*, *$NaNO_2$* u. kleine Mengen *NH_3* u. *S*. Bei Verwendung von NH_4HS statt NaHS wird aller Nitratstickstoff unter Abscheidung der theoret. Menge S zu NH_3 reduziert. Im Verlauf von beiden Rkk. fällt der p_H-Wert zunächst — bei NaHS weit stärker als bei NH_4HS — u. steigt dann langsam wieder an. Oberhalb p_H 13 red. sowohl NaHS als auch NH_4HS das Nitrat nur zum NO_2^-, wobei sich pro Mol gebildetes NO_2^- ein Mol S abscheidet. Bei der Umsetzung tritt keine alkal. Hydrolyse des **I**, keine Abscheidung von HNO_2 oder HNO_3, keine Red. zum Nitritester u. keine Veränderung am α-C-Atom des **I** ein. Die Rk. verläuft offenbar nach der 2. Ordnung. Sie wird durch OH^- u. durch Polysulfid katalyt. beschleunigt. 2-Octylnitrat liefert mit NH_4HS in 70%ig. A. bei 26,7° ebenfalls 4 g-Atome S pro Mol Nitrat. Die Geschwindigkeit der Polysulfidbldg. (der abgeschiedene S löst sich im NH_4HS unter Polysulfidbldg.) ist langsamer als bei Verss. mit **I**. Die katalyt. Wirkungen sind die gleichen wie bei der Rk. von **I**. — *2-Octylnitrat*, aus Octanol-(2) durch Veresterung; $n_D^{20,5}$ 1,4260; Mol.-Refr. 47,66. (J. Amer. chem. Soc. **75.** 4259—65. 5/9. 1953. China Lake, Calif., Ordnance Test Stat., Res. Dep., Chem. Div., Organ. Chem. Branch.) J. MATTNER. D 225

Sigvard Wideqvist, *Die Verwendung von Ionenaustauschern für die Bestimmung der Geschwindigkeit der Alkali-katalysierten Hydrolyse von Amiden.* Bei der alkal. Amidverseifung entsteht eine Reaktionsmischung, die überschüssiges Alkali, NH_3 u. das Na-Salz der Säure enthält. Gibt man diese Lsg. durch ein Kationenaustauschharz, so resultiert eine Lsg., die lediglich noch die freie Säure enthält u. durch deren Titration man den Hydrolysegrad bestimmen kann. Auf dieser Grundlage wird die Hydrolyse von *Acetamid* u. *Succinamidsäure* mit NaOH quantitativ verfolgt, bei 25° ergeben sich als k-Werte [Liter $\cdot$ $Mol^{-1} \cdot Std.^{-1}$]: 0,1341—0,1344 bzw. 0,1023. (Ark. Kemi **4.** Nr. 31. 429—32. 1952. Uppsala, Labor. of Org. Chem.) GABRIELE GÜNTHER. D 225

M. Liveris, P. G. Lutz und **J. Miller,** *Metasubstituenten bei aromatischer nucleophiler Substitution.* (Vgl. MILLER, C. **1953.** 4668 u. J. chem. Soc. [London] **1952.** 3550; BEVAN u. BYE, C. **1953.** 3862.) Vff. messen die Reaktionsgeschwindigkeit von Na-Methylat in trockenem Methanol mit einer Reihe von Verbb. der allg. Form *1-X-2.4-dinitro-5-chlorbenzol*, wobei X ein bestimmter Substituent ist. Bei X = *OCH_3* wird die Reaktionsgeschwindigkeit bei 100,8° ($10^4 k_2$ = 85500) gegenüber H kaum, bei *X* = *CH_3* (44200) schwach verkleinert. Ist X = $N(CH_3)_2$ (2260), so beträgt die Desaktivierung 1—2, bei X = O^- (1,90) fast 4 Zehnerpotenzen gegenüber X = H. Ferner vergleichen Vff. *m-* (1,03) u. *p-Fluornitrobenzol* (1100), um die Wrkg. einer m-Nitrogruppe abzuschätzen. Das Verhältnis der Geschwindigkeitskonstanten beträgt bei 100,8° p/m = 1069. Im *1.3-Dichlor-4.6-dinitrobenzol* sind beide Cl-Atome austauschbar; das zweite jedoch langsamer als das erste. Der Geschwindigkeitsunterschied ist temperaturabhängig. Nach Messungen bei 0° bewirkt X = Cl im Gegensatz zu den anderen Substituenten eine schwache Aktivierung (Cl : 265; CH_3 : 3,71). (Chem. and Ind. **1952**. 1222. 13/12. Western Australia, Univ., Chem. Dep.) J. MATTNER. D 225

Gust.-Ad. Holmberg, *Hydrolyse von C—C-Bindungen. 4. Mitt. Beziehung zwischen Zeitkorrektur, Aktivierungsenergie und Hyperkonjugationswirkung bei der Hydrolyse von Triarylmethylmalonsäureäthylestern.* (3. vgl. C. **1953**. 671.) Bei der Hydrolyse von triarylsubstituierten Malonsäureäthylestern (vgl. l. c.) können die Geschwindigkeitskonstanten nicht auf dem üblichen Wege bestimmt werden, vor Erreichen der Meßtemp. tritt vielmehr schon teilweise Rk. ein. Es wird eine Zeitkorrektur t_0 eingeführt, die der „Schwellentemp. der Meth." proportional ist. Ein großer positiver Wert für t_0 zeigt nach dieser Meth. eine hohe Aktivierungsenergie, ein kleinerer oder negativer Wert für t_0 zeigt eine kleinere Aktivierungsenergie an. Auf diese Art kann die Reihenfolge der nach der Größe ihrer Aktivierungsenergie bei der Hydrolyse geordneten Substanzen angegeben werden. Um zu bestimmen, ob sich bei den Hydrolyse-Rkk. Hyperkonjugation bemerkbar macht, wurden *p-Äthyl-*, *p-Isopropyl-* u. *p-tert.-Butyltriphenylmethylmalonsäureäthylester* mit *p-Methyltriphenylmethylmalonsäureäthylester* verglichen. Die Neigung zur Hydrolyse steigt in der Reihenfolge Methyl-, Äthyl-, Isopropyl-, tert.-Butylverbindung. Demnach scheint der induktive Effekt die Hydrolyse mehr zu beeinflussen als die Hyperkonjugation. *2.4-Dimethyltriphenylmethylmalonsäureäthylester* hat eine wenig stärkere Neigung zum Hydrolysieren als das entsprechende 2.5-Dimethylderivat.

V e r s u c h e : *p-Methylbenzylchlorid,* aus Toluol entsprechend der von GRUMMITT u. BUCK (C. **1946**. I. 1558) für Naphthylmethylchlorid gegebenen Vorschrift; 46% (Ausbeute). — *p-Xylol,* aus vorst. Verb. durch Grignardierung u. Zusatz zu Eis u. verd. HCl; 56%. — *Äthylbenzol,* aus Acetophenon durch Red. nach CLEMMENSEN. — *tert.-Butylbenzol* u. *Cumol* aus Bzl. u. dem entsprechenden Alkylchloriden nach DIUGUID, J. Amer. chem. Soc. **63**. [1941.] 3527. — *2.4-Dimethylbrombenzol* nach GODDARD [1923]. — *p-tert.-Butylbrombenzol,* durch Bromieren von tert.-Butylbenzol. — *p-Äthylbenzophenon, p-Isopropylbenzophenon* u. *2.5-Dimethylbenzophenon* durch Rk. von Äthylbenzol bzw. Cumol bzw. p-Xylol mit Benzoylchlorid in Ggw. von $AlCl_3$. — *p-tert.-Butyltriphenylcarbinol,* aus 33 g Benzophenon in 50 ml Ae. durch Zugabe zu einer GRIGNARD-Lsg. aus 38 g p-tert.-Butylbrombenzol u. 3std. Erhitzen; 52 g. — *p-tert.-Butyltriphenylmethylmalonsäureäthylester,* $C_{30}H_{34}O_4$, F. 107—108°, aus dem Chlorid vorst. Verb. (dieses durch Sättigen einer Lsg. vorst. Verb. in Bzl. mit HCl-Gas in Ggw. von $CaCl_2$) nach C. **1953**. **671**; 54%. — *β-p-tert.-Butylphenyl-β.β-diphenylpropionsäure,* $C_{25}H_{26}O_2$, F. 165,5—167°, durch Verseifung vorst. Verb. mit alkoh. KOH. — *2.4-Dimethyltriphenylmethylmalonsäureäthylester,* $C_{28}H_{30}O_4$, F. 123—124°, wie vorst. unter Verwendung von 2.4-Dimethylbrombenzol. — *β-2.4-Dimethylphenyl-β.β-diphenylpropionsäure,* $C_{23}H_{22}O_2$, F. 184—185°, durch Verseifung vorst. Verbindung. — *2.5-Dimethyltriphenylcarbinol,* aus 2.5-Dimethylbenzophenon in Ae. u. C_6H_5MgBr. — *2.5-Dimethyltriphenylmethylmalonsäureäthylester,* $C_{28}H_{30}O_4$, F. 122—123°. — *β-2.5-Dimethylphenyl-β.β-diphenylpropionsäure,* $C_{23}H_{22}O_2$, F. 185—186°. — *p-Äthyltriphenylmethylmalonsäureäthylester,* $C_{28}H_{30}O_4$, F. 63—65°, wie oben unter Verwendung von p-Äthylbenzophenon. — *β-p-Äthylphenyl-β.β-diphenylpropionsäure,* $C_{23}H_{22}O_2$, F. 131 bis 132°. — *p-Isopropyltriphenylmethylmalonsäureäthylester,* $C_{29}H_{32}O_4$, F. 79—79,5°, aus p-Isopropylbenzophenon. — *β-p-Isopropylphenyl-β.β-diphenylpropionsäure,* $C_{24}H_{24}O_2$, F. 138—140°. (Acta Acad. Aboensis, Math. Physica **18**. Nr. 9. 1—13. 1952.) J. MATTNER. D 225

Theodor Wieland und **Dietrich Stimming,** *Die Aufspaltungsweise gemischter Säureanhydride mit Hydroxylamin.* Gemischte Säureanhydride lassen sich in neutraler wss. Lsg. mit NH_2OH aufspalten. Das Mengenverhältnis der entstehenden beiden *Hydroxamsäuren* ist ein Maß für die relative Reaktionsfähigkeit der beiden Acylhälften. Die papierchromatograph. getrennten Hydroxamsäuren werden als Ferrikomplexe colorimetr. bestimmt. Bei nicht extremen Verhältnissen arbeitet die Meth. auf ± 10% genau. Tabellar. wird das so ermittelte Acylierungsverhältnis (mol. Verhältnis der bevorzugten zu der in geringerer Menge auftretenden Hydroxamsäure) von folgenden gemischten *Anhydriden* angegeben: *Acetylpropionyl-*, *Formylhippuryl-*, *Propionylbutyryl-*, *Acetylbutyryl-*, *Acetylphenacetyl-*, *Hippurylacetyl-*, *Formylacetyl-*, *Chloracetylacetyl-*, *Propionylbenzoyl-*, *Acetylbenzoyl-* u. *Hippurylbenzoyl-*; in der angegebenen Reihenfolge nimmt das Acylierungsverhältnis zu. Die Reaktionsgeschwindigkeit der Acylhälften folgt nur teilweise dem Gang der Dissoziationskonstanten der korrespondierenden Säuren. Gemischte *Kohlensäurehalbesteranhydride* liefern quantitativ die Hydroxamsäure der aliphat. Komponente. Die mögliche Anwendung der Rk. zur quantitativen papierchromatograph. Analyse von Fettsäuregemischen soll untersucht werden. — R_F-Werte einiger *Hydroxamsäuren* auf SCHLEICHER & SCHÜLL-Papier 2043b in sek.-Butanol-90%ig. Ameisensäure-W. (75:15:10): *Formyl-*, 0,33; *Acetyl-* 0,45; *Chloracetyl-* 0,52; *Hippuryl-* (F. 159—160°) 0,62; *Propionyl-* 0,64; *Butyryl-* 0,73; *Benzoyl-* 0,73; *Phenacetyl-* 0,74; *Acetyl-O-acetyl-* 0,72; *Benzoyl-O-benzoyl-* 0,85. (Liebigs Ann. Chem. **579.** 97—106. 1953. Mainz, Univ., Org.-chem. Inst.) HOHMANN. D 225

Alexander Müller, *Dimere Propenylphenoläther.* 16. Mitt. *Formulierung der säurekatalysierten Dimerisierung der Propenylphenoläther.* (15. vgl. C. **1954.** 1235.) Unter Zusammenfassung seiner eigenen bisherigen Versuchsergebnisse, sowie unter Einschluß derjenigen anderer Autoren, die auf diesem oder ähnlichem Gebiet gearbeitet haben, gibt Vf. einen genauen Abriß des Reaktionsmechanismus der säurekatalysierten Dimerisierung der Propenylphenoläther u. vergleicht diesen Mechanismus mit dem der Rkk. von β-substituierten Styrolen. Der Prozeß erfolgt durch kationide Polymerisation, wobei Vf. sowohl die Voraussetzungen für die Rk. als auch mögliche Neben-Rkk. umreißt. Schließlich wird die mögliche Abbruch-Rk. diskutiert. Einzelheiten vgl. Original. (J. org. Chemistry **17.** 1077—86. Aug. 1952.) LEHWALD. D 225

B. Eisler und **A. Wassermann,** *Sterische Einflüsse auf die Kinetik von Diels-Alder-Additionen.* Der Einfl. der ster. Anordnung der Dienkomponenten auf die Geschwindigkeit der Addition wurde an der Rk. von *Benzochinon* (**I**) mit *Butadien* (**II**) bzw. *Cyclopentadien* (**III**; vgl. J. chem. Soc. [London] **1936.** 1028) untersucht u. mit früheren Ergebnissen bei der Dimerisierung von **II** bzw. **III** verglichen. Für die Rkk. von **II** wurde eine um 2,9 $\pm$ 1,2 bzw. 7,0 $\pm$ 1,1 kcal größere Aktivierungsenergie E als für die entsprechenden Umsetzungen von **III** gefunden. (für Rk. **I**–**II** E 14,5 $\pm$ 0,6 kcal; $\log_{10}$ A 5,2 $\pm$ 0,6). Erklärt werden diese Differenzen dadurch, daß in **III** das konjugierte Syst. cis-fixiert ist, während bei **II** bei Tempp. unterhalb 300° die trans-Form überwiegen soll. Zur Addition ist jedoch nur die cis-Form befähigt, daher geht im Falle von **II** die Wärmetönung der endothermen Rk. $C_4H_6 \rightarrow$ cis-C_4H_6 in die Aktivierungsenergie der Dienaddition ein. Der Reaktionsablauf in Bzl. wurde colorimetr. am Verschwinden der Absorption von **I** u. bei höheren Tempp. durch Dampfdruckmessungen verfolgt. (J. chem. Soc. [London] **1953.** 979—82. März. London, Univ. Coll., William Ramsay and Ralph Foster Labors.) LOHAUS. D 225

C. J. Thompson, R. A. Meyer und **J. S. Ball,** *Thermische Zersetzung von Schwefelverbindungen.* 1. Mitt. *2-Methylpropanthiol-(2).* *2-Methylpropanthiol-(2)* (**III**) wurde in einem Quarzrohr bei 300, 350, 400, 450 u. 500° therm. zersetzt. Bei Verweilzeiten von 10—120 Sek. traten Zersetzungsgrade zwischen 0 u. 97% auf. Es entstanden H_2S, Isobutan (**I**) u. Isobutylen (**II**) neben wenig elementarem S u. einem fl. Rückstand, der ebenfalls ca. 67% S enthielt. Vff. nehmen an, daß die Rk. über freie Radikale wie folgt verläuft: $(CH_3)_3CSH \rightarrow (CH_3)_3C\cdot + HS\cdot$; $(CH_3)_3CSH + (CH_3)_3C\cdot \rightarrow (CH_3)_2\cdot(CH_2\cdot)CSH + (CH_3)_3CH$; $(CH_3)_3CSH + HS\cdot \rightarrow (CH_3)_2(CH_2\cdot)CSH + H_2S$; $(CH_3)_2(CH_2\cdot)CSH \rightarrow (CH_3)_2C{=}CH_2 + HS\cdot$. Dieser Kettenmechanismus erklärt, daß das Verhältnis **I** : **II** mit dem Fortschreiten der Rk. abnimmt, u. daß die Rk. bei den niedrigeren Tempp. eine Induktionszeit (bei 350° ca. 60 Sek.) benötigt. Die Spaltung von **III** in $(CH_3)_3C$ u. HS wird auch massenspektroskop. bestätigt. (J. Amer. chem. Soc. **74.** 3284—87. 5/7. 1952. Laramie, Wyo., Bur. of Mines, Petrol. and Oil-Shale Exp. Stat.) J. ROTHE. D 225

C. J. Thompson R. A. Meyer und **J. S. Ball,** *Thermische Zersetzung von Schwefelverbindungen.* 2. Mitt. *Pentanthiol-(1).* (1. vgl. vorst. Ref.) Pentanthiol-(1) (**I**) wurde in einem Quarzrohr bei 350, 393, 450 u. 500° therm. zersetzt. Bei Verweilzeiten von 10 bis 120 Sek. traten Zersetzungsgrade zwischen 0,2 u. 87% auf. Es entstanden H_2S, Pentene, Butene u. andere leichte KW-stoffe neben wenig Sulfiden; elementarer S sowie teerige Rückstände wurden nicht gefunden. Vff. nehmen an, daß **I** in Penten-(1) (**II**) u. H_2S zerfällt; **II** kann dann weiter reagieren zu Paraffinen, Olefinen u. Diolefinen oder mit **I** zu $(C_5H_{11})_2S$. Dieser Mechanismus wird durch das Massenspektr. von **I** bestätigt, aus dem man eine leichte Abspaltbarkeit von H_2S, nicht aber von $HS\cdot$ oder $H_3S\cdot$ entnehmen kann. (J. Amer. chem. Soc. **74.** 3287—89. 5/7. 1952.) J. ROTHE. D 225

Hans von Euler und **Hans Hasselquist,** *Zum Mechanismus der Decarboxylierung.* 1. Mitt. (Vgl. EULER u. HASSELQUIST, Ark. Kemi **4.** Nr. 24. [1952.] u. C. **1953.** 6009.) Vff. untersuchten die Zers. von *Dehydroascorbinsäure* (**I**) in wss. Lsg. bei 85° unter N_2 bei p_H 2—3 mit u. ohne Ggw. von Aminen, die über Diketogulonsäure unter Decarboxylierung (Dec.) verläuft, sowie die Dec. von *Brenztraubensäure* (**II**). Die Rkk. wurden gravimetr. ($BaCO_3$) verfolgt. Vff. nehmen zur Wrkg. der Amine (z. B. Anilin) an, daß z. B. bei **II** nebenst. Gleichgewicht existiert u. aus **A** Phenylisocyanat entsteht, das schnell in CO_2

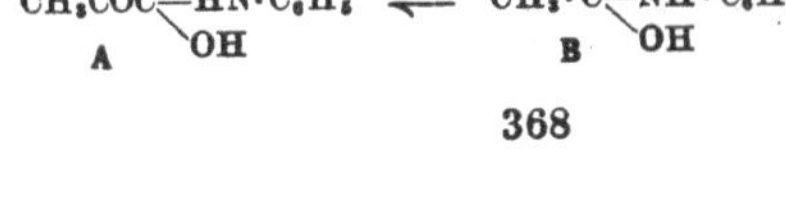

u. Anilin zerfällt. Als katalyt. wirksam bei der Dec. von **II** erwiesen sich Glykokoll u. Lactopepton. — Wss.-alkal. Ascorbinsäure ergab mit p-Chinon (**III**) auf dem Wasserbad unter CO_2-Entw. Oxalsäure (*Phenylhydrazinsalz*, F. 183—184° [W.]).

V e r s u c h e: *Dehydroascorbinsäure* (**I**), aus **II** u. **III** in Ae.; **I**-*Monophenylhydrazon*, $C_{12}H_{13}O_5N_2$, goldgelbe Blätter aus Methanol, F. 169—169,5°; ergab durch 5 Min. Kochen mit Essigsäureanhydrid eine *Verb.* $C_{14}H_{12}O_5N_2$, gelbrote Nadeln, F. 133—135° (Äthylacetat); zeigte geringe Tumorhemmwrkg. bei JENSEN-Sarkomtragenden Ratten. — **I**-*Phenylhydrazinsalz*, $C_{12}H_{16}O_7N_2$, bräunliche Prismen, F. 140° (Zers.). (Ark. Kemi **4**. Nr. 38. 479—85. 1952. Stockholm, Univ., Inst. for organ. chem. Forsch.) GNAUCK. D 225

Hans von Euler und **Hans Hasselquist**, *Zum Mechanismus der Decarboxylierung.* 2. Mitt. (1. vgl. vorst. Ref.) Vff. untersuchten den Einfl. von Aminen (p-Phenylendiamin [**I**], Anilin [**II**], o-Aminobenzoesäure [**III**]) sowie KCN u. Rattenblutserum auf die Geschwindigkeit der Decarboxylierung von *Diketogulonsäure* bzw. *Dehydroascorbinsäure* (**IV**) bei 40 u. 85° sowie von *Brenztraubensäure* (**V**) bei 83—85° (**I, II, III, II** + $CuSO_4$, m-Aminobenzoesäure, Isatin, Guanidin, L-Tyrosin). Es wird angenommen, daß die Amine durch intermediäre Bldg. SCHIFFscher Basen wirksam sind u. der Lactonring vor der Decarboxylierung aufgespalten wird. Durch präparative Verss. an **V** wird gezeigt, daß CO_2 aus der freien Carboxylgruppe abgespalten wird u. die Anionen CH_3COCOO^- u. $CH_2{=}C(OH)COO^-$ stabil sind. Die Cocarboxylase (Aneurinpyrophosphat) bildet vermutlich mit **V** keine Verb., ihre Wrkg. wird Komplexbldg. zwischen Apoenzym u. **V** zugeschrieben, wodurch eine Elektronenverschiebung in **V** hervorgerufen wird. — Umlagerung des **IV**-Phenylhydrazons durch Alkali ergab eine gelbe *Verb.* $C_{12}H_{12}O_5N_2$ vom F. 170—171° (Methanol), die sich vermutlich nur durch Änderung der Lactonbindung von 1.4- in 1.5-Stellung vom Ausgangsmaterial unterscheidet. Aus **V** u. **III** wurde *1.2-Dihydrochinaldintricarbonsäure-(2.4.8)* (**VI**) erhalten, deren Methylester mit CH_2N_2 unter N_2-Entw. ein farbloses blau fluorescierendes Prod. vom F. 131° (Chlf.–PAe.) ergab, aus dem durch Erhitzen u. anschließende Verseifung eine Substanz vom F. 255° (Äthylacetat) erhalten wurde, deren Lsgg. stark blauviolett fluorescieren. Aus der Mutterlauge der **VI**-Darst. konnte *Chinaldindicarbonsäure-(4.8)* isoliert werden, die nicht mit Methanol–H_2SO_4, wohl aber mit CH_2N_2 einen Dimethylester ergab. **V** u. Sulfanilamid ergaben eine *Verb.* $C_9H_{10}O_3N_2S$, aus Aceton vom F. 281° (Zers.).

V e r s u c h e: *1.2-Dihydrochinaldintricarbonsäure-(2.4.8)* (**VI**), $C_{13}H_{11}O_6N$, schwach-citronengelbe Prismen vom F. 232° (Zers.), aus **III** u. **V** in W. auf dem Wasserbad unter CO_2-Entw.; färbt sich am Licht grün. — *Chinaldindicarbonsäure-(4.8)*, $C_{12}H_9O_4N$, schwach braune Stäbchen vom F. 295—297,5° (Zers.); *Dimethylester*, $C_{14}H_{13}O_4N$, F. 78—78,5°. (Ark. Kemi **5**. Nr. 17. 193—201. 1953.) GNAUCK. D 225

J. L. Weininger und **O. K. Rice**, *Die Photolyse von Azoäthan.* Reines *Azoäthan* ($Kp._{760}$ 58,3°) wird durch gefiltertes Licht (3360 Å) bei Drucken von einigen mm bis 1,73 at zers. u. die Photolyse durch Messen des abgespaltenen N_2 verfolgt. Die Quantenausbeute fällt von 1 bei kleinen Drucken auf 0,6 bei 1,73 at. Die Lebensdauer der aktivierten Moll. wird diskutiert. (J. Amer. chem. Soc. **74**. 6216—19. 20/12. 1952. Chapel Hill, N. C., Univ., Dep. of Chem.) MACHOLDT. D 226

Edward N. Weber und **Robert H. Schuler**, *Entfärbung verdünnter Farbstofflösungen durch Bestrahlung. Chlorphenolrot.* Vff. untersuchten die Entfärbung von *Chlorphenolrot* in wss. Lsg. durch Röntgenstrahlen. Die Entfärbungs-Rk. war abhängig von der Absorption der Röntgenstrahlen im wss. Medium u. von der darauffolgenden Bldg. von akt. Zwischenstoffen. Die Farbabnahme war nicht direkt proportional der Strahlungsintensität. — Sättigen der Lsg. mit O_2, H_2, H_2O_2 (3%ig.) u. Zugabe von Thioharnstoff verringerten die Entfärbungsgeschwindigkeit bis zu 50%. Bei Zugabe von NaOH bzw. HCl trat ein Entfärbungsmaximum bei p_H 3—4 auf, bei p_H 1 fielen die Werte steil ab, was auf die Anwesenheit der Cl-Ionen zurückgeführt wurde. — Als Initiator der Entfärbung wurden durch Bestrahlung aus dem W. gebildete H·- bzw. OH·-Radikale angenommen. (J. Amer. chem. Soc. **74**. 4415—18. 5/9. 1952. Buffalo, N. Y., Canisius Coll., Dep. of Chem.) PFAFF. D 226

René Romanet, *Über den Mechanismus der partiellen Hydrierung der Acetylenbindung.* Bei der partiellen katalyt. Hydrierung von Acetylenverbb. entsteht überwiegend die cis- (**A**) daneben aber immer eine geringe Menge der trans-Äthylenverb. (**B**). Wie Vf. bereits zeigte (C. R. hebd. Séances Acad. Sci. **236**. [1953.] 1176), entsteht **B** nicht durch nachträgliche Isomerisierung aus **A**, sondern wie folgt: Die Acetylenverb. A—C≡C—A wird zunächst durch Chemosorption an 2 akt. Zentren der Kontaktoberfläche gebunden; der Komplex reagiert mit einem an einem benachbarten Zentrum

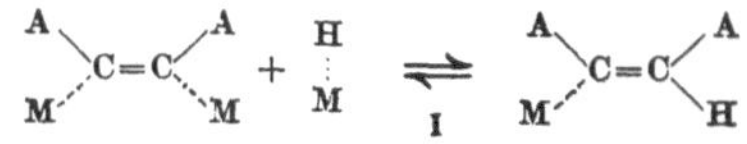

gebundenen H-Atom zum nebenst. Zwischenprod. **I**; in diesem herrscht infolge Resonanz mit den „metall.“ Elektronen des Kontaktes eine geringere π-Elektronendichte, wodurch die Rotationswahrscheinlichkeit um die Doppelbindung zunimmt. Die Molekülkomplexe **I**, die eine trans-Struktur durchlaufen, geben später **B**. (C. R. hebd. Séances Acad. Sci. **236**. 1677—79. 27/4. 1953.) J. ROTHE. D 227

Walter H. Hartung und **Yen-Tsai Chang**, *Palladiumkatalyse*. 4. Mitt. *Eine Änderung der Eigenschaften von Palladium auf Aktivkohle bei Hydrierungsreaktionen.* (3. vgl. C. **1934**. I. 1644.) Vff. erhalten bei der Red. von α-Oximinoketonen in saurer Lsg. mit Pd auf A-Kohle im Gegensatz zu früheren Arbeiten nicht das reine Aminoketonhydrochlorid (bei Aufnahme von 2 Molen H_2), sondern ein äquimol. Gemisch von Aminoalkohol u. Oximinoalkohol. Vff. schließen daraus auf eine in den letzten 20 Jahren eingetretene Veränderung der katalyt. Eigg. von Pd, die auf die fortschreitende Verbesserung des Reinheitsgrades bei der Darst. von Pd zurückgeführt wird. Nach Ansicht der Vff. ist diese Eigenschaftsänderung nicht auf eine Veränderung der Trägersubstanz zurückzuführen. Es werden die Hydriereigg. von Pd untersucht, dem geringe Mengen Pt, Ru u. Rh zugesetzt werden, u. es ergibt sich bei Pd–Pt u. Pd–Rh eine Annäherung an frühere Eigenschaften. In alkal. Medium werden α-Oximinoketone mit guten Ausbeuten zu Aminoalkoholen hydriert.

Versuche: Die Hydrierung von α-Oximinopropiophenon (**I**) liefert bei 4 at in äthanol. HCl (Molzahlen in Klammern = Zahl der Mol H_2, die bis zum Stillstand der Hydrierung aufgenommen werden; alle Katalysatoren auf A-Kohle als Trägersubstanz): 16,3 g **I** mit Pd (2,14 Mol) *Norephedrin* (**I**) 8,5 g, daneben *Phenylacetylcarbinoloxim* (**III**), F. 112°; 16,3 g **I** mit Pd/Pt (100 : 1,45) (2,8 Mol); 74% **II**, bei Verwendung des Katalysators zum zweiten Male (2,13 Mol) geben 16,3 g **I**, 7,5 g **II** u. 4,3 g **III**; 16,3 g **I**, mit Pd/Ru (100 : 1,3) (2,12 Mol) 6,7 g **II** neben **III**; mit Pd/Rh (100 : 1,4) (2,72 Mol) 72,9% **I**, bei Verwendung des Katalysators zum zweiten Male (2,0 Mol) 69% α-*Aminopropiophenonhydrochlorid* (**IV**), in einem zweiten Vers. mit frischem Katalysator (2,0 Mol) 80% **IV**. Mit Pd in äthanol. NaOH (2,65 Mol) 80% **II**. — Hydrierung von 1.3-Diphenyl-2-oximinopropanon-(1) (**V**), in äthanol. HCl liefert: 12,0 g **V** mit Pd (1,64 Mol) *1.3-Diphenylpropanol-(1)-on-(2)* (**VI**), F. 114—116°; 7,5 g, *Semicarbazon*, F. 188—189°, daneben *1.3-Diphenyl-2-aminopropanol-(1)* (**VII**), $C_{15}H_{17}$·ON, F. 117—118°; 2,5 g, *Hydrochlorid*, $C_{15}H_{17}ON \cdot HCl \cdot H_2O$, F. 185—186°, seidige Kristalle; 12,0 g **V** mit Pd/Pt (2,0 Mol) 5,8 g **VI** u. 3,5 g **VII**; 12,0 g **V** mit Pd/Rh (1,74 Mol) 3,3 g **VI**, neben *1.3-Diphenyl-2-aminopropanon-(1)-hydrochlorid*, $C_{15}H_{15}ON \cdot HCl$, F. 225—226° (Zers.); 7,4 g, läßt sich mit Pd in wss. Lsg. zu **VII** hydrieren. **V** liefert mit Pd in äthanol. NaOH (2,54 Mol) in quantitativer Ausbeute **VII**. (J. Amer. chem. Soc. **74**. 5927—29. 5/12. 1952. Chapel Hill, N. C., Univ., School of Pharm.) G. WINKLER. D 227

L. Ja. Margoliss und **Je. G. Plyschewskaja**, *Katalytische Oxydation der einfachsten ungesättigten Kohlenwasserstoffe durch schweren Sauerstoff.* Aus früheren Literaturangaben ist bekannt, daß die katalyt. Oxydation von *Äthylen* u. *Propylen* an starken Oxydationskontakten (Pt, $MgCr_2O_4$) stets bis zu den Endprodd. CO_2 u. H_2O verläuft. Es waren aber schon Hinweise vorhanden, daß an schwachen Oxydationskontakten (V_2O_5, Ag) auch eine Bldg. von Prodd. der unvollkommenen Oxydation (Aldehyde, Säuren) möglich ist, sofern diese Kontakte die Oxydation durch den an der Kontaktoberfläche adsorbierten O_2 stärker begünstigen als die Oxydation durch den in der Gasphase vorliegenden O_2. Vff. haben durch Verwendung von markierten ^{18}O-Atomen die Rolle dieser beiden Oxydationsmechanismen für die Bldg. wertvoller O-haltiger Prodd. untersucht, wobei der Geh. der Reaktionsprodd. an ^{18}O nach Überführung in CO_2 massenspektrometr. festgestellt wurde. Es wurden Verss. durchgeführt mit den Kontakten V_2O_5, V_2O_4, $MgCr_2O_4$ u. *platiniertem Asbest.* Der schwere O_2 wurde nach 2 Versuchsmethoden verwendet: 1. Oxydation einer Mischung des KW-stoffs mit ^{18}O an einem nicht ^{18}O-haltigem Kontakt, 2. Oxydation einer Mischung des KW-stoffs mit ^{16}O an einem Kontakt, der mit ^{18}O beladen war. Der für die Reaktionsprodd. massenspektrometr. festgestellte Anreicherungskoeff. $C^{18}O^{16}O/C^{16}O_2$ ergab ein Maß für den Grad des Anteils der Oberflächen-Rk. am gesamten Oxydationsprozeß. Es wurde festgestellt, daß V_2O_4 der geeignetste Katalysator für die Bldg. unvollkommen oxydierter Prodd. ist, weil an ihm die Oxydation durch den an der Kontaktoberfläche adsorbierten O_2 eine weitaus höhere Geschwindigkeit aufweist als die Oxydation im Gasraum. Der Anteil der Oberflächen-Rk. an der Gesamt-Rk. bei V_2O_4 beträgt 42,5%, bei V_2O_5 nur 29,6%, am Pt-Kontakt verläuft die Oxydation restlos in der Gasphase.

(Известия Академии Наук СССР, Отделение Химических Наук [Nachr. Akad. Wiss. UdSSR, Abt. chem. Wiss.] **1953**. Nr. 4. 697—703. Juli/Aug. Inst. für physikal. Chem. der Akad. der Wiss. der UdSSR.) BERNDT. D 227

D_2. Präparative organische Chemie. Naturstoffe.

J. H. Boyer, *Reduktion von organischen Aziden zu primären Aminen mit $LiAlH_4$.* Bei einem zwei- bis fünffachen Überschuß von $LiAlH_4$ können in absol. Ae. aliphat. u. aromat. Azide zu *prim. Aminen* u. α-Azidoketone zu *α-Aminoalkoholen* red. werden.

Versuche: *α-Naphthylamin,* F. 50°, aus α-Naphthylazid u. $LiAlH_4$ in sd. Ae., Zers. mit feuchtem Ae. u. dann mit W.; 79% (Ausbeute). *Pikrat,* F. 183—185° (wss. A.). — *β-Phenyläthylamin,* Kp. 190—192°, wie vorst. aus β-Phenyläthylazid; 89%. *Carbonat,* F. 105—106°. *Pikrat,* F. 169—170°. *Hydrochlorid,* F. 217°. — *α-Phenyl-β-aminoäthanol,* $Kp._1$ 135—137°, F. 43—45°, aus Phenacylazid (F. 17°); 49,5%. *Pikrat,* F. 154—155° (Chlf.–A.). — *α-Methyl-β-aminoäthanol,* Kp. 150—160°, aus Triazoaceton ($Kp._1$ 54—56°); Isolierung der Hauptmenge aus der wss. Schicht als *Hydrochlorid,* F. 70—73°, u. in geringerer Menge aus der Ae.-Schicht als freie Base; zusammen 48,1%. *Pikrat,* F. 144—145° (Chlf.–A.) *Pikrolonat,* $C_{13}H_{17}O_6N_5$, F. 224—225° (Zers.; Bzl.–A.). (J. Amer. chem. Soc. **73**. 5865—66. Dez. 1951. Ann Arbor, Mich., Univ., Chem. Dep.) DIETRICH. 460

M. J. E. Ernsting und **W. Th. Nauta,** *Darstellung von mit ^{35}S markierter Thioorotsäure.* Vff. fanden, daß die Kondensation von Thioharnstoff (I) mit Oxalessigester (II) in alkal. Medium höhere Ausbeuten an *Thioorotsäure* (III) liefert als die beschriebenen Methoden. Sie benutzten diese Kondensationsmeth. zur Darst. von mit ^{35}S markierter III.

Versuche: *^{35}S-Thioharnstoff* (I), aus $Na_2{}^{35}SO_4$ (vgl. Landbouwkund. Tijdschr. **61**. [1949.] 903). — *^{35}S-Thioorotsäure,* $C_5H_4O_3N_2S$, Zers. > 300°, aus I, II u. C_2H_5ONa in A. (zuerst kühlen, dann kochen); 68,5% Ausbeute. (Recueil Trav. chim. Pays-Bas **72**. 527—28. Juni 1953. Amsterdam, Vrije Univ., Chem. Labor., u. N. V. Koninklijke Pharmaceut. Fabrieken v/h Brocades-Stheeman & Pharmacia.) J. ROTHE. 480

Arthur T. Ness, Raymond M. Hann und **C. S. Hudson,** *Neue Derivate von 2.3.4.5-Dibenzyliden-DL-xylit und 2.4;3.5-Dimethylen-L-xylit.* Die Struktur von *2.3.4.5-Dibenzyliden-DL-xylit* (I) konnte durch seine Umwandlung in *1-Desoxy-2.3.4.5-dibenzyliden-DL-xylit* (II) u. weiter in den bekannten *1-Desoxy-2.4;3.5-dimethylen-DL-xylit* bewiesen werden. Verschied. neue Derivv. werden als Zwischenprodd. beschrieben. — *1-Desoxy-2.4;3.5-dimethylen-L-xylit* wurde ausgehend von 2.4;3.5-Dimethylen-L-xylit (III) über die *1-Tosyl-* u. *1-Jod-1-desoxyverb.* hergestellt.

Versuche: *2.3.4.5-Dibenzyliden-DL-xylit* (I), $C_{19}H_{20}O_5$, F. 187—188° (korr., Nadeln aus A.), aus Xylit, Benzaldehyd u. H_2SO_4 unter Kühlung u. Rühren, nach Stehen über Nacht bei 5° aufarbeiten; oder aus Xylit, Benzaldehyd u. $ZnCl_2$ durch 24std. Schütteln u. 3tägiges Stehen bei 25°; oder aus 2.4-Benzylidenxylit, Benzaldehyd u. $ZnCl_2$; 84% bzw. 60% bzw. 50% (Ausbeute). *1-Acetylderiv.,* $C_{21}H_{22}O_6$, F. 174 bis 175° (korr., Nadeln aus A.), aus I mit Acetanhydrid/Pyridin durch 48std. Stehen bei Raumtemp.; 90%. *1-Tosylderiv.,* $C_{26}H_{26}O_7S$, F. 146—147° (korr., Nadeln aus Chlf. + A.), aus I in Pyridin durch 48std. Stehen mit p-Toluolsulfochlorid u. Eingießen in Eis–W., das Rohprod. schm. bei 155—157°. *1-Jod-1-desoxyderiv.,* $C_{19}H_{19}O_4J$, F. 207 bis 208° (korr., Nadeln aus Pyridin/A.), aus vorst. Verb. (1,5 g) durch 48std. Erhitzen mit NaJ, $NaHCO_3$ u. Acetonylaceton auf 120° u. Eingießen in Eis–W.; 1,4 g. — *1-Desoxy-2.3.4.5-dibenzyliden-DL-xylit* (II), $C_{19}H_{20}O_4$, F. 173—174° (korr., Nadeln aus A.), durch Hydrieren der vorst. Verb. (1 g) in CH_3OH u. n-NaOH in Ggw. von RANEY-Ni bei 28°, Filtrieren, Eindampfen u. Ausziehen mit heißem absol. A.; 0,7 g. — *1-Desoxy-2.4;3.5-dimethylen-DL-xylit,* F. 155—156° (korr., Nadeln aus A.), aus II durch Erhitzen mit A. u. 5 n HCl (6 Std.) u. Eindampfen im Vakuum, der sirupöse *1-Desoxy-DL-xylit* wird in 37%ig. wss. HCHO u. konz. HCl gelöst u. im Vakuumexsiccator verdampft, nach 5 Tagen Kristalle; 51%. — *1-Benzoyl-2.4;3.5-dimethylen-L-xylit,* $C_{14}H_{16}O_6$, F. 170—171° (Nadeln aus A.), aus 2.4;3.5-Dimethylen-L-xylit (III) mit Benzoylchlorid u. Pyridin durch 3tägiges Stehen bei Raumtemp., Eingießen in Eis–W., $[\alpha]_D^{20}$ —23,8° (c = 0,9 in Chlf.); 80%. — *1-Tosyl-2.4;3.5-dimethylen-L-xylit,* $C_{14}H_{18}O_7S$, F. 146—147° (Plättchen aus A.), durch 3tägige Tosylierung von III, $[\alpha]_D^{20}$ —2,7° (c = 1,0 in Chlf.); 90%. — *1-Jod-1-desoxy-2.4;3.5-dimethylen-L-xylit,* $C_7H_{11}O_4J$, F. 166—167° (prismat. Nadeln aus A.), aus vorst. Verb., NaJ u. Acetonylaceton durch 24std. Erhitzen auf 120°, Verdünnen mit Eiswasser u. 2tägiges Stehen bei 5°, $[\alpha]_D^{20}$ —35,9° (c = 0,90 in Chlf.); 81%. — *1-Desoxy-2.4;3.5-dimethylen-L-xylit,* $C_7H_{12}O_4$, F. 154—155° (prismat. Nadeln aus A.). Eine Suspension der vorst. Verb. in W. u. n-NaOH wird in Ggw. von

RANEY-Ni 1 Std. bei 31° hydriert, filtrieren, eindampfen u. mit A. extrahieren, Extrakt kühlen, $[\alpha]_D^{20}$ —33,1° (c = 0,8 in W.); 50%. (J. Amer. chem. Soc. **75.** 132—33. 5/1. 1953. Bethesda, Md., Nat. Inst. of Arthritis and Metabolic Diseases, Nat. Inst. of Health, Publ. Health Serv., Fed. Sec. Agency.) ROSSOW. 580

M. Stoll, *Synthesen von makrocyclischen Produkten mit Moschusgeruch.* 14. Mitt. *Darstellung von Hexadecandion-(2.15), Dodecandion-(2.11) und Eikosandion-(2.19).* (13. vgl. C. **1953.** 2101.) Durch Elektrolyse der K-Salze von 2 Mol δ-Acetylvaleriansäure u. 1 Mol ϑ-Acetylpelargonsäure in absol. CH_3OH wurde ein Gemisch von *Hexadecandion-(2.15)* (I), *Dodecandion-(2.11)* u. *Eikosandion-(2.19)* erhalten. I konnte auch durch Kondensation von α.ω-Dibromdecan (II) mit Natracetessigester erhalten werden. Durch Rk. von II mit dem Na-Alkoholat oder dem bei der Rk. entstehenden Na-Acetat entstanden mehrere Nebenprodukte.

Versuche: Durch Elektrolyse von 1,64 Mol δ-Acetylvaleriansäure, 0,82 Mol ϑ-Acetylpelargonsäure u. 3,4 g Na in absol. CH_3OH + 0,5 n alkoh. KOH im Bad von 16° bei 5 A u. 50 V mit Pt-Elektroden, Abtrennen des Nd., weitere Elektrolyse des Filtrats, Entfernung des CH_3OH, Abtrennen der Neutralteile aus dem Rückstand u. dem Nd. u. Dest. derselben wurden folgende Fraktionen erhalten: 1. $Kp._9$ 123°; 2. $Kp._9$ 123—152°: 3. $Kp._9$ 152—165°; 4. $Kp._9$ 153—199°; 5. $Kp._9$ 197—210°; 6. $Kp._{0,12}$ 185—192°; 7. $Kp._{0,12}$ 192—200°. *Dodecandion-(2.11)*, $C_{12}H_{22}O_2$, F. 68—69° (A.), aus Fraktion 3.; 11,6% (Ausbeute). *Hexadecandion-(2.15)* (I), $C_{16}H_{30}O_2$, F. 83—84° (A.), aus Fraktion 5.; 31%. *Eikosandion-(2.19)*, $C_{20}H_{38}O_2$, F. 92—93° (A.), aus Fraktion 6. u. 7.; 11,7%. — I, durch Zugabe von II zu Acetessigester, Na-Methylat u. KJ bei 100°, 14 std. Erhitzen auf 100° unter Abdest. von CH_3OH, Filtration, erneutes 8 std. Erhitzen, Abdest. des Acetessigesters aus dem Filtrat, 5 tägiges Stehen mit 0,5 n alkoh. KOH bei 20°, Abdest. des A., Aufnehmen der Neutralteile in Bzl. u. Zugabe von PAe.; 30,7%. *Semicarbazon*, F. 214—216°. Wurde die Rk. nicht bis zu Ende durchgeführt, so wurden außerdem isoliert: $HO(CH_2)_{11}COCH_3$, $C_{13}H_{26}O_2$, F. 56°; *Semicarbazon*, $C_{14}H_{29}O_2N_3$, F. 115—116°. — $C_2H_5O(CH_2)_{10}OC_2H_5$, $C_{14}H_{30}O_2$, $Kp._{0,15}$ 84—88. (Helv. chim. Acta **34.** 1817—20. 15/10. 1951. Genève, Firmenich & Cie. [Successeurs de Chuit, Naef & Cie.], Labors.) HORST BAGANZ. 720

V. Satta, M. L. Fein und **E. M. Filachione,** *Einige Ester von ungesättigten Säuren.* Zur Best. ihrer physikal. Eigg. wurden einige Ester ungesätt. Säuren durch übliche Veresterung der Säuren bzw. Anhydride in Ggw. von H_2SO_4 unter azeotroper Dest. des gebildeten W. dargestellt sowie Handelsprodd. gereinigt. — *2-Chloräthylcrotonat*, $Kp._{3,5}$ 58—60°, $D.^{20}_4$ 1,1185, n_D^{20} 1,4599. — *n-Butylmaleat*, $Kp._{3,4}$ 124—125°, $D.^{20}_4$ 0,9964, n_D^{20} 1,4451. — *n-Hexylmaleat*, $Kp._{0,7}$ 127°, $D.^{20}_4$ 0,9583, n_D^{20} 1,4499; 97% (Ausbeute). — *2-Äthylhexylmaleat*, $Kp._{0,7}$ 156°, $D.^{20}_4$ 0,9437, n_D^{20} 1,4548. — *2-[2-Chloräthoxy]-äthylmaleat*, $Kp._1$ 197°, $D.^{20}_4$ 1,2738, n_D^{20} 1,4858; 86%. — *n-Butylfumarat*, $Kp._{2,5}$ 117°, $D.^{20}_4$ 0,9775, n_D^{20} 1,4429; 80%. — *2-Äthylhexylfumarat*, $Kp._{0,5}$ 160°, $D.^{20}_4$ 0,9398, n_D^{20} 1,4570; 87%. — *2-[2-Chloräthoxy]-äthylfumarat*, $Kp._{0,3}$ 182°, $D.^{20}_4$ 1,2673, n_D^{20} 1,4863; 83%. — *n-Butylchlormaleat*, $Kp._{1,2}$ 112°, $D.^{20}_4$ 1,0756, n_D^{20} 1,4558; 83%. — *2-Chloräthylchlormaleat*, $Kp._{1,2}$ 138°, $D.^{20}_4$ 1,4047, n_D^{20} 1,4983; 75%. — *n-Butylitaconat*, $Kp._{0,2}$ 82°, $D.^{20}_4$ 0,9839, n_D^{20} 1,4450. — *n-Butylaconitat*, $Kp._{0,5}$ 155°, $D.^{20}_4$ 1,0184, n_D^{20} 1,4553. — *2-Äthylhexylaconitat*, $Kp._{0,07}$ 170°, $D.^{20}_4$ 0,9589, n_D^{20} 1,4620. (J. Amer. chem. Soc. **75.** 4101. 20/8. 1953. Philadelphia, Pa., Eastern Reg. Res. Labor.) BOLLINGER. 800

J. D. Park, W. R. Lycan und **J. R. Lacher,** *Eigenschaften einiger perfluorierter N-Bromamide.* Vff. setzten die nach einem früher beschriebenen Verf. (vgl. PARK u. Mitarbeiter, C. **1953.** 3864) dargestellten N-Bromperfluoramide $CF_3—CF_2—CONHBr$ (F. 69°), $CF_3—(CF_2)_2—CONHBr$ (F. 80°) u. $CF_3—(CF_2)_3—CONHBr$ (F. 87°) mit Toluol um u. fanden, daß die prozentualen Verhältnisse zwischen Kernbromierung u. Seitenkettenbromierung u. der für die NH-Grundschwingungsbande bei 2,93 μ berechnete Absorptionskoeff. in den bereits beobachteten Beziehungen stehen (vgl. LACHER, OLSON u. PARK, J. Amer. chem. Soc. **74.** [1952.] 5578). Ferner wurden die Umsetzungen dieser Verbb. mit Cyclohexen zu *3-Bromcyclohexen* ($Kp._{35}$ 77—83°, n_D^{20} 1,5279) u. *1.2-Dibromcyclohexan* ($Kp._{15}$ 100—105°, n_D^{20} 1,5534) untersucht. Hierbei wurden auch Additionsverbb. des Typs $R—CO—NH—C_6H_{10}Br(o)$ mit R = C_2F_5, C_3F_7 u. C_4F_9 isoliert: $o\text{-}BrC_6H_{10}—NH—CO—CF_2—CF_3$, F. 126°. — $o\text{-}BrC_6H_{10}—NH—CO—(CF_2)_2—CF_3$, F. 139°. — $o\text{-}Br_6H_{10}—NH—CO—(CF_2)_3—CF_3$, F. 133°. — $CF_3—(CF_2)_3—COOC_2H_5$, $Kp._{627}$ 110°, n_D^{20} 1,3060.) (J. Amer. chem. Soc. **76.** 1388—89. 5/3. 1954. Boulder, Colo., Univ., Dep. of Chem.) FORCHE. 810

M. G. J. Beets und **W. Meerburg,** *Makrocyclische Oxalactone.* Inhaltlich ident. mit der C. **1954.** 3211 referierten Arbeit. (Perfum. essent. Oil Rec. **44.** 310—14. Sept. 1953.) J. ROTHE. 850

Sune Bergström, Gunhild Aulin-Erdtman, Brita Rolander, Einar Stenhagen und **Sven Östling,** *Die Monoketo- und Monooxyoctadecansäuren. Darstellung und Charakterisierung durch thermische und Röntgenstrahlenmethoden.* In der Absicht, die bei der Autoxydation ungesätt. Fettsäuren entstehenden Prodd. eindeutig identifizieren zu können, synthetisierten Vff. sämtliche Monoketo- u. DL-Monooxyoctadecansäuren u. ihre Methylester. Besondere Sorgfalt verwendeten sie dabei darauf, die Verbb. rein u. frei von Homologen zu erhalten. Die Polymorphie einiger der dargestellten Verbb. wurde mit Hilfe von therm. u. Röntgenanalyse untersucht; in dieser Hinsicht sind die Verhältnisse bei den Oxysäuren komplizierter als bei den Ketosäuren. Die Oxysäuren wurden mit Ausnahme der 2- u. 18-Isomeren über die Methylester durch Hydrierung der entsprechenden Ketoester dargestellt, die Ketosäuren meist durch Alkylierung von β-Ketoestern mit ω-Jodcarbonsäureestern mit folgender Hydrolyse u. Säurespaltung oder aus den Halbesterchloriden von Dicarbonsäuren mit Organo-Cd-Verbb. nach Gilman u. Nelson (Recueil Trav. chim. Pays-Bas **55.** [1936.] 518). — Alle Ketooctadecansäuren mit Ausnahme des 3-Isomeren (das eine Struktur mit gefalteten Doppelmoll. besitzt) kristallisieren in senkrechten (V-) Ketten (Doppelmoll.), u. die Isomeren, in denen die Ketogruppe zwischen 4- u. 15-Stellung steht, scheinen eine isomorphe Reihe zu bilden. Die Methylester der Ketosäuren vom 6- bis zum 13-Isomeren haben ähnliche Kristallstrukturen (β-Form) mit gefalteten Doppelmolekülen. Die Oxysäuren vom 4- bis zum 16-Oxyisomeren bilden eine krist. Form, die der γ-Form von 3-Oxyoctadecansäure (vgl. Skogh, Acta chem. scand. **6.** [1952.] 809) entspricht; für die 9-, 11-, 13- u. 15-Oxysäuren beobachteten Vff. eine „δ-Form" mit einem langen Netzebenenabstand von 47,5 Å, welche bei der 9- u. meist auch bei der 11-Oxysäure beim Erhitzen unterhalb des F. verschwand. Vorher geschmolzene Proben der 14- u. 15-Oxysäuren wandelten sich beim Erhitzen in eine „ε-Form" (langer Netzebenenabstand 42,2 Å; bei der 15-Oxysäure → Gemisch von δ- u. ε-Form) um. Die Oxyester zeigen vom 3- bis zum 16-Isomeren die gleiche β-Form (47,5 Å), treten aber fast alle noch in weiteren, teilweise instabilen Modifikationen auf. Die Möglichkeiten, die erhaltenen Ergebnisse analyt. auszuwerten, werden diskutiert; in allen Fällen kann eine Identifizierung erreicht werden mit Hilfe der Intensitätsverteilung innerhalb der 00l-Reflexionen, die sich mit der Stellung des Substituenten in charakterist. Weise ändert.

Versuche: Die Säuren wurden aus Methanol–Aceton (in einigen Fällen mit Wasserzusatz) oder aus Bzn. (Kp. 80—100°), die Ester aus Methanol–W. oder aus PAe. (Kp. $<$40°) umkrist., bis der F. konstant blieb. — *2-Oxyoctadecansäure,* F. 90,9 bis 91,1° (Aggregate von Nadeln beim Abkühlen; vorher geschmolzene Proben zeigten die Anwesenheit einer zweiten krist. Form); aus Stearinsäure über α-Bromstearinsäure nach Le Sueur [1904]; nach 10 std. Erhitzen auf 92° lag der F. bei 80° (Bldg. von Lactid). *Methylester,* F. 65,7—65,9°, mit CH_2N_2. — *2-Ketooctadecansäure,* F. 74,3 bis 74,6°; durch Oxydation vorst. Methylesters mit CrO_3–CH_3COOH (1 Std. bei 37°) u. Verseifung des *2-Ketooctadecansäuremethylesters* (F. 54,0—54,1°) mit methanol. KOH; 80% (Ausbeute). — *3-Ketooctadecansäure,* F. 99° (Zers.); vgl. Stenhagen (C. **1953.** 4515). *Methylester,* F. 49,2°. — *3-Oxyoctadecansäure,* F. 89,4—89,6° (γ-Form). *Methylester,* F. 51,1—51,4° (β-Form), mit CH_2N_2. — *6-Jodhexansäureäthylester,* aus dem 6-Bromester u. NaJ in Butanon-(2). — Daraus (2 Äquivalente) durch Erhitzen mit 3-Ketoglutarsäurediäthylester (1 Äquivalent) u. $NaOC_2H_5$, anschließende Verseifung u. Decarboxylierung *8-Ketopentadecandisäure-(1.15),* $C_{15}H_{26}O_5$, F. 116—117° (wss. Aceton); 40%. — *Pentadecandisäure-(1.15),* F. 112—117°, aus 59,3 g vorst. Verb. durch Clemmensen-Red.; 50 g roh. *Dimethylester,* $C_{17}H_{32}O_4$, Kp.$_{11}$ 199—203°, F. 40—43°. Partielle Verseifung → *Monomethylester,* F. 62—63° (PAe.); daraus (13,9 g) mit $SOCl_2$ das *Halbesterchlorid.* — *15-Ketooctadecansäure* (**I**), F. 83,0—83,2°; aus vorst. Halbesterchlorid u. $Cd(n\text{-}C_3H_7)_2$ durch 1 std. Kochen in Bzl., Abtrennung der keton. Anteile mit Girards Reagens T u. Verseifung des entstandenen (6,6 g roh) Ketoesters. *Methylester,* F. 53,5—53,7°, mit CH_2N_2. — *Tetradecandisäure-(1.14)-diäthylester,* F. des Rohprod. 24—29°; aus 1.10-Dijoddecan durch beiderseitige Malonestersynth.; 60%. — *1.14-Dioxytetradecan,* aus vorst. Ester mit Cu-Chromit. — *1.14-Dijodtetradecan,* $C_{14}H_{28}J_2$, F. 48—50° (A.), aus vorst. Verb.; 94%. — Daraus mit KCN *Hexadecandisäure-(1.16)-dinitril,* $C_{14}H_{28}N_2$, F. 47—49°, Kp.$_4$ 216—220°. Hieraus mit alkoh. KOH (22 std. Kochen) die freie *Säure,* deren über den *sauren Methylester* (**III**) wie oben erhaltenes *Halbesterchlorid* mit $Cd(C_2H_5)_2$ zu *16-Ketooctadecansäure,* F. 93,1—93,5°, umgesetzt wurde. — *15-Brompentadecansäuremethylester,* $C_{16}H_{31}O_2Br$, F. 37,6—38,0° (Methanol); aus 25 g **III** durch Verseifen, Umsetzung mit $AgNO_3$ u. Rk. des Ag-Salzes (33,7 g) mit Br_2 in CCl_4 bei Raumtemp.; 22,8 g. — Daraus (21,8 g) mit NaJ in Aceton (4 std. Kochen) *15-Jodpentadecansäuremethylester,* $C_{16}H_{31}O_2J$, F. 45,2—45,8° (A.);

22 g. — *17-Ketooctadecansäure* (II), F. 87,4—87,7°; durch Erhitzen von 13,87 g vorst. Esters mit 4,55 g Acetessigester u. K_2CO_3 in Pentanon-(2) (24 Std.) u. nachfolgende Verseifung mit methanol.-wss. KOH; 7,7 g. *Methylester*, F. 56,1—56,5°, mit CH_3OH-H_2SO_4. — *17-Oxyoctadecansäure* (IV), F. 76,4—76,6° (nach dem Festwerden schmolz ein Teil erst bei 81,0—81,4°); aus vorst. Methylester u. H_2 in Methanol (150°, 150 at, RANEY-Ni), Isolierung mit Bernsteinsäureanhydrid (vgl. DUTCHER u. WINTERSTEINER, J. Amer. chem. Soc. **61**. [1939.] 1992). *Methylester*, FF. 64,1—64,3° u. 52—52,5° (instabile Form), mit CH_2N_2. — *Octadecandisäure-(1.18)-monomethylester*, F. 76,5—77,5°, nach HUNSDIECKER u. HUNSDIECKER (Ber. dtsch. chem. Ges. **75**. [1942.] 297). — *17-Carbomethoxyheptadecanthiolsäureäthylester*, $C_{21}H_{40}O_3S$, F. 48—49°; durch Rk. des Chlorids (aus 6 g) vorst. Verb. mit C_2H_5SH in Bzl.-Pyridin (24 Std. bei Raumtemp.); 4,4 g roh. — *18-Oxyoctadecansäuremethylester*, F. 62,4—62,6° (PAe.); durch 5std. Kochen vorst. Verb. mit RANEY-Ni in 80%ig. A., Verseifung → *18-Oxyoctadecansäure*, F. 99,3—99,5° (nach dem Festwerden schmolz ein Teil schon bei 87—88°). — Folgende *Ketooctadecansäuren* wurden ferner untersucht: *4-* (F. 94,2 bis 94,3°, Prismen, dargestellt wie I aus Bernsteinsäuremonomethylester u. 1-Jodtetradecan; analog II aus 3-Ketoheptadecansäuremethylester u. Chloressigester wurde eine Modifikation vom F. 96,3—96,5° erhalten); *5-* (F. 87,1—87,3°; wie I aus Glutarsäuremonomethylester u. 1-Jodtridecan oder analog II aus β-Jodpropionsäureäthylester u. 3-Ketohexadecansäuremethylester; auf dem 2. Wege wurde eine 2. Form, F. 91,4—91,6°, erhalten, die sich beim Erhitzen oder Umkristallisieren als die stabilere erwies); *6-* (F. 86,6—86,8°; wie I aus Adipinsäuremonomethylester u. 1-Joddodecan); *7-* (F. 82,8—83,0°; wie II aus 5-Brompentansäureäthylester [vgl. HUNSDIECKER, l. c.] → 5-Jodpentansäureäthylester u. 3-Ketotetradecansäuremethylester); *8-* (F. 83,6 bis 83,8°; wie I aus Korksäuremonomethylester u. 1-Bromdecan); *9-* (F. 81,7—81,9°; wie I aus Azelainsäuremonomethylester u. 1-Bromnonan); *10-* (F. 82,4—82,6°; wie I aus Sebacinsäuremonomethylester u. 1-Bromoctan); *11-* (F. 81,7—81,9°; wie II aus 9-Jodnonansäureäthylester u. 3-Ketodecansäuremethylester); *12-* (F. 81,5—81,9°; wie I aus Dodecandisäure-(1.12)-monomethylester u. 1-Bromhexan); *13-* (F. 82,1 bis 82,3°; wie II aus 11-Jodundecansäureäthylester u. 3-Ketooctansäuremethylester); *14-* (F. 81,7—81,9°; wie I aus Tetradecandisäure-(1.14)-monomethylester). — Folgende Verbb. wurden ferner untersucht: *Ketooctadecansäuremethylester*: *4-* (F. 47,9—48,0°); *5-* (F. 54,3—54,5°); *6-* (F. 46,3—46,8°); *7-* (F. 48,7—48,8°); *8-* (F. 46,4—46,9°); *9-* (F. 47,5—48,0°); *10-* (F. 45,8—46,1°); *11-* (F. 46,7—46,9°); *12-* (F. 45,4—45,7°); *13-* (F. 47,3—47,7°); *14-* (F. 48,9—49,0°); *16-* (F. 54,3—54,5°). — *Oxyoctadecansäuremethylester*: *4-* (F. 57,2 —57,4°[β-Form]; bei sofortigem Wiedererhitzen schm. die erstarrte Schmelze bei 58,6—59,1°; nach schnellem Abkühlen liegt der F. bei 56,2°; aus dem 4-Ketoester u. H_2 [n. Druck, Raumtemp., RANEY-Ni, in Methanol]); *5-* (F. 51,7 bis 52,1° [β]; wie vorst. aus dem 5-Ketoester); *6-* (F. 58,2—58,5° [β]); *7-* (F. 50,7—51,0° [β]); *8-* (F. 55,3—55,6° [β]; daneben sehr instabile Modifikation vom F. 45°); *9-* (F. 50,3—50,6° [β]; daneben instabile Form, F. 45,0—45,3°, Prismen); *10-* (F. 54,1 bis 54,2°; daneben instabile Form, F. 45°, die sich bei 51,5—52° in die stabile Form umwandelt); *11-* (F. 49,6—49,8° [β]; instabile Form, F. 48°); *12-* (F. 53,4—53,6° [β]; instabile Form, F. 52,3—52,7°); *13-* (F. 53,3—53,5° [β] u. 52,0—52,4°); *14-* (F. 54,5 bis 54,8° [β]; instabile Form, F. 54°); *15-* (F. 58,7—58,9° [β]; instabile Form, F. 51°); *16-* (F. 61,2—61,5°; instabile Form, F. 56°). — *Oxyoctadecansäuren* (FF. γ-Form, sofern nicht anders angegeben): *4-* (F. 87,0—87,4°; beim Schmelzen teilweise → Lacton; aus dem Ester durch Kochen mit Alkali in A.); *5-* (F. 81,9—82,1°, dabei → Lacton; wie vorst. dargestellt); *6-* (F. 82,0—82,4°); *7-* (F. 77,6—77,8°); *8-* (F. 81,5—81,7°); *9-* (F. 75,4—75,9°); *10-* (F. 79,2—79,5°); *11-* (F. 77,2—77,5°); *12-* (F. 76,6—76,9° [γ-Form]; bei sofortigem Erhitzen nach dem Festwerden erneutes Schmelzen bei 78,5—78,9° [ε-Form?]); *13-* (F. 77,2—77,5° [δ-Form]); *14-* (F. 76,6—76,8° [γ] bzw. 79,6—79,9° [ε]); *15-* (F. 75,3—75,5° [δ]); *16-* (F. 78,4—78,6°). (Acta chem. scand. **6**. 1157—74. 1952. Lund, Univ., Dep. of Physiol. Chem.; Stockholm, Med. Nobel Inst., Dep. of Biochem., u. Uppsala, Univ., Inst. of Med. Chem.) J. ROTHE. 870

Theodore D. Perrine, *Symmetrische 1.3-Bis-[dialkylamino]-propanole-(2)*. Vf. stellt eine Reihe von tetraalkylierten 1.3-Diaminopropanolen-(2), RR'N—$CH_2CH(OH)$·CH_2—NRR' (mit R=R' = CH_3 bis n-$C_{10}H_{21}$ u. R = Benzyl, R' = CH_3), dar. Die Synth. erfolgt durch Erhitzen des betreffenden sek. Amins mit Glycerin-α.γ-dichlorhydrin (I); der entstehende HCl wird durch überschüssiges Amin gebunden, mit Ausnahme der Dihexyl- u. Dioctylderivv., bei denen auch $NaHCO_3$ verwendet wird. Bei der Darst. des Dimethylderiv. erfolgte beim Erhitzen von 2 Mol Dimethylamin (II) u. 1 Mol I im geschlossenen Gefäß auf 100° heftige Explosion, bei Verwendung von 4—5 Mol Amin läuft die Rk. bei 150° ruhig ab. — Vorst. Verbb. zeigen keine Wrkg.

gegen Malaria (P. gallinaceum), die Toxizität in Abhängigkeit von der Alkylkettenlänge wird untersucht.

Versuche: *Bis-[1.3-dimethylamino]-propanol-(2)*, $Kp._{25}$ 89—96°, aus 1 Mol I u. 4 Mol fl. II durch 5 Min. Erhitzen im geschlossenen Gefäß auf 150°, lösl. in W. u. HCl. *Hydrochlorid*, F. 260—260,5°. — *Bis-[1.3-diäthylamino]-propanol-(2)*, $Kp._{15}$ 117 bis 119,5°, aus 25,8 g I u. 80 g Diäthylamin durch 20std. Kochen, mäßig lösl. in W., lösl. in HCl. *Pikrat*, F. 163°. — *Bis-[1.3-dipropylamino]-propanol-(2)*, $Kp._{0,3}$ 98—103°, aus 9,6 g I u. 30 g Dipropylamin durch 4std. Erhitzen auf 140—150° im geschlossenen Gefäß, n_D^{20} 1,4482; 73% (Ausbeute); lösl. in HCl. — *Bis-[1.3-dibutylamino]-propanol-(2)*, $Kp._{0,4}$ 134—135°, aus I u. Dibutylamin wie vorst., n_D^{20} 1,4502; 83%; lösl. in HCl. — *Bis-[1.3-diamylamino]-propanol-(2)*, $Kp._{0,1}$ 147—151°, aus I u. Diamylamin, n_D^{20} 1,4547; 58%; wenig lösl. in HCl. — *Bis-[1.3-dihexylamino]-propanol-(2)*, $Kp._{0,1}$ 173 bis 178°, a) aus I u. Dihexylamin (III) wie vorst.; 59%; b) aus I u. III durch 5std. Kochen in Toluol in Ggw. von $NaHCO_3$, dabei beträchtliche Mengen III zurückerhalten (kein reines Prod.); n_D^{20} 1,4576, wenig lösl. in HCl. — *Bis-[1.3-dioctylamino]-propanol-(2)*, $Kp._{10^{-4}}$ 150°, aus 12,9 g I u. 50 g Dioctylamin wie vorst. nach b); n_D^{20} 1,4606, wenig lösl. in HCl. — *Bis-[1.3-didecylamino]-propanol-(2)*, *Dihydrochlorid*, F. 105—150° (PAe.), aus 5 g I u. 46 g Didecylamin durch 8std. Kochen in Xylol, Aufnehmen in PAe. u. Fällen mit HCl; 14,8 g. — *Bis-[1.3-methylbenzylamino]-propanol-(2)*, $Kp._{10^{-4}}$ 60°, aus 8,2 g I u. 32,6 g Methylbenzylamin durch 4std. Erhitzen auf 140—150°, n_D^{20} 1,5452; 85%; lösl. in HCl. (J. org. Chemistry **18**. 1137—41. Sept. 1953. Bethesda, Md., Nat. Inst. of Arthritis and Metabolic Diseases, Nat. Inst. of Health, Public Health Serv., Dep. of Health, Educat. and Welfare.)

G. WINKLER. 920

C. B. Pollard und **T. H. Wicker**, *Ätheraminoalkohole*. 2. Mitt. (1. vgl. C. **1948**. II. 593.) Vff. synthetisierten eine Reihe von *Ätheraminoalkoholen* $ROCH_2CHOH \cdot CH_2NH(CH_2)_2NHCH_2CHOHCH_2OR$ durch Kondensation von Epichlorhydrin (I) mit n. Alkoholen u. Rk. der gebildeten *Epoxyäther* mit Äthylendiamin. Die Verb. mit R = n-Octyl ist in vitro am stärksten gegen Amöben wirksam; bei Verss. in vivo (Ratten) zeigte sich nur geringe Wirkung. Auch gegen Typhus waren die Verbb. unwirksam.

Versuche (FF. korr.): *1-Chlor-2-oxy-3-n-heptoxypropan* (II), $Kp._{20}$ 145,4 bis 146,4°, durch 6std. Kochen von I, Heptanol-(1) u. H_2SO_4 (D. 1,84); $D.^{25}_4$ 0,9862, n_D^{25} 1,4482; 21,3% (Ausbeute). — Ebenso aus Octanol-(1) *1-Chlor-2-oxy-3-n-octyloxypropan*, $Kp._7$ 133,4—136,4°; $D.^{25}_4$ 0,9311, n_D^{25} 1,4438; 31,4%. — Aus Decanol-(1) *1-Chlor-2-oxy-3-n-decyloxypropan*, $Kp._{10}$ 167,8—168,8°, $D.^{25}_4$ 0,9568, n_D^{25} 1,4523; 27,9%. — *1.2-Epoxy-3-n-heptoxypropan*, $Kp._{20}$ 115,7—116,2°, aus II u. NaOH in Ae. (8std. kräftiges Rühren bei n. Temp.); $D.^{25}_4$ 0,8879, n_D^{25} 1,4299; 77,2%. — *1.2-Epoxy-3-n-octyloxypropan*, $Kp._{20}$ 130,0—130,2°, $D.^{25}_4$ 0,8860, n_D^{25} 1,4317; 63,3%. — *1.2-Epoxy-3-n-decyloxypropan*, $Kp._{20}$ 156,0—156,5°, $D.^{25}_4$ 0,8804, n_D^{25} 1,4377; 77,4%. — Folgende *N.N'-Bis-[2-oxy-3-alkoxypropyl]-äthylendiamine*, $(ROCH_2CHOHCH_2NHCH_2)_2$, wurden durch 6std. Kochen von Äthylendiaminhydrat mit den entsprechenden 1.2-Epoxy-3-n-alkoxypropanen dargestellt (umkrist. aus Essigester): R = *Methyl-*, F. 137,9—138,9°; 12,7%. — R = *Äthyl-*, F. 131,4—131,9°; 17,6%. — R = *n-Propyl-*, F. 130,4—130,9°; 12,0%. — R = *Isobutyl-*, F. 125,9 bis 126,4°; 13,9%. — R = *n-Pentyl-*, F. 114,8—115,3°; 11,5%. — R = *3-Methyl-n-butyl-*, F. 107,9—108,9°; 13,5%. — R = *n-Hexyl-*, F. 113,8—114,8°; 21,2%. — R = *n-Heptyl-*, F. 112,8—113,8°; 9,9%. — R = *Octyl-*, F. 107,9—108,9°; 16,1%. — R = *n-Decyl-*, F. 105,9—107,9°; 22,9%. (J. org. Chemistry **17**. 1—3. Jan. 1952. Gainesville, Fla., Univ. of Florida, Organ. Chem. Labors.)

J. ROTHE. 920

J. Colonge und **P. Guyot**, *Über 12-Aminostearinsäure*. Vff. gewannen durch Red. des Oxims der *12-Ketostearinsäure* (II) die *12-Aminostearinsäure* (I). Die Oberflächenspannungskurven bei 50, 60 u. 70° u. bei Konzz. von 10^{-2}, 10^{-3}, 10^{-4}, 10^{-5} u. $5 \cdot 10^{-6}$ g Seife pro cm^3 W. werden für die K-Salze folgender Säuren gebracht: I, II, *Stearinsäure*, *12-Oxystearinsäure*. K-Stearat setzt in allen Fällen die Oberflächenspannung am stärksten herab.

Versuche: *Ricinolsäuremethylester* (III), $Kp._3$ 186—192°, aus 6 kg Ricinusöl durch 9std. Kochen mit HCl u. CH_3OH; VZ. 181, JZ. 81, AZ. 188; 4 kg (Ausbeute). — *12-Ketostearinsäuremethylester*, F. 44—45° (CH_3OH), durch 2—3std. Erhitzen (210°) von 300 g III mit RANEY-Ni unter N_2 oder CO_2; 200—240 g. — *12-Aminostearinsäure* (I), $C_{18}H_{37}O_2N$, F. 141° (wss. tert.-Butanol), durch 2std. Kochen vorst. Verb. mit alkoh. KOH, Zufügen von wss. $H_2NOH \cdot HCl$ u. weiteres 3std. Kochen; es bilden sich 2 Schichten, von denen die organ. mit Na in n-Butanol (andere Alkohole geben geringere Ausbeuten) red. wird; Reinigung durch Behandeln mit 77%ig. HCOOH;

42% roh. — *Stearinsäure*, F. 69° (CH_3OH), SZ. 196,5. — *12-Oxystearinsäure*, F. 81° (CH_3OH), durch Hydrierung von **III** u. Verseifung des entstandenen *Methylesters* (F. 57°) mit alkoh. NaOH. — *12-Ketostearinsäure* (**II**), F. 80° (CH_3OH), aus obigem Methylester. (Bull. Soc. chim. France, Mém. [5] **21.** 339—42. März 1954. Lyon, École de Chim. Ind. u. Fac. des Sci.) J. ROTHE. 950

A. W. Toptschijew, G. M. Jegorowa und **R. Ss. Aisinsson,** *Alkylierung von Benzol mit cyclischen Alkoholen in Gegenwart von $H_3PO_4 \cdot BF_3$.* Als Fortsetzung der Arbeit über die Alkylierung von Bzl. mit Alkoholen in Ggw. von $H_3PO_4 \cdot BF_3$ (**I**) (Доклады Академии Наук СССР [Ber. Akad. Wiss. UdSSR] [N. S.] **67.** [1949.] 475) wird die Alkylierung mit Benzylalkohol (**II**) u. cis-β-Dekalol (**III**) in Ggw. von **I** untersucht. Zu 1 Mol Bzl. u. 0,5 Mol **I** werden unter Rühren 0,5 Mol **II** in ½—2½ Std. zugetropft; danach wird 3—5 Std. auf ca. 100° erhitzt; erhalten werden *Benzylbenzol*, F. 23,5°; $Kp._{17}$ 142°; $D.^{20}_4$ 0,9934; n_D^{20} 1,5570; 30—32% (Ausbeute), u. eine Fraktion vom $Kp._{17}$ 161—257°, die aus einem Gemisch von *x-Dibenzylbenzol* u. *Benzylbenzol* besteht. Bei dem Vers. mit **III** wurden 0,25 Mol **III**, 0,75 Mol Bzl. u. 0,25 Mol **I** 3 Std. bei 96° gerührt. Das Reaktionsprod. bestand aus isomeren *Oktalinen* (Dehydratisierung von **III**), $Kp._{758}$ 190—196°, *β-Phenyldekalin* (**IV**), $Kp._{11}$ 165—166°; $D.^{20}_4$ 0,984; n_D^{20} 1,5389 (Dehydrierung bei 332—341° in Ggw. von Pt führte zu *β-Phenylnaphthalin*, F. 98°) u. *polymeren Oktalinen*. Es wurde auch die Wirksamkeit von BF_3 allein als Katalysator geprüft. Die Ausbeuten in % betrugen mit BF_3 23,2 Oktaline, 29,6 **IV**, 21,8 dimere u. 24 trimere Oktaline, mit **I** entsprechend 23,1, 22,5, 28,6 u. 22. Die früher bei der Alkylierung von Bzl. mit aliphat. Alkoholen festgestellten Vorzüge von **I** im Vgl. mit BF_3 als Katalysator sind demnach hier, sowohl was Ausbeute als auch Beeinflussung der Reaktionsrichtung betrifft, nicht vorhanden. (Доклады Академии Наук СССР [Ber. Akad. Wiss. UdSSR] [N. S.] **74.** 295—98. 11/9. 1950.) v. FÜNER. 1010

J. H. Wilkinson, *Schwierigkeiten bei der Alkylierung von 2.6-Dijod-4-nitrophenol.* Vf. hat verschied. substituierte Phenole mit Methyljodid u. Alkali in Methanol (Meth. 1) u. mit Alkylsulfat u. Alkali in Methanol, anfangs bei 0° (Meth. 2) alkyliert. Nach Meth. 2 konnte bei 2.4-Dijod-4-nitrophenol (**I**) jedoch nur zu 0—5% das Methylderiv. erhalten werden. Diese geringe Reaktionsfähigkeit von **I** wird auf den Resonanzeffekt der NO_2-Gruppe zurückgeführt, wobei die o-ständigen Jodatome einen geringen ster. Einfl. ausüben.

Versuche: *4-Äthoxy-3.5-dijodbenzonitril*, $C_9H_7ONJ_2$, F. 110—111° (A.), nach Meth. 1: 4-Oxy-3.5-dijodbenzonitril in A. lösen, mit 40%ig. NaOH u. Äthyljodid versetzen u. 2 Std. kochen, eindampfen, filtrieren u. kühlen; Nadeln; 60% (Ausbeute). — *4-Äthoxy-3.5-dijodbenzoesäure*, $C_9H_8O_3J_2$, F. 208—209° (60%ig. A.). Vorst. Verb. 1 Std. mit A. u. 5nNaOH kochen; Nadeln. — Die Darst. der folgenden Verbb. nach Meth. 2 geschah durch Lösen des Phenols in Methanol bzw. A., Behandeln mit Alkylsulfat, auf 0 bis —10° kühlen u. mit 40%ig. NaOH versetzen, wobei die Temp. bis ca. 70° ansteigt, gegebenenfalls 10 Min. kochen, 30 Min. stehenlassen, mit Lauge versetzen u. mit W. verd.; Aufarbeitung durch Filtration oder Extraktion mit Äther. — *3.5-Dijod-4-methoxytoluol*, $C_8H_8OJ_2$, F. 25°, $Kp._{10^{-4}}$ 106—108°, aus 2.6-Dijod-p-kresol, Nadeln; 63%. — *4-Äthoxy-3.5-dijodbenzaldehyd*, $C_9H_8O_2J_2$, F. 84° (PAe.), aus 4-Oxy-3.5-dijodbenzaldehyd; Nadeln; 60%. *Oxim*, $C_9H_9O_2NJ_2$, Nadeln aus Bzl., F. 155°. *Dimethylacetal*, $C_{11}H_{14}O_3J_2$, F. 47—48° (PAe.). 1 g Aldehyd mit 1%ig. methanol. HCl 1 Std. kochen; Nadeln; 1,03 g. — *p-Äthoxybenzaldehyd*; 73%. — *2.6-Dijod-4-nitroanisol*; 0—5%. — *p-Nitroanisol*; 27%. — *Anisol*; 70%. (J. chem. Soc. [London] **1951.** 626—27. Febr. London, Univ., Westminster Med. School, Dep. of Chem. Pathol.) L. FISCHER. 1060

B. M. Dubinin und **N. Je. Koshewnikowa,** *Über 3-Methoxy-5-tert.-butyltoluol.* 3-Methoxy-5-tert.-butyltoluol (**I**) ist als Ausgangsmaterial für Verbb. vom Typ des Xylol- oder Ambramoschus von Interesse. Seine Synth., ausgehend vom leicht zugänglichen 5-tert.-Butyl-m-xylol über 3-Methyl-5-tert.-butylbenzoesäure gelingt nicht, da das betreffende Säureamid dem Abbau nach HOFMANN oder CURTIUS nicht zugänglich ist. Der Austausch des Halogens in 1-Methyl-3-methoxy-5-brombenzol nach GRIGNARD gegen die tert.-Butylgruppe führt, wie früher festgestellt, infolge Isomerisation zu 3-Methoxy-4-tert.-butyltoluol. Auch die Synth. aus Trimethylacetaldehyd u. Acetessigester (unter Ringschluß zum Benzolderiv.) scheidet aus, da sich dieser Aldehyd mit Acetessigester nicht kondensiert. Man erhält *3-Oxy-5-tert.-butyltoluol* (**II**) aus 2-Acetamido-5-tert.-butyltoluol (**III**) durch Nitrieren in 3-Stellung, Eliminierung der NH_2-Gruppe in üblicher Weise u. Überführung der Nitro- in die Methoxygruppe. **II** ist ident. mit der von TSCHITSCHIBABIN (Ann. Chimie **17.** [1942.] 349) aus m-Kresol u. tert.-Butylchlorid mit $AlCl_3$ erhaltenen Verb., deren Konst. damit feststeht. Beim

Nitrieren von **II** entstehen die *2.4.6-Tri* (**IV**)- u. die *4*(oder *2*)*.6-Dinitroverb.* (**V**). *2.4.6-Trinitro-3-methoxy-5-tert.-butyltoluol* (**VI**) hat sehr schwachen Moschusgeruch u. kann entweder aus **IV** durch Methylieren oder aus **I** durch Nitrieren erhalten werden. Es wird durch alkoh. NH_3 entmethyliert, ist aber beständig gegen Nitriersäure u. Oleum. Die **VI** entsprechende *4*(oder *2*). *6-Dinitroverb.* besitzt keinen Moschusgeruch.

Versuche: *2-Amino-5-tert.-butyltoluol*, Kp. 245—247°; Darst. (etwas abgeändert) nach EFFRONT (Ber. dtsch. chem. Ges. **17.** [1884.] 2322) durch Erhitzen von Isobutylalkohol u. o-Toluidin–Hydrochlorid im Einschlußrohr 10 Std. auf 190 bis 200°, dann 12 Std. auf 230—240°; 41% (Ausbeute). *Acetylderiv.* (**III**), F. 161—162°, durch Schütteln eines Gemisches von 164 g des Amins mit 126 g Acetanhydrid in W.; 97%. — *2-Acetamido-3-nitro-5-tert.-butyltoluol*, F. 145°, durch Nitrieren von **III** mit HNO_3 (D. 1,51) in Acetanhydrid bei 2—5°; beim Nitrieren nach BAUR (Ber. dtsch. chem. Ges. **30.** [1897.] 303) ist die Ausbeute sehr schlecht. — *2-Amino-3-nitro-5-tert.-butyltoluol*, F. 77—78°; durch 13std. Kochen von 92 g vorst. Verb. mit 1100 ml HCO_2H (Kp. 107°) u. 1100 ml konz. HCl; braune Plättchen aus Leichtbenzin; 52 g; beim Verseifen nach BAUR (l. c.) ist die Ausbeute schlecht. — *3-Nitro-5-tert.-butyltoluol*, F. 33°, durch Verkochen der Diazoverb. aus vorst. Amin mit A.; 71,8 g aus 154,4 g Amin. — *3-Amino-5-tert.-butyltoluol*, $C_{11}H_{17}N$, Kp.$_{17}$ 133—134°; durch Red. vorst. Nitroverb. mit Zn u. konz. HCl; man dest. aus alkal. Lsg. mit Wasserdampf; ölige Fl.; 42 g aus 72 g. — *3-Oxy-5-tert.-butyltoluol*, $C_{11}H_{16}O$ (**II**), F. 46—47°, Kp.$_{11}$ 127°; man läßt unter Rühren eine kalte, filtrierte wss. Lsg. der Diazoverb. aus vorst. Amin in 140° heiße verd. H_2SO_4 (600 ml konz. H_2SO_4 + 530 ml W.) einfließen, dest. mit Wasserdampf u. reinigt über das *Na-Salz*, das aus Toluol umkrist. wird; 7,6 g aus 42 g Amin. — *2.4.6-Trinitro-3-oxy-5-tert.-butyltoluol*, $C_{11}H_{13}O_7N_3$ (**IV**), F. 104; man läßt zu 50 ml HNO_3 (D. 1,4) unter Kühlung mit Eis eine Lsg. von 5 g **II** in 15 ml Bzl. zutropfen; Reinigung über die K-Verb.; aus A. gelbe, flache Nadeln; 4,7 g neben 2,4 g nachst. Verbindung. — *4*(oder *2*)*.6-Dinitro-3-oxy-5-tert.-butyltoluol*, $C_{11}H_{14}\cdot O_5N_2$ (**V**), F. 103°; dicke, gelbe Nadeln aus verd. CH_3OH. Geht beim weiteren Nitrieren in **IV** über. — *4*(oder *2*)*.6-Dinitro-3-methoxy-5-tert.-butyltoluol*, $C_{12}H_{16}O_5N_2$, F. 97°; aus der Na-Verb. von **V** durch Erhitzen mit $(CH_3)_2SO_4$ in Toluol im Bad auf 115 bis 120°; von den Verunreinigungen wird durch Filtration der Lsg. des Reaktionsprod. in Bzl. über Al_2O_3 befreit, wobei diese adsorbiert werden; aus A. hellgelbe, geruchlose Tafeln; 1,2 g aus 2,2 g **V**. — *3-Methoxy-5-tert.-butyltoluol* (**I**), $C_{12}H_{18}O$, Kp. 225—227°; durch Methylieren von **II** mit $(CH_3)_2SO_4$ unter den gewöhnlichen Bedingungen; Fl. von schwachem Geruch. — *2.4.6-Trinitro-3-methoxy-5-tert.-butyltoluol*, $C_{12}H_{15}O_7\cdot N_3$ (**VI**), F. 88°, 2 g **I** werden in 15 ml Acetanhydrid unter Eiskühlung mit 8 ml HNO_3 (D. 1,5) nitriert; das beim Eingießen in W. erhaltene ölige Reaktionsprod. wird in 25 ml konz. H_2SO_4 mit 5 ml HNO_3, anfangs unter Kühlung, dann bei 60°, weiter nitriert; aus A. Plättchen, die am Licht bald gelb werden. Dieselbe Verb. entsteht beim Methylieren der Na-Verb. von **IV** mit $(CH_3)_2SO_4$ in Toluol. (Журнал Общей Химии [J. allg. Chem.] **21** (**83**). 662—68. April 1951. Inst. für organ. Chem. der Akad. der Wiss. der UdSSR, Labor. für heterocycl. Verbindungen.) HELD. 1060

Aleardo Oliverio, Giorgio Castelfranchi und **Mario Simonelli,** *Einwirkung von Chlor auf Oxyhydrochinontrimethyläther.* 1. Mitt. Beim Chlorieren von Oxyhydrochinontrimethyläther (**I**) in Chlf. wurde außer einem krist. Prod. **II**, das sich schon während der Chlorierung in gut ausgebildeten Kristallen abscheidet, ein unbeständiges viscoses Öl erhalten, das beim Stehen unter HCl-Abgabe in *3.5.6-Trichlor-2-methoxybenzochinon-*(*1.4*) (**III**) übergeht. **III** wurde durch Erhitzen mit HCl in essigsaurer Lsg. zu *3.5.6-Trichlor-2-oxybenzochinon-*(*1.4*) (**IV**) entmethyliert, das mittels SO_2 zum *Trichloroxyhydrochinon* red. wurde. — **II** enthält 48,04% Cl u. hat nach der Analyse die Formel $C_6H_2O(OCH_3)_2Cl_4$, ist nicht aromat. u. ist empfindlich gegen Hitze, Alkalien u. Säuren. Über 120°, schnell beim F. (162°), geht **II** unter HCl-Abgabe in eine *Verb.* $C_6HO(OCH_3)_2Cl_3$ mit Phenolcharakter über. Mit Säuren bildet **II** Chinonderivv., so mit Eisessig **IV**. Mit K_2CO_3 u. CH_3OH wird eine in Alkalibicarbonat lösl. Verb. $C_6H_2O(OCH_3)_2Cl_2$ erhalten, dagegen ist beim Erhitzen von **II** mit wss. Alkalien eine kristallisierbare Verb. bis jetzt nicht isoliert worden. —

Versuche: Chlorieren von **I** in Chlf. mit trockenem Cl_2-Strom (Wärmeentw., Farbumschlag von Gelb über Braun u. Grün nach Orange); Abscheidung von **II**, $C_8H_8O_3Cl_4$, F. 162° (Zers.), Prismen (Bzl.), unlösl. in W., lösl. in Chlf., Bzl., Aceton, CH_3OH, wenig lösl. in Eisessig, löst sich in konz. H_2SO_4 zuerst grün, dann unter Gasentw. orangerot. — *Verb.* $C_6HO(OCH_3)_2Cl_3$, $C_8H_7O_3Cl_3$, F. 111—112°, aus **II** durch Erhitzen auf ca. 162° oder Sublimieren über 100° oder im Xylolbad; Nadeln (aus verd. A. oder sd. W.), lösl. in verd. NaOH, mit $FeCl_3$ grünlichgelbe Färbung, keine

Färbung mit konz. H_2SO_4. — *Trichlor-2-oxybenzochinon-(1.4)* (**IV**), F. 192°, aus **II** mit Eisessig (30 Min. kochen), gelbe Kristalle, in W. violette Lösung. — *Trichlor-2-oxyhydrochinon*, F. 160°, aus **IV** mit SO_2. *Triacetat*, F. 171°. — **II** wird durch Kochen mit K_2CO_3 in Aceton oder Bzl. nicht angegriffen u. durch Erwärmen mit wss. NaOH oder Na_2CO_3 oder 2std. Kochen mit K_2CO_3 u. A. in ein öliges bzw. pechartiges Prod. übergeführt. — *Verb.* $C_6H_2O(OCH_3)_2Cl_2$, $C_8H_8O_4Cl_2$, F. 142° (Zers.), aus **II** durch 2std. Kochen mit wasserfreiem K_2CO_3 in CH_3OH; längliche Prismen (Bzl.), in wss. Alkalilauge, -carbonaten u. -bicarbonaten mit gelber Farbe lösl., mit konz. H_2SO_4 orangegelbe Färbung. — *3.5.6-Trichlor-2-methoxybenzochinon-(1.4)* (**III**), $C_7H_3O_3Cl_3$, F. 168° (Zers.), aus dem bei der Chlorierung von **I** nach Verdampfen des Chlf. u. Abscheidung von **II** erhaltenen viscosen orangefarbenen Öl beim Stehenlassen (HCl-Entw.) oder durch Dest. unter 20 mm als bei 145—155° übergehende orangegelbe Fl.; orangefarbige Kristalle (A. oder Bzl.), lösl. in den üblichen organ. Lösungsmitteln. — *1.4-Dioxy-2-methoxy-3.5.6-trichlorbenzol*, $C_7H_5O_3Cl_3$, F. 146°, aus **III** mit wss. SO_2-Lsg. im Rohr (8 Std.) oder durch Red. mit $NaHSO_3$ in wss. Suspension; Kristalle (sd. SO_2-haltiges W.); löst sich in konz. H_2SO_4 mit gelbgrüner Farbe; gibt in wss. Lsg. mit $FeCl_3$ gelben Nd. von **III**. — *1.4-Diacetoxy-2-methoxy-3.5.6-trichlorbenzol*, F. 157—158°, mit Acetanhydrid + Na-Acetat, Nädelchen (verd. A.). (Gazz. chim. ital. **82**. 109—14. Febr. 1952. Palermo, Univ., Ist. di Chim. organ., u. Rom, Centro di Chim. generale del C. N. R.) v. DECHEND. 1060

Aleardo Oliverio, Giorgio Castelfranchi und **Giorgio Borra**, *Einwirkung von Chlor auf Oxyhydrochinontrimethyläther*. 2. Mitt. (1. vgl. vorst. Ref.) Um die Konst. der Verb. **II** (l. c.) zu klären, wurde die aus **II** durch Erhitzen entstehende *Verb.* $C_6HO\cdot(OCH_3)_2Cl_3$ (**I**) mit Phenolcharakter untersucht. **I** erwies sich als ident. mit einer von ZINCKE u. SCHAUM [1894] dargestellten, als 1-Oxy-2.4-dimethoxy-3.5.6-trichlorbenzol bezeichneten Verb., die aber tatsächlich *1.4-Dimethoxy-2-oxy-3.5.6-trichlorbenzol* ist, denn dessen Äthyläther ist ident. mit *1.4-Dimethoxy-2-äthoxy-3.5.6-trichlorbenzol*, dessen Synth. aus 1.4-Dimethoxy-2-oxy-3.6-dichlorbenzol (**III**) beschrieben wird. Die Struktur von **III** wurde durch Oxydation zu *1.4-Dioxy-2.5-dimethoxy-3.6-dichlorbenzol* bewiesen. Auch in **II** dürften die 2 Methoxygruppen in 1.4-Stellung stehen, während 3 Cl-Atome wahrscheinlich in den Stellungen 3, 5 u. 6 stehen u. die des 4. Cl noch zu klären ist. — Bei der Entmethylierung von 1.4-Dioxy-2-methoxy-3.5.6-trichlorbenzol (**IV**), **I** u. Trichloroxyhydrochinontrimethyläther (**V**) mit HJ u. Acetanhydrid wird das Cl in 5-Stellung eliminiert unter Bldg. von *3.6-Dichloroxyhydrochinon*.

Versuche: *1.2.4-Trimethoxy-3.6-dichlor-5-aminobenzol*, aus der entsprechenden Nitroverb. mit Sn + HCl in alkoh. Lsg. (30 Min. Rückfluß), wird roh weiterverarbeitet; gibt mit Acetanhydrid + Na-Acetat *1.2.4-Trimethoxy-3.6-dichlor-5-acetamidobenzol*, $C_{11}H_{13}O_4NCl_2$, F. 183—184°, Nadeln (A.). — *1.2.4-Trimethoxy-3.5.6-trichlorbenzol* (**V**), $C_9H_9O_3Cl_3$, F. 85°, aus vorst. Amin durch Diazotieren in HCl, dann Behandeln mit Cu_2Cl_2 + HCl (Rückfluß, 30 Min.); Nadeln (Methanol). Wird auch durch Methylieren von **I** sowie aus **IV** u. aus Trichloroxyhydrochinon (l. c.) erhalten. — **I**-*p-Nitrobenzoat*, $C_{15}H_{10}O_6NCl_3$, F. 155—156°, Nadeln (A.). — **III** kuppelt mit p-Methylbenzoldiazoniumchlorid (gefärbter Nd.) u. gibt mit $K_2S_2O_8$ u. NaOH nach ELBS *1.4-Dioxy-2.5-dimethoxy-3.6-dichlorbenzol*, F. 195—196° (A.). — *1.4-Dimethoxy-2-äthoxy-3.6-dichlorbenzol*, $C_{10}H_{12}O_3Cl_2$, F. 46°, aus **III** mit $(C_2H_5)_2SO_4$ u. K_2CO_3 in Aceton (6 Std. Kochen); Kristalle (verd. A.). — *1.4-Dimethoxy-2-äthoxy-5-nitro-3.6-dichlorbenzol*, $C_{10}H_{11}O_5NCl_2$, F. 77—78°, aus vorst. Verb. mit HNO_3 (D. 1,42) in Eisessig; wird von einer Beimengung mit Chinoneigg. befreit durch Behandeln mit SO_2 in wss.-alkoh. Lsg.; Nadeln (A.). — *1.4-Dimethoxy-2-äthoxy-5-amino-3.6-dichlorbenzol*, durch Red. vorst. Verb.; wurde als *1.4-Dimethoxy-2-äthoxy-5-acetamido-3.6-dichlorbenzol*, $C_{12}H_{15}O_4NCl_2$, F. 190°, seidige Nadeln (A.), charakterisiert u. roh weiterverarbeitet. — *1.4-Dimethoxy-2-äthoxy-3.5.6-trichlorbenzol*, $C_{10}H_{11}O_3Cl_3$, F. 69 bis 70°, a) aus dem rohen vorst. Amin durch Diazotieren in salzsaurer Lsg., dann Erwärmen mit Cu_2Cl_2 in HCl (30 Min. Wasserbad); Nadeln (A.).; b) aus **I** mit $(C_2H_5)_2\cdot SO_4$ u. K_2CO_3 in Aceton. — *3.6-Dichloroxyhydrochinon*, F. 163—164° (Bzl.), durch Entmethylierung von **I**, **IV** oder **V** mit HJ (F. 1,7) u. Acetanhydrid (3 Std. kochen). *Acetylderiv.*, F. 113—114°. *Trimethyläther*, F. 62°. (Gazz. chim. ital. **82**. 115—22. Febr. 1952.) v. DECHEND. 1060

Guido Machek (unter Mitarbeit von **Hiltrud Riezler** und **Fritz Prior**), *Zur Kenntnis der Dioxyditolylsulfone*. 2. Mitt. (1. vgl. Mh. Chem. **80**. [1949.] 9.) Durch Kondensation von SCl_2 mit m-Kresol u. nachfolgende Oxydation erhielten Vff. *4.4'-Dioxy-2.2'-dimethyldiphenylsulfon* (**I**), dessen Struktur durch Umwandlung in *4.4'-Dimeth-*

oxydiphenylsulfon eindeutig bewiesen wurde. *2.2'-Dioxy-4.4'-dimethyldiphenylsulfon* (**IV**) konnte analog (ausgehend vom 1-Oxy-3-methyl-4-brombenzol [blockierte p-Stellung]) nicht erhalten werden. Vff. gelangten auf diesem Wege nur bis zum *2.2'-Dioxy-4.4'-dimethyldiphenylsulfid*, das sich nicht methylieren ließ; **IV** wurde dagegen dargestellt aus 1-Methoxy-3-methyl-4-brombenzol (**II**) durch Rk. mit $ClSO_3H$, FRIEDEL-CRAFTS-Rk. des erhaltenen *2-Sulfochlorids* mit weiterem **II**, Entbromierung mit Zn u. Entmethylierung mit $AlCl_3$ in Xylol; es ist mit dem „β-m-Oxytolylsulfon" von ZEHENTER [1929 bzw. 1919] ident., wie Vgll. der FF. der Diacetylderivv., der Eutektika mit Salophen u. der Misch-FF. zeigen. Das „α-m-Oxytolylsulfon" (ZEHENTER, l. c.) ist verschieden von **I** u. hat wahrscheinlich die Struktur eines 4.2'-Dioxy-2.4'-dimethyldiphenylsulfons; die weiteren von ZEHENTER erwogenen Strukturen (2.2'-Dioxy-6.6'-dimethyl- bzw. 2.4'-Dioxy-6.6'-dimethyldiphenylsulfon) sind unwahrscheinlich, es gelang auf den angegebenen Wegen nicht, diese Stoffe zu synthetisieren. — Vff. schlagen auf Grund ihrer Verss. einen Reaktionsmechanismus für die Sulfurierung des m-Kresols vor.

Versuche: *4.4'-Dioxy-2.2'-dimethyldiphenylsulfid*, $C_{14}H_{14}O_2S$, F. 147,5° (20%ig. A., Nadeln), aus m-Kresol u. SCl_2 (½ Std., Kältemischung); 79% (Ausbeute). — *4.4'-Dimethoxy-2.2'-dimethyldiphenylsulfid*, $C_{16}H_{18}O_2S$, F. 41° (verd. A., Nadeln), $Kp._{11}$ 227—229°, aus vorst. Verb. mit $(CH_3)_2SO_4$; 70%. — *4.4'-Dimethoxy-2.2'-dimethyldiphenylsulfon* (**III**), $C_{16}H_{18}O_4S$, F. 126,5° (verd. A., Nadeln), aus vorst. Verb. mit $KMnO_4$ in CH_3COOH (5std. Kochen); 87%. — *4.4'-Dioxy-2.2'-dimethyldiphenylsulfon* (**I**), $C_{14}H_{14}O_4S \cdot ½H_2O$, F. 206,5° (W., Nadeln), aus **III** durch 5std. Erhitzen mit $AlCl_3$ in Xylol; 77%. *Diacetylderiv.*, $C_{18}H_{18}O_6S$, F. 115,5° (Nadeln u. Prismen aus A.). — *4.4'-Dimethoxydiphenylsulfondicarbonsäure-(2.2')*, $C_{16}H_{14}O_8S$, F. 252° (Reinigung durch Umfällen), durch mehrstd. Kochen von **III** mit alkal. $KMnO_4$-Lösung. Durch trockene Dest. des Ca-Salzes entsteht *4.4'-Dimethoxydiphenylsulfon*, F. 128° (A.), $n_{Rotlicht}^{138-140}$ 1,5609, $n_{Rotlicht}^{163-165}$ 1,5502. — *1-Methoxy-3-methyl-4-brombenzol* (**II**), aus 1-Oxy-3-methyl-4-brombenzol u. $(CH_3)_2SO_4$. — *1-Methoxy-3-methyl-4-brombenzolsulfochlorid-(2)*, F. 127—129° (A.), aus **II** u. $ClSO_3H$ bei —3 bis 0°; 88%. — *1-Methoxy-3-methyl-4-brombenzolsulfamid*, $C_8H_{10}O_3NBrS$, F. 169°, aus vorst. Verb. u. konz. NH_4OH (Kochen). — *2.2'-Dimethoxy-4.4'-dimethyl-5.5'-dibromdiphenylsulfon*, $C_{16}H_{16}O_4 \cdot Br_2S$, F. 304—305° (A,), aus vorvorst. Sulfochlorid u. **II** mit $AlCl_3$ in CS_2 oder Nitrobenzol (Stehen über Nacht, dann 2 Std. Erhitzen); 50%. — *2.2'-Dimethoxy-4.4'-dimethyldiphenylsulfon*, $C_{16}H_{18}O_4S$, F. 194,5—195° (seidige Nadeln aus 50%ig. A.), durch 9std. Kochen vorst. Verb. mit Zn-Staub in alkoh. KOH; 15—96%. — *2.2'-Dioxy-4.4'-dimethyldiphenylsulfon* (**IV**), $C_{14}H_{14}O_4S$, F. 195—196° (aus Methanol glänzende Kristalle, die an der Luft matt werden), aus vorst. Verb. wie oben; 49%; eutekt. Temp. zwischen **IV** u. Salophen 156°, zwischen „β-m-Oxytolylsulfon" u. Salophen 154°; zwischen beiden Sulfonen u. Salophen 154°. *Diacetylderiv.*, $C_{18}H_{18}O_6S$, F. 197—198°. (Mh. Chem. **84**. 335—41. 1953. Innsbruck.) J. ROTHE. 1090

I. L. Chmelnitzkaja und **F. M. Kogan**, *Hydrolyse von p-toluolthiosulfonsauren Salzen und Bildung von Polysulfiden und Thiosulfat.* 2. Mitt. *über die Untersuchung der Hydrolyse von Polyschwefelverbindungen.* (1. vgl. C. **1953**. 1794.) Bei kurzem Kochen des K-Salzes der p-Toluolthiosulfonsäure (**I**) mit KOH unter N_2 (um Einw. von Luft-O_2 auszuschließen) entsteht unter Abspaltung von S das *K-Salz* der *p-Toluolsulfinsäure* (**II**), während S nicht ausfällt, sondern wahrscheinlich nach dem Schema $HO^- + S \rightleftarrows [HOS]^-$ das Salz der hypothet. Sulfensäure bildet. Die bei letzterem zu vermutende Redoxwrkg. war vorhanden: Mit Na-Plumbit gab die Reaktionslsg. positive Rk. auf ein Oxydationsmittel (orangegelbe Färbung), mit Indigocarmin positive Rk. auf ein Reduktionsmittel (Bldg. der Leukoverb. des Farbstoffes). In der Lsg. fehlten HS^-, S^{2-} u. S_n^{2-} (keine Schwärzung mit Na-Plumbit). Wurde das K-Salz von **I** dagegen längere Zeit mit KOH gekocht oder mehrere Std. bei Zimmertemp. mit KOH behandelt, so erfolgte allmählich die Bldg. von *Sulfid* u. *Thiosulfat* gemäß $4\,[HOS]^- \rightarrow 2\,HS^- + S_2O_3^{2-} + H_2O$; wahrscheinlich entstanden auch geringe Mengen *p-Toluolsulfonsäure* u. H_2SO_4. Die Unters. bestätigte demnach das schon von GUTMANN (Ber. dtsch. chem. Ges. **41**. [1908.] 3351) vermutete Reaktionsschema.

Versuche: *p-Toluolsulfinsäure* (**II**), F. 84°; 20 g des K-Salzes von **I** werden mit 100 cm³ 50%ig. KOH + 300 cm³ W. unter N_2 3—5 Min. gekocht; man löst das abgeschiedene K-Salz in W. u. säuert mit HCl an; aus W. Kristalle; 25—30% (Ausbeute). Identifikation als *p-Tolylbenzylsulfon*, F. 145°, durch 3std. Kochen des K-Salzes mit Benzylchlorid in wss. A. in Ggw. von KOH; Nadeln. — In den 5—7 Std. gekochten Reaktionslsgg. wird Sulfid + Polysulfid mit $ZnSO_4$ gefällt, der Nd. nach Zusatz von HCl mit 0,1n J_2-Lsg. titriert u. das Ergebnis auf Sulfid umgerechnet;

u. auch I (falls vorhanden) stören die Best. nicht, da sie im Filtrat bleiben. Die Best. von Thiosulfat erfolgt (nach Entfernung von Sulfid + Polysulfid durch $ZnSO_4$) durch Titration mit 0,1nNaOH in Ggw. von $HgCl_2$. Gefunden wird das mol. Verhältnis von Thiosulfat zu Sulfid gleich 0,41—0,49 (theoret. nach dem vorst. angegebenen Zersetzungsschema von $[HOS]^-$:0,5). (Журнал Прикладной Химии [J. angew. Chem.] **25.** 1072—81. Okt. 1952. Inst. für angew. Chem.) WÖRFFEL. 1090

Donald H. McGlory, Norman S. Olsen und **Lamar Field,** *Darstellung einer neuen α-Aminosulfonsäure.* Vff. synthetisieren *α-Amino-β-benzylmercaptoäthansulfonsäure.* Die reine trockene Säure ist verhältnismäßig beständig, sie zers. sich jedoch leicht in sd. Wasser. Mit Acetanhydrid oder Isopropenylacetat konnte kein N-Acetylderiv. erhalten werden.

Versuche: *Benzylmercaptoacetaldehyddimethylacetal,* $Kp._{1-3}$ 109—118°, aus Na-Benzylmercaptid u. Dimethylchloracetal; n_D^{25} 1,5290; $D.^{25}_4$ 1,0758; 78% (Ausbeute). — *Benzylmercaptoacetaldehyd,* $Kp._{7-9}$ 119—129°: Vorst. Verb. wird in Methanol mit $3nH_2SO_4$ 4½ Std. gekocht; n_D^{25} 1,5591—1,5618; 92%. *2.4-Dinitrophenylhydrazon,* F. 154,5—155,5°; 85%. *Bisulfitverb.*; 44%. — *α-Amino-β-benzylmercaptoäthansulfonsäure,* $C_9H_{13}O_3NS_2$, F. 120—123° (Zers.). Vorst. Bisulfitverb. wird mit NH_4OH 35 Min. auf 55—64° erhitzt; nach dem Dekantieren von harzigen Prodd. wird mit konz. HCl angesäuert, abfiltriert u. im Vakuum getrocknet; 34%. (J. Tennessee Acad. Sci. **28.** 208—09. Juli 1953. Nasheville, Tenn., Vanderbilt Univ.) H. ULRICH. 1090

B. M. Lynch und **K. H. Pausacker,** *Die Oxydation von Phenylhydrazonen mit Perphthalsäure.* 1. Mitt. Aus Analogiegründen zu dem Autoxydationsprod. von *Benzaldehydphenylhydrazon* (**IV**, vgl. CRIEGEE u. LOHAUS, C. **1951.** II. 803) müßte dem **IV**-Persäureoxydationsprod., $C_{13}H_{12}ON_2$, F. 201°, von BERGMANN u. Mitarbeiter (Ber. dtsch. chem. Ges. **56.** [1923.] 679) die Struktur $C_6H_5 \cdot N{:}N \cdot CH(OH)C_6H_5$ zukommen, eine Verb., die sich sofort in N-Benzoyl-N-phenylhydrazin umwandeln müßte. Da diese Verb. aber bei 168° schm., muß das Persäureoxydationsprod. eine andere Struktur besitzen. Aus dem Infrarotspektr. des Perphthalsäureoxydationsprod., das auf eine Azoxystruktur hinweist, seiner Red. mit $LiAlH_4$ (Bldg. von **IV**) u. seiner Bromierung (Bldg. von $C_6H_5CH_2 \cdot NO{:}N \cdot C_6H_4 \cdot Br[p]$, **III**) schließen Vff., daß bei der Persäureoxydation von **IV** *Benzylazoxybenzol* (**V**), $C_6H_5 \cdot CH_2 \cdot NO{:}N \cdot C_6H_5$, entsteht.

Versuche (FF. korr.; alle unter Zers.): *Benzylazoxybenzol* (**V**), F. 201° (Pyridin [**I**]), durch 2tägige Einw. von Perphthalsäure in Ae. auf die äquivalente Menge **IV**. — Analog folgende Derivv. (Stellungszahlen der Substituenten mit „′" betreffen Substituenten im Benzolring des Phenylhydrazins): *3-Methyl,* $C_{14}H_{14}ON_2$, F. 177° (**I**); 94%. — *4-Methyl,* F. 180° (**I**); 98%. — *3′-Methyl,* F. 172° (Essigsäureäthylester [**II**]); 98%. — *4′-Methyl,* F. 187° (A.–**I**); 96%. — *3-Methoxy,* $C_{14}H_{14}O_2N_2$, F. 173° (A.–**I**); 100%. — *4-Methoxy,* F. 176° (A.–**I**); 94%. — *3′-Methoxy,* F. 168° (A.–**I**); 92%. — *4′-Methoxy,* F. 173° (A.–**I**); 96%. — *3-Chlor,* $C_{13}H_{11}ON_2Cl$, F. 186,5° (A.–**I**); 95%. — *4-Chlor,* F. 182,5° (A.–**I**); 97%. — *3′-Chlor,* F. 163,5° (**I**); 97%. — *4′-Chlor,* F. 186,5° (**I**); 99%. — *3-Nitro,* $C_{13}H_{11}O_3N_3$, F. 169° (A.–**I**); 90%. — *4-Nitro,* F. 135° (A.–**I**); 94%. — *3′-Nitro,* F. 192° (**II**); 90%. — *4′-Brom* (**III**), $C_{13}H_{11} \cdot ON_2Br$, F. 203° (**I**); 97%. — $C_6H_5 \cdot CH_2 \cdot NO{:}N \cdot C_{10}H_7$-β, $C_{17}H_{14}ON_2$, F. **172,5°** (**II**); 95%. — *Benzaldehydphenylhydrazon* (**IV**), F. 156—157° ohne Zers., aus 0,45 g des Oxydationsprod. von **IV** durch Red. mit $LiAlH_4$ durch 8std. Rückflußkochen in Ae., 0,35 g. — *Verb.* **III**, F. 202—203° (Zers.), aus 1,25 g des Oxydationsprod. von **IV** durch 10 Min. Rückflußkochen u. 3tägiges Stehen mit 3 g Br_2 in 120 ml **I**; 1,6 g. (J. chem. Soc. [London] **1953.** 2517—19. Sept. Melbourne, Victoria, Univ.) R. MATTNER. 1120

G. A. Rasuwajew, Ju. A. Oldekop und **I. F. Bagajew,** *Reaktionen des Benzoylperoxyds mit 1.2-Dichloräthan und 1.1.2.2-Tetrachloräthan.* Untersucht wird die Rk. von Benzoylperoxyd (**I**) mit 1.2-Dichloräthan (**II**) u. 1.1.2.2-Tetrachloräthan (**III**). Eingeleitet werden die Rkk. durch den Zerfall von **I** in Radikale: $(C_6H_5CO_2)_2 \rightarrow 2\,C_6H_5CO_2\cdot \rightarrow 2\,C_6H_5\cdot + 2\,CO_2$, die weiter reagieren. Beim Erwärmen von **I** mit **II** erfolgt Abspaltung von H aus **II** unter Bldg. von *Bzl.* u. *Benzoesäure*: $C_6H_5CO_2\cdot + CH_2ClCH_2Cl \rightarrow C_6H_5CO_2H + CH_2Cl\dot{C}HCl$; $C_6H_5\cdot + CH_2ClCH_2Cl \rightarrow C_6H_6 + CH_2Cl\cdot\dot{C}HCl$. Das aus **II** entstehende Radikal erleidet Dimerisierung unter Bldg. von *1.2.3.4-Tetrachlorbutan* (**IV**), welches unter Abspaltung von HCl in *x-Trichlorbuten* (**V**) übergeht. In den Reaktionsprodd. wird neben wenig **IV** als Hauptprod. **V** erhalten. Ähnlich verläuft auch die Rk. mit **III**; durch Abspaltung von H aus **III** entsteht das Radikal $CHCl_2\dot{C}Cl_2$, welches durch Dimerisierung in *1.1.2.2.3.3.4.4-Oktachlorbutan* übergeht; dieses zerfällt unter den Reaktionsbedingungen in HCl u. *1.1.2.3.3.4.4-Heptachlorbuten-(1)*, das neben *Bzl.*, *Benzoesäure* u. wenig *p-Phenylbenzoesäure* erhalten wird; dagegen konnte keine Verb. isoliert werden, die durch Rk. von C_6H_5- mit $CHCl_2\dot{C}Cl_2$ entstanden sein könnte.

Versuche: 125 g I werden mit 750 ml II auf dem Wasserbad 20 Std. erhitzt; *Bzl.* wird als *m-Dinitrobenzol* (34,9 g) nachgewiesen; außerdem werden 61 g *Benzoesäure*, 1,5 g *p-Phenylbenzoesäure*, F. 211—212°, u. Spuren *Diphenyl* erhalten; ferner ca. 13 g *x-Trichlorbuten* (**V**), $C_4H_5Cl_3$, Kp.₃₀ 95—105°; $D.^{20}_{20}$ 1,4040; n_D^{20} 1,507, u. aus der Fraktion vom Kp.₃₀ 110—120° 1,2 g *1.2.3.4-Tetrachlorbutan* (**IV**), $C_4H_6Cl_4$, F. 73 bis 74°; aus A. Kristalle. — Bei 20std. Erhitzen von 75 g I mit 400 ml III auf dem Wasserbad entstehen 24 g *Benzoesäure*, 0,5 g *p-Phenylbenzoesäure*, wenig *Bzl.* (durch Nitrieren 3,5 g *m-Dinitrobenzol*) u. 21,4 g *1.1.2.3.3.4.4-Heptachlorbuten-(1)*, C_4HCl_7, F. 79—80°; aus A. Kristalle. (Доклады Академии Наук СССР [Ber. Akad. Wiss. UdSSR] [N. S.] **74**. 73—76. 1/9. 1950. Gorki, Univ.) v. FÜNER. 1210

Ng. Ph. Buu-Hoï, Ng. D. Xuong und **K. van Thang,** *Von halogenierten o- und p-Oxybenzoesäuren abgeleitete Amidoxime.* Zum Zweck der Unters. ihrer tuberkulostat. Wirksamkeit synthetisierten Vff. durch Einw. von Hydroxylamin (I) auf die entsprechenden Nitrile eine Reihe von Amidoximen halogenierter Salicyl- bzw. p-Oxybenzoesäuren. Die von der Salicylsäure abgeleiteten Verbb. geben mit Cu-Salzen grüne, in W. bzw. A. unlösl. Ndd.; eine Reihe von analyt. Rkk. des *5-Chlorsalicylamidoxims* wird angegeben.

Versuche: *5-Chlorsalicylamidoxim*, $C_7H_7O_2N_2Cl$, F. 170° (Prismen aus wss. A.), durch 24std. Erhitzen (70°) von 5-Chlorsalicylsäurenitril (VISSER [1897]) mit alkoh. **I**; 75% (Ausbeute). — *5-Bromsalicylamidoxim*, $C_7H_7O_2N_2Br$, F. 185° (Flitter aus Methanol), analog; gibt mit $FeCl_3$ Rotviolettfärbung. — *3.5-Dibromsalicylamidoxim*, $C_7H_6O_2N_2Br_2$, Zers. ca. 200°, aber F. > 230° (Nadeln aus Methanol); mit $FeCl_3$ Rotviolettfärbung. — *3.5-Dijod-2-oxybenzonitril*, $C_7H_3ONJ_2$, F. 157° (Nadeln aus Bzl.), durch Kochen des 3.5-Dijodsalicylaldehydoxims (F. ca. 268°, Nadeln aus A.) mit Acetanhydrid (4 Std.) u. Verseifen des entstandenen *Acetats* (F. 110—111°, Nadeln aus Bzl.). — Daraus *3.5-Dijodsalicylamidoxim*, $C_7H_6O_2N_2J_2$, F. ca. 235° (Zers. oberhalb 200°; Prismen aus A.). — *3-Brom-4-oxybenzonitril*, F. 152—153° (verd. A.), durch Bromierung von p-Oxybenzonitril (**II**) bei tiefer Temp. in CH_3COOH; Ausbeute gut. — Daraus *3-Brom-4-oxybenzamidoxim*, $C_7H_7O_2N_2Br$, F. 195° (Zers. oberhalb 160°; Nadeln aus Methanol). — *3.5-Dibrom-4-oxybenzonitril*, F. 186°, durch Bromierung von **II** bei n. Temp. in CH_3COOH. — Daraus *3.5-Dibrom-4-oxybenzamidoxim*, $C_7H_6O_2N_2Br_2$, F. 202°, (Zers. oberhalb 160°; gelbliche Prismen aus wss. A.). — *3.5-Dichlor-4-oxybenzonitril*, durch Chlorierung von **II** in der Kälte in CH_3COOH; das Monochlorderiv. konnte auf diese Weise nicht erhalten werden. — Daraus *3.5-Dichlor-4-oxybenzamidoxim*, $C_7H_6O_2N_2Cl_2$, F. 195° (Zers. oberhalb 155°; Nadeln aus wss. Methanol). — *3.5-Dijod-4-oxybenzonitril*, aus **II**, J_2 u. gelbem HgO in A.; das Monojodderiv. konnte so nicht erhalten werden. — Daraus *3.5-Dijod-4-oxybenzamidoxim*, $C_7H_6O_2N_2J_2$, F. 198° (Zers. oberhalb 160°; Nadeln aus verd. A.). (Bull. Soc. chim. France, Mém. [5] **21**. 294—96. März 1954. Paris, Univ., Inst. du Radium, Dép. de Chim. Organ.) J. ROTHE. 1250

N. M. Barantschik, I. W. Gratschew und **D. S. Sawelski,** *Diaryl-N-nitrotriazen.* Aus den bei der Kondensation von *p-Nitro-*, *p-Nitro-o-chlor-* u. *p-Chlor-o-nitrobenzoldiazoniumsalz* mit *Phenylnitramin* (**I**) in schwach saurem Medium erhaltenen Reaktionsgemischen konnten *Diaryl-N-nitrotriazene* (**II**) nicht in krist. Form isoliert werden. Doch wurden aus den Filtraten der Reaktionsgemische u. wss. Auszügen der erhaltenen teerartigen Ndd. *Benzoldiazoniumsalz* (**III**) sowie *p-Nitrophenyl-*, *p-Nitro-o-chlorphenyl-* u. *p-Chlor-o-nitrophenylnitramin* abgetrennt u. identifiziert. Vff. nehmen an, daß vorst. Verbb. durch Hydrolyse der prim. gebildeten **II** entstanden sind.

Versuche: 0,01 Mol einer Lsg. der Diazoverb. mit 2 Äquivalenten HCl wurde zu einer stark gepufferten Lsg., die 0,01 Mol des Na-Salzes von **I** enthielt, unter kräftigem Rühren (p_H 5—6) gegossen. Die Rk. war nach einigen Std. beendet, doch ließ sich auch dann noch die Diazoverb. nachweisen. Die zuerst öligen, später teerartigen Reaktionsprodd. wurden abfiltriert. Aus den Filtraten u. den wss. Auszügen der Ndd. wurden isoliert: *p-Nitrophenylnitramin*, $C_6H_5O_4N_3$, F. 110—111°; Mol.-Gew. 184; aus W./A. Kristalle. *p-Chlor-o-nitrophenylnitramin*, $C_6H_4O_4N_3Cl$, F. 107—108°; Mol.-Gew. 217—218, aus W./A. Kristalle. *p-Nitro-o-chlorphenylnitramin*, $C_6H_4O_4N_3Cl$, F. 92—93°; Mol.-Gew. 217—218; aus W./A. Kristalle. Alle 3 Prodd. gaben die LIEBERMANNsche Rk. u. erwiesen sich bei der potentiometr. Titration als ziemlich starke Säuren. — **III** wurde als *Phenylazo-β-naphthol* u. nach Überführen in Phenol als *Tribromphenol* nachgewiesen. (Доклады Академии Наук СССР [Akad. Ber. Wiss. UdSSR] [N. S.] **89**. Nr. 6. 1007—09. 21/4. 1953.) WÖRFFEL. 1310

R. F. Homer, *Die Darstellung verschiedener Bis-[2.3-epoxy-n-propyl]-amine.* Vf. berichtet über die Synth. von Bis-[2.3-epoxy-n-propyl]-aminen. In Abwandlung der Meth. von STRUKOV (Химико-Фармацевтическая Промышленность [Chem.-pharmaz. Ind.] **1934.** Nr. 2, 11) werden die Verbb. aus Aminhydrochloriden (1 Mol) u. Epichlorhydrin (2 Mol) dargestellt. Die so erhaltenen *Bis-[3-chlor-2-oxypropyl]-amine* werden in Ae. mit Ätzkali behandelt. Die reinen Prodd. sind blaßgelbe, bei Zimmertemp. beständige Öle. p-Chloranilin gibt neben dem erwarteten Prod. noch *p-Chlor-N-[2.3-epoxypropyl]-anilin* (**II**), welches nach einigen Tagen zu einem harten Glas polymerisiert. Das Reaktionsprod. aus β-Naphthylamin konnte nicht dest. werden, da beim Erhitzen bei einem Druck von $3 \cdot 10^{-5}$ mm schon vollständige Polymerisation eintritt. Es wurden dargestellt: *N.N-Bis-[2.3-epoxypropyl]-anilin,* $C_{12}H_{15}O_2N$, Kp.$_{0,4}$ 130—133°. — *N.N-Bis-[2.3-epoxypropyl]-p-toluidin,* $C_{13}H_{17}O_2N$, Kp.$_{0,4}$ 146—150°. — *N.N-Bis-[3-chlor-2-oxypropyl]-p-toluidinhydrochlorid,* F. 143—145°. — *N.N-Bis-[3-chlor-2-oxypropyl]-p-anisidinhydrochlorid,* F. 145—146°. — *p-Chlor-N.N-bis-[2.3-epoxypropyl]-anilin,* Kp.$_{0,4}$ 178—180°, zusammen mit **II**, $C_9H_{10}ONCl$, Kp.$_{0,4}$ 135—142°. — *p-Chlor-N.N-bis-[3-chlor-2-oxypropyl]-anilinhydrochlorid,* $C_{12}H_{16}O_2NCl_3 \cdot HCl$, F. 169—171°. (J. chem. Soc. [London] **1950.** 3690—91. Dez. Blackley, Manchester, Imp. Chem. Industries Ltd.) G. WINKLER. 1320

Dasu Ramaswami und **Ernst R. Kirch,** *Herstellung einiger Organophosphorverbindungen.* Für die von Vff. (C. **1954.** 2662) mitgeteilten Unterss. über den Ersatz der C=O-Gruppe in Phenylurethan durch die P=O-Gruppe werden Versuchseinzelheiten mitgeteilt.

V e r s u c h e (FF. u. Kpp. korr.): *Di-n-propylhydrogenphosphit,* Kp.$_{11}$ 93—95°, n_D^{20} 1,4140. n-Propylalkohol wurde in CCl_4 mit PCl_3 in CCl_4 versetzt, nach 1 Std. wurde dest.; 85% (Ausbeute). — *Di-n-propylchlorphosphat,* Kp.$_2$ 95—97°, n_D^{20} 1,4230, aus vorst. Verb. u. Sulfurylchlorid bei 35—40°, nach 90 Min. Rühren wurde dest.; 87%. — *Di-n-propylanilidophosphat,* F. 54,5—55,5° (A.), aus einer Suspension von vorst. Verb. u. Anilin in Eiswasser, nach 1 Std. wurde mit Bzl. extrahiert u. das Filtrat eingeengt. Die übrigen Cl-haltigen Verbb. wurden analog dem *Äthylbenzolphosphoroxychlorid,* $H_5C_6 \cdot P(O)(OC_2H_5)Cl$, Kp.$_2$ 120°, n_D^{20} 1,5372, hergestellt; hierzu wurde Benzolphosphoroxydichlorid in Chlf. unter Kühlung mit absol. A. versetzt u. destilliert. — $(n\text{-}C_4H_9O)_2P(O)(NHC_6H_5)$, Kp.$_1$ 191°; n_D^{20} 1,4907. — $(n\text{-}C_5H_{11}O)_2 \cdot P(OH)$, Kp.$_6$ 138—139°; n_D^{20} 1,4300. — $(n\text{-}C_5H_{11}O)_2P(O)Cl$, Kp.$_6$ 141—142°; n_D^{20} 1,4342. — $(n\text{-}C_5H_{11}O)_2P(O)(NHC_6H_5)$, Kp.$_{2,5}$ 201—203°; n_D^{20} 1,4810. — $(Iso\text{-}C_5H_{11}O)_2 \cdot P(O)(NHC_6H_5)$, Kp.$_2$ 191°, n_D^{20} 1,4863. — $(H_5C_2O)_2P(S)(NHC_6H_5)$, Kp.$_{1,5}$ 140—142°; n_D^{20} 1,4950. — $(C_6H_5)(H_5C_2O)P(O)NHC_6H_5$, F. 130—132°. — $(C_6H_5)(H_5C_2O)P(S) \cdot NHC_6H_5$, F. 81—82°. — $(H_5C_6)(H_5C_2O)P(S)Cl$, Kp.$_{1,5}$ 115—116°; n_D^{20} 1,5372. (J. Amer. chem. Soc. **75.** 1763. 5/4. 1953. Chicago, Ill., Univ. of Illinois, Coll. of Pharmacy, Dep. of Chem.) ZIMMER. 1380

Horst Baganz und **Ernst Brinckmann,** *Über 1-Phenoxy-2-äthoxyäthen. Bromacetaldehyddiäthylacetal* (**I**) wurde durch Rk. von 1.2-Dibromäthoxyäthan mit alkoh. KOH dargestellt. **I** wurde durch Umsetzung mit Na-Phenolat in *Phenoxyacetaldehyddiäthylacetal* (**II**) übergeführt. Durch Alkoholabspaltung aus **II** wurde *1-Phenoxy-2-äthoxyäthen* (**III**) erhalten. In Ggw. von CeO_2 wurden die Ausbeuten bei kontinuierlichem u. diskontinuierlichem Betrieb bestimmt. Die Abspaltung gelang auch in Ggw. von Fe_2O_3 + MgO auf Bimsstein. Katalyt. Hydrierung von **III** in Ggw. von RANEY-Ni führte zu *Phenyläthylglykoläther,* der auch aus β-Bromäthylphenyläther u. Na-Äthylat erhalten wurde. Durch fraktionierte Vakuumdest. konnte **III** in seine Isomeren getrennt werden. Die Trennung ergab, daß ca. 97% einer höhersd. u. 2% einer niedrigersd. Verb. im Gemisch vorliegen. Die RAMAN-Spektren beider Isomeren wurden aufgenommen. Auf Grund des höheren Dipolmomentes wurde der hochsd. Verb. die cis-Konfiguration zugeschrieben.

V e r s u c h e : *1.2-Dibromäthoxyäthan,* Kp.$_{20}$ 80°, durch Zutropfen von Br_2 zu Vinyläthyläther in Chlf. bei —15°; 88,5% (Ausbeute). — *Bromacetaldehyddiäthylacetal* (**I**), Kp.$_{14}$ 63°, durch Zutropfen von 1 Mol der vorst. Verb. in absol. A. zu 1,8 Mol KOH in absol. A. unter Eiskühlung, kurzes Aufkochen, Gießen auf Eis u. Dest. der organ. Schicht; 83%. — *Phenoxyacetaldehyddiäthylacetal* (**II**), $C_{12}H_{18}O_3$, Kp.$_{10}$ 138°, Kp.$_{760}$ 255°, durch 4std. Erhitzen von **I** u. Na-Phenolat in absol. A. im Autoklaven auf 140° bei einem Anfangsdruck von 110 at H_2, Abdest. des A. u. Gießen auf Eis; n_D^{20} 1,4850, n_D^{25} 1,4830, $D.^{25}_4$ 1,000; 80%. — *1-Phenoxy-2-äthoxyäthen* (**III**), $C_{10}H_{12}O_2$, Kp.$_{40}$ 140—142°, Kp.$_{760}$ 234°, a) durch Überleiten von **II**-Dämpfen über CeO_2 bei 285° u. Fraktionierung des Reaktionsgemisches über eine Drehbandkolonne; n_D^{20} 1,5252; 65% (bezogen auf umgesetztes **II**); b) durch Überleiten über mit 5% MgO aktiviertes Fe_2O_3 auf Bimsstein bei 310—320°; 50%. — *Phenyläthylglykoläther,* Kp.$_{758}$ 230°,

a) durch Hydrierung von **III** in CH_3OH in Ggw. von Raney-Ni; n_D^{20} 1,5005, n_D^{25} 1,4986, $D.^{25}_4$ 0,9977; b) durch 4std. Erhitzen von β-Bromäthylphenyläther u. Na-Äthylat in absol. A. im Autoklaven auf 100° bei einem Anfangsdruck von 75 at H_2; 45%. — *trans*-**III**, $Kp._{40}$ 138°, $Kp._{755}$ 230°, durch fraktionierte Dest. des Isomerengemisches über eine Drehbandkolonne bei 40 mm u. einem Rücklaufverhältnis von 1:60; n_D^{20} 1,5160, n_D^{25} 1,5140, $D.^{25}_4$ 1,0027. *cis*-**III**, $C_{10}H_{12}O_2$, $Kp._{40}$ 142°, $Kp._{755}$ 234,8°, n_D^{20} 1,5292, n_D^{25} 1,5268, $D.^{25}_4$ 1,0064. (Chem. Ber. **86**. 1318—22. 1953. Berlin-Charlottenburg, Techn. Univ., Organ.-chem. Inst.) Horst Baganz. 1460

W. von E. Doering und **Lawrence H. Knox**, *Synthese von substituierten Tropolonen.* Vff. stellen durch photochem. Zers. von Diazomethan in substituierten Benzolderivv. die entsprechenden *Tropilidene* dar, die auch bei Kolonnendest. nicht rein erhalten werden konnten, wahrscheinlich weil sie die entsprechenden aromat. Methylhomologen enthalten; die Tropilidene wurden in krist. *Maleinsäureanhydrid* (**VI**)-*Addukte* übergeführt. Die $KMnO_4$-Oxydation der rohen Tropilidene lieferte isomere *Tropolone*, u. zwar nur in ca. 4%ig. Rohausbeute; die aus dem Gemisch erhaltenen reinen Isomeren wurden in wesentlich geringerer Ausbeute isoliert. Es entstehen in den untersuchten Fällen nur die β- u. γ-substituierten Verbb., wie aus der Umlagerung zu den entsprechenden aromat. Säuren hervorgeht, nicht jedoch die α-substituierten Verbindungen. *Tetramethylentropiliden* (**XI**) gibt bei der Oxydation ausschließlich *4.5-Tetramethylentropolon* (**I**). — Die UV-Spektren von *Tropiliden* u. den dargestellten Verbb. *Phenyltropiliden* (**XII**), β-(**II**) u. γ-*Cyclohexyltropolon* (**III**), **I**, β- (**IV**) u. γ-*Phenyltropolon* (**V**), **III**- u. **V**-*Methyläther* u. die Infrarotspektren von β- (**VIII**) u. γ-*Isopropyltropolon* (**IX**) u. **I**—**V** werden graph. angegeben.

Versuche (FF. korr.): Die nachst. *Tropilidene* wurden durch langsame Zugabe von Nitrosomethylharnstoff zu dem Gemisch der entsprechenden Benzolverb. u. 45%ig. KOH bei 0°, 18—42std. Belichtung der entstandenen CH_2N_2-Lsg., Abdest. des KW-stoffes durch eine Kolonne, weitere Rk. mit CH_2N_2 u. Kolonnendest. als Rohprodd. erhalten: *Isopropyltropiliden* (**VII**), $C_{10}H_{14}$, Kp. 174—175°, aus Cumol; n_D^{25} 1,4932—1,5020 (roh); 16,5% (Ausbeute), bezogen auf Nitrosomethylharnstoff. **VI**-*Addukt*, $C_{14}H_{16}O_3$, F. 115—116°, aus den Komponenten durch 15—24std. Kochen in Bzl., Einengen, Verdünnen mit Hexan, Abfiltrieren von unverändertem **VI** (F. 50—52°; Nadeln) u. erneutes Verdünnen der Mutterlauge mit Hexan; aus Bzl.-Hexan Nadeln; 17%. — *Cyclohexyltropiliden* (**X**), $C_{13}H_{18}$, $Kp._{20}$ 128°, aus Phenylcyclohexan; n_D^{25} 1,5245—1,5300; 13,3%. **VI**-*Addukt*, $C_{17}H_{20}O_3$, durch Rk. der Komponenten wie vorst., Einengen, Verdünnen mit Pentan, Zentrifugieren, Lösen der Nadeln in heißem Bzl., Verdünnen mit warmem Heptan u. Abzentrifugieren von **VI**; aus Bzl.-Heptan Nadeln; 11,3%. — *1.2-Tetramethylentropiliden* (**XI**), $C_{11}H_{14}$, $Kp._{27}$ 106—108°, aus Tetralin ($Kp._{30}$ 99,5—101,5°); n_D^{25} 1,5525—1,5458; 20%. **VI**-*Addukt*, $C_{15}H_{16}O_3$, F. 124—125° (Bzl.-Hexan). — *Phenyltropiliden* (**XII**), $C_{13}H_{12}$, $Kp._6$ 116°, aus Diphenyl u. CH_2N_2 in Dioxan; überschüssiges Diphenyl wurde durch Kristallisation u. Einengen der Filtrate entfernt u. mit Hexan gewaschen, die Hexanlsgg. wurden eingeengt. Die bei der fraktionierten Dest. im Vakuum weiterhin anfallenden Mengen Ausgangsprod. wurden teils als Vorlauf, teils durch Zentrifugieren bei —20° entfernt; n_D^{25} 1,6202; 8,9%. **VI**-*Addukt*, $C_{17}H_{14}O_3$, aus Bzl.-Pentan Prismen, F. 131—132°; 22%. — Die vorst. Tropilidene wurden in A. + KOH mit wss. $KMnO_4$-Lsg. bei höchstens —5° oxydiert; aus dem Filtrat wurde A. durch Vakuumdest. entfernt, es wurde mit Chlf. ausgezogen, das *Tropolon* durch Ansäuern mit 6nH_2SO_4 in Freiheit gesetzt, mit Chlf. ausgezogen, mit gesätt. wss. Cu-Acetat-Lsg. in das Cu-Salz übergeführt, das durch mehrfache Extraktion in warmem Chlf. aufgenommen wurde. — β-*Isopropyltropolon* (**VIII**), $C_{10}H_{12}O_2$, F. 51—52°, aus dem aus 13,4 g **VII** gewonnenen Cu-Salz in Chlf. durch Einengen, Kristallisation aus Chlf. (**VIII**-*Cu-Salz*, F. 92—94°; grün; 0,76 g), Rk. in Chlf. mit H_2S u. Sublimation des Rohprod. bei 60—70°/4 mm; aus Isohexan Prismen; 2,9%; die UV-Maxima u. -Minima werden angegeben. *p-Nitrobenzoat*, $C_{17}H_{15}O_5N$, F. 119° (absol. A.), mit p-Nitrobenzoylchlorid in Pyridin auf dem Dampfbad; 70%. — *α.α'-Dibrom-β-isopropyltropolon*, $C_{10}H_{10}O_2Br_2$, F. 132—133° (A.), aus **VIII** in W. u. wenig A. u. Br_2 in KBr-Lsg. bei nachherigem Ausäthern; blaßgelbe Nadeln; 29%. — Nach 2std. Kochen von **VIII** in Bzl. mit $SOCl_2$ u. Dest. wird *2-Chlor-4* (oder *6*)-*isopropyltropon*, $C_{10}H_{11}OCl$, erhalten; $Kp._2$ 95—100°; hellgelbes Öl; 50%. Dieses (aus 0,164 g **VIII** gewonnen) wurde zu *m-Isopropylbenzoesäure* umgelagert (38%), die als hellgelbes Öl in Sodalsg. mit $KMnO_4$ zu *Isophthalsäure* oxydiert wurde; F. 335—338° (A.); 0,017 g. — γ-*Isopropyltropolon* (**IX**), $C_{10}H_{12}O_2$, F. 80—81°, aus der Mutterlauge des **VIII**-Cu-Salzes in Chlf. durch Rk. mit H_2S, Digerieren des Öls mit sd. Isohexan, Einengen u. Sublimation der Nadeln bei 60—70°/4 mm; aus Isohexan lange Nadeln; 1,3%; die UV-Maxima u. -Minima werden angegeben. Hydrierung in A. über PtO_2 liefert *5-Isopropyl-*

cycloheptandiol-(1.2), F. 85—86° (Hexan); 60%. **IX**-*p-Nitrobenzoat*, $C_{17}H_{15}O_5N$, F. 135°; 77%. — Bromierung von **IX** in A. wie bei **VIII** u. Zentrifugieren des Nd. bei 4° gibt *α.α'-Dibrom-γ-thujaplicin*, $C_{10}H_{10}O_2Br_2$, F. 146°; aus absol. A. lange gelbe Nadeln; 65%. — Öliges *2-Chlor-5-isopropyltropon* wird aus **IX** in Bzl. u. $SOCl_2$ erhalten; 40%. Es läßt sich mit 10%ig. alkoh. KOH durch 10std. Erhitzen auf dem Dampfbad, Abdest. des A., Lösen in W., Ansäuern mit $6nH_2SO_4$, Ausziehen mit Chlf. u. Sublimation bei 90—100°/2 mm in *Cuminsäure* überführen; F. 114—116° (CH_3NO_2); 17%. — Aus **X** wurden über das Cu-Salz die II- u. III-Cu-Salze als Gemisch erhalten; F. 168—171°; grüne Kristalle; 4%; die Trennung der Isomeren durch fraktionierte Kristallisation aus Chlf. ist nicht möglich. Nach Rk. mit H_2S, Sublimation des Öls bei 80—90°/2 mm u. Kristallisation des Sublimats aus Isohexan wird zunächst *γ-Cyclohexyltropolon* (**III**), $C_{13}H_{16}O_2$, F. 97—98° (Isohexan), in Prismen erhalten, das durch Zentrifugieren abgetrennt wird, bevor *β-Cyclohexyltropolon* (**II**), $C_{13}H_{16}O_2$, F. 88—89° (Isohexan), in flachen Nadeln krist.; 1,6% **III** u. 1% **II**, bezogen auf **X**. **II**-*p-Nitrobenzoat*, $C_{20}H_{19}O_5N$, F. 139—140°; 56%. **III**-*p-Nitrobenzoat*, $C_{20}H_{19}O_5N$, F. 160—161°; Nadeln; 66%. — *4-Cyclohexylcycloheptandiol-(1.2)*, $C_{13}H_{24}O_2$, als glasige M. durch PtO_2-Hydrierung von **II** in Alkohol. — Nach CH_2N_2-Methylierung von **II** in Ae. + wenig CH_3OH, 12std. Erhitzen des so erhaltenen *Methyläthers* mit CH_3ONa-CH_3OH auf 120° im Rohr, Einengen, 2std. Erhitzen des Rückstandes mit 6nNaOH auf dem Dampfbad, Ansäuern mit $6nH_2SO_4$ u. Ausziehen mit Chlf. wird *m-Cyclohexylbenzoesäure*, $C_{13}H_{16}O_2$, erhalten; F. 120—121° (Cyclohexan); 32%. — **III** gibt bei der PtO_2-Hydrierung *5-Cyclohexylcycloheptandiol-(1.2)*, $C_{13}H_{24}O_2$, F. 125° (Cyclohexan); 42%. — **III**-*Methyläther*, $C_{14}H_{18}O_2$, F. 142—143° (Cyclohexan), wie **II**-Methyläther gewonnen; 88%. Er liefert bei der wie bei dem **II**-Methyläther durchgeführten Umlagerung *p-Cyclohexylbenzoesäure*, $C_{13}H_{16}O_2$, F. 197—198° (Isohexan); 56%. — *4.5-Tetramethylentropolon* (**I**), $C_{11}H_{12}O_2$, F. 130° (A.), über das grüne, in 4,1%ig. Ausbeute erhaltene *Cu-Salz* (F. 287—288°) durch dessen Rk. in Chlf. mit H_2S u. Sublimation bei 100—110°/4 mm; 3,1%, bezogen auf **XI**. *p-Nitrobenzoat*, $C_{18}H_{15}O_5N$, F. 149—150,5°, gelborangefarbene oktaedr. Kristalle; 75%. — *4.5-Tetramethylencycloheptandiol-(1.2)*, $C_{11}H_{20}O_2$, F. 74—75°, durch PtO_2-Hydrierung von **I** in A.; aus Isohexan Rosetten; 43%. — **I**-*Methyläthergemisch*, $C_{12}H_{14}O_2$, F. 59—65° (Cyclohexan); 63%; 0,057 g liefern bei 7std. Erhitzen mit CH_3ONa in CH_3OH im Rohr, Einengen, 1½std. Erhitzen mit 6nNaOH, Ansäuern, Ausziehen mit Chlf. u. Sublimation bei 130—140°/2 mm *5.6.7.8-Tetrahydro-2-naphthoesäure* $C_{11}H_{12}O_2$, F. 153—154° (Bzl.); 0,013 g. *Amid*, F. 136—138°. — *γ-Phenyltropolon* (**V**), $C_{13}H_{10}O_2$, F. 125—126° (A.), aus dem Chloroformauszug der bei der Oxydation von **XII** u. Ansäuern erhaltenen Lsg. durch Einengen, Lösen in Ae., Ausziehen mit 10%ig. NaOH, Ansäuern der Na-Salze mit H_2SO_4, Extrahieren mit Chlf., Überführen in die Cu-Salze, Einengen, Lösen des **V**-*Cu-Salzes* (F. 342—345° unter Zers.; Mikrokristalle, grün; 1,4%) in Chlf., Rk. mit H_2S u. Sublimation bei 100°/4 mm; Nadeln; 1%. — *β-Phenyltropolon* (**IV**), $C_{13}H_{10}O_2$, F. 97° (A.), aus den Mutterlaugen des **V**-Cu-Salzes durch Rk. mit H_2S u. Sublimation bei 100°/4 mm; 2%. — *4-Phenylcycloheptandiol-(1.2)*, $C_{13}H_{18}O_2$, F. 107—109°, durch PtO_2-Hydrierung von **IV** in A.; Nadeln aus Cyclohexan, dann Bzl.; 31%. — **IV**-*p-Nitrobenzoat*, $C_{20}H_{13}O_5N$, F. 144—145° (A.); 32%. — Nach Erhitzen von **IV** in Bzl. mit $SOCl_2$, Einengen, 10 Min. Erhitzen des rohen *2-Chlor-4-phenyltropons* mit 10%ig. alkoh. KOH auf dem Wasserbad, Einengen u. Ansäuern wird *Diphenyl-3-carbonsäure*, $C_{13}H_{10}O_2$, erhalten; F. 165—166° (Bzl.); 77%. — *5-Phenylcycloheptandiol-(1.2)*, $C_{13}H_{18}O_2$, F. 97—98° (Cyclohexan), aus **V** durch PtO_2-Hydrierung in A.; Nadeln; 67%. — **V**-*p-Nitrobenzoat*, $C_{20}H_{13}O_5N$, F. 220—221°; Nadeln aus Bzl.; 71%. — **V**-*Methyläther*, $C_{14}H_{12}O_2$, F. 141°, aus 0,036 g **V** u. CH_2N_2 in Ae.; gelbe Nadeln aus Bzl.; 0,027 g. — *2-Chlor-5-phenyltropon*, $C_{13}H_9OCl$, F. 158° (A.), aus **V** u. $SOCl_2$ in Bzl. u. Sublimation bei 120—130°/4 mm; aus A. lange gelbe Nadeln; 83%. — *Diphenyl-4-carbonsäure*, $C_{13}H_{10}O_2$, F. 223—224° (Bzl.), aus vorst. Verb. u. 10%ig. alkoh. KOH u. Sublimation bei 110°/2 mm; Nadeln; 97%. (J. Amer. chem. Soc. **75**. 297—303. 20/1. 1953. Katonak, N. Y., Hickvill Chem. Res. Labor.)

NITZSCHKE. 1980

E. M. Fry, *Epimere 5-Oxy-2-ketocyclohexanessigsäuren*. Auf Grund ster. Überlegungen war festgestellt worden, daß bei disubstituierten Cyclohexanderivv. die trans-1.2-; trans-1.4- u. cis-1.3-Formen stabiler sind als die cis-1.2-; cis-1.4- u. trans-1.3-Formen (vgl. BARTON, C. **1954**. 276). Dies gilt auch für die epimeren *trans- u. cis-5-Oxy-2-ketocyclohexanessigsäuren* (**I a** u. **b**) u. ihre *Benzyläther* (**II a** u. **b**) (vgl. C. **1953**. 8594), von denen **I b** u. **II b** im Gleichgewicht begünstigt sind. Da **II a** in 9nHCl weniger leicht u. in Chlf. leichter lösl. ist als das epimere fl. **II b**, konnte Vf. 37% **II a** aus der Gleichgewichtsmischung von **II a** u. **b** gewinnen. Hydrogenolyse von **II a** ergab ein Gemisch von **I a** u. **b**. In einer Lsg. von **I a** in 6nHCl wurden nach 1 Std. über 50% des stabileren **I b** gefunden. Das Ketolacton (III) konnte aus beiden Epimeren gewonnen werden. Da die alkal. Hydrolyse von **III** epimerisierend wirkte, wurde das Semicarbazon von **III** zur Strukturbest. hydrolysiert. Es entstand das Semicarbazon von **I b**, das durch sein Infrarot-Spektr. identifiziert wurde.

Versuche: *trans-5-Oxy-2-ketocyclohexanessigsäure* (**I a**), $C_8H_{12}O_4$, F. 119—121° (A. + Essigester), durch 1std. Hydrogenolyse von **II a** (F. 109—111°) in A. in Ggw. von 5%ig. Pd-Kohle unter Schütteln; 87% (Ausbeute). Bei 150% H_2-Aufnahme nur 62% Ausbeute. Hydrierung in Aceton gab unreines Produkt. *Semicarbazon*, $C_9H_{15}O_4N_3$, F. 188—189° (W.). Behandlung mit Alkali rief keine Isomerisierung hervor. — *cis-5-Oxy-2-ketocyclohexanessigsäure* (**I b**), $C_8H_{12}O_4$, F. 150—152° (A. + Essigester), durch Hydrogenolyse von **II b** (70% rein) in Aceton in Ggw. von Pd-Kohle; 57%. *Semicarbazon*, $C_9H_{15}O_4N_3 \cdot H_2O$, Sinterung bei 135°; aus W. , F. 185° (Zers.). Mischung mit Semicarbazon von **I a** zeigte keine F.-Erniedrigung. — *5-Oxy-2-ketocyclohexanessigsäurelacton* (III), $C_8H_{10}O_3$, F. 115—118° (Bzl. + Ae.), durch 3std. Erhitzen der geschmolzenen **I a** oder **I b** auf 130°, Extraktion mit Bzl.–Chlf., Lösen der Lacton–Säure-Mischung in W., Zugabe von $CaCO_3$, Essigesterextraktion; 13—21%. *Semicarbazon*, $C_9H_{13}O_3N_3$, F. 205—206° (W.). (J. Amer. chem. Soc. **76**. 284—85. 5/1. 1954. Bethesda, Md., Nat. Inst. of Arthritis and Metabol. Diseases.) JOHN. 2070

J. F. Carson, *Reaktion von Diacetyl und Cyclohexylamin.* Während *Diacetyl* (**III**) mit Methyl-, Äthyl- u. n-Butylamin in W. bei p_H 7 u. 25° blaue oder purpurfarbene Ndd. gibt, die bald braun werden u. aus denen keine definierten Verbb. isoliert werden konnten, u. aliphat. Amine unter Ausschluß von W. mit **III** im allg. nur braune Harze oder Öle liefern, erhielt Vf. aus **III** u. überschüssigem wasserfreiem *Cyclohexylamin* (**IV**) bei 0—25° hauptsächlich das farblose *1.4-Dicyclohexylimino-2.5-dimethyl-2-oxycyclohexen-(5)* (**I**), daneben wenig *Diacetyldicyclohexylimin.* **I** wird wahrscheinlich durch Aldolkondensation von 2 Moll. zunächst entstehendem **III**-Monocyclohexylimin u. anschließende intramol. Aldolisierung des entstehenden Prod. bei gleichzeitiger Wasserabspaltung entstehen. Beim Lösen von **I** in Methanol wird unter Wasserabspaltung das gelbe *N.N'-Dicyclohexyl-2.5-dimethyl-1.4-benzochinondiimin* (**II**) erhalten, wesentlich langsamer in A. oder Isopropanol. In Ggw. von Chlf., Pyridin oder Essigsäure zers. sich **I** zu harzigem Material. **II** hydrolysiert in saurem Medium zu *p-Xylo-p-chinon* u. **IV**, ist aber gegenüber W. u. A. recht stabil; in absol. HCOOH oder CH_3COOH bildet es intensiv rote Lsgg., aus denen nur Harze isoliert werden konnten. Die Lsgg. von **II** in Methanol sind ab 25° gelb, unter 0° rot. An SiO_2 werden **I** u. **II** aus Hexan in Form einer scharfen roten Bande adsorbiert, aus der bei der Entw. mit Ae.-, A.- oder Essigester-Hexan mehrere gelbe bis braune Banden entstehen, aus denen nur Harze isoliert werden konnten. — Die UV- u. Infrarotmaxima von **I** u. **II** werden angegeben.

Versuche: *1.4-Dicyclohexylimino-2.5-dimethyl-2-oxycyclohexen-(5)* (**I**), $C_{20}H_{32}ON_2$, F. 101—102° (Hexan bei —20°): 50 g wasserfreies **IV** u. 15 g **III** werden bei —10° unter N_2 vermischt, 24 Std. bei 5° belassen, im Vakuum wird bei höchstens 20° eingeengt, Hexan zugegeben u. auf —20° gekühlt; 33% (Ausbeute) rein; Prismen; daneben wenig *Diacetyldicyclohexylimin*, F. 81—82°. Hydrierung von **I** in Äthylacetat an PtO_2 ergibt nach Verbrauch von 2,8 Mol H_2 ein Öl. — *N.N'-Dicyclohexyl-2.5-dimethyl-1.4-benzochinondiimin* (**II**), $C_{20}H_{30}N_2$, F. 145,6—147° (Methanol): 1 g **I** wird in Methanol 3 Tage bei 25° belassen oder 10—15 Min. erhitzt; die gelbe Lsg. wird nach Kühlung auf —20° rot; 820 mg. Hydrierung von **II** in Äthylacetat an PtO_2 ergibt *N.N'-Dicyclohexyl-2.5-dimethyl-p-phenylendiamin*, $C_{20}H_{32}N_2$, F. 119,5—120,5° (Hexan bei —20°); Nadeln. Hydrolyse von **II** mit 6n HCl in absol. A. gibt nach Extraktion mit Pentan *2.5-Dimethyl-1.4-benzochinon*, $C_8H_8O_2$, F. 123—124° (Methanol); 69%; **IV** wurde als *p-Toluolsulfamid*, F. 85,5—86,4°, nachgewiesen. (J. Amer. chem. Soc. **75**. 4300—02. 5/9. 1953. Albany, Calif., Western Regional Res. Labor.) H. ULRICH. 2120

David Y. Curtin, Elbert E. Harris und **Estelle K. Meislich,** *Stereochemie der Reaktion von Benzoin und verwandter Verbindungen mit Grignard-Reagens.* Benzoin reagiert mit p-Anisyl ($CH_3OC_6H_4$)-MgBr unter Bldg. eines als „α" bezeichneten *dl-1.2-Diphenyl-1-[p-anisyl]-äthylenglykols* (**I**). 4-Methoxybenzoin ergibt dagegen mit Phenyl–MgBr ein Isomeres, das mit „β" (**II**) bezeichnet wurde (vgl. OREKOFF u. TIFFENEAU, Bull. soc. chim. [4] **29**. [1921.] 445; MCKENZI u. Mitarbeiter, Bull. soc. chim. [4] **45**. [1929.] 414). Durch Darst. von *cis-* u. *trans-1-[p-Anisyl]-1.2-diphenyläthylen* (**III a** u. **b**) mit eindeutiger Konfigurationszuordnung u. ihre Überführung in **I** u. **II** durch Oxydation mit OsO_4 konnten Vff. die Konfiguration von **I** als *erythro* u. die von **II** als *threo* festlegen. Weiterhin untersuchten Vff. den stereochem. Verlauf der Rk. von dl-Benzoinmethyläther (**IV**) mit p-Anisyl–MgBr u. dl-4-Methoxybenzoinmethyläther (**V**) mit Phenyl–MgBr. Aus **IV** entsteht ein einziges Racemat, *1.2-Diphenyl-1-[p-anisyl]-2-methoxyäthanol* (**VI**) mit *erythro*-Konfiguration, während **V** das stereoisomere Racemat (**VII**) mit *threo*-Konfiguration bildet. Der Beweis hierfür konnte durch Methylierung von **I** u. **II** zu **VI** u. **VII** erbracht werden. Vff. vgl. den ster. Verlauf vorst. Rkk. mit den Umsetzungen acycl. Aminoketone mit GRIGNARDs Reagens u. stellen analogen Ablauf fest.

Versuche (alle FF. korr.): *trans-2-[p-Anisyl]-1.2-diphenylvinylbromid*, $C_{21}H_{17}$·OBr, F. 118,5—119,5° (Isooctan, dann A.), aus 120 g eines Gemisches von **IIIa** u. **IIIb** (vgl. KOELSCH, J. Amer. chem. Soc. **54.** [1932.] 2487) mit Br_2; 22,5 g (Ausbeute). — *cis-2-[p-Anisyl]-1.2-diphenylvinylbromid*, F. 97—98° (Ae. u. A.), aus den Isooctanmutterlaugen; 6,3 g. Aus den verschied. Mutterlaugen wurden weitere 53 g gemischter Isomere, F. 70—112°, isoliert. *cis-β-[p-Anisyl]-α.β-diphenylacrylsäure*, $C_{22}H_{18}O_3$, F. 179 bis 180°, aus dem Gemisch vorst. Verbb. nach KOELSCH (l. c.), krist. aus Methanol mit einem Mol Lösungsm. in Nadeln (F. 179—180°); 11%. Verliert Kristallmethanol beim Stehen an der Luft. — *trans-β-[p-Anisyl]-α.β-diphenylacrylsäure*, $C_{22}H_{18}O_3$, F. 203,5—204,5°, krist. mit einem Mol Methanol, das bei 100° im Vakuum entfernt wird. — *2-Phenyl-3-[p-anisyl]-indon*, $C_{22}H_{16}O_2$, F. 121—125,5° (Essigsäure, dann CH_3·OH) aus vorst. Verb. mit $SOCl_2$. — *trans-1-[p-Anisyl]-1.2-diphenyläthylen* (**IIIb**), $C_{21}H_{18}O$, F. 90—91°, durch Decarboxylierung vorst. trans-Acrylsäure mit Cu-Chromit in sd. Chinolin, Reinigung durch Chromatographie an Al_2O_3 (40% Bzn. u. 60% Ligroin), aus Methanol Nadeln; 60%. Die cis-Verb. war nicht gebildet worden. — *cis-1-[p-Anisyl]-1.2-diphenyläthylen* (**IIIa**), $C_{21}H_{18}O_3$, F. 58—59° (CH_3OH), analog. Die Chromatographie ergab jedoch 3 Fraktionen. Die erste war die trans-Verb., die mittlere ein Öl (Gemisch von cis- u. trans-), die dritte die cis-Verbindung. Das durch Dehydratisierung von 1-[p-Anisyl]-1.2-diphenyläthanol erhaltene Olefingemisch konnte durch Chromatographie getrennt werden in 35% cis- u. 47% trans-Verbindung. Diese Darst. wird als beste bezeichnet. — *dl-erythro-1-[p-Anisyl]-1.2-diphenyläthylenglykol* (**I**), F. 209 bis 210° (A.), aus dem cis-Olefin (0,5 g) in Ae. (15 cm³ + 0,7 cm³ Pyridin) u. 0,045 g OsO_4 in Äther. Nach Stehen über Nacht wird der abfiltrierte Os-Komplex durch Schütteln mit 15 cm³ Chlf., 40 cm³ W., 4 g Mannit u. 0,4 g KOH zers.; 66%. — *dl-threo-1-[p-Anisyl]-1.2-diphenyläthylenglykol* (**II**), F. 156—157° (A.), analog; 81%. — *1-[p-Anisyl]-1.2-diphenyläthylenoxyd*, $C_{21}H_{18}O_2$, F. 92—93,5°, aus **I** oder **II** durch Addition von Br_2 in wss. Lsg. u. Abspaltung von HBr aus dem gebildeten Bromhydrin, aus Ligroin Nadeln. Addition von Benzoesäure u. Verseifung führten zu **I**; 78%. — *erythro-1.2-Diphenyl-1-[p-anisyl]-2-methoxyäthanol* (**VI**), $C_{22}H_{22}O_3$, a) aus **IV** u. p-Anisyl-MgBr, aus A. F. 135,1—135,8°; 63%; b) aus **I** in Ae. u. K in Bzl. mit CH_3J, F. 130—133°. — *threo-1.2-Diphenyl-1-[p-anisyl]-2-methoxyäthanol* (**VII**), $C_{22}H_{22}O_3$, a) aus **V** u. C_6H_5MgBr, aus A., dann Bzl.-PAe. F. 143,8—144,6°; b) aus dem K-Salz von **II** mit CH_3J, F. 139—140°. (J. Amer. chem. Soc. **74.** 2901—04. 5/6. 1952. Urbana, Ill., Columbia-Univ., Dep. of Chem.) GRALHEER. 2380

H. L. Haller, W. F. Barthel und **Luis León**, *Chemische Konstitution und insekticide Wirkung. Neue Analoge des DDT.* Es werden 12 neue Derivv. der *p.p'-Dichlordiphenylessigsäure* (**I**) beschrieben; keines zeigte insekticide, ovicide oder larvicide Wirkung.

Versuche: *p.p'-Dichlordiphenylessigsäure* (**I**), F. 165° (A.), durch 6 std. Kochen von DDT in Diäthylenglykol mit KOH in W. (Badtemp. nicht über 135°), Verdünnen mit W. u. Ansäuern mit 20% ig. H_2SO_4; 79% (Ausbeute). *Methylester*, $C_{15}H_{12}O_2Cl_2$, Kp.$_{.3}$ 185°, F. 37°, mit CH_3OH/H_2SO_4; n_D^{25} 1,5790; 68%. *Äthylester*, $C_{16}H_{14}O_2Cl_2$, F. 87°, mit A./H_2SO_4/Bzl.; 75%. *n-Propylester*, $C_{17}H_{16}O_2Cl_2$, Kp.$_{.1}$ 173°, F. 42°; 70%. *Isopropylester*, F. 75°; 31%. *Allylester*, $C_{17}H_{14}O_2Cl_2$, Kp.$_{.5}$ 204°, F. 46°, n_D^{25} 1,5775; 70%. *n-Butylester*, $C_{18}H_{18}O_2Cl_2$, Kp.$_{.3}$ 200°, n_D^{25} 1,5560; 47%. *n-Amylester*, $C_{19}H_{20}O_2Cl_2$, Kp.$_{.3}$ 205°, n_D^{25} 1,5530; 85%. *Cyclohexylester*, $C_{20}H_{20}O_2Cl_2$, Kp.$_{.4}$ 230°, n_D^{25} 1,5600; 80%. *p.p'-Dichlordiphenylmethylester*, $C_{27}H_{18}O_2Cl_4$, F. 180°; 80%. *Allethrolonester*, $C_{23}H_{20}O_3Cl_2$, Kp.$_{0,2}$ 165°, F. 86° (A.), durch Überführung von **I** in PAe. mit $SOCl_2$ in das *Chlorid*, Ersatz des PAe. durch Ae. u. Zutropfen von Allethrolon in Ae.; 12%. *Diäthylamid*, $C_{18}H_{19}ONCl_2$, F. 132°, aus **I**-Chlorid in Ae. durch Zutropfen von Diäthylamin in Ae.; 26%. *Isobutylamid*, F. 154°, analog; 30%. (An. Real Soc. españ. Física. Quím., Ser. B **49.** 140—44. Febr. 1953. Washington, D. C., Agricult. Dep., Bur. Entomol. Plant Quarant.) ALTPETER. 2410

R. Pérez Ossorio, *Über die Darstellung von β.β-Diaryläthylaminen.* Während die Red. von Phenyl-p-tolylacetonitril (**I**) mit Na + A. hauptsächlich *p-Benzyltoluol* liefert, erhält man mit $LiAlH_4$ prakt. ohne Neben-Rk. *β-Phenyl-β-[p-tolyl]-äthylamin.* Analog wurde *β-Phenyl-β-[p-äthylphenyl]-äthylamin* dargestellt.

Versuche: *p-Methylbenzophenon*, Kp.$_{1,2}$ 132—134°, Kp.$_{3,2}$ 150—151°, aus Toluol u. Benzoylchlorid; 82% (Ausbeute). — Daraus mit 2% ig. Na-Amalgam + berechneter Menge A. in Ae.–Bzl. *p-Methylbenzhydrol*, $Kp._2$ 141—142°; 90%. — Daraus mit HBr bei 80—100° *Phenyl-p-tolylbrommethan*, $Kp._{3,6}$ 154—155°; 84%. — Daraus beim Vers. der Darst. von I mit NaCN in A. + W. *Äthyl-[phenyl-p-tolylmethyl]-äther*, $C_{16}H_{18}O$, Öl, $Kp._2$ 125°. — Benzylcyanid bei 100—110° mit Br_2 behandeln, nach Erkalten Toluol u. $AlCl_3$ zusetzen; fraktionierte Dest. ergab zunächst *Phenyl-o-tolylacetonitril*, dann *Phenyl-p-tolylacetonitril* (I), $Kp._2$ 147—149°, F. 59—60°; 50%. Mit Na + A. hieraus *p-Benzyltoluol*, $C_{14}H_{14}$, $Kp._1$ 96—97°; 82%. *β-Phenyl-β-[p-tolyl]-äthylamin*, $Kp._{25}$ 146—147°, aus I mit $LiAlH_4$; 64%. *Benzoylderiv.*, $C_{22}H_{21}ON$, F. 95°. *p-Nitrobenzoylderiv.*, $C_{22}H_{20}O_3N_2$, F. 154°. *Hydrochlorid*, $C_{15}H_{18}NCl$, Nadeln, F. 222 bis 226° (Zers.). — *Phenyl-p-äthylphenylacetonitril*, $C_{16}H_{15}N$, $Kp._{0,4-0,5}$ 137—140°, analog I aus $C_6H_5CH_2CN$, Br_2 u. Äthylbenzol; 70%. — *β-Phenyl-β-[p-äthylphenyl]-äthylamin*, $C_{16}H_{19}N$, $Kp._{0,2}$ 131°. *p-Nitrobenzoylderiv.*, $C_{23}H_{22}O_3N_2$, F. 97—98°. *Hydrochlorid*, $C_{16}H_{20}NCl$, F. 196—198° (Zers.) (An. Real Soc. españ. Física. Quím., Ser. B **49**. 137—39. Febr. 1953. Madrid, C. S. J. C., Inst. „Alonso Barba", Dep. de Quím. Orgán.)

ALTPETER. 2510

Henry R. Henze und **William J. Leanza**, *Das Verhalten gewisser Indandione-(1.3) bei versuchter Hydantoinbildung.* Weder Indandion-(1.3) (**V**) noch 2-Methylindandion-(1.3) (**VI**) gaben bei der Rk. mit KCN u. $(NH_4)_2CO_3$ ein Spirohydantoinderiv.; das Reaktionsgemisch färbte sich beide Male tiefrot. Während dieses Verh. bei **V** mit Dimerisierung in alkal. Lsg. erklärt werden kann, wurde **VI** zum großen Teil unverändert zurückgewonnen. Aus 2.2-Dimethylindandion-(1.3) (**III**) erhielten Vff. dagegen sowohl ein *Mono-*, als auch ein *Dispirohydantoin*, die mittels Acetophenons als Lösungsm. voneinander getrennt werden konnten. 2-Methyl-2-phenylindandion-(1.3) (**IV**) liefert mit KCN u. $(NH_4)_2CO_3$ in fl. Acetamid *α-Methylbenzalphthalimidin* (**I**) u. *1-[α-Methylbenzyl]-3-oxoisoindolincarbonsäureamid-(1)* (**II**). **I** entsteht aus **IV** auch allein mit $(NH_4)_2$·CO_3-Lsg.; es entfärbt $KMnO_4$ bzw. Br_2, wird zu Acetophenon hydrolysiert u. reagiert nicht mit Carbonylreagentien. **II** konnte zu der entsprechenden *Säure* verseift, diese unter Bldg. von *1-[α-Methylbenzyl]-3-oxoisoindolin* (*α-Methylbenzylphthalimidin*) decarboxyliert werden.

Versuche: *Natriumdiketohydrindencarbonsäureäthylester*, aus Diäthylphthalat u. Essigester (WISLICENUS [1889]); 80% (Ausbeute). — *Indandion-(1.3)* (**V**), aus vorst. Verb. durch Erhitzen mit 10%ig. H_2SO_4 (KAUFFMANN [1897.]). — *2-Methylindandion-(1.3)* (**VI**), analog. — *2.2-Dimethylindandion-(1.3)* (**III**), aus der Na-Verb. von **VI** u. CH_3J. — *2-Methyl-2-phenylindandion-(1.3)* (**IV**), aus Benzalphthalid (GABRIEL [1885]) über das Na-Salz des 2-Phenylindandions-(1.3), dann Methylierung. — *2-Methyl-2-phenylhydrinden*, $C_{16}H_{16}$, F. 40—42°, $Kp._{18}$ 172—175°, aus 5 g **IV** nach CLEMMENSEN; kann leicht unterkühlt werden: n_D^{20} 1,5836, n_D^{25} 1,5812; $D.^{25}_4$ 1,0406; 3 g (roh). — *Dispiro-(2.5-dioxoimidazolidin-[4:1′]-2′.2′-dimethylindan-[3′:4″]-2″.5″-dioxoimidazolidin)*, $C_{15}H_{14}O_4N_4$, F. 325—330°, a) durch 18 std. Erhitzen (110°) von **III** mit KCN u. $(NH_4)_2CO_3$ in Acetamid; 80%; b) wie vorst. in 70%ig. A. (12 Std. bei 60°, dann 3 Std. bei 75°; 25 g → 20 g einer Mischung mit ca. 1/3 nachst. Verb.); Trennung von nachst. Verb. gelang teilweise durch fraktionierte Kristallisation aus Isobutanol, besser mit Acetophenon (*Molekülverb.* $C_{15}H_{14}O_4N_4 \cdot C_8H_8O$, F. 325—330°). *Monohydrat*, $C_{15}H_{14}O_4N_4$·H_2O, F. 265—266° (aus der alkal. Lsg. mit festem CO_2 gefällt). — *Spiro-(imidazolidin-[4:3′]-2′.2′-dimethyl-1′-oxindan)-2.5-dion*, $C_{13}H_{12}O_3N_2$, F. 265—266° (Isobutanol), aus dem Filtrat vorst. Acetophenonverb. [gewonnen nach b)]. — *α-Methylbenzalphthalimidin* (**I**), $C_{16}H_{13}ON$, F. 242—245° (A.); aus **IV** durch Erhitzen mit a) $(NH_4)_2CO_3$ in Acetamid (16 Std. bei 135° in einem geschlossenen Behälter; 10 g **IV** → 5 g); b) $(NH_4)_2$·CO_3 u. $NaHCO_3$ in 50%ig. A. (3 Tage bei 60—70°; 3 g **IV** → 0,05 g); c) KCN u. $(NH_4)_2$·CO_3 (8 Tage bei 125° in einem geschlossenen Behälter; 35—40%, daneben **II**, s. unten); wandelt sich beim 12 std. Erhitzen (135°) mit KCN u. $(NH_4)_2CO_3$ nicht in **II** um; liefert beim Vers. der Red. nach CLEMMENSEN ein rotes Pulver (2,2 g **I** → 0,5 g), das in alkoh. Lsg. orange fluoresciert, mit Säuren blau, mit Alkalien braun u. durch SO_2 nicht entfärbt wird; enthält 1 akt. H-Atom (ZEREWITINOFF); bildet kein Pikrat; reagiert weder mit heißer 50%ig. H_2SO_4 noch mit verd. oder konz. NaOH; gibt bei der Ozonolyse *Acetophenon* (*Semicarbazon*, F. 198°) u. *Phthalimid* (F. 234°); wird mit Pt in feuchter Essigsäure zu einer *Verb. vom F. 169—173°* (Ae.–Aceton) hydriert (75%), die $KMnO_4$ bzw. Brom nicht mehr entfärbt. — *1-[α-Methylbenzyl]-3-oxoisoindolincarbonsäureamid-(1)* (**II**), $C_{17}H_{16}O_2N_2$, F. 294—306° (A.), neben **I** aus **IV** [s. oben, c); 35—40%]; unlösl. in Bzl., im Gegensatz zu **I**. — *1-[α-Methylbenzyl]-3-oxoisoindolincarbonsäure-(1)*, $C_{17}H_{15}O_3N$, F. 131—132° (unter Aufbrausen), a) durch Erhitzen von 4 g **II** mit halbkonz. H_2SO_4 auf 140° bis zur Gasentw. (2 g, daneben 2 g nachst. Verb.), b) wie a), aber 1 std. Erhitzen auf 110—120° (quantitativ). — *1-[α-Methylbenzyl]-3-oxoisoindolin* (*α-Methylbenzylphthalimidin*), $C_{16}H_{15}ON$, F. 141—142° (verd. A.), durch Erhitzen vorst. Verb.; 80%; bildet kein Pikrat. (J. org. Chemistry **17.** 4—13. Jan. 1952. Austin, Tex., Univ., Dep. of Chem.) J. ROTHE. 2650

Germaine Cauquil, Héribert Barrera und **Geneviève Turpin,** *Über einige vom Naphthalin abgeleitete disubstituierte Acryl- und Propionsäuren. 3-[α-Naphthyl]-3-[β-naphthyl]-* u. *3-[α-Naphthyl]-3-[5'.6'.7'.8'-tetrahydro-β-naphthyl]-acrylsäure* wurden durch REFORMATSKI-Rk. aus den entsprechenden Ketonen, Dest. des Reaktionsprod. u. Verseifung mit alkoh. KOH als Gemisch von stereoisomeren Säuren erhalten. Das Isomere vom höheren F., allo-Form genannt, besitzt die geringere Löslichkeit. Die Hydrierung mit Na-Amalgam führte zu den substituierten Propionsäuren. — *3-[α-Naphthyl]-3-[β-naphthyl]-acrylsäure,* F. 205° (A.). *Amid,* $C_{23}H_{17}ON$, F. 183°. Aus der Mutterlauge die *isomere Säure,* F. 169—170°, die sich durch UV-Bestrahlung (4 Tage) quantitativ in die höherschm. umwandeln läßt. — *3-[α-Naphthyl-3-[β-naphthyl]-propionsäure,* $C_{23}H_{18}O_2$, F. 164—165° (A.–Toluol), durch Hydrierung der beiden vorst. Säuren mit 2%ig. Na-Amalgam. — *3-[α-Naphthyl]-3-[5'.6'.7'.8'-tetrahydro-β-naphthyl]-acrylsäure,* F. 197° (durch fraktionierte Kristallisation aus Bzl.–PAe. u. dann A.). *Amid,* $C_{23}H_{21}ON$, F. 185°. Aus den Mutterlaugen die *isomere Verb.,* F. 165°, die sich durch UV-Bestrahlung (6 Tage) quantitativ in die höherschm. Form umwandeln läßt. — *3-[α-Naphthyl]-3-[5'.6'.7'.8'-tetrahydro-β-naphthyl]-propionsäure,* $C_{23}H_{22}O_2$, F. 185°, a) durch Hydrierung der vorst. Säuren mit Na-Amalgam; b) durch Kondensation von Na-Malonsäurediäthylester mit [α-Naphthyl]-[5'.6'.7'.8'-tetrahydro-β-naphthyl]-carbinylbromid, Verseifung u. Decarboxylierung bei 175—180°. *Amid,* $C_{23}H_{23}ON$, F. 159° (A. oder CH_3OH); aus Toluol $C_{23}H_{23}ON \cdot {}^1/_2 C_6H_5CH_3$, F. 132°. (C. R. hebd. Séances Acad. Sci. **231.** 779—81. 16/10. 1950.) HORST BAGANZ. 2700

Milton C. Kloetzel und **Hershel L. Herzog,** *Aromatische Polymethylkohlenwasserstoffe.* 4. Mitt. *Die Reaktion von Alkylnaphthalinen mit Maleinsäureanhydrid.* (3. vgl. C. **1952.** 362.) In Fortsetzung der l. c. beschriebenen Additions-Rk. wird die Bldg. von Addukten des Maleinsäureanhydrids mit weiteren Alkylnaphthalinen untersucht. Während 1.2.3.4-Tetramethylnaphthalin (**I**) *1.2.3.4-Tetramethyl-1.4-dihydronaphthalin-1.4-endo-α.β-bernsteinsäureanhydrid* in guter Ausbeute liefert, ist die Neigung beim 1.2.3-Trimethyl-, 2.3-Diäthyl-, 2.3- (**III**), 1.2- (**IV**) u. 1.4-Dimethyl- u. 2-Methylnaphthalin (**V**), Addukte **VI** zu bilden, geringer; Naphthalin u. 1-Methylnaphthalin reagieren nur in einem unbedeutenden Umfang. Die Best. der Ausbeuten erfolgte durch Hydrolyse zu den Alkyldihydronaphthalin-1.4-endo-α.β-bernsteinsäuren u. deren Isolierung; sie konnten mit Acetylchlorid leicht in die Anhydride zurückverwandelt werden. Die Bldg. der Addukte **VI** ist ein reversibler Vorgang. Die Lage des Gleichgewichts ist beim **I** am meisten, beim Naphthalin am wenigsten zu Gunsten von **VI** verschoben, während es sich bei **I** u. **IV** in $3^1/_2$ Std., bei den übrigen in 24 Std. eingestellt hat. Die **VI** von **V** u. **III** werden innerhalb 24 Std. bei 150° gespalten. Eine CH_3-Gruppe in 2-Stellung scheint die **VI**-Bldg. schon zu begünstigen. — *2.3-Dimethyl-1.4-dihydronaphthalin-1.4-endo-α.β-bernsteinsäureanhydrid* (**II**) liefert bei der Oxydation mit alkal. $KMnO_4$ Phthalsäure; die Ozonolyse u. die anschließende Hydrolyse des Ozonids führt zu *1.4-Diaceto-1.2.3.4-tetrahydronaphthalin-2.3-dicarbonsäuredimethylester.*

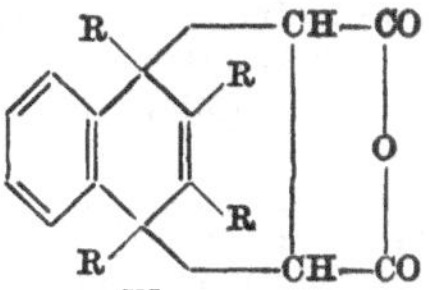

VI

V e r s u c h e: *1-Methyl-3.4-dihydronaphthalin,* Kp.$_{20}$ 100°, aus 1-Methyltetralol-(1) u. wasserfreier HCOOH bei Zimmertemperatur. — *1-Methylnaphthalin,* durch Dehydrieren des Vorst. mit Pd–$BaSO_4$ u. Reinigen über das *Pikrat* vom F. 140—141°. — *2-Methylnaphthalin, Pikrat,* F. 114—115°. — *6.7-Dimethyltetralon-(1),* Kp.$_2$ 125—130°, aus γ-[3.4-Dimethylphenyl]-n-buttersäure u. wasserfreier HF bei Zimmertemp. (12 Std.); 88%. *2.3-Dimethylnaphthalin* (**III**), aus Vorst. durch CLEMMENSEN-Red. u. Dehydrieren des entstandenen *6.7-Dimethyltetralins* mit Pd–$BaSO_4$ bei 290—300° (vgl. BARNETT u. SANDERS, J. chem. Soc. [London] **1933.** 434). — *6-Acetotetralin,* Kp.$_2$ 115°, aus Tetralin u. Essigsäureanhydrid in Bzl. u. $AlCl_3$ unter Kühlung mit Trockeneis, später bei Zimmertemp. (25°); 74%. — *6-Äthyltetralin,* Kp.$_{20}$ 121—125°, aus Vorst., amalgamiertem Zn u. konz. HCl in sd. Methanol + Bzl.; 84%. — *6-Aceto-7-äthyltetralin,* Kp.$_1$ 125—130°, aus Vorst.; 76%. — *6.7-Diäthyltetralin,* Kp.$_{20}$ 141 bis 146°; 87%. — *2.3-Diäthylnaphthalin,* Kp.$_{20}$ 165—170°, aus Vorst. u. Pd–$BaSO_4$ bei 290—310° ($2^1/_2$ Std.). *Pikrat,* $C_{20}H_{19}O_7N_3$, F. 127—127,5° (Methanol), orangefarbene Nadeln. *Trinitrobenzolat,* $C_{20}H_{19}O_6N_3$, F. 127,5—128° (Methanol), gelbe Nadeln. — Die Addukte **VI** wurden aus den Alkylnaphthalinen u. Maleinsäureanhydrid im Rohr bei 100° (1—48 Std.), Waschen mit W. u. Kristallisieren aus Aceton oder Ae. + PAe. erhalten; die Ausbeuten wurden durch Verseifen u. Isolieren der entstandenen Säuren bestimmt: *1.4-Dihydronaphthalin-1.4-endo-α.β-bernsteinsäureanhydrid*, $C_{14}H_{10}O_3$, F. 161—162° (Ae.), Nadeln; <1%. — Ferner folgende Alkylderivv.: *1-Methyl-*, $C_{15}H_{12}O_3$, F. 161—162° (Ae. + Hexan), Prismen; <1%. *2-Methyl-*, $C_{15}H_{12}O_3$, F. 138—139° (Hexan), aus **V** (24 Std.), Prismen; 14%. *1.2-Dimethyl-*, $C_{16}H_{14}O_3$, F. 175,5—176° (Aceton), aus **IV** (3,5 Std.), Prismen; 27%. *1.4-Dimethyl-*, $C_{16}H_{14}O_3$, F. 140—141° (Ae.), Prismen; 12%. *2.3-Dimethyl-* (**II**), $C_{16}H_{14}O_3$, F. 177 bis 178° (Aceton), aus **III** (24 Std.), Prismen; 46,5%. *2.3-Diäthyl-*, $C_{18}H_{18}O_3$, F. 177,5 bis 178° (Aceton), Prismen; 41%. *1.2.4-Trimethyl-*, $C_{17}H_{16}O_3$, F. 159—160° (Ae. + PAe.), Täfelchen; 21%. — *Phthalsäureanhydrid*, F. 130—131° (Sublimation), aus der aus **II** erhaltenen Säure (F. 171—178°) in Soda mit $KMnO_4$ bei 25° u. Extrahieren mit Äther. — *2.3-Dimethyl-1.4-dihydronaphthalin-1.4-endo-α.β-bernsteinsäuredimethylester*, $C_{18}H_{20}O_4$, F. 130—130,5° u. F. 138—139°, Misch-F. 106—108°, durch Methylieren mit Diazomethan in Ae. u. Aceton unter N_2; aus Methanol Prismen u. aus der Mutterlauge Prismen (aus 2 isomeren Estern); 45 bzw. 25%. — *1.4-Diaceto-1.2.3.4-tetrahydronaphthalin-2.3-dicarbonsäuredimethylester*, $C_{18}H_{20}O_6$, F. 133,5—134°, aus Vorst. in Essigester u. 3,4%ig. Ozon bei 0—5° (40 Min.) u. Hydrolysieren mit W. (48 Std.), zunächst als Harz, dann aus Methanol Prismen; 40—50%. *Dioxim*, $C_{18}H_{22}O_6N_2$, F. 180—183° (Zers.; W.), in sd. Methanol mit Pyridin, Nadeln. (J. Amer. chem. Soc. **72**. 1991—95. Mai 1950. Los Angeles, Calif., Univ. of Southern California, Dep. of Chem.) GOLD. 2700

Jean Rigaudy und **Jean-Marie Farthouat**, *Synthese und Isomerisation von Ketosäuren und Diketonen des Mesodihydroanthracens.* Durch FRIEDEL-CRAFTS-Rk. mit Anisol erhielten Vff. in 80%ig. oder höherer Ausbeute aus cis- bzw. trans-9.10-Dihydroanthracendicarbonsäure-(9.10)-dichlorid *cis-* (**Ia**; $C_{30}H_{24}O_4$, F. 230°, bei n. Temp.) bzw. *trans-9.10-Dihydro-9.10-di-p-anisoylanthracen* (**Ib**; F. 246°, 15 Min. bei 80°), aus 9.10-Dihydroanthracendicarbonsäure-(9.10)-anhydrid *cis-9.10-Dihydro-9-p-anisoylanthracencarbonsäure-(10)* (**IIa**; $C_{23}H_{18}O_4$, F. 236°, 1 Std. bei 125°; *Chlorid*, $C_{23}H_{17}O_3Cl$, F. 166° [Zers.]). Bei Behandlung von **Ia** oder **Ib** mit methanol. KOH in Benzol- oder Chloroformlsg. unter N_2 entsteht ein Gleichgewicht beider Isomeren, aus dem durch fraktionierte Kristallisationen 50% **Ib** u. 6% **Ia** gewonnen werden konnten; die intermediär auftretende Enolform gibt sich durch Orangefärbung der Lsg. zu erkennen. Zu einem ähnlichen Gleichgewicht führt Behandlung von **IIa** mit wss. Alkali (Gelbfärbung); aus der Lsg. kann mit $NaHCO_3$ die *trans-9.10-Dihydro-9-p-anisoylanthracencarbonsäure-(10)* (**IIb**; $C_{23}H_{18}O_4$, F. 222°; *Chlorid*, $C_{23}H_{17}O_3Cl$, F. 140° [Zers.]) isoliert werden (50%, bei Wiederholung der Operation mit der unveränderten **IIa** 70%). — Die Chloride von **IIa** bzw. **IIb** liefern mit Anisol **Ia** bzw. **Ib**, wodurch die Konfiguration der Säuren bewiesen wird. (C. R. hebd. Séances Acad. Sci. **234**. 1064—66. 3/3. 1952.) J. ROTHE. 2800

W. Theilacker und **F. Baxmann**, *Optische Isomerie durch Molekeldeformation.* 2. Mitt. (1. vgl. C. **1952**. 5548.) Vff. berichten über die Spaltung von *2.2'-Dimethylhelianthron* (**I**) in opt. Antipoden, u. zwar wurde *Dihydro-2.2'-dimethylhelianthron* (**II**) in der alkal. Dithionitküpe mit (—)-Menthoxyacetylchlorid umgesetzt. Die beiden diastereomeren Menthoxyacetylderivv. von **II** ließen sich durch Chromatographie an Al_2O_3 trennen. Durch Verseifung u. Oxydation an der Luft konnte daraus opt.-akt. **I** erhalten werden, $[\alpha]_D^{22}$ + bzw. —58°. In Bzl. tritt im Verlauf mehrerer Tage Racemisierung ein. (Naturwissenschaften **40**. 220. 1. Aprilheft 1953. Hannover, TH, Organ. chem. Inst.) GOEBEL. 2950

James G. Traynham, *Die Reaktion von 2-Methyldihydrobenzofuran mit n-Butyllithium.* Metallierung von *2-Methyldihydrobenzofuran* (**I**) mit n-Butyl-Li u. anschließende Carbonierung gibt etwas *2-Propenylphenol* (**II**) (identifiziert durch unabhängige Synth.) u. als Hauptprod. eine Säure, wahrscheinlich *2-Methyl-7-carboxydihydrobenzofuran* (**III**). Die Bldg. von **III** erfolgt infolge Metallierung im Benzolkern u. Rk. des stabilen Anions mit CO_2, die von **II** infolge Metallierung an $C_{(3)}$ u. Umlagerung des instabilen Anions.

V e r s u c h e: *2-Methyldihydrobenzofuran* (**I**), $Kp._{14}$ 73°, aus Allylphenyläther unter N_2 durch 6½std. Kochen u. Umlagerung des gebildeten *2-Allylphenols* (**IV**) mit 48%ig. HBr u. Eisessig (25 Min. am Rückfluß); n_D^{25} 1,5292; 45,5% (Ausbeute). Die Metallierung erfolgte durch Zugabe einer äther. Lsg. von n-Butyl-Li zu **I**, 42std. Kochen unter N_2 u. Rühren; das Reaktionsgemisch wurde zu CO_2-Schnee in Ae. gegeben u. mit 15%ig. NaOH extrahiert; aus der Ae.-Lsg. 6,3% **I** zurück; aus den alkal. Auszügen mit CO_2 u. Ae.-Extraktion 5,6% *2-Propenylphenol* (**II**), $Kp._4$ 96°, n_D^{25} 1,5756, aus der wss. Lsg. durch Ansäuern *2-Methyl-7-carboxydihydrobenzofuran* (**III**), F. 128—128,5°; 70%. — **II**, auch aus **IV** durch Isomerisation mittels alkoh. KOH, $Kp._5$ 97—99°, n_D^{25} 1,5760. — *2-Propenylphenoxyessigsäure*, F. 115 bis

115,5°. — An Stelle von III entstand bei einem Vers. mit CO_2 ohne Ae. *Bis-[2-methyl-dihydrobenzofuryl-(7)]-keton* (?), F. 55,5—56,5°; *2.4-Dinitrophenylhydrazon*, F. 159 bis 160°. (J. sci. Lab. Denison Univ. **42**. 60—63. April 1951. Granville, O., Northwestern Univ. u. Denison Univ., Chem. Labors.) BRÜCKNER. 3061

J. S. Moffatt, *3.6-Diamidinodibenzofuran. 3.6-Diamidinodibenzofuran* wurde dargestellt u. erwies sich bei subcutaner Anwendung als wirksam gegen Infektionen durch T. congolense u. T. brucei bei Mäusen. — *3.6-Dicyandibenzofuran*, $C_{14}H_6ON_2$, F. 299° (Essigsäure). 5,5 g 3.6-Dibromdibenzofuran u. 6,5 g CuCN zu sd. Chinolin geben, 30 Min. kochen, nach dem Abkühlen in konz. HCl geben, kurz kochen u. filtrieren, den Rückstand nach Waschen bei 220—230°/0,5 mm sublimieren; Nadeln; 2,9 g. — *3.6-Diamidinodibenzofurandihydrochloriddihydrat*, $C_{14}H_{12}ON_4 \cdot 2\ HCl \cdot 2\ H_2O$, F. $>$320° (2nHCl). Die Suspension von 2,8 g vorst. Verb. in absol. A. bei 0° mit trockenem HCl sättigen, 14 Tage bei Zimmertemp. stehenlassen, filtrieren u. den Rückstand trocknen, danach 6 Std. bei 45—50° mit gesätt. alkoh. NH_3 behandeln, kühlen, filtrieren u. mit heißer 2nHCl extrahieren, wodurch das nicht umgesetzte Prod. abgetrennt wird; Nadeln; 2,8 g. (J. chem. Soc. [London] **1951**. 625—26. Febr. Glasgow, Univ.) L. FISCHER. 3061

James D. McCullough, Tod W. Campbell und **Edwin S. Gould,** *Eine neue Synthese von Dibenzoselenophen.* Die genannte Verb. konnte durch Rk. von Bis-[o-biphenylyl]-diselenid mit Br_2 in Tetrachlorkohlenstoff unter Austritt von HBr bei 78—80° nach 36 Std. in fast quantitativer Ausbeute dargestellt werden. Als mögliches Zwischenprod. wird *o-Biphenylselenenylbromid* angenommen, das für die tief violette Farbe der Lsg., die im Laufe der Rk. verschwindet, verantwortlich ist. — *o-Selenocyanbiphenyl*, Kp.$_{1,1}$ 157—160°, o-Aminobiphenyl in schwefelsaurer Lsg. unter Rühren bei Tempp. $<$7° diazotieren, mit Na-Acetat abstumpfen, mit einer Lsg. von NaSeCN versetzen u. nach Zers. mit Bzl. extrahieren; 71% (Ausbeute). — *Bis-[o-biphenylyl]-diselenid*, $C_{24}H_{18}Se_2$, F. 100—101° (Aceton), vorst. Verb. unter Rühren zu methanol. KOH geben, 30 Min. stehenlassen, mit wss. H_3BO_3 u. Bzl. schütteln u. die benzol. Lsg. aufarbeiten; gelbe Kristalle; 80%. — *Dibenzoselenophen*, $C_{12}H_8Se$, F. 73° (CCl_4–Methanol), Kp.$_{1,5-2,0}$ 136—139°, zur Lsg. vorst. Verb. in CCl_4 Br_2 geben u. 36 Std. bei 78—80° stehenlassen; 97%. — *Dibenzoselenophenoxyd*, $C_{12}H_8OSe$, F. 229—230° (Zers.; W.), zur vorst. Verb. 40%ig. Lsg. von Peressigsäure in Eisessig zutropfen u. nach dem Abkühlen konz. NH_4OH zugeben; 48%. (J. Amer. chem. Soc. **72**. 5753 bis 5754. Dez. 1950. Los Angeles, Calif., Univ., Dep. of Chem.) L. FISCHER. 3071

Douglas Greenwood und **Herbert A. Stevenson,** *Benz-1.3-oxathiole, Benz-1.4-oxathien und α.ω-Bisarylmercaptoalkane.* o-Oxythiophenol (I) liefert mit aliphat. Aldehyden oder Ketonen *2-Alkyl-* oder *2.2-Dialkylbenz-1.3-oxathiole*, mit $COCl_2$ bzw. $CSCl_2$ *Benz-1.3-oxathiolon-(2)* (III) bzw. *Benz-1.3-oxathiolthion-(2)*. III wird in geringer Menge auch durch Rk. von diazotiertem o-Aminophenol mit CuSCN u. anschließende Cyclisierung erhalten; mit HNO_3 gibt es ein *5(?)-Nitroderivat*. Die Oxathiole lassen sich in üblicher Weise zu Sulfoxyden bzw. zu Sulfonen oxydieren. Mit Alkylendibromiden bildet I *Bis-[o-oxyphenylmercapto]-alkane*; das Prod. aus CH_2Br_2 u. I reagiert mit einem weiteren Äquivalent CH_2Br_2 weiter zu *4.5*; *9.10-Dibenzo-1.3-dioxa-6.8-dithiacyclodecadien-(4.9)*; bei Verwendung von $C_2H_4Br_2$ wird auch *Benz-1.4-oxathien* erhalten. *o-Oxyphenylmercaptoessigsäure* (aus I u. Chloressigsäure) cyclisiert glatt zu *2-Ketobenz-1.4-oxathien*. Einige der vorst. Rkk. wurden auf 2-Oxynaphthalinthiol-(1) (**II**) ausgedehnt. Aus I bzw. II wurden einige neue OS-Ester dargestellt.

V e r s u c h e: *o-Oxythiophenol* (I), nach FRIEDLÄNDER u. MAUTHNER (C. **1904**. II. 1176); die Ausbeute (bis 70%) wurde verbessert durch weitere Zugabe von Zn-Staub u. konz. HCl zum Rückstand der Wasserdampfdestillation. — *Bis-[o-oxyphenyl]-disulfid, Na-Salz-Pentahydrat*, $C_{12}H_9O_2S_2Na \cdot 5\ H_2O$, F. 136° (Zers.; Prismen aus A.), a) aus vorst. Rückstand, der nicht mit Zn + HCl behandelt wurde, durch Extraktion mit Ae., Dest. (*Disulfid*, gelbes Öl, Kp.$_2$ 160—170°) u. Behandlung mit 2nNa_2CO_3; b) aus I durch Oxydation mit Luft in alkoh. NH_3. *Bis-[o-acetoxyphenyl]-disulfid*, $C_{16}H_{14}O_4S_2$, F. 57° (Nadeln aus PAe.). — *2.2-Dimethylbenz-1.3-oxathiol* (**IV**), $C_9H_{10}OS$, Kp.$_{1,5}$ 60°, durch Einleiten von HCl in eine Lsg. von 18 g I in Aceton (2 Std. ohne Temperaturkontrolle, dann $^1/_2$ Std. bei 0°); esterähnlicher Geruch; 9,6 g (Ausbeute). — *2-Äthyl-2-methylbenz-1.3-oxathiol*, $C_{10}H_{12}OS$, Kp.$_3$ 85°, wie vorst. aus 18 g I u. Methyläthylketon; 15,4 g. — *2.2-Dimethylnaphtho-[1'.2': 4.5]-1.3-oxathiol* (**V**), $C_{13}H_{12}OS$, Kp.$_{2,5}$ 135—136°, aus 17 g II u. Aceton; 8,7 g. — *2-Methylbenz-1.3-oxathiol*, C_8H_8OS, Kp.$_3$ 70—74°, aus 24 g I u. CH_3CHO; 9,6 g. — *Sulfoxyd von* **IV**, $C_9H_{10}O_2S$, F. 38° (Prismen aus PAe.), aus 1 g IV u. 30%ig. H_2O_2 in Essigsäure (Raumtemp., 5 Tage); 0,7 g. — *Sulfon von* **IV**, $C_9H_{10}O_3S$, F. 75° (Nadeln aus PAe.), aus 0,5 g IV u. $KMnO_4$ (in wss. Lsg., Zusatz von $MgSO_4$, 1 Std. bei 80—85°); 0,1 g. — *Sulfoxyd von* **V**, $C_{13}H_{12}$-

O_2S, F. 134° (Nadeln aus PAe.). — *Sulfon von* **V**, $C_{13}H_{12}O_3S$, F. 155° (Nadeln aus A.). — *Benz-1.3-oxathiolon-(2)* (**III**), $C_7H_4O_2S$, F. 26°, Kp.$_2$ 94°, a) aus diazotiertem o-Aminophenol (100 g), 223 g CuSCN u. 180 g NaSCN (langsames Erwärmen bis zum Ende der N_2-Entw., dann 1 Std. Kochen; 20,5 g); b) durch Einleiten von $COCl_2$ in die alkal. Lsg. von 5 g **I**; 4,9 g. — 2½std. Kochen mit HNO_3 (D. 1,4) → *5(?)-Nitrobenz-1.3-oxathiolon-(2)*, $C_7H_3O_4NS$, F. 182—183° (Nadeln aus A. oder verd. CH_3COOH). — *Benz-1.3-oxathiolthion-(2)*, F. 97—98° (gelbe Nadeln aus A.), durch Schütteln der alkal. Lsg. von 20 g **I** mit $CSCl_2$; 5,8 g. — *Bis-[o-oxyphenylmercapto]-methan*, $C_{13}H_{12}O_2S_2$, F. 67—68° (Nadeln aus PAe.), durch 3std. Kochen von 40 g **I** mit CH_2Br_2 u. C_2H_5ONa in A.; 24 g. *Diacetat*, $C_{17}H_{16}O_4S_2$, F. 52° (Prismen aus PAe.). — *4.5; 9.10-Dibenzo-1.3-dioxa-6.8-dithiacyclodecadien-(4.9)* (?), $C_{14}H_{12}O_2S_2$, F. 151° (verd. A. oder verd. CH_3COOH, gelbes Pulver), durch Kondensation vorst. Phenols mit CH_2Br_2, unlösl. in Alkali; 10%. — *1.2-Bis-[o-oxyphenylmercapto]-äthan* (**VII**), $C_{14}H_{14}O_2S_2$, F. 108° (Nadeln aus PAe.), aus 20 g **I** u. Äthylenbromid; 16,6 g. *Diacetat*, $C_{18}H_{18}O_4S_2$, F. 79° (Platten aus PAe.); 94%. — *1.2-Bis-[o-acetoxyphenylsulfonyl]-äthan*, $C_{18}H_{18}O_8S_2$, F. 204—205° (Platten aus 50%ig. CH_3COOH), aus 34 g vorst. Diacetats mit H_2O_2 in CH_3COOH (4 Std. bei 100°); 11,2 g. — *1.10-Bis-[o-oxyphenylmercapto]-decan*, Öl, aus 11,2 g **I** u. 1.10-Dibromdecan. *Diacetat*, $C_{26}H_{34}O_4S_2$, F. 65—66° (Platten aus PAe.); 19 g. — *1.2-Bis-[p-oxyphenylmercapto]-äthan*, $C_{14}H_{14}O_2S_2$, F. 168° (Chlf.), aus 12 g p-Oxythiophenol u. Äthylenbromid; 7,2 g. — *1.2-Bis-[2-oxynaphthyl-(1)-mercapto]-äthan*, $C_{22}H_{18}O_2S_2$, F. 155° (Nadeln aus A.), aus 15,2 g **II** u. $C_2H_4Br_2$; 12 g. — *2-p-Tolylmercaptoäthylbromid*, $C_9H_{11}BrS$, Kp.$_4$ 132°, Kp.$_2$ 118°, durch 2std. Kochen von p-Methylthiophenol (**VI**) mit Äthylenbromid u. C_2H_5ONa in Aceton, wahrscheinlich mit etwas *2-p-Tolylmercaptoäthanol* verunreinigt; daneben 25% nachst. Verbindung. — *1.2-Bis-[p-tolylmercapto]-äthan*, F. 80°, aus vorst. Verb. mit weiterem **VI**; 98%. — *1-[o-Oxyphenylmercapto]-2-[p-tolylmercapto]-äthan*, *Tetrahydrat des Na-Salzes*, $C_{15}H_{15} \cdot OS_2Na$, F. 79—80° (Platten aus Bzl.), durch Kondensation von 8,4 g vorvorst. Verb. mit 4,2 g **I** u. Behandlung mit 2 n NaOH; 7,0 g. — *Bis-[p-tolylmercapto]-methan*, $C_{15}H_{16} \cdot S_2$, F. 32° (Nadeln aus A.), aus 20 g **VI** u. 15 g CH_2Br_2; 18 g. — *Benz-1.4-oxathien*, C_8H_8OS, Kp.$_2$ 90°, durch 24std. Kochen von 100 g **I** mit Äthylenbromid u. C_2H_5ONa in A.; 24,2 g, daneben 25,5 g **VII**. — *Benz-1.4-oxathienoxyd-(4)*, $C_8H_8O_2S$, F. 85° (Platten aus PAe.), aus 1 g vorst. Verb.; 0,75 g. — *Benz-1.4-oxathiendioxyd-(4)*, $C_8H_8 \cdot O_3S$, F. 82° (PAe.), aus 1 g vorvorst. Verb.; 0,6 g. — *o-Oxyphenylmercaptoessigsäure*, $C_8H_8O_3S$, Öl, durch 30 Min. Erhitzen der alkal. Lsg. von 24 g **I** u. Chloressigsäure; 35 g. — *2-Ketobenz-1.4-oxathien*, $C_8H_6O_2S$, Kp.$_3$ 128°, durch 4std. Erhitzen von 12 g vorst. Verb. auf 100°/3 mm; 8,85 g. — *o-Carboxymethylmercaptophenoxyessigsäure*, $C_{10}H_{10}O_5S$, F. 183° (Nitrobenzol), durch 3std. Kochen der alkal. Lsg. von 10 g vorvorst. Verb. mit Chloressigsäure; 4,2 g; auch direkt aus **I** u. 2 Mol Chloressigsäure. — *o-Acetylmercaptophenylacetat*, $C_{10}H_{10}O_3S$, Kp.$_2$ 130°, Kp.$_5$ 145°, Kp.$_7$ 154°, aus 6 g **I** 7,85 g. — *1-Acetylmercaptonaphthyl-(2)-acetat*, $C_{14}H_{12}O_3S$, F. 57 (Prismen aus PAe.), Kp.$_2$ 196—198°, aus 10 g **II** 4,8 g. — *o-Benzoylmercaptophenylbenzoat*, $C_{20}H_{14}O_3S$, F. 68° (Nadeln aus A.); 82%. — *o-[2.4-Dichlorbenzoylmercapto]-phenyl-2.4-dichlorbenzoat*, $C_{20}H_{10}O_3Cl_4S$, F. 101—104° (Prismen aus A.). — *o-[Benzoylmercapto]-phenol*, $C_{13}H_{10}O_2S$, F. 122° (Nadeln aus PAe.), durch 40std. Erhitzen von **I** u. Benzoylchlorid in Bzl., gibt mit $FeCl_3$ grünlichbraune Färbung, reagiert nicht mit alkal. Nitroprussidnatrium. — *5.8-Diketo-2.3; 6.7-dibenz-1-oxa-4-thiacyclooctadien-(2.6)*, $C_{14} \cdot H_8O_3S$, F. ca. 72° (Zers.; Bzl.-PAe.), aus 2,5 g **I** u. Phthaloylchlorid; 2,6 g. (J. chem. Soc. [London] **1953**. 1514—19. Mai. Nottingham, Boots Pure Drug Co. Ltd., Res. Labors.)

J. Rothe. 3112

Walter Ried und **Heinz Gutjahr**, *Über substituierte 6-Aminobenzisoxazole und ihre Umwandlung in Abkömmlinge des 4-Aminosalicylsäurenitrils* (*PAS-Nitril*). Aus 2.4-Dinitrophenylessigester entsteht mit Isoamylnitrit u. Na-Methylat in CH_3OH der *6-Nitrobenzisoxazolcarbonsäure-(3)-methylester* (vgl. Borsche, Ber. dtsch. chem. Ges. **42**. [1909.] 1310), der mit H_2/Raney-Ni zum *6-Aminobenzisoxazolcarbonsäure-(3)-methylester* (**I**) red. wird. Die Aminogruppe läßt sich diazotieren u. zu gut krist. Farbstoffen kuppeln. Die N-Acylderivv. von **I** lassen sich in 5-Stellung nitrieren oder halogenieren. Durch Einführung verschied. Reste, bes. substituierter Benzolsulfonylreste, in die Aminogruppe gelangt man zu Derivv. von **I**, die sich durch Ringöffnung mit NaOH in die entsprechenden *Derivv. des 4-Aminosalicylsäurenitrils* u. weiter in Derivv. der in der Chemotherapie der Tuberkulose bedeutungsvollen *4-Aminosalicylsäure* überführen lassen. Dieselbe Rk. gelingt auch mit den in 5-Stellung substituierten Derivv. von **I**. Die Verseifung der Derivv. des

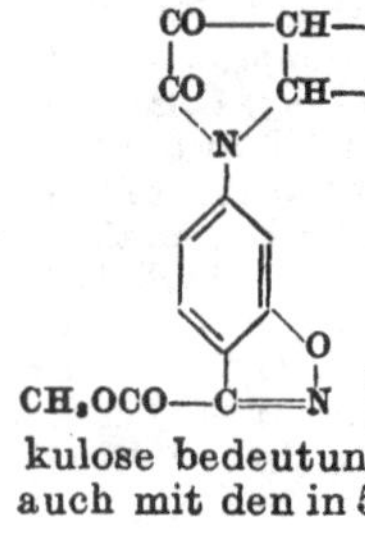
II

4-Benzolsulfonamidosalicylsäurenitrils ist nur unter gleichzeitiger Abspaltung des Sulfonamidrestes möglich. Die dargestellten Sulfonamide zeigen im Tiervers. im Vgl. zu bekannten Verbb. keine wesentliche chemotherapeut. oder Tuberkulosewirksamkeit. Aus I entsteht nach Art einer DÖBNERschen Cinchoninsäuresynth. *4.5-Dioxo-2.3-diphenyl-1-[3-carbomethoxybenzisoxalyl-(6)]-pyrrolidin* (**II**).

Versuche: *6-Aminobenzisoxazolcarbonsäure-(3)-methylester* (**I**), $C_9H_8O_3N_2$, F. 202° (Zers.), aus 6-Nitrobenzisoxazolcarbonsäure-(3)-methylester mit H_2/RANEY-Ni in Essigester, blaß orangegelbe Kristalle aus Bzn. oder A., sauerstoffempfindlich, beständig als *Hydrochlorid*; 87% (Ausbeute). *Acetylderiv.* (**III**), $C_{11}H_{10}O_4N_2$, F. 208°, aus verd. A. Nadeln. *Benzoylderiv.* (**IV**), $C_{16}H_{12}O_4N_2$, F. 206°, gelbliche Nädelchen aus Eisessig. — *6-[Dimethylanilinazo]-benzisoxazolcarbonsäure-(3)-methylester*, $C_{17}H_{16}\cdot O_3N_4$, F. 210°, aus vorst. Ester mit Isoamylnitrit in Eisessig u. Kupplung mit Dimethylanilin, tiefrote glänzende Kristalle aus Eisessig; 92%. — *6-[Benzolsulfonamido]-, benzisoxazolcarbonsäure-(3)-methylester* (**V**), $C_{15}H_{12}O_5N_2S$, F. 188°, aus **I** u. Benzolsulfochlorid in Pyridin, blaßgelbe Kristalle aus A.; 78%. — *6-[p-Toluolsulfonamido]-benzisoxazolcarbonsäure-(3)-methylester*, $C_{16}H_{14}O_5N_2S$, F. 203°, glänzende blaßgelbe Blättchen; 60%. — *6-[Acetylsulfanilamido]-benzisoxazolcarbonsäure-(3)-methylester* (**VI**), $C_{17}H_{15}O_6N_3S$, F. 233 (Zers.), Kristalle aus Eisessig; 79%. — *4-[Benzolsulfonamido]-salicyclsäurenitril*, $C_{13}H_{10}O_3N_2S$, F. 211°, aus **V** mit 2nNaOH, Kristalle; 87%. *O-Acetylderiv.*, F. 182—183°, Kristalle aus A. — *4-[p-Toluolsulfonamido]-salicylsäurenitril*, $C_{14}H_{12}O_3N_2S\cdot H_2O$, F. 202°, gelbliche Kristalle aus verd. Methanol; 87%. — *4-Sulfanilamidosalicylsäurenitril*, $C_{13}H_{11}O_3N_3S$, F. 226°, aus **VI**, gelbe Nädelchen aus W.; 97%. — *5-Brom-6-acetylaminobenzisoxazolcarbonsäure-(3)-methylester*, $C_{11}H_9O_4N_2Br$, F. 215°, aus **III** mit Br_2 in Eisessig, Nadeln aus A.; 84%. — *5-Brom-4-aminosalicylsäurenitril*, $C_7H_5ON_2Br$, F. 150—151°, aus vorst. Verb., gelbliche Nadeln aus W.; 89%. — *5-Brom-6-benzoylaminobenzisoxazolcarbonsäure-(3)-methylester*, $C_{16}H_{11}O_4N_2Br$, F. 185°, aus **IV**; Nadeln aus Eisessig; 77%. — *5-Nitro-6-acetylaminobenzisoxazolcarbonsäure-(3)-methylester*, $C_{11}H_9O_6N_3$, F. 189°, aus **III** durch Eintragen in eiskalte HNO_3 (D. 1,5); gelbe Kristalle; 89%. — *5-Nitro-4-acetylaminosalicylsäurenitril*, $C_9H_7O_4N_3$, F. 248—249° (Zers.), aus vorst. Ester, lange, haarartige rote Nadeln aus W.; 70%. — *4.5-Dioxo-2.3-diphenyl-1-[3-carbomethoxybenzisoxalyl-(6)]-pyrrolidin* (**II**), $C_{25}H_{18}O_5N_2$, F. 262° (Zers.), aus **I**, Benzaldehyd u. Phenylbrenztraubensäure in Essigester, wetzsteinförmige Kristalle aus Eisessig; 65%. *O-Acetylderiv.*, $C_{27}H_{20}O_6N_2$, F. 200°, Kristalle aus Eisessig. (Chem. Ber. **86**. 1096—1100. 9/10. 1953. Frankfurt/M., Univ., Inst. für Organ. Chem.) GOMPPER. 3132

Robert M. Herbst und **James A. Garrison**, *Untersuchungen über die Bildung von 4-Aminotriazolderivaten aus Acylhydraziden.* Vff. stellten aus niederen Fettsäuren oder aus Diacylhydraziden u. Hydrazinhydrat (**I**) durch mehrstd. Erhitzen *4-Amino-3.5-dialkyl-1.2.4-triazole* dar. Die Ausbeute nimmt mit zunehmendem Mol.-Gew. der Carbonsäure ab; Isobuttersäure gab unter den angewandten Bedingungen, wahrscheinlich aus ster. Gründen, nur *Diisobutyrylhydrazid*, Benzoesäure hauptsächlich *Dibenzoylhydrazid* (**II**) u. nur wenig Aminotriazol. Vff. nehmen an, daß die Rk. folgenden Verlauf nimmt: 1. Bldg. des Hydraziniumsalzes, 2. Dehydratisierung zum Monoacylhydrazid, 3. Zers. desselben zum Diacylhydrazid u. Hydrazin, 4. Rk. des Diacylhydrazids mit Hydrazin zum Aminotriazol, vielleicht über acylierte Hydrazidine u. Dialkyldihydro-1.2.4.5-tetrazine als Zwischenstufen. Benzoesäureäthylester gab beim 5tägigen Erhitzen mit **I** im Rohr etwa gleiche Mengen von *4-Amino-3.5-diphenyl-1.2.4-triazol* u. *3.5-Diphenyl-1.2.4-triazol*; letzteres kann durch reduktive Desaminierung des ersteren oder durch Kondensation von Benzhydrazid mit seinem reduktiven Desaminierungsprod., Benzamid, entstanden sein.

Versuche (FF. korr.): *4-Amino-1.2.4-triazol*, F. 79—80,5° (A.–Ae.), aus Ameisensäure u. 85%ig. **I** durch 5std. Erhitzen auf 200° unter Abdest.; 89% (Ausbeute). — *4-Amino-3.5-dimethyl-1.2.4-triazol*, F. 196,5—197,5° (aus Isopropanol), ebenso aus Eisessig bei 220—230°; 75%. — *4-Amino-3.5-diäthyl-1.2.4-triazol*, $C_6H_{12}N_4$, F. 165,5 bis 166,5° (Äthylacetat), a) wie vorst. aus Propionsäure; 68%; b) aus Dipropionylhydrazid u. **I** durch 48std. Erhitzen im Bombenrohr auf 180°; 64%. — *4-Amino-3.5-di-n-propyl-1.2.4-triazol*, $C_8H_{16}N_4$, F. 182—183° (Äthylacetat), a) aus Buttersäure u. **I** durch 5—6std. Erhitzen auf 270°; 48%; b) aus Di-n-butyrylhydrazid u. **I** durch 48std. Erhitzen im Bombenrohr auf 180°; 59%. — *Diisobutyrylhydrazid*, F. 238—239° (Isopropanol), a) aus Isobuttersäure u. **I** durch 5—6std. Erhitzen auf 270°, 25—50%; b) aus Isobutyrylhydrazid durch 24std. Erhitzen im Bombenrohr auf 180°; 50—60%. — *4-Amino-3.5-diisopropyl-1.2.4-triazol*, $C_8H_{16}N_4$, F. 228,5—230° (Isopropanol), aus vorst. Verb. u. **I** durch 48std. Erhitzen im Bombenrohr auf 180°; 62%. — *4-Amino-3.5-diphenyl-1.2.4-triazol* ($C_{14}H_{12}N_4$, F. 259—260° (A.), a) aus Benzoesäure u. I beim Erhitzen auf 270°, Ausziehen mit HCl u. Neutralisieren der sauren Lsg.; 10%; daneben 50—60% *Dibenzoylhydrazid* (**II**), F. 238—239°; b) aus **II** u. **I** beim 48std. Erhitzen im Bombenrohr auf 180°; 58%; c) aus 30 g Benzoesäureäthylester u. 12 g **I** durch 5tägiges Erhitzen im Bombenrohr auf 195° u. Aufnehmen in A.; 5,3 g; aus der Mutterlauge *3.5-Diphenyl-1.2.4-triazol*, F. 190°; 4,3 g. **II** entstand ebenfalls beim 24std. Erhitzen von Benzhydrazid im Bombenrohr auf 180°; 50—60%. (J. org. Chemistry **18**. 872—77. Juli 1953. East Lansing, Mich., Michigan State Coll., Kedzie Chem. Labor.) Seide. 3153

William S. Emerson, Gail H. Birum und **Raymond I. Longley jr.**, *Bicyclische Dihydropyrane durch die Diels-Alder-Reaktion.* Die Synth. von Dihydropyranverbb. durch die Diels-Alder-Addition von Äthylvinyläther an α.β-ungesätt. Carbonylverbb. wurde auf die Darst. von *di-* u. *tricycl. Dihydropyranen* ausgedehnt. Der Strukturbeweis wurde durch Rk. von *2-Äthoxy-3.4.5.6.7.8-hexahydro-4-phenyl-2H-benzopyran* (**V**) mit NH_4Cl u. CH_3COONa u. anschließende Dehydrierung mit Pd in sd. p-Cymol zu *4-Phenylchinolin* geführt.

Versuche: *2-Benzylidencyclohexanon*, F. 51—53° (wss. A.), $Kp._9$ 165—171°: NaOH, Cyclohexanon (**I**) u. Benzaldehyd werden 12 Std. bei Zimmertemp. gerührt; es wird mit CH_3COOH neutralisiert u. mit Bzl. ausgezogen; 39% (Ausbeute). — Analog: *2-Benzylidencyclopentanon*, F. 69—71°, $Kp._{12}$ 170—177°, aus C_6H_5CHO u. Cyclopentanon (8½ Std. [Reaktionszeit]); 74%. — *2-Piperonylidencyclohexanon*, F. 87—88°, $Kp._{10}$ 190—238°, aus Piperonal u. **I** (24 Std.); 22%. — *2-Veratrylidencyclohexanon* (**IV**), F. 83—85°, $Kp._{10}$ 202—260°, aus Veratrumaldehyd (**II**) u. **I** (24 Std.); 52%. — *2-Piperonylidenindandion-(1.3)*, F. 201—202,5° (Xylol), aus Piperonal u. Indandion-(1.3) (**III**) (14½ Std.); 83%. — *2-Veratrylidenindandion-(1.3)*, F. 204—205° (Xylol), aus **II** u. **III** (8 Std.); 86%. — *2-Äthoxy-3.4.5.6.7.8-hexahydro-4-[3.4-dimethoxyphenyl]-2H-benzopyran*, $Kp._1$ 211—216°: **IV**, Äthylvinyläther u. etwas Hydrochinon werden in Autoklaven unter N_2 16 Std. auf 190° erhitzt; n_D^{25} 1,5499; 40%. — Analog: *2-Äthoxy-3.4-dihydro-4-phenyl-5.6-trimethylen-2H-pyran*, $Kp._2$ 162—168°; 16 Std.; n_D^{25} 1,5798; 38%. — *2-Äthoxy-3.4.5.6.7.8-hexahydro-4-phenyl-2H-benzopyran* (**V**), $Kp._4$ 160—162°; 28 Std.; n_D^{25} 1,5346; 52%. — *2-Äthoxy-3.4.5.6.7.8-hexahydro-4-[3.4-methylendioxyphenyl]-2H-benzopyran*, $Kp._3$ 174—184°; 16 Std.; n_D^{25} 1,5538; 22%. — *1-[3.4-Methylendioxyphenyl]-3-äthoxy-1.2.3.4-tetrahydro-4-oxafluorenon-(9)*, F. 130—132°; 15½ Std.; 49%. — *1-[3.4-Dimethoxyphenyl]-3-äthoxy-1.2.3.4-tetrahydro-4-oxafluorenon-(9)*, F. 122—124°; 15½ Std.; 43%. *Oxim*, $C_{22}H_{23}O_5N$, F. 185 bis 186° (wss. A.). — *4-Phenylchinolinpikrat*, $C_{21}H_{14}O_7N_4$, F. 224—226° (Bzl. u. A.): 3 g **V**, 3 g NH_4Cl, A. u. W. werden 5 Min. gekocht; nach Zugabe von W. u. 5,5 g CH_3COONa (wasserfrei) wird weitere 30 Min. gekocht, nach dem Abkühlen mit p-Cymol extrahiert, die Lsg. mit 2 g 5%ig. Pd-Kohle 2 Std. von 125 auf 210° erhitzt u. nach Lösen in A. zu alkoh. Pikrinsäurelsg. gegeben; 0,6 g. (J. Amer. chem. Soc. **75**. 1312—13. 20/3. 1953. Dayton, O., Monsanto Chem. Co., Central Res. Dep.) H. Ulrich. 3211

D. S. Tarbell, H. P. Hirschler und **T. J. Hall**, *Synthesen im Gebiet der Thiochromanone.* Vff. synthetisierten *5-Phenyl-8-methoxythiochromanon* (**II**) durch Cyclisierung von *β-Carboxyäthyl-4-methoxyxenyl-(3)-sulfid* (**I**) mittels wasserfreier HF (einzige Meth.). **I** wurde erhalten durch Addition von Methylacrylat an das entsprechende Thiophenol(**IV**) oder besser durch Rk. von diazotiertem 3-Amino-4-methoxybiphenyl(**III**) mit β-Mercaptopropionsäure in acetatgepufferter Lösung. Vff. beabsichtigten eine Spaltung des Thiochromanonrings unter Bldg. eines Vinylketons, um Synthesen in der Colchicinreihe durchführen zu können; Verss., unternommen an **II** bzw. *5.6-Benzothiochromanon* oder dessen Sulfon, zeigten jedoch, daß die Rk. für diesen Zweck nicht brauchbar ist.

Versuche: *3-Phenylazo-4-oxybiphenyl*, F. 127,5° (A.), durch Kupplung von diazotiertem Anilin mit 4-Oxybiphenyl (0°); 97% (Ausbeute, roh). — *3-Phenylazo-4-methoxybiphenyl*, $C_{19}H_{16}ON_2$, F. 136,5—137,5° (rote Nadeln aus Essigester), aus vorst. Verb. mit $(CH_3)_2SO_4$; 71%. — *3-Amino-4-methoxybiphenyl* (**III**), $C_{13}H_{13}ON$, F. 80—81° (A. oder Hexan), durch Red. vorst. Verb. mit H_2 u. Pt in absol. A. bei 60°; fast 100%. *Acetylderiv.*, $C_{15}H_{15}O_2N$, F. 186,7—187,5°. — *3-Mercapto-4-methoxybiphenyl* (**IV**), $C_{13}H_{12}OS$, F. 64—65° (Methanol), $Kp._1$ 170—175°, aus **III** durch Diazotierung, Rk. mit K-Äthylxanthogenat bei 40° u. Verseifung des entstandenen Esters mit alkoh. KOH in Bzl. (8 Std. Kochen). *Disulfid*, $C_{26}H_{22}O_2S_2$, F. 168,5—169° (grüngelbe Platten aus Chlf.–PAe.), durch Oxydation vorst. Verb. mit J_2 in Chloroform. — *β-Carbomethoxyäthyl-4-methoxyxenyl-(3)-sulfid*, $C_{17}H_{18}O_3S$, F. 62,5—63,5° (Methanol), aus **IV** u. Methylacrylat in Bzl. (6 Std. Erwärmen, Zusatz von Piperidin); 75%. — *β-Carboxyäthyl-4-methoxyxenyl-(3)-sulfid* (**I**), $C_{16}H_{16}O_3S$, F. 138,5—139° (Nadeln aus

verd. A.), a) durch mehrtägiges Stehen vorst. Verb. mit 20% ig. HCl in Aceton; 97%; b) aus diazotiertem **III** u. β-Mercaptopropionsäure bei 0° u. p_H 6 u. Hydrolyse wie bei a); 36%; daneben *4-Methoxybiphenyl*, F. 82—82,5°. Vorteilhafter als Meth. a) ist zur Darst. von **I** folgendes Verf.: Behandeln des rohen **IV** mit Zn–CH_3COOH, dann Rk. mit Methylacrylat, dann Hydrolyse, ohne die einzelnen Zwischenprodd. zu isolieren. — *5-Phenyl-8-methoxythiochromanon* (**II**), $C_{16}H_{14}O_2S$, F. 124—125° (Methanol), aus 1 g **I** durch Stehen über Nacht mit wasserfreier HF; 0,2 g, daneben 0,6 g **I** zurück. *Dinitrophenylhydrazon*, $C_{22}H_{18}O_5N_4S$, F. 253—256° (Chlf.-A.). — *β-[Naphthyl-(2)-mercapto]-propionsäure*, F. 102—103° (Bzl.), aus β-Thionaphthol u. Methylacrylat (6 Std. Erhitzen, Zusatz von Piperidin); 77%; nicht dagegen aus diazotiertem β-Naphthylamin u. β-Mercaptopropionsäure. — *5.6-Benzothiochromanon*, aus vorst. Verb. mit HF wie oben oder mit H_2SO_4; je 60%. — *5.6-Benzothiochromanonsulfon*, $C_{13}H_{10}O_3S$, F. 150 bis 151° (A.), durch 1std. Kochen vorst. Verb. mit 30% ig. H_2O_2 in Eisessig; 69%. (J. Amer. chem. Soc. **75**. 1985—87. 20/4. 1953. Rochester, N. Y., Univ., Dep. of Chem.)
J. ROTHE. 3221

I. Ss. Belonossow und **A. A. Konstantinow**, *Untersuchung von γ-Pyroncarbonsäuren und ihre Umwandlungen*. 3. Mitt. (2. vgl. C. **1951**. II. 1583.) Das *Diäthylaminsalz* der *2.6-Dijod-3-oxypyridon-N-essigsäure* (**I**), das im Tiervers. als Röntgenkontrastmittel geeignet ist, konnte auf folgendem Wege synthetisiert werden: Mekonsäure → Komensäure (**II**; vgl. C. **1949**. E. 410), daraus durch Decarboxylierung Pyromekonsäure, die zu *2.6-Dijodpyromekonsäure* jodiert wird. Mit NH_3 wird aus letzterer *2.6-Dijodpyrokomenaminsäure* erhalten, die mit Na-Chloracetat **I** gibt. Eine Synth. über Komenaminsäure war nicht möglich, da diese wie Pyrokomenaminsäure bei der Jodierung unter Verharzung zerstört wird. Dagegen entsteht aus **II** bei der Jodierung *Dijodkomensäure*.

V e r s u c h e : *Dijodkomensäure*, F. 110—112° (Zers.); zu einer Lsg. von 5 g **II** in 70 cm³ n KOH wird unter Eiskühlung J_2 (2 Mol auf 1 Mol **II**) in kleinen Anteilen zugesetzt; man säuert mit HCl an u. läßt über Nacht stehen; hellgelbe Kristalle; 60% (Ausbeute). — *Pyromekonsäure*, F. 117—118°; durch trockene Dest. von **II** in Portionen von 25 g mit gleicher Menge Cu-Pulver; Nadeln; ca. 45%. — *2.6-Dijodpyromekonsäure*, F. 235—238° (Zers.); zu einer unter Eiskühlung hergestellten Lsg. vorst. Verb. in nicht überschüssiger 10% ig. NaOH wird allmählich unter Kühlung J_2 (2 Mol auf 1 Mol Säure) zugesetzt; man säuert mit HCl an u. läßt über Nacht stehen; aus W. hellbraune, nach Jod riechende Kristalle; 25%. — *2.6-Dijodpyrokomenaminsäure* (im Original irrtümlich 2.6-Dijodpyromekonsäure; der Referent), F. 119—121°; 15 g vorst. Verb. werden mit der 5fachen Menge konz. NH_3 2—3 Std. gekocht; man säuert mit HCl bis zur schwach sauren Rk. auf Kongo an; aus W. hellbraune Kristalle; 25%. — *2.6-Dijod-3-oxypyridon-N-essigsäure* (**I**), F. 120°; 10 g vorst. Verb. werden in überschüssiger n NaOH gelöst u. mit der äquivalenten Menge Na-Chloracetat 2 Std. zum schwachen Sieden erhitzt; man säuert mit HCl an (schwach kongosauer); hellbraune Kristalle; 30%. *Diäthylaminsalz*, F. 168—169°; hellgelbe Kristalle. (Журнал Прикладной Химии [J. angew. Chem.] **25**. 1233—36. Nov. 1952. Chabarowsk, Med. Inst., Lehrstuhl für organ. u. biol. Chem.)
WÖRFFEL. 3231

William E. Parham, Thomas M. Roder und **William R. Hasek**, *Heterocyclische Vinyläther*. 2. Mitt. *Benzo-1.4-dithiadien*. (1. vgl. C. **1952**. 7975.) Durch Kondensation von Dithiobrenzcatechin (**II**) mit Bromacetaldehyddiäthylacetal (**I**) unter N_2 entsteht *o-[β.β-Diäthoxyäthylmercapto]-phenylmercaptan* (**III**), das ohne Isolierung durch Einw. von HCl in Ae. zu *2-Äthoxybenzo-1.4-dithian* (**IV**) cyclisiert wurde, daraus wurde mit P_2O_5 A. zu *Benzo-1.4-dithiadien* (**V**) abgespalten. Wenn die Kondensation von **II** mit **I** nicht unter N_2, sondern in Ggw. von Luft-O_2 durchgeführt wird, entsteht an Stelle von **III** *Bis-[o-(β.β-diäthoxyäthylmercapto)-phenyl]-disulfid* (**VI**), das mit 2.4-Dinitrophenylhydrazin (**IX**) dasselbe *Bis-[o-(2-oxoäthylmercapto)-phenyl]-disulfid-bis-[2.4-dinitrophenylhydrazon]* liefert wie **IV**. Oxydation von **V** ergab das zugehörige *Disulfon* (**X**), Hydrierung *Benzo-1.4-dithian* (**VIII**). **VIII** kann durch Dehydrierung mit Chloranil wieder in **V** übergeführt werden; mit S bei 200° gelingt diese Dehydrierung nicht, weil **V** unter diesen Bedingungen nicht mehr stabil ist. **V** wird bei der Nitrierung im Heteroring substituiert, da das entstandene *2-Nitrobenzo-1.4-dithian* (**XI**) bei der Oxydation mit alkal. $KMnO_4$ *Na-Benzol-o-disulfonat* (**XII**; charakterisiert als *Dichlorid*) liefert. Die Einführung einer CHO-Gruppe in **V** gelang mit N-Methylformanilid; die Struktur des erhaltenen *Benzo-1.4-dithiadien-2-aldehyds* (**VII**) wurde ebenfalls durch Oxydation zu **XII** sichergestellt. Nach längerer Einw. von alkoh. HCl auf **V** wurde der größte Teil unverändert zurückerhalten, daneben entstand **IV**.

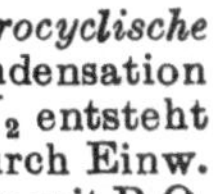

V

V e r s u c h e : *2-Äthoxybenzo-1.4-dithian* (**IV**), $C_{10}H_{12}OS_2$, Kp.$_{0,9}$ 124—125°, durch 1½std. Kochen von **I**, **II** u. KOH in A. unter N_2, Entwässern mit $MgSO_4$, Einengen des Filtrats unter N_2, Aufnehmen des Rückstands in Ae., Ansäuern mit äther. HCl, 16std. Stehen, Alkalisieren mit Na_2CO_3 u. Gießen in W.; n_D^{25} 1,6229, λ_{max} 241 u. 265 mμ (ε = 18800 u. 5600; in A.); 55% (Ausbeute). *1.3.5-Trinitrobenzolat*, $C_{16}H_{15}\cdot O_7N_3S_2$, F. 103,5—104° (A.). — *Bis-[o-(β.β-diäthoxyäthylmercapto)-phenyl]-disulfid* (**VI**), $C_{24}H_{34}O_4S_4$, aus **I** u. **II** in Ggw. von KOH u. Luft-O_2. — *Bis-[o-(2-oxoäthylmercapto)-phenyl]-disulfid-bis-[2.4-dinitrophenylhydrazon]*, $C_{28}H_{22}O_8N_8S_4$, F. 163,5—164,5° (A.), a) aus **VI** u. **IX**; b) durch saure Hydrolyse von **IV** in Ggw. von **IX**. — *Benzo-1.4-dithiadien* (**V**), $C_8H_6S_2$, Kp.$_{0,1}$ 67—70°, durch 2std. Erhitzen von **IV** mit P_2O_5 unter N_2 auf 170—175°; n_D^{25} 1,6754; gelbgrüne Fluorescenz im Sichtbaren, grüne im UV, λ_{max} 253 u. 301 mμ (ε = 16800 u. 810; in A.), $\lambda_{Infl.}$ 262 mμ (ε = 6450); 72%. — *Benzo-1.4-dithian* (**VIII**), $C_8H_8S_2$, Kp.$_{0,18}$ 82,5—85°, durch Zutropfen von $NaOC_2H_5$-Lsg. zur sd. Lsg. von **II** u. Äthylenbromid in A. unter N_2, weiteres 18std. Kochen, Filtration, Einengen, Zugabe von W. u. Ae.-Extraktion; n_D^{25} 1,6713, λ_{max} 243 u. 273 mμ (ε = 22300 u. 5340; in A.); 69%. 20std. Dehydrierung von **VIII** mit Chloranil in sd. o-Xylol gab 37% **V**. — *Benzo-1.4-dithian-1.1.4.4-tetroxyd*, $C_8H_8O_4S_2$, F. 269° (Aceton), a) durch Oxydation von **VIII** in Eisessig mit 30%ig. H_2O_2; 93%; b) durch Hydrierung von **V** in $CH_3OH + H_2SO_4$ in Ggw. von Pd-Kohle unter 50 lbs./sq. in. u. Oxydation von **VIII** wie bei a); c) durch Hydrierung von **X** in A. unter 45 lbs./sq. in. in Ggw. von Pd-Kohle. — *Benzo-1.4-dithiadien-1.1.4.4-tetroxyd* (**X**), $C_8H_6O_4S_2$, F. 221,5—222,5° (A.), durch Oxydation von 0,5 g **V** in Eisessig mit 30%ig. H_2O_2; 0,5 g. — *2-Nitrobenzo-1.4-dithiadien* (**XI**), $C_8H_5O_2\cdot NS_2$, F. 104,5—105,5°, durch Zutropfen eines Gemisches von Eisessig, 70%ig. HNO_3 u. Harnstoff zu **V** in Eisessig bei 18° u. Gießen auf Eis; aus PAe. oder wss. A. lange rote Nadeln; 46%. — *Benzo-1.4-dithiadien-2-aldehyd* (**VII**), $C_9H_6OS_2$, aus **V** nach WESTON u. MICHAELIS (C. **1951**. II. 970), Isolierung als Bisulfitverb. u. Zers. mit wss. K_2CO_3-Lsg.; orangefarbenes Öl; λ_{max} 271, 210—233 mμ (ε = 14300, 10700—11150), λ_{min} 249 mμ (ε = 5150; in A.); 42%. *Oxim*, $C_9H_7ONS_2$, F. 166—169° (A.). *Phenylhydrazon*, $C_{15}H_{12}N_2S_2$, F. 138,8—139,4° (A.), unbeständig. — *Benzol-o-disulfonylchlorid*, F. 143 bis 144° (Bzl.-PAe.), a) durch 5std. Kochen von **XI** mit 5%ig. wss. $KMnO_4$-Lsg. u. 10%ig. NaOH, Filtration, Eindampfen, Verreiben des Rückstands mit PCl_5, 4std. Erhitzen mit PCl_3 auf 130° u. Gießen auf Eis; b) ebenso aus 0,64 g **VII**; 0,5 g. (J. Amer. chem. Soc. **75**. 1647—51. 5/4. 1953. Minneapolis, Minn., Univ., School of Chem.)

SPAETH. 3262

William E. Parham, Hans Wynberg und **Floyd L. Ramp**, *Heterocyclische Vinyläther*. 3. Mitt. *Synthese von 1.4-Dithiadien und 1.4-Dithiadiendisulfon*. (2. vgl. vorst. Ref.) Die Darst. von *Mercaptoacetaldehyddimethyl-* (**Ia**) u. *-diäthylacetal* (**Ib**) nach verschied. Methoden wurde untersucht; am besten eignete sich die Red. des Gemisches der Bis-[β.β-dialkoxyäthyl]-polysulfide (aus den Chloracetalen u. Na_2S_3) mit Na in fl. NH_3. Die Cyclisierung von **Ib** mit äther. HCl lieferte *2.5-Diäthoxy-1.4-dithian* (**IIb**), diejenige von **Ia** in Ggw. von p-Toluolsulfonsäure ein Gemisch von *cis-* u. *trans-2.5-Dimethoxy-1.4-dithian* (**IIa**), von denen eines der Isomeren rein erhalten werden konnte. Abspaltung von CH_3OH bzw. A. aus den **II**-Gemischen mit P_2O_5 bei 100—120° ergab *2-Alkoxy-1.4-dithien-(5)*, während bei 180—200° Zers. eintrat. Dagegen gelang die Abspaltung von CH_3OH bzw. A. aus **II** bei 300° in Ggw. von Al_2O_3. Das erhaltene *1.4-Dithiadien* (**III**) gab durch Oxydation mit H_2O_2 bei Raumtemp. ein *Dioxyd*, von dem noch nicht feststeht, ob es sich um das Disulfoxyd oder das Monosulfon handelt; durch weitere Oxydation wurde das *Disulfon* erhalten, dessen Identität durch Red. mit Zn u. CH_3COOH oder durch Hydrierung zu *1.4-Dithiandisulfon* nachgewiesen wurde. Ein Prod. mit der Konst. von **III** wurde von LEVI [1890] beschrieben u. als Biophen bezeichnet; diese Darst. aus Thiodiglykolsäure u. P_2S_3 konnte nicht reproduziert werden, auch nicht mit P_4S_7 oder P_2S_5; die von LEVI angegebenen FRIEDEL-CRAFTS-Rkk. mit CH_3COCl u. C_6H_5COCl zum entsprechenden Methyl- bzw. Phenylketon konnten ebenfalls nicht wiederholt werden.

Versuche: *Benzyl-[β.β-dimethoxyäthyl]-sulfid* (**V**), $C_{11}H_{16}O_2S$, Kp.$_{3-4}$ 90—95°, aus Benzylmercaptan, Chloracetaldehyddimethylacetal (**IV**), Na u. KJ in A. nach HUTCHINSON u. SMILES [1914]; n_D^{30} 1,5299; 89% (Ausbeute). — *Bis-[β.β-dimethoxyäthyl]-disulfid* (**VI**), $C_8H_{18}O_4S_2$, Kp.$_{0,6}$ 102°, durch 16std. Kochen von **IV**, KJ, $Na_2S\cdot 9H_2O$ u. S in A., Einengen, Zugabe von W., Ae.-Extraktion u. fraktionierte Dest.; n_D^{27} 1,4876; 53%. Daneben 13% *Monosulfid*, $C_8H_{18}O_4S$, Kp.$_1$ 85°, n_D^{25} 1,4569, u. 34% *Tri-* u. *Polysulfide*. Die besten Ausbeuten an **Ia** wurden aus dem rohen Gemisch erhalten. — *Mercaptoacetaldehyddiäthylacetal* (**Ib**), $C_6H_{14}O_2S$, Kp.$_{17}$ 68—72°, durch Zugabe von Bromacetaldehyddiäthylacetal u. KJ zur mit H_2S gesätt. Lsg. von KOH in A., 7tägiges Stehen unter Einleiten eines schwachen H_2S-Stromes, Einengen, Versetzen mit W., Sättigen mit CO_2 u. Ae.-Extraktion; n_D^{25} 1,4392; 29,5%. *Mercaptoacetaldehyd-2.4-dinitrophenylhydrazon*, $C_8H_8O_4N_4S$, F. 204,5—206,5° (Äthylacetat). —

n-Butylmercaptoacetaldehyd-2.4-dinitrophenylhydrazon, $C_{12}H_{16}O_4N_4S$, F. 68,5—70° (A.), durch 1½std. Erwärmen von **Ib** mit $NaOC_2H_5$ u. n-Butylbromid in A., Ansäuern mit HCl u. Behandlung mit 2.4-Dinitrophenylhydrazin (**VII**). — *1-Phenyl-2-nitroäthylmercaptoacetaldehyd-2.4-dinitrophenylhydrazon*, $C_{16}H_{15}O_6N_5S$, F. 139—139,5° (Chlf.), aus **Ib** u. ω-Nitrostyrol mit Pyridin in A., dann mit **VII**; 30%. — *Mercaptoacetaldehyddimethylacetal* (**Ia**), $C_4H_{10}O_2S$, Kp.$_{80}$ 81—82°, a) aus Bromacetaldehyddimethylacetal wie **Ib**, aber 1 Std. bei 40—50° u. ½ Std. bei 80°; n_D^{30} 1,4463; 23%; b) durch Red. von **V** in Ae. mit Na in fl. NH_3; 66%; c) durch Red. von **VI** mit $LiAlH_4$ in Ae.; 57%; d) durch Red. von **VI** mit Na in fl. NH_3; 50%; e) durch Red. des rohen, bei **VI** beschriebenen Sulfidgemisches mit Na in fl. NH_3; 67% (bezogen auf **IV**). — *2.5-Diäthoxy-1.4-dithian* (**IIb**), $C_8H_{16}O_2S_2$, Kp.$_4$ 93—111°, a) durch 1std. Kochen von **Ib** mit HCl in Ae.; 46%; b) durch 2std. Kochen von **Ib** mit p-Toluolsulfonsäure in Bzl.; 65%; daraus das *α-Isomere*, F. 90—92° (A.). — *2.5-Dimethoxy-1.4-dithian* (**IIa**), $C_6H_{12}O_2S_2$, Kp.$_1$ 79—81°, wie vorst. Verb. nach b); 55%; daraus das *α-Isomere*, F. 84—85°. — *2-Methoxy-1.4-dithien-(5)*, $C_5H_8OS_2$, Kp. 63,1—63,2°, durch 1½std. Erhitzen von rohem **IIa** mit P_2O_5 auf 110° unter Abdest. von Methanol (3.5-Dinitrobenzoat, F. 106 bis 107°); $n_D^{28,5}$ 1,594; λ_{max} 221 u. 272 mμ (ε = 3300 u. 4580; in A.), λ_{min} 246 mμ (ε = 2160); 46%. — *1.4-Dithiadien* (**III**), $C_4H_4S_2$, Kp.$_{17}$ 77°, a) durch Überleiten von **IIa** in CH_3OH über Al_2O_3 bei 310° in einem N_2-Strom, Auffangen in einer mit Trockeneis gekühlten Falle, Verdünnen mit W., Extraktion mit Ae., Dest., Chromatographie an Al_2O_3 u. Elution mit Ae.-PAe. (1:1); n_D^{30} 1,6319; λ_{max} 262 mμ (ε = 5400); $\lambda_{Infl.}$ 266 bis 270 mμ (ε = 4480); λ_{min} 245 mμ (ε = 3560); 45% (roh); b) ebenso aus **IIb** in A.; 40%; daneben *2-Äthoxy-1.4-dithien-(5)*, $C_6H_{10}OS_2$, Kp.$_2$ 68—72°, n_D^{25} 1,5731; 27,2%. — III-*Dioxyd*, $C_4H_4O_2S_2$, F. 99—100°, durch Oxydation von **III** in Eisessig bei 20° mit 30%ig. H_2O_2, Einengen, Zufügen von W., erneutes Einengen, Zugabe von Bzl., azeotrope Dest. von Bzl. u. W. u. Zugabe von PAe. zum Rückstand beim Kp.; nach Sublimation bei 120°/0,6 mm Stäbchen; 60%. — III-*Tetroxyd*, $C_4H_4O_4S_2$, F. 241,5—242,5° (Zers.), a) durch Weiteroxydation vorst. Verb. mit 30%ig. H_2O_2 in sd. CH_3COOH; aus CH_3COOH Prismen; 66%; b) aus **III** mit überschüssigem H_2O_2 in sd. CH_3COOH; 44%. — *1.4-Dithiandisulfon*, $C_4H_8O_4S_2$, Zers. > 320° (HNO_3), aus vorst. Verb. a) durch Red. in Eisessig mit Zn-Staub (1std. Kochen); 59%; b) durch Hydrierung in Eisessig in Ggw. von PtO_2 bei Raumtemperatur. (J. Amer. chem. Soc. **75**. 2065—69. 5/5. 1953.)

SPAETH. 3262

Norman Whittaker, *Pyrimidin*. *Pyrimidin* (**I**), F. 22,5°, Kp.$_{758}$ 124°, entsteht durch Hydrierung von 2.4-Dichlorpyrimidin in Ggw. von 3%ig. Pd-Kohle u. MgO (zur Aufrechterhaltung von p_H 7) bei Raumtemp. u. 30—40 lbs. während 80 Min. in wss. A.; nach Dampfdest. u. Zugabe von $HgCl_2$ bei p_H 6 wird die *$HgCl_2$-Verb.* über $Na_2S \cdot 9\,H_2O$ dest., bei 0—5° mit KOH gesätt. u. durch eine Kolonne dest.; weiterer Anteil durch Ausäthern der wss. Mutterlauge; Reinigung durch Behandeln mit wss. KOH u. Dest. über P_2O_5; 78% (Ausbeute). *Methojodid*, $C_5H_7N_2J$, F. 136—137°, aus 1 g **I** u. CH_3J in Methanol; aus A. hellgelbe Blättchen; 2,4 g. — *5-Brom-2.4-dichlorpyrimidin*, $C_4HN_2Cl_2Br$, Kp.$_{12}$ 112—113°, welches durch 100 Min. langes Kochen von 5-Bromuracil in $POCl_3$–Diäthylanilin dargestellt u. nach einer vom Vf. früher (C. **1953**. 4858) beschriebenen Meth. in 88%ig. Ausbeute isoliert wird, liefert bei analoger Hydrierung direkt **I**; 5-Brompyrimidin kann dabei nicht erhalten werden. (J. chem. Soc. [London] **1953**. 1646. Mai. Beckenham, Kent, Wellcome Res. Labor., Chem. Div.)

W. HOFFMANN. 3272

K. Schlögl und **G. Korger**, *Über eine neue Methode zur Darstellung von 1.2.4-Triazinen*. Vff. haben substituierte *Hexahydrodioxotriazine* der Struktur **I** dargestellt. Beim Vers., N-Carbobenzoxy-DL-phenylalaninhydrazid aus dem entsprechenden Äthylester darzustellen, entstand mit überschüssigem Hydrazin *5-Benzyl-3.6-dioxohexahydro-1.2.4-triazin* (**II**) u. nicht das n. Hydrazid oder durch anomale Hydrazinspaltung *DL-Phenylalaninhydrazid* u. das *Hydrazid des Kohlensäuremonobenzylesters*. Hydrolyse von **II** mit konz. HCl bei 130° im Einschlußrohr ergab *Phenylalanin*, *CO_2* u. *Hydrazin*. Das Vorliegen einer Aminoimidazolinstruktur (vgl. MANMOHAN SEN, J. Ind. chem. Soc. **6**. [1929.] 1001) konnte durch folgende Tatsachen ausgeschlossen werden: VAN SLYKE negativ; mit Benzaldehyd entstand kein Azomethin; keine Entfärbung von saurer Permanganatlösung.

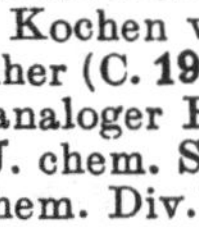

I

V e r s u c h e (alle FF. im Mikroschmelzpunktsapp. nach KOFLER): Folgende *Dioxohexahydro-1.2.4-triazine* der Struktur **I** wurden dargestellt, indem je 0,01 Mol des N-Carbobenzoxy-α-aminosäureesters bzw. des -hydrazids mit 0,1—0,15 Mol Hydrazinhydrat u. 10—15 cm³ absol. A. 4—20 Std. am Wasserbad erhitzt wurden. *R* = *CH_3* (**III**), $C_4H_7O_2N_3$, F. 135—136°, aus DL-Alanin, Nadeln aus Ae./Methanol;

26% (Ausbeute). *R* = $CH_2CH(CH_3)_2$, $C_7H_{13}O_2N_3$, F. 150—153°, aus L-Leucin, Nadeln aus A./Ae.; 42%. *R* = $-CH_2 \cdot C_6H_5$ (II), $C_{10}H_{11}O_2N_3$, F. 205—206°, aus DL-Phenylalanin, Nadeln aus W./Methanol; 76%. *R* = *p-Oxybenzyl-*, $C_{10}H_{11}O_3N_3$, F. 215—216°, aus L-Tyrosin, Nadeln aus A./W.; 70%. *R* = *Indolyl-(3)-methyl-*, $C_{12}H_{12}O_2N_4$, F. 220 bis 223°, aus DL-Tryptophan, Blättchen aus W.; 71%. Die UV-Spektren der vorst. Verbb. in A. wurden aufgenommen, sie zeigen keine charakterist. Absorption des Triazinrings. — Nachst. *N-Carbobenzoxy-α-aminosäureester* bzw. *Hydrazide* bzw. *Acetonhydrazone* der Zus. $C_6H_5CH_2O \cdot CO \cdot NH \cdot CH(R) \cdot COR'$ wurden dargestellt: *N-Carbbenzoxy-α-aminosäureester* aus dem Aminoesterhydrochlorid in Chlf., Chlorkohlensäureester u. NaOH bei —5° unter Schütteln. Daraus mit Hydrazinhydrat in absol. A., 48 Std. bei Zimmertemp., die *Hydrazide*. Daraus durch 1std. Erhitzen mit absol. Aceton die *Aceton-[N-carbalkoxyaminosäure]-hydrazone:* *R* = *H*, *R'* = $NHNH_2$, $C_{10}H_{13}O_3N_3$, F. 115—117°, aus Glycin, Nadeln aus Methanol/Ae./PAe.; 85%. *R* = *H*, *R'* = $NHN{=}C(CH_3)_2$, $C_{13}H_{17}O_3N_3$, F. 108—109°, aus Glycin, Blättchen aus Ae./Aceton; 70%. *R* = CH_3, *R'* = OC_2H_5, $C_{13}H_{17}O_4N$, F. 47°, Kp.$_{0,016}$ 120—123°, aus DL-Alanin, Nadeln aus PAe.; 81%. *R* = CH_3, *R'* = $NHNH_2$, $C_{11}H_{15}O_3N_3$, F. 119 bis 120°, aus DL-Alanin, Nadeln aus Methanol/Ae.; 70%. *R* = $CH_2 \cdot CH(CH_3)_2$, *R'* = OC_2H_5, $C_{16}H_{23}O_4N$, Kp.$_{0,05}$ 160—165°, aus L-Leucin, Öl; 70%. *R* = $C_6H_5CH_2$—, *R'* = OC_2H_5, $C_{19}H_{21}O_4N$, F. 77—79°, aus DL-Phenylalanin, Blättchen aus A./PAe.; 74%. *R* = $C_6H_5 \cdot CH_2$—, *R'* = $NHNH_2$, $C_{17}H_{19}O_3N_3$, F. 137—138°, aus DL-Phenylalanin, Nadeln aus W./A.; 92%. *R* = $C_6H_5CH_2$, *R'* = $NHN{=}C(CH_3)_2$, $C_{20}H_{23}O_3N_3$, F. 149—152°, aus DL-Phenylalanin, Nadeln aus Ae./Aceton; 71%. *R* = *Indolyl-(3)-methyl-*, *R'* = $-OCH_3$, $C_{20}H_{20}O_4N_2$, F. 102°, aus DL-Tryptophan, Nadeln aus Ae./Methanol; 82%. *R* = *Indolyl-(3)-methyl-*, *R'* = $-NHNH_2$, $C_{19}H_{20}O_3N_4$, F. 161—163°, aus DL-Tryptophan, Nadeln aus Ae./Methanol; 80%. — Folgende *N-Carbomethoxy-α-aminosäureester* bzw. *Hydrazide* der Zus. $CH_3O \cdot CO \cdot NH \cdot CH(R)COR'$: *R* = *H*, *R'* = $NHNH_2$, $C_4H_9O_3N_3$, F. 97—98°, aus Glycin, Prismen aus A./Ae.; 95%. *R* = *H*, *R'* = $NHN{=}C(CH_3)_2$, $C_7H_{13}O_3N_3$, F. 103—104°, aus Glycin, Nadeln aus Ae./Aceton; 86%. *R* = CH_3, *R'* = $NHN{=}C(CH_3)_2$, $C_8H_{15}O_3N_3$, F. 152—154°, aus DL-Alanin, feine Nadeln aus Aceton; 65%. *R* = $CH_2 \cdot CH(CH_3)_2$, *R'* = OC_2H_5, $C_{10}H_{19}O_4N$, Kp.$_{0,015}$ 117—125°, aus L-Leucin, Öl; 81%. *R* = $CH_2CH(CH_3)_2$, *R'* = $NHNH_2$, $C_8H_{17}O_3N_3$, F. 173—175°, aus L-Leucin, Nadeln aus Ae./Methanol; 51%. *R* = $CH_2 \cdot C_6H_5$, *R'* = OC_2H_5, $C_{13}H_{17}O_4N$, F. 52°, aus DL-Phenylalanin, Prismen aus Ae./PAe.; 79%. *R* = $CH_2C_6H_5$, *R'* = $NH \cdot NH_2$, $C_{11}H_{15}O_3N_3$, F. 137—139°, aus DL-Phenylalanin, Nadeln aus A./Ae./PAe.; 69%. *R* = *Indolyl-(3)-methyl-*, *R'* = OCH_3, $C_{14}H_{16}O_4N_2$, F. 112—114°, aus DL-Tryptophan, Prismen aus Ae./PAe./Methanol; 46%. *R* = *Indolyl-(3)-methyl-*, *R'* = $NHNH_2$, $C_{13}H_{16}O_3N_4$, F. 196—198°, aus DL-Tryptophan, Nadeln aus A./Ae.; 61%. — *DL-Phenylalaninhydrazid*, $C_9H_{13}ON_3$, F. 82—84°, bei 1std. Kochen des Äthylesters mit Hydrazinhydrat; 88%. — Aus II durch Hydrolyse mit konz. HCl (Einschlußrohr, 130°) CO_2, Phenylalanin u. Hydrazin. — *Diacetondihydrazon* der *Glycin-N-carbonsäure*, $C_9H_{17}O_2N_5$, F. 233—235° (Zers.), aus der Glycinestercarbobenzoxyverb. bei 20std. Erhitzen mit Hydrazinhydrat u. Behandeln des dabei entstehenden Öls mit Aceton, Nadeln aus A.; 33%. — Daraus durch katalyt. Hydrierung mit H_2/Pd-Mohr in 0,5 nHCl *Glycin-N-carbonsäurediisopropylhydrazid, Dihydrochlorid*, $C_9H_{21}O_2N_5 \cdot 2\,HCl$, Zers. bei 80°. — *Glycin-N-carbonsäuredibenzaldihydrazon* (IV), $C_{17}H_{17}O_2N_5$, F. 235—236° (geringe Zers.), wie vorst. beschrieben mit Benzaldehyd; 65%. — *DL-Alanin-N-carbonsäuredihydrazid*, $C_4H_{11}O_2N_5$, F. 165—166°, aus N-Carbobenzoxy-DL-alaninhydrazid, Überschuß Hydrazinhydrat in A. bei 20std. Erhitzen, Prismen aus A.; 33%. — Daraus bei 2std. Erhitzen mit W., dann dest. (0,3 mm) III, F. 130—135°; 78%. — Analog wurde dargestellt *DL-Phenylalanin-N-carbonsäuredihydrazid*, $C_{10}H_{15}O_2N_5$, F. 145—147° (Zers.), Nadeln aus A./Ae.; 75%. — Daraus beim Kochen mit W. quantitativ II. — *Diacetondihydrazon* der *DL-Phenylalanin-N-carbonsäure*, $C_{16}H_{23}O_2N_5$, F. 192—193° (Zers.), aus vorst. Verb. mit Aceton, Blättchen aus A./Ae.; 70%. — *Tyrosin-N-carbonsäuredihydrazid*, $C_{10}H_{15}O_3N_5$, F. 185—186° (Zers.), Darst. wie vorst. beschrieben, Nadeln aus A.; 70%. — Daraus das entsprechende Triazin mit W. durch Erhitzen. (Mh. Chem. **82**. 799—814. 1951. Wien, Univ., II. Chem. Labor.) GOEBEL. 3313

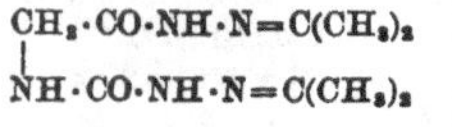

IV

C. S. Hudson, *Die Verwendung von Natriumcyanid und L-Arabinose bei der Kiliani-Synthese.* Während L-Arabinose (I) nach KILIANI mit wss. HCN als Hauptprod. *l-Mannonsäure* (II) u. als Nebenprod. *l-Gluconsäure* (III) liefert, ist bei Verwendung einer kalten wss. Lsg. von NaCN das Verhältnis **II** : **III** genau umgekehrt. Diese Umkehr tritt jedoch nicht bei allen reduzierenden Zuckern ein. So gibt *D-Glucose* sowohl mit HCN als auch mit NaCN gleiche Mengen *D-Gluco-D-guloheptonsäure* u.

D-Gluco-D-idoheptonsäure. Die MALTBY-Regel (vgl. HUDSON, Advances Carbohydrate Chem. **1.** [1945.] 26) gilt demnach nur bei Rkk. zwischen Aldosen u. HCN.

Versuche: Eine Lsg. von **I** u. NaCN in W. wird 4 Tage bei 5° stehengelassen; nach Zugabe von $Ba(OH)_2 \cdot 8\,H_2O$ wird die Lsg. unter Erneuerung des W. 3—4 Std. gekocht, dann werden Ba^{2+} als $BaCO_3$ u. Na^+ mittels eines Ionenaustauschers entfernt; nach Einengen u. Lactonisierung krist. *L-Mannonsäure-γ-lacton*; 14,3% (Ausbeute). Aus der Mutterlauge krist. **III** als *neutrales Ba-Salz*, aus wss. A., $[\alpha]_D^{20}$ —6,4° (c = 8,7 in W.); 49,6%. (J. Amer. chem. Soc. **73.** 4498—99. Sept. 1951. Bethesda, Md., Nat. Inst. of Health.) BRÜCKNER. 3400

Kiyoo Satoh und **Katashi Makino,** *Die Struktur der Adenylthiomethylpentose.* 1. Mitt. (Vgl. C. **1952.** 1164.) Die Konst. der z. B. in der Hefe vorkommenden Adenylthiomethylpentose mit Vitamin-L_2-Wrkg. (vgl. NAKAHARA u. Mitarbeiter, Sci. Pap. Inst. physic. chem. Res. [Tokyo] **42.** [1945.] 153 u. MANDEL u. DUNHAM, J. biol. Chemistry **11.** [1912.] 85) wurde als die eines 9-[5'-Thiomethylribofuranosyl]-adenins (**I**) aufgeklärt. Frühere Unterss. hatten noch die Konst. der Pentosekomponente offen gelassen. Für die SCH_3-Gruppe kam allerdings nur noch die 4- oder 5-Stellung in Frage. Es wurde festgestellt, daß **I** mit $NaJO_4$ 2 Atome O ohne Ameisensäurebldg. verbrauchte, davon 1 O für die SCH_3-Gruppe. Die aus **I** durch 1,5std. Erhitzen mit n-H_2SO_4 im Bombenrohr abgespaltene Thiomethylpentose (**II**) verbrauchte dagegen 4 Atome O mit $NaJO_4$ u. 1,9 Mol Jod bei der Titration nach WILLSTÄTTER-SCHUDEL. Der aus **II** durch Red. hergestellte Thiomethylpentit verbrauchte mit $NaJO_4$ ebenfalls 4 Atome O unter Bldg. von 0,9 Mol Formaldehyd u. 2 Mol Ameisensäure. Demnach kann sich die SCH_3-Gruppe nur in 5-Stellung befinden. — Das Osazon von **II** war nicht mit den bekannten 5-Thiomethylxylosazon ident., u. **II** gab eine positive Borsäure-Rk. nach BOESEKEN, so daß **II** nur ein Deriv. der Ribose sein kann. — Ferner wurde gefunden, daß **I** Methylenblau in Ggw. von Ochsenleberextrakt in gleicher Zeit wie Adenosin reduziert. Dies weist ebenfalls auf ein Ribosederiv. hin. (Nature [London] **165.** 769—70. 13/5. 1950. Kumamoto Med. Coll., Japan, Dep. of Biol. Chem.) WILLENBERG. 3400

Burckhardt Helferich, E. N. Mulcahy und **Helmut Ziegler,** *Über die Addition von Phenanthrenchinon an d-Glucal.* 2. Mitt. (1. vgl. C. **1953.** 3725.) Verbesserte Darstellungsweisen für *Triacetyl-d-glucal* (**I**), *Phenanthrenchinon* (**II**) u. *Phenanthrenhydrochinontriacetyl-β-d-glucosidanhydrid* werden beschrieben. — Aus *Phenanthrenhydrochinon-β-d-glucosidanhydrid* (**III**) wird das *Trimesylderiv.*, durch Kondensation von **III** mit Acetobromglucose in Nitrobenzol in Ggw. von Ag_2O bei höherer Temp. *Phenanthrenhydrochinontetraacetyl-β-gentiobiosidanhydrid* (**IV**) erhalten, das durch O_3-Spaltung, vorsichtige alkal. Verseifung u. Reacetylierung in krist. *Oktaacetylgentiobiose* verwandelt wird. Damit ist nachgewiesen, daß die Blockierung der Oxygruppen an $C_{(1)}$ u. $C_{(2)}$ durch **II** zu Substanzen führt, die für die Synth. von Disacchariden (Oligosacchariden) verwendbar sind.

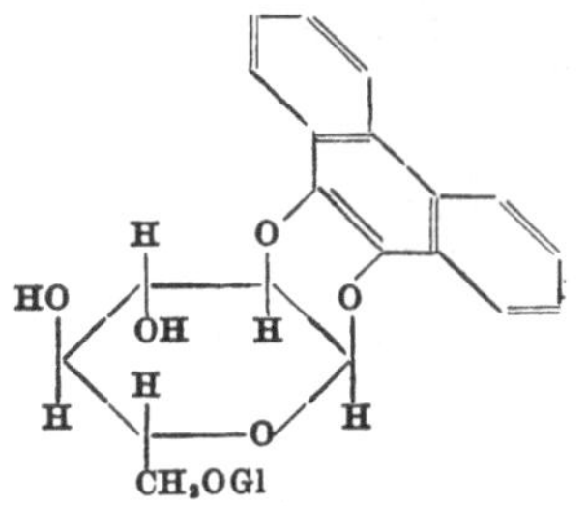

IV Gl = Tetraacetyl-β-d-glucosyl

Versuche: *Triacetyl-d-glucal* (**I**), F. 54—55° (PAe.), durch Einrühren von d-Glucose·H_2O in ein Gemisch von Acetanhydrid u. 70%ig. Perchlorsäure, Zugabe von rotem Phosphor u. Br_2 u. unter weiterem Rühren u. Kühlen langsames Zutropfen von wenig W.; nach 3 Std. filtrieren u. das Filtrat in eine Lsg., die unter Kühlung aus Na-Acetat in Eisessig, Zn-Staub u. $CuSO_4 \cdot 5\,H_2O$ in W. hergestellt wurde, bei —10 bis —20° innerhalb 1 Std. eintropfen, 3 Std. bei 0° rühren, absaugen, Filtrat mit Eiswasser versetzen u. mit Chlf. ausschütteln, das Ausschütteln des erhaltenen Sirups mit absol. Bzl. u. absol. Ae. wiederholen u. die äther. Lsg. bis zur Trübung mit PAe. versetzen; 60—70% (Ausbeute). — *Phenanthrenchinon* (**II**), F. 206—207° (Bzl.), aus Phenanthren, $K_2Cr_2O_7$, konz. H_2SO_4 u. W. bei 50—70°, Erhitzen auf 90—100°, bis keine Blasen mehr aufsteigen, u. nach dem Erkalten mit W. verdünnen; 80%. — *Phenanthrenhydrochinontriacetyl-β-d-glucosidanhydrid*, F. 209—210° (absol. A.), aus einer Suspension von **II** in einer Lsg. von **I** in Bzl. durch 15std. Belichten mit einer wassergekühlten Quarzlampe unter Rühren, Verdampfen des Bzl. im Vakuum u. Verreiben des Sirups mit trockenem CH_3OH; 50% (die optimale Belichtungsdauer muß für jede App. ermittelt werden). — *Phenanthrenhydrochinon-β-d-glucosidanhydrid* (**III**), aus vorst. Verb. durch Desacetylieren, Reinigung durch Lösen in Dioxan u. Ausfällen mit Ligroin. *Trimesylderiv.*, $C_{23}H_{24}O_{12}S_3$, F. 260—262° (absol. CH_3OH), aus **III** in Pyridin u. Mesylchlorid unter Feuchtigkeitsausschluß u. nach 90 Min. Zusatz von Eiswasser; $[\alpha]_D^{23,5}$ +15,4° (Dioxan); Ausbeute quantitativ. — *Phenanthrenhydrochinontetraacetyl-β-gentiobiosidanhydrid* (**IV**), $C_{34}H_{36}$·O_{15}, F. 239—240° (Nadeln aus absol. CH_3OH), aus **III**, das bei 120° in Nitrobenzol gelöst wird, durch Zugabe von Acetobromglucose u. Ag_2O bei der gleichen Temp.; nach 15 Min. heiß absaugen u. das Filtrat eindampfen (65—70°/0,2 mm); $[\alpha]_D^{20}$ —11,64° (Aceton); 36,5%. — *Phenanthrenhydrochinonhexaacetyl-β-gentiobiosid-anhydrid*, $C_{38}H_{40}O_{17}$, F. 172° (Dioxan/PAe./W.), aus 6,5 g vorst. Verb., Na-Acetat u. Essigsäureanhydrid auf dem Dampfbad u. die Lsg. nach ½ Std. in Eiswasser rühren; 7,5 g. *Oktaacetyl-β-gentiobiose*, F. 192° (absol. CH_3OH), aus der Lsg. vorst. Verb. in 90%ig. Essigsäure, durch die bei —10° 5 Std. lang ein kräftiger O_3-Strom (1,2 g O_3/Std.) geleitet wird, die Lsg. eindampfen u. die Essigsäure mit Toluol azeotrop abdestillieren, den Rückstand in Chlf. lösen u. bei —15° mit 2%ig. CH_3ONa-Lsg. entacetylieren, nach 12std. Stehen bei 0° in Eiswasser schütten, neutralisieren, die wss. Phase eindampfen, den Rückstand mit absol. CH_3OH ausziehen u. eindampfen: rohe *Gentiobiose* (Ausbeute 75%), die zur Identifizierung erneut acetyliert wird; $[\alpha]_D^{20}$ —5,45° (Chlf.). (Chem. Ber. **87**. 233—37. 1954. Bonn, Univ., Chem. Inst.) ROSSOW. 3400

Herbert Winter, *Über Kondensationsprodukte von Harnstoff mit Kohlenhydraten.* Bei der Kondensation verschied. Kohlenhydrate [Glucose (**II**), Galaktose, Maltose, Lactose, Saccharose, Raffinose, lösl. Stärke, Rohfaser (aus Kohl), Zellwolle u. Tylose (Methylcellulose)] mit Harnstoff (**I**) reagieren bei 110—120° die Carbonylgruppen der Mono- u. Disaccharide am leichtesten. Ein näher untersuchtes Kondensationsprod. aus **I** u. **II** (dunkelbrauner Sirup) war aus wss. Lsg. durch übliche Fällungsmittel nicht fällbar; die 1%ig. Lsg. reagierte sauer (p_H 4,6); als Bruttoformel wird $(C_{12}H_{18}O_6N_3)_n$ angenommen. Über die Art der N-Verteilung u. Bindung wird diskutiert. Die Mol.-Größe steht nicht fest, doch handelt es sich nicht um ein makromol. Produkt. (Brauwissenschaft **1951**. 113—16. Aug. Berlin-Dahlem, Inst. für Ernährungs- u. Verpflegungswiss.) BALLSCHMIETER. 3400

Ippolito Sorgato, *Über die Struktur des Saccharosemoleküls.* Übersicht über Struktur, Synth. der Saccharose u. einiger Derivv., Rkk., saure u. enzymat. Hydrolyse mit 63 Literaturhinweisen. (Ind. saccarif. ital. **43**. 127—37. Mai/Juni. 1950. Padua, Univ., Ist. di Chim. Ind.) FÖRSTER. 3400

Hans Fernholz, Ernst Hartwig und **Johann-Christoph Salfeld,** *Einige Untersuchungen an Tropolonen und Vergleiche mit dem Colchicin.* Nach Befunden der letzten Zeit leitet sich Colchicin von einem Tropolonmethyläther ab. Vff. synthetisierten einige Tropolone bekannter Konst. u. interessierten sich für deren chem. Eigg., die sie mit denen des Colchicins u. Colchiceins verglichen. Beim *7-Methyl-4.5-benztropolonmethyläther* (**I**) wurden keine dem Colchicin vergleichbaren Eigg. beobachtet. *4.5-Benztropolon* (**II**) läßt sich durch Kondensation von Bromaceton mit Phthalaldehyd leichter erhalten als mit Acetol. Der **II**-*Methyläther* erwies sich Umlagerungs-, Aminierungs- u. Verseifungs-Rkk. gegenüber ebenso widerstandsfähig wie **I**. Dagegen zeigt der Tropolonmethyläther ein dem Colchicin analoges Verhalten. Durch den ankondensierten Benzolring wird offenbar das Tropolongerüst im Vgl. zum Colchicin in seinem Resonanzverh. stark verändert. Eine Umlagerung, die der des Colchicins in Allocholchicin entsprechen würde, ließ sich beim **II**-Methyläther nicht durchführen. Wird **II** mit konz. HNO_3 in Eisessig nitriert, so tritt bei der Nitroverb. in wss.-alkal. Lsg. Umlagerung ins aromat. Ringsyst. unter Bldg. von *1-Nitronaphthoesäure-(2)* ein. Gegen Hypojoditlsg. ist **II** beständig, mit Hypobromitlsg. entsteht dagegen Phthalsäure u. mit H_2O_2 u. Natronlauge Zimtsäure. *Tropolon* verhält sich dagegen fast wie Colchicein: Mit Hypojodit liefert es 2.4.6-Trijodphenol u. mit Hypobromit 2.4.6-Tribromphenol. Mit H_2O_2 u. NaOH wird es dagegen zu cis.cis-Muconsäure oxydiert. Bei der Bromierung von **II** entsteht eine *Verb.* $C_{11}H_7O_2Br$ (**III**), die keine $FeCl_3$-Rk. gibt u. als ein Benzcycloheptadiendion angesehen wird. Beim Erwärmen von **III** auf 90° oder in sd. CH_3OH entsteht wahrscheinlich **IV**, das eine intensive $FeCl_3$-Rk. zeigt. In alkal. Lsg. wird bei **III** das Bromatom durch eine Hydroxylgruppe unter Bldg. von **V** ersetzt. Dibrombenztropolon wird durch Hypobromit zu Phthalsäure abgebaut, was den Bromeintritt in

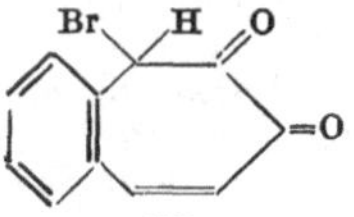
III

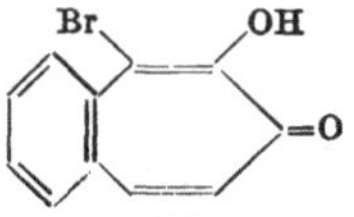
IV

V

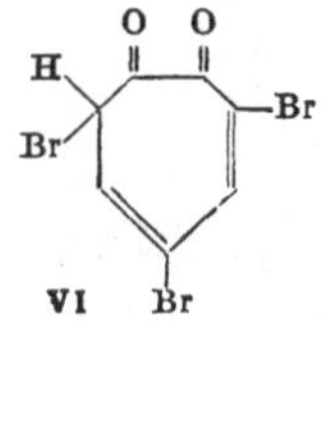
VI

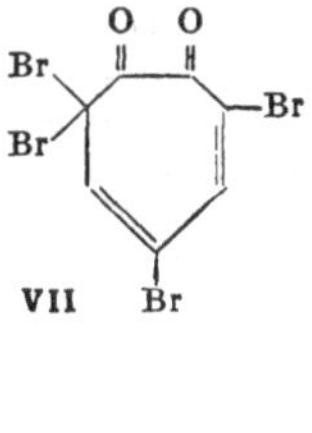
VII

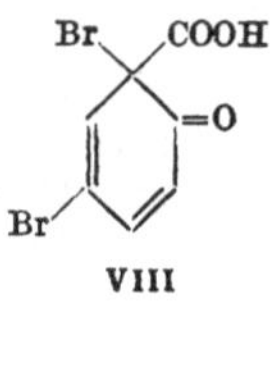
VIII

den Tropolonring beweist. Aus diesem Bromierungsprod., das als 3.7-Dibrom-4.5-benztropolon angesehen wird, entsteht durch weitere Bromierung wahrscheinlich *3.3.7-Tribrom-4.5-benzcycloheptadien-(4.6)-dion-(1.2)*, das durch SO_2 zum Dibrombenztropolon red. werden kann. Die Bromierung von o-Bromtropolon mit überschüssigem Br_2 in Essigsäure führte zu einer *Verb.* $C_7H_3O_2Br_3$ (wahrscheinlich **VI**), die keine $FeCl_3$-Rk. gab. Bei der Behandlung mit SO_2 wird sie in *3.5.7-Tribromtropolon* umgelagert. Mit kalter methanol. KOH bildet **VI** 3.5-Dibromsalicylsäuremethylester. Bei der weiteren Bromierung von Tribromtropolon entsteht vermutlich die *Tetrabromverb. Tribromtropolonbrom* (**VII**), die keine $FeCl_3$-Rk. zeigt u. auch im UV-Spektr. wesentlich von einem Tropolon abweicht. Mit SO_2 wird Tribromtropolon zurückgebildet. In kalter methanol. KOH entsteht aus **VII** 2.4.6-Tribromphenol. Für die Umlagerung von **VII** in ein Phenol wird **VIII** von Vff. als Zwischenstufe angenommen.

Versuche: *7-Methyl-4.5-benztropolonmethyläther* (**I**), $C_{13}H_{12}O_2$, F. 70°. 5 g Phthalaldehyd, 3,8 g Methoxymethyläthylketon, 700 ml W. u. 18 ml 2nNaOH werden nach 8tägigem Stehen bei 20° unter gelegentlichem Schütteln ausgeäthert u. die Verb. über das *Hydrochlorid*, F. 112°, isoliert; 2,1 g. — *4.5-Benztropolon* (**II**), F. 159°, aus 14 g Phthalaldehyd, 50 ml 5nNaOH u. 14,2 g Bromaceton in 1200 ml W. während 12 Std. bei 20°; mit verd. H_2SO_4 wird angesäuert, mit Chlf. extrahiert u. der Chloroformrückstand aus CH_3OH krist.; hellgelbe Kristalle. Abbau mit NaBrO ergab Phthalsäure, F. 200—203° (Zers.), mit H_2O_2 in Kalilauge *o-Carboxyzimtsäure*, $C_{10}H_8O_4$, F. 188°. — *3-Nitro-4.5-benztropolon*, $C_{11}H_7O_4N$, F. 206° (Zers.), aus **II** u. HNO_3 (D. 1,4) in Eisessig während 3 Std. bei 40°. In methanol.-wss. NaOH erfolgt Umlagerung zu *1-Nitronaphthoesäure-(2)*, $C_{11}H_7O_4N$, F. 246° (verd. CH_3OH). — *3-Brom-4.5-benzcycloheptadien-(4.6)-dion-(1.2)* (**III**), $C_{11}H_7O_2Br$, 0,5 g **II** in 25 ml CCl_4 werden bei 30° mit 0,5 ml Br_2 versetzt; F. 99° (Zers.), goldgelbe Nadeln (0,3 g aus Br_2–CCl_4). Beim Erhitzen auf 90—95° tritt Umlagerung zu *3-Brom-4.5-benztropolon* (**IV**), F. 152°, ein. — *3-Oxy-4.5-benztropolon* (**V**), $C_{11}H_8O_3$, F. 134° (W.). 0,2 g **III** werden mit n-Na_2CO_3-Lsg. in der Kälte versetzt u. das Prod. mit Säure ausgefällt; feine gelbliche Nadeln. — *3.7-Dibrom-4.5-benztropolon*, $C_{11}H_6O_2Br_2$, F. 145° (Eisessig), aus 1 g **II** u. 0,6 ml Br_2 in Eisessig bei 20° während 3 Std. u. etwas Erwärmen auf dem Wasserbad; 0,7 g. Der Abbau mit Hypobromit führte zu Phthalsäure. — *3.3.7-Tribrom-4.5-benzcycloheptadien-(4.6)-dion-(1.2)*, $C_{11}H_5O_2Br_3 \cdot CH_3OH$, F. 106° (Zers.), gelbe Nädelchen, aus 0,4 g vorst. Verb. u. 0,4 ml Br_2 in Eisessig; 0,3 g. Hieraus mit SO_2 in methanol. Lsg. die vorst. Dibromverbindung. — *3.5.7-Tribromcycloheptadien-(4.6)-dion-(1.2)* (**VI**), $C_7H_3O_2Br_3$, F. ca. 110° (Zers.), aus Tropolon u. überschüssigem Br_2 in Eisessig oder aus o-Bromtropolon. Mit SO_2 in CH_3OH entstand hieraus *3.5.7-Tribromtropolon*, F. 125°. — *3.5-Dibromsalicylsäuremethylester*, $C_8H_6O_3Br_2$, F. 155°, aus **VI** mit methanol. KOH unter Kühlung. — *3.3.5.7-Tetrabromcycloheptadien-(4.6)-dion-(1.2)* (**VII**), $C_7H_2O_2Br_4 \cdot 2\,H_2O$, F. 121° (Zers.), durch Bromierung von 3.5.7-Tribromtropolon in Eisessig bei 40°; Nadeln (bromhaltige Essigsäure). Hieraus mit kalter methanol. KOH 2.4.6-Tribromphenol, F. 92°. (Liebigs Ann. Chem. **576**. 131—46. 30/4. 1952. Göttingen, Univ., Organ.-chem. Inst.; Heidelberg, Univ., Inst. für experimentelle Krebsforschung.) Nezel. 3500

Hans Lettré, Hans Fernholz und **Ernst Hartwig**, *Zur Kenntnis der Tribromcolchiceinsäure.* Von *Tribromcolchiceinsäure* (**I**) wurde das chem. Verh. geprüft u. untersucht, ob ihre Bldg. mit der Ansicht, daß Ring C von Colchicein (**III**) ein Tropolonsyst. darstellt, vereinbar ist. **I** wird durch 2nSodalsg. decarboxyliert. Offenbar entsteht

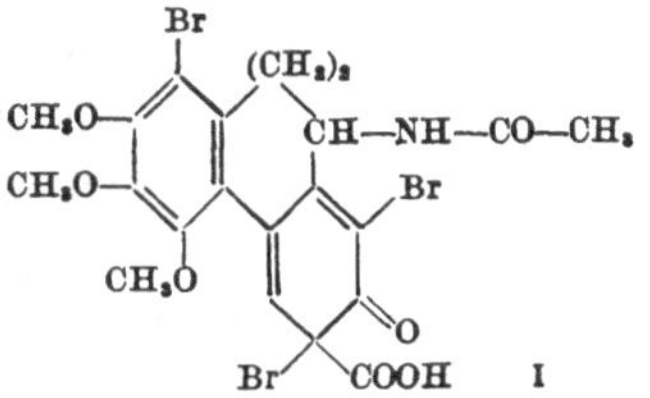

I

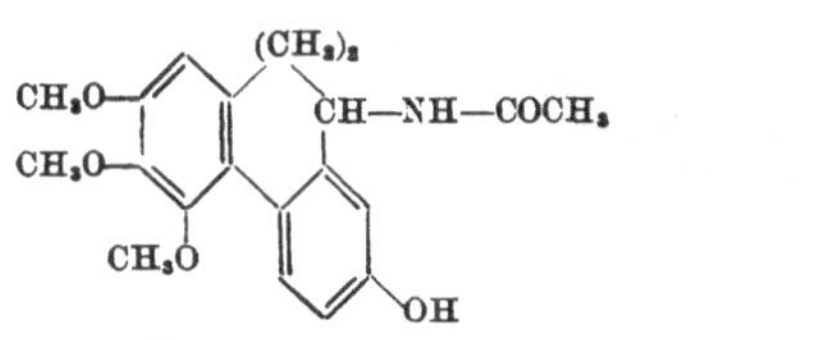

II

dabei *N-Acetyltribromcolchinol*, das bei der Red. mit Zn in alkal. Lsg. in *N-Acetylcolchinol* (**II**) übergeht. Bei der Einw. von Br_2 auf Colchicein (**III**) in alkal. Lsg. entsteht *Dibrom-N-acetylcolchinol*, das in alkal. Lsg. mit Zn **II** bildet. Die beiden Br-Atome werden bei dieser Verb. in o.o'-Stellung zum phenol. Hydroxyl im Ring C angenommen, da **II** bei der Einw. von Hypo-

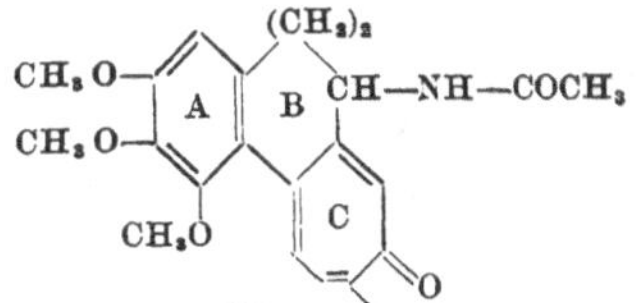

III

bromit in das gleiche Dibromderiv. übergeht. Die partielle Entbromung von Di- u. Tribrom-N-acetylcolchinol mit Zn in saurer Lsg. führt zum gleichen *Monobrom-N-acetylcolchinol* das in alkal. Lsg. mit Zn in N-Acetylcolchinol (II) übergeht. Demnach müssen das Di- u. Tribrom-N-acetylcolchinol wenigstens ein Br-Atom an der gleichen Stelle enthalten. Aus Tribrom-N-acetylcolchinol entsteht bei der Oxydation mit $KMnO_4$ *3.4.5-Trimethoxy-6-bromphthalsäure.* Aus Dibrom- N-acetylcolchinol entsteht dagegen die gleiche Trimethoxyphthalsäure, die auch aus Colchicin entsteht. Ein Br-Atom bei Tribrom-N-acetylcolchinol u. I steht demnach am Ring A. Bei der Methylierung von I mit Dimethylsulfat wird nur eine CH_3-Gruppe aufgenommen. Nach dem UV-Spektr. entsteht hierbei der I-Methylester. Mit CH_2N_2 bildet sich dabei ein Dimethylprod., von dem Vff. annehmen, daß die 2. CH_3-Gruppe nicht an das N-Atom herantritt, sondern daß eine Ringerweiterung eintritt. Vff. kommen zum Schluß, daß der Tropolonring mit den Eigg. des III vereinbar ist.

Versuche: *Tribromcolchiceinsäure* (I), F. 268°. 1 g Colchicein (III) wird in CCl_4 bei 40° mit 1 ml Br_2 versetzt, das rotbraune Prod. bei 0° abgesaugt u. nach dem Trocknen mit 0,5 ml Br_2 in Eisessig bei 20° bromiert. Nach 24 Std. wird auf dem Wasserbad nicht über 70° erhitzt u. mit W. versetzt; aus Eisessig Nadelbüschel; 0,54 g. *Methylester,* $C_{22}H_{22}O_7NBr_3$, F. 282° (Zers.; CH_3OH), aus I u. Dimethylsulfat in verd. NaOH. Mit CH_2N_2 aus I *Verb.* $C_{23}H_{24}O_7NBr_3$. — *N-Acetyltribromcolchinol,* $C_{20}H_{20}O_5NBr_3$, aus I mit 2n Sodalsg.; *Hydrochlorid,* kristallin. *Methyläther,* $C_{21}H_{22}O_5NBr_3$, mit Dimethylsulfat in NaOH-Lsg. hergestellt. F. 142° (Cyclohexan). — *N-Acetylbromcolchinol,* $C_{20}H_{22}O_5NBr$, F. 202°, aus der Tribromverb. u. Zn-Staub in Eisessig. Hieraus mit Zn-Staub in 2n NaOH *N-Acetylcolchinol* (II), F. 148—149°. *Methyläther,* F. 196—199°. — *3.4.5-Trimethoxy-6-bromphthalsäureanhydrid,* $C_{11}H_9O_6Br$, F. 132°, aus N-Acetyltribromcolchinol u. alkal. $KMnO_4$-Lösung. — *N-Acetyldibromcolchinol,* $C_{20}H_{21}O_5NBr_2$, aus III u. Br_2 in KOH-Lsg., F. 226—228° (A.) oder aus N-Acetylcolchinol u. Hypobromit, F. 230°. — *N-Acetyljodcolchinol,* F. u. Misch-F. 220 bis 222° (Methanol), aus II in wenig verd. NaOH u. einer J_2/KJ-Lsg., 2std. Stehen bei Raumtemp. u. Ansäuern mit verd. H_2SO_4. (Liebigs Ann. Chem. **576.** 147—54. 30/4. 1952. Heidelberg, Univ., Inst. für experimentelle Krebsforschung.) NEZEL. 3500

Harold H. Strain, *Absorptionsspektren und Isomerisation von Chlorophyll.* Vf. untersuchte die Spektren der einzelnen Komponenten von *Chlorophyll* (I), die durch chromatograph. Adsorption aus den Blättern isoliert wurden. Als Adsorbent diente Puderzucker u. als Lösungsm. wurde PAe. + 0,5% Propanol verwandt. Es bildeten sich 4 Farbstoffzonen, die getrennt mit PAe. + 5% Methanol herausgelöst wurden. Beim Herauslösen des Methanols mit W. veränderten sich in einigen Min. die Absorptionsmaxima der einzelnen Bestandteile zu längeren Wellenlängen hin, u. zwar I *a* von 663 zu 710 mμ, I *b* von 643 zu 690 mμ; das Verh. von I *a'* u. I *b'* entsprach dem von I *a* u. I *b*. I-Lsgg. in alkoholfreiem PAe. sind trübe, nach Abzentrifugieren absorbieren sie bei kürzeren Wellenlängen; Addition von Fetten, Sterinen usw., Zugabe von Methanol u. Auswaschen ruft wieder Verschiebung der Absorption hervor. Die spektralen Änderungen bei Veränderung der Lösungsmittelzus. sind denen beim Abkühlen der Lsgg. (FREED u. SANCIER, C. **1953.** 4046) analog, sie werden auf Änderungen des physikal. Zustands der Farbstoffe zurückgeführt. Analog — durch Kombination oder Assoziation mit anderen Chloroplastenbestandteilen — ist auch das unterschiedliche spektrale Verh. von I in Pflanzen u. isoliertem I zu erklären. (Science [Washington] **116.** 174—75. 15/8. 1952. Chicago, Ill., Argonne Nat. Labor., Chem. Div.) KNÖPKE. 3550

Simon Freed und **Kenneth M. Sancier,** *Gleichgewicht zwischen Chlorophyllarten in Lösung.* An eine frühere Arbeit anknüpfend (C. **1953.** 4046) fanden Vff., daß Lsgg. von *Chlorophyll b'* in einer Lsg. von 10% Diisopropylamin in Propan + Propen (1 : 1) eine intensive Absorptionsbande im Rot besitzen. Diese liegt bei 230°K bei 6460 Å, bei tiefen Tempp. (170°K u. 75°K) erfolgt Aufspaltung der Bande in 2 Komponenten bei 6480 u. 6610 Å. Der Vorgang ist reversibel, bei Temperaturänderung wird das Gleichgewicht leicht wieder hergestellt. Vff. halten physikal. Änderungen der Lsgg. (Koagulation) für unwahrscheinlich zur Erklärung ihrer Ergebnisse, vielmehr nehmen sie Koesistenz zweier Isomerer an. (Science [Washington] **116.** 175—76. 15/8. 1952. Upton, N. Y., Brookhaven Nat. Labor., Dep. of Chem.) KNÖPKE. 3550

C. G. Moore, *Die thermische Zersetzung von Dihydroascaridol.* Dihydroascaridol (I), durch Hydrierung von Ascaridol (II) gewonnen, ließ sich ohne Zers. mit Cyclohexen (III) 18 Std. auf 140° erhitzen. Wurde I allein auf 240° gebracht, trat unter Gasentw. Bldg. von *6-Methylheptandion-(2.5)* (IV) u. nicht identifiziertem polymeren Material auf. Vf. verglich die Reaktionsfähigkeit von I, II u. Di-tert.-butylperoxyd gegen III.

Die Trägheit von **I** ist entweder auf die größere Dissoziationenergie für die cycl. Peroxydbindung oder auf die große Tendenz der gebildeten Radikaleinheiten zur Rekombination zurückzuführen. Die Bldg. von **IV** aus **I** erfolgt in Analogie zu anderen Rkk. nach homolyt. Spaltung der Peroxydbrücke über die Trennung der Ring—C—C-Bindungen, die zu den C—O-Bindungen benachbart sind.

Versuche: *Ascaridol* (**II**), $C_{10}H_{16}O_2$, Kp.$_1$ 66—67°, n_D^{15} 1,4752. — *cis-1.4-Terpin*, $C_{10}H_{20}O_2$, F. 117°, durch Hydrierung von **II** in absol. A. in Ggw. von PtO_2 bis zur Aufnahme von 2 Mol H_2. — *Dihydroascaridol* (**I**), $C_{10}H_{18}O_2$, F. 19—20° (PAe.), nach PAGET (J. chem. Soc. [London] **1938**. 829), Prismen; n_D^{15} 1,4690. — *6-Methylheptandion-(2.5)* (**IV**), $C_8H_{14}O_2$, Kp.$_9$ 79—82°. 10,0 g **I** 6 Std. auf 240° erhitzen, neben einem gasförmigen Prod., unverändertem **I** u. einem viscosen polymeren Rückstand. *Dioxim*, $C_8H_{16}O_2N_2$, rechtwinklige Prismen aus Aceton, F. 137°. *Semicarbazidderiv.* [*2-Methyl-5-isopropyl-1-ureidopyrrol*, F. 199—200° (absol. A.)]. — Beim Erhitzen von **I** mit **III**, 18 Std. auf 140°, in unter N_2 gefüllten Rohren wurden die Ausgangsprodd. zurückerhalten. (J. chem. Soc. [London] **1951**. 234—35. Jan. Welwyn Garden City, Herts., Brit. Rubber Producers Res. Assoc.) L. FISCHER. 3600

B. A. Arbusow und **L. A. Muchamedowa,** *Kondensation von Camphenilanaldehyd mit Ketonen und Estern.* Bei der Kondensation von Camphenilanaldehyd (**I**) mit Aceton (**II**) in Ggw. von Alkalilauge entsteht [*2.2-Dimethyl-3.6-endomethylenhexahydrobenzyliden*]-*aceton* (**III**), das durch fraktionierte Dest. von dem gleichzeitig in geringer Menge gebildeten Aldolderiv. nicht zu trennen ist; letzteres läßt sich aber durch Dest. des unreinen **III** mit Camphersulfonsäure auch in **III** überführen. Die Kondensation von **I** mit Methyläthylketon (**IV**) in Ggw. von Alkalilauge oder C_2H_5ONa verläuft analog unter Bldg. von *1*(oder weniger wahrscheinlich *3*)-[*2'.2'-Dimethyl-3'.6'-endomethylenhexahydrobenzyliden*]-*butanon-(2)*. Mit Acetophenon (**V**) oder Mesityloxyd (**VI**) erfolgt die Kondensation von **I** in Ggw. von C_2H_5ONa; hierbei entstehen *ω*-[*2'.2'-Dimethyl-3'.6'-endomethylenhexahydrobenzyliden*]-*acetophenon* bzw. *α*-[*2.2-Dimethyl-3.6-endomethylenhexahydrobenzyliden*]-*α'*-[*isopropyliden*]-*aceton*. Für das Kondensationsprod. von **I** mit 2-Methylhepten-(2)-on-(6) (**VII**) sind die Formulierungen als *7*(oder *5*)-[*2'.2'-Dimethyl-3'.6'-endomethylenhexahydrobenzyliden*]-*2-methylhepten-(2)-on-(6)* möglich; zwischen diesen wurde nicht entschieden. Mit Essigester (**VIII**) gibt **I** [*2.2-Dimethyl-3.6-endomethylenhexahydrobenzyliden*]-*essigester*, mit Acetessigester (**IX**) *α*-[*2.2-Dimethyl-3.6-endomethylenhexahydrobenzyliden*]-*acetessigsäureäthylester*. Bei der Einw. von Semicarbazid auf letztgenannte Verb. verändert sich das entstehende Semicarbazon weiter, wobei sich *3-Methyl-4-*[*2'.2'-dimethyl-3'.6-endomethylenhexahydrobenzyliden*]-*pyrazolon-(5)* bildet.

Versuche: [*2.2-Dimethyl-3.6-endomethylenhexahydrobenzyliden*]-*aceton* (**III**), $C_{13}H_{20}O$, Kp.$_{11,5}$ 136—137°, aus 25 g **I** u. 37 g **II** in 50 ml 2n NaOH + 300 ml W. bei 32std. Schütteln, die Fraktion des Reaktionsprod. vom Kp.$_{12}$ 127—140° wird mit einem Kriställchen von Camphersulfonsäure dest., schwach grünlichgelbes Öl, der Geruch erinnert an Jonon; D.$^{20}{}_4$ 0,9692; n_D^{20} 1,5038; Mol.-Refr. ($[MR]_D$) 58,69; 43% (Ausbeute). *Semicarbazon*, $C_{14}H_{23}ON_3$, F. 176—177°, aus A. u. CH_3OH, Kristalle. — *1*(oder *3*)-[*2'.2'-Dimethyl-3'.6'-endomethylenhexahydrobenzyliden*]-*butanon-(2)*, $C_{14}H_{22}O$, Kp.$_{12}$ 142—144°, a) aus **I** u. **IV** in verd. NaOH bei 50std. Schütteln; 30%; b) aus 18 g **I** u. 10 g **IV** in einer Lsg. von 2 g Na in 40 ml A., Reaktionsdauer 3 Min.; 33%; D.$^{20}{}_4$ 0,9632; n_D^{20} 1,5000. *Semicarbazon*, $C_{15}H_{25}ON_3$, F. 193—194°. — *ω*-[*2'.2'-Dimethyl-3'.6'-endomethylenhexahydrobenzyliden*]-*acetophenon*, $C_{18}H_{22}O$, Kp.$_3$ 175—176°, aus 20 g **I** u. 63 g **V** in C_2H_5ONa-Lsg. (2 g Na), Reaktionsdauer 5 Min., grünlichgelbes dickes Öl mit schwachem, würzigem Geruch; D.$^{20}{}_4$ 1,0365; n_D^{20} 1,5585; $[MR]_D$ 79,18; 42%. *Semicarbazon*, $C_{19}H_{25}ON_3$, F. 167—169°, aus A. Kristalle. — *α*-[*2.2-Dimethyl-3.6-endomethylenhexahydrobenzyliden*]-*α'*-[*isopropyliden*]-*aceton*, $C_{16}H_{24}O$, Kp.$_{1,5}$ 131 bis 133°, aus 20 g **I** u. 15 g **VI** in C_2H_5Na-Lsg. bei 3 Min. Reaktionsdauer, gelbes Öl von schwachen, würzigen Geruch; D.$^{20}{}_4$ 0,9627; n_D^{20} 1,5200; $[MR]_D$ 73,36; 13 g. — *7*(oder *5*)-[*2'.2'-Dimethyl-3'.6'-endomethylenhexahydrobenzyliden*]-*2-methylhepten-(2)-on-(6)*, $C_{18}H_{28}O$, Kp.$_5$ 166—167°, aus **I** u. **VII** in C_2H_5ONa-Lsg., gelbes, würzig riechendes Öl; D.$^{20}{}_4$ 0,9496; n_D^{20} 1,5050; $[MR]_D$ 81,49; 37%. *Semicarbazon*, $C_{19}H_{31}ON_3$, F. 152—153°, aus Bzl. u. A. Kristalle. — [*2.2-Dimethyl-3.6-endomethylenhexahydrobenzyliden*]-*essigsäureäthylester*, $C_{14}H_{22}O_2$, Kp.$_{10}$ 140—142°, man zerstäubt 6 g Na unter Toluol, gießt das Toluol ab, fügt 100 ml auf 0° abgekühltes **VIII** + 1 ml absol. A. hinzu u. läßt in 1 Std. unter Rühren u. Kühlen mit Schnee eine Lsg. von 20 g **I** in 20 ml **VIII** zutropfen, grünlichgelbe Fl. mit würzigem Geruch; D.$^{20}{}_4$ 0,9893; n_D^{20} 1,4890; $[MR]_D$ 64,85; 51,3%. — *α*-[*2.2-Dimethyl-3.6-endomethylenhexahydrobenzyliden*]-*acetessigsäureäthylester*, $C_{16}H_{24}O_3$, Kp.$_{2,5}$ 137—138,5°, aus 20 g **I** u. 17 g **IX** in Ggw.

von 1,5 g Piperidin bei —10 bis —15° u. 48std. Einw., würzig riechende Fl.; $D.^{20}_4$ 1,0238; n_D^{20} 1,4905; $[MR]_D$ 74,64; 46%. — *3-Methyl-4-[2'.2'-dimethyl-3'.6'-endomethylen-hexahydrobenzyliden]-pyrazolon-(5)*, $C_{14}H_{20}ON_2$, F. 157—159°, aus 1,5 g vorst. Verb. u. 0,63 g Semicarbazidhydrochlorid + 0,9 g CH_3CO_2Na, 2 Std. bei Zimmertemp., aus A. Kristalle; 1 g. (Известия Академии Наук СССР, Отделение Химических Наук [Nachr. Akad. Wiss. UdSSR, Abt. chem. Wiss.] **1953.** 820—28. Sept./Okt. Kasan, Uljanow-Lenin-Univ.) R. KNOBLOCH. 3600

Herman Pines, R. C. Olberg und **V. N. Ipatieff**, *Studien in der Terpenreihe.* 14. Mitt. *Skelettisomerisierung und Wasserstoffübertragung cyclischer Olefine in Gegenwart von Aluminiumoxyd–Chlorwasserstoff- und Kieselsäure–Tonerde-Katalysatoren.* (13. vgl. C. **1954.** 2181.) Vff. untersuchen die Isomerisierungs-Rkk. von *d-Limonen* (**I**; $Kp._{750}$ 176°; n_D^{20} 1,4733), *Dihydrolimonen* [**II**; 1-Methyl-4-isopropylcyclohexen; durch Hydrierung von **I** (vgl. hierzu IPATIEFF, APPELL u. PINES, C. **1954.** 5529); Kp. 170°; n_D^{20} 1,4540], *p-Cymol* (**III**; Kp. 176°; n_D^{20} 1,4895), *p-Menthan* (**IV**; durch Hydrierung von **III** am Ni-Kieselgur-Kontakt bei 135° unter Druck; Kp. 167°; n_D^{20} 1,4398), *4-Äthylcyclohexen* (**V**; durch Dehydratisierung von 4-Äthylcyclohexanol an Al_2O_3 bei 450° in über 90%ig. Ausbeute; $Kp._{750}$ 132°; n_D^{20} 1,4499), *4-Isopropylcyclohexen* (**VI**; durch Dehydratisierung von 4-Isopropylcyclohexanol; $Kp._{750}$ 150—152°; n_D^{20} 1,4560) u. *Pinan* [**VII**; durch Hydrierung von Pinen (vgl. hierzu PINES, OLBERG u. IPATIEFF, C. **1949.** II. 422); Kp. 165°; n_D^{20} 1,4605] an aktiviertem Al_2O_3 (bei 700° calciniert; Korngröße $^1/_8 \cdot ^1/_8$ inch.) in Ggw. von HCl sowie von **I** an Al_2O_3, Bimsstein + HCl u. SiO_2–Al_2O_3 (90 : 10, zylindr. Form, $^1/_8 \cdot ^1/_{16}$ inch.). Die Unterss. wurden durchgeführt im senkrecht stehenden, von außen beheizten Pyrex-Glasrohr bei 300° an ca. 90 g mit HCl gesätt. Kontakt u. einem Durchsatz von ca. 1,0 cm³ je cm³ Kontakt je Std. bei einem Mol.-Verhältnis KW-stoff : HCl = 1,00 : 0,75. Die erhaltenen fl. Reaktionsprodd. wurden in mit Eis bzw. mit Aceton–Trockeneis gekühlten Fallen, die nicht kondensierbaren Gase nach einer Alkaliwäsche in einem Gasometer aufgefangen. Die fl. Prodd. wurden nach Alkaliwäsche u. Trocknung in einem Rohr bei 240—300° über Natronkalk von entstandenen Chlorierungsprodd. befreit, die monomeren KW-stoffe von den nicht näher untersuchten, höher sd. Prodd. abdest., erstere in C_5H_{12} (1 : 1) im Drehautoklaven am Ni-Kieselgur-Kontakt (10—15 Gew.-%) bei 40 bis 50° u. 60 at H_2-Anfangsdruck selektiv hydriert (vgl. IPATIEFF u. CORSON, Ind. Engng. Chem. **30.** [1938.] 1039), u. der Geh. an Ungesättigten (Cycloolefine u. -diolefine) aus dem Druckabfall errechnet. Aus den Hydrierungsprodd. wurden die Aromaten durch Chromatographie an Silicagel abgetrennt (vgl. MAIR u. FORZIATI, J. Res. nat. Bur. Standards **32.** [1944.] 151; 165) u. die hinterbleibenden Cycloparaffine bei 200° mehrfach über platiniertem Al_2O_3 dehydriert, wonach jedesmal die aus den Alkylcyclohexanen entstandenen aromat. KW-stoffe durch Chromatographie abgetrennt wurden. Es hinterbleiben schließlich die bei dieser Dehydrierung noch bei 330° stabilen Alkylcyclopentane. Die cycl. Diolefine wurden in der mit Bzl. verd. Lsg. (2 : 1) mittels konz. H_2SO_4 durch Dunkelbraunfärbung (vgl. IPATIEFF u. Mitarbeiter, C. **1948.** I. 1122) nachgewiesen, die cycl. Monoolefine analog durch die Gelbfärbung. Die Ausgangs-KW-stoffe erleiden unter den obengenannten Bedingungen Skelettisomerisierung, wobei Alkylcyclopentane, -cyclohexane u. Benzolhomologe entstehen. Der diesen Rkk. zugrunde liegende Mechanismus wird diskutiert.

V e r s u c h e : Aus 196 g **I** (an Al_2O_3 in Ggw. von HCl bei 300° in 2 Std.): 1300 cm³ nichtkondensierbare Gase (23% H_2, 17% Paraffine u. 57% Olefine), 2 g kondensierbare Gase (68% Olefine u. 31% Paraffine, mittlere C-Zahl 3,3), keine fl. Cycloparaffine, 40% cycl. Monoolefine (Alkylcyclohexene, hauptsächlich *1-Methyl-4-isopropylcyclohexen-(x)* (**VIII**) neben etwas *1.2.4.5-Tetramethylcyclohexen* (**IX**), u. Alkylcyclopentene), keine cycl. Diolefine, 51% Aromaten (darunter **III** u. *Durol* (**X**), F. 78—79°, nachgewiesen als *3.6-Dibromdurol*, F. 200—201,5°) u. 9% höhersd. Prodd.; die Aufarbeitung der Cycloolefine durch Hydrierung u. Chromatographie gibt 66% Alkylcyclopentene u. 34% Alkylcyclohexane, darunter **IV** (durch Dehydrierung → **III**) u. *1.2.4.5-Tetramethylcyclohexan* (durch Dehydrierung → **X**). — Aus 96 g **II** nach 1,1 Std.: 33% Cycloparaffine (58% Alkylcyclohexane u. 42% Alkylcyclopentane), 44% Cycloolefine (Menthen u. Alkylcyclopentene), keine cycl. Diolefine, 15% Aromaten (**III** u. **X**) u. 8% höhersd. Produkte. — Aus 67 g **IV** nach 0,8 Std.: keine anderen Prodd., da dieser KW-stoff keine Isomerisierung oder Disproportionierung erleidet. — Dasselbe gilt für **III** (113 g, 1 Std.). — Aus 94 g **V** nach 1 Std.: 20% Cycloparaffine, 64% Cycloolefine, keine cycl. Diolefine u. 16% Aromaten. Durch Hydrierung der Cycloparaffine + Cycloolefine 47% *Äthylcyclohexan*, 2% *1.2-*, 6% *1.3-* u. 2% *1.4-Dimethylcyclohexan*, sowie 42% Alkylcyclopentane. Die Aromaten (spektrograph. bestimmt) bestehen aus 3% *o-Xylol* (**XI**),

10% *m-Xylol* (**XII**; *3.4.6-Trinitroderiv.*, F. 181—182°), 4% *p-Xylol* (**XIII**) u. 80% *Äthylbenzol*. — Aus 70 g **VI** nach 0,8 Std.: 38% Cycloparaffine, 42% Cycloolefine, keine cycl. Diolefine u. 21% Aromaten. Die Hydrierung der Cycloparaffine + Cycloolefine gibt 40% Alkylcyclopentane u. 60% Alkylcyclohexane; die Dehydrierung der letzteren gibt 4% **XI** + **XII** + **XIII**, 27% Isopropylbenzol (**XIV**), 13% *o-*, 15% *m-* (**XV**) u. 10% *p-Äthyltoluol*, 3% *1.2.3-* (**XVI**), 21% *1.2.4-* (**XVII**) u. 7% *1.3.5-Trimethylbenzol* (**XVIII**). Die Aromaten bestehen aus 3% **XIV**, 14% **XVI**, 39% **XVII**, 23% **XVIII** u. 20% **XV**. Nur ca. 12% des Ausgangs-KW-stoffes erlitten keine Isomerisierung. — Aus **VII**: **X** u. **III** sowie **VIII** u. **IX** (vgl. PINES u. IPATIEFF, A. P. 2 419 690; C. **1948**. II. 1455). — Aus 148 g **I** entstehen an Al_2O_3 allein, auch nach 1,3 Std., keine im Skelett veränderten Isomerisierungsprodd. (Al_2O_3 bewirkt lediglich eine Verschiebung der Lage der Doppelbindungen). — Aus 130 g **I** an Bimsstein in Ggw. von HCl nach 1,2 Std.: 82% Cycloolefine (hauptsächlich nicht umgesetztes **I**, daneben etwas **VIII**) u. 18% Aromaten (hauptsächlich **III**). Bimsstein allein bewirkt keine Rk., HCl demnach eine H_2-Disproportionierung. — Aus 98 g **I** an SiO_2–Al_2O_3 nach 1,4 Std.: 34% Cycloparaffine, 1% Cycloolefine u. 65% Aromaten; letztere enthalten **III** u. **X**. Dieser Katalysator bewirkt also sowohl Skelettisomerierung als auch H_2-Disproportionierung der KW-stoffe. (J. Amer. chem. Soc. **74**. 4872—76. 5/10. 1952.) KLASSKE. 3600

V. N. Ipatieff, G. J. Czajkowski und **Herman Pines**, *Studien in der Terpenreihe*. 15. Mitt. *Cycloisomerisierung von α- und β-Pinen, α-Terpineol und 1.8-Terpinhydrat*. (14. vgl. vorst. Ref.) Vff. untersuchen die Cycloisomerisierung von α- (**I**) u. *β-Pinen* (**II**), *α-Terpineol* (**III**) u. *1.8-Terpinhydrat* (**IV**) an Silicophosphorsäure bei 200° u. n. Druck. Als Reaktionsprodd. entstanden dabei monomere u. höhere KW-stoffe. Erstere bestanden hauptsächlich aus dem bicycl. Terpen *2.6-Dimethylbicyclo-[3.2.1]-octen-(2)* (**V**); als Nebenprodd. wurden außerdem noch monocycl. Olefine (hauptsächlich *Dihydrolimonen*) u. aromat. KW-stoffe (hauptsächlich *p-Cymol*, daneben noch etwas *m-* u. *o-Cymol*) erhalten, während Diolefine in keinem Falle nachgewiesen werden konnten. Die Struktur von **V** wurde bewiesen durch Oxydation mit SeO_2 zu *6-Methyl-2-formylbicyclo-[3.2.1]-octen-(2)* (**VI**), Hydrierung desselben zu *2-Oxymethyl-6-methylbicyclo-[3.2.1]-octan* (**VII**) u. nachfolgender Hydrogenolyse zu *2-Methylbicyclo-[3.2.1]-octan* (**VIII**). Hydrierung von **V** führt zu *2.6-Dimethylbicyclo-[3.2.1]-octan* (**IX**). Rk. von **V** mit Bzl. bei Ggw. von H_2F_2 führt zu *2.6-Dimethyl-2-phenylbicyclo-[3.2.1]-octan* (**X**). **VIII** u. **X** sind der Infrarotabsorption nach ident. mit den aus Limonen (vgl. C. **1954**. 2179) erhaltenen Verbb., die 2.4-Dinitrophenylhydrazone von **VI** u. acetyliertem **X** zeigen keine F.-Depression mit den aus Limonen erhaltenen Verbindungen.

Versuche: Cycloisomerisierung von *α-Pinen* (**I**) über U. O. P.-Silicophosphorsäure bei 200°, n. Druck u. einem Durchsatz von 1 cm³ je cm³ Kontakt je Std., Fraktionieren des Rohprod. u. Hydrieren der Fraktion vom Kp. 155—170° (**XI**) in n-Pentan am U. O. P.-Ni-Kieselgur-Kontakt bei 50° u. 120 at H_2 gibt nach 0,78 Mol H_2-Absorption ein Prod. mit n_D^{20} 1,4570, aus dem durch Chromatographie an Silicagel die Aromaten (90% *p-* u. 10% *m-Cymol*) abgetrennt werden. Nach wiederholter Dehydrierung des aromatenfreien Prod. (Kp. 158—166°; n_D^{20} 1,4500) über platiniertem Al_2O_3 bei 260° u. 0,4 cm³ je cm³ Kontakt je Std. Durchsatz u. Abtrennung der Aromaten durch Chromatographie hinterblieb *2.6-Dimethylbicyclo-[3.2.1]-octan* (**IX**), $C_{10}H_{18}$, Kp. 160—175°; n_D^{20} 1,4500; $D._4^{20}$ 0,8348, ident. mit dem analog aus d-Limonen erhaltenen KW-stoff. — *6-Methyl-2-formylbicyclo-[3.2.1]-octen-(2)* (**VI**), $C_{10}H_{14}O$, durch Oxydation von **XI** mit SeO_2, $Kp._{17}$ 100—104°; n_D^{20} 1,5020; 42%. *2.4-Dinitrophenylhydrazon*, $C_{16}H_{18}O_4N_4$, F. 232—233° (A). — *2-Oxymethyl-6-methylbicyclo-[3.2.1]-octan* (**VII**), $C_{10}H_{18}O$, durch Hydrierung vorst. Verb. unter Druck am Ni-Kieselgur-Kontakt. $Kp._6$ 108°; n_D^{20} 1,4874. — *2-Methylbicyclo-[3.2.1]-octan* (**VIII**), durch Hydrogenolyse von vorst. Verb. am Ni-Kieselgurkontakt bei 60 at, Kp. 153—156°; n_D^{20} 1,4574. — *2.6-Dimethyl-2-phenylbicyclo-[3.2.1]-octan* (**X**), $C_{16}H_{22}$, durch Rk. von **XI** mit Bzl. bei 0° in Ggw. von H_2F_2, Kp. 140—143°; n_D^{20} 1,5262; 22 g. *Dinitrophenylhydrazon*, $C_{24}H_{28}O_4N_4$, aus dem acetylierten **X**, F. 177—180°. — Insgesamt ergibt die Cycloisomerisierung von **I** 47% monomere (bestehend aus 15% Aromaten, 24% monocycl. Olefinen u. 61% **V**) u. 53% höhere KW-stoffe. — Isomerisierung von *β-Pinen* (**II**; Kp. 162—163°; n_D^{20} 1,4772) über Silicophosphorsäure bei 200° u. 1,5 cm³ je cm³ Kontakt je Std. Durchsatz gibt 66% monomere (bestehend aus 15% Aromaten, 27% monocycl. Olefinen u. 58% **V**) u. 34% höhere KW-stoffe. Analog ergibt *α-Terpineol* (**III**; $Kp._{15}$ 102—104°) 63% monomere (17% Aromaten, 49% monocycl. Olefine u. 34% **V**) u. 37% höhere KW-stoffe u. *1.8-Terpinhydrat* (**IV**) 80% monomere (17% Aromaten, 51% monocycl. Olefine u. 32% **V**) u. 20% höhere KW-stoffe. (J. org. Chemistry **17**. 1431—36. Nov. 1952.) KLASSKE. 3600

Romeo J. Conca und **Werner Bergmann,** *Umlagerungen von Δ^3-2.5-Peroxydocholesten.* Vff. zeigen, daß das von SKAU u. BERGMANN (J. org. Chemistry **3.** [1938.] 166) aus Δ^3-2.5-Peroxydocholesten (I) durch Einw. des Sonnenlichtes erhaltene *Keton A* als *4α.5-Oxydocholestan-2-on* (**II**), das daraus gewonnene *Keton B* als *Δ^3-Cholesten-5-ol-2-on* (**III**), sowie das aus **I, II** u. **III** durch Rk. mit KOH u. Methanol erhaltene *Keton C* als *4β-Methoxycholestan-5-ol-2-on* anzusehen sind. Die α-Orientierung der Peroxydbrücke von **I** wurde durch Red. von **II** mit $LiAlH_4$ zu *2α.5-Cholestandiol* (**IV**) bewiesen. Da Oxydation von **II** u. **III** mit CrO_3 zu der gleichen Ketosäure führte (**V**), muß **II** während der Oxydation zuerst in **III** umgelagert worden sein. Sowohl Oxydation von **IV** als auch Redd. von **II** u. **III** führten zu *Cholestan-5-ol-2-on* (**VI**), das nach WOLFF-KISHNER zu *5-Cholestanol* (**VII**) red. wurde. Dehydratisierung von **III** mit p-Toluolsulfonsäure oder H_2SO_4 u. Dioxan gab *$\Delta^{3.5}$-Cholestadien-2-on* (**VIII**) u. ein Phenol. **III** addiert in reversibler Rk. leicht A. u. Methanol unter Bldg. des Äthoxy- bzw. Methoxyäthers.

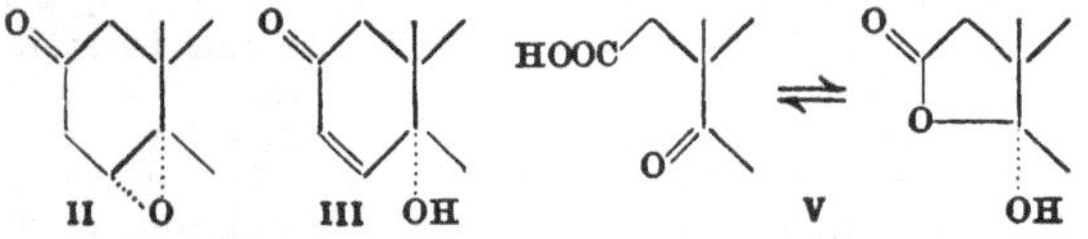

V e r s u c h e (FF. korr., Drehungen in Chlf., UV-Spektren in absol. A., Infrarotspektren in Chlf.): *2α.5-Cholestandiol* (**IV**), F. u. Misch-F. 154,5—155° (Aceton), aus **II** mit $LiAlH_4$ in Ae.; $[\alpha]_D^{27}$ +19,8°, λ_{max} 2,79. *Monoacetat,* F. u. Misch-F. 141 bis 142°, $[\alpha]_D^{24}$ —8,7°, λ_{max} 2,80; 5,80; 8,00 μ. — *Cholestan-5-ol-2-on* (**VI**), $C_{27}H_{46}O_2$, F. 181,5—182,5° (aus Aceton Nadeln), a) aus **IV** in Eisessig mit CrO_3 in 90%ig. Essigsäure durch 12std. Stehen bei Raumtemp.; $[\alpha]_D^{27}$ +29,2°, λ_{max} 2,79; 5,86 μ; b) aus **III** in Essigester durch Schütteln mit H_2 in Ggw. von WILLSTÄTTERs Katalysator; c) aus **II** in A. mit ADAMs Katalysator. — *5-Cholestanol* (**VII**), $C_{27}H_{48}O$, F. 102—103° (Aceton), aus **VI** in Methanol–Diäthylenglykol nach WOLFF-KISHNER u. Chromatographieren an Al_2O_3; $[\alpha]_D^{28}$ +13,6°, λ_{max} 2,75 μ. — **III** u. **II** wurden in Eisessig auf 55 bis 60° erwärmt, mit einer Lsg. von CrO_3 in Eisessig versetzt u. nach einer Std. wie üblich aufgearbeitet; aus Aceton u. Essigester *Ketosäure* (**V**), $C_{25}H_{42}O_3$, F. 166—167°, $[\alpha]_D^{23}$ +32,8°, λ_{max} 2,82; 5,65 μ. *p-Bromphenacylester,* $C_{33}H_{47}O_4Br$, F. 126—127,5°, $[\alpha]_D^{25}$ +54,2°. — *Phenoläthyläther $C_{28}H_{44}O$* bzw. *$C_{29}H_{46}O$*, F. 76,5—77,5° (aus Methanol Nadeln). **III** in absol. A. wurde mit etwas konz. H_2SO_4 eine Std. gekocht, Ae.-Extrakt eingedampft u. in PAe. an Al_2O_3 chromatographiert; $[\alpha]_D^{25}$ +71°; λ_{max} 6,25; 6,31 μ, λ_{max} 279 mμ, log ε = 3,3, λ_{min} 249 mμ, log ε = 2,7. — *Phenolmethyläther $C_{27}H_{42}O$* bzw. *$C_{28}H_{44}O$*, F. 51,5—52,5° (Aceton), aus **II** in absol. Methanol mit etwas konz. H_2SO_4 wie vorst.; $[\alpha]_D^{28}$ +76,6°, λ_{max} 6,22; 6,28 μ; λ_{max} 278 mμ; λ_{min} 248 mμ. — **III** in absol. Bzl. wurde mit p-Toluolsulfonsäure 30 Min. gekocht, der nach Waschen u. Einengen erhaltene Rückstand in PAe. an Al_2O_3 chromatographiert; die mit PAe. u. PAe.–Bzl. (3:1) eluierten Fraktionen gaben aus Aceton *$\Delta^{3.5}$-Cholestadien-2-on* (**VIII**), $C_{27}H_{42}O$, F. 123—124°, $[\alpha]_D^{25}$ —77,0; λ_{max} 291 mμ, log ε = 4,2; λ_{max} 6,00; 6,11; 6,30 μ. Die mit Bzl.–Ae. (9:1) erhaltenen Eluate gaben aus Pentan ein *Phenol $C_{26}H_{40}O$* bzw. *$C_{27}H_{42}O$*, F. 119—120,5°; $[\alpha]_D^{25}$ +74°, λ_{max} 280 mμ; λ_{min} 248 mμ. Dieselben Prodd. wurden aus **III** mit Dioxan u. H_2SO_4 gewonnen. (J. org. Chemistry **18.** 1104—11. Sept. 1953. New Haven, Conn., Sterling Chem. Labor.; Yale Univ.) SCHORRE. 3700

D. R. Idler, A. A. Kandutsch und **C. A. Baumann,** *Isolierung von Δ^7-Stigmastenol aus Weizen.* Die aus Weizenkeimöl gewonnene Sterinfraktion enthielt zu 3% *Δ^7-Stigmastenol* (*Δ^7-Spinastenol*), das von Vff. als eine der α_3-Sitosterinkomponenten angesehen wird.

V e r s u c h e (FF. korr., Drehungen in 2,5 cm^3 Chlf., UV-Spektren in A.): Der aus Weizenkeimöl nach Behandeln mit alkoh. KOH (unter N_2) erhaltene, nichtverseifbare Anteil wurde nach Umkristallisieren aus Skellysolve B u. Methanol als Azobenzol-4-carbonsäureester chromatographiert; die sich in 20 Std. ausgebildeten 3 Zonen wurden getrennt u. mit Bzl.–Ae.–A. eluiert. Die mittlere Zone gab aus Methanol *Δ^7-Stigmastenylazoat* (**I**), $C_{42}H_{58}O_2N_2$, F. 214°. — *Δ^7-Stigmastenol,* $C_{29}H_{50}O$, F. 146° (Methanol), aus **I**; keine F.-Depression mit Δ^7-Spinastenol aus α-Spinasterin; $[\alpha]_D^{25}$ +9,1°; daneben 2,5% eines *$\Delta^{5,7}$-Sterins. Acetat* (**II**), $C_{31}H_{52}O_2$, F. 159° (A.), aus **I** oder aus α-Spinasterylacetat in Essigester mit ADAMs Katalysator u. H_2; $[\alpha]_D^{26}$ +6,6°. *Benzoat,* F. u. Misch-F. mit Δ^7-Spinastenylbenzoat 181°; $[\alpha]_D^{20}$ +12°. — *$\Delta^{8.14}$-Spinastenylacetat,* F. u. Misch-F. 115°, aus **II** in Eisessig durch Schütteln mit H_2 in Ggw. von ADAMS Katalysator; keine H_2-Aufnahme. (J. Amer. chem. Soc. **75.** 4325—27. 5/9. 1953. Madison, Wis., Univ., Dep. of Biochem.) SCHORRE. 3700

Vincent du Vigneaud, Charlotte Ressler, John M. Swan, Carleton W. Roberts, Panayotis G. Katsoyannis und **Samuel Gordon,** *Synthese eines Oktapeptidamids mit der* *hormonalen Wirksamkeit des Oxytocins.* L-Leucylglycinäthylester wurde mit Carbobenzoxy-L-prolin zu *Carbobenzoxy-L-prolyl-L-leucylglycinäthylester* {$C_{23}H_{33}O_6N_3$, F. 148 bis 149°, $[\alpha]_D^{22,5}$ —79,8° (c = 2,5 in A.)} kondensiert, dieser hydriert, mit Bis-carbobenzoxy-L-cystinyl-bis-chlorid gekuppelt, verseift, red. u. in fl. NH_3 benzyliert zu *S-Benzyl-L-cysteinyl-L-prolyl-L-leucylglycin*; dessen *Benzylesterhydrochlorid* [$C_{30}H_{41}$·O_5N_4ClS, F. 193—194° (Zers.)] lieferte mit methanol. NH_3 *S-Benzyl-L-cysteinyl-L-prolyl-L-leucylglycinamid* (I). — *L-Tosylpyrrolidon-(5)-carbonsäurechlorid-(2)* (aus Tosyl-L-glutaminsäure u. PCl_5) gab mit L-Asparagin *N-[L'-Tosylpyrrolidon-(5')-carbonyl-(2')]-L-asparagin* ($C_{16}H_{19}O_7N_3S$, F. 150—151°), dieses lieferte bei der Behandlung mit wss. NH_4OH *Tosyl-L-glutaminyl-L-asparagin* ($C_{16}H_{22}O_7N_4S$, F. 197—198°) u. daraus mit Na in fl. NH_3 das *freie Dipeptid* {$C_9H_{16}O_5N_4$, F. 210—211° (Zers.), $[\alpha]_D^{21}$ +17,1° (c = 1,5 in W.)}, daraus durch Kuppeln mit Tosyl-L-isoleucylchlorid *Tosyl-L-isoleucyl-L-glutaminyl-L-asparagin* (II; $C_{22}H_{33}O_8N_5S$, F. 225—226°, $[\alpha]_D^{22}$ —28,9° [c = 1,76 in 0,5n $KHCO_3$]). — Kondensation von I mit II gab *Tosyl-L-isoleucyl-L-glutaminyl-L-asparaginyl-S-benzyl-L-cysteinyl-L-prolyl-L-leucylglycinamid* [$C_{45}H_{66}$·$O_{11}N_{10}S_2$, F. 235—236° (Zers.)], daraus mit Na in fl. NH_3 u. Benzylchlorid *L-Isoleucyl-L-glutaminyl-L-asparaginyl-S-benzyl-L-cysteinyl-L-prolyl-L-leucylglycinamid*, das mit N-Carbobenzoxy-S-benzyl-L-cysteinyl-L-tyrosin zu *N-Carbobenzoxy-S-benzyl-L-cysteinyl-L-tyrosyl-L-isoleucyl-L-glutaminyl-L-asparaginyl-S-benzyl-L-cysteinyl-L-prolyl-L-leucylglycinamid* (III) gekuppelt wurde. Behandlung von III mit Na in fl. NH_3 u. Luftoxydation in verd. wss. Lsg. bei p_H 6,5 ergab ein Prod., das sich bei Blutdruckverss. (Hühnchen), Gegenstromverteilung, am Rattenuterus, in seinem Einfl. auf die Lactation sowie in seinem Infrarotspektr. u. seiner spezif. Drehung ($[\alpha]_D^{21,5}$ —26,1 ± 1,0° [c = 0,53 in W.]) wie Oxytocin verhielt. (J. Amer. chem. Soc. **75**. 4879—80. 5/10. 1953. New York, N. Y., Cornell Univ., Med. Coll., Dep. of Biochem.) JUTZ. 3750

Tsoo E. King, Charles J. Stewart und **Vernon H. Cheldelin,** *Untersuchungen über Pantothensäure.* 13. Mitt. *β-Alethein und Pantethein.* (12. vgl. Science [Washington] **117.** [1953.] 439.) Vff. synthetisierten *β-Alethein* (I; *N-[β-Alanyl]-2-aminoäthylmercaptan*) durch Kondensation von Carbobenzoxy-β-alanylchlorid mit β-Aminoäthylmercaptan (II) bzw. mit dem entsprechenden Disulfid u. anschließende Red. mit Na in fl. NH_3. I wurde als Oxalat isoliert; mit Pantolacton umgesetzt, ergibt es in guter Ausbeute u. Reinheit *Pantethein,* das, untersucht an *L. helveticus,* eine Aktivität von >20000 LBF-Einheiten pro mg besaß u. durch enzymat. Verdauung zu *Pantothensäure* (95% der theoret. Menge) abgebaut wurde. Das Wachstum von Hefe in einem pantothensäurefreien Medium wird durch I nicht beeinflußt.

V e r s u c h e : *Carbobenzoxy-β-alanin,* F. 103—105°, aus reinem β-Alanin; 90% (Ausbeute). — Daraus mit $SOCl_2$ *Carbobenzoxy-β-alanylchlorid.* — *Bis-[carbobenzoxy-N-(β-alanyl)-2-aminoäthyl]-disulfid,* $C_{26}H_{34}O_6N_4S_2$, F. 180—181° (Essigester oder A.), aus vorst. Chlorid u. a) II (p_H 11—12 bei 0° in Ae.-W.; 45% roh), b) dem aus II u. H_2O_2 hergestellten Disulfid (wie vorst.; 80%). — *β-Aletheinoxalat,* $C_5H_{12}ON_2S·H_2C_2O_4$, F. 121—122° (nadelähnliche Kristalle aus A.), aus vorst. Verb. u. Na in fl. NH_3; 80%. — *β-Alethein* (I), F. 93—96°, aus vorst. Oxalat u. C_2H_5ONa in CH_3OH unter N_2. — *Pantethein,* $C_{11}H_{22}O_4N_2S$, amorphes, höchst hygroskop. Pulver, aus frisch bereitetem I u. (—)-Pantolacton (4std. Schmelzen bei 55—60° unter N_2); 70%. (J. Amer. chem. Soc. **75**. 1290—92. 20/3. 1953. Corvallis, Ore., State Coll., Dep. of Chem. and Sci. Res. Inst.) J. ROTHE. 3800

Gilbert Stork, Eugene E. van Tamelen, Leonard J. Friedman und **Albert W. Burgstahler,** *Eine stereospezifische Synthese von Cantharidin.* (Vorl. Mitt. vgl. C. **1953.** 7819.) *Cantharidin* (I), das als bicycl. Monoterpen aufgefaßt werden kann, ist opt.-inakt. u. nicht spaltbar; die Carbonylgruppen der Anhydridgruppierung liegen daher cis-ständig zueinander. Daß sie zur Oxydbrücke cis-ständig u. damit die beiden CH_3-Gruppen zu dieser trans-ständig angeordnet sein müssen, geht aus der Bldg. von Hydrobromcantharinsäure (vgl. GADAMER [1914]) hervor. Vff. beschreiben eine stereospezif. Totalsynth. von I. — An 3.6-Epoxy-3.4.5.6-tetrahydrophthalsäuredimethylester (XXI) wurde Butadien addiert, wobei das *Addukt* II entsteht; dieses wurde mit $LiAlH_4$ zum *Diol* (III) red. u. dieses in das *Dimesylat* (IV) übergeführt. Daraus konnte über das *Jodid* durch dessen Hydrogenolyse die Dimethylverb. V nicht gewonnen werden. Mit Na_2S in A. gab IV ein Gemisch, wahrscheinlich bestehend aus dem *cycl. Sulfid* VI u. dem entsprechenden *Oxyd* (VII); für den Mechanismus dieser Rk. wird versucht, eine Erklärung zu geben. Reines VII wird durch $LiAlH_4$-Red. von IV oder aus IV u. Methansulfonylchlorid in Pyridin erhalten. Mit C_2H_5SK entsteht aus IV das *Bis-[äthylmercapto]-deriv.* VIII neben etwas VII, das in diesem Fall leicht abgetrennt werden kann. Bei direkter reduktiver Entschweflung von VIII wird auch die Doppelbindung hydriert,

u. auch der Schutz der Doppelbindung durch Substitution gab unbefriedigende Ergebnisse da das substituierte Cyclohexensyst. nicht im gewünschten Sinne abgebaut werden konnte: **VIa** konnte zwar glatt zu **IX** entschwefelt werden, doch lieferte die daraus mit N-Bromsuccinimid erhaltene Verb. bei HBr-Abspaltung nicht das gewünschte **X**, sondern **XI**, welches auch nicht zu **X** umgelagert werden konnte, u. **VIb** konnte ohne gleichzeitigen Angriff der Doppelbindung ebenfalls nicht entschwefelt werden u. gab bei der Ozonolyse **XII**. Daher wurde **VIII** mit OsO_4 zu dem *Glykol* **XIII** oxydiert u. dieses zu **XIV** entschwefelt. Der Weg der Thermolyse von **XIV**-Estern zur Bldg. eines doppelt ungesätt. Ringes, aus dem dann **I** hätte gewonnen werden können, wurde nicht eingeschlagen, weil zwar in einem Modellvers. cis-Cyclohexandiol-(1.2)-distearat bei 360° *Cyclohexadien-(1.3)* liefert, aber die nach dieser Meth. gewonnene Verb. **XV** bei der Ozonolyse hauptsächlich Lactone gibt. **XIV** wurde daher mit HJO_4 zu dem *Dialdehyd* **XVI** gespalten u. dieser zum *Cyclopentenaldehyd* **XVII** cyclisiert; an diesen wurde C_6H_5Li angelagert zu **XVIII**. Eine therm. Wasserabspaltung aus **XVIII** wurde vermieden, da dabei Umlagerungen eintreten könnten; **XVIII** wurde daher anionotrop zu dem *Benzylidencyclopentanolderiv.* **XIX** umgelagert (vgl. BRAUDE u. Mitarbeiter, C. **1954**. 4581), dessen *Stearat* bei der Pyrolyse das *Dien* **XX** lieferte. Aus **XX** wurde **I** durch Ozonolyse u. H_2O_2-Zers. erhalten; es war mit natürlichem **I** ident., wie aus dem Misch-F. u. dem Vgl. der Infrarotspektren u. der Röntgenpulverdiagramme hervorgeht.

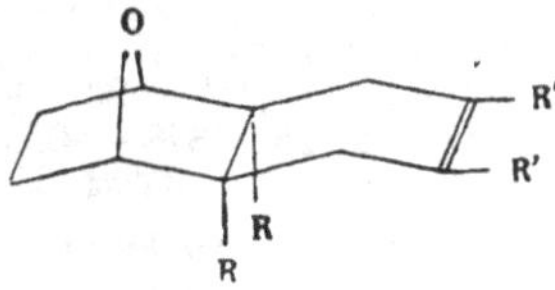

II R = $COOCH_3$, R' = H
III R = CH_2OH, R' = H
IV R = $CH_2OSO_2CH_3$, R' = H
V R = CH_3, R' = H
VIII R = $CH_2SC_2H_5$, R' = H
IX R = R' = CH_3

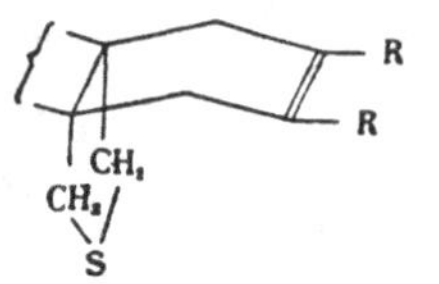

VI R = H
VIa R = CH_3
VIb R = C_6H_5

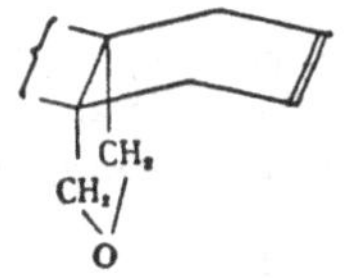

VII

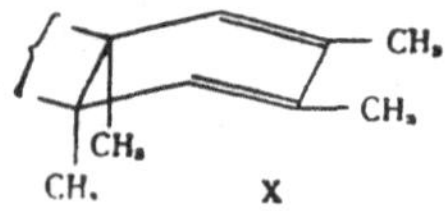

X

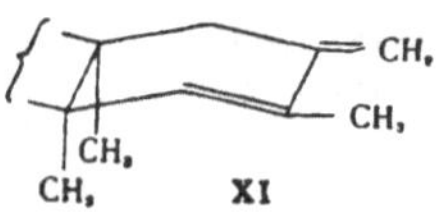

XI

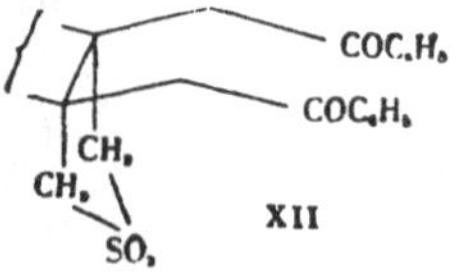

XII

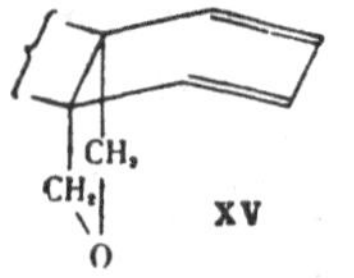

XV

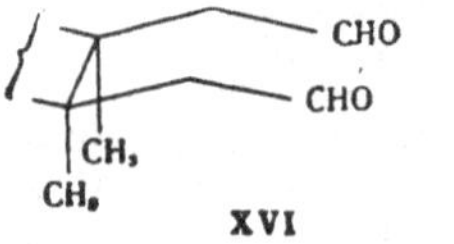

XVI

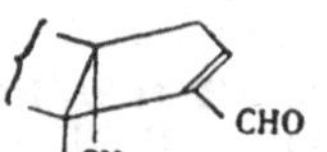

XVII

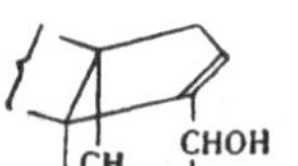

XVIII

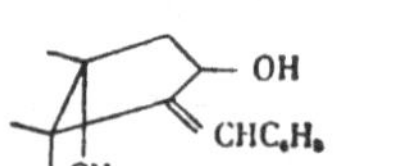

XIX

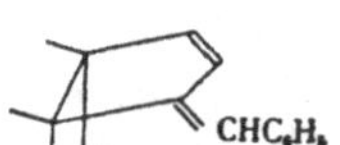

XX

Versuche: *Acetylendicarbonsäuredimethylester*, Kp.$_{15}$ 93—97°, durch Zugabe von H_2SO_4 + 30%ig. rauchender H_2SO_4 (3 : 1) zu Äthylendichlorid u. absol. CH_3OH in der Kälte, dann des sauren K-Salzes der Acetylendicarbonsäure u. 20std. Kochen; 66,5% (Ausbeute). — *3.6-Epoxy-3.6-dihydrophthalsäuredimethylester* (*Furan–Acetylendicarbonsäuredimethylester-Addukt*), $C_{10}H_{10}O_5$, Kp.$_2$ 130—133°, aus vorst. Verb. durch 14std. Kochen mit Furan in Bzl. im abgeschlossenen Syst.; 77%. — *3.6-Epoxy-3.4.5.6-tetrahydrophthalsäuredimethylester* (**XXI**), F. 51—51,5°, a) durch Hydrierung vorst. Verb. in Aceton mit 10%ig. Pd-Kohle unter n. Bedingungen; aus Ligroin große prismat. Nadeln; 78%; b) durch 6std. Kochen von Acetylendicarbonsäuredimethylester u. Furan in Bzl. unter N_2, Einengen u. katalyt. Hydrierung wie vorst.; 51%. — *Addukt* **II**, $C_{14}H_{18}O_5$, F. 78,5—79° (Ligroin–A.), durch 24std. Erhitzen von **XXI**, Butadien u. absol. A. auf 100° im Autoklaven; 92%. Hydrolyse mit methanol. KOH u.

Ansäuern gibt das *Anhydrid*, F. 162°. — *Addukt* **IIa**, $C_{16}H_{22}O_5$, F. 95—95,5°, durch 55std. Kochen von **XXI** u. 2.3-Dimethylbutadien in A., Zugabe von PAe. u. heiße Filtration; 94%. — *Addukt* **IIb**, $C_{26}H_{26}O_5$, F. 132,5—133° (A.-Ligroin [3 : 1], dann A.), durch 24std. Erhitzen von **XXI** u. 2.3-Diphenylbutadien in Bzl. auf 100° im Rohr u. Zugabe von Ligroin; 63%. Die Verb. ist gegenüber $KMnO_4$ in Aceton stabil, ebenso wird sie beim Stehen in CH_3OH mit durch Aceton desaktiviertem RANEY-Ni unverändert zurückerhalten; akt. RANEY-Ni bildet nach 1½ Std. die *Dihydroverb.*, $C_{26}H_{28}O_5$, F. 138—138,5° (Ligroin). — *Diol* **III**, $C_{12}H_{18}O_3$, F. 154—154,5°, durch $LiAlH_4$-Red. von **II** in Ae., Zers. mit Eis u. Zugabe von verd. H_2SO_4; aus A.-Bzl. kleine Nadeln; 80—85% roh. — Ebenso *Diol* **IIIa**, $C_{14}H_{22}O_3$, F. 188—190° (CH_3OH); 64%. — Zur Gewinnung des *Diols* **IIIb**, $C_{24}H_{26}O_3$, F. 229—230° (korr.) (Pyridin-A.), wurde in Tetrahydrofuran red.; 95%. — *Dimesylat* **IV**, $C_{14}H_{22}O_7S_2$, F. 154—154,5° (geringe Zers.), aus rohem **III** in Pyridin-Bzl. (1 : 1) u. Methansulfonylchlorid bei höchstens 10°, Gießen auf Eis u. Ausziehen mit Chlf.; aus Bzl.-A., dann A. feine Prismen; 90%. — *Dimesylat* **IVa**, $C_{16}H_{26}O_7S_2$, F. 168° unter Zers. (A.); 73%. — *Dimesylat* **IVb**, $C_{26}H_{30}\cdot O_7S_2$, F. 187—189° (Pyridin-A.); 100%. — *Cycl. Sulfid* **VI**, $C_{12}H_{16}OS$, aus **IV** u. $Na_2S\cdot 9\,H_2O$ in A. durch 3tägiges Kochen, Einengen des Filtrats u. Ausäthern des Rohprod., Kp.$_{0,4}$ 115—130°, das etwas *cycl. Oxyd* **VII** enthalten muß; Entschwefelung mit RANEY-Ni liefert aus dem Rohprod. nicht Epoxy-9.10-dimethyldekalin, sondern die **VII**-*Dihydroverb.*, $C_{12}H_{18}O_2$, F. 80—81°; 1,4%. — **VII**, $C_{12}H_{16}O_2$, F. 45,5—46°, a) aus **IV** in Tetrahydrofuran durch Zugabe zu $LiAlH_4$ in demselben Lösungsm., 4std. Kochen, Zers. mit H_2SO_4, Ausäthern u. Sublimation bei 100°/0,1 mm; 83%; b) in geringerer Ausbeute aus **IV** u. Methansulfonylchlorid in genau gleichmol. Menge in Pyridin durch 8std. Rk. bei n. Temperatur. — Das *cycl. Sulfid* **VIa**, $C_{14}H_{20}OS$, wurde ebenfalls als unreines Prod., F. 71—72,5° (CH_3NO_2), erhalten; bei RANEY-Ni-Entschwefelung entsteht das *Dimethylcyclohexen* **IX**, F. 81—84°, ohne daß die Doppelbindung angegriffen wird. Dieses gibt nach Rk. mit N-Bromsuccinimid u. Dehydrobromierung mit Kollidin das *Methylencyclohexen* **XI**; λ_{max} 243 mμ (log ε = 4,4) in C_2H_5OH. — Das *cycl. Sulfid* **VIb**, $C_{24}H_{24}OS$, F. 155—156° (A.), wird rein erhalten; 45%. Rk. mit O_3 in Chlf. u. Behandlung mit Zn-Staub in Essigsäure liefert das *cycl. Sulfon* **XII**, $C_{24}H_{24}O_5S$, F. 232—233° (korr.) (A.); 12%; Absorption bei 5,9, 7,6 u. 8,9 μ. — *exo-5.8-Epoxy-9.10-cis-bis-[äthylmercaptomethyl]-oktalin-(2)* (**VIII**), $C_{16}H_{28}OS_2$, F. 45 bis 45,5°, durch Zugabe von überschüssigem Äthylmercaptan zu absol. K-tert.-Butylat, dann von **IV** in Bzl., mehrstd. Erhitzen, Gießen in Eiswasser, Ausäthern u. Dest., wobei zunächst **VII** übergeht (46,5%); Kp.$_{0,3}$ 160—165°; aus PAe. flache Nadeln; 47%. — *exo-5.8-Epoxy-9.10-cis-dimethyl-cis-2.3-dioxydekalin* (**XIV**), $C_{12}H_{20}O_3$, F. 107—109°, durch 3tägige Rk. von **VIII** mit OsO_4 in absol. Ae. + etwas Pyridin im Dunkeln, Red. mit wss.-alkoh. Na_2SO_3, Einengen des Filtrats, Ausäthern (rohes **XIII** als viscoses Öl), Lösen in A. u. 1std. Kochen mit RANEY-Ni unter N_2; Kp.$_{0,3}$ 170 bis 175° (Badtemp.); aus Bzl.-Cyclohexan (1 : 1) Prismen; 68%. — *exo-1-Formyl-4.7-epoxy-8.9-cis-dimethyl-4.5.6.7.8.9-hexahydroinden* (**XVII**), F. 75—77°, durch Zugabe von $HJO_4\cdot 2\,H_2O$ zu **XIV** in Dioxan bei 10°, 8std. Stehen, Verdünnen mit NaCl-Lsg., Neutralisation mit $NaHCO_3$-Lsg., Ausziehen mit Chlf., Eindampfen (*Dialdehyd* **XVI**), Lösen in Bzl., Zugabe von 20% Pyridinacetat in Bzl. unter N_2, 1std. Erhitzen auf 60—70° u. Dest.; Kp.$_{0,2}$ 110—113° (Badtemp.); λ_{max} 237—238 mμ (ε = 14600) in A.; 75%. *Phenylhydrazon*, $C_{18}H_{22}ON_2$, F. 190—192°, aus A. orangefarbene Prismen. —[*exo-4.7-Epoxy-8.9-cis-dimethyl-4.5.6.7.8.9-hexahydroindenyl-(1)*]-*phenylcarbinol* (**XVIII**), $C_{18}H_{22}O_2$, F. 104,5—105,5°, durch Zugabe von **XVII** in Ae. zu überschüssigem C_6H_5Li in Ae. bei 0° unter N_2, langsames Erwärmen auf Zimmertemp. u. Gießen auf Eis; aus Bzl.-PAe. Nadeln oder Plättchen; λ_{max} 253 u. 259 mμ (ε = 170 u. 210) in A.; 72,5%. — *exo-2-Oxy-1-benzyliden-4.7-epoxy-8.9-cis-dimethyl-4.5.6.7.8.9-hexahydroindan* (**XIX**), $C_{18}H_{22}O_2$, F. 165—167°, aus **XVIII** u. auch der nichtkrist. Mutterlauge durch anionotrope Umlagerung in wss. Dioxan nach BRAUDE u. Mitarbeitern (l. c.); aus Bzl.-PAe. Platten; λ_{max} 251—252 mμ (ε = 30500) in A.; 27%; in der Mutterlauge bleibt wahrscheinlich ein Stereoisomeres zurück. — *exo-1-Benzyliden-4.7-epoxy-8.9-cis-dimethyl-4.5.6.7.8.9-hexahydroinden* (**XX**), $C_{18}H_{20}O$, Kp.$_{0,5}$ 148—150° (Badtemp.), durch 12std. Rk. von **XIX** mit Stearoylchlorid in Pyridin-Bzl. (1 : 2) bei n. Temp. u. Erhitzen des *Esters* auf 275—340°; die Stearinsäure wurde aus dem Destillat mit 5%ig. KOH entfernt u. das Rohprod. aus Al_2O_3 mit PAe.-Bzl. (3 : 1) eluiert; λ_{max} 283 mμ (ε = 22500) in A.; 63,5%. — *exo-1.2-cis-Dimethyl-3.6-epoxyhexahydrophthalsäureanhydrid, Cantharidin* (**I**), $C_{10}H_{12}O_4$, F. 212—213° (Aceton), durch Rk. von **XX** in Essigester mit O_3 bei —40 bis —50°, Einengen, Aufnehmen in Essigsäure + 20%ig. H_2O_2, 3std. Kochen, Verdünnen mit W. u. Ausziehen mit Chlf.; 23%. — Nach langsamer Zugabe von Cyclopenten-1-aldehyd (Kp.$_{20}$ 51,5—52°) zu überschüssigem C_6H_5Li in Ae. bei 0° unter N_2, langsames Erwärmen auf n. Temp., Gießen auf Eis u. Ausäthern entsteht *Benzylidencyclopentanol-(2)* (**XXII**), das durch Dest. über $KHSO_4$ in 60—65%ig. Ausbeute zu *Benzylidencyclopenten-(2)* dehydratisiert werden kann (F. 46—48°), wesentlich schlechter mit $SOCl_2$ oder $POCl_3$ in Pyridin u. Triäthylamin. Die Ozonisation dieser Verb. in Essigester bei —10 bis —15° u. Zers. mit H_2O_2 gibt *Bernsteinsäure*, F. 180—183°; 40%. **XXII** wurde in das *Acetat, Benzoat, Xanthat* u. *Stearat* übergeführt; letzteres konnte in 30%ig. Ausbeute bei 230—270°/25 mm therm. zum Dien zers. werden, die anderen Ester nur in geringer Ausbeute. — Nach ½std. Kochen von **VII**, N-Bromsuccinimid u. Benzoylperoxyd in CCl_4, Einengen des Filtrats, ¼std. Kochen des Öls mit 2.4.6-Kollidin u. Ausäthern wurde das *Dien* **XV**, $C_{12}H_{14}O_2$, erhalten; Reinigung durch Kristallisation aus PAe. u. Sublimation bei 100° im Vakuum F. 107—108°; λ_{max} 254 mμ u. 264 mμ (log ε = 3,8) in A.; 23%. — cis-Cyclohexandiol-(1.2)-distearat gibt bei 1½std. Erhitzen auf 360° *Cyclohexadien-(1.3)*, identifiziert als *Maleinsäureanhydridaddukt*, F. 146—146,5°; 42%. — *cis-Oxydglykol*, $C_{12}H_{18}O_4$, F. 169—171° (Chlf.), aus **VII** wie **XIII**; 54%. Die *trans-Verb.*, $C_{12}H_{18}O_4$, F. 147—149° (Chlf.-Bzl.), entsteht aus **VII** u. $HCOOH-H_2O_2$ u. Hydrolyse mit methanol. KOH. Das Distearat der cis-Verb. liefert bei Pyrolyse **XV**. $(CH_3COO)_4Pb$-Spaltung des cis-Glykols in Chlf. in Ggw. von Pottasche gibt den *Dialdehyd*, der zu dem zu **XVII** analogen *Cyclopentenaldehyd* in W. unter N_2 bei 100° (50std. Rk.) cyclisiert wurde; *2.4-Dinitrophenylhydrazon*, $C_{18}H_{18}O_6N_4$, F. 265° (Zers.); orangefarben. (J. Amer. chem. Soc. **75**. 384—92. 20/1. 1953. Cambridge, Mass., Harvard Univ., Chem. Labors.)

NITZSCHKE. 3950

D_3. Makromolekulare Chemie.

Prince E. Rouse jr., *Eine Theorie der linear-viscoselastischen Eigenschaften von verdünnten Lösungen geknäuelter Polymerer.* Vf. geht bei seinen theoret. Betrachtungen von der Annahme aus, daß das Verh. eines Makromol. durch das Verh. von N Submoll., aus denen die Hochpolymerkette aufgebaut zu denken ist, beschrieben werden kann. Die Konfiguration eines Submol. wird durch den Abstand d der Kettenenden des Submol. charakterisiert, die Konfiguration des Makromol. somit durch N solche d-Werte. Die Hauptkette soll so lang sein, daß für deren Kettenenden GAUSSsche Verteilung angenommen werden kann. Der Gleichgewichtszustand eines solchen Syst. wird durch den Geschwindigkeitsgradienten gestört, während die therm. Bewegung diesen Zustand wieder herzustellen versucht. Dem Zusammenhang zwischen beiden Einflüssen wird dadurch Rechnung getragen, daß die Bewegung des zwei benachbarte Submoll. verbindenden Atomes die Konfiguration beider Submoll. ändert. Das Verh. eines jeden Submol. wird durch eine bestimmte Relaxationszeit τ charakterisiert. Auf diese Weise werden Gleichungen erhalten für den Zusammenhang zwischen den τ-Werten, den Komponenten der komplexen Viscosität u. den Komponenten der komplexen Festigkeit, der Viscosität der Lsg. u. des Lösungsm., dem Mol.-Gew., der Konz. u. der Temperatur. Auf die Gültigkeitsgrenzen der Theorie (sehr rasch verlaufende Vorgänge, Polydispersität u. a.) wird hingewiesen. (J. chem. Physics **21**. 1272—80. Juli 1953. Philadelphia, Pa., Franklin Inst., Labor. for Res. and Dev.)

FUCHS. 4000

A. de Waele und **G. L. Lewis**, *Die Fließkurve (rheologische Kurve).* Vff. zeigen, daß die rheolog. Eigg. plast. Materialien u. hochpolymerer Pseudo-Fll. durch einen Mechanismus beschrieben werden können, der dem der MAXWELL-Fll. ähnlich ist. Für die plast. Körper wird jedoch ein Schwellenwert festgestellt, der bei nicht-NEWTONschen Fll. nicht vorhanden ist. Dieser elast. Schwellenwert in plast. Materialien entspricht der Aufspaltung der Sekundäraggregate in Primärteilchen u., im Falle der Pseudo-Fll., dem Beginn der Entwirrung der Polymermoleküle. Die Beziehung $d^2 S/d v^2$ = — (K) exp (— T·v) (S = Scherspannung, v = Geschwindigkeitsgefälle, K u. T = charakterist. Konstanten des Materials) beschreibt das rheolog. Verh. plast. Stoffe u. Pseudoflüssigkeiten. Die Durchführung der experimentellen Best. der rheolog. Kurve wird kurz angegeben. (Nature [London] **172**. 298. 15/8. 1953. London, Gestetner Ltd.)

G. HEINRICH. 4000

Mihály Bárány und **László Hegedüs**, *Die Ermittlung des Molekulargewichtes hochmolekularer Stoffe mittels Ultrazentrifuge und Diffusionsapparats.* Mit Hilfe der Sedimentations- u. Diffusionskonstanten kann man nicht nur das Mol.-Gew. von hochmol. Stoffen bestimmen, sondern sich ein Bild über die Form u. die absol. Maße der Körper verschaffen. Außerdem kann man bei der Unters. polydisperser Stoffe mit einer Ultrazentrifuge die Mol.-Gew.-Verteilung u. die mengenmäßige Zus. der Komponenten ermitteln. Die zur Auswertung erforderlichen Gleichungen werden so abgeleitet, daß in diesen nur noch verhältnismäßig einfach zu messende Größen vorhanden sind. Die Sedimentationsgeschwindigkeit wird nach der LAMMschen Meth. opt. verfolgt. Die Konz. der verwendeten Lsgg. soll zwischen 0,2—2% liegen. Mit Hilfe des Formfaktors f/f_0, wobei f_0 den Reibungskoeff. von kugelförmigen Partikeln bei Stoffen mit ähnlichem Mol.-Gew. bedeutet, können qualitative Aussagen über die Form des Mol. gemacht werden. (Magyar Kémikusok Lapja [Z. Ver. ung. Chemiker] **8.** 268—74. 5/9. 1953.) BIRTHLER. 4000

Edward V. Sayre, *Die Verteilung von Polymerfraktionen.* Nach SCOTT u. FLORY gilt für die Verteilung eines heterogenen Hochpolymeren vom Mol.-Gew. M_l auf 2 Phasen die Beziehung $\varphi_l''/\varphi_l' = \exp(\alpha M_l)$; φ = Volumenfraktionen, α = Konstante. Vff. zeigen theoret., daß die Mol.-Gew.-Verteilung von Systemen, die dieser Gleichung gehorchen, bei zunehmend kleiner werdenden Fraktionen, die aus einer Polymerlsg. der gleichen Konz. erhalten wurden, schließlich konstant wird. Eine numer. Berechnung ergibt, daß alle Fraktionen, die kleiner als ca. $^1/_6$ des vorliegenden Polymeren sind, prakt. die gleiche Verteilung besitzen. Zur Darst. bes. scharfer Fraktionen ist es daher zweckmäßiger, zuerst eine kleine Anzahl von Fraktionen herzustellen u. diese weiter zu fraktionieren. (J. Polymer Sci. **10.** 175—83. Febr. 1953. Rochester, N. Y., Kodak Res. Labor.) FUCHS. 4000

L. A. Wall und **M. Magat,** *Die Einwirkung von γ-Strahlen und Neutronen auf Polymere.* Polymere, wie *Polystyrole* (Mol.-Gew. 6,0 u. $1,17 \cdot 10^5$), *Polyvinylchloride, Polymethylmethacrylate,* u. a. zeigten nach Bestrahlung mit γ-Strahlen u. Neutronen unterschiedliches Verh. in bezug auf die Viscosität. Die Bestrahlung erfolgte auf feste oder in organ. Lösungsm. gelöste Substanzen. Im ersten Fall war je nach Art der Substanz eine Ab- oder Zunahme der Viscositätszahl zu beobachten, sowie auch ein Einfl. des Lösungsm. auf die Viscositätszahl. Vff. schließen darauf, daß nach der Bestrahlung fester Polymere freie, unbewegliche Radikale vorhanden sein müssen. Bei bestrahlten Lsgg. konnte eine allg. Viscositätsabnahme gezeigt werden in Ggw. von O_2. Der auftretende „Nacheffekt" konnte durch Inhibitorenzugabe vermieden werden. Vff. diskutieren den Einfl. von O_2 u. Inhibitor (1.1-Diphenyl-2-pikrylhydrazyl, D. P. P. H.). (J. Chim. physique Physico-Chim. biol. **50.** 308—16. Mai 1953. Paris, Fac. des Sci., Labor. de Chim. phys.) v. KEREKJARTO. 4010

S. L. Madorsky, *Geschwindigkeit und Aktivierungsenergie beim thermischen Abbau von Styrol und Acrylatpolymeren im Vakuum.* (Vgl. MADORSKY, C. **1953.** 2614, u. JELLINEK, C. **1954.** 567.) In Fortsetzung der früheren Arbeiten gibt Vf. die Geschwindigkeitskonstanten u. Aktivierungsenergien beim therm. Abbau verschied. substituierter *Polystyrole* u. *Polyacrylate* bei 240—355°, die mit der gleichen, früher angewandten Methodik bestimmt wurden. Die Aktivierungsenergien betragen für *Poly-m-methylstyrol* (I; mittleres Mol.-Gew. 450000) 59, *Poly-α-deuterostyrol* (II; 1260000) 58, *Poly-α-methylstyrol* (350000) 58, *Polycyclohexyläthylen* (hydriertes Polystyrol, 82000) 52, *Polymethylmethacrylat* (benzoylperoxydkatalysierte Polymerisation, 150000) 33 u. (therm. Polymerisation, 5100000) 55 sowie *Polymethylacrylat* (—) 37 kcal. Vf. bespricht die erhaltenen Kurven sowie den Abbaumechanismus. Die beim Abbau erhältliche „wachsartige" Fraktion (größere Bruchstücke) hat für Polystyrol (III), I u. II ein geringeres mittleres Mol.-Gew. als in den anderen untersuchten Fällen. Über die von STAUDINGER u. STEINHOFER (Liebigs Ann. Chem. **517.** [1935.] 35) berichteten Kpp. des di-, tri- u. tetrameren Styrols berechnet sich entsprechend die „monomere" Fraktion (Mono- bis Tetramere) des flüchtigen Anteils für III zu 97%, I zu 93% u. II zu 99%, wobei in allen Fällen das Monomere den überwiegenden Anteil ausmacht, was für einen schrittweisen Abbau der Kette vom Ende aus spricht. Im Gegensatz dazu liefert Polycyclohexyläthylen nur eine geringe „monomere" Fraktion, was wie im Falle des Polyäthylens für einen statist. über die Kette verteilten Bruch der Moll. spricht. Der Abbau des Polymethylmethacrylats ist von der Darstellungsart dieses Polymeren abhängig. Der Abbau des Polymethylacrylats unterscheidet sich von dem der anderen Polymeren insofern, als nicht nur die Kette gespalten wird, sondern auch Seitenketten als CO_2 u. CH_3OH abgesprengt werden. (J. Polymer Sci. **11.** 491—506. Nov. 1953. Washington, D. C., Nat. Bur. of Stand.) RUSKE. 4010

F. Leonard, A. J. Szlachtun und **I. Cort,** *Flüssige Polyacrylate. Fl. Polyacrylsäureester* (I) sind von ALI, MARK u. MESROBIAN (C. **1950.** II. 2619) sowie REHBERG u. SICILIANO (Ind. Engng. Chem. **44.** [1952.] 2864) als Weichmacher für Harze aus Polyvinylchlorid-Polyvinylacetat-Copolymeren beschrieben worden. Sie wurden über einen Radikalmechanismus erhalten. Vff. beschreiben die Darst. von fl. I zu dem genannten Zweck über einen Ionenmechanismus, der zu I mit Aminoendgruppen führt u. wärmebeständige Prodd. liefert. Nach dem Verf. von BEAMAN (C. **1948.**

E. 417) wurde Na in fl. NH_3 gelöst, zu der blauen Lsg. der monomere Acrylsäureester u. danach NH_4Cl gegeben u. das NH_3 abgedampft. Aufnehmen in Ae., Waschen mit W. u. Verdampfen des Ae. bei 10—20 mm, dann 1—2 mm bei Zimmertemp. u. schließlich bei 50° lieferte I, deren Mol.-Geww. kryoskop. in Bzl. bestimmt wurden. Folgende I wurden so dargestellt: *Äthylester* (100 g Monomeres : 2 g Na : 500 g fl. NH_3; Mol.-Gew. 706—780, oder 20 : 0,4 : 100; 1527; Ausbeute 51—66%), *n-Butylester* (100 : 2 : 500; 618—829; 41—67%) u. *2-Äthylhexylester* (100 : 2 : 500; 601; 48%). Alle I hatten eine strohgelbe Farbe, die durch Variation der Darstellungsbedingungen nicht beseitigt werden konnte. Die Anwesenheit von NH_2-Gruppen im Polyacrylsäureäthylester konnte durch das Ultrarotabsorptionsspektr. nachgewiesen werden. Auch die Abspaltung von NH_3 bei der Vakuumdest. dieser Verb. ist ein weiterer Beweis. Durch Zusatz dieser I zu unstabilisierten u. stabilisierten Plastisolen mit Geon 121 konnten schwach gelbliche Filme mit ausgezeichneter Wärmestabilität erhalten werden, die der von Proben mit Dioctylphthalat (II) als Weichmacher entsprach. I verleiht als Weichmacher gegenüber II den Proben eine größere Zugfestigkeit. (J. Polymer Sci. **11.** 539—44. Dez. 1953. Washington, D. C., Walter Reed Army Med. Center, Army Prosthetics Res. Labor.) Ruske. 4010

M. P. Burgowa und **A. A. Korotkow,** *Bestimmung der Struktur von Kautschuk nach der Methode der Infrarotspektroskopie.* Zur quantitativen Feststellung der Anteile an $—CH_2CH:CHCH_2$-Gruppen (1.4-Anlagerung im Divinyl) u. $—CH_2\overset{|}{C}HCH:CH_2$-Gruppen (1.2-Anlagerung) im *Divinylkautschuk* wird der Teil des Absorptionsspektr., der den C—H-Schwingungen in den Gruppen $=CH_2$ u. $—CH_2—$ entspricht, verwendet. Benutzt werden der erste Oberton des Spektr. einer CCl_4-Lsg. des Kautschuks, bei welchem die Banden bei 6114 u. 5666 cm^{-1} der $=CH_2$-Gruppe bzw. der $—CH_2$-Gruppe entsprechen. Für die Analyse wird als Eichsubstanz Diallyl herangezogen. Der Geh. an 1.2-Anlagerungsgliedern wurde bei einem Kautschukmuster zu 44,5, bei einem anderen zu 35,5% ermittelt, während die rein chem. Ozonisierungsmeth., die zeitraubender ist, 42,5 bzw. 37,2% ergeben hatte. Die Übereinstimmung ist also zufriedenstellend. Nach der gleichen Meth. können auch *Isoprenkautschuk* u. *Divinyl-Styrol-Mischpolymerisate* untersucht werden. Das Absorptionsspektr. im Gebiet des 1. Obertons (5500—6200 cm^{-1}) ist bei beiden angegeben. (Известия Академии Наук СССР, Серия Физическая [Nachr. Akad. Wiss. UdSSR, physik. Ser.] **14.** 452—57. Juli/Aug. 1950. Leningrad, Shdanow-Univ., Physikal. Forschungsinst.) Zellentin. 4030

A. Thompson und **M. L. Wolfrom,** *Abbau von Amylopektin zu Panose.* Vff. isolierten ein Trisaccharid, *4-α-Isomaltopyranosyl-D-glucose* (I; *Panose*), mit Hilfe der chromatograph. Meth. als krist. *Glycitdodekaacetat* (**Ia**) aus einem red. Säurehydrolysat des *Amylopektins* (**II**). 50 g **II** (aus Maisstärke) werden 24 Std. mit 0,05n H_2SO_4 bei 98° hydrolysiert. Aus Berechnungen geht hervor, daß die Maximalausbeute an Trisaccharid bei 70%ig. Hydrolyse liegt. Die Isolierung von I bzw. **Ia** mit einer α-1.6-Bindung ist ein weiterer Beweis dafür, daß die Verzweigung im **II**-Mol. an $C_{(6)}$ der D-Glucose stattfindet. Als Nebenprodd. wurden *Maltose* u. *Isomaltose* in Form ihrer *β-Oktaacetate* isoliert. — *β-Isomaltoseoktaacetat,* F. 144—145°, $[\alpha]_D^{22}$ +96° (c = 2,9 in Chlf.); 360 mg (Ausbeute). — *β-Maltoseoktaacetat,* F. 155—156°, $[\alpha]_D^{23}$ +63°; 0,5 g. — *Panitdodekaacetat* (**Ia**), F. 147—148°, $[\alpha]_D^{25}$ +118° (c = 2,6 in Chlf.); 70 mg. (J. Amer. chem. Soc. **73.** 5849—50. Dez. 1951. Columbus, O., State Univ., Dep. of Chem.) Fahrnlaender. 4050

A. Neuberger, *Eigenschaften der Proteine.* Übersicht über die Entw. der Proteinchemie während der letzten 60 Jahre unter Hinweis auf die Fortschritte, die bes. durch die Meth. der Ultrazentrifugierung, der Röntgenstrahlenkristallographie, der Infrarotspektroskopie, der Verteilungschromatographie u. der Elektronenmikroskopie erzielt worden sind. Behandelt werden bes. die reversible Dissoziation der Proteine, ihre irreversiblen Veränderungen, die freien α-Aminogruppen, die kovalenten Bindungen, die Salz- u. Wasserstoffbindung, die elektrostat. Kräfte, die bei der reversiblen Dissoziation in Wrkg. treten, sowie diejenigen, die für die native Konfiguration des Proteins verantwortlich sind. (J. Sci. Food Agric. **1.** 80—83. März 1950. London, Mill Hill, Nat. Inst. for Med. Res.) Täufel. 4070

Ss. Ja. Frenkel, *Bestimmung des Molekulargewichtes von Eiweißstoffen durch Lichtstreuung in Lösungen.* Für die Berechnung des Mol.-Gew. wird eine Formel $M = \tau/H\,c$ entwickelt, wo τ die Trübung, c die Konz. u. H eine für jede untersuchte Substanz zu berechnende Konstante ist. Diese Formel gilt nur für isotrope monodisperse Substanzen in verd. Lsg., wobei die Größe der Teilchen klein im Verhältnis zur Wellenlänge des Lichtstrahls sein muß. Folgende Mol.-Geww. wurden gefunden:

Eialbumin 33000. Die von anderen Autoren gefundenen, etwas höheren Mol.-Geww. hängen wohl mit Aggregation zusammen. *Serumalbumin* des Pferdes 72000, *γ-Globulin* 173000, *α-Chymotrypsin*, je nach Versuchsbedingungen, 18000 u. 34000, *Edestin* 295000 ± 8%, *Chymotrypsinogen* 23000, *Trypsin* 17500, 34000, 50000, also 2—3fache Aggregation. Bei der Denaturierung geht Serumalbumin aus der globularen in die fibrillare Struktur über. Bei der Hitzedenaturierung bestehen die Aggregate aus 3 Ausgangsmoll., bei der sauren aus 2. Edestin zerfällt bei der Denaturierung in 2 Moleküle. (Биохимия [Biochemie] **17.** 535—50. Sept./Okt. 1952. Leningrad, Phys.-Techn. Inst. der Akad. der Wiss. der UdSSR.) V. SCHROEDER. 4070

O. Smithies, *Ein dynamisches Osmometer für genaue Messungen mit kleinen Materialmengen: Osmotische Drucke von isoelektrischen Lösungen von β-Lactoglobulin.* Beschreibung eines Osmometers, das nur 0,5 ml Fl. zur Messung benötigt. Die theoret. Grundlagen werden erörtert. Eine neue Meth. zur Herst. dünner Kollodiummembranen wird entwickelt, die für *Lactoglobulin* (I) vollkommen undurchlässig sind. Die Herst. von β-I u. seinen Lsgg. wird beschrieben. Die Berechnung des Molenbruchs aus den Refraktionsdaten wird theoret.-mathemat. abgeleitet. Aus den Bestimmungen läßt sich für I ein Mol.-Gew. von 37000 ± 540 errechnen. (Biochem. J. **55.** 57—67. Aug. 1953. Oxford, Univ., Dep. of Biochem.) FRESENIUS. 4070

Irving M. Klotz, *Komplexe von Ionen mit Proteinen.* Überblick über die Charakteristiken von Ionen–Protein-Komplexen. Folgende Fragen werden diskutiert: Anzahl der Ionen, die ein einziges Proteinmol. binden kann. Stärke der Bindung zwischen dem Protein u. einem spezif. Ion. Stelle des Proteins, an der diese Bindung mit einem Ion stattfindet u. die strukturellen Voraussetzungen sowohl dieser Stelle im Proteinmol. als auch des Ions für die Bldg. von Ionen-Protein-Komplexen. (Colloid Chem. **7.** 225—36. 1950. Evanston, Ill., Northwestern Univ., Dep. of Chem.) K. F. MÜLLER. 4070

B. David Polis, H. W. Schmukler, J. H. Custer und **T. L. McMeekin,** *Isolierung einer elektrophoretisch homogenen kristallisierten β-Lactoglobulinkomponente.* Krist. *β-Lactoglobulin* (I), das in einer Pufferlsg. der Ionenstärke 0,1, die gegenüber dem isoelektr. Punkt alkal. ist, eine einzige elektrophoret. Grenzfläche darstellt, ist in Pufferlsgg., die gegenüber dem isoelektr. Punkt sauer sind, heterogen. Durch Elektrophorese von I in Acetatpuffer von p_H 4,8 lassen sich 40% einer langsam wandernden Komponente (*β_1-Lactoglobulin*; II) u. 60% einer schnell wandernden Komponente (*β_2-Lactoglobulin*) erkennen. II konnte in krist. Zustand aus dem β_1- u. β_2-Gemisch auf Grund der verschied. Löslichkeiten beider Komponenten bei p_H 4,8 u. 5,3 u. durch Alkoholfraktionierung gewonnen werden. Chem. u. physikal. Eigg. von I u. II: 15,46 bzw. 15,39% N; Mol.-Gew. 35000, 36100; $[\alpha]_D^{25}$ —30,4°, —30,7° (in Acetatpuffer bei p_H 4,8); opt. D. bei 280 mμ/opt. D. bei 250 mμ 2,552, 2,687; $E_{1\,cm}^{1\,\%}$ (280 mμ) 9,3, 9,7; opt. D. der Biuret-Rk./mg Protein-N 22,09, 19,54; Löslichkeit bei 25° (mg N/cm³ W.) 0,12, 0,27; in 0,02 mol. NaCl 1,50, 2,58; isoelektr. Punkt 5,1, 5,3; Beweglichkeit in $cm^2 \cdot V^{-1} \cdot sec^{-1} \cdot 10^5$: —5,1, —5,6 (Veronalpuffer, $\mu = 1$, p_H 8,4); +1,9 u. +3,0, +1,8 (Acetatpuffer, $\mu = 1$, p_H 4,8). (J. Amer. chem. Soc. **72.** 4965—68. Nov. 1950. Philadelphia, Pa., Eastern Reg. Res. Labor.) K. F. MÜLLER. 4070

P. W. Afanassjew, B. A. Talmud und **D. L. Talmud,** *Die Wechselwirkung globularer Eiweißstoffe mit Estern der Aminosäuren.* Eine 1%ig. Lsg. von krist. *Eialbumin* (I) in Phosphatpufferlsg. (p_H 7,5) wurde mit Glykokolläthylester (II)-Hydrochlorid u. der äquivalenten Menge NaOH versetzt. p_H der Mischung 8,2; sie wurde 1 Tag u. länger im Thermostaten bei 37° gehalten u. dann analysiert. Das p_H war auf 4,5 gefallen; die Zahl der sauren Gruppen in I war erheblich erniedrigt (denaturiertes I in Abwesenheit von II zeigte in derselben Zeit ein Ansteigen der Säuregruppen u. bas. Gruppen). Dialyse gegen W. ergab im Dialysat neben Glykokoll freie Asparaginsäure; der Glykokollgeh. des im Rückstand befindlichen Reaktionsprod. von I mit II war im Vgl. mit demjenigen von I von 3,13 auf 4,26% gestiegen. Aus den Verss. wird geschlossen, daß im I-Mol. ein Teil der Asparaginsäurereste durch Glykokollreste ersetzt wird. (Доклады Академии Наук СССР [Ber. Akad. Wiss. UdSSR] [N. S.] **90.** 619—22. 1/6. 1953.) V. WILPERT. 4070

O. P. Tschepinoga, *Zur Frage der Komplexbildung der Eiweißstoffe mit Nucleinsäuren.* In der Polemik gegen RYSHKOW u. LOIDINA (vgl. C. **1953.** 4388) wird darauf verwiesen, daß TSCHEPINOGA u. GROSBLAT (Український Біохімічний Журнал [Ukrain. Biochem. J.] **21.** [1949.] 121) bei ihren Verss. das Gemisch aus Desoxyribonucleinsäure (I) u. Eiweiß eine bestimmte Zeit auf verschied. p_H-Werte (1,04—10,48) einstellten u. nach Zugabe von Pikrin- u. Essigsäure eine verschied. Komplexbldg.

von I mit dem Eiweißstoff in Abhängigkeit vom p_H u. der Eiweißart feststellten. Durch die nachträgliche Säurezugabe wurde nach Ansicht des Vf. der vor der Fällung erzielte Zustand fixiert. (Український Біохімічний Журнал [Ukrain. Biochem. J.] **25.** 115—16. 1953.) LEBTAG. 4070

Richard J. Goldberg, *Eine Theorie der Antikörper–Antigen-Reaktionen.* 1. Mitt. *Theorie für die Reaktionen von multivalentem Antigen mit einem bivalenten und univalenten Antikörper.* Das betrachtete Syst. besteht aus ein- u. zweiwertigen Antikörpern u. f-valenten Antigenen. Ausgehend von einer wahrscheinlichsten Verteilung der Komponenten wird eine Theorie für die Antikörper–Antigen-Rkk. entwickelt. Bei einem krit. Punkt der Rk. findet ein Übergang des Syst. von hauptsächlich kleinen Aggregaten in größere Aggregate statt; bei gewissen Systemen erfolgt dabei eine Ausfällung. Dieser Punkt läßt sich mathemat. in Abhängigkeit von den Konzz. der ein- u. zweiwertigen Antikörper u. von dem Wert f des Antigens beschreiben. Mit Hilfe dieser Gleichungen lassen sich die Anteile der einzelnen Komponenten berechnen, die sich bereits umgesetzt haben; weiter können so Aussagen gemacht werden über das Auftreten einer Hemmung der Ausfällung. Die erhaltenen Gleichungen, die auch zur Beschreibung anderer Reaktionsstadien als des oben genannten verwendet werden können, werden mit experimentellen Ergebnissen (Antikörper–Antigen-Verhältnis bei der Fällung; Bereiche, in denen die Fällung gehemmt wird; Systeme mit Pferde- bzw. mit Kaninchenantikörpern; Literaturdaten) verglichen, wobei sich gute Übereinstimmung zwischen Vers. u. Theorie ergibt. Auf die Grenzen der Theorie wird hingewiesen. (J. Amer. chem. Soc. **74.** 5715—25. 20/11. 1952. Madison, Wis., California Inst. of Technol., Gates & Crellin Labor. of Chem.) FUCHS. 4090

E. Biologische Chemie. Physiologie. Medizin.

E_1. Allgemeine Biologie und Biochemie.

F. Patat, *Makromolekulare Voraussetzungen des biologischen Wachstums.* Vf. beweist durch theoret. Überlegungen, daß nur in Makromoll. die energet. Voraussetzungen für ein geordnetes organ. Wachstum gegeben sind, da nur Makromoll. hinreichend beständig u. energiereich sind, um als biol. Bausteine in Frage zu kommen. Darüberhinaus wird die Hypothese aufgestellt, daß die Aktivierungsenergie, die aufgebracht werden muß, um dem Organismus einen Baustein anzufügen, „gequantelt“ sein, d. h. eine ganz bestimmte, nur für diesen Einbau passende u. bestimmte Größe haben muß. (Naturwissenschaften **40.** 325—28. Juni 1953. Hannover, TH, Inst. für techn. Chem.) BAUMANN. 4100

H. Netter, *Zur Energetik der stationären chemischen Zustände in der Zelle.* Zur Erklärung der energet. Zustände in der arbeitenden Zelle (Zuführung von Energie zur Aufrechterhaltung eines höheren Ordnungszustandes) u. der ruhenden Zelle (Einstellung des thermodynam. Gleichgewichtes) werden einige wichtige biol. Cyclen (Spaltung u. Bldg. von *Adenosintriphosphorsäure,* Energiegewinn aus der Oxydation anorgan. Substanzen beim Aufbau biol. Substanzen, Ab- u. Aufbau des *Glykogens,* Ionenaustausch) bzw. ihre Einzel-Rkk. vom kinet. Gesichtspunkt aus betrachtet. Vf. folgert aus den Überlegungen, daß „Die Arbeit zur Aufrechterhaltung des stationären Gleichgewichtes in der Ruhe zur Erhaltung der stofflichen Anordnung dient“. (Naturwissenschaften **40.** 260—67. Mai 1953. Kiel, Inst. für physiol. Chem.) BAUMANN. 4150

Walter Rummel, *Energetik oder Organisation selektiver Permeation?* Eine zusammenfassende Darst. selektiver Permeationen in der Zelle, bei der nicht nur die Energetik, sondern vor allem die bisher aufgestellten Theorien über den Reaktionsmechanismus berücksichtigt werden. — 49 Literaturangaben. (Naturwissenschaften **40.** 277—85. Mai 1953. Düsseldorf, Med. Akad., Pharmakol. Inst.) BAUMANN. 4150

J. Chayen und **K. P. Norris,** *Die cytoplasmatische Lokalisierung von Nucleinsäuren in Pflanzenzellen.* Bei der Unters. der *Nucleinsäuren*-Verteilung in Zellen von Pflanzenwurzelmeristem, bes. in *Vicia faba*-Wurzeln, wurde gefunden, daß in den Wurzelmeristemzellen, die nach verschied. Methoden behandelt waren, zwischen Erhaltung der cytoplasmat. Granula sowie der geringen Absorption bei 2650 Å u. der Basophilie der Kerne eine konstante Beziehung bestand. Geeignete Methoden waren: Lebendpräpp., die Polyvinylalkohol–Pektinase-Meth. (Quart. J. Micr. Sci., in Druck), neutrales „Formalin-Aquax“ (Veröffentlichung in Vorbereitung), das NEWCOMER-ZIRKLE-Verf. (Stain Technol. **15.** [1940.] 89) u. Gefriertrocknung. Bei Zerstörung der Cytoplasmagranula (z. B. durch Säureeinw.) absorbiert der Kern bei 2650 Å stark

u. wird intensiv basophil. Bei Färbung von Zellen mit guterhaltenen Cytoplasmagranula mit Methylgrün (I) bei p_H 6 u. Waschen in Pufferlsg. (p_H 6) halten nur Granula u. Nucleoli die Farbe (blaugrün) merklich zurück. Dies deutet auf eine alleinige Lokalisierung polymerisierter Nucleinsäure (II) an diesen Stellen hin. Werden die Granula durch milde Behandlung zerstört, dann werden Kern u. Nucleolus bleibend angeführt, d. h. die polymerisierte II ist nunmehr an diese Strukturen gebunden. *Desoxyribonuclease*-Einw. in Ggw. eines Proteaseinhibitors zerstört die I-Anfärbbarkeit der Cytoplasmagranula. Bei Zerfall der letzten infolge *Pektinase*-Einw. wandert bei 2650 Å absorbierendes Material in den Kern. In akt. synthetisierenden Zellen ist nach diesen Befunden mindestens ein Teil der *Desoxyribonucleinsäure* (III), entgegen der allg. Auffassung, im Cytoplasma u. nicht ausschließlich im Kern lokalisiert. Die zum III-Nachw. dienende FEULGEN-Rk. ist zur III-Lokalisierung nur bedingt brauchbar. Die bisherige Annahme, daß ein Gen aus *Desoxyribonucleoprotein* besteht, bedarf weiterer Untermauerung. (Nature [London] **171**. 472—73. 14/3. 1953. London, Univ., King's Coll., Wheatstone Phys. Labor.)

K. MAIER. 4150

S. Burt Wolbach und **D. Mark Hegsted**, *Perosis. Epiphysenknorpel bei Cholin- und Manganmangel beim Huhn.* (Vgl. C. **1954**. 1289 u. früher.) In vergleichenden histolog. Unterss. bei den Geweben von n. Tieren u. solchen mit *Cholin* (I)- oder (n.) Mn-Mangel wurde gefunden, daß die Skelettveränderungen bei Perosis die Folge einer Hemmung oder Unterdrückung des Epiphysenknorpelwachstums einschließlich der Zellproliferation, des Zellwachstums, der Matrixbldg. u. -reifung ist. Die Ursache der Knochenverbiegungen wird dargelegt. Die Veränderungen der Epiphysenknorpel bei I- oder Mn-Mangel erwiesen sich als sehr ähnlich. I u. Mn sind wahrscheinlich in einem gemeinsamen biochem. Syst. wirksam, das nur für den Zellstoffwechsel des Epiphysenknorpels notwendig ist. Die Bezeichnung Perosis sollte nur für die beschriebenen Störungen angewendet werden. — Abb. von Schnitten. (A. M. A. Arch. Pathol. **56**. 437—53. Nov. 1953. Boston, Children's Hosp., Div. of Nutrit. Res.; Harvard School of Publ. Health, Dep. of Nutrit.)

SCHWAIBOLD. 4150

S. J. Bach und **I. Simon-Reuss**, *Arginase, ein antimitotisches Agens in Gewebekultur.* Hochgereinigte *Arginase* (I), deren Herst. aus Ochsenleber beschrieben wird, bewirkte in Fibroblasten- (Hühnerembryo-) u. JENSEN-Sarkomkulturen eine starke Mitosehemmung. Sie war bei I-Konzz. von 10^{-3}% in ersteren fast vollständig u. ca. 50% bei 10^{-4} u. 10^{-5}%. JENSEN-Sarkom wurde durch ein I-Präp. von 384 E. völlig gehemmt. Der Hemmungsgrad stand zur I-Aktivität in direktem Verhältnis. Bei Zusatz von inaktivierter I zu den Kulturen in der gleichen Konz. wie die hochakt. Präpp. verläuft die Mitose mit der gleichen Schnelligkeit wie die der ohne I gewachsenen Kulturen. Die Hemmwrkg. von I beruht demnach auf einem spezif. enzymat. Effekt. Cytolog. war bei höheren I-Konzz. eine Zone verminderten Wachstums sowie eine Wrkg. auf im Ruhestadium befindliche Zellen zu beobachten. Bei niedrigeren, die Mitose noch deutlich hemmenden I-Konzz. verlief das Wachstum n. u. ohne Beeinflussung der ruhenden Zellen. Inaktivierte I-Präpp. bewirkten keine Anomalitäten. Akt. Präpp. blockierten meist die Zellteilung in der Metaphase. Die Steuerung der I-Aktivität durch Nebennierenrinde u. Hypophysenvorderlappen in vivo wird im Hinblick auf die Möglichkeit einer Regulierung durch überschüssig vorhandene wachstumsstimulierende Faktoren bedingter Stoffwechselstörungen über eine Beeinflussung des I-Spiegels diskutiert. (Biochim. biophysica Acta [Amsterdam] **11**. 396—402. Juli 1953. Bristol, Univ., Dep. of Physiol., u. Cambridge, Univ., Dep. of Radiotherap.)

K. MAIER. 4150

A. I. Lopuschanski, *In vivo-Änderung der Struktur der Eiweißkörper in den Geweben bei experimentellen Verwundungen unter dem Einfluß von Harnstoff.* In Verss. an Hunden wurde mit Hilfe subcutaner Injektionen von *Neutralrot* (I) festgestellt, daß es durch Umspritzung experimentell beigebrachter Wunden mit 30%ig. Harnstoff (II)-Lsg. zu Veränderungen der Struktur der Gewebsproteine vom Denaturationstypus kommt, wobei die physiol. Prozesse des Zellzerfalls in den verletzten Geweben verstärkt u. beschleunigt werden. Auch Verss. an Ratten mit I u. II (ohne experimentelle Verletzungen) bestätigten die Annahme, daß II die rasche Ansammlung zellfreier lebendiger Substanz fördert, aus welchen sich nach LEPESCHINSKAJA u. Mitarbeitern sogenannte „Regenerationszellen" des neuen Granulationsgewebes bilden können. (Доклады Академии Наук СССР [Ber. Akad. Wiss. UdSSR] [N. N.] **91**. 687—89. 21/7. 1953. Tschernowitz, Med. Inst.)

RENTZ. 4150

Robert C. Barnett, *Hemmung der Zellteilung von Arbacia und Chaetopteruseiern und ihre Aufhebung durch Zwischenprodukte des Krebscyclus und gewisse Phosphat-*

verbindungen. Arbacia- u. Chaetopteruseier, die in ihrer Zellteilung durch O_2-Mangel sowie Einw. von *Cyanid, Azid, Dinitrophenol* u. *Malonat* gehemmt waren, erhielten Zusätze von energiereichen u. energiearmen Phosphatverbb., von *Succinat* u. *Fumarat.* Es zeigte sich, daß die Hemmung der Zellteilung durch O_2-Mangel u. Cyanideinw. durch *Adenosintriphosphat* (10^{-5}mol. bis 10^{-4}mol.) vollständig aufgehoben wurde, während die Hemmung durch DNP u. Malonat nur unvollständig beseitigt werden kann. Adenylsäure, hydrolysierte ATP, anorgan. P sowie die energiereichen Verbb. Triphosphat u. Pyrophosphat konnten die gehemmte Zellteilung nicht anregen. Die vollständigste Hemmung wurde durch Malonat (10^{-1}- u. 10^{-2}mol.) bewirkt, sie ließ sich durch Succinat u. Fumarat ($5{,}7 \cdot 10^{-2}$mol.) vollständig aufheben. Die Hemmung durch das Azid wurde durch keine der Phosphatverbb. aufgehoben. Dies zeigt, daß die Zellteilung in enger Beziehung zum KREBS-Cyclus steht, u. zwar nicht nur zu dessen Funktion, energiereiche Phosphatverbb. zu bilden. (Biol. Bull. **104.** 263—74. Juni 1953. Chicago, Ill., Univ., Dep. of Physiol.) W. D. WEINMANN. 4150

Mario Umberto Dianzani, *Histochemischer Nachweis einiger Enzymaktivitäten in isolierten Mitochondrien mittels Ditetrazoliumchlorid.* Aus Rattenleber u. -niere nach SCHNEIDER isolierte Mitochondrien wurden in kleine Reagensgläser gegeben, die 1 cm³ eines Gemisches aus 1 Teil *Ditetrazoliumchlorid* (1 mg/cm³ W.), 1 Teil physiol. NaCl-Lsg., 1 Teil 0,01 mol. Phosphatpufferlsg. (p_H 7,4) u. 1 Teil Substrat enthielten. Kontrollen erfolgten durch Weglassung des Substrats oder der Farblösung. Blaufärbung (38°) zeigte positive Rk. an. Auf diese Weise waren in allen Proben *Lactodehydrogenase, α-Glycerophosphatdehydrogenase* u. *Äpfelsäureoxydase* nachweisbar. Die Rk. war auf *d-Aminosäureoxydase* positiv, wobei die Oxydation von *dl-Alanin* in Nierenmitochondrien intensiver als in solchen aus Leber war. Die Rkk. auf *Tyraminoxydase* waren in Leber wie Niere sehr schwach. *Xanthinoxydase* war nur in Nierenmitochondrien feststellbar. Die Rk. auf *A.-Dehydrogenase, Glucosedehydrogenase, l-Aminosäureoxydase* u. *Oxydasen* der *Glutaminsäure,* sowie *Buttersäure* war negativ. Als Substrate dienten: *Na-Lactat, Na-α-Glycerophosphat, Na-dl-Malat, dl-Alanin, l(+)-Alanin, dl-Glutamat, Tyramin-HCl, Na-Butyrat, Glucose, A., Hypoxanthin.* (Nature [London] **171.** 125—26. 17/1. 1953. Genoa, Univ., Dep. of General Pathol.) K. MAIER. 4150

J. O. Ely und **M. H. Ross,** *Phosphataseaktivität in der Rattenleber in bezug auf Zellen und Mitochondrien.* Verss. an Rattenlebern zeigten, daß durch Eiweißerschöpfung bei eiweißfreier Nahrung die *alkal. Phosphatase*-Aktivität pro Zelle nicht verändert wird, wohl aber die Anzahl der Zellen sich verdoppelt. Die *saure Phosphatase*-Aktivität in den Lebern von Ratten, die eiweißfreie Nahrung erhielten, obwohl unverändert pro g, war nur halb so groß pro Zelle wie in den Lebern von Ratten, die Fox Food Blox-Nahrung erhalten hatten. Eiweißerschöpfung vermindert die Anzahl der Mitochondrien, vermehrt aber stark die alkal. u. saure Phosphataseaktivität pro Mitochrondrion. (J. Franklin Inst. **256.** 473—75. Nov. 1953. Notes from the Biochem. Res. Found.) EBERZ. 4150

O. Lindberg und **L. Ernster,** *Über den Mechanismus der phosphorylativen Energieübertragung in Mitochondrien.* Im Hinblick auf die Hypothese, daß die energieausnutzenden Kinase-Rkk. eine regulierende Wrkg. auf die Energiebldg. haben, wurden Mitochondrien von Kaninchenherzgewebe mit Hexokinase, Glucose, Adenylsäure sowie teilweise mit akt. Zwischenprodd. unter aeroben Bedingungen incubiert. Die Beträge u. Umwandlungsraten der P-Zwischenprodd. wurden mit der Isotopentechnik u. Papierchromatographie untersucht. Die ständige Erneuerung des *Adenosindiphosphates (ADP)* u. des *anorgan. Pyrophosphates* konnte verfolgt sowie der Beweis für die Existenz eines höheren *Nucleotids,* das als Primärester die erste Bindung des anorgan. P durchführt, geliefert werden. Die unbekannte Verb. spaltet bei Säurebehandlung *Adenosintriphosphat (ATP)* ab. In dem aufgestellten Reaktionsschema erfolgt die ATP-Bldg. auf zwei Wegen: Beim Primitivmechanismus durch Phosphorylierung der ADP durch den Primärester, beim Differentialmechanismus durch Abspaltung von Pyrophosphat, das durch *Dinucleotidasen* zu ATP führt, sowie durch direkte Freimachung von ATP aus dem Primärester; dieser Weg ist verbunden mit der Erneuerung des ersten P-Binders. Ein Mechanismus, durch den die Oxydation u. Phosphorylierung durch *Kinase*-Rkk. beeinflußt wird, wird gegeben. (Exp. Cell Res. **3.** 209—39. Febr. 1952. Stockholm, Univ., Wenner-Grens Inst.) W. D. WEINMANN. 4150

Helen I. Battle und **Kenichi K. Hisaoka,** *Einflüsse von Äthylcarbamat (Urethan) auf die frühe Entwicklung des Zebrafisches Brachydanio rerio.* Die Wrkg. von *Äthylcarbamat* (I) auf 6 verschied. Entwicklungsstadien des Zebrafisches (Brachydanio rerio) wird untersucht u. die Störungen in der Entw. werden beschrieben. Die Verss. sollen die Wirkungsweise von I als carcinogenes u. antimitot. Agens aufklären helfen. (Cancer Res. **12.** 334—40. Mai 1952. London, Ontario, Can., Univ. of Western Ontario, Dep. of Zool.) ERIKA HAAS. 4160

F. Meythaler und **F. Händel,** *Die Carcinombehandlung mit Plenosol.* Vff. prüften bei 78 inoperablen Carcinomträgern das Mistelpräp. *Plenosol* auf seine Wirksamkeit gegen maligne Tumoren. Bei einem kleinen Teil der Behandelten zeigten sich zeitlich begrenzte Besserungen. Vff. weisen nach, daß die Leukocytenphagocytose weder in vitro noch in vivo nachweisbar beeinflußt wird, u. stellen damit eine spezielle Stimulierung des RES durch das Plenosol in Frage. (Dtsch. med. Wschr. **77.** 1320—23. 24/10. 1952.) GUMMEL. 4160

Morizo Ishidate, Yoshio Sakurai, Tomizo Yoshida, Haruo Sato und **Kokichi Kobayashi,** *Experimentelle Untersuchungen über die Chemotherapie bösartiger Gewächse unter Verwendung von Tieren mit Yoshidasarkom.* 3. Mitt. *N-Oxydderivate von Stickstofflost.* (2. vgl. Proc. Japan. Acad. **27.** [1951.] 493.) Für folgende Stoffe wurde die letale Dosis an der Ratte, die geringste noch wirksame Dosis, die histolog. erkennbare Wrkg. auf das YOSHIDA-Sarkom sowie die lebensverlängernde Wrkg. angegeben: *Methyl-bis-*[*β-chloräthyl*]*-amin* (I), *Tris-*[*β-chloräthyl*]*-amin, Amyl-bis-*[*β-chloräthyl*]*-amin* (II), *Dimethyl-β-chloräthylamin, Diäthyl-β-chloräthylamin* u. die entsprechenden *Aminoxyde, Bis-*[*β-chloräthyl*]*-pyrazin* u. dessen *Di-N-Oxyd, N-*[*β-Chloräthyl*]*-morpholin* u. dessen *N-Oxyd, Phenyl-bis-*[*β-chloräthyl*]*-amin, Benzyl-bis-*[*β-chloräthyl*]*-amin, Di-β-chloräthylsulfon, Bis-*[*β-chloräthyl*]*-sulfoxyd, Dimethyl-bis-*[*β-chloräthyl*]*-ammoniumchlorid, symm.-N.N'-Dimethyl-N.N'-bis-*[*β-chloräthyl*]*-pyraziniumdichlorid* u. *1.3.5-Tris-*[*äthylenimino*]*-triazin-(2.4.6)* (III). Nur bei den N-Oxyden von I u. II sowie bei III zeigte sich neben der lebensverlängernden eine das Sarkom auflösende Wirkung. (Gann, Japan J. Cancer Res. **43.** 171—74. Sept. 1952. Tohoku Univ. [Orig.: japan.]) SCHULER. 4160

George H. Bell and others, Textbook of physiology and biochemistry. 2nd ed. Baltimore: Williams & Wilkins. 1953. (1002 S.) $ 10,—.

E₂. Enzymologie. Gärung.

H. McIlwain und **H. L. Buddle,** *Techniken zur Untersuchung des Gewebestoffwechsels.* 1. Mitt. *Eine mechanische Zerkleinerungsvorrichtung.* Beschreibung eines App. zur Herst. von Schnitten u. Suspensionen von Frischgeweben mit einem Minimum an Zellstrukturzerstörung. Es werden Schnitte von 0,2 mm Dicke u. 0,067 mm² Querschnitt erhalten (Leber, Milz, Niere, Nebennieren, Lunge, Herz, Haut, Zentralnervensystemgewebe). In Glucose–NaCl-Lsg. atmete derart zerkleinertes Material innerhalb 3% mit gleicher Geschwindigkeit wie Handschnitte u. wesentlich rascher als Homogenat. Die Atmung war mindestens 2 Std. gleichmäßig, die aerobe Bldg. von Milchsäure (I) gleich der (oder vereinzelt größer als) von n. Schnitten. Die Geschwindigkeit der Atmung mechan. zerkleinerter Gehirnrinde u. Bldg. von I wurde durch elektr. Impulse verdoppelt oder verdreifacht. In dem mechan. zerkleinerten Material ist die in „Homogenaten" zerstörte Struktur der Gewebe großenteils intakt geblieben. Es eignet sich daher speziell für Unterss. von Stoffwechselprozessen, die von strukturellen Faktoren beeinflußt werden. (Biochem. J. **53.** 412—20. Febr. 1953. London, Maudsley Hosp., Inst. of Psych., Biochem. Labors. and Workshop.) K. MAIER. 4200

Ernst Lüscher, *Probleme der Fermentforschung.* Kurze Übersicht über den gegenwärtigen Stand der Fermentchemie. (Chimia [Zürich] **7.** 206—12. 15/9. 1953. Basel, Univ., Organ. Chem. Anstalt.) v. KEREKJARTO. 4200

A. Gottschalk, *Über den Mechanismus der Enzymwirkung.* Übersichtsbericht: Bldg. der *Enzym* (I)–*Substrat*-Zwischenverb., Identifizierung der Intermediärverbb. der *Katalase-* u. *Peroxydase*-Systeme, Wrkg. des *Apoenzyms* (II) auf die *prosthet. Gruppe,* Definition von II- u. *Coenzym*-Funktionen im *Glyoxalase*-Syst., Wirkungsmechanismus von *Coenzym I,* Wirkungsmechanismus des akt. Zentrums der *Transglucosidase,* II als determinierender Faktor der I-Spezifität, Mehrfachkontakt-Theorie der I-Spezifität, absol. Reaktionsgeschwindigkeit-Theorie von I-Rkk., Beitrag des I-Proteins zur Abnahme der Aktivierungsenergie der Rk., allg. Begriff der I-Wirkung. — 78 Literaturangaben. (Rev. pure appl. Chem. **3.** 179—206. Dez. 1953. Melbourne, Walter and Eliza Hall Inst. of Med. Res.) K. MAIER. 4200

Robert J. Foster und **Carl Niemann,** *Enzyme, spezifische Substrate und kompetitive Inhibitoren als multifunktionelle Einheiten.* Die Entw. der MICHAELIS-MENTEN-Theorie durch Enzyme katalysierter Rkk. ließ erkennen, daß unter bestimmten Bedingungen die katalyt. wirksame Enzymstelle gleichzeitig mit 2 oder mehr Moll. eines spezif. Substrats oder kompetitiven Inhibitors in Wechselwrkg. treten u. auf diese

Weise tern. u. möglicherweise auch höhere Komplexe bilden können. Im allg. Falle sind auch das spezif. Substrat oder der kompetitive Inhibitor als multifunktionell anzunehmen. Folgende Fälle werden mathemat. behandelt (Gleichgewichts- u. Reaktionsgeschwindigkeitsgleichungen): 1. Die akt. Stelle des Enzyms (E) u. des spezif. Substrats (S) sind bifunktionell. 2. Einführung eines monofunktionellen kompetitiven Inhibitors in vorst. System. 3. Ein Syst. enthält ein Enzym mit bifunktionellem katalyt. Wirkungsort, ein bifunktionelles, spezif. Substrat u. einen bifunktionellen kompetitiven Inhibitor. Als wichtigste Folgerung ergibt sich hieraus, daß die sogenannten spezif. Geschwindigkeitskonstanten k_3 ($E\,S \xrightarrow{k_3} E + P_1 + P_2 \cdots$) von den verschied., bei der Bldg. der reaktionsfähigen Zwischenstufen beteiligten Gleichgewichten abhängig sind u. Veränderungen in den k_3-Werten, die mit Änderungen der Molekülstruktur der spezif. Substrate zusammenhängen, nicht unbedingt Veränderungen der Empfindlichkeit von $E\,S$ gegenüber der folgenden Rk. wiedergeben, sondern ganz oder teilweise durch veränderte Gleichgewichtskonzz. von $E\,S$ hervorgerufen sein können. (Proc. nat. Acad. Sci. USA **39**. 371—76. Mai 1953. California Inst. of Technol., Gates and Crellin Labors. of Chem.) K. MAIER. 4200

Yoshio Shimazu, *Untersuchungen über den Stoffwechsel von Brenztraubensäure und carboligatischen Verbindungen.* 1. Mitt. *Über die biochemische Bedeutung von Acetoin und Diacetyl.* Vf. berichtet über Verss., die das Vork. des Oxydoreduktionssyst. $CH_3COCHOHCH_3$ (I) ⇌ $CH_3COCOCH_3$ (II) beim Brenztraubensäure (III)-Abbau in hohem Maß wahrscheinlich machen. Die Verss. wurden durchgeführt mit Hefe u. tier. Geweben. Es wird angenommen, daß das Syst. *Acetoin* (I)/*Diacetyl* (II) im Oxydoreduktionsstoffwechsel eine Funktion besitzt. Gefunden wurde: 1. III + I → $CH_3 \cdot CH(OH) \cdot COOH$ + II (Kaninchenleber); 2. II + CH_3CHO → I + CH_3COOH (Kaninchenleber, -muskel bzw. hungernde Hefezellen); 3. $C_6H_5COCOCH_3$ + C_6H_5CHO → $C_6H_5CHOHCOCH_3$ + C_6H_5COOH (hungernde Hefezellen); 4. I u. II werden unter aeroben Bedingungen durch Kaninchenmuskel oxydiert, u. zwar I weit rascher als III oder CH_3CHO; die II-Oxydation verläuft beschleunigt bei Zugabe von Thiamin, wird nicht gehemmt durch Dinitrophenol u. wird gehemmt durch $NaNO_2$; 5. der O_2-Verbrauch von Muskelhomogenat mit III als Substrat in Ggw. von KCN wird durch Zusatz von I erhöht; 6. die aerobe Oxydation von CH_3CHO durch Hefehungerzellen in Ggw. von KCN wird durch Zugabe kleiner Mengen I gesteigert; 7. ebenso wird der O_2-Verbrauch mit Glucose als Substrat in Ggw. von KCN durch I beschleunigt; 8. die aerobe Oxydation von I durch Hefehungerzellen wird durch Zusatz von Riboflavin erhöht. Vf. nimmt an, daß das I/II-Syst. in nebenst. Reaktionskette wirkt u. daß es bei der Atmung tier. Gewebe u. der Hefen mitwirkt. Versuchsbeschreibung mit Bestimmungsmethoden für die einzelnen Verbb., Kurven, Tabellen. (J. Inst. Polytechn., Osaka City Univ., Ser. C **2**. 110—18. April 1952.) GOEBEL. 4210

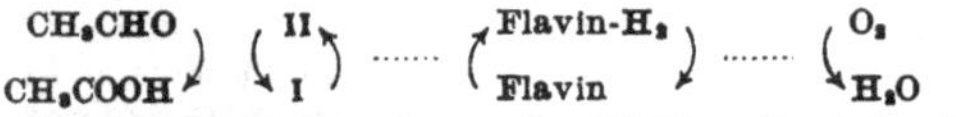

Yoshio Shimazu, *Untersuchungen über den Stoffwechsel von Brenztraubensäure und carboligatischen Verbindungen.* 2. Mitt. *Über die „Transcarboligase".* (1. vgl. vorst. Ref.) *Diacetyl* (I) u. Acetaldehyd (II) erleiden enzymat. Oxydored. unter Bldg. von Acetoin (III) u. Essigsäure. Für diese Rk. gibt es 2 Erklärungsmöglichkeiten: **A** Wasserstoffübertragung oder **B** „Transcarboligation" analog der carboligat. Rk. von Brenztraubensäure. Vf. benutzte zur Klärung des Reaktionsmechanismus an Stelle von II andere Aldehyde u. fand, daß I u. Butyraldehyd in Ggw. von Hefehungerzellen nach **A** reagieren zu III u. C_3H_7COOH, während in Ggw. von Muskelbrei CH_3COOH + *Acetylpropylcarbinol* nach **B** gebildet wurde („transcarboligat. Rk."); **B** wird gefördert durch Zusatz von Cocarboxylase. Mit C_6H_5COH entstand in Ggw. von Muskel *Phenylacetylcarbinol.* Die Verss. zeigen, daß der Reaktionsverlauf zwischen Aldehyd u. Diketon je nach der Natur des Enzymsyst. nach 2 Arten verlaufen kann u. daß die carboligat. Oxydored. Cocarboxylase als Coferment benötigt; für das Rkk. vom Typ **B** bewirkende Ferment wird der Name „*Transcarboligase*" vorgeschlagen. (J. Inst. Polytechn., Osaka City Univ., Ser. C **2**. 119—24. April 1952.) GOEBEL. 4210

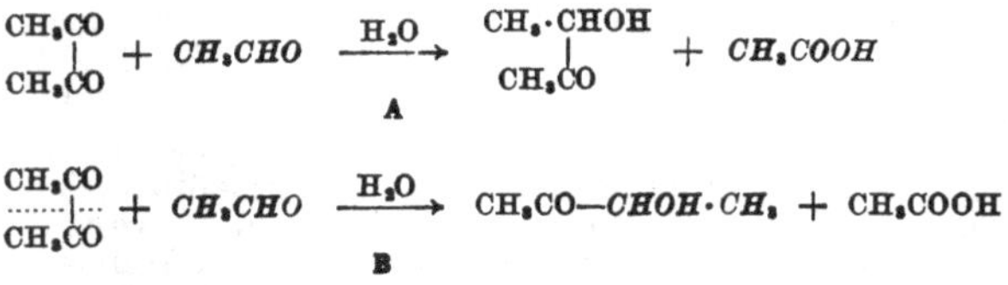

Yoshio Shimazu, *Untersuchungen über den Stoffwechsel von Brenztraubensäure und carboligatischen Verbindungen.* 3. Mitt. *Bildung und Abbau von Phenylacetylcarbinol*

durch die Wirkung von Hefe. (2. vgl. vorst. Ref.) Bei der fermentativen Darst. von *Phenylacetylcarbinol* (I) tritt gleichzeitig phytochem. Red. auf, u. es entstehen größere Mengen Reduktionsprodd. (*Benzylalkohol* u. *α-Methyl-α'-phenyläthylenglykol*, II). Vf. setzte dem Fermentationsgemisch als kompetitiven H_2-Acceptor *Aceton* zu u. konnte dadurch die I-Ausbeute steigern. I selbst wird in Ggw. von Hefe weiter verändert unter Bldg. von C_6H_5COOH u. II; diese Rk. läßt sich durch Zusatz von Jodessigsäure verhindern. Synthet. DL-I wird gleichartig abgebaut durch Hefehungerzellen, aber nicht durch Hefeextrakte, die nach der Meth. von NEUBERG dargestellt waren; $C_6H_5COCOCH_3$ wurde unter gleichen Bedingungen nur in unbedeutendem Maße angegriffen u. entstand auch nicht bei der Bebrütung von I mit Hefe. *Acetoin* verschwand bei Bebrütung mit Hefe, Leber oder Muskel unter anaeroben Bedingungen, ohne daß Diacetylbldg. nachgewiesen werden konnte. Die Ergebnisse zeigen, daß *Ketole* wie I wahrscheinlich zuerst in 2 Aldehydmoll. gespalten werden u. diese dann mit neuem Ketol dismutieren: 1. —CH(OH)·CO— → 2 —CHO; 2. —CHO + —CH(OH)CO— → —COOH + —CH(OH)·CH(OH)—. (J. Inst. Polytechn., Osaka City Univ., Ser. C **2.** 125—30. April 1952.) GOEBEL. 4210

Adele Millerd, *Respiratorische Oxydation von Pyruvat durch Pflanzenmitochondrien.* Aus Keimlingen von *Phaseolus aureus* isolierte Cytoplasmapartikel (I) oxydieren alle Säuren des KREBS-Cyclus. Die Oxydation von *Pyruvat* ist von der gleichzeitigen Oxydation einer katalyt. Menge einer der Di- oder Tricarbonsäuren abhängig, wobei die verschied. Säuren einander annähernd gleichwertig sind. Bei der I-Isolierung ist zur Aufrechterhaltung der vollen Aktivität in der Fl., in der die Homogenisierung erfolgt, die Ggw. von *Phosphat* erforderlich, wobei dieses zum Teil durch NaF, einen Phosphataseinhibitor, ersetzt werden kann. Ferner wird zur Aufrechterhaltung bestimmter osmot. Verhältnisse Saccharose zugesetzt. Isolierte I oxydieren mit einer Geschwindigkeit, die für die gesamte Atmung des intakten Gewebes ausreichend ist. (Arch. Biochem. Biophysics **42.** 149—63. Jan. 1953. Pasadena, Calif., California Inst. of Technol., Kerckhoff Labors. of Biol.) K. MAIER. 4210

M. C. Nath und **V. G. Hatwalne,** *Die Wirkung von Acetoacetat auf das Bernsteinsäureoxydasesystem. Acetoacetat* (I) hemmt, wenn gleichzeitig mit *Succinoxydase* (II) (Rattenleberhomogenat) dem Substrat (0,05mol.) zugesetzt, das Enzym nur bei der Substratkonz. vergleichbaren Konzz. (0,04mol., 79,2%). Die Hemmwrkg. hängt von Incubationsdauer u. Inhibitorkonz. ab. Bei Bebrütung von Homogenat vor Zugabe zum Ansatz u. I hemmen extrem niedrige I-Konzz. die II-Aktivität ($2 \cdot 10^{-4}$mol. vollständig). *Glutathion* (III) schützte II nur, wenn II vor I zugesetzt wird. $2{,}6 \cdot 10^{-3}$mol. III erhielten 80% der II-Aktivität aufrecht; ein vollständiger Schutz ist auch höheren III-Konzz. nicht möglich. Möglicherweise reagiert die *CO*-Funktion von I mit den akt. *SH*-Gruppen von II u. verhindert das *Succinat* an der Bldg. des Enzym–Substrat-Komplexes. Bei einer I-Überproduktion könnte es nach diesen Befunden über eine Hemmung der *SH*-Enzyme oder eine Einw. auf III, das solche Enzyme schützt, zu einer Störung des n. Kohlenhydratstoffwechsels kommen. (Nature [London] **171.** 1158—59. 27/6. 1953. Nagpur, Univ., Dep. of Biochem.) K. MAIER. 4210

Isaias Raw, *Die Hemmwirkung von Hydroxylamin auf biologische Oxydationen.* Die Oxydation verschied. Substrate, z. B. *l-Äpfelsäure, Fumarsäure, Bernsteinsäure, l-Glutaminsäure,* durch Rattenlebermitochondrien, die in isoton. Saccharose isoliert wurden, wird durch 0,02 ml. NH_2OH stark gehemmt. Die Hemmung bleibt auch nach Entkoppelung der oxydativen Phosphorylierung durch *2.4-Dinitrophenol* oder Alterung bei 37° bestehen u. beruht, mindestens teilweise, auf einer Kombination mit *Fe*-Enzymen. Die Oxydation von zugesetztem red. *Cytochrom* c (I) in Mitochondrienpräpp. wurde durch 0,02 mol. NH_2OH 100%ig gehemmt. Krist. *Alkoholdehydrogenase* (II) aus Hefe u. rohe Glutaminsäuredehydrogenase aus Rattenleber wurden nicht gehemmt. 0,02 mol. NH_2OH hemmte das *Diaphorase*-Präp. von der A.-Stufe, jedoch nicht nachher, zu 90—100% (Aktivitätsbest. in THUNBERG-Gefäßen mit Methylenblau, Diphosphopyridinnucleotid u. II). Die Hemmung ist durch Zusatz A.-unlösl. Proteins wieder aufhebbar. Die I-Reduktaseaktivität der gleichen Präpp. wird nicht durch NH_2OH gehemmt. (Science [Washington] **118.** 159—60. 7/8. 1953. São Paulo, Univ., Fac. de Med., Dep. Quím. Físiol.) K. MAIER. 4210

G. R. Mandels, *Eigenschaften und Oberflächenlokalisierung eines Ascorbinsäure oxydierenden Enzyms von Pilzsporen.* Sporen des Pilzes *Myrothecium verrucaria* oxydieren lebhaft *Ascorbinsäure* (I). Das Enzym (II) ist an der Sporenoberfläche lokalisiert u. wird durch Zermahlen der Sporen leicht extrahiert. Aus intakten Sporen wird es in Ggw. von Toluol oder Merthiolat nicht abgegeben. II unterscheidet sich von den beschriebenen I-oxydierenden Systemen in der Resistenz gegenüber Inhibitoren, wie Cyanid, Azid, Sulfid, Diäthyldithiocarbamat, Phenylthioharnstoff u. 8-Oxychinolin, in der Spezifität u. der p_H-Aktivitätskurve. Chlormercuribenzoat u. p-Chinon hemmen II, Jodacetat u. Na_2S wirken stimulierend. II besitzt, vom Puffer abhängend, ein breites p_H-Optimum von 4—5 bis 8 u. höher. (Arch.Biochem. Biophysics **42.** 164—73. Jan. 1953. Philadelphia, U. S. Army Quartermaster Corps, Pioneering Res. Labors.) K. Maier. 4210

C. Weurman, *Pektinaseinhibitoren in Birnen.* Aus dem Saft mehrerer Varietäten von Birnen konnte durch Fällung mit Aceton ein thermolabiler Pektinaseinhibitor isoliert werden. Die Hemmung des Enzyms wurde durch Steigerung der Konz. des Inhibitors bis zu einem bestimmten Maximum verstärkt; eine weitere Konzentrationserhöhung war ohne Einfluß. Es besteht eine Abhängigkeit vom Substrat. Auf Grund der Ergebnisse wird auf das Vorhandensein verschied. Arten von Pektinasen geschlossen. (Acta bot. neerl. **2.** 107—21. 1953. Utrecht, Central Inst. for Nutrit. Res.) Kathen. 4210

Julian B. Marsh und **Karen L. Miller,** *Nachweis der Glykogensynthese durch Rattennierenschnitte in vitro.* Angabe einer Meth., mit der gezeigt wird, daß Nierenschnitte von Ratten in vitro in der Lage sind, *Glykogen* (I) aus *Glucose* (II) zu synthetisieren. In 23 Verss. wurde der mittlere anfängliche I-Geh. mit $2{,}4 \pm 0{,}21$ μMol (als II) pro g bestimmt. Die wirksame I-Synth. durch das Nierengewebe ergibt sich aus der Zunahme an I, die nach 2std. Incubation bei 37° $1{,}6 \pm 0{,}44$ μMol/g betrug. (Science [Washington] **118.** 416—17. 9/10. 1953. Philadelphia, Pa., Univ. of Pennsylvania, Graduate School of Med., Dep. of Physiol. Chem.) Dossmann. 4210

Irwin Feigin und **Abner Wolf,** *Kunstfehler bei der Kernfärbung nach der Gomori-Methode zur Demonstration alkalischer Phosphatase: Verschiedene Mechanismen beim Kobalt- und Silberverfahren.* Die beiden örtlichen zur Festlegung von Stellen alkal. Phosphataseaktivität dienenden Verff. nach Gomori (Proc. Soc. exp. Biol. Med. **42.** [1939.] 23; vgl. Takamatsu, Transactiones Soc. pathol. japon. **29.** [1939.] 492) werden verglichen. Bei der Co-Meth. tritt nach Eintauchen der Gewebeschnitte in eine einfache Co-Lsg. eine nichtenzymat. Kernfärbung ein. Ein Rückschluß auf die Enzymaktivität ist dabei nicht möglich. Im Gegensatz dazu wurde bei der Ag-Meth. keine Kernfärbung ohne Ggw. eines Phosphorsäureesters beobachtet. In diesem Fall dürfte die Färbung von der Anwesenheit des Enzyms abhängen. Ein Teil davon kann aus den Kernen stammen, ein Teil kann von anderen Stellen dorthin diffundiert sein. (Lab. Invest **2.** 115—23. März/April 1953. New York, Mount Sinai Hosp., and Columbia Univ., Dep. of Pathol. and Neurol. u. Neurological Inst.) Fresenius. 4210

U. A. Danilenko und **M. M. Epstein,** *Einfluß der Phytoncide des Knoblauchs und der Senföle auf die alkalische Phosphatase und Invertase.* Die *Phytoncide* des Knoblauchs sowie *Phenyl-* u. *Allylsenföl* (I) zeigten gegenüber der aus Kaninchenblut gewonnenen bas. *Phosphatase* (II) u. der *Invertase* (III) eine aktivitätshemmende Wirkung. Die Hemmung durch die Phytoncide u. I gegenüber II wurde durch Alanin aufgehoben. Die gleiche Wrkg. zeigte Glykokoll gegenüber der Aktivität von III. Durch Zusatz von Na-Acetat wurde die III-Aktivität nicht wiederhergestellt. Die hemmende Wrkg. der untersuchten Stoffe beruht wahrscheinlich auf ihrer Rk. mit den Aminogruppen der Fermente. (Український Біохімічний Журнал [Ukrain. Biochem. J.] **25.** 106—09. 1953. Kiew, Med. Bogomoletz-Inst., Lehrstuhl für Biochemie.) Lebtag. 4210

O. Neal Miller, Clyde G. Huggins und **Kazko Arai,** *Untersuchungen über den Stoffwechsel des 1.2-Propandiol-1-phosphates. 1.2-Propandiol-1-phosphat* (I) wird durch ein krist. Enzympräp., *Myogen* A (II) aus Kaninchenmuskel, oxydiert. II enthält *Aldolase,* α*-Glycerophosphatdehydrogenase* u. *Isomerase.* Das Oxydationsprod. wird nach Isomerisierung weiteroxydiert durch krist. *D-Glycerinaldehyd-3-phosphatdehydrogenase* oder einen Extrakt aus Herzventrikel. (J. biol. Chemistry **202.** 263. Mai 1953.) v. Kerekjarto. 4210

G. Atsch, R. Balash und **F. B. Schtraub,** *Untersuchung des Stoffwechsels in Schnitten der Hirnrinde. Das Adenosintriphosphat und seine Veränderungen unter dem Einfluß der Glutaminsäure.* Verss. an Ratten und Meerschweinchen ergaben, daß der *Adenosintriphosphat* (I)-Geh. des bei 38° aerob inkubierten Gehirnschnittes in Ggw. von Glucose (II) als Folge der intensiven I-Synth. fast n. ist. In Ggw. von Glutaminsäure (III), *Bernstein-, Äpfel-, Milch-* u. *Brenztraubensäure* erreicht der I-Spiegel nur etwa den halben Wert im Vgl. zur Ggw. von II, obwohl sie die gleiche Intensivierung der Gehirnatmung verursachen wie II. Durch Zusatz von 0,01 mol. III zu I wird in Ggw. von II der I-Geh. ungefähr auf die Hälfte gesenkt, bedingt durch eine starke *Glutamin*-Synthese. Dies wird durch Verss. mit Leber- u. Netzhautgewebe bestätigt. (Український Біохімічний Журнал [Ukrain. Biochem. J.] **25.** 17—27. 1953. Budapest, Med. Inst., Lehrstuhl für Biochem. u. med. Chem.) LEBTAG. 4210

D. L. Ferdman und **A. I. Ssilakowa,** *Über die Glutaminase der Muskeln.* In Verss. mit Kaninchen wird gezeigt, daß der Skelettmuskel u. bes. der Herzmuskel eine *Glutaminase* (**I**)-Aktivität der gleichen Größenordnung wie die des Hodens u. der Lunge aufweist. Bei p_H 7,0—7,5 u. 9,0 —9,5 erreicht die **I**-Aktivität je ein Maximum. **I** ist vorwiegend in den in W. unlösl. Eiweißstoffen vorhanden. Hierin unterscheidet sich Muskel-**I** vom **I** des Gehirns, der Retina u. der Leber. (Доклады Академии Наук СССР [Ber. Akad. Wiss. UdSSR] [N. S.] **92.** 1011—14. 11/10. 1953. Inst. für Biochem. der Akad. der Wiss. der UkrSSR.) LEBTAG. 4210

Alton Meister, *Darstellung und enzymatische Reaktionen der Ketoanaloga von Asparagin und Glutamin. L-Asparagin* (**I**), *L-Glutamin* (**II**) u. *L-Glutaminsäure-γ-methylamid* (**III**) wurden oxydativ mittels *L-Aminosäureoxydase* (**IV**)-Präpp. aus Klapperschlangengift (*Crotalus adamanteus*) in Ggw. von Katalase desaminiert (Abspaltung von 0,5 Mol O_2 u. Bldg. von 1 Mol NH_3) u. die Oxydationsprodd. als *Na-* oder *Ba*-Salze oder als freie Säuren isoliert. Das Gift von *Agkistrodon piscivorus* u. *A. contortrix* besaß nur ca. 70% der **IV**-Wirksamkeit, das von *Naja naja* nur sehr schwache. Das Prod. aus **I** wurde in 2 einander überführbaren Formen erhalten. Die eine, das echte α-Keto-Analogon zu **I**, *α-Ketosuccinamidsäure* (**V**) besaß eine reaktionsfähige α-Keto-Gruppe (Hydrazonbldg., Decarboxylierung durch H_2O_2, quantitative Red. durch Milchsäuredehydrase). Das Prod. der **II**-Oxydation wies keine reaktionsfähige α-Keto-Gruppe auf, konnte jedoch bei alkal. p_H-Werten in *α-Ketoglutaramidsäure* (**VI**) übergeführt werden. Das Oxydationsprod. von **III** besaß weder eine reaktionsfähige α-Keto-Gruppe, noch war es in eine entsprechende Form überzuführen. **VI** u. **V** wurden durch Rattenleberpräpp. enzymat. zu NH_3 u. *α-Ketoglutarsäure* bzw. *Oxalessigsäure* hydrolysiert. *Ketosäure-ω-amidase* (**VII**)-Aktivität der Rattenleber wurde 40fach angereichert. **VII**-Präpp. wurden aus verschied. Rattenorganen u. anderem biol. Material, wie Hefe, Spinatblättern, *E. coli, Streptococcus faecalis R,* isoliert. Die *A*-Formen von **V** u. **VI** erlitten schnelle Hydrolyse bei p_H 8,5—9,5, die *B*-Form von **V** zwischen 6—9,5. **VI** *A* wurde schneller als **V** *A* u. *B* gespalten. Bei niedrigen Anfangskonzz. war die Spaltungsgeschwindigkeit bei letzteren am größten. Die MICHAELIS-Konstanten waren für: **VI** *A* $23{,}9\cdot10^{-3}$, **VI** *B* ca. $0{,}7\cdot10^{-3}$, **V** *A* u. *B* $3{,}8\cdot10^{-3}$ Moll. Die Beziehung zwischen **VII**-Aktivität u. **I**- u. **II**-desaminierenden Systemen wurde untersucht. Die **VII**-Aktivitäten wurden frei von *Glutaminase, Asparaginase,* sowie von **I**- u. **II**-*Transaminase–Desamidase*-Aktivität (**VIII**) erhalten. Die isolierten Oxydationsprodd. von **I** u. **II** wurden durch Präpp. mit **I**- u. **II**—**VIII** nur langsam hydrolysiert. Unter Bedingungen, bei denen eine Umwandlung in Formen mit reaktionsfähigen α-Keto-Gruppen stattfand, trat rasche Hydrolyse ein. Die Möglichkeit, daß **V** u. **VI** Zwischenstufen der Transaminierung–Desamidierung von **I** u. **II** darstellen, wird diskutiert. Die zwischen **II** u. **V** stattfindende, zu **I** führende enzymat. Transaminierung konnte papierchromatograph. nachgewiesen werden.

Versuche: *α-Ketosuccinamidsäure* (**V**), Form *A*, *Na*-Salz (**Va**), $C_4H_4O_4NNa$; L-**I**-Monohydrat (4 g) mit dialysiertem *Crotalus*-Gift (1,5 g) in Ggw. von Katalase oxydativ desaminieren, Enzym entfernen, Lsg. durch eine Säule mit Kationenaustauschharz geben (*Dowex 50, Na*-Salzform), Filtrat stark einengen, Aceton zugeben, bei 3tägigem Stehen bei —10° auskrist. **Va**-*Monohydrat* aus W.–Aceton umkrist.; Ausbeute 3,4 g; **V**, Form *A*, $C_4H_5O_4N$, F. 140° (Zers.), Kristalle aus **Va** durch Kationenaustausch an *Dowex 50* (saure Form); **V** u. **Va** werden durch Cerisulfat quantitativ, ohne Desamidierung, decarboxyliert; *pK*-Wert der sauren Gruppe 2,6; kein Nd. bei Zusatz von 1%ig. 2.4-Dinitrophenylhydrazonlsg. in 2nHCl, geringer Nd. nach mehrtägigem Stehen; bei Hydrolyse mit nHCl (100°, 1 Std.) Abspaltung von 37% der theoret. NH_3-Menge; Red. durch Milchsäuredehydrase bei p_H 7,2 mit 1/10 der bei Pyruvat beobachteten Geschwindigkeit u. Beendigung der Rk. bei Oxydation von 1/10 des red. Diphosphopyridinnucleotids; keine Decarboxylierung durch mol. H_2O_2 bei p_H 4,9 unter Bedingungen, bei denen zahlreiche *α-Ketosäuren* rasch quantitativ oxydiert werden; Umwandlung von **V** *A* in die *B*-Form durch Lösen in 0,05nNaOH; **V** *B*: Bldg. eines *2.4-Dinitrophenylhydrazons,* F. 173° (A., W.), das mit 2nHCl (100°) unter Abspaltung von 1 Mol NH_3 das Brenztraubensäuredinitrophenylhydrazon (**IX**) gab; quantitative Desamidierung in nHCl (100°) u. Isolierung des Spaltprod. als **IX**; vollständige Red. durch das Milchsäuredehydrasesyst. unter Oxydation einer stöchiometr. Menge von red. Diphosphopyridinnucleotid; rasche quantitative Decarboxylierung durch H_2O_2. — *α-Ketoglutaramidsäure* (**VI**), Form *A*, *Ba*-Salz (**VIa**), $C_5H_6O_4NBa_{1/2}$; L-**II** (5 g) mit Giftpräp. (2 g) oxydativ desaminieren, eiweißfreie Lsg.

durch Kationenaustauschharzsäule (saure Form) geben, Filtrat mit Baryt auf p_H 4,5 einstellen, einengen u. mit absol. A. fällen; Ausbeute 5,9 g; **VI**, Form *A*, $C_5H_7O_4N$; **VI** *A* u. **VIa** werden durch Cerisulfat quantitativ, ohne NH_3-Abspaltung, decarboxyliert; pK-Wert der sauren Gruppe 2,6; sehr langsame Red. durch Milchsäuredehydrase; nach Säurehydrolyse Isolierung von *α-Ketoglutarsäure* (**X**) als 2.4-Dinitrophenylhydrazon in 80%ig. Ausbeute; aus **VI** *A* oder **VIa** mit gesätt. 2.4-Dinitrophenylhydrazinlsg. in 2nHCl bei 26° allmählich Bldg. von **VI**-*2.4-Dinitrophenylhydrazon*, F. 195°; daraus durch Hydrolyse mit 3nHCl (2 Std.) **X**-2.4-Dinitrophenylhydrazon; keine wesentliche Decarboxylierung von **VI** *A* durch H_2O_2 bei p_H 4,0 u. 6,5; Bldg. von **VI** *B* in alkal. Lsg. u. Umkehr der Rk. beim Ansäuern. Die Darst. von **VI** *B* frei von Form *A* in stabiler Form bei p_H 7,0—9,0, gelang nicht. — *α-Keto-N-methylglutaramidsäure* (**XI**), Form *A*, *Ba*-Salz (Form *A*), $C_6H_8O_4NBa_{1/2}$; durch enzymat. Oxydation von **III**; quantitative Decarboxylierung durch Cerisulfat; Bldg. stöchiometr. Mengen mit Wasserdampf flüchtige Base bei Hydrolyse mit 4nHCl (3 Std., 100°) u. von **X** (75% als 2.4-Dinitrophenylhydrazon); pK-Wert der sauren Gruppe 2,5; keine Red. durch Milchsäuredehydrase u. red. Diphosphopyridinnucleotid; keine Fällung mit 2.4-Dinitrophenylhydrazin vor u. nach Alkalieinw.; keine Decarboxylierung durch H_2O_2 bei p_H 4—14 bei 37° (2 Std.). Anscheinend ist **XI** *A* stabiler als **V** *A* u. **VI** *A*. Möglicherweise existiert **XI** *B* bei der enzymat. Oxydation von **III** als Zwischenstufe. Wahrscheinlich stellen die *A*-Formen strukturelle Modifikationen der freien α-Ketosäuren, vielleicht mit einer cycl. oder polymeren Konfiguration, dar. **V** *B* besitzt im Gegensatz zu **V** *A* eine hohe Absorptionsbande bei λ 290 mμ; beim Ansäuern entsteht eine bei 260 mμ. Die Absorptionskurven von **VI** u. **XI** besitzen weder in saurer noch in alkal. Lsg. eine charakterist. Absorption u. gleichen denen von **X** u. **X**-γ-Äthylester. Die vergleichende Unters. der Hydrolysegeschwindigkeiten der Ketosäurenamide u. verwandter Aminosäurenamide in nHCl bei 100° ergab: α-Aminosäurenamide werden wenig leicht als ω-Amide gespalten; Einführung einer CH_3-Gruppe in die **II**-Amidgruppe erhöht die Stabilität, **VI** *A* u. **XI** *A* sind beträchtlich stabiler als **II** u. **III**, **XI** *A* wird langsamer als **VI** *A* hydrolysiert u. **V** *B* ist instabiler als **I**. (J. biol. Chemistry **200**. 571—89. Febr. 1953. Bethesda, Md., Nat. Inst. of Health, Nat. Cancer Inst.) K. MAIER. 4210

D. C. Jordan, *Transaminierung in zellfreien Extrakten von nützlichen und parasitischen Rhizobia.* 4 Stämme von *Rhizobia* (Bact. radicicola) (**I**) wurden auf ihre N-Bindungsfähigkeit mittels des Leghämoglobintestes nach JORDAN u. GARRAD (Can. J. Botany **29**. [1951.] 360) untersucht. Es zeigte sich, daß **I** als Stickstoffquelle Aminosäuren, jedoch keine anorgan. NH_4^+ verwenden kann, da nur jene zu Transaminierungen befähigt sind, wie Vf. durch nachst. Verss. beweist: Auf dem Medium nach FELDMAN u. GUNSALUS (C. **1951**. I. 3507; Pyridoxalphosphat wurde durch Adenosintriphosphat u. Pyridoxalhydrochlorid ersetzt) wurde der zellfreie Extrakt von **I** mit Gemischen von *α-Ketoglutarsäure* (**II**) + L-Asparaginsäure, DL-Alanin, DL-Leucin oder DL-Valin vermischt u. bei 25° gehalten. Nach anschließender Sterilisation konnte durch Papierchromatographie die Ggw. von *Glutaminsäure*, entstanden durch Transaminierung von **II**, festgestellt werden. Der umgekehrte Vorgang konnte durch Testverss. ausgeschlossen werden. Unterschiede zwischen nützlichen u. parasit. **I** in ihrer Fähigkeit zur Transaminierung wurden nicht festgestellt. (J. Bacteriol. **65**. 220—21. Febr. 1953. Los Angeles, Calif., Univ. of Southern California, Dep. of Bacter.) FINDEISEN. 4210

S. Ju. Netschiporenko, *Über einen Komplex des Myosins und der Desaminase der Adenylsäure.* Es konnte ein *Adenylsäure*-Komplex aus dem *Myosin* (**I**) des Herzens u. der *Desaminase* (**II**) gewonnen werden, der ähnlich dem aus Muskel-**I** erhaltenen Komplex beim Umfällen seine Aktivität bewahrt. Beim Erhitzen des Komplexes auf 45° im Laufe von 5 Min. nimmt die Aktivität weniger ab als bei **II**. Das gleiche beobachtet man bei UV-Bestrahlung. Im Gemisch mit **I** wird die Aktivität von **II** bis zur völligen Bindung von **I** erhöht. (Український Біохімічний Журнал [Ukrain. Biochem. J.] **25**. 62—76. 1953. Kiew, Inst. für Biochem. der Akad. der Wiss. der UkrSSR.) LEBTAG. 4210

Hutton D. Slade und **William C. Slamp**, *Die Bildung von Arginindihydrolase durch Streptokokken und einige Eigenschaften des Enzymsystems.* Die in Zellsuspensionen zweier Stämme (*DH*, *D 10*) von *Gruppe D*-Streptokokken enthaltene *Arginindihydrolase* (**I**) zers. *Arginin* (**II**) nach: **II** + $2 H_2O \rightarrow$ *Ornithin* (**III**) + CO_2 + $2 NH_3$, wobei ca. 90%ig. Umsetzung erfolgte. **III** wurde mittels eines Decarboxylasepräp. aus *E. coli* bestimmt. In Abwesenheit von **II** gezüchtete Streptokokken besaßen niedrige **I**-Aktivität (Q_{CO_2} 6), in Ggw. von **II** gewachsene eine hohe (Q_{CO_2} 140). Ein derartiges Verh.

ist für ein adaptives Enzym charakteristisch. II stellt keine leicht verwertbare *C*-Quelle für das Zellwachstum dar, obwohl die Zellen hohe I-Aktivität aufwiesen. 0,3—1,0% *Glucose* (**IV**)-Zusatz bewirkte starke Zunahme der Zellausbeute ohne Veränderung von Q_{CO_2}. Die Unters. des Verlaufes der II- u. IV-Vergärung während des Wachstums ergab, daß die in den ersten 5 Std. gebildeten Zellen keine merkliche I-Aktivität enthielten. Vor Einsetzen der II-Vergärung waren bereits 70% der gesamten Zellausbeute gebildet u. der Hauptanteil von I entstand während der II-Vergärung. Ein optimales Kulturmedium zur Züchtung von Zellen mit einem akt. I-Syst. bestand aus L-II, IV, pankreat. Caseindigestat, Hefeextrakt u. Puffer. I in frischen wie lyophil getrockneten Präpp. erwies sich bei kalter Lagerung als beständig. Der optimale p_H-Bereich war 5,8—6,3, mit einem Maximum 6,0. Die I-Aktivität erfuhr durch 3—6fache Vergrößerung der für die I-Sättigung erforderlichen Substratkonz. keine Hemmung. Die Substratkonzentration–Aktivitäts-Kurve entspricht der einer Rk. 1. Ordnung. Die Dissoziationskonstante des Enzym–Substrat-Komplexes wurde nach LINEWEAVER u. BURKE zu $4,5 \cdot 10^{-3}$ Mol, nach SCATCHARD zu $4,1 \cdot 10^{-3}$ Mol berechnet. I ist spezif. auf II eingestellt. Andere nahe verwandte Guanidine wurden nicht angegriffen. (J. Bacteriol. **64.** 455—66. Okt. 1952. Chicago, Ill., Northwestern Univ., Med. School, Rheumat. Fever Res. Inst.) K. MAIER. 4210

E. Werle, L. Maier und **E. Ringelmann,** *Hemmung von Proteinasen durch Kallikrein-Inaktivatoren.* Kallikrein-Inaktivatoren (I) aus Lymph- u. Ohrspeicheldrüsen von Rindern sowie aus Kartoffeln hemmen Trypsin (II) u. Chymotrypsin völlig oder stark. Bradykininbldg. durch II wird bei Zusatz von I nicht aufgehoben, während Hemmkörper von II die Kallidinbldg. durch Kallikrein (III) nicht hemmen. Die akt. Gruppen von II u. III sind daher wohl sehr ähnlich, jedoch nicht identisch. Aus Schimmelpilzen erhaltene Proteinase wird durch I wenig oder gar nicht gehemmt. (Naturwissenschaften **39.** 328a. 2. Juliheft 1952. München, Univ., Chirurg.-Klin. Inst., Labor.) FAUST. 4210

A. Mahlo, *Magenschleim und Magenfermente.* Kurzer Überblick. (Dtsch. med. Wschr. **78.** 1323—25. 25/9. 1953. Hamburg.) v. KEREKJARTO. 4210

N. Millott, *Das Vorkommen von Melanin und Phenolase in Holothuria forskali.* Das Hautpigment der Holothuria forskali soll durch Zerfall der Amöbocyten entstehen u. melaninähnliche Eigg. besitzen. Die Amöbocyten enthalten ein Phenolasesyst., das mit Hilfe des Luft–O_2 an der Pigmentproduktion teilnimmt. (Experientia [Basel] **8.** 301. 15/8. 1952. Jamaica, Univ., Dep. of Zool.) v. KEREKJARTO. 4210

John L. Wood und **Hildegard Fiedler,** *β-Mercaptopyruvat, ein Substrat der Rhodanese.* Die Bldg. von Thiocyanat aus Cyanid wird durch das Enzym *Rhodanese* (LANG) oder *Transsulfurase* (SAUNDERS u. HIMWICH) katalysiert. Thiosulfat u. koll. Schwefel besitzen zum Rhodanesesyst. Substrataktivität u. nach MEISTER spaltet roher Leberextrakt β-Mercaptopyruvat zu *Alanin* u. freiem Schwefel (p_H 7,5—8,5). Vff. zeigen, daß auch β-Mercaptopyruvat Substrat des Rhodanesesyst. ist. Die Substrataktivität ist gleich der des Thiosulfates, p_H-Optimum ist 9,1, u. die optimale Rate β-Mercaptopyruvat/Cyanid 3:1. Syst. wird durch *Arsenit* gehemmt.

V e r s u c h e: Meth. zur Best. der Substrataktivität wird beschrieben u. verglichen mit der Standardaktivität bei Thiosulfat. Syst. enthält 0,3 ml Leberextrakt in 25 ml p_H 9,1 0,017 mol. Substrat, 0,0056 mol. Cyanid u. 0,04 mol. Phosphat. Thiosulfat u. β-Mercaptopyruvat als Substrat 100% Enzymaktivität, kein Substrat 0%; gekochter Leberextrakt mit Thiosulfat 0,8% mit β-Mercaptopyruvat 0,9%, ohne Cyanid oder ohne Extrakt 0%, 10^{-4} bzw. 10^{-3} Arsenitzusatz 9,0 bzw. 0,9% Enzymaktivität. (J. biol. Chemistry **205.** 231—34. Nov. 1953. Memphis, Tenn., Univ. of Tennessee, Dep. of Biochem.) LAMPRECHT. 4210

Richard N. Stearns, *Atmung, Rhodanese und Wachstum bei Escherichia coli.* Anaerob vorbehandelte (5 Std. bei 37°), gewaschene Kulturen von E. coli weisen eine Periodizität von ca. 1½ Std. auf in der O_2-Aufnahme, Rhodaneseaktivität (rhodanbildendes Enzym aus Thiosulfaten u. Cyanidionen) u. der Zellteilung. (J. cellular comparat. Physiol. **41.** 163—70. Febr. 1953. Stockholm, Univ., Wenner-Grens Inst. for Exp. Biol.) GERDA SCHULZE. 4210

J. Woddland Hastings, *Sauerstoffkonzentration und Biolumineszenzintensität.* 1. Mitt. *Bakterien und Pilze.* Die Unters. der Beziehung zwischen Luminescenzintensität u. O_2-Konz. bei einem Leuchtbakterium (*A. fischeri*) u. 3 Luminescenz zeigenden Pilzen (*Panus stipticus, Armillaria mellea, Clitocybe illudens*) ergab in allen Fällen mit steigenden O_2-Konzz. eine hyperbol. Zunahme der Lichtintensität, während bei hohen O_2-Konzz. diese wieder abnimmt. 50% der maximalen Luminescenz zeigen Bakterien bei 0,007—0,009% u. Pilze bei 3—8% O_2. Da sowohl O_2 als auch *Luciferin* (I) mit dem Enzym *Luciferase* (II) reagieren, wurde der theoret. Formulierung der Beziehung zwischen Lichtintensität u. O_2-Konzz. die Annahme zugrunde gelegt, daß **II** 2 für O_2 u. **I** spezif. Stellen aufweist, u. daß die Rk. nur dann abläuft, wenn beide Substrate an diesen ihnen zugeordneten Stellen adsorbiert werden. Es wurde gezeigt, daß in einem derartigen *2-Substratsyst.* eine kompetitive Adsorption der Substrate, wo ein solches bzgl. der Stelle des Enzyms konkurriert, die normalerweise dem anderen vorbehalten ist (u. umgekehrt), bei hohen Konzz. eines der Substrate eine Abnahme der Reaktionsgeschwindigkeit erfolgt. Bei beiden Organismen war bei hohen O_2-Konzz. eine reversible Intensitätsabnahme feststellbar, ebenso nach einer längeren anaeroben Periode. Der letztere Effekt wurde auf Adsorption von **I** an die O_2-Acceptorstellen zurückgeführt, die eine reversible **II**-Inaktivierung herbeiführte. Diese reversible **II**-Inaktivierung unterblieb bei Bakterien, wenn während der Anaerobiose dem Gas 1% CO_2 zugemischt wurde. Die Wirkungsweise des CO_2 ist unklar. (J. cellular comparat. Physiol. **39.** 1—30. Febr. 1952. Princeton, N. J., Univ., Dep. of Biol.; Woods Hole, Mass., Marine Biol. Labor.) K. Maier. 4210

I. D. Koltschinska, *Untersuchung der proteolytischen Eigenschaften von Cl. acetobutylicum beim Gärungsprozeß.* Bei der akt. Gärung von *Clostridum acetobutylicum* auf Roggenmaische wird die Aktivität der Proteolyse verändert. In den ersten 2 bis 4 Std. nimmt der Geh. an *Aminosäuren* (**I**) im Vgl. zur sterilen Maische zu, bedingt durch die Proteaseaktivität. Nach 12—18 Std. nehmen Proteaseaktivität u. **I**-Geh. stark ab; die Acidität ändert sich. Nach 24 Std. verschwindet die Stärke. Nach 48 Std. wird das Maximum an Gärungsprodd. erreicht (Abnahme der Proteaseaktivität). Nach 60—72 Std. nimmt die Proteaseaktivität zu. Bei träger Gärung ist der **I**-Geh. immer etwas geringer als in der Kontrolle, die Proteolyse ist etwas unterdrückt. Durch Zugabe von *red. Fe* u. von $Fe_2(SO_4)_3$ wird die proteolyt. Aktivität anfangs gehemmt, gegen Ende der Gärung etwas erhöht. Der allg. Verlauf der proteolyt. Prozesse wird dadurch nicht verändert. (Мікробіологічний Журнал (Киев) [Mikrobiol. J. (Kiew)] **15.** Nr. 4. 35—39. 1953. Mikrobiol. Inst. der Akad. der Wiss. der UkrSSR.) Lebtag. 4270

E_3. Mikrobiologie. Bakteriologie. Immunologie.

M. Attz und **H. Weyland,** *Über die Selbstherstellung proteolysierter Nährbodengrundlagen.* (Zbl. Bakteriol., Parasitenkunde, Infektionskrankh. Hyg., I. Abt., Orig. **159.** 537—43. 5/9. 1953. Borstel, Tuberkuloseforschungsinst.) Dossmann. 4310

E. Staten Wynne und **Donald A. Mehl,** *Der Einfluß des Serumalters auf mikrobiologische Wirksamkeit.* Das Wachstum einer Anzahl von Milchsäurebakterien (*Streptococcus faecalis ATCC 8043* u. *Texas, Str. lactis Texas, Leuconostoc mesenteroides Texas, L. citrovorum ATCC 8082, Lactobacillus arabinosus MC-Oklahoma, L. arabinosus ATCC 8014, L. casei Texas*) in einem aus Glucose, Salzen, 0,03—0,05% Difco-Hefeextrakt u. $\geqq$3% Serum (**I**) bestehenden Medium nahm mit dem Alter von **I** ab. Kontrollkulturen ohne **I** wiesen nur geringes Wachstum auf. Mit *L. casei*-Stämmen wurden bei 10% **I** folgende Beobachtungen gemacht: Die Geschwindigkeit der Entw. einer geringeren **I**-Wirksamkeit nahm mit fallenden Lagerungstempp. von **I** (37, 4, —15°) ab u. schwankten bei Seren verschied. Personen beträchtlich. Maligne Neoplasmen waren ohne erkennbaren Einfluß. Die Alterungserscheinung ist anscheinend von der O_2-Tension unabhängig. Eine Giftwrkg. seitens ungesätt. C_{18}-Fettsäuren, entstanden durch Serumlipasewrkg., lag nicht vor. Die verminderte Wrkg. von gealtertem **I** beruhte wahrscheinlich mehr auf einer Nährwertsabnahme als auf dem Auftreten einer Giftwirkung. Erhitzen (60°, 3 Min.) von Frisch-**I** beeinflußte die Entw. der verminderten **I**-Aktivität nicht, jedoch die Wrkg. selbst beträchtlich. Gelagertes **I** enthielt weniger *Cystin*, jedoch mehr *Methionin, Phenylalanin* u. *Glutaminsäure* als Frischserum. Die Wrkg. von Frisch- oder Alt-**I** wurde bei Ergänzung durch 17 einzelne Aminosäuren oder durch ein Gemisch von 16 nicht wesentlich beeinflußt. Die Beeinflussung von Nährmedien durch das Alter zugesetzten Serums ist für die Auswertung mikrobiol. Bestimmungen von Wichtigkeit. (Science [Washington] **117.** 153—55. 13/2. 1953. Houston, Tex., Univ. of Texas, M. D. Anderson Hosp., Div. of Exp. Pathol., Dep. of Pathol.) K. Maier. 4310

B. Je. Aisenman, *Einige Angaben zur Ernährungsphysiologie der Typhusbacillen.* 2. Mitt. *Die Bildung von Thiamin und Biotin durch Typhusbacillen.* (1. vgl. Мікробіологічний Журнал (Киев) [Mikrobiol. J. (Kiew)] **9.** Nr. 1. [1947.] 68.) Durch Verss. mit verschied. Typhusbacillenstämmen wurde nachgewiesen, daß sie *Thiamin* u. *Biotin* synthetisieren. (Мікробіологічний Журнал (Киев) [Mikrobiol. J. (Kiew)] **15.** Nr. 4. 20—25. 1953. Mikrobiol. Inst. der Akad. der Wiss. der UkrSSR.) Lebtag. 4320

D. W. Woolley, *Einige Kombinationsanaloge von p-Aminobenzoesäure und Dimethyldiaminobenzol mit ungewöhnlichen biologischen Eigenschaften.* 9 neue Verbb. wurden synthetisiert, die als *Kombinationsanaloge* (I) („*aggregate analoges*") bezeichnet werden, da sie durch Vereinigung von 2 geeigneten Analogen zweier verschied. *essentieller Metabolite,* z. B. *p-Aminobenzoesäure* (II) u. *1.2-Dimethyl-4.5-diaminobenzol* (III), entstehen. Vf. sieht in I eine Möglichkeit zur Entw. neuer hochwirksamer Pharmazeutica, deren Wrkg. durch die strukturell oder funktionell verwandten Metabolite nicht antagonist. beeinflußbar ist. Einige I hemmten das Wachstum von *Staphylococcus aureus.* Die tox. Wrkg. von I bei Mäusen war niedrig oder nicht nachweisbar. Die biol. Funktion von I besteht anscheinend in einer mehrfachen Blockierung einer Reihe miteinander verbundener u. koordinierter Rkk. eines lebenswichtigen Prozesses der Zelle. Die untersuchten I gehören 2 Verbindungsklassen an: 1. Verbb., in denen II u. III durch die saure Gruppe von II u. die bas. Gruppe von III verbunden u. II u. III durch geeignete Substitution in Antimetabolite verwandelt sind; 2. Verbb., in denen II u. III durch die bas. Gruppen verbunden u. entsprechend substituiert sind.

Versuche: *1.2-Dichlor-4-[p-nitrobenzolsulfonylamido]-5-aminobenzol*; halbmaximale Hemmung von *St. aureus* durch 26 bzw. 26 γ/cm^3, wobei sich die 2. Mengenangabe jeweils auf Verss, mit zusätzlich gegebenen II, III, Riboflavin, Vitamin B_{12} u. Pteroylglutaminsäure in Mengen von 1, 10, 0,1, 0,01 u. 0,01 γ bezieht; akute DL_{50} >400 mg/kg Maus, chron. DL_{50} 120 (1 mal täglich intraperitoneal, 5 Tage). — *1.2-Dichlor-4-[p-nitrobenzolsulfonylamido]-benzol* (IV), F. 178°; Suspension von 3.4-Dichloranilin (50 g) in n NaOH (700 cm^3) auf ca. 80° erwärmen, rasch p-Nitrobenzolsulfonylchlorid (75 g) zugeben, 15 Min. kräftig schütteln, Filtrat mit konz. HCl auf p_H 2 ansäuern, Nd. aus Essigsäure + A. umkrist.; 38 g; 3 bzw. 3 γ; DL_{50} 120 bzw. 80 mg. — *1.2-Dichlor-4-[p-nitrobenzolsulfonylamido]-5-nitrobenzol* (V), F. 168—170°; in rauchender HNO_3 (d 1,5, 50 cm^3) bei —10° IV (7 g) eintragen, nach 30 Min. auf Eis (400 g) gießen, Nd. aus Eisessig umkrist.; 5 g; 1,4 bzw. 0,8 γ; DL_{50} 120 bzw. 60 mg. — *1.2-Dichlor-4-sulfanilamido-5-aminobenzol,* F. 214 u. 237°; V (15,2 g) in heißer Essigsäure (100 cm^3) lösen, konz. HCl (250 cm^3) zugeben; mit Sn (22 g) auf dem Wasserbad behandeln; im Vakuum einengen (100 cm^3), mit W. (200 cm^3) verd., Sn mit H_2S entfernen, Filtrat im Vakuum eindampfen, Rückstand in W. (200 cm^3) suspendieren, bei p_H 7 mit Äthylacetat extrahieren, Extraktrückstand aus 50% wss. A. umkrist.; 13 g; 7 bzw. 100 γ; DL_{50} >400 bzw. >400. — *1.2-Dichlor-4-[p-nitrobenzamido]-benzol,* F. 266°; Darst. analog wie bei IV mit p-Nitrobenzoylchlorid; 81%. — *1.2-Dichlor-4-[p-nitrobenzamido]-5-nitrobenzol,* F. 167—168°; durch Nitrierung vorst. Verb. wie oben; 40%; 60 γ unwirksam. — *1.2-Dichlor-4-[p-aminobenzamido]-5-aminobenzol,* F. 183—186°; vorst. Verb. (1,8 g) in Essigsäure (180 cm^3) u. W. (10 cm^3 lösen) mit PtO_2/H_2 hydrieren, Eindampfrückstand aus A. durch Wasserzusatz umkrist.; 34 bzw. 34 γ. — *1.2-Dimethyl-4-[p-carboxyphenylazo]-5-oxybenzol,* F. 283—285°; II (13,7 g) u. $NaNO_2$ (7 g) in 2n NaOH (60 cm^3) lösen, bei ca. 4° zu konz. HCl (50 cm^3) geben, Suspension langsam zu 1.2-Dimethyl-4-oxybenzol in 2n NaOH (300 cm^3) geben (0°, rühren), mit HCl ansäuern, Nd. in sd. A. (600 cm^3) suspendieren u. anschließend aus Butanol umkrist.; 2,2 g; bildet rotes, bei p_H 7 in W. lösl. *Na-Salz*; 5,4 bzw. 4,6 γ; DL_{50} >400 mg. — *1.2-Dimethyl-4-[p-carbäthoxyphenylazo]-5-oxybenzol,* F. 144—146°, Darst. analog wie vorst. mit p-Aminobenzoesäureäthylesterhydrochlorid; Lösen des Phenolderiv. (12 g) bei der Kupplung in mol. Na_2CO_3 (400 cm^3) u. 2n NaOH (100 cm^3); 23 g; 100 γ unwirksam. — *1.2-Dimethyl-4-[p-hydrazidophenylazo]-5-oxybenzol,* F. 246°; vorst. Verb. (1,8 g) in N_2H_4-Hydrat (100%ig., 20 cm^3) suspendieren, 6 Std. auf 100° erhitzen, mit A. (75 cm^3) fällen, aus Butanol umkrist.; beim Erhitzen über F. Bldg. langer Nadeln, F. >300°; 30 γ unwirksam. — *1.2-Dimethyl-4-[p-sulfonamidophenylazo]-5-oxybenzol,* F. 256° (Sintern bei 236°); Sulfanilamid (17,5 g) in 3n HCl (160 cm^3) mit $NaNO_2$ (7 g) diazotieren u. mit 1.2-Dimethyl-4-oxybenzol (12 g) wie oben kuppeln; 21 g; 100 γ unwirksam. (J. Amer. chem. Soc. **74.** 5450—53. 5/11. 1952. New York, N. Y., Rockefeller Inst. for Med. Res.) K. MAIER. 4330

N. G. Heatley und **H. W. Florey,** *Vergleich der biologischen Eigenschaften des Cephalosporin N und des Penicillins.* Das *Cephalosporin N* (I), ein neuer Typ des Penicillins (II) wurde hinsichtlich seiner antibiot. Wrkg., seiner Toxizität, seiner Absorption u. Ausscheidung mit II verglichen. Die Mehrzahl der ca. 40 untersuchten Bakterienstämme wurden durch Konzz. von 5—20 μg/ml I gehemmt. Gegen II resistente Staphylokokkenstämme (aureus) waren auch gegenüber I resistent u. umgekehrt. Bei intravenöser Injektion (Maus) war I auch bei Dosen von 100 mg in 0,45 ml H_2O nicht letal, während bei 90 mg II keines der Tiere überlebte. Entsprechend war auch die Toxizität bei intracisternaler Injektion für I geringer als für II. I wird nach intravenöser Injektion etwas langsamer aus dem Serum ausgeschieden als **II**, auch bleibt die Konz. höher als nach **II**. Nach subcutaner Verabreichung liegen die Verhältnisse für **I** u. **II** ähnlich. **I** wird wie **II** nicht im Intestinum resorbiert. (Brit. J. Pharmacol. Chemotherapy **8.** 252—58. Juni 1953. Oxford, Univ., Sir William Dunn School of Pathol.) P. G. SCHEURLEN. 4340

Aksel Stenderup, *Untersuchungen über die Wirkung von Streptomycin auf Escherichia coli. Der Einfluß des p_H-Wertes des Mediums und der Streptomycinkonzentration auf die antibakterielle Wirksamkeit. Entwicklung der Streptomycinresistenz.* Das Wachstum von E. coli durchläuft bei Zugabe von 10 E./ml *Streptomycin* (**I**) nach ca. 5 Std. ein Minimum, das um so tiefer liegt, je höher der p_H-Wert des Mediums ist. Später (12—13 Std.) sind im Wachstum zwischen den behandelten u. den Kristallkulturen kaum noch Unterschiede festzustellen. Bei konstantem p_H ist die anfängliche Wachstumshemmung der I-Konz. proportional, bei 40 E. I/ml tritt vollständige Abtötung ein. Bei unterschwelligen Dosen entwickelt sich eine Resistenz, die graduell der jeweiligen I-Konz. angepaßt ist. Es muß aus den Verss. angenommen werden, daß I-resistente Mutanten nicht spontan entstehen, sondern daß sich ihre Bldg. unter dem akt. Einfl. von **I** vollzieht. (Vgl. auch C. **1954. 3047.**) (Acta pathol. microbiol. scand. **32.** 453—64. 1953. Aarhus, Dänemark, Marselisborg Hosp.) HEERDT. 4340

Gottfried Bringmann, *Elektronenmikroskopische Analyse der Wirkung von Neoteben auf Mycobacterium avium Chester.* Es wird bei Bacillen u. Bakterien die Verteilung der *Nucleinsäuren* (**I**) in den Zellen, die durch geeignete Färbung elektronenmkr. sichtbar zu machen sind, als Indicator des Entwicklungszustandes angesehen; für das Kulturalter sind auch die Phosphateinlagerungen, Vakuolisierung des Cytoplasmas sowie Einlagerung von in Fettlösungsmitteln lösl. Substanzen maßgebend u. erfaßbar. Untersucht wurde der Einfl. des Zusatzes von *Neoteben* (**II**) zum Nährboden mit Einsaat von Mycobacterium avium Chester; in Konz. von $1:5\cdot 10^4$ vollkommene bakteriostat. Hemmwrkg. von **II**; bei $1:7{,}5\cdot 10^4$ laufen bestimmte Phasen der Zellteilung u. die I-Einlage in gestörtem Rhythmus ab, bei $1\cdot 10^5$ findet nur eine allg. Verlangsamung der Normalentw. statt. Einzelheiten werden an Hand der Abb. diskutiert. (Zbl. Bakteriol., Parasitenkunde, Infektionskrankh. Hyg., I. Abt., Orig. **159.** 521—26. 5/9. 1953. Berlin-Dahlem, Deutsche Forschungshochschule, Inst. für Mikromorphologie.) DOSSMANN. 4340

B. P. Tokin und **A. G. Filatowa,** *Über die baktericiden Eigenschaften der Eizellen von Kaninchen.* In Verss. mit Eizellen von Chinchilla-Kaninchen (Meth. des hängenden Tropfens) konnte einwandfrei eine baktericide Wrkg. gegenüber Micrococcus lysodeikticus, Bact. megatherium, Bact. species, Bact. prodigiosum u. Bact. dys. Flexner festgestellt werden. Verss. mit Staphylococcus aureus hingegen verliefen vollkommen negativ. Es wird angenommen, daß aus dem Ei bzw. dem Oolemma irgendwelche antobiot. Stoffe herausdiffundieren. (Доклады Академии Наук СССР [Ber. Akad. Wiss. UdSSR] [N. S.] **91.** 985—88. 1/8. 1953. Leningrad, Shdanow-Univ., u. Inst. für exper. Med. der Akad. der Med. Wiss. der UdSSR.) RENTZ. 4340

Roger Vendrely und **Robert Tulasne,** *Über die chemische Zusammensetzung der L-Formen von Bakterien.* Für die Unterss. wurden die L-Formen von Proteus (P 18) benutzt. Das Untersuchungsmaterial bestand zu 80% aus L-Formen, zu 20% aus verschied. Entwicklungsstadien dieser Formen. Die verglichenen Bestimmungen von N u. P zeigten, daß der N-Geh. im n. Proteus höher, der P-Geh. niedriger ist als in den L-Formen. Behandlung der L-Formen mit kalter, 5%ig. CCl_3COOH gibt eine säurelösl. Fraktion, deren Gesamt-N 6% des Gesamt-N u. deren P-Geh. 55% des Gesamt-P beträgt. Unter den genannten Bedingungen verliert der n. Proteus ca. 8,5% seines N u. 22% seines P. Das spricht für die Anhäufung niedermol. P-Verbb. in den L-Formen. Der Lipoidgeh. der L-Formen ist viel höher als der der n., die Lipoidfraktion enthält 2,16% P. Die L-Formen haben einen DNS-Geh. von 1,45% u. einen RNS-Geh. von 0,20%. In den n. Formen ist der RNS-Geh. gleich oder höher als der DNS-Gehalt. (Nature [London] **171.** 262—63. 7/2. 1953. Strasbourg, Univ., Inst. d'Hyg. et Bactériol.) W. D. WEINMANN. 4350

N. J. Berridge und **J. Barrett,** *Ein nephelometrische Schnellmethode zur Bestimmung von Antibioticis.* Es wird eine mikrobiol. Meth. zur Best. von Antibioticis, wie *Nisin* (**I**), *Penicillin* (**II**), *Streptomycin, Aureomycin, Gramicidin,* angegeben. Infolge Verwendung einer rasch wachsenden, in der logarithm. Phase befindlichen *Streptococcus agalactiae*-Kultur, deren Herst. angegeben wird, ist eine Inkubationsdauer von 30 Min. ausreichend. Reihenverdünnungen des Antibioticums in steriler Bouillon werden zusammen mit 15 cm^3 Kultur 30 Min. bebrütet, nach schnellem Zusetzen von 1 cm^3 0,02%ig. Methiolatlsg. die Trübungsmessungen (SPEKKER, 4 cm-Zelle) vorgenommen u. die Konzz. durch Vgl. der Werte von Standard u. Testlsg. ermittelt. Standardabweichung für I 3,6—9,0%, II 2,2% (1std. Bebrütung). (Nature [London] **167.** 448. 17/3. 1951. Shinfield, Near Reading, Nat. Inst. for Res. in Dairying.) K. MAIER. 4360

A. M. Passitschnik und **P. Ss. Tschernischowa,** *Untersuchung der Dynamik der Toxinbildung durch Kulturen des Bac. perfringens Typ B (Lambdysenteriebacillus).* Vff. gelang es nachzuweisen, daß Kulturen des Bac. perfringens Typ B (Lambdysenteriebacillus) auf verschied. Nährböden, am besten auf Fleisch–Pepton-Bouillon mit einem Zusatz von 0,5% Glucose, schon in den ersten 4 Std. des Wachstums ein *Hämotoxin* sowie die Fermente *Lecithinase* u. *Hyaluronidase* zu bilden vermögen. (Мікробіологічний Журнал (Киев) [Mikrobiol. J. (Kiew)] **15.** Nr. 2. 17—25. 1953. Mikrobiol. Inst. der Akad. der Wiss. der UkrSSR.) RENTZ. 4370

W. L. Ryshkow und **G. I. Loidina,** *Die Reaktion des Virus der Tabakmosaikkrankheit mit Myosin und Actin.* Die Tatsache, daß eine reine Lsg. von Myosin (I) bei geringerer KCl-Konz. ausfällt als das I-Gemisch mit Tabakmosaikvirus (II), läßt vermuten, daß I u. II einen Komplex bilden. Durch Best. der Nekrosezahl an Blättern von Nicotiana glutinosa wird bestätigt, daß II teilweise in den Nd. übergeht. In Ggw. von Actin (III) wird der II-Titer ebenfalls vermindert. Sowohl polymerisiertes als auch unpolymerisiertes III bewirkt eine starke Abnahme des II-Titers (maximale Wrkg. in neutraler Lsg., minimale Wrkg. bei p_H 4,6). Eine Erhöhung der KCl-Konz. führt zur Zers. des II–III-Komplexes. *Adenosintriphosphorsäure* (IV) unterdrückt die II-Aktivität nur wenig u. verringert die Wrkg. von III. Von früheren Ergebnissen unterscheiden sich die vorliegenden dadurch, daß die Komplexbldg. zwischen II u. I bzw. III oberhalb der isoelektr. Punkte der Komponenten beobachtet wurde. Die Ähnlichkeit der Rkk. zwischen II u. III bzw. I u. III zeigt sich darin, daß beide Komplexe durch IV zers. werden, u. daß ihre Beständigkeit von der KCl-Konz. abhängig ist. (Доклады Академии Наук СССР [Ber. Akad. Wiss. UdSSR] [N. S.] **92.** 851—53. 1/10. 1953. Inst. für Mikrobiol. der Akad. der Wiss. der UdSSR.) LEBTAG. 4374

Fritz Sprau, *Elektronenoptische Darstellung des Blattrollvirus der Kartoffel mit einem kurzen Überblick über die Elektronenmikroskopie in der Virusforschung.* Es werden 2 elektronenmkr. Aufnahmen wiedergegeben, die Stäbchen von 66—2300 mμ, gewonnen aus Preßsaft oberird. Teile rollkranker Kartoffelpflanzen, zeigen. Ob es sich um das Blattrollvirus handelt, kann noch nicht entschieden werden. (Z. Pflanzenbau Pflanzenschutz **3** (**47**). 213—21. 1952. München, Bayer. Landesanst. für Pflanzenbau u. Pflanzenschutz.) SCHLOTTMANN. 4374

Theodor von Brand, Eleanor Johnson Tobie, Benjamin Mehlman und **Eugene C. Weinbach,** *Beobachtungen über den Stoffwechsel von normalen und arsenresistenten Trypanosoma gambiense.* Während bei der n. Blutstromform von Trypanosoma gambiense (T.g.) der gesamte O_2-Bedarf zum *Glucose* (I)-Abbau zu *Brenztraubensäure* (II) verbraucht wird, wurden bei einem gegenüber *Tryparsamid* 600fach resistenten T.g.-Stamm ein geringerer I-Bedarf u. geringere II-Bldg. beobachtet. Der gleiche Stamm erwies sich auch als beträchtlich resistent gegenüber *Mapharsen* u. in geringerem Maße auch gegen *Natriumarsenit* u. *DL-Glycerinaldehyd*, zeigte dagegen eine gesteigerte Empfindlichkeit gegen 2 *Nitrofurane* sowie in geringerem Maße auch gegen *Cyanide*. Ohne Einfl. erwiesen sich Jodacetate, Jodacetamide, Fluoride, Cinnamate, Azide, Nitrofurazone, Malonate u. Fluoracetate. (J. cellular comparat. Physiol. **41.** 1—22. Febr. 1953. Bethesda, Md., Federal Security Agency, Public Health Serv., Nat. Inst. of Health, Nat. Microbiol. Inst., Labor. of Tropical Diseases.) GERDA SCHULZE. 4380

S. E. Luria, General virology. New York: Wiley. 1953. (440 S. m. Abb., Diagr., 39 S. Bibl.) $ 8,50.

E₄. Pflanzenchemie. Pflanzenphysiologie. Pflanzenpathologie.

N. I. Jakuschkina, B. Je. Krawzowa und **G. A. Nowosselowa,** *Einfluß der Temperatur auf den Wuchs und die Stoffumwandlungen bei Tomaten.* Im Vgl. zur Kontrolle (Tag u. Nacht 23°) wurde der Tomatenertrag um 56% erhöht, wenn die Nachttemp. auf 15° gesenkt wurde. Betrug die Nachttemp. 8°, so erreichte die Ertragssteigerung 45%. Durch die erniedrigte Nachttemp. wurde das Höhenwachstum nicht, das Wachstum von Nebentrieben u. Wurzeln positiv beeinflußt. Bei 8° wurde der Reifeprozeß stark verzögert. Am günstigsten für Ertrag u. Qualität der Tomaten erwies sich die Nachttemp. von 15°. Der Blattgeh. an Monosacchariden nahm mit sinkender Temp. zu, der Geh. an Stärke ab. (Доклады Академии Наук СССР [Ber. Akad. Wiss. UdSSR] [N. S.] **91.** 969—72. 1/8. 1953.) LEBTAG. 4404

H. A. Borthwick, S. B. Hendricks und **M. W. Parker,** *Die das Einsetzen der Blühphase verhindernde Reaktion.* Bei jungen, bis auf ein Blatt entblätterten *Xanthium* *saccharatum*-Pflanzen setzt die Blühphase ein, wenn sie im Rhythmus 12 Std. Licht–12 Std. Dunkelheit gehalten werden. Unterbrechen der Dunkelphasen durch Belichtung mit λ = 7215—7450 Å fördert, durch eine solche mit λ = 6330—6560 Å unterbindet den Übergang vom vegetativen ins Blühstadium. An den ablaufenden Rkk. sind 2 Pigmente u. 2 weitere Substanzen maßgeblich beteiligt; alle 4 Faktoren sind noch unbekannt. (Proc. nat. Acad. Sci. USA **38**. 929—34. Nov. 1952. Beltsville, Md., U. S. Dep. of Agricult., Plant Ind. Stat.) SCHLOTTMANN. 4404

A. F. Schulyndin, *Vererbung der Fähigkeit zur Speicherung von Zuckern durch zwischenartliche Weizenhybriden.* Winterweizensorten speichern 3mal mehr *Zucker* (I) als die Halbwintersorten u. 4—5mal mehr als Sommerweizen. Die Hybriden von Sommer- bzw. Halbwinter- u. Winterweizen enthalten in der 1. Generation 2—5,8% mehr I als die elterlichen Sommer- u. Halbwintersorten, wodurch eine geringe Winterfestigkeit dieser Hybriden verursacht wird. In der 2. Generation beobachtet man eine Tendenz zur I-Zunahme. So enthalten die Hybriden von harten Sommerweizen u. weichen Winterweizen in der 1. Generation im Mittel 9%, im Maximum 11,5% I gegenüber 13,6 bzw. 18,3% in der 2. Generation. (Доклады Академии Наук СССР [Ber. Akad. Wiss. UdSSR] [N. S.] **91**. 675—78. 21/7. 1953. Inst. für Genetik u. Selektion der Akad. der Wiss. der UkrSSR.) LEBTAG. 4420

W. G. Klimenko, *Formen des Stickstoffes und der Eiweißstoffe der Samen von Holz- und Strauchgewächsen aus der Familie der Leguminosen.* Der Samen von Robinia pseudoacacia, Sophora japonica, Gleditschia triaconthos, Amorpha fruticosa u. Colutea arborescens wurde auf den Geh. an folgenden Stoffen untersucht: *Gesamt-N, Stroma-N, extrahierbarer N, Gesamt-S, Cystin, Methionin, Amid-N, Monoaminodicarbonsäure, Monoaminomonocarbonsäure,* andere *Aminosäuren.* Alle untersuchten Samen enthielten viel Gesamt- u. Eiweiß-N. Nach den N-Formen ergab sich ein klarer Unterschied. Nach dem Geh. an Aminosäuren erwiesen sich die untersuchten Samen als für Futterzwecke gleichwertig. Außerdem wurde der Einfl. verschied. Lösungsmittel u. ihrer Konz. auf die Extraktion der verschied. N-Formen. untersucht. (Український Біохімічний Журнал [Ukrain. Biochem. J.] **25**. 54—61. 1953. Kischinew, Univ., Labor. für Biochem. der Pflanzen.) LEBTAG. 4420

G. B. Nadkarni und **V. A. Patwardhan,** *Das Öl der Samen von Ocimum sanctum Linn. (Tulsi).* Aus den zerkleinerten Samen von *Ocimum sanctum* wurde durch Ae.-Extraktion ein grünlichgelbes Öl (I) (17,82%) erhalten: spezif. Gewicht (30°) 0,9063, n_D^{30} 1,4789, SZ. 2,02, VZ. 181,65, JZ. 173,0, Rhodanzahl 104,6, AZ. 12,11, R.M.-Zahl 1,2, POLENSKE-Zahl 0,2, HESNER-Zahl, Unverseifbares 2,32. Die Zus. der Fettsäuren war: *Palmitinsäure* 6,9 (%), *Stearinsäure* 2,1, *Linolensäure* 15,7, *Linolsäure* 66,1, *Ölsäure* 9,0. Aus dem Unverseifbaren wurde etwas *Sitosterin* erhalten. Bei der direkten I-Bromierung in Ae. krist. unlösl. Bromglyceride aus, von denen 3 isoliert wurden: 2 *Dilinolenolinoline* u. 1 *Linolenodilinolin* (F. 157, 145, 80°). I besitzt gute trocknende Eigenschaften. (Current Sci. **21**. 68—69. März 1952. Sangli, Willingdon Coll., Chem. Dep.) K. MAIER. 4420

M. S. Motta, *Panicum maximum.* Abhandlung über die botan. u. chem. Eigg. sowie den Anbau von Panicum maximum (Guineagras) an Hand der Literatur (26 Zitate). — Nährstoffgeh. junger Blätter in % auf Trockengewichtsbasis: Rohprotein (I) 11,3, Fett 2,8, N-freie Extraktionsstoffe 41, Rohfaser 30,2, Asche 12,7. Der I-Geh. an I u. P_2O_5 nimmt bis zur Reife um mehr als die Hälfte ab. (Empire J. exp. Agric. **21**. 33—41. Jan. 1953. Stratford-on-Avon, England, Grassland Res. Stat.) RANG. 4420

W. H. Arisz, *Resorption und Transport durch die Tentakeln von Drosera capensis. 5. Mitt. Einfluß auf den Transport von Substanzen, die enzymatische Prozesse hemmen.* (4. vgl. Versl. gewone Vergadering Afdeel. Natuurkunde **53**. [1944.] 236.) Es wurde die Resorption u. der Transport verschied. Verbb. durch die Tentakeln von Drosera capensis sowie die Beeinflussung des Transportes solcher Substanzen, die enzymat. Prozesse hemmen, untersucht. Es konnte festgestellt werden, daß der Sauerstoff des Gewebes eine wesentliche Bedeutung für den Transport besitzt. Zu allermeist handelt es sich um den akt. Transport von Substanzen, verknüpft mit Stoffwechselvorgängen; Diffusionen spielen eine untergeordnete Rolle. Resorption u. Transport sind abhängig von der Konz. des vorliegenden Stoffes, bei niedrigen Konzz. sind sie maximal. Bei Gemischen können sich die Komponenten gegenseitig beeinflussen. *Coffein, Antipyrin* u. *Ammoniumcarbonat* hemmen bes. in hoher Konz. den akt. Transport von *Phosphaten* u. *Aminosäuren. KCN, Natriumazid, Jodacetat, Natriumarsenit* u. *Dinitrophenol* hemmen den Transport von Phosphat u. Asparagin. Phloridzin hemmt die Aufnahme von Phosphat, Penicillin die Aufnahme von Asparagin. Marginal-Tentakeln,

von denen die Drüsen entfernt waren, verhielten sich im wesentlichen wie Tentakeln mit Drüsen. Die Drüsen sind für den akt. Transport von Phosphat nicht von Bedeutung, wohl aber für den Transport von Asparagin. In Verss. mit KCN, Natriumazid u. Natriumarsenit ergab sich, daß die Entfernung der Drüsen ohne Einfl. war, während andere Inhibitoren auf die Glykolyse u. Respiration eine mehr oder minder starke Wrkg. zeigten. Es konnte nicht geklärt werden, ob die Veränderung oder die Rk. in den Drüsen selbst dafür verantwortlich zu machen ist. *Eosin* hemmte schon in niedrigen Konzz. den Transport in den Drosera-Tentakeln vollständig, *Fluorescein* war nicht ganz so wirksam. (Acta bot. neerl. **2.** 74—106. 1953. Groningen, Bot. Labor.)
KATHEN. 4450

G. Ch. Molotkowski und **Je. N. Wolkosslawskaja,** *Die Konzentration des Zellsaftes und der Gehalt an Wasser und Trockensubstanz in den Zwischenknoten einiger Pflanzen im Zusammenhang mit der Polarität.* Im Stadium des Blühens u. der Reife wurde der Stengel von Mais, Ricinus, Dahlie, Perilla, Seidenpflanze u. Silphium laciniatum auf den Geh. an *W.*, *Trockensubstanz* u. *Zellsaft* untersucht. Mit Ausnahme von Ricinuspflanze war der Wassergeh. im unteren Stengel stets größer als im oberen, der Geh. an Trockensubstanz sowohl im gesamten Stengel als auch in den Zwischenknoten unten geringer als oben. Die Konz. des Zellsaftes war in allen Fällen im Stengel u. in den Zwischenknoten im unteren Teil geringer als im oberen. Die Änderungen im Geh. an W., Trockensubstanz u. Zellsaft erfolgen von Zwischenknoten zu Zwischenknoten. (Доклады Академии Наук СССР [Ber. Akad. Wiss. UdSSR] [N. S.] **92.** 1081—83. 11/10. 1953.)
LEBTAG. 4450

Yukito Ōta, *Stoffwechsel von Bohnensprossen. Wachstum und Atmung höherer Pflanzen während der Keimung.* Übersicht über die neueren Verss. an *Vigna sesquipedalis.* (Kagaku [Science] **23.** 60—65. 1953. Nagoya Univ. [Orig.: japan.])
SCHULER. 4460

N. G. Doman, *Die Abtrennung von Primärprodukten der Photosynthese.* Durch Unters. der in W. u. A. lösl. Fraktionen von Bohnenblättern, die in $^{14}CO_2$-Atmosphäre belichtet wurden, konnte gezeigt werden, daß fast der gesamte ^{14}C nach ½ Sek. Belichtung bei der Photosynth. in 2 Stoffe übergeht, die isoliert werden können. Bei der Papierchromatographie unter Anwendung von Butanol–Essigsäure–W. oder mit W. gesätt. Phenol können diese Stoffe leicht Phosphoglycerinsäuren vortäuschen. Durch Anwendung verschied. Belichtungszeiten u. verschied. Tempp. läßt sich nachweisen, daß Stoff 1 als prim. Prod. anzusehen ist, dessen Umwandlung in Stoff 2 bei Temperaturabnahme verzögert wird. Stoff 1 wird leicht acetyliert, zeigt kein Absorptionsspektr., ist nicht hochmolekular. Die isolierte Substanz besteht aus 2 nahe verwandten Formen, wandert im elektr. Feld zur Anode, enthält keinen P u. hat sauren Charakter. (Доклады Академии Наук СССР [Ber. Akad. Wiss. UdSSR] [N. S.] **93.** 115—17. 1/11. 1953. Bach-Inst. für Biochem. der Akad. der Wiss. der UdSSR.)
LEBTAG. 4460

Gustav Gassner, *Frühtreiben durch Beizung mit quecksilberhaltigen Beizmitteln.* Verss., bei denen Maiblumenrhizome vor dem Pflanzen für die Dauer von ½—6 Std. in Lsgg. verschied. quecksilberhaltiger Beizmittel in verschied. Konzz. getaucht wurden, ergaben unterschiedliche Wirkungen. Während *Germisan* (*Phenylmercuribrenzcatechin*) u. *Ceresan* in Verbindung mit weitgehender Unschädlichkeit sehr gute Frühtreibwirkungen zeigten, traten bei den aliphat. Hg-Verbb. *Fusariol* (*Äthylmercuricyanid*), *Abavit* u. einer vom Vf. selbst hergestellten Naßbeize mit dem Wirkstoff *Äthylmercuribromid* charakterist. Schadwirkungen auf, so daß die letzteren als Frühtreibmittel nicht brauchbar sind. Unterschiede in der Wrkg. der aliphat. Hg-Verbb. sind darauf zurückzuführen, daß das bei dem vom Vf. hergestellten Beizmittel hinzugefügte Natriumthiosulfat die den aliphat. Verbb. eigentümliche Gaswrkg. herabsetzt. Vf. nimmt an, daß auch bei der Verbesserung des Keim- u. Triebkraftverh. von Hg-gebeiztem Getreide solche Stimulationswirkungen, wie sie bei Maiblumenrhizomen gefunden wurden, zu berücksichtigen sind. (Angew. Bot. **27.** 37—47. Okt. 1953.)
BEINERT. 4480

A. T. Jagendorf, *Eine atypische Wachstumserscheinung bei Kohlkeimlingswurzeln. 2. Mitt. Stickstoff-Cofaktor und Beziehungen zur Auxinaktivität.* (1. vgl. C. **1953.** 7842.) Vf. untersuchte die Wrkg. von *p-Chlorphenoxy-* (**I**), *Indol-* u. *Naphthalinessigsäure* auf Kohlkeimlingswurzeln mit u. ohne zusätzliche Stickstoffgaben. Alle drei Stoffe hemmten das Längenwachstum der Wurzel. **I** rief außerdem Wurzelverdickungen hervor, die durch Ggw. von zusätzlich verabfolgten Stickstoffverbb. gefördert wurden. Vom Stickstoff unbeeinflußt war die auxinähnliche Aktivität von **I**. (Amer. J. Bot. **39.** 546—52. Okt. 1952. Los Angeles, Calif., Univ., Bot. Dep.) SCHUPHAN. 4485

David P. Hackett und **Kenneth V. Thimann,** *Durch Auxin beeinflußte Wasseraufnahme bei Kartoffelgewebe.* Unter streng aeroben Bedingungen wurde die Wasseraufnahme von Kartoffelscheiben untersucht. Eine schwache Erhöhung trat durch Hinzufügen von Naphthalinessigsäure, eine starke durch *Indolessigsäure* ein. Zwei andere Wuchsstoffe, *2.4-Dichlorphenoxyessigsäure* u. *2.3.6-Trichlorbenzoesäure* lagen in der Wrkg. zwischen den beiden. Gehemmt wurde die Wasseraufnahme durch Zugabe von *Arsenit, Azid, 2.4-Dinitrophenol* oder *Fluoracetat.* Die absol. Konzz. der Hemmstoffe, die nötig waren, um die Wasseraufnahme um 50% zu vermindern, liegen nahe bei jenen, die z. B. das Wachstum der Avena-Coleoptile um 50% vermindern. (Amer. J. Bot. **39.** 553—60. Okt. 1952. Cambridge, Mass., Harvard Univ., Biol. Labors.)
Schuphan. 4485

L. Anker, *Die Wirkung von Indolessigsäure und anderen wachstumsfördernden Substanzen auf die endogene Respiration der Avenacoleoptilen.* Mit Hilfe der Warburg-Technik wurden einige Einzelheiten der Atmung mangelhaft ernährten Gewebes der Avenacoleoptile untersucht. Die Messung der O_2-Aufnahme erfolgt an 3 mm starken Schnitten, die 5—7, 8—10 u. 11—13 mm von der Coleoptilspitze entfernt waren. Mit zunehmender Entfernung von der Spitze stieg der O_2-Verbrauch leicht an. Ein Zusatz von Glucose zu mangelhaft ernährten Schnitten bewirkte eine erhöhte O_2-Aufnahme von durchschnittlich 100%. Die Intensität der endogenen Respiration zeigte diurnale Schwankungen, die mit diurnalen Schwankungen der Stärkemobilisation in Zusammenhang gebracht werden. Zugabe von *Indolessigsäure* (I; 1 mg/Liter) zu Schnitten, die zuvor 24 Std. mangelhaft ernährt worden waren, rief allg. eine verstärkte O_2-Aufnahme hervor, dabei war die Entfernung der Schnitte von der Coleoptilenspitze von Einfl. (meist 5—10 mm von der Spitze). Wurden frische Schnitte bis zu 3 Std. nach der Gewinnung mit I behandelt, so konnten beträchtliche Stimulationen der O_2-Aufnahme festgestellt werden, denen eine Periode der verminderten Respiration vorausging, die mit der Herkunft der Schnitte, d. h. Entfernung von der Coleoptilenspitze, variierten. Die Stimulation durch I dauerte durchschnittlich nahezu 20 Stunden. 1 mg/Liter I bewirkte einen O_2-Verbrauch von 100—150 mm^3. Nach Beendigung der Stimulation konnte durch erneute Zugabe keine weitere O_2-Aufnahme erreicht werden. 8—23% betrug die Erhöhung der Respiration, wenn A. bei der Auflsg. der wachstumsfördernden Substanzen (40 mg/Liter) zugegeben worden war. In parallelen Verss. erwies sich *α-Naphthylessigsäure* der *Indolessigsäure* als gleichwertig; *β-Naphthylessigsäure* hatte keinen Einfl., während die Aktivität von *γ-Phenylbuttersäure* halb so groß war u. die Wrkg. von *Indolbuttersäure* übertraf. Die vermehrte O_2-Aufnahme wurde nicht durch verstärktes Wachstum hervorgerufen. I zeigte in vitro keinen Einfl. auf die Hydrolyse von *Stärke* durch *Amylasen. Auxin* soll an der inneren protoplasmat. Membran wirken, indem es die Reservestoffe für den Stoffwechselprozeß vorbereitet. (Acta bot. neerl. **2.** 22—65. 1953. Utrecht, Univ., Bot. Labor.)
Kathen. 4485

E_5. Tierchemie. Tierphysiologie. Tierpathologie.

Maurice V. Stack, *Der organische Gehalt von „kreidigem" Schmelz.* „Kreidiger" Schmelz, der nach Gottlieb (Dental Caries, Philadelphia [1947]) durch Säureeinw. entstanden ist, enthält 3—4mal mehr organ. Bestandteile als gesunder Schmelz. Die Menge variierte je nach der Herkunft der Zähne zwischen 1,4 u. 7,0%. Dagegen war kein Unterschied zwischen dem Geh. verschied. Stellen des gleichen Zahnes festzustellen. (Brit. Dental J. **96.** 73—76. 16/2. 1954. London, Guy's Hosp., Dep. of Dental Med.)
Klesse. 4520

R. Sen Gupta, A. Grollman und **S. C. Niyogy,** *Untersuchungen über die ungesättigten Säuren des Leberöles von Galeocedro tigrinus.* Unter Hinweis auf frühere Unterss. von Grollman über die blutdrucksenkende Wrkg. einiger Fischleberöle — durch Behandlung mit H_2O_2 erfolgt Verstärkung derselben — (Vgl. Grollman, J. Pharmacol. exp. Therap. **84.** [1945.] 128) wird das Leberöl des ind. Haifisches Galeocedro tigrinus zur Ermittlung des wirksamen Prinzipes untersucht; Kennzahlen: n^{30} 1,4683; VZ. 167,4; JZ. 83,8. Das Öl (2 kg) wird in üblicher Weise verseift; Abtrennung des Unverseifbaren (nicht blutdrucksenkend); Trennung der Gesamtfettsäuren in gesätt. u. ungesätt. Vertreter nach der Twitchell-Bleisalzmeth.; die Fraktion der gesätt. Fettsäuren wirkt nicht blutdrucksenkend. Die ungesätt. Fettsäuren werden in die Äthylester übergeführt u. im Vakuum (maximal 0,05—0,06 mm Druck) in 3 Anteile fraktioniert, deren Fraktion I schwach, deren Fraktion III deutlich biol. wirksam ist; Aufspaltung der 3 Fraktionen in Unterfraktionen bis 140°, 140—160°, 160—170°; Ermittlung von Refraktion, JZ., Verseifungsäquivalent; wirksam ist wieder nur je eine Fraktion der vorerwähnten Hauptfraktionen I u. III. Überführung der Äthylester der vorhandenen Fettsäuren der interessierenden Unterfraktionen in die p-Phenylphenacylester u. Kennzeichnung durch die FF., letztere Ester werden verseift u. in üblicher Weise mit gepulvertem $KMnO_4$ in acetoniger Lsg. oxydiert; Charakterisierung der Oxydations- bzw. Spaltprodukte. Daraus wird abgeleitet, daß in den ungesätt. Fettsäuren des Leberöles von Galeocedro tigrinus nachweisbar sind: Palmitolein-, Öl-, Linol-, Linolen-, Gadolein-, Tetracos-12.16-diensäure. — Ausführungen über widersprechende, noch nicht aufgeklärte Verss., die zur Kennzeichnung der Konstituenten der Fraktionen der ungesätt. Fettsäuren mit Bis-[p-dimethylaminophenyl]-carbondiimid. — Die chem. Natur des blutdrucksenkenden Prinzips des Leberöles von Galeocedro tigrinus ist noch nicht erkannt. (Proc. nat. Inst. Sci. India **19.** 527—39. Juli/Aug. 1953. Calcutta, Univ. Coll. of Sci. and Technol., u. Dallas, Tex., USA South Western Med. Coll.) TÄUFEL. 4520

V. W. Adamkiewicz, A. Horava und **E. Salgado,** *Beobachtungen über die chemische Konstitution von entzündlichem Exsudat in normalen und hypophysektomierten Ratten.* Angabe einer Meth. mit der es gelingt aus einer experimentellen Granulomtasche homogenes entzündliches Exsudat zu entnehmen u. Besprechung von in vivo-Verss. an a) hypophysektomierten u. b) Kontrollratten. Von dem Exsudat wurden bestimmt: p_H, Na, K, *Totalzucker* (I), N (nicht aus Protein), anorgan. P, Cl, Fe, *Totalfett* (II), *Totalprotein* (III). Hypophysektomie vermindert das Vol. u. ändert die chem. Zus. vom Exsudat, die innerhalb einer Gruppe gute Übereinstimmung, zwischen a) u. b) aber große Unterschiede zeigte; z. B. a) [b)]: **I** 61,8 mg% [5,7]; **II** 10,30 mg% [85]; **III** 6,12 g% [5,4]; total anorgan. P 6,14 mg% [8,8]. (Science [Washington] **118.** 415—16. 9/10. 1953. Montreal, Can., Univ. de Montreal, Inst. de Méd. et de Chirurg.) DOSSMANN. 4520

C. M. Seipel, G. van Wagenen und **B. G. Anderson,** *Entwicklungsstörungen und Bißanomalien beim Affen (Macaca mulatta) durch Behandlung mit Androgenen.* An einem Rhesusaffen, der während 3 Jahren 2mal wöchentlich 7,5 mg *Testosteronpropionat* erhalten hatte, wurden nicht nur gegenüber einem unbehandelten u. einem kastrierten Tier verkürzte Oberarm- bzw. Oberschenkelknochen festgestellt, sondern auch der Oberkiefer war kürzer ausgebildet, so daß ein offener Biß mit vorstehendem Unterkiefer resultierte. Ebenso war die Entw. der Zähne gestört (verzögerter oder total gehemmter Durchbruch, verkürzte u. gekrümmte Wurzeln). Allg. beeinflussen Androgene die Entw. dahingehend, daß einer anfänglichen Stimulierung ein vorzeitiges Aufhören des Wachstums usw. folgt. (Amer. J. Orthodontics **40.** 37—43. Jan. 1954. Malmö, State Dental School, Dep. of Odontolog. Orthopedics, u. New Haven, Conn., Yale Univ., School of Med., Dep. of Obstr. and Gyn.) KLESSE. 4559

Claude J. Migeon, *Fraktionierung der Harnöstrogene von normalen Probanden und an Hyperadrenocortizismus leidenden Patienten durch Gegenstromverteilung.* Die Harnöstrogene werden durch Gegenstromverteilung fraktioniert u. anschließend fluorometr. bestimmt. Die Meth., die eingehend beschrieben wird, erweist sich als gut, zumal sie die Abtrennung der Östrogene von nichtfluorescierenden Stoffen gestattet. So konnte bei 4 Probanden (weiblich u. männlich) u. in 4 Fällen von congenitaler adrenaler Hyperplasie vor u. nach der Cortisontherapie ein ziemlich konstantes Verhältnis zwischen den Östron-, 17β-Östradiol- u. Östriolfraktionen, bei einer graviden Frau u. bei 2 Patienten mit adrenocorticalem Tumor eine Zunahme der Östriolfraktion beobachtet werden. Nur 19—41% der Gesamtfluorescenz entfällt wahrscheinlich auf die 3 genannten Östrogene. Aus dem nichtspezif. fluorescierenden Material konnten 2 weitere, nicht näher untersuchte Fraktionen isoliert werden (7—15 bzw. 2,5—7,3% der Gesamtfluorescenz). (J. clin. Endocrinol. Metabolism **13.** 674—87. Juni 1953.) FIEDLER. 4559

Andrew H. Veldhuis, *Eine chemische Methode zur Bestimmung von Östrogenen im Plasma.* Vf. beschreibt eine Meth. zur fluorometr. Best. von *Östron, Östradiol, Östriol, Na-Östronsulfat* u. *Na-Östriolglucuronidat* im Plasma (mehrstufige Extraktion mit Ae., A., PAe., Na_2HPO_4, NaOH). Es wurden Testverss. mit je 10 cm³ Plasma, dem 0,05 bis 5 γ des Östrogens zugegeben wurde, ausgeführt u. dabei maximal 10% Fehler erhalten. Bei Bestimmungen mit Schwangerenplasma wurde festgestellt, daß die Konz. an freiem Östrogen 4—5mal größer ist, als im n. Plasma. (J. biol. Chemistry **202.** 107—17. Mai 1953. Baltimore, Md., Univ., School of Med., Dep. of Physiol. Chem.; St. Louis, Mo., Washington Univ., School of Med., Dep. of Obstet. and Gynecol.) H. SCHEURLEN. 4559

Marthe Vogt, *Vasopressorische, antidiuretische und oxytocische Wirksamkeit von Hypothalamusextrakten des Hundes.* Vf. verglich die Wrkg. von Extrakten aus dem

Hypothalamus mit solchen aus dem Hypophysenhinterlappen des Hundes. Herst. der Extrakte in je ident. Weise. Die vasopressor. u. antidiuret. Wrkg. der beiden Extrakte war von der gleichen Größenordnung, entsprach auch den handelsüblichen Hinterlappenpräparaten. Unterschiede fanden sich in der Konz. des oxytoc. Prinzips, das gegenüber der vasopressor. u. antidiuret. Wrkg. im Hypothalamusextrakt wesentlich geringer konz. war. Geht man von der Theorie aus, daß die Hinterlappenhormone im Hypothalamus gebildet werden, so muß aus diesem Befund geschlossen werden, daß das Oxytocin entweder hauptsächlich erst im Hinterlappen synthetisiert wird, oder daß hier eine Umwandlung stattfindet. (Brit. J. Pharmacol. Chemotherapy **8.** 193—96. Juni 1953. Edinburgh, Univ., Pharmacol. Dep.) P. G. SCHEURLEN. 4560

J. R. Hodges, *Die Wirkung des Desoxycorticosteronacetats auf die Ausschüttung des Adrenocorticotrophins aus der Hypophyse.* An Albinoratten wurde nach einseitiger Adrenalektomie der Geh. der anderen Nebenniere an *Ascorbinsäure* (**I**) bestimmt. Wie zu erwarten, zeigte der **I**-Geh. unmittelbar nach dem operativen Stress eine Abnahme. Diese Abnahme blieb aus, wenn die Tiere Desoxycorticosteronacetat (**II**) intraperitoneal bis zu 10 mg/100 g Körpergewicht injiziert bekamen, während bei höheren Dosen von **II** der **I**-Geh. ebenfalls absank. Auch nach subcutanen **II**-Injektionen (bis 20 mg) wurde die **I**-Senkung gehemmt, desgleichen durch vorausgehende Behandlung mit **II**. Vf. nimmt dies als Zeichen dafür, daß durch **II** die durch den Stress ausgelöste ACTH-Produktion verhindert wird, daß diese also durch einen peripheren Mechanismus reguliert wird. (Brit. J. Pharmacol. Chemotherapy **8.** 242—47. Juni 1953. London, Univ., School of Pharm., Dep. of Pharmacol.) P. G. SCHEURLEN. 4561

Herbert Schwarz und **H. de Saint-Victor,** *Cortison und Ascorbinsäure bei Chorea gravidarum (Chorea Sydenhami).* Behandlung einer 19jährigen Frau, die in der 18. Woche der Schwangerschaft unter Erscheinungen der Chorea minor litt, mit 6450 mg *Cortison* (*Corton*, MERCK), 42 mg *Ascorbinsäure* u. 168 mg *Kaliumchlorid.* Die Behandlung, die sich über 12 Wochen erstreckte, führte schon nach 2 Tagen zur allg. Beruhigung der bes. befallenen Gesichts- u. Mundmuskulatur. Nach Beendigung der Therapie waren sämtliche Symptome verschwunden. Die Geburt verlief normal. (Canad. med. Assoc. J. **66.** 583—85. Juni 1952. Ottawa, Univ., Med. School, Dep. of Obstetr. and Gynaecol.) LÜPNITZ. 4561

Cesare Cossali und **Angelo Biella,** *Das Cortison in der Therapie des Tetanus.* Es wird über klin. günstige Ergebnisse bei der zusätzlichen Behandlung von Tetanus mit *Cortison* berichtet. (Minerva med. [Torino] **44. II.** 1435—38. 14/11. 1953. Desio Ospedale di Circolo di Desio.) KIRMSE. 4561

Malvina Schweizer, *Veränderungen im Leukocytenblutbild normaler, hypophysektomierter und splenektomierter Meerschweinchen während leichtem Stress und nach Epinephrininjektion.* Die Blutentnahme aus der Ohrvene des nicht narkotisierten Meerschweinchens bewirkt eine leichte Stress-Rk., die während der 1.—3. folgenden Std. zu einer ca. 30%ig. Abnahme der Eosinophilen (**A**) u. Mononucleären führt, wogegen die Zahl der polynucleären Leukocyten unverändert bleibt. Der **A**-Abfall ist von der Ggw. der Hypophyse abhängig. Von der durch subcutan gegebenes *Epinephrin* ausgelösten Lymphopenie u. polynucleären Leukocytose ist jene hypophysen- u. diese milzunabhängig. (Endocrinology **53.** 293—300. Sept. 1953. New York Univ., Washington Coll. of Arts and Sci., Dep. of Biol.) K. MAIER. 4561

John B. Stanbury, *Über endemische Struma.* Bei der Strumaprophylaxe kann ein Zusatz von *Jodat* zu *NaCl* bis 1‰ als unbedenklich angenommen werden. Der J-Zusatz soll so geregelt werden, daß täglich 0,1 mg zugeführt werden; die hierfür erforderliche Konz. richtet sich nach dem NaCl-Verbrauch. (Farmac. Revy **52.** 489—94. 31/7. 1953. Boston, Mass. Gen. Hosp.) R. K. MÜLLER. 4562

M. E. Morgans und **W. R. Trotter,** *Zwei Fälle von Myxödem infolge Jodidmedikation.* Bei 2 Patienten mit Myxödem verschwanden nach dem Absetzen jodidhaltiger Medikamente, die sie jahrelang genommen hatten, die charakterist. Symptome u. Zeichen der Erkrankung. In einem Fall bestand ein Kropf, der viel kleiner wurde. Am 9. u. 10. Tage nach dem Absetzen der Jodide gemessene Radiojodaufnahme wurde in beiden Fällen im thyreotox. Bereich gefunden, einige Wochen später war sie zur Norm zurückgekehrt. Das Myxödem wird der antithyreoiden Wrkg. der Jodide zugeschrieben, obwohl KEATING u. Mitarbeiter zeigten, daß in den meisten Fällen die n. Thyreoidea der blockierenden Wrkg. der Jodide begegnen kann. (Lancet **265.** 1335—37. 26/12. 1953. London, Univ. Coll., Hosp. Med. School, u. Elisabeth Garrett Anderson Hosp.) K. BÖHM. 4562

V. Gorlitzer v. Mundy, *Kritische Betrachtungen zur biologischen Halogenprophylaxe.* Nach den Ausführungen des Vf. sind die biol. Grenzen u. die geeignete Verbindungsart des *Jods* für die Kropfprophylaxe noch nicht geklärt, da hierzu Beobachtungen an mehr als einer Generation notwendig sind. Es wird vorgeschlagen u. begründet, daß diese Prophylaxe in der Weise durchgeführt wird, daß Schwangere in der 2. Hälfte der Schwangerschaft täglich 200 γ J (3 Tropfen einer 1‰ig. KJ-Lsg., mit Methylenblau gefärbt) u. 3 mg *Fluoroxyphenylessigsäure* (1 Tablette *Thyreostat*) als Jodantagonist u. zur *F*-Versorgung des Fötus erhalten. Eine spätere Kropfprophylaxe wird nur in bes. gefährdeten Gebieten für notwendig erachtet. (Klin. Med. [Wien] **8.** 342—46. 1/8. 1953. Knittelfeld, Landeskrankenhaus.) SCHWAIBOLD. 4562

L. Sch. Lewina, *Einfluß der Citronensäure auf den Stoffwechsel bei Diabetes.* Im Kaninchenvers. führt die subcutane Zufuhr von 250—300 mg/kg *Na-Citrat* (I) bei *Alloxan*-Diabetes zu einer starken Senkung der Ketonurie, Beseitigung der Polyurie u. zu einer merklichen Senkung des Zuckerspiegels des Blutes. Die I-Zufuhr bewirkt eine im Vgl. zum Kontrolltier raschere Wiederherstellung. Bei Patienten mit Zucker bewirkt I, 3—4 g täglich, eine Senkung der Ketonurie, bei leichteren Formen auch eine Senkung der Glykosurie. Hier kann I das Insulin ersetzen. Die Wirksamkeit von I bei durch NH_4Cl hervorgerufener Ketose u. bei Diabetesketose spricht für eine ketogene Rolle des Ammoniaks in der Pathogenese des Zuckerdiabetes. (Український Біохімічний Журнал [Ukrain. Biochem. J.] **25.** 88—95. 1953. Kiew, Inst. für Biochem. der Akad. der Wiss. der UkrSSR.) LEBTAG. 4564

M. R. Raja Rama Rao und **N. N. De,** *Ein antidiabetisches Prinzip aus Rivea cuneata (Wright).* Klin. Verss. zeigten, daß 3—5tägige orale Zuführung eines Milchextraktes der Blätter von *R. cuneata* einen beträchtlichen Rückgang der charakterist. Diabetessymptome bewirkte. Alkoh. Blattextrakte gaben ein Konzentrat, das ein beim Alloxandiabetes der Ratte wirksames Prinzip enthielt u. als ein *Glykosid* (I) identifiziert wurde. I ist wasserlösl., außer in A. in organ. Solventien unlösl., gibt bei der sauren Hydrolyse *Glucose* u. ein wasserunlösl. Aglukon, das die für Steroide charakterist. Farb-Rk. zeigt. 1,0 g I/kg Maus ist nicht tox.; 0,3 g I/kg Hund senken den Blutdruck. Oral hat I auf den Nüchternblutzuckerspiegel von Mensch, Kaninchen u. Ratte geringe Wrkg.; subcutan beeinflußt I den Blutzuckerspiegel von Kaninchen nicht. Bei 8 Tage oral täglich 5 mg in W. u. anschließend subcutan 100 mg Alloxan/kg zeigten alle Ratten nach 25 Tagen n. Blutzucker u. keinen Zucker im Urin (Sterblichkeit 20%, Kontrollen 60%). Nach 30—40 Tagen erfolgen Rückfälle, die nur zu 10% mit I erfolgreich zu behandeln waren. (Current Sci. **21.** 69. März. 1952. Lucknow, Central Drug Res. Inst.) K. MAIER. 4564

A. A. G. Lewis, *Untersuchung über die antidiuretische Substanz im menschlichen Serum.* Humanes Serum zeigte nach Reinjektion an den Spender eine antidiuret. Aktivität die pro cm³ $<0{,}1$ Millieinheiten *Pitressin* entsprach. Im Rattenvers. lag die Aktivität des humanen Serums um 2 Millieinheiten Pitressin. (J. clin. Endocrinol. Metabolism **13.** 769—72. Juli 1953. London, Middlesex Hosp. Med. School.) WOLFGANG ALBRECHT. 4569

W. H. Lockwood, *Uroporphyrine.* 1. Mitt. *Der Uroporphyringehalt normalen Urins.* Angaben über die spektrophotometr. Best. des *Uroporphyrins* (I). Die tägliche I-Ausscheidung liegt zwischen 15—30 μg. (Austral. J. exp. Biol. med. Sci. **31.** 453—56. Okt. 1953. Sydney, Roy. North. Shore Hosp., Inst. Med. Res.) SCHELER. 4572

W. H. Lockwood, *Uroporphyrine.* 2. Mitt. *Uroporphyrinvorstufen im Urin bei der akuten Porphyrie.* (1. vgl. vorst. Ref.) Im Urin von Patienten mit akuter Porphyrie wurden außer *Uroporphyrin* (I) auch Vorstufen des I nachgewiesen. Bei Luftabschluß entsteht aus dem *Porphobilinogen* das *Uroporphyrinogen,* das durch mol. Sauerstoff in I übergeführt wird. (Austral. J. exp. Biol. med. Sci. **31.** 457—63. Okt. 1953. Sydney, Roy. North. Shore Hosp., Inst. Med. Res.) SCHELER. 4572

M. J. Karvonen und **V. Leppänen,** *Die Löslichkeit von Hämoglobin und die intracellulären Elektrolyte der Erythrocyten verschiedener Schafe.* Die intracellulären *K*- u. *Na*-Konzz. von Schaferythrocyten weisen je nach Herkunft der Blutprobe (England, Schottland, Finnland) große Unterschiede auf: Na = 34—117 mÄquivalent/Liter; K = 17—70 mÄquivalent/Liter. Es läßt sich ein K- u. ein Na-Typ der Zellen unterscheiden. Das Hämoglobin (I) der Na-reichen Zellen krist. nur in Platten, das der K-reichen bei höheren p_H-Werten auch in Nadeln. Dialyse, Aufbewahrung u. Umkristallisation verändern diese Eigg. nicht. Die beiden I-Typen unterscheiden sich auch in ihrer Löslichkeit. (Ann. Med. exp. Biol. fenn. **30.** 14—25. 1952. Helsinki, Univ. Dep. Physiol.) SCHELER. 4573

L. Kádas, *Versuche zur Ermittlung der die zahlenmäßigen Veränderungen der eosinophilen Zellen im zirkulierenden Blute bewirkenden Faktoren. Histamin* (I), *Pilocarpin* (II) u. *Tonogen* (III) bewirken Eosinophilie, die Wrkg. von II wird durch *Atropin*, die von III durch *Ergotamin* verhindert. *Cortigen* (RICHTER) hemmt die Eosinophilie durch I u. II. *Antihistin* hebt die durch I, II oder III verursachte Eosinophilie auf. Acidose erzeugt Verminderung der Eosinophilie; die durch Alkalose erzeugte Vermehrung kann durch Cortigen rückgängig gemacht werden. (Z. Vitamin-, Hormon- u. Fermentforsch. [Wien] **5.** 19—27. 1952. Pecs, Ungarn, Univ., Pathol.-anatom. Inst.) MATTHIES. 4573

E. Endröczi und **D. Nagy,** *Untersuchungen über die Veränderungen der Blutlymphocytenzahl.* 1. Mitt. *Der Mechanismus der durch Adrenalin verursachten Lymphocytose. Adrenalin* ruft auf dem Weg über das adrenocorticotrope Hormon der Hypophyse u. Glucocorticoide der Nebennierenrinde eine Lymphocytose hervor, die durch Adenohypophysektomie oder Splenektomie verhindert werden kann. (Acta physiol. Acad. Sci. hung. **3.** 69—73. 1952. Pecs, Ungarn, Med. Univ., Physiol. Inst.) MATTHIES. 4573

E. Csordás, E. Endröczi und **K. Lissák,** *Untersuchungen über die Veränderungen der Blutlymphocytenzahl.* 2. Mitt. *Der Mechanismus der Veränderungen der Blutlymphocytenzahl durch Stimulation der Hirnrinde.* (1. vgl. vorst. Ref.) (Acta physiol. Acad. Sci. hung. **3.** 75—77. 1952. Pecs, Ungarn, Med. Univ., Physiol. Inst.) MATTHIES. 4573

E. Endröczi und **E. Mihályi,** *Untersuchungen über die Veränderungen der Blutlymphocytenzahl.* 3. Mitt. *Die Rolle der Schilddrüse bei der lymphocytären Reaktion.* (2. vgl. vorst. Ref.) Durch Verss. an thyreoidektomierten Hunden wird die Abhängigkeit der lymphocytären Rkk. von der Schilddrüsenfunktion bewiesen. (Acta physiol. Acad. Sci. hung. **3.** 79—84. 1952. Pecs, Ungarn, Med. Univ., Physiol. Inst.) MATTHIES. 4573

E. Endröczi und **K. Lissák,** *Untersuchungen über die Veränderungen der Blutlymphocytenzahl.* 4. Mitt. *Die Wirkung von Thyroxin auf die lymphocytäre Reaktion bei leukotomierten Tieren.* (3. vgl. vorst. Ref.) *Adrenalin* erzeugte bei den Versuchstieren (Hunde) nach frontaler Lobektomie Lymphocytose, nach occipitaler Lobektomie Lymphopenie. Während *Thyroxin*-Behandlung normalisiert sich diese patholog. Rk., um nach Absetzen des Thyroxins wieder patholog. zu werden. (Acta physiol. Acad. Sci. hung. **3.** 85—89. 1952. Pecs, Ungarn, Med. Univ., Physiol. Inst.) MATTHIES. 4573

F. Pasquinelli und **A. d'Alessandro,** *Das Verhalten labiler Phosphorsäureester des Serums nach Zuführung von Aminosäuren.* Intravenöse Injektion eines 5%ig. Caseinhydrolysats (20 cm^3/kg Gewicht) ruft bei Kaninchen eine Abnahme des anorgan. *P* u. eine Zunahme der labilen *Phosphorsäureester* (I) des Serums hervor. Die Abnahme des anorgan. *P* ohne gleichzeitige Zunahme der labilen I nach *Glucose*-Injektion zeigt, daß der I-Anstieg nach Aminosäurezufuhr nicht auf solchen Verbb. beruht, durch deren Oxydation im KREBSschen Cyclus die für die Synth. labiler Phosphatbindungen erforderliche Energie geliefert werden könnte. Vff. nehmen an, daß die zugeführten *Aminosäuren* unter Bldg. von Acylphosphaten phosphoryliert werden, die zum Teil bei der Eiweißsynth. keine Verwendung finden u. daher im Blut eine vorübergehende Erhöhung der labilen Serum-I bewirken. (Experientia [Basel] **9.** 216—17. 15/6. 1953. Florence, Univ., Inst. of General Pathol.) K. MAIER. 4574

Henry G. Kunkel und **Robert J. Slater,** *Lipoproteinvertreter des Serums, durch Zonenelektrophorese dargestellt.* Verwendet werden die Nüchternsera von n. u. von kranken Menschen, charakterisiert durch Best. der Total-Lipoide, des Cholesterins u. der Phospholipoide nach der früher beschriebenen Meth. (Medicine **29.** [1950.] 299). Durchführung der Zonenelektrophorese nach der schon veröffentlichten Arbeitsweise (C. **1953.** 4096) unter Anwendung einiger Veränderungen mit Filtrierpapier u. Kartoffelstärke als Trägersubstanzen; Stromstärke 25—60 mA bei 100 bis 500 V; Versuchsdauer ca. 24 Std.; Barbitalpuffer p_H 8,6; Extraktion der Zonen u. Best. der 3 obengenannten Lipoidgruppen. Es zeigt sich, daß die Lipide des n. Serums leicht in die 2 Hauptfraktionen der α- u. β-Lipoproteine differenzierbar sind; die relative Beweglichkeit derselben steht mit der der anderen Serumproteine in Wechselbeziehung. Das ermittelte Verhältnis Cholesterin : Phospholipoiden der Hauptkomponenten steht im Einklang mit den Angaben der Literatur; dagegen wird demgegenüber ein niedrigeres Verhältnis freies Cholesterin: gebundenem Cholesterin gefunden. Die weitergehende Differenzierung der α- u. β-Lipoproteine gelingt im Stärkemedium mit besonderen Puffern, wobei die α-Fraktion in 2—3, die β-Fraktion in mindestens 3 Unterfraktionen aufspaltbar sind; im letzteren Falle tritt die eine Unterfraktion als deutliches orangenes Band in Erscheinung. Wesentlich andere Beobachtungen werden bei patholog. Seren mit erhöhtem Lipoidgeh. gemacht; hier manifestiert sich generell die Tendenz einer Abnahme (gegebenenfalls bis zum Verschwinden) der α-Lipoproteine bei gleichzeitiger Vermehrung der β-Lipoproteine; gegebenenfalls tritt eine große Komponente abnormer Beweglichkeit in Erscheinung. (J. clin. Invest. **31.** 677—84. Juli 1952. New York, N. Y., Rockefeller Inst. for Med. Res., Hosp.) TÄUFEL. 4574

Fritz Küster, *Nachweis eines Permeabilitäts- und eines Nekrosefaktors im Serum beim akuten Rheumatismus im Kindesalter.* (Vorl. Bericht.) Es wird der Nachw. eines Permeabilitäts (**PF**)- u. Nekrosefaktors (**NF**) bei akutem Rheumatismus im Serum von 14 Krankheitsfällen erbracht. Bei Anlegung von Quaddeln an Kaninchen oder Meerschweinchen durch 0,2 cm³ Rheumatiker- u. Normalserum erfolgt nach intracardialer Injektion von 3 cm³ einer 1%ig. *Trypanblau*-Lsg. nach 20 Min. tiefblaue Anfärbung der Rheumatikerserumquaddel im Gegensatz zur Normalserumquaddel (**PF**). Bei gleichem Vers. beobachtete Vf. die Entw. einer Nekrose. Trypanblau selbst wirkt nicht gewebsschädigend. Durch intracutane Injektion von Rheumatikerserum konnte Vf. regelmäßig die Ausbldg. schwerer Gewebsschädigungen beobachten (**NF**). Diese Wrkg. des Serums nimmt schnell ab nach Verabreichung von *Pyramidon* oder *ACTH*. Keine Beeinflussung durch *Cortison*. (Klin. Wschr. **30.** 999—1000. 1/11. 1952. Düsseldorf, Med. Akad., Kinderklinik.) BRATFISCH. 4574

F. Duckert, F. Koller und **M. Matter,** *Reinigung und physiologische Eigenschaften von Faktor VII aus Plasma und Serum. Trennung vom Prothrombin.*

Versuche: *Prothrombinaccelerator Faktor VII* (**I**), aus Plasma durch Adsorption an $BaSO_4$ bei $+2^0$ (1 g/20 cm³ Plasma), Waschung des abzentrifugierten Nd. mit physiol. NaCl-Lsg. Abtrennung des Prothrombins von **I** durch fraktionierte Elution mit 14mol. tert. Na-Citrat/Citronensäurelsg. p_H 5,8 u. anschließend mit tert. 14 mol. Na-Citratlsg. p_H 7,8. Die letzte Fraktion enthält **I** frei von anderen Gerinnungsfaktoren. — Einfachere Darst. von **I** aus verd. Serum (9 Teile Serum u. 1 Teil 0,1 mol. Na-Oxalatlsg.) durch Adsorption an $BaSO_4$ bei $+2^0$, Elution mit 14mol. tert. Na-Citratlsg. p_H 7,8. Ausbeute an **I** 90%. (Proc. Soc. exp. Biol. Med. **82.** 259—61. Febr. 1953. Zürich, Univ., Dep. of Med.) BRATFISCH. 4574

A. W. Wilkinson und **I. D. E. Storey,** *„Reaktionen" gegenüber Dextran.* ½ bzw. 1 Liter 6%ig. Lsg. von *Dextran* (**I**; BENGER LABORAT., LTD.), das zu 65% ein Mol.-Gew. von 130000—250000 hatte, wurde 5 gesunden Personen nach Blutentzug infundiert. Es traten nach kurzer Zeit nesselsuchtartige Haut-Rkk. auf, die bis zu ca. 2 Std. dauerten. Nach der Infusion trat vasomotor. Instabilität u. ca. 1 Woche lang verminderte körperliche Leistungsfähigkeit auf. Der Blutdruck war beim Aufrichten herabgesetzt. In 48 Std. wurden 8—11% des **I** durch den Urin ausgeschieden. Das Packzellenvol. im Blut zeigte nach anfänglichem Absinken Wiederanstieg, dann allmählichen Abfall u. Normalisierung. Die Veränderung des Plasmavol. verlief etwa entgegengesetzt. Die **I**-Menge im Blut fiel nach der Infusion, um darauf wieder etwas zu steigen u. dann langsam zu fallen. Das Serumeiweiß zeigte einen Abfall u. anschließenden langsamen Anstieg. (Lancet **265.** 956—58. 7/11. 1953. Edinburgh, Univ.) WILLENBERG. 4576

Ernesto Quagliariello, F. Fidanza, G. Della Pietra und **E. Scala,** *Interrelation Tryptophan–Nicotinsäure im Hühnerei im Lauf der embryonalen Entwicklung.* Nach 18 Tagen Bebrütung beobachtet man beim befruchteten Hühnerei eine Vermehrung der Nicotinsäure u. einen starken Abfall des Tryptophans (Meth. QUAGLIARIELLO, DELLA PIETRA u. PIAZZA). Der Abfall des Tryptophans kann in Beziehung gebracht werden zur Vermehrung der Nicotinsäure, wenn auch keine stöchiometr. Übereinstimmung zwischen beiden Phänomenen besteht. Während der Bebrütung wird ein wenn auch geringer Teil des Tryptophans zur Nicotinsäuresynthese verbraucht, während der andere Teil anderswo verwertet wird. — 82 Literaturangaben. (Arch. Scienze biol. **37.** 355—68. Juli/Aug. 1953. Neapel, Univ., Ist. di Chim. della Fac. di Med. e. Chirurg.; Centro di Enzimol. del C. N. R. presso l'Ist. di Chim. biol.) KIRMSE. 4583

M. Ju. Kagan, *Über den Einfluß der Zusammensetzung der Nahrung auf den Regenerationsprozeß der Skelettmuskulatur bei Mäusen.* In Verss. an weißen Mäusen mit Schnittverletzungen an der Extremitätenmuskulatur dauerten die destruktiven Prozesse (ZENNERsche Nekrose, Vacuolisation usw.) normalerweise 3½ Tage, bei verstärkter *Eiweiß*-Zufuhr (36%) 4 Tage, bei eiweißarmer Nahrung 6 Tage u. bei allg. ungenügender Ernährung 7 Tage. Bei eiweißarmer Ernährung beginnen die Regenerationsprozesse später u. erfolgen langsamer als bei allg. ungenügender Ernährung. Bei allen Ernährungsarten bildete sich mehr Bindegewebe als bei den n. Kontrolltieren. (Доклады Академии Наук СССР [Ber. Akad. Wiss. UdSSR] [N. S.] **91.** 683—86. 21/7. 1953. Leningrad, 1. Med. Pawlow-Inst.) RENTZ. 4585

J. E. McKee, *Ist Wasser oder Milch der beste Träger bei der Fluorierung?* Gegen die Zuführung von F im Trinkwasser sprechen die geringe Nutzung durch Kinder von 1—12 Jahren von nur 0,04% des Verbrauchs u. deren jahreszeitlich u. individuell ganz verschied. Wasserbedarf. Für die Verabreichung scheiden Pillen, Zahnpulver, Kaugummi u. Kochsalz aus; von Nahrungsmitteln enthalten Seefische u. Tee reichlich F; Anreicherung von F in Gemüsen u. Früchten durch F-haltigen Boden oder Gießwasser war erfolglos. Kuhmilch enthält im Mittel 10—20 mg F/Liter, auch hier war eine Anreicherung durch F-haltiges Futter oder Tränkwasser nicht möglich. Wegen ihres regelmäßigen Verzehrs ist Milch ein geeigneter Träger für künstlich zugeführtes F, eingehende Verss. über Assimilation u. Verträglichkeit bestätigen dies. (J. New England Water Works Assoc. **67.** 9—23. März 1953. Pasadena, Calif., Inst. of Technol.) MÜHLMEISTER. 4585

Felix Grandel, *Die Bedeutung der essentiellen hoch ungesättigten Fettsäuren und/oder deren Ester für die zusätzliche diätetische Anwendung bei Geschwulstkrankheiten.* Zusammenfassende Betrachtungen über Aufbau u. Verbreitung der essentiellen polyolefin. Glyceride bzw. Fettsäuren (Linol-, Linolen- u. Arachidonsäure) in den Nahrungsölen. Darlegungen über die besondere biol. Funktion derselben; Richtlinien für fetthaltige Diätkostformen bei Geschwulst- sowie Leber/Galle-Erkrankungen, wobei nur gepreßte, nicht raffinierte u. nicht gebleichte Öle (Walnuß-, Sonnenblumen-, Mohn-, Lein- sowie Getreidekeimöle) Verwendung finden sollen. (Hippokrates **24.** 661—64. 15/11. 1953. Inningen bei Augsburg.) TÄUFEL. 4585

R. M. S. McConaghey, *Carotinämie.* Es wird über 2 Fälle von Carotinämie bei 2 Frauen berichtet, die außer gelber Pigmentierung Lethargie u. Nervosität nach dauerndem Genuß von täglich 1—2 Pfund rohen Möhren (Sucht!) zeigten. Serumcarotinspiegel lag bei 500 bzw. 330 mg-% (n. 240 mg-%), Serumvitamin-A-Spiegel 51 bzw. 27 mg-% (n. 70—160 mg-%). Einfacher Test: Serum, A., PAe. je zu gleichen Teilen schütteln, absitzen lassen (das durch A. gefällte Protein schlägt Bilirubin nieder, in der Petrolätherlsg. befinden sich die Lipochrome) — Heilung u. Entfärbung durch Entzug der Karotten möglich nach 6 Wochen. Besondere Schäden wurden bei Carotinämie nicht beobachtet. (Lancet **263.** 714—15. 11/10. 1952.) DU MONT. 4585

J. R. Sizemore, Robert J. Lillie, C. A. Denton und **H. R. Bird,** *Einfluß des Aureomycins in Kükenfutter auf die spätere Fortpflanzungsleistung von Legehennen.* Zugabe von krist. *Aureomycin* zu einem an *Vitamin-*B_{12} (I)-freien Aufzuchtfutter erhöht die Brutfähigkeit. Der I-Geh. der Eier von Hennen, die mit einem antibiot. Futter gefüttert wurden, war nicht höher als bei Eiern von Hennen, die kein Antibioticum erhalten hatten. (Poultry Sci. **32.** 618—24. Juli 1953. Beltsville, Md., Agr. Res. Admin., Bur. of Animal Ind.) PATZSCH. 4585

Gustav Fröbrich und **Kurt Offhaus,** *Der qualitative Vitamintest mit dem Reismehlkäfer Tribolium confusum Duv. (Tenebrionidae, Coleoptera) als Testorganismus.* Es handelt sich um einen Larvenwachstumstest, der für eine ungefähre quantitative Best. bis zur Erreichung des Puppenstadiums (nach 22—35 Tagen) fortzusetzen ist. — Beschreibung der Zuchtbedingungen des Insektes *Tribolium confusum Duv.* u. der erforderlichen Maßnahmen zur Gewinnung der für die Verss. benötigten Eilarven. Es wurden Testdiätformen entwickelt, die neben Casein (bzw. Aminosäuregemisch) Glucose (bzw. Reisstärke) u. MACCOLLUM-Salzgemisch, Zusatz von Ergosterin, Vitamin B_1, B_2, B_6, Nicotinsäureamid, pantothensaures Ca-, d-Biotin, Folsäure u. Cholinchlorid enthielten. Die Prüfung eines Substrates auf seinen Vitamingeh. erfolgt in der Weise, daß aus der Testdiät jeweils ein Vitamin weggelassen u. dafür das zu prüfende Substrat hinzugefügt wird. Am Wachstum der Larven u. der Zeit bis zu ihrer Verpuppung läßt sich im Vgl. mit Kontrollen die Anwesenheit der Vitamine B_1, B_2, B_6, Nicotinsäure (bzw. -amid), Pantothensäure, Biotin u. Folsäure (je nach Testdiät) mit der quantitativen Klassifizierung „nicht“, „in deutlich feststellbaren Mengen“ oder „in großen Mengen“ nachweisen. (Z. Vitamin-, Hormon- u. Fermentforsch. [Wien] **5.** 358—69. 1953. München, Zool. Inst., Abt. Paul-Bruckner-Inst. für exp. Symbioseforsch.) SPITALER. 4587

J. Bogucka, J. Iwanowska und **H. Kąkol,** *Bestimmung von Vitamin B_{12} in Leberextrakten.* Auf Grund von Verss. mit gereinigten Leberextrakten in PETRI-Schalen mit Lactobacillus lactis Dorner u. Lactobacillus leichmanii wird für ungereinigte oder ungenügend gereinigte Leberextrakte ein acidimetr. Verf. ausgearbeitet, bei dem der Geh. an Vitamin B_{12} (I) aus der Differenz der Wachstumsfaktoren des Lactobacillus leichmanii vor u. nach Hydrolyse mit 0,2nNaOH bestimmt wird. Aus der Eichkurve kann man die den verschied. Mengen NaOH entsprechende Menge **I** (γ-Reagensglas) entnehmen. (Przemysł chem. **9 (32).** 10—13. Jan. 1953. Warszawa, Inst. Lėków.) R. K. MÜLLER. 4587

J. Bogucka, J. Iwanowska und **H. Kąkol,** *Anwendung von Escherichia coli zur Vitamin-B_{12}-Bestimmung in Leberextrakten.* Durch die beschriebene mikrobiol. Meth. mit Escherichia coli ATCC 9637 (Petrischale) läßt sich Vitamin B_{12} (I) in gereinigten u. unvollständig gereinigten Leberextrakten, sofern diese mindestens 1 γ I/cm³ enthalten, bestimmen. Bei ungereinigten Extrakten mit weniger als 1 γ I/cm³ ist zur quantitativen I-Best. noch die Ergänzung durch Papierchromatographie erforderlich. (Przemysł chem. **9** (**32**). 14—15. Jan. 1953. Warszawa, Inst. Léków.)
R. K. MÜLLER. 4587

Kurt Hausmann, *Über die therapeutische Bedeutung der verschiedenen Formen des Vitamins B_{12}.* Überblick über die biol. u. therapeut. Eigg. verschied. *Vitamin-B_{12}*-Formen. — 30 Literaturangaben. (Klin. Wschr. **31**. 1017—20. 15/11. 1953. Hamburg, Allg. Krankenhaus St. Georg, I. med. Abt.) LEUSCHNER. 4587

J. Lereboullet und **R. Pluvinage,** *Die Anwendung von massiven Vitamin-B_{12}-Dosen (1000 γ je Injektion) in der Neurologie.* In Form einer Übersicht beschreiben Vff. die bei einer Reihe von neurolog. Erkrankungen mit massiven *Vitamin-B_{12}*-Injektionen erhaltenen günstigen Ergebnisse. (Semaine Hôpitaux Paris **29**. 1849—54. 6/6. 1953.)
KRUSEN. 4587

Franz Brachmann, *Die Therapie der chronisch rezidivierenden Aphthen mit Vitamin B_{12}.* Von 11 Fällen mit chron. rezidivierenden Aphthen konnten 7 mit 1—2 Injektionen von 15—30 mg *Vitamin B_{12}* in kurzer Frist geheilt werden. 2 der resistenten Fälle sprachen auf Injektionen von *Depot-Padutin* sehr gut an. Keine Nebenerscheinungen. (Zahnärztl. Welt **9**. 58—59. 10/2. 1954. München, Univ., Klin. für Zahn-, Mund- u. Kieferkrankheiten.) KLESSE. 4587

A. I. Ssilakowa, *Stickstoffhaltige Stoffe in den Muskeln bei E-Avitaminose und Hyperthyreose.* An jungen Kaninchen wird gezeigt, daß bei experimenteller Muskeldystrophie durch Mangel an *Vitamin E* (**I**) in der Nahrung der Geh. an NH_3 (**II**) um 123%, an *Glutamin* (**III**) um 82%, an *Glutaminsäure* (**IV**) um 88% erhöht wird. Der Geh. an Gesamt-, Eiweiß- u. Nichteiweiß-N wird um 15; 13; 19% gesenkt. Nach einem 25—30% ig. Gewichtsverlust der Versuchstiere als Folge der Hyperthyreose nimmt **II** um 50%, **III** um 12%, **IV** um 40% zu. Die Veränderungen im Geh. an N-Substanzen sind bei experimenteller Dystrophie durch **I**-Mangel ausgeprägter als bei Hyperthyreose. (Український Біохімічний Журнал [Ukrain. Biochem. J.] **25**. 77—87. 1953. Kiew, Biochem. Inst. der Akad. der Wiss. der UkrSSR.) LEBTAG. 4587

J. A. Forbes und **I. C. Heinz,** *Glykogensynthese in der menschlichen Uterusschleimhaut [Endometrium]. Eine histochemische Untersuchung unter Verwendung von bei tiefer Temperatur entwässertem Material.* Vff. beschreiben eine histochem. Untersuchungsmeth., die den Vorgang der *Glykogen* (I)-Bldg. im Endometrium genauestens zu verfolgen gestattet. Sie besteht darin, daß das Untersuchungsmaterial sofort einige Min. in fl. Luft abgeschreckt u. anschließend im Vakuum (—35°, 10^{-5} mm Hg) entwässert wird. Vorzüge dieser Meth. sind: Vermeidung der Gewebeschrumpfung u. der Zerstörung der Zellmembranen. Außerdem findet keine Diffusion von Zellbestandteilen statt u. **I** bleibt an der Bildungsstätte lokalisiert. Auf diese Weise läßt sich feststellen, daß die I-Bldg. im Anfangsstadium in den basalen Teilen der Zellkerne des Cytoplasmas stattfindet. Anschließend zieht sich **I** in Form eines dünnen Bandes zur Basalmembran hin u. beginnt dann den Kern einzuhüllen. In der Endphase häuft sich **I** in einer oberhalb des Kerns gelegenen Zone an u. ergießt sich schließlich in das Drüsenlumen. Während der **I**-Bldg. werden Veränderungen der Zellkernform beobachtet. Da **I** zuerst an der basalen Oberfläche des Zellkerns erscheint, wird angenommen, daß die Schicht zwischen Zellkern u. Cytoplasma die Zone der I-Synth. ist. (Austral. New Zealand J. Surgery **22**. 297—301. Mai 1953. Melbourne, Univ., Dep. of Pathol.)
FAHRNLAENDER. 4596

Marion A. Wharton und **Mary Brown Patton,** *Ausscheidung von Aminosäure bei verschiedenen Proteinaufnahmen.* Mitt. der Beobachtungsergebnisse bei der Ausscheidung von ***Arginin, Histidin*** (**I**), ***Isoleucin, Leucin, Lysin, Phenylalanin, Threonin*** u. ***Valin*** durch den Harn bei 2 Gruppen von ♀ Versuchspersonen, von denen die eine 148 (mg/kg Körpergewicht) u. die andere 196 N erhielt. Die Harnausscheidung der 8 Aminosäuren war unabhängig von der Proteineinnahme, variierte jedoch stark individuell (bes. bei **I**). (J. Amer. dietet. Assoc. **29**. 762—64. Aug. 1953. Columbus, O., Ohio Agr. Exp. Stat.)
PATZSCH. 4596

A. Pittoni und **C. R. Rossi,** *Über den Wirkungsmechanismus der lipotropen Faktoren.* 1. Mitt. *Der Stoffwechsel der Ketonkörper in der Leber pankreasloser Tiere mit oder ohne gleichzeitige Behandlung mit Lipocain.* Pankreaslose Hunde wurden einen Monat lang unter besonderer Diät gehalten u. erhielten gleichzeitig täglich 5—6 E.

Depot-Insulin (I) allein oder zusammen mit einem Pankreasextrakt (*Lipocain*). Die sich unter **I**-Mangel befindlichen Tiere zeigten eine Hyperglykämie. Der O_2 u. CO_2-Geh. des Leberhomogenisats zeigte bei beiden Versuchsgruppen keinen Unterschied gegenüber den unbehandelten u. nicht operierten Kontrollen. Sowohl der Geh. an Acetessigsäure wie an den Ketonkörpern insgesamt war bei den nicht gleichzeitig mit Pankreasextrakt behandelten Tieren höher als beim n. Tier, während bei den behandelten Tieren (**I** + Pankreasextrakt) niederere Werte als n. gefunden wurden. Es wird daraus geschlossen, daß der in dem Pankreasextrakt enthaltene lipotrope Faktor keinen Einfl. auf die oxydativen Prozesse der ***Fettsäuren*** bedingt, daß er aber die Synth. von *Glucose* aus Ketonkörpern begünstigt. (Arch. Scienze biol. **37**. 169—76. März/April 1953. Padova, Univ., Ist. di Chimica biol.) P. G. SCHEURLEN. 4596

G. W. Wilkinson und **C. P. Leblond**, *Die Ablagerung von Radiophosphor in frakturierten Knochen bei der Ratte.* Bei ♀ Ratten wurde der linke Humerus unter Äthernarkose manuell gebrochen, bei anderen Tieren wurde die linke Tibia mittels einer Säge partiell durchschnitten. In zeitlichen Abständen von 1—19 Tagen nach der Fraktur wurden die Tiere getötet, nachdem sie 4 Std. vorher subcutan Injektionen von 200 μC ^{32}P erhalten hatten. Unters. der Frakturstellen mittels GEIGER-Zähler u. durch Radioautographie ergab, daß sich im Gebiet der Knochenneubldg. das ^{32}P bes. intensiv ablagert. Dies geschieht außerdem im kontralateral intakten Knochen. Die Befunde werden physiol. diskutiert. (Surgery, Gynecol. Obstetr. **97**. 143—50. Aug. 1953. Montreal, Can., McGill Univ., Dep. of Anatomy.) REUSSE. 4596

Maxwell M. Wintrobe, George E. Cartwright und **Clark J. Gubler**, *Untersuchungen über die Funktion und den Stoffwechsel von Kupfer.* Zusammenfassende Besprechung neuerer Ergebnisse über das Vork. von Cu im Menschen, über die Verteilung u. Bindungsart im Blut unter n. u. verschied. klin. Zuständen, über die mögliche Funktion von *Ceruloplasmin* beim Cu-Transport u. über den Zusammenhang mit dem *Fe*-Stoffwechsel. (J. Nutrit. **50**. 395—419. 10/8. 1953. Salt Lake City, Univ., Coll. of Med., Dep. of Med.) SCHWAIBOLD. 4596

Je. F. Schamrai, S. W. Karpljuk und **S. Sh. Gude**, *Quantitative Veränderungen des Nucleoproteidphosphors in der Haut von Meerschweinchen bei thermischen Schädigungen.* Wurden Meerschweinchen Brandwunden 2. Grades beigebracht, so war nach 3 Std. der Geh. an *Nucleoproteid-P* (I) im Vgl. zur Kontrolle auf $^1/_4$ gesenkt, erreichte nach 72 Std. 79%, nach 144 Std. 189%. Zwischen der Regenerationsgeschwindigkeit u. dem **I**-Geh. bestand eine direkte Beziehung. Rasch heilende Brandwunden enthielten mehr **I** als die langsam heilenden. Der **I**-Geh. kann als Kriterium der Regeneration im verletzten Gewebe dienen. (Український Біохімічний Журнал [Ukrain. Biochem. J.] **25**. 11—16. 1953. Stanislaw, Med. Inst., Lehrstuhl für Biochem.) LEBTAG. 4597

Gy. Szabó, P. Braun und **A. Káldor**, *Konkurrenzphänomen bei der Ausscheidung von Substanzen durch Leber und Niere.* Es wurde untersucht, inwieweit Substanzen, welche von Leber u. Niere ausgeschieden werden, sich in ihrer Ausscheidung unter verschied. Bedingungen verhalten. Es wurden *Phenolrot* (**I**), *Indigocarmin* (**II**), *Per-Abrodil* (**III**) u. *p-Aminohippursäure* (**IV**), welche durch die Niere ausgeschieden werden, u. die leberpflichtigen Stoffe *Kongorot* (**V**), *bengal. Rosa* (**VI**), *Bromsulfalein* (**VII**) u. *Jodcholin* (**VIII**) untersucht. Gemeinsam injiziert wurden **VII** u. **II**, **VIII** u. **III**, **V** u. **IV** u. **VII** u. **V**. Dabei wirkte **V** als Inhibitor auf die akt. Sekretion einer anderen Substanz durch die Leber. Bei Kombination von nieren- u. leberpflichtigen Farbstoffen konnte gezeigt werden, daß eine gegenseitige Ausscheidungshinderung auftritt, bzw. das Verschwinden der Farben aus dem Plasma verzögert wird. Da das Verschwinden der Farben aus dem Plasma keinen sicheren Aufschluß über die tatsächliche Ausscheidung gibt, wurde die Farbkonz. im Katheterharn in Kombinationen von leber- u. nierenpflichtigen Stoffen untersucht. Kombiniert wurden **I** u. **VI**, **I** u. **VIII**, **II** u. **VI**, **IV** u. **VI**, u. **IV** u. **VIII**. Vff. stellten fest, daß Stoffe, welche durch die Leber sezerniert werden, auf den Transport von harnpflichtigen Substanzen hemmend wirken, wobei die Dosierung von Einfl. ist. Die Rolle der Vehikelfunktion der Plasmaeiweißkörper bei diesem Konkurrenzphänomen wird diskutiert. Eine Konkurrenz bei der Bindung der Farbstoffe an die Plasmaeiweißkörper liegt nicht vor, es wird ein Wettbewerb um das Enzymsyst. des „Transportorgans" angenommen u. die Bedeutung einer „Erstbindung" des Enzyms diskutiert. (Acta med. Acad. Sci. hung. **4**. 229—40. 1953. Budapest, Univ., Med. School. Dep. of Med.) WOLFGANG ALBRECHT. 4597

I. A. Akssamitnaja, *Die Zusammensetzung einiger Phosphorfraktionen in den Muskeln der Kaninchen bei Entwicklung der Brown-Pearce-Geschwulst.* Bei der Entstehung von BROWN-PEARCE-Geschwulsten blieb in den Muskeln des Kaninchens der Geh. an *anorgan. P*, *Phosphokreatin*, *Kreatin*, *Adenosintriphosphorsäure* u. *Gesamt-P* unverändert, während der Geh. an *säurelösl. P* abnahm. Die *Nucleoproteide* nahmen hierbei zu. Die Gegenüberstellung dieser Ergebnisse dem fast völligen Verschwinden von Carnosin u. Anserin aus dem Geschwulstgewebe ermöglicht keine Schlußfolgerungen über die Beteiligung dieser Dipeptide an der Phosphorylierung. (Український Біохімічний Журнал [Ukrain. Biochem. J.] **25**. 110—14. 1953. Leningrad, Inst. für Onkol. der Med. Akad. der Wiss. der UdSSR, Biochem. Labor.) LEBTAG. 4597

Ss. Je. Ssewerin, M. B. Kirson und **T. M. Kaftanowa,** *Der Einfluß von Carnosin und Anserin auf die Arbeit des isolierten Froschmuskels.* Zusatz von *Carnosin* oder *Anserin* zu einer Lsg., in welcher sich ein isoliertes Nerv–Muskel-Präp. des Frosches befindet, erhöht bedeutend die Höhe der Kontraktionen u. die Gesamtdauer der Muskelarbeit. Aus den Verss. wird geschlossen, daß als Hauptenergiequelle für die Muskelkontraktionen unter den gegebenen Bedingungen der glykolyt. Zerfall von Kohlenhydraten anzusehen ist, welcher zur Bldg. von *Milchsäure* führt. (Доклады Академии Наук СССР [Ber. Akad. Wiss. UdSSR] [N. S.] **91**. 691—94. 21/7. 1953.) RENTZ. 4597

M. Ss. Gajewskaja, *Der Gehalt an Glykogen und gärungsfähigen Kohlenhydraten in der Hirnrinde bei Einstellung und Wiederherstellung der Lebensfunktionen des Organismus.* Verss. an 44 Hunden ergaben, daß bei akutem Blutverlust der *Glykogen* (**I**)-Geh. der Großhirnrinde innerhalb der ersten 3 Min. des klin. Todes abnimmt u. in der 5.—6. Min. auf 10—30 mg% absinkt. Beim Wiedereinsetzung der Atmung bleibt der **I**-Geh. auf dem gleichen niedrigen Niveau u. beginnt erst anzusteigen, wenn der *Milchsäure*-Geh. sich normalisiert hat, wenn statt Glykolyse Oxydationsprozesse eintreten. 3—6 Std. nach der Wiederbelebung ist der **I**-Geh. der Rinde sehr hoch u. kehrt erst nach 3 Tagen zur Norm zurück. In der 6. Min. des klin. Todes findet sich in der Rinde nur eine kleine Menge gärungsfähiger *Zucker.* (Журнал Высшей Нервной Деятельности имени И. П. Павлова [Pawlow-J. höhere Nerventätigkeit] **3**. 617—25. Juli/Aug. 1953. Labor. für exp. Physiol. der Wiederbelebung des Organismus der Akad. der Med. Wiss. der UdSSR.) RENTZ. 4599

L. I. Palladina und **A. M. Gudina,** *Die Natur der aktiv wirkenden Stoffe in den Extrakten aus konservierter Leichenhaut.* 1. Mitt. *Die aktivierende Rolle des Ammoniaks beim Prozeß der Geweberegeneration.* (1. vgl. Український Біохімічний Журнал [Ukrain. Biochem. J.] **24**. [1952.] 495.) *Alanin, Asparagin* u. *Glutaminsäure,* die sich leicht desaminieren lassen, fördern, ebenso wie ***Arginin***, das Wachstum der Hefezellen. ***Lysin, Prolin, Tryptophan, Serin, Cystein, Glykokoll, Ornithin, Methionin*** u. ***Tyrosin*** zeigen diese Wrkg. nicht. Verss. mit Hefe sowie experimentellen Wunden u. Verbrennungen bei Kaninchen u. Hähnen ergaben eine positive Wrkg. des $(NH_4)_2CO_3$ (**I**) auf den Heilprozeß u. das Hefewachstum. Dieselbe Wrkg. zeigt sich bei der Wundbehandlung des Menschen. Neben dem Arginin, das nach früheren Befunden als wirksamer Faktor der Extrakte aus konservierter Leichenhaut auftritt, sind NH_3 u. NH_3-bildende Stoffe die wichtigsten, auf die Regeneration des Gewebes wirkenden Faktoren. (Український Біохімічний Журнал [Ukrain. Biochem. J.] **25**. 97—105. 1953. Kiew, Inst. für Biochem. der Akad. der Wiss. der UkrSSR.) LEBTAG. 4599

Rudolf Abderhalden, Vitamine, Hormone, Fermente. Ein Buch f. Ärzte, Biologen u. Studierende. 4. vollst. neu bearb. u. erg. Aufl. Basel: B. Schwabe. 1953. (307 S.) sfr. 17,50. Mit Literaturverz. (S. 291—292).

E₆. Pharmakologie. Therapie. Toxikologie. Hygiene.

J. Z. Bowers, V. Davenport, N. Christensen und **C. J. Goodner,** *Einflüsse akuter Ganzkörperbestrahlungen auf Salz- und Wasserumsatz und deren klinische Bedeutung.* ♀ Ratten von ca. 300 g Gewicht wurden in Gestellen fixiert, so daß Exkremente u. Harn einer genauen Kontrolle zugänglich waren. Ein Teil der Tiere erhielt nach 4 Tagen Beobachtungszeit eine einmalige Totalbestrahlung mit 660 r (350 kV, 15 mA, Filter: 1 mm Al + 0,5 mm Cu, Dosisleistung 90 r/Min.). Diese Dosis erzeugt eine 50%ig. Letalität in 30 Tagen. Die Exkremente der Tiere wurden täglich 4 Tage vor oder 12 Tage nach der Bestrahlung auf *Na, K* u. *Cl* analysiert u. die Ergebnisse mit solchen an unbestrahlten Kontrolltieren mit gleicher Nahrungsaufnahme verglichen. Danach wurden die Tiere nach Blutentnahme getötet u. verschied. Gewebearten ebenfalls auf Na, K oder Cl untersucht. Es zeigte sich, daß mit der Totalbestrahlung ein Verlust an K, dagegen ein Gewinn an Na u. Cl in strahlenempfindlichen Geweben verbunden ist. Strahlenunempfindliche Gewebe zeigen keine derartige Differenzierung. Der Gesamtumsatz an den drei Elementen, d. h. die Abscheidung im Verhältnis zu Aufnahme mit der Nahrung, ist unabhängig von der Bestrahlung. Die Ergebnisse werden vom klin. Standpunkt aus diskutiert. (Radiology **61**. 97—102. Juli 1953. Salt Lake City, Ut., Univ. of Utah, Coll. of Med., Radiobiol. Labor.) REUSSE. 4601

Eric T. Yuhl, Lloyd A. Stirrett und **Benedict Cassen,** *Die Verwendung von kolloidalem* ^{198}*Au für Scintigramme der Leber.* Katzen u. Kaninchen erhielten intravenöse Injektionen einer sterilen koll. Radiogoldlösung. Mit einem „Scintiscanner" wurde dann die Verteilung der Aktivität des ^{198}*Au* in der Leber untersucht. Die Dosis betrug 10—100 µC/kg; zur Erzielung eines gut zu deutenden Scintigrammes erwiesen sich 25 µC/kg als erforderlich. Die Ablagerung in der Leber beginnt 1 Min. nach Injektion, sie erreicht ihr Maximum eine Std. später. Ein kleiner Teil der Aktivität wurde in den Lungen ermittelt. Unterss. an der Leber in vitro nach Tötung der Tiere bestätigten die Untersuchungsergebnisse. (Nucleonics **11.** Nr. 4. 54—56. April 1953. Los Angeles, Calif., Univ. of California, School of Med., Dep. of Surgery and Biophys., u. Veterans Admin. Center, Surgical Serv. and Radioisotope Unit.) REUSSE. 4601

J. C. Buemann und **T. Cl. Gertz,** *Die Gefahr von Leberschäden bei der Cholangiographie. Eine Untersuchung in der Klinik und am Tier.* Vff. erörtern die Gefahren von Seiten des Kontrastmittels bei Cholangiographien während eines operativen Eingriffes an Galle u. Gallengang. Die statist. Unterss. an ca. 700 Patienten werden durch Verss. am Kaninchen ergänzt u. bestätigt. Als Kontrastmittel wurden angewandt: *Diodon 35%* (*Diäthylaminsalz* der *3.5-Dijod-4-pyridon-N-essigsäure*) u. *Hippodin 25%* (*Natriumorthojodhippurat*). Weder in der Galle noch in den Gallengängen konnten patholog. Veränderungen als Folge der unmittelbar im Gallengang vorgenommenen Kontrastmittelinjektion beobachtet werden. Vor der Verwendung von Hippodin 50% wird abgeraten, da bei dieser hohen Konz. gelegentlich tox. Wirkungen auftreten. (Acta chirurg. scand. **105.** 104—12. 20/5. 1953. Kopenhagen, Rigshospitalat, Dep. of Surgery.) REUSSE. 4601

Edward F. Dunne, Esther H. Jensen und **C. Robert Hughes,** *Telepaque: Ein neues Kontrastmittel für die Cholecystographie.* Vff. berichten über klin. Erfahrungen mit dem Röntgenkontrastmittel *Telepaque* (I) mit 66,68% J-Geh. bei 542 cholecystograph. Aufnahmen. Es wird in Tablettenform oral gegeben. Röntgenolog. ergab I wie *Priodax* (II) bei ca. 83% der Fälle bzgl. Schärfe u. Kontrast gute bis hervorragende Aufnahmen. Gegenüber II waren die störenden Nebenwirkungen für den Patienten (Übelkeit, Erbrechen, Diarrhoe usw.) wesentlich seltener zu beobachten (ca. 1:3). (Radiology **60.** 210—14. Febr. 1953. Cleveland, O., Cleveland Clin. u. Frank E. Bunts Educat. Inst.) REUSSE. 4601

Walter M. Whitehouse und **OwenMartin,** *Vergleichende klinische Untersuchung von Priodax und Telepaque an 1000 Fällen.* An ca. 1000 Fällen von Gallenblasenerkrankungen haben Vff. die beiden Kontrastmittel *Telepaque* (I) u. *Priodax* (II) erprobt. I hat einen J-Geh. von 66,68%, II einen solchen von 51,5%. Dementsprechend erhielten Vff. mit I kontrastreichere Aufnahmen als mit II. Die störenden Nebenerscheinungen für das Befinden des Patienten lagen bei I zahlenmäßig erheblich niedriger als bei II. Bei Verss. mit beiden Mitteln am gleichen Patienten ergaben sich für I ebenfalls dichtere Schatten als für II. Mit I konnten gelegentlich auch gute Kontrastbilder der Gallenwege erzielt werden. Vff. erörtern die Möglichkeit, angesichts der guten Kontrastdarst. die übliche Dosis von 3 g zu reduzieren. (Radiology **60.** 215—21. Febr. 1953. Ann Arbor, Mich., Univ. of Michigan, Univ., Hosp., Dep. of Roentgenol.) REUSSE. 4601

H. Dörr, E. Lucius und **R. Plaul,** *Schädigungen in den Tuben (Uterushörnern) des Kaninchens nach intratubarer Kontrastmittelinjektion.* Bei ♀ Kaninchen wurden eine oder beide Uterustuben operativ freigelegt u. mit dem Röntgenkontrastmittel *Jodipin* (I) gefüllt. Nach ca. 14 Tagen erneute Laparotomie, wobei sich zeigte, daß bei unverschlossenen Tuben weder restliches I noch etwaige Schädigungen festzustellen waren. Bei mit Catgut abgebundener Tube zeigen sich Reste von I u. entzündliche Veränderungen. Im Gegensatz dazu wurden mit dem wasserlösl. *Per-Abrodil M* bei abgeschlossener Tube ebenfalls Rückstände, jedoch keine entzündlichen Rkk. festgestellt. (Arch. Gynäkol. **181.** 692—99. 1952. Worms, Städt. Krankenhaus, Gynäkol. Klin.) REUSSE. 4601

Ad.-H. Frucht, *Die Geschwindigkeit des Ultraschalles in menschlichen und tierischen Geweben.* Angabe von Verss. als Beiträge zur Diagnostik durch Ultraschall. Untersucht wurden homogene Gewebsstreifen von ca. 1×1×1,5 cm bei 1,8 MHz, Schallintensität 70 mW/cm². Es ergaben sich Unterschiede in der Geschwindigkeit bei a) Organ- u. Muskelgewebe sowie b) bei Fettgewebe bei 24°: a) 1600—1530 m/Sek., b) ≈1445 bis 1485 m/Sek., der Wert für W. beträgt 1496 m/Sekunde. Zwischen menschlichem u. tier. Warmblütergewebe bestand kein Unterschied. Angegeben werden Kennlinien: Schallgeschwindigkeit in Abhängigkeit vom Wassergeh. des subcutanen Fettgewebes, ferner Kurven für die adiabat. Kompressibilität u. die mittlere Schallgeschwindigkeit von Fettgewebe u. Leber–W.-Gemisch. (Naturwissenschaften **39**. 491–92. 1952. Leipzig, Univ., Physiol. Inst.) DOSSMANN. 4601

Jerome W. Gersten, *Thermische und nichtthermische Änderungen in isometrischer Tension, kontraktilem Protein und Verletzungspotential im Froschschenkel durch Ultraschallenergie.* Der Einfl. von Ultraschall (US) auf isometr. Tension, Verletzungspotential u. *Myosin-* u. *Actomyosin*-Geh. des Froschschenkels wurde a) bei geringer (0,5 bis 0,75 W/cm²) u. b) bei hoher (3 W/cm²) US-Intensität untersucht. a) rief Änderungen in der isometr. Tension u. im kontraktilen Protein hervor, die durch Steigerungen der Temp. des Muskels durch ultrarote Bestrahlung oder Wasserbad auf die durch US erreichte Höhe verdoppelt werden konnten. b) bedingte Abnahme der isometr. Tension u. des Verletzungspotentials des intakten Muskels u. Abnahme des kontraktilen Proteins im extrahierten Muskel, die durch äußere Temperatureinw. nicht zu beeinflussen war. Diskussion des Ergebnisses im Hinblick auf Muskelviscosität, Cavitation u. spezif. Grenzflächenphänomene. (Arch. physic. Med. **34**. 675–85. Nov. 1953. Denver, Col., Univ. of Colorado, School of Med.) DOSSMANN. 4601

Herbert E. Stokinger, *Der Einfluß der Dosis auf die Verteilung im Körper.* Vf. berichtet über Verss. an Tieren, die mit der Atemluft n. $BeSO_4$ inhaliert hatten. Je nach der eingeatmeten Menge folgte die Speicherung in den verschied. Geweben unterschiedlichen quantitativen Gesetzmäßigkeiten. So steigt bei wachsender Konz. der Luft an $BeSO_4$ der Geh. der Leber relativ zu dem der Lunge steiler an. Bei intravenöser Applikation treten analoge Effekte auf. Eine neue Unters. dieses Effektes unter Verwendung von akt. ^{7}Be ergab, daß trägerfreies ^{7}Be in den einzelnen Organen anders gespeichert u. vom Körper ausgeschieden wird als trägergebundenes. Die Ablagerung ist daher im Fall des Be eine Funktion der Beschaffenheit des Organismus, bes. der p_H-Werte, die ihrerseits von der Menge des zugeführten Be abhängen. Ähnliche Beobachtungen mit Ag werden durch dessen Neigung zur Bldg. von Komplexverbb. mit Proteinen, die sich im reticulo-endothelialen Syst. u. der Haut speichern, gedeutet. Bei einer dritten Art von Stoffen, z. B. Fe u. J, die ähnliche Unterschiede in der Verteilung im Organismus zeigen, spielen enzymat. Rkk. eine wesentliche Rolle, die ihrerseits physiol. durch die Ggw. der betreffenden Stoffe beeinflußt werden. Vf. warnt daher davor, aus Beobachtungen über die Verteilung von Fremdstoffen im Organismus, die mit relativ hohen Konzz. durchgeführt wurden, unmittelbare Rückschlüsse auf die Verteilung von Tracergaben geringer Konz. zu ziehen. (Nucleonics **11**. Nr. 4. 24–27. April 1953. Cincinnati, O., Public Health Serv., Occupational Health Field Headquarters.) REUSSE. 4606

Ja. M. Gruschko, W. A. Donskow und **W. Ss. Kolessnik,** *Über die Toxizität des Nickels.* 5 Kaninchen erhielten $NiSO_4$ (I) im Trinkwasser in Mengen von 0,0001 bis 0,54 mg/kg Körpergewicht. Die Gesamtmengen des aufgenommenen **I** betrugen im Laufe des Vers. 0,0322–161,0 mg. Es konnten keine tox. Einww. festgestellt werden. Die Tiere fraßen u. nahmen auch an Gewicht in gleicher Weise zu wie die Kontrollen. Makroskop. Veränderungen der Organe konnten nicht festgestellt werden. Mkr. wurden degenerative Veränderungen an parenchymatösen Organen u. Hyperplasie der Milz erst bei 0,01 mg/kg beobachtet. Mit der Erhöhung der Dosis wurden diese Erscheinungen stärker. (Фармакология и Токсикология [Pharmakol. u. Toxikol.] **16**. Nr. 2. 47–49. März/April 1953. Irkutsk, Med. Inst.) DU MANS. 4606

T. L. Krisstossturjan, *Behandlung von Entzündungsinfiltraten mit Magnesiumsulfat.* Durch Anwendung von 25%ig. $MgSO_4$ (je 10 ml intramuskulär jeden 2. Tag, insgesamt 4–5 mal) wurde bei 96 von 115 behandelten Patienten eine vollständige Heilung erzielt. (Клиническая Медицина [Klin. Med. **31** (**34**). Nr. 5. 86. Mai 1953. Oktemberjansk, Bezirkskrankenhaus.) LEBTAG. 4606

Chieko Urakami, Chi-Tao Wang, John B. Data und **J. E. Christian,** *Eine vergleichende Untersuchung über die Wirkung verschiedener Lösungsmittel auf das Herauslösen von Calcium aus Rattenzähnen mit Hilfe von radioaktivem Calcium.* Mit Ca-freier Diät gefütterten Ratten wurde einmalig (a) bzw. 8 Wochen lang 2 mal wöchentlich (b) ^{45}*Ca* (als ^{45}Ca-Lävulinat) injiziert, u. so das in den Zähnen enthaltene Ca markiert. Die radioakt. Zähne wurden nach Extraktion für 24 Std. in verschied. Lösungsmittel gelegt u. der ^{45}Ca-Verlust durch Tracermethoden bestimmt. Geprüft wurden außer 3 fach dest. W., Milch u. menschlichem Speichel *Citronensäure* (**I**), Weinsäure, absol. A. u. mehrere Mundwässer des Handels. Nach b war der Ca-Verlust in sämtlichen Lsgg. wesentlich größer als nach a; z. B. betrug er in 0,01 mol. **I** nach b 19,1%, nach a nur 2,3%. Der Unterschied wird auf die verschied. Verteilung des Ca im Zahn zurückgeführt. (J. Amer. pharmac. Assoc., sci. Edit. **42**. 410–14. Juli 1953. Lafayette, Ind., Purdue Univ., School of Pharm., u. Bio-Nucl. Labor.) KLESSE. 4607

M. Ss. Sakabunina, *Die Wirkung von minimalen Anilindosen beim Auftragen auf die Haut von Kaninchen.* *Anilin* (I) wurde auf die geschorene Haut der Kaninchen aufgetragen. Die minimal wirksamen Dosen von 0,8—2,5 mg/kg Körpergewicht steigerten die Erregbarkeit des zentralen Nervensystems. Die reflektor. Muskelaktion wurde verstärkt. Höhere Dosen riefen entsprechend stärkere Veränderungen hervor. Lokal trat nach höheren Dosen von I eine kleinlamellöse Schuppung auf. Sensibilisierung nach mehrfacher Verabreichung wurde nicht beobachtet. Merkliche Bldg. von ***Methämoglobin*** trat auch nach Dosen von 50 mg/kg nicht auf. (Фармакология и Токсикология [Pharmakol. u. Toxikol.] **16.** Nr. 2. 40—42. März/April 1953. Leningrad, Forschungsinst. für Arbeitshyg. u. Berufskrankheiten.) DU MANS. 4607

F. B. Schachnowskaja, *Zur Toxikologie chlorierter Naphthaline.* 43 Mäuse wurden 2 Std. täglich der Einw. der Dämpfe von *Trichlornaphthalin* (I) unterworfen. Ein Liter Luft enthielt 0,05—0,2 mg I. Anfänglich trat leichte Erregung bei den Tieren auf. Am Ende der Woche stellte sich manchmal Gangrän der Schwanzspitze ein, häufig begleitet von der Bldg. ekzematöser Flecken. Meist verfielen auch Ohren u. Zehen dem Gangrän. Bei Ratten traten die gleichen Erscheinungen erheblich später u. weniger ausgeprägt auf. In den Organen der Tiere fand sich I, seine Menge hing von der Dauer der Einw. ab. Bei histolog. Unters. zeigte die Leber Verfettungserscheinungen, die Nieren nekrobiot. Stellen, die Lungen Gefäßstörungen u. entzündliche Erscheinungen der Schleimhäute. Am Herzen sah man mehrfach interstitielle Myocarditis, in der Milz Hyperplasie der reticuloendothelialen Elemente. Alle diese Veränderungen waren bei Ratten schwächer ausgeprägt. Percutane Verwendung des I bei Mäusen blieb auch nach 40—60 Applikationen ohne Wirkung. Die photosensibilisierende Wrkg. des I wurde auf Kaninchen, die einer Bestrahlung mit der Quarzlampe unterworfen wurden, geprüft. Die Fütterung der Tiere mit I blieb auch nach zweimonatiger Dauer ohne Wirkung. Bei gleichzeitiger Verwendung des I konnte eine Empfindlichkeit der Kaninchenohren gegenüber der Bestrahlung festgestellt werden. Die Reaktionsfähigkeit ging nach einigen Bestrahlungen zurück. Das Reticuloendothelialsyst. wurde in seiner Funktion gestört, wie durch Kongorotproben festgestellt werden konnte. Im Lebergewebe stieg der Geh. an ***Cholesterin*** an, der Geh. an ***Phospholipiden*** blieb normal. Damit wird die Rolle des ***Fettstoffwechsels*** in der Pathogenese der Intoxikationen bestätigt. Die Verabfolgung von ***Casein*** an unter unter I-Dämpfen stehende Mäuse führte zu einer Normalisierung des Verhältnisses zwischen einzelnen Fettfraktionen, ohne den klin. Verlauf der Intoxikation beeinflussen zu können. (Фармакология и Токсикология [Pharmakol. u. Toxikol.] **16.** Nr. 2. 43—47. März/April 1953. Inst. für Arbeitshyg. u. Berufskrankh. der Akad. der med. Wiss. der UdSSR, Toxikol. Labor.) DU MANS. 4607

Ernst Lindner, *Ein Beitrag zur atopischen Reaktion des Hundes gegen polymere Stoffe.* Ein Mischpolymerisat aus ***Vinylcaprolactam*** (I) u. ***Vinylpyrrolidon*** übt spezif. bei Hunden capillarpermeabilitätserhöhende u. juckreizerregende Wrkg. aus, wobei Hämokonzentration u. bei kleineren Mengen Quaddelbldg. auftreten. Diese Wrkg. kommt nicht durch die Freisetzung von ***Histamin*** zustande. ***Antihistaminica*** heben Juckreiz u. Quaddelbldg. auf oder lindern sie; die Bluteindickung wird völlig verhindert. ***Analgetica*** der ***Diphenylheptanon***-Reihe (vor allem die *l*-Isomeren) verhindern Juckreiz u. Quaddeln u. meist auch die Hämokonzentration. ***Morphin*** wirkt ähnlich, aber schwächer, ***Dolantin*** gering, ***Novocain*** nicht oder mäßig, ***Barbitursäurederivv.*** nur gegen den Juckreiz. I u. ***Polyvinylpyrrolidon*** üben einzeln u. in Gemischen (auch in der 10fachen Menge gegenüber dem Mischpolymerisat) keine Rkk. aus. Es werden Parallelen zum Entstehen des Juckreizes beim Menschen gezogen. 2 Tabellen über die Wrkg. verschied. Substanzen auf die durch Histamin u. durch das Mischpolymerisat hervorgerufene Bluteindickung. (Z. ges. exp. Med. **121.** 32—43. 1953. Farbwerke Hoechst, Pharmakol. Inst.) WILLENBERG. 4607

Robert W. Hiatt, John J. Naughton und **Donald C. Matthews,** *Wirkungen von Chemikalien auf einen Zuchtfisch, Kuhlia sandvicensis.* Es wird über Verss. an Fischen mit 87 chem. Verbb. (Insekticiden u. Insektenrepellents, Substanzen mit Reiz- oder Giftwrkg. auf Säugetiere u. Fische usw.) berichtet. Die Substanzen gelangten entweder in Form einer wss. Lsg. oder als Emulsion unter Verwendung von *Tergitol NPX*, *Aerosol OT* oder *Triton B 1956* als Emulgatoren in Konzz. von 20, 10, 2, 1, 0,2, 0,1 u. 0,5 p.p.m. zur Anwendung. Die auf den Fisch erzielte Wrkg. (Reizwrkg., Wrkg. auf die Augen, auf das allg. Verh., auf die Atmung usw.) wurde visuell beobachtet u. kinematograph. aufgenommen. Bei einer Konz. von 20 p.p.m. ließen keinen Effekt erkennen: *Acetonitril*, *Allylthioharnstoff*, NH_4- u. *Ba-Thiocyanat*, *α-Mercapto-o-acetamidobenzoesäure*, *Benzoylperoxyd*, *Brenzcatechin*, *chloriertes Camphen* (*Toxaphen*),

1-Chlornaphthalin, p-Chlorphenylisocyanat, $CuCl_2$, $CuSO_4$, *Cyclohexanol, Cyclohexyl-4-aminophenolhydrochlorid, γ-Chlorbutyronitril, 2.3-Dichlor-1.4-naphthochinon, Diäthylamin, Dimethylphthalat, Dioxan, Äthylenoxyd, polymeres Äthylenoxyd, p-Fluorbenzonitril, Hexamethylendithiol,* H_2O_2, *Hydrochinon, β.β'-Iminodipropionitril, Indol-(3)-essigsäure, Methylacrylat, Methylstrychnin, Glimmer (500 Maschen), Morpholin, Chlordane, Piperidin, K-Cyanat, K-Äthylxanthat, K-Thiocyanat, Pyridin, Rutgers 612, Skatol, Na-Perborat* u. *-Peroxyd, Tl-Sulfat, β.β'-Dipropionitril-sulfid, Triäthanolamin, Harnstoff.* — Eine starke Wrkg. ergaben bei gleicher oder niederer Konz. folgende Verbb.: *Allylisothiocyanat, n-Butylcarbitolthiocyanat, Äthylmercaptan, Hexachlorcyclohexan mit 92% γ-Isomerem (Lindane), 1.2.3.4.10.10-Hexachlor-1.4;5.8-diendomethano-1.4.4a.5.8.8a-hexahydronaphthalin (Aldrin), Isobornylthiocyanacetat (Thanit), Laurylthiocyanat (Loro), Phenol, Phenylisothiocyanat, NaCN, Na-Hypochlorit (Chlorox), Thiocyansäure-5.5.5-trichloramylester.* — Mittlere oder schwache Wrkg. zeigten: *Essigsäure, Acrylnitril, Allylmercaptan, Benzol, Coffein,* CS_2, *1-Chlornaphthalin, Cu-Acetat, Dibutylphthalat, 2.4-Dichlorphenol, Diäthyl-p-nitrophenylthiophosphat (Parathion), Dimethylsulfat, 2.4-Dinitronaphtholammoniumsalz, Du Pont PB-70, 1.2-Äthandithiol, Hexachlorbutadien, 2-Oxy-3-cyclohexyl-1.4-naphthochinon, Isolaveriansäure, Methylmethacrylat, Phenylisocyanat, K-Thiocyanat, Chinin, Rotenon, Na-Bisulfit, Na-Pentachlorphenat, Strychnin, 4-tert.-Butylbrenzcatechin, Trifluoressigsäure.* Die Verbb. *Phenacylbromid* u. *-chlorid* zeigten schon bei 1,0 p.p.m. einen starken Effekt. Für die Verteilung von Fischen in Zuchtkästen scheinen mehrfach halogenierte organ. Verbb., Thiocyanate u. Isothiocyanate u. halogenierte Ketone am wirksamsten zu sein. — 46 Literaturangaben. (Biol. Bull. **104.** 28—44. Febr. 1953. Honolulu, TH, Univ. of Hawaii, Dep. of Zool. and Entomol., u. Dep. of Chem.) RODERICH KÖNIG. 4607

I. M. Scharapow, *Zur Pharmakologie des Alkaloids Makrotomin. Makrotomin* (**I**), ein Alkaloid aus Makrotomia echtoides, gehört zur Heliotridanreihe. Es verfügt über eine schwache parasympathicolyt. Wirkung. In Verss. an Katzen konnte erst eine Dosis von 3—5 mg pro kg Körpergewicht die Rk. des Blutdrucks auf die Reizung des Vagus für 10—30 Min. ausschalten. 10%ig. Lsg. von **I**, in den Conjunctivalsack der Katze oder des Kaninchens eingetröpfelt, bleibt ohne Wrkg. auf die Pupillenweite. In Verss. am Froschherz zeigte **I** keine cholinolyt. Eigenschaften. Auch am Kaninchendarm war die Wrkg. auf den Spasmus, der durch Acetylcholin verursacht war, nur unbedeutend. Auf die Elemente des sympath. Nervensyst. war **I** auch ohne nennenswerte Wirkung. Dosen bis 5 mg pro kg beeinflußten die Atmung der Katzen nicht. Die Toxizität von **I**, an Kaninchen u. Mäusen geprüft, entsprach ungefähr der von *Trachelanthamin*; seine Aktivität war jedoch viel geringer. (Фармакология и Токсикология [Pharmakol. u. Toxikol.] **16.** Nr. 2. 19—21. März/April 1953. Chem. Pharm. Forschungsinst. der UdSSR, Pharmakol. Abt.) DU MANS. 4608

B. I. Monasstyrskaja und **A. A. Petropawlowskaja,** *Über die blutstillende und heilende Wirkung des Spitzwegerichs.* Spitzwegerichblätter wurden mit W. extrahiert u. an experimentell beigebrachten Hautwunden beim Kaninchen auf ihre heilende Wrkg. geprüft. Nur eine Extraktkonz. 1:1 sowie Verwendung frisch gesammelter Blätter selbst ergaben einen Erfolg. Stärkere Verdünnungen blieben ohne Wirkungen. Bereits am nächsten Tag besserte sich die Epithelisierung, die Hyperämie war schwächer als die an der unbehandelten Wunde. Der Extrakt war wirksamer als das Blatt selbst. Mkr. ändert sich der Prozeß bei einer Behandlung von 24—48 Std. nur unbedeutend; leukocytäre Migration u. nekrobiot. Veränderungen in der anliegenden Muskulatur werden etwas stärker. Bei einer Behandlung bis zu 6 Tagen sind leukocytäre Infiltration der Gewebe, Hyperämie u. Durchtränkung mit amorphen Eiweißmassen stärker ausgeprägt. Extrakte bis zur Verdünnung 1:2 beschleunigen die Blutgerinnung. Eine antibiot. Wrkg. gegen Streptokokken u. Staphylokokken konnte nicht festgestellt werden. Desgleichen bleibt **I** ohne Wrkg. auf Protozoen. (Фармакология и Токсикология [Pharmakol. u. Toxikol.] **16.** Nr. 2. 30—32. März/April 1953. Leningrad, Sanit. Hyg. Med. Inst., Lehrstuhl der pathol. Anat. u. der Pharm.) DU MANS. 4608

N. L. Bogojawlenskaja, *Zur Pharmakologie der Mispel.* Mispelfrüchte werden in der Volksmedizin zur Behandlung von Durchfällen gebraucht. Ein fl. Präp. aus deren Fruchtfleisch (**I**) wurde an Fröschen, weißen Mäusen u. weißen Ratten sowie an Kaninchen erprobt. Die Injektion von **I** in den lymphat. Sack der Frösche rief eine Hyperämie der Muskeln, doch keine lokalen Erscheinungen hervor. Ebenso gering war die lokale Rk. bei subcutaner Injektion bei Mäusen. Erst bei wiederholten Einspritzungen traten stärkere nekrot. Veränderungen an der Injektionsstelle auf, außerdem wurden die Mäuse träge, doch blieben sie am Leben. Per os eingeführt, löste **I** bei Mäusen eine leichte Verstopfung aus. Die Conjunctivalhaut der Kaninchen blieb nach Einträufelung von I ohne Veränderung, I war auch bei subcutaner Injektion ohne Wirkung. Das Blutbild u. die Blutsenkung von mit I (per os) behandelten Kaninchen blieben unverändert. Nur die Schleimhaut des Magens wurde leicht hyperämisch. Die Leber von mit I gefütterten Ratten blieb n., es wurden Leberpunktate untersucht. Den Ratten mit Magenfistel wurden mit geronnenem Hühnereiweiß gefüllte Capillaren eingeführt. Die gleichzeitige Verabreichung von I per os beschleunigte etwas die Eiweißverdauung. Die baktericide Wrkg. von I auf Ruhrstäbchen u. seine geringe Toxizität machen es bei der Behandlung der Bakterienruhr indiziert. (Фармакология и Токсикология [Pharmakol. u. Toxikol.] **16**. Nr. 2. 32—35. März/April 1953. Inst. für exp. Med. der Akad. der Med. Wiss. der UdSSR, Med. Biol. Abt.) DU MANS. 4608

A. D. Turowa und **Ja. A. Aleschkina**, *Zur Pharmakologie des Folinerins.* Das Glykosid *Folinerin* (I) wird aus dem kaukas. Oleander gewonnen. Seine biol. Aktivität übersteigt die von Digitoxin, Gitalin, Alonidin u. Digilanid. Die günstigste verträgliche Dosis für Katzen beträgt 0,05 mg/kg Körpergewicht. Die minimale tödliche Dosis der intravenös eingeführten Lsg. 1:15000 liegt bei 0,3 mg/kg, die tox. Mindestmenge bei 0,1 mg/kg. Bei Einführung per os ist die letale Dosis des I 2mal so groß wie bei intravenöser Einführung. Dies spricht für eine partielle Zerstörung des I im Magen-Darm-Traktus oder für eine unvollständige Resorption. Auf das Herz einer Katze unter Urethannarkose wirkt I wie Digitalisglykoside. In der Schnelligkeit der Wrkg. ähnelt es dem Strophanthin. (Фармакология и Токсикология [Pharmakol. u. Toxikol.] **16**. Nr. 2. 35—36. März/April 1953. Allunions Inst. für Arzneipflanzen, Pharm. Abt.) DU MANS. 4608

A. I. Rudenko, *Zur Pharmakologie des Hundsgiftes.* Aufguß von *Hundsgift* (I) hat eine digitalisähnliche Wirkung. Kleine Dosen, intravenös eingeführt, steigern den Tonus des Katzenherzens, verzögern den Rhythmus u. vergrößern unbedeutend die Amplitude. Größere Dosen führen zur Verminderung der Amplitude u. Herzstillstand in Systole. Die Wrkg. des I auf das Kaninchenherz ist ähnlich. Konzz. von 1:20 bis 1:100 verengen die Gefäße des Kaninchenohres, Konzz. von 1:500 bis 1:5000 erweitern sie. Ähnlich wirkt I auch auf die Gefäße der isolierten Kaninchennieren u. des Kaninchenherzens. Verdünnungen über 1:10000 blieben ohne Wirkung. Seine Wrkg. auf den Blutdruck wurde an 32 Kaninchen in Urethannarkose u. 23 Hunden unter Morphium geprüft. Kleine Dosen riefen einen unbedeutenden Anstieg des Blutdrucks, Vergrößerung der Pulsamplitude u. Verzögerung des Rhythmus hervor. Die Verzögerung des Rhythmus wird durch die Erregung des Vagus hervorgerufen. Die Erhöhung des Blutdrucks hängt von der unmittelbaren Einw. auf das Gefäßsyst. u. auf die Vasomotoren ab. (Фармакология и Токсикология [Pharmakol. u. Toxikol.] **16**. Nr. 2. 36—40. März/April 1953. Charkow, Wiss. Chem.-Pharm. Forschungsinst. u. Med. Inst., Lehrstuhl für Pharmakol.) DU MANS. 4608

P. C. Sen Gupta, *Chemotherapie der Leishmaniosekrankheiten: Zusammenfassung neuer Untersuchungen.* Eingehende Besprechung des Krankheitsbildes Kala-Azar in den verschied. Ländern der Erde, das mit a) *Sb*-Präpp. u. b) *aromat. Diamidinverbb.* behandelt wird. Besprochen werden Dosierungen, Verabreichungsart, Heilerfolge u. Nebenwirkungen mit a) 3- u. 5wertigen Sb-Verbb., speziell *Harnstoffstibamin, Na-Stibogluconat = Solustibuson, Methylglucaminantimonat, p-Aminophenylstibonat* von *N-Methylglucamin = Pentastib, Na-Mamitolantimonat, Stibanose*, von b) werden bes. hervorgehoben *4.4'-Diamidinostilben = Stilbamidin, 4.4'-Diamidinodiphenoxypentan = Pentamidin = Lomidin; 4.4'-Diamidinodiphenoxypropan = Propamidin, 4.4'-Diamidinodiphenyläther = Phenamidin, 4.4'-Diamidino-2-oxystilben = Oxystilbamidin.* Außerdem werden zur Behandlung von Hauterscheinungen u. a. erwähnt *Mecparine, Berberine, Umbellatine, Brechweinstein, Neostibosan, Anthiomalin, Neostam, Reprodal, As-Verbindungen.* (Indian med. Gaz. **88**. 20—35. Jan. 1953. Calcutta, School of Tropical Med., Kala-Azar Res. Dep.) DOSSMANN. 4610

R. N. Chaudhuri und **B. N. Dutta**, *Chemotherapie der Malaria mit besonderer Berücksichtigung der Erfahrungen in Indien (Überblick.)* Überragende Bedeutung bei der Malaria haben *Chloroquine* (I) u. *Camoquine* (II), mit denen in den meisten Fällen Heilung u. Parasitenfreiheit erreicht wird. Die Wrkg. von *Proguanil* (III) ist etwas langsamer u. nicht so sicher. *Daraprim* wirkt nur bei Vivaxinfektionen, Rückfälle wurden erfolgreich mit *8-Aminochinolinen* (*Pamaquine, Pentaquine, Isopentaquine, Primaquine*) + I oder *Chinin* (IV) behandelt; zur Zeit bleibt IV noch das Mittel der Wahl in Indien. Ferner Erfolge mit *Mecparine* (V). I u. II sehr geeignet für Prophylaxe. Therapeut. gleichwertig sind die Mittel etwa in folgender Dosierung: I u. II 0,6 g in einer Dosis, III 1,8—2,1 g in 4—5 Tagen, IV 75—105 g in 5—7 Tagen, V 1,5 g in 4 Tagen. I u. II kommen zur Massenbehandlung wegen des hohen Preises im Vgl. zu IV noch nicht in Frage. (Indian med. Gaz. **88.** 1—19. Jan. 1953. Calcutta, School of Tropical Med.) DOSSMANN. 4610

Dharmendra, *Chemotherapie der Lepra.* Eingehend besprochen werden in 1. Linie die *Sulfone* (**I**), denen die meiste Bedeutung bei der Leprabehandlung zukommt u. mit denen die größten Erfahrungen vorliegen. Ausgehend vom *Diaminodiphenylsulfon* (**II**) u. *Sulfanilamid*, werden eine Reihe einfacher u. im Kern substituierter **II**-Derivv. behandelt sowie Kombination von **I** mit Chaulmoograöl (*Chaulfone*). Ferner Besprechung der therapeut. Erfahrungen mit *Thiosemicarbazonen*, *Streptomycin*, *Aureomycin*, *PAS*, *Isoniazid*, *Cepharantin* (Japan) u. Hinweise auf die Brauchbarkeit von *Sb*- u. *Antihistamin*-Präpp., *ACTH* u. *Cortison* zur Behandlung akuter Leprakomplikationen. (Indian med. Gaz. **88.** 35—54. Jan. 1953. Calcutta, School of Tropical Med, Leprosy Dep.) DOSSMANN. 4610

F. N. Garanin, *Eine neue Behandlung der Spirochätose der Vögel.* Durch subcutane Zufuhr von 0,2—0,4 g (je nach Körpergewicht des Huhnes) *Piroplasmin* (**I**; *Akaprin*) trat nach 6—8 Std. eine Besserung ein. 10 Min. vor der **I**-Injektion muß 1 g *Campheröl* gegeben werden, da sonst sofortiger Tod eintritt. (Ветеринария [Tierheilkunde] **30.** Nr. 5. 24. Mai 1953.) LEBTAG. 4610

Claude M. Warren jr., *Lokalbehandlung von Augeninfektionen mit Gantrisin.* Bei bakteriellen Infektionen des äußeren Auges erwiesen sich 4%ig. *Gantrisin* (**I**)-Augentropfen oder 4%ig. **I**-Augensalbe anderen Chemotherapeuticis überlegen u. hatten keine störenden Nebenwirkungen. (Southern med. J. **45.** 1183—85. Dez. 1952. Mobste, Ala.) BROSEMANN. 4610

Lafon, Duc, Minvielle und **Jacques Vidal,** *Die Behandlung von Neurosen und Psychosen bakteriellen Ursprungs mit Isonicotinylhydrazin.* Bericht über 7 Fälle mit psych. Störungen, die mit 200 mg *Rimifon* täglich behandelt wurden. Ein sichtbarer Erfolg, 3 deutliche Besserungen, 3 unbeeinflußte Fälle. (Montpellier méd. [3] **44** (**96**). 100—101. Aug. 1953.) DOSSMANN. 4610

Bernard Appel, G. Robert Baler und **Edward F. Dougherty,** *Isoniazid bei der Behandlung des chronischen Lupus erythematodes.* Bericht über 7 nichttuberkulöse Fälle von chron. Lupus erythematodes, die oral mit dem *Isoniazid* (**I**)-Präp. *Cotinazin* (**II**; CHAS. PFIZER & COMP., INC.), 50 mg dreimal täglich, behandelt wurden. Alle Fälle mit subjektiven Symptomen gaben Besserung nach **II** an, objektive Besserung nur in 2 Fällen, geringfügige Nebenwirkungen. Nach Vff. kann es sich bei **II**-Therapie des Lupus nur um eine unspezif. **II**-Wrkg. handeln. Zum Vgl. werden analoge Ergebnisse mit **I**-Therapie bei 90 Streptomycin- u. PAS-resistenten Tuberkulosefällen angeführt. (A. M. A. Arch. Dermatol. Syphilol. **68.** 417—20. Okt. 1953. Boston, City Hosp., u. Tufts Coll., Med. School.) DOSSMANN. 4610

J. A. Berghauser Pont, D. Bergsma, C. Dijkstra, A. M. W. Hekking, A. J. Hennemann, J. J. Hirdes, J. K. Kraan und **H. Vos,** *Der Wert des Isonicotinsäurehydrazids bei der Behandlung der Lungentuberkulose.* Vorläufiger Bericht über 445 Patienten aus 8 Sanatorien, die 4—17 Wochen lang täglich 4 mg *Isonicotinsäurehydrazid* (**I**) per kg Körpergewicht erhielten. Anfänglichen oft erheblichen Besserungen folgten nach 4 bis 6 Wochen starke Verschlechterungen. Bes. die leichten Fälle wurden häufig sehr aktiviert. Es muß Resistenz der Bacillen als Ursache angenommen werden. Vor kritikloser Behandlung mit **I** wird gewarnt. (Nederl. Tijdschr. Geneeskunde **96.** 2059—61. 23/8. 1952.) KERSTEIN. 4610

Gunnar Berg und **Gertraud Meißner,** *Über Sensibilität von Tuberkelbakterienpopulationen aus Sputum während der Behandlung mit Isonicotinsäurehydrazid im 1. Vierteljahr.* Kurzer Überblick über die Resistenzentw. von Tuberkelbacillen aus dem Sputum gegenüber *Isonicotinsäurehydrazid* (**I**) bei Patienten mit prim. **I**-Empfindlichkeit. Von 97 Fällen waren nach 4 Wochen 71, nach 8 Wochen 24 u. nach 3 Monaten nur noch 2 Fälle n. **I**-empfindlich. Danach ist **I** nur für kurze Therapie geeignet, für längere Behandlungen ist Kombination von **I** mit *Streptomycin* angezeigt. Auf die Parallelität zwischen Resistenzentw. u. klin. Erfolglosigkeit wird hingewiesen. (Tuberkulosearzt **7.** 26—29. Jan. 1953. Borstel, Tuberkulose-Forschungsinst.) DOSSMANN. 4610

G. A. Nigoghossian, *Die Regression der Resistenz des Koch-Bacillus gegenüber Isonicotinsäurehydrazid (INH) nach Aufhören der Behandlung.* Bericht über 1 Fall mit Lungentuberkulose, der mit 5 mg/kg *Rimifon* (**I**; ROCHE) behandelt wurde. Zu Beginn der **I**-Therapie Hemmwrkg. auf den Tuberkelbacillus durch 0,2 γ **I**/cm^3, Beobachtung zunehmender **I**-Resistenz während der **I**-Behandlung, nach 90 Tagen völlige Resistenz bei 20 γ/cm^3. 3 Monate nach Absetzen von **I** wurde durch mehrere Testverss. die anfängliche Sensibilität nachgewiesen. (Schweiz. med. Wschr. **83.** 218—19. 28/2. 1953. Davos, Waldsanatorium.) DOSSMANN. 4610

M. Engler, *Nydrazid(Isoniazid) in der Behandlung von tuberkulösen Geisteskranken.* Vf. behandelte 8 tuberkulöse Geisteskranke nach erfolgloser Verabreichung von kombinierten *Streptomycin* (I)- u. *PAS*-Gaben 6 Wochen lang mit täglich 4mal 2 mg/kg *Nydrazid* (II; *Isoniazid*), anschließend 3 Wochen lang täglich mit 1 g I u. danach wiederum II in gleicher Dosierung wie zu Beginn. Es konnte in allen Fällen wesentliche Besserung des klin. Zustandes, zumeist Erregerfreiheit des Sputums u. deutliche Besserung des Röntgenbildes erzielt werden. (Tubercle **34.** 275—79. Okt. 1953. Catherham Surrey, St. Lawrence's Hosp.) KRUSEN. 4611

John C. Dick, *Die Wirkungen von Streptomycin mit und ohne p-Aminosalicylsäure auf die pathologische Histologie der Nierentuberkulose.* Bericht über histolog. Unterss. chirurg. behandelter Nierentuberkulose. Unterss. von insgesamt 50 Proben, 37 von Patienten ohne spezif. Therapie vor der Nephrektomie, 9 von Fällen, die mindestens eine *Streptomycin* (I)-Kur, 90 g über 90 Tage, erhalten hatten u. 4 von Patienten nach I- mit zusätzlicher *PAS* (II)-Behandlung, 15 g täglich. Ein Vgl. der untersuchten Läsionen ergab, daß I-Behandlung allein nicht in allen Fällen befriedigte, am besten waren die Läsionen mit einer 2maligen I + II-Kur zu kontrollieren. (J. Pathol. Bacteriol. **56.** 365—73. Okt. 1953. Glasgow, Univ., Dep. of Pathol. u. Stobhill Hosp.) DOSSMANN. 4611

Leon Adoni, *Die Behandlung der Hauttuberkulose mit Streptomycin.* Bericht über 31 Fälle mit verschied. Erscheinungsformen der Hauttuberkulose, die mit 25—82 g *Streptomycin* (I), im allg. 1 g/Tag, behandelt wurden. Besprechung der Heilerfolge mit I u. Hinweis auf bessere Ergebnisse in resistenten Fällen durch Kombination von I mit *PAS* u. *Calciferol.* (A. M. A. Arch. Dermatol. Syphilol. **68.** 378—81. Okt. 1953. Istanbul, Turkey, Or-Ahains and Pasteur French Hosp.) DOSSMANN. 4611

B. Ss. Gechman, *Klinische Beobachtungen über die Wirksamkeit der Behandlung von Tuberkulose des Urogenitalsystems mit Streptomycin. Streptomycin* (I) hemmt die Entw. des tuberkulösen Prozesses in den Nieren, bes. in frischen Fällen, u. fördert die Vernarbung u. damit das Verschwinden kleiner Cavernen, wodurch eine Nephrektomie vielfach überflüssig wird. Bei ausgedehnten destruktiven Veränderungen einer Niere ist I in der prä- u. postoperativen Periode von Nutzen. Bei multiplen Cavernen beider Nieren ist nur I-Therapie anwendbar. (Вестник Хирургии имени И. И. Грекова [Grekow Nachr. Chirurgie] **73.** Nr. 4. 36—41. 1953. Mil.-Med. Kirow-Inst., Lehrstuhl für Urologie.) RENTZ. 4611

I. O. Loiko, *Versuch einer Behandlung der Nierentuberkulose mit Streptomycin.* Auf Grund seiner guten klin. Erfahrungen empfiehlt Vf. bei der Nieren-Tbc tägliche intramuskuläre Injektionen von je 1 Million E. *Streptomycin* für ca. 10 Tage, wodurch nicht nur wesentliche Besserungen erzielt, sondern auch notwendige chirurg. Eingriffe ermöglicht bzw. erleichert werden. (Вестник Хирургии имени И. И. Грекова [Grekow Nachr. Chirurgie] **73.** Nr. 4. 34—35. 1953. Leningrad, San.-Hyg. Med. Inst., Chir. Fak. Klinik.) RENTZ. 4611

Gisela Vossen, *Die Ergebnisse der Streptomycintherapie des Jahres 1951.* Übersicht über erzielte Heilerfolge mit *Streptomycin* bei den verschied. Tuberkuloseformen. (Tuberkulosearzt **7.** 37—42. Jan. 1953. Aprath, Kinderheilstätte.) DOSSMANN. 4611

Harold B. Houser und **George C. Eckhardt,** *Neuere Entwicklungen zur Verhütung von rheumatischem Fieber.* Rheumat. Fieber wird durch Streptokokkeninfektion der Atmungswege ausgelöst. Mit mehreren Injektionen von 6 · 10⁵ E. *Procain-Penicillin* (I) in Öl + Al-Monostearat innerhalb von 5 Tagen konnte in 1120 Fällen ohne Vorgeschichte im Vgl. zu 1142 Kontrollen in 91% der Fälle das Auftreten von Anfällen vermieden werden. Mit *Aureomycin* (II), 8—11,5 g in 4—6 Tagen betrug das analoge Ergebnis 81,4%. II wird nur bei vorliegender I-Überempfindlichkeit empfohlen. Patienten mit Rückfällen werden am sichersten prophylakt. mit täglich 0,5—1 g *Sulfadiazin* über 3 Jahre gegen erneute Infektion behandelt. Tritt eine neue Streptokokkeninfektion auf, dann ist eine 10tägige I-Kur angezeigt. (Ann. intern. Med. **37.** 1035—43. Nov. 1952. Wyoming, Warren Air Force Base, u. Cleveland, O., Western Res. Univ., School of Med., Dep. of Prev. Med.) DOSSMANN. 4611

A. N. Pusanowa, *Calcium als Mittel zur Verstärkung der Wirksamkeit des Penicillins.* Vf. stellte in Verss. an mit letalen Dosen hämolyt. Staphylokokken infizierten Kaninchen fest, daß durch Kombination von *Penicillin* (I) mit *Ca* (2mal täglich 7 Tage lang zu 2,5 ml 10%ig. $CaCl_2$ intravenös u. 15—20 Min. später 50000 E. I subcutan) ein besserer therapeut. I-Effekt zu erzielen ist als mit den üblichen I-Lsgg. in 2%ig. Pyramidon, 0,5%ig. Novocain oder in physiol. NaCl-Lösung. (Вестник Хирургии имени И. И. Грекова [Grekow Nachr. Chirurgie] **73.** Nr. 4. 21—24. 1953. Minsk, Med. Inst., Lehrstuhl für operative Chir. u. topograph. Anatomie.) RENTZ. 4611

Israel Zeligman und **Sabino J. Sinesi,** *Die Behandlung eines Karbunkels durch Gaffkya tetragena mit Oxytetracyclin (Terramycin).* Bericht über 1 Fall mit Karbunkel, bei dem Micrococcus tetragena (Gaffkya tetragena) als Erreger nachgewiesen wurde. Nach Versagen von *Penicillin* Verabreichung von *Terramycin* (I), 250 mg 4 mal täglich. Ansprechen auf I bereits nach 2 Tagen, völlige Heilung nach 15 Tagen. (A. M. A. Arch. Dermatol. Syphilol. **68.** 382—84. Okt. 1953. Baltimore, Veterans Administrat. Hosp., Fort Howard, Md.) DOSSMANN. 4611

N. I. Blinow und **L. W. Grigorjewa,** *Die Anwendung des Antibioticums Aspergin in der chirurgischen Klinik. Aspergin* (I), ein neues synthet. aus Kulturen akt. Schimmelpilze gewonnenes Antibioticum, das vor allem auf grampositive Mikroben wirkt u. — zum Unterschiede von Penicillin — auch gegenüber Enterokokken, Coli u. Pyocyaneus wirksam ist, wurde mit Erfolg an über 500 Patienten zur Behandlung u. Prophylaxe chirurg. Infektionen angewandt. Wichtig ist, daß man I nicht nur subcutan zur Wundumspritzung, sondern auch in 5—10%ig. alkoh. Lsg. zusammen mit 0,5% Novocain intraperitoneal u. vor allem intravenös injizieren kann. (Вестник Хирургии имени И. И. Грекова [Grekow Nachr. Chirurgie] **73.** Nr. 4. 42—48. 1953. Kirow-Inst. für Ärztefortbldg., 3. Chir. Klinik.) RENTZ. 4611

W. I. Galtschikow, *Über die Wirksamkeit von Synthomycin bei Entzündungen des Urogenitalsystems.* Durch Behandlung von 36 Patienten wird festgestellt, daß das 1949 erstmalig hergestellte synthet. *Synthomycin* (I), ein ***rac. Chloromycetin,*** bei Infektionen der Urogenitalorgane eine gute Wrkg. zeigt. Am wirksamsten ist I bei Entzündungen ohne tiefgreifende destruktive Veränderungen der Organe. Unter der Einw. von I verschwinden die pathogenen Kokken, häufig auch der Colibacillus. (Клиническая Медицина [Klin. Med.] **31** (**34**). Nr. 2. 30—33. Febr. 1953.) LEBTAG. 4611

A. F. Bilibin, *Die neuen Antibiotica Synthomycin und Lävomycetin und die Erfahrungen bei ihrer Anwendung bei einigen Infektionskrankheiten. Lävomycetin* (I) u. *Synthomycin* (II) bewirken bei Unterleibstyphus nach 24—48 Std. eine allg. Besserung des Zustandes, eine Abnahme der Intoxikation u. eine Senkung der Temp. bis zum n. Wert nach 3—4 Tagen. Bei Spätanwendung werden Rezidive nicht verhindert. I u. II sind mindestens noch weitere 10 Tage nach eingetretener Temperatursenkung anzuwenden. I ist wirksamer als II. Von I verabreicht man 4 mal täglich je 0,5 g bis zum Eintritt n. Temp., 2—3 Tage danach je 0,25 g 6 mal täglich, nach weiteren 4—5 Tagen 4 mal täglich je 0,25 g. Von II werden vor der Temperatursenkung 4 bis 4,5 g, danach 2,5—3 g täglich verabreicht. I u. II sind auch bei Flecktyphus u. Dysenterie mit Erfolg anwendbar. Bei der Behandlung von Brucellose mit I u. II sind wiederholte Kuren erforderlich. Sie sind etwas toxischer u. bewirken bei längerer Anwendung Avitaminose. (Клиническая Медицина [Klin. Med.] **31** (**34**). Nr. 2. 6—15. Febr. 1953.) LEBTAG. 4611

Klaus Werner Schaumkell, *Ein Beitrag zur günstigen Beeinflussung schlecht resorbierbarer Implantate durch Umspritzung mit Hyaluronidase.* Tierexperimenteller Nachw., daß wenige *Hyaluronidase*-Injektionen die fibröse Abkapselung von Implantaten verhindern u. damit deren n. Resorption ermöglichen. (Naturwissenschaften **40.** 248—49. April 1953. Mainz, Univ., Anatom. Inst.) GIBIAN. 4614

D. Bovet, L. Sollero und **M. Marotta,** *Untersuchungen über die sympathicolytischen Eigenschaften in der Reihe des Ergotamins: Pharmakologische Wirkung des Tetrahydro-β-naphthyldiäthylamins (843 I. S.).* Das *1.2.3.4-Tetrahydronaphthyl-(2)-amin* (I) hat am isolierten Kaninchenherzvorhof u. am Meerschweinchen eine sympathicolyt., gegen *Adrenalin* (II) gerichtete Wirkung. Die sympathicolyt. Eigg. des *1.2.3.4-Tetrahydronaphthyl-(2)-methylamins* u. des *1.2.3.4-Tetrahydronaphthyl-(2)-dimethylamins* sind geringer, während sie stärker sind bei *1.2.3.4-Tetrahydronaphthyl-(2)-äthylamin* u. vor allem bei *1.2.3.4-Tetrahydronaphthyl-(2)-diäthylamin* (III), das als *843 I. S.* im Handel ist. Die II-Umkehr tritt bei III mit Dosen von 1 u. 2 mg/kg ein, bei *Noradrenalin* werden höhere Dosen benötigt. Die sympathicolyt. Fähigkeiten zeigen sich auch gegenüber der Splanchnicusreizung u. gegenüber dem durch Druck auf den Carotissinus erhöhten Blutdruck. Neben seiner Wrkg. auf den Blutdruck hebt III die II-Wrkg. auch bei Unterss. am sich kontrahierenden isolierten Uterus auf. Am Hund, der mit Chloral oder Numal betäubt ist, bewirkt III eine Blutdrucksenkung, während der hirnlose Hund auf III mit Blutdrucksteigerung antwortet. Die zentrale Wrkg. des III läßt sich aus der Steigerung der Körpertemp. entnehmen, die beim Kaninchen bis auf 44° ansteigen kann. Da einerseits III beim hirnlosen Tier wirkt u. andererseits die Temperatursteigerung über die Hirnzentren erfolgt, muß angenommen werden, daß es sympathicomimet. Eigg. ähnlich dem I, dem *Phenyläthylamin* u. dem ***Ergotamin*** besitzt, aber auch,

der Wrkg. des *Seccale* ähnlich, als zentral ansetzend wirkt. (Rend. Ist. super. Sanità **15.** 905—24. 1952. Roma, Ist. Sup. di Sanità, Labor. di Chim. Terap.)
P. G. SCHEURLEN. 4620

E. B. Skwirska und **T. P. Ssilitsch,** *Der Einfluß von Pervitin auf den Nucleinsäurestoffwechsel des Gehirns, der Leber und des Blutes.* Durch subcutane Zufuhr von 6—7 mg *Pervitin* (I) je 1 kg Kaninchenkörpergewicht 4 Std. vor dem Vers. wurde in Leber, Gehirn u. Blut der Geh. an *Ribonucleinsäure* (II) u. *Desoxyribonucleinsäure* (III) u. *Phosphoproteid* nicht wesentlich verändert (nur III wurde im Gehirn etwas angereichert. Auch die Aktivität von II u. III wurde fast nicht verändert; nur im Gehirn nahm die spezif. Aktivität von III ab. Hieraus ist zu schließen, daß III im Gehirn eine spezif. Rolle zukommt. (Украïнський Біохімічний Журнал [Ukrain. Biochem. J.] **25.** 3—10. 1953. Kiew, Inst. für Biochem. der Akad. der Wiss. der UkrSSR.) LEBTAG. 4622

A. M. Gorelik, *Die Unwirksamkeit von Lobelin und Cytiton bei subcutaner und intramuskulärer Einführung.* Die intramuskuläre bzw. subcutane Einführung von *Lobelin* oder *Cytiton* blieb bei Katzen auch dann ohne Wrkg. auf die Atmung, wenn die Dosen die bei intravenöser Einführung wirksamen 10fach überstiegen. Nur nach noch höheren Dosen u. bei intramuskulärer Einführung konnte ein Anstieg des Blutdrucks beobachtet werden. Diese Wirkungslosigkeit hängt mit der langsamen Resorption dieser Stoffe zusammen; es wird niemals die bei intravenöser Injektion schnell geschaffene Konz. erreicht. Daher bleibt auch eine langsam durchgeführte intravenöse Injektion wirkungslos. (Фармакология и Токсикология [Pharmakol. u. Toxikol.] **16.** Nr. 2. 22—24. März/April 1953. Leningrad, 1. Med. Pawlow-Inst., Lehrstuhl für Toxikol.)
DU MANS. 4622

H. E. Grewe, *Experimentelle Untersuchungen der geschlechtsverschiedenen Wirksamkeit von Barbitursäurederivaten zur Narkose.* Vf. stellte in Verss. an Ratten fest, daß die Schlafzeit nach Verabfolgung von *Eunarcon* oder *Evipan* bei ♀ länger als bei ♂ war. Kastrierte ♂ näherten sich dem Schlaftypus von ♀, mit Testoviron vorbehandelte ♀ ähnelten in ihrem Verh. gegen die Narkotica den ♂. Bei Jungtieren war keine geschlechtsgebundene Abhängigkeit zu beobachten. Die Verss. deuten auf eine direkte Beeinflussung durch die Keimdrüsen, oder eine indirekte durch Wechselwrkg. auf das gesamte endokrine System. (Z. ges. exp. Med. **121.** 497—502. 1953. Berlin, Städt. Krankenhaus Moabit.)
GOLDHAHN. 4627

Martin G. Larrabee, Juan Garcia Ramos und **Edith Bülbring,** *Die Wirkungen von Anästheticis auf den Sauerstoffverbrauch und die synaptische Übertragung in Sympathicusganglien.* Durch gleichzeitige Messungen des O_2-Verbrauchs u. der Übertragung (Größe des durch supramaximale Präganglionnervenreizung hervorgerufenen Postganglionpotentials) in excisierten höheren cervicalen Sympathicusganglien des Kaninchens, wurden die Wirkungen von Anästheticis (I) auf den Neuronenstoffwechsel u. die synapt. Übertragung verglichen. *Chloreton, Pentobarbital, Ae., Chlf., A., Amylalkohol* u. *n-Octylalkohol* senkten in bestimmten Konzz. die synapt. Übertragung reversibel ohne Verlangsamung des Ruß–O_2-Verbrauchs, *Urethan* verlangsamte letzteren geringfügig. *Azid* u. *Cyanid* red. dagegen, im Gegensatz zu I, in niedrigeren als zur Verminderung der Übertragung erforderlichen Konzz. den Ruß–O_2-Verbrauch beträchtlich. Der durch wiederholte Tätigkeit hervorgerufene zusätzliche O_2-Verbrauch wurde durch I proportional der Aktivitätssenkung herabgesetzt. Ähnliche Beobachtungen wurden an isolierten cervicalen Sympathicusnervenstämmen (Kaninchen) gemacht. Nach diesen Befunden stören die bei Anästhesie im Blut vorhandenen I-Konzz. die O_2-Aufnahme von Sympathicusganglionzellen oder präganglionären Nervenfasern nicht u. ergeben keine Stütze für die Annahme, daß die depressor. I-Wrkg. auf die Aktivitätsübertragung längs der Fasern u. über die Synapsen der Sympathicusganglien hinweg auf einer prim. Wrkg. auf den O_2-Verbrauch beruhen. (J. cellular comparat. Physiol. **40.** 461—94. Dez. 1952. Philadelphia, Pa., Johns Hopkins Univ. and Hosp., Thomas C. Jenkins Labors. of Biophys., u. Univ. of Pennsylvania, Eldridge R. Johnson Foundation.)
K. MAIER. 4627

Alfredo Garcia Robin und **Alberto Deluchi Levene,** *Therapeutica des postoperativen Schmerzes.* Es wird intravenös injizierbares *Procain* in Kombination mit einem Analepticum (*Nikethamid*), einem zentral wirkendes Analgeticum (*Alginodia*) u. *Vitamin C* empfohlen. (Prensa méd. argent. **40.** 2171—73. 14/8. 1953. Vincente Lopez, Hosp. Municipal.)
GERBER. 4627

Alden L. Angerer, Hung H. Su und **Jerome R. Head,** *Durch Efocain verursachter Tod.* Es wird über einen Todesfall berichtet, der nach intercostaler Injektion mit *Efocain* (1% Procain, 0,25% Procainhydrochlorid u. 5% p-Aminobenzoesäurebutylester in 2% Polyäthylenglykol 300, 78% Propylenglykol u. W.) eintrat. Es wird

angeraten I, da es Myelitis u. gegebenenfalls sogar den Tod verursachen kann, nicht als Lokalanästheticum, bes. in der Nähe lebenswichtiger Organe, z. B. des Rückenmarks, zu verwenden. (J. Amer. med. Assoc. **153.** 550—51. 10/10. 1953. Chicago, Ill., Wesley Mem. Hosp., u. Northwestern Univ., Med. School, Dep. of Surg. and Pathol.)
W. LORENZ. 4627

Joachim Erbslöh und **Ursula Baake,** *Über die Verwendung entspannungsfördernder Mittel bei Operationen in mittleren und kleineren Krankenhäusern.* Es wird über 200 gynäkolog. Operationen berichtet, bei denen durch einmalige intramuskuläre Gabe von 20—40 mg, im Mittel 0,3 mg/kg *Flaxedil* (*1.2.3-Tris-[β-diäthylaminoäthoxy]-benzoltriäthyljodid*) ohne Intubation oder künstliche Beatmung eine deutlich verbesserte Muskelentspannung u. Einsparung von Narkoticum (Evipan) erzielt wurde. Nebenwirkungen wurden nicht beobachtet. (Die Medizinische **1953.** 814—16. 13/6. Bad Oldesloe, Krankenh. Stormarn.) DAUTZENBERG. 4628

Paul Georg Günther, *Über den Einfluß der Glycerinäther auf die Atemmuskulatur bei Gesunden und bei Asthmatikern. My 301* (I), eine 5% ig. Lsg. des *o-Methoxyphenylglycerinäthers,* bewirkt am Zwerchfell ein Nachlassen des Tonus bei erhaltener tetan. Funktion. Bei Asthmatikern konnten unter I-Gaben vorübergehende Erfolge erzielt werden. — 40 Literaturangaben. (Z. ges. inn. Med. Grenzgebiete **8.** 1069—73. 1/12. 1953. Mainz, Univ., Med. Klinik.) H. WUNDERLICH. 4628

John H. Moyer, Russell A. Huggins, Carroll A. Handley und **Lewis C. Mills,** *Die Wirkung von Hexamethoniumchlorid auf die cardiovasculäre und renale Hämodynamik und die Elektrolytausscheidung.* An Hunden wird die Beeinflussung des Wasserhaushaltes durch *Hexamethoniumchlorid* (I) untersucht. In Pentobarbital- (30 mg/kg) u. Chloralose (110 mg/kg)-Narkose wurden Nierenfunktionsprüfungen mit Kreatinin (Maß für Glomerulifiltration), p-Aminohippursäure (Maß für renale Plasmaflut) u. Dextrose (Maß für Rückresorptionsfähigkeit der Tubuli) ausgeführt. Nach intravenöser Verabreichung von 2—5 mg I war die glomeruläre Filtration unverändert. Die Na-Ausscheidung stieg um 46%, während der renale vasculäre Widerstand um 16% absank. Die K-Ausscheidung blieb unverändert. Auch die Funktion der Tubuli wurde nicht merkbar beeinflußt. Größere Änderungen zeigten sich an den Tieren bei Unters. des Gefäßsystems. Dazu diente Messung des Blutdrucks u. des Herzschlagvolumens. Die Anästhesie erfolgte mit Chloralose (110 mg/kg) oder mit Morphin (5 mg/kg) + Pentobarbital (25 mg/kg). I kam in Mengen von 5 mg/kg zur Anwendung. Der Blutdruck sank in 2—5 Min. um ca. 30%, wobei systol. u. diastol. Druck gleichmäßig betroffen wurden. Das Schlagvol. war in den ersten 2—5 Min. erhöht u. lag nach 30 Min. für die meisten Tiere unter dem Kontrollwert. (J. Pharmacol. exp. Therapeut. **106.** 157 bis 165. Okt. 1952. Houston, Tex., Baylor Univ., Coll. of Med.) ZOPFF. 4630

Bruno A. E. Spellerberg, *Behandlung von Erkältungskrankheiten, insbesondere Schnupfen, mit gefäßerweiternden Mitteln.* Bei insgesamt 478 Fällen wurde mit *Douglan* (TROPONWERKE Köln-Mühlheim), einem Kombinationspräp. von *Dilatol* (*Phenylbutylnoroxyephedrinhydrochlorid*) mit kleinen Dosen *Chinin* u. *Dimethylaminophenazon,* in der Prophylaxe u. Therapie des Schnupfens u. grippaler Infekte gute Erfolge erzielt, bes. bei frühzeitiger Behandlung. Diese gute Wrkg. wird vor allem auf eine Normalisierung der Durchblutungsverhältnisse in der Nasenschleimhaut zurückgeführt. (Die Medizinische **1953.** 819—21. 13/6. Köln, Sporthochschule, Sportärztl. Abt.)
DAUTZENBERG. 4630

L. M. Afanassjewa, *Die Behandlung von Thrombophlebitiskranken mit Pelentan. Pelentan* (I) wurde bei 30 Patienten mit Thrombophlebitis 4 mal täglich zu je 0,075 g 1 Std. nach dem Essen angewandt u. führte bei 23 Patienten bei guter Verträglichkeit zu einem positiven Ergebnis. Die klin. Besserung trat gleichzeitig mit dem Absinken des Prothrombingeh. im Blut auf 50—60 ein. Nach Eintritt der Besserung ist die Therapie mit geringen I-Dosen (0,075—0,15 g täglich) noch monatelang fortzusetzen. (Советская Медицина [Sowjet-Med.] **17.** Nr. 7. 19—20. Juli 1953. Zentrale Poliklinik des Gesundheitsminist. der UdSSR.) RENTZ. 4630

Stuart W. Cosgriff, *Hämorraghie durch Selbstbehandlung mit Bisoxycumarin.* Bei einer Patientin mit allg. Blutungen (Haut, Zunge, blutiger Harn) konnte die wesentlich erhöhte Prothrombinzeit durch Verabfolgung von Vitamin *K*, *Vitamin K_1* u. *Methadon* wieder auf n. Werte zurückgebracht werden. Eine idiopath. Hypothrombinämie als Ursache konnte durch positiven Nachw. von *Dicumarol* (Selbstbehandlung) im Serum ausgeschlossen werden. (J. Amer. med. Assoc. **153.** 547—48. 10/10. 1953. New York, Columbia Univ., Dep. of Med. u. Presbyterian Hosp.) W. LORENZ. 4630

Benedikt Maeglin, *Zur Wirkung des Niederschlages von Zinkchlorid und Kaliumferrocyanid nach Gottlieb als Dentinimprägnationsmittel auf die Pulpen vitaler Zähne.* Nach histolog. Unterss. u. klin. Befunden hat sich der bei der Imprägnierung des

Dentins nach Gottlieb mit einer 40% ig. $ZnCl_2$-Lsg. u. einer 20% ig. $K_4[FeCN]_6$-Lsg. entstehende Nd. als unschädlich für die Pulpa erwiesen. Die Meth. ist indiziert bei allen Cavitäten sowohl für Silicat- wie für Kunstharzfüllungen (außer für schnellhärtende) u. auch zur Behandlung von hypersensiblem Dentin. (Dtsch. zahnärztl. Z. **8.** 1325—31. 15/12. 1953. Basel, Univ., Zahnärztl. Inst.) Klesse. 4655

Adolph H. Conrad jr. und **Lee T. Ford,** *Allergische Dermatitis, die durch Melmacsches Pflaster bedingt war.* Es wird über 2 Fälle berichtet, bei denen eine Dermatitis aufgetreten ist, die durch Melmacsches Pflaster (I) (Puder aus Melaminkunstharz u. Ammoniumchlorid, das in wss. Lsg. zur Herst. von Bandagen dient) verursacht worden ist. Die Verwendung von I wird trotzdem nicht als kontraindiziert gehalten, da die Vorteile von I die Möglichkeiten eines Nachteiles überwiegen. Beim Verdacht auf eine Dermatitis soll bei den Patienten der Verband zur Unters. der Haut rechtzeitig geöffnet werden. (J. Amer. med. Assoc. **153.** 557. 10/10. 1953. St. Louis, Washington Univ., Dep. of Med., Dermatol Div. and Dep. of Surg., Orthop. Div. and Children's Hosp.) W. Lorenz. 4660

O. Gayer Morgan, *Genuß von methylalkoholvergälltem Alkohol.* Vf. berichtet über 4 Fälle von Genuß methanolvergällten A. u. weist auf die Notwendigkeit hin, bei zentralem Skotom u. opt. Atrophie die Möglichkeit einer Methanolvergiftung nicht außer acht zu lassen. Nach Genuß vergällten A. weisen Atem u. Schweiß der Patienten einen charakterist., wahrscheinlich auf Formaldehydausscheidung beruhenden Geruch auf. (Trans. ophthalmol. Soc. United Kingdom **72.** 435—41. 1952. London.) K. Maier. 4675

André Fabre, *Bei Benzolvergiftung notwendige biologische Untersuchungen.* Von großer Bedeutung ist eine sorgfältige Blutunters., da eine Benzolvergiftung immer durch eine hyperchrome Anämie mit Leukopenie u. Neutropenie charakterisiert ist. Bzl. kann in Blut u. Harn schon in Konzz. von 2 γ in 5 ml durch Abtreiben mit Luft von 50° u. Überführung in Dinitrobenzol durch Einleiten in H_2SO_4/HNO_3 erfaßt werden. Benzolintoxikationen können außerdem durch Best. der schwefelgebundenen Harnbestandteile („gepaarte Schwefelsäuren") nachgewiesen werden. Wenn der so gebundene S 30% des Gesamt-S übersteigt (n. 8—12%), so ist Intoxikationsgefahr gegeben. (Presse méd **60.** 1200. 13/9. 1952. Paris.) Krusen. 4675

William V. Lovitt jr., *Lungenembolie durch Verwendung von Haushaltssenfpulver bei selbst verursachtem Abort.* Bericht über einen Fall von durch Anwendung einer konz. Senfpulverlsg. hervorgerufenem Abort. Zahlreiche Senfpulverzellen fanden sich in den Blutgefäßen der Lunge. Exitus durch Leber- u. Nierenschäden u. Septicämie. (Amer. J. clin. Pathol. **23.** 914—17. Sept. 1953. Baltimore, Md., Univ. of Maryland, Med. School, Office of Chief Med. Examiner of Maryland and Div. of Legal Med.) Krusen. 4675

S. E. Grigorjew, *Die Giftigkeit flüchtiger Teerstoffe der Halbverkokung von Torf.* Unter den Bestandteilen der untersuchten Teerproben sind vor allem die in den leichtsd. Anteilen enthaltenen *Phenole* (I) giftig. Bei weißen Mäusen führt ein Geh. von 3,5 mg in 1 Liter Luft zu akuten Vergiftungserscheinungen, eine Konz. von 5,65 mg zum Tode. Teerdämpfe mit 0,005—0,01 mg I je Liter bewirken Störungen der bedingt-reflektor. Funktion, ebenso Auftragen von 100—200 mg auf die Haut. Längeres Einatmen (34 Std. in 17 Tagen) hat eine Gewichtsabnahme von 4—9% zur Folge. Eine Teerdampfkonz. von 3 mg/Liter in der Luft ruft bei der Katze Speichelabsonderung hervor, ist aber beim Kaninchen ohne Wirkung. Die Toxizität des Teers aus der Torfhalbverkokung ist mit derjenigen des Teers aus der Halbverkokung der Kohle vergleichbar. Als höchstzulässige Konz. der Teer-I in der Torfteere herstellenden u. verarbeitenden Industrie müssen 0,005 mg/Liter (= der für reines I festgesetzten Norm) gelten. (Гигиена и Санитария [Hyg. u. Sanitätswes.] **1953.** Nr. 11. 26—30. Nov. Leningrad, Inst. für Arbeitshyg. u. Berufskrankh.) R. K. Müller. 4681

—, Neue Heilmittelformen der Antibiotica. Sammlung von wissenschaftlichen Aufsätzen. Unter der Redaktion von S. W. Jermoljewoi. Moskau: Medgis. 1952. (104 S.) 4 Rbl. 90 Kop. [russ.]

F. Pharmazie. Desinfektion.

H. W. Fowler, *Anwendung der Infraroterhitzung bei pharmazeutischen Produkten.* 1. Mitt. *Grundlagen.* 2. Mitt. *Das Trocknen von Granula.* 1. Mitt.: Theorie der Infrarotstrahlung. Vorzüge bei der Trocknung pharmazeut. Prodd. u. Anwendungsmöglichkeiten. Grenzen der Infrarottrocknung in der Pharmazie. Beschreibung einer Infrarottrockenvorr. (Abb.) für das Laboratorium. — Die 2. Mitt. wurde in verkürzter Wiedergabe C. **1953.** 2485 referiert. (J. Pharmacy Pharmacol. **4.** 932—43. Nov. 1952. Leicester, Coll. of Technol., School of Pharm.) Spitaler. 4750

K. Starke, *Eine neue Filtermasse zur Klar- und Farblosfiltration von Traubenzuckerlösungen.* Zur Beseitigung der Nachteile, die mit der Filtration von Traubenzuckerlsgg. nach dem bisher üblichen Verff. verbunden sind, empfiehlt Vf. die Verwendung eines Rundfilters (I) aus sogenanntem Glasfaserpapier u. eine Filterflockenmasse (II; Schleicher u. Schüll). I wird auf die Saugnutsche gelegt, etwas II wird in einem Becherglas mit heißem W. versetzt u. auf die Saugnutsche gegossen, so daß sich die aufgeschwemmte II-Masse als feine Schicht auf das I legt. Dieses kombinierte Filter ist kohledicht u. liefert beim Aufgießen einer heißen, mit Aktivkohle (bis zu 2%, auf Substanz berechnet) behandelten Traubenzuckerlsg. ein farbloses, klares Filtrat. (Dtsch. Apotheker-Ztg. **94.** 298. 15/4. 1954. Würzburg, Staatl. Luitpoldkrankenhaus, Zentralapotheke.) Barz. 4786

R. Gaudal, *Nylon und seine Anwendungen in der pharmazeutischen Industrie.* Nach Darst. der Herst. von Nylon wird über einige Anwendungen in der pharmazeut. Industrie (Filtration von Penicillin, Aureomycin u. Blutplasma) berichtet. (France-Pharmacie **5.** 152—53. April 1952.) Boye. 4786

Marcus A. Ellis, *Verteilung fester Stoffe in Vorratslösungen.* Vf. beschreibt die von ihm an drei pharmazeut. Zubereitungen (*Mist. Mag. Carb. N. F., Mist. Mag. Trisil. Co. N. F., Mist. Kaolin. et Morph. N. F.*) durchgeführten galen. Unterss. über die Verteilung der unlösl. Bestandteile der genannten Schüttelmixturen. (Pharmac. J. **170** ([4] **116**). 397. 30/5. 1953. Huddersfield, Thornton & Ross Ltd.) Rangnick. 4790

W. Mitchell, *Tinctura Chloroformii et Morphini B. P. C.* Eine Reihe handelsüblicher Präpp. wurde nach 1 Monate langem Stehen untersucht u. festgestellt, daß die Emulsionen ungenügend sind, sich trennen u. 2 Schichten verschied. Zus. geben. Es wird vorgeschlagen, einen geeigneten Emulgator zuzugeben. Auch die Zubereitungen „doppelter Stärke" sind unstabil. (Pharmac. J. **172** ([4] **118**). 3. 2/1. 1954. London, Stratford Allen & Sons, Ltd.) Boye. 4790

J. Šadek, L. Šir, E. Holečková, M. Barvič und **O. Bulvas,** *Die gegenseitige Beziehung von Geweben und Polyamidharzen. 75 Hernioplastiken durch ein Polyamidnetz.* Während durch Seide, Nylonfasern, Silcworm, Haar u. Catgut das Wachstum von Fibroblastenkulturen gehemmt oder verändert wird, geschieht dies nicht durch Polyamid (I)-Fasern, auf denen sich die Gewebskulturen spontan weiter ausbilden. Desgleichen wird auch im Tiervers. bei Umhüllung der Nieren mit I-Netzen das Material resorbiert (keine entzündlichen Prozesse, keine Einkapselung). Bei längerer Inkubation der I-Fasern wird die Reißfestigkeit herabgesetzt, was für eine allmähliche Zers. der Fasern im Gewebe spricht. Die I-Netze eignen sich sehr gut zu Hernioplastiken. (Zbl. Chirurg. **78.** 1715—27. 1953. Ostrava, Volksgesundheitsanst.) P. G. Scheurlen. 4796

Hans Freitag, *Ein Silicatzement mit besonderen Eigenschaften.* Hinweis auf den neuen Silicatzement *Siladen* (Bayer) mit bes. feinkörnigem Pulver, der sich wegen seiner in kosmet. Hinsicht voll befriedigenden Transparenz u. Luminescenz als Füllungsmaterial ausgezeichnet bewährt. (Dtsch. zahnärztl. Z. **8.** 1346—47. 15/12. 1953. Schirnding/Obfr.) Klesse. 4798

R. Brunner, *Aciditätsprobleme bei der Penicillinerzeugung.* Vf. weist auf die Bedeutung der Säurezahl u. des Säureverhältnisses (*Penicillin* [I]: Begleitsäuren) in den bei der Extraktion der I-Rohlsg. mit organ. Solventien anfallenden Lösungsmittelphasen im Zusammenhang mit dem verwendeten Pilz, der benutzten Nährlsg. u. der Art der Submersgärung hin. Die Ausbeute an ausgefälltem I-Salz ist bei gleichem Geh. an I-*G*, dessen bevorzugte Bldg. wegen der besten therapeut. Effekte u. der größten Stabilität durch Zugabe geeigneter Vorstufen (z. B. *Phenylessigsäure* [IV] angestrebt wird, um so höher, je reiner die I-Lsg. ist u. je weniger saure Begleitsubstanzen neben I in der organ. Solvensphase vorhanden sind. Als neues Stoffwechselprod. von *Penicillium notatum* wurde *o-Oxyphenylessigsäure* (II) gefunden, die bei der Fällung von *K*-I aus der Butylacetatphase mit alkoh. K-Acetat als Molekülverb. (III) zwischen 1 Mol *K-Oxyphenylacetat* u. 1 Mol II anfällt. III, $C_7H_7O \cdot COOK \cdot C_7H_7O \cdot COOH$, F. (Best. durch Kofler) in Paraffinöl: ab 180° Gasblasen, homogenes Schmelzen bei 194°, teilweise Kristallisation, ab 230° erneute Gasbldg. u. Schmelzen bei 240—242°, p_H der 5%ig. wss. Lsg. 4,38. Die Abhängigkeit der Fällungsausbeute des *K-*, *Procain-* u. *N-Äthylpiperidin*-I vom Säureverhältnis wird an Modellverss. (Ggw. von III, IV) untersucht. Die Ausbeute bei der Basenfällung von I unterliegt einer geringeren Beeinflussung durch Begleitsäuren als die bei der Alkalifällung. Eine Entfernung der letzteren kann durch Extraktion mit organ. Solventien (Toluol, CCl_4, PAe. usw.) bei einem p_H, bei dem sie als freie Säuren u. I noch als Salz vorliegen, erfolgen. (Österr. Chemiker-Ztg. **54.** 138—48. Mai 1953. Kundl.) K. Maier. 4810

K. Zakrzewski, *Das Trocknen von Plasma.* Überblick über die Theorie der Lyophilisation (Vakuumsublimation des Lösungsm. aus einer tiefgekühlten Lsg. unterhalb des kryochem. Punktes), die apparative Ausrüstung u. die Organisation der Herst. von Trockenplasma. (Przemysł chem. **9** (**32**). 65—69. Febr. 1953. Warszawa, Inst. Hematol.) R. K. MÜLLER. 4812

T. Huizinga, *Blutstillende Mittel.* Übersicht über Herst., Anwendung, Wrkg. u. Eigg. von Thrombin, Thromboplastin, Vitamin K_2 bis K_6, Fibrinogen, oxydierter Cellulose u. Gelatine. (Pharmac. Weekbl. **87.** 43—50. 19/1. 1952.) WESLY. 4812

John P. O'Meara, *Strahlenchemie und Sterilisation biologischer Stoffe durch ionisierende Strahlungen.* Aus der Betrachtung der starken Oxydations- u. Reduktionsvorgänge in durch γ-Strahlung sterilisierten Nahrungs- u. Heilmitteln folgt, daß die Inaktivierung von Enzymen, die Zerstörung von Vitaminen u. Aminosäuren sowie Geschmacks- u. Farbänderungen durch Bestrahlung im gefrorenen Zustand verringert werden können. — Ausführliches Literaturverzeichnis. (Nucleonics **10.** Nr. 2. 19—23. Febr. 1952. San Antonio, Tex., Southwest Res. Inst.) H. HAUSWALD. 4832

Walther Schäfer, *Über einfache Methoden der chemischen Luftdesinfektion.* (Vgl. C. **1954.** 2875.) Bei den Verss. mit *Triäthylenglykol* (**I**) wurde als Testkeime eine 18std. Bouillonkultur von *Bacterium prodigiosum* benutzt, von der 5—20 cm^3 mit dem Contragerät innerhalb 20—40 Min. in Räumen von 22,4 u. 69,3 m^3 versprüht wurden. Lufttemp. 17—23°, Feuchtigkeitsgeh. 55—85%. 1 Liter Luft enthielt ca. 200000 bis 400000 Keime. Bei den Verss. wurden bestimmt: Die Schwebedauer der versprühten Keime, die baktericiden Effekte von I in Abhängigkeit von der vorhandenen Keimmenge u. der vernebelten I-Menge sowie die Dauer der baktericiden Wirkung. Es wird festgestellt: Die Dauer der Luftbaktericidie beträgt bei der Vernebelung von I aus Büchsen mit verflüssigtem Treibgas ca. 30—50 Minuten. Eine noch einfachere Vernebelungsart ist das Verdampfungsprinzip. (Med. Klin. **48.** 1731—35. 20/11. 1953. München, Univ., Hyg. Inst.) BOYE. 4832

G. Thomas, *Die Spezifität von Analysenmethoden als ordnendes Prinzip einer sytematischen Klassifizierung.* Vf. beschreibt ein besonderes Syst. karteimäßiger Erfassung von Analysenmethoden, das es erlaubt, für jedes neue Arzneimittelgemisch sofort die jeweils am besten geeignete Bestimmungsmeth. für die einzelnen Komponenten herauszufinden. (J. Pharmac. Belgique [N. S.] **6.** 375—82. Nov./Dez. 1951. Bruxelles, Labor. de l'Inspect. des Pharm.) M. D. LAUBSCHAT. 4880

O. I. Chochlowa, *Bestimmung von Beimengungen an schweren Metallen in pharmazeutischen Präparaten durch chromatographische Analyse.* Es wurden untersucht: 1. eine $AgNO_3$-Lsg. mit Beimengung von Pb^{2+}; 2. Baldriantinktur mit Pb^{2+}- u. 3. mit Cu^{2+}-Beimengung. Die Beimengungen wurden in den Prüflsgg. in Konzz. 0,01-bis 0,00001 mol. dosiert. Das Sorptionsröhrchen (5 × 50 mm) wurde 30 mm hoch mit Sorbens (*Al_2O_3*) u. oben 10—15 mm mit Prüflsg. u. Reagentien (Entwickler) gefüllt (über dem Ausflußende ein Wattebäuschchen). Als Entwickler diente für Cu^{2+} $K_4Fe(CN)_6$, für Pb^{2+}KJ u. H_2S-W. (K_2CrO_4 erwies sich als unanwendbar). — Es konnten mit KJ bis 0,02 mg, mit H_2S sogar 1—2 γ Pb^{2+} im $AgNO_3$ nachgewiesen werden (0,1 ml Prüflsg. u. je 0,2 ml 25%ig. NH_3 u. H_2S-W.). In der Baldrianlsg. konnten bis 0,03% Cu^{2+} u. 0,002% Pb^{2+} nachgewiesen werden — in der Tinktur war die Empfindlichkeit des Cu-Nachw. 10mal geringer als in reiner Cu-Salzlösung. (Аптечное Дело [Apotheken] **2.** Nr. 3. 22—25. Mai/Juni 1953. Moskau, Pharmazeut. Inst. des Gesundheitsminist. der UdSSR, Lehrstuhl für analyt. Chem.) v. WILPERT. 4880

M. I. Timoschenko, *Anwendung von flüssigem Bleiamalgam zur schnellen quantitativen Bestimmung von Verbindungen des Eisenoxyds und Eisenoxyduls in einigen pharmazeutischen Präparaten.* Der Prüfstoff wird in 20 ml 10nH_2SO_4 gelöst u. auf 200 ml aufgefüllt. Zur B e s t. d e s Fe^{2+} werden 20 ml Prüflsg. mit 10 ml 10nH_2SO_4, 10 ml 10%ig. H_3PO_4-Lsg. u. 3 Tropfen Indicator (Diphenylaminlsg.) versetzt, auf 100—150 ml aufgefüllt u. mit 0,1n$K_2Cr_2O_7$ bis Blau titriert. Zur B e s t. d e s Fe^{3+} werden 20 ml der Prüflsg. mit 150 g 5%ig. Pb-Amalgam u. 10 ml 10%ig. H_2SO_4-Lsg. 5 Min. geschüttelt, aus dem Scheidetrichter abgelassen, das Amalgam 3—4mal mit W. nachgewaschen, dann H_3PO_4 u. Indicator zugesetzt u. wie oben titriert. Fe^{3+}: aus der Differenz. Anorgan. Präpp. können direkt mit $KMnO_4$ titriert werden. (Аптечное Дело [Apotheken] **1952.** Nr. 6. 16—18. Nov./Dez. Pjatigorsk, Pharmazeut. Inst. des Gesundheitsminist. der UdSSR, Lehrstuhl für analyt. Chem.) v. WILPERT. 4880

A. H. Lacey, *Ein Vergleich von NPH-Insulinpräparaten.* Mit Hilfe der Blutzuckerkontrolle (stündlich über 6 Std.) wurden am Kaninchen 6 verschied. NPH-Insulinpräpp. (im Gegensatz zum Protamin-Zink-Insulin sind die suspendierten Teilchen kristallin) untersucht. Die Präpp. wiesen in ihrer Wirksamkeit keine größeren

Unterschiede auf. Offensichtlich reichen auch nichtbiol. Teste aus, um die Konstanz der Präpp. zu kontrollieren. (J. Pharmacol. exp. Therapeut. **105.** 196–202. Juni 1952. Toronto, Canada, Univ. of Toronto, Insulin Comm. Labor.)
KLINGMÜLLER. 4880

Aurelio Mariani, Salvatore Guarino und **Olga Mariani Marelli,** *Über die colorimetrische Bestimmung des Morphins im Opium.* Zur offizinellen Best. des Morphins (I) in Opium schlagen Vff. ihre früher (Boll. Soc. ital. Biol. sper. **20.** [1945.] 754) entwickelte colorimetr. Meth. vor, die auf einer Farb-Rk. von I mit HJO_3 in saurem u. dann mit $FeCl_3$ in bicarbonatalkal. Lsg. beruht, die spektrophotometr. ausgewertet wird. (Die neue Meth. gibt etwa um 25% höhere Gehh. an I als die Meth. nach EDER u. WÄCKERLIN (Quart. J. Pharmac. **10.** [1937.] 680). (Ist. super. Sanità, Rend. **14.** 733—41; Ann. Chimica **41.** 661—68. Sept./Okt. 1951. Rom, Ist. superiore di Sanità, Labor. di Biol., Chimi. terapeut. e Chim.)
K. FABER. 4880

S. Simon, *Trennungsmethode für Spartein.* Eine Probe von ca. 200 mg Substanz, deren Geh. an *Spartein* (I) bestimmt werden soll, wird in 30—40 ml W. gelöst u. durch Zugabe von ca. 40 ml Reagens (II), einer Lsg. mit 15% Ammonrhodanid u. 2% $Co(NO_3)_2$, das I quantitativ gefällt. Nach 15 Min. Verbleib auf dem sd. Wasserbade läßt man 4 Std. absitzen, filtriert die blau glänzende Kristallfällung auf einer Fritte G_4 ab u. wäscht 3 mal mit je 10 ml II nach. Die Fällung wird heiß in 40%ig. HCl gelöst u. nach Alkalisieren das I mit 4 mal 20—25 ml Ae. ausgeschüttelt. Nach Trocknen über Na_2SO_4 u. Verdampfen des Ae. wird der Rückstand in n/10 H_2SO_4 gelöst u. der Säureüberschuß zurücktitriert. Anwendung von 2 Indicatoren (Dimethylgelb u. Phenolphthalein) erlaubt, beide Umschlagspunkte des I zu erfassen. Fehlergrenze ca. 3%. Pyramidon u. Papaverin werden mitgefällt. (J. Pharmac. Belgique [N. S.] **7.** 445—47. Sept./Okt. 1952.)
v. GIZYCKI. 4880

R. V. Swann, *Einige Beobachtungen bei der Bestimmung von Vitamin A in Dorschleberöl.* Die korr. Extinktionswerte vom Unverseifbaren ergeben zu niedrige Vitamin-A-Werte. Eine brauchbare Gehaltsbest. ergibt sich durch 30 Min. langes Verseifen des Öles mit n/2 alkoh. KOH u. nachfolgender Best. von $E_{1\,cm}^{1\%,\ 326,5\ m\mu}$ (roh). Zur Feststellung ungesätt. Säuren wird die Prüfung weiterer Absorptionsmaxima erörtert. Die Verseifungszeit ist gegebenenfalls zu verlängern. Der Faktor 1600 zur Umrechnung von E (roh) des Unverseifbaren in biol. Einheiten wird als zuverlässig bezeichnet. Auf die Schwierigkeiten der chromatograph. Best. mit Tonerde wird eingegangen. (J. Pharmacy Pharmacol. **4.** 886—97. Nov. 1952. Allen and Hanburys Ltd.)
SPITALER. 4880

George F. Watson, Kitchener, Ontario, Can., *Drüsenextrakte.* Frische Milzdrüsen werden gereinigt, ohne Zerkleinern oder Zerquetschen in Streifen geschnitten u. in einer sterilen Lsg. von dest. W. u. NaCl mit geringem Zusatz von Phenol 8 Wochen belassen. Dann wird die eiweißhaltige Fl. dekantiert u. steril filtriert. (**Can. P. 487 175** vom 13/6. 1947, ausg. 14/10. 1952.)
WITTHOLZ. 4791

Nu-San Ltd., England, *Herstellung von absorbierenden trocknen Wundverbänden.* Man behandelt Papier, Leinen oder Gaze mit einer wss. Emulsion eines Wachses oder eines spontan emulgierbaren Öles oder mit Wachs, Vaseline oder Öl u. einem Emulgierungsmittel. Ferner kann sie ein in W. lösl. oder unlösl. Medikament u. Lanolin enthalten. — Z. B. behandelt man ein absorbierendes Papier mit einer wss. Emulsion von 4 (%) Vaseline, 0,15-Aminoacridinhydrochlorid oder 0,1 neutralem Acriflavin, 0,1 guajacolsulfonsaurem Cu u. 1,5 eines emulgierenden Wachses (Cera Emulsificans des Brit. Arzneibuchs). (**F. P. 1 026 308** vom 20/10. 1950, ausg. 27/4. 1953.)
OPPERMANN. 4795

Dr. Hammer & Co. G. m. b. H. (Erfinder: **Fritz Hammer †**), Hamburg, *Sterilisieren von organischem Gut,* bes. *chirurg. Nahtmaterial* nach D. B. P. 868 056 (C. **1953.** 8419). Der Sterilisationslsg. wird eine geringe Menge bas. wirkender Stoffe, z. B. NH_4OH, Na_2CO_3, $N(C_2H_5)_3$ oder $N(C_2H_4OH)_3$, zugesetzt. (**D. B. P. 874 505** Kl. **30i** vom 19/12. 1944, ausg. 23/4. 1953.)
E. PETERSEN. 4795

United States of America, übert. von: **Majel M. MacMasters,** Peoria, Ill., V. St. A., *Sterilisieren von Stärkeschwämmen,* die bes. als hämostat. *Verbandmaterial* verwendet werden. Man behandelt die Schwämme mit feuchtem Dampf bei 105—125° u. 5 bis 20 lbs./sq. in., bis die Sterilisierung beendet ist, vermindert den Druck schnell unter Ausschaltung der Dampfzufuhr, kühlt dabei rasch ab u. trocknet ca. 30 Min. mit heißer Luft. (**A. P. 2 635 943** vom 17/3. 1950, ausg. 21/4. 1953.) E. PETERSEN. 4795

Farbenfabriken Bayer Akt.-Ges., Leverkusen, *Sulfonamidderivate* durch Rk. von 1 Mol eines α.β-ungesätt. Aldehydes, z. B. Zimtaldehyd, Acrolein oder Crotonaldehyd, mit 2 Mol Alkalibisulfit u. Umsetzen des Reaktionsprod. mit einem Sulfonamid, wie 4-Aminobenzol-1-sulfothioharnstoff, 4-Aminobenzol-1-sulfonamid, 2-(4'-Aminobenzol-1'-sulfonamido)-5-isopropylthiadiazol, 4-Aminobenzol-1-sulfonsäureamid. Weitere Beispiele. Leicht in W. lösl. Prodd. ergeben hitzesterilisierbare u. injizierbare Lösungen. (**E. P. 692 052** vom 11/12. 1950, ausg. 27/5. 1953. Schwz. Prior. 10/12. 1949.) K. HEINZE. 4807

Aladar Skita, Baden-Baden, und **Werner Stühmer,** Eldagsen, Hann. (Erfinder: **Aladar Skita, Werner Stühmer, Günther Windaus,** Obertsrot/Murgtal, **Werner Neumann,** Langenhagen, Hann., und **Werner Heinrich,** Hann.), *N-substituierte iso-1.2-Diphenyläthanol-(1)-amine-(2)* (**I**) dienen als *Oberflächenanästhetica.* — *iso-N-Butyl-***I**. Aus **I**, Butyraldehyd, Pt–BaSO_4 u. H_2 in A. in Ggw. von Na-Acetat bei 3 at, F. 65°; *Hydrochlorid,* F. 181°; *Phenylacetat,* F. 133—134°; *Methansulfonat,* F. 219—221°; *p-Toluolsulfonat,* F. 189—190°. — *iso-N-Isobutyl-***I***-Hydrochlorid,* F. 206—207°; *Formiat,* F. 148—149°; *Acetat,* F. 140—141°; *Valerianat,* F. 121—122°; *Lactat,* F. 138 bis 139°; *Phenylacetat,* F. 126—129°; *Amygdalat,* F. 151—152°; *Orthophosphat,* F. 208 bis 209°; *Nitrat,* F. 133—135°; *Tartrat,* F. 138—140°; *Hydrocinnamat,* F. 128—129°; *Methansulfonat,* F. 177—178°; *Salicylat,* F. 144—146°; *Succinat,* F. 138—140°; *Benzoat,* F. 153—154°; *p-Toluolsulfonat,* F. 179—180°; *p-Phenolsulfonat,* F. 168—169°; *Äthanolsulfonat,* F. 181—183°; *p-Aminosalicylat,* F. 138—139°; *Oleat,* F. 69—72°. — *iso-N-sek.-Butyl-***I**, F. 130—131°; *Hydrochlorid,* F. 175—177°. (**D. B. P. 872 948** Kl. 12q vom 15/10. 1949, ausg. 9/4. 1953. Schwz. Prior. 3/4. 1947.) LANGER. 4807

Cilag Akt.-Ges., Schaffhausen, Schweiz, *1-Phenyloxy- (oder thio)-2-alkylaminopropane* dienen als *Zwischenprodd.* oder *Pharmaceutica.* — *1-Phenoxy-2-methylaminopropan.* Aus 1-Phenoxy-2-oxopropan (**I**), $CH_3 \cdot NO_2$, H_2 u. RANEY-Ni in Alkohol; $Kp._{11}$ 108—110°; *Hydrochlorid,* F. 98—99°; *Pikrat,* F. 137—139°; *p-Aminosalicylat,* F. 143°. — *1-Phenoxy-2-isopropylaminopropan.* Aus **I** u. Isopropylamin durch Red. mit H_2 + RANEY-Ni oder mit HCOOH; $Kp._{11}$ 118—119°; *Hydrochlorid,* F. 136—137°; *p-Aminosalicylat,* F. 131—133°. — Analog: *1-Phenoxy-2-n-butylaminopropan;* $Kp._{11}$ 139—140°; *Hydrochlorid,* F. 119,5—120,5°. — *1-Phenylthio-2-äthylaminopropan;* $Kp._{11}$ 136—137°; *Pikrat,* F. 128,5—129°. (**Schwz. PP. 286 777, 286 778, 286 779, 286 780** u. **286 781** vom 17/1. 1950, ausg. 2/3. 1953. **Sämtlich Zusätze zu Schwz. P. 281 599; C. 1953. 4249.**) LANGER. 4807

Troponwerke Dinklage & Co., Köln (Erfinder: **Fritz Külz †,** Frankfurt/M., und **Clemens Schöpf,** Darmstadt), *N-Alkyl- und N-Aralkyl-1-(p-oxyphenyl)-2-aminobutanole-(1)* finden *pharmakol.* Verwendung. — *1-(p-Benzyloxyphenyl)-2-(α-methyl-γ-phenylpropylamino)-butanon-(1).* Man bromiert 1-p-Benzyloxybutyrophenon, setzt mit 1-Phenyl-3-aminobutan um u. trennt die beiden stereoisomeren Formen des *1-(p-Benzyloxyphenyl)-2-(α-methyl-γ-phenylpropylamino)-butanons-(1)* über die Hydrochloride. Diese liefern mit H_2 u. PtO_2 in Methanol die stereoisomeren *1-(p-Benzyloxyphenyl)-2-(α-methyl-γ-phenylpropylamino)-butanole-(1),* deren *Hydrochloride* bei 202° (**I**) u. bei 156° (**II**) schmelzen. — *1-(p-Oxyphenyl)-2-(α-methyl-γ-phenylpropylamino)-butanol-(1).* Aus **I** oder **II** mit H_2 u. Pd–BaSO_4 in Methanol. Das *Hydrochlorid* schm. unabhängig vom Ausgangsmaterial bei 200°. — *1-(p-Oxyphenyl)-2-(α-methyl-β-phenyläthylamino)-butanol-(1)-hydrochlorid,* F. 230°. — *1-(p-Oxyphenyl)-2-(γ-phenylpropylamino)-butanol-(1)-hydrochlorid,* F. 208°. — *1-(p-Oxyphenyl)-2-(δ-phenylbutylamino)-butanol-(1)-hydrochlorid,* F. 192°. — *1-(p-Oxyphenyl)-2-(α-phenyläthylamino)-butanol-(1)-hydrochlorid,* F. 209—210°. — *1-(p-Benzyloxyphenyl)-2-(δ-phenylbutylamino)-butanon-(1)-hydrochlorid,* F. 193°. — *1-(p-Benzyloxyphenyl)-2-(α-phenyläthylamino)-butanon-(1)-hydrochlorid,* F. 240°. (**D. B. P. 900 699** Kl. 12q vom 26/7. 1951, ausg. 4/1. 1954.) LANGER. 4807

Aktiebolaget Ferrosan, Malmö, Schweden (Erfinder: **K.-G. Rosdahl**), *Herstellung von p-Aminosalicylsäure oder deren N-Substitutionsprodukten.* Man läßt CO_2 u. NH_3 oder Alkylamine gleichzeitig oder unmittelbar nacheinander auf geschmolzenes Resorcin einwirken. Die Einw. von CO_2 allein soll in Ggw. eines alkal. Mediums erfolgen. Als Lösungsm. dient bes. Amylalkohol. (**Schwed. P. 136 607** vom 6/4. 1949, ausg. 22/7. 1952.) JÜRGEN SCHMIDT. 4807

Rheinpreussen Akt.-Ges. für Bergbau und Chemie, Homberg/Ndrh., *4-Amino-2-oxybenzoesäure-(β-diäthylaminoäthylester).* Aus p-Aminosalicylsäure, β-Diäthylaminoäthanol u. konz. H_2SO_4 bei 100—110°. *Hydrochlorid,* F. 154—155°; *Pikrat,* F. 198°. — *Lokalanästheticum.* (**Schwz. P. 289 538** vom 14/3. 1950, ausg. 1/7. 1953. D. Prior. 22/10. 1949.) LANGER. 4807

Farbwerke Hoechst Akt.-Ges. vormals Meister Lucius & Brüning (Erfinder: **Heinrich Jensch**), Frankfurt/M., *Herstellung von basischen Benzolazoacetessiganiliden,* dad. gek., daß man entweder eine Diazobenzolverb., die einen Rest —C(:NH)·NH_2, —NH·C(:NH)·NH_2 oder —CH=N·NH·C(:NH)·NH_2 am Kern enthält, mit einem Acetessiganilid kuppelt, das gleichfalls am Kern einen der drei Reste enthält, oder daß man in Benzolazoacetessiganiliden, die an den Benzolkernen je einen Substituenten, wie eine H_2N- oder eine OHC-Gruppe, enthalten, der in einen der obigen Reste überführbar ist, diese Substituenten in an sich bekannter Weise in Reste der oben angegebenen Zus. umwandelt. Die Verfahrensprodd. besitzen die allg. Formel **I**, in der R u. R′ für die obengenannten Reste stehen. — Eine Lsg. von 18 g p-Aminobenzamidin-Hydrochlorid (**II**) in 50 cm³ W. wird bei 50—60° mit 8 cm³ Diketen versetzt. Nach ca. 30 Min. wird der Lsg. nach Zugabe von 200 cm³ W. u. 30 g krist. Na-Acetat unter Rühren u. Eiswasserkühlung eine Diazolsg., hergestellt aus 18 g **II** in 150 cm³ 2 n HCl u. 7 g Na-Nitrit, zugefügt. Der sich bildende hellgelbe Brei wird durch Erwärmen in Lsg. gebracht, die heiße Lsg. mit konz. HCl versetzt u. erkalten gelassen. Das ausgeschiedene reine Salz wird abgesaugt u. mit verd. HCl u. Aceton gewaschen, F. 284° (Zers.). Die Base, aus viel Methanol umkrist., bildet ein ziegelrotes Pulver vom F. 164—165° (Zers.). — Wirksam gegen *Blutparasiten*. (**D. B. P. 895 901** Kl. 12o vom 30/5. 1951, ausg. 9/11. 1953.)

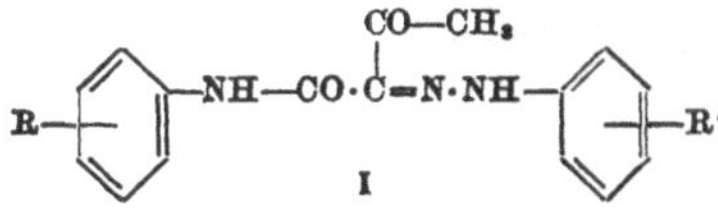

I

SCHWECHTEN. 4807

Texas Co., New York, N. Y., übert. von: **Wilbur H. McKellin** und **Frederick G. Bordwell,** Evanston, Ill., V. St. A., *2.3-Dihydrothianaphthen-1-dioxydderivate* nebenst. Formel (X = sek. Amin) erhält man durch Erhitzen von Thianaphthen-1-dioxyd (**I**) mit sek. Aminen. — Aus **I** + Piperidin in 95%ig. A. nach 15 minutigem Erhitzen *3-Piperidino-2.3-dihydrothianaphthen-1-dioxyd*, F. 109—110°. — *3-Morpholino-2.3-dihydrothianaphthen-1-dioxyd*, F. 177,5 bis 178,5°. — *3-Diäthylamino-2.3-dihydrothianaphthen-1-dioxyd*, F. 97,5 bis 98°. — *Pharmaceutica, Pesticide* u. *Zwischenprodukte*. (**A. P. 2 610 183** vom 26/9. 1949, ausg. 9/9. 1952.) KRAUSS. 4807

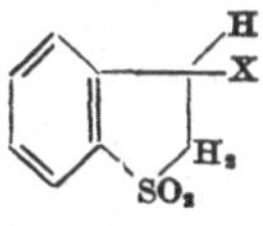

Soc. des Usines Chimiques Rhône-Poulenc, Paris, Frankreich, *Herstellung von bitertiären Diaminen*. Zur Herst. von Diaminen der allg. Formel **I**, in der Het Pyridin, Pyrimidin oder Thiazol u. R eine Alkylgruppe mit höchstens 6 C-Atomen oder eine Aralkyl–Aryl-Gruppe oder eine heterocycl. Gruppe u. n 2 oder 3 bedeutet, setzt man sek. Amine der Formel Het·NH·CH_2R mit tert. Aminen der Formel $X(CH_2)_nN(CH_3)_2$ um, wobei X ein Halogenatom sein muß. Die Prodd. sind *Antihistaminica*. — Z. B. setzt man α-Benzylaminopyridin mit Dimethylamino-(1)-chlor-(2)-äthan zu *N-Dimethylaminoäthyl-N-benzyl-α-aminopyridin* um, $Kp._{1,7}$ 185—190°, *HCl-Verb.*, F. 182°. Weiter wird die Herst. folgender Verbb. beschrieben: *N-Dimethylaminoäthyl-N-phenäthyl-α-aminopyridin*, $Kp._4$ 195—200°, *HCl-Verb.*, F. 143°; *N-Dimethylaminopropyl-N-α-benzyl-α-aminopyridin*, $Kp._3$ 200—205°; *N-Dimethylaminoäthyl-N-p-isopropylbenzyl-α-aminopyridin*, $Kp._{1,9}$ 190—195°; *N-Dimethylaminoäthyl-N-p-methoxybenzyl-α-aminopyridin*, $Kp._2$ 185—190°, HCl-Verb., F. 135°; *N-Dimethylaminopropyl-N-p-methoxybenzyl-α-aminopyridin*, $Kp._{2,5}$ 195—200°; *N-Dimethylaminoäthyl-N-benzylamino-(2)-pyrimidin*, *HCl-Verb.*, F. 197—198°; *N-Dimethylaminoäthyl-N-benzylamino-(2)-dimethyl-(4.6)-pyrimidin-HCl*, F. 165°. (**Dän. P. 74 024** vom 21/6. 1944, ausg. 21/4. 1952. F. Prior. 22/6. 1943.) JÜRGEN SCHMIDT. 4807

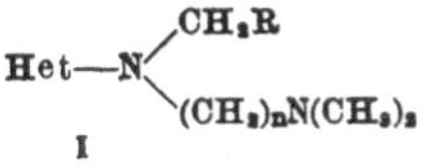

I

Merck & Co., Inc., übert. von: **Edith M. Cates,** Raway, und **Richard F. Phillips,** Westfield, N. J., V. St. A., *N.N-Dimethyl-N′-(p-chlorbenzyl)-N′-(2-pyridyl)-äthylendiamin*, $Kp._{0,1}$ 150—160°; *Hydrochlorid*, $C_{16}H_{21}N_3Cl_2$, aus Aceton, F. 170°. — Man kondensiert p-Chlorbenzaldehyd mit 2-Aminopyridin in Ggw. von 99—100%ig. HCOOH unter 8 std. Erhitzen zu 2-(p-Chlorbenzylamino)-pyridin, $C_{12}H_{11}N_2Cl$, aus Toluol, F. 100—101°; dieses wird dann unter Erhitzen mit β-Chloräthyldimethylamin in Toluol in Ggw. von NaH umgesetzt. *Antihistaminicum* ohne Barbiturateigenschaften. (**A. P. 2 607 778** vom 22/7. 1948, ausg. 19/8. 1952.) KRAUSS. 4807

Abbott Laboratories, North Chicago, Ill., V. St. A., *Antiseptisch (baktericid und bakteriostatisch) wirksame Acridine* der allg. Formel **I**. Man setzt das Li-Deriv. einer Alkoxyarylverb. (**II**) mit einem Acridon (**III**) zum Acridol (**IV**) um, das dann mit einer Mineralsäure behandelt wird (R = Alkyl, Cycloalkyl mit 1—14 C-Atomen, X = H, eine oder mehrere Gruppen von Halogen, Alkyl, Alkoxy, Y = KW-stoffrest mit 1—10 C-Atomen, Z = Mineralsäureanion). — Aus p-(n-Hexoxy)-phenyljodid + Li + N-Methylacridon nach 2—3 std. Erhitzen in Ae. u. Zusatz von HCl → *9-(p-n-Hexoxy-*

phenyl)-10-methylacridanchlorid, F. 184,5—185,5° (Zers.), gelbe Kristalle, leichtlösl. in W., A. u. anderen polaren Lösungsmitteln, licht- u. luftbeständig. *Bisulfat*, F. 229 bis 230,5° (Zers.). *Bromid*, F. 178—178,5° (Zers.). — *9-(p-Methoxyphenyl)-10-phenylacridanchlorid*, F. 172,5—174,5°. — *9-(o-Methoxyphenyl)-10-methylacridanchlorid*, F. 208,5—209° (Zers.) — *9-(p-n-Butoxyphenyl)-10-methylacridanchlorid*, aus A. braungelbe Platten, F. 186,5—187°. — *9-(p-n-Hexoxyphenyl)-10-äthylacridanchlorid*, F. 197,5 bis 199° (Zers.). — *9-(p-n-Hexoxyphenyl)-10-benzylacridanchlorid*, aus Toluol orangegelbe Kristalle, F. 91—98°. — *9-(p-Octoxyphenyl)-10-methylacridanchlorid*, aus Toluol

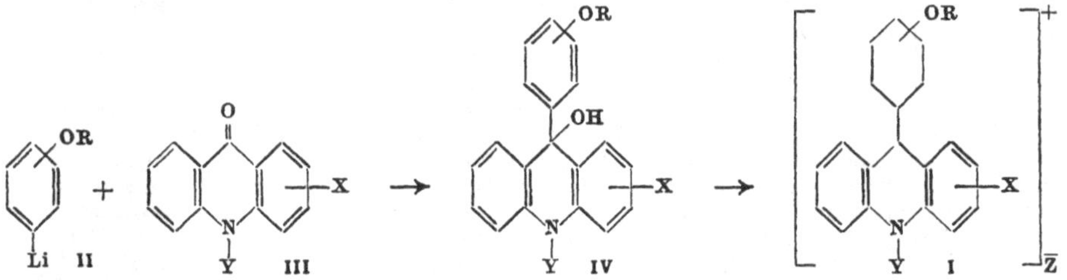

goldgelbe Kristalle, F. 153—155° (Zers.). — *9-(p-2'-Äthylbutoxyphenyl)-10-methylacridanchlorid*, gelbe Nadeln, F. 157—158° (Zers.). — *9-(p-n-Decyloxyphenyl)-10-methylacridanchlorid*, aus Toluol goldgelbe Nadeln, F. 161—164°. — *2-Methoxy-9-(p-n-hexoxyphenyl)-10-methylacridanchlorid*, aus absol. A. leuchtend orangefarbige Kristalle, F. 196,5—197° (Zers.). — *1-Chlor-9-(p-n-hexoxyphenyl)-4.10-dimethylacridanchlorid*, brillantorangerote Plättchen, aus absol. A., F. 98—102° (Zers.). — *9-(p-n-Tetradecyloxyphenyl)-10-methylacridanchlorid*. — *9-(p-Methoxyphenyl)-10-n-decylacridanchlorid*. Wirksamkeit vgl. Tabelle. (**E. P. 669 046** vom 22/10. 1948, ausg. 26/3. 1952. A. Priorr. 23/10. 1947 u. 19/10. 1948.) Krauss. 4807

Ortho Pharmaceutical Corp., übert. von: **William Oroshnik**, Plainfield, N. J., V. St. A., *2-Amino-4-dialkylaminoalkoxypyrimidine* (= *Isocytosinderivv.* = *2-Amino-4-oxypyrimidinderivv.*) der allg. Formel I (R u. R' = Alkyl) erhält man z. B. durch Kondensation von 2-Amino-4-chlorpyrimidin (II) mit dem Na-Salz eines Dialkylaminoäthanols. — II gibt mit Di-n-butylaminoäthanol in Xylol in Ggw. von Na bei 80° *2-Amino-4-di-n-butylaminoäthoxypyrimidin*, unlösl. in W., lösl. in organ. Lösungsmitteln, Kp.$_{0,02}$ 150—156°. *Pikrat*, F. 149—149,5°. *Sesquisuccinat* $(C_{14}H_{26}\cdot ON_4)_2(C_4H_6O_4)_3$, F. 111—112°. — II + Di-n-propylaminopropanol-Na → *2-Amino-4-di-n-propylaminopropoxypyrimidin*, Kp.$_{0,002}$ 120—125°, schwach lösl. in Wasser. *Hydrochlorid*. — II + Diisobutylaminoäthanol → *2-Amino-4-diisobutylaminoäthoxypyrimidin*, Kp.$_{0,001}$ 108—112°. *Succinat*, $(C_{14}H_{26}ON_4)(C_4H_6O_4)$, F. 98—99°. — 2-Amino-4-chlor-6-methylpyrimidin → *2-Amino-4-diisobutylaminoäthoxy-6-methylpyrimidin*, Kp.$_{0,001}$ 100—110°. *Succinat*, $(C_{15}H_{28}ON_4)(C_4H_6O_4)$, F. 99—100°. — *2-Amino-4-di-n-butylaminoäthoxy-6-methylpyrimidin*, Kp.$_{0,001}$ 124—140°; aus Ae., F. 51—52°. *Sesquisuccinat* $(C_{15}H_{28}ON_4)_2(C_4H_6O_4)_3$, F. 127—128°. — *2-Amino-4-diäthylaminopropoxypyrimidin*, F. 50—52°. *Sesquisuccinat*, $(C_{11}H_{20}ON_4)_2(C_4H_6O_4)_3$, F. 103—104°. — *2-Amino-4-di-n-amylamino-*; *2-Amino-4-diisoamylamino-*; *2-Amino-4-diisooctylaminoäthoxypyrimidin*. — *2-Amino-4-di-n-amylaminoäthoxy-6-methylpyrimidin*. — *2-Amino-4-diäthylaminoäthoxy-6-methylpyrimidin*. — *2-Amino-4-di-n-amylaminopropoxypyrimidin*. Verwendung als *blutdrucksenkende Mittel* u. als Mittel zur *Erniedrigung der Uteruskontraktion*. Kontraktionskurven. (**A. PP. 2 610 184, 2 610 185, 2 610 186, 2 610 187** u. **2 610 188** vom 7/11. 1950, ausg. 9/9. 1952.) Krauss. 4807

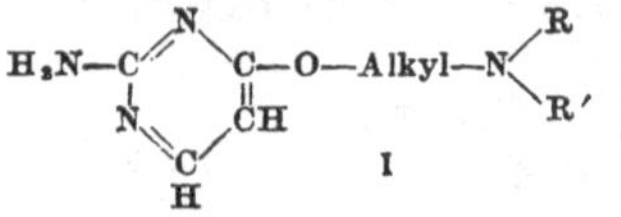

United States Vitamin Corp., V. St. A., *Herstellung von Vitaminpräparaten*. Man löst mindestens eine in Lipoiden lösl., in W. unlösl., vitaminhaltige, fettfreie Substanz in einem in W. lösl. 10—150 Oxyäthylengruppen/Mol. enthaltenden Oxypolyoxyäthylenäther. Solche Verbb. sind z. B. der Oxy-10-oxyäthylenlauryläther, Oxy-105-oxyäthylenlauryläther, Oxy-20-oxyäthylencetyläther. Die so erhaltenen Vitaminlsgg. sind mit W. in jedem Verhältnis mischbar u. geben mit W. stabile u. klare Lösungen. (**F. P. 1 028 758** vom 6/3. 1950, ausg. 27/5. 1953.) Oppermann. 4809

Karsten Berner, Tonsberg, Norwegen, *Extraktion von Vitaminölen aus fettarmen Leberteilen von Thunfischen, Walen und anderen Seetieren*. Die zerkleinerten Leberteile werden bei ca. 60—70° von der Hauptmenge ihres W., d. h. von ca. 40—60%, befreit

u. anschließend mit einem mit W. nichtmischbaren Lösungsm., z. B. Trichloräthylen, bei tiefer Temp., z. B. 20°, unter starker mechan. Bearbeitung extrahiert. Die Lsg. wird in bekannter Weise aufgearbeitet. (**Dän. P. 74 103** vom 5/12. 1946, ausg. 5/5. 1952. N. Prior. 5/12. 1945.) JÜRGEN SCHMIDT. 4809

Glaxo Laboratories Ltd., England (Erfinder: **Ernest Lester Smith**), *Herstellung von Leberextrakten.* Man gewinnt an antianäm. Stoffen reiche Leberextrakte durch erschöpfende Extraktion der wss. Lsgg. von Leberextrakten mit einem geeigneten Lösungsm. oder der Lsgg. von Leberextrakten in einem Lösungsm. mit Wasser. Ferner kann man die an antianäm. Stoffen reichen Extrakte auf chromatograph. Wege erhalten. — 4 Beispiele. (**F. P. 1 022 310** vom 20/5. 1949, ausg. 3/3. 1953. E. Priorr. 21/5. 1948 u. 14/4. 1949.) OPPERMANN. 4809

Jean Grand, Frankreich, *Antianämische Stoffe enthaltende Leberextrakte.* Man vermischt 1000 g feingemahlene oder gehackte frische Leber mit 30 g Pankreatin oder frischem Pankreas u. hält das Gemisch 24 Std. bei 38°. Die abgepreßte Fl. vermengt man mit 50% ihres Gewichts an akt. Erde (z. B. natürliche Erden oder ein Gemisch von Tonerde, Al-Silicat u. Kaolin mit oder ohne Zusatz von Magnesia oder Alkalisulfaten). Den von der Fl. abgetrennten u. getrockneten Filterkuchen pulverisiert man u. behandelt ihn bei 60° mit schwachem Alkohol. Das Filtrat dampft man ein, trocknet den Rückstand bei niedriger Temp. u. wäscht ihn mit A. u. Äther. (**F. P. 1 028 861** vom 11/10. 1950, ausg. 28/5. 1953.) OPPERMANN. 4809

American Cyanamid Co., übert. von: **Jerry R. D. McCormick** und **Siegfried A. Muller,** New York, N. Y., V. St. A., *Wiedergewinnung von Vitaminen,* Zu einer Vitamin B_{12} (I) enthaltenden wss. Lsg. werden 1—10% eines Halogenphenols, z. B. p-Chlorphenol, zugegeben u. die Phenolphase abgetrennt. Darauf wird eine organ. in Phenol lösl., in W. unlösl. Fl. zugegeben, wodurch die Löslichkeit des **I** heruntergesetzt wird. Anschließend wird mit W. extrahiert. (**Can. P. 487 933** vom 11/1. 1952, ausg. 11/11. 1952. A. Prior. 16/2. 1951.) WITTHOLZ. 4809

Merck & Co., Inc., Raway, übert. von: **Lewis H. Sarett,** Princeton, N. J., V. St. A., *4-Brom-3.11-diketo-17α-oxy-20-acyloxypregnane* erhält man durch Bromierung von 20-Benzoyloxy- oder -Acyloxy-3.11-diketo-17α-oxypregnan mit Br_2 in einem inerten Lösungsmittel. — Aus 3.11-Diketo-17α-oxy-20-acetoxypregnan in Eisessig–Chlf. + Br_2 → *4-Brom-3.11-diketo-17α-oxy-20-acetoxypregnan,* F. 150—155°. — *4-Brom-3.11-diketo-17α-oxy-20-propionoxypregnan. Zwischenprodd.* für *androgene* Steroide. (**A. P. 2 505 837** vom 1/6. 1946, ausg. 2/5. 1950.) KRAUSS. 4809

Merck & Co., Inc., Raway, übert. von: **Lewis H. Sarett,** Princeton, N. J., V. St. A., *11-Ketopregnen.* 3-Acyloxy-11-ketoätiocholane mit einer Vinyl- oder Äthylidengruppe in 17-Stellung werden hydrolysiert u. die gebildeten 3-Oxyverbb. mit CrO_3 oxydiert. — Eine Mischung aus $\Delta^{17,20}$- u. $\Delta^{20,21}$-3α-Acetoxy-11-ketopregnen wird mit 1,1 n methanol. KOH ½ Std. erhitzt u. das gebildete $\Delta^{17,20}$- u. $\Delta^{20,21}$-3α-Oxy-11-ketopregnen in Eisessig mit CrO_3 bei ca. 16° zu $\Delta^{17,20}$- u. $\Delta^{20,21}$-*3.11-Diketopregnen* oxydiert. — *Zwischenprodukte.* (**A. P. 2 505 838** vom 2/8. 1946, ausg. 2/5. 1950.) KRAUSS. 4809

Trustees of the University of Pennsylvania, übert. von: **Maximilian R. Ehrenstein,** Philadelphia, Pa., V. St. A., *Norätiocholensäure und Nordesoxycorticosteronester.* Östran-3.5-diol-10.17-dicarbonsäure gibt mit Essigsäureanhydrid das 3-Monoacetat, $C_{22}H_{32}O_7$, aus dem durch Erhitzen im Hochvakuum unter Decarboxylierung u. Wasserabspaltung *3-Acetoxy-10-norätiocholensäure* (= *3-Acetoxyöstren-17-carbonsäure*), $C_{21}\cdot H_{30}O_4$, entsteht; daraus erhält man mit $SOCl_2$, $POCl_3$ oder PCl_5 3-Acetoxy-10-norätiocholensäurechlorid (**I**), das mit Methyl–ZnJ 3-Acetoxy-10-norpregnen-20-on liefert. Durch Hydrolyse entsteht daraus 10-Norpregnen-20-on-3-ol u. durch anschließende Dehydrierung oder Oxydation bildet sich *10-Norprogesteron,* $C_{20}H_{28}O_2$. **I** kann auch mit Aryl-, Aralkyl–Zn-Halogeniden oder Dialkyl-, Diaryl- oder Diaralkyl–Cd umgesetzt werden. Durch Kondensation von **I** mit Diazomethan entsteht 3-Acetoxy-21-diazo-10-norpregnen-20-on; daraus durch Hydrolyse mit methanol. KOH u. Dehydrierung mit Al-tert.-Butylat u. Aceton in Bzl. 21-Diazo-10-norprogesteron (= 21-Diazo-10-nor-4-pregnen-3.20-dion), das mit Eisessig bei 120—125° zu *10-Nor-11-desoxycorticosteronacetat,* $C_{22}H_{30}O_4$, umgesetzt wird. Mit Propion-, Butter-, Valerian- oder Capronsäure bildet sich das entsprechende *Propionat, Butyrat, Valerianat* u. *Caproat.* Durch Hydrolyse des Acetats erhält man den *Alkohol. Heilmittel.* (**A. PP. 2 573 417** vom 8/5. 1948 u. **2 573 418** vom 2/11. 1950, beide ausg. 30/10. 1951.) KRAUSS. 4809

American Cyanamid Co., V. St. A. (Erfinder: **Edward R. Harms**), *Reinigung von Aureomycin.* Man verwendet eine Lsg. (p_H unter 4), die mindestens 0,3 mg Aureomycin (I)/cm³ enthält, u. versetzt sie mit einem Salz (NaCl), das mit dem **I** ein Hydrochlorid bildet, in einer Menge, die ausreicht, um die I-Lsg. merklich zu sättigen. Ferner gibt man zum Lösen von Verunreinigungen u. um die Abscheidung des I-Salzes zu erleichtern, ein Lösungsm. (Butanol) hinzu in einer Menge, die das I nicht merkbar zu lösen oder zu extrahieren vermag. — 32 Beispiele. (**F. P. 1 032 567** vom 12/7. 1950, ausg. 2/7. 1953. A. Prior. 20/8. 1949.) OPPERMANN. 4811

Jaques E. Brandenberger und **François I. Bossard**, Frankreich, *Zahnputzmittel*, bestehend aus einer ein Schleifmittel, z. B. $CaCO_3$, koll. Ton, wie Bentonit, einen Fettstoff u. eine wss. Lsg. von NaCl enthaltenden homogenen u. stabilen Emulsion. (**F. P. 991 640** vom 20/4. 1944, ausg. 8/10. 1951.) WITTHOLZ. 4823

Walter Hückel, Vorlesungen über pharmazeutische Chemie u. Arzneimittelsynthese für Studierende und Apotheker. Bd. 1. Stuttgart: Enke. 1953. 1. Anorganischer Teil. (XI + 406 S. m. 5 Abb.) DM 45,—.

G. Analyse. Laboratorium.

N. C. Orrick und **J. D. Gibson**, *Destillationssäule für korrosive Gasgemische aus Metall für tiefe Temperaturen.* Der beschriebene Destillationsapp. für korrosive Gase wurde aus Ni-, Bronze u-. Chlortrifluoräthylenpolymerisat-Teilen bei alleiniger Anwendung von Ag-Lötungen zusammengesetzt. Temperatur- u. Druckmeßgeräte sind so eingebaut, daß sie nicht direkt mit dem Gas in Berührung kommen. Arbeitsgang u. Resultate werden angegeben. Geeicht wird der App. mit bekannten Freongasen. Die dest. u. getrennten Mischungen bestanden aus 1. *ClF*, C_2F_4, Cl_2, *HF* u. *Oxychloriden*, u. 2. OF_2, COF_2, C_2F_4, C_2F_5Cl, *HF* u. Oxychloriden. (Analytic. Chem. **25.** 1100—03. Juli 1953. Oak Ridge, Tenn., Carbide & Carbon Corp., K-25 Plant.) MIETHING. 5038

B. Ja. Teitelbaum und **L. G. Berg**, *Thermische Analyse mit Registrierung des Volumens der sich entwickelnden Gase.* Es wird ein App. beschrieben, bei welchem bei der therm. Analyse das Vol. des ausgeschiedenen Gases elektr. bestimmt wird. Die Voll. der abgespaltenen Gase werden gleichzeitig mit den Temperaturkurven des KURNAKOW-Pyrometers automat. registriert. Es wird mit kleinen Einwaagen gearbeitet (0,1—0,2 g), da dann bei verschied. hohen Tempp. keine Kurvenüberlagerung erfolgt; bei schm. Stoffen ist der Ofen schräg zu halten, um Ausfließen zu vermeiden. Mit dieser App. können elektrochem. u. biochem. Prozesse mit Gasabspaltung gasanalyt. u. quantitativ phasenanalyt. untersucht werden. Einige Thermogramme zeigen den Analysenablauf. (Журнал Аналитической Химии [J. analyt. Chem.] **8.** 152—57. Mai/Juni 1953. Kasan, Chem. Arbusow-Inst. der Zweigstelle der Akad. der Wiss. der UdSSR.) v. WILPERT. 5052

F. Chayes, *Die Beziehung zwischen Oberfläche und Volumen in der mikrometrischen Analyse.* Vf. gibt eine krit. Stellungsnahme zu der Arbeit von ELLIOTT (C. **1952.** 7545). (Mineralog. Mag. J. mineralog. Soc. **30.** 147—49. Juni 1953. Washington, D. C., Carnegie Inst., Geophys. Labor.) HILLER. 5056

Bernard Weiss, *Mikroskoppräparate perfekter Mikrokristalle.* Beschreibung der Züchtung sauberer u. trockener Kristallformen aus wss. Lsg. in mkr. Dimensionen auf dem Objektträger. (Chemistry [Washington] **27.** Nr. 2. 27—30. Okt. 1953.) H. C. WOLF. 5056

R. Barer, *Kontrasteffekt dicker Objekte im Phasenmikroskop.* Vf. nimmt Bezug auf eine Unters. von FREY-WYSSLING (vgl. C. **1954.** 382), in der über die Schwierigkeiten bei der phasenkontrastmkr. Unters. von *Stärke*-Körnern berichtet worden war. Vf. gibt eine Erklärung für die aufgetretenen Schwierigkeiten u. zeigt einen Weg, um bessere Phasenkontrastwrkg. zu erzielen. (Naturwissenschaften **39.** 427. Sept. 1952. Oxford, Dep. of Human Anatomy.) GOTTFRIED. 5056

D. Rivers und **P. R. Payne**, *Ein tropfenzählender Fraktionenzerleger für Säulenchromatographie.* Genaue Beschreibung einer elektr. angetriebenen u. leicht einstellbaren App., mit der es nicht nur möglich ist, das Eluat einer Säulenchromatographie in bis zu 100 gleiche Fraktionen zu zerlegen u. ihre Voll. (0,02—10 cm^3) vorher festzulegen, sondern auch die Zahl (1, 25, 50, 100) u. Größe ihrer Tropfen einzustellen (Volumenkonstanz der Fraktionen innerhalb 0,25%). (Instrument Pract. **7.** 206—08. Jan. 1953. London, Human Nutrit. Res. Unit., Med. Res. Counc. Labor.) WINGCHEN. 5062

Milton Kerker und **Merle I. Hampton**, *Die Anwendung von ungefiltertem Licht zur Bestimmung von Teilchenradien mittels des Polarisationsverhältnisses von gestreutem Licht.* Es wird gezeigt, daß aus dem Polarisationsverhältnis ϱ von gestreutem, nichtmonochromat. Licht die Radien r sphär. Teilchen ermittelt werden können. Diese wegen der größeren Lichtintensität empfindlichere Meth. wird auf *S*- u. *Dibutylphthalat*-

Aerosole mit r < 0,2 μ, die mit ungefiltertem Hg-Licht beleuchtet werden, angewandt. Die durchschnittliche Radiusdifferenz für ungefiltertes u. grünes (5461 Å) Licht betrug 0,010 μ für S- u. 0,006 μ für Dibutylphthalataerosole. Bei Anwendung der r–ϱ-Kurve für grünes Licht auf ungefiltertes Licht sind die Differenzen nur halb so groß. (J. opt. Soc. America **43.** 370—72. Mai 1953. Potsdam, N. Y., Clarkson Coll. of Technol., Dep. of Chem.) LINDBERG. 5063

A. E. Martin, *Identifizierung organischer Verbindungen aus Infrarotspektren.* Vf. schlägt ein Verf. zur Dokumentation von Infrarotspektren vor. Danach wird der Spektralbereich zwischen 650 u. 1350 cm^{-1} in 70 Intervalle von 10 cm^{-1} Breite eingeteilt, jedes Spektr. wird durch die beiden Nummern derjenigen Intervalle gek., in denen die beiden intensivsten Absorptionsbanden liegen. Von 1/1 bis 70/70 gibt es 70mal 70 Klassifikationsnummern, von denen auf jede dann im Durchschnitt nur ca. 100 Substanzen entfallen, wenn die ersten 500000 Verbb. eingeordnet sind. Die mit der prakt. Durchführung des vorgeschlagenen Verf. verbundenen Fragen u. Kosten werden diskutiert. (Nature [London] **170.** 20—22. 5/7. 1952. Newcastle-on-Tyne, Grubb, Parsons Co.) LIPPERT. 5063

Howard H. Claassen und **J. Rud Nielsen,** *Eine Raman-Apparatur für Gase.* Zur Unters. von Gasen wurde ein starkwandiges RAMAN-Rohr gebaut. Die Anordnung, Hg-Bogen, Zylinderlinse u. RAMAN-Rohr, war zur Lichtkonz. von einer Al-Folie umschlossen. Es wurden die Grundschwingungen von O_2 u. N_2 in Luft von 8 at bei 1½ Std. Belichtungsdauer aufgenommen. Die RAMAN-Spektren des untersuchten gasförmigen NH_3 u. CHF_3 unterscheiden sich merklich von denen der fl. Stoffe. (J. opt. Soc. America **43.** 352—55. Mai 1953. Norman, Okla., Univ. of Oklahoma, Dep. of Phys.) LINDBERG. 5063

Panta S. Tutundžić, *Coulometrische Titration.* Geschichtliche Entw. der coulometr. Titration u. krit. Übersicht über ihre Anwendungsformen. — 61 Literaturangaben. (Analytica chim. Acta [Amsterdam] **8.** 168—81. Febr. 1953. Belgrad, TH, Inst. für Physikal. Chem. u. Elektrochem.) WESLY. 5066

Panta S. Tutundžić, *Coulometrische Titereinstellung und Bereitung volumetrischer Standardlösungen. Ein Vorschlag.* Vf. schlägt vor, das Coulomb als Ursubstanz an Stelle irgendeines chem. Stoffes in die Maßanalyse einzuführen. (Analytica chim. Acta [Amsterdam] **8.** 182—83. Febr. 1953.) WESLY. 5066

O. L. Kapzan und **W. A. Tepljakow,** *Hochfrequenztitration.* Übersicht. Es werden die Vorzüge u. Grenzen der Hochfrequenztitration kurz behandelt sowie auf die beiden wesentlichen Bestandteile der App. verwiesen: Die elektr. Zelle (besprochen werden die Typen „C" u. „L") u. die Meßvorr. (Hochfrequenzgenerator), deren 3 Haupttypen kurz gek. werden. — 35 Literaturangaben. (Журнал Аналитической Химии [J. analyt. Chem.] **8.** 131—39. Mai/Juni 1953. Moskau, Vernadsky-Inst. für Geochem. u. analyt. Chem. der Akad. der Wiss. der UdSSR.) v. WILPERT. 5066

I. L. Teodorowitsch, *Über die Bestimmung des Indicatorfehlers nach der Methode von I. M. Korenman aus den Einwaagen der Substanz.* Kurze Ergänzung zu KORENMANs Meth. (Заводская Лаборатория [Betriebs-Labor.] **1.** [1936.] 32): Anweisung zum Einwägen u. Berechnen der Ergebnisse. (Журнал Аналитической Химии [J. analyt. Chem.] **8.** 184. Mai/Juni 1953. Taschkent, Med. Molotow-Inst.) v. WILPERT. 5068

A. G. Karabasch, *Anwendung von Dithizon als Extraktionsindicator.* Es werden die Besonderheiten der Extraktions–Indicator-Meth. sowie die Eignung des *Dithizons* (I) als Extraktionsindicator betrachtet u. sodann die Anwendung des I bei den Fällungsverff. der Volumetrie im einzelnen ausgeführt, wobei I sich in einem zugegebenen organ. Lösungsm. (CCl_4, $CHCl_3$, Bzl.) löst u. beim Titrationsendpunkt einem scharfen Farbenwechsel unterliegt, dessen Beobachtung gegen Ende ein 5—10 Sek. langes Schütteln erfordert. Eine bleibende (30 Sek.) Farbveränderung zeigt das Ende an. Temp. nicht über 25°, Konz. der zugesetzten I-Lsg. 0,0001—0,00005 mol., Gesamtdauer der Titration 5—7 Minuten. Es werden die Makro-, Mikro- u. Halbmikroverff. untersucht, wobei I für die letztgenannten als bes. geeignet anzusprechen ist. Durch hohe Empfindlichkeit, Selektivität u. Genauigkeit übertrifft I die klass. Indicatoren. — Im einzelnen werden die besten Titrationsbedingungen (p_H u. a.) für die Best. folgender Ionen angegeben: Argentometrie: Ag^+, J^-, Br^-, CNS^-; Cyanometrie Ag^+, CN^-; Mercurimetrie Hg^{2+}, J^-; Fällung als Sulfide Hg^{2+}, Ag^+, Pb^{2+}, Bi^{3+}, Cd^{2+}, S^{2-}; Fällung des Au^{3+} mit $S_2O_3^{2-}$. Die Titration erfolgt mit recht verd., titrierten Lsgg. (0,001—0,25n, je nach Reagens), der Farbenendumschlag schon bei Zusatz von 0,01—0,02 ml dieser Lösung. (Журнал Аналитической Химии [J. analyt. Chem.] **8.** 140—51. Mai/Juni 1953.) v. WILPERT. 5068

Henri Pacaud, *Der hygrometrische Zustand der Atmosphäre in einem geschlossenen Behälter, der Wasser oder reine Salzlösung enthält.* Mikrotröpfchen einer verd. wss. Salzlsg. (LiCl), die mit der umgebenden Atmosphäre im Gleichgewicht steht, lassen sich als empfindliche Hygrometer in einem teilweise W. oder Salzlsg. enthaltenden abgeschlossenen Raum verwenden, indem man die Änderung ihres Durchmessers mkr. verfolgt. Auf diese Weise läßt sich die Abnahme der relativen Feuchtigkeit mit steigender Entfernung von der Flüssigkeitsoberfläche für reines W. u. eine Alaunlsg. zeigen, wobei sich der Kurvenverlauf für enge u. weite Küvetten unterscheidet. (C. R. hebd. Séances Acad. Sci. **234.** 722—24. 11/2. 1952.) HENTSCHEL. 5074

S. Twomey, *Die Bestimmung einzelner hygroskopischer Teilchen in der Atmosphäre nach der Methode der Phasenänderung.* Die relative Feuchtigkeit, bei der ein festes hygroskop. Teilchen fl. wird, dient zur Best. seiner chem. Zusummensetzung. Die Teilchen in der Atmosphäre (größer als 10^{-12} g) werden an Spinnfäden von 1—5 μ Durchmesser gesammelt, einem Luftstrom steigender Feuchtigkeit ausgesetzt u. ihre Veränderung mit einem Mikroskop bei 450facher Vergrößerung im Dunkelfeld beobaachtet. Feste hygroskop. Teilchen werden zu einem Tropfen bei der relativen Feuchtigkeit, die dem Gleichgewichtszustand mit der gesätt. wss. Lsg. entspricht. Aus der Luft von Sidney wurden die hygroskop. Teilchen bei 20° zwischen 71—75% relativer Feuchtigkeit fl. u. werden als Seesalz angesehen. Andere nichtbestimmte Teilchen blieben bei 97% relativer Feuchtigkeit fest. Sie waren wenig in der Meeresluft, stark in der Landluft vorhanden. (J. appl. Physics **24.** 1099—1102. Sept. 1953. Australien, Commonwealth Sci. and Ind. Res. Organizat., Div. of Radiophys.)
LUCHSINGER. 5074

John T. Clarke, Herrick L. Johnston und **Warren De Sorbo,** *Zwei neue Schmelzpunktcalorimetertypen zur Reinheitsbestimmung von Flüssigkeiten kondensierter Gase.* Vff. beschreiben zwei F.-Calorimeter u. geben eine genaue Arbeitsvorschrift an. Bei Typ 1 taucht ein Pt-Widerstandsthermometer direkt in die Analysensubstanz ein. Die Wärmezufuhr geschieht nicht kontinuierlich, sondern in kurzen Perioden, damit Gleichgewicht eintreten kann. Das Gerät liefert zuverlässige Werte, wenn die Schmelzwärme oder die kryoskop. Konstante durch Hinzufügung von Verunreinigungen ermittelt worden ist. Typ 2 erlaubt, sowohl die Schmelzwärme als auch den Reinheitsgrad zu bestimmen. Das Grundelement ist ein Kupferblock, der geheizt wird u. mit einem Thermoelement verbunden ist. Typ 2 liefert genauere Resultate als 1. Vff. verwendeten die Calorimeter zur Reinheitsbest. von *Boranen.* (Analytic. Chem. **25.** 1156—59. Aug. 1953. Columbus, O., Ohio State Univ., Dep. of Chem., Cryogenic Labor.)
HACKSTEIN. 5084

a) Elemente und anorganische Verbindungen.

F. Burriel-Martí, F. Lucena-Conde und **S. Bolle-Taccheo,** *Die Verstärkung der reduzierenden Eigenschaften des metallischen Quecksilbers in Gegenwart komplexbildender Ionen.* Es werden die reduzierenden Eigg. des metall. Hg in Ggw. solcher Ionen untersucht, die mit Hg^{2+} stabile Komplexe bilden. Als geeignet erwiesen sich CNS^- u. CN^-. Mit CNS^- in ca. 0,1n Konz. erreicht Hg sein Reduktionspotential in HCl. Das Potential ist ziemlich unabhängig vom p_H. Als wichtigste Anwendung wird die Red. von Fe^{3+} in Abhängigkeit von der beiderseitigen Konz. untersucht. Sie verläuft sehr schnell u. quantitativ. Ionen mit niedrigem Reduktionspotential sowie Luft-O_2 stören nicht. MoO_4^{2-} u. VO_3^- in saurer Lsg. werden nur qualitativ, Ti_4^+ u. Cr^{3+} gar nicht reduziert. Cu^{2+} wird in neutraler u. saurer Lsg. zu CuCNS red.; CrO_4^{2-} wird in neutraler Lsg. nicht red., in saurer oxydiert es das CNS^-. Mit CN^- in alkal. Lsg. reagiert Hg als starkes Reduktionsmittel. O_2 wird zu H_2O_2 reduziert. Daher stört Luft-O_2 bei anderen Reduktionen. Ferricyanid wird in wenigen Sek. quantitativ zu Ferrocyanid, MnO_2 zu $[Mn(CN)_4]^{2-}$ red.; CrO_4^{2-}, VO_3^-, MoO_4^{2-}, ClO_3^-, BrO_3^- u. JO_3^- werden nicht reduziert. Zahlreiche Belegversuche. (Analytica chim. Acta [Amsterdam] **9.** 293—304. Okt. 1953. Madrid, Fac. of Sci., u. High Council of Sci. Res., Labors. of Analyt. Chem.)
HELMUT HOFMANN. 5100

J. Hoste, *Die Anwendung neuer organischer Reagentien auf dem analytischen Gebiet.* Übersicht über spezif. Wrkg. u. Anwendung verschied. organ. Verbb. in der anorgan. Analyse: *Methylfluoron* als Reagens auf *Sb* u. *Ge, Phenylfluoron* auf Ge, *o-Oxyphenylfluoron* auf *Mo* u. *Cu, Dioxyphenazin* auf Cu, *Diaminobenzidin* auf *V* u. *Se, Perinaphthalindiamin* auf Se, *Diphenylbenzidin* auf V, spektrophotometr. Best. von *Fe*-Spuren mit *Phenanthrolinderivv.* nach Extraktion mit Chlf. oder Isoamylalkohol, *Pyridyl-* u. *Chinolylderivv.* als Reagentien auf Cu, *2.2'-Dichinolyl* auf Cu, *Dimethylglyoxim, Oxalendiuramiddioxim* u. *Heptoxim* auf *Ni.* — 92 Literaturangaben. (Verh.

Kon. vlaamse Acad. Wetensch., Letteren schone Kunsten België, Kl. Wetensch. **14.** Nr. 39. 1—138. 1952.) WESLY. 5100

Wilmer A. Jenkins, *Bestimmung des Tritiumgehaltes von HTO–H_2O-Gemischen.* Vereinfachung der komplizierten T-Best. im Gaszustand durch die Austausch-Rk. $NH_4Cl + (4-i)HTO \rightleftharpoons NH_iT_{4-i}Cl + (4-i)H_2O$, $i = 1$—4) u. Best. der Aktivität des radioakt. Festkörpers im fensterlosen Q-Gas (99% He, 1% Butan) — Durchfluß — GEIGER-MÜLLER-Zähler. Genauigkeit der Meth. nur 15%. Vf. diskutiert Grenzen u. Anwendungsmöglichkeiten des Verfahrens. (Analytic. Chem. **25.** 1477—80. Okt. 1953. Pasadena, Calif., California Inst. of Technol., Dep. of Chem.) MAX SCHMIDT. G 238

P. S. Tutundžić und **S. Mladenović,** *Coulometrische Bestimmung von Thiosulfat.* $S_2O_3^{2-}$ wird coulometr. an Pt-Elektroden mit getrennten Katolyten u. Anolyten, die durch eine Agar–Agar-Brücke mit KCl oder einem anderen geeigneten elektrolyt. Schlüssel verbunden sind, mit elektrolyt. aus KJ entwickeltem J bestimmt. Je nach der Feinheit der Stromregelung u. Zeitmessung ist das Verf. für Makro-, Mikro- u. Submikrobestimmungen anwendbar. Vf. schlägt vor, den Titer von Thiosulfatlsgg. elektrolyt. durch Messung der benötigten Coulomb zu bestimmen. (Analytica chim. Acta [Amsterdam] **8.** 184—91. Febr. 1953. Belgrad, TH, Inst. für Physikal. Chem. u. Elektrochem.) WESLY. G 253

Maurice Codell und **James J. Mikula,** *Bestimmung von Phosphor in Titanlegierungen.* Basierend auf der Arbeit von HILL (C. **1952.** 6906) haben Vff. ein Verf. ausgearbeitet, nach dem durch die Molybdänblau-Rk. der P-Geh. in Ti-Legierungen spektrophotometr. bestimmbar ist. 15% Cr, 10% Mo, 5% Al, 2,5% V, 1% W, 20% Fe, 3% Si u. 3% Ni haben in Ti-Legierungen auf die Best. von 0,06 bzw. 0,1% Phosphor keinen störenden Einfluß. (Analytic. Chem. **25.** 1444—46. Okt. 1953. Philadelphia, Pa., Frankford Arsenal, Pitman-Dunn Labor.) BRAASCH. G 264

Maurice Codell, Allen Cherney und **George Norwitz,** *Nephelometrische und gravimetrische Bestimmung kleiner Mengen Calcium in Titanlegierungen.* Vff. finden, daß zur Best. kleiner Ca-Mengen in Ti-Legierungen die Fällung u. Best. als *$CaSO_4$* bei $>$0,02% Ca u. die nephelometr. Meth. als *Ca-Stearat* bei $<$0,02% Ca die günstigsten Ergebnisse liefert. Die störenden Elemente werden vorher abgetrennt. Genaue Arbeitsvorschrift. (Analytic. Chem. **25.** 1434—36. Okt. 1953. Philadelphia, Pa., Frankford Arsenal, Pitman-Dunn Labor.) BRAASCH. G 283

M. C. Steele und **F. M. Hall,** *Die potentiometrische Titration von Titan neben Vanadium.* Ti u. V können bes. in Stählen in einer Operation potentiometr. bestimmt werden. Störende Metalle bis auf Mo werden mit der Hg-Kathodenmeth. entfernt, Mo in saurer Lsg. mit H_2S gefällt u. Ti u. V in schwefelsaurer Lsg. mit Zn reduziert. Dann wird Fe (III)-Lsg. im Überschuß zugegeben u. Fe(II), das dem gesamten Ti u. $^2/_3$ V entspricht, sowie $^1/_3$ V als V^{4+} mit $KMnO_4$ in Ggw. von H_3PO_4 potentiometr. titriert. Als Alternative wird die Red. des V mit SO_2, direkte Titration mit $KMnO_4$, nochmalige Red. von V u. Ti mit Zn u. direkte Titration wie oben angegeben. (Analytica chim. Acta [Amsterdam] **9.** 384—88. Okt. 1953. Wollongong, Australia, Techn. Coll., Chem. and Metall. Dep.) HELMUT HOFMANN. G 321

Albert E. Taylor und **Richard T. Dillon,** *Bestimmung von Mikrogrammengen Thorium in Wasser. Erweiterung der colorimetrischen Methode.* Zur Erweiterung der Empfindlichkeit bis 10^{-9} g Th/ml W. reichern Vff. zunächst Th als Oxalat unter Verwendung von Ca als Träger bei genau definierten Bedingungen u. p_H-Werten an, zers. zu Carbonat, lösen in HCl u. bestimmen schließlich den Th-Geh. colorimetr. mit *1-(o-arsonophenylazo)-2-naphthol-3.6-disulfonsaurem Na* (**I**) bei einer Wellenlänge von 545 mμ. Der Einfl. des Ca-Geh. wird sorgfältig geprüft. Danach ist das BEERsche Gesetz im Konzentrationsbereich von 0—20 μg Th/ml erfüllt. Die Best. erfolgt am besten so: Man erhitzt 4 Proben mit je 1,5 Liter W., gibt zu jeder 1 ml konz. HCl u. versetzt außerdem 2 dieser Proben mit 10 μg Th. Dann führt man in üblicher Weise die Ca-Fällung durch u. bestimmt das Gewicht der Carbonate. Diese löst man in 1 ml konz. HCl, versetzt mit 2 ml 10%ig. *Hydroxylaminchlorhydratlsg.* (**II**), kocht 1 Min., fügt 5 Tropfen konz. HCl zu u. 1 ml 0,1%ig. wss. Lsg. von **I**, verd. auf 10 ml u. mißt die Lichtabsorption. Als Bezugslsg. dient eine analog hergestellte, Th-freie Lsg. von gleichem Ca-Gehalt. (Störungen des Verf. treten in Ggw. von Mg, Na, K, SiO_2 nicht auf, der Einfl. von Fe kann durch Red. mit **II** beseitigt werden. (Analytic. Chem. **24.** 1624—25. Okt. 1952. Pocatello, Id., Idaho State Coll.) WEITBRECHT. G 324

Charles V. Banks und **Carol H. Byrd,** *Spektrophotometrische Bestimmung des Thoriums im Monazitsand.* Monazitsand wird mit KHF geschmolzen, danach werden die unlösl. Fluoride der Seltenen Erden u. des Th abzentrifugiert u. in gesätt. $Al(NO_3)_3$-

Lsg. gelöst. Th wird daraus mit Mesityloxyd extrahiert u. mit W. vom Extraktionsmittel befreit. Hieraus wird Th spektrophotometr. bestimmt, indem man das Di-Na-Salz der (2-Oxy-3.6-disulfo-1-naphthylazo)-benzolarsonsäure-(2) als farbbildendes Reagens anwendet. Die gefundenen Werte von sieben verschied. Monazitsanden differierten von den nach anderen Methoden bestimmten um $\pm 0,14\%$ der Theorie, die durchschnittliche Genauigkeit lag bei 0,03%. Die spektrophotometr. Meth. zeichnet sich bei genügender Genauigkeit durch größere Schnelligkeit u. weniger Trennungsoperationen gegenüber den sonst üblichen Th-Bestimmungsmethoden aus. (Analytic. Chem. **25.** 416—19. März 1953. Ames, Io., Iowa State Coll., Dep. of Chem.) ELCHLEPP. G 324

Je. P. Oshigow (unter Mitarbeit von **W. F. Alpatowa**), *Vergleichende Bewertung der qualitativen Reaktionen auf Wismut, die nach der Verreibungsmethode durchgeführt werden.* Es werden 4 Rkk. untersucht, bei denen *Galenit* (gegebenenfalls nach vorhergehender Säurebehandlung) mit einem Reagens zerrieben wird: 1. Rk. mit *Pyrogallol*: in Ggw. von Bi soll Grünfärbung auftreten, es erfolgte jedoch Schwach- bis Dunkelviolettfärbung, bei Benetzung mit W. Schwärzung (nur in Einzelfällen Grünfärbung). Die Rk. ist daher zum Bi-Nachw. ungeeignet; allerdings enthielten die Erzproben viele Beimengungen (Pb, Zn, Cu, Sb, As, S, Mn, Ag, Mg, Ca, Fe, Al u. a.). 2. Rk. mit *NH_4CNS*: in Ggw. von Bi orangerot bis gelb. Zur Red. des Fe^{3+} (Rotbraunfärbung) wird Na_2SO_3 (an Stelle des Ag-Reagenses $Na_2S_2O_3$) empfohlen. Die Rk. ist spezif. u. sehr empfindlich: 1,37 μg Bi in 0,03 g der Probe. 3. Rk. mit *$Na_2S_2O_3$* (nach Zers. des Erzes mit $HNO_3 + H_2SO_4$): erst blaßgelb, dann blutrot; 2,74 μg Bi (also nur halb so empfindlich wie Rk. 2). 4. Rk. mit *Ammoniumrhodanochromiat*, $(NH_4)_3[Cr(CNS)_6]$ — nach Säurebehandlung der Erzprobe: Rotorangefärbung. Jedoch kommt Maskierung durch Violett- bis Grünfärbung vor. Empfindlichkeit geringer als bei Rkk. 2 u. 3, von denen an erster Stelle Rk. 2 zu empfehlen ist. (Журнал Аналитической Химии [J. analyt. Chem.] **8.** 175—77. Mai/Juni 1953. Fernost-Zweigstelle der Akad. der Wiss. der UdSSR.) v. WILPERT. G 334

M. D. Cooper, *Perjodatmethode für Mangan und Einfluß der Bandbreite.* Vf. untersucht unter Benutzung des BECKMAN-Spektrophotometers im Vgl. zu anderen Photometertypen die absorptiometr. Best. des durch HJO_4-Oxydation erhaltenen MnO_4^- nach Abzug der Absorption von Vergleichslösungen. Diese werden durch Oxydation der Probe mit $HClO_4$ ($Cr \rightarrow Cr^{6+}$, $Mn \rightarrow Mn^{2+}$) oder durch Red. der bis zu MnO_4^- oxydierten Probe mit $NaNO_2$ erhalten. Ein kleiner Unterschied der Vergleichslsgg. tritt nur bei der Analyse von W-Stählen auf. Bei Verwendung des BECKMAN-Photometers mit 10 u. 20 mμ-Banden-Reflexionsfiltern u. 6 typ. Filtern verschied. Bandbreite mit Maxima der Durchlässigkeit zwischen 525 u. 565 mμ wurde gefunden, daß zur Ausschaltung der CrO_4^{2+}-Absorption nicht das MnO_4^--Maximum 526, sondern 545 mμ zu benutzen ist u. daß Filter von größerer Bandbreite zu vermeiden sind. Genauigkeit 0,2—0,4%. Das Mn wurde u. a. in rostfreiem Stahl in Ggw. von Cr bestimmt. (Analytic. Chem. **25.** 411—16. März 1953. Detroit, Mich., General Motors Corp., Res. Lab. Div.) ELCHLEPP. G 350

Ss. F. Sawgorodni, *Über die analytische Anwendung der Hydrolysereaktion des Kaliumpermanganats.* Es wurden Verss. zur Best. von MnO_4^{2-} u. MnO_4^- bei deren gleichzeitiger Anwesenheit durchgeführt. Gemische beider Ionen wurden hydrolyt. zers. (z. B. mit CO_2), der Nd. (MnO_2) wurde in titrierter Oxalsäure gelöst u. der Überschuß mit $KMnO_4$ zurücktitriert, im Filtrat vom MnO_2 wurde MnO_4^- mit Oxalsäure bestimmt. — Es zeigte sich, daß bei geringem Geh. an MnO_4^- in der Probe der MnO_2-Nd. einen Teil des MnO_4^{2-} absorbierte, wodurch die Abweichungen im Ergebnis zu erklären sind. Fügt man jedoch gleich anfangs einen Überschuß an MnO_4^- zu, so sind die Ergebnisse befriedigend, die Absorption an MnO_4^{2-} wird zurückgedrängt. Das übliche Hydrolyseschema (Ausscheidung von nur MnO_2) besteht dann zu recht, womit zugleich die Grenzen seiner Anwendung aufgezeigt werden. (Журнал Аналитической Химии [J. analyt. Chem.] **8.** 172—74. Mai/Juni 1953.) v. WILPERT. G 350

B. Rosen, *Spektroskopische Bestimmung des Sauerstoffs in Stahl.* Die Eigg. einer Entladungsröhre mit einer Graphithohlkathode werden zur Best. von Gasen in Stahl herangezogen. Die Proben werden in der Kathode durch Entladung in einem Ar-Strom auf Schmelztemp. gebracht, wobei sich der O_2 mit dem Graphit zu CO verbindet, dessen Bandenintensität im Vgl. mit der Intensität der Ar-Banden die Best. des O_2 mit einer Genauigkeit von 10% für O_2-Gehh. zwischen 0,001 u. 0,03% gestattet. (Rev. univ. Mines, Métallurg., Trav. publ., Sci. Arts appl. Ind. [9] **9** (**96**). 445—54. Juli 1953. Lüttich, Univ., Inst. d'Astrophys.) WESLY. G 354

A. Hans, *Direkte Stahlanalyse mit Hilfe des „Macq-Elektronen"-Gerätes der Firma Radio-Synthèse (Brüssel).* Das zur Ausführung direkter spektrochem. Analysen dienende

Gerät u. seine Anwendung zur Best. von Si u. Mn in Stahl werden beschrieben. Die Abweichung (Summe der Fehlerquadrate) von den auf rein chem. Wege gefundenen Werten beträgt 3% für Mn u. 4% für Si. (Rev. univ. Mines, Métallurg., Trav. publ., Sci. Arts appl. Ind. [9] **9** (**96**). 428—35. Juli 1953. Lüttich, Centre Nat. des Rech. Métallurg.) WESLY. G 354

A. Hannick, *Direkte Bestimmung von Zink und Phosphor in Stahl mit Hilfe des „Macq-Elektronen"-Gerätes.* Mit Hilfe des Gerätes werden spektrochem. Pb, Fe, Cu u. Cd in elektrolyt. oder therm. gewonnenem Zn sowie Al, Cu, Mg, Pb, Fe u. Cd in Zn-Legierungen bestimmt. Die größten Abweichungen von den polarograph., photocolorimetr. oder chem. erhaltenen Werten übersteigen selten 10%. Die Best. von P in THOMAS-Stahl zeigt, daß die spektrochem. gefundenen Werte geringere Abweichung untereinander aufweisen als die auf chem. Wege ermittelten. (Rev. univ. Mines, Métallurg., Trav. publ., Sci. Arts appl. Ind. [9] **9** (**96**). 436—41. Juli 1953. Angleur, S. A. Mines Fonderies de la Vieille Montagne.) WESLY. G 354

V. Mathien, *Anwendung der direkten spektrochemischen Analyse auf Stähle und Gußeisen in einem Thomas-Stahlwerk.* Die rasch ausführbare spektrochem., direkte Best. von P, Mn, Cu u. Si gestattet die laufende Überwachung der THOMAS-Stahlgewinnung. (Rev. univ. Mines, Métallurg., Trav. publ., Sci. Arts appl. Ind. [9] **9** (**96**). 441—45. Juli 1953. Ougrée-Marihaye, S. A. Ougrée-Marihaye.) WESLY. G 354

Donald H. Wilkins und **G. Frederick Smith,** *2.6-Bis-[2-pyridyl]-pyridin und Alkylderivate. Ihre Eigenschaften bei der Bildung gefärbter Komplexkationen mit zweiwertigem Kobalt und Eisen.* Die Verwendung der komplexbildenden Reagentien *2.6-Bis-[2-pyridyl]-pyridin* (Terpyridin) (I), *2.6-Bis-[2-pyridyl]-4-phenylpyridin* (Terosin) (**II**) u. *2.6-Bis-[4-methyl-2-pyridyl]-4-phenylpyridin* (Terosol) (**III**) in der Spektroskopie wurde untersucht. Die gemeinsame funktionelle Gruppe der 3 Verbb. ist =N—C—C—N=C—C—N=. Mit Co^{2+} u. Fe^{2+} bilden sich bis-komplexe Kationen, deren Wellenlängen der Absorptionsmaxima λ_{max} in mμ u. mol. Extinktionskoeffizienten E gemessen wurden. **I**: *Fe* $\lambda_{max} = 552$, E = 12500, nicht extrahierbar. *Co* $\lambda_{max} = 444$ u. 506, E = 1420/444 mμ u. 1240/506 mμ, nicht extrahierbar. **II**: *Fe* $\lambda_{max} = 569$, E = 22000, mit n-Hexylalkohol (**IV**) schwer extrahierbar. *Co* $\lambda_{max} = 452$ u. 417, E = 2630/452 mμ u. 2690/517 mμ, mit **IV** schwer extrahierbar. **III**: *Fe* $\lambda_{max} = 575$, E = 26300, mit **IV** gut extrahierbar. *Co* $\lambda_{max} = 457$ u. 519, E = 2440/457 mμ u. 2514/519 mμ, mit **IV** gut extrahierbar. Der Fe(II)-Komplex mit **III** bildet sich bei p_H 2—5, ist einmal gebildet über den Bereich p_H 2—10 stabil u. wird durch Kochen nicht entfärbt. Der Co(II)-Komplex ist weniger stabil. Cu^+, Ni^{2+}, Co^{2+}, F^- u. ClO_4^- stören den Fe-Nachweis. ClO^{4-} bildet mit **III** ein äußerst schwer lösl. Salz. Da NO_3^-, Cl^- u. SO_4^{2-} nicht stören, schlagen Vff. **III** als Fällungsreagens für ClO_4^- neben NO_3^- vor. Mn(II), Al(III), Cr(III), Mg, Alkalien u. Erdalkalien, PO_4^{3-}, $P_2O_7^{4-}$, $C_2O_4^{2-}$, Cl^-, NO_3^-, $CH_3CO_2^-$ u. SO_4^{2-} stören bei Mengen bis zu 100 mg nicht. Beim Nachw. des Fe(II) neben Co(II) kann letzteres mit Äthylendiamin maskiert werden. Die möglichen Effekte von Substituenten in verschied. Stellungen des Ringsyst. auf die Chelatbldg. u. das Absorptionsvermögen werden unter ster. Gesichtspunkten diskutiert u. dazu Voraussagen gemacht. (Analytica chim. Acta [Amsterdam] **9**. 338—48. Okt. 1953. Urbana, Ill., Univ. of Illinois, Dep. of Chem.) HELMUT HOFMANN. G 355

F. E. Beamish und **W. A. E. McBryde,** *Eine kritische Auswertung der colorimetrischen Bestimmungsmethoden für Platinmetalle.* Übersicht über die quantitativen colorimetr. Bestimmungsmethoden der Platinmetalle bis zum Mai 1953 u. über ihre jeweiligen optimalen Konzentrationsbereiche, Spezifität u. prakt. Anwendbarkeit. — 53 Literaturangaben. (Analytica chim. Acta [Amsterdam] **9**. 349—67. Okt. 1953. Toronto, Ontario, Can., Univ. of Toronto.) HELMUT HOFMANN. G 362

b) Organische Verbindungen.

Erich Zymny, *Zur Bestimmung des Gesamtstickstoffes im biologischen Material. Eine Betrachtung zur Methodik zweier Untersuchungsverfahren.* Vorzüge der colorimetr. Best. von Gesamt-N als NH_3 nach Aufschluß mit H_2SO_4 usw. mit NESSLER-Reagens nach AUTENRIETH u. TAEGE gegenüber der KJELDAHL-Meth. (Wegfall der Dest. u. Titration). (Mikrokosmos **43**. 44—46. Nov. 1953. München.) BLUMRICH. 5352

H. Bruschweiler, G. J. Minkoff und **K. C. Salooja,** *Analyse von organischen Hydroperoxyden in Gegenwart von Wasserstoffperoxyd.* Zwei verschied. Methoden zur Best. von organ. Hydroperoxyden in Ggw. von *Wasserstoffperoxyd* (**I**) werden angegeben. Nach der ersten wurden Gemische von **I** mit *Methylhydroperoxyd* (**II**) bzw. *tert.-Butylhydroperoxyd* (**III**) durch Papierchromatographie mit WHATMAN Na I-Filterpapier unter Verwendung von Ae. bzw. Isopropylalkohol als Lösungsm. getrennt u. mit den üblichen Reagentien nachgewiesen. R_F-Werte in Ae.: I 0,4, II 1,0, in Isopropylalkohol I 0,74, III 1,0. Die Meth. ist im wesentlichen qualitativ anwendbar. Quantitative Bestimmungen sind auf polarograph. Wege möglich. In alkal. Lsg. (0,1 mol. Li_2SO_4, 0,01 mol. LiOH) gibt I zwei Potentialstufen, eine anod. von —0,1 V u. eine kathod. von —0,9 V, während organ. Hydroperoxyde nur zur zweiten beitragen, so daß es möglich ist, aus der Gesamtkonz. von Peroxyd u. der von I allein beide Konzz. zu berechnen. Falls die Konz. von I viel größer ist als die des organ. Peroxydes, wird es in alkal. Lsg. als nicht reduzierbares bas. Lanthanperoxyd gefällt, die Konz. des organ. Hydroperoxydes bestimmt u. dann durch Ansäuern I wieder in Freiheit gesetzt. Untere Grenze der Erfaßbarkeit ca. 10^{-5} bis 10^{-6} molar. (Nature [London] **172.** 909. 14/11. 1953. London, Imp. Coll. of Sci. and Technol.) Lohaus. G 450

Kåre Hannerz, *Chromatographische Analyse von Kohlenwasserstoffgemischen.* Zusammenfassende Darst.: physikal.-chem. Voraussetzungen für selektive Adsorption (Adsorptionsprozesse, Adsorbentien, Adsorbierbarkeit von KW-stoffen); Methoden zur Vervielfältigung einfacher adsorptiver Trennung (Frontal-, Elutions-, Verdrängungsanalyse); prakt. Ausführung (Trennwirksamkeit u. -kapazität, Methodik). — 16 Literaturhinweise. (Tekn. Tidskr. **83.** 645—51. 8/9. 1953. Stockholm.) R. K. Müller. G 500

T. Nash, *Die colorimetrische Bestimmung von Formaldehyd über die Hantzsch-Reaktion.* Ein Reagens zur colorimetr. Best. von *Formaldehyd* (**I**) besteht aus 150 g Ammoniumacetat, 3 ml Essigsäure u. 2 ml *Acetylaceton* (**II**), die zu 1 Liter in W. gelöst werden. Bei der Rk. bildet sich *Diacetyldihydrolutidin* (**III**), dessen Menge in einem photoelektr. Colorimeter unter Vorschaltung eines dunkelblauen Filters ermittelt wird. Die zu untersuchende Lsg. soll nicht mehr als 8 γ I/ml enthalten. Das Reagens erwies sich als ungiftig gegenüber dem Staphylococcus N. C. T. C. 2561 u. ist zur I-Best. in biol. Material geeignet. Die besten Bedingungen der Rk. werden ermittelt. Die Rk. tritt in ähnlicher Weise auch mit Acetaldehyd (**IV**) u. Aminen unter Bldg. analoger Reaktionsprodd. ein. Die Absorptionsspektren der Verbb. aus **IV** + NH_3 + **II**, I + NH_3 + Acetessigester (**V**) sowie **V** + **IV** + NH_3 werden mit **III** verglichen. (Biochem. J. **55.** 416—21. Okt. 1953. London, Public Health Labor. Serv., Air. Hyg. Labor.) Fresenius. G 670

Ray Wendland, John Rode und **Roger Meintzer,** *Dibenzofuran-2-sulfonsäure und 3-Nitrodibenzofuran-8-sulfonsäure als Reagentien auf Amine und Aminosäuren.* Vff. untersuchten die Eignung von *Dibenzofuran-2-sulfonsäure* (I) als Fällungsmittel für Amine; sie stellten hierbei die Salze folgender Amine dar (Vereinigen der Lsg. des Amins in W. bzw. der äquivalenten Menge verd. HCl mit einer konz. wss. Lsg. von I): *N.N-Dimethylanilin,* F. 61—62° (0,52 [Löslichkeit in g/100 cm³ W.]). — *Tri-n-butylamin,* F. 117—118° (0,4). — *N-Äthylanilin,* F. 128—129° (0,6). — *N-Methylanilin,* F. 148—149° (0,6). — *Hexamethylentetramin (Tetrasulfonat),* F. 158—159° (0,3). — *Di-n-butylamin,* F. 164° (0,24). — *Diisobutylamin,* F. 168° (0,30). — *Phenylhydrazin,* F. 193—194° (Zers.) (0,1). — *Chinolin,* F. 195—196° (0,2). — *Diphenylguanidin,* F. 195—196° (0,1). — *Harnstoff,* F. 203° (Zers.) (1,9). — *m-Toluidin,* F. 205—206° (0,24). — *n-Butylamin,* F. 207—208° (0,8). — *8-Oxychinolin,* F. 207—208° (0,05). — *o-Aminodicyclohexyl,* F. 213—255° (0,04); der F. wurde auch nach Umkristallisieren aus wss. A. nicht schärfer. — *Cyclohexylamin,* F. 214—216° (0,04). — *o-Phenylendiamin,* F. 225° (Zers.) (0,3). — *o-Chloranilin,* F. 228—230° (0,24). — *p-Toluidin,* F. 232—234° (0,2). — *Dicyclohexylamin,* F. 239—240° (0,05). — *p-Nitranilin,* F. 240° (Zers.) (0,1). — *o-Toluidin,* F. 242—243° (Zers.) (0,14). — *β-Naphthylamin,* F. 245 bis 246° (Zers.) (0,04). — *Sulfanilamid,* F. 245—246° (Zers.) (0,1). — *2.4-Diaminophenol (Disulfonat),* F. 250° (Zers.) (0,16). — *m-Nitranilin,* F. 250° (Zers.) (0,09). — *Anilin,* F. 258—260° (0,23). — *α-Naphthylamin,* F. 260° (Zers.) (0,1). — *Hydrazin (Disulfonat),* F. 260° (Zers.) (0,70). — *m-Phenylendiamin (Disulfonat),* F. 280—290° (Zers.) (0,20). — *p-Aminoacetanilid,* F. $>$ 290° (1,1). — *Benzidin (Disulfonat),* F. $>$ 300° (0,11). — *p-Phenylendiamin (Disulfonat),* beständig bis 305° (0,1). — *Äthylendiamin (Disulfonat),* beständig bis 305° (0,11). — *Ammoniak,* F. $>$ 310° (Zers.) (1,87). — *Guanidin,* F. $>$ 310° (0,10). — *Semicarbazid,* F. 205—215°, sehr leicht lösl., nicht analysenrein. — Eine Gruppe von Aminen mit wenig ausgeprägten bas. Eigg. wie p-Bromanilin, o-Nitranilin, 2.4-Dinitroanilin, 1-Aminonaphthol-(2)-sulfonsäure-(4), Diphenylamin, 2.4-Dinitrophenylhydrazin, Sulfanilsäure lieferten keine Sulfonate; eine andere Gruppe, die Oxyamine (2-Aminobutanol-(1), 2-Amino-2-methylpropandiol-(1.3), Bis-[oxyäthyl]-n-butylamin, Oxyäthylbutylamin, Oxyäthyldi-n-butylamin, Bis-[oxyäthyl]-phenylamin, Hydroxylamin), Morpholin, die prim. u. sek. Methyl-, Äthyl- u. Isopropylamine, sowie Pyridin, Nicotin, Nicotinsäure, α- u. β-Picolin umfaßt, bildeten ebenfalls keine

Sulfonate, zum Teil sicher wegen zu großer Wasserlöslichkeit. — Die Aminosäurederivv. von I sind an anderer Stelle beschrieben (WENDLAND u. SMITH, Proc. North Dakota Acad. Sci. **3.** [1949.] 31). — *3-Nitrodibenzofuran-8-sulfonsäure* (**II**) wurde durch 30 Min. Erhitzen von 10 g 3-Nitrodibenzofuran in 25 g 96%ig. H_2SO_4 in 55%ig. Ausbeute (größere H_2SO_4-Mengen geben geringere Ausbeuten) erhalten; aus Eisessig gelbliche Substanz ohne definierten F., verkohlt bei ~240°. — **II** bildete Salze mit *n-Butylamin* (F. 264°, *Di-n-butylamin* (F. 167°), *Diphenylguanidin* (F. 225°), *Anilin* [F. 258—260° (Zers.)], *p-Toluidin* [F. 250° (Zers.)], *p-Bromanilin* [F. 258—266° (Zers.)], *Harnstoff* [F. > 300° (Zers.)], *l-Arginin* (*Disulfonat*, F. 235—236°), *Kreatinin* (F. 258°), *l-Cystein* (F. 219°), *l-Cystin* (Disulfonat, F. 215°), *l-Histidin* (*Disulfonat*, F. 248°), *dl-Isoleucin* (F. 246°), *dl-Phenylalanin* (F. 247°), *l-Leucin* [F. 260—262° (Zers.)]; die Salze mit *dl-Alanin*, *α-Aminoisobuttersäure*, *dl-Lysin*, *dl-Methionin*, *dl-Norleucin*, *dl-Tryptophan* u. *dl-Valin* zers. sich zwischen 250 u. 300°; mit Glycin, Asparagin- u. Glutaminsäure, Tyrosin, Prolin, Oxyprolin, Threonin, Asparagin u. Serin entstanden keine schwerlösl. Salze. Ag^+, Cu^{2+}, Mg^{2+}, Ca^{2+}, Zn^{2+}, Al^{3+}, Pb^{2+}, Cr^{3+}, Mn^{2+}, Ni^{2+}, Fe^{2+}, Fe^{3+}, Co^{2+}, Sn^{2+} u. Ba^{2+} werden durch **II** aus ihren wss. Lsgg. gefällt. (J. Amer. chem. Soc. **75.** 3606—08. 20/7. 1953. Fargo, N. D., State Coll., School of Chem. Technol.) FRUHSTORFER. G 900

G. H. Wiltshire, *Die Bestimmung von D- und L-Glutaminsäure in Proteinen.* Unter den Bedingungen der sauren Eiweißhydrolyse erhält man aus *L-Glutaminsäure* (**I**) 5% des D-Isomeren (**II**). Die Gesamtglutaminsäure wird bestimmt nach CONSDEN, GORDON u. MARTIN mittels *Amberlite IR–4 B* (Biochem. J. **42.** [1948.] 443) **I** wird bestimmt nach KREBS im Decarboxylaseverf. mit Clostridium welchii S. R. 12 (Biochem. J. **43.** [1948.] 51). **II** wird als Differenz bestimmt. **II** wurde in mit verd. Alkali behandelten Eiweißhydrolysaten u. in Lactobacillus casei, jedoch nicht im Tabakmosaikvirus gefunden. (Biochem. J. **55.** 46—49. Aug. 1953. Cambridge, Univ., Biochem. Labor.) FRESENIUS. G 900

Royal A. Sullivan und **Raymond Annino,** *Elektrophoretische Analyse mit erhöhter optischer Empfindlichkeit.* Die spezif. Refraktion von *Glycin* (**I**) wird mit 0,193 bestimmt, die von *Dinitrophenylglycin* (**II**) mit 0,237. Das Refraktionsinkrement von **I** ist 0,0018, das von **II** 0,00288. *Phosphopeptide* (**III**) zeigen ein ungewöhnlich geringes Refraktionsinkrement. Eine Lsg. von **III**, in der elektrophoret. 3 Bestandteile nachgewiesen waren, zeigte nach Umsetzung mit *Dinitrofluorbenzol* (**IV**) bei der Elektrophorese in HCl–KCl-Puffer ebenfalls nur 3 Komponenten. Die Trennung der Bestandteile wurde durch die Umsetzung mit **IV** nicht erleichtert. Es ist jedoch möglich, die benötigte Substanzmenge beträchtlich zu reduzieren u. die opt. Empfindlichkeit der Schlierentechnik auf diese Weise zu steigern. (Arch. Biochem. Biophysics **44.** 427—29. Juni 1953. Oakdale, Long Island, N. Y., Nat. Dairy Res. Labor., Inc.) FRESENIUS. G 900

G. L. Mills, *Beobachtungen über die Anwendung von Fluordinitrobenzol auf die quantitative Analyse von Proteinen.* Vf. beschreibt eine Meth., die es gestattet, die Dinitrophenylderivv. der gewöhnlich vorkommenden Aminosäuren an einer einzigen Chromatographiersäule (*Kieselgur*) mit einem Fehler von ca. ±2,5% zu bestimmen, u. diskutiert die Anwendung seiner Technik auf die quantitative Best. von Aminosäuren. Als Beleg werden Analysen von *Salmin*, *Insulin* u. *Lysozym* gebracht. (Biochem. J. **50.** 707—12. März 1952. London, Middlesex Hosp., Courtauld Inst. of Biochem.) NEHRING. G 4070

J. R. Collins, *Die jodometrische Bestimmung von Mannose und anderen Aldosen.* Bei der Best. von Mannose (I) mit Hypojodid nach KLINE u. ACREE (Ind. Engng. Chem., analyt. Edit. **2.** [1930.] 413) werden zu niedrige Werte erhalten. Durch Variation der Reaktionsbedingungen arbeitet Vf. eine verbesserte Meth. zur Best. von Aldosen, bes. der **I**, aus. Da sich bei der vollständigen Oxydation der **I** zur Mannonsäure mit überschüssigem Jod sek. Oxydation, vermutlich am prim. Hydroxyl, nicht völlig vermeiden läßt, wird deren Jodverbrauch unter Standardbedingungen an *Fructose* bestimmt u. als Konstante in die Berechnung eingesetzt. Die Meth. läßt sich außerdem bei *l-Arabinose*, *Galaktose*, *Cellobiose*, *Lactose* u. *Maltose* anwenden. — Zu 0,225 g Hexose werden gleiche Mengen n Na_2CO_3-Lsg. u. n/10 Jodlsg. gegeben, die 60 g KJ im Liter enthält. Die Lsg. wird in einer Stöpselflasche 30 Min. im Thermostaten bei 20° gehalten. Anschließend wird mit 6 n HCl angesäuert u. überschüssiges Jod mit n/10 $Na_2S_2O_3$-Lsg. zurücktitriert. Der $Na_2S_2O_3$-Verbrauch soll zwischen 28 u. 32 cm³ liegen. Der Jodverbrauch t ist die Differenz dieses Wertes u. des Blindwertes ohne Zucker. Der %-Geh. Aldose p ist bei **I** als Hauptzucker gegeben durch: $t = 0{,}45 + 0{,}2445\,p$; bei *Glucose*: $t = 0{,}45 + 0{,}2490\,p$. Obige Formel kann bei annähernd be-

kanntem Aldosegeh. interpoliert werden. (Analytica chim. Acta [Amsterdam] **9.** 500—06. Dez. 1953. Maidenhead, Berks., Courtaulds Ltd., Res. Labor.)
RICHARD MEIER. G 3400

Joseph W. Goldzieher, John M. Bodenchuk und **Philip Noland,** *Die Fluorescenzreaktionen von Steroiden.* 1. Mitt. *Östrogene.* Die Erzeugung einer Fluorescenz durch die Wrkg. von H_2SO_4, H_3PO_4 u. HCOOH auf *Östron* (**I**), *Östradiol-(17α)* (**II**), *Östradiol-(17β)* (**III**) u. *Östriol* (**IV**) wird untersucht. Die Spektralkurven (vgl. Original) hängen von Konz. u. Art des Östrogens, der Säure u. der Wellenlänge der erregenden Strahlung ab. Eine maximale Fluorescenz wird im allg. mit „90% ig. H_2SO_4" (90 ml konz. H_2SO_4 auf 10 ml W.) erreicht, lediglich bei **II** ist 85—88% ig. H_3PO_4 überlegen. Bei Gleichheit der anderen Variabeln ergibt die erregende Strahlung von 436 mμ maximale Fluorescenz. Ein vereinfachtes Verf. zur Best. relativer Fluorescenzstärken wird unter Korrektur nach den spektralen Eigg. der messenden Photomultiplierröhre angegeben. (J. biol. Chemistry **199.** 621—29. Dez. 1952. New York, N. Y., St. Clare's Hosp.; Farrand Opt. Co., Res Dep.).
H.-J. KOCH. G 3750

d) Medizinische und toxikologische Analyse.

M. G. Woldring, *Flammenphotometrische Bestimmung von Natrium und Kalium in einigen biologischen Flüssigkeiten.* (Analytica chim. Acta [Amsterdam] **8.** 150—67. Febr. 1953. — C. **1953.** 4746.)
WESLY. 5725

Vivian Kapuscinski und **Bennie Zak,** *Verwendung von Perchlorsäurefiltrat und stabilisiertem Anthron zur Bestimmung von Serumglucose.* Unter Hinweis auf die einschlägige Literatur, bes. auf die Arbeit von ZIPF u. WALDO (C. **1954. 4683**) wird ein Verf. zur Glucosebest. mitgeteilt, dessen Vorteil in der Verwendung einer stabilen Lsg. von *Anthron* (**I**) in Eisessig liegt. 0,5 ml Serum wird mit 9,5 ml 10% ig. $HClO_4$ vermischt u. nach 10 Min. filtriert. 5 ml **I**-Sulfosäure (Darst.: 400 mg **I** werden in 100 ml Eisessig gelöst; vor der Best. wird die so erhaltene **I**-Essigsäure in der Kälte im Verhältnis 1 : 4 in konz. H_2SO_4 gelöst) werden mit 2 ml des klaren Filtrates versetzt. Die grün-blaue Färbung gestattet dann eine spektralphotometr. Best. der Glucose, wobei man sich vorteilhaft einer Eichkurve bedienen kann u. keine Standardlsgg. einstellen muß. (Amer. J. clin. Pathol. **23.** 784—88. Aug. 1953. Detroit, Mich., Wayne Univ. u. Receiving Hosp., Dep. of Pathol.)
RODERICH KÖNIG. 5728

D. J. de Jong, *Einfaches Verfahren zur Bestimmung von Glucose in Urin.* An Stelle der vom Vf. früher (Pharmac. Weekbl. **67.** [1932.] 41) angegebenen Reagentien werden folgende Reagentien verwendet: a) 75 g KCNS. b) 8,75 g K-Tartrat, 3,5 g KOH, mit W. zu 25 (45) cm^3 gelöst. c) 6,5 g $CuSO_4$, mit W. zu 25 (48) cm^3 gelöst, 17,5 g Glycerin. Man versetzt a) mit b), dann mit c), kocht auf, kühlt ab u. filtriert. Das Reagens ist jahrelang haltbar. (Pharmac. Weekbl. **88.** 776—77. 7/11. 1953.)
WESLY. 5732

Jules H. Last, Gerald O. McDonald, Richard A. Jones und **E. E. Bond,** *Versagen der quantitativen Erfassung infundierten Inulins beim Menschen.* Die *Inulin* (**I**)-Verteilung kann nach 2 Methoden bestimmt werden. Nach Meth. A bestimmt man die bis zum Gleichgewicht zwischen *Plasma* u. *interstitiellem W.* infundierte Gesamtmenge **I** u. die im *Harn* ausgeschiedene Menge. Die Differenz dieser Werte ergibt Rest-**I**. Wird dieses durch den Plasma-**I**-Spiegel dividiert, so erhält man den **I**-Verteilungsgrad. Voraussetzung dabei ist, daß kein **I** im Stoffwechsel verbraucht wird. Nach der Meth. B wird **I** bis zum Gleichgewicht infundiert u. dann der innerhalb der nächsten 24 Std. ausgeschiedene Harn gesammelt. Das hierin wieder gefundene **I** ergibt bei Division mit dem **I**-Plasmaspiegel beim Gleichgewicht den Verteilungsgrad. Ein kleiner, aber statist. bedeutsamer Teil des infundierten **I** kann im Harn n. männlicher Erwachsener innerhalb 24 Std. nach der Infusion nicht wieder gefunden werden. **I** kann also nicht zur Best. des Extracellularflüssigkeitsvol. nach der Meth. A dienen. Die Möglichkeit eines Verbrauchs eines Teils des Rest-**I** im Stoffwechsel während der Versuchsdauer nach Meth. B muß bei dieser Arbeitsweise berücksichtigt werden. **I** in Plasma u. Harn wird nach den Methoden von HARRISON (Prod. Soc. exp. Biol. Med. **49.** [1942.] 111), ALVING, RUBIN u. MILLER (J. biol. Chemistry **127.** [1939.] 609) bzw. ROE, EPSTEIN u. GOLDSTEIN (C. **1949. E. 913**) bestimmt. (J. Lab. clin. Med. **41.** 690—96. Mai 1953. Chicago, Ill., Northwestern Univ., Med. School; Hines, Ill., Veterans Administ. Hosp.)
FRESENIUS. 5732

E. Kulonen, *Untersuchung von Ketosäuren durch Verteilungschromatographie auf Papier.* 2. Mitt. *Reduktion von Hydrazonen zu Aminosäuren.* (1. vgl. Scand. J. clin. Lab. Invest. **4.** [1952.] 189.) Die Ketosäuren (α-Ketoglutar-, *Brenztrauben-* u. *Phenylbrenztraubensäure*) werden als 2.4-Dinitrophenylhydrazone isoliert u. papierchromatograph. getrennt. Die Fraktionen werden mit A. eluiert u. diese Lsgg. mit Al-Amalgam nach FISCHER u. GROH (Liebigs Ann. Chem. **383.** [1911.] 363) reduziert. Die Aminosäuren werden wieder durch zweidimensionale Chromatogramme mit A. u. Phenol/NH_3 getrennt. Aus *Harn* werden erhalten *Glutaminsäure, Serin, Glycin* u. *Alanin,* aus Blutserum *Tyrosin* u. Alanin. (Scand. J. clin. Lab. Invest. **5.** 72—74. 1953. Helsinki, Univ., Dep. of Med. Chem.) FRESENIUS. 5732

A. D. Marenzi und **E. S. Braegger,** *Über die Bestimmung der gesamten neutralen 17-Ketosteroide des Urins.* In Anlehnung an DREKTER u. Mitarbeiter (J. clin. Endocrinol. **7.** [1947.] 795) sowie PEARSON u. GIACCONE (J. clin. Endocrinol. **8.** [1948.] 618) bestimmen Vff. die neutralen 17-Ketosteroide in dem nach HCl-Hydrolyse des Urins erhaltenen Ae.-Extrakt, der mit 10% ig. NaOH u. W. gewaschen, getrocknet u. eingeengt wird; im Rückstand erfolgt dann die colorimetr. Best. mit m-Dinitrobenzol nach ZIMMERMANN. Wie Vergleichsverss. zeigen, sind die Ergebnisse gut reproduzierbar. (Rev. Asoc. bioquím. argent. **15.** 149—57. Juli/Aug. 1950. Buenos Aires, Fac. de Cienc. Méd., Cát. de Quím. Biol.) KIMPEL. 5732

W. Maßmann, *Beitrag zur Arsenbestimmung.* Die von SEIFERT u. BROSSMER (C. **1954.** 621) beschriebene Meth. der Arsenbest. für diagnost. u. forens. Zwecke (Testfleckmeth.) wurde nachgeprüft. App., Fehlermöglichkeiten u. Vorteile gegenüber anderen Methoden werden diskutiert u. einige Verbesserungen vorgeschlagen. (Z. ges. inn. Med. Grenzgebiete **8.** 837—39. 15/9. 1953. Budapest, Stephan-Spital, III. Innere Abt.) HELMUT HOFMANN. 5762

F. Cramer, Cromatografia su carta. Firenze: S. E. S. 1953. (136 S. m. 68 Abb. u. 4 Tab.) L. 1500,—.

W. A. Naish, J. E. Clennell and **C. S. Kingswood,** Select methods of metallurgical analysis. 2nd rev. edn. London: Chapman & H. 1953. (660 S. m. Diagr.) 75 s.

H. Angewandte Chemie.

I. Allgemeine chemische Technologie.

H. Zarębski, *Wege der Modernisierung der Produktionskontrolle und der Automatisierung technischer Prozesse.* (Przemysł chem. **9** (**32**). 290—93. Juni 1953.) R. K. MÜLLER. 5800

Akira Katayama, *Über die aus runden Bleistangen hergestellte Dichtung zum Gebrauch bei hohem Druck und hohem Vakuum.* Verss. mit Pb-Dichtungen ergaben, daß sie bei 40—50 at Druck sowie bei hohem Vakuum gut verwendbar sind. „O"-Ringdichtungen von 3 mm Radius können im Vakuum bei Tempp. bis zu ca. 100° benutzt werden. Sie werden von Öl nicht angegriffen u. lassen sich zwei- bis dreimal verwenden. Die Undichtigkeit bei Vakuum betrug $3{,}4 \cdot 10^{-4}$ mm Hg · Liter/Stunde. (Abstr. Kagaku-Kenkyû-Jo Hōkoku [Rep. sci. Res. Inst.] **26.** 12. 1950. [Orig.: engl.]) OPPERMANN. 5812

Eiichi Katō, *Über die Gasabgabe von Gummidichtungen für Vakuumapparate.* Die Erwärmung von Proben von „*Buna NN*" (**I**), „*Buna N*", *Gummi* (**II**) u. „G.R.I." (**III**) im Vakuum auf 50 u. 100° ergab, daß **I** immer das meiste Gas entwickelt. **II** u. **III** entwickelten am wenigsten Gas. Die Gase bestanden zum größten Teil aus H_2O, CO_2; die permanenten Gase waren nur in sehr geringer Menge vorhanden. An der Luft bei Raumtemp. nahmen die im Vakuum erwärmten Proben wieder H_2O auf. (Abstr. Kagaku-Kenkyû-Jo Hōkoku [Rep. sci. Res. Inst.] **26.** 30—31. 1950. [Orig.: engl.]) OPPERMANN. 5812

I. S. Juhasz und **F. C. Hooper,** *Ein hydraulisches Modell zur Untersuchung von Wärmeaustauschgleichgewichten.* Für Demonstrations- u. Planungszwecke entwickelten Vff. einen einfachen App., der ein hydraul. Analogon zu Vorgängen des Wärmeaustausches darstellt. Äquivalente Größen im hydraul. Modell bzw. im Wärmeaustauscher sind: Flüssigkeitsstand u. Temp., Flüssigkeitsmengen u. Wärmemengen, Zeit u. Wärmeaustauschfläche. Mit diesem Modell können Probleme der Wärmeabstrahlung, der Veränderung spezif. Wärmen u. des Phasenüberganges anschaulich dargestellt u. einer Berechnung zugänglich gemacht werden. Der App. wird beschrieben, u. Anwendungsbeispiele werden durchgerechnet. (Ind. Engng. Chem. **45.** 1359—62. Juni 1953. Toronto, Ontario, Can., Univ., Dep. of mechanic. Engng.) GERHARD GÜNTHER. 5814

S. Hesling, *Flüssigkeitszyklone.* Zum Eindicken von Suspensionen kann man die Zentrifugalkraft ausnutzen. Vf. erörtert die Theorie des Vorgangs, beschreibt Ausführungsformen u. bringt Beispiele für die Klassierung von Quarzsand u. Feinkohle. (Chem. Process Engng. **33.** 483—85. Sept. 1952.) KELLERMANN. 5824

Z. Kin, *Untersuchungen über die Eigenschaften eines aus Celluloseablaugen erhaltenen Lignin-Kationits.* Der im Laboratoriums- u. Versuchsbetrieb hergestellte Kationenaustauscher auf Lignosulfonsäurebasis wird in 4 Typen (L; Lf 10; Lf 15/d_2; Lf 14/IIIe) nach einer dynam. Meth. mittels Austausch $Kt^{Na} = Kt^{Ca}$ gewonnen. Durch Einführung der Gruppen $-SO_3H$ u. $-CH_3SO_3H$ wird die Gesamtaustauschkapazität auf 1,7—1,8 mVal/g, durch die Gruppen $-SO_3H$ u. $-COOH$ auf 1,9—2,1 erhöht. (Przemysł chem. **9** (**32**). 231—36. Mai 1953.) R. K. MÜLLER. 5826

W. B. Gosney, *Die Anwendung thermodynamischer Prinzipien auf Kälteprozesse. Das Gleichgewicht zwischen den Komponenten.* Es wird das Druck-Enthalpie-Diagramm aufgestellt, u. daraus werden die Vorgänge an den Kältemaschinen bei möglichst günstigsten Bedingungen für sicheres Arbeiten von Verdampfern u. Kompressoren abgeleitet. Die Wechselwrkg. von Kompressoren u. Expansionsventil bei verschied. Druck-, Dampfströmungs- u. Absaugetemperaturverhältnissen wird erörtert u. durch Kurven belegt. Das Gleichgewicht zwischen Kältemittel u. Kompressorabkühlung sowie Kältemittel, Verdampfer u. abgekühlter Substanz wird dargestellt. Durch An- u. Abschalten des Kompressors werden cycl. Schwankungen in den Verdampfungs- u. Kondensationstempp. hervorgerufen, u. die dadurch bewirkte Regelung wird zum Schluß besprochen. (Mod. Refrigerat. **56**. 299—304. 384. Aug. 1953.) MIETHING. 5858

William Cunningham, *Ionenaustauschprozesse bei der Herstellung von klarem Eis.* Die Klarheit von Eis ist u. a. eine Funktion seines Geh. an Mineralbestandteilen. Bei Verwendung von Kationen- u. Anionenaustauschern läßt sich ein zur Herst. von klarem Eis geeignetes W. herstellen. Vf. bespricht wirtschaftliche Fragen, die mit diesem Prozeß zusammenhängen. (Ice and Refrigerat. **125**. Nr. 2. 31—32. Aug. 1953.) GERHARD GÜNTHER. 5858

Thurman E. Gier und **Joel O. Hougen,** *Konzentrationsgradienten in Sprüh- und Füllkörperextraktionskolonnen.* Vff. untersuchten in einer halbtechn. Lösungsmittelextraktionskolonne Extraktionsprozesse am Syst. *Adipinsäure–Ae.–Wasser.* Für die Probenahme zur Best. der Zus. der dispergierten Phasen wurde eine besondere Technik entwickelt, die eine Störung des Arbeitens der Kolonne ausschließt. Aus den Analysen der Start- u. Endprodd. konnten wegen des Einfl. der mechan. Mischung die wahren Übergangskoeffizienten nicht ermittelt werden. Jedoch konnten diese mittels graph. Auswertung der örtlichen Verhältnisse im Innern der Kolonne erhalten werden. (Ind. Engng. Chem. **45**. 1362—70. Juni 1953. Troy, N. Y., Rensselaer Polytechn. Inst.) GERHARD GÜNTHER. 5862

Frank H. Slade, *Verdampfung und Entwicklung moderner Verdampfer.* Es wird ein Abriß der Entw. der Konstruktionen von Verdampfern gegeben: angefangen bei HOWARD, der 1813 eine Vakuumpfanne mit Dampfmantel baute, bis zu den modernsten Verdampfern mit Filmverdampfung, gelenkter Zirkulation u. Thermokompression. (Chem. Products chem. News **16**. 427—432. Nov. 1953.) MIETHING. 5864

H. Weil und **T. I. Williams,** *Probleme der chromatographischen Technologie.* Es werden die Schwierigkeiten diskutiert, die der industriellen Anwendung der Chromatographie entgegenstehen. (Research **6**. 16—20. Jan. 1953. London, Royal Inst.) BRINKMANN. 5888

Phillips Petroleum Co., Del., übert. von: **Sam P. Robinson,** Bartlesville, Okla., V. St. A., *Tonerdekugeln für Wärmeaustausch.* Feingepulverte Tonerde, ein flüchtiges Plastifiziermittel (8—10%) u. wenigstens ein Erdalkalifluorid, z. B. BaF_2, CaF_2, MgF_2, in Mengen von 0,05—2%, bezogen auf Al_2O_3, u. W. werden vermischt, zu Kugeln geformt u. mindestens 2 Std. bei 2800—3250° F. calciniert, bis ihre Porosität 5—20% beträgt. Die Kugeln dienen zum Wärmeaustausch, bes. im Fließbettverfahren, u. sind beständig, selbst gegen einen Temperaturwechsel von 1000—2000° F, bei Tempp. bis 3000° F. Als Plastifiziermittel dient z. B. hydriertes Maisöl. (**A. P. 2 630 617** vom 28/12. 1948, ausg. 10/3. 1953.) MATTHAES. 5815

S. C. Johnson & Son, Inc., übert. von: **Herbert L. Heiß,** Racine, Wis., V. St. A., *Behandlung trockener hydrophiler Schutzkolloide.* Zur Herst. von kosmet., Haft-, Reinigungs- oder Anstrichmitteln, Farben oder keram. Massen werden die in W. zu suspendierenden Stoffe, wie Kieselgur, SiO_2, ZnO, $CaCO_3$, Tremolit oder Dolomit, in trockenem Zustand mit dem Schutzkolloid, wie Traganth, Stärke, Pflanzengummi, Dextrin, Zucker, Tierleim, Gelatine oder Polyvinylalkohol, innig vermischt u. unter Rühren mit W. versetzt. Je nach dem Verwendungszweck werden andere wirksame Stoffe, wie Glycerin u. Paraffinöl, der fertigen Emulsion zugefügt. (**A. P. 2 639 268** vom 12/10. 1948, ausg. 19/5. 1953.) GRÄGER. 5825

Bernhard Telgmann, Deutschland, *Trennung von Gasen oder Dämpfen und Flüssigkeiten,* dad. gek., daß die Gase (I) oder Dämpfe (II) in einem aus 2—4 zylindr., ineinander übergehenden, exzentr. angeordneten Kammern bestehenden Abscheider in eine kreisförmige Bahn gelenkt werden, wobei sich infolge variierender Geschwindigkeiten, die in ihnen enthaltenden Flüssigkeitsteilchen an den Kammerwänden niederschlagen, während die I oder II im Innern durch ein Ableitungsrohr entweichen. (**F. P. 1 012 015** vom 18/5. 1949, ausg. 2/7. 1952.) OPPERMANN. 5829

Metakloth Co., Lodi, N. J., übert. von: **Ottomar H. Van Norden**, New York, N. Y., V. St. A., *Präparieren von Filtertüchern* für die Filtration von wss. alkal. Lösungen. Die Filtertücher werden imprägniert in einem wss. Bad, das als wesentliche akt. Bestandteile enthält: 0,45 pound per gallon eines wasserlösl. Cersalzes, z. B. $CeCl_4$, $Ce(CH_3 \cdot COO)_4$, $Ce(SO_4)_2$; einen Puffer, z. B. $CH_3 \cdot COONa$, zur Einstellung eines p_H von 7—9 oder ein Netzmittel. (**A. P. 2 631 110** vom 4/10. 1950, ausg. 10/3. 1953. Can. Prior. 23/12. 1949.) REICHELT. 5831

California Research Corp., Wilmington, Del., V. St. A., *Trennung von flüssigen Mischungen durch Adsorption.* Das feste Adsorbens wird abwechselnd mit dem fl. Behandlungsgut (I), um ein Adsorbat von dem Perkolat zu trennen", u. mit einer Abstreif-Fl. (II) behandelt, um das Adsorbat von dem Adsorbens zu entfernen u. letzteres zu regenerieren. Das Perkolat aus der 1. Behandlunsstufe wird zurückgeleitet u. dient hauptsächlich als II während der 2. Behandlungsstufe. In einem Kreisprozeß leitet man I durch eine Mehrzahl von festen Adsorbensbetten, die abwechselnd als Adsorptionszonen u. Regenerationszonen dienen. — Zeichnung. (**E. P. 673 540** vom 21/2. 1949, ausg. 11/6. 1952. A. Prior. 21/2. 1948.) UNGER. 5849

Gesellschaft für Linde's Eismaschinen Akt.-Ges., Höllriegelskreuth, *Reinigen von Gasen.* Man benutzt 2 Adsorber, die period. gewechselt werden. Ist der Adsorbent zu 50% verbraucht, wird er durch Waschgas regeneriert, während das Rohgas währenddessen durch den zweiten Adsorber geleitet wird. Der Wechsel wird alle 5—30 Min. vorgenommen. (**E. P. 677 150** vom 25/11. 1949, ausg. 13/8. 1952. D. Prior. 25/11. 1948.) LÜTTGEN. 5849

Chemische Werke Hüls G. m. b. H. (Erfinder: **Walter Jahnentz, Willy Reich I** und **Kurt Weichert**), Marl, *Reinigen von Spaltgasen.* Auch andere, polymerisierbare Verbb. höherer Acetylene enthaltende Spaltgase als Lichtbogenspaltgase werden mit einem aromat. Waschöl, z. B. einem Gemisch aus 70 (%) Solvayöl u. 30 Anthracenöl, das bas. organ. N-Verbb. mit Kp. $>310^0$ enthält, behandelt. (**D. B. P. 859 605** Kl. 12e vom 24/12. 1950, ausg. 15/12. 1952. **Zusatz zu D. B. P. 849738; C. 1953. 1748.**) HEINSEN. 5849

Ruhrchemie Akt.-Ges. (Erfinder: **Georg Fischer** und **Heinrich Biederbeck**), Oberhausen-Holten, *Absorption von Kohlensäure aus Gasen mittels Kalk.* Das Gas wird dem in geformten Zustand, bes. in Kugelgestalt auf die Absorptionsvorr. (I) aufgegebenen Kalk entgegengeführt, wobei die Durchsatzmenge des Kalks u. die Strömungsgeschwindigkeit des Gases so aufeinander abgestellt werden, daß sich die Rk. hauptsächlich im Oberteil der I vollzieht. (**D. B. P. 869 043** Kl. 12e vom 3/1. 1939, ausg. 2/3. 1953.) HEINSEN. 5849

Power Jets (Research & Development) Ltd., England, *Elektrostatische Gasreinigung.* Die elektr. geladenen Teilchen eines Gasstroms werden in einen Ringraum zwischen einer Sammelelektrodenfläche u. einer porösen Wand von der Elektrode angezogen u. das Gas durch die gegenüberliegende Wand abgeführt. Wand u. Elektrode haben Rohrform u. stecken ineinander. — Zeichnung. (**F. P. 1 034 760** vom 2/2. 1951, ausg. 15/4. 1953. E. Prior. 9/2. 1950.) HOLM. 5851

Soc. de Purification industrielle des Gaz (Soc. An.), Frankreich, *Elektrostatische Entstaubung von Gasen.* Vorrichtung. (**F. P. 1 028 062** vom 3/10. 1950, ausg. 19/5. 1953.) OPPERMANN. 5851

Soc. des Réchauffeurs d'Air Aireco, Frankreich, *Abscheidung von Staub aus Gasen* mit Hilfe der Zentrifugalkraft (Multicyklonabscheidern). — Vorrichtung. (**F. P. 1 021 374** vom 31/5. 1950, ausg. 18/2. 1953.) OPPERMANN. 5851

Antonio Fontanesi, Le applicazioni industriali dei raggi infrarossi. Trattato teorico-pratico con 146 illustrazioni ed esempi pratici di calcolo. Milano: U. Hoepli. 1953. (XVI + 293 S. m. Abb.) L 2500,—

III. Elektrotechnik.

Kiyoshi Abe, *Elektrische Baumaterialien der Zukunft.* Übersicht über Eigg. u. Anwendung von neu entwickelten elektr. Baustoffen gemäß der Einteilung in 1. Leiter, unter denen schmiedbares metall. Ti u. leitfähig gemachte plast. Stoffe besprochen werden; 2. Halbleiter, darunter Ge- u. Se-Transistoren (Gleichrichter) u. spinellartig gebaute Substanzen; 3. Nichtleiter, wie organ. Si-Verbb., einfache F–C-Verbb., Araldite-Harze der Konst. Bis-(p.p'-glycidylphenyl)-alkylene; 4. Dielektrika, unter denen $BaTiO_3$ als keram. Material besprochen wird. — 49 Literaturhinweise, meist aus japan. Quellen. (Bull. Inst. chem. Res., Kyoto Univ. [Kagaku Kenkyusho Hokoku] **29**. Nr. 6. 1—14. Juni 1952. Abe Labor. [Orig.: japan.; Auszug: engl.].) METZENER. 5959

S. Skalska, *Spektralbestimmung von Vanadin in Kohleelektroden.* Durch Vgl. der Linien Cr 3155,00 A u. V 3185,40 A läßt sich in V Kohleelektroden in Konzz. von 0,0625—0,009% bestimmen. Als Standard werden V_2O_5 u. $K_2Cr_2O_7$ verwendet, als Standardelektrode eine verkupferte Kohleelektrode, Wechselstrom, 5 Ampère. Mittlerer Fehler $\pm 3\%$. (Przemysł chem. **9 (32)**. 297—301. Juni 1953. Kier, Zakł. J. Świętosławska.) R. K. MÜLLER. 5952

Edward Schmidt und **Ernest W. Franck,** *Herstellung von Materialien für magnetische Aufzeichnung.* Übersicht über die Technik der Herst. von Materialien für magnet. Aufzeichnung gegeben. (J. Soc. Motion Picture Television Engr. **60.** 453—62. April 1953.) v. HARLEM. 5958

B. L. Kaspin, A. Roberts jr., Harry Robbins und **R. L. Powers,** *Techniken und Charakteristiken von magnetischen Tonbändern.* Es wird eine ausführliche Darst. der Fortschritte gegeben, die seit 1947 bei der Firma BELL & HOWELL CO. in Beziehung auf die Entw. von magnet. Tonaufnehmern für Filmbilder gemacht wurden. Behandelt werden Anwendungsmöglichkeiten der Tonaufnehmer, die untersuchten Zuss., die Untersuchungsmeth., die erhaltenen chem., mechan. u. elektr. Ergebnisse u. die eingeführten Standarde. (J. Soc. Motion Picture Television Engr. **60.** 470—84. April 1953.) v. HARLEM. 5958

Thomas R. Dedell, *Magnetische Tonaufzeichner für 16 mm Filmbreite.* Es wird eine ausführl. Darst. der bei der Firma EASTMAN KODAK CO. entwickelten Meth., magnet. Tonaufzeichner für 16 mm Film herzustellen, gegeben. (J. Soc. Motion Picture Television Engr. **60.** 491—500. April 1953.) v. HARLEM. 5958

Licentia Patent-Verwaltungs-G. m. b. H., Hamburg (Erfinder: **Paul Nowak,** Kassel), *Elektrische Leiter* werden vor dem Lackieren chem. von störenden Umwandlungsprodd. befreit, prakt. unter Verwendung von *Alkalimetasilicaten* oder *Cyan*verbindungen. (**D. B. P. 890 978** Kl. 21c vom 15/11. 1949, ausg. 24/9. 1953.) KESSEL. 5953

Licentia Patent-Verwaltungs-G. m. b. H., Hamburg (Erfinder: **Werner Koch,** Belecke/Möhne), *Halbleiterkristalle* werden statt des Ätzens im Vakuum mit Elektronenstrahlen behandelt. In gleicher Weise werden auch Gebiete optimalen Störstellengeh. freigelegt u. Halbleitermaterialien erschmolzen. (**D. B. PP. 895 472, 895 473** u. **895 474** Kl. 21g vom 9/9. 1951, ausg. 2/11. 1953.) KESSEL. 5953

Siemens & Halske Akt.-Ges., Berlin und München, *Heißleiter.* Einem Oxyd, z. B. UO_2, Cr_2O_3 oder MoO_2, werden Oxyde der 2. Gruppe des Period. Syst. (bes. CaO in Form von $CaCO_3$) in solcher Menge (ca. 1—25%) beigefügt, daß prakt. keine Erstarrungspunkterniedrigung eintritt. (**D. B. P. 895 188** Kl. 21c vom 24/10. 1934, ausg. 2/11. 1953.) KESSEL. 5953

Siemens & Halske Akt.-Ges., Berlin und München (Erfinder: **Hermann Adam** und **Erich Schwarz von Bergkampf,** Berlin), *Zeitlich veränderlicher Widerstand.* Ein Widerstandskörper, der prakt. als eine oberflächlich isolierte Drahtwendel ausgebildet ist, ist in Hg getaucht, das sich in einem prakt. evakuierten, mit einem Kondensationsraum verbundenen Gefäß befindet. (**D. B. P. 892 015** Kl. 21c vom 31/8. 1939, ausg. 5/10. 1953.) KESSEL. 5955

Allgemeine Elektricitäts-Gesellschaft, Berlin, *Isoliermaterial für Kabel und Leitungen* aus reinen oder mit einem Weichmacher gemischten Polymerisaten der Acrylsäure (**I**) oder ähnlicher Stoffe. Zur Herst. wird ein Polymerisat der **I** oder einer Homologen der **I** (oder deren Derivv.) verwendet, das soweit polymerisiert ist, daß es in den üblichen Lösungsmitteln, z. B. Aceton u. Bzl., nicht mehr lösl. ist, sondern nur noch darin quillt. — Beispiel: 27 (%) Acrylsäureäthylester (polymerisiert bis zur Unlöslichkeit in Aceton), 5 Diamylphthalat, 10 akt. Gasruß, 47,5 Talkum, 1 β-Naphthol, 0,5 S. (**D. B. P. 893 357** Kl. 21c vom 1/11. 1934, ausg. 15/10. 1953.) KESSEL. 5957

Allgemeine Elektricitäts-Gesellschaft, Berlin (Erfinder: **Paul Nowak,** Kassel), *Kabel und Leitungen* erhalten eine Ummantelung aus *Polyacrylsäure*verbb. oder *Butadienmischpolymerisaten* u. als Weichmacher hochmol. ungesätt. KW-stoffe von öliger bis plast. Beschaffenheit, z. B. ein teilweise depolymerisiertes Mischpolymerisat (**I**) aus Butadien (**II**) u. Styrol. — Beispiel: 25 (%) Mischpolymerisat aus **II** u. Acrylsäurenitril, 5 Polyacrylsäureäthylester, 10 **I**, 60 Füllstoff, Beschleuniger, S, Alterungsschutzmittel u. Pigment. (**D. B. P. 893 674** Kl. 21c vom 9/7. 1939, ausg. 19/10. 1953.) KESSEL. 5957

Allgemeine Elektricitäts-Gesellschaft, Berlin, *Al-Lackdrähte.* Der Lack ist ein Gemisch aus Öllack mit einem Lack von höherer Gasdurchlässigkeit, z. B. Glyptallack. (**D. B. P. 893 820** Kl. 21c vom 14/8. 1938, ausg. 19/10. 1953.) KESSEL. 5957

Allgemeine Elektricitäts-Gesellschaft, Berlin (Erfinder: **Paul Nowak,** Kassel, und **O. Schmitz,** Wohnort unbekannt), *Kabel und Leitungen* erhalten eine *Isolation* aus mehreren Schichten, von denen die innerste aus einer Mischung eines Polyisoolefins (I) mit einem Polyarylolefin besteht (z. B. 80 [%] *Polyisobutylen* [II], 20 *Polystyrol*), die nächste aus einer vulkanisierten Mischung eines vulkanisierbaren Stoffes mit einem I (z. B. 25 *Butadien–Styrol-Mischpolymerisat,* 10 II, Rest Weichmacher, Alterungsschutzmittel, anorgan. Füllstoffe, Zinkweiß u. Vulkanisationsbeschleuniger). (**D. B. P. 894 865** Kl. 21c vom 10/6. 1941, ausg. 29/10. 1953.) KESSEL. 5957

Allgemeine Elektricitäts-Gesellschaft (Erfinder: **Georg Pohler**), Berlin, *Isolieröllacke* erhalten einen Zusatz von elektr. hochwertigen öllösl. Polyisobutylenen. (**D. B. P. 894 866** Kl. 21c vom 16/6. 1938, ausg. 29/10. 1953.) KESSEL. 5957

Telefunken Gesellschaft für drahtlose Telegraphie m. b. H., Berlin (Erfinder: **Karl Seiler,** Klein-Kreidel bei Methne), *Kristalldetektor.* Der Kristall ist auf einem leitenden Träger, z. B. aus C, in einer Dicke von ca. $10^{-1}\mu$ aufgetragen. (**D. B. P. 891 426** Kl. 21g vom 16/8. 1944, ausg. 28/9. 1953.) KESSEL. 5961

Telefunken Gesellschaft für drahtlose Telegraphie m. b. H. (Erfinder: **Otto Hachenberg**), Berlin, *Ge-Detektor.* Die Ge-Elektrode besteht aus einer auf leitender Unterlage aufgebrachten krist. Ge-Schicht u. einer diese bedeckenden amorphen Ge-Schicht. (**D. B. P. 895 199** Kl. 21g vom 20/4. 1945, ausg. 2/11. 1953.) KESSEL. 5961

Hans Otto Gazda, Ennetbürgen, Schweiz, und **Leopold Viecelli,** Nizza, Frankreich, *Herstellung von Elektroden für Bleiakkumulatoren.* Zum Schutz der akt. M. gegen Abfallen beim Laden werden die mit einer festhaftenden, dichten Kohleschicht überzogenen Leiterfolien aus Al vor dem Pastieren durch Eintauchen mit einem nur Ionen durchlassenden, z. B. gelatinösen, Überzug versehen, u. darauf wird erst auf galvan. Wege durch den Überzug hindurch die akt. M. auf die Folien gebracht. — 2 Zeichnungen. (**Schwz. P. 265 015** vom 16/9. 1947, ausg. 16/2. 1950.) B. SCHMIDT. 5971

Dewey & Almy Chemical Co. (Erfinder: **Edward W. Merill**), Cambridge, Mass., V. St. A., *Herstellung von Scheidern für Akkumulatoren.* Aus Natron-Zellstoff- u. Glasfasern wird ein Filz hergestellt, der durch Aufsaugen von der unteren Seite aus mit einer Lsg. eines warmhärtbaren Kunstharzes imprägniert wird. Nach Einpressen von Rippen werden zunächst nur diese durch Hitze u. Druck ausgehärtet, u. nach erneutem Imprägnieren der Rippen u. gegebenenfalls der Ränder wird der ganze Filz durch Hitze ohne Anwendung von Druck gehärtet. Danach läßt man den Filz eine wss. Lsg. eines Netzmittels aufsaugen u. trocknet bei einer nicht über 82° hohen Temperatur. (**D. B. P. 902 266** Kl. 21b vom 10/4. 1951, ausg. 21/1. 1954. A. Prior. 11/4. 1950.) LAASS. 5971

Julius Pintsch K. G., Berlin (Erfinder: **Richard Paulus,** Idar-Oberstein), *Kupferelektroden* für elektrische Entladungsgefäße werden zur Schwärzung galvan. verchromt u. in einem gasförmigen Medium, das nur mit Cr reagiert, oxydiert, z. B. in feuchtem strömendem H_2 bei 700—1000° u. einem Wasserpartialdruck von mindestens 0,1—0,3 Torr, wobei das Anheizen u. Abkühlen in trockenem H_2 erfolgt. (**D. B. P. 875 691** Kl. 21g vom 26/8. 1941, ausg. 4/5. 1953.) KESSEL. 5975

C. Lorenz Akt.-Ges., Stuttgart (Erfinder: **Arthur Felsner,** Berlin), *Elektrode für elektrische Entladungsgefäße.* Die Elektronenaufprallflächen bestehen aus einem hochbelastbaren Werkstoff, z. B. Mo, die wärmestrahlenden Bleche aus Cu oder Al. Beide Teile werden in einem Schutzgas oder unter Verwendung reduzierender Na-Verbb. verlötet, prakt. unter Vermittlung galvan. aufgebrachter Hilfsmetalle, z. B. Ag oder Ni. (**D. B. P. 876 124** Kl. 21g vom 5/3. 1944, ausg. 11/5. 1953.) KESSEL. 5975

Egyesült Izzólámpa és Villamossági Részvénytársaság (Erfinder: **Mihály Székely**), Budapest, Ungarn, *Kathode für elektrische Entladungsröhren.* Ein geschlossener Behälter, dessen Wand mindestens teilweise aus einem porösen W-Körper besteht, enthält Rb oder Cs (oder deren Verbb., z. B. Chromate oder Wolframate, u. ein Reduktionsmittel, z. B. Al oder W). (**D. B. P. 883 936** Kl. 21g vom 12/12. 1951, ausg. 23/7. 1953. Ung. Prior. 20/12. 1950.) KESSEL. 5975

International Standard Electric Corp., New York, N. Y., V. St. A. (Erfinder: **Kenneth Edward Everett,** London, England), *Emissionsfreie Elektrodenflächen für elektrische Entladungsgefäße.* Die Metallteile werden zuerst elektrophoret. mit einer Zr-Schicht versehen, dann mit Lampenruß besprüht u. im Vakuum auf ca. 1600° erhitzt. (**D. B. P. 884 531** Kl. 21g vom 1/10. 1950, ausg. 27/7. 1953. E. Priorr. 15/3. 1946 u. 7/3. 1947.) KESSEL. 5975

Quarzlampen G. m. b. H., Hanau, *Selbstheizende Elektrode für Gasentladungsleuchtröhren.* Ein Metallbecher, bes. aus Mo, mit einem Halterstift ist mit einer Erdalkalioxyd-Aktivierungsmasse gefüllt u. mit einem Deckel aus Metall, bes. aus Mo, bis auf einen ca. 0,15 mm breiten Spalt verschlossen. Der Aktivierungsmasse werden prakt. 60—90 Gew.-% hochschm. Metallpulver (bes. Mo; Korngröße ca. 0,1 mm) zugefügt. (**D. B. P. 887 979** Kl. 21f vom 25/6. 1944, ausg. 27/8. 1953.) KESSEL. 5975

C. H. F. Müller Akt.-Ges. (Erfinder: **Walther Müller**), Hamburg, *Elektrische Entladungsröhre* mit Dampffüllung. In oder an der Entladungsröhre ist ein (prakt. geheiztes) Verdampfungsgefäß mit einem Vorrat des zu verdampfenden Stoffes (z. B. Hg) u. ein (prakt. gekühltes) Absorptionsgefäß angebracht, das z. B. Alkalimetall oder Ba enthält. Beide Gefäße sind mit dem Entladungsraum durch enge Düsen verbunden, so daß der Dampfdruck im Entladungsraum durch ein stationäres Strömungsgleichgewicht gegeben ist. (**D. B. P. 888 725** Kl. 21g vom 25/2. 1941, ausg. 3/9. 1953.) KESSEL. 5975

Electric & Musical Industries Ltd., Hayes, Middlesex (Erfinder: **Thomas Henderson**, Buckinghamshire), England, *Leuchtschirm für Kathodenstrahlröhren.* Der Leuchtstoff enthält x ZnO, y MO, z SiO_2, wo M ein 2-wertiges Metall, (bes. Be) u. $(x-y) > 2z$ ist (prakt. $0{,}75[x-y] = 2z$), während $x : y$ zwischen 5 : 1 u. 1 : 2 liegt. Als Aktivator dienen prakt. 0,1—2% Mn. (**D. B. P. 883 787** Kl. 21g vom 11/2. 1939, ausg. 20/7. 1953. E. Priorr. 10/2. u. 21/12. 1938.) KESSEL. 5975

N. V. Philips' Gloeilampenfabrieken, Eindhoven, Holland, *Leuchtstoff für Leuchtschirme.* Das Prod. enthält Si u. O u. mindestens eines der Metalle Zn u. Be u. mindestens eines der Metalle Al u. Ga. Hierbei sind Zn, Be, Si u. O in solchen Mengen vorhanden, daß das Prod. Phenakitstruktur zeigt, u. die Summe der Al- u. Ga-Atome 1—300 beträgt (je 1000 Atome Zn u. Be). Man führt z. B. ein Gemisch aus 488 g ZnO, 185 g SiO_2 u. 60 cm^3 Al- oder Ga-Nitratlsg., die 1 g-Mol/Liter enthält, in W. ein u. verdampft die Suspension zur Trockne. Den trockenen Stoff erhitzt man 2 Std. auf 400° an der Luft u. das gebildete gemahlene Reaktionsprod. 24 Std. auf 1200° an der Luft oder in einem reduzierenden Gasgemisch (z. B. H_2 oder N_2). (**Oe. P. 174 665** vom 15/10. 1951, ausg. 25/4. 1953. Holl.Prior. 17/10. 1950.) OPPERMANN. 5975

General Electric Co., New York, N. Y., übert. von: **Herman R. Schoenfeldt**, South Euclid, O., V. St. A., *Leuchtschichten für Gasentladungsleuchtröhren.* Halogenphosphatleuchtstoffe (z. B. mit Sb u. Mn aktivierte Ca-Chlorofluorophosphatphosphore) werden zur Verbesserung der Haftfähigkeit mit 0,3—5 Gew.-% B_2O_3 vermengt u. bei ca. 900° gebrannt. (**A. P. 2 619 472** vom 2/5. 1950, ausg. 25/11. 1952.) KESSEL. 5975

Süddeutsche Apparate-Fabrik G. m. b. H. (Erfinder: **Karl Seiler**), Nürnberg, *Flächengleichrichter und Kristallverstärkerschichten.* Die für optimale Wirkungsweise erforderliche Verteilung von Halbleitersubstanz u. Störstellensubstanz längs der Schichtenausdehnung, bes. längs der Schichtdicke des Halbleiters, wird dadurch erzielt, daß beide Substanzen gleichzeitig auf eine metall. leitende, bes. eine aus Metall bestehende Trägerelektrode durch eine chem. Rk. aufgebracht werden. Prakt. wird dabei die Störstellenkonz. an der sperrfreien Gegenelektrode so groß gewählt, daß dort keine Sperrschicht auftritt. (**D. B. P. 883 784** Kl. 21g vom 7/4. 1949, ausg. 20/7. 1953.) KESSEL. 5977

Robert Bosch G. m. b. H. (Erfinder: **Wilhelm Ilge**), Stuttgart, *Elektrolytkondensator* mit geätzten oder aufgerauhten Anodenoberflächen. Der Elektrolyt enthält einen Zusatz von ca. 2% Al-Stearat. (**D. B. P. 885 449** Kl. 21g vom 16/2. 1943, ausg. 6/8. 1953.) KESSEL. 5983

Siemens & Halske Akt.-Ges., Berlin und München, *Elektrolytkondensator.* Der Elektrolyt besteht aus Derivv. mehrwertiger Alkohole, z. B. Glycerin oder Glykol, u. Derivv. schwacher Säuren, bes. Borsäure, deren Rkk. prakt. ohne Wärmezufuhr zu komplexen oder esterartigen Verbb. führen. Zur Herst. dienen prakt. Rkk. zwischen oxyd. Verbb., z. B. Äthylenoxyd, u. einer Säure, z. B. Borsäure; oder zwischen Säureanhydriden, z. B. B_2O_3, u. einem Alkohol, z. B. Glycerin; oder zwischen Halogensubstitutionsprodd. der Alkohole, z. B. Äthylenchlorhydrin, u. Na-oder Ag-Salzen der betreffenden Säure, z. B. $AgBO_2$; oder zwischen einem Alkohol, z. B. Glycerin oder Glykol, oder Alkoholaten, z. B. Na-Glykolat, u. Säurechloriden, z. B. BCl_3. (**D. B. P. 885 753** Kl. 21g vom 16/6. 1935, ausg. 6/8. 1953.) KESSEL. 5983

Maschinenfabrik Oerlikon, Zürich-Oerlikon, Schweiz (Erfinder: **B. Storsand**), *Isolierrohr für die Verbindung von verschiedenen Zellen in einem bipolaren Elektrolysen-*

rohr mit einem gemeinsamen Gasabscheider für mehrere Zellen. Hierbei wird das Rohr von Gas u. heißem Elektrolyt durchströmt u. weist zwischen beiden Enden einen Potentialunterschied auf, der in den Anschlußstücken aus Metall eine Elektrolyse hervorruft. Das Elektrolysenrohr ist an jedem Ende in die Metallanschlußstücken mit einer Dichtung eingesetzt, die jeweils 2 verschied. Packungen enthält, die eine, die mit den Gasen u. dem Elektrolyten in Berührung kommt, muß gegen elektrolyt. Zers. beständig u. gasdicht sein, während die andere mit Luft in Berührung kommt u. weich u. gasdicht sein muß. Man fertigt die 1. aus einem Material, das gegen anod. Oxydation beständig ist, z. B. aus einem Kautschukasbest, während für die 2. Kautschuk genügt. — Zeichnung. (**Schwed. P. 133593** vom 28/10. 1943, ausg. 20/11. 1951. Schwz. Prior. 28/10. 1942.) JÜRGEN SCHMIDT. 5993

Nederlandsche Centrale Organisatie voor Toegepast-Natuurwetenschappelijk Onderzoek, Holland, *Elektrodialyse von Flüssigkeiten.* Die Fl. wird in Form einer turbulenten Strömung durch die Zelle geführt, wobei die REYNOLDsche Zahl zwischen den Membranen viel größer als die krit. REYNOLDsche Zahl ist u. diese unter 4000 liegt. — Beispiele. Vorrichtung. (**F. P. 1 021 304** vom 12/4. 1950, ausg. 17/2. 1953. Holl. Prior. 12/4. 1949.) OPPERMANN. 5993

A. Boesch, Wien, Österreich, *Elektrodialytische Abscheidung von Elektrolyten aus wässerigen Lösungen.* Man teilt die zu behandelnden Lsgg. auf eine Mehrzahl durch Diaphragmen voneinander getrennter Zellen auf, wobei diese Zellen voneinander durch Spülzellen getrennt sind. Der gesamte Zellensatz wird durch mit Elektroden ausgerüstete Spülwasserzellen (I) abgeschlossen. Die Geschwindigkeit der Spülwasserströme regelt man so, daß keine wesentliche Ionenübertragung von einer Behandlungszelle (II) über eine I zur nächsten II erfolgen kann, ohne daß die aus II austretenden Ionen mit dem Spülwasser entfernt werden. Die Richtung des elektr. Stromes wird period. gewechselt. (**Schwed. P. 137 957** vom 19/8. 1950, ausg. 11/11. 1952. Oe. Prior. 20/8. 1949.) JÜRGEN SCHMIDT. 5993

Art Electrotype Co., Cleveland, übert. von: **Howard G. Schwarz,** Newbury, O., V. St. A., *Herstellen von Formen für galvanische Abdrücke.* Zwischen zwei Platten aus Mischpolymerisaten (Polyvinylchlorid u. -acetat) wird eine Zwischenlage aus *Polytetrafluoräthylen* angeordnet u. der Verbund mit der Reliefmusterplatte bei niedrigem Druck verpreßt u. unter Druck abgekühlt, bis die erste Kunststofflage erstarrt ist. (**A. P. 2 578 209** vom 30/11. 1949, ausg. 11/12. 1951.) SCHLITT. 5995

IV. Wasser. Abwasser.

Arnold Habernoll, *Die gesundheitliche Bedeutung der Trinkwasserversorgung und Abwässerbeseitigung.* (Gesundheits-Ing. **74.** 220—23. Juli 1953. Bonn.) MÜHLMEISTER. 6010

G. Dronsek, *Wasserdestillation und Härtebildner.* In der Annahme, daß die Wassersteinbldg. auf einer Veränderung der atomaren u. mol. Beschaffenheit der in W. gelösten Härtebildner beruht, wird für Wasserdestillierapparate eine Wasserenthärtung auf magnetostat. Wege vorgeschlagen. Eine entsprechende App. (Abb.) wird beschrieben. (Pharmaz. Ind. **15.** 297—98. Sept. 1953. Herford.) H. P. FIEDLER. 6016

H. List, *Aufbereitung von Kesselspeisewasser und Kühlwasser.* Überblick über den Stand der Technik seit 1949. Es werden behandelt: Enthärtung mit Kalk in Schnellreaktoren oder mit Kationen- u. Anionenaustauschern, Entkieselung, Entsalzung, Kombinationen derselben u. dafür entwickelte Apparaturen, Entölung, Entgasung, Korrosionen, Turbinenversalzung u. -verkieselung, Kühlwasseraufbereitung u. Hinweise auf die laufende Best. von p_H, O_2, Härte u. Salzgehalt. Bei p_H 10—12 ist der Angriff von W. auf Fe am geringsten, sie wird am besten mit Phosphaten eingestellt. — 45 Zitate. (Chemiker-Ztg. **77.** 542—46. 20/8.; 580—82. 5/9.; 617—21. 20/9. 1953.) MÜHLMEISTER. 6030

L. Coin und **M. Mathis,** *Reinigung von Kokereiabwässern.* Die nach Entphenolung mit Lösungsmitteln u. akt. Kohle im Abwasser verbleibenden 80—140 mg Phenole/Liter müssen zerstört werden. Besprochen werden chem. Oxydation mit H_2O_2, $KMnO_4$, Cl, ClO_2 u. O_3, biol. durch Mischung mit häuslichem Abwasser auf Tropfkörpern mit Rücklauf (bei 20—25° 99,93%, bei +4° 90%), bei denen nach engl. Angaben vollständige Reinigung erzielt wurde, wenn Kokereiabwasser weniger als 0,5% des häuslichen Abwassers ausmachte; vorherige restlose Teerentfernung ist wesentlich. Belebtschlammanlagen können nicht mehr als 12 mg Phenol/Liter verarbeiten. Selbstreinigung der Gewässer wird durch die Giftigkeit der Phenole für die Mikroorganismen ungünstig beeinflußt, bei 20° werden Phenole aerob in 4—7, Chlorphenole in 19—25

Tagen abgebaut, bei anfänglicher Konz. von weniger als 25 mg/Liter, anaerob in der doppelten Zeit. Gesetzlich ist der zulässige Geh. für die Ableitung auf 0,005 mg/Liter beschränkt. (Eau **40**. 61—70. Mai 1953.) MÜHLMEISTER. 6042

R. Colas, *Phenole im Abwasser.* Die von über 30 nachgewiesenen Phenolen angerichteten Schäden werden aufgeführt, sie erfordern Entfernung aus dem Abwasser durch Extrahieren u. Fixieren mit Soda, akt. Kohle oder synthet. Harzen u. Zerstörung durch biol. u. chem. Verfahren. (Eau **40**. 59—60. Mai 1953. Assoc. Franc. pour l'Étude des Eaux.) MÜHLMEISTER. 6042

L. Taubert, *Untersuchung der Entphenolung von Gaswerksabflüssen auf biologischem Wege. Anlage von Taverny.* Eine auf dem Gaswerk Taverny (8000—9000 m^3 Tagesleistung) gebaute Anlage von 2 Tropfkörpern je 3 m hoch, 0,8 m Durchmesser, wurde 1 Monat mit häuslichem Abwasser formiert u. baute in mit solchem oder 80% Rücklauf verd. NH_3-Wässern die ursprünglich darin enthaltenen 1,3 g Phenol/Liter auf weniger als 2 mg ab. Vollständige Entteerung (mit ADAMS-Filter) u. mineral. Nährstoffe, bes. NH_3, sowie Erwärmung bei Tempp. unter $+10^0$ sind notwendig. (Eau **40**. 73—74. Mai 1953. Service des Rech. chim. à Gaz de France.) MÜHLMEISTER. 6044

A. G. M. Sjöström, Halina Y. Neujahr und **H. Lundin,** *Vitamin B_{12}, Folsäure und Folinsäure in Faulschlamm städtischen Abwassers.* Die Vitamin B_{12}-Konz. betrug 1,2 bis 2,4, im Mittel 1,7 γ/cm^3 frischen oder 22 γ/g getrockneten Faulschlamms, hiervon waren 82% während der Ausfaulung entstanden, festgestellt durch Unters. verschied. Abbaustufen. Da es zu 98% an Schwebestoffe adsorbiert war, wurde es davon durch 15 Min. Erhitzen mit 0,01% KCN bei 120° u. p_H 6,0 getrennt. In Frischschlamm wurden ferner 3,8 γ Fol- u. 7,7 γ Folinsäure, in Faulschlamm 0,9 γ bzw. 1,3 γ je g Trockensubstanz, außerdem Desoxyribosid gefunden. Der Nachw. erfolgte durch Agar-Bebrütung mit verschied. Bakterien, Chromatographie, u. Ionophorese in Verbindung mit Bioautographie; krist. Cyanocobalamin konnte isoliert u. spektralphotometr. identifiziert werden. (Acta chem. scand. **7**. 1036—40. 1953. Stockholm, Kgl. Inst. für Technol.) MÜHLMEISTER. 6048

K. Wickert und **H. Wiehr,** *Elektrische Leitfähigkeitsmessungen in verdünnten NaCl-, CO_2- und NH_3-Lösungen (zum Gebrauch in Hochdruckkraftwerken).* 2. Mitt. Es wurde die spezif. Leitfähigkeit von CO_2 u. NH_3 in Kondensat bis zu 100 mg/Liter CO_2 u. 6 mg/Liter NH_3 unter Abzug der Eigenleitfähigkeit des verwendeten Kondensates gemessen. Das additive Verh. der spezif. Leitfähigkeiten ermöglicht es, den wahren Salzgeh. eines CO_2-haltigen Brüden anzugeben u. geringe Kühlwassereinbrüche in NH_3-haltigem Turbinenkondensat zu erkennen. (Vom Wasser **18**. 310—17. 1950/51. Berlin.) MANZ. 6060

George S. Yee, Wilfred B. Krabek und **Charles P. Schaufus,** *Neues Medium für bakteriologische Untersuchungen mit Membranfiltern.* Vff. berichten über Verss. zur Best. von Coli-Keimzahlen von Oberflächen-, Grund- u. Reinwässern mittels der Membranfiltermeth. unter Verwendung eines *8-Oxychinolin* (**I**)-haltigen Pepton–Lactose–Fuchsinschwefligsäure-Nährbodens. Die Befunde stimmen gut überein mit den nach der *MPN*- („most probable number") Meth. erhobenen. Durch den Zusatz des **I** wird das Wachstum Coli-fremder Bakterien beträchtlich red. u. dadurch die Selektivität verbessert, so daß es gelingt, mittels der neuen Meth. in manchen Fällen noch Coli-Keime nachzuweisen, in denen die *MPN*-Meth. negative Befunde liefert. Etwa 81% der Fuchsinglanz aufweisenden Kolonien (beobachtet in feuchtem Zustand, im getrockneten noch mehr) produzieren bei der Nachkultur in Lactose Gas; von den keinen Glanz aufweisenden Kolonien sind es 22%. Die Verwendung der Membranfiltermeth. gestattet gegenüber der bisher üblichen Meth. die Prüfung einer größeren u. daher repräsentativeren Wassermenge. (J. Amer. Water Works Assoc. **45**. 945—51. Sept. 1953. Watertown, Mass., Lovell Chem. Co.) NIEMITZ. 6064

F. B. Fisher und **J. S. Brown,** *Colorimetrische Bestimmung von Cyanid in Standgas und Abwasser.* Eine abgemessene alkal. Probe des Abwassers bzw. des Standgaskondensates oder der Absorberlsg., die ca. 1—5 mg in Säuren leicht zersetzliches Cyanid enthält, wird in einer REDEMANN-Mikrodestillationsapp. nach Ansäuern mit 2 mol. H_2SO_4 wasserdampfdestilliert. 25 ml 1 mol. Na_2CO_3-Lsg. werden vorgelegt u. ca. 75 ml abdestilliert. Nach Auffüllen auf 100 ml werden 10 ml davon mit 5 ml. 1%ig. Pikrinsäure $5\pm0,5$ Min. in sd. W. erhitzt, dann schnell abgekühlt u. auf 100 ml aufgefüllt. Innerhalb 30 Std. — entsprechend der Stabilität des gefärbten Reaktionsprod. — wird mittels eines BECKMAN-Quarzspektrophotometers, Modell DU (Schlitzöffnung 0,02 mm) u. einer Küvette bei 520 mμ die opt. D. gemessen. Bei 520 mμ ist die Absorption der gegebenenfalls im Überschuß vorhandenen Pikrinsäure sehr gering. Auswertung erfolgt mittels Eichkurven unter Verwendung bekannter Cyanidkonzentrationen. Die Farb-Rk. folgt dem BEERschen Gesetz. Fehlergrenze $\pm 2\%$. Die Best. wird gestört durch H_2S u. H_2SO_3, in geringem Maße auch durch Aceton u. Formaldehyd. H_2SO_3 wird durch Zugabe eines großen Überschusses von K_2CrO_4 zur Probe vor der Dest. zu H_2SO_4 oxydiert. Bei Ggw. von H_2S, Probe vor der Dest. auf 0° abkühlen, mit HCl auf p_H 2 bringen, gesätt. Bleiacetatlsg. zugeben, so daß ca. 2 ml Überschuß vorhanden sind, gut umschütteln u. ohne Zugabe von H_2SO_4 destillieren. Ist im Destillat noch H_2S, so muß eine neue Probe zur PbS-Fällung noch saurer gestellt werden. (Analytic. Chem. **24.** 1440—44. Sept. 1952. Brea, Calif., Union Oil of California.) BARCHET. 6068

V. Anorganische Industrie.

Siemens-Schuckertwerke Akt.-Ges., Berlin und Erlangen (Erfinder: **Georg Hoppe**, Berlin, und **Hermann Horn**, Darmstadt), *Herstellung von Selen*, bes. für *Gleichrichter*, durch Ausfällen aus wss. SeO_2 mit SO_2 unter Zusatz von HCl. Bei der Fällung werden solche Konzz. der SeO_2 (z. B. 1:5—1:1) u. der HCl (z. B. 1:5—1:4) eingehalten, daß das Se nach dem Auswaschen, Trocknen u. Schmelzen einen Cl-Geh. von 0,003—0,3% aufweist. Bes. wird der Strom des SO_2 so geregelt, daß die Temp. des Lösungsgemisches durch die Reaktionswärme rasch auf ca. 85% steigt u. sich dann bis zum Ende der Rk. dauernd zwischen 80 u. 90° hält. (**D. B. P. 901 411** Kl. 12i vom **16/12. 1941,** ausg. 11/1. 1954.) ZÜRN. H 254

Université Libre de Bruxelles, Brüssel, Belgien (Erfinder: **Walter de Keyser** und **René Cyprés**), *Herstellung von dichtem Kohlenstoff.* Gasförmige KW-stoffe, bes. CH_4, werden in einem großen Behälter, dessen Innenwand sich gegenüber C neutral verhält, bes. aus Tonerde oder graphitiertem C, therm. (>1350°) zersetzt. Der gebildete C wird gemahlen, gekörnt, mit einem Bindemittel, bes. 20—30% Teer, der durch Teeröl oder Pyridin fl. gemacht ist, getränkt, bei <120° getrocknet u. unter hohem Druck bei >250° zu größeren Stücken gepreßt. Diese werden unter Druck oberflächlich abgekühlt, bei allmählich von 100 auf 200° ansteigender Temp. vollständig getrocknet, bis zur Verkokung des Bindemittels erhitzt, langsam abgekühlt u. gegebenenfalls in Graphit übergeführt. (**Schwz. P. 290 886** vom 13/6. 1951, ausg. 17/8. 1953. Belg. Prior. 30/6. 1950.) ZÜRN. H 260

Isidore I. Friedmann, Washington, D. C., und **Orville F. Tuttle,** Kensington, Md., V. St. A., *Züchten von Quarzeinkristallen.* Eine Lsg. von NaOH oder von Na-Silicat, die 0,5—20% NaOH enthält, wird auf 250—450° erhitzt u. durch Einhängen von feinzerteiltem Quarz mit SiO_2 gesättigt. In die im Lösungsgleichgewicht mit SiO_2 befindliche Lsg. hängt man einen oder mehrere Quarzimpfkristalle u. kühlt so langsam ab, daß die Lsg. jederzeit trotz der Ablagerung von SiO_2 auf den Impfkristallen durch Aufnahme von SiO_2 aus dem feinzerteilten Quarz die optimale Menge SiO_2 enthält. Man kann einen Behälter anwenden, in dem sich sowohl die Impfkristalle als auch der feinzerteilte Quarz befinden. Man kann auch diese in getrennten Behältern anwenden, die durch zwei mit Ventilen versehene Leitungen verbunden sind; der Behälter mit den Impfkristallen wird hierbei 5—50° kälter gehalten. Bei Verwendung eines Behälters trennt sich die Lsg. in zwei Schichten; die Impfkristalle müssen sich dicht unter der Oberfläche der unteren Schicht befinden. — Abbildungen, Diagramme. (**A. P. 2 638 408** vom 6/6. 1948, ausg. 12/5. 1953.) ZÜRN. H 261

Sinclair Refining Co., New York, N. Y., übert. von: **John L. Gring,** Homewood, Ill., V. St. A., *Herstellung von kugeligen SiO_2-Gelteilchen,* die bes. als *Katalysatorträger* u. *Adsorptionsmittel* geeignet sind. Eine konz. Na-Silicatlsg. wird in eine, bes. durch SO_2, angesäuerte Ölschicht gesprüht, u. die im Öl gebildeten SiO_2-Gelkügelchen von 12,5—100 μ Durchmesser werden abgetrennt. Man kann die Gelkügelchen aus der Ölschicht in eine darunterliegende wss. Säureschicht fallen lassen u. aus dieser abtrennen. (**A. P. 2 641 583** vom 15/10. 1948, ausg. 9/6. 1953.) ZÜRN. H 261

Philadelphia Quartz Co., Philadelphia, übert. von: **John H. Wills,** Chester, Pa., V. St. A., *Herstellung von Tetrasilicaten.* Die nach dem Verf. des A. P. 2 179 806 (C. **1940.** I. 1546) erhaltenen Tetrasilicate haben nach neueren Unterss. die Zus. $Na_2O \cdot 4{,}3 \pm 0{,}2\ SiO_2 \cdot xH_2O$. Sie sind *Ionenaustauscher* u. tauschen in Berührung mit Lsgg. von Salzen der II.—VIII. Gruppen u. mit wss. Säuren Na gegen die entsprechenden Metalle oder gegen H aus. Die Tetrasilicate sind doppelbrechend. Die H-Form kann Verwendung finden als H-Zeolith, als Staubinsekticid, als Adsorptionsmittel für Gase u. Dämpfe u. zum Geschmacklosmachen von Kochwasser, ferner für *chromatograph.* Analysen, als *Oberflächenhärter* in Anstrichen, als Katalysator oder *Katalysatorträger*, endlich zum Abtrennen von Vitaminen, Eiweißstoffen u. Arzneistoffen aus ihren unreinen Dispersionen. Die Metalltetrasilicate sind geeignet als

Pigmente oder *Füllstoffe* in Farben, Tinten, Kunststoffen, keram. Artikeln. Die Cu-Verb. ist hellblau; die Fe-Verb. hellbraun; die U-Verb. gelb. Die Cu-, Ag- u. As-Verbb. sind *Insekticide* u. *Fungicide*. Die Pt-, Ni-, Cu-, V-Verbb. sind *Katalysatoren*. Die Ag- u. Cu-Verbb. dienen zum *Sterilisieren* von Wasser. Die Fe- u. Cu-Verbb. verhindern Korrosionen in Heißwassersystemen u. dienen zum Gewinnen von Metallen aus verd. Lösungen. (**A. P. 2 640 756** vom 9/2. 1948, ausg. 2/6. 1953.) Zürn. H 261

United States of America, übert. von: **Waldo E. Cohn,** Oak Ridge, Tenn., V. St. A., *Gewinnung von radioaktivem P^{32}.* Mit Neutronen bestrahlter Schwefel enthält P^{32} in Mengen von ca. 1 mg/1 g S. Der S wird geschmolzen u. in sd. HNO_3 eingetragen, wodurch sich P^{32} als Phosphat in der HNO_3 löst. Man kühlt ab u. trennt den festen S von der HNO_3. Die P^{32}-Phosphate fällt man zusammen mit einem Nd. von Fe^{III}-, Al- oder La-Hydroxyd aus, den man in der HNO_3 erzeugt, u. entfernt die Fe^{III}-, Al- oder La-Ionen, z. B. durch Extraktion mit einem Lösungsm. oder mit Hilfe eines Kationenaustauschers. Das P^{32} wird bei *biolog.* oder *medizin.* Unterss. benutzt oder als Heilmittel, z. B. gegen Leukämie. (**A. P. 2 653 076** vom 7/10. 1946, ausg. 22/9. 1953.) Zürn. H 264

Robert D. Pike, Greenwich, Conn., V. St. A., *Herstellung von Natriumsesquicarbonat aus rohem Trona.* Rohes Trona, bes. Wyoming-Trona, wird in einer im Kreislauf zirkulierenden, Na_2CO_3 u. $NaHCO_3$ enthaltenden Lauge, die eine höhere Konz. an Na_2CO_3 als an $NaHCO_3$ aufweist, beim Kp. der Lauge gelöst; unter Verlust von CO_2 wird nach Kühlung der Lsg. $Na_2CO_3 \cdot NaHCO_3 \cdot 2H_2O$ auskrist. u. abgetrennt. Die Mutterlauge wird auf die ursprüngliche Konz. gebracht u. in den Kreislauf zurückgeführt. Das Sesquicarbonat wird getrocknet oder zu Na_2CO_3 calciniert. Man erhält Prodd. von hoher Reinheit. (**A. P. 2 639 217** vom 29/7. 1949, ausg. 19/5. 1953.) Karst. H 274

West End Chemical Co., übert. von: **James V. Wiseman,** Westend, Calif., V. St. A., *Gewinnung von Natriumsulfat durch Eindampfen von Natriumsulfatlösungen.* Im oberen Teil einer mit vertikalem Mittelrohr versehenen Eindampfvorr. werden wss. Na_2SO_4-Lsgg. kontinuierlich an der Außenseite des Rohres zerstäubt u. durch das Innere des Rohres heiße, trockene Gase geleitet u. weitere Mengen an Na_2SO_4-Lsg. abwärts fließen gelassen. Die nach Verlassen des Innenrohres aufsteigenden heißen Gase wirken auf die filmartig verteilte Na_2SO_4-Lsg. ein. Die konz. Na_2SO_4-Lsg. wird am Boden der Vorr. gesammelt u. auf festes Salz verarbeitet. — Vorrichtung. (**A. P. 2 640 762** vom 25/11. 1949, ausg. 2/6. 1953.) Karst. H 274

Th. Goldschmidt Akt.-Ges., Essen, und **Vereinigte Aluminium-Werke Akt.-Ges.,** Berlin und Bonn (Erfinder: **Hans Ginsberg,** Berlin, und **Karl Büche,** Essen), *Vorbehandlung SiO_2-haltiger Tonerdemineralien für den Aufschluß mit Säuren* durch Glühen. Die um das (in einheitliche, stückige Form gebrachte, geglühte) Rohgut gebildete Hülle, die in Säuren schwer lösl. ist, wird ohne Aufheben der Stückform auf mechan. Wege, z. B. durch Anbrechen, zerstört. (**D. B. P. 901 772** Kl. 12m vom 4/11. 1937, ausg. 14/1. 1954.) Nebelsiek. H 294

Elektrochemi A/S, Oslo, Norwegen, *Rückgewinnung von sulfatarmen Aluminium-Fluor-Verbindungen aus sulfathaltigen Alkalifluoridlösungen.* Man fällt die Lsgg. mit Al-Salzen, bes. Aluminatlauge, in Ggw. von Alkalibicarbonat, entweder bei Raumtemp. oder erhöhter Temp. u. in diesem Fall unter Druck, z. B. setzt man eine NaF-Lsg. mit hydratisiertem Al_2O_3 u. Bicarbonat bei 170° um. (**N. P. 80 204** vom 26/4. 1951, ausg. 12/5. 1952.) Jürgen Schmidt. H 294

Kaiser Aluminum & Chemical Corp., Oakland, Calif., übert. von: **Charles C. Heim †,** Spokane, Wash., V. St. A., *Herstellung von Aluminiumcarbid.* 1 (Teil) C u. >4 Al von großer Reinheit werden gepulvert u. gemischt. Durch das Gemisch leitet man bei 900—1300° u. 100—2000 mm Hg ein Al-Halogenid, bes. $AlCl_3$, das mit einem inerten Gas, bes. He, gemischt sein kann. Man kann Al u. C auch getrennt in dem Reaktionsraum anordnen, so daß sich Al u. $AlCl_3$ zu AlCl umsetzen, das mit C Al-Carbid bildet. — Abbildung. (**A. P. 2 640 760** vom 16/1. 1952, ausg. 2/6. 1953.) Zürn. H 294

United States of America, übert. von: **Harley A. Wilhelm,** Ames, Io., und **Kenneth A. Walsh,** Los Alamos, N. Mex., V. St. A., *Herstellung von Zirkoniumtetrafluorid.* Zr-Oxychlorid wird mit wss. HF gemischt; das ausgefallene Zr-Fluorid wird von der Mutterlauge abgetrennt, getrocknet u. auf Tempp. bis zu 575° erhitzt. (**A. P. 2 635 037** vom 26/11. 1951, ausg. 14/4. 1953.) Demmler. H 322

Johann Kuprianoff, Die feste Kohlensäure (Trockeneis), Herstellung u. Verwendung. 2. umgearb. u. erw. Aufl. Stuttgart: Enke 1953. (IV + 125 S. m. 33 Abb. u. 19 Tab.) = Sammlung chemischer und chemisch-technischer Vorträge. N. F. H. 52. DM 18,—.

VI. Silicatchemie. Baustoffe.

J. F. Grębski, *Fortschritte der Silicatchemie und -technologie in der UdSSR.* Bericht über 32 russ. Arbeiten über Mörtel, Glas u. Keramik aus den Jahren 1950—1952. (Przemysł chem. **9** (**32**). 306—10. Juni 1953. Warszawa, Politechn., Zakł. Ceram.) R. K. Müller. 6160

P. Gilard jr., *Untersuchung über die Feststellung der Zusammensetzung und der Struktur des Glases durch Messung der Verformung unter Druck bei Temperaturen unterhalb des Transformationspunktes.* Zur Vereinfachung der Best. der Viscosität des Glases schlägt Vf. vor, die Mitte einer Glasplatte von ca. 30 cm Durchmesser von beiden Seiten her durch zwei Messingstäbe auf eine mit Hilfe von eingebauten Thermoelementen gemessene Temp. unterhalb des Transformationspunktes zu erhitzen. Durch die Ausdehnung dieser begrenzten Stelle gegenüber der restlichen Platte entstehende Spannungen lassen sich durch die daraus folgenden Doppelbrechungserscheinungen nachweisen. Die Oberfläche erleidet durch die entstandenen Spannungen Deformationen, die mit Hilfe eines unter 45° einfallenden u. reflektierten Lichtstrahles als Fleck auf der Photographie nachzuweisen sind. Auch mit Hilfe Liesegangscher Ringe läßt sich die Deformation nachweisen. Durch Vgl. mit Gläsern bekannter Zus. u. Struktur lassen sich entsprechende Schlüsse ziehen. (Rev. univ. Mines, Métallurg., Trav. publ., Sci. Arts appl. Ind. [9] **8** (**95**). 320—24. Aug. 1952.) Kühnert. 6200

R. J. Heritage und **J. R. Balmer,** *Metallisieren von Glas, Keramik und Kunstharz.* Bei den Ndd. aus wss. Lsgg. werden *Ag, Cu* u. *Au* bes. behandelt. Das Aufbrennen besteht in einer Red. des Metalls aus seiner Verb. durch Hitze u. wird in seiner Anwendbarkeit durch die Wärmebeständigkeit des Grundmaterials bestimmt. Angaben über das Einbrennen von Ag, Cu, Pt. Aufdampfen von Metallen im Vakuum. Die nach diesen Verff. erzeugten dünnen Schichten können elektrolyt. verstärkt werden. — Arbeitsanweisungen u. Schrifttum. (Metallurgia [Manchester] **47.** 171—74. April 1953. Great Malvern, Telecommunications Res. Est.) K. Stein. 6202

Yves Letort, *Temperaturskalen, Pyrometer, Schmelzkegel und Keramikbrände.* (Vgl. C. **1953.** 8694.) Vf. vergleicht die bei der Keramikherst. verwendeten 3 Sorten Schmelzkegel: Seger-Kegel (Nr. 022—42; von 600—2000°), französ. Dezimalkegel (Nr. 60—200; von 600—2000°) u. die von Orton hergestellten Kegel (Nr. 022—42; von 585—2015°). Die ersten werden in Frankreich u. Deutschland, die anderen nur in USA benutzt. Es konnte nicht genau festgestellt werden, nach welchen Temperaturskalen die Benummerung der Schmelzkegel vorgenommen wird; bis 1500° wurden keine wesentlichen Temperaturabweichungen unter den Kegeln beobachtet. Sie erscheinen jedoch oberhalb dieser Temperatur. Es wird auf Unterschiede in den Angaben des F. von SiO_2 hingewiesen (nach Geophysical Laboratory 1713°, nach internationaler Skala von 1948 1725°) — Zahlreiche Tabellen. (Ind. céram. **1951.** 213—16. Nov.) Wingchen. 6206

J. Bernstein, *Verfahrenskontrollen bei Gußeisen für Emaillierungszwecke.* Erörtert werden einige wesentliche Punkte, die für die Eignung der Gußstücke zum Emaillieren von Bedeutung sind, wie die Behandlung der Formen, der Gußsand, die Zus. des Gußeisens u. das Reinigen der Gußoberfläche, sowie das Emaillieren der Gußstücke. — Abbildungen. (Foundry Trade J. **92.** 603—06. 5/6. **93.** 49—54. 10/7. 163—66. 7/8. 1952. Simplex Electric Co. Ltd.) Markhoff. 6212

W. Kerstan, *Haarrisse in Puderemailschichten auf Gußeisen.* Zur Klärung des Auftretens von Haarrissen wurden die genauen Betriebsbedingungen bei der Herst. ermittelt. Die Wärmeausdehnung von Email u. Gußeisen wurde dilatometr. bestimmt. Mit dem Stegnerschen Spannungsprüfer wurde die Spannung, die durch den Emaillierprozeß entsteht, bestimmt. Mit diesem Gerät war es auch möglich, den Perlitzerfall im Gußeisen sowie die Auflösung des Graphits im α-Eisen zu kennzeichnen. Bei dem untersuchten Muster waren die Haarrisse durch Spannungen im Syst. Email–Gußeisen zu erklären. — Abbildungen, Diagramm. (Glas-Email-Keramo-Techn. **4.** 121—25. April 1953.) Markhoff. 6212

R. J. Slawson und **J. F. Clements,** *Feuerfeste Werkstoffe für die Glas–Email-Industrie.* Die von der Glas–Email-Industrie an die in Betracht kommenden feuerfesten Werkstoffe zu stellenden Anforderungen, bes. ihre physikal. u. chem. Eigg., werden im einzelnen aufgeführt. Ein geeigneter feuerfester Ton ist hinreichend korrosionsfest; es gibt andere korrosionsfestere Stoffe; sie sind aber teurer. Nicht alle feuerfesten Tone sind für alle Zwecke gleich geeignet; daher müssen die Eigg. eines Tones für jeden beabsichtigten Zweck geprüft u. mit den geforderten Eigg. verglichen werden. Die Eigg. der untersuchten Stoffe (Ton, SiO_2, Sillimanit, geschmolzenes Al_2O_3, SiC,

Isoliersteine) sind in Zahlentafeln zusammengestellt. (Foundry Trade J. **95.** 179—86. 6/8. 1953. British Ceramic Res. Assoc.) WESLY. 6218

—, *Die Gasdurchlässigkeit von feuerfesten Steinen.* Beschreibung einer App. u. Anwendung der Messungen. (Refractories J. **29.** 329—32. Aug. 1953.) SCHÜTZ. 6218

Shizuo Ueda, *Untersuchung über die Wärmebilanz eines Brennofens für feuerfeste Ziegel (Klinker) sowie über das Scharfbrennen von Klinkern.* Für die Berechnung der Wärmebilanz werden die zum *Ziegelbrennen* aufgewendeten Heizwerte (Verbrennungswärme der Heizstoffe u. aufgespeicherte Wärme) den im Ofen u. den Klinkern angesammelten sowie abgestrahlten usw. Calorien entgegengestellt u. Schlüsse für die beste Ausnutzung gezogen. In ähnlicher Weise werden die Bedingungen für eine gleichmäßige Temperaturhaltung u. die nötige Dauer erörtert u. Verss. über die Tempp. an der Oberfläche u. im Innern eines im Brennofen gefeuerten Klinkers angestellt. (Abb.) u. die Resultate in einer Kurve gezeigt. (J. ceram. Assoc., Japan [Yogyo Kyokai Shi] **61.** 60—63. 1953. Kawazaki Co. [Orig.; japan.]) SCHULER. 6218

H. Eigen, *Drehofenleistung und Wärmeaufwand beim Zementbrennen.* Die Gleichung $E = 690 \cdot b \cdot D_l^2/x$, wobei E = Leistung in Tonnen/Tag, D_l = lichter Flammzonendurchmesser, b = Belastungsgrad des Flammzonenquerschnittes in % u. x = Gesamtwärmeaufwand in kcal/kg Klinker bedeuten, zeigt die Wege zur Erhöhung der Drehrohrofenleistung durch Verkleinerung von x u. Vergrößerung von D_l. (Zement-Kalk-Gips **6** (**42**). 249—52. Juli 1953. Remscheid-Lennep.) SCHÜTZ. 6222

E. Rissel, *Über das Ausbessern von altem Beton unter Verwendung von Kunststoffen.* Beim Ausbessern von altem Beton unter Verwendung von Kunststoffen wird der alte Beton nicht mehr aufgerauht, sondern ein Kunstharz als Klebemittel aufgetragen. Dem Flickmörtel wird der gleiche Kunststoff zugesetzt. Dieser Zusatz erhöht gleichzeitig die meisten Qualitätsmerkmale, vor allem die Haftfestigkeit u. den Widerstand gegen Abrieb. Nach Angaben über das verwendete Material u. seine Herkunft werden Verss. an Betonfahrbahndecken beschrieben. Die bis jetzt vorliegenden Ergebnisse sind gut. Es werden Hinweise auf sonstige Anwendungsmöglichkeiten gegeben. (Zement-Kalk-Gips **6** (**42**). 101—05. April 1953.) K. SEIDEL. 6224

F. Trojer, *Schlüsse aus mikroskopischen Untersuchungen an Portlandzementklinkern.* An Hand von sechs Beispielen von Portlandzementklinkern, die durch zahlreiche Anschliffaufnahmen belegt werden, wird eingehend gezeigt, daß die Auswertung mkr. Beobachtungen weitgehende Einblicke in die Produktionsverhältnisse beim Zementbrennen gewährt u. bemerkenswerte Einflüsse der betrieblichen Verhältnisse auf die Zus. u. die Ausbildungsart der Klinkerphasen erkennen läßt. Für die Unterss. findet Vf. Dünnschliffe weniger geeignet, dagegen hat sich die Kombination von Auflicht- u. Durchlichtmethoden an Anschliffen u. Pulverpräpp. bestens bewährt. (Zement-Kalk-Gips **6** (**42**). 312—16. Sept. 1953. Radentheim/Kärnten, Österreichisch-Amerikanische Magnesit Akt.-Ges.) GELMROTH. 6252

B. Ss. Lissin und **Ju. Je. Kornilowitsch,** *Untersuchung der Mörtelstruktur im reflektierten Licht.* Es wurden Mörtel (*Portland-, Schlacken-, Puzzolan-, Al-* u. *Mg-Zement, Wasserglas, Luftkalk*) im reflektierten Licht mkr. untersucht, um die Brauchbarkeit dieses Untersuchungsverf. zu prüfen. Bei Anwendung von relieflosen Anschliffen, polarisiertem reflektiertem Licht u. Ätzmitteln (0,5%ig. HCl u. 2%ig. J_2 in A.) ist das Verf. bei Mörteln u. Beton anwendbar. (Доповіді Академії Наук Української РСР [Ber. Akad. Wiss. UkrSSR] **1953.** Nr. 1. 25—28. Kiew, Polytechn. Inst.) V. WILPERT. 6252

Pittsburgh Plate Glass Co., Allegheny County, übert. von: **William O. Lytle,** New Kensington, Pa., V. St. A., *Herstellung von durchsichtigen, elektrizitätsleitenden Schichten auf Gläsern.* Gläser von der Zus. 10—35 (Gew.-%) Na_2O u. K_2O, 5—25 CaO u. MgO, jedenfalls mit mindestens 5 CaO, 50—75 SiO_2 u. bis 20 Al_2O_3, werden zunächst mit einer äußerst dünnen Schicht eines Oxydes von Ag, Al, Sb, Cu, Fe, Co, Ni, Tl oder Zn überzogen. Nach dem Erhitzen des so vorbehandelten Glasgegenstandes wird dieser auf Tempp. zwischen 400° F u. dem F. des Glases erhitzt u. im noch heißen Zustande mit der wss. oder einer sonstigen Lsg. von $SnCl_4$ besprüht, wobei sich ein durchsichtiger elektrizitätsleitender SnO_2-Überzug bildet. Auch Lsgg. von anderen Sn-Halogeniden oder von zersetzlichen Verbb. des Cd oder In können verwendet werden. Zur Erzeugung der Zwischenschicht wird z. B. auf eine 1150° F heiße Glasplatte eine wss. Lsg. aus $AgNO_3$ u. CH_2O gesprüht. In ähnlicher Weise lassen sich auch konz. wss. Lsgg. von Chloriden der Metalle Al, Cu, Sb, Co, Ni, Fe oder Zn zur Erzeugung von Zwischenschichten verwenden. (**A. P. 2 617 741** vom 19/12. 1951, ausg. 11/11. 1952.) HANS HOFFMANN. 6201

Pittsburgh Plate Glass Co. und **Earl R. Olson,** Columbus, O., V. St. A., *Herstellung von durchsichtigen elektrizitätsleitenden Schichten auf Gläsern.* Gläser von der

Zus. 10—35 (Gew.-%) Na_2O u. K_2O, 5—25 CaO u. MgO, jedenfalls mit mindestens 5 CaO, 50—75 SiO_2 u. bis 20 Al_2O_3, werden zur Verringerung des Na_2O-Geh. mit einem Stoff behandelt, der eine entsprechende Alkaliaffinität besitzt. Nach dieser Vorbehandlung wird der Glasgegenstand auf Tempp. zwischen 400° F u. dem F. des Glases erhitzt u. im noch heißen Zustande mit einer wss. oder sonstigen Lsg. von $SnCl_4$ behandelt, wobei sich ein durchsichtiger elektrizitätsleitender SnO_2-Überzug bildet. An Stelle von $SnCl_4$ können auch andere Sn-Halogenide oder zersetzliche Verbb. des Cd oder In verwendet werden. Als den Alkaligeh. des Glases verringernde Stoffe kommen Kaolinaufschlämmungen sowie SO_2, HCl, sd. W., CuCl-Lsgg. oder dgl. in Frage. (**A. P. 2 617 742** vom 19/12. 1951, ausg. 11/11. 1952.) HANS HOFFMANN. 6201

Pittsburgh Plate Glass Co., übert. von: **Richard F. Raymond**, Saxonburg, und **Brook J. Dennison**, Tarentum, Pa., V. St. A., *Herstellung von durchsichtigen elektrizitätsleitenden Schichten auf Gläsern.* Gläser von der Zus. 10—35 (Gew.-%) Alkalioxyd (Na_2O u. K_2O), 5—25 Erdalkalioxyd (CaO u. MgO), jedenfalls mit mindestens 5 CaO, 50—75 SiO_2 u. bis zu 20 Al_2O_3 werden mit der Lsg. eines Si-Halogenids überzogen u. zum Trocknen gebracht, wobei sich ein durchsichtiger SiO_2-Film neben einem pulverförmigen Belag bildet. Letzterer wird entfernt u. der Glasgegenstand auf Tempp. zwischen 400° F u. dem F. des Glases erhitzt. Der noch heiße Glasgegenstand wird mit der wss. oder sonst einer Lsg. eines Sn-Halogenids behandelt, welches sich unter SnO_2-Bldg. zersetzt. In gleicher Weise können auch zersetzliche Verbb. des Cd u. In verwendet werden. Als Si-Halogenidlsg. kommt eine solche aus $SiCl_4$ in CCl_4 oder dgl. in Frage. (**A. P. 2 617 745** vom 19/12. 1951, ausg. 11/11. 1952.) HANS HOFFMANN. 6201

Diamond Alkali Co., Cleveland, übert. von: **Robert C. Danison**, Painesville, O., V. St. A., *Herstellung von Natriumsilicatgläsern.* Zur Vermeidung von Alkaliverlusten beim Niederschmelzen von Mischungen aus SiO_2 u. NaOH, Na_2CO_3 oder $NaHCO_3$ durch direktes Beheizen mit Öl- oder Gasbrennern werden die Ausgangsgemische vor dem Erhitzen mit einem Mineralöl angefeuchtet. (**A. P. 2 644 742** vom 24/2. 1950, ausg. 7/7. 1953.) HANS HOFFMANN. 6201

Schultheis & Söhne, Wesseling, Bez. Köln (Erfinder: **Peter Schultheis**, Köln), *Herstellen von Emails, Glasuren und Gläsern mit Leuchtfarben.* Die Leuchtfarbe entwickelt sich besser, wenn man Emails, Glasuren u. Gläser, die mit Leuchtfarbe verarbeitet werden sollen, im Schmelzgemisch mit Sulfiden einerseits u. gegebenenfalls je nach der Zus. der Leuchtfarbe noch außerdem mit Sr-, Ba-, Zn- oder Ca-Verbb. andererseits anreichert. Hierdurch wird die Lösungsfähigkeit der Emails usw. für die sulfid. Bestandteile der Leuchtfarben beseitigt oder vermindert. (**D. R. P. 755 929** Kl. 48c vom 12/12. 1941, ausg. 30/11. 1953.) MARKHOFF. 6213

Antoine Robert Wagner, Schweden, *Aufbringen von hitzebeständigen Emailüberzügen.* Die zu überziehende Stahloberfläche wird einer oxydierenden Behandlung unterworfen oder die Zus. des Stahls so ausgewählt, daß sich in der Oberfläche eine bestimmte Konz. an Carbiden, Boriden, Siliciden, Nitriden oder dgl. befindet; dann wird die Emailschicht aufgeschmolzen, so daß eine Diffusion des Emails in die Metallschicht u. umgekehrt eintritt. Zweckmäßig werden mehrere Emailschichten aufgeschmlozen, wobei die unmittelbar auf dem Metall liegende Emailschicht den niedrigsten F. haben soll. Die Emailschichten sind in der Oberfläche fest verankert. (**F. P. 1 011 996** vom 12/5. 1949, ausg. 2/7. 1952.) MARKHOFF. 6213

Titan Co., Inc., New York, N. Y. (Erfinder: **Malcolm Douglas Beals**, Plainfield, und **Laurence Robert Blair**, New Brunswick, N. J.), V. St. A., *Fritte zur Herstellung von Schmelzemails*, bes. mit niedrigen Brenntempp., besteht aus einer Mischung aus Oxyden des Al, B, P, Alkalimetallen u. Ti, bes. aus 6—12(%) TiO_2, 18—37 P_2O_5, 19 bis 39 Al_2O_3, 7—37 B_2O_3, 14—23 Alkalimetalloxyd, wobei die Summe aus Alkalioxyd u. P_2O_5 einem Anteil von 58—85% der Summe aus Alkalioxyd, P_2O_5 u. B_2O_3 entspricht. Die Emails haben eine Brenntemp. von 650—825°. (**D. B. P. 871 097** Kl. 48c vom 10/8. 1951, ausg. 19/3. 1953. A. Prior. 10/8. 1950.) MARKHOFF. 6213

Philips Electrical Ltd., London, England, *Überziehen von Gegenständen mit einer Glasurschicht.* Die gefrittete u. feingemahlene Glasurmasse wird mit einem ausbrennbaren Bindemittel u. einem Oxydationsmittel vermischt u. zu einem Körper verformt, der auf die zu glasierende Oberfläche aufgebracht u. festgebrannt wird. Die Fritte wird z. B. durch Schmelzen eines Gemisches aus 71 (Teilen) PbO, 14,8 B_2O_3, 10,2 SiO_2 u. 4 ZnO bereitet. Als Bindemittel für die Glasurmasse wird beispielsweise Paraffin u. als Oxydationsmittel KNO_3 benutzt, die in Mengen von 3 bzw. 0,2% in der fertigen M. enthalten sind. (**E. P. 634 268** vom 9/12. 1947, ausg. 15/3. 1950. Holl. Prior. 2/10. 1946.) HANS HOFFMANN. 6213

Quartz & Silice Soc. An., Paris, Frankreich, *Herstellen von feuerfesten Erzeugnissen.* Kieselsäure in allen ihren Formen wird mit Calciumaluminat oder calciumaluminatreichem Zement gebunden. Als SiO_2 kann Quarzit, Quarzglas oder dgl. benutzt werden. Die Massen aus SiO_2 u. dem Bindemittel werden nach dem Formen gebrannt. Die Prodd. werden bes. für feuerfeste Zwecke verwendet. (**D. B. P. 900 196** Kl. 80b vom 5/7. 1944, ausg. 21/12. 1953. F. Prior. 17/9. 1943.) REINHART. 6219

Comp. Nationale de Matières Colorantes et Manufactures de Produits Chimiques du Nord Réunies (Établissements Kuhlmann) und **Georges Passelecq,** Frankreich, *Feuerfeste Erzeugnisse,* Stoffe, wie Sintermagnesia, Zirkonoxyd, Schamotte u. dgl. feuerfeste Magerstoffe, werden mit 2 $BaO \cdot SiO_2$ als anorgan. Bindemittel (**I**) oder einem organ. **I,** wie Suspensionen oder Emulsionen von neutralisierten Erzeugnissen der Kondensation oder Sulfonierung der Phenole, des Naphthalins, der Chlornaphthaline oder Anthracene mit Aldehyden, oder Gemischen der anorgan. oder organ. **I** versetzt, geformt u. bei Tempp. meist über 1500° gebrannt. Den Emulsionen wird zweckmäßig ein Stabilisator, wie Casein, Eiweiß, zugesetzt. Durch Zusatz von Schaummitteln, wie hydrolysierten Albuminen, u. Einführung von Luft in die M. können porige Prodd. hergestellt werden. (**F. P. 55 372** vom 31/12. 1940, ausg. 27/6. 1953. **Zusatz zu F. P. 966 753; C. 1951. I. 511.**) REINHART. 6219

Cleveland Magnesite and Refractory Co. Ltd., Normanby, Middlesborough, England, übert. von: **Frederick Howard Brooke,** *Verstärkte Steine für basische Ofenkleidung.* Feuerfeste Massen aus MgO, Chromit, Chrommagnesia, Dolomit, Forsterit, die zum Auskleiden der Wände u. Decken bas. Öfen oder Herde verwendet werden, werden durch Einlegen von Streifen, Drähten oder Stäben aus Eisen verstärkt. Die Einlagen können in Zickzackform, Spiralform oder verzwirnt angewendet werden. In feuerfesten Steinen werden die Einlagen in Richtung ihrer Längsausdehnung eingebracht. Die Steine können ebenso wie gewöhnliche Steine verarbeitet werden. Die Einlagen erhöhen die mechan. Festigkeit u. Temperaturwechselbeständigkeit der Produkte. (**E. P. 696 311** vom 14/4. 1951, ausg. 26/8. 1953.) REINHART. 6219

F. W. Gaertner, Berlin-Schöneberg, *Herstellung von hochfeuerfester Masse aus Magnesiumaluminat auf nassem, chemischem Wege.* Wasserlösl. Magnesiumverbb. u. wasserlösl. Aluminate werden miteinander umgesetzt, so daß sich Mg-Aluminate bilden, deren MgO-Geh. größer ist als der Al_2O_3-Gehalt. Bes. setzt man Mg-Salzlauge der Kaliindustrie mit Aluminatlauge der Bauxit–Ton-Aufbereitung miteinander um. Die Prodd. werden vor dem eigentlichen Brennen bei 300—400° vorbehandelt u. schließlich bei ca. 1950° behandelt. Das Mg-Aluminat soll vorzugsweise die Formel 4 $MgO–Al_2O_3$ besitzen. Das fertiggebrannte Prod. dient zur Herst. von Muffen u. Brennerdüsen. (**N. P. 80 254** vom 20/4. 1950, ausg. 19/5. 1952.) JÜRGEN SCHMIDT. 6219

Titangesellschaft m. b. H., Leverkusen-Bayerwerk (Erfinder: **Walter Schaller,** Leverkusen-Wiesdorf, **Peter Tillmann,** Köln-Stammheim, und **Friedrich Raspe,** Leverkusen-Bayerwerk), *Gegen alkalische Schmelzen beständiger Werkstoff.* Ein Werkstoff, der aus Oxyden der Erdalkalien u. einem schützenden Überzug, im wesentlichen aus Erdalkalititanaten, besteht, ist nicht nur als Ofenfutter gegen alkal. Schmelzen beständig, sondern eignet sich auch zur Herst. von Tiegeln, Platten, Rohren u. dergleichen. Zur Erzeugung dieser Körper werden aus Erdalkali hergestellte Formlinge im Schmelzfluß mit einer Titanverb. überzogen. Die Körper können aber auch bei n. Temp. mit einer Titanverb. überzogen werden, z. B. durch Eintauchen in Titantetrachlorid u. Erhitzen bis zum oberflächlichen Schmelzen. (**D. B. P. 870 820** Kl. 80b vom 2/12. 1943, ausg. 16/3. 1953. **Zusatz zu D. B. P. 858 376; C. 1953. 4430.**) REINHART. 6221

Deutsche Edelstahlwerke Akt.-Ges., Krefeld (Erfinder: **Franz Skaupy,** Berlin-Lichterfelde), *Poröse Körper.* Formkörper aus keram. Stoff, wie hochschm. Oxyden, Silicaten, Borstickstoff, Borcarbid u. dgl., werden auf ihrer äußeren u. inneren Oberfläche mit einem metall. leitenden Überzug versehen u. gegebenenfalls danach ganz mit Metall ausgefüllt. Es ist von besonderem Vorteil, wenn die Metalle des Überzuges so gewählt werden, daß sie in fl. Zustande den keram. Stoff zu benetzen vermögen, also beim Erhitzen des Körpers über die Schmelztemp. der Metalle sich nicht von der Oberfläche ablösen u. zusammenballen. Zu dieser Art Metalle gehören die der Eisen-, Platin-, Titan-, Tantal- u. Chromgruppe. Die porösen, mit Metallüberzug versehenen Körper können z. B. als elektr. Leiter mit verhältnismäßig hohem Widerstand Verwendung finden, z. B. als Heizkörper oder zur Herst. keram. Körper, deren Poren mit Metall getränkt sind, das in fl. Zustande dem keram. Körper allein nicht zu be-

netzen vermag. Durch metall. Überzug der äußeren u. inneren Oberfläche wird der Körper benetzbar. (**D. B. P. 865 721** Kl. 80b vom 20/3. 1945, ausg. 5/2. 1953.)
REINHART. 6221

Herbert Fischer, Dresden, *Herstellung von raumbeständigem Beton aus Aschenbindern oder aschenbinderhaltigen Mörtelbindemitteln mit wesentlich gesteigerten Festigkeiten.* Das Anmachen des Mörtels erfolgt mit 3—5% ig. HCl. Dadurch wird das Korninnere des Aschenkornes freigelegt. Es entsteht u. a. $CaCl_2$, das infolge seiner wasserspeichernden Eigg. u. wohl auch wegen seines erhöhten Lösevermögens auf $Ca(OH)_2$ den Erhärtungsprozeß günstig beeinflußt. Während ein aus einem nur mit W. angemachten Mörtel hergestellter Probekörper nach 28 Tagen eine Biegezugfestigkeit von 23,0 (kg/cm^2) u. eine Druckfestigkeit von 68,8 aufwies, zeigte ein Körper, dessen Mörtel mit 5% ig. HCl angemacht worden war, Festigkeiten von 47,5 u. 186,3. (**D. P.** [**DDR**] **1 893** Kl. 80b vom 19/8. 1951, ausg. 15/9. 1952 [Wirtschaftspatent)].
BEWERSDORF. 6225

Johann Anton Gassner, Vandans, Vorarlberg, Österreich, *Stabilisierungsmittel für Porenbeton.* Dieses besteht aus einem Gemisch aus W., Kernseife (**I**), bes. Seifenflocken, u. alkylnaphthalindisulfosaurem Na (**II**). — Beispiel für eine Mischung: 1000 cm^3 W., 300 g **I** (80% ig.) u. 300 cm^3 **II**. (**D. B. P. 897 670** Kl. 80b vom 29/9. 1951, ausg. 23/11. 1953.)
HANS HOFFMANN. 6225

Texas Co., New York, übert. von: **Patrick J. Keating jr.,** Scarsdale, N. Y., V. St. A., *Frostbeständiger Beton.* Zur Herst. eines frostbeständigen Betons werden einer zementhaltigen Mörtelmischung während ihrer Bereitung 0,002—0,1 Gew.-% eines lufteinführenden Stoffes, bezogen auf die Zementmenge, in Form einer wss. Emulsion, zugesetzt. Dieser besteht im wesentlichen aus einer aus einem Schmieröldestillat gewonnenen Naphthenbase, Mahoganisulfonat, das aus der Sulfonierung von mineral. Schmieröl herrührt, einer Harzseife u. Na-Naphthenat; er ist beim Vermischen mit W. ohne weiteres emulgierbar. Durch diesen Zusatz können der Betonmischung bei ihrer Bereitung 3—6 Vol.-% Luft zugeführt werden. (**A. P. 2 614 939** vom 13/4. 1949, ausg. 21/10. 1952.)
HANS HOFFMANN. 6225

Aktiebolaget Kaukas Fabrik, Lauritsala, Finnland, *Säurefester Mörtel,* bestehend aus ca. 3 Teilen Glasmehl, 1 Teil Asbest, 0,055 Teilen Bleiglätte, angemacht mit Wasserglas von 48—50 Bé. (**N. P. 80 253** vom 14/10. 1949, ausg. 19/5. 1952.)
JÜRGEN SCHMIDT. 6227

Joachim Ottemann, Berlin-Niederschöneweide, *Herstellung eines Anhydritbinders.* Ein Anhydrit bestimmter Kornzus. wird mit ca. 3% Aluminaten angeregt. Man kann dazu Na-Aluminat, solches enthaltende Stoffe, aber auch Na-Aluminat enthaltende Laugen u. Abfälle aus der Industrie der Al- u. Tonerdeherst. verwenden, wie z. B. Bauxitschlamm. Daraus hergestellte Formkörper wiesen nach 28 Tagen Lagerung eine Biegezugfestigkeit von 78 (kg/cm^2) u. eine Druckfestigkeit von 354 auf, Festigkeiten, die beträchtlich höher liegen als mit Kalk, Portlandzement oder Na-Sulfat als Anregemittel. (**D. P.** [**DDR**] **279** Kl. 80b vom 9/11. 1949, ausg. 28/9. 1953 [Wirtschaftspatent)].
BEWERSDORF. 6227

Robert Holer, Seine, Frankreich, *Verbesserung von Gipsmörtel zum Modellieren und zur Formung* unter Zusatz einer Mischung von Na-Alginat mit Na-Borat, wasserfreiem Na_2CO_3 als Abbindeverzögerer u. Formalin als Antioxydationsmittel u. Stabilisator mit oder ohne Zusatz von Farbstoffen u. Parfüm. — Z. B. setzt man eine Mischung aus 10—50(%) Na-Alginat, 0,10—0,50 Na-Borat, 10—50 Na_2CO_3 u. 0,10—0,50 Formalin zusammen. Je nach Wahl der ganz geringen oder größeren Menge der Zusatzmischung u. je nach Menge des Abbindeverzögerers kann man die Abbindezeit von 1—60 Min. festlegen; man kann aber auch Pasten herstellen, deren Plastizität 1—5 Std. anhalten kann. (**F. P. 1 033 407** vom 5/3. 1951, ausg. 10/7. 1953.) BEWERSDORF. 6227

Christian Fuglsang Nielsen, Kopenhagen, Dänemark, *Herstellung von Bauplatten.* Eine Metallplatte wird so lange in einem kochenden Bindemittel, wie Asphalt oder Bitumen, erhitzt, bis alle Feuchtigkeit ausgetrieben ist, dann herausgenommen u. auf den Außenseiten mit feinverteilten Mineralstoffen, z. B. Mauersteingrus oder Sand, überzogen. (**Dän. P. 74 543** vom 30/5. 1949, ausg. 11/8. 1952.)
JÜRGEN SCHMIDT. 6229

I/S Pyrotex, Fuglebjerg, Dänemark, *Herstellung von Baustoffen.* Man vermischt ca. 1 (Teil) Zement mit 5 eines Gemisches aus 22 MgO, 5 Fe_2O_3 u. 22 Sand trocken u. führt so viel W. zu, daß ein dickfl. Brei erhalten wird. Die daraus gegossenen Zementwaren zeichnen sich durch große Härte u. Verschleißfestigkeit aus. (**Dän. P. 74 632** vom 28/11. 1949, ausg. 25/8. 1952.)
JÜRGEN SCHMIDT. 6229

London Brick Co. Ltd., London, **Thomas George William** und **Kenneth Edmund Seal,** Bedford, England, *Baukörper.* Abfallstoffe, wie Ziegelbruch, Schlacken, Glasscherben oder Flugasche, werden, soweit erforderlich, fein gemahlen, mit W. u. gegebenenfalls 30% Ton gemischt. Die M. wird mit einem Schaum oder Schaummittel versetzt u. gegebenenfalls Luft zur Schaumbldg. eingeleitet. Darauf wird geformt, u. die Formlinge werden nach dem Trocknen bei Tempp. von 1000—1100° gebrannt. Zur Erhöhung der Trockenfestigkeit können härtbare Kunstharze, wie Harnstoff- oder Phenolformaldehydharze, zugesetzt werden. Je nach dem F. der Ausgangsstoffe können gewöhnliche Ziegel oder feuerfeste Körper hergestellt werden. (**E. P. 695 795** vom 16/6. 1950, ausg. 19/8. 1953.) REINHART. 6229

Emile Ingold, Haut-Rhin, Frankreich, *Herstellung von bituminösen Kunststeinen* aus 30 (%) Bitumen oder Teeren u. 70 mineral. Zuschlagstoffen, die aus Splitt, Grus u. Sand bestehen, unter Zusatz von Mineralölen zur Erhöhung der Plastizität. Die bituminösen Stoffe werden erhitzt, bis sie dünnfl. sind, u. dann werden die Zuschlagstoffe eingemischt. Der Mörtel wird in Formen gegossen. Man kann in Abständen gießen u. zwischendurch Bewehrungseinlagen auf die einzelnen Schichten einlegen. (**F. P. 1 031 427** vom 26/1. 1951, ausg. 23/6. 1953.) BEWERSDORF. 6229

Soc. des Hauts Fourneaux de Saulnes Jean Raty & Cie., Seine, Frankreich, und **International Roc-Lit Isolex,** Belgien, *Herstellung von Wärme- und Schallisolierbaukörper aus Schaumbeton und Mineralwolle.* Wenn im Mischer Sand, Zement u. Schaum mit W. angemacht werden, bringt man Mineralwolle ein. Man kann so Fliesen, Dachplatten, Fußbodenplatten u. Mauern herstellen. Es können durch Gießen monolith. Konstruktionen mit vorzüglichen Isoliereigg. geschaffen werden. (**F. P. 1 036 033** vom 23/4. 1951, ausg. 2/9. 1953.) BEWERSDORF. 6229

Johns-Manville Corp., New York, N. Y., übert. von: **Marion S. Badollet,** Plainfield, N. J., und **William C. Streib,** Brooklyn, N. Y., V. St. A., *Entwässern von Chrysotilasbest für Filterzwecke.* Fasern aus Chrysotilasbest werden kurze Zeit (ca. 5 Sek. bis höchstens 3 Min.) der Einw. eines heißen Gasstromes von 900—1500° F, in dem sie aufgewirbelt werden, ausgesetzt, so daß sie Tempp. zwischen 600 u. 1200° F annehmen. (**A. P. 2 616 801** vom 20/9. 1947, ausg. 4/11. 1952.) HANS HOFFMANN. 6235

Bradley & Foster Ltd., Darlaston, England, übert. von: **James Edgar Hurst,** *Metallische Schleifmittel.* Eine Legierung von 1,98(%) C, 3,63 Si, 0,16 S, 0,06 P, 0,21 Mn u. Rest Fe mit Spuren Ni, Cu u. Cr wird durch Schmelzen von weichem Stahlschrott u. FeSi in einem Kupolofen hergestellt. Das geschmolzene Metall verläßt den Ofen mit einer Temp. von 1480—1500° u. wird durch Anblasen mit einem Dampfstrahl zu Kugeln von martensit. Struktur mit geringem Geh. an Carbiden geformt. Die Kugeln weisen in abgeschrecktem Zustand eine erhebliche Härte auf. Das Metallschrot wird zum Scheuern von Guß- u. Schmiedestücken u. zum Reinigen metall. Oberflächen verwendet, die emailliert oder gestrichen werden sollen. (**E. P. 692 799** vom 1/8. 1950, ausg. 17/6. 1953.) REINHART. 6239

VII. Agrikulturchemie. Schädlingsbekämpfung.

Hellmut David, *Atomforschung und Landwirtschaft.* Kurzer Überblick über die Möglichkeiten der Anwendung radioakt. Stoffe zur Erforschung landwirtschaftlicher Probleme. (Z. Zuckerind. **4** (**79**). 96—97. 20/3. 1954.) WINIKER. 6304

Aarne Tainio, *Über Spurenelementmangel im Pflanzenbau Finnlands.* Durch systemat. Feldverss. sind in Finnland eine Anzahl Böden mit Cu-, B- oder Mn-Mangel festgestellt worden. (Suomen Kemistilehti A **26.** 192—96. 1953.) BECKMANN. 6304

G. S. Bains, *Der Einfluß von Handelsdüngern und Gründüngung auf den Ertrag und den Nährwert von Weizen.* 2. Mitt. *Der Nährwert in Beziehung zur allgemeinen Zusammensetzung, Thiamin- und Nicotinsäuregehalt und biologischem Wert des Körnerproteins.* (1. vgl. Cereal Chem. **26.** [1949.] 317.) Bei Düngung mit 25 lbs. P_2O_5 (als Superphosphat) mit oder ohne Gründüngung wurden Körner mit niedrigem Proteingeh., jedoch mit erhöhtem Aschengeh. geerntet. Eine Beidüngung von $(NH_4)_2 \cdot SO_4$ (60 lbs. N/1 acre) bewirkt merklich erhöhten Proteingehalt. Der biol. Wert des Proteins wurde hierbei nicht beeinflußt, jedoch stieg der Geh. an „Reineiweiß". Der Geh. an Thiamin u. Nicotinsäure änderte sich prakt. nicht. — 22 Literaturhinweise. (Cereal Chem. **30.** 139—45. März 1953. Lyallpur, Punjab Agricult. Coll. and Res. Inst.) GRIMME. 6304

L. Zobrist und **E. Hoffmann,** *Die Bekämpfung des Zwetschgenrostes mit Zineb.* (Vgl. C. **1954.** 1334.) Bei der Bekämpfung des durch *Tranzschelia pruni spinosae* (Pers) Diet. hervorgerufenen Zwetschenrostes hat sich die Anwendung der bei Steinobst gebräuchlichen Schwefelkalkbrühe, auch mit Zusätzen von Eisenvitriol, Netzmittel

u. Cu-Carbonat, ebenso wie die Anwendung von Netzschwefel, als unzureichend erwiesen. Überraschend gute Erfolge ergaben sich dagegen bei einmaliger Spritzung mit 0,2% Zineb (*65% Zn–Äthylen-bis-dithiocarbamat*). Nur bei jungen Bäumen mit starkem Neutrieb ist eine zweite Spritzung um Mitte Juli erforderlich. (Phytopathol. Z. **21.** 79—82. Sept. 1953. Dielsdorf-Zürich, Dr. R. Maag Akt.-Ges., Biol. Labor.) BEINERT. 6312

Philip Garman und **J. F. Townsend,** *Bekämpfung von Apfelschädlingen.* Überblick über die wichtigsten Apfelschädlinge u. die Möglichkeiten ihrer Bekämpfung. (Connecticut agric. Exp. Stat., New Haven **1952.** Bull. 552. 1—84. Jan.) WINIKER. 6312

Walter Ebeling und **Roy J. Pence,** *Avocadoschädlinge.* Überblick über die wichtigsten Schädlinge der Avocadobäume u. die Möglichkeiten ihrer Bekämpfung. (Calif. agric. Exp. Stat., Extens. Serv., Circ. **1953.** Nr. 428. 3—36. Los Angeles.) WINIKER. 6312

John C. Schread, *Buchsbaumschädlinge und ihre Bekämpfung.* Buchsbaumpflanzen werden vor allem von Monachtropolpus buxl Lab (**I**), Psylla buxi L. (**II**), Tetranychus bimaculatus Harvey u. Simplinyctrus (Neotetranychus) buxi Garman (**III**) befallen. Zur Bekämpfung von **I** im Larven- u. Puppenstadium bewährten sich Nicotinsulfat–Melasse-Spritzungen, bei **II** außerdem im Adultenstadium DDT, bei **III** Spritzungen mit DDT u. Lindan. (Connecticut agric. Exp. Stat., New Haven, **1953.** Bull. **565.** 3—12. Febr. New Haven, Conn., Agric. Exp. Stat.) GRIMME. 6312

J. P. Sleesman, *Bekämpfung von Kartoffellaub befallenden Insekten.* Am besten wirkten Mittel auf Basis *DDT* mit u. ohne gleichzeitige Anwendung von *Bordeauxbrühe.* Aber auch die anderen synthet. Insekticide, z. B. *Parathion, Malathon, Lindan, Systox, Pestox 3,* hatten gute Wirkung. (Amer. Potato J. **30.** 165—74. Juli 1953. Wooster, O., Ohio Agric. Exp. Stat.) GRIMME. 6312

John C. Schread, *Bekämpfung von Stephanitis globulifera und Phytomyza ilicis Curt.* Stephantitis globulifera wurde mit Erfolg durch DDT, Chlordan, Lindan, Heptachlor, Aldrin, Dieldrin u. Endrin bekämpft. Gegen Phytomyza ilicis wirkten DDT-Präpp. am besten. (Connecticut agric. Exp. Stat., New Haven, **1953.** Bull. **568.** 3—13. März. New Haven, Conn., Agric. Exp. Stat.) GRIMME. 6312

Alastair N. Worden und **A. F. McK. Jackson,** *Weideversuche mit einem Tauchmittel für Schafe, das DDT und Benzolhexachlorid in mikrokristalliner Form enthält.* DDT u. BHC wurden mit einem Lignin–Sulfonsäure-Emulgator zum Schmelzen gebracht u. unter konstanten Bedingungen in W. gegossen. Die so gewonnenen Prodd. zeigen äußerst kleine Kristallformen. Das Gemisch von 40,0% DDT, 2,6% BHC (γ-Isomer), 0,1% BHC (anderes Isomer), 18,6% Emulsionsmittel, 2,6% Kaolin, 36,0% W. zeigt eine hohe Beständigkeit gegen Sedimentation im Tauchbad für Schafe. Zum Schutz gegen bakterielle Infektionen wurden Spuren von *Na-Pentachlorphenol* u. $CuSO_4$ zugegeben. Angewendet wurden 5 lbs./100 gal W., was einer Konz. von 0,013% γ-BHC u. 0,20% DDT entspricht. Weideverss. mit mehr als 5000 Schafen ergaben eine gute Schutzwrkg. gegen Schmeißfliegen. (Brit. veterin. J. **109.** 190—98. Mai 1953. Huntingdon, Cromwell House, u. Wellington, Somerset.) LÜPNITZ. 6312

A. Bojanowska, *Hexachlorcyclohexan als Insekticid.* Überblick über die Eigg., die Herst., die Präpp. in verschied. Ländern, die Wrkg. im Vgl. mit DDT u. die Anwendungsweisen. (Przemysl chem. **9** (**32**). 16—18. Jan. 1953. Pańtw. Zakł. Hig., Dział Inż. sanit.) R. K. MÜLLER. 6312

Luther A. R. Hall und **Calvin A. Vanderwerf,** *Eine neue technische Synthese des Insekticids Parathion.* P_2S_5 reagiert mit A. (andere Alkohole oder Phenole lassen sich zu ähnlichen Umsetzungen verwenden) zu *O.O-Diäthyldithiophosphorsäure,* $(C_2H_5O)_2PSSH$, aus der bei Einw. von Cl_2 *O.O-Diäthylchlorthiophosphat,* $(C_2H_5O)_2PSCl$, entsteht. Anschließende Rk. mit Na-p-nitrophenolat in Diäthylenglykol als Lösungsm. liefert *Parathion* (**I**; *O.O-Diäthyl-O-[p-nitrophenyl]-thiophosphat*). Die Chlorierungs-Rk. verläuft nicht einheitlich u. hängt von den Versuchsbedingungen ab; als Nebenprodd. wurden HCl, S_2Cl_2 u. SCl_2 festgestellt, für deren Bldg. ein möglicher Reaktionsmechanismus angeführt wird. Pharmakol. Unterss. erwiesen **I** als wirksame parasympathominet. Verb. mit oraler Toxizität von 22,6 mg/kg bei Mäusen.

V e r s u c h e: *O.O-Diäthyldithiophosphorsäure,* $Kp._1$ 84—85°, aus 6 Mol P_2S_5 u. 24 Mol absol. A. unter Rühren bei 50° (Kühlung), dann 1 Std. bei 90—110°, Filtrieren u. Vakuumdest.; n_D^{20} 1,508; 97,4 bzw. 75,5% (Ausbeute). — *O.O-Diäthylchlorthiophosphat,* $Kp._2$ 58—61°, durch Einleiten von Cl_2 in 2,68 Mol vorst. Verb. unterhalb 90° (Kühlung) bis zur Gewichtsaufnahme von 21—27 g/100 g, Filtrieren u. Rektifizieren; n_D^{25} 1,469; 81%. — *Parathion* (**I**), durch Zutropfen von 0,133 Mol vorst.

Verb. zu 0,133 Mol Na-p-Nitrophenolat in Diäthylenglykol bei 70° unter Rühren, dann bei 80—90°, Zufügen von W. bei 45°, Extrahieren mit Chlf. u. Vakuumdest. bei 2 mm als Rückstand; n_D^{20} 1,5424; 97,5%. (Trans. Kansas Acad. Sci. **55.** 131—37. März 1952. Lawrence, Kans., Univ.) LEHWALD. 6312

E. Pfeil und **H. J. Goldbach,** *Qualitative und quantitative Bestimmung von „E 605" in biologischem Material.* Das auf E 605 (I) zu untersuchende Organmaterial wird gründlich zerkleinert u. mit absol. A. u. Weinsäure versetzt. Nach mehreren Std. wird filtriert u. mit wenig Lauge versetzt, um aus **I** p-Nitrophenol (**II**) abzuspalten. Nach Verdampfen des A. wird der Rückstand mit verd. H_2SO_4 angesäuert u. mehrmals mit Ae. extrahiert. Ae. wird ebenfalls abgedampft u. der Rückstand in wenig Ammoniak aufgenommen. Diese Lsg. wird der Papierchromatographie (aufsteigende Meth., Filterpapier SCHLEICHER u. SCHÜLL Nr. 2043b) unterworfen. Als bewegliche Phase wird ein A.–Ammoniak–W.-Gemisch im Verhältnis 80:4:16 verwendet. **II** wandert bei der Papierchromatographie als deutlich sichtbarer, gelber Fleck. Nach beendeter Chromatographie wird dieser Fleck ausgeschnitten, in bestimmter Wassermenge gelöst u. im ZEISS-UV-Spektrometer die Extinktion bestimmt. Folgende R_F-Werte wurden gefunden: **II** 0,71; o-Nitrophenol 0,69; Dinitrophenol 0,74; Naphtholgelb S 0,45. Bei Verwendung von Butanol–Pentanol–Ammoniak-Gemisch läuft **II** langsamer u. die Flecken sind kleiner. Der R_F-Wert beträgt hier 0,28. (Klin. Wschr. **31.** 1011—12. 1/11. 1953. Marburg, Univ., Inst. für gerichtl. u. soz. Med.) KIRSTEN. 6328

Monsanto Chemical Co., St. Louis, Mo., übert. von: **David T. Mowry** und **Arthur H. Schlesinger,** Dayton, O., V. St. A., *Unkrautvertilgungsmittel.* Man verwendet 0,3 bis 1%ig. Öl-in-W.-Emulsionen eines Cyanoäthylesters von der Formel: $CH_2{=}C(Y)\cdot COOC(R)H[C(R')H\cdot O\cdot C(R'')H]_nC(R''')HCN$, in der Y, R, R′, R″ u. R‴ H u. das Methylradikal darstellen u. n = 1—3 ist. — Beispiele: *2-(2′-Cyanoäthoxy)-äthyl-* u. *2-(2′-Cyanopropoxy)-äthylacrylat.* Die Verbb. können auch im Gemisch mit festen Trägerstoffen, z. B. Ton, Talkum, Bentonit oder dgl., als Stäubemittel verwendet werden. Mengen: ca. 9—22,5 kg je 4050 m². (**A. P. 2 634 203** vom 17/12. 1951, ausg. 7/4. 1953.) KARST. 6313

Ward, Blenkinsop & Co. Ltd., London, und **Murphy Chemical Co. Ltd.,** Westhampstead, Hertfordshire (Erfinder: **Peter Paul Hopf,** Orpington, Kent, und **Geoffrey Leigh Hey,** Luton, Bedfordshire), England, *Mittel zur Behandlung von Saatgut und Pflanzen,* bestehend aus einer N-Arylthioharnstoff-p-carbonsäure, deren Amid, Salzen oder niedrigerem Alkylester u. einem feinverteilten, festen Trägerstoff, wie Talkum, Kieselgur, Ton, oder einem fl. Trägerstoff. Zur Behandlung von fruchttragenden Pflanzen, Büschen oder Bäumen werden wss., ca. 0,1%ig. Lsgg. eines Alkalisalzes der *N-Phenylthioharnstoff-p-carbonsäure* verwendet. Pilzbekämpfungs- u. Schädlingsbekämpfungsmittel oder Farbstoffe können den Mitteln zugesetzt werden. Erhebliche Ertragssteigerungen. (**D. B. P. 901 778** Kl. 16 vom 24/11. 1951, ausg. 14/1. 1954. E. Prior. 24/11. 1950.) KARST. 6313

Mathilde Ströbele (Erfinder: **Karl Ströbele**), Niedereggenen über Müllheim, Baden, *Herstellung eines insekticid wirkenden Räucher- und Frostschutzmittels.* Trockener Torf, Holzmehl, sonstige organ. brennbare Stoffe, Textilabfälle, Gummiabfälle, denen leicht brennbare Stoffe, wie Naphthalin, Anthracen, Abfallöle, Holz-, Braun- oder Steinkohle, als Brennstoffe beigemengt sind, werden mit Mg oder stark Mg-haltigen Stoffen, Sauerstoffträgern, z. B. Nitraten u. Chromaten, als intensiv wirkende Zündstoffe, insekticid wirkenden, Rauch- u. nebelbildenden Stoffen vermischt. Die M. wird gepreßt, gegossen u. mit einem flammenhemmenden, wasserabweisenden Überzug versehen. Lang andauernde Rauch- u. Nebelbldg. mit starker Frostschutzwirkung. (**D. B. P. 903 287** Kl. 45l vom 8/9. 1950, ausg. 4/2. 1954.) KARST. 6313

Shell Development Co., San Francisco, übert. von: **Seaver A. Ballard,** Orinda, Calif., V. St. A., *Fungicide Mittel.* Konzentrate mit einem Geh. von ca. 5—40% an substituierten 3.4.5.6- bzw. 1.2.3.4- bzw. 2.3.4.5-Tetrahydropyrimidinen mit 10 bis 23 C-Atomen, die direkt in 2-Stellung am Tetrahydropyrimidinring gebunden sind, werden unter Zusatz von oberflächenakt. Stoffen oder Emulgiermitteln durch Lösen der Verbb. in KW-stoffölen, z. B. Kerosin, DIESEL- oder Gasölen, oder Vermischen mit festen trockenen Trägerstoffen, wie Ton, hergestellt. Das Konzentrat wird unmittelbar vor dem Gebrauch mit W. auf Konzz. von 0,0005—0,1% verd. oder in W. dispergiert u. als Spritzmittel zur Bekämpfung von Fungi, z. B. *Venturia inaequalis, Monolinia fructiola* u. *Alternaria oleraceae,* auf Obstbäumen u. Pflanzen verwendet. — Beispiele: *2-Decyl-4.4.6-trimethyl-, 2-Tetradecyl-4.4.6-triäthyl-, 2-Heptadecyl-* u. *2-Heptadecenyl-4 4.6-trimethyl-3 4.5.6-tetrahydropyrimidin.* Auch zur Bekämpfung von Meltau u. Kartoffel- oder Tomatenschädlingen geeignet. **A. P. 2 649 397** vom 31/5. 1950, ausg. 18/8. 1953.) KARST. 6313

Carl Becher jun., Schädlingsbekämpfungsmittel. Anwendg., Grundlagen, Aufbau u. Herstellg. d. chem. u. chem.-techn. Pflanzenschutzmittel u. Schädlingsbekämpfungsmittel. Halle/S.: Knapp. 1953. (586 S.) DM 17,40.

VIII. Metallurgie. Metallographie. Metallverarbeitung.

A. G. Robiette, *Verwertung von Titaneisenerzen.* Es wird die Problematik der Nutzbarmachung der riesigen Titaneisenerzlager zur *Fe-*, *Ti-* u. *V*-Gewinnung erörtert. Drei Methoden zur Verarbeitung reiner Ti-Eisenerze werden besprochen: Das russ. Verf., welches die Verarbeitung im Hochofen durch $NaAlSiO_4$-Zusatz ermöglicht, direkte Reduktionsmethoden ohne Schmelzen, z. B. der WIBERG-Prozeß, u. das norweg. Verf. in einem besonderen elektr. Schmelzofen. Überblick über Anreicherungs- u. Gewinnungsmethoden von V aus Eisenerzen. (Int. chem. Engng. Process Ind. **31.** 26. Jan. 1950.) MAX SCHMIDT. 6380

A. Beck und **K. E. Mann,** *Tütengußverfahren.* Es werden die Entw. u. die theoret. Grundlagen des Verf., die Praxis der Anwendung, Ausrüstung, Technologie, Art der Legierungen u. Größe der Blöcke besprochen u. Hinweise zur Verbesserung des Verf. gegeben. Ein Vgl. mit dem Stranggußverf. ergab für *Al-Legierungen 3515* u. *3115* eine Überlegenheit des Tütengußverfahrens. Bes. vorteilhaft ist es für seigerungs- u. rißanfällige Legierungen. Ebenso wie das „*VLW*-Stranggußverf." kann es auch auf *Zn, Cu* u. deren Legierungen angewandt werden. (Aluminium **29.** 310—14. Juli/Aug. 1953. Meinerzhagen.) PAHL. 6382

Olof Carlsson und **Sixten Rydén,** *Der Einfluß verschiedener Tonbindemittel auf die Eigenschaften bei Formmassen.* Von den verschied. Arten von Bentonit (**I**) ergeben afrikan. Ca-**I** u. amerikan. Na-**I** etwa gleiche Festigkeit im Grünzustand, jedoch ist die Warmfestigkeit u. die Festigkeit im trocknen Zustand bei Na-**I** höher, u. das Austrocknen erfolgt vollständiger. Zu Schuppenbldg. neigen mit Na-**I** gebundene Massen am wenigsten, mit kaolinit. Ton gebundene am stärksten. Auch die Lebensdauer ist bei Massen mit Na-**I** größer. Natürlicher Na-**I** ist meist etwas besser als synthet. Na-**I**. Bei Sodabehandlung des Ca-**I** scheint ein Teil der austauschbaren Ca^{2+} durch Na^{+} ersetzt zu werden, wodurch sich die Eigg. denen des Na-**I** annähern. (Gjuteriet **42.** 157—65. Okt. 1952. Stockholm, SMF.) R. K. MÜLLER. 6382

R. W. Bailey, *Materialeigenschaften und technische Anwendungen von Gußmetallen.* Zusammenhang zwischen den speziellen, durch die Herstellungstechnik erzielten Eigg. gegossener Metalle u. der daraus resultierenden Anwendbarkeit derselben in der Technik. (Engineering **172.** 29—32. 6/7. 1951.) RUMPF. 6382

C. K. Donoho, *Schleuderguß für Gasturbinen.* Ringförmige Teile wurden zweckmäßig bei waagerechter oder senkrechter Achse in Metallformen, komplizierte Formstücke in Sand, gegossen, wobei ölgebundener Silicasand mit einem feuerfesten Überzug verwendet wird. Es werden 2 Qualitäten hergestellt. Gußstücke, die bei Raumtemp. arbeiten, zur Gewichtsersparnis aus hochwertigem Stahl mit z. B. 0,3 (%) C, bis zu 1,5 Cr, 2 Ni u. ca. 0,5 Mo, u. Gußstücke, die bei hohen Tempp. (bis zu 800°) beansprucht werden u. Festigkeit u. Zunderbeständigkeit bewahren müssen. Hierfür werden meist 3 Typen von Legierungen benutzt: a) 18 Cr, 8 Ni, 1 Nb; b) 25 Cr, 12 Ni, 3 W u. c) 80 Ni, 15 Cr u. Rest Fe. Die letztere Legierung wird dann angewendet, wenn niedriger Ausdehnungskoeff. wesentlich ist. (Metal Progr. **59.** 868—70. Juni 1951.) HAUG. 6382

G. Chaudron, *Das Problem der reinen Metalle.* Die Forschungen der letzten Zeit haben die wichtige Rolle der Verunreinigungen aufgezeigt, die eng mit der Struktur der Metalle u. Legierungen verbunden sind. Sie beeinflussen die wichtigsten Erscheinungen, wie das Altern, die Naturhärte, die interkristalline Korrosion u. die Diffusion. — Schrifttumsangaben. (Rev. univ. Mines, Métallurg., Trav. publ., Sci. Arts appl. Ind. [9] **6** (**93**). 285—91. Aug. 1950. Vitry, Labor. des Trait. chim.) APEL. 6388

A. G. Quarrell, *Neuere Entwicklung auf dem Gebiet der Metalle und Legierungen.* Überblick. (Engineering **172.** 343—44. 14/9. 378—79. 21/9. 1951.) WERNER. 6388

A. Gabriel, *Werkstofffragen bei der Kolbenringkonstruktion.* Behandelt werden der Werkstoff Gußeisen, auch Walzgußeisen, porösverchromte Kolbenringe u. Sinterwerkstoffe. — Diskussion. (Konstruktion **2.** 137—40. Mai 1950; **3.** 54—57. Febr. 1951. Burscheid bei Köln.) HABBEL. 6388

Sven Eketorp, *Eisen ohne Hochofen.* Vorteile des *Schwammeisens* gegenüber dem Roheisen bei der Herst. von Stählen u. die bei der Gewinnung desselben auftretenden Schwierigkeiten, Brennstoffverbrauch u. andere wichtige Einzelheiten werden besprochen. (Canad. Metals **13.** Nr. 2. 6—9. 48. Febr. 1950. Ontario Res. Found.) RUMPF. 6394

—, *Synthetische Formerden für den Eisenguß.* Überblick: Sand; Bentonit u. koll. Ton; Korrekturmittel; allg. Kennwerte; Prüfgeräte für Feuchtigkeit, Kohäsion, Durchlässigkeit usw. (Fonderia [Milano] **2.** 28—32. Jan. 1953.) R. K. MÜLLER. 6402

Pasquale Ottolina, *Einige Bemerkungen über die Anwendung von Korrekturbriketts in Italien.* Auf Grund der Einflüsse der verschied. Komponenten auf die Eigg. von *Gußeisen* werden die Zusätze von Briketts aus Fe-Legierungen beim Gießen ausgewählt, wobei auch ihre Körnung, ihr Geh. an Inertstoffen usw. zu berücksichtigen ist. (Fonderia [Milano] **2.** 167—70. April 1953.) R. K. MÜLLER. 6402

C. W. Pfannenschmidt, *Versuche mit Hämatitroheisen in Grau- und Tempergießereien.* Eine Betrachtung des Schrifttums ergibt, daß weniger der Ausgangssauerstoff als vielmehr die Art des Umschmelzens für die Höhe des O_2-Geh. im Gußstück verantwortlich zu sein scheint. (Giesserei **40.** 505—10. 1/10. 1953. Amberg, Oberpfalz.) HOCHSTEIN. 6402

J. Willems, R. Opitz, M. Paschke und **C. W. Pfannenschmidt,** *Sauerstoff- und Stickstoffgehalte im Hämatitroheisen und im Fertigguß nach dem Umschmelzen in verschiedenen Ofenaggregaten.* Eine Unters. der O_2- u. N_2-Gehh. von Roheisen u. des daraus hergestellten *Gußeisens* zeigt eine Erniedrigung der O_2-Gehh. im Gußeisen u. eine Erhöhung der N_2-Gehh. gegenüber dem Roheisen. Hierbei wurden im kohlenstaubgefeuerten Trommelofen niedrigere O_2-Gehh. erzielt als im Kaltwindkupolofen. Beim Heißwindkupolofen sind günstigere Werte zu erzielen als beim Kaltwindkupolofen. Der Ausgangs-O_2- u. -N_2-Geh. des Roheisens war ohne Einfl. auf den Gasgeh. im Fertigguß. Auch dem Oxydulgeh. der Schlacke, der Schmelztemp., den Abbrandverhältnissen im Ofen u. der Desoxydation nach dem Abstich kommt ein starker Einfl. auf den Gasgeh. der Schmelze zu. (Giesserei **40.** 510—16. 1/10. 1953. Duisburg-Ruhrort, Schwerte, Aachen u. Amberg.) HOCHSTEIN. 6402

C. L. Boeke und **G. G. Gunther,** *Entbleiung von Zinkkonzentrat auf den Parral- und Santa Barbara-Hütten.* Überblick über die auf den beiden Hütten üblichen Arbeitsweisen u. Vgl. der auf ihnen erreichten Entbleiungswerte. — Diskussion. (J. Metals **4.** 729—32. Juli. 1181—82. Nov. 1952. Parral, Chihuahua, Mex., Minera Asarco; Santa Barbara, Chihuahua, Mex., Minera Ascaro, S. A.) HOCHSTEIN. 6426

J. P. de Wet, *Spritzguß und Zink.* Überblick über die Entw. bestgeeigneter Zn-Legierungen auf der Grundlage von Reinst-Zn mit 99,99 Zn u. besserer Spritzgußmaschinen. (Canad. Mining J. **74.** Nr. 10. 67—70. Okt. 1953.) HAUG. 6426

R. Eboral und **A. J. Swain,** *Wasserstoffblasen in Messingblech.* Blasen in Messingblech sind auf H_2-Einschlüsse im Gußblock zurückzuführen, die während des Walzens nicht verschweißt wurden. Beim Glühen dünner Bleche dehnt sich der eingeschlossene H_2 aus u. führt zum Aufreißen. Als Abhilfe dagegen läßt man ihn aus α-Messing bei 600° u. darüber herausdiffundieren. Die Löslichkeit von H_2 in α-Messing ist etwas geringer als in Cu. — Schrifttumsangaben. (J. Inst. Metals **81.** 497—500. Juli 1953. London, Brit. Non-Ferrous Metals Res. Assoc. u. Swansea, Aluminium Wire and Cable Co., Ltd.) APEL. 6432

Maurice Cook und **C. L. M. Cowley,** *Qualitätsprüfung bei der Herstellung von Messingblöcken und -knüppeln.* (J. Inst. Metals **81.** 341—50. März 1953. Brimsdown, Enfield, Middlessex, Enfield Copper Refining Co. Ltd.) PAHL. 6432

—, *Warmfeste korrosionsbeständige Legierung mit guter Verarbeitbarkeit.* Die Legierung *Hastelloy F* besteht aus 44—47 (%) *Ni*, 21,0—23,0 *Cr*, 5,5—7,5 *Mo*, 1,75 bis 2,5 *Nb* + *Ta* bei einem Mindestgeh. an Ta von 0,5, mindestens 0,08 *C*, 1—2 *Mn*, höchstens 0,04 *P*, höchstens 1,0 *Si*, höchstens 1,0 *W*, höchstens 2,50 *Co*, 0,15 *Cu*, 0,03 *S* u. Rest *Fe*. Sie besitzt bei gleicher Zähigkeit wie die nichtrostenden austenit. Stähle höhere Festigkeitswerte u. läßt sich gut kalt- u. warmverarbeiten. Die physikal. u. Festigkeitseigg. werden tabellar. u. in Kurvenschaubildern angegeben. (Machine Design **25.** 151—52. Mai 1953.) HOCHSTEIN. 6434

E. C. B. Corlett, *Aluminium im Schiffbau.* Inhaltlich ident. mit C. **1952.** 5966. (Metal Ind. [London] **80.** 163—67. 29/2. 1952.) APEL. 6446

D. W. Taylor und **W. Muckle,** *Auswahl von Aluminiumlegierungen für den Schiffbau.* Die verwendeten Typen sind meist die *Al–Mg-* u. die *Al–Mg₂–Si*-Legierungen. Hinweise auf die Wetterbeständigkeit u. den wünschenswerten metallurg. Zustand der Legierungen u. Anweisungen über ihre Verarbeitung auf den Schiffswerften. (Schweiz. Arch. angew. Wiss. Techn. **17.** 365—79. Dez. 1951.) WERNER. 6446

R. H. Warring, *Ultraschallmeßgeräte.* Entw. des Meßprinzips u. Beschreibung einiger handelsüblicher Geräte zur Dickenmessung u. Materialprüfung mittels Ultraschall. (Machinery Lloyd (continent. Edit.) **25.** Nr. 16A. 107. 111. 8/8. 1953.) RUMPF. 6480

Helmut Krainer und **Ekkehart Krainer,** *Überschallprüfung nach dem Durchschallungs- und Impulsechoverfahren.* Erörtert wird die Arbeitsweise des Überschallgerätes *Elektrofona* beim Durchschallen mit Dauerschall u. nach dem Impulsechoverfahren. Die Abhängigkeit der Durchschallbarkeit des Werkstoffes von seiner Korngröße wird an einem *Chromstahl* mit 17% Cr nach unterschiedlicher Wärmebehandlung ermittelt. Durch die Berechnung des Schwächungsbeiwertes wird es möglich, Angaben über die größte durchschallbare Dicke bei bestimmter Korngröße zu machen. Auch ist eine Ermittlung der Härtetiefe z. B. bei Kaltwalzen möglich. Erfahrungen bei der Prüfung schwerer Schmiedestücke werden erörtert, wobei ungewöhnlich starke Seigerungen, Flocken u. langgestreckte Schlackeneinschlüsse gefunden wurden. Bei der Unters. von Stahlgußringen werden Mikrolunker u. Stellen mit bes. grober Gefügeausbldg. gefunden. (Arch. Eisenhüttenwes. **24.** 229—36. Mai/Juni 1953. Kapfenberg, Edelstahlwerke Gebr. Böhler & Co.) HOCHSTEIN. 6480

E. Wilfred Taylor, *Mikrophotographie im Ultraviolettlicht.* (Vgl. C. **1953.** 8420.) Anwendung auf Metallschliffe. (Metal Ind. [London] **82.** 325—26. 24/4. 1953.) PAHL. 6482

B. L. Averbach, *Ermittlung von Restaustenit nach röntgenographischen Verfahren.* Angabe von Gleichungen für die Ermittlung von Restaustenit nach dem Röntgenstrahlenbeugungsverfahren. Erörtert wird das GEIGER-Zähler-Spektrometer-Verf. für niedrigere Austenitgehalte. (J. Metals **5.** 87—88. Jan. 1953. Cambridge, Mass., Massachusetts Inst. of Technol.) HOCHSTEIN. 6484

A. Kohn, *Radioaktive Elemente bei der Untersuchung von Stählen und industriellen Prozessen.* Überblick an Hand der Literatur über die Anwendung von Isotopen, bes. in der Metallkunde. (Metal Treatment Drop Forging **18.** 239—45. Juni 1951. Paris, Inst. de Rech. de la Sidérurgie.) DEUTSCH. 6484

A. Kohn, *Radioaktive Elemente bei der Untersuchung von Stählen und industriellen Prozessen. Anwendung zu Ausscheidungsuntersuchungen.* Es wird die Möglichkeit nachgewiesen, Ausscheidungsvorgänge durch Autoradiogramme zu kontrollieren an Proben, denen beim Erschmelzen ^{32}P in Form von mit langsamen Neutronen beschossenem Ferrophosphor oder radioakt. S (als Eisensulfid) zugesetzt wurde u. die mit entsprechenden Makroaufnahmen verglichen werden. Verschied. Stahlproben des Handels werden im Atommeiler ca. 14 Tage mit langsamen Neutronen beschossen, wobei ^{56}*Mn* (Halbwertszeit 2,5 Std.), ^{76}*As* (27 Std.), ^{32}*P* (14 Tage) neben ^{56}*Fe* u. ^{55}*Fe* entstehen; *C*, *S* u. *Si* werden dabei nur wenig aktiviert. Ausführliche Besprechung der Probenbehandlung u. der Wahl der photograph. Emulsion. (Metal Treatment Drop Forging **18.** 289—96. Juli 1951.) RUMPF. 6484

A. Portevin, *Die verschiedenen industriellen Gesichtspunkte der Vorgänge beim Stahlhärten.* Die Vorgänge beim Stahlhärten werden beschrieben u. erörtert. Es werden 5 grundsätzliche Fälle erörtert, wobei außer der Temp. der Austenitbldg. u. Abkühlungsgeschwindigkeit die von der Zus. des Stahles abhängige Härtbarkeit eine Rolle spielt. Zur Vereinfachung bleiben unberücksichtigt: Glühbehandlung u. Struktur des Stahles, Erhitzungsdauer u. Wrkg. von Einschlüssen. Dagegen werden behandelt: das Verh. bei Unterschieden in der Zus. desselben Werkstückes, die Folgen ungleichmäßiger Erhitzung u. (oder) Abkühlung u. der Härtung, wie Verformung, innere Spannungen u. Rißbildungen, die Härtungstiefe u. die Faktoren, die die Bldg. feiner Körner beeinflussen. (Metalen **8.** 247—50. 30/6. 267—72. 15/7. 298—300. 15/8. 307—10. 31/8. 1953.) WESLY. 6492

C. A. Landfermann, *Fortschritte auf dem Gebiet der Gasaufkohlung.* Durch Nitrocarburierung von Stahlteilen wird das Verziehen der Teile geringer als bei der n. Gasaufkohlung. Niedriggekohlte Stähle können in allen den Fällen an Stelle von legiertem Material verwandt werden, wo durch Stickstoffaufnahme die Oberflächenhärte erhöht werden kann. Nitrocarburierte Stähle sind widerstandsfähiger gegen Korrosion, Abrieb u. Abkühlung u. haben eine größere Oberflächenhärte als n. aufgekohlte Stähle. Bei gegebener Einsatztemp. u. -zeit ist die Einsatztiefe größer als bei jedem anderen Verfahren. Es wird auf die genaue Regelmäßigkeit der Zus. der Einsatzschicht, die geringere Streuung bei den Analysen u. die Sauberkeit des Verf. hingewiesen. (Metalloberfläche, Ausg. A **7.** 37—39. Sept. 1953. Schwelm/W.) HOCHSTEIN. 6492

L. W. Hull, *Vakuumimprägnieren von Gußstücken.* Als Dichtemittel werden genannt: Wasserglas mit u. ohne Metallpigmentzusatz, Leinöl oder Tungöl, Harz u. Harz/Öl-Kombinationen sowie Kunststoffe u. entsprechende Mischungen. Ferner werden 5 Imprägnationsverff. behandelt. (J. Metals **4.** 30—32. Jan. 1952. Philadelphia, F. J. Stokes Machine Co.) HABBEL. 6508

Ludwig Kandler, *Probleme der Überspannung bei der elektrolytischen Wasserstoffabscheidung.* Erläuterung des Begriffs der Überspannung. Ihr Einfl. bei der elektrolyt. Metallabscheidung. — Literaturübersicht. (Metalloberfläche, Ausg. A **7.** 167—68. Nov. 1953. München-Solln u. Bielefeld, Fa. Riedel & Co.) MARKHOFF. 6514

George W. Grupp, *Plattierungsversuche an inneren Motorteilen.* Um einen Schutzüberzug für die inneren Teile des Luftfahrtmotors zu finden, der allen Ansprüchen genügt, werden vor allem die Legierungen: *Zn–Ag, Zn–Sn, Cu–Zn–Sn, Cu–Zn–Ag, Cu–Zn–Cd* u. *Cd–Sn* untersucht. Diese Legierungsüberzüge werden durch Diffusion der einzeln niedergeschlagenen Metalle bei tiefen Tempp. erhalten. Bes. geeignet sind: Sn–Zn u. Cd–Sn. Letztere Legierung schützt Stahl am besten, ihre Diffusion erfolgte bei 329—333° F in 30 Minuten. Es werden die Arbeitsgänge u. die Zus. der verwendeten Bäder angegeben. (Metal Finishing **51.** Nr. 7. 53—55. Juli 1953. Washington, D. C.) J. FISCHER. 6516

A. Gordet, *Heißverbleiung.* (Vgl. C. **1953.** 5733. 764.) Als beste Mischung wird die von 90 kg *Pb*, 7 *Sn* u. 3 *Sb* empfohlen. Alle Teile, die verbleit werden sollen, müssen gut entfettet u. auf 750° erhitzt werden. (Galvano [Paris] **20.** Nr. 179. 19—20. Dez. 1951; **21.** Nr. 180. 19—20. Jan. 1952.) J. FISCHER. 6516

—, *HAE — ein neuer Schutzüberzug, um Mg gegen Korrosion, Abrieb und Hitze zu schützen.* Beschreibung der Eigg. nach dem neuen Verf. HAE (nach dem Erfinder H. A. EVANGELIDES) erzeugter Schutzschichten. Das Verf. beruht auf anod. Oxydation. (Mod. Metals **7.** 36. 38. Mai 1951.) SPINDLER. 6530

I. D. G. Berwick, *Der Einfluß von Kaliumdichromat auf die Korrosion von rostfreiem Stahl in entlüfteter Schwefelsäure.* $K_2Cr_2O_7$ passiviert 18/8 Cr–Ni-Stahl in H_2SO_4 bei vollständiger Abwesenheit von Sauerstoff. Die krit. Konz. an $K_2Cr_2O_7$ ist von Konz. u. Temp. der H_2SO_4 abhängig. Die Schutzwrkg. kommt nach den Versuchsergebnissen des Vf. durch direkte Oxydation der Metalloberfläche zustande. (Chem. and Ind. **1953.** 408—09. 25/4. Vancouver, Can., Univ. of Brit. Columbia.) SPINDLER. 6538

W. Saveslberg, *Ursache und Verhütung der Korrosion von Lötnähten bei Badeöfen.* Durch Bldg. eines Lokalelements zwischen dem *Cu* des Mantels u. dem Lötmetall wird das Lötmetall Lösungselektrode. Der Vorgang wird durch vagabundierende Ströme verstärkt. Abhilfe durch Verzinnung der vom W. bespülten Oberfläche u. Erdung des Ofenmantels. (Metalloberfläche, Ausg. A **7.** 173—74. Nov. 1953. Duisburg-Iserlohn.) MARKHOFF. 6538

Brassert & Co., Genf, Schweiz (Erfinder: **Hermann A. Brassert, Frederick de Jahn, Minu N. Dastur**, New York, N. Y., und **Edward P. Barrett**, St. Long Beach, Calif., V. St. A.), *Herstellung von Agglomeraten aus feinkörnigen Rohstoffen, besonders aus Eisenerzen.* Die feinkörnigen Stoffe werden mit einer Fl., bes. W., zu einer plast. M. angemacht. Diese wird auf eine Vibrations- oder Schwingplatte mit Öffnungen oder Maschen aufgegeben, durch welche die M. in Form kleiner, stets abbrechender Stränge hindurchtritt. Die kurzen strangähnlichen Formlinge werden z. B. in einer Drehrohrtrommel in Kugeln umgewandelt, die in einem mit heißen Gasen von 1050—1350° betriebenen Schachtofen zu Agglomeraten gefrittet werden. Zweckmäßig wird die Schichthöhe der auf die Schwingplatte aufgegebenen feuchten M. mindestens doppelt so groß gehalten wie die Weite der Plattenöffnungen. Eine Anlage zur Durchführung des Verf. wird beschrieben. — Abbildungen. (**D. B. P. 901 059** Kl. 18a vom 1/10. 1950, ausg. 7/1. 1954. Schwed. Prior. 22/4. 1947 u. A. Priorr. 24/2., 2/9. u. 17/11. 1949.) HANS HOFFMANN. 6379

Stora Kopparbergs Bergslags Aktiebolag, Falun, übert. von: **Bo Mikael Sture Kalling**, Domnarvet, **Einar Louis Améen**, Surahammar, und **John Ludvig Stålhed**, Soderfors, Schweden, *Reduzieren oxydischer Erze.* Oxyd. Erze, bes. *Fe-Erze*, werden in einem Reaktionsgefäß zu einer Säule aufgeschichtet, welche von unten nach oben von einem wasserfreien Reduktionsgas, bestehend aus H_2 u. CO, durchströmt wird. Ein Teil dieses Gases wird an höherliegender Stelle abgezogen u. nach Regenerierung wieder unten in die Erzsäule eingeleitet. Zu diesem Zweck wird das zu regenerierende Gas zunächst gekühlt u. vom W. befreit, hierauf unter Einleiten eines O_2-haltigen Gases u. eines KW-stoffes unter Verbrennung des letzteren aufgeheizt u. schließlich in einem Gaserzeuger über heißes C-haltiges festes Material geleitet. — Abbildung. (**A. P. 2 635 957** vom 1/3. 1949, ausg. 21/4. 1953. Schwed. Prior. 20/3. 1947. **E. P. 672 977** vom 4/4. 1949, ausg. 28/5. 1952.) HANS HOFFMANN. 6381

Ingenieurbüro für Hüttenbau Wilhelm Schwier, Deutschland, *Reduktion von oxydischen Erzen.* Zur Red. von Fe- oder dgl. Erzen in Hochöfen oder ähnlichen Vorrichtungen, die mit atmosphär. Luft u. N_2-haltigen Reduktionsgasen betrieben werden u. bei denen die Gase im Kreislauf geführt u. wieder red. werden, wird das im Kreislaufstrom gebildete CO_2 oder W. etwa zur Hälfte durch Auswaschen entfernt, während die andere, im Kreislaufstrom verbliebene Hälfte mit C zu CO oder H_2 red. wird. (**F. P. 972 004** vom 19/12. 1940, ausg. 24/1. 1951.) HANS HOFFMANN. 6381

William Bleloch, Südafrika, *Frischung von Metalloxyden im Hochofen.* Zur Red. u. Frischung von Erzen im Hochofen wird Wind mit erhöhtem O_2- u. CO_2-Geh. oder ein im wesentlichen aus O_2 u. CO_2 bestehendes Gemisch verwendet. Die CO_2-Menge hierin wird derart geregelt, daß die starke, bei der Verbrennung von C im O_2 frei werdende Wärme zur Durchführung der endothermen Rk.: $CO_2 + C = 2\,CO$ ausreicht. Zweckmäßig enthält der Wind mindestens 40% O_2 u. mindestens 45% CO_2. Zum Frischen von *Cr-*, *Mn-* oder *V-Erzen* u. zur Red. von P_2O_5 u. SiO_2 zu P u. Si darf der Wind nicht unter 45% O_2 enthalten. CO_2 für den Wind wird zweckmäßig aus den Gichtgasen gewonnen, die nach Abzug komprimiert u. vom CO_2-Geh. befreit werden. Um einen hohen CO_2-Partialdruck im Ofen zu haben, wird die Ggw. von Wasserdampf u. H_2 unterdrückt. Durch Zers. der Abgase wird im Hochofen infolge eines C-Nd. eine beträchtliche Red. der Erze bewirkt. (**F. P. 1 000 952** vom 1/12. 1949, ausg. 18/12. 1952. Südafrikan. Prior. 14/12. 1948.) HOCHSTEIN. 6381

Hellmut Freudenberg, Süchteln, Deutschland, *Formsand für Gießereizwecke.* Tonfreier oder durch Auswaschen von Ton befreiter glaukonithaltiger Sand wird derart gemahlen, daß der Glaukonit in feine Verteilung übergeführt wird, das Quarzkorn jedoch ungebrochen bleibt. Der gepulverte Glaukonit wirkt als Plastifizierungsmittel. (**E. P. 685 590** vom 1/1. 1951, ausg. 7/1. 1953. D. Prior. 13/3. 1950.) HANS HOFFMANN. 6383

British Thomson-Houston Co. Ltd., London, England, *Aus Metallcarbiden hergestellte gegossene Formkörper* erhält man unter Verwendung von polymerisierbaren Olefinen u. ungesätt. Polyestern als Bindemittel. Man geht z. B. von *W-* u. *Co-Carbid-*Mischungen oder Gemischen von *W-* u. *Ta-* bzw. *W-*, *Ti-*, Ta- u. Co-Carbid aus. Ein brauchbarer Ansatz besteht aus 1 kg W- u. Co-Carbid (87 + 13%), 14,3 (cm^3) *Styrol,* 11,1 Polyester aus *Tetrahydrofurfurylalkohol–Dipropylenglykol-Maleinsäure,* 21 *Diäthylenglykol,* 63 *Äthylenglykolmonoäthylätheracetat* u. 0,3 *Benzoylperoxyd.* Die Mischung wird im Vakuum verrührt u. in eine Form aus Wachs, Leim, WOODschen Metall, Al oder Stahl gebracht. Der Formkörper wird erst bei 80°, dann 2—5 Tage bei 150°, 1 Std. im H_2-Strom auf 450—800° erwärmt u. schließlich bei 1350—1500° zum Sintern gebracht. Herst. von komplizierten, auch dünnwandigen Körpern, Werkzeugen, Stempeln u. dergleichen. (**E. P. 680 698** vom 24/5. 1951, ausg. 8/10. 1952. A. Prior. 5/6. 1950.) SALZMANN. 6383

Aluminum Co. of America, Pittsburgh, Pa., übert. von: **Frederick O. Traenkner,** Massena, N. Y., V. St. A., *Oberflächenbehandlung von Metallgießformen.* Um poröse Gießformen mit einer glatten, festhaftenden, nicht porösen Graphitoberfläche zu versehen, werden diese mit einer Suspension überzogen, welche nicht mehr als 15 Gew.-% Graphit in einem verdampfbaren Dispergierungsmittel, wie Petrolnaphtha, enthält. Die Form wird hierauf mindestens 15 Min. lang auf 500—800° F erhitzt. (**A. P. 2 618 032** vom 17/8. 1949, ausg. 18/11. 1952. **E. P. 673 320** vom 10/8. 1950, ausg. 4/6. 1952. A. Prior. 17/8. 1949.) HANS HOFFMANN. 6383

Aluminum Co. of America, Pittsburgh, Pa., übert. von: **George R. Gardner,** Berea, O., V. St. A., *Schlichte für metallurgische Gießformen* besteht aus einem wärmeisolierenden Stoff, einer verdampfbaren Anmache-Fl. (I) u. wasserlösl. Boraten u. Phosphaten, die in einem solchen Verhältnis gemischt sind, daß nach dem Verdampfen von I ein nichtkristalliner, glasiger Rückstand gebildet wird. Eine solche Schlichte besteht z. B. aus 100 (g) *W.*, 7,5 *Diatomeenerde,* 30 *Ton,* 15 $Na_2B_4O_7 \cdot 10\,H_2O$ u. 10 $NaH_2PO_4 \cdot H_2O$. (**A. P. 2 618 530** vom 18/6. 1949, ausg. 18/11. 1952.) HANS HOFFMANN. 6383

Siegfried Junghans, Schorndorf, Württ., *Gießen von Metallen.* Zur Erzielung eines gleichmäßigen, möglichst feinen Kornes über den ganzen Querschnitt des Gußstückes wird die Kokille an verschied. Stellen ihrer Länge auf verschied. Tempp. gehalten, so daß das Metall alle Kühlzonen erst fl. u. dann in fester Form durchwandert. Zweckmäßig wird das fl. Metall erst durch eine Zone geführt, in der die Kühltemp. wenig unter dem E. des Metalles liegt; in einer zweiten Zone wird dann so stark gekühlt, daß das Metall rasch erstarrt. Das Verf. kann auf das kontinuierliche Gießverf. angewendet werden. Hierbei werden gekühlte, beiderseits offene Gießformen benutzt, aus denen der Strang herausgeführt wird, während das Gießgut unter gleichbleibender Temp., Menge u. Geschwindigkeit in die Form gegossen wird. Das Gießgut wird derart gekühlt, daß es bis dicht unterhalb des Metallspiegels erstarrt; hierbei wird die Form während des Gießens in Längsrichtung hin u. her bewegt. Die Metalleinfließtemp. soll nur wenige Grade (höchstens 50°) über dem F. des zu vergießenden Metalles gehalten werden. — Abbildungen. (**D. B. P. 900 861** Kl. 31c vom 9/6. 1937, ausg. 4/1. 1954.) HANS HOFFMANN. 6383

Gebr. Böhler & Co. Akt.-Ges., Wien, Österreich, *Herstellung feinkörniger Präzisionsgußteile.* Das Gußstück wird während seiner Erstarrung in der Form der Einw. von Ultraschall ausgesetzt, Bei Stahl kann auf diese Weise z. B. die Korngröße auf $^1/_5$—$^1/_{50}$ von derjenigen des unbehandelten Metalles gleicher Zus. red. werden. (**Oe. P. 173 082** vom 24/4. 1950, ausg. 10/11. 1952.) HANS HOFFMANN. 6383

Aluminium Laboratories Ltd., Montreal, Can., *Herstellung von Leichtmetallgußstücken mit Eiseneinlagen.* Die Eisen- oder Stahleinlagen werden nach dem Entfetten u. Desoxydieren in eine Zn-haltige Al-Legierung bei Tempp. zwischen 580 u. 850° eingetaucht u. nach dem Einbringen in eine Form mit dem Leichtmetall umgossen. Bei Legierungen mit 5—12 (%) Zn-Geh. werden Badtempp. zwischen 600 u. 750° angewendet. Bes. geeignet sind Legierungen mit der Zus.: 6—10 *Zn*, 0,40 *Cu*, 0,15 *Fe*, 0,70 *Mg*, 0,15 *Si*, 0,15 *Ti*, 0,25 *Cr*, 0,1 *Mn*, Rest *Al*. (**E. P. 689 224** vom 2/4. 1951, ausg. 25/3. 1953. D. Prior. 3/4. 1950.) HANS HOFFMANN. 6383

Admos Bleibronze Dr. Springorum u. Co. Kom.-Ges., Stuttgart, *Herstellen von Verbundgußlagerschalen.* Der Rohling wird zunächst nur mit einer verhältnismäßig geringen Menge eines Flußmittels, wie $Na_2B_4O_7$ oder H_3BO_3, beschickt, aufgeheizt u. geschleudert. Nach Erreichen der Ausgießtemp. wird das Schleudern unterbrochen u. der Rohling mit dem Gleitmetall oder der Bleibronze in fester oder gespanter Form beschickt, wobei das Schmelzen durch die Heizquelle des Rohlings erfolgt. Es kann jedoch auch gleich schmelzfl. Gleitmetall eingebracht werden. Nach dem Schleudern des Lagers wird sofort abgeschreckt. (**D. B. P. 902 302** Kl. 31c vom 4/5. 1944, ausg. 21/1. 1954.) HANS HOFFMANN. 6383

Edwin Nagelstein, Zürich, Schweiz, *Angießen von Lagermetall an Eisenteile.* Die Fe-Teile werden zunächst in ein Buntmetallbad eingetaucht, das außer Cu-Legierungen Li u. P enthält u. dessen Temp. so hoch ist, daß die Schmelze von dem Werkstück beim Herausziehen abläuft; hierauf wird das Lagermetall an die erhitzten Fe-Teile angegossen. — Beispiel für die Zus. des Buntmetallbades: 68 (%) *Cu*, 2 *P*, 0,2 *Li* u. 29,8 *Zn*. Auch das Lagermetall kann 0,2 P u. 0,02 Li enthalten. (**Schwz. P. 284 145** vom 22/3. 1950, ausg. 17/11. 1952.) HANS HOFFMANN. 6383

Standard Oil Development Co., Del., übert. von: **Henry J. Ogorzaly**, Summit, N. J., V. St. A., *Herstellung eines C-freien Eisens.* Oxyd. Fe-Erze werden in zerkleinertem Zustande mit H_2 u. CO enthaltenden Gasen bei Tempp. zwischen 1300 u. 1700° F ca. 5 Min. bis 1 Std. aufgewirbelt, so daß sie bis FeO red. werden. Das Prod. wird ohne Abkühlung in eine Schmelzzone übergeführt, in der es ohne weitere Red. mit Hilfe eines heißen neutralen Gases bei Tempp. bis zu 2700° F im aufgewirbelten Zustande geschmolzen wird. Die Schmelztröpfchen sinken zu Boden u. sammeln sich in einem Sumpf, in dem sie bei hoher Temp. mit einem H_2- u. CO-haltigen Gase zu fl. Fe red. werden. — Abbildung. (**A. P. 2 560 470** vom 12/2. 1948, ausg. 10/7. 1951. **F. P. 974 686** vom 5/11. 1948, ausg. 23/2. 1951. A. Prior. 12/2. 1948.) HANS HOFFMANN. 6391

Zsigmond De Galocsy, Geulem, Holland, *Herstellung von Eisenschwamm aus Eisenerzen.* Die Erze werden mit heißen reduzierenden Gasen behandelt, die einen hohen CO-Geh. u. wenig CO_2 aufweisen. Diese Gase werden an der heißesten Stelle eines Schachtofens abgezweigt, in dem C-haltige Stoffe mit O_2-reicher Luft bei Tempp. zwischen 1000 u. 1400° vergast werden. Die Restgase durchströmen die höherliegenden Schichten des Schachtofens u. werden am oberen Ofenteil gesammelt, um in anderer Weise, z. B. zur Herst. von synthet. KW-stoffen oder Methanol, verwendet zu werden. Die abgezweigten Gase, welche ohne Kühlung mit den Fe-Erzen zur Rk. gebracht werden, enthalten 0—5 (%) CO_2, 70—82 CO, 15—19 H_2 u. 2—3 N_2. (**E. P. 662 054** vom 15/1. 1949, ausg. 28/11. 1951. **F. P. 978 875** vom 12/1. 1949, ausg. 19/4. 1951. Beide Holl. Prior. 15/1. 1948.) HANS HOFFMANN. 6395

„Arbed" Aciériés Réunies de Burbach-Eich-Dudelange Soc. An., Luxemburg (Erfinder: **Heinrich Berve**, Eschweiler-Aue, **Max Blauel**, **Christian Klinck**, Saarbrücken, und **Oelsen,** Düsseldorf), *Herstellung von Thomasroheisen.* Die für die THOMAS-Roheisenerzeugung verfügbaren Rohstoffe werden nach ihrem Mn-Geh. derart getrennt verhüttet, daß die Hauptmenge der Fe-Erze eine Mn-arme Hauptschmelze u. die Mn-Träger mit geringster Schlackenmenge eine möglichst Mn-reiche Zusatzschmelze ergeben. Beide Schmelzen werden dann in einem solchen Verhältnis gemischt, daß ein für die zu erblasenden Stahlqualitäten geeignetes Mn-haltiges Konverterroheisen entsteht. Zweckmäßig wird die Mn-haltige Zusatzschmelze der Hauptschmelze erst nach deren Nachentschwefelung u./oder Entvanadisierung u./oder Entsilicierung zugemischt. (**D. B. P. 900 351** Kl. 18a vom 2/6. 1942, ausg. 21/12. 1953.) HANS HOFFMANN. 6401

August Thyssen-Hütte Akt.-Ges., Duisburg-Hamborn, und **Hüttenwerke Phoenix Akt.-Ges.,** Duisburg-Ruhrort (Erfinder: **Erich Schultz,** Lünen/Westf.), *Verwertung der bei der Entschwefelung von Roheisen oder dergleichen anfallenden Sodaschlacke.* Die Sodaschlacke wird ohne vorherige Aufbereitung einem mit saurer Schlackenführung betriebenen Hochofen in solchen Mengen zugeführt, daß der Alkaligeh. der anfallenden Hochofenschlacke ca. 2,5% beträgt. (**D. B. P. 901 652** Kl. 18a vom 14/11. 1939, ausg. 14/1. 1954.) HANS HOFFMANN. 6401

Eisenwerke Gelsenkirchen Akt.-Ges., Gelsenkirchen (Erfinder: **Eugen Piwowarsky†,** Aachen), *Herstellung von mechanisch hochfestem Gußeisen.* Es wird ein mit impfenden Stoffen, z. B. Graphit, Holzkohle, Koks, gefülltes Gießfilter, durch das das fl. Eisen unmittelbar vor seinem Vergießen in die Form gegossen wird, zur Herst. mechan. hochfester Gußeisensorten unter Vermeidung netzförmiger Graphitausbldg. verwendet. Auch kann dieses Gießfilter zur Herst. von Gußstücken aus Grauguß beliebiger Zus. unter Vermeidung oberflächlicher Schreckwirkungen, bes. zur Herst. von Schleuderguß, wie Rohren, in gekühlten Kokillen, verwendet werden. (**D. B. P. 904 541** Kl. 18b vom 24/4. 1940, ausg. 18/2. 1954.) HOCHSTEIN. 6403

Società Forni Lubatti, Turin, Italien, *Stahlherstellung aus Eisenerzen.* Zur unmittelbaren Herst. von Stahl aus Fe-Erzen werden diese zusammen mit Reduktionsmitteln, wie Kohle, u. Schlackenbildnern, wie Kalkstein, in zerkleinerter oder pulvriger Form in einen Reduktionsofen eingetragen, worauf die Schmelze in einen Raffinationsofen übergeführt wird. Die in dem Reduktionsofen sich bildende Schlacke wird so weit abgezogen, daß sich eine Schlackenschicht von im voraus bestimmter Dicke bildet. In den Reduktionsofen wird eine Charge eingeführt, welche z. B. aus 69 (%) Fe-Erz mit 60 Fe-Geh., 12 Kohle u. 19 Kalkstein besteht. (**E. P. 695 158** vom 1/6. 1951, ausg. 5/8. 1953. It. Prior. 5/6. 1950.) HANS HOFFMANN. 6409

August Thyssen-Hütte Akt.-Ges., Duisburg-Hamborn, und **Hüttenwerke Phoenix Akt.-Ges.,** Duisburg-Ruhrort (Erfinder: **Gerhard Gille,** Duisburg-Hamborn, und **Jakob Willems,** Duisburg-Meiderich), *Fertigstellung von Stahl im basischen Windfrischverfahren.* Die im Konverter beim Maximum der Flammenstrahlung herrschende Temp. wird gemessen u. die restliche Blaszeit entsprechend der Beziehung zwischen der gemessenen Temp. u. der zur Erzielung eines bestimmten P-Geh. noch erforderlichen Blaszeit bemessen. — Kurvenbild. (**D. B. P. 904 776** Kl. 18b vom 2/4. 1943, ausg. 22/2. 1954.) HOCHSTEIN. 6409

August Thyssen-Hütte Akt.-Ges., Duisburg-Hamborn, **Dortmund-Hörder Hüttenunion Akt.-Ges.,** Dortmund, und **Hüttenwerke Phoenix Akt.-Ges.,** Duisburg-Ruhrort (Erfinder: **Karl Daeves** und **Werner Holtmann,** Düsseldorf), *Herstellung von Thomas-Stahl mit verringerter Alterungsempfindlichkeit.* Der Stahl wird zunächst auf einen N-Geh. von höchstens 0,008% u. einen P-Geh. von höchstens 0,040% gebracht, worauf ein Al-Zusatz von ca. 1 kg je t Stahl erfolgt. Zweckmäßig wird der Stahl durch Aufkohlung mit N-armen Mitteln auf einen C-Geh. von mehr als 0,07% gebracht. Vorzugsweise wird schon in der Birne Al-Schrott zugesetzt u. wenige Sek. geblasen, worauf dann erst die Kohlungsmittel u. der zur Erzielung des gewünschten Grades von Alterungsunempfindlichkeit notwendige Al-Zusatz zugesetzt werden. (**D. B. P. 904 900** Kl. 18b vom 14/5. 1942, ausg. 25/2. 1954.) HOCHSTEIN. 6409

Vereinigte Österreichische Eisen- und Stahlwerke Akt.-Ges. (Erfinder: **Hubert Hauttmann**), Linz, Österreich, *Herstellung eines gasblasenarmen, unberuhigten Automatenstahles mit einem Stickstoffgehalt von 0,01—0,03%.* Beim Frischen von Roheisen in einem Konverter wird ein Blasgas von 80—95% O_2, Rest N_2, verwendet u. durch Blasen dieses Gases auf die Oberfläche des Schmelzbades ein Reaktionszentrum von höchster Temp. erzeugt. Zweckmäßig wird das Frischen des Roheisens mit O_2 mit einem Reinheitsgrad von 95% durchgeführt, wobei gleichzeitig oder gegen Ende des Frischvorganges N_2 in Form von Luft, NH_3 oder anderen N_2-haltigen Gasen auf die Oberfläche der Schmelze oder mit entsprechendem Druck tief in die Schmelze geblasen wird. (**Oe. P. 176 576** vom 23/11. 1951, ausg. 10/11. 1953.) HOCHSTEIN. 6409

Neunkirchener Eisenwerk Akt.-Ges. vormals Gebrüder Stumm, Neunkirchen/Saar (Erfinder: **Josef Klärding,** Bous/Saar), *Herstellung von Automatenstahl.* Der Stahlschmelze wird eine Mischung von *S* u. Metall, z. B. *Mn* oder ein anderes, dieses Metall ersetzendes Desoxydationsmittel bzw. Legierungsmetall zugesetzt, die außerdem noch *C* oder einen C-Träger enthält. Zweckmäßig wird das Verf. zur Herst. von Automatenstählen mit niedrigeren oder höheren C-Gehh. oder von N_2-armen Automatenstählen aus THOMAS-Stahl angewendet. (**D. B. P. 904 181** Kl. 18b vom 5/5. 1943, ausg. 15/2. 1954.) HOCHSTEIN. 6409

Deutsche Edelstahlwerke Akt.-Ges., Krefeld, *Verbesserung der Warmfestigkeitseigenschaften in Stählen.* Es werden Stähle mit 0,20—0,03 (%) *C*, 1,0—20 *Cr* (vorzugsweise 1,0—15), 0,001—0,3 *B* sowie mit den üblichen Gehh. an *Mn, P* u. *S* verwendet. Auch können die Stähle noch *W, V, Mo, Si, Zr, Ti, Nb, Ta* u. *Co* einzeln oder zu mehreren bis zu einem Höchstgeh. von 5% enthalten. Zweckmäßig enthält ein Stahl für Gegenstände großen Querschnitts noch bis zu 2,5 *Ni*. (**Oe. P. 176 866** vom 8/9. 1951, ausg. 10/12. 1953. D. Prior. 13/6. 1951.) HOCHSTEIN. 6411

Vítkovické Železárny Národní Podnik, František Pobořil und **Karel Motlík,** Mährisch-Ostrau, Tschechoslowakei, *Weitgehende Desoxydation von Eisenlegierungen, insbesondere von Stahl.* Die oxydhaltige Schmelze wird mit fl. Mn–Si-Stahl oder -Gußeisen vermischt, die Si mindestens in einer Menge von 1%, Mn u. Si zusammen in einer Menge bis zu 35% enthalten. Zur vollkommeneren Beseitigung der entstandenen Desoxydationsprodd. aus der Schmelze wird vorzugsweise eine dünnfl. Schlacke verwendet. (**Oe. P. 176 867** vom 5/2. 1948, ausg. 10/12. 1953. Tschech. Prior. 6/2. 1947.) HOCHSTEIN. 6411

Jean Stéfane Tanasof, Lyon, Frankreich, *Herstellung von bleihaltigem Stahl.* Dem fl. Stahl wird Pb in Form von Bleiglätte vorzugsweise während des Gießens des in der Form gefeinten Stahles zugesetzt. Vorzugsweise enthält der Stahl 0,185 bis 0,220% Pb. (**F. P. 1 004 698** vom 27/12. 1949, ausg. 1/4. 1952.) HOCHSTEIN. 6411

Guy E. McKinney und **Paul J. Motter,** Canton, O., V. St. A., *Legieren von Magnesium mit Eisen oder Stahl.* Reines Mg wird mit einer M. aus 57,22 (%) *Si*, 25,19 *Al*, 5,59 Fe_2O_3, 0,7 *CaO* u. 1,86 *MgO* zum Schmelzen gebracht, abgekühlt, das Mg abgetrennt, pulverisiert, mit einer geringen Menge der M. wieder vermischt u. in heißem Zustand dem Fe-Bad zugegeben. Die Fe–Mg-Legierungen sind verschleiß- u. korrosionsfest, sie haben eine hohe Wärmeleitfähigkeit, sind zäh u. lassen sich gut polieren. (**A. P. 2 574 581** vom 24/5. 1950, ausg. 13/11. 1951.) GÖTZE. 6411

Metallgesellschaft Akt.-Ges., Frankfurt/M. (Erfinder: **Karl Löhberg,** Niederhausen/Taunus), *Gußstücke aus Zinklegierungen.* Die geschmolzene Legierung wird in innige Berührung mit einem aus einem Gemisch von C in beliebiger Form u. einem oder mehreren chloridhaltigen Salzen, wie $ZnCl_2$, NH_4Cl oder $TiCl_4$, bestehenden Reinigungsmittel gebracht. Die Legierungsschmelze kann z. B. durch einen Trichter, in dem das Reinigungsmittel sich befindet, in die Gießform eingegossen werden. Derartig behandelte Gußstücke weisen eine Verbesserung der mechan. Eigg., bes. der Schlagbiegefestigkeit, auf. (**D. B. P. 891 925** Kl. 40b vom 1/8. 1944, ausg. 1/10. 1953.) GÖTZE. 6427

Wieland-Werke Akt.-Ges., Ulm/Donau (Erfinder: **Hermann Kästner,** Vöhringen/Iller), *Kupfer–Zink-Legierungen* bestehen aus mehr als 50 (%) u. weniger als 78 *Cu*, mehr als 0,5 bis zu 10 *Pb*, wobei das Pb mit 0,05—5 *Bi* u./oder 0,01—2 *Tl* legiert u. als niedrigschm. Phase in der Grundmasse enthalten ist. Das Pb kann aber auch ganz oder teilweise durch Bi u./oder Tl ersetzt sein. Außerdem können die Legierungen noch enthalten bis 25 *Ni* u./oder bis 10 *Mn* u./oder bis 6 *Al*, bis 5 *Ag*, bis 2 *Be* einzeln oder zu mehreren. Auch können bis 10 *Fe* oder *Si* oder bis 6 Fe + Si zugegen sein. Die Legierungen eignen sich für spanabhebend zu bearbeitende Werkstücke. (**D. B. P. 889 984** Kl. 40b vom 11/2. 1944, ausg. 14/9. 1953.) GÖTZE. 6433

Non-Ferrous Die Casting Co. Ltd., London, übert. von: **Neil Douglas Gordon Robertson,** Hartsbourne, und **George William Browse,** London, England, *Gießen von Messing oder dergleichen in Metallkokillen.* Beim Gießen von Messing oder anderen Zn-haltigen Cu-Legierungen in metall. Kokillen werden diese mit einem Überzug von Metalloxyden versehen, welche bei der Gießtemp. durch das Zn in eine niedere Oxydstufe übergeführt werden. Zum Überziehen der Gußform kann z. B. eine M. verwendet werden, welche durch Eintragen von 1 (Gewichtsteil) MnO_2 in 10 W. erhalten wird, dem 0,25—0,30 einer 10%ig. alkoh. Tanninsäurelsg. zugesetzt sind. (**A. P. 2 592 337** vom 23/7. 1949, ausg. 8/4. 1952. **E. P. 641 583** vom 28/7. 1948, ausg. 16/8. 1950.) HANS HOFFMANN. 6433

Driver-Harris Co., Harrison, N. J., übert. von: **James M. Lohr,** Morristown, N. J., V. St. A., *Nickel–Chrom–Eisen-Legierungen* bestehen aus 50—70 (%) *Ni*, 10—25 *Cr*, 0,01—0,2 *Ca*, 0,01—1 *Al*, Spuren bis 0,5 *Seltene Erden*, Rest *Fe*. Die Legierungen eignen sich für elektr. Widerstände u. sind beständig gegen Oxydation bei hohen Temperaturen. (**A. P. 2 581 420** vom 23/9. 1949, ausg. 8/1. 1952.) GÖTZE. 6435

Vereinigte Aluminium-Werke Akt.-Ges., Bonn, *Gewinnung von Aluminium aus Aluminium enthaltenden Ausgangsstoffen* durch Behandeln der Ausgangsstoffe mit Aluminiumhalogeniddampf u. Ausscheidung des Al aus dem Dampf durch Abkühlung unter Kreislaufführung des Reaktionsgases, dad. gek., daß die Aufnahme des Al an einer tiefer gelegenen, auf höherer Temp. gehaltenen, die Abscheidung an einer höher gelegenen, auf niederer Temp. gehaltenen Stelle eines turmartigen Reaktions- u. Abscheidungsgefäßes durchgeführt wird. (**Schwz. P. 289 435** vom 20/7. 1950, ausg. 1/7. 1953. D. Priorr. 1/10. 1948 u. 19/6. 1950.) APEL. 6447

Aluminium Laboratories Ltd., Montreal, Can., *Reinigung von metallischem Aluminium bzw. Gewinnung von Aluminium aus aluminiumhaltigem Gut*, wobei ein Gemisch aus dem Al-Rohgut u. einem Halogenid erhitzt wird u. dadurch das Al mit dem Halogenid eine flüchtige Verb. eingeht, dad. gek., daß das Gemisch in einer inerten Atmosphäre auf mindestens 800° erhitzt u. die so entstandenen Aluminiumhalogeniddämpfe abgekühlt werden. Dabei wird eine Spaltung der Al-Halogenverb. zu Al u. dem ursprünglichen Halogenid bewirkt. Als Halogenid des Ausgangsgemischs können ein oder mehrere Fluoride, wie AlF_3, Alkalimetalldoppelfluoride, Erdalkalifluoride (MgF_2) oder $AlF_3 \cdot 3\ NaF$ verwendet werden. (**Oe. P. 176 024** vom 11/1. 1949, ausg. 10/9. 1953. A. Priorr. 22/6. u. 18/9. 1939.) APEL. 6447

Acme Aluminum Alloys, Inc., Dayton, O., übert. von: **Hugh S. Cooper,** Cleveland Heights, O., V. St. A., *Aluminium–Magnesium-Legierungen* bestehen aus 4 bis 6 (%) *Mg*, je 0,1—0,35 *Mn* u. *Ti*, Rest *Al*. Die Gußstücke aus diesen Legierungen besitzen gute physikal. Eigg. infolge der gleichmäßigen Verteilung der Komponenten in der Grundmasse. Bedingung ist jedoch, daß die Schmelze vor dem Guß entgast u. von nichtmetall. Verunreinigungen befreit wird. (**A. P. 2 583 473** vom 31/7. 1947, ausg. 22/1. 1952.) GÖTZE. 6447

Vereinigte Deutsche Metallwerke Akt.-Ges., Frankfurt/M., übert. von: **Hans Burkhardt,** Oberursel/Taunus, *Aluminiumlegierungen* bestehen aus 0,5—3 (%) *Ca*, 0,5 bis 3 *Fe*, Rest *Al*. Die Legierungen können außerdem noch 0,5—1,2 *Si* enthalten, sie besitzen gute gleitende Eigg., bes. bei erhöhten Tempp., lassen sich pressen, walzen u. ziehen u. eignen sich für Zylinder, Kolben, Dichtungsringe u. dergleichen. (**A. P. 2 574 318** vom 9/9. 1949, ausg. 6/11. 1951. D. Prior. 1/10. 1948.) GÖTZE. 6447

Metals & Controls Co., Attleboro, Mass., übert. von: **Joseph M. Williams,** Attleboro Falls, Mass., V. St. A., *Goldlegierungen* bestehen aus 33—84 (%) *Au*, 0,05 bis 4,95 *Fe*, 0,05—4,95 *Ni*, wobei Fe + Ni 5 nicht übersteigen soll, 2—10 mindestens eines der Metalle *Ag*, *Zn* u. *Cd*, Rest *Cu*, jedoch nicht weniger als 10,7. Die Legierungen haben ein feines Korn, hohe Rekristallisationstemp., sie sind korrosions- u. verschleißfest u. laufen nicht an. (**A. P. 2 576 738** vom 21/4. 1949, ausg. 27/11. 1951.) GÖTZE. 6463

General Motors Corp., übert. von: **Howard L. Grange** und **Dean K. Hanink,** Detroit, Mich., V. St. A., *Herstellung von Verbundkörpern aus Eisen und Aluminium oder aluminiumreichen Legierungen*. Ein mindestens 80% Al enthaltendes Metallbad wird mit einer 1250—1600° F (677—870° C) heißen Salzschmelze überdeckt, die aus 37—57 (%) *KCl*, 25—45 *NaCl*, 8—20 Na_3AlF_6 u. 0,5—12 AlF_3, vorzugsweise aus 47 KCl, 35 NaCl, 12 Na_3AlF_6 u. 6 AlF_3 besteht. Ein Eisen- oder Stahlkörper wird durch Eintauchen in die Salzschmelze auf mindestens 1250° F erhitzt u. dann kurze Zeit mit dem Metallbad in Berührung gebracht, so daß er einen Überzug von der Zus. des Metallbades erhält. Hierauf wird der Eisenkörper in eine Form eingesetzt u. mit einem mindestens 80% Al enthaltenden Metall umgossen. (**A. P. 2 544 671** vom 12/2. 1948, ausg. 13/3. 1951.) HANS HOFFMANN. 6479

Bergmann-Elektricitäts-Werke Akt.-Ges., Berlin-Siemensstadt, *Herstellung von Verbundmetallen aus Stahl und Kupfer oder seinen Legierungen*. Der Stahlkern wird mit einer Aluminidschicht umgeben, die eine Erwärmung des Stahls während des Angießens von Cu oder seinen Legierungen auf Tempp. zwischen 800 u. 1000° ohne schädliche Oxydbldg. ermöglicht. Es kann eine sofortige einwandfreie Verb. von Stahl u. Cu oder dgl. durch Diffusion erfolgen. (**D. B. P. 901 336** Kl. 31c vom 20/10. 1943, ausg. 11/1. 1954.) HANS HOFFMANN. 6479

Siemens-Schuckertwerke Akt.-Ges., Berlin und Erlangen (Erfinder: **Heinrich Gelius,** Malmö, Schweden, und **Adolf Hans Dohns,** Berlin-Siemensstadt), *Erzeugung* *eines Ofenschutzgases mit hohem CH_4-Gehalt, insbesondere für Einsatzhärtezwecke.* Bei der durch Verbrennung oder Teilverbrennung von gasförmigem oder fl. Brennstoff mit Luft zur Schutzgaserzeugung wird der auf die stündlich zu erzeugende Schutzgasmenge bezogene Brennkammerrauminhalt einerseits u. das Maß der Isolierung der Brennkammer andererseits so eingestellt, daß der Verbrennungsvorgang bei verhältnismäßig niedriger Brennkammertemp., bes. zwischen 600 u. 900°, verläuft. — Abbildung. (**D. B. P. 896 204** Kl. 18c vom 8/8. 1939, ausg. 9/11. 1953.) HOCHSTEIN. 6493

Westdeutsche Mannesmannröhren Akt.-Ges. (Erfinder: **Hans Linden**), Düsseldorf, *Wärmebehandlung plattierter Werkstoffe, insbesondere Rohren.* Jeder Werkstoff wird für sich mittels Flammen- oder Brennhärtung entweder auf einmal oder fortlaufend auf die erforderliche Wärmebehandlungstemp. gebracht u. den entsprechenden Abkühlungsbedingungen unterworfen. Zweckmäßig wird nur der eine Werkstoff mittels der Flammenhärtung wärmebehandelt, während vorher zwecks Vergütung des anderen Werkstoffs das ganze Werkstück der betreffenden Vergütungsbehandlung in üblicher Weise unterworfen wird. (**D. B. P. 896 202** Kl. 18c vom 13/5. 1943, ausg. 9/11. 1953.) HOCHSTEIN. 6493

Alfred Karius (Erfinder: **Alfred Karius**), Muggensturm, *Erhöhung der Lebensdauer dauerbeanspruchter Teile aus Metallen bzw. Metallegierungen, besonders aus Stahl.* Die Teile werden vor ihrem Einbau in halbfertig oder fertig bearbeitetem Zustand einer dynam. Vorbeanspruchung u. einer anschließenden Erholungsbehandlung, z. B. durch Lagern bei Raum- oder erhöhter Temp., unterworfen. (**D. B. P. 888 408** Kl. 18c vom 3/5. 1944, ausg. 31/8. 1953.) HOCHSTEIN. 6493

Elektriska Svetsningsaktiebolaget, Göteborg, Schweden, *Schweißelektrode.* Zum poren- u. schlackenfreien Schweißen von Al dient eine Elektrode, deren Umhüllung 5—20 (%) Alkali-Al-Fluorid u. 1—15 Ba-Halogenid u. daneben Alkalichloride oder -fluoride, nicht aber Sauerstoffverbb. u. W. enthält. Zum erhöhten Schutz gegen Oxydation kann bis 20 NH_4-Halogenid zugesetzt werden. Eine bevorzugte Zus. der Umhüllung ist: 5—25 *LiCl,* 10—30 *NaCl,* 20—40 *KCl,* 5—20 *KF,* 5—20 *Kryolith,* 1—15 BaF_2. (**Schwz. P. 264 370** vom 15/12. 1947, ausg. 3/1. 1950. Schwed. Prior. 10/7. 1943.) B. SCHMIDT. 6507

Anschütz & Co. G. m. b. H., Kiel-Neumühlen (Erfinder: **Willi Schneider,** Schönkirchen über Kiel), *Entzundern maßgenauer Maschinenteile nach dem Härten.* Der Zunder wird auf chem. Wege durch eine saure Beize entfernt u. die Teile dann sofort nach Neutralisieren der Säure galvan. mit einem metall. Schutzüberzug, z. B. aus Zn oder Cd, versehen. Das sofortige Aufbringen des Überzugs verhindert das Anrosten beim Lagern der gebeizten Werkstücke. (**D. B. P. 895 285** Kl. 48d vom 23/5. 1944, ausg. 2/11. 1953.) MARKHOFF. 6513

Jenolite Ltd., London, England, *Regenerieren von Phosphorsäurelösungen,* die zum Beizen von Eisen gedient haben, indem eine innige Mischung der Fl. mit freien O_2 enthaltendem Gas dadurch hergestellt wird, daß ein Bestandteil der Mischung in Form kleiner Teilchen im anderen Bestandteil dispergiert wird. (**E. P. 679 869** vom 7/2. 1950, ausg. 24/9. 1952.) DEMMLER. 6513

Soc. Jacquet Hispano Suiza Soc. An., Montreuil-sous-Bois, Frankreich, *Anodisches Polieren von Maschinenteilen, insbesondere aus Stahl.* Die Werkstücke werden höchstens 1 Min. mit Stromdichten von mindestens 100 A/dm² in einer Lsg. von CrO_3 in konz. mineral. oder organ. Säuren, z. B. in einer Lsg. von 200—300 g CrO_3 in 1 Liter H_3PO_4 (77%ig) von 40—70°, anod. behandelt. Das Verf. eignet sich zum Polieren von Motorteilen, wie Kolben, Kurbelstangen, Zahnrädern u. Ventilfedern. (**D. B. P. 895 554** Kl. 48a vom 1/6. 1950, ausg. 5/11. 1953. F. Prior. 2/3. 1945.) MARKHOFF. 6515

Shwayder Bros., Inc., übert. von: **Willard G. Axtell,** Denver, Colo., V. St. A., *Elektrolyt zum Polieren von Metallen* besteht aus 35—70 (Vol.-%) H_3PO_4, 8—64 eines wasserlösl. mehrwertigen *Alkohols,* 1—12 einer *Oxysäure,* 5—30 *W.* u. 0—10 eines *Glanzmittels,* z. B. aus 39,8 einer 85%ig. H_3PO_4, 23,9 *Glycerol,* 15,9 *Äthylenglykol,* 8 *Milchsäure,* 4 *Mononatriumglutamat* u. 8,4 *Wasser.* Der Elektrolyt eignet sich zum anod. Polieren von Metallen u. Legierungen, wie Messing, Bronze, Neusilber, rostfreiem Stahl, Monelmetall, Stellit. — Abbildungen. (**A. P. 2 645 611** vom 20/9. 1948, ausg. 14/7. 1953.) MARKHOFF. 6515

A. M. Jampolski, Das Oxydieren und Phosphatieren von Metallen. Leipzig: Fachbuchverl. 1953. (71 S. m. 17 Bild.) DM 2,80.

Helmut Stapf, Chemie und Technologie für die Metallindustrie. Leipzig: Fachbuchverl. 1953. (XX + 531 + 87 S. m. 367 Bild. u. 4 Taf.) DM 20,—.

IX. Organische Industrie.

G. Carrière, *Monomere Acrylester.* Synth., physikal. u. chem. Eigg., die DIELS-ALDER-Rk., die Rk. mit Halogenwasserstoffen, die Addition von Alkoholen u. Phenolen, H_2S u. Mercaptanen, NH_3 u. Aminen, von Acetessigester sowie andere Umsetzungen (*Methylacrylat* mit HCN, *Äthylacrylat* mit Äthylformiat, *Methylmethacrylat* mit Harnstoff in fl. NH_3, Pyrazolindarst.) der *Acrylester* werden kurz beschrieben. (Chem. pharmac. Techniek **9.** 81—83. 15/11. 1953.) FREYTAG. H 810

Robert F. Ruthruff, *Die Herstellung von Phthalsäureanhydrid.* Arbeitsweisen u. Ausbeuten bei der katalyt. Oxydation von Naphthalin mit Luft werden miteinander verglichen unter Verwendung von (a) gebräuchlicher Katalysator [10% V_2O_5 auf inertem Träger (**I**)] in Ruheschüttung; (b) neuer deutscher Katalysator [10% V_2O_5 + 20—30% K_2SO_4 auf Silicagel (**II**)] in Ruheschüttung; (c) **I** in einer Wirbelschicht; (d) **II** in einer Wirbelschicht. Verf. (b) arbeitet bei einer um 100° niedrigeren Temp. u. mit einer um 30% besseren Ausbeute als (a). Verff. (c) u. (d) benötigen gegenüber (a) u. (b) nur die halbe Luftmenge (die 3fache der Theorie); die Ausbeuten sind bei (a) u. (c) gleich, bei (d) um 5% niedriger als bei (b). Beim Arbeiten mit Wirbelschicht kann Naphthalin fl. aufgegeben werden, bei Ruheschüttung muß es wegen Explosionsgefahr verdampft werden. Bei Wirbelschicht wird der Katalysator direkt in das Reaktionsgefäß, bei Ruheschüttung in Sn-Rohre eingefüllt. Bei Wirbelschicht müssen schwebende Teilchen des Katalysators durch Filtration rückgewonnen werden, was bei Ruheschüttung nicht erforderlich ist. Der Kühlaufwand für die Reaktionsgase bei Wirbelschicht ist nur etwas mehr als halb so groß wie bei Ruheschüttung. Beim (a) ist das Rohprod. beträchtlich, bei (b), (c) u. (d) nur wenig durch Maleinsäureanhydrid verunreinigt. (Petroleum Refiner **32.** Nr. 10. 113—14. Okt. 1953. Homewood, Ill.) STEINER. H 1220

László Beregi, *Die heimischen Aufarbeitungsmöglichkeiten des Furfurols.* Überblick über die Furfurolchemie unter besonderer Berücksichtigung der Möglichkeiten der Furfurolgewinnung in Ungarn. — 25 Literaturangaben. (Magyar Kémikusok Lapja [Z. Ver. ung. Chemiker] **8.** 263—67. 5/9. 1953.) BIRTHLER. H 3061

California Research Corp., San Francisco, Calif., V. St. A., *Abscheidung von Kohlenwasserstoffen,* bes. solchen, die frei von Aromaten (**I**) sind, aus einem KW-stoffgemisch, das **I** enthält. Man unterwirft die Mischung zuerst einer Abscheidung der **I**, um eine Fraktion (**II**) zu erhalten, deren Geh. an **I** wesentlich niedriger ist als der der Ausgangsmischung. Einen Teil von **II** behandelt man bei n. Temp. mit einem festen Adsorbens, wobei die **I** adsorbiert werden, während das Perkolat in der Hauptsache frei von **I** ist. Man regeneriert das Adsorbens durch Behandlung mit **II** bei höherer Temp., wobei die adsorbierten **I** desorbiert werden. Die bei der Regenerierung aus dem Adsorbens abfließende Fl. leitet man in die erste Abscheidungsstufe von **I** zurück. — Zeichnung. (**E. P. 693 237** vom 7/12. 1950, ausg. 24/6. 1953. A. Prior. 9/1. 1950.) UNGER. H 500

Farbwerke Hoechst Akt.-Ges. vormals Meister Lucius & Brüning (Erfinder: **Kurt Schimmelschmidt**), Frankfurt/M., *Nitroform* aus C_2H_2 u. HNO_3 in Ggw. von $Hg(NO_3)_2$ in einer Umlaufeinrichtung, wobei durch gleichzeitige Zugabe von 10—20 (14—16) Mol $Hg(NO_3)_2$-haltiger HNO_3 auf 1 Mol C_2H_2 zu der Sumpfphase u. Abnahme der entsprechenden Menge an Sumpf-Fl. fortlaufend gearbeitet wird. (**D. B. P. 894 107** Kl. 12o vom 30/9. 1944, ausg. 22/10. 1953.) UNGER. H 510

Badische Anilin- & Soda-Fabrik Akt.-Ges. (Erfinder: **Walter Reppe,** Ludwigshafen/Rh., **Nikolaus v. Kutepow,** Karlsruhe, und **Eckart Titzenthaler**), Ludwigshafen/Rh., *Carbonsäureester* erhält man aus Alkoholen u. CO bei bes. 150—250 at u. 140—185° in Ggw. von Salzen von Co- oder Fe-Carbonylwasserstoffsäuren, z. B. $Hg[Co(CO)_4]_2$, u. geringen Mengen an freiem Halogen oder Halogenverbindungen. — Beispiele: CH_3OH → *Methylacetat;* C_2H_5OH → *Propionsäureäthylester.* (**D. B. P. 891 256** Kl. 12o vom 15/9. 1951, ausg. 28/9. 1953.) MÜLLER-MEININGEN. H 810

Badische Anilin- & Soda-Fabrik Akt.-Ges., Ludwigshafen/Rh. (Erfinder: **Helmut Dierichs** und **Ernst Braun,** Leverkusen), *Zerlegung von Carbonsäuregemischen* erfolgt durch kontinuierliche Veresterung in Ggw. fester Säuren (**I**) als Katalysatoren, Trennung der Ester durch Fraktionieren u. kontinuierliche Verseifung, bes. in Ggw. von **I**, mit Wasserdampf. — Beispiel: Zerlegung eines aus Cyclohexanon + HNO_3 erhaltenen Oxydationsgemisches nach Abscheidung der Hauptmenge an *Adipinsäure* in *Oxal-* u. *Bernsteinsäure.* (**D. B. P. 891 545** Kl. 12o vom 13/8. 1943, ausg. 28/9. 1953.) MÜLLER-MEININGEN. H 820

Farbenfabriken Bayer Akt.-Ges., Leverkusen (Erfinder: **Gerhard Schrader,** Opladen), *Phosphorsäure- und Thiophosphorsäure-tris-(dialkylamide) bzw. Monohalogenphosphorsäure- und -thiophosphorsäure-bis-(dialkylamide)* dienen als *Lösungsmittel,*

Schmiermittel u. *Zwischenprodd. für Schädlingsbekämpfungsmittel.* — *Monochlorphosphorsäure-bis-(dimethylamid)* (I), aus Dimethylaminophosphorsäuredichlorid u. $(CH_3)_2NH$ in Bzl. bei 40°; Kp.$_{15}$ 115°. — Analog: *Bis-(diäthylamid)*, Kp.$_{10}$ 136°; *Bis-(methyläthylamid)*, Kp.$_{15}$ 133°; *Dimethylamiddiäthylamid*, Kp.$_5$ 105—108°; *Dimorpholid*, F. 80°; *Morpholidpiperidid*, Kp.$_5$ 170°. — *Phosphorsäure-tris-(dimethylamid)*, aus **I** u. $(CH_3)_2NH$ in Bzl. bei 40°; Kp.$_2$ 80°. — Analog: *Phosphorsäuremono-(dimethylamid)-bis-(äthylenimid)*. (**D. B. P. 900 814** Kl. 12q vom 31/12. 1942, ausg. 4/1. 1954.) LANGER. H 910

Phrix-Werke Akt.-Ges., Hamburg, *Isolierung von Aminocarbonsäuren* aus wss. Lsgg. geschieht durch Überführung in die *Urethane* mittels Chlorameisensäureestern in alkal. Lösung. — Man isoliert *Glykokoll* als *N-Carbäthoxyglykokoll* u. *ε-Aminocapronsäure* als *N-Carbäthoxy-ε-aminocapronsäure*. (**D. B. P. 901 056** Kl. 12q vom 27/2. 1942, ausg. 7/1. 1954.) LANGER. H 950

Merck & Co., Inc., Raway, übert. von: **Eugene E. Howe**, Bound Brook, und **Edward W. Pietrusza**, Morristown, N. J., V. St. A., *α-Brom-ω-benzoylaminocapronsäure* erhält man durch Bromierung von ε-Benzoylaminocapronsäure in Ggw. von rotem P u. ca. 1—5% W. unter Kühlung, zweckmäßig in Ggw. eines Lösungsm. (CCl_4, Chlf., Äthylenchlorid) u. Hydrolyse des gebildeten α-Brom-ε-benzoylaminocaproylbromids mit W. unter Erhitzen zu *α-Brom-ε-benzoylaminocapronsäure*, F. 150—160°, die mit konz. wss. NH_3 bei Raumtemp. ε-Benzoyllysin gibt, F. 265—270°. — Zwischenprodukt. (**A. P. 2 561 574** vom 21/1. 1949, ausg. 24/7. 1951.) KRAUSS. H 950

Inventa Akt.-Ges. für Forschung & Patentverwertung, Luzern, Schweiz, *Herstellung von reinen Lactamen.* Rohlactame, die durch die BECKMANNsche Umlagerung erhalten wurden, werden aus verd. wss. u. mit neutralen Salzen gesätt. Lsg. mit selektiven Lösungsmitteln in mehreren Stufen nach dem Gegenstromprinzip extrahiert. Das gereinigte Prod. wird in einer oder mehreren Stufen mit oxydierenden oder reduzierenden oder säuren- oder basenbildenden wss. Lsgg. nachbehandelt u. schließlich durch Adsorption gereinigt. (**Finn. P. 26 636** vom 15/6. 1951, Auszug veröff. 30/11. 1953. Schwz. Prior. 26/7. 1950.) JÜRGEN SCHMIDT. H 950

N. V. de Bataafsche Petroleum Mij., Den Haag, Holland (Erfinder: **Clarence Lincoln Dunn** und **Robert Booth McConaughy**, Emeryville, Calif., V. St. A.), *Rein aromatische Kohlenwasserstoffe*, wie *Toluol*, aus KW-stoffgemischen durch extraktive Dest. oder selektive Extraktion in der Dampfphase mit fl. hochsd. Lösungsmitteln. Die Gemische werden auf ein Prod. mit engen Siedegrenzen fraktioniert dest. (Aromaten mindestens 5%). Die Menge der 10° oberhalb der oberen Siedegrenze der im Prod. vorhandenen aromat. Fraktion soll nicht größer als die Menge der aromat. Fraktion sein, die Menge der oberhalb 15° über der höchsten Siedegrenze sd. Komponente nicht mehr als 5% der Menge der aromat. Fraktion bzw. ½% des gesamten Produkts. Man extrahiert das Prod. in der Dampfphase mit einem relativ hochsd., für Aromaten selektiven Lösungsm. u. zieht die aromatenreiche Extraktlsg. als Bodenprod. ab. — Zeichnung. (**D. B. P. 902 372** Kl. 12o vom 1/10. 1950, ausg. 21/1. 1954. A. Prior. 27/7. 1940.) UNGER. H 1010

Shell Development Co., San Francisco, übert. von: **De Loss E. Winkler**, Orinda, und **Harry de V. Finch**, El Cerrito, Calif., V. St. A., *Herstellung von Phenolen.* Man leitet ein Gemisch aus cycloaliphat. Alkoholen oder Ketonen, wie Cyclohexanol oder Cyclohexanon, u. W. in der Dampfphase bei 350—650° über einen Katalysator. Dieser besteht der Hauptmenge nach aus Fe-Oxyd u. enthält kleinere Mengen einer alkal. reagierenden Alkali- oder Erdalkaliverb. u. Cr-Oxyd. Der Katalysator wurde bei 800—950° in einer solchen Atmosphäre calciniert, daß keine merkliche Bldg. von Fe-Chromit erfolgt. — Man mischt Ferrioxyd, K-Carbonat u. Cr-Oxyd zu einer feuchten Paste, formt aus dieser Kügelchen u. calciniert letztere nach dem Trocknen 12 Std. bei 900°. Der Katalysator wird vor seiner Verwendung mit einem Gemisch aus H_2 u. W. 2 Std. bei 600° behandelt, um das Ferrioxyd im wesentlichen in Fe_3O_4 zu überführen. Der Katalysator enthält 88 (%) Fe_2O_3, 9,5 K_2O u. 2,5 Cr_2O_3. (**A. P. 2 628 985** vom 5/12. 1949, ausg. 17/2. 1953.) SCHWECHTEN. H 1060

National Research Development Corp., London (Erfinder: **Reginald Patrick Linstead** und **Ernest Alexander Braude**, London), *Amine* entstehen bei Red. von *Nitroverbb.* mit einer teilweise hydrierten aromat. Verb. in Ggw. eines Katalysators aus der 8. Gruppe des Periodensystems. — *Anilin.* Man erhitzt Nitrobenzol mit Cyclohexen, Tetrahydrofuran u. Pd-Schwarz. — Analog: *o-, m-* u. *p-Toluidin, m-Nitroanilin, o-* u. *p-Aminophenol, 2.4-Diaminophenol, Pikraminsäure, 2-Aminoresorcin, 2-Aminoacetophenon, α-Naphthylamin, Anthranilsäure, p-Aminobenzoesäure, 3-Amino-5-nitrobenzoesäure, p-Anisidin, N-Acetyl-o-phenylendiamin, p-Amino-tert.-butylbenzol, o-* u. *m-Aminobenzonitril, N.N-Dimethyl-m-phenylendiamin, Propylamin, 1.8-Diaminonaphtha-*

lin u. *1-Aminoanthrachinon*. (**D. B. P. 881 658** Kl. 12q vom 30/12. 1951, ausg. 2/7. 1953. E. Prior. 15/1. 1951.) Langer. H 1310

Directie van de Staatsmijnen in Limburg, Heerlen, Holland, *Cyclische Oxime* erhält man durch Red. von cycl. Nitroparaffinen mit Sulfiden in einem Lösungsmittel. — Aus Nitrocyclohexan entsteht durch Red. mit 2 Mol. NaHS bei 100° in Butanol *Cyclohexanonoxim* in 96%ig. Ausbeute. Als Reduktionsmittel dienen noch NH_4-Polysulfide oder $NH_3 + H_2S$. (**E. P. 691 024** vom 27/3. 1951, ausg. 6/5. 1953. Holl. Prior. 31/3. 1950.) Krauss. H 1960

Dow Chemical Co., übert. von: **Earl L. Pelton,** Midland, Mich., V. St. A., *Reinigung der Monocarbonsäure* $C_{10}H_{16}O_2$ (wahrscheinlich 1-Methyl-[3.3.0]-bicyclooctan-3-carbonsäure oder 1-[3.3.0]-Bicyclooctanessigsäure, F. 49,3—49,5°, Kp.$_{14-15}$ ca. 160°, die durch Alkalischmelze bei 275—375° von Oxytetrahydronordicyclopentadien erhalten wurde. Die rohe Säure wird in W. oberhalb ihres F. in Ggw. von 0,1—2% eines Emulgators (einem Alkylarylsulfonat wie z. B. „Solvadine NC") dispergiert u. die Dispersion dann unterhalb des F. abgekühlt, wobei sich die Säure fein kristallin abscheidet und dann abgetrennt werden kann. F. der gereinigten Säure 46,5°. (**A. P. 2 517 709** vom 20/6. 1949, ausg. 8/8. 1950.) Krauss. H 2010

Sherwin-Williams Co., Cleveland, O., übert. von: **Martin Donald Farkas,** Chicago, und **Jerome Deich,** Harvey, Ill., V. St. A., *Benzidinverbindungen* (**I**). Man erwärmt eine aromat. Mononitroverb., die in p-Stellung zur NO_2-Gruppe nicht substituiert ist, mit Zn u. Alkalilauge auf 80—90°, kühlt auf unterhalb 20°, neutralisiert mit einer Mineralsäure, trennt die entstandene Hydrazoverb. ab u. lagert mit einer Mineralsäure bei 20—90° zu **I** um. — o-Nitrochlorbenzol → Chlorhydrazobenzol → *3.3'-Dichlorbenzidin*. — 2 Zeichnungen. (**A. P. 2 640 081** vom 4/10. 1949, ausg. 26/5. 1953.) Langer. H 2510

J. L. E. Baetz, Frankreich, *Herstellung von Trioxyindolen* durch katalyt. Red. von Dioxyindonen mit H_2 in Ggw. von Pt oder Ni. — N-Methyl-5.6-dioxyindon wird in Methanol gelöst u. mit H_2 in Ggw. von Pd red. unter Bldg. des *Trioxyindols*. (**F. P. 1 002 153** vom 5/8. 1946, ausg. 3/3. 1952.) M. F. Müller. H 3081

Imperial Chemical Industries Ltd., London, England (Erfinder: **Eric Ellery**), *Acryl- und Methacrylsäure-4-methyloldioxolanester* der allg. Formel **I**, worin R = H oder CH_3- u. R_1 u./oder R_2 = H, Alkyl- oder Arylreste bedeuten, erhält man durch Veresterung der Säuren, deren Ester oder Säurechloriden mit 4-Methyloldioxolanen in bekannter Weise. — Methacrylsäure wird mit dem Acetal aus Glycerin u. CH_2O in Ggw. von konz. H_2SO_4 u. Cu-Pulver in Bzl. bei 105—110° unter destillativer Entfernung des W. zu *Methacrylsäure-4-methyloldioxolanester* verestert, Kp.$_{0,2}$ 66°. — *Methacrylsäure-2-methyl-4-methyloldioxolanester* (mit Acetal aus Glycerin + Acetaldehyd), Kp.$_1$ 80°. — *Methacrylsäure-2.2-dimethyl-4-methyloldioxolanester*, Kp.$_{0,8}$ 75°. — *Methacrylsäure-2-phenyl-4-methyloldioxolanester* (mit Acetal aus Glycerin + Benzaldehyd), Kp.$_{0,3}$ 128—131°. — *Acrylsäure-2.2-dimethyl-4-methyloldioxolanester*, Kp.$_{0,1}$ 68°. Als Dioxolane sind auch die Ketale aus Glycerin u. Ketonen verwendbar. — Zwischenprodukte. (**E. P. 690 709** vom 24/4. 1950, ausg. 29/4. 1953.) Krauss. H 3102

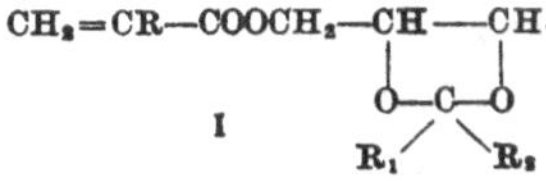

I

Koppers Co., Inc., übert. von: **W. H. Hill,** Pittsburgh, Pa., V. St. A., *Herstellung von 2-Mercapto-4.4.6-trimethyl-3.4-dihydropyrimidin* durch Rk. von Mesityloxyd mit NH_4-Thiocyanat in einem Lösungsm. der Bzl.-Reihe, wobei das bei der Rk. frei werdende W. abdest. wird. — Das Verf. ist allg. anwendbar auf α.β-ungesätt. Ketone. (**Can. P. 487 264** vom 12/8. 1946, ausg. 14/10. 1952. A. Prior. 4/6. 1946.) M. F. Müller. H 3272

X. Färberei. Organische Farbstoffe.

Wilhelm Happe, *Farbe — Farbstoffe — Färben.* Überblick über die gegenwärtigen Theorien über Farbe, Farbstoffe u. das Färben, die an Hand vieler Formeln in sehr klarer u. verständlicher Form dargestellt werden. In diesem Zusammenhang stellt der Vf. bewußt die Elektronentheorie sowie Wasserstoffbrücken zur Beschreibung der einzelnen Vorgänge in den Vordergrund. (Melliand Textilber. **34.** 525—27. Juni; 650—52. Juli; 760—63. Aug. 1953.) H. G. Fröhlich. 7002

—, *Neue Farbstoffe und Textilhilfsmittel.* Prodd. der Dr. Quehl & Co. GmbH., Chemische Fabrik, Speyer (Rhein): *Quecodur N* ist ein neues Prod. zur Knitterfestausrüstung. — Prodd. der Chemischen Fabrik Theodor Rotta, Mannheim-Industriehafen: *Melanol 114* ist ein nichtionogenes Textilhilfsmittel für alle Gebiete der Ausrüstung. Geeignet für Gewebe aus Zellwolle, Reyon u. deren Mischgewebe.

— *Melanol MM* ist ein kationakt. Weichmacher. Verwendung für die Avivage, vorzugsweise für die Nachavivage von harten Wollen, Zellwolle u. Kunstseide im Strang oder Stück. — *Melanol NO* ist ein nichtionogener Weichmacher für Baumwolle u. Zellwolle, der säure-, alkali- u. elektrolytunempfindlich ist. — *Melanol SZ* ist eine hochmol. N-Verb. substantiver Art zum Weichmachen von Baumwolle u. Wolle. — *Glanz-Melanol* ist ein nichtionogener Körper. Erzielt neben dem Weichmachereffekt einen hohen Glanz auf der Ware, wenn diese nach dem Trocknen nochmals heiß kalandert wird. — Prodd. der FARBWERKE HOECHST AKT.-GES. VORM. MEISTER LUCIUS & BRÜNING, Frankfurt/M.-Höchst: Neue Musterkarte für Woll- u. Halbwollfärberei. Gebracht werden Säure-, Chromierungs- u. Helindonfarbstoffe (Hoe 210). — FARBWERKE HOECHST AKT.-GES., WERK NAPHTHOL-CHEMIE, Offenbach: *Echtschwarzsalz ANS*. Geeignet für die Druckerei u. Kontinuefärberei für Waren aus Baumwolle u. regenerierter Cellulose. Drucke u. Färbungen besitzen mittlere Lichtechtheit sowie sehr gute Wasch- u. Chlorechtheit. — Prodd. der E. I. DU PONT DE NEMOURS & COMP., Wilmington, Del., V. St. A.: *Latyl-Orange R* ist ein neuer Farbstoff für die Polyesterfaser Dacron. Dieser Farbstoff besitzt sehr gute Licht- u. Naßechtheit. — *Latyl-Red B, -Violett B, -Blue GE* u. *-Brillant Blue 2GM*, sämtliche Farbstoffe dienen zum Färben von Dacron. — *Ponsol Black BFB Double Paste* ist ein Anthrachinonküpenfarbstoff für Baumwolle. — *Diagen Red FB* ist ein stabilisierter Azofarbstoff zum Druck auf Baumwolle u. Reyon. Der Farbstoff besitzt gute Chlor- u. Waschechtheit. — *Ponsol Yellow PG Double Paste* ist ein Anthrachinonküpenfarbstoff für Baumwolle u. Reyon im Garn u. Stück. Die Chlor- u. Bleichechtheit gegenüber H_2O_2 sowie die Wassertropfechtheit sind gut. — *Duponol RA* (bisher TLF–686) ist ein anion. oberflächenakt. Hilfsmittel, das sich bes. als Reinigungs-, Netz- u. Emulgiermittel eignet. — *Avitex NA* ist ein kation. Weichmacher für synthet. Fasern u. deren Textilien, zur Verbesserung des Griffes u. a. mehr. (Reyon, Zellwolle andere Chemiefasern **31.** 735. Dez. 1953.) P. ECKERT. 7018

F. O. Stone, *Bemerkungen über „Tub-fast"-Farbstoffe.* 2. Mitt. (1. vgl. C. **1954.** **4043.**) Ausführliche Beschreibung unter Angabe von entsprechenden Rezepturen über das „Tub-fast" Färben von Pastell- u. vollen Farbtönen unter Verwendung von Küpenfarbstoffen. (Textile Bull. **79.** Nr. **11.** 103—105. Nov. 1953.) H. G. FRÖHLICH. 7020

—, *Neuere Untersuchungen auf dem Gebiete der Chloritbleiche.* Durch eine sämtliche indigoiden u. anthrachinoiden Küpenfarbstoffe der Ciba umfassende Prüfung auf Chloritechtheit konnte eine Übersicht (Tabelle) gewonnen werden, welche Farbstoffe, bes. für Buntartikel, einer Chloritbleiche unterzogen werden können. Auch die opt. Aufhellmittel für Weißwaren (*UVITEX RS, RBS, GS* sowie *NL* speziell für Nylon) können im Chloritbad kombiniert angewendet werden, da sie bei niederen p_H-Werten gegen Na-Chlorit beständig sind. Eine weitere Tabelle gibt einen Überblick über Gewebeschädigungen (Vgll. durch Reißfestigkeitswerte) durch katalyt. Wrkg. verschied. Metalle bei den gebräuchlichen Bleichverfahren. (SVF Fachorgan Textilveredlung **9.** 24—30. Jan. 1954.) SCHOENMANN. 7020

Juan B. Puig, *Die Funktion der Ligninsulfosäure als Beizmittel und Träger auxochromer Gruppen in der adjektiven Färberei.* Die Verwendung der Sulfitablauge als Beizmittel in der Wollfärberei veranlaßt den Vf. zu einem theoret. Vgl. mit der Verwendung des Tannins als Beizmittel. Die für die Beizung erforderliche saure Rk. ist durch die Sulfitablauge gegeben. Die Ligninsulfonsäure (I) wird von den Textilfasern gut adsorbiert, polymerisiert sich u. fällt Farbstoffe als Lacke aus, die von höchster Echtheit sein können. Im Falle vegetabil. Fasern ist der Vorgang, der gegebenenfalls noch ein Textilhilfsmittel erfordert, insofern anders, als I in schwer lösl. koll. Form die Fasern mechan. einhüllt u. voneinander getrennt hält, um dann gegenüber Farbstoffen als Beizmittel zu wirken. Bei diesen Vorgängen ist auch das hohe Basenaustauschvermögen u. die durch die SO_3H-Gruppen bedingte Oberflächenaktivität der I wichtig. (Ion [Madrid] **13.** 208—**14.** 222. April 1953.) METZENER. 7020

James H. Stradley, *Kettbaumfärben. Regulierung der Dichte des Kettbaumes durch Untersuchung der Strömungsgeschwindigkeiten.* Die Bedeutung der Flottenströmungsgeschwindigkeit für die Erzielung egaler Färbungen von Baumwolle in jedem Zirkulationsfärbeapp. wird vom Standpunkt des Praktikers diskutiert. Aus dem Stromverbrauch der Pumpen des Kettbaumfärbeapp. u. Druckmessungen in der zirkulierenden Flotte konnten Beziehungen zur Strömungsgeschwindigkeit abgeleitet werden. Bei gleichem Druck steigt der Widerstand gegen die Durchströmung mit der Zunahme der Zahl der Enden im Kettbaum. (Amer. Dyestuff Reporter **42.** P 172—73. 16/3. 1953. Atlanta, Ga., E. I. du Pont de Nemours, District Office.) ZAHN. 7020

H. R. McCleary, *Grundlagen des Färbens von Cellulosefasern.* Die wichtigsten Erkenntnisse der physikal. Chemie des Färbens von Cellulosefasern werden behandelt:

Cellulose, Farbstoffe u. ihre Lsgg., Färbevorgänge, die gefärbte Faser. (Textile Res. J. **23.** 673—82. Okt. 1953. Bound Broode, N. J., Amer. Cyanamid Co.) ZAHN. 7020

Willi Festerling, *Das Färben von loser Viscosezellwolle auf mechanischen Färbeapparaten.* Allg. u. prakt. Hinweise. In diesem Zusammenhang wird auch die Frage der Herst. licht- u. waschechter Färbungen behandelt. (Reyon, Zellwolle andere Chemiefasern **31.** 630—32. Nov. 1953.) P. ECKERT. 7020

W. Ender und **F. Wenger,** *Perlon/Nylon.* 3. Mitt. *Über das Färben von Textilien aus Perlon und Nylon.* (1. vgl. C. **1951.** I. 2669.) Es wird ein Überblick über Farbstoffgruppen gegeben, die sich für das Färben von *Perlon* u. *Nylon* besonders gut eignen. Auf bereits in der Fachliteratur vorliegende Abhandlungen wird hingewiesen. Neue Entwicklungen werden beschrieben. Bei der Behandlung der Teilgebiete wird auf grundsätzliche Zusammenhänge zwischen Fasereigg., Eigg. der Farbstoffe u. Hilfsmittel u. der Färbeverff. eingegangen. Besprochen werden im einzelnen: Die Vorbereitung vor dem Färben, das Färben mit Dispersionsfarbstoffen (Acetatreyonfarbstoffe), mit sauren Wollfarbstoffen, mit Nachchromier-, Metachrom- u. Chromkomplexfarbstoffen, mit Indanthrenfarbstoffen, mit anderen bisher bekannten Farbstoffklassen u. mit Vialonechtfarbstoffen. (Textil-Prax. **7.** 630—35. Aug. 1952. Labor. der BASF.) P. ECKERT. 7020

Leonard Edward Ravich, New York, N. Y., V. St. A., *Färben von Textilien und ähnlichen Stoffen.* Man behandelt die zu färbenden Stoffe mit einer Lsg. von Indigosolfarbstoffen u. Cyanid, Cyanat oder Thiocyanat als Photosensibilisatoren. Dann wird der Farbstoff durch eine rasch verlaufende Verseifung mit nachfolgender Oxydation entwickelt, wobei das Material im feuchten Zustand einer Lichtquelle ausgesetzt wird, die hauptsächlich Farben des sichtbaren Spektrums enthält, wodurch der Farbstoff zur Ausfällung gebracht wird. Die Farbstofflsg. soll im sichtbaren Spektr. Absorptionsbanden aufweisen, z. B. verwendet man das Na-Salz der Leukoverb. von Indigosol 04B u. Ammoniumthiocyanat mit etwas Netzmittel, die Lsg. wird beleuchtet mit einer Hg-Dampflampe. (**N. P. 80 258** vom 5/12. 1949, ausg. 26/5. 1952. A. Prior. 27/12. 1948.) JÜRGEN SCHMIDT. 7021

Farbwerke Hoechst Akt.-Ges. vormals Meister Lucius & Brüning, Frankfurt/M. (Erfinder: **Rolf Hoffmann,** Frankfurt/M., und **Albert Delhalle,** Schaerbeck, Brüssel, Belgien), *Färben und Appretieren von Fasergut.* Man bringt dieses in eine Flotte ein, die Leukoschwefelsäureester von Küpenfarbstoffen, Dispersionen von Polymerisationskunststoffen, z. B. Polyvinylacetat, -chlorid, Acrylsäure als Einzelprodd. bzw. als Mischpolymerisate, u. noch Oxydationsmittel enthält, trocknet, behandelt mit H_2SO_4 u. stellt wie üblich fertig. (**D. B. P. 902 126** Kl. 8m vom 14/12. 1951, ausg. 18/1. 1954.) v. SCHILLER. 7021

Cassella Farbwerke Mainkur Akt.-Ges. (Erfinder: **Ernst Honold** und **Werner Zerweck**), Frankfurt/M., *Gleichmäßiges Färben von cellulosehaltigen Fasern mit Küpen- und Schwefelfarbstoffen und Abziehen derartiger Färbungen.* Man setzt dem Färbebad bzw. der Blindküpe geringe Mengen von Kondensationsverbb. zu, die man durch Behandlung von OH-Gruppen freien hochmol. Polyalkylenpolyaminen mit Verbb. erhält, die die Gruppe —CO—C$\langle$-Halogen enthalten oder diese Gruppe bei der Rk. ergeben, wobei im ganzen Mol. nur eine alkylierende Gruppe vorhanden sein soll. Solche Verbb. sind z. B. Chloracetat, Chloressigsäureester, ω-Chloracetophenon, α-Chlordiäthylketon u. Chloracetylchlorid. Man läßt z. B. zu einer Lsg. von 45 (Teilen) Polyäthylenpolyamingemisch, bei dem die bei 10 mm bis 220° übergehenden Anteile entfernt werden, in ca. 100 Methanol langsam 50 Monochloraceton fließen, Reaktionstemp. nicht $>$20—30°. Nach 10—12 Std. treibt man mit Wasserdampf die flüchtigen Bestandteile ab u. dampft bis auf 145 ein. Dunkelbraunes Öl, das 31% des Ausgangsprod. enthält. Bereits 0,1—0,2 g des Öles je Liter Flotte dem Färbebade zugesetzt, bewirken z. B. bei einer 0,6%ig. Färbung von Indanthrenblaugrün FFB (Pulverfein für Färbung) eine außerordentlich gleichmäßige Färbung. (**D. B. P. 891 386** Kl. 8m vom 9/2. 1944, ausg. 28/9. 1953. **Zusatz zu D. B. P. 874 757; C. 1954. 1122.**) v. SCHILLER. 7021

Farbwerke Hoechst Akt.-Ges. vormals Meister Lucius & Brüning, Frankfurt/M. (Erfinder: **Ernst Fischer,** Offenbach/M.), *Herstellung überfärbeechter Färbungen auf Acetylcellulose* sowie linearen Polyamiden u. Polyurethanen. Man behandelt diese Massen in wss. Lsg. mit Basen der allg. Formel $H_2N—C_6H_4—SO_2NR_1R_2$, worin der Benzolkern noch weiter durch Alkyl-, Alkyloxy-, Aryloxygruppen oder Halogenatome substituiert sein kann, R_1 = H oder einen Alkylrest u. R_2 einen Alkyl-, Aralkyl-, Arylrest oder einen hydroaromat. Rest bedeuten (mit der Maßgabe jedoch, daß R_1 weder dann ein H-Atom sein soll, wenn die $—SO_2NR_1R_2$-Gruppe in o-Stellung zur NH_2-Gruppe steht, noch wenn R_2 einen Alkylrest von $<$3 C-Atomen darstellt), u.

den Alkaliverbb. der Arylamide der 2.3-Oxynaphthoesäure, die im Arylamidrest eine Alkyloxygruppe allein oder in Verbindung mit weiteren Substituenten, wie Halogenatomen, Methyl- oder Alkyloxygruppen, enthalten, in wss. Lsg., diazotiert auf der Faser u. entwickelt anschließend in einem heißen Bad fertig. (**D. B. P. 897 991** Kl. 8m vom 1/9. 1951, ausg. 26/11. 1953.) v. SCHILLER. 7021

Sandoz Akt.-Ges., übert. von: **Ludwig Thummel**, Basel, Schweiz, *Färben von Polyvinylderivaten* ohne Schrumpfung oder Verformung des Materials. Man färbt bei 60—100° in der wss. Suspension eines wasserunlösl. Farbstoffes, die außer einem Dispergier- u. Emulgiermittel, z. B. Cetylpolyglykoläther, noch 1,5—4% von je 2 organ. Fll. enthält, von denen die eine ein Quellungsmittel ist, z. B. Toluol, Xylol, Trichloräthylen oder Tetrahydronaphthalin, u. die andere die Quellung kompensiert, z. B. Cyclohexanol oder Triäthanolamin. (**A. P. 2 635 942** vom 20/4. 1950, ausg. 21/4. 1953. Schwz. Prior. 27/4. 1949.) v. SCHILLER. 7021

Celanese Corp. of America, übert. von: **Leonard Krause**, London, und **James Arthur Wainwright**, Spondon, England, *Bedrucken von Textilien.* Man druckt mit einer Paste, die außer dem Farbstoff als Verdickungsmittel hauptsächlich W. u. einen flüchtigen KW-stoff, z. B. Kerosen, Toluol, Xylol emulgiert mit 0,25—0,75% einer wasserlösl. Methylcellulose enthält. Nach dem Drucken wird gedämpft. (**A. P. 2 619 403** vom 24/3. 1949, ausg. 25/11. 1952. E. Prior. 9/4. 1948.) v. SCHILLER. 7023

Yorkshire Dyeware & Chemical Co. Ltd., Leeds, England (Erfinder: **Robert Kenneth Fourness**), *Behandlung von Pulvern.* Pulverförmige Stoffe, wie *Farbstoffe* u. *Pigmente*, z. B. wasserunlösl. Farbstoffe für Celluloseacetat- u. Nylonfaser oder wasserlösl., wie Hämatin, werden zur Verringerung der Staubbldg. mit 0,1—2% eines oder mehrerer Ester, die mindestens 6 C-Atome im Mol. aufweisen, bes. Estern von Alkoholen mit mehr als 5 C-Atomen, vermischt, z. B. mit Dinonylphthalat, Dioctylphthalat, Dioctylsebacat u. Diamylphthalat, gegebenenfalls unter Zusatz eines flüchtigen Verdünnungsmittels, wie Ae. oder CCl_4. (**E. P. 695 372** vom 22/6. 1950, ausg. 12/8. 1953.) MATTHAES. 7049

Farbwerke Hoechst Akt.-Ges. vormals Meister Lucius & Brüning (Erfinder: **Eduard Besler** und **Otto Braunsdorf**), Frankfurt/M., *Leukoschwefelsäureester* (**I**) *von Anthrachinonazofarbstoffen* von großer Echtheit erhält man durch Umsetzung von Azofarbstoffen aus diazotierten 2-Aminoanthrachinonen u. Acetoacetylaminobenzolen mit Chlorsulfonsäure (**II**) oder anderen SO_3-abgebenden Mitteln in Ggw. einer tert. Base u. von Metallen. — **I** aus [2-Amino-3-chloranthrachinon (**III**) → Acetoacetylaminobenzol (**VI**)] mit Pyridinfraktion vom Kp. 125—126° oder α-Picotin (**IV**) u. **II** in Ggw. von Fe-Pulver (**V**) behandelt; Baumwolle (**A**), Kunstseide u. Zellwolle lebhaft grünstichiggelb nach Entw. mit sauren Oxydationsmitteln. — **I** aus (**III** → 1-Acetoacetylamino-2-methoxybenzol) mit **IV** u. **II** in Ggw. von **V** behandelt; **A**, Kunstseide u. Zellwolle rötlich-gelb. — **I** aus [2-Aminoanthrachinon (**VII**) → **VI**], mit Pyridinfraktion vom Kp. 125—130° in Ggw. von **II** u. **V** behandelt; **A**, Kunstseide u. Zellwolle klar gelb nach Entw. mit sauren Oxydationsmitteln. — **I** aus (**VII** → 1-Acetoacetylamino-4-chlorbenzol) mit Pyridin, **II** u. **V** behandelt; **A**, Kunstseide u. Zellwolle rotstichiggelb nach Entw. mit sauren Oxydationsmitteln. (**D. B. P. 883 018** Kl. 22a vom 1/6. 1951, ausg. 13/7. 1953.) LIPPOLD. 7053

Farbenfabriken Bayer Akt.-Ges. (Erfinder: **Gerhard Dittmar** und **Fritz Suckfüll**), Leverkusen, *Azofarbstoffe der Stilbenreihe* erhält man durch Kondensation von 1 Mol 4.4′-Dinitrostilben-2.2′-disulfonsäure (**I**) oder 4.4′-Dinitrodibenzyl-2.2′-disulfonsäure mit 1,6 bis 2 Mol eines Aminoazofarbstoffes in alkal. Lsg., milde Red. des entstandenen Ge-misches aus ätzbarem u. nichtätzbarem Farbstoff in die entsprechenden Hydrazoazo-Verbb. (**H**). Trennung dieser auf Grund ihrer verschied. Löslichkeiten u. Rückoxydation der dem ätzbaren Anteil zugehörigen **H**.–Farbstoff aus 4-Amino-1.1′-azobenzol-4′-sulfonsaurem Na u. Na-Salz der **I** wird mit Traubenzucker red., ausgesalzen, filtriert u. das Filtrat mit Luft bei 65° oxydiert. Baumwolle (**A**) gelbstichig-orange. — Farbstoff aus 4-Amino-1.1′-azobenzol-4′-carbonsäure u. Na-Salz der **I**, wie vorst. behandelt, aber mit Chlorlauge bei 50° oxydiert; **A** rotstichigorange. — Farbstoff aus 2-Methyl-4-amino-1.1′-azobenzol-4′-sulfonsaurem Na u. Na-Salz der **I**, wie vorst. behandelt, aber mit H_2O_2 bei 65° oxydiert; **A** rotstichig-orange. — Alle Färbungen sind alkal. u. neutral gut ätzbar. (**D. B. P. 883 024** Kl. 22a vom 7/7. 1951, ausg. 13/7. 1953.) LIPPOLD. 7053

I. G. Farbenindustrie Akt.-Ges., Frankfurt/M. (Erfinder: **Fritz Nadler** †, Köln, **Richard Wegler** und **Otto Bayer**, Leverkusen), *Farbstoffsalze*, die eine sehr gute Löslichkeit in organ. Lösungsmitteln besitzen, erhält man durch Umsetzen von organ. Farbstoffen, welche saure, salzbildende Gruppen enthalten, mit mehr als 8 C-Atome enthaltenden Aminen, wobei die Amine so ausgewählt werden, daß sie mindestens einmal einen Substituenten der Formel (R)—CH—(R_1) (R u. R_1 = aliphat. bzw. cycloaliphat. Reste) tragen. — Die Amine können aus Ketongemischen (I) R_1—CO—R (R u. R_1 KW-stoffreste von insgesamt 14 C-Atomen) hergestellt werden. I können erhalten werden aus Gemischen höherer Fettsäuren (Kp.$_{14}$ ca. 102—150°), wie sie bei der Paraffinoxydation anfallen. Aus den I entstehen die Amine durch Erhitzen mit Formamid u. anschließende Verseifung der Formylamine. — 10 (Gewichtsteile) des Farbstoffes, den man durch Kuppeln der Diazo-Verb. von 3-Chlor-2-toluidin mit dem Pyrazolon der 2-Toluidin-5-sulfosäure erhält, löst man in 200 W., stellt schwach essigsauer u. fällt aus dieser Lsg. den Farbstoff mit der berechneten Menge einer wss. essigsauren Lsg. des Amins $NH_2 \cdot CH(R_1)(R)$ [$R + R_1 = C_{14}$], läßt einige Zeit bei n. Temp. rühren u. filtriert den Farbstoff ab, der mit gelber Farbe in Ae., A., Aceton, Chlf., Bzl., Sprit- u. Zaponlack gut lösl. ist. — In ähnlicher Weise können nicht nur weitere Sulfo- oder Carbonsäuren von Mono- u. Polyazofarbstoffen, von Azofarbstoffen mit komplexgebundenem Cr oder Cu, von Phthalocyaninfarbstoffen, Oxazinfarbstoffen, Antrachinonküpenfarbstoffen, Diphenylmethanfarbstoffen u. dgl., sondern auch Verbb., wie pyren-3-sulfosaures Na, umgesetzt werden, die als Fluorescenzfarbstoffe in Schmierölen oder als UV-Absorbentien in Lacken u. dgl. Verwendung finden. (**D. R. P. 767 788** Kl. 22e vom 6/11. 1938, ausg. 22/6. 1953.) ROICK. 7055

General Aniline & Film Corp., New York, N. Y., übert. von: **Edgar E. Renfrew**, Phillipsburg, N. J., und **David I. Randall**, Easton, Pa., V. St. A., *Lösliche quaternäre Farbstoffe* erhält man durch Umsetzen einer halogenmethylierten Verb. mit einem Thioharnstoff oder einem tert. Amin entsprechend den Gleichungen I u. II. (Ar = Rest eines Arylaminoanthanthrons, -dibenzpyrenchinons oder -pyranthrons, n = 1—4). Thioharnstoff (III) in Formel I kann ersetzt werden durch III-Derivv., wie 1-Allyl-1-Methyl-, 1-Phenyl-, 1.3-Dimethyl-, 1.3-Äthylen-, 1.1.3-Trimethyl- oder 1.1.3.3-Tetramethyl-III, Trimethylamin in Formel II kann ersetzt werden durch Diäthylaminoäthylalkohol, Triäthyl- oder Benzyldimethylamin, Pyridin, Picolin, Isochinolin oder Chinolin.

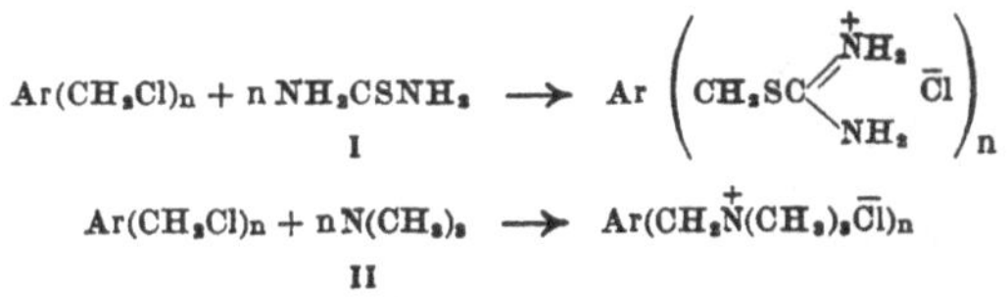

Die Umsetzung nach I erfolgt durch ca. ½std. Erhitzen unter Rückfluß. Man verd. dann das Reaktionsgemisch mit Aceton (a) oder W., filtriert, wäscht mit a u. trocknet an der Luft. Die erhaltenen Farbstoffe können zum Färben u. Drucken von Papier, Baumwolle (**A**), Seide (**C**), Nylon (**N**) u. Wolle, sowie zum Drucken von **A**, **C** oder **N** Verwendung finden. Die Umsetzung nach II erfolgt durch mehrstd. Erhitzen des Reaktionsgemisches. Die erhaltenen quaternären Salze der chlormethylierten Verbb. können in gleicher Weise wie die nach I erhältlichen Isothiouroniumsalze zum Färben u. Drucken Verwendung finden. Farbstoffe, die in rotstichig braunen Tönen färben, erhält man durch Umsetzen von Bis-(m-chlormethyl-p-toluidino)-anthanthron (**IV**), Tetrakis-(m-chlormethyl-p-toluidino)-pyranthron oder Bis-(m-chlormethyl-p-toluidino)-dibenzpyrenchinon mit 1.1.3-Trimethylthioharnstoff oder **IV** mit Pyridin. — Die nach I u. II erhältlichen Prodd. zeigen auch *bactericide, fungicide* u. *insekticide* Wirkung. (**A. P. 2 645 641** vom 20/12. 1950, ausg. 14/7. 1953.) ROICK. 7059

General Aniline & Film Corp., New York, N. Y., übert. von: **David I. Randall**, Easton, Pa., und **Edgar E. Renfrew**, Phillipsburg, N. J., V. St. A., *Quaternäre Verbindungen aus chlormethylierten Arylaminobenzanthronen*, die im Druck auf Baumwolle (**A**) leuchtende kräftige Farbtöne von guter Wasch- u. Chlorechtheit ergeben u. auch gut zum Färben von Papiermasse geeignet sind, erhält man in ähnlicher Weise wie im A. P. 2 645 641 (vgl. vorst. Ref.) beschrieben, durch Umsetzen von chlormethylierten Arylaminobenzanthronen mit einem Thioharnstoff oder einer tert. Stickstoffbase. — So erhält man durch Rk. des trichlormethylierten Deriv. von Bz-1-p-Toluidinobenzanthron mit 1.1-3-Trimethylthioharnstoff (I) den Farbstoff der Zus. II, druckt **A** kräftig waschecht gelb. Papier wird bes. in der M. kräftig u. gegen Ausbluten widerstands-

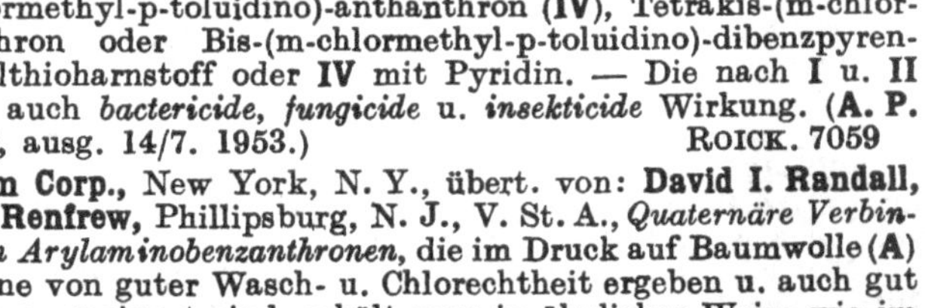

II

fähig gefärbt. In etwas rotstichigeren Gelbtönen färbt das Prod., das aus Bz-1.6-Di-p-toluidinobenzanthron u. I erhalten wird. — Die Arylreste der Aminoarylgruppen des Benzanthrons können auch Reste des Naphthalins, Biphenyls, Anthracens, Phenanthrens oder Diphenylmethans sein. (**A. P. 2 642 443** vom 13/12. 1950, ausg. 16/6. 1953.) Roick. 7059

E. I. du Pont de Nemours & Co., übert. von: **Frederic B. Stilmar,** Wilmington, Del., V. St. A., *Anthrachinonverbindungen.* Man setzt 1-Amino- oder 1-Nitroanthrachinon-2-carbonylhydrazine mit organ. Dicarbonsäurechloriden der Zus. ClOC—R—X—R—COCl, worin R Benzol- oder Diphenylreste u. X—N=N—, —CH=CH—, —CH_2—, —O—, —S—, —SO_2— oder —CO— bedeuten. um. — Die erhaltenen Verbb. der allg. Zus. I (Y = NH_2 oder NO_2) besitzen selbst färberische Eigg., sind aber bes. wertvoll als Zwischenprodd. zur Herst. von leuchtendroten bis scharlachroten Bis-Anthrachinonoxdiazolküpenfarbstoffen. — Durch 1std. Erhitzen von 8,5 (Gewichtsteilen) Azobenzol-4.4'-dicarbonylchlorid, 20 1-Nitroanthrachinon-2-carbonylhydrazin (II) in 200 Nitrobenzol unter Rühren auf 170—175° erhält man hellgelbe Nadeln, F. 289—291°, in H_2SO_4 gelb lösl., färben Baumwolle (**A**) aus gelbstichigroter Hydrosulfitküpe (**K**) (unter Red. der Nitro- zu den Aminogruppen) in schwachen roten Tönen, die mit Alkali trüb violett werden. In ähnlicher Weise erhält man weitere Verbb. durch Umsetzen von **II** u. Azobiphenol-4.4'-dicarbonylchlorid (**III**), gelbe Plättchen, färbt **A** in orangen Tönen, die mit Alkali blaustichiger werden; 1-Aminoanthrachinon-2-carbonylhydrazin u. **III**, sehr feine orange Teilchen, färbt **A** aus roter **K** scharlachrot (mit freiem Alkali behandelt weinrotviolett); **II** u. Diphenyläther-4.4'-dicarbonylchlorid; **II** u. Diphenylsulfon-4.4'-dicarbonylchlorid, kleine farblose Kristalle, in H_2SO_4 fast farblos lösl., färbt **A** schwach rot, violett mit Alkali; **II** u. Benzophenon-4.4'-dicarbonylchlorid, farblos; **II** u. Azobenzol-3.3'-dicarbonylchlorid, mikrokristalline blaßgelbliche Teilchen. (**A. P. 2 628 231** vom 15/3. 1949, ausg. 10/2. 1953.) Roick. 7059

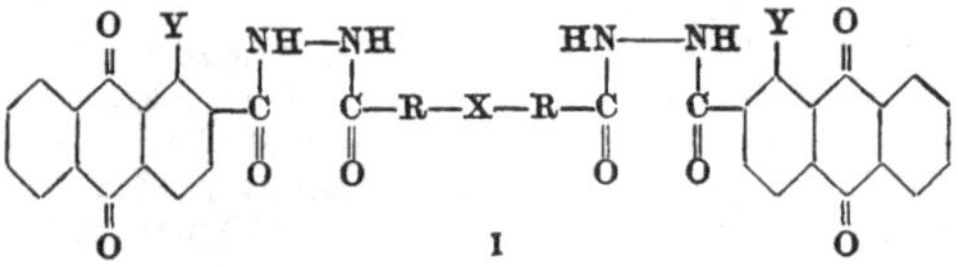

I

E. I. du Pont de Nemours & Co., übert. von: **Frederic B. Stilmar,** Wilmington, Del., V. St. A., *Farbstoffe der Anthrachinonreihe.* Die nach A. P. 2 628 231 (vgl. vorst. Ref.) erhältlichen acylierten Hydrazine (durch Umsetzen von 1-Aminoanthrachinon-2-carbonylhydrazin (**I**) oder 1-Nitroanthrachinon-2-carbonylhydrazin (**II**) mit organ. Dicarbonsäurechloriden) führt man durch Behandlung mit sauren kondensierenden Mitteln, wie $SOCl_2$, $POCl_3$, p-Toluolsulfonsäure usw., in inerten Lösungsmitteln, wie Nitrobenzol (**a**) oder Chlorbenzole, in die entsprechenden Oxdiazole der allg. Zus. **III** (Y = NH_2 oder NO_2, X = —N=N—, —C=C—, —CH_2—, —O—, —S—, —SO_2— oder —CO—) über. Die erhaltenen Farbstoffe färben in sehr echten roten Tönen. — 20 (Gewichtsteile) des aus 8,5 Azobenzol-4.4'-dicarbonylchlorid u. 20 **II** hergestellten Prod., 40 $SOCl_2$ u. 300 **a** erhitzt man unter Rückfluß 4 Std. bei 165—175°. Das erhaltene gelbe Nitroanthrachinonoxdiazol (**IV**), in konz. H_2SO_4 gelb lösl., färbt Baumwolle aus roter Küpe (hierbei Red. der Nitro- zu der Aminogruppe) echt scharlachrot. Durch Behandlung von **IV** mit NH_3 in einer Suspension von **a** bei 175° oder durch Erhitzen von **IV** mit 10%ig. NH_4OH im Autoklaven können die Nitro- ebenfalls durch Aminogruppen ersetzt werden. Das rote Aminoanthrachinonoxdiazol ist in konz. H_2SO_4 auch gelb löslich. Weitere Oxdiazole können mit den nach A. P. 2 628 231 erhältlichen acylierten Hydrazinen in ähnlicher Weise, wie oben beschrieben, hergestellt werden. (**A. P. 2 628 230** vom 15/3. 1949, ausg. 10/2. 1953.) Roick. 7059

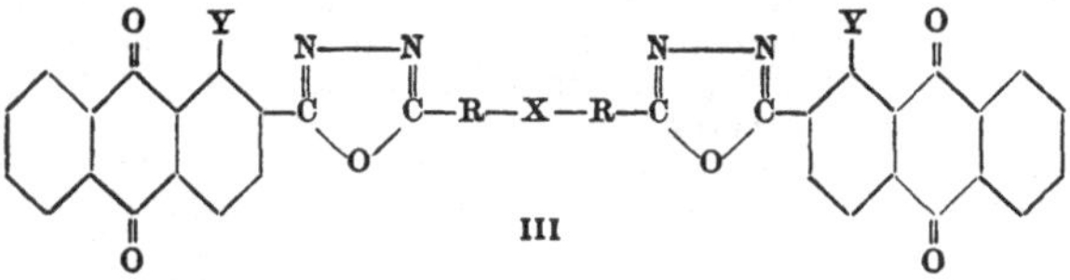

III

American Cyanamid Co., New York, N. Y., übert. von: **Elizabeth M. Hardy** und **William B. Hardy,** Bound Brook, N. J., V. St. A., *Lösliche Küpenfarbstoffe der Acridonreihe.* Man führt eine 1-Arylaminoanthrachinon-2-carbonsäure (I), z. B. 1-Anilino-1-p-Anisidino-, 1-p-Toluidino-, 6-Chlor-1-anilino- oder 5-Benzoylamino-1-p-toluidinoanthrachinon-2-carbonsäure oder 1-Naphthylaminoanthrachinon-2-carbonsäure (II), in den Dischwefelsäureester der Leukoform des entsprechenden Acridonküpenfarbstoffs über, indem man die I in wss. alkal. Lsg. zur Leukoverb. red. u. das erhaltene Prod. in wss. alkal. Lsg. mit der SO_3-Verb. eines tert. Amins mit einer Dissoziationskonstante von mindestens $1 \cdot 10^{-7}$ bei 25° umsetzt, wobei gleichzeitig mit der Red. u. Veresterung Ringschluß zum Acridon erfolgt. — Zu einem Gemisch von 98 (Gewichtsteilen) **II**, 500 W., 212 Na_2CO_3 u. 10 Dimethylanilin fügt man allmählich unter N_2 bei 50° 58 Na-Hydrosulfit u. 272 der SO_3-Verb. des Triäthylamins, rührt bis zur Beendigung der Rk. bei 50°, behandelt mit 600 20%ig. Natronlauge u. dest., um die Amine zu entfernen. Man filtriert, salzt mit KCl aus, filtriert u. wäscht mit 20%ig. K_2CO_3-Lösung. (**A. P. 2 649 453** vom 17/1. 1951, ausg. 18/8. 1953.) Roick. 7061

American Cyanamid Co., New York, N. Y., V. St. A., *Lösliche Ester von Triazinküpenfarbstoffen.* Leuchtend gelbe Färbungen erhält man mit den Leukoschwefelsäurehalbestern von Küpenfarbstoffen der Zus. **I** (n = 0 oder 1, X = Cl oder H, Ar = Aryl). — Zu 130 (Gewichtsteilen) α-Picolin gibt man bei 10—15° allmählich 17,7 $ClSO_3H$, fügt unter N_2 bei 29—34° 10 des gelben Farbstoffs **II**, dann 7,2 Fe-Pulver, rührt 3 Std. bei 40°, weitere 12 Std. bei n. Temp. u. arbeitet in üblicher Weise auf. In ähnlicher Weise werden die folgenden Farbstoffe **III**, **IV**, **V**, **VI**, **VII**, **VIII** in die lösl. Ester übergeführt. (**E. P.**

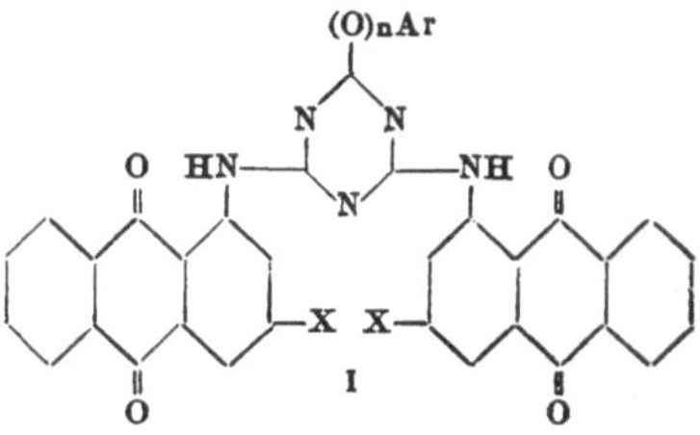

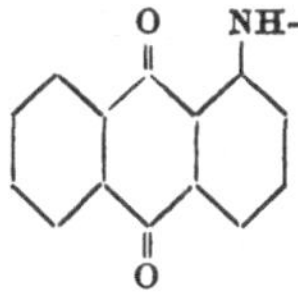
= a

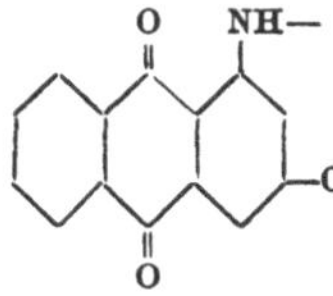
= b

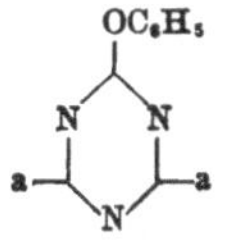
II

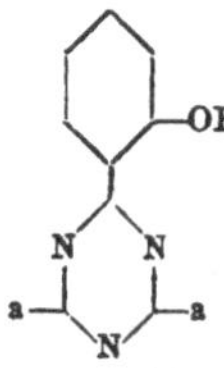
III

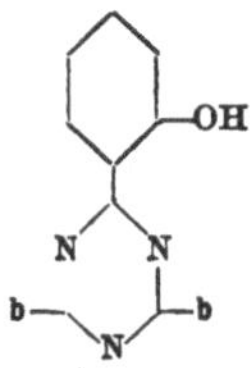
IV

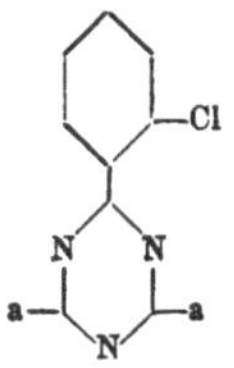
V

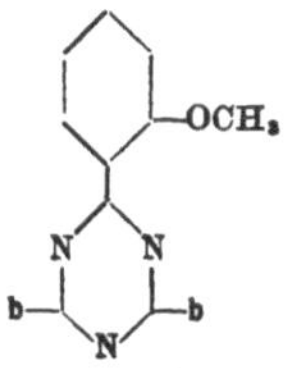
VI

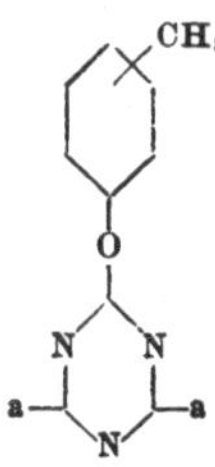
VII

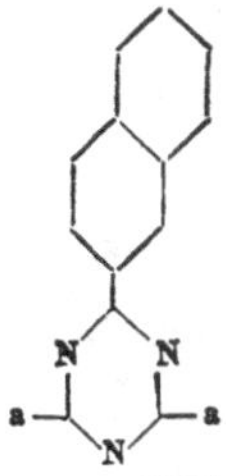
VIII

692 004 vom 8/8. 1951, ausg. 27/5. 1953. A. Prior. 23/5. 1951.) Roick. 7063

Ciba Ltd., Basel, Schweiz, *Oxythionaphthene und symmetrische thioindigoide Küpenfarbstoffe.* Man behandelt 2.5-Dimethylbenzol-1-thioglykolsäure (**I**) oder 3.5-Dimethylbenzol-6-chlorbenzol-1-thioglykolsäure (**II**) in einem gegen $ClSO_3H$ indifferenten Lösungsm. mit chlorierenden Mitteln u. bewerkstelligt ohne Abscheidung eines Zwischenprod. den Ringschluß zum entsprechenden Oxythionaphthen, sowie gegebenenfalls die Oxydation zum Farbstoff durch Zugabe von $ClSO_3H$. Man kann auch von einem wss.-feuchten Prod. ausgehen u. vor der Chlorierung W. durch Dest. entfernen. — 196 (Gewichtsteile) **I** löst man in 1000 Tetrachloräthan (**V**), trägt 1 $SbCl_3$ u. 142 SO_2Cl_2 ein, erwärmt 1 Std. auf 60°, kühlt die Lsg. (**III**) auf ca. —5°, läßt bei Aufrechterhaltung von Tempp. unter 0° 1000 $ClSO_3H$ zufließen, trägt nach einigen Std. die Reaktionsmasse auf viel Eis u. W. auf, entfernt das **V** durch Wasserdampfdest., filtriert das erhaltene *4.7-Dimethyl-5-chlor-3-oxythionaphthen* (**IV**) ab u. wäscht es mit W. säurefrei. In ähnlicher Weise erhält man aus **II** *4.6-Dimethyl-5.7-dichlor-3-oxythionaphthen.* — Kühlt man **III** auf ca. 30° ab u. läßt innerhalb 1—2 Std. 1000 $ClSO_3H$ zufließen, so erfolgt unter intermediärer Bldg. von **IV** unter Grünfärbung die Oxydation zum *4.4'-7.7'-Tetramethyl-5.5'-dichlorthioindigo.* — Statt **V** kann auch Chlf., Tetrachlorkohlenstoff, Nitrobenzol, Dichlorbenzol, Trichlorbenzol oder Dichloräthan verwendet werden. (**E. P. 692 962** vom 21/3. 1951, ausg. 17/6. 1953. Schwz. Prior. 24/3. 1950.) Roick. 7069

E. I. du Pont de Nemours & Co., Wilmington, Del., übert. von: **Hans B. Gottlieb**, Glassboro, N. J., V. St. A., *Phthalocyaninpigmente* in feinverteilter Form, die sich durch gute färberische Eigg. auszeichnen, erhält man dadurch, daß man die Phthalocyanine (**I**) (chlorfrei oder hochchloriert), die in 0,1—0,5 (Gewichtsteilen) (auf je 1 **I**) eines Lösungsm., wie A., Methanol, Aceton, Xylol, Trichlorbenzol, symm. Tetrachloräthan, Tetrachloräthylen, Trichloräthylen (**II**) u. dgl., das **I** aus der β- in die α-Form überzuführen vermag, verteilt sind, in Ggw. von 0,01—0,1 (auf 1 **I**) Polytitanium- u. Sorbitanestern von langkettigen Fettsäuren als Verteilungsmittel mit der 4—20fachen Menge eines anorgan., wasserlösl. Salzes, wie NaCl oder Na_2SO_4, in einer Kugelmühle vermahlt. — So vermahlt man z. B. 27 (lbs.) trocknes Kochsalz, 3 trocknes chlorfreies Cu-Phthalocyanin u. eine Lsg. von 1 oz. Polytitaniumstearat in 13 oz. **II** 11 Std. bei 40°, trägt die M. in 29 gals. W. ein, dest. das **II** mit Wasserdampf, filtriert, verrührt 1,5 Std. bei 65—70° mit 1%ig. HCl, filtriert, wäscht säurefrei u. trocknet bei 60°. (**A. P. 2 645 643** vom 6/10. 1950, ausg. 14/7. 1953.) ROICK. 7073

XIa. Farben. Anstriche. Lacke. Naturharze.

Pierre Delfosse, *„Omya BSH" (ein besonders hydrophobes Weiß). Ein neues Hilfspigment für Anstriche. Omya BSH* wird durch Vermahlen von Champagner-Kreide auf eine Größe von 0,1—3 μ u. Nachbehandlung unter Chemosorption eines in Lösungsmitteln u. Ölen unlösl. hydrophoben Häutchens hergestellt. D. 2,6, Schüttgewicht 1, n 1,572, Oberfläche 25000 dm^2/g, Ölabsorptionsvermögen nach GARDNER-COLEMAN 18. In Leinöl angerieben, ist die Sedimentation geringer, der Widerstand gegen Koagulation größer als bei krist. $CaCO_3$ u. anderen Weißpigmenten. (Chim. Peintures **16.** 313—18. Sept. 1953. S. A. du Blanc Omya.) STEINER. 7092

A. Krause, *Der Einfluß von Spurenelementen auf die Haltbarkeit anorganischer Metallsulfidpigmente.* Unter der Einw. von H_2O_2 bei 37° werden einige anorgan. Pigmentfarbstoffe gebleicht bzw. oxydiert. Dies kann durch Zusatz von Spurenelementen verhindert werden, die das Gitter stabilisieren. So wird (jeweils in Mengen von 0,1 g) CdS durch 10^{-4} bis 10^{-3} g Fe^{3+}, Sb_2S_3 durch Zusatz von zuerst 10^{-2} g Cu^{2+}, dann 10^{-3} g Fe^{3+} (umgekehrte Reihenfolge ungünstiger, ebenso Zusatz nur eines dieser Ionen), ZnS durch je 10^{-3} g Na^+, Ba^{2+} oder Al^{3+} stabilisiert. Gegenüber ZnS sind Fe^{3+} u. Co^{2+} ohne Wrkg., K^+, Ca^{2+} u. Ni^{2+} beschleunigen die Oxydation u. Lsg. von ZnS. (Przemysł chem. **9** (**32**). 3—5. Jan. 1953. Poznań, Uniw., Zakł. Chem. nieorgan.) R. K. MÜLLER. 7092

William Brushwell, *Polymerisation trocknender Öle durch Hitze.* 1. Mitt. Übersichtsbericht. Besprochen wird die Polymerisation (**I**) einfacher Moll., wie Pentadien, Sorbinsäureester, α-Pinen, Hexatrien, Methylcrotonat, ferner der Linolsäureglyceride u. die **I**-Geschwindigkeit dieser Reaktion. (Amer. Paint J. **38.** Nr. 12. 74. 76. 78. 80. 82. 84. 86. 88. 90. 94. 7/12. 1953.) STEINER. 7096

S. Rubin und **J. Fejgin,** *Lackharze vom Typ der Super-Bekacite.* Beschreibung der Darst. von Alkylphenolen u. ihrer Kondensation mit Formaldehyd, mit bes. Berücksichtigung der Herst. von p-Isobutylphenol aus prim. Isobutylalkohol, sowie der Rkk. der so erhaltenen „Superbekacite" mit trocknenden Ölen u. ihrer Anwendungsmöglichkeiten. (Przemysł chem. **9** (**32**). 237—40. Mai 1953.) R. K. MÜLLER. 7096

I. I. Sabolotnyi und **A. G. Tschisstjakowa,** *Oberflächenaktive Eigenschaften von Polydienfirnis.* Aus Messungen der Oberflächenspannung u. des Brechungsindex von rohem u. bei 150° polymerisiertem *Polydien* in Ggw. von Sikkativen u. Leinölfirnis schließen Vff., daß Polydienfirnisse dem Leinölfirnis in ihrer stabilisierenden Wrkg. auf die Pigmente gleichwertig sind. (Коллоидный Журнал [Kolloid-J.] **15.** 195—97. Mai/Juni 1953. Lwow, Ukr. Polygraph. Fedorow-Inst.) v. SCHROEDER. 7106

Paul O. Blackmore, *Ein halbes Jahrzehnt Fortschritt in der Anstrichtechnik.* Fortschrittsbericht. Behandelt werden: Bestrebungen zur Erhöhung der Mengen fester Bestandteile in Anstrichen; Epoxy-, neuartige Vinyl- u. Siliconalkydharze; wasserhaltige Latexfarben, Lacke mit geruchlosen KW-stoffen, neuwertige Holzgrundiermittel; neuartige Aerosol- u. Heiß-Spritztechnik (ohne Luft, unter Verwendung niedrig sd. Lösungsmittel), elektrostat. Sprühgeräte, Fließverf.; Verbrennung flüchtiger Anteile bei der Ofentrocknung durch Katalyse. (Ind. Finishing **30.** Nr. 1. 22—24. 26. 28. 30. 32. 37. Nov. 1953.) STEINER. 7106

Wayne R. Fuller, *Zehn Jahre Fortschritt in technischen Anstrichen.* Fortschrittsbericht. Behandelt werden: Möbel- u. Metallacke mit verbesserter Haftfestigkeit u. Lichtbeständigkeit; neuartige Kunstharzbindemittel; ofentrocknende Lacke mit Epoxydharzen; Methylacrylat- u. Siliconharze; Überzüge für Kunststoffe. (Ind. Finishing **30.** Nr. 1. 56—58. 60. 62. 64. 66. 70. Nov. 1953.) STEINER. 7106

Robert F. Ayres, *Phosphatieren vor dem Anstrich.* Allg. Ausführungen. (Ind. Finishing **30.** Nr. 1. 76. 78. 80. 82. Nov. 1953. Oakite Products Co.) STEINER. 7106

B. F. Ames, *Fortschritt in der organischen Anstrichtechnik 1948—53.* Fortschrittsbericht. Behandelt werden: Siliconcopolymere, Vinyl-, Epoxy- u. modifizierte Harze, Chlorkautschuk; Metallüberzüge von Cu-, messing-, bronze- oder Au-artigem Aussehen; chemikalienfeste farblose Lacke; pilzbeständige Überzüge; vorübergehender Rostschutz durch abziehbare Filme; Splitterschutz für Glas u. Porzellan; Vielfarbeneffekt durch das „*Plexton*"-Spritzverfahren. (Ind. Finishing **30.** Nr. 1. 38—40. 42. 44. 46. Nov. 1953.) STEINER. 7106

K. A. Spencer und **H. B. Footner,** *Schutzüberzüge für vergrabene Rohrleitungen.* Überblick über den Schutz von Rohrleitungen durch Bitumen- oder Pechanstriche mit u. ohne Füllstoffe. Bericht über die neueste Entw. der Schutztechnik. Angaben über die Prüfung der Anstriche. (Chem. and Ind. **1953.** 448—55. 9/5.) J. FISCHER. 7106

J. Rousset, *Herkunft der Kopale und Dammarharze.* Übersichtsbericht. — 25 Literaturhinweise. (Peintures, Pigments, Vernis **29.** 725—28. Sept. 1953.) STEINER. 7140

Max Berthet und **Jourquin,** *Ausschmelzen und Verestern des Kongokopals.* Die Eigg. der geschmolzenen Kopale (I), vor allem Farbe u. Härte, sind von der Wahl geeigneter Rohprodd. abhängig. Die mit Rührwerk u. guter Abzugsvorr. versehenen, möglichst hohen, kon., stabilen oder fahrbaren Schmelzkessel sollen aus rostfreiem Stahl oder Al, aber nicht aus Cu sein. Zusatz von Kolophonium ist nur bei nachfolgender Esterifizierung zu empfehlen. Der Verlauf des Schmelzvorgangs erfolgt durch Best. der „Verträglichkeitszahl" mit Whitesprit (II): 1 g I wird mit 1 cm^3 II mäßig erwärmt u. nach Abkühlung II tropfenweise bis zur beginnenden Trübung zugefügt, Gesamtmenge II in cm^3 = Verträglichkeitszahl. „Slack melt" (III) erhält man durch kürzeres Erhitzen bei 325°, „White melt" (IV) bei längerem, rascherem Erhitzen auf 330°. Die Verträglichkeitszahl ist bei III 1,5—2,5, bei IV mindestens 4,5. Bei III sind F., SZ. u. Viscosität höher, Gewichtsverlust, Verfärbung u. Löslichkeit in Leinöl geringer als bei IV. Beim Schmelzen zwecks nachfolgender Esterifizierung erhöht man die Verträglichkeitszahl durch längeres Erhitzen auf 6—8, fügt nach Abkühlen bei 280° 4,5% Glycerin bzw. 5% Pentaerythrit zu u. beläßt das Gemisch mindestens 2 Std. bei dieser Temp.; die SZ. der Ester soll 5—10 betragen. (Chim. Peintures **16.** 319—27. Sept. 1953. Wettersen, Poudrerie Royale.) STEINER. 7140

Henri L. Rosano und **Ginette Vaillet,** *Messung der mittleren Teilchengröße mit dem Oberflächenmanometer.* Die von DEVAUX (C. **1931.** II. 2579), GUASTALLA (C. **1940.** I. 1392) u. GRAY (C. **1951.** I. 1980) entwickelte App. wurde zur Oberflächenmessung von Pigmentteilchen (I) eines auf einer Wasseroberfläche schwebenden monomol. Films verwendet. Die I werden durch Stearylamid-HCl oder Lauryl-Pyridiniumbromid in wss., durch Caprylsäure + Polystyrol in Benzolsuspension in Schwebe gehalten. Die Isothermen von Cr_2O_3, Al_2O_3, MoO_3, Talkum u. kugeliger Glasteilchen verschied. Durchmessers wurden ermittelt. Man kann die Filmdicke aus der I-Menge, D. u. eingeschlossenen Luft bestimmen. Die mittlere Teilchengröße kann durch einen Faktor (II) ermittelt werden. Durch Vgl. mit den Ergebnissen direkter mkr. Betrachtung ergibt sich dieser II für Kugelteilchen mit 1,65, für unregelmäßige Teilchen ist er etwas niedriger. (Peintures, Pigments, Vernis **29.** 719—24. Sept. 1953.) STEINER. 7152

G. Génin, *Anstrich auf Gipsstuck. Verfahren zur Kurzzeitprüfung von für diesen Zweck bestimmten Anstrichen.* Täfelchen, hergestellt aus einer Mischung von CaO, W. u. $CaSO_4$ (2 : 2 : 1), werden nach 3 Tagen mit dem zu prüfenden Anstrichmittel (1 cm^3 auf 1 dm^2) versehen u. in einer, durch mit 2%ig. Na_2CO_3-Lsg. getränkte Baumwolläppchen feucht gehaltenen Atmosphäre (Petrischalen) auf etwaige Veränderungen (Verfärbung, Blasenbldg. u. a.) geprüft. Am besten geeignet sind Latexfarben u. Butadien-Styrol-Copolymere. (Peintures, Pigments, Vernis **29.** 729—32. Sept. 1953.) STEINER. 7158

Consortium für elektrochemische Industrie G. m. b. H., München, *In Lösungsmitteln lösliches Polyvinylchlorid* (I) erhält man, wenn man reines, gelöstes oder dispergiertes Vinylchlorid in Ggw. geringer Mengen eines nicht zur Bldg. von I geeigneten Äthylenderiv., z. B. Tri- oder Tetrachloräthylen, trans-Dichloräthylen, Allylbromid oder Trichloracrylsäureäthylester, polymerisiert; I ist bes. für Lacke geeignet. (**Schwz. P. 291 203** vom 6/8. 1943, ausg. 1/9. 1953. D. Priorr. 1/9. u. 14/10. 1942.) MÖLLERING. 7097

National Starch Products, Inc., New York, N. Y., V. St. A., *Kunstharze für Klebstoffe, Überzüge oder Lacke.* In einem organ. Lösungsm., das die Monomeren u. das Polymerisat löst, wird ein Gemisch aus *Vinylacetat* (I) u. nicht mehr als 10% einer α.β-*ungesätt. Dicarbonsäure* oder deren Monoester in Ggw. von H_2O_2 oder einem organ. Peroxyd polymerisiert. — Z. B. wird eine Lsg. von 300 (Teilen) I, 6 Maleinsäureanhydrid u. 1,5 Benzoylperoxyd in 100 wasserfreiem Äthylacetat (II) unter Rückfluß auf 71° erwärmt, nach 3 Std. setzt man 90 II u. nach weiteren 2 Std. 45 II nach. Nach 32 Std. ist die Polymerisation beendet. Die erhaltene Lsg. kann mit einer wss. 10%ig. Polyvinylalkohollsg. emulgiert werden. — Auch ein Gemisch aus 306 I u. 9 Monopropylmaleat ist geeignet. (**E. P. 697 604** vom 17/1. 1950, ausg. 23/9. 1953. A. Prior. 21/1. 1949.) Mölleking. 7097

Bakelite G. m. b. H., Frankfurt/M. (Erfinder: **Rudolf Barthel**, Kiel), *Herstellung eines öllöslichen, hellfarbigen Kresolformaldehyd-Kondensationsproduktes*, dad. gek., daß man 1.3.5-Isopropylkresol (I) in Ggw. eines sauren Kondensationsmittels mit CH_2O umsetzt, das erhaltene Kondensationsprod. zweckmäßig in an sich bekannter Weise in Ggw. eines mit W. nicht oder nur wenig mischbaren Lösungsm. entwässert u. das entwässerte Prod. mittels Säurechloriden bzw. Säureanhydriden acyliert. — Z. B. werden 300 (Teile) eines aus I u. CH_2O in Ggw. von Oxalsäure hergestellten Kondensationsprod. mit 240 Essigsäureanhydrid (II) 15 Std. auf 130° erhitzt. Die gebildete Essigsäure (III) wird zwischendurch abdest. u. eine entsprechende Menge II zugesetzt. Zum Schluß wird überschüssiges II sowie III unter Verwendung von Xylol im Vakuum azeotrop abdestilliert. Helles, hartes Harz, lösl. in fetten Ölen, wie Holzöl oder Leinöl. Nach Verdünnung mit Xylol, sowie Sikkativierung ergibt es einen rasch auftrocknenden *Lack*. (**D. B. P. 900 494** Kl. 39c vom 12/6. 1938, ausg. 28/12. 1953.) Herbst. 7097

Armour & Co., übert. von: **Sydney H. Shapiro** und **Wesley A. Jordan**, Chicago, Ill., V. St. A., *Esteramide*. Man erhitzt eine Carbonsäure, deren Säurehalogenid, Amid oder Ester (Essig-, Palmitin-, Linolen-, Cyclohexancarbon-, Furancarbon-, Benzoe-, Cumarin-3-carbon-, Phthal-, Bernsteinsäure-, Aminosäuren, Sulfonsäuren) mit einer Aminooxyverb. (Monoäthanolamin, Aminoäthyläthanolamin, N-Phenyläthanolamin; 2-Amino-1-butanol; 2-Amino-2-methyl-1.3-propandiol, p-Aminobenzylalkohol, m-Aminophenyläthanol; 1-Oxy-6-aminohexan; 1-Oxy-10-aminodecan) auf wenigstens 150°, bis wenigstens eine OH-Gruppe u. eine Aminogruppe mit der Säure umgesetzt sind.

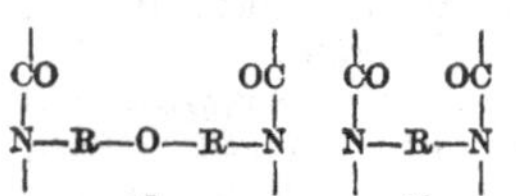

I II

Die gebildeten Esteramide werden dann noch mit einem Aldehyd (Aldol, Glyoxal, Formisobutyraldol, Furfurol, Acrolein, Aldehydzucker) auf über 150° erhitzt, bis die Endprodd. die Struktureinheit I oder II (R = Aldehydrest) besitzen. — Zu auf 150° erhitzten u. mit inerten Gasen geblasenen Leinölfettsäuren gibt man innerhalb 15—20 Min. Trisoxymethylaminomethan, erhitzt 3 Std. auf 220° u. noch 2 Std. auf 230°, bis die SZ. ca. 2—5 beträgt. Das gebildete Esteramid wird dann mit Paraformaldehyd 1 Std. auf 175° u. ½ Std. bei 10 mm Hg auf 200° erhitzt. — Verwendung für *Überzugsmassen, Lacke, Firnisse* u. *Emaillacke*. (**A. P. 2 559 440** vom 12/7. 1944, ausg. 3/7. 1951.) Krauss. 7097

Pittsburgh Plate Glass Co., Allegheny County, Pa., übert. von: **Howard L. Gerhart**, Milwaukee, Wis., V. St. A., *Harzartiges Produkt für Farben und Firnis mit gutem Netzvermögen für Pigmente*. Ein Gemisch aus einem Fettsäureglycerid (Lein- oder Sojaöl, auch Baumwollsamen-, Oiticica- oder Holzöl), Cyclopentadien u. einem Terpen (Dipenten, Terpinolen, Limonen, Camphen oder Bornylen) wird im Autoklaven bei >200°, zweckmäßig bei 250—300°, unter Druck umgesetzt. Die Rk. wird durch Schwermetallsalze katalysiert. (**A. P. 2 640 415** vom 15/10. 1948, ausg. 3/3. 1953.) Mölleking. 7097

Montclair Research Corp. und **Ellis-Foster Co.**, übert. von: **John B. Rust**, East Hanover, N. J., V. St. A., *Tallölester*. Man erhitzt ca. 2—2½ (Mol) Tallöl (I) mit 1—½ eines Dicarbonsäuremonoalkenylesters u. 1—1,1 eines mehrwertigen Alkohols mit mehr als 2 OH-Gruppen auf 180—300°, vorteilhaft 200—250°. — Z. B. erhitzt man eine Mischung aus 1⅓ I, 0,525 Pentaerythrit auf 210—220° ca. 5½ Std. u. nach Zugabe von Maleinsäuremonoallylester in Ggw. von p-Toluolsulfonsäure 12 Std. auf 175—190°, wobei ein *viscoses Öl* entsteht, SZ. 12,2; Gelierungszeit 4 Min.; Trockenzeit 8 Std.; Sward-Rocker-Härte nach 48 Std. 39. Als Alkohol ist noch verwendbar Glycerin u. als Säureester Monoallylphthalat. *Lackrohstoff*, bes. für Überzugsmassen. (**A. P. 2 503 772** vom 26/10. 1946, ausg. 11/4. 1950.) Krauss. 7097

Vitex Soc. An., Anciens Établissements J. Canquet, Le Bouscat, Frankreich, *Kondensierte Naturharze*. Gereinigtes Kolophonium mit ca. 50% Abietinsäure wird mit 44 (%) seines Gewichtes CH_2O u. 2 $(COOH)_2$ (bzw. Phthalsäure) 6 Std. am Rückflußkühler im Sieden gehalten u. die gebildeten Terpene abdestilliert. Man erhält ein viscoses *Lackharz* mit der SZ. 89, VZ. 11,5, das verestert oder mit Phenolharz kondensiert werden kann. (**E. P. 685 933** vom 22/3. 1950, ausg. 14/1. 1953.) SALZMANN. 7097

Irven G. Cooper, Silver Spring, Md., V. St. A., *Spachtelmasse*, bestehend aus 13—19 (Teilen) Paraffin, 5—7 Paraffinöl, 4—10 Holzmehl mit einem 1% des Gemisches nicht übersteigenden Zusatz von Seife u. Borax in gleichen Mengen, zum Verkitten von Rissen u. Fugen, bes. von Holzfußböden. (**A. P. 2 648 612** vom 19/2. 1952, ausg. 11/8. 1953.) GRÄGER. 7097

Battelle Development Corp., übert. von: **Benson G. Brand,** Columbus, O., V. St. A., *Schutzüberzugsmittel*, bes. für elektr. Vorr., wie Kondensatoren, Umformer, Spulen, Isolatoren oder Widerstände. Man erhitzt 65—40(%) Chinaholzöl mit 35—60 Polyterpen (oder Polystyrol oder -cumaroninden) auf 230—245° u. verd. den so erhaltenen *Firnis* mit einem geeigneten Verdünnungsmittel, wie Xylol, Toluol oder Bzl., worauf vorzugsweise zu 65 des nichtflüchtigen Firnis 25 Glimmer, bes. in Blättchenform, u. 10 TiO_2 zugesetzt wird. (**A. P. 2 649 424** vom 11/10. 1950, ausg. 18/8. 1953.) GRÄGER. 7107

Badische Anilin- & Soda-Fabrik Akt.-Ges., Ludwigshafen/Rh. (Erfinder: **Hans Krzikalla,** Heidelberg), *Verhinderung von Pflanzenbewuchs auf Gegenständen*, die der Einw. von W. ausgesetzt sind. Man versieht deren Oberfläche mit einem *Überzug* aus den üblichen Bindemitteln, die ca. 1—15% schwer lösl., bes. Cu-, Ba-, Ca- oder Hg-Salze von carboxylgruppenhaltigen Wuchsstoffen, bes. 2.4-Dichlorphenoxyessigsäure, β-Naphthyl- oder β-Indolylessigsäure, enthalten. (**D. B. P. 900 733** Kl. 22g vom 21/12. 1951, ausg. 4/1. 1954.) GRÄGER. 7107

American Cyanamid Co., New York, N. Y., übert. von: **Frank R. Spencer,** Stamford, Conn., V. St. A., *Kraterfreien Film bildendes Überzugsmittel*, bestehend aus einem gleichmäßigen Gemisch aus 10—50 (Teilen) eines Aminoplastharzes, wie Melamin- oder Harnstoff–CH_2O-Harzes, das auch butyliert sein kann, 90—50 eines Alkydharzes, das mit 26—50% eines halb- oder nichttrocknenden Glyceridöls oder deren Fettsäuren modifiziert ist, wobei letztere 0,5—10% eines polymeren Alkylesters einer α.β-ungesätt. Carbonsäure enthalten, wie Polybutylacrylat oder -fumarat, u. einem Lösungsm., wie Xylol. Die Alkydharze können auch nicht oder nur schwach mit halb- oder nichttrocknenden Ölen oder deren (bis 25%) Fettsäuren modifiziert sein. Geeignet für *Einbrennlacke*. (**A. PP. 2 648 642** u. **2 649 423** vom 21/1. 1950, ausg. 11/8. u. 18/8. 1953.) GRÄGER. 7107

Kunststoffwerk M. & S. G. m. b. H., Köln-Poll, *Härten von Kunstharzüberzügen*, bes. von beschädigten Ausbesserungsstellen in Behältern u. Rohren aus Al u. Fe. Der Aufstrich von z. B. Phenolharz wird durch Aufblasen von heißer Druckluft (130—220°), ohne Abdecken der Außenhaut, gehärtet. (**E. P. 687 145** vom 10/10. 1949, ausg. 11/2. 1953. Schwz. Prior. 1/8. 1949.) SALZMANN. 7107

XIb. Plaste (Kunstharze. Plastische Massen).

Monsanto Chemical Co., St. Louis, Mo., übert. von: **Earl W. Gluesenkamp,** Centerville, O., *α-Äthyl-n-hexansäure-β'-[N-phenyl-N-(α''-äthylhexanoyl)-amino]-äthylester.* Aus N-(β-Oxyäthyl)-anilin u. α-Äthylhexansäure in sd. Toluol. $Kp._{1,5}$ 212°. — *Weichmacher.* (**A. P. 2 624 755** vom 27/2. 1948, ausg. 6/1. 1953.) LANGER. 7171

Farbwerke Hoechst Akt.-Ges. vormals Meister Lucius & Brüning, Frankfurt/M. (Erfinder: **Werner Kern,** Hofheim/Taunus, und **Friedrich Heim,** Frankfurt/M.), *Emulsionspolymerisation* ungesätt. organ. Verbb. in Ggw. von nichthemmenden Reduktionsmitteln, dad. gek., daß man die Rk. in Ggw. von Fe-Verbb. u. von O_2 u. ohne Zusatz von O_2-abgebenden Stoffen durchführt. In den Beispielen sind als Reduktionsmittel Dioxyaceton, Formaldehydsulfoxylate usw. u. als Fe-Verbb. Ferroammonsulfat u. MOHRsches Salz, gegebenenfalls zusammen mit Na-Phosphaten zur Verhinderung eines $Fe(OH)_3$-Nd., genannt. (**D. B. P. 904 590** Kl. 39c vom 21/11. 1943, ausg. 22/2. 1954.) SCHINDLER. 7171

Monsanto Chemical Co., St. Louis, Mo., übert. von: **Thomas Boyd,** Springfield, Mass., V. St. A., *Polymerisation von Äthylen mit „Alfin"-Katalysatoren* in fl. Phase bei —80 bis +9° unter 10 at bei —80 bis 55 at bei 9° in Ggw. eines Katalysators, der eine Mischung aus einem Na-Alkenyl, z. B. Na-Allyl, eines aliphat. Olefins u. einem Na-Alkoxyd, abgeleitet von Methylalkylcarbinol, z. B. Isopropanol, ist. (**A. P. 2 606 179** vom 23/3. 1950, ausg. 5/8. 1952.) UNGER. 7173

American Viscose Corp., Wilmington, Del., übert. von: **Frank Gardiner Pearson,** Bryn Mawr, Pa., V. St. A., *Mischpolymerisate* aus *Trifluorchloräthylen* (**I**) u. *1-Fluor-1-chloräthylen* (**II**) erhält man durch Behandlung von 60—90, bes. 87 (Mol-%) **I** u.

10—30, bes. 13 II in Acetonlsg. unter Zusatz von 1% eines Gemisches aus $Pb(C_2H_5)_4$ u. tert.-Butylperoxyd durch UV-Bestrahlung über 144 Stunden. Das Polymerisat schm. bei 190° u. eignet sich für plast. Massen, Fäden, Filme, Klebmittel, Überzüge u. dergleichen. (**A. P. 2631998** vom 1/10. 1948, ausg. 17/3. 1953.) MÖLLERING. 7173

Pan American Refining Corp., Texas City, übert. von: **Francis T. Wadsworth**, Dickinson, Tex., V. St. A., *Lichtbeständige Harze* mit niedriger JZ. erhält man durch Pyrolyse ungesätt. KW-stoffe, z. B. einer *Diprolen*-Fraktion, bei ca. 260—343°, bes. bei 301°, in Ggw. von 0,5—5(%) BF_3 u. 0,02—2, bes. 0,02, J_2. (**A. P. 2 631 996** vom 20/12. 1951, ausg. 17/3. 1953.) MÖLLERING. 7173

Monsanto Chemical Co., St. Louis, Mo., übert. von: **Harold F. Park**, East Longmeadow, Mass., V. St. A., *Emulsionspolymerisation von Vinylchlorid.* Man polymerisiert in mindestens 40% ig. Lsg. bei einem p_H-Wert von 5—8 u. in Ggw. einer Perverb., bes. $K_2S_2O_8$ (I), u. eines Dispergiermittels (II), bes. Na-Sulfonat des Dioctylbernsteinsäureesters, wobei auf 100 (Teile) Vinylchlorid 0,01—0,5 II u. nicht mehr O_2, als in 0,06 I verfügbar, u. auf 100 W. so viel O_2, wie in 0,01—0,00001 I verfügbar, kommen soll. (**A. P. 2 624 724** vom 26/2. 1948, ausg. 6/1. 1953.) LÜTTGEN. 7173

Imperial Chemical Industries Ltd., London, England (Erfinder: **Bernard Stephen Dyer** und **Austin Atkinson Gibson**), *Herstellung von Polyvinylchloriddispersionen*, dad. gek., daß der Zusatz des Emulgators zu dem aus W., Vinylchlorid, gegebenenfalls mischpolymerisierbaren Verbb. u. Katalysator bestehenden Reaktionsgemisch erst nach Beginn der Polymerisation, aber vor Beginn der Koagulation erfolgt. (**E. P. 699 016** vom 15/6. 1950 u. 22/3. 1951, ausg. 28/10. 1953.) LÜTTGEN. 7173

Farbwerke Hoechst Akt.-Ges. vormals Meister Lucius & Brüning (Erfinder: **Gerhard Bier**), Frankfurt/M., *Herstellung von OH-Gruppen enthaltenden Mischpolymerisaten des Vinylchlorids*, dad. gek., daß man Di- oder Polyalkohole, die teilweise mit ungesätt., polymerisierbaren Verbb. veräthert oder verestert sind, zusammen mit Vinylchlorid, gegebenenfalls in Ggw. weiterer polymerisierbarer Verbb., polymerisiert. — Z. B. werden paraffinsulfonsaures u. formaldehydsulfonsaures Na mit Vinylchlorid u. -acetat u. Glykolmonocrotonat (aus Crotonsäure u. Äthylenoxyd) in Ggw. von H_2O_2 mischpolymerisiert bei 50—55°. Geeignet als *Lackrohstoff*, zur Herst. von *Filmen* u. *Kunststoffen* zur Hartverarbeitung. (**D. B. P. 904 593** Kl. 39c vom 3/7. 1951, ausg. 22/2. 1954.) SCHINDLER. 7173

Dow Chemical Co., übert. von: **Walter J. Le Fevre** und **Harold W. Moll**, Midland, Mich., V. St. A., *Herstellung von Vinylchlorid-Vinylidenchlorid-Mischpolymerisaten.* Man polymerisiert in Emulsion ein Gemisch aus 35—70(%) Vinylidenchlorid (I) u. 65—30 Vinylchlorid (II), bis 10—60 der Monomeren polymerisiert sind, gibt weiteres I zu, um ein Mischpolymerisat von 65—95 I u. 35—5 II zu erhalten, u. bricht das Verf. ab, wenn 80 der monomeren polymerisiert sind. (**A. P. 2 640 050** vom 12/4. 1950, ausg. 26/5. 1953.) LÜTTGEN. 7173

Imperial Chemical Industries Ltd., London, England (Erfinder: **Ivan Harris**), *Polymerisate* mit einem Geh. von mindestens 50% Vinylchlorid (I) erhält man durch Emulsionspolymerisation in Ggw. von mindestens 2 Emulgiermitteln, von denen eins in W., das andere in dem Monomeren lösl. ist, u. einem im Monomeren lösl. Katalysator, z. B. organ. Peroxyde, Benzylhyponitrit oder Azoverbb. mit der Gruppe ≡C—N=N—C≡, wie α,α'-Azodiisobutyronitril (II). Als Emulgatoren dienen Seifen u. Sulfonate bzw. Fettalkohole oder Fettsäureester. — Eine Emulsion aus 1200 (Teilen) I, 1900 W., 12 II, 19 Na-Laurylsulfat u. 24 Cetylalkohol wird kräftig gerührt u. auf 50° erwärmt. Nach 5 Std. erhält man eine Harzmilch mit Teilchengröße von 2 μ. Die hochkonz. u. niedrigviscose Paste dient als *Imprägniermittel* u. zur Herst. von *Preß-* u. *Spritzmassen.* (**E. P. 698 359** vom 30/4. 1951, ausg. 14/10. 1953.) MÖLLERING. 7173

Farbwerke Hoechst Akt.-Ges. vormals Meister Lucius & Brüning, Frankfurt/M. (Erfinder: **Adolf Weihe**, Köln, und **Fritz Herrlein**, Frankfurt/M.), *Herstellung von Polyvinylacetalen* nach D. B. P. 891 745, dad. gek., daß nach Ablauf der Acetalisierung das Reaktionsgemisch zweckmäßig auf über 20°, z. B. 40—80°, erwärmt wird. Die Endprodd. fallen dadurch körniger an, u. die im Überschuß angewendeten niederen Aldehyde können wiedergewonnen werden. (**D. B. P. 904 592** Kl. 39c vom 1/9. 1939, ausg. 22/2. 1954. **Zusatz zu D. B. P. 891 745; C. 1954. 208.**) SCHINDLER. 7173

Shawinigan Resins Corp., übert. von: **Wilfred K. Wilson**, Springfield, Mass., V. St. A., *Wasserlösliche Mischpolymerisate* erhält man durch Emulsionspolymerisation von 10 (Mol) Vinylester mit 0,25—1 Monoalkylester der Maleinsäure, der mit Alkali umgesetzt ist. — 6,6 (Teile) Monoisopropylmaleat, das mit 0,52 NH_4OH-Lsg. (58% ig) umgesetzt ist, werden mit 93 Vinylacetat in 100 W. unter Zusatz von 1,8 Benzoylperoxyd bei 80° umgesetzt. Das ausgefallene perlförmige Polymerisat wird mit W. gewaschen, es ist in Bzn. u. A. sowie — nach Behandlung mit NH_4OH-Lsg. — auch in W. löslich. Die Prodd. eignen sich für *Überzüge* u. *Klebmittel*. (**A. P. 2 643 246** vom 29/5. 1951, ausg. 23/6. 1953.) MÖLLERING. 7173

Koppers Co., Inc., übert. von: **Gaetano F. D'Alelio**, Pittsburgh, Pa., V. St. A., *Herstellung von als Anionenaustauscher verwendbaren Harzen*. Man mischpolymerisiert ein Gemisch aus 98—75(%) monomerem Vinylpyridin oder Vinylchinolin u. 2—25 einer aliphat. Vinyläthinylverb., bes. Divinylacetylen, oder Vinylacetylen. (**A. P. 2 623 013** vom 24/9. 1949, ausg. 23/12. 1952.) LÜTTGEN. 7173

Sherwin-Williams Co., Cleveland, übert. von: **Oliver J. Grummitt** und **Robert E. Blank**, Cleveland, **Herbert F. Schwarz**, Flossmoor, Ill., V. St. A., *Weichmacher für Polyvinylhalogenide*, bestehend aus dem Mono- (oxyaliphat.) Säureester (mit 18 bis 24 C-Atomen) eines mehrwertigen Alkohols, bes. dem *Acetylricinol-* oder *Dioxystearinsäureester* des *Glycerins*. (**A. P. 2 618 622** vom 17/1. 1950, ausg. 18/11. 1952.) SALZMANN. 7173

E. F. Drew & Co., Inc., New York, übert. von: **Emery J. Valko**, Mountain Lakes, N. J., V. St. A., *Plastifiziertes Vinylchloridacetatmischpolymerisat*. Als Weichmacher werden Ester des Tetrahydrofurfurylalkohols mit einer Mischung von Harz- u. Fettsäuren (mit 10—22 C-Atomen) verwendet, die eine SZ. <10 besitzen, z. B. die Ester einer Mischung von hellem Harz u. Tall-, Leinöl- oder Cocosfettsäuren oder von Caprin-, Capron- u. Caprylsäure. (**A. P. 2 616 865** vom 7/5. 1949, ausg. 4/11. 1952.) SALZMANN. 7173

Titan Co., Inc., New York, N. Y., V. St. A., *Stabilisierte Vinylhalogenidharze*. Als Stabilisierungsmittel, bes. für Vinylchloridacetat-Mischpolymerisate, wird mono- oder dibas. *Pb-Phthalat* der Formel $PbOPbC_6H_4(COO)_2$ verwendet. (**E. P. 687 425** vom 9/6. 1950, ausg. 11/2. 1953. A. Prior. 10/6. 1949.) SALZMANN. 7173

Lamitex Products, Inc., New York, N. Y., übert. von: **Talbot A. Lancaster**, Canterbury, Conn., V. St. A., *Poröse Filme aus Vinylharzen*, bes. Mischpolymerisaten, Polyamiden, Natur- u. Kunstkautschuk, Polyäthylen u. Cellulosederivaten. Eine Suspension von 100 (Teilen) Vinylchlorid(96%)acetat(4%)-Mischpolymerisat in 100 Dioctylphthalat, 25 Xylol u. 25 eines Mineralölverdünnungsmittels wird in einer Dicke von 25,4 μ auf ein endloses Metall- oder Gewebeband oder eine mit Methylcellulose imprägnierte Papierbahn gebracht. Nach einer Trocknung bei 200° erhält man einen Luft u. Feuchtigkeit durchlassenden selbsttragenden Film; dieser kann auch für Verbundfolien verwendet werden. Die Porengröße richtet sich jeweils nach der Verdampfungsgeschwindigkeit (abhängig von der Bandgeschwindigkeit) des Dispergiermittels. Herst. von Verpackungsmaterial. (**A. P. 2 618 580** vom 18/1. 1949, ausg. 18/11. 1952.) SALZMANN. 7173

Christopher Lumley Wilson, Columbus, O., V. St. A., *Zusammengedrückter Kunstschwamm*. Schwammförmiges Polyvinylformal mit 35—80% OH-Gruppen u. höchstens 3% W. wird zwischen Platten einem Druck von mindestens 7 at ausgesetzt. Die mit W. angequollene Platte nimmt wieder ihr früheres Vol. an. (**E. P. 686 635** vom 16/1. 1951, ausg. 28/1. 1953. A. Prior. 18/3. 1950.) SALZMANN. 7173

E. I. du Pont de Nemours & Co., Wilmington, Del., übert. von: **George Moore Rothrock**, Kenmore, N. Y., V. St. A., *Kontinuierliche Mischpolymerisation von Acrylnitril und Vinylpyridin*. Man löst Acrylnitril u. 2—8% Vinylpyridin kontinuierlich in einer wss. Lsg., die einen Katalysator, z. B. $\alpha.\alpha'$-Azodiisobutyronitril, enthält u. einen p_H-Wert von <6 aufweist, u. hält den p_H-Wert durch Säurezugabe konstant. — Diagramm. (**A. P. 2 640 049** vom 2/3. 1948, ausg. 26/5. 1953.) LÜTTGEN. 7173

Monsanto Chemical Co., St. Louis, Mo., übert. von: **Tevis Shusman**, Longmeadow, Mass., V. St. A., *Katalysator für die Styrolpolymerisation*. Hierzu dient ein Gemisch aus tert.-Dibutylperoxyd u. tert.-Butylperacetat. Man erhält Polymerisate mit sehr geringem Geh. an Monomeren u. in CH_3OH lösl. Anteilen. (**A. P. 2 647 111** vom 6/12. 1950, ausg. 28/7. 1953.) MÖLLERING. 7173

Dow Chemical Co., übert. von: **James L. Amos** und **Carroll T. Miller**, Midland, Mich., V. St. A., *Auch bei Wärmeeinwirkung raumbeständige Mischpolymerisate* aus *Styrol* (I) u. *α-Methylstyrol* (II) erhält man durch Behandlung eines Mischpolymerisates mit einem Geh. von 90—50(%) I u. 10—50 II bei Tempp. zwischen 70° u. $t^0 = 147 - 0{,}78 \cdot x$ (x = %-Geh. an II), worauf man in 2. Stufe bei <50 mm Hg u. <60 Min. auf 240—280° erhitzt u. flüchtige Anteile verdampft. — Nach A. P. 2 638 466 wird in 2. Stufe ohne Vakuum auf 240—280° erhitzt u. anschließend das Prod. in eine Zone von <25 mm Hg übergeführt. — Die erhaltenen Prodd. haben <1% in CH_3OH lösl.

Anteile u. ergeben farblose *Spritz-* u. *Preßmassen* mit guten dielektr. Eigenschaften. — Reaktionsschema. (**A. PP. 2 638 465** u. **2 638 466** vom 3/1. 1950, ausg. 12/5. 1953.) MÖLLERING. 7173

Dow Chemical Co., übert. von: **Henry W. Wehr jr.**, Midland, und **William C. Sager jr.**, Bay City, Mich., V. St. A., *Plastische Masse.* Aromat. Vinylharze, bes. Polystyrol u. seine Halogenderivv., werden mit 0,5—4% hellem Mineralöl vom Kp. 200 bis 600° (Viscosität 10—70 cSt/38°) versetzt, das nur aus gesätt. aliphat. KW-stoffen besteht; hierdurch wird der Fluß des Harzes während des Formens vermindert u. der Formkörper leichter aus der Form gehoben. (**A. P. 2 619 478** vom 14/11. 1949, ausg. 25/11. 1952.) SALZMANN. 7173

Devoe & Raynolds Co., Inc., New York, N. Y., übert. von: **Sylvan Owen Greenler**, Louisville, Ky., V. St. A., *Polymere mehrwertige Alkohole* erhält man durch Erhitzen eines mehrwertigen ein- oder mehrkernigen Phenols (Resorcin, Hydrochinon, Brenzcatechin, Phloroglucin; p.p'-Dioxybenzophenon; p.p'-Dioxydiphenyl; p.p'-Dioxydibenzyl; o.p.o'.p'-Tetraoxydiphenyldimethylmethan, Hämatoxylin, mehrwertige Oxynaphthaline u. -anthracene) mit einer Polyepoxyverb. z. B. auf 50—250°. — Aus 1 (Mol) Bisphenol (I = p.p'-Dioxydiphenyldimethylmethan) + 1 Bis-(2.3-epoxypropyl)-äther (II) bei 200° nach 30 Min. *Prod.* III, Erweichungspunkt 113°. — I + Butylendioxyd bei 145° nach 30 Min. → *Prod.* mit Erweichungspunkt 146°; bei 200° nach 60 Min. *Prod.* mit Erweichungspunkt 200°. — Resorcin + II bei 175° nach 60 Min. *Prod.* mit Erweichungspunkt 84°. — Die Kondensation kann auch in Ggw. von wenig NaOH durchgeführt werden. Die herstellbaren Alkohole lassen sich verestern. — Zwischenprodd. für *Kunstharze.* (**E. P. 675 171** vom 15/12. 1947, ausg. 9/7. 1952. A. Prior. 12/5. 1944.) KRAUSS. 7177

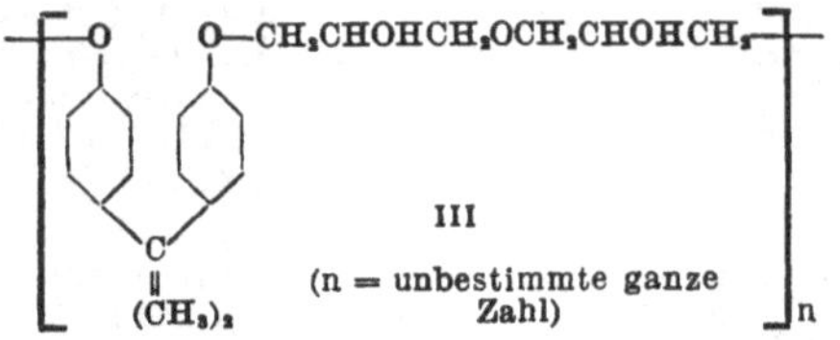

III

(n = unbestimmte ganze Zahl)

American Cyanamid Co., New York, N. Y., übert. von: **Andrew A. Varela**, Old Greenwich, Conn., V. St. A., *Melamin-Formaldehyd-Harz-Massen*, bestehend aus 35 bis 45% des Melaminkunststoffes u. 65—55% eines Füllstoffes aus Porzellanerde u. Glasfasern, worin die erstere 10—20% u. das Fasergut 90—80% ausmachen. Derartige Massen entwickeln beim Heißverformen in wesentlich geringerem Maße HCN als Massen ohne Porzellanerde. (**A. P. 2 639 277** vom 23/10. 1951, ausg. 19/5. 1953.) HERBST. 7181

E. I. du Pont de Nemours & Co., übert. von: **Walter M. Bruner** und **Hamline M. Kvalnes**, Wilmington, Del., V. St. A., *Herstellung von Melamin-Formaldehyd-Kondensaten.* Man erhält fl., wss. Reaktionsprodd., die frei von Trübungen sind, durch Erhitzen von CH_2O (I) mit einer wss. Lsg. von Melamin (II) auf 120—160° unter genügendem Druck, um das W. in der fl. Phase zu halten. Mol.-Verhältnis der Reaktionsteilnehmer: 4—15 (Mol) I:1 II, 2—5 W.:1 II, p_H-Wert 7—9. — Zeichnung. (**A. P. 2 640 041** vom 9/3. 1950, ausg. 26/5. 1953.) LÜTTGEN. 7181

Celanese Corp of. America, übert. von: **Henry Dreyfus**, London, England, *Herstellung von hochpolymeren Kunststoffen.* Man erhitzt Diurethane der Formel $C_6H_5O \cdot OC \cdot NH-R-NH \cdot CO \cdot OC_6H_5$ (R = Polymethylenrest), z. B. Tetramethylen- oder Oktamethylendiphenylurethan, mit äquimol. Mengen von Monoäthanolamin auf 100 bis 250° unter Abdestillieren des frei werdenden Phenols. (**A. P. 2 623 867** vom 25/10. 1947, ausg. 30/12. 1952. E. Prior. 23/1. 1939.) LÜTTGEN. 7181

E. I. du Pont de Nemours & Co., übert. von: **Ralph C. Schreyer**, Wilmington, Del., V. St. A., *3-Methylheptamethylendiamin* (I). Man erhitzt 5-Methyl-5-hexensäurenitril in Ae. mit CO + H_2 in Ggw. eines Co-Katalysators auf 150—175° bei 700 at, behandelt das entstandene *6-Cyan-3-methylhexanal* mit NH_3, H_2 u. einem Co-Katalysator bei 160—170° u. 700 at u. erhält I: $Kp._{0,4-0,6}$ 53—60°; n_D^{23} 1,4601. — Analog: *2.5-Dimethylheptamethylendiamin*, $Kp._{2,5-3}$ 75—78°; n_D^{25} 1,4591. — *3-Neopentylheptamethylendiamin*, $Kp._1$ 96—98°; n_D^{28} 1,4609. — Zwischenprodd. für *Polyamide.* (**A. P. 2 640 082** vom 8/11. 1950, ausg. 26/5. 1953.) LANGER. 7181

Bobingen Akt.-Ges. für Textil-Faser, Bobingen (Erfinder: **Max Hagedorn**, Krefeld), *Verbesserung der Eigenschaften von Polyamiden.* Die Polyamide werden unter Erwärmen bei einem p_H-Wert zwischen 4 u. 7 mit wss. CH_2O behandelt. — Z. B. werden 100 (Teile) eines gemahlenen Polyamids aus adipinsaurem Hexamethylendiamin u. ε-Caprolactam in einer wss. Lsg. von CH_2O (35%) 5 Std. bei 90—100° gerührt. Es entsteht eine zähe, teigige M., die mit viel W. geknetet, dann zerkleinert, wieder 24 Std. gewässert u.

schließlich bei 60—80° getrocknet wird. Das Prod. löst sich in Methanol beim Erwärmen; diese Lsg. ergibt klare weiche u. gummielast. *Filme*. (**D. B. P. 899 709** Kl. 39b vom 31/12. 1941, ausg. 14/12. 1953. **Zusatz zu D. B. P. 893 262; C. 1954. 2721.**) HERBST. 7181

Badische Anilin- & Soda-Fabrik Akt.-Ges. (Erfinder: **Julius Thewalt**), Ludwigshafen/Rh., *Fußbodenbeläge*. Sie bestehen aus Additionsprodd. von wasserunlösl. organ., polare Gruppen enthaltenden Hochpolymeren (I) mit mindestens so viel rein anorgan., in den I unlösl. Komplexbildnern (II), daß der Erweichungspunkt der Prodd. gegenüber den I allein deutlich herabgesetzt ist, u. gegebenenfalls Füllstoffen. I sind z. B. Polymerisate oder Mischpolymerisate von Vinylchlorid, asymm.-Dichloräthylen, Acrylnitril, Styrol, Malein- u. Fumarsäureestern; II z. B. Hydroxyde von 2-, 3- u. 4-wertigen Elementen mit den Koordinationszahlen 4, 6 u. 8, wie bas. Al-Silicat. (**D. B. P. 870 545** Kl. 81 vom 2/10. 1948, ausg. 16/3. 1953.) v. SCHILLER. **7205**

Jean Maurice Sénéchal, Seine, Frankreich, *Überzug*. Gewebe wird mit Kautschuk-, Schaumkautschuk-, Harz- oder Kunstharzschichten bedeckt, gegebenenfalls die Oberfläche mit Baumwollstaub gepudert, gepreßt, gebleicht oder gefärbt u. mit durchsichtiger Folie aus Harz oder Kunstharz, wie Polyvinylchlorid, überzogen. — Verwendung für Bodenbelag. (**F. P. 1 024 953** vom 6/4. 1950, ausg. 9/4. 1953.) PANKOW. 7205

Carter Carburetor Corp., St. Louis, Mo. (Erfinder: **Irven E. Coffey**, Normandy, Mo.), V. St. A., *Herstellung von biegsamen Schichtstoffen, besonders für die Weiterverarbeitung zu Pumpenmembranen*. Bei Membranen aus plast. Kunststoffen u. Geweben, deren Gewebestruktur sich durch einen ursprünglichen Webvorgang oder durch Tauchen, Besprühen oder Kalandrieren außer Gleichgewicht befindet, wird das Gleichgewicht nach Aufbringen der Belagmasse dadurch wiederhergestellt, daß das Zwischenerzeugnis in Richtung der größeren Fadenspannung in Längsstreifen gebracht u. diese unter gleichzeitiger Vulkanisation der Kunststoffmasse zwischen Preßflächen bei hohem Druck u. hoher Temp. so gepreßt werden, daß eine Streckung der quer zur Richtung der Längsstreifen verlaufenden Gewebefäden erfolgt. Das Gewebe wird mit einer Lsg. aus Kunstkautschuk in Methyläthylketon benetzt u. hat Leinwandbindung, bes. aus gezwirnten Fäden von mittlerer Fadendichte von 6—10 Fäden/cm. (**D. B. P. 895 829** Kl. 39a vom 23/9. 1950, ausg. 5/11. 1953. A. Prior. 9/12. 1946.) SCHLITT. 7205

XII. Kautschuk. Guttapercha. Balata.

Etienne de Meeus, *Ein Rohstoff in dauernder Entwicklung: der Kautschuk*. Kurzer Überblick über die Entw. der Kautschuktechnologie. (Normandie ind. **1954**. Nr. 19. 13—22.) WINIKER. 7220

A. Olaszek, *20 Jahre technischen Fortschritts in der Kautschukindustrie*. Entwicklungsbericht über die Rohstoffe (synthet. u. Naturkautschuk), Verff. u. Apparate. (Przemysł chem. **9** (**32**). 25—28. Jan. 1953.) R. K. MÜLLER. 7220

A. G. Veith, *Technisch klassifizierter Kautschuk. Der Nicht-Kautschukanteil und die Messung der Vulkanisationsgeschwindigkeit*. Der Begriff „techn. klassifizierter Kautschuk" wurde für nach einem bestimmten Syst. hinsichtlich seines techn. Verh. gekennzeichneten Kautschuk von der französ. Delegation bei der Tagung der Internat. Rubber Study Group in London 1949 vorgeschlagen. Vf. bestimmte nun den Anteil an Nicht-Kautschukbestandteilen verschied. Typen u. Grade von techn. klassifiziertem Kautschuk u. führte Messungen über die Vulkanisationsgeschwindigkeit nach 5 verschied. Methoden durch. Die Befunde werden erörtert u. es wird das MOONEY-Viscosimeter für die Best. der Vulkanisationsgeschwindigkeit als Kennzeichnung für Naturkautschuk vorgeschlagen. (Rubber Chem. Technol. **26**. 655—73. Juli/Sept. 1953. Brecksville, O., B. F. Goodrich Res. Center.) SCHÄFF. 7222

J. Michałowska, *Polyisobutylenkautschuk*. Überblick: Darst. (Isobutylen; histor. Entw. seiner Polymerisation; techn. Polymerisation); Eigg.; Anwendungen. (Przemysł chem. **9** (**32**). 79—82. Febr. 1953.) R. K. MÜLLER. 7224

R. S. Havenhill, L. E. Carlson, H. F. Emery und **J. J. Rankin**, *Elektrische Berührungspotentiale beim Banburymischen*. Vff. bearbeiteten den Vorgang der Dispergierung eines Pigmentfarbstoffes in Gummi. An der Grenze Pigment–Gummi bestehen elektr. Kräfte. Mit Hilfe eines neuentwickelten Verf. können Verteilung, Größe u. Polarität dieser elektr. Potentiale während des Mischvorganges gemessen werden, so daß dieser ohne Störung gesteuert werden kann. (Ind. Engng. Chem. **45**. 1128—33. Mai 1953. Monaco, Pa., Joseph Lead Co., Res. Labor.) GERHARD GÜNTHER. 7230

G. Simonin und **P. Bourgois**, *Über verschiedene Verfahren zur Befestigung von Ebonit und Kautschuk auf Metallen*. Überblick über die wichtigsten Verff. an Hand der Literatur (15 Hinweise). (Revêtement et Protection 6. 81—88. Nov./Dez. 1953. 5—9. Jan./Febr. 1954. Lyon u. Brüssel.) WINIKER. 7230

James W. Meeks, Ruth V. Crook, Clay E. Pardo jr. und **Frederick E. Clark,** *Die Bestimmung von Kautschukkohlenwasserstoff in kautschukhaltigen Pflanzen.* Die gebräuchliche Meth. zur Best. von Kautschukkohlenwasserstoff (I) in Pflanzenmaterial weist mehrere Nachteile auf, zu deren Behebung folgende Abänderungen vorgenommen wurden. Die Aufschließung des Materials erfolgt durch Grobzerkleinerung (Schneidwolf) u. Herst. einer Folie durch Passieren gerauhter u. glatter, enggestellter Walzen. Auf diese Weise wird ein besserer Aufschluß der Pflanzenzellen als durch Behandlung in einer Schlagmühle erzielt. Die I-Extraktion erfolgt durch 10 Min. mechan. Schütteln einer Materialprobe (ca. 1,5 g bei 12—20% I-Geh.) mit 150 cm^3 1% ig. benzol. Trichloressigsäurelsg. u. ca. 100 g Sand (Maschengröße 5—10) u. anschließendes Zentrifugieren. 25 cm^3 klare Lsg. (ca. 30—50 mg I) werden mit 9 cm^3 Chlf. u. 2,5 cm^3 Bromierungs-Fl. (2 g J_2 in 100 cm^3 CCl_4 lösen, filtrieren u. 5 cm^3 Br_2 zusetzen), gemischt, 100 ± 5 Min. bei 25° unter Ausschluß direkten Sonnenlichtes belassen, dann ca. 200 cm^3 95% ig. A. zugesetzt. Nach 2 Std. wird der Kautschukbromid (II)-Nd. abgesaugt, mit A. gewaschen u. bei 65° 1 Std. im Vakuum getrocknet. Die Umrechnung auf I erfolgt durch Multiplikation des II-Gewichtes mit 0,300. (Analytic. Chem. **25.** 1535—38. Okt. 1953. Salinas, Calif., U. S. Natural Rubber Res. Stat.) K. MAIER. 7248

Indonesisch Instituut Voor Rubberonderzoek (Erfinder: **Gerardus de Boer**), Bogor, Indonesien, *Herstellen hitzeempfindlicher konservierter Kautschukmilch* durch Zusatz von wasserlösl. Naphthenat u. ZnO. Gegebenenfalls wird die Kautschukmilch 24 Std. nach dem Naphthenatzusatz durch Zentrifugieren aufgerahmt u. erst dann das ZnO zugesetzt. (**D. B. P. 901 242** Kl. 39b vom 12/10. 1951, ausg. 7/1. 1954. Holl. Prior. 21/10. 1950.) OVERBECK. 7223

Farbenfabriken Bayer Akt.-Ges., Leverkusen (Erfinder: **Detlef Delfs** und **Kurt Desamari,** Leverkusen, und **Alfred Blömer,** Imbach), *Chlorieren von Polybutadien* in Lösungsmitteln, die Ausgangs- u. Endprod. lösen, in Ggw. von säurebindenden Mitteln, z. B. Alkalicarbonaten u. -bicarbonaten, Mg- oder Erdalkalioxyden, -hydroxyden u. -carbonaten, u. Salzen schwacher Säuren, wie Phosphor-, Bor- oder Essigsäure. (**D. B. P. 899 411** Kl. 39b vom 17/6. 1939, ausg. 18/1. 1954.) OVERBECK. 7225

Phillips Petroleum Co., Bartlesville, Okla., V. St. A., *Emulsionspolymerisation* nach dem Redoxverfahren. In einer wss. Emulsion eines Arylcyclohexylperoxyds als Oxydationsmittel, z. B. Phenyl-, α- bzw. β-Naphthylcyclohexanperoxyd oder α- bzw. β-Phenyldekahydronaphthalinperoxyd, werden z. B. 72 (Teile) Butadien, 28 Styrol, 4,7 Harzseife, 0,25 eines Gemisches von C_{12}, C_{14} u. C_{16} aliphat. Mercaptanen, 0,037 KOH, 0,5 KCl, 1 Dextrose u. 0,165 $K_4P_2O_7$ sowie 0,14 $FeSO_4 \cdot 7 H_2O$ als Beschleuniger emulgiert u. bei —40 bis +10° polymerisiert. (**E. P. 686 855** vom 5/6. 1950, ausg. 4/2. 1953. A. Prior. 27/6. 1949.) SALZMANN. 7225

Advance Solvents & Chemical Corp., übert. von: **Gerry P. Mack, Jackson Heights** und **Emery Parker,** New York, N. Y., V. St. A., *Stabilisierte halogenhaltige Vinylharze und Kautschuk.* Als Stabilisierungsmittel werden Organozinnverbb. der Formel $RxSn(R'NO_2SR'')_y$ verwendet, worin R einen Alkylrest mit 1—12 C-Atomen u. einen Arylrest, R' H, Alkyl oder Aryl, R'' Alkyl, Aryl oder Alkylaryl u. x + y = 4, x = 2 oder 3 bedeuten. — Beispiel: *Dialkylzinndisulfonamide,* z. B. Dibutyldi-n-hexansulfonamid, das in Dibutyl-, Di-2-äthylhexylphthalat, Butoxyäthyladipat u. dgl. lösl. ist. (**A. P. 2 618 625** vom 9/8. 1949, ausg. 18/11. 1952.) SALZMANN. 7227

Wingfoot Corp., Akron, O., V. St. A., *Nachbehandeln von Kautschukschwamm* aus Kautschukmilchschaum mit W., das 0,05—25 Gew.-% der Oxyde, Hydroxyde oder Salze von Ba, Sr, Ca, Mg oder Be enthält. (**D. B. P. 901 707** Kl. 39b vom 28/11. 1951, ausg. 14/1. 1954. A. Prior. 16/3. 1951.) OVERBECK. 7231

United States Rubber Co., New York, N. Y., übert. von: **Louis H. Howland,** Watertown, und **Victor S. Chambers,** Nangatuck, Conn., V. St. A., *Geformtes Kunstkautschukvulkanisat,* das bei Temp. <0° flexibel ist, bestehend aus 100 Teilen eines Emulsionsmischpolymerisates von 97—99,5 Butadien u. 3—0,5 eines gegebenenfalls am Ring-C-Atom substituierten Monovinylpyridins, bes. 2-Vinylpyridins, u. 25 bis 75 Ruß. (**A. P. 2 640 042** vom 6/11. 1951, ausg. 26/5. 1953.) LÜTTGEN. 7231

Dunlop Rubber Co. Ltd., London (Erfinder: **M. Gordon,** Bishopbrigges, Glasgow), England, *Herstellen von Kunststoffäden.* Aus einer wss. Dispersion von Cyclokautschuk hergestellte Fäden werden erwärmt, bis sie kautschukelast. sind, gedehnt u. in diesem Zustand abgekühlt. Es kann ein fadenförmiger Nd. auf einer fortlaufenden Unterlage erzeugt werden; dieser wird mit einem Quellmittel behandelt, das wieder verdampft wird, worauf der Faden wie oben behandelt wird. — (**D. B. P. 892 376** Kl. 39b vom 19/6. 1951, ausg. 8/10. 1953. E. Prior. 17/6. 1950.) OVERBECK. 7231

Brevets Filastic et Procédés Bongrand, Paris, Frankreich, *Imprägnierte Textilien für Autoreifen, Kabelmäntel oder dergleichen.* Garne, Fadenkabel, Gewebe oder Bänder werden mit einem Gemisch aus einem aliphat. Vinylharz u. einem elast. *kautschuk*ähnlichen Material imprägniert u./oder überzogen. — Für die Imprägnierung von Baumwollgarn geeignet ist eine Mischung aus 100 (Teilen) Polyvinylacetatemulsion (60% ig), 15 Trikresylphosphat, 2 NH_4OH, 165 Kautschukmilch (60% ig), 30 Kaolinpaste, 3 Zinkoxydpaste, 100 W., 2 S u. kleine Zusätze von Beschleunigungs- u. Antioxydationsmitteln. (**E. P. 697 847** vom 14/3. 1950, ausg. 30/9. 1953.) MÖLLERING. 7231

XIII. Ätherische Öle. Parfümerie. Kosmetik.

Asharam Bhati und **P. C. Guha**, *Das ätherische Öl der Blätter von Guava, Psidium Guayava, Linn.* 2. Mitt. *Bangalore-Varietät.* (1. Mitt. C. **1954**. 1371.) Diese Varietät wurde mit 0,26% Ausbeute erhalten, wohlriechendes gelbgrünes Öl, $d^{26}{}_4$ 0,9001, n^{25} 1,4882, $[\alpha]_D$ +5,5°, SZ. 11, EZ. 12,3. Durch Vakuumdest. wurden 5 Fraktionen erhalten: I: $Kp._{25}$ 75—76°, $D.^{26,1}{}_4$ 0,8550, $n_D{}^{26,1}$ 1,4684, Mol.-Refr. $[\alpha]_D$ +74°; II: $Kp._{10}$ 123—124°, $D.^{24}{}_4$ 0,8979, n^{24} 1,4961, Mol.-Refr. 66,38, $[\alpha]_D$ —8,48°; III: $Kp._9$ 131 bis 132°, $D.^{24}{}_4$ 0,9079, n^{24} 1,5026, Mol.-Refr. 66,41, $[\alpha]_D$ —0,26°; IV: $Kp._6$ 137—139°, $D.^{24}{}_4$ 0,9151, n^{24} 1,4925, Mol.-Refr. 69,82, $[\alpha]_D$ 0°; V: $Kp._4$ 137—141°, $D.^{24}{}_4$ 0,9557, n^{24} 1,5038, Mol.-Refr. 68,78, $[\alpha]_D$ —7,82°. — I ist ein Gemisch von d- u. dl-Limonen, wie durch Darst. einiger Derivv., z. B. des Tetrabromids, nachgewiesen wurde. II ist vermutlich *β-Caryophyllen*, wie sich aus Darst. des Dihydrochlorids, F. 69—70° des blauen Nitrosits, F. 111—112°, u. des Alkohols, Kp. 94°, ergab. III ist ebenfalls ein bicycl. Terpen, gibt aber keine charakterist. Derivv., u. bei S-Dehydrierung *Cadalen.* IV ist ein *tert.-Cadinol*, $C_{15}H_{24}O$, mit 2 nichtcycl. Doppelbindungen, da bei O_3-Einw. CH_2O erhalten wurde. Bei Dehydrierung entsteht *Cadalen*; keine festen Derivv. u. keine Xanthatreaktion. V scheint ebenfalls ein *tert.-Cadinol* zu sein, da dieselben Rkk. wie bei IV eintraten. (Perfum. essent. Oil Rec. **44**. 274—77. Aug. 1953. Bangalore, Indian of Sci., Dep. of Org. Chem.) STEINER. 7262

Roger Schwob, *Das Avocadoöl (Persea americana Mill. oder Persea gratissima Gaertn.)* Angaben über die Zus. der Frucht im Vgl. zu anderen Früchten, Zus. der Kerne, Zus. der verschied. Varietäten, Zus. des Öles, die Kennzahlen des Öles ($D.^{20}$ 0,916; $n_D{}^{20}$ 1,4679—1,4907; SZ. 1,2—1,4; VZ. 184,5—191,1; JZ. (HÜBL) 76,75 bis 86,75) u. sein Vitamingeh. u. den Einsatz des Öles in der Kosmetik. (Parfumerie mod. **43**. 57—66. Juli/Aug. 1951.) H. P. FIEDLER. 7262

Pierre Mérat, *Die Geruchstoffe der Öle.* Die meisten Öle enthalten eine geringe Menge Geruchsstoffe, die an sich bei der Desodorierung entfernt werden. An Hand bereits vorliegender Arbeiten wird die Zus. dieser Geruchstofffraktionen (Terpene, aliphat. Verbb., Methylketone u. Methylcarbinole) für einige Öle (Kopra-, Palmkern-, Erdnuß-, Baumwollsaat- u. Sonnenblumenöl) angegeben u. darauf hingewiesen, daß diese Fraktionen parfümist. Bedeutung haben bzw. noch erlangen können. (Parfumerie mod. **43**. 51—56. Juli/Aug. 1951.) H. P. FIEDLER. 7276

E. Benk, *Chlorophylline, ihre Eigenschaften und Verwendung.* Überblick über Eigg. u. Nachw. der Chlorophylline nebst prakt. Hinweisen zu ihrer Verwendung bei der Herst. kosmet. Präparate. (Seifen-Öle-Fette-Wachse **80**. 157—58. 31/3. 1954.) WINIKER. 7284

George J. King, *In Wasser dispergierbare Lanolinderivate.* Umsetzung von Lanolin mit Polyäthylenkondensaten von d-Sorbit ergibt Derivv., die in W. dispergierbar bzw. wasserlösl. sind u. sowohl in Öl-in-W.- als auch als Hilfsemulgatoren in W.-in-Öl-Emulsionen verwendet werden können. Ihre Eigg. werden angegeben u. die gegenüber dem nur fettlösl. Lanolin dadurch bedingten erweiterten Anwendungsmöglichkeiten in der Kosmetik an 13 Rezepten erläutert. (Amer. Perfumer, Cosmet. essent. Oil Rev. **62**. 425—28. Dez. 1953. Atlas Powder Co.) MÜHLMEISTER. 7284

E. Mahler und **M. Gattefossé**, *Die „überglycerinisierten" Öle.* Werden Triglyceride mit Glycerin oder Glykolen zur Rk. gebracht, entstehen Gemische aus Mono- u. Diestern („überglycerinisierte" bzw. „überglykolierte" Öle bzw. Fette), die gegenüber dem Ausgangstriglycerid bzw. den Monoglyceriden verschied. Vorteile aufweisen, die sich vor allem bei ihrem Einsatz in kosmet. Präpp. günstig auswirken. (Parfumerie mod. **43**. 67—69. Juli/Aug. 1951.) H. P. FIEDLER. 7284

N. S. Peel, *Flüssige Cremes und Hautwässer.* 1. Mitt. *Handcremes.* Zus. u. Herst. von Handcremes u. -wässern werden an Hand von Rezepten unter besonderer Berücksichtigung der Hilfsmittel bei der Emulsionsbldg. u. -stabilisierung besprochen. (Soap, Perfum. Cosmet. **26.** 1135—36. 1152. Nov. 1953.) MÜHLMEISTER. 7284

Herbert C. Janowitz, *Moderne Desodorisierungs- und Antischweißmittel.* Zusammenfassender Überblick mit Rahmenrezepten. (Seifen-Öle-Fette-Wachse **80.** 158—60. 31/3. 1954.) WINIKER. 7284

T. Ruemele, *Emulsionen in Kaltwellenlösungen.* Milchige Öle in Wasseremulsion, bes. mit Hilfe nichtionogener Emulgatoren (öllösl. Sorbitanmonooleat in Verbindung mit wasserlösl. Derivv. von Polyoxyalkylen, Polyoxyäthylenderivv. von Fettsäuren, geeignete Parfümmischungen) erschwert die Absorption von Thioglykolat (**I**) an Haut u. Haaren, wodurch die Gefahr einer Schädigung durch **I** vermindert wird. (Manufact. Chemist **24.** 432. Okt. 1953.) MÜHLMEISTER. 7284

B. Bitter, *Polarographie einiger ätherischer Öle.* Die Hauptbestandteile äther. Öle wie Benzaldehyd, Anisaldehyd, Cuminaldehyd, Zimtaldehyd, Citral, Carvon lassen sich gut bestimmen. — 51 Literaturhinweise. (Collect. Trav. chim. Tchécoslov. **15.** 677—90. 1950. Olmütz, Univ., Biol. Inst.) STEINER. 7286

G. T. Walker, *Nachweis von Thioglykolsäure.* Nach Besprechung der Fehlerquellen beim Titrieren von Thioglykolsäure mit 0,1n J_2-Lsg. wird folgender Analysengang vorgeschlagen: 0,6 g der Ammoniumthioglykolat enthaltenden Lsg. werden mit 150 cm^3 CO_2-freiem W. u. 5 cm^3 2n H_2SO_4 im verschlossenen ERLENMEYER-Kolben gelöst, dann mit 0,1 n J ohne Stärke auf Gelbumschlag titriert, Genauigkeit 0,1%. Weitere, aber nicht so genaue Methoden zur Best. von Thiolen sind: Colorimetr. Best. mit $NaNO_2$ u. Eisessig; Red. von FOLINschem Reagens (Phosphor-18-wolframsäure). Titration mit $AgNO_3$, wobei das in KW-stoff gelöste Thiol mit Überschuß von 0,005n-$AgNO_3$ geschüttelt u. dieses mit NH_4SCN zurücktitriert wird bzw. mit Hilfe der rotierenden Elektrode nach KOLTHOFF u. HARRIS, die Zers. von Pb-Mercaptid durch Überschuß von n-Säure u. deren Rücktitrierung mit n-Alkali u. die Absorption aus Gasen durch Cu-Butylphthalat in Eisessig u. Butanol u. Farbvgl. mit Standardlösungen. — 21 Literaturhinweise. (Manufact. Chemist **24.** 376—78. Sept. 429—31. Okt. 1953.) MÜHLMEISTER. 7294

Food Machinery & Chemical Corp., übert. von: **Richard B. Wearn** und **Carl Bordenca,** Birmingham, Ala., V. St. A., *Kondensationsprodukte.* Man kondensiert Menthan- oder Menthenaldehyde mit Aldehyden oder Ketonen in Ggw. von alkal. wirkenden Mitteln. — Aus β-(4-Methyl-Δ^3-cyclohexenyl)-butyraldehyd + Acetaldehyd in Methanol in Ggw. von wss. KOH bei 5 bzw. 25° → Mischung aus *5-(4-Methyl-Δ^3-cyclohexenyl)-hexen-2-al* u. dem entsprechenden *Aldol*, $C_{13}H_{20}O$ bzw. $C_{13}H_{22}O_2$, $Kp._3$ 107 bis 108°; n_D^{30} 1,484. Mit Aceton → *β-(4-Methyl-Δ^3-cyclohexenyl)-butyralaceton,* $Kp._7$ 134°; n_D^{30} 1,492, $C_{14}H_{22}O$. — Mit Isobutylketon → *2-(4-Methyl-Δ^3-cyclohexenyl)-8-methylnonen-(4)-on-(6)*, $C_{17}H_{28}O$ bzw. $C_{17}H_{30}O_2$ (Aldol), $Kp._3$ 125—129°; n_D^{30} 1,487. — Mit Benzaldehyd → *α-Benzyl-β-(4-methyl-Δ^3-cyclohexenyl)-butyraldehyd,* $C_{18}H_{22}O$, $Kp._2$ 144—148°; n_D^{20} 1,561. — 2-p-Menthanaldehyd (hergestellt nach A. P. 2 510 200) + Aceton → *2-p-Menthanalaceton,* $C_{14}H_{24}O$, $Kp._{2-3}$ 104°, n_D^{30} 1,487. — Mit Isobutylketon → *1-(2-p-Menthyl)-5-methylhexen-(1)-on-(3)*, $C_{17}H_{30}O$, $Kp._{2-3}$ 119°, n_D^{30} 1,476. — Zwischenprodd. u. Zusatzmittel für *Riechstoffe.* (**A. P. 2 519 327** vom 13/1. 1947, ausg. 15/8. 1950.) KRAUSS. 7277

Farbwerke Hoechst Akt.-Ges. vormals Meister Lucius & Brüning, Frankfurt/M., *Riechstoffgemisch,* gek. durch einen Geh. an Terpencyclohexanolen u./oder -hexanonen oder Terpen (alkoxy-)-cyclohexanolen u./oder -hexanonen, die aus Terpenphenolen bzw. Terpen (alkoxy)-phenolen durch nachfolgende Kernhydrierung bzw. u. Oxydation der dabei gebildeten Cyclohexanole gewonnen werden. (**D. B. PP. 903 258** Kl. 23a vom 24/11. 1942 u. **903 259** vom 7/4. 1943, beide ausg. 4/2. 1954.) LÜTTGEN. 7277

Paul Baudecroux, Frankreich, *Parfümierter Nagellack.* Er enthält als Grundlage Cellulosederivv., Natur- oder Kunstharze u. als Lösungs- u. Plastifizierungsmittel ganz oder teilweise Substanzen aus der Gruppe der natürlichen u. künstlichen Riechstoffe. — 3 Beispiele. (**F. P. 1 032 768** vom 16/2. 1951, ausg. 6/7. 1953.) OPPERMANN. 7285

Rinis, Frankreich (Erfinder: **André Claude Buatois**), *Haarwasser.* Es besteht aus einem Gemisch von Placentaextrakt mit Pantothensäure oder Vitamin P P. (**F. P. 1 024 740** vom 20/9. 1950, ausg. 7/4. 1953.) OPPERMANN. 7285

Jean Valentin Morelle, Frankreich, *Herstellung von Dauerwellen.* Man behandelt das Haar kalt mit NH_4-Thiolactat u. entfernt den Überschuß des Lactats durch Waschen des Haares mit einem Schaumpon. Eine solche Lsg. hat z. B. die Zus.:

8(%) Thiomilchsäure, 13 NH_4OH u. 95 Wasser. (**F. P. 1 031 538** vom 29/1. 1951, ausg. 24/6. 1953.) OPPERMANN. 7285

Edward Erlich Verdiers, England, *Reduktionsmittel zur Herstellung von Dauerwellen und kosmetischen Mitteln*, z. B. Haarwässern, Schaumponen, Rasiercremen, Enthaarungsmitteln. Es besteht aus Thioglykolsäure, ihren Verbb. oder anderen Mercaptanen. Sie sind durch Einw. von Sulfiten desodorisiert worden u. besitzen nur ein begrenztes Eindringungsvermögen in die Haare sowie in die Haut. — Man behandelt z. B. 30 g Na-Thioglykolat in 30% ig. Konz. mit 120 g $NaHSO_3$ u. 150 g Na_2SO_3, bis die M. geruchlos ist. Dann vermischt man sie mit einer 0,5% ig. Emulsion von Pentaerythrittetraoleat oder einer 3—4% ig. Emulsion von Pentaerythritmonooleat, vermengt das trockene granulierte Prod. mit 1200 g eines Gemisches von 340 g $(NH_4)_2CO_3$, 70 g Borax u. 350 g Na_2SO_4 u. preßt es zu Tabletten oder Pastillen. Das Reduktionsmittel kann auch ein Peptid oder eine Lsg. von Seidenfibroin u./oder Seidensericin enthalten. (**F. P. 1032518** vom 15/2. 1951, ausg. 2/7. 1953.) OPPERMANN. 7285

XIV. Zucker. Kohlenhydrate. Stärke.

Karl Vogt, *Zuckerrübenanbau 1953. Beobachtungen und Untersuchungen über die Abhängigkeit der Erträge von Zuchtrichtung und Düngung.* (Z. Zuckerind. **4** (**79**). 58—61. 20/2. 1954. Sibbesse, Kreis Ahlfeld/Leine (Hann.), Versuchs- u. Beratungsring.) WINIKER. 7406

St. Böttger, *Entwicklung und Stand der kontinuierlichen Entzuckerung im Diffusionsturm.* (Z. Zuckerind. **4** (**79**). 93—95. 20/3. 1954.) WINIKER. 7412

H. Breitung, *Formeln für die Arbeit mit Rücknahmebatterie und kontinuierlicher Diffusion.* (Z. Zuckerind. **4** (**79**). 99—100. 20/3. 1954.) WINIKER. 7412

— *Anwendung und Wirkungen von kristallisiertem Trinatriumphosphat bei der Klärung von Rohrzuckermischsaft.* Die zweckmäßigste Dosierung des zur Beschleunigung des Zuckerklärvorganges zugesetzten Na_3PO_4 (I 10% ig. Lsg.) wird durch Vorverss. ermittelt. Bei kontinuierlicher Zufuhr von Kalkmilch (II) erfolgt der I-Zusatz ebenfalls kontinuierlich. Die p_H-Regelung (auf 7,1—7,2) wird ausschließlich mit **II** bewirkt. Durch den I-Zusatz wird eine wesentliche Ersparnis an S erzielt. (Brasil Açucareiro **41** (**21**). 277—79. März 1953.) R. K. MÜLLER. 7412

A. Mirčev, *Konduktometrische Beurteilung der Abfallzuckersäfte vor dem Schleudern.* Eine für die Praxis zweckmäßige Meth., die in der Kampagne 1950/1951 in 4 Raffinerien geprüft wurde, zeigt, daß die spezif. Leitfähigkeit für die Bewertung von Zuckermaterial verwendet werden kann. Eine durchschnittliche Leitfähigkeit von $115 \cdot 10^{-6}$ ($Ohm^{-1} \cdot cm^{-1}$) weist auf eine gut ausgereifte Zuckermasse hin, die auch einer erschöpfte Melasse geben kann. Hingegen sind Werte von 42 oder $77 \cdot 10^{-6}$ Zeichen einer unausgereiften Zuckermasse, die auf eine schlechte Melasse hinweist. — 3 Tabellen, 1 Diagramm. (Listy Cukrovarnické **67**. 205—07. 18/10. 1951. Výzk. ústav pro cukr, čokoládu a škrob.) ROTTER. 7412

A. Fackler, *Zwei wichtige überseeische Stärkearten.* Beschreibung, mkr. Abb. u. Angaben über Herst. usw. von *Maniok-* u. *Bananenstärke.* (Mikrokosmos **43**. 40—41. Nov. 1953. Columbien.) BLUMRICH. 7448

Ivan Vavruch, *Bestimmung der Raffinose in Melassen durch Papierverteilungschromatographie.* (Vgl. C. **1954**. 4508.) Die beschriebene Meth. zur Best. der *Raffinose* (I) in Rohzuckern kann auch auf Melasse angewandt werden. Die besten Ergebnisse ergaben Verss. mit 20% ig. ungeklärten wss. Melasselösungen. Von 16 Proben aus böhm. u. mähr. Raffinerien betrug der durchschnittliche Geh. an I·5 H_2O 0,94%, der niedrigste 0,55%, der höchste 1,48%. Die Rohzuckermelassen zeigen durchschnittlich höheren I-Geh. (1,05%) als die aus Mischraffinaden (0,87%). — Der I-Geh. scheint vom Jahrgang abhängig zu sein. Es wird bewiesen, daß die indirekt nach der I-Formel berechneten Werte unzuverlässig sind. Die Werte nach der beschriebenen Meth. weichen voneinander nur um $\pm$0,20% ab. In Schlempen wird ca. 0,08% **I** gefunden. (Listy Cukrovarnické **67**. 211—12. 18/10. 1951. Výzk. ústav pro cukr, čokoládu a škrob.) ROTTER. 7476

H. Hirschmüller, *Hilfstafel zum Umrechnen der Konzentration von Zuckerlösungen.* (Z. Zuckerind. **4** (**79**). 97—98. 20/3. 1954. Berlin.) WINIKER. 7488

International Minerals & Chemical Corp., Chicago, Ill., V. St. A. (Erfinder: **F. A. Hoglan**), *Gewinnung von Betain.* Man behandelt Rübenmelasse mit einem Chlorid, das leichter lösl. ist als KCl u. sätt. die Lauge hiermit. Die sich hierbei abscheidenden festen Stoffe werden abgetrennt, die Lauge wird angesäuert, so daß die Betainsalze ausfallen. Als Chloride eignen sich bes. $CaCl_2$ u. organ. Chloride. Die Rk. wird bei ca. 40—105° durchgeführt. (**Schwed. P. 136 823** vom 14/12. 1951, ausg. 12/8. 1952. A. Prior. 20/12. 1950.) JÜRGEN SCHMIDT. 7419

XV. Gärungsindustrie.

Bhagwan S. Lulla, *Amylasen und deren industrielle Anwendung.* Die physikal. u. chem. Eigg. des *Amylase* (I)-Komplexes hängen hauptsächlich von der Herkunft ab. Die reichsten I-Quellen finden sich bei höheren Tieren (Pankreas), höheren Pflanzen (vegetative Gewebe u. keimende Samen) u. niederen Mikroorganismen (Fungi, Bakterien). Leber-, Speichel-, Magen -u. Urinamylasen (II) haben eine spezielle physiol. Bedeutung). Geringere II-Konzz. finden sich im Gehirn, Erythrocyten, Cerebrospinal-Fl. u. Blut. Die II-Herst. durch Mikroorganismen bietet eine Reihe von Vorteilen (rasche, in verschied. Richtung lenkbare Produktion, Variationsmöglichkeit der optimalen Wirkungsbedingungen von II, Steigerung der Ausbeuten durch Mutationen). II mikrobiol. Herkunft unterscheiden sich in der Zus. (Verhältnis von verflüssigender α-I u. verzuckernder β-I), sowie hinsichtlich der Temperatur- u. Reaktionsoptima. α-I/β-I von Bakterien-*Diastase* wird stark durch das Kulturmedium beeinflußt. Bakterien-II besitzen einen größeren Geh. an α-I, die bei höheren optimalen Tempp. u. p_H-Werten wirkt u. daher sehr für die Behandlung von Textilien geeignet ist. (Sci. and Cult. **18.** 561—63. Juni 1953. Mysore, Central Food Technol. Res. Inst.)
K. MAIER. 7508

Noel Jayatunge und **Quintus Fernando,** *Änderungen in der chemischen Zusammensetzung des Arraks während der Reifung.* Bei fortschreitender Reifung tritt ein abschätzbarer Alkoholverlust durch hohe Tempp. u. Feuchtigkeit in den Lagerhäusern auf. Der Geh. an Feststoffen, Säuren u. Aldehyden nimmt zu, der Geh. an Estern dagegen ab. In den beiden ersten Jahren ist der Anstieg der Säuren, Ester u. festen Bestandteile n., dann folgt ein rascher Anstieg, ohne einen konstanten Wert zu erreichen. Dieses Verh. ist bei anderen Spirituosen unbekannt. Der Typ des Fasses hat Einfl. auf den Geh. an Säuren u. Estern. Zur vollständigen Reifung in nichtangekohlten Fässern muß Arrak länger als 4 oder 5 Jahre lagern. — 8 Literaturangaben. (Euclides [Madrid] **11.** 404—06. Nov./Dez. 1951. Caylon, Government Analyst Dep.) KIRMSE. 7536

I. A. Preece und **Anna M. MacLeod,** *Nebenkohlenhydrate der Gerste.* Vff. besprechen die nur zu ca. 5 % in der Gerste vorhandenen Zucker, Oligosaccharide u. Gummi u. deren Rolle im Mälzprozeß. (Wallerstein Lab. Commun. **16.** 149—56. Juni 1953. Edinburgh, Schottland, Herriot-Watt Coll.) HAEVECKER. 7540

Per-Olof Brunér, *Kurzpasteurisierung von Bier. Eine Untersuchung der Temperaturempfindlichkeit der Mikroorganismen.* Die beim Pasteurisieren von Bier im Labor. erhaltenen prim. Ergebnisse bedürfen zur Umsetzung in die Praxis einer Umrechnung. Die Wärmeempfindlichkeit einer Hefe kann nicht allein durch die Temperaturangabe bezeichnet werden. Bei Zunahme der Organismen in der Probe von 1000 auf 10^6 steigt die erforderliche Pasteurisiertemp. um ca. 1,5°. Eine Temperaturerhöhung um 1° ist einer Verdoppelung der Pasteurisierdauer äquivalent, d. h. bei 1° höherer Temp. genügt die halbe Pasteurisierzeit. Beim Plattenpasteurisieren kann man die Empfindlichkeitskurve für Saccharomyces globosus, die Hefe mit größer Temperaturresistenz als maßgebend für die Wahl von Pasteurisierdauer u. -temp. annehmen. CO_2-Druck schadet bei höherer Temp. Kulturhefen in nicht zu vernachlässigendem Ausmaß, fördert also die Pasteurisierung. (Svensk Bryggeritidskr. **68.** 257—63. Aug. 300—15. Sept. 1953. AB Stockholms Bryggeriers biol. Labor.) R. K. MÜLLER. 7550

Fernando Alvarez García, *Gedanken über die mikrobiologische Beständigkeit des Biers in Spanien auf Grund einer Studienreise durch verschiedene deutsche Brauereien.* Gegenüber der sterilen Filtration u. Abfüllung gibt Vf. der Pasteurisierung des Biers in Flaschen den Vorzug, bei Faßbier erscheint dagegen das erstere Verf. zweckmäßiger. (Ion [Madrid] **13.** 268—70. Mai 1953. Nancy, École de Brasserie.) R. K. MÜLLER. 7550

J. L. Yuill, *Die mikrobielle Gewinnung von Citronensäure.* Kurze Beschreibung der Citronensäuregärtechnik. — Erwähnung der Probleme der Rein- u. Gesunderhaltung der Gärerreger, sowie Maßnahmen zu ihrer Leistungssteigerung. Skizzierung der Oberflächen- u. der Submerskulturverfahren. — Abbildungen. (Research **6.** 86—91. März 1953. York, John and Sturge Ltd.) J. KEIL. 7578

Otto Aubert, *Untersuchungen über gravimetrische Humulonbestimmung.* In schlecht gelagertem Hopfen können Stoffe entstehen, die die Fällung des Pb-Humulats (I) hemmen, vielleicht durch Bindung des Pb in einer lösl. Verbindung. Der Methanolextrakt erfordert in diesen Fällen größeren Überschuß an Pb-Acetat (II) als Extrakt aus frischem Hopfen, um maximale Fällung zu erzielen. Man nimmt zweckmäßig eine Fällungskurve auf oder versucht, die Hemmstoffe vor der I-Fällung als Pb-Verbb. zu entfernen. Auch die in PAe. lösl. Fraktion kann Hemmstoffe enthalten. Zu hoher Überschuß an II bringt I wieder in Lösung. Genaue Analysen scheinen vorläufig nur polaropgraph. möglich zu sein. (Brygmesteren **10.** 323—28. Dez. 1953. Oslo, Norske Bryyeriforening.) R. K. MÜLLER. 7598

Backhefe G. m. b. H., Frankfurt/M., *Herstellung von Backhefe* aus zuckerhaltigem Substrat unter Belüftung. In Vollendung des üblichen Vermehrungsstadiums der Hefe wird während des folgenden Reifestadiums die Zufuhr des Nährsubstrates fortgesetzt, während aber von demselben Zeitpunkt an die Zugabe von N-Verbb. u. gegebenenfalls auch von Phosphaten unterbleibt; andererseits wird die Luftzufuhr so gesteigert, daß der größere Teil des Substratzuckers zu CO_2 oxydiert wird. Gegen Ende des Vermehrungsstadiums wird die Temp. auf die obere Grenze der von der Hefe überhaupt noch verträglichen Temp. gesteigert (35—36°) u. während des Reifestadiums werden die üblichen zuckerhaltigen Substrate ganz oder teilweise durch Substrate ersetzt, die arm an oder frei von wachstums- oder aktivitätsfördernden Substanzen sind. (**E. P. 681 644** vom 31/10. 1950, ausg. 29/10. 1952. D. Prior. 31/10. 1949.) KETTNER. 7507

Kalle & Co. Akt.-Ges., Wiesbaden-Biebrich, *Amylase* mit verbesserter enzymat. Wrkg., bestehend aus einer Mischung aus Sojabohnenamylase u. vom Bac. mesentericus erzeugter Amylase. (**E. P. 677 387** vom 5/9. 1950, ausg. 13/8. 1952. D. Prior. 17/9. 1949.) KETTNER. 7509

Rohm & Haas Co., Philadelphia, Pa., übert. von: **Carl V. Smythe**, Moorestown, N. J., **Billy Blandin Drake**, Philadelphia, und **John Armstrong Miller**, Ithan, Pa., V. St. A., *Gewinnung von Pektinesterase, frei von Polygalakturonase*. Es wird eine wss. Lsg. mit einem p_H von 1,5—7 hergestellt, die Pektinesterase u. Polygalakturonase u. 6—6,9 Mol Harnstoff/Liter enthält, die Lsg. bei 30—45° 1—8 Std. stehengelassen u. daraus anschließend die Pektinesterase abgetrennt. — Beispiele. (**A. P. 2 599 531** vom 14/11. 1949, ausg. 10/6. 1952.) KETTNER. 7509

G. I. Fertman und W. Ja. Timoschenko, Technisch-chemische Kontrolle der Likör- und Spritfabrikation. Moskau: Gislegpischtscheprom. 1953. (456 S.) 12 Rbl. 25 Kop. [russ.]

XVI. Nahrungs-, Genuß- und Futtermittel.

P. F. Pelshenke und **G. Hampel**, *Untersuchungen über die Stärkebeschädigungen im Mühlendiagramm*. Die Amylosezahlen der ersten Schrote zeigen weitgehende Stärkebeschädigung. Die Wertdifferenzen bei einzelnen Arbeitsgängen wie Schrotungen, Auflösungen u. Mahlungen sind ungefähr gleich groß. Wesentlich höher sind die Beschädigungen in der Kleieschleuder, bei Schrotungen mit engem Walzenabstand, bei stärkerer Voreilung u. beim Wickeln von Riffelwalzen. Ausmaß der Beschädigung wird vornehmlich durch Endospermhärte bestimmt, die ihrerseits durch Konditionierung beeinflußt wird. (Getreide u. Mehl **4.** 1—4. Jan. 1954. Detmold, Bundesforsch.-Anst. für Getreideverarbeitung.) HOFER. 7670

Ja. N. Kupritz, A. L. Schpoljanskaja und **N. K. Rubina**, *Untersuchung der Trocknung und Konditionierung von Weizen im Vakuum*. Die Trocknung von Weizen im Vakuum bei Tempp. von 40—65° führt nach ca. 3 Std. zu einem End-Al_2O-Geh. von 11—5,0%. Eine Trockentemp. von 40° erhöht die Qualität des Klebers, weitere Erhöhung der Temp. verringert dieselbe, u. bei 60° wird sie schlecht, indem Zähigkeit u. H_2O-Aufnahmefähigkeit sich verringern. Die Keimfähigkeit leidet bei Trocknung über 40° sehr stark. Die technolog. Eigg. von aus nach diesem Verf. behandeltem Weizen hergestelltem Mehl sind besser als aus unbehandeltem Weizen. (Коллоидный Журнал [Kolloid-J.] **15.** 198—203. Mai/Juni 1953. Moskau, Techn. Inst. der Nahrungsmittel-Ind., Lehrstuhl für Technol. der Mahlerzeugnisse.) v. SCHROEDER. 7670

G. Rama Rao, H. B. N. Murthy und **M. Swaminathan**, *Herstellung eines grießähnlichen Produktes aus Weichweizen*. Kurze Herstellungsvorschrift. (Bull. centr. Food technol. Res. Inst., Mysore. **2.** 287. Aug. 1953. Mysore, Indien, Central Food Technol. Res. Inst.) KRUSEN. 7670

D. H. Greup und **H. M. R. Hintzer**, *Die Verwendung von Pilzenzymen zur Brotherstellung*. Der Einfl. von 2 amerikan. Amylasepräpp. (*Diastase 33*, *Rhozyme-S*) auf die Qualität von Weißbrot wird an Hand von Gebäckvol., Porung, Kompressibilität der Krume, Gasbildungsvermögen, Maltosebldg. u. Teigviscosität untersucht. (2. Int. Congr. Ferment. Ind., Knocke 1952, Lectures Commun. 232—38. Sep.) M. W. ROTHE. 7674

D. H. Greup, *Amylasewirkung und Brotbeschaffenheit.* Korn-, Schimmel- u. Bakterienamylasen weisen entsprechend ihrer Herkunft bestimmte Kennwerte auf, von denen Aufgehen u. Backen des Brotes abhängen. Die Unterschiede in der Hitzebeständigkeit der verschied. Amylasen haben Unterschiede in den Eigg. der Brotkrume zur Folge. Daneben reagiert das Gasbildungsvermögen des Teiges verschieden auf einen Zusatz dieser Enzyme. Die Wrkg. der Amylasen läßt sich auch ohne Backunterss. einigermaßen erkennen, wenn man die Verkleisterungscharakteristik von Mehl– (oder Stärke–) W.-Suspensionen unter Zusatz von Amylaseprodd. oder das Gasbildungsvermögen des Teiges bestimmt. (T. N. O.-Nieuws **8.** 495—500. 1953. Sep. Wageningen, Centr. Inst. voor Voedingsonderzoek, T. N. O., Afd. Graan-, Meel- en Broodonderzoek.) WESLY. 7674

G. S. Siddappa, *Viamin C in Amte Kayi (Indian Hog Plum).* In Amte Kayi (Spondias pinnata Kurz.) wurde durch direkte Titration mit 2.6-Dichlorphenolindophenol ein scheinbarer *Ascorbinsäure* (**I**)-Geh. von 29—33 mg-% gefunden. Der tatsächliche **I**-Geh. nach der Meth. von ROBINSON u. STOTZ betrug jedoch nur 6,0 bis 11,4 mg-%. (Bull. centr. Food technol. Res. Inst., Mysore. **2.** 286—87. Aug. 1953. Mysore, Indien, Centr. Food Technol. Inst., Div. of Fruit Technol.) KRUSEN. 7688

P. B. Mathur und **K. Kirpal Singh,** *Lagerung und Verkauf von Obst und Gemüsen. Anwendung von Hormonen, Fungiciden und andere Behandlungsverfahren.* Kurze Übersicht mit 25 Literaturangaben. (Bull. centr. Food technol. Res. Inst., Mysore. **2.** 288—90. Aug. 1953. Mysore, Indien, Centr. Food Technol. Res. Inst.) KRUSEN. 7690

Girdhari Lal, G. L. Tandon und **J. S. Pruthi,** *Herstellung von Sathgudi-Orangensaft. Ergebnisse einer Versuchsanlage.* Vff. beschreiben Herst. u. Zus. von sogenanntem „squash" (Saft mit W., Zucker, Citronensäure, Konservierungsmittel) aus Sathgudi-Orangen. (Bull. centr. Food technol. Res. Inst., Mysore **2.** 283—86. Aug. 1953. Mysore, Indien, Centr. Food technol. Res. Inst.) KRUSEN. 7706

James J. Broderick, *Amerikanische Geschmacksstoffe für alkoholfreie Getränke.* Überblick über in den USA übliche Geschmackszusätze zu alkoholfreien Getränken in Form von reinen oder mit synthet. Aromen versetzten Fruchtextrakten u. ihre Verwendung. (Food Manufact. **29.** 65—67. 1/2. 1954.) KRUSEN. 7706

L. Benezet, *Synthetische Aromen für Lebensmittel.* Auf der Grundlage der natürlichen Zus. werden Aromenrezepte für Apfel, Weinbeere u. Mandel, empir. für Hasel- u. Walnuß, Pflaume, Aprikose, Birne, Wildapfel, Johannis- u. Stachelbeere angegeben. (Amer. Perfumer, Cosmet., essent. Oil Rev. **62.** 429—32. Dez. 1953.) MÜHLMEISTER. 7714

W. E. Markowitsch und **L. Je. Tschernenko,** *Der Einfluß des Dispersionsmediums und oberflächenaktiver Stoffe auf die plastische Festigkeit strukturierter Suspensionen von Art der Schokoladenmasse.* Ein größerer Zusatz von *Kakaobutter* zu einer *Schokoladenmasse* aus 16,9% *Kakao,* 56% Zucker u. 27% Kakaobutter führt zu einem schnellen Abfall der Festigkeit der M., die bei 34% Kakaobutter ganz gering wird u. bei weiterem Zusatz konstant bleibt. Geringe (0,2—0,5%) Zusätze von Lecithin setzen die plast. Festigkeit der M. ziemlich unabhängig vom Kakaobuttergeh. enorm herab (von 5000 auf 200 dyn/cm^2). Ähnlich wirkt ein Polyglycerinemulgator. (Коллоидный Журнал [Kolloid-J.] **15.** 204—07. Mai/Juni 1953. Moskau, Techn. Inst. der Nahrungsmittel-Ind.) v. SCHROEDER. 7726

F. Schönberg und **E. Walz,** *Der Einfluß von Temperatur und Kochsalz auf die Bacillen der Mesentericus–Subtilis-Gruppe und seine Beziehung zur Entstehung der Beißigkeit und Kernfäulnis bei den Rohwurstsorten.* Zur Vermeidung der durch Bacillen der Mesentericus–Subtilis-Gruppe hervorgerufenen Kernfäulnis von Rohwürsten sollen die Tempp. während des Vortrocknungs- u. Räucherungsprozesses 12—15, höchstens 18° betragen. Weiterhin wirkt sich hinsichtlich Verhinderung des Wachstums der schädlichen Bacillen ein Geh. von 3% NaCl günstig aus. (Fleischwirtschaft **6.** 33—35. Febr. 1954. Hannover, Tierärztl. Hochsch., Inst. für tierärztl. Lebensmittelkunde u. Milchhygiene.) KRUSEN. 7750

R. Schober und **A. Fricker,** *Eine neue Methode zur Bestimmung des Kaliumgehaltes der Milch.* 2. Mitt. *Der Kaliumgehalt Allgäuer Kuhmilch bei normaler und durch Mastitis gestörter Sekretion.* (1. vgl. C. **1953.** 1417.) Vff. bestimmten mit Tetraphenylbornatrium (Kalignost) als durchschnittlichen K-Geh. von Mischmilchen 161,4 mg K/100 ml (136,0—179,4). In einem Fall konnte mit fortschreitendem Lactationsstadium eine Abnahme des K-Geh. festgestellt werden. Der K-Geh. in der Milch von mit „gelbem Galt" befallenen Kühen war zum Teil wesentlich erniedrigt (64,4—95,9 mg/100 ml), jedoch kann diese Tatsache nicht zur Diagnose herangezogen werden, da auch schon sinnfällig veränderte Milchen noch n. K-Werte aufwiesen. (Z. Lebensmittel-Unters. u. -Forsch. **97.** 177–82. Sept. 1953. Wangen/Allgäu, Staatl. Milchwirtsch. Lehr- u. Forschungsanst.) KRUSEN. 7756

E. Erbacher, *Die* p_H*-Zahl von Käse.* Im Verlauf der Käsereifung steigt der p_H-Wert in unterschiedlichem Maße bei verschied Käsesorten von 4,6–5,1 auf 5,6–7,0 an. Außerdem steigt der p_H-Wert vom Inneren des Käses nach außen zur Rinde hin an. (Dtsch. Molkerei-Ztg. **74.** 1081–82. 30/7. 1953. Kempten/Allgäu.) KRUSEN. 7760

Vilho J. T. Kiuru, Ethel Tybeck und **Artturi I. Virtanen,** *Freie Aminosäuren im Emmentaler Käse in den verschiedenen Reifestadien.* Die Veränderungen des Geh. an freien Aminosäuren (**I**) im Verlauf des Reifens von Emmentaler Käse wurden papierchromatograph. verfolgt. Schon einen Tag alter Käse enthält unerwartet viel **I**, u. zwar nach der gefundenen Menge geordnet: Lysin + Ornithin, Prolin, Glutaminsäure, Arginin, Tyrosin + Valin, Leucin, Alanin. Nach 45–90 Tagen ist der Geh. an **I** konstant oder, vermutlich weil **I** durch Propionsäurebakterien verbraucht werden, vermindert. Nach 90 Tagen nehmen einige **I** stark zu, andere stark ab, vermutlich infolge von Transaminierungs- u. Desaminierungsreaktionen. Arginin u. Asparaginsäure verschwinden nach 45 Tagen völlig, letztere wohl unter der Wrkg. von Aspartase, die von Propionsäurebakterien gebildet wird. (Suomen Kemistilehti B **26.** 55–56. 1953. Helsinki, Labor. Valio, Biochem. Inst.) BECKMANN. 7760

G. C. Duncan, *Bakterienproteine für Vieh.* Kurze Übersicht über Arbeiten von ROBERTS, die sich mit der Herst. von *Bacterium coli*-Eiweiß durch Züchtung dieses Bakteriums in belüfteten Nährlsgg., die als wesentliche Bestandteile nur Ammoniumphosphat u. Glucose benötigen, befassen. Das „*coliforme Eiweiß*" (**I**), das u. a. *Vitamin* B_{12} enthält, kommt in seinem Wert als Futterzusatz Fischmehl gleich. Der günstige Einfl. von **I** (ca. 1%) auf das Wachstum wurde bei Ratten, Schweinen u. Küken beobachtet. (Australas. J. Pharmacy [N. S.] **34.** 1115. 30/11. 1953.) K. MAIER. 7786

Francesco Muntoni und **Dante Renzi,** *Über die Bestimmung des Wassergehaltes in Mehlen bei Temperaturen von 130 bis 135°.* Durch 1 std. Erhitzen von Mehl in Al-Schalen im Thermostaten auf 130–135° ist eine genaue Best. des Wassergeh. möglich. Die Dextrinbldg. aus Stärke ist dabei kaum ausgeprägter als bei 105°. Auch die Proteine werden nur wenig verändert, während sie beim Trocknen bei 105° (für das 6 Std. erforderlich sind) so stark denaturiert werden, daß die Extraktion des Klebers (Gluten) unmöglich wird. (Rend. Ist. super. Sanità **15.** 296–304. 1952.) IPPEN. 7798

Sven Hagberg, *Backtests für Weizenmehle.* Ratschläge zur prakt. Durchführung von Backtests für Weizenmehle, bei denen das Vol. des Brotlaibes u. die Wasserabsorption des Mehles zur Best. der Qualität gemessen werden. Der Einfl. der verschied. Backzutaten muß bei den Tests berücksichtigt werden, ebenso spielen Temp. des Teiges, Fermentationszeit u. Raumtemp. u. Luftfeuchtigkeit zur Erlangung des maximalen Brotvol. eine Rolle (Optima bei 37,5° u. 90% relativer Feuchtigkeit. 2 Testmethoden für Brot mit u. ohne bzw. mit wenig Zuckerzusatz werden beschrieben. — 17 Literaturangaben. (Bakers Digest **27.** Nr. 5. 32–36. Okt. Nr. 6. 28–30. 37. Dez. 1953. Stockholm, Statens Hantverksinst., Inst. of Food Chem.) KRUSEN. 7800

R. Grau und **R. Hamm,** *Brühwurstqualität und Bestimmung der Wasserbindung im Fleisch.* Die zur Herst. einwandfreier Brühwürste erforderliche Kenntnis der Wasserbindungsfähigkeit von Fleisch kann durch Best. der Preßfläche einer bestimmten Menge unzerkleinerten Fleisches auf Filterpapier mittels einer Ringfolie erhalten werden. Die Ergebnisse stimmen in fast allen Fällen mit den nach anderen Verff. ermittelten überein. (Fleischwirtschaft **6.** 36–40. Febr. 1954. Kulmbach, Bundesforschungsanst., Chem.-physik. Inst.) KRUSEN. 7850

Ernst Günther, *Untersuchungen zur Bewertung der Milch nach Qualität. Zusätzliche Prüfung auf gelben Galt, Buttersäuregärungserreger und Reinheitsgrad.* Als zusätzliche Qualitätsprüfungen sollten nach Unterss. des Vf. folgende Proben durchgeführt werden: 1. Probe auf gelben Galt mit der Katalase–Bromthymol-Probe nach ROEDER, 2. Unters. auf Buttersäuregärungserreger mit der sogenannten erhitzten Milchgärprobe oder mit der Milchagarschüttelkultur nach DEMETER u. 3. Feststellung des Reinheitsgrades (Coli aerogenes-Nachw.) mit der Milchagarschüttelkultur nach HÜTTIG. (Dtsch. Molkerei-Ztg. **74.** 1044–45. 23/7. 1953. Kempten/Allgäu.) KRUSEN. 7856

P. Fleury und **R. Eberhard,** *Gewichts- und colorimetrische Bestimmung von Casein in Kuhmilch.* In einem Zentrifugenglas werden 4 ml Milch mit 16 ml W. u. 0,25 ml 10%ig. Essigsäure versetzt, geschüttelt u. 5 Min. bei 4000–5000 U/Min. zentrifugiert.

Der Nd. wird nach dem Abgießen der überstehenden Fl. je 3 mal mit A. u. Ae. gewaschen u. bei 60—70° bis zur Konstanz getrocknet. — 1 ml einer Mischung von 1 ml Milch u. 9 ml W. wird in einem Zentrifugenglas mit 0,05 ml 1% ig. Essigsäure versetzt, zentrifugiert, je 3 mal mit A. u. Ae. gewaschen u. der Nd. mit 1 ml W. aufgerührt. Dazu gibt man 4 ml Biuretreagenz (1,5 g $CuSO_4$, 6 g KNa-Tartrat, 30 g NaOH u. 1 g KJ zu 1000 ml lösen), läßt 30 Min. bei 20—25° stehen u. mißt die Absorption im Photometer mit grünem Filter. Auswertung an mit reinem Casein aufgestellter Eichkurve. (Ann. pharmac. franç. **11**. 183—87. März 1953. Paris, Fac de Pharm., Labor. de Chim. biol.; Centre techn. de la Coop. pharmac. franç.) KRUSEN. 7856

B. C. Johnson und **A. M. Swanson**, *Milchserumeiweiß. 1. Mitt. Eine quantitative Biuretprobe für Milchserumeiweiß.* Die Biuret-Rk. wird quantitativ photometr. ausgewertet zur Best. von Molkeneiweiß (**I**)-Fraktionen u. von Casein (**II**)-Lösungen. Für letztere benötigt man eine getrennte Eichkurve, da die **II** Biuretwerte nicht in die Kurve für **I** fallen. Gemische von **II** u. **I** können daher nicht auf diesem Wege bestimmt werden. Molke muß vor der Rk. dialysiert werden, da Lactose u. Ca-Phosphat stören. NaCl, Na_2SO_4 oder A., die zur Fällung der Eiweißfraktionen gebraucht wurden, stören ebenfalls. In diesen Fällen müssen eigene Eichkurven mit bekanntem Geh. an diesen Substanzen aufgestellt werden. (J. Dairy Sci. **35**. 823—28. Okt. 1952. Madison, Wis., Univ. of Wisconsin, Dep. of Dairy and Food. Ind.) FRESENIUS. 7856

Dr. Müllner & Cie. (Erfinder: **Arthur Ketzer**), Lichtenfels, *Herstellung haltbarer, sich nicht verfärbender Zubereitungen von pflanzlichen Lebensmitteln.* Man setzt den zu schützenden Lebensmitteln Salze der schwefligen, pyroschwefligen u. unterschwefligen Säure zu. (**D. B. P. 896 448** Kl. 53c vom 20/7. 1951, ausg. 12/11. 1953.) MAASS. 7635

Jean Mayor, Lausanne, Schweiz, *Konservierung verderblicher Lebensmittel* in einem umschlossenen Raum durch Einw. eines zirkulierenden Luftstromes, der zusätzlich über lebendes, in Abständen belichtetes Moos geleitet wird. Man schließt während der künstlichen Belichtungszeit des Mooses die Lebensmittel von der Einw. des Luftstromes aus. — Vorrichtung. (**Schwz. P. 292 781** vom 23/11. 1949, ausg. 16/11. 1953.) MAASS. 7635

Jacob Lenderink, Schiedam, Holland, *Schlagfähiges Eiweiß.* Die Hydrolyse von z. B. Casein erfolgt in Weiterausbldg. des Verf. nach E. P. 670 413; C. **1953**. 3012 mit $Ca(OH)_2$ bei erhöhter Temp. von z. B. 40° u. bei $p_H = 11—12$ so lange, bis das Endprod. nicht mehr als 40% an Polypeptiden enthält. (**E. P. 670 449** vom 2/8. 1946, ausg. 16/4. 1952.) KRANZ. 7647

American Home Products Corp., New York, N. Y., übert. von: **John G. Kennedy**, Mason, und **Finn W. Bernhart**, Holt, Mich., V. St. A., *Casein-Milchsäurepräparat für Diätzwecke.* Ein Caseinat, z. B. Na-Caseinat, wird in W. dispergiert u. mit konz. Milchsäure unter dauerndem Rühren bis zu p_H 3,0 versetzt. Die M. wird sprühgetrocknet. (**A. P. 2 639 235** vom 23/3. 1951, ausg. 19/5. 1953.) KRANZ. 7647

Anatole Julius, Paul Bonnassies, Pierre Graux und **René Bernard**, Frankreich, *Herstellung von Nährmehlen.* Das nach Hauptpatent aus den Kernen der Früchte von Juglandaceen gewonnene u. aufgeschlossene Mehl wird mit Kakao oder Kaffee-Extrakt, Fett, Milchpulver, Zucker, einem Emulgator u. W. gemischt. Die Mischung wird homogenisiert u. ganz oder nur bis zur Paste eingedampft. Das Prod. kann zur Bereitung von Pudding, Frühstücksbrei, Desserts u. dgl. verwendet werden. (**F. P. 56 986** vom 4/4. 1946, ausg. 10/10. 1952. **Zusatz zu F. P. 972 788; C. 1952. 7589.**) HEYNE. 7671

Michel Murolo und **Vincent Murolo**, Frankreich, *Gewinnung von Agar-Agar aus Meeresalgen.* Frische oder getrocknete Algen, vorzugsweise des Mittelmeeres, werden gewaschen u. mit W. gekocht. Die vom Rückstand abgezogene viscose Fl. wird 20 Min. bei 120° sterilisiert, zur Entfärbung mit Tierkohle behandelt u. filtriert. Durch Ausfrieren bei tiefer Temp. entfernt man die Hauptmenge des W. u. trocknet das Prod. in einer Trockenvorrichtung. (**F. P. 1 017 156** vom 6/5. 1950, ausg. 3/12. 1952.) HEYNE. 7709

Frédéric Vallentin, Frankreich, *Kaffee-Ersatz.* Aus dem nach dem Hauptpatent durch Rösten von Enzian gewonnenen Prod. wird durch Ausziehen mit heißem W. ein Extrakt hergestellt, der zu einem Sirup oder zur Trockne, gegebenenfalls unter Beigabe von Zucker, u. im Vakuum eingedampft wird. (**F. P. 56 103** vom 14/9. 1943, ausg. 17/9. 1952. **Zusatz zu F. P. 979 948; C. 1952. 3587.**) HEYNE. 7723

Franz Meurer, Backwaren. Rezepturen u. Ausbeuten. Analyt. Nachschlagewerk f. d. Qualitätskontrolle bei Lebensmitteln. Leipzig: Fachbuchverl. 1953. 1. Einfache Kuchen- u. Hefeteiggebäcke. (231 S. m. Abb.) DM 6,80.

XVII. Fette. Seifen. Wasch- u. Reinigungsmittel. Wachse. Bohnermassen usw.

E. Glimm, E. Seeger und **J. Boetcher,** *Beiträge zum Autoxydationsverlauf der Fette: Bildung von Wasserstoffperoxyd.* Vff. berichten über Autoxydationsvorgänge bei Fetten (Triolein, Olivenöl, Butterfett), die bei Kryptonlampen als Lichtquelle fast ebenso schnell wie bei Tageslicht verlaufen. Mit dem Erreichen eines für jedes Fettsäureglycerid charakterist. Wertes des Peroxydmaximums treten zahlreiche Veränderungen auf, wie z. B. starkes Ansteigen der SZ. und der VZ. sowie Polymerisationserscheinungen. Dieser Zeitpunkt ist außerdem dad. gek., daß die JZ. gleich der Rhodanzahl ist, d. h. keine Verbb. mit mehreren Doppelbindungen vorhanden sind. In allen untersuchten Fetten tritt nach 5—6 Wochen H_2O_2-Bldg. in Spuren auf, die bis auf 50 mg-% ansteigen kann, aber stets noch unter 1% bleibt. Bei einzelnen Fetten, bes. bei Rüböl, tritt nach H_2O_2-Bldg. ein Abfall der SZ. ein, die erst nach langer Zeit wieder zur vorherigen Höhe ansteigt. Als Lösungsm. für oxydierte Fette hat sich 15%ig. NH_3-Lsg. bei 1—2 std. Einw. bei Zimmertemp. bewährt. (Fette Seifen einschl. Anstrichmittel **54.** 462—67. Aug. 1952.) BÖSS. 7878

Jean Jorand, *Die eßbare Karité-Butter (Shea-Butter).* Ausführungen über die besonderen Eigg. der *Karitébutter*, die ihre Verwendung zur Seifenherst. sowie für Ernährungszwecke beeinträchtigen. Für letztere Zwecke ist neben der Entsäuerung des Rohprod. bes. die Entfernung des *Karitens* (**I**) angezeigt. Ausgehend von einem Rohprod. (SZ. 18, JZ. [HANUŠ] 63, Unverseifbares 6,4%, davon **I** 2%) erfolgt eine Vorreinigung zur Entfernung von **I**, dann Entsäuerung mit Na_2CO_3 in höher konz. wss. Lsg. bzw. Wiederveresterung der freien Säuren mit Glycerin, anschließend Entfärbung (Bleicherde) u. Desodorierung. Kennzeichnung einiger der hergestellten Präpp., Angaben über Ausbeuten usw.; Verwendung. (Oléagineux **8.** 15—18. Jan. 1953.) TÄUFEL. 7892

Francesco Muscari Tomajoli, *Die Ölhärtung.* (Vgl. C. **1953.** 2211.) Besprochen werden die Verff. von NORMANN, ERDMANN-BEDFORD, WIMMER-HIGGINS u. die Ni-Carbonatmethode. Beigefügt sind Vorschriften zur Raffination der gehärteten Prodd. u. Reinheitskriterien für den verwendeten H_2. (Olii minerali, Grassi Saponi, Colori Vernici **29.** 74—79. Juni 1952.) GRIMME. 7894

P. D. Kuptschinski, *Demargarinierung von Baumwollsamenöl.* Die Abscheidung des Baumwoll-*Palmitins* (**I**) aus dem Baumwollsamenöl wird am zweckmäßigsten durch Ausfrieren in 2 Stufen vorgenommen. Bei 4—6° erhält man 5—7% einer Fraktion vom F. 35—40°, danach bei 2,5—3,5° weitere 12—18%, F. 19—21°; JZ. in beiden Fällen 15—20. Das Öl wird zweckmäßig mit 0,5 Gew.-% **I** geimpft. (Маслобойно Жировая Промышленность [Öl- u. Fett-Ind.] **18.** Nr. 2. 8—10. Febr. 1953.) SCHMEISS. 7894

Arthur Pollak, *Tallöl.* Überblick über Tallölverwendung bei der Herst. von Seifen aller Art, Seifenpulver, Desinfektionsmitteln usw. mit Angabe zahlreicher Rezepturen. (Soap Sanit. Chemicals **29.** Nr. 5. 42—45. 81. Mai 1953. New York. N. Y.) BÖSS. 7910

H. Stüpel, *Kontinuierliche Verfahren in der Produktion synthetischer Waschrohstoffe.* Beschreibung kontinuierlicher Verff. zur Herst. von Primärrohstoffen wie Fettalkoholen durch katalyt. Hydrierung von Fettsäuren, Hydrierung von Fettsäureestern, Red. der Triglyceride mit metall. Na, Spaltung von Fettsäurealkylestern, Oxoprozeß, KW-stoffsynthesen, kontinuierlichen Sulfonationsverff., wie Veresterung von Fettalkoholen, Sulfatierung von Olefinen usw. — 59 Literaturzitate. (Fette Seifen einschl. Anstrichmittel **54.** 455—62. Aug. 1952. Hochdorf/Schweiz, Seifenfabrik.) BÖSS. 7912

L. Peukert, *Prüfung von Waschmitteln.* In Anlehnung an das Prinzip der Haushaltwaschmaschinen wurde zur Betriebskontrolle von Waschmitteln ein Prüfgerät zur Best. der Waschkraft entwickelt, in dem gleichzeitig in 6 Töpfen aus nichtrostendem Stahl in einem thermostatregulierten Glycerinbad in insgesamt 30 Min. bei einem Flottenverhältnis 1 : 40 standardmäßig angeschmutzte Gewebestreifen behandelt werden. Messung mit Photometer. Eine Übereinstimmung zwischen Labor- u. Waschküchenverss. ist vorhanden. (Fette Seifen einschl. Anstrichmittel **54.** 453—55. Aug. 1952. Witten, Imhausen-Forschung, Labor.) BÖSS. 7912

Isabelo Vargas Fuentes, *Kritische Untersuchung der einheimischen und ausländischen Verfahren zur Bestimmung der Säurezahl pflanzlicher Öle und Vorschlag eines neuen Verfahrens.* Nach einem Vgl. der in Spanien handelsüblichen Best. (alkalimetr. Titration einer Emulsion gleicher Voll. Öl u. alkoh. Phenolphthaleinlsg.) mit dem amtlichen Verf. der DIRECCIÓN GENERAL DE SANIDAD (DGS) (Titration einer Lsg. des Öls in der 5—10fachen Menge A./Ae., 1:1) u. einer Übersicht über die sonst üblichen Verff. wird zur Verringerung des durch die CO_2-Löslichkeit in den Medien bedingten

Fehlers eine Emulsion gleicher Voll. W., A. mit 1% Phenolphthalein u. CS_2 (BUNSENscher Absorptionskoeff. für CO_2 1,4374 bei 15°) vorgeschlagen, der das Öl zugefügt wird, um die darin enthaltene Ölsäure mit 0,1 n NaOH zu titrieren. Dieses als SCH-Meth. bezeichnete Verf. gibt um 6—12% niedrigere SZZ. als die DGS-Methode. (Inform. Quím. analít. **7.** 181—99. Nov./Dez. 1953. Madrid, Consejo super. Investig. cie., Dep. Inverstigaciones bromatolog.) METZENER. 7932

E. Heinerth, *Zur Ermittlung der Natur des Phosphates in Waschmitteln.* 2. Mitt. (1. vgl. C. **1952.** 784.) Zur Best. der Phosphate wird eine möglichst konz. Lsg. mit einem mit W. mischbaren Lösungsm., vorzugsweise Methanol, vermischt. Hierdurch werden die Phosphate fast quantitativ abgeschieden. Zur genauen Feststellung der ausgefällten Phosphate werden Vorschriften über die qualitative u. quantitative Analyse bekanntgegeben. Geringe Gehh. von Pyro-(Tripoly-) u. Tripoly-(Pyro-)phosphat reichert man zum Nachw. durch Ausfällung des im Überschuß vorhandenen Phosphats mittels NaOH bis zur Konz. von 4 n an. (Fette u. Seifen, Anstrichmittel **55.** 165—69. März 1953. Düsseldorf, Henkel u. Cie.) ROSENDAHL. 7942

Lever Brothers Co., New York, N. Y., übert. von: **Edward M. James,** Winchester, Mass., V. St. A., *Raffinieren fetter Öle.* Man raffiniert mit Alkalien in Ggw. von <1% Aminosäuren bzw. deren Salzen, bes. Äthylendiamintetraessigsäure u. Trimethylamintricarbonsäure. (**A. P. 2 638 476** vom 9/8. 1950, ausg. 12/5. 1953.) LÜTTGEN. 7875

Distillation Products, Inc., Wilmington, Del., V. St. A., *Oxydationsschutzstoffe für leicht oxydierende Stoffe, besonders Vitaminkonzentrate, Speiseöle und Kautschuk.* Man setzt diesen Stoffen einen Schlamm oder Schaum zu, der bei der Aufarbeitung von *Tocopherol* enthaltenden Fisch- oder Pflanzenölen mit Luft bei erhöhter Temp. anfällt. (**Dän. P. 74 004** vom 31/10. 1946, ausg. 15/4. 1952. A. Prior. 2/3. 1940.) JÜRGEN SCHMIDT. 7879

Aktiebolaget Separator, Stockholm, Schweden, *Entfärben fetter Öle.* Entsäuerte Öle werden nach dem Abtrennen des Seifenstocks mit einer Lsg. von einem Salz einer starken Base u. einer schwachen Säure, z. B. Na_2CO_3 u. Na_2HPO_4, behandelt, die, 100fach verd., einen p_H-Wert von 11,0—12,8 hat. (**E. P. 698 564** vom 13/3. 1951, ausg. 21/10. 1953. Schwed. Prior. 14/3. 1950.) LÜTTGEN. 7887

Compania Industrial, Valparaiso, Chile, und **Arthur Abbey,** London, England, *Herstellung von Seife aus minderwertigen Fetten,* dad. gek., daß man die Fette nach dem TWITCHELL-Verf. spaltet u. die erhaltenen Fettsäuren mit geschmolzenem Alkali in Ggw. von 40% Spermöl oder Wollfett auf 280—335° erhitzt. (**E. P. 696 027** vom 19/10. 1949, ausg. 19/8. 1953.) LÜTTGEN. 7911

Unilever Ltd., Port Sunlight, Chester, England, *Herstellung von Seifenstücken.* Die fl. ca. 63%ig. Seife wird schnell abgekühlt, so daß die Seife in wenigen Sek. erstarrt. Dann behandelt man die erstarrte M. ohne Zwischentrocknung in einer Strangpresse. Die eingeschlossene Luft soll hierbei während des Durchganges durch die Strangpresse entfernt werden. Man hält daher den Druck in der Strangpresse unter 1 at. Man kann die Luft auch durch Einleiten von CO_2 in die Strangpresse entfernen, oder auch vor dem Einpressen kann die Seifenmasse auch in üblicher Weise piliert werden. (**Dän. P. 74 062** vom 14/8. 1946, ausg. 28/4. 1952.) JÜRGEN SCHMIDT. 7911

Unilever Ltd., Port Sunlight, Chester, England, *Waschmittel für hartes Wasser.* Das Waschmittel enthält wasserlösl. Seife u. eine geringe Menge des Salzes eines Esters von höheren Fettsäuren mit Alkylolamiden von niederen Sulfoncarbonsäuren der allg. Formel $R—CO—O—(CH_2)_n—N(CX)—CO—(CHY)_m—SO_3M$. In dieser bedeuten R einen aliphat. KW-stoffrest mit 10—18 C-Atomen, n u. m ganze Zahlen zwischen 1 u. 4, X H oder eine Alkylgruppe, Y H oder eine Alkylgruppe, falls m gleich 1, jedoch nur H, falls m 2 oder größer ist u. M ein Kation bedeutet. Geeignet sind z. B. K-Salze der Laurin-, Myristin- oder Palmitinsäureester von Sulfoacetylamidoäthanolen, entsprechende Na- oder Triäthanolaminsalze. (**Dän. P. 74 005** vom 13/9. 1947, ausg. 15/4. 1952. A. Prior. 16/9. 1946.) JÜRGEN SCHMIDT. 7911

Colgate-Palmolive-Peet Co., Jersey City, N. J., übert. von: **John David Malkemus,** Allendale, N. J., V. St. A., *Reinigungsmittel,* bestehend aus einer wasserlösl. Seife der Formel R—COOM, worin R einen Alkylrest mit 8—20 C-Atomen u. M einen einwertigen Alkali- oder Ammonium- bzw. substituierten Ammoniumrest bedeutet, sowie aus einem Piperazinderiv. (5—75 Gew.-% der gesamten Zus.) der Strukturformel I, worin R einen Alkyl- oder Acylrest mit 5—23 C-Atomen bedeutet, A u. B sind Äthylenreste, deren H-Atome durch Alkyl-

I

reste mit nicht mehr als 2 C-Atomen substituiert sein können, m u. n sind ganze Zahlen von 2—5. (**A. P. 2 634 239** vom 24/6. 1949, ausg. 7/4. 1953.) UNGER. 7911

Sandoz Akt.-Ges., Basel, Schweiz, *Waschmittel*, enthaltend wasserlösl. Salze von Alkylbenzolsulfonsäuren, die mindestens eine Alkylgruppe mit 9—18 C-Atomen besitzen, u. saure Schwefelsäureester von Monoalkyläthern oder deren wasserlösl. Salze. — Beispiel: 15 (%) Na-Dodecylbenzolsulfonat, 5 Oleylglykoläther Natriumsulfat, 80 Na_2SO_4. (**Schwz. P. 289 042** vom 8/12. 1950, ausg. 16/6. 1953.) LÜTTGEN. 7913

C. Hartung, Seifen- und Glyzerinfabrik, Saarbrücken, *Reinigen von Wäsche*, dad. gek., daß man die Wäsche in trockenem Zustand in eine heiße Waschflotte gibt, die auf 10 Liter ca. 60—150 g waschakt. Stoffe u. 40 g Na-Perborat enthalten soll, u. mindestens 1 Std. in der sich langsam abkühlenden Flotte beläßt. (**Schwz. P. 289 352** vom 27/10. 1950, ausg. 1/7. 1953. D. Prior. 5/8. 1950.) LÜTTGEN. 7913

Ciba Akt.-Ges., Basel, Schweiz, *Reinigungsmittel*, gek. durch den Geh. von Derivv. der 4.4'-Diaminostilbendisulfonsäure-(2.2') als *opt. Aufheller*, z. B. von dem Dinatriumsalz der 4-[(p-Methoxybenzoyl)-amino]-4'-[2.4-(bis-β-oxyäthyl)-amino-1.3.5-triazyl-(6)-amino]-stilbendisulfonsäure-(2.2'). (**Schwz. P. 290 858** vom 28/10. 1949, ausg. 17/8. 1953.) LÜTTGEN. 7913

Farbenfabriken Bayer Akt.-Ges., Leverkusen (Erfinder: **Mathieu Quaedvlieg,** Leverkusen, und **Karl Brodersen,** Wolfen), *Entschäumungsmittel*, bestehend aus einer Mischung von Sulfamiden, Sulfoacylamiden oder Disulfimiden, wie sie aus den durch Sulfochlorierung langkettiger Paraffin-KW-stoffe, gegebenenfalls unter Bestrahlung mit kurzwelligem Licht, erhältlichen Sulfochloriden durch Behandlung mit NH_3 oder dessen organ. Derivv. u. gegebenenfalls nachfolgende Acylierung gewonnen werden, mit durch Oxydation von Paraffinen oder ähnlichen höheren Teerölfraktionen in bekannter Weise erhältlichen Produkten. (**D. B. P. 855 687** Kl. 12a vom 18/12. 1942, ausg. 17/11. 1952.) HEINSEN. 7913

Monsanto Chemical Co., St. Louis, Mo., übert. von: **Milton Kosmin,** Dayton, O., V. St. A., *Alkanolaminsulfate*. Man behandelt 7-Äthyl-2-methylundecanol-(4) (**I**) mit Äthylenoxyd, setzt das entstandene Pentaäthylenglykolderiv. des **I** mit SO_3 in fl. SO_2 um zum *Schwefelsäureester* u. stellt das *Mono-*, *Di-* u. *Triäthanolaminsalz* dar. — Analog: *Diäthanolaminsalz* des *Schwefelsäureesters* vom *Pentaäthylenglykoläther* des *5-Äthylnonanols-(2)*. — Die Prodd. sind *oberflächenaktiv*. (**A. P. 2 644 832** vom 16/4. 1951, ausg. 7/7. 1953.) LANGER. 7913

Commercial Solvents Corp., übert. von: **John B. Tindall,** Terre Haute, Ind., und **John W. Fraza jr.,** Joplin, Mo., V. St. A., *Tetrahydrofurfurylderivate* der allg. Formel I, in der n = 2, 3 oder 4 u. X = H oder CH_2OH bedeuten. Für n = 4 ist X nur = H, u. für n = 2 ist X nur = CH_2OH. Man erhitzt Glucose u. Furfurylamin in W. auf 60° u. hydriert gleichzeitig mit Ni als Katalysator unter hohem Druck. Es entsteht *N-Tetrahydrofurfurylglucamin*, F. 159—161°. Analog erhält man aus Xylose *N-Tetrahydrofurfurylxylamin*. — *Reinigungs-* u. *Netzmittel*, *Textilöle*. (**A. P. 2 658 063** vom 27/10. 1951, ausg. 3/11. 1953.) FABEL. 7913

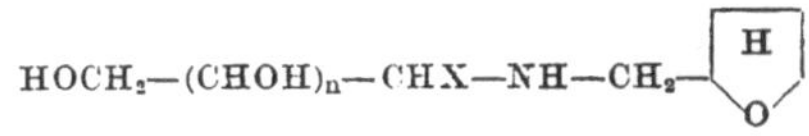

I

George William Burniston, Hessle, England, *Reinigungsmittel*, bes. für *Glas*, in Form eines stabilen Gels, das aus Flußsäure u. einem wss. Koll. besteht, wobei letzteres ein vegetabilischer Gummi, wie Karaya, Traganth, oder ein Celluloseäther, wie Cellulosemethyläther, Carboxymethylcellulose, ist. (**E. P. 697 290** vom 25/5. 1950, ausg. 16/9. 1953.) DEMMLER. 7917

Appareils et Évaporateurs Kestner, Frankreich, *Herstellung von granulierten Reinigungsmitteln*. Eine wss. Lsg. von Na-Carbonat, Na-Phosphat u. Na-Silicat wird durch Versprühen in einen kalten Luftstrom zur Kristallisation gebracht u. mit Na_2SO_4-haltigen u. auf gleiche Art getrockneten sulfonierten Substanzen in einem geheizten Granulierapp. gemischt. Ein solches Prod. hat z. B. die Zus.: 32 (%) Na_2CO_3, 4 Na_3PO_4, 4 Na-Silicat, 23 Na_2SO_4, 10 Alkylarylsulfonat u. ca. 27 H_2O. (**F. P. 1 015 995** vom 5/4. 1950, ausg. 29/10. 1952.) OPPERMANN. 7917

Pierre Joseph Bugard, Frankreich, *Anreicherung des Wollfettes in den Waschwässern der Wolle*, darin bestehend, daß man in das Waschwasser bei einer unter dem F. des Wollfettes liegenden Temp. ein Gas (vorzugsweise Luft) einleitet, den gebildeten Schaum sammelt, niederschlägt u. auf bekannte chem. oder physikal. Weise das Wollfett abscheidet. — Vorrichtung. (**F. P. 1 021 133** vom 29/6. 1950, ausg. 16/2. 1953.) OPPERMANN. 7925

Durastic Ltd. und **Cyril Aubrey Redfarn,** London, England, *Herstellung von Fußbodenpflegemitteln.* Man entwässert eine wss. Dispersion von synthet., thermoplast. Harzen, z. B. Polyvinylacetat, Polyvinylidenchlorid, Vinylchloridmischpolymerisat, u. zwar verwendet man 2 Harze, von denen eins ein lineares, filmbildendes Polymerisat u. das andere ein hochmol. Prod. mit guten Schmiereigg. sein soll. Die M. kann Füllstoffe enthalten, wie Gips oder Zement. — Z. B. verwendet man eine Dispersion von Erdpech zusammen mit einer Dispersion von Polyvinylacetat u. Asbestfasern. (**N. P. 80 243** vom 2/5. 1950, ausg. 19/5. 1952. E. Prior. 12/12. 1949.)
JÜRGEN SCHMIDT. 7927

XVIIIa. Holz. Cellulose. Zellstoff. Papier. Papierdruck. Celluloid. Linoleum.

A. Simon und **H. Tönjes,** *Einwirkung von Kohlensäure auf Natriumpentachlorphenolat bei der Holzimprägnierung.* (Vgl. C. **1953.** 5122.) An Stelle des in den USA in Erdöllsgg. unter Pine oil-Zusatz angewendeten Pentachlorphenols (PCPh) ließe sich das gleich mycocid u. insekticid wirksame Na-Salz verwenden, wenn seine wirtschaftlich nicht tragbare Auslaugbarkeit behoben werden könnte. Bereits bei p_H 6,5 tritt Ausfällung des PCPh ein, u. die Eindringtiefe (2 mm gegenüber 9 mm bei NaF) ist eine geringe, da Holz ein p_H von 4,0 besitzt u. so vorzeitig Ausfällung stattfindet. Eine Fixierung des PCPh-Na mit CO_2 wirkt nur bei schwachen Konzz. der Salzlsg., bei stärkeren ist die Auslaugbarkeit ebenso groß wie bei nicht mit CO_2 vorbehandelten Klötzchen, da bei abnehmendem CO_2-Partialdruck die Rk. ($C_2Cl_5ONa + CO_2 + H_2O \rightarrow C_2Cl_5OH + NaHCO_3$) rückwärts läuft. Fast vollkommen im Holz fixiert wird jedoch PCPh-Na, wenn es mit $NaHSO_3$ kombiniert angewendet wird, da bei der Oxydation des Bisulfits zum Bisulfat durch Luft-O eine Senkung des p_H-Werts um 3—4 Einheiten eintritt. Qualitativ läßt sich PCPh-Na durch eine Lsg. von $CuSO_4$ u. Na-Acetat in Aceton nachweisen (Braunrotfärbung). (Chem. Techn., Sonderheft **1952.** 38—39. Dresden, TH, Inst. für anorgan. u. anorgan. techn. Chem.) SEIFERT. 7952

N. T. Nyssenko, *Holzschichtstoffe als Material für Apparate der holzchemischen Industrie.* Bes. als Austauschstoff für Cu in Apparaturen zur Essigsäuregewinnung haben sich Schichtkörper bewährt, die abwechselnd aus Sägemehlschichten u. Kiefernfurnier von 0,3—0,4 mm, bei Durchtränkung mit Formaldehydharzen, aufgebaut waren. Dieses Material ist gegenüber Essigsäure auch bei höheren Tempp. korrosionsbeständig. (Деревоперерабатывающая и Лесохимическая Промышленность [Holzverarb. holzchem. Ind.] **2.** Nr. 9. 11—14. Sept. 1953. Zentr. Wiss. Holzchem. Forschungsinst.) ULMANN. 7952

Harold MacLean und **J. A. F. Gardner,** *Kocherkorrosion durch Kernholzextrakte.* Die Dampfraumkorrosion beim alkal. Kochen der roten Ceder (*thuja plicata*) wird durch Bldg. von Fe(III)-Komplexen mit Thujaplicin (Isopropyltropolon) verursacht, die aber gegen Alkali unbeständig sind. Nach Verss. der Vff. rührt die Korrosion in der alkal. Lsg. von der Bldg. alkalibeständiger Fe(III)-Chelate mit Verbb., die 1.2-Oxyphenyl- u. 2-Oxysäuregruppen enthalten, her. Diese Verbb., wie Taxifolin, Pyrogallol u. Brenzcatechin lassen sich aus Cedern- u. Douglasfichtenkernholz alkal. u. zum Teil mit Aceton extrahieren. Die wirksamen Gruppen können aber auch durch Fäulnis bei der Lagerung oder beim Kochen entstehen, z. B. aus hydrolysierbarem Tannin, durch Entmethoxylierung von Guajacylgruppen des Lignins u. durch Bldg. von Zuckersäuren. Vff. glauben, daß die Oxydation zu Fe(III) durch W. erfolgt. Von verschied. untersuchten Stahlsorten war nur der rostfreie Stahl 316 korrosionsbeständig genug. (Pulp Paper Mag. Canada **54.** Nr. 12. 125—30. Nov. 1953. Vancouver, Forest Prod. Labor. Div.) H. BECKER. 7956

W. S. Kumblad, *Einige Entwicklungen bei Erdölabkömmlingen.* Allg. Übersicht über neuere Paraffine, mikrokristalline Wachse, Antischaummittel u. ein emulgiertes aromat. Lösungsm., das die Schwierigkeiten durch Pech bei der Herst. von Zellstoff verhindern soll. (Paper Mill News **76.** Nr. 49. 110—12. 5/12. 1953. Socony-Vacuum Oil Co., Chem. Prod.) H. BECKER. 7962

H. Sawada, *Bleichversuche mit Buchen–Neutralsulfit-Halbzellstoff.* Es wurde der Bleichmittelbedarf für eine Dreistufenbleiche von Buchen–Neutralsulfit-Halbzellstoff (I) allein u. im Gemisch mit Sulfitzellstoff aus japan. Rotkiefer untersucht. In der ersten Stufe war die erforderliche Cl-Menge bei I gleich der ROE-Zahl, bei Gemischen 0—20% geringer; an Alkali war für I 2—4% NaOH, für Gemische 1,5—2,0% erforderlich, u. in der Hypochloritstufe waren 2,0 bzw. 1,5% akt. Cl als Ca-Hypochlorit nötig. Auf diese Weise wurden in hoher Ausbeute quantitativ hochwertige, gebleichte Stoffe mit beachtenswerten Festigkeiten erhalten. (Tappi **7** Nr. 2. 162. 1953, referiert nach Papier **7.** L101. 5/11. 1953.) P. ECKERT. 7962

A. v. Koeppen und **W. E. Cohen,** *Untersuchung über Chlorit- und Chlorholocellulose aus Eucalyptus regnans F. v. M.* Es wurde der Einfl. der Temp. u. die Zugabe von $NaClO_2$ (I) für den Aufschluß untersucht. Es wurde gefunden, daß die Aufschlußtemp. wichtiger ist, als es bisher angenommen wurde, u. daß die bisher erzielten unterschiedlichen Ergebnisse wahrscheinlich auf größere Temperaturunterschiede bei der Herst. der Holocellulose (II) zurückzuführen sind. Ein merklicher Pentosanverlust ergab sich, wenn die Temp. 70° überstieg. Ausgearbeitet wurde eine Zweistufenmeth., die zu guten Ergebnissen führte, u. zwar wurde dem Stoff abwechselnd ein Gemisch von **I** u. Essigsäure zugefügt u. mit Eiswasser gewaschen. Es wurde beabsichtigt, eine **II** herzustellen, die einen möglichst geringen Pentosanverlust aufweist u. einen Restligningeh. von ca. 4% hat, dessen Methoxylgeh. nicht weniger als 16% beträgt. Um Chlorit- u. Chlor-**II** vergleichen zu können, wurden aus den Schnitzeln desselben Baumes 3 verschied. Proben von **II** hergestellt. Chlorit-**II** wurde durch die Zweistufenmeth., Chlor-**II** durch 5 bzw. 7 Chlorierungen mit Chlorwasser u. einem Gemisch von NH_3 in A. erhalten. Die Polysaccharidausbeute war für Chlorit- u. Chlor-**II** mit demselben Ligningeh. prakt. dieselbe. Hinsichtlich des Reincellulosegeh. mit demselben Ligningeh. (3,9%) wiesen die beiden Holocellulosen keine Unterschiede auf. Die Chlor-**II** hatte einen höheren N-Geh., die Chlorit-**II** einen höheren Aschegehalt. Festgestellt wurden bei der Extraktion von Chlor-**II** mit heißem W. u. 0,2% NaOH größere Verluste von Polysaccharidsubstanz u. bes. von Pentosanen. Über weitere Einzelheiten der Versuchsergebnisse wird berichtet. — 35 Literaturzitate. (Holzforschung **7.** 102—10. 1953. Melbourne, Australien, Div. of Forest-Products, Commonwealth Sci. and Ind. Res. Organiz.) P. ECKERT. 7964

J. Mardon und **D. Pedder,** *Verwendung eines löslichen Quecksilbersalzes bei der Schleimüberwachung.* Äthoxyäthyl-Hg-acetat (**I**) ist besser lösl., weniger flüchtig u. fungicid, dafür aber mehr fungistat. als Phenyl-Hg-acetat (**II**). In saurer Lsg. wird **I** leicht zersetzt. Das Papier adsorbiert leichter **I** als **II**. Für die Papierfabrikation wird ein wechselnder Einsatz von **I** u. **II** empfohlen. (Pulp Paper Mag. Canada **54.** Nr. 11. 131—33. Okt. 1953. Wiggins Teape & Co. Ltd. u. Lunevale Prod. Ltd.) H. BECKER. 7976

E. T. Barnes, *Eine neuere Untersuchung über die Variablen beim Bleichen von Holzschliff mit Zinkhydrosulfit. Der Einfluß der Reaktionstemperatur, Reaktionsdauer, p_H-Kontrolle und Stoffdichte auf das Bleichen der Westlichen Hemlocktanne.* Das Bleichen ist bei 57° in 45 Min. u. bei 50° in 60 Min. abgeschlossen. Die besten Ergebnisse werden bei höherer Stoffdichte (ca. 3%) u. p_H-Werten von 3,5 für die Bleiche, 2,5 für das Waschen u. 4,5—5,5 für die Blattbldg. erhalten. Die Unterss. wurden bei Konzz. von 0,33, 0,28 u. 0,17% $ZnHSO_3$ atro Holzschliff durchgeführt; die beste Wrkg. hatten die höheren Konzentrationen. (Pulp Paper Mag. Canada **54.** Nr. 11. 145—49. Okt. 1953. Pacific Mills Ltd.) H. BECKER. 7978

Marshall Rutz, *Verarbeitung von Pergament- und fettdichten Papieren.* Überblick über die Herst. von Pergamentpapier durch Tauchen des Zellstoffs in H_2SO_4 u. von fettdichtem Papier aus rösch gemahlenem Stoff u. die Prüfung der Endprodukte. (Paper Trade J. **137.** Nr. 20. 201—03. 13/11. 1953. Kalamazoo, Mich., Vegetable Parchment Co.) H. BECKER. 7986

William A. Kirkpatrick, *Barytüberzogenes photographisches Papier.* Der Zellstoff für photograph. Papiere muß einen hohen Geh. an α-Cellulose u. eine gute Naßfestigkeit aufweisen. Für den Überzug wird $BaSO_4$, hergestellt aus $BaCl_2$ u. H_2SO_4 oder Na_2SO_4, in mit Alaun oder CH_2O gehärteter Gelatine verwendet. Die Herst. der Papiere u. die Unters. der Rohstoffe u. des Endprod., bes. auf radioakt. Verunreinigungen, wird beschrieben. (Paper Trade J. **137.** Nr. 20. 247—52. 13/11. 1953. Kalamazoo, Mich., Allied Paper Mills.) H. BECKER. 7986

F. L. Wurzburg jr., *Farbe und Farbkontrolle bei der Verarbeitung.* Vf. beschreibt Messung, Unters. u. Kontrolle des Farbtons von Druckfarben durch Colorimetrie u. Densitometrie. (Paper Trade J. **137.** Nr. 20. 121—28. 13/11. 1953. Interchem. Corp., Printing Ink Div.) H. BECKER.7988

Roman J. Suess und **Roger E. McVickar,** *Asphaltgetränkte und geschichtete Pappe.* Bei ca. 190° wird eine Pappe aus halbchem. neutralem Sulfitzellstoff, auch mitKraftzellstoff gemischt, mit einem Asphalt vom F. 82—88° u. einer Eindringtiefe von 0—1 (in $^1/_{100}$ cm mit Standardnadel in 5 Sek. mit 100 g bei 25°) getränkt. Beim Schichten werden die Pappen mit einem geblasenen Asphalt vom F. 100—107° u. einer Eindringtiefe von 13—28 verklebt. (Paper Trade J. **137.** Nr. 20. 262—66. 13/11. 1953. Otsego, Mich., Falls Paper Mills, Inc.) H. BECKER. 7992

Bruno Schulze, *Prüfung der Beeinflussung von Holzschutzmitteln durch Berührung mit Mörtel und eines etwaigen Durchschlagens ihrer färbenden Anteile.* Vf. untersucht die Einw. von Mörtel auf Holzschutzmittel u. das Durchschlagen färbender Bestandteile. Kiefersplintholzklötzchen wurden mit drei verschied. Konzz. des Imprägnierungsmittels getränkt u. in Mörtel eingebettet. Die Klötze wurden bei 20° u. 65% relativer Luftfeuchtigkeit gelagert. Alle drei Tage wurden sie auf etwaigen Durchschlag hin angesehen. Zur Prüfung der Abnahme der Desinfektionskraft wurden die Klötze mehrere Monate der Wrkg. von *Poria vaporaria* u. *Coniophora cerebella* ausgesetzt. Der Mörtel bestand aus Rüdersdorfer Kalk, Sand u. 18% Wasser. Die organ. Mittel, z. B. *Dinitrophenol*, schlugen alle durch, anorgan., wie Fluoride, Fluosilicate u. andere, nicht. Durch den Mörtel wurden alle Schutzmittel geschädigt. Bes. zeigt sich dies bei Klötzchen, die nur durch kurze Tauchung (5 Sek.) imprägniert waren. (Wiss. Abh. dtsch. Materialprüf.-Anst. [2] **1950**. Nr. 7. 123—29. Berlin-Dahlem, Materialprüfungsamt.) FRIEDEMANN. 8004

Djordje Maširević, *Abänderung des Apparates zur Bestimmung des spezifischen Gewichts von Holz nach N. Niethammer.* Auch bei Vorliegen kleiner Holzproben lassen sich genaue Werte erhalten, wenn zur Messung der verdrängten Menge W. eine Bürette von geeigneten Abmessungen verwendet wird. Das Niveau des Eintauchgefäßes, dessen Eichung sich erübrigt, wird durch ein Niveaugefäß vor u. nach Eintauchen des Holzes auf gleicher Höhe gehalten. (Гласник Хемиског Друштва Београд [Ber. chem. Ges. Belgrad] **18**. 295—300. 1953. Ljubljana, Inst. der Generaldirektion der Papierind.) ULMANN. 8004

Karl Kürschner und **Trude Schweizpacher**, *Zur Ligninbestimmung nach Kürschner-Schweizpacher.* Die Methoxylbest. nach KÜRSCHNER-SCHWEIZPACHER zeigt bei Stoffen mit überwiegendem Kohlenhydratgeh. mitunter Schwankungen in den ermittelten Methylalkoholwerten, die auf die Entstehung von CO zurückzuführen sind. Dieses wird durch 10 Min. langes Kochen des alkal. gemachten Destillats mit 10 cm^3 tropfenweise hinzugefügter $AgNO_3$-Lsg. fortoxydiert, ohne daß der vorhandene Methylalkohol dadurch beeinträchtigt wird. Die Menge des Methylalkohols wird wie früher titrimetr. ermittelt. (Faserforsch. u. Textiltechn. **4**. 507—09. Dez. 1953. Bratislava, Slowakei, Akad. der Wiss.) P. ECKERT. 8006

Frédéric E. M. Strahm und **Émile Koechlin**, *Imprägniermittel* für Holz, bes. für Eisenbahnschwellen. Rohanthracenöl oder Destillationsrückstände desselben werden mit Äthanolaminseife bei 80° ½ Std. verrührt, gegebenenfalls kann noch Harzseife zugesetzt werden. Diese M. gibt mit W. stabile Emulsionen u. zeigt fungicide Wirkung. (**F. P. 999 184** vom 27/11. 1945, ausg. 28/1. 1952.) WITTHOLZ. 7953

Dow Chemical Co., Midland, Mich., V. St. A., *Konservierung von Holz.* In hocharomat. Petroleumölen mit einer Viscosität von höchstens 200 SAYBOLT-Sek. bei 38°, z. B. Dieselöl, werden ca. 4—15 (%) *Pentachlorphenol* gelöst u. aus der Lsg. durch Zusatz von ca. 6—12 Al-Stearat oder dgl. Petroleumölgele hergestellt. Die M. dient zur Imprägnierung von Masten, Pfählen, Bauholz u. dgl. zum Schutz der unterird. Teile gegen holzzerstörende Organismen, bes. Fungi. (**E. P. 699 207** vom 5/9. 1951, ausg. 4/11. 1953. A. Prior. 6/10. 1950.) KARST. 7953

Pulp & Paper Research Institute of Canada, übert. von: **James Hamilton Ross, John Semple Hart, Richrad Kevin Strapp** und **Otto Maass**, Montreal, Quebec, Canada, *Zellstoffgewinnung.* Nach dem Einfüllen der Hackschnitzel (Kiefer, Western hemlock) wird die Luft aus dem Kocher durch Dampf vertrieben, der Dampfdruck, z. B. auf ca. 1,4 at, erhöht, der Druck plötzlich entspannt, um Dampf u. restliche Luft auszutreiben, Kochlauge unter Luftabschluß eingeführt, auf Kochtemp. erhitzt u. gekocht. Die Dampfbehandlung des Rohstoffs kann mehrmals wiederholt u. ein Teil der Imprägnierlauge vor dem Kochen abgezogen werden. — Schema, Zeichnung. (**A. P. 2 640 774** vom 16/7. 1949, ausg. 2/6. 1953.) G. VOGEL. 7957

Celanese Corp. of America, Del., V. St. A., übert. von: **John Edward Jones** und **Reginald Richard Stott**, Sponton bei Derby, England, *Zellstofferzeugung.* Holzzellstoff, Stroh, Linters usw. werden, gegebenenfalls nach saurer Vorhydrolyse, mit einer 2—5%ig. Alkalilauge imprägniert. Die M. wird bis zum völligen Gefrieren des W. gekühlt u. nach 1—5std. Stehen aufgetaut. Nach dem Auswaschen des Alkalis wird nach bekannten Verff. (Alkalilauge, Soda, Sulfat, Sulfit) aufgeschlossen. — Beispiel. Holzzellstoff (α-Cellulosegeh. 90,4%, Pentosangeh. 2,4%) wird mit 4%ig. Natronlauge imprägniert. Nach 3std. Gefrierzeit wird aufgetaut u. so weit abgepreßt, daß auf 1 (Teil) Zellstoff 3 Fl. treffen. Dann wird in 3%ig. Natronlauge 1 Std. gekocht, gewaschen u. getrocknet. Das Prod. hat 94,4% α-Cellulose u. 0,94% Pentosan. (**A. P. 2 638 415** vom 27/12. 1948, ausg. 12/5. 1953. E. Prior. 14/1. 1948.)
G. VOGEL. 7957

Associated Pulp & Paper Mills Ltd., Melbourne, Victoria, übert. von: **Arthur Raymond Sloman**, Burnie, Tasmania, Australien, *Alkaliaufschluß von Laubholz in 2 Stufen für Papierstoff.* Die Späne werden mit Schwarzlauge (kaust. Alkali äquivalent 15 bis 35 kg NaOH/100 Liter) aus der 2. Kochstufe (Laugenverhältnis 3—5:1) versetzt, dann auf 160—175° erhitzt u. 6—30 Min. bei dieser Temp. gehalten, um die Holzsäuren zu neutralisieren. Nach Abziehen der fast verbrauchten Ablauge wird eine Mischung von Weiß- u. Schwarzlauge zugesetzt, so daß die kaust. Alkalität 15—20 kg NaOH u. die Menge 150—350 Liter (auf 100 kg Holz) betragen. Die Charge wird auf 160—175° erhitzt u. 1—5 Std. bei dieser Temp. gekocht. Die erhaltene Ablauge wird der 1. Kochstufe zugeführt. — Beispiel: 100 kg Eucalyptusspäne werden mit 500 Litern Schwarzlauge (kaust. Alkalität äquivalent 23,4 kg NaOH/100 Liter) versetzt, in 114 Min. auf 170° erhitzt u. 15 Min. auf Kochtemp. gehalten. Der Kocher wird mit kaltem W. abgeschreckt. Die 7,6 kg kaust. Alkali in 100 Litern (berechnet als NaOH) enthaltende Ablauge wird abgezogen u. die Fl. im Kocher mit Weißlauge auf **16,1%** NaOH verstärkt. Die Charge wird in 114 Min. auf 170° erhitzt u. 78 Min. auf Kochtemp. gehalten. Nach dem Abkühlen werden 310 Liter Ablauge mit 22,5 kg kaust. Alkali (als NaOH berechnet) in 100 Litern abgezogen. — Zeichnung. (**A. P. 2 639 987** vom 15/6. 1948, ausg. 26/5. 1953. Aust. Prior. 9/7. 1947.) G. VOGEL. 7959

Svenska Cellulosaföreningens Centrallaboratorium, Stockholm, Schweden, *Überführung von Lignin aus Schwarzlauge in wasserlösliche Produkte.* Man setzt die Schwarzlauge ohne vorherige Alkalibehandlung bei erhöhter Temp. mit CO_2 oder Sulfiten um. (**Finn. P. 26 588** vom 20/12. 1950, Auszug veröff. 31/10. 1953. Schwed. Priorr. 22/12. 1949 u. 27/5. 1950.) JÜRGEN SCHMIDT. 7967

Eastman Kodak Co., Rochester, N. Y., übert. von: **Allan Bell**, Kingsport, Tenn., V. St. A., *Weichmacher für Cellulosederivate.* Man erhitzt z. B. 438 (Teile) 2.2.4-Trimethylpentandiol-(1.3) (**I**) mit 870 2-Äthylbuttersäure (**II**) 48 Std. unter Rückfluß auf 200—210°, wobei man 100 W. abdest., wäscht das Reaktionsprod. mit wss. Na_2CO_3 u. W., trocknet u. erhält 70% **I**-**II**-*Diester*, $Kp._2$ 145—148°. — **I**-*2-Äthylhexansäurediester*, $Kp._{1-2}$ 70—75°. (**A. P. 2 625 563** vom 16/2. 1949, ausg. 13/1. 1953.) MÜLLER-MEININGEN. 7971

American Cyanamid Co., New York, N. Y., übert. von: **Jack T. Thurston**, Cos Cob, und **John M. Grim**, Stamford, Conn., V. St. A., *Plastiziermittel für Cellulosederivate*, bestehend aus *aromat. Glycerylester* der *α-Oxyisobuttersäure* u. ihrer OH-substituierten Derivv. der Formel $ArO \cdot CH_2 \cdot CH(OX_1) \cdot CH_2OX_2$ [Ar = aromat. Rest, X_1 u. X_2 = H, Acyl oder aromat. Rest oder die Gruppe $—CO \cdot C(CH_3)_2OR$ (**I**), wobei R = H, Alkalimetall oder aliphat., cycloaliphat., aromat. oder heterocycl. Rest ist u. X_1 u./oder X_2 = **I**]; z. B. Kresylglycerylmono- oder -di-α-oxyisobutyrat, Dikresyl- oder Diphenylglyceryl-α-oxyisobutyrat, Phenylglyceryldi-α-äthoxyisobutyrat, Kresylglycerylmono-α-methoxyisobutyrat, Diphenylglyceryl-α-acetoxyisobutyrat, Dikresylglyceryl-α-propionoxyisobutyrat. (**A. P. 2 329 015** vom 3/10. 1941, ausg. 7/9. 1943. **Can. P. 480 828** vom 6/8. 1942, ausg. 5/2. 1952. A. Prior. 3/10. 1941.) PANKOW. 7971

American Viscose Corp., Wilmington, übert. von: **William O. Brillhart**, Fredericksburg, Va., V. St. A., *Nicht zusammenklebende Cellulosehydrat- und -derivatfilme.* Als Imprägnierungsmittel benutzt man Verbb. der Formel $R_1—N(R_2; R_3; R_4)X$, worin R_1 eine Alkylgruppe (**I**) mit mindestens 12 C-Atomen, R_2 u. R_3 eine **I** mit 1—20 u. R_4 eine **I** mit 1—3 C-Atomen, X ein organ. oder anorgan. Anion, wie Cl—, H_2SO_4—, CH_3SO_4 u. dgl. bedeuten. Octadecyltrimethyl- bzw. Dimethyldialkylammoniumchlorid wird in W. dispergiert u. mit Glycerin in Form einer 0,5% ig. Dispersion verwendet. (**A. P. 2 621 135** vom 6/10. 1949, ausg. 9/12. 1952.) SALZMANN. 7971

American Viscose Corp., Philadelphia, Pa., V. St. A., *Herstellung wasserlöslicher Celluloseäther.* Man behandelt einen niedrig veräthertem, in W. unlösl., aber in Alkali lösl. Celluloseäther mit so schwacher NaOH-Lauge, daß er sich nicht darin löst, gibt ein Verätherungsmittel, z. B. Äthylenoxyd, im Laufe mehrerer Std. hinzu u. läßt bei 14—30° reagieren. Dann wird das freie Alkali neutralisiert, z. B. mit saurem Na-Tartrat oder -Citrat. Anschließend wird die Mischung entweder getrocknet oder vollständig in W. gelöst. (**E. P. 696 888** vom 20/3. 1950, ausg. 9/9. 1953. A. Prior. 5/4. 1949.) FABEL. 7971

Kalle & Co. Akt.-Ges. (Erfinder: **Paul Landmann** und **Kurt Sponsel**), Wiesbaden, *Herstellung von wasserlöslichen Alkalisalzen von Celluloseäthercarbonsäuren* durch Rk. von Cellulose (**I**) oder in W. unlösl. Celluloseäthern mit Halogenfettsäuren (**II**), z. B. $ClCH_2COOH$, in Ggw. von Alkali (**III**). Man verwendet auf 1 (Mol) **I** $<$1,5, aber wenigstens 0,6 **II**. Auf **I** bezogen, sollen $<$2, aber bes. $>$1,2 (Teile) W. u. wenigstens 0,4,

höchstens aber 1 freies **III** anwesend sein. Das Verhältnis von **III** zum W. soll mindestens 1:4 betragen. (**D. R. P. 752 082** Kl. 12o vom 3/4. 1938, ausg. 4/1. 1954.)
FABEL. 7971

Rohm & Haas Co., Philadelphia, übert. von: **Robert W. Auten**, Jenkintown, und **Vincent C. Meunier**, Fluortown, Pa., V. St. A., *Dimethylaminosubstituenten in Harnstoffharzen.* Man erhält ein neues, wasserlösl., sich in der Wärme umlagerndes Harz (Viscosität mindestens 0,5 poise, gemessen als 50%ig. wss. Lsg. bei 25°), wenn man die Komponenten Harnstoff, CH_2O u. Dimethylamin in wss. Lsg. (p_H 7—10) u. bei einer Temp., die zwischen 60° u. dem Kp. der Lsg. liegt, umsetzt u. die entstehende Mischung zwischen 60° u. der Rückflußtemp. polymerisiert (p_H 1,5—6,8). Pro Mol Harnstoff setzen sich 2,0—3,0 Mol CH_2O u. 0,05—0,5 Mol Dimethylamin um. Verwendung der neuen Harze in der Papierfabrikation. (**A. P. 2 605 253** vom 16/12. 1950, ausg. 29/7. 1952.)
UNGER. 7979

American Cyanamid Co., New York, N. Y., übert. von: **Tzeng-Jiueq Suen**, Stamford, Conn., V. St. A., *Gegen Säure widerstandsfähiges, naßfestes Papier.* Dem Papier wird eine wss. Lsg. eines wasserlösl. Harzes einverleibt, das ca. 2 Min. bei 105—110° ausgehärtet wird. Das Harz wird durch Kondensation unter Rückfluß aus einer wss. alkal. Lsg. erhalten, die 1,5 (Mol) CH_2O, 1 Phenol, 0,5 β-Alanin u. z. B. 1,2 NaOH in 5 n wss. Lsg. enthält. Das Prod. verliert kaum an Naßfestigkeit, wenn es 1 Woche in einer 5%ig. Citronensäurelsg. (p_H ca. 1,8) liegt. (**A. P. 2 639 242** vom 14/8. 1950, ausg. 19/5. 1953.)
G. VOGEL. 7983

Richard P. Kast, Middletown, O., V. St. A., *Erzeugen von besonders festem Papier.* Der Stoff wird aus 85 (%) aufgeschlagenen, kurzen Holzzellstoffasern u. 15 langen (ca. 27 mm) nicht oder wenig aufgeschlagenen Textilfasern, bes. Manilafasern, unter Zusatz einer Latexemulsion gemischt. Die gebildete Papierbahn wird nach teilweisem Trocknen mit einer zweiten Latexemulsion (natürlicher oder synthet. Kautschuk) imprägniert, getrocknet, leicht gepreßt u. dient bes. zur Herst. von gegen Säure, W., Öl u. Fett widerstandsfähigen Beuteln. (**A. P. 2 653 870** vom 22/10. 1949, ausg. 29/9. 1953.)
G. VOGEL. 7987

International Standard Electric Corp. (Erfinder: **Bernard Leh Kline** und **Curt Emil Mobius**), New York, N. Y., V. St. A., *Aufzeichnungsträger aus elektrisch leitendem Papier für Bildfunkzwecke* u. dergleichen. Das Papier oder dgl. enthält eine Mischung aus einem Metallpulver, bes. Al, u. einem sich dazu reduzierend oder neutral verhaltenden Mittel (ein- oder mehrwertige Alkohole, gegebenenfalls teilweise substituierte Ester, Aldehyde oder Ketone, Zucker, Oxysäuren bzw. Mischungen dieser Stoffe, bes. Glykoldistearat, Mannit, Erythrit, Resorcin). Das Metallpulver wird zweckmäßig dem Stoff zugemischt u. die teilweise getrocknete Bahn mit dem reduzierenden Mittel imprägniert, worauf die Bahn heiß kalandriert wird. Vorteilhaft werden noch bei Stromdurchgang sich verfärbende Farbstoffe (Pb-Thiosulfat oder -Rhodanid, Hg-Sulfid), z. B. mit dem Metallpulver gemischt, zugesetzt. (**D. B. P. 902 111** Kl. 55f vom 27/7. 1940, ausg. 18/1. 1954. A. Prior. 27/7. 1939.)
G. VOGEL. 7987

Radio Corp. of America, Del., übert. von: **Harold G. Greig**, Princeton, N. J., V. St. A., *Registrierpapier und Registrierverfahren.* Ein Träger, bes. aus durchsichtigem Papier oder regenerierter Cellulose, wird mit einer wss. Lsg. (p_H 7—10,5), die NO_2- u. Sulfamationen enthält, imprägniert. Bei elektrolyt. Behandlung des Prod. entsteht durch Rk. des Sulfamats mit dem Nitrit bei vorübergehender saurer Rk. freier N in Form von Gasbläschen, die die Opacität des Trägers sichtbar verändern. Durch Zusatz von Salzen des Ba, Ca, Sr, Pb zur Imprägnierlsg. wird die Wrkg. erhöht. Letztere kann auch durch Hitze (Stift) eintreten, wenn der Lsg. ein prim., sek. oder tert. Amin zugesetzt wird. Beispiele für die Zus. der Imprägnierlsg.: a) für das elektrolyt. Verf.: 200 (Teile) W., 32,5 $BaCl_2$, 16 Na-Sulfamat u. 9,3 $NaNO_2$; b) für Hitzebehandlung: 200 W., 9,7 Sulfaminsäure, 5 Äthylendiamin (69,1%ig. Lsg.) u. 7 $NaNO_2$. Verwendung für Bildfunkzwecke. — Zeichnung. (**A. P. 2 653 126** vom 23/2. 1950, ausg. 22/9. 1953.)
G. VOGEL. 7987

Lufa (Soc. An.), Schweiz (Erfinder: **Josef Faesseler**), *Herstellung von Druckformen.* Man bedeckt eine Platte, z. B. aus Fe, Zn, Cu, Ni, Messing, synthet. Material, auf galvan. Wege oder andere Weise mit einer oder mehreren Metallschichten u. überträgt darauf nach einem photograph. Verf. oder durch Umdruck ein Bild. Dann ätzt man die ungedeckten Stellen galvan. weg. (**F. P. 1 026 634** vom 27/10. 1950, ausg. 29/4. 1953. Schwz. Prior. 16/11. 1949.)
OPPERMANN. 7989

„Verdag" Vereinigte Dachpappenfabriken Akt.-Ges., Deutschland, *Imprägnieren, besonders von Rohpappen.* — Vorrichtung. (**F. P. 1 029 596** vom 24/10. 1950, ausg. 3/6. 1953. D. Prior. 28/10. 1949.)
OPPERMANN. 7993

Heyden Chemical Corp., New York, N. Y., übert. von: **Carl T. Fiscella**, Rutherford, N. J., V. St. A., *Linoleummasse.* Sie besteht aus einem Füller u. einem Binder, der aus dem Reaktionsprod. eines Oxyalkyläthers (**I**) eines mehrwertigen Alkohols (**II**) mit mindestens 4 OH-Gruppen, z. B. Pentaerythrit, besteht u. durch Rk. von **II** mit einem Alkylenoxyd, z. B. Propylenoxyd, gebildet wurde, u. einem ungesätt. trocknenden Öl (**III**; Leinöl), wobei alle OH-Gruppen des **I** durch Rk. mit **III** esterifiziert werden. (**A. P. 2 629 668** vom 18/8. 1948, ausg. 24/2. 1953.) V. SCHILLER. 7999

N. A. **Baranow** und D. Ss. **Dobrowolski**, Technologie der Papierfabrikation. Moskau-Leningrad: Gosslessbumisdat. 1953. (372 S. m. Abb.) 9 Rbl. 30 Kop. [russ.]

XVIIIb. Textilfasern.

George Sims Wham jr., *Vorläufige Schritte zur Entwicklung einer beschleunigten Labormethode zur Bewertung der Chlorzurückhaltung von mit Kunstharzen behandelten Geweben.* Die Wrkg. verschied. Konzz. an Cl (0,015, 0,13, 0,5%) in den Waschflotten, kombiniert mit der Wrkg. des Bügelns bei 200° auf folgende Eigg. der mit Harnstoff- bzw. Melamin-CH_2O ausgerüsteten sowie nicht behandelten Viscosereyongewebe wurde geprüft: Trocken- u. Naßreißfestigkeit in Kette u. Schuß, Berstfestigkeit. Die Ergebnisse sind in drei großen Tafeln u. 1 Tabelle niedergelegt. Mit steigender Cl-Konz. nehmen die Festigkeitsverluste zu. Die kunstharzausgerüsteten Proben waren stärker geschädigt als die Kontrollmuster. Bügeln erwies sich als untergeordneter Faktor für die Festigkeit, führt jedoch zu einer Vergilbung der mit Kunstharzen ausgerüsteten Gewebe. (Vgl. auch C. **1954**. 4521.) (Amer. Dyestuff Reporter **42**. 389—93. 22/6. 1953. Texas State Coll. for Women, Coll. Household Arts and Sci.) ZAHN. 8032

A. C. Nuessle und **B. B. Kine**, *Die Verwendung von Acrylharzen in der Ausrüstung von Textilien.* Allg. Darst. über die Anwendung von Acrylharzen aus Acrylsäure, Methacrylsäure sowie ihrer Ester, Amide, Nitrile u. Salze bei der Ausrüstung von Textilien. Für die Anwendung selbst kommen folgende 4 Hauptmethoden in Frage: 1. aus wss. Lsg., 2. gelöst in organ. Lösungsm., 3. als Emulsionspolymere u. 4. als Monomere. Meth. 1 u. 3 werden am häufigsten angewandt. Die erhaltenen Eigg. bei Anwendung auf Cellulosefasern u. Wolle werden im einzelnen beschrieben u. an Hand zahlreicher Tabellen aufgezeigt. (Ind. Engng. Chem. **45**. 1287—93. Juni 1953. Philadelphia, Pa., Rohm & Haas Co., Res. Labor.) H. G. FRÖHLICH. 8032

Fritz Ohl, *Mikroparaffin-Imprägnierungen.* Die weitgehend industriell verwendeten Paraffinemulsionen (z. B. zum Wasserfest- u. Geschmeidigmachen von Kunstseide- u. Papiergeweben) besitzen die Nachteile der Sprödigkeit u. Kälteempfindlichkeit. Diese werden durch Verarbeitung der jetzt auch in Deutschland hergestellten mikrokristallinen Paraffintypen mit einer Teilchengröße von 1—5 μ (Makroparaffin bis 75 μ) vermieden, die sich durch zäh-plast. Zustand auszeichnen. Mikroparaffine enthalten eine größere Zahl von C-Atomen, sie besitzen verzweigte oder mit ringförmigen Resten versehene Ketten. Sie erhöhen die Wasserwiderstandsfähigkeit u. vermindern die Sprödigkeit der Tafelparaffine. Ihre Verträglichkeit mit Kunststoffen (Äthylcellulose, Polyäthylenen, Nitrolacken, Polyvinylverbb. u. anderen) ist eine sehr gute. Vf. bespricht die vielseitige Anwendungsfähigkeit von reinen u. gemischten Mikroparaffinemulsionen zur Herst. biegsamer, rollfähiger u. knickfester Textil-, Papier- usw. Erzeugnisse. (Seifen-Öle-Fette-Wachse **79**. 473—75. 2/9. 1953. Berlin-Schöneberg.) SEIFERT. 8036

A. A. Goldberg, *Phenylquecksilber-Dinaphthylmethandisulfonat. Ein substantives, waschfestes, vor Keimen und Mehltau schützendes Mittel.* Phenylquecksilberdinaphthylmethandisulfonat („*Penotrane*", **I**) ist ein koll. Elektrolyt mit hoher bakterieider u. fungicider Aktivität, die durch Ggw. organ. Materialien nicht geschwächt wird. **I** zieht gut auf Protein u. Lignocellulose auf u. wird im n. Waschprozeß nicht wieder von der Faser abgelöst. In W. ist **I** nicht lösl., jedoch in wss. Lsgg. von Alkalidinaphthylmethandisulfonat. **I** findet Anwendung in der Medizin u. Hygiene u. in der Textil-, Leder- u. Papierindustrie. (Manufact. Chemist **22**. 182—85. Mai 1951.) GERHARD GÜNTHER. 8036

A. Sippel, *Zur Frage des Nachweises, der Messung und der Verhütung von Faserschädigung infolge Sonnenbestrahlung.* Allg. gehaltene Ausführungen u. neuere Forschungsergebnisse an Hand der Literatur. — 9 Schrifttumsnachweise. (Reyon, Zellwolle andere Chemiefasern **31**. 494—99. Sept. 1953. Freiburg/Br., Dtsch. Rhodiaceta AG., Forschungslabor.) P. ECKERT. 8040

Helmut Zahn und **Hans Wilhelm**, *Die Herstellung mikrobiologisch resistenter Wolle durch chemische Modifizierung.* 1. Mitt. Es wurde geprüft, ob man Wolle (**I**) statt durch die bisherigen Methoden durch chem. Verankerung von Substituenten oder Umwand-

lung chem. Gruppen pilzfest ausrüsten kann. Als Maß der Resistenz diente die halbe Lebensdauer, ermittelt durch Trockenreißfestigkeitsmessungen von bis 25, vereinzelt bis 115 Tage lang eingegrabenen Garnen (20°). Die halbe Lebensdauer unbehandelter I betrug 14 Tage. Geprüft wurden folgende Präpp.: Mit Methanol sowie Epichlorhydrin (I) verestert, acetyliert, mit Fluordinitrobenzol (II) umgesetzt, nitriert (1% ig. HNO_3-Lsg. 100°, 3 Std.), red. u. methyliert, red. + Dibromäthan. Mit 4.6-Bis-[chlormethyl]-1.3-dimethylbenzol (III), Butandiol-bis-(chlormethyl)-äther (IV), Kaurit 140 (V), 0,1 mol KCN, n/100 NaOH, Eulan neu (VI), 2.4.5-Trichlorphenol (VII), 2.4.5.6-Tetrachlorphenol (VIII), Pentachlorphenol (IX) behandelt, gechlort, trocken auf 130° erhitzt, formalisiert (2% ig. CH_2O-Lsg. in n/20 H_2SO_4, 100°, 2 Std.). Die Lebensdauer war stark erhöht nach Acetylierung oder Behandlung mit II (halbe Lebensdauer 115 Tage), III (105), VI (71), VII, IX. Mäßige Verlängerung brachten Formalisierung, Behandlung mit V, IV, VIII. Die Präpp. wurden ferner auf Säure- u. Alkalilöslichkeit, Superkontraktion in 50% ig. Phenollsg. u. Cystingeh. geprüft. Ein direkter Zusammenhang dieser analyt. Daten mit der Pilzfestigkeit besteht nicht. Die Darst. pilzfester I durch chem. Modifizierung ist mit mono- u. bifunktionellen Reagentien möglich. Wesentlich ist die Konz. der Reagentien. (Melliand Textilber. **34**. 609—15. Juli; Textile Res. J. **23**. 604—13. Sept. 1953. Heidelberg, Univ., Chem. Inst.)
ZAHN. 8060

M. de Ketele, *Die Struktur der Woll- und Haarfaser.* 2. Mitt. (1. vgl. C. **1954**. 5205.) Übersicht über die verschied. natürlichen Woll- u. Haarsorten (Ziegenhaar, Tibetwolle, Kaschmirwolle, Alpaka-, Vikunja-, Kamel-, Kuh-, Pferde-, Kaninchenhaar), Kunstwolle u. die Struktur der Woll- u. Haarfaser. (Textielwezen **9**. Nr. 12. 29—32. Dez. 1953.)
WESLY. 8060

—, *Rohwollwäsche.* Beim Waschen von Rohwolle, bes. bei stark kalkhaltiger Gerberwolle, sind kalkbeständige Waschmittel unentbehrlich geworden. Von den drei Hauptgruppen, Polyäthylenoxyd (kondensiert mit Fettalkoholen oder substituierten Phenolen) Alkylsulfate, Alkylarylsulfonate, werden die zur zweiten Gruppe gehörenden sek. Alkylsulfatwaschmittel am häufigsten verwendet, da der Kostenaufwand für diese nicht höher als der für Seife ist. Durch Zugabe von calcinierter Soda zum ersten Bad bis zu einem p_H-Wert von 10,5 u. Elektrolytzusätze (Na_2SO_4) zum zweiten Bad kann der Waschmittelverbrauch vermindert werden. Im ersten Fall ergeben die natürlichen Wollfettseifen eine zusätzliche Waschwirkung. Die Zugabe von Salz bewirkt eine vermehrte Bldg. von Oberflächenfilm u. damit einen erhöhten Wascheffekt. Beim Waschen in neutraler Flotte wird eine um 30% größere Menge vom gleichen Waschmittel benötigt als bei der alkal. Wäsche, wobei eine höhere Temp. (bis ca. 70° für außergewöhnliche Wollsorten) ohne schädigenden Einfl. bleibt. Für jede Gruppe der genannten Waschmittel wird die Arbeitsweise einer Rohwollwäsche beschrieben (wird fortgesetzt). (SVF Fachorgan Textilveredlung **9**. 14—21. Jan. 1954.)
SCHOENMANN. 8060

E. Koller, *Vorbleiche der Wolle mit Formaldehyd.* Die Alkaliempfindlichkeit der Wolle macht es erforderlich, das Bleichen unter milden Bedingungen u. größerem Zeitaufwand (6—16 Std.) durchzuführen. Durch eine Vorbehandlung mit CH_2O (10%, 30 Min., p_H 6,5, 49°) läßt sich eine gute Alkalibeständigkeit erreichen u. der Vorteil, daß der anschließende Bleichprozeß durch erhöhte Temp. beschleunigt werden kann. Graph. Darstellungen veranschaulichen die Bleichverss. (0,3% H_2O_2. 60 Min., p_H 9,6, 82°), wonach die Alkalilöslichkeit der Wolle (bei ca. 70% Weißgrad) nach der CH_2O-Vorbehandlung unter 20% sinkt gegenüber 36% Verlust ohne Vorbehandlung. (SVF Fachorgan Textilveredlung **9**. 1—6. Jan. 1954.)
SCHOENMANN. 8060

F. Stather, *Neuere Forschungsergebnisse auf dem Gebiete der Pelzzurichtung und Pelzveredlung.* Vf. gibt einen zusammenfassenden Bericht über die Arbeiten u. Unterss. seines Institutes auf dem Gebiete der Pelzzurichtung u. Pelzveredlung. (Leder **4**. 9—14. 15/1. 1953.)
H. G. FRÖHLICH. 8066

P. M. Tscherkasskaja, A. B. Pakschwer und **W. A. Kargin,** *Xanthogenierung von Kohlenhydraten und Cellulose.* 2. Mitt. (1. vgl. C. **1954**. 1384.) Tabellar. bringen Vff. die Resultate eingehender Xanthogenierungsverss. von *Saccharose* (I), abgebauter, in Alkali lösl. *Cellulose* (II) u. von *Alkalicellulose* (III) in heterogenem Medium, in Abhängigkeit von dem Verhältnis der Komponenten, der NaOH-Konz., der Temp. u. der Zeit. Die Ergebnisse zeigen, daß der Xanthogenierungsprozeß von I u. II aus 2 gleichzeitigen Rkk. zusammengesetzt ist, den Rkk. zwischen Kohlenhydrat u. CS_2 u. CS_2 u. NaOH. Die Kurve der Xanthogenatbldg. verläuft sowohl bei I als auch bei II u. III in Abhängigkeit von der Zeit durch ein Maximum, da die Veresterungs-Rk. ständig durch parallel verlaufenden Neben-Rkk. gestört wird. Bei geringeren Veresterungsgraden, nicht über 12—15%, läßt sich die Kinetik des Xanthogenierungs-

prozesses durch die empir. Gleichung w = C^2_{cs}, ausdrücken (w = Reaktionsgeschwindigkeit, C = Konz.). Erhöhte Anfangskonzz. von NaOH verlangsamen die Xanthogenierung von I. Die unter heterogenen Bedingungen verlaufende Xanthogenierung von **III** entspricht bis 16% Veresterung einer pseudomonomol. Reaktion. Obgleich die Rk., da die Schnelligkeit der Diffusion von Bedeutung ist, verlangsamt wird, ist sie doch etwas schneller als bei **II**, da in letzterem Fall ein großer NaOH-Überschuß vorliegt. Gegenüber der Rk. von I erscheint sie jedoch stark gehemmt. Bei Temperaturerhöhung erhöht sich die Geschwindigkeit der Haupt-Rk. u. der Neben-Rkk., im Falle von I die der ersteren stärker, so daß ein günstiger Einfl. einer Temperaturerhöhung hervortritt. Bei **II** u. **III** ist der günstigste Einfl. der Temp. weniger ausgeprägt u. kann bei **III**, falls in offenen Gefäßen bei schlechter Rührung gearbeitet wird, sogar ungünstig sein. (Журнал Прикладной Химии [J. angew. Chem.] **26.** 311—20. März 1953. Allunions Wiss. Forschungsinst. für künstliche Fasern.)
ULMANN. 8074

P. M. Tscherkasskaja, A. B. Pakschwer und **W. A. Kargin,** *Untersuchungen über die Xanthogenierung der Cellulose.* 2. Mitt. *Die Xanthogenierung einfacher Kohlenhydrate und der Cellulose.* (1. vgl. C. **1954.** 1384.) Verkürzte Wiedergabe der vorst. referierten Arbeit. (Faserforsch. u. Textiltechn. **4.** 439—43. Okt. 1953.) P. ECKERT. 8074

St. Wydrzycki und **Cz. Szczotarski,** *Über die Reifung der Viscose und die Methoden ihrer Bestimmung.* Zusammenfassende Darst. der älteren u. neueren Verff. u. ihrer Theorie unter besonderer Berücksichtigung der Unterss. von MICHAILOW u. Mitarbeitern (C. **1953.** 1580) u. die Untersuchungsmethoden (Best. der HOTTENROTH-Zahl, Geh. an Xanthogen-S). (Przemysł chem. **9** (**32**) 82—87. Febr. **1953.**)
R. K. MÜLLER. 8074

Waichiro Tsuji, Masazo Imai und **Atsuji Matsumoto,** *Der Einfluß des Ölens auf Viscosereyon und Viscosegarn.* 2. Mitt. Untersucht wird der Einfl. des Ölens auf den Torsionswiderstand u. den Reibungskoeff. von Viscoseeinzelfäden u. Viscosegarn. Genaue Angaben über die Versuchsbedingungen werden gemacht. Die Versuchsergebnisse werden tabellar. wiedergegeben. Bei den Einzelfäden hat sich gezeigt, daß der Reibungskoeff. mit zunehmendem Ölen wesentlich abnimmt, während der Torsionswiderstand im wesentlichen gleich bleibt. Beim Garn nimmt der Torsionswiderstand ganz bemerkenswert ab. Nach den Verss. scheint es wahrscheinlich zu sein, daß die Abnahme des Reibungskoeff. die Hauptursache für die Verminderung des Torsionswiderstandes von geöltem Viscosereyongarn ist. Der YOUNGs Modul wird allerdings durch die Behandlung nicht verringert. Bei Rohseide konnte beobachtet werden, daß der Torsionswiderstand mit dem Ölen abnimmt. Es wurden auch Verss. mit Polyamideinzelfäden „Amilan" durchgeführt. Es wurde beobachtet, daß der Torsionswiderstand u. der Reibungskoeff. abnehmen, wenn die Fäden mit „Pansofter" geölt werden. Bei den Verss. mit „Amilan" hat sich ergeben, daß nicht nur der Reibungskoeff. abnimmt, sondern auch die Weichheit der Faser geringer wird. (Bull. Inst. chem. Res., Kyoto Univ. [Kagaku Kenkyusho Hokoku] **31.** 64—65. Jan. 1953. [Orig.: engl.])
P. ECKERT. 8074

H. A. Wannow und **E. Marks,** *Über eine einfache Methode zur Herstellung von Faserdünnschnitten.* Als Einbettungsmittel wird Methacrylsäurebutylester verwendet, der in der Wärme unter Zusatz von Benzoylperoxyd als Polymerisationskatalysator zu einer glasklaren M. erstarrt. Die Durchführung der Einbettung der Fasern wird eingehend beschrieben. (Reyon, Zellwolle andere Chemiefasern **31.** 503—05. Sept. 1953. Frankfurt/M.-Fechenheim, Cassella Farbwerke Mainkur AG., Colorist. u. Anwendungstechn. Abtlg.) P. ECKERT. 8096

Herbert F. Schiefer, Wm. D. Appel, John F. Krasny und **George G. Richey,** *Dynamische Belastbarkeit von Garnen aus verschiedenen Fasern.* Garne niedriger Festigkeit u. hoher Dehnung bzw. hoher Festigkeit u. niedriger Dehnung u. zahlreiche Garne mit mittleren Eigg. wurden stat. belastet sowie durch Belastung im freien Fall („impact") gerissen: Polyäthylen (ungereckt), Nylon (I; ungereckt), Acetat, Vinylchlorid-acrylnitrilcopolymeres, Vinylidenchlorid–Vinylchlorid-Copolymeres, Viscosereyon, Acrylnitril, I, Seide, hochfestes Viscosereyon, Polyesterfaser. „Impact energy" ist die erforderliche Energie, das Garn durch ein fallendes Gewicht zu reißen. Auch die „static energy" sowie die Bruchdehnungen u. -lasten wurden gemessen. Im allg. kann die „impact energy" aus der bequemer zu messenden stat. Energie vorausgesagt werden. Sie übertrifft diese bei wenig dehnbaren Garnen. Garne mit einer Bruchdehnung von über 50% haben etwa gleiche „impact" u. stat. Energien. Garne mit sehr hoher Bruchdehnung zeigten bei sofortiger Unters. nach Trocknen in der Hitze eine stark herabgesetzte Dehnung. Die Ergebnisse werden unter dem Gesichtspunkt der Herst. von Sicherheitsgürteln, -seilen u. gewissen aeronaut. Textilien diskutiert, welche durch

freien Fall in einem weiten Temperaturbereich belastbar sein müssen. (Textile Res. J. **23.** 489—94. Juli 1953. Washington, D. C., Nat. Bur. Stand., Textiles Sect.)
ZAHN. 8096

H. A. Wannow, *Über die Bestimmung des Kondensationsgrades von Melaminharzen auf Geweben durch Anfärbung mit harzaffinen Farbstoffen.* Die Farbtiefe von melaminharzhaltigen Geweben, die mit harzaffinen Farbstoffen in saurer Flotte gefärbt wurden, ist ausschließlich eine Funktion des Restharzgeh. nach dem Färben. Bei einer festgelegten Methylolmelaminkonz. in der Imprägnierungsflotte läßt die Farbtiefe Rückschlüsse auf den Kondensationsgrad zu, weil die Widerstandsfähigkeit des Harzes gegen hydrolyt. Abbau in der sauren Farbflotte mit steigendem Kondensationsgrad zunimmt. Die Tiefe der Farbtönung, die nach dem Färben mit harzaffinen Farbstoffen, wie Bromphenolblau oder Anthralanrot 3 B-Farbsäure, erhalten wird, steht in unmittelbarem Zusammenhang mit dem Kondensationsgrad des Harzes. Die Farbtiefe des auf dem Gewebe fixierten Harzes nimmt mit steigendem Kondensationsgrad, d. h. kleiner werdenden Anzahl außenständiger, bas. Gruppen, ab. Umgekehrt wird bei alkal. Wäsche das Harz durch Hydrolyse gespalten, die Anzahl der außenständigen, bas. Gruppen vermehrt u. damit die Anfärbbarkeit erhöht. (Reyon, Zellwolle andere Chemiefasern **31.** 499—502. Sept. 1953. Frankfurt/M.-Fechenheim, Cassella Farbwerke Mainkur AG., Colorist. u. Anwendungstechn. Abtlg.) P. ECKERT. 8098

Ciba Akt.-Ges., Basel (Erfinder: **Franz Ackermann,** Binningen), Schweiz, *Optische Bleichmittel.* Durch Rk. von 4-Amino-4'-[2''-morpholino-4''-(o-anisidino)-1''.3''.5''-triazyl-(6'')-amino]-stilbendisulfonsäure-(2.2') mit Thiophen-2-carbonsäurechlorid (**I**) erhält man die *4-[Thenoyl-(2''')-amino]-4'-[2''-morpholino-4''-(o-anisidino)-1''.3''.5''-triazyl-(6'')-amino]-stilbendisulfonsäure-(2.2')*, deren Di-Na-Salz ein gelbbräunliches Pulver darstellt. **I** kann durch 5-Chlorthiophencarbonsäurechlorid ersetzt werden. Analog: *4-[Furoylamino]-4'-[2''-(o-anisidino)-4''-äthylamino-1''.3''.5''-triazyl-(6'')-amino]-stilbendisulfonsäure-(2.2').* — Als Ausgangsstoffe kommen z. B. auch in Frage: 4-Amino-4'-[2''-(o-chloranilino)-4''-äthylamino-1''.3''.5''-triazyl-(6'')-amino]- oder 4-Amino-4'-[2''-phenylthio-4''-methylamino-1''.3''.5''-triazyl-(6'')-amino]-stilbendisulfonsäure-(2.2'). (**D. B. P. 906 937** Kl. 12p vom 21/7. 1950, ausg. 18/3. 1954. Schwz. Priorr. 28/10. 1949 u. 6/7. 1950.) BRÖSAMLE. 8027

Badische Anilin- & Soda-Fabrik Akt.-Ges., Deutschland, *Textil- und Färbereihilfsmittel.* Als Lösungsvermittler für Mercerisier- u. Netzmittel sowie als Stabilisiermittel für deren Lsgg., als Lösungsvermittler für Naphtholfarbstoffe oder als Egalisierhilfsmittel oder Mittel zur Erhöhung der Leuchtkraft für S-, Küpen- oder saure Farbstoffe verwendet man 2-Pyrrolidon oder dessen N-alkylierte, -oxalkylierte oder -acylierte Derivv., wie N-Methyl- oder N-β-Oxäthyl- oder N-Formylpyrrolidon. — Beispiele. (**F. P. 1 010 290** vom 3/2. 1950, ausg. 9/6. 1952. D. Prior. 21/4. 1949.) RAETZ. 8029

Badische Anilin- & Soda-Fabrik Akt.-Ges., Ludwigshafen/Rh. (Erfinder: **Paul Schack,** Bobingen), *Herstellung von N-haltigen Polykondensationsprodukten,* dad. gek., daß man HCl-Salze von Amino- oder Aminothioalkoholen mit an gesätt. C gebundenen NH_2- u. OH- bzw. SH-Gruppen u. mit mindestens 4 kettenbidenden Atomen zwischen den endständigen reaktionsfähigen Gruppen, gegebenenfalls in Ggw. eines Verdünnungs- oder Lösungsm., mit $COCl_2$ umsetzt u. das Reaktionsprod. durch Erhitzen intramol. kondensiert. Nach dem Beispiel wird 1.4-Butanolaminhydrochlorid in C_6H_5Cl bei 100 bis 130° mit $COCl_2$ erhitzt. Das schwach gefärbte Pulver wird durch Schmelzen u. Erhitzen im Vakuum höherpolymer gemacht. *Textilhilfsmittel.* (**D. B. P. 900 136** Kl. 39c vom 22/10. 1942, ausg. 21/12. 1953.) SCHINDLER. 8029

Atlas Powder Co., Wilmington, Del., V. St. A. (Erfinder: **Richard de Mott Fine III**), *Schlichte für synthetische Textilien,* bestehend aus einer wss. Dispersion einer partiell, bis p_H 4,5 neutralisierten Polymethacrylsäure u. einer polyoxyäthylierten Fettsäure, z. B. einer mit 20 Oxyäthylengruppen versehenen Stearinsäure, gegebenenfalls in Gemisch mit Sorbitmonolaureat. (**E. P. 695 067** vom 18/5. 1951, ausg. 5/8. 1953. A. Prior. 31/5. 1950.) MÖLLERING. 8031

Sandoz (Soc. An.), Schweiz, *Optisches Bleichen.* Man behandelt das Textilgut mit einer Fl., die eine geringe Menge einer Verb. gelöst enthält von der nebenst. allg.

Formel, worin X_1 u. X_2 H, Alkyl, Aralkyl, Aryl oder Alkyl—OOC—CH_2— u. Y_1 u. Y_2 mit X_1 u. X_2 ident. Radikale oder ein Alkyl—OOC-Radikal bedeuten. — Man wäscht z. B. 1 kg weißes Baumwolle–Wolle-Gewebe 20 Min. mit 4 Litern einer Lsg., die 120 g sulfoniertes Fettsäureamid u. 0,2 g 7-Monomethylamino-4-methylcumarin enthält bei 40°. Andere derartige Cumarine sind z. B.: 7-Amino-4-methyl-, 7-Diäthylamino-4-methyl-, 7-Diäthylamino-3.4-dimethylcumarin. (**F. P. 1 025 467** vom 4/10. 1950, ausg. 15/4. 1953. Schwz. Priorr. 5/10. 1949 u. 22/3. 1950.) OPPERMANN. 8033

Dynamit Akt.-Ges. vormals Alfred Nobel & Co., Troisdorf, *Waschfeste Textilausrüstung.* Die nach dem Hauptpatent aufgebrachten Mischpolymerisate aus α–β-Dicarbonsäuren u. Vinylverbb. werden waschfest fixiert, wenn man der Flotte Hexamethylentetramin (I) zusetzt. — Einer wss. 5%ig. Lsg. des Polymerisates aus Styrol u. Maleinsäureanhydrid setzt man 1% I zu u. behandelt mit der Lsg. bei 40° mercerisierten Baumwollzwirn so, daß 100% Appretur aufgenommen werden. (**D. B. P. 902 367** Kl. 8k vom 12/1. 1951, ausg. 21/1. 1954. **Zusatz zu D. B. P. 890 182; C. 1954. 2529.**) MÖLLERING. 8033

Cluett, Peabody & Co., Inc., New York, N. Y., V. St. A., *Stabilisieren von Textilien gegen Schrumpfen.* Man behandelt die Textilien mit einem wss. Medium mit p_H 1,0 bis 2,5, das ca. 1,12—7,5 Gew.-% Glyoxal u. einen sauren Katalysator enthält. Die saure Komponente darf beim Konzentrieren u. Eindampfen, Trocknen u. bei Tempp. oberhalb 100° nicht zerstört werden. Man entfernt den Wasserüberschuß aus den Textilien u. trocknet oberhalb 100°, bis die Cellulose u. das Glyoxal miteinander reagiert haben. Als Säure ist bes. ein Zusatz von 0,1—2 Gew.-% Oxalsäure geeignet. Man trocknet zwischen 100 u. 200° in 30—½ Minuten. (**Dän. P. 74 052** vom 10/4. 1947, ausg. 28/4. 1952. A. Priorr. 21/7. 1943, 29/1. u. 27/9. 1946.) JÜRGEN SCHMIDT. 8033

Federal Leather Co., Belleville, übert. von: **Clarence B. White†**, Montclair, N. J., V. St. A., *Feuerbeständige Textilien.* Man behandelt das Gut mit einer wss. Lsg. von SbF_3 unter Zusatz peptisierender Salze, wie NaF, KF oder NH_4F. Nach dem Trocknen behandelt man mit Sodalsg., wodurch auf den Fasern Sb_2O_3 gebildet wird. Lösl. Salze werden ausgewaschen. (**A. P. 2 634 218** vom 13/9. 1949, ausg. 7/4. 1953.) MÖLLERING. 8037

Standard Oil Development Co., übert. von: **Joseph C. Roediger**, Staten Island, N. Y., V. St. A., *Bituminöses Tränkungsmittel für Fasermaterial,* um dieses wetterfest u. wasserundurchlässig zu machen, wird erhalten, indem man das Kreislauföl (I) aus einer katalyt. Spaltung einer Wärmespaltung in Abwesenheit von Katalysatoren unterwirft (Schwere von I 19,2 APF, 72½% von I sd. über 700° F) u. anschließend die Teerfraktion auf die gewünschte Konsistenz dest.; Arbeitsbedingungen in der therm. Spaltzone: p = 300—1000 lbs., t = 850—1200° F. — Zeichnung. (**A. P. 2 658 857** vom 29/3. 1951, ausg. 10/11. 1953.) UNGER. 8037

Dunlop Rubber Co. (Erfinder: **Frederick Henry Lane**), London, England, *Gemusterte plüschartige Stoffe.* Man bestreicht ein Gewebe z. B. mit einem ölmodifizierten Phenolharz oder mit einem plastifizierten Vinylharz u. fährt mit einem heißen Eisen, je nach dem gewünschten Muster, in einzelnen Linien über das Harz, das bei Tempp. zwischen 120 u. 170° seine Klebkraft verliert. Auf die übrigen nicht gelierten Stellen, die unter einer elektrostat. Spannung stehen, werden Fasern aufgeblasen. (**E. P. 687 982** vom 16/11. 1950, ausg. 25/2. 1953.) SALZMANN. 8039

Farbenfabriken Bayer Akt.-Ges., Leverkusen (Erfinder: **Arnold Doser**, Köln), *Hydrophobierungsmittel für Textilwaren* sind die Einwirkungsprodd. von CH_2O auf Bisulfitaddukte an aliphat. Isocyanaten mit $>$9 C-Atomen. — 30 (kg) Addukt aus $NaHSO_3$ u. Octadecylisocyanat werden mit 5 CH_2O-Lsg. (30%ig) in 1000 W. bei 80° in Ggw. von 5 Sodalsg. (10%ig) gelöst u. zur Behandlung von *Baumwoll*-Popeline verwendet. Der bei 100—110° getrocknete Stoff ist wasserabweisend. (**D. B. P. 902 485** Kl. 8k vom 24/2. 1950, ausg. 25/1. 1954.) MÖLLERING. 8045

Stevensons (Dyers) Ltd. (Erfinder: **John Leonard Raynes** und **Francis Malcolm Stevenson**), Ambergate, England, *Schrumpffreie Ausrüstung von Wolle enthaltenden Textilien.* Man behandelt das Gut mit wss. Lsgg., die neben $KMnO_4$ noch Alkali- oder Erdalkalihypochlorit oder -bromit enthalten. — Das Textilgut wird in 250 (%) W. mit 2,5 $KMnO_4$ bei p_H 5 u. anschließend mit 3 Na-Hypochlorit u. 3 NH_4Cl bei p_H 1,5 behandelt. Nach der Behandlung entfärbt man mit $NaHSO_3$. (**D. B. P. 900 807** Kl. 8k vom 28/12. 1948, ausg. 4/1. 1954. E. Priorr. 15/6. 1943 u. 11/7. 1944.) MÖLLERING. 8061

Vereinigte Glanzstoff-Fabriken Akt.-Ges., Wuppertal-Elberfeld (Erfinder: **Richard Elssner**, Randerath, und **Kurt Richter**, Erlenbach/M.), *Kunstseide oder Zellwolle mit hohen Gebrauchswerteigenschaften.* Man verspinnt eine kurzgereifte Viscose aus nicht oder nur kurz gereifter Alkalicellulose, hergestellt unter Verwendung einer verhältnismäßig großen Menge CS_2, die einen γ-Wert von wenigstens 43, vorzugsweise 53, aufweist; die erhaltenen Gebilde werden einige Std. mit Dampf von 120° behandelt. Die Fäden haben einen Quellwert von 66,3, einen Biegewert von 11736 u. einen Scheuerwert von 17,4. (**D. B. P. 891 320** Kl. 29b vom 25/7. 1943, ausg. 28/9. 1953. **Zusatz zu D. R. P. 764 555; C. 1952. 946.**) SALZMANN. 8075

Phrix-Werke Akt.-Ges., Hamburg (Erfinder: **Hugo Koch**, Mölln, **Herbert Bader**, Hirschberg, und **Josef König**, Krefeld), *Viscosekunstseide und -zellwolle mit verringerter Wasserquellbarkeit* erhält man durch eine Behandlung der frisch gefällten feuchten Fäden vor dem Trocknen mit CH_2O, der ein Gemisch von prim. u. sek. Alkaliphosphaten enthält. (**D. B. P. 898 945** Kl. 29b vom 17/2. 1942, ausg. 7/12. 1953.) SALZMANN. 8075

I. G. Farbenindustrie Akt.-Ges., Frankfurt/M. (Erfinder: **Alfred Haltmeier**, Bergisch-Gladbach), *Gleichzeitige Krafterzeugung, Rückgewinnung von NH_3 aus gebrauchtem und Anwärmung von frischem Kupferkunstseidefällwasser.* Ein Teil der Kondensationswärme des aus der Gegenstromabtriebssäule kommenden NH_3-reichen Dampfes wird in einem Dampfumformer an NH_3-armen Dampf übertragen, der aus bereits weitgehend entgastem Fällwasser durch Aufnahme der Kondensationswärme des NH_3-reichen Dampfes gebildet wird. Der erhaltene NH_3-arme Dampf wird im Gegenstrom mit zu entgasendem Fällwasser geführt u. anschließend zusammen mit dem aufgenommenen NH_3 in einem durch zu erwärmendes frisches Fällwasser gekühlten Kondensator niedergeschlagen. Ein Teil der bei der Verdampfung im Dampfumformer übrigbleibenden Fl. wird den Verdampfungsflächen wieder zugeführt, wobei die durch die Verdampfung verminderte Wassermenge aus einer der Abtriebssäulen oder aus anderen Quellen ergänzt wird. Der noch nicht kondensierte Teil des Dampf–NH_3-Gemisches wird in unmittelbarem Gleichstrom mit dem nach Abzug der Kondensatmengen verbleibenden Kondensatrest an gekühlten Rohrflächen niedergeschlagen. Die Kühlung erfolgt mit frischem Fällwasser im Gegenstrom (bzw. Kreuzgegenstrom) u. zum Teil durch verdampfendes Kältemittel oder Sole. Die bei der Wiederverflüssigung des Kältemittels frei werdende Wärme wird an frisches Fällwasser übertragen. Das NH_3 wird aus einem Teil der unter Vakuum angereicherten Lsg. unter höherem Druck abgetrieben u. anschließend im Gleichstrom mit der anderen NH_3-Lsg. an den gekühlten Rohrflächen niedergeschlagen. — Zeichnung. (**D. R. P. 753 651** Kl. 29b vom 21/2. 1943, ausg. 29/6. 1953. **Zusatz zu D. R. P. 734 453; C. 1943. I. 2759.**) SALZMANN. 8075

Phrix-Werke Akt.-Ges., Hamburg (Erfinder: **Ruth Anschütz** und **Günter Melhorn**, Hirschberg), *Schmälzmittel für Cellulosehydratzellwolle*, bestehend aus den bei der Veresterung der Vorlauffettsäuren der Paraffinoxydation mit Alkoholen mit 4—18 C-Atomen (Stearylalkohol) erhaltenen Fettsäureestern. (**D. B. P. 898 660** Kl. 29b vom 5/1. 1940, ausg. 3/12. 1953.) SALZMANN. 8075

Badische Anilin- & Soda-Fabrik Akt.-Ges. (Erfinder: **Fritz Siefert** †), Ludwigshafen/Rh., *Veredlung von umgefällter Cellulose*, z. B. von Kunstseidegewebe, erfolgt mit Kondensaten aus (Thio-) Harnstoff u. CH_2O, bes. vorteilhaft in Ggw. oxydierend wirkender anorgan. Säuren oder der NH_4-Salze, da diese härtend wirken u. krumpffreie, hochelast. Ware liefern. — Z. B. setzt man einer wss. Lsg. von 15 (%) Dimethylolharnstoff noch 0,25% NH_4NO_3 zu. (**D. B. P. 902 003** Kl. 8k vom 10/12. 1939, ausg. 18/1. 1954.) MÖLLERING 8075

Zschimmer & Schwarz vormals Chemnitz, Brilon/Westf. (Erfinder: **Karl Soff** †, Greiz), *Proteinfasern erhöhter Beständigkeit* erhält man durch Behandlung mit quartären Reaktionsprodd. aus tert. Basen u. Verbb. der Formel XYZ [X = organ. Rest mit tert. N-Atom, Y = die Reste —CH(R)—O—CH(R')— oder —CH(R)—C(O)—O—CH(R')— mit R u. R' entweder H oder KW-stoffrest, Z = Cl oder Br]. — 1,5 (kg) α-Chlormethyläther des Triäthanolaminformals (erhalten durch HCl-Einw. auf Triäthanolamin u. Paraformaldehyd) werden mit 1,4 Pyridin (wasserfrei) bei 30—50° verknetet. Man löst in 80 W. 2 Prodd. u. behandelt mit der Lsg. 2 Wollgarn 30 Min., worauf man schleudert u. trocknet. Nach dem Färben besitzt das vorbehandelte Garn gegenüber unbehandeltem eine 15% höhere Reißfestigkeit. (**D. B. P. 902 246** Kl. 8k vom 24/12. 1938, ausg. 21/1. 1953.) MÖLLERING. 8079

E. I. du Pont de Nemours & Co., Wilmington, Del., übert. von: **Max T. Goebel**, Rocky River, O., V. St. A., *Saure Hydrolyse von polymeren Estern.* Man erhitzt die Polymerisate in wss. Medium in Ggw. starker Säuren. — Zu 100 (Teilen) W. werden 2 H_2SO_4, 1 Na-Dodecylbenzolsulfonat u. 25 *Polyvinylacetat*-Perlen gesetzt u. 22 Std. auf dem Wasserbad gerührt. Man erhält eine klare *Lsg.*, die neutralisiert u. aus der das lösl. Polymerisat ausgefällt werden kann. Auch *Celluloseacetat*, bes. -triacetat, kann so hydrolysiert werden. Als Säuren noch geeignet sind Oxalsäure, Essigsäure, Alkylsulfon-, -phosphon- u. -phosphinsäuren mit mindestens 5 C-Atomen im Alkylrest. (**A. P. 2 629 713** vom 18/4. 1947, ausg. 24/2. 1953.) MÖLLERING. 8081

Franco Codignola, Turin, Italien, *Schmelzspinnverfahren* für Polyamide u. Polyurethane. Man benutzt eine Schneckenpresse, die elektr. geheizt wird u. eine Zuführung für N hat. Der Austrittskopf der Presse wird bes. beheizt u. teilt sich in 3 Spinnstellen, die durch Siliconheiz-Fl. erwärmt werden. — Zeichnung. (**E. P. 687 739** vom 10/10. 1950, ausg. 18/2. 1953. It. Prior. 12/10. 1949.) SALZMANN. 8081

Owens-Corning Fiberglas Corp., Del., übert. von: **Robert Steinman**, Newark, O., V. St. A., *Glasfasergebilde.* Um die Haftfähigkeit von Polyesterharzen oder Mischpolymerisaten aus Maleinsäure u. Dimethallyläther an Glasfasern, daraus hergestellten Geweben u. Matten zu erhöhen, imprägniert man sie mit Komplexsalzen, in denen das 3wertige Cr-Atom mit einer ungesätt., aus 3—7 C-Atomen bestehenden Säure (Doppelbindung zwischen α- u. β-C-Atom), z. B. Methacryl-, Croton-, Furoe-, Furfurylacryl-, Sorbin- oder Leinölfettsäure, verbunden ist. Eine geeignete Lsg. besteht aus 5 (%) einer 50%ig. Polyvinylacetatemulsion, 2 Methacrylatochromchlorid u. 93 Wasser. — In gleicher Weise können Cr-, Co-, Ni-, Cu- u. Pb-Komplexsalze der Dichloressig-, Cyanessig-, 1-Cyanpropion- u. Palmitinsäure zum Schlichten von Glasfäden u. -fasern verwendet werden. Dabei empfiehlt sich die Zugabe von Stärke, Gelatine, Weichmachern, Polyvinylalkohol oder -chlorid. Cellulosederivv. sowie Kunstharze aller Art haften zufolge ihrer elektronegativen Gruppen (N, O u. S) gut an diesem Überzug. Herst. von Form- u. Schichtkörpern. (**A. PP. 2 611 718** vom 14/3. 1947, ausg. 23/9. 1952, u. **2 552 910** vom 16/4. 1947, ausg. 15/5. 1951.) SALZMANN. 8083

Julia Southard Lee, Elementary textiles. New York: Prentice-Hall. 1953. (447 S. m. Abb., Diagr., Karten u. Bibl.) $ 7,65.

XIX. Brennstoffe. Erdöl. Mineralöle.

Haruhiko Tanno, *Kohlenpetrographische Charakteristika japanischer Steinkohlen.* Übersicht über den Anteil der verschied. Kohlebestandteile, wie Vitrit, Collinit, Telinit, Clarit, Exinit, Durit, Mikrinit u. Fusit in japan. Kohlen, soweit sie deren besondere Struktur hervorrufen. — 26 Literaturangaben. 9 Mikrophotos. (Kagaku [Science] **23.** 72—78. 1953. [Orig.: japan.]) SCHULER. 8126

V. N. Novikov, *Anwendung der Methode der Dispergierung in Anthracenöl zur Bestimmung der Eigenschaften der ursprünglichen und angewärmten Kohlen.* Inhaltlich ident. mit der C. **1951.** II. 2406 referierten Arbeit. (Paliva **32.** 147—49. Juni 1952.) ROTTER. 8126

Vladimír Včelák, *Über die Brikettierung von Kohle, Halbkoks und Koks.* Überblick über das Pressen von Brennstoffen, verwendete Bindemittel, Aufbereitung der Kohle vor dem Brikettieren, Arten der Pressen (5 Abbildungen), Brikettieren im plast. Zustand u. die Theorie des Vorganges. — 31 Literaturangaben. (Paliva **32.** 81—87. April 1952. Sokolov.) ROTTER. 8136

W. P. Ssumarokow und **S. M. Wolodutzkaja**, *Extraktion von Essigsäure aus undestillierten zähen Flüssigkeiten.* Aus wss. Destillaten der Holzpyrolyse läßt sich rohe Essigsäure (I) auch ohne vorherige Dest. der vorliegenden zähfl. Lsgg. erhalten. Als Lösungsm. verwendet man am besten Äthylacetat. Die Trennung der **I** von gelösten Teerprodd. erfolgt im Vakuum. Es ist zu beachten, daß bei dem vorgeschlagenen Arbeitsverf. die Abwässer einen höheren Geh. an nichtphenol. nichtflüchtigen Stoffen führen. (Деревоперерабатывающая и Лесохимическая Промышленность [Holzverarb. holzchem. Ind.] **2.** Nr. 8. 12—15. Aug. 1953. Zentrales Wiss. Holzforschungsinst.) ULMANN. 8140

R. T. Hancock, *Koksbrechen.* Beim Zerkleinern von Koks zeigen sich Abweichungen von den Wahrscheinlichkeitsgesetzen, während die Formel von MANNING mit den prakt. Ergebnissen gut übereinstimmt. (Coke and Gas **16.** 31—32. Jan. 1954.) SCHUSTER. 8144

Z. Onyszkiewicz, *Unterirdische Kohlevergasung.* Zusammenfassender Bericht über Verss. in Rußland, den Vereinigten Staaten u. England. (Przemysł chem. **9** (**32**). 253—54. Mai 1953.) R. K. MÜLLER. 8148

Miloslav Kolář, *Die Reinigung des Gases durch Unterkühlung.* In einer halbtechn. Niederdruckanlage wird die Entfernung von *Feuchtigkeit* u. *Naphthalin* durch Tiefkühlung untersucht. Sie besteht aus drei Waschern, von denen der 1. bei 6—10°, der 2. bei —10 bis —12° u. der 3. mit Waschöl zur Benzolentfernung arbeitet. Dabei wird gefunden, daß die Ausscheidung der Stoffe nicht nach der Kondensationskurve stattfindet, sondern daß sie leicht in übersättigtem Zustand bleiben. Wird jedoch gleichzeitig Öl zugegeben, dann nähert sich die tatsächliche Temperaturabhängigkeitskurve für Naphthalin der theoretischen. Noch bessere Ergebnisse werden bei Anwesenheit einer größeren Menge (über 30 g/m³) eines leichten Öls im Gase erzielt, das beim Unterkühlen teilweise ausfällt u. das Naphthalin mitreißt. Diagramm über den Naphthalingeh. im Gas von —5 bis 25°. (Paliva **32.** 78—81. April 1952. Výzk. ústav. plynárenský.) ROTTER. 8166

W. Świętosławski und **D. Rostafińska,** *Physikalisch-chemische Eigenschaften der Lutidinbasen.* 1. Mitt. Eine Lutidin (I)-Fraktion aus Steinkohlenteer vom Kp. 157 bis 159° lieferte bei der Dest. 50—60% über 145° sd. Bestandteile. Neben der in reinem Zustand isolierten Hauptkomponente 2.4-I wurde auch 2.5-I nachgewiesen. In der Fraktion Kp. 160—167° (10% der I-Fraktionen) war der Hauptbestandteil 2.4.6-Collidin. (Przemysł chem. **9** (**32**). 366. Juli 1953. Warszawa, Inst. Chem. ogóln., Zakt. fizykochem.) R. K. MÜLLER. 8176

W. Święłosławski und **A.-Bylicki,** *Gewinnung von Isonicotinsäure aus der Lutidinbasenfraktion des Steinkohlenteers.* Hauptbestandteil der untersuchten Fraktionen ist: Fraktion Kp. 157—160° 2.4-Lutidin, Fraktion Kp. 160—167° 2.4.6-Collidin. Durch Oxydation der Basen zu den entsprechenden Pyridindi- u. -tricarbonsäuren u. deren Decarboxylierung (bes. Entfernung der COOH-Gruppen in 2- u. 6-Stellung) gelingt die Darst. von Isonicotinsäure mit einer Ausbeute von 50% der Theorie. (Przemysł chem. **9** (**32**). 368. Juli 1953. Warszawa, Inst. Chem. ogóln.) R. K. MÜLLER. 8176

—, *Die Verwendung von Aluminium in der Erdölindustrie.* Allg. Ausführungen. *Al* bewährte sich als Ersatz für Messing bei Rohrsystemen der Rohöldest. u. als Ersatz für Stahl bei der Extraktion von Destillaten mit Furfurol. (Bull. Assoc. franç. Techniciens Pétrole **1953.** Nr. 100. 183—84. 31/7.) STEINER. 8186

Richard E. Putscher, *Isolieren von Olefinen aus Bradford-Rohöl.* Die Unters. der Benzinfraktion des BRADFORD-*Rohöls* (I) ergab, daß I geringe Mengen von trans-Olefinen (Heptenen u. Octenen) enthält, bei denen die olefin. Doppelbindung sich wahrscheinlich in den Seitenketten von cycloparaffin. u. aromat. Ringen befindet. Die Olefine wurden durch Adsorption an Silicagel u. fraktionierte Dest. erhalten. (Analytic. Chem. **24.** 1551—58. Okt. 1952. Chicago, Ill., Armour Res. Foundat. of Illinois, Inst. of Techn.) OPPERMANN. 8192

C. C. Hall, *Der Fischer-Tropsch-Prozeß und seine möglichen Anwendungen.* Nach einem kurzen Überblick über die Wirtschaftlichkeit der FISCHER-TROPSCH-Synth. werden die allg. Grundlagen des Prozesses besprochen. — Die Bedeutung der Fe-Katalysatoren nimmt ständig zu, da diese gegenüber den Co-Katalysatoren in einem größeren Temperatur- u. Druckbereich anwendbar sind. Während nach dem Kriege in den angelsächs. Ländern vor allem das fluid-bed-Verf. (Hydrocolprozeß) entwickelt wurde, erfuhr in Deutschland die Synth. durch Verbesserung des Festbettverf. u. des Flüssigphaseprozesses eine wesentliche Weiterentwicklung. Weiterhin wird über die Syntheseprodd., über die Synthesegasherst. u. dessen Reinigung sowie über die zukünftigen Entwicklungsmöglichkeiten der FISCHER-TROPSCH-Synth. berichtet. (Ind. Chemist **29.** 400—04. Sept. 1953.) GEISELER. 8200

E. S. Sellers, *Umwandlungsprozesse in der Erdöl-Veredelungsindustrie.* Vf. gibt einen Überblick über die modernen Methoden zur Herst. hochklopffester Motortreibstoffe. Zunächst zeigt er an Beispielen, welcher Wert chem.-thermodynam. Unterss. bei der Entw. solcher Prozesse beizumessen ist, u. bespricht dann wesentliche Merkmale einzelner Verff., vor allem auch Katalysatorprobleme. (Ind. Chemist **29.** 387—93. Sept. 1953.) GEISELER. 8204

Franc Šef, *Die selektive Extraktion von Schmierölen.* 2. Mitt. *Industrielle Verfahren.* (1. vgl. C. **1954.** **4066**) Übersicht über techn. Verfahren. — 39 Literaturangaben. (Nafta [Zagreb] **4.** 212—21. Juli 1953. Zagreb, Inst. za naftu.) BECKMANN. 8220

Gyula Nyúl, Endre Vámos und **Iván Hadfy Kovácz,** *Die Herstellung „Weißer Öle" durch cyclische Chromatographie.* Zur Herst. von Weißölen wie *Paraffinum liquidum* oder von *Vaselinöl* wird heute allg. die chem. Raffination mit H_2SO_4 angewendet. Vff. fanden, daß durch Adsorptionsmethoden bessere Ausbeuten zu erzielen sind. Als adsorbierende Stoffe wurden Aktivkohle, Tonerde, akt. Bauxit, Bleicherde u. Silicagel geprüft. Die besten Ergebnisse lieferte ein bei 180° 3 Std. getrocknetes feinkörniges Silicagel. Das zu raffinierende Öl wird mit Pentan verd. durch die Adsorptionskolonne geschickt u. das Chromatogramm mit Pentan entwickelt. Zum Eluieren wird Dichloräthan genommen u. das Silicagel schließlich mit Pentan regeneriert. Die Strömungsverhältnisse in der Kolonne, die Kapazität des Adsorbens, die minimale Füllhöhe, die Lebensdauer des Silicagels, die Länge der Cyclen u. der Lösungsmittelbedarf wurden überprüft. (Magyar Kémikusok Lapja [Z. Ver. ung. Chemiker] **8.** 249—55. 5/9. 1953. Veszprém, Ung. Mineralöl- u. Erdgas-Forschungsinst.) BIRTHLER. 8226

T. Gruberski, *Die Methoden der Bestimmung des Naphthalingehalts in Steinkohlenteerölen.* Im Hinblick auf die ungenügende Genauigkeit der gebräuchlichen Methoden der Naphthalin (**I**)-Best. in Teerölen wird ein neues Verf. beschrieben, bei dem das Öl in einer Laboratoriumskolonne in n. Weise dest. u. aus dem F. der **I** enthaltenden Fraktion (Kp. 198—200°) nach der Löslichkeitskurve bzw. -tabelle der **I**-Geh. ermittelt wird. Das Verf. liefert Ergebnisse, die mit den durch azeotrope Dest. mit einer Erdölfraktion 198—218° erhaltenen gut übereinstimmen. (Przemysł chem. **9** (**32**). 336—38. Juli 1953. Inst. Chem. ogóln.) R. K. MÜLLER. 8248

Lurgi Gesellschaft für Wärmetechnik m. b. H., Frankfurt/M., *Brikettieren von Steinkohlen* unter hohem Druck (ca. 750—2000 kg/cm²) u. bei Tempp. von ca. 300 bis 450°. Man zerlegt die erforderlichenfalls getrocknete u. zerkleinerte auf hohe Preßtemp. aufzuheizende Kohle korngrößenmäßig in zwei oder mehrere Teile, die verschieden erhitzt werden u. vereinigt sie vor dem Pressen wieder. Nach einer Ausführungsform des Verf. wird der staubfeine Anteil überhaupt nicht erhitzt. Zweckmäßig wird die Aufheizung des korngrößenmäßig zerlegten Gutes in weniger als 1 Min. durchgeführt. (**D.B.P. 899 641** Kl. 10b vom 31/3. 1944, ausg. 14/12. 1953.) W. HAUSWALD. 8137

Alexandre Mosinski, Französisches Äquatorial-Afrika, *Brennstoff aus pflanzlichen Produkten.* Palmkerne werden in Retorten bei abgehobenem Deckel während ca. 1 Std. geröstet. Bei beginnender Rauchentw. wird das Feuer unter der Retorte ausgelöscht. Wie bei der Meilerverkokung entsteht ein wertvoller Halbkoks. (**F. P. 1 026 566** vom 26/10. 1950, ausg. 4/2. 1953.) HOLM. 8141

Gulf Research & Development Co., Pittsburgh, Pa., übert. von: **Joel H. Hirsch**, Oakmont, Pa., V. St. A., *Herstellung von Synthesegas.* Fein zerkleinerte Kohle wird im schwebenden Zustand in einer Reaktionszone mit Wasserdampf u. O_2 unter erhöhtem Druck behandelt u. das erhaltene Synthesegas (**I**) durch Entspannen unter Nutzbarmachung der dabei frei werdenden mechan. Energie gekühlt; ein Teil des **I** wird zwecks Fluidisierung der fein verteilten Kohle im Kreislauf geführt. (**A. P. 2 614 915** vom 24/11. 1947, ausg. 21/10. 1952.) DEMMLER. 8153

Humphreys & Glasgow Ltd., England (Erfinder: **Charles Trévor Hawkes**), *Reinigung von Gasen, besonders Entfernung des H_2S.* Man wäscht das Gas mehrmals mit einer wss.-alkal. Suspension von Fe-Hydroxyd oder Fe-Carbonat oder bas. Fe-Carbonat, wobei man mehrmals gebrauchte Suspensionen vor ihrer erneuten Verwendung nach einer Ruhezeit mit O_2, komprimierter Luft oder O_2-haltigen Gasen oxydiert. — Zeichnung. (**F. P. 1 030 524** vom 5/1. 1951, ausg. 15/6. 1953. E. Priorr. 19/1. u. 19/12. 1950.) OPPERMANN. 8173

Texas Co., New York, übert. von: **Robert T. Sanderson**, Fishkill, N. Y., V. St. A., *Behandlung von Schiefer mit Mikroorganismen,* um die Abscheidung u. Gewinnung von KW-stoffen u. bituminösen Substanzen zu erleichtern. Man behandelt die Ölschiefer (Kerogentyp) mit Clostridium sporogenes, Cl. histolyticum, Cl. lentoputrescens, Pseudomonas fluorescens u. deren Gemischen in Ggw. eines Nährbodens für den Stoffwechsel der Bakterien. Temp. 45°, p_H des Nährbodens 5,5—8. — Zeichnung. (**A. P. 2 641 565** vom 14/4. 1948, ausg. 9/6. 1953.) UNGER. 8181

Shell Development Co., übert. von: **Philip H. Deming**, San Francisco, Calif., V. St. A., *Aufarbeitung feuchter Erdgase* unter Gewinnung verflüssigter KW-stoffe. Sie erfolgt durch fraktionierende Entspannung, wobei W. durch Bldg. fester Hydrate u./oder Kondensation durch Kühlung entfernt wird, ein trocknes Gas mit mehr als 3 C-Atomen abgetrennt u. ein verflüssigtes Gemisch, z. B. von C_2H_4, C_3H_6 u. C_4H_8, erhalten wird. Die trocknen Gase werden dann zu einer Fl. komprimiert. — Temp.-Druck-Diagramm u. Reaktionsschemata. (**A. P. 2 601 599** vom 26/11. 1948, ausg. 24/6. 1952.) MÖLLERING. 8187

Petrolite Corp. Ltd., übert. von: **Melvin De Groote**, University City, Mo., V. St. A., *Emulsionszerstörer* aus hydrophilen Syntheseprodd. der allg. Formel **I**, in der n u. n′ unter der Voraussetzung ganze Zahlen bedeuten, daß ihre Summe sich zwischen 15 u. 80 bewegt; n″ ist eine ganze Zahl nicht über 2 u. R ist der Rest einer Polycarbonsäure **II**, in der n″ unter der Voraussetzung die obige Bedeutung hat, daß die Dioxymuttersubstanz vor ihrer Veresterung wasserunlösl. u. karotinlösl. ist. — Beispiele für Dicarbonsäuren: Phthalsäure, Maleinsäure, Bernsteinsäure, Citraconsäure, Diglykolsäure. (**A. P. 2626 921** vom 14/5. 1951, ausg. 27/1. 1953.) UNGER. 8191

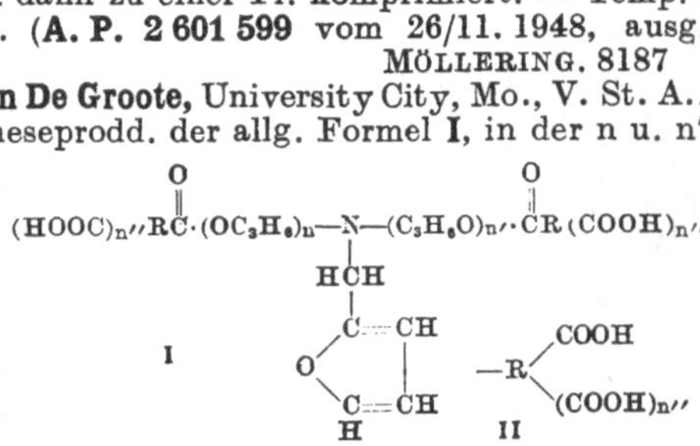

I

II

Standard Oil Co., Chicago, Ill., übert. von: **Edward M. B. Pramuk**, Whiting, und **Frederick H. MacLaren**, Munster, Ind., V. St. A., *Fraktionierung ölhaltigen Materials* durch Auflösen in 10—20 Vol. eines leichten Paraffin-KW-stoffes (3—7 C-Atome), z. B. Hexan, mit einem E. unter —60° F u. einem niedrigsd. Keton, bes. Aceton (Mischungsverhältnis Hexan:Aceton wie 30:70—90:10) u. Abkühlen der Lsg. auf —50 bis —60° F, wobei sich Feststoffe ausscheiden, die abfiltriert werden können, u. in dem fl. Behandlungsmittel, das nicht verfestigte Stoffe in Lsg. hält, suspendiert sind. Man filtiert u. trennt die Reststoffe von einem ersten Filtrat, trennt das Behandlungsmittel vom 1. Filtrat u. erhält so die am niedrigsten schm. Fraktion. Man mischt 10—20 Vol. des Behandlungsmittels mit den abgetrennten Feststoffen u. erhält eine 2. Lsg., die man auf niedrige Temp. abkühlt, die aber höher liegt als die Temp. der 1. Filtrationsstufe. Man filtriert die gekühlte 2. Lsg. u. erhält ein 2. Filtrat, aus dem man eine Fraktion des ölhaltigen Materials gewinnt. Aus den Feststoffen, die aus dem 2. Filtrat ausgeschieden wurden, gewinnt man wenigstens eine andere Fraktion des ölhaltigen Materials. — Zeichnung. (**A. P. 2 645 652** vom 13/10. 1950, ausg. 14/7. 1953.) Unger. 8193

Standard Oil Development Co., übert. von: **Homer Z Martin**, Cranford, N. J., V. St. A., *Spalten und Verkoken von Rückständen.* Man behandelt die Rückstände zuerst mit heißen inerten Wärmeträgern in einer Verkokungszone u. die gebildeten Dämpfe in einer Spaltzone mit einer dichten, fluidisierten M. von Spaltkatalysatoren (**II**) von anderer Teilchengröße als die Wärmeträger (**I**). Man regeneriert **II** durch Abbrennen in einer Regenerierzone u. mischt die heißen regenerierten **II** u. die verhältnismäßig kühlen **I** in einer Wärmeaustauschzone, wobei die **I** aufgeheizt werden u. die **II** gekühlt werden. Man trennt **I** von **II** durch Ausblasen mit inerten Gasen u. leitet die heißen **I** in die Verkokungszone u. die gekühlten **II** in die Spaltzone. — Zeichnung. (**A. P. 2 655 465** vom 24/7. 1951, ausg. 13/10. 1953.) Unger. 8193

Lummus Co., New York, übert. von: **August H. Schutte**, Hastings-on-Hudson, N. Y., V. St. A., *Ölverkokung* in einem senkrechten Reaktionsraum, in dessen erweitertem Unterteil eine Kokssammel- u. Abbrennzone untergebracht ist, darüber eine Gichtzone, sowie eine nach oben u. nach außen sich erweiternde Klärzone. Man führt ein Gemisch von Brenngas u. Luft (mit kleinem Luftüberschuß) in den Reaktionsraum am engsten Teil der Gichtzone ein u. verbrennt das Gas, wobei heiße Verbrennungsgase nach oben strömen. Man düst Öl in den oberen Teil des Gasstroms in der Mitte der Klärzone ein u. hält die Gasgeschwindigkeit auf einer Größe, daß Koksteilchen von einer gewissen Größe ab in die Kokssammelzone fallen, wo sie als dichte turbulente M. durch Einblasen von Dampf gehalten werden. Man setzt die gesammelten Koksteilchen der strahlenden Hitze der Gichtzone aus u. zieht sie als Prod. vom unteren Teil der Kokssammelzone ab. Über Kopf entfernt man Dämpfe u. feines Material aus dem Reaktionsraum. — Zeichnung. (**A. P. 2 623 010** vom 24/9. 1949, ausg. 23/12. 1952.) Unger. 8193

Standard Oil Co., Chicago, Ill., übert. von: **Harold Shalit**, East Chicago, Ind., V. St. A., *Entschwefelung von Destillattreibstoffen.* Man spaltet ein Rohgasöl mit mehr als 1% S (in Form aliphat. S-Verbb.) u. erhält dabei eine Fraktion (Kp. 400—650° F), die mindestens 5 Gew.-% aromat. S-Verbb. enthält. Man extrahiert sie mit Dimethylformamid (**I**) bei 35—140° F (Verhältnis Lösungsm.: Öl = 2:1—1,5:1) u. erhält Raffinat- u. Extraktphasen, die man trennt, um das **I** aus jeder Phase zurückzugewinnen. Dem Lösungsm. kann man 1—15 Vol.-% W. zusetzen. — Zeichnung. (**A. P. 2 623 004** vom 22/7. 1949, ausg. 23/12. 1952.) Unger. 8195

Universal Oil Products Co., Chicago, übert. von: **Charles Wankat**, Brookfield, und **Esbon Y. Titus**, Chicago, Ill., V. St. A., *Entsäuerung von Spaltdestillaten* durch Einverleibung eines Phenylendiamininhibitors u. anschließende Behandlung mit Alkalihydroxydlsg., um die Gumbldg. zurückzudrängen. Man trennt die gebrauchte Lsg. von dem behandelten Destillat u. trennt sie in 2 Schichten, die man getrennt abzieht, die untere Schicht benutzt man zur Behandlung weiteren Destillats. (**A. P. 2 640 012** vom 10/10. 1951, ausg. 26/5. 1953.) Unger. 8195

Standard Oil Co., Chicago., Ill., übert. von: **Gert H. Weisemann**, Hobart, Ind., V. St. A., *Entsäuern schwerer Kohlenwasserstoffdestillate.* Man verteilt ca. 0,004—0,1 Gew.-% eines Cu-Katalysators [$CuCl_2$, $CuSO_4$, $Cu(NO_3)_2$, $Cu(CH_3COO)_2$] in dem Destillat u. behandelt die Mischung mit ca. 1—15 Vol.-% einer wss. KOH-Lsg. (50—60%), wobei sich eine katalyt. akt. Cu-Verb. bildet u. leitet eine stöchiometr. den anwesenden Mercaptanen äquivalente Menge eines O_2-haltigen Gases in die Mischung bei ca. 80 bis 125° F ein, bis der Mercaptangeh. wesentlich red. ist. Die verbrauchte KOH-Lsg. u.

die Reaktionsprodd. werden von der Öllsg. abgetrennt. — Zeichnung. (**A. P. 2 646 389** vom 8/3. 1950, ausg. 21/7. 1953.) Unger. 8195

Standard Oil Co., Chicago, übert. von: **Robert C. Arnold,** Park Forest, Ill., und **Arthur P. Lien,** Highland, Ind., V. St. A., *Entschwefelung von Destillatbrennölen* durch Behandlung bei —20 bis —40° mit ca. 0,5—3 Grammolen wasserfreiem $AlCl_3$ pro Grammatom S in Ggw. von genügend fl. SO_2, das zur Bldg. von ausgebildeten Raffinat- u. Extraktphasen ausreicht. Man trennt die Phasen u. gewinnt aus der Raffinatphase das Prod. mit niedrigerem S-Geh., genügender Saybolt-Farbe u. verbesserten Brenneigenschaften. Siedebereich des Ausgangsöles 165—285°, S-Geh. 0,6 bis 1,5 Gew.-%. — Zeichnung. (**A. P. 2 646 390** vom 16/12. 1950, ausg. 21/7. 1953.) Unger. 8195

Standard Oil Co., Chicago. Ill., übert. von: **Norman E. Lemmon,** Hammond,, **Frederick W. Schuessler,** Valparaiso, Ind., und **David W. Bransky,** Chicago, Ill., V. St. A., *Extraktion von Säureschlamm* (**I**) zwecks Gewinnung *öllösl. Sulfonsäuren* aus nichthydrolysiertem **I**, der aus der Behandlung viscoser KW-stofföle mit starker H_2SO_4 stammt. Man behandelt **I** mit einer Lösungsmittelmischung aus ca. 1—20% (Vol.) eines aliphat. Alkohols mit nicht mehr als 5 C-Atomen (Isopropanol, Butanol, Amylalkohol) u. 80—99% (Vol.) eines aromat. KW-stofflösungsm. (Bzl.) u. trennt die Lösungsmittelmischung, die die öllösl. Sulfonsäuren enthält, vom **I** ab. (**A. P. 2 654 777** vom 28/12. 1949, ausg. 6/10. 1953.) Unger. 8195

Badische Anilin- & Soda-Fabrik Akt.-Ges., Ludwigshafen/Rh. (Erfinder: **Ludwig Raichle,** Ludwigshafen/Rh., und **Hans Räder,** Bad Dürkheim), *Reaktionsgefäß.* Das zur Durchführung von Rkk. mit gas- oder dampfförmigen C-haltigen Stoffen unter Druck in Ggw. fest angeordneter Katalysatoren, z. B. zur *Spaltung, Reformierung* oder *Druckhydrierung von KW-stoffen,* dienende senkrecht stehende zylindr. Stahlgefäß ist mit einer oder mehreren Isolierschichten, z. B. aus Zement oder Schamotte, versehen, auf denen zum Schutz gegen den Abrieb der Isolierschicht durch den Katalysator lediglich in der Höhe der Oberfläche der Katalysatorschicht ein breiter Metallring aufliegt. — Zeichnung. (**D. B. P. 903 088** Kl. 12g vom 21/3. 1943, ausg. 1/2. 1954.) Matthaes. 8197

Badische Anilin- & Soda-Fabrik Akt.-Ges. (Erfinder: **Mathias Pier,** Heidelberg, **Gerhard Free** und **Wilhelm von Füner**), Ludwigshafen/Rh., *Katalytisches Spaltung von Kohlenwasserstoffölen* in Ggw. von Katalysatoren bei 350—500°. Katalysator: Tonerde + Verb. eines Metalles der 5. Gruppe, bes. V, u. anschließend mit F oder einer flüchtigen F-Verb. behandelt, gegebenenfalls mit Fluoriden eines Metalls der 5. Gruppe, bes. V. (**D. B. P. 906 599** Kl. 23b vom 22/12. 1951, ausg. 15/3. 1954.) Unger. 8197

Standard Oil Co., Chicago, Ill., übert. von: **John F. Deters,** Valparaiso, Ind., V. St. A., *Rückgewinnung von $SbCl_3$,* das zum Extrahieren von fl. KW-stoffen, bes. Petroleumnaphtha, Gasolin, Kerosin oder Gasöl, diente. Zu dem $SbCl_3$ enthaltenden Extrakt gibt man bei 0—25° ca. 10—45% des $SbCl_3$ an Bzl. (**I**). $SbCl_3$ krist. aus. Man trennt es ab u. befreit es, z. B. durch Dest., von **I**. $SbCl_3$ u. **I** werden ohne weitere Reinigung wiederverwendet. — 2 Abbildungen. (**A. P. 2 605 211** vom 26/11. 1949, ausg. 29/7. 1952.) Zürn. 8197

Standard Oil Development Co., übert. von: **Barney R. Strickland,** Westfield, und **Emil H. Lewis,** Union, N. J., V. St. A., *Stabilisieren von Spaltdestillaten.* Man spaltet ein Gasöl katalyt., das frei von aromat. Mercaptanen u. Diolefinen ist u. über 400° F sd. (S-Geh. >0,5%). Dabei werden aromat. Mercaptane, Olefine u. Diolefine gebildet. Man trennt eine Destillationsfraktion (Siedebereich 400—700° F) in Abwesenheit von O_2 ab, die wesentliche Mengen von aromat. Mercaptanen, Olefinen u. Diolefinen enthält, u. behandelt das heiße Öl in Abwesenheit von O_2 mit einer wss. Alkalilsg. u. trennt anschließend das Öl von der verbrauchten Lauge ab. — Zeichnung. (**A. P. 2 631 122** vom 1/8. 1950, ausg. 10/3. 1953.) Unger. 8197

Standard Oil Development Co., Elizabeth, N. J., V. St. A., *Spalten schwerer Kohlenwasserstofföle* mit fluidisierten, nicht katalyt., festen Teilchen unter Verkokungsbedingungen in 2 Stufen. 1. Milde Spaltstufe 900—950° F für weniger widerstandsfähige Bestandteile. Es bilden sich flüchtige Prodd., Koks u. nichtumgesetztes, nichtverdampftes Öl, das sich mit Koks auf den festen Teilchen absetzt, die man aus der 1. Stufe abzieht u. in der 2. Spaltstufe scharfen Bedingungen bei 1000—1100° F unterwirft, wobei sich weitere flüchtige Prodd. bilden u. sich weiterer Koks abscheidet. Die flüchtigen Prodd. werden aus beiden Stufen abgezogen. Verweilzeiten 1. Stufe ½—5 Min., 2. Stufe mindestens 5 Minuten. — Zeichnung. (**E. P. 690 650** vom 29/3. 1951, ausg. 22/4. 1953. A. Prior. 8/9. 1950.) Unger. 8197

Standard Oil Development Co., Elizabeth, N. J., V. St. A., *Abtrennung unter Reaktionsbedingungen flüchtiger Stoffe aus feinverteilten fließenden Feststoffen.* Die feinverteilten bewegten Feststoffe, z. B. Kieselsäure–Tonerde–Gel-Katalysatoren, die aus einer Reaktionszone von gewöhnlich ringförmigem Querschnitt abgezogen werden, durchfließen im Gegenstrom zu einem Trenngas (CO_2, N_2, überhitzter Dampf, gasförmige KW-stoffe, Kreislaufgas) eine ringförmige Trennzone, die durch senkrechte Platten wabenartig oder in mehrere parallele, senkrechte Abteile unterteilt ist, wobei ein Einlaß für das Trenngas an der Grundfläche jeden Abteils vorgesehen ist, in der sie in mehrere getrennte Wege aufgeteilt werden. Die Trennzone bildet vorteilhaft eine Verlängerung des unteren Teiles des Reaktionskessels. Das Verf. u. die Vorr. dienen bes. zur katalyt. *Spaltung von KW-stoffen,* z. B. Rohöl, Gasöl, Schwerbenzin. Durch die Einbauten der Trennwände u. von Kegel- u. Scheibenringanordnungen in die Abstreifkammer wird die Mitnahme von nicht entzogenem Gas mit dem Katalysator von ca. 12 auf ca. 1% verringert. — Zeichnungen. (**D. B. P. 895 148** Kl. 12g vom 1/10. 1950, ausg. 2/11. 1953. A. Priorr. 19/7., 2/8., 24/8. u. 16/9. 1944.) Matthaes. 8197

Socony-Vacuum Oil Co., Inc., New York, N. Y. (Erfinder: **Eric Victor Bergstrom,** Short Hills, und **Sylvander Cecil Eastwood,** Woodbury, N. J.), V. St. A., *Kühlen von körnigen Kontaktstoffen bei der Umwandlung von Kohlenwasserstoffen.* Der Kontaktstoff durchläuft unter Wrkg. der Schwerkraft als kompakte M., die auch in Einzelströme aufgeteilt sein kann, die am Kühleraustritt wieder vereinigt werden, einen von einem Kühlmittel (W. unter 21—24,5 at Druck, geschmolzenes KNO_3, fl. Metall) gespeisten Kühler, wobei der Kühler mit der Kühl-Fl. vollgefüllt gehalten wird u. wobei die Kühlwrkg. u. damit die Temp. des den Kühler verlassenden Kontaktstoffes durch Regeln der Kontaktstoffmenge, die im Kühler mit dessen Kühlflächen in Berührung tritt, geregelt wird. Bei der benutzten Vorr. weist der senkrecht angeordnete Kühler für den Durchgang des Kontaktstoffes über den Kühlerquerschnitt verteilte Rohre auf, die von einer oberen Platte ausgehen, vom Kühlmittel umspült sind u. auf die der Kontaktstoff in geregelter Menge gelangt. — Zeichnungen. (**D. B. P. 900 333** Kl. 12g vom 9/3. 1951, ausg. 21/12. 1953. A. Priorr. 9/3. u. 5/4. 1950.) Matthaes. 8197

Houdry Process Corp., Philadelphia, Pa. (Erfinder: **Reuben Thornton,** Savage, Ridley Park, und **Reyner Kollgaard,** Media, Pa.), V. St. A., *Verfahren und Vorrichtung zur Entgasung eines sich abwärts bewegenden wirbelfreien Bettes fester Teilchen.* Die festen Kontaktteilchen bewegen sich im Gleichstrom als zusammenhängendes Bett mit einem Gas abwärts durch eine Kontaktzone, wobei das Gas in aufeinanderfolgenden Stufen am unteren Ende entbunden wird. Die abwärts strömenden Teilchen durchströmen eine Mehrzahl von untereinanderliegenden horizontalen, unten offenen Kanälen, die in parallelen Abständen voneinander am unteren Ende der Kontaktzone angeordnet sind. Die beim Durchfließen der Kanäle entbundenen Gase werden in den unteren Räumen mit den in den oberen Räumen entbundenen Gasen, die mittels durch das Kontaktbett abwärts führender Leitungen zugeführt werden, vereinigt u. die Gase dann in horizontaler Richtung einem Sammelraum zugleleitet u. aus diesem abgeführt. Der Sammelraum kann aus einem peripheren, den unteren Raum der Kontaktzone umgebenden Raum bestehen. Die Arbeitsweise dient bes. für die *KW-stoffspaltung* u. ermöglicht bei großen Zahlen für das Verhältnis Katalysator zu Öl, z. B. 5 : 20, hohe Gasgeschwindigkeiten. (**D. B. P. 887 939** Kl. 12g vom 23/5. 1951, ausg. 27/8. 1953. A. Prior. 24/5. 1950.) Matthaes. 8197

Hercules Powder Co., übert. von: **James H. Shapleigh,** Wilmington, Del., V. St. A., *Spalten von Kohlenwasserstoffen* in einem einstufigen Prozeß, um fl., mit S verunreinigte KW-stoffe in hohe Anteile von H_2 u. Kohlenstoffoxyden zu zersetzen. Man leitet eine Mischung von H_2O-Dampf u. fl. KW-stoffen (enthaltend 1 g S pro 100 cb.ft. KW-stoff in der Gasphase) über einen erhitzten Katalysator, der mindestens 10% Ni enthält u. wenigstens teilweise auf mindestens 900° gehalten wird. (**A. P. 2 628 890** vom 20/6. 1946, ausg. 17/2. 1953.) Unger. 8197

M. W. Kellogg Co., Jersey City, N. J., V. St. A., *Katalytische Umwandlung von Kohlenwasserstoffen* (**III**) hohen Siedebereichs zu niedrigsd. (*Gasolin*) in fortlaufendem Prozeß in Ggw. fester Katalysatoren (**II**) in einer *Spalt*-Zone (**I**) in die die KW-stoffdämpfe mit solcher Geschwindigkeit eingeführt werden, daß sich in der **I** eine untere quasifl., dichtere u. eine obere, verdünntere Phase ausbildet. Man führt weitere feste Teilchen in die dichtere Phase ein, bis das Gewichtsverhältnis von **II** : **III** 0,5 : 1 beträgt. Man zieht entsprechende Mengen fester Teilchen aus der **I** ab u. leitet weiter Dämpfe durch **I**, um den oberen Horizont der dichteren Phase in geeigneter Höhe zu halten. Der verbrauchte **II** wird in einer Regenerierzone abgebrannt u. der heiße regenerierte **II** gelangt zurück in die **I**. Pneumat. Transport. — Zeichnung. (**E. P. 636 524** vom 6/10. 1942, ausg. 3/5. 1950. A. Prior. 24/4. 1941.) UNGER. 8197

Gulf Research & Development Co., Pittsburgh, übert. von: **Charles W. Montgomery**, Oakmont, und **Charles S. Brown**, Pittsburgh, Pa., V. St. A., *Entschwefelung und Spaltung von Kohlenwasserstoffen* in der Dampfphase mit H_2 in Ggw. eines Katalysators, der bei ca. 350—550° F mit feuchtem H_2O-Dampf unter genügend hohem Druck (135—1000 lbs./sq.in.) ½—2 Std. behandelt wurde. Der Katalysator besteht aus einem Gemisch eines Hydrierungskatalysators mit einem widerstandsfähigen Spaltkatalysator ($NiO + SiO_2 + Al_2O_3$). (**A. P. 2 640 009** vom 20/12. 1949, ausg. 26/5. 1953.) UNGER. 8197

Sinclair Refining Co., New York, N. Y., übert. von: **Herman I. Ringgenberg**, Whiting, Ind., V. St. A., *Pyrolytische Umwandlung von Kohlenwasserstoffen mit einem Fluidkontakt* (**I**), wobei der feinverteilte **I** zwischen einer Regenerationszone (**II**) u. einem getrennten Reaktionsraum (**III**) zirkuliert. Der aus **II** kommende **I** wird in KW-stoffdämpfen suspendiert, die Suspension gelangt in den unteren Teil von **III**, verbrauchter **I** wird von den Dämpfen abgetrennt u. wird von flüchtigen KW-stoffen durch ein Abstreifgas abgestreift, vom Boden von **III** abgezogen u. in den **II** zurückgeleitet. Die koaxiale Abstreifzone ist unter dem **III** angeordnet, der einen kon., trichterförmigen Boden hat. Der Zuführungstrichter ist koaxial in den Boden eingebaut u. mit einem Verteilergitter bedeckt. Die Zuführungsleitung verläuft in einer Höhe von 5—10 Rohrdurchmessern koaxial mit der Abstreifzone u. mündet in den Zuführungstrichter. Am unteren Ende der Abstreifzone sind Zuführungsleitungen für das Abstreifgas vorgesehen. (**A. P. 2 628 932** vom 15/3. 1951, ausg. 17/2. 1953.) UNGER. 8197

Anglo-Iranian Oil Co. Ltd., London, übert. von: **John Norman Haresnape** und **Frederick William Bertram Porter**, Sunbury-on-Thames, England, *Katalytische Spaltung von Erdölkohlenwasserstoffen mit einem behandelten Tonkatalysator* vom Montmorillonittyp ($Al_2O_3 \cdot H_2O \cdot 4\ SiO_2 \cdot x\ H_2O$, worin Al_2O_3 teilweise durch Fe-Oxyd ersetzt ist), den man auf 500—700° erhitzt hat, um die gebundenen OH-Gruppen vollständig zu entfernen, ohne eine physikal. Veränderung des Tones. Die Temp. steht in umgekehrter Beziehung zum Fe-Oxydgeh. (weniger als 1,5% t = 700°, mehr als 7% t = 500°). Man trennt aus den Spaltprodd. eine fl. u. eine H_2-haltige gasförmige Fraktion ab, leitet sie über einen schwefelfesten Hydrierungskatalysator unter solchen Bedingungen, daß die Olefine abgesätt. u. die S-Verbb. hydriert werden. Man trennt die hydrierten Prodd. in eine gasförmige u. eine entschwefelte fl. Fraktion. (**A. P. 2 647 076** vom 8/1. 1948, ausg. 28/7. 1953. E. Prior. 10/1. 1947.) UNGER. 8197

Anglo-Iranian Oil Co. Ltd., London, übert. von: **John Norman Haresnape** und **Ernest Carlton Housam**, Sunbury-on-Thames, England, *Katalytische Spaltung von entparaffinierten Erdölkohlenwasserstoffen* zwecks Gewinnung einer *Benzin*-Fraktion. Man behandelt ein Wachsdestillat mit einem Aromatenlösungsm. (**I**), trennt einen aromat. Extrakt u. ein paraffin. Raffinat von dem Destillat ab, behandelt das paraffin. Raffinat mit einem Paraffinfällungsmittel (**II**), trennt abgeschiedenes Paraffin vom Raffinat u. spaltet letzteres katalytisch. Die Spaltprodd. werden fraktioniert. **I** = Phenol, **II** = Gemisch aus Aceton, Bzl., Toluol. — Zeichnung. (**A. P. 2 650 189** vom 1/3. 1949, ausg. 25/8. 1953. E. Prior. 2/3. 1948.) UNGER. 8197

Badische Anilin- & Soda-Fabrik Akt.-Ges., Ludwigshafen/Rh. (Erfinder: **Hans Klein**, Mannheim), *Spalten von Kohlenwasserstoffölen* mit Katalysatoren, die aus den Rückständen der Polymerisation oder Raffination von KW-stoffen mit $AlCl_3$, bes. unter weiterem Zusatz von metall. Al, entstehen. (**D. B. P. 902 769** Kl. 23b vom 2/6. 1942, ausg. 28/1. 1954.) UNGER. 8197

Filtrol Corp., Los Angeles, Calif., V. St. A., *Spaltkatalysator für Erdöl und seine Verwendung.* Man aktiviert Subbentonit-Montmorillonitton mit Säure, bis die höchste Wirksamkeit erreicht ist u. imprägniert den so aktivierten Ton mit hydratisiertem Al_2O_3. Die Basenaustauschkapazität des Tons wird so auf 30—90 Milliäquivalente pro 100 g des freien Tones vor oder während der Imprägnierung mit dem hydratisierten Al_2O_3 eingestellt. Man mischt den Ton mit einer $Al_2(SO_4)_3$-Lsg. u. gibt NH_3 zu, bis der p_H-Wert der Mischung 3—9 beträgt. Die Wrkg. des so behandelten Tons bei der Spaltung von Erdöl-KW-stoffen ist viermal so stark als die des nichtbehandelten Tones. — Zeichnung. (**E. P. 661 361** vom 15/8. 1946, ausg. 21/11. 1951. A. Prior. 7/9. 1942.) UNGER. 8197

Eugene J. Houdry, Ardmore, Pa., V. St. A., *Herstellung mehrschichtiger Katalysatoren.* Mehrschichtige Katalysatoren gesteigerter Aktivität werden erhalten, wenn beim Aufbringen der Schicht auf den Träger zwischen jeder Behandlung mit Imprägnierlsg. auf dem gebildeten Nd. ein Schutzfilm erzeugt wird, der für die Imprägnierlsg. undurchlässig ist u. der vor Gebrauch des Katalysators durch Oxydation entfernt werden kann. Zur Bldg. von Schutzfilm dienen z. B. schwere KW-stoffe von Schmierölcharakter, leicht ungesätt. KW-stoffe, einschließlich polymerisatbildender „Refinery"-Gase, oder durch Cracken niedergeschlagener C. Beim *Cracken* von East Texas Gasöl in Ggw. eines SiO_2–Al_2O_3-Mehrschichtkatalysators wurden 46% Gasolin erhalten gegenüber nur 31,6% bei einem solchen Katalysator, der ohne Zwischenbehandlung mit Schmieröl hergestellt war. (**A. P. 2 643 980** vom 23/9. 1950, ausg. 30/6. 1953.) MATTHAES. 8197

Badische Anilin- & Soda-Fabrik Akt.-Ges., Ludwigshafen/Rh. (Erfinder: **Gerhard Free** und **Wilhelm von Füner,** Ludwigshafen/Rh., und **Otto Göhre,** Heidelberg), *Spaltung von Kohlenwasserstoffölen oder Druckhydrierung kohlenstoffhaltiger Stoffe* in Ggw. von Katalysatoren, die SiO_2 u. nur eine Metallverb. eines mehrwertigen Metalles enthalten, bei deren Herst. das Sol, aus dem das Kieselgel gebildet wird, ein p_H zwischen 3 u. 7 hat. (Weitere Ausbildung der Patente 884 677 u. 884 041.) (**D. B. P. 903 130** Kl. 23b vom 1/1. 1939, ausg. 1/2. 1954. **Zusatz zu D. B. P. 884 677; C. 1954. 460.**) UNGER. 8197

Standard Oil Development Co., übert. von: **Henry J. Ogorzaly,** Summit, N. J., V. St. A., *Magnetische Reinigung von Spaltkatalysatoren.* In einem Spaltprozeß, bei dem feinverteilte fluidisierte Katalysatoren (SiO_2–Al_2O_3, SiO_2–MgO, aktivierte Bleicherde) im Kreislauf zwischen einer Reaktionszone (durch die verdampftes Behandlungsgut aufwärts durch ein dichtes fluidisiertes Bett des Katalysators strömt) u. einer Regenerationszone (durch die ein O_2-haltiges Gas geleitet wird, um die kohligen Ablagerungen abzubrennen) geführt werden, werden die Katalysatoren mit magnet. Fe-Verunreinigungen beladen. Der durch die dampfförmigen Reaktionsprodd. aus der Reaktionszone mitgerissene Katalysator wird mechan. aus den Gasen abgetrennt u. in die Reaktionszone zurückgeleitet. Die dampfförmigen Reaktionsprodd., die noch Reste von Fe-haltigen Katalysatorteilchen enthalten, gehen in eine Fraktionierzone, wo ein Leichtbenzindestillat abgenommen wird u. ein aus verunreinigten Katalysatorteilchen u. einer höhersd. KW-stoffbodenfraktion gebildeter Brei verbleibt. Man leitet diesen Brei durch einen gewundenen Weg, der von einer elektromagnet. Zone umgeben ist, wobei die Fe-Teilchen entfernt werden. Den gereinigten Katalysator leitet man zurück zur Reaktionszone. (**A. P. 2 631 124** vom 18/6. 1946, ausg. 10/3. 1953.) UNGER. 8197

Shell Development Co., übert. von: **Norman E. Peery,** San Francisco, Calif., V. St. A., *Scheidung inaktiver, pulverförmiger Katalysatoren von aktiven, mikroporösen* SiO_2–Al_2O_3*-Spaltkatalysatoren* (I). Um die Aktivität zu erhalten, dispergiert man mindestens einen Teil des gebrauchten **I** in einer Fl. (H_2O, Glykol, Glycerin oder deren Gemische) von einer D., die zwischen der scheinbaren D. der dichtesten u. am wenigsten dichten Teilchen des **I** liegt. Man trennt die Fraktion des flotierten **I** von der Fl. u. führt ihn zurück für weiteren Gebrauch. Die Teilchen von höherer D. werden von der Fl. abgetrennt u. verworfen u. durch eine entsprechende Menge frischer **I** ersetzt. — Zeichnung. (**A. P. 2 631 968** vom 25/6. 1945, ausg. 17/3. 1953.) UNGER. 8197

Standard Oil Co., Chicago, Ill., übert. von: **Wendell P. Cropper,** Lansing, und **George E. Schmitkons,** Flossmoor, Ill., V. St. A., *Katalysatorabtrennung.* Um akt. feinverteilten, anorgan. Oxydkatalysator (**I**) von inakt. gewordenem Katalysator (**II**) zu scheiden, leitet man ihn durch ein elektr. Feld (1—20 Frequenzen/Sek., 9000 bis 15000 V/cm unter Vermeidung eines Lichtbogens), wobei man geladenen **I** getrennt von **II** sammelt, die sich beide durch Schwerkraft abwärts bewegen. Man kann den Katalysator über mehrere elektrostat. Felder leiten. — Zeichnungen. (**A. P. 2 635 749** vom 29/9. 1949, ausg. 21/4. 1953.) UNGER. 8197

Indium Corp. of America, übert. von: **William S. Murray,** Utica, und **John Robert Dyrer jr.,** Whitesboro, N. Y., V. St. A., *Motortreibstoff.* Zur Verhinderung der Abscheidung von C im Motor löst man 0,001—10% Indiumlaurat in den KW-stoffen. (**A. P. 2 628 895** vom 29/5. 1948, ausg. 17/2. 1953.) DERSIN. 8205

Rickard Lars Casper Ehrenborg, Stockholm, Schweden, *Herstellung von Gemischen von flüssigen Brennstoffen, besonders Benzin, mit ölartigen Holzdestillaten, z. B. Terpentin.* Man versetzt das Bzn. zunächst mit Bzl. oder dessen Homologen u. setzt erst dann das Terpentin zu, so daß man eine homogene Lsg. erhält. (**Finn. P. 26 650** vom 30/6. 1949, Auszug veröff. 30/11. 1953.) JÜRGEN SCHMIDT. 8205

Ethyl Corp., New York, N. Y., übert. von: **Homer M. Tanner,** Baton Rouge, La., V. St. A., *Tetraalkylblei,* bes. $(C_2H_5)_4Pb$. Bei der bekannten Rk. einer Pb-Legierung mit einem Alkylierungsmittel, bes. C_2H_5Cl, wird eine Na–Pb-Legierung verwendet, u. zwar in Form von Schuppen, die zumindest 1 Oberfläche besitzen, die überwiegend aus spitz hervorragenden natürlichen Flächen charakterist. Kristalle besteht, die aus einer gemeinsamen Grundfläche herausragen. — Abb. von mikrophotograph. Aufnahmen der Schuppen. (**A. P. 2 635 107** vom 10/11. 1952, ausg. 14/4. 1953.) BRÖSAMLE. 8209

Standard Oil Development Co., übert. von: **Charles E. Morrell**, Westfield, N. J., V. St. A., *Herstellung flüssiger Brennstoffe.* Die bei der CO + H_2-Synth. anfallende wss. Schicht, die O-haltige Verbb., wie Alkohole, Aldehyde, Ketone u. Säuren, bis zu 10 C-Atomen enthält, wird verdampft u. mit Wasserdampf über Fe u. Mn-Oxyde enthaltende Katalysatoren bei 300—600° geleitet u. in öllösl. Ketone übergeführt, die aus dem Kondensat, das aus einer wss. u. öligen Phase besteht, mittels KW-stoffen extrahiert werden. (**A. P. 2 626 209** vom 28/12. 1948, ausg. 20/1. 1953.) DERSIN. 8211

Ethyl Corp., New York, N. Y., übert. von: **James B. Hinkamp**, Detroit, und **Roy Sugimoto**, Royal Oak, Mich., V. St. A., *Dieseltreibstoff.* Zur Verbesserung der Zündfähigkeit setzt man gesätt. aliphat. Nitramine, z. B. 0,25—1%, zu, z. B. Diäthyl-, Diisopropyl-, Dimethyl-, Methyl-n-propyl-, Methylisopropyl-, Dibutyl-, Diisoamyl-, Methyl-, Äthyl-, Isoamyl-, Cyclohexylnitramin, Trimethylen-, Hexamethylendinitramin. Sie werden erhalten durch Dehydratisierung der entsprechenden Alkylammoniumnitratsalze oder durch Nitrierung von Alkylaminen mit HNO_3. (**A. P. 2 595 789** vom 28/7. 1950, ausg. 6/5. 1952.) KRAUSS. 8213

N. V. de Bataafsche Petroleum Mij., Den Haag, Holland, *Verbesserte Brennöle*, welche keine Verstopfungen von Leitungen (Sieben, Seihern) hervorrufen, bestehen aus gecrackten KW-stoffbrennölen, die ein öllösl. Alkalisalz einer Erdölsulfonsäure eines nichtparaffin. Erdöls enthalten (10—20 Gew.-%) oder (0,005—0,01 Gew.-%). Zusätzlich kann ein Reinigungsmittel (Erdalkalisalz eines Alkylphenoldisulfids) u. ein Löser (Glykoläther) in dem Konzentrat anwesend sein. (**E. P. 671 380** vom 28/3. 1949, ausg. 7/5. 1952. A. Prior. 29/3. 1948.) UNGER. 8217

Comp. Française de Raffinage, Frankreich, *Gewinnung von Schmierölen, Gasöl oder chemischen Produkten aus Schieferölen.* Diese werden zunächst fraktioniert u. halogeniert u. danach polymerisiert oder aryliert. Mit der Fraktionierung wird eine Entphenolisierung mit Alkalilauge verbunden. Das entphenolte Öl wird mit 10% $AlCl_3$ bei 60° während 8 Std. polymerisiert. Die dabei gebildeten Teere werden abgetrennt u. die dekantierte überstehende Fl. wird mit HCl, W. u. Alkalilauge gewaschen u. destilliert. — Aus den Olefinen des Schieferöles werden nach bekannten Verff. durch Hydrolyse der Olefinsulfate oder der Halogenide ein- oder zweiwertige Alkohole gewonnen. Mit Alkalichlorhydrinen entstehen aus den Olefinen die homologen Oxyde des Äthylenoxyds. (**F. P. 973 167** vom 3/7. 1941, ausg. 8/2. 1951.) M. F. MÜLLER. 8221

Comp. Française de Raffinage, Frankreich, *Gewinnung von Schmierölen* aus Steinkohlenölen durch Zusatz eines pflanzlichen oder tier. Öles, bes. Ricinusöls, u. Vulkanisation des Öles in Ggw. von S_2Cl_2 zur Erhöhung der Viscosität in dem gewünschten Maße. — 900 (kg) filtriertes Anthracenöl werden mit 100 Ricinusöl versetzt. Dazu werden 90—100 S_2Cl_2 in Abständen gegeben u. die M. bei 50—60° erwärmt, wobei HCl-Gas entwickelt wird. Wenn alles S_2Cl_2 eingetragen ist, bleibt die M. 48 Std. stehen. Danach wird das Prod. mit warmem W. gewaschen. Gegen Ende des Waschens wird zur Beseitigung des Säuregeh. entweder Wasserdampf durchgeleitet oder eine geringe Menge einer organ. Base, wie Triäthanolamin, oder NH_3 zugesetzt. (**F. P. 973 252** vom 4/8. 1941, ausg. 9/2. 1951.) M. F. MÜLLER. 8221

Comp. Française de Raffinage, Frankreich, *Gewinnung eines Heißdampfzylinderöls* durch Kondensation eines dihalogenierten aliphat. KW-stoffes, wie Dichloräthan, mit Bzl. oder einem Benzolhomologen, wie Xylol, in Ggw. von $AlCl_3$. (**F. P. 973 279** vom 13/8. 1941, ausg. 9/2. 1951.) M. F. MÜLLER. 8221

Comp. Française de Raffinage, Frankreich, *Dampfmaschinenzylinder-Schmieröl*, bestehend aus einem Gemisch von Ricinusöl mit ca. 18% einer Ölfraktion aus Petrolpech. (**F. P. 972 868** vom 24/5. 1941, ausg. 5/2. 1951.) M. F. MÜLLER. 8221

Comp. Française de Raffinage, Frankreich (Seine), *Schmiermittel.* Man versetzt ein Gemisch von 2,5 Mol Bzl., 2,5 Mol Toluol u. 3 Mol Dichloräthan mit 30 g $AlCl_3$, läßt 2 Std. stehen u. geht dann allmählich mit der Temp. von 20 auf 95°, bis die HCl-Entw. beendet ist. Nach dem Reinigen dest. man 20% ab. Als Rückstand erhält man ein Zylinderöl von hoher Viscosität, als Destillat ein Öl, das nicht erstarrt. (**F. P. 982 461** vom 28/6. 1943, ausg. 11/6. 1951.) NOUVEL. 8221

Standard Oil Development Co., Elizabeth, N. J., V. St. A., *Synthetische Schmieröle.* Man stellt Glykolester von ω-(Alkylmercapto)-alkansäuren (I) mittels p-Toluolsulfonsäure her, indem man eine OH-Gruppe des Glykols mit einer I, z. B. Alkylmercaptoessigsäure, β-tert.-Octyl- oder β-tert.-Dodecylmercaptopropionsäure, u. die andere OH-Gruppe mit derselben oder einer anderen I oder einer aliphat. Carbonsäure mit offener Kette verestert, u. erhält Verbb. der allg. Formel $\begin{matrix} R\cdot COO \\ R_1\cdot COO \end{matrix}\!\!>\!R_2$, in der R_1 u. R_2 je 2—22 C-Atome enthalten u. die Reste der veresternden Säuren sind u. in der R_2 entweder ein gesätt. aliphat. KW-stoffrest mit 2—18 C-Atomen oder eine Serie solcher durch S oder O-Atome unterbrochener Reste darstellt. Das Mol.-Gew. des Esters soll wenigstens 300 betragen. Das Glykol kann z. B. ein Polyäthylenglykol, wie Tri- oder Tetraäthylenglykol oder Tri-, Hexamethylen- oder Polypropylenglykol sein. Zusatz zu Mineralschmierölen von ca. 1—10% verbessert Viscosität u. Stockpunkt. (**E. P. 661 566** vom 30/11. 1948, ausg. 21/11. 1951.) DERSIN. 8221

Standard Oil Development Co., Elizabeth, N. J., V. St. A., *Synthetische Schmieröle.* Man stellt komplexe Ester her, indem man äquimol. Mengen zweibas. Säuren (I) mit Glykolen (II) so lange verestert, bis die Hälfte des theoret. gebildeten W. abdest. ist u. verestert dann die freien COOH-Gruppen mit einwertigen, bes. C_6—C_{10}-Alkoholen (III) u. die freien OH-Gruppen mit einbas. Monocarbonsäuren (**IV**). Geeignete Kombinationen: I: Adipin–Sebacin-, C_{14}—C_{18}–Alkenylbernsteinsäure; **II**: Thiodiglykol, Triäthylen-, Trimethylen-, Tetraäthylen-, Pentamethylen- oder Polyäthylenglykol (Mol.-Gew. 300); **III**: n-Butter-, n-Capron- oder n-Caprylsäure; **IV**: 2-Äthylhexanol, CH_3OH, C_{10}- oder C_{15}—C_{19}-Oxoalkohole. Zusatz zu Mineralölen verbessert die Viscositätskurve u. den Stockpunkt. (**E. P. 662 650** vom 30/11. 1948, ausg. 12/12. 1951.) DERSIN. 8221

Standard Oil Development Co., Elizabeth, N. J., V. St. A., *Hochdruckzusatz für Mineralschmieröle*, bestehend aus H_3PO_4-Ester der Formel I, in der R eine gesätt. aliphat. Gruppe mit 2—3 C-Atomen, X_1, X_2 u. X_3 = O u. R_1, R_2 u. R_3 Alkylgruppen mit 1—18 C-Atomen oder durch O-Atome unterbrochene Alkylgruppen darstellen, deren Summe von O- u. C-Atomen 4—18 beträgt. Geeignet sind z. B. die Ester $OP[O\cdot CH_2\cdot CH_2O\cdot C_8H_{17}]_3$ (C_8H_{17} ist eine 2-Äthylhexyl- oder tert.-Octylgruppe) oder $OP[OCH_2\cdot CH_2\cdot O\cdot CH_2CH_2\cdot O\cdot C_4H_9]_3$ (C_4H_9 = n-Butyl). Zusatzmenge 1—10%. (**E. P. 663 557** vom 8/11. 1948, ausg. 27/12. 1951.) DERSIN. 8221

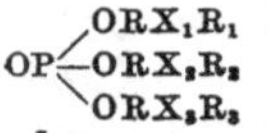

I

Standard Oil Development Co., Elizabeth, N. J., V. St. A., *Zusatzmittel für Schmieröle*, das den Viscositätsindex verbessert, bestehend aus Mischpolymerisaten von 70 bis 40 (%) α.β-ungesätt. Monocarbonsäureestern, in deren Alkoholteil O oder S in Ätherbindung enthalten ist (I), mit 30—60 Estern der gleichen Säuren, in deren Alkoholteil keine S- oder O-Bindungen enthalten sind (II). Als Säuren kommen für I u. II z. B. Acryl-, Methacryl-, Äthacryl-, Chlor- oder Fluoracrylsäure, als Alkoholanteil für I das 2-Äthylbutoxy-, n-Hexyloxy-, C_8-Oxooxy-, C_{13}-Oxooxy-, 2-Äthylhexyloxy-, Phenyl-, Benzyl- oder Methyloxyäthanol, Decyloxyäthoxyäthanol, 2-Octylmercaptoäthanol, 2-(2-Äthylbutoxy)-propanol oder Tetrahydrofurfurol u. für II der Decyl-, C_8-Oxo-, C_9-Oxo-, C_{13}-Oxo-, Cetyl-, Stearyl-, Eicosyl-, Cocosnußölalkohol oder Methylcyclohexanol in Frage. Geeignete Mischpolymerisate sind z. B.: 60—40 (Gew.-%) 2-Äthylbutoxyäthylacrylat mit 40—60 Decyl- oder Octylmethacrylat oder Laurylacrylat oder 70 2-Äthylhexyloxyäthylmethacrylat u. 30 C_{13}-Oxoalkoholacrylat. Zusatzmenge 0,5—10% zu Mineralölen. (**E. P. 663 702** vom 21/12. 1949, ausg. 27/12. 1951. A. Prior. 10/9. 1949.) DERSIN. 8221

Standard Oil Development Co., übert. von: **Alfred H. Matuszak**, Jersey City, und **James W. Hand jr.**, Summit, N. J., V. St. A., *Rostschutzöl*, bestehend aus einem Mineralöl, in dem ein partieller Ester eines mehrwertigen Alkohols mit einer Fettsäure mit 6—30 C-Atomen u. ein Diamin mit 2—10 C-Atomen gelöst ist, z. B. 1 (%) Pentaerythritmonooleat u. 0,1 Propylendiamin. (**A. P. 2 580 036** vom 27/11. 1948, ausg. 25/12. 1951.) DERSIN. 8221

Texas Co., New York, N. Y., übert. von: **Edwin C. Knowles**, Glenham, **Oney P. Puryear**, Fishkill, und **George W. Eckert**, Glenham, V. St. A., *Schmiermittel bestehend aus einer Seife einer phosphatierten Fettsäure oder eines Glycerids.* Ein Schmierfett enthält als Basis ein öliges fl. Schmiermittel mit einem Überschuß von 5—45 Gew.-%, u. zwar bezogen auf das Schmierfett einer Metallseife eines phosphatierten seifebildenden Materials (Fettsäure) u. ein seifebildendes phosphatiertes Fettsäureglycerid, in genügen-

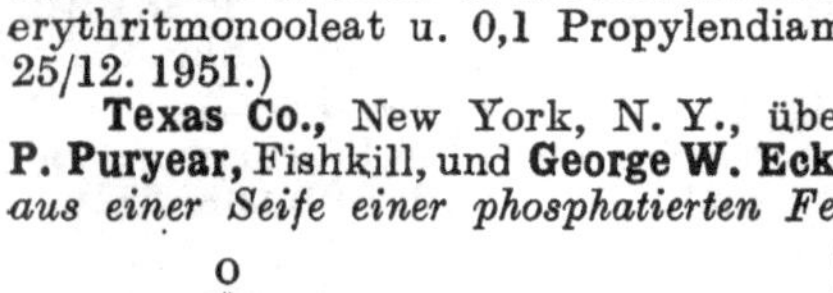

der Menge, um dem öligen Schmiermittel Gel-Konsistenz zu verleihen. — Beispiel: Alkaliseife von phosphatiertem Castoröl (s. vorst. Formel). (**A. P. 2 600 058** vom 9/3. 1949, ausg. 10/6. 1952.) UNGER. 8223

Texas Co., New York, N. Y., übert. von: **Oney P. Puryear**, Fishkill, N. Y., und **Malcolm D. Bray**, Noblesville, Ind., V. St. A., *Schmiermittel*. Man verseift Fettsäuren die wenigstens 90% Myristinsäure enthalten, unter Zusatz einer Menge Mineralöl (I), die etwa der Hälfte der Fettsäuremenge entspricht, u. etwa der gleichen Menge W., mit NaOH-Lsg. in solchem Überschuß, daß das Verseifungsprod. ca. 1% freies Alkali enthält, durch Erhitzen auf 170—190° F, erwärmt die verseifte M. wenigstens 2 Std. auf 295—320° F, bis das W. auf ca. 0,5% verdampft ist, u. fügt den Rest des **I** in zwei Stufen oberhalb u. unterhalb 260° F zu. Die I-Menge wird so bemessen, daß das Endprod. eine butterartige M. mit 15—25% Seife darstellt, die einen Tropfpunkt >400° F hat u. sich zum Schmieren von *Kugel-* u. *Rollenlagern* bei Tempp. >300° F eignet. (**A. P. 2 542 570** vom 1/12. 1949, ausg. 20/2. 1951.) DERSIN. 8223

Texas Co., New York, N. Y., übert. von: **Robert T. Sanderson**, Gainesville, Fla., V. St. A., *Pentaerythrittetrathioäther* der nebenst. Formel (R, R', R'', R''' = gleiche oder verschied. Alkyle, Aryle, Heterocyclen) erhält man z. B. nach WILLIAMSON durch Kondensation von Pentaerythrityltetrahalogenid mit einem Alkalimercaptid. — Aus 2-Äthylhexylmercaptan u. Pentaerythrityltetrabromid in A. in Ggw. von NaOH nach 44std. Erhitzen → *Pentaerythrittetra-2-äthylhexylthioäther*, n_D^{20} 1,5042, $D.^{20}_4$ 0,9475. — *Pentaerythritdi-(2-äthylhexyl)-di-(n-dodecyl)-thioäther*, n_D^{20} 1,4983, $D.^{20}_4$ 0,9337. — *Schmiermittel* u. *Zusätze* zu solchen, Weichmacher, Lösungsmittel u. Zwischenprodukte. (**A. P. 2 602 050** vom 15/7. 1949, ausg. 1/7. 1952.) KRAUSS. 8223

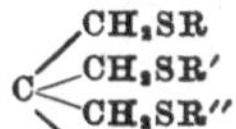

Texas Co., New York, N. Y., übert. von: **George W. Eckert**, Glenham, V. St. A., *Schmierfett* auf der Basis eines Mineralöls S.S.U. 200—400/100°F.; enthaltend 4 bis 45 Gew.-% des Fetts an Ca-Silicat in einer Teilchengröße von 5—100 $\mu\mu$, z. B. $(CaO)_m \cdot (SiO_2)_n \cdot x\,H_2O$, wobei n u. m 1—10 u. x 1—5 ist, oder $CaSi_3O_7 \cdot 3\,H_2O$, sowie gegebenenfalls eine Metall, z. B. Ca-Seife, einer höheren Fett- bzw. Oxyfettsäure, z. B. Stearin- oder Oxystearinsäure. Das Fett kann gemahlen werden. (**A. P. 2 656 315** vom 27/2. 1952, ausg. 20/10. 1953.) DREWS. 8223

Phillips Petroleum Co., übert. von: **William B. Whitney**, Bartlesville, Okla., V. St. A., *Schmierfett* (I). Die zur Herst. der **I** verwendeten Fette, Fettsäuren (II) u. Seifen (III) werden mit Ätzalkalien im Überschuß 15—45 Min. auf ca. 300° erhitzt, um die vorhandenen ungesätt. Verbb. in gesätt. umzuwandeln. Anschließend werden die **III** mit Mineralsäuren versetzt, die **II** gewaschen, erneut verseift u. mit 35—95% (170—250°) heißem Schmieröl vermischt. Die erhaltene Mischung wird schnell abgekühlt. (**A. P. 2 545 126** vom 7/6. 1948, ausg. 13/3. 1951.) LÜTTGEN. 8223

Manda, Frankreich, *Herstellung eines Schmierprodukts* aus pflanzlichem Öl, bes. Olivenöl, Traubenkernöl u. anderen bes. sauren Ölen. Diese werden zunächst neutralisiert u. danach unter Zugabe eines Emulgierungsmittels, z. B. einer wasserhaltigen Seife oder eines Cellulosederiv., wie Methylcellulose, in einem Rührgefäß emulgiert. (**F. P. 974 544** vom 25/7. 1941, ausg. 23/2. 1951.) M. F. MÜLLER. 8223

Badische Anilin-& Soda-Fabrik Akt.-Ges. (Erfinder: **Hans Haussmann** und **Fritz Fürhäusser**), Ludwigshafen/Rh., *Schmiermittel* (I). Verwendung von >12 C-Atome im Mol. enthaltenden Estern von Oxa-, Thio- oder Sulfondicarbonsäuren für sich oder in Mischung mit anderen I, z. B. Ester des Butyl-, Amyl-, Dodecyl-, Tetrahydrofurfurylalkohols, Cyclohexanols, Dekahydronaphthols, Oxäthylmorpholins, -piperidins oder der bei der Methanolsynth. erhaltenen Alkoholgemische mit Diglykol-, Dihydracryl-, Dipropylätherdicarbon-, Thiodiglykol-, Thio- oder Dithiodibuttersäure oder Sulfondibuttersäure. Man vermischt z. B. 10 Teile Thiodibuttersäuredidecahydronaphtholester oder des Diesters der Dipropylätherdicarbonsäure mit der bei der Butanolsynth. aus $CO + H_2$ entstehenden C_6—C_8-Alkohole mit 90 Teilen schweren Maschinenmineralöls. (**D. B. P. 893 390** Kl. 23c vom 14/1. 1942, ausg. 15/10. 1953.) DERSIN. 8223

Robert Bosch G. m. b. H. (Erfinder: **Paul Bauer**), Stuttgart, *Herstellung von Schmierfetten für Rutschkuppelungen* aus Gemischen von Mineralöl u. Ca- bzw. Na-Seifen sowie indifferenten anorgan. Stoffen, dad. gek., daß für den Seifenanteil Gemische, zweckmäßig im Verhältnis 1 : 1, aus Na- u. Ca-Seifen verwendet werden, deren Ausgangsfette mindestens teilweise auf Ölsäurebasis aufgebaut sind. Zwecks Erzielung hoher Kältebeständigkeit soll das Mineralöl einen Stockpunkt unter —50° haben; ein möglichst hoher Seifenanteil im Gemisch bis zu 25 (Gew.-%) vorhanden sein, der bis zu 50 aus Na- oder Ca-Talgseife besteht. Ferner soll das Gemisch nicht über 260° erhitzt werden. Man kann ferner 5—15 Graphit zusetzen. (**D. B. P. 894 140** Kl. 23c vom 29/10. 1942, ausg. 22/10. 1953.) DERSIN. 8223

Anneliese Hasenberg, Deutschland, *Umhüllen von bituminösen Substanzen.* Man pulverisiert die Bitumina u. beschichtet die Bitumenteilchen mit einem nicht klebenden Pulver, z. B. Ton-, Torf-, Kohlepulver, Pulver von synthet. Harzen (Polyvinylchlorid). Das so behandelte Bitumen kann, in Säcke oder Papierbeutel gefüllt, versandt werden. (**F. P. 1 032 243** vom 8/2. 1951, ausg. 30/6. 1953. D. Prior. 9/2. 1950.) OPPERMANN. 8225

Badische Anilin- & Soda-Fabrik Akt.-Ges., Ludwigshafen/Rh. (Erfinder: **Franz Pohl,** Knapsack), *Entparaffinierung von Kohlenwasserstoffölen* durch Verdünnen mit Lösungsm., Abkühlen, Abtrennen u. Waschen des auskrist. Paraffins in einer oder mehreren Filtrations- oder Waschstufen, aus denen das Filtrat in eine vorhergehende Stufe zurückgeführt wird unter Verwendung von Drahtsieben als Filtermaterial in stufenweisem Gegenstrom. (**D. B. P. 894295** Kl. 23b vom 21/2. 1945, ausg. 22/10. 1953.) UNGER. 8227

Deutsche Gasolin Akt.-Ges., Berlin (Erfinder: **Johann Konrad Pfaff, Richard Brunck,** Netze, und **Herbert Schumann,** Oelerse), *Entparaffinieren von Mineralölen mit selektiven Lösungsmitteln,* von denen ein oder mehrere Bestandteile gute Öllösungseigg. u. ein oder mehrere Bestandteile nur geringe paraffinlösende Eigg. haben. Man löst das Mineralöl zunächst in einem an Öllösungsmittel angereicherten Teil des Lösungsmittelgemisches, kühlt u. vermischt hierauf mit einem weiteren auf die gleiche Temp. gekühlten, an Öllösungsmittel ärmeren Teil. Das ausgeschiedene Paraffin wird abgetrennt. (**D. B. P. 894 597** Kl. 23b vom 27/10. 1943, ausg. 26/10. 1953.) UNGER. 8227

Ruhröl G. m. b. H., Bottrop (Erfinder: **Günther Ibing,** Mühlheim/Ruhr, und **Erich Frese,** Pittsburgh, Pa., V. St. A.), *Entaschung von Steinkohlenschwelpech.* Die Lsg. des Pechs in einem geeigneten Lösungsm., wie Mittelöl, das bei der Hydrierung des Schwelpechs entstanden ist, wird auf $>300°$, bes. 400—500°, u./oder mit 0,1—1% S vorzugsweise auf 100—250° erhitzt u. anschließend, gegebenenfalls unter Zusatz von Filterhilfsmitteln, wie Kieselgur, filtriert. (**D. B. P. 889 048** Kl. 22h vom 26/11. 1944, ausg. 7/9. 1953.) GRÄGER. 8229

Gustav Knoll, Bochum, *Granulieren von flüssigem Pech* u. dgl. bituminösen Massen. Das aus einer Verteilervorr. austretende fl. Pech fällt frei in Form von Strähnen oder Schleiern innerhalb eines senkrecht stehenden Rohres u. wird während des Falles aus regulierbaren Brausen, die über die Fallhöhe verteilt sind, mit W. berieselt. Vorrichtung. (**D. B. P. 891 595** Kl. 22h vom 15/12. 1942, ausg. 28/9. 1953.) GRÄGER. 8229

Farbwerke Hoechst Akt.-Ges. vormals Meister Lucius & Brüning, Frankfurt/M.-Höchst (Erfinder: **Franz Privinsky, Heinz A. Thomas,** Hofheim, Taunus, und **Karl Daimler,** Ehlhalten, Taunus), *Herstellung bituminöser Dispersionen.* Zur Herst. bes. haltbarer Dispersionen aus bituminösen Stoffen werden Dispergatorengemische aus Huminsäure oder Huminaten mit zweckmäßig im Unterschuß vorhandenen Tonen verwendet. Hierbei können die Dispergatoren von vornherein gemischt sein; doch kann der Ton auch erst gegen Ende des Arbeitens zugesetzt werden. (**D. B. P. 898 576** Kl. 80b vom 21/10. 1951, ausg. 3/12. 1953.) HANS HOFFMANN. 8231

Standard Oil Co., Chicago, Ill., übert. von: **Robert E. Karll,** Hammond, Ind., V. St. A., *Bituminöse Mischung für den Straßenbau.* Als Bindemittel für mineral. Stoffe wird Asphalt benutzt, dem zur Erhöhung der Haftfestigkeit 0,5—5 (Gew.-%) eines Reaktionsprod. aus einer ungesätt. Fettsäure mit 10—20 C-Atomen im Mol., wie Ölsäure, u. S beigemischt sind. Dieses Reaktionsprod. wird hergestellt, indem ein Gemisch aus einer ungesätt. Fettsäure u. S längere Zeit bei Tempp. zwischen 100 u. 450°F erhitzt wird. (**A. P. 2 605 193** vom 30/11. 1950, ausg. 29/7. 1952.) HANS HOFFMANN. 8237

Standard Française des Pétroles, Paris, Frankreich, *Lagerfähige, mit Bitumen überzogene Steinkleinmischung.* Um das Zusammenkleben von mit Bitumen überzogenen Steinkleinmischungen beim Lagern zu verhindern, werden diese mit einem in W. lösl. Salz von Petroleumsulfonsäuren überzogen, die zweckmäßig in 20%ig. wss. Lsg. angewendet werden. (**E. P. 688 453** vom 15/8. 1951, ausg. 4/3. 1953. F. Prior. 30/8. 1950.) HANS HOFFMANN. 8237

Kurt Elias Henri Jeanneton und **Jeanne Marguerite Lamey,** Frankreich, *Bituminöses Klebemittel,* dad. gek., daß man eine Emulsion von Bitumen u. W. mit einer wss. oder wasserhaltigen Lsg. von Polyvinylalkohol mit oder ohne Zusatz von Al-Pulver oder Holzmehl oder anderen Substanzen vermischt. — Man gibt z. B. 480 (g)

Bitumenemulsion (Bitumengeh. 78%) zu 480 Polyvinylalkohollsg. u. fügt 40 Al-Pulver hinzu. Das Prod. dient zum Verleimen poröser u. absorbierender Stoffe (z. B. Pappe, Papier, Cellulose) mit einer undurchlässigen Substanz (z. B. Eisenblech, Glas, Porzellan). (**F. P. 1 000 726** vom 15/11. 1949, ausg. 15/2. 1952.) OPPERMANN. 8241

XXIII. Tinte. Hektographenmassen und andere Spezialpräparate.

J. S. Städtler, Nürnberg, *Herstellung von gebrannten Graphit–Ton-Minen* unter Verwendung lichtabsorbierender Zusatzstoffe. Die gebrannten Minen werden in die fl. oder geschmolzenen UV-Licht absorbierenden Stoffe, wie die Butyl- oder Äthyläther des Oxychinolins, Abkömmlinge der Naphtholsulfonsäure, Triazole, Chininsulfat oder Phenanthren, oder deren Lsgg., z. B. in Bzl., Bz. oder A., getaucht bzw. mit einer Fettmasse behandelt, die diese Stoffe enthält. Die Minen sind bes. für lichtpausfähige Abstriche geeignet. (**D. R. P. 764 030** Kl. 22g vom 18/7. 1936, ausg. 25/1. 1954.) GRÄGER. 8421

National Cash Register Co., V. St. A. (Erfinder: **Barrett K. Green**), *Registrier- und Vervielfältigungspapier.* Das Papier (I) wird mit einer Grundschicht aus Gelatine, die z. B. mit einer Lsg. des Lactons des Kristallvioletts (**II**) in chloriertem Diphenyl (**III**) imprägniert ist, u. mit einer Deckschicht, die z. B. aus Attapulgit (**IV**) u. Stärke (**V**) besteht, überzogen. Werden **II** u. **IV** z. B. durch den Druck des Typenhebels einer Schreibmaschine in Rk. gebracht, so entsteht eine farbige Schrift auf weißem Grunde. Statt **II** kann man zahlreiche andere Substanzen, z. B. das Lacton des Malachitgrüns, statt **IV** z. B. Talk, Bentonit, Kaolin u. statt **V** z. B. Casein, Methylcellulose, verwenden. — Wenn das **I** nur teilweise mit der **IV**, **V**-Schicht versehen u. die **I**-Grundschicht oder das Farbband der Schreibmaschine mit einer Farbstofflsg. z. B. von **II** u. Sudan III in **III** getränkt ist, kann man auf **I** in zwei verschied. Farben, in diesem Falle rot u. purpur, schreiben. (**F. PP. 997 730** vom 20/10. 1949, ausg. 9/1. 1952 u. **999 064** vom 10/11. 1949, ausg. 28/1. 1952. A. Priorr. 21/10., 16/11. u. 18/11. 1948.) OPPERMANN. 8423

National Cash Register Co., Dayton, O., V. St.A., *Registrierungsmasse,* bestehend aus einem Unterlagsbogen, der ein festes Absorbens u. ein Absorbat enthält, die bei Berührung miteinander eine bestimmte Farbe geben. Hierbei wird das feste Absorbens in feinen Teilchen in einer Belagsschicht auf die eine Seite der Unterlage, z. B. in Stärke oder Ton dispergiert, bes. werden Tone verwendet, in denen die natürlichen Basenaustauscherkationen durch Ni-, Cu-, Fe-, Zn-, Hg-, Ba-, Pb-, Cd-, K oder H ersetzt sind. In gleicher Weise kann auch ein Na-Al-Silicat (Zeolith) verwendet werden. Die andere Seite des Unterlagsbogens soll nicht sensibilisiert sein. Diese Bögen dienen, bes. als unterste Bögen, wenn ein Stapel von mehreren Bögen verwendet wird, die auf beiden Seiten zur Farbbldg. sensibilisiert sind, z. B. nach N. P. 78 652; C. **1953.** 3668. (**N. P. 80 295** vom 7/7. 1949, ausg. 3/6. 1952. A. Prior. 31/7. 1948.) JÜRGEN SCHMIDT. 8423

Soc. Parisienne de Créations Artistiques, Seine, Frankreich, *Modellierpaste* aus einer Mischung von Kaolin, Paraffin, Mineralöl u. Seife oder Vaseline. (**F. P. 1 002 895** vom 21/12. 1949, ausg. 11/3. 1952.) PANKOW. 8499

XXIV. Photographie.

W. West, B. H. Carroll und **D. L. Whitcomb,** *Über die Einwirkung der Gelatine auf die Adsorption von Sensibilisierungsfarbstoffen an Kornoberflächen des Halogensilbers.* Frühere Unterss. (vgl. C. **1953.** 8766) fortsetzend, berichten Vff. über Arbeiten, die den Einfl. der *Gelatine* bei der Adsorption von Sensibilisierungsfarbstoffen am Halogensilber beleuchten sollen. Die Anwesenheit der Gelatine spielt bei der Einstellung des Adsorptionsgleichgewichtes eine besondere Rolle. Handelsübliches hochempfindliches Bromjodsilber (3 Mol.-% AgJ) mit einer spezif. Oberfläche von $13 \cdot 10^3$ cm² pro Gramm Halogensilber u. reines *AgBr* mit einer spezif. Oberfläche von $1 \cdot 10^3$ cm² (p_H 6,5, Bromionenkonz. $8{,}6 \cdot 10^{-4}$) werden in Gelatinelsgg. von 0,2 u. 7,0% suspendiert u. mit *1.1'-Diäthyl-2.2'-cyaninjodid, Erythrosin* u. einem *Pyrazolonmerocyanin* angefärbt. Nach der früher beschriebenen Meth. werden die Adsorptionsisothermen bestimmt, indem man die Konz. des freien Farbstoffes in Mikromol. pro Liter gegen die Menge des adsorbierten Farbstoffes in Mikromol. pro Gramm Halogensilber aufträgt. Während die Gelatinekonz. die Adsorption des Diäthyl-2.2'-cyanins nur schwach beeinflußt, ist der Effekt bei Erythrosin u. beim Merocyanin deutlich zu erkennen. Beide Farbstoffe werden bei Vorhandensein von geringen Mengen Gelatine am Korn wesentlich besser adsorbiert. Am Beispiel des *3.3'-Diäthyloxacarbocyaninjodids* wird gezeigt, daß die Adsorption diese Farbstofftyps reversibel ist, abhängig davon, ob die

Gelatinekonz. hoch oder niedrig ist. Ferner kann gezeigt werden, daß die Adsorptionswärme (errechnet aus dem Temperaturkoeff. der Adsorption) von der Gelatinekonz. abhängt. Als Beispiel hierfür wird das *1.1'.3.3'-Tetramethyl-2.2'-cyaninjodid* angeführt, das in einer 0,2%ig. Gelatinelsg. einen Wert von 12700 Calorien pro Mol. u. in einer 7,0%ig. Lsg. einen Wert von 7100 annimmt. Die Diskontinuität der Adsorptionsisothermen scheint auf einen Übergang zwischen zwei Adsorptionszuständen hinzuweisen. Mit Hilfe von Mikrokjeldahlstickstoffbestimmungen an angefärbtem u. unangefärbtem Halogensilber nach Abzentrifugieren der Gelatine wird gezeigt, daß Sensibilisierungsfarbstoffe die Gelatine vom Korn verdrängen können. (Photographic J., Sect. B **1.** 145—48. Sept./Okt. 1953. Eastman Kodak Comp., Res. Labor., Mitt. 1566.)
W. GÜNTHER. 8604

H. W. Wood, *Chemische Sensibilisierung von Emulsionen durch Digestion bei niedrigem p_{Ag}.* Angeregt durch ältere Verss. von CAROLL u. HUBARD (Bur. Standards J. Res. **8.** [1932.] 481) u. FROMHERZ (Z. physik. Chem., Abt. B **1.** [1928.] 324) entwickelt Vf. eine Meth. zur Reifung photograph. Halogensilberemulsionen durch Digestion mit einem geringen $AgNO_3$-Überschuß. Es gelingt durch Verwendung von inerten Gelatinen im Ansatz bei Ausschluß von S-Sensibilisatoren Emulsionen bei 49° bis zu zwei Std. so nachzureifen, daß sie in ihrer Empfindlichkeit über mit S-Verbb. nachgereiften Emulsionen liegen. Voraussetzung hierfür ist die Einhaltung eines p_H von 7,2 u. eines p_{Ag} von 3,0. Die beschriebene Meth. wird mit dem Begriff „Silber-Digestion“ bezeichnet. Sechs verschied. Emulsionen werden untersucht (Kornbilder u. Schwärzungskurven vgl. Original): 1. eine feinkörnige Chlorbromsilberemulsion mit dem Verhältnis Cl : Br = 2 : 2; 2. eine etwas gröbere Chlorbromsilberemulsion mit dem Verhältnis 0,5; 3. eine feinkörnige Bromjodsilberemulsion mit 2,6% AgJ; 4. eine Bromsilberemulsion mittlerer Körnigkeit; 5. eine Bromjodsilberemulsion mittlerer Körnigkeit mit 3,2% AgJ u. 6. eine feinkörnige Emulsion wie 3., die unter anderen Bedingungen gereift wurde. Die Meth. der Nachreifung bei niedrigem p_{Ag} ist allg. anwendbar. Auffällig ist die Bldg. eines erhöhten Schleiers beim Korninnenbild. Voraussetzung für das Gelingen der Silber-Digestion ist die Anwesenheit von Hydroxylionen u. von Gelatine bzw. der in ihr enthaltenen reduzierenden Substanzen. Aus der Beobachtung, daß Oxydationsmittel, z. B. 0,03%ig. Ferricyanid, die Empfindlichkeit von nach der Silber-Digestion-Meth. gereiften Emulsionen vollständig u. daß H^+-Ionen die Empfindlichkeit teilweise zerstören, wird auf eine Reduktionsreifung geschlossen. Es wird angenommen, daß bei der Silber-Digestion metall. Ag auf dem Korn gebildet wird. Für den Reaktionsmechanismus werden drei Möglichkeiten diskutiert: 1. auf der Kornoberfläche adsorbierte Ag^+-Ionen werden in Ggw. von gleichzeitig adsorbierten OH^--Ionen zu Ag-Atomen red., aus denen sich auf der Kristalloberfläche Anhäufungen bilden. 2. Die Konz. der Anionenleerstellen im Halogensilber wächst infolge des geringen p_{Ag}, so daß sie zu F-Zentren red. werden können. 3. Einwertige Sauerstoffionen werden ins Gitter eingebaut, während das zweite Valenzelektron an eine benachbarte Leerstelle wandert, um ein F-Zentrum zu bilden. Die Entstehung des hohen inneren Schleiers läßt sich erklären, wenn man eine Wanderung der Ag-Atome längs der Störlinien oder einen Diffusionsprozeß im Gitter unter Heranziehung der Anionenleerstellen annimmt. — 26 Literaturangaben. (Photographic J., Sect. B **1.** 163—72. Sept./Okt. 1953. Ilford Ltd., Res. Labor.)
W. GÜNTHER. 8604

A. Hautot und **H. Sauvenier,** *Über die Wirkungsweise der Desensibilisatoren.* 1. Mitt. *Sensitometrie der desensibilisierten Emulsionen. Das latente Oberflächenbild.* Vff. berichten in einer Folge von Arbeiten über ihre Verss. zu dem Problem der Desensibilisierung von photograph. Halogensilberemulsionen. Einleitend werden zunächst die theoret. Vorstellungen über den Desensibilisierungsvorgang behandelt (LÜPPO-CRAMER, EGGERT u. ARENS). Als Desensibilisatoren werden verwendet: *Pinakryptolgelb* (I) in einer Lsg. von $6 \cdot 10^{-4}$, *Phenosafranin* (II) in einer Lsg. von $2 \cdot 10^{-4}$ u. K_2CrO_4 in einer Lsg. von 12,5%. Folgende Emulsionen werden untersucht: eine unsensibilisierte Bromsilberversuchsemulsion (**a**), die gleiche Emulsion orthochromat. sensibilisiert (**b**), eine unsensibilisierte Bromjodsilberversuchsemulsion (**c**), die gleiche Emulsion orthochromat. sensibilisiert (**d**), eine handelsübliche Bromjodsilberemulsion (**e**), die gleiche Emulsion orthochromat. sensibilisiert (**f**), eine sehr hochempfindliche orthochromat. Emulsion des Handels (**g**) u. eine höchstempfindliche panchromat. Emulsion des Handels (**l**). — Drei Proben der gleichen Emulsion werden hinter einem Keil 0,1 Sek., 3 Sek. u. 16 Min. belichtet, um die Schwärzungskurven auch im Gebiet der Solarisation zu erfassen. Diese Proben dienen als Vergleichsteste. Dann werden ebenfalls drei Streifen der gleichen Emulsion desensibilisiert, gewaschen, getrocknet u. in der angegebenen Weise belichtet. Zur Entw. des

Oberflächenbildes dient *Glycin* ohne Sulfit. Zur Auswertung werden die Schwärzungskurven der desensibilisierten Emulsionen mit den der unbehandelten Streifen verglichen (Kurvenmaterial vgl. Original). — Es zeigt sich, daß die Gradationskurven durch die Desensibilisierung nicht einfach parallel verschoben werden, sondern daß sie sich in ihrer Form wesentlich ändern. Sie werden z. B. steiler u. zeigen eine höhere maximale Deckung. Es ergeben sich drei verschied. Typen der Kurvenänderung: Fall A, z. B. bei der Einw. von **I** auf **a** u. **c** oder von **II** auf **c**. Im Gegensatz zu den nicht desensibilisierten Emulsionen steigt durch die Desensibilisierung die maximale Dichte (D_{max}) der Schwärzungskurve, wenn eine gewisse Belichtung überschritten wird. Bei gleichen Belichtungszeiten nimmt das Gamma durch die Desensibilisierung zu. — Fall B, z. B. bei der Einw. von **I** auf **b**: bei diesen Verss. liegt für sämtliche Belichtungszeiten D_{max} bei den desensibilisierten Emulsionen höher als bei den nicht desensibilisierten. Das Gamma liegt ebenfalls höher als bei den Ausgangsemulsionen. — Fall C, z. B. bei der Einw. von **I** auf **e**: bei diesem Typ wird D_{max} durch den Desensibilisator erniedrigt u. nimmt mit der Belichtungsdauer ab. — Nach den Vorstellungen der Vff. ist die Zunahme der maximalen Deckung so zu erklären, daß gewisse Emulsionskeime, die normalerweise nicht oder nur wenig empfindlich sind, unter der Einw. von Desensibilisatoren eine genügende Empfindlichkeit erhalten, um entwickelbar zu werden. Erreicht die Belichtung eine gewisse Schwelle, so übt die Desensibilisierung einen Egalisierungseffekt auf die Reifkeime der verschied. Kornklassen aus, indem die empfindlichsten Körner vollständig, die weniger empfindlichen geringer u. die unempfindlichsten überhaupt nicht desensibilisiert werden. Die beträchtlichen Unterschiede im Verh. der einzelnen Emulsionen gegenüber Desensibilisatoren finden demnach in der Verschiedenheit ihres Korngefüges eine genügende Erklärung. (Bull. Soc. roy. Sci. Liège **21.** 79—94. März 1952. Lüttich, Univ., Labor. de Physique Génér.)
W. GÜNTHER. 8606

C. H. Winning und **H. E. Edgerton,** *Eine explosive Argonblitzlichtlampe.* Vff. beschreiben eine magnetopt. Anordnung zur photograph. Aufnahme von Explosionsvorgängen, mit deren Hilfe oscillograph. Messungen an Argonblitzlampen durchgeführt werden können. Die Blitzdauer bei einer Schichtdicke des Argons von 0,5 cm beträgt $^1/_{1000}$ Sekunde. (J. Soc. Motion Picture Television Engr. **59.** 178—83. Sept. 1952. E. I. du Pont de Nemours & Comp., Explosives Dept.; Gibbstown, N. Y., Eastern Labor.; Cambridge, Mass., Massachusetts Inst. of Technology.)
W. GÜNTHER. 8614

Shintaro Sugai und **Jiro Furuichi,** *Photographisch-chemische Entwicklung.* Vff. bestimmen an fünf Trockenplatten mit unterschiedlichem AgJ-Geh. die Aktivierungsenergie U in einem Metolentwickler. Sie stellen fest, daß U für eine reine AgBr-Emulsion geringer ist als die Aktivierungsenergie für die Ionenleitfähigkeit von AgBr in kristallin. Zustand. U wächst mit dem AgJ-Geh. der Emulsion. Für eine reine Bromsilberemulsion ist $U = 0{,}62 \pm 0{,}02$ e.v., für eine Jodbromsilberemulsion mit 40% AgJ ist $U = 0{,}91 \pm 0{,}02$ e.v. Abschließend wird diskutiert, inwieweit die Versuchsergebnisse mit der Theorie von GURNEY u. MOTT in Einklang zu bringen sind. (J. physic. Soc. Japan **8.** 681—82. Sept./Okt. 1953. Nagoya, Univ., Physikal. Inst. [Orig.: engl.])
W. GÜNTHER. 8618

Kodak Ltd. (Erfinder: **Charles Redman Fordyce** und **Bruce Edward Gramkee**), Rochester, N. Y., V. St. A., *Celluloseacetatlösungen* zur Herst. von selbsttragenden *photograph.* Filmen. Man verarbeitet Lsgg. von Celluloseacetat (Acetylgeh. 42,5 bis 44%) in einem Gemisch von ca. 65—90 (%) CH_2Cl_2, 25,5 CH_3OH u. 5—10 Cyclohexanol, das zusätzlich Weichmacher (Arylphosphate) enthält. Die Verfestigung des Films auf der 27, 21 u. 15,6° warmen Gießunterlage beträgt 3 Min., bei einer Stärke von 0,30—0,35 mm. (**E. P. 687 728** vom 8/5. 1950, ausg. 18/2. 1953. A. Prior. 24/5. 1949.)
SALZMANN. 8603

Kodak-Pathé, Frankreich (Erfinder: **Wesley G. Lawe** und **Jean E. Jones**), *Steigerung der Kontrast- und Allgemeinempfindlichkeit von Positivemulsionen.* Zu A. P. 2 521 926; C. **1951.** II. 174, ist nachzutragen: Man setzt den Emulsionen vor der Reifung geringe Mengen eines in W. lösl. Salzes des Bis-(β-aminoäthyl)-sulfids zu. Als Schwefelsensibilisator verwendet man Allylthioharnstoff. (**F. P. 1 004 983** vom 17/11. 1949, ausg. 4/4. 1952. A. Prior. 18/11. 1948.)
OPPERMANN. 8605

Kodak Akt.-Ges., Stuttgart (Erfinder: **Burt H. Carroll,** Rochester, N. Y., V. St. A.), *Supersensibilisatoren für 2'-Cyaninsensibilisatoren* (z. B. für Pseudocyanin- u. $\alpha.\alpha'$-Carbocyaninfarbstoffe) stellen α-Hemicarbocyanine u. α-Hemidicarbocyanine der allg. Formel $XRN\overset{Z}{=\!=}C{-}(L{=}L)_nNQY$ dar. Hierin bedeutet R eine Alkyl- oder Benzoylgruppe, X ein Säureradikal, L eine Methenylgruppe, Y ein H-Atom oder eine Alkylgruppe, Q eine Alkylgruppe, oder YQ bilden zusammen die nichtmetall. Atome eines

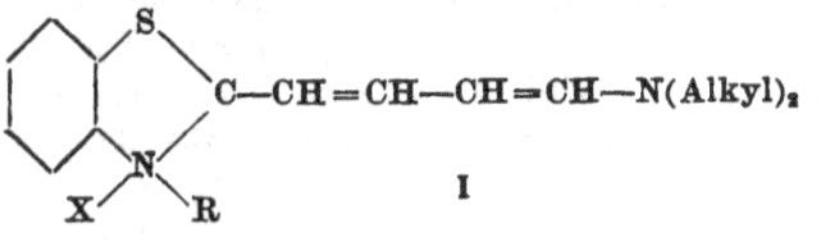

organ., bas. Ringes mit Ausnahme von Pyrrol, Z sind die nichtmetall. Atome eines Heterocyclus u. n ist ein Vielfaches von 1 oder 2. (Darst. nach A. P. 2 166 736); C. **1939. II. 4653**). — Beispiele sind die quartären Salze von: *2-(4-Dialkylamino-$\Delta^{1,3}$-butadienyl)-benzothiazol* (I), *2-(4-Dithothiazol, 2-[4-(1-Piperidyl)-$\Delta^{1,3}$-butadienyl-benzoxazol, -benzthiazol, -benzoselenazol,-naphthothiazol* u. *-naphthoxazol, 2-[β-(1-(Piperidyl)-vinyl]-benzthiazol, -benzselenazol* u. *-β-naphthothiazol, 2-[β-(4-Morpholyl)-vinyl]-benzthiazol, -benzselenazol* u. *-β-naphthothiazol.* *alkylamino-$\Delta^{1,3}$-butadienyl)-benzoselenazol, 2-(4-Dialkylamino-$\Delta^{1,3}$-butadienyl)-β-naph-* Die optimale Konz. der Supersensibilisatoren ist 5—20 mg auf 1 kg Emulsion, das Mengenverhältnis zum Grundsensibilisator 1 : 5—5 : 1. (**D. B. P. 901 126** Kl. 57b vom 17/11. 1939, ausg. 7/1. 1954. A. Prior. 17/11. 1939.) Kalix. 8605

Röhm & Haas G. m. b. H., Darmstadt (Erfinder: **Ernst Trommsdorff** und **Otto Grimm**, Darmstadt, **Wolfgang Eichler**, Leverkusen), *Gelatinehaltige Emulsionen.* Zur Erhöhung der Viscosität werden den gelatinearmen Lsgg. wasserlösl. Polymerisate oder Mischpolymerisate von Äthylenverbb. zugesetzt, die Methacrylverbb. enthalten, wobei die vorhandenen COOH-Gruppen zum Teil neutralisiert, in Ester, Amide oder Nitrile umgewandelt sein können. Geeignet sind z. B.: Na-Polymethacrylat, NH_4-Salz des Mischpolymerisats aus 70 (%) Methacrylsäure (I) + 30 I-Methylester, zu 80 neutralisiertes Mischpolymerisat aus 60 I + 40 I-Äthylester, NH_4-Salz eines Mischpolymerisats aus 65 Acrylsäure + 35 I-Nitril oder aus 70 I + 30 Styrol. (**D. B. P. 896 590** Kl. 57b vom 7/4. 1943, ausg. 12/11. 1953.) Kalix. 8611

General Aniline & Film Corp., New York, N. Y. (Erfinder: **Ralph A. Copeland**, Binghamton, N. Y.,) V. St. A., *Lichthofschutz- und Filterschichten.* Die Schichten enthalten Dispersionen von Oxindolfarbstoffen der allg. Formel I.

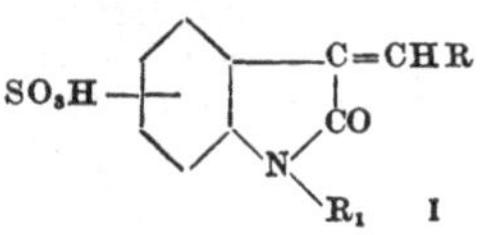

Hierin bedeutet R einen gegebenenfalls durch OH-, SO_3H-, niedrigmol. Alkyl-, Alkoxy-, Dialkylaminogruppen oder monocycl. Heteroreste substituierten Phenylrest, R_1 ein H-Atom, einen Alkylrest mit höchstens 22 C-Atomen, einen Aryl-, Alkoxyphenyl- oder Aralkylrest. Geeignet sind z. B. folgende Oxindole: *3-(3'.4'-Dimethoxybenzyliden)-6-sulfo-, 3-(4'-Dimethylaminobenzyliden)-6-sulfo-, 3-(4'-Carboxymethoxybenzyliden)-6-sulfo-, 3-(3'-Methoxy-4'-oxybenzyliden)-6-sulfo-, 3-(2'-Sulfobenzyliden)-6-sulfo-, 1-Methyl-3-(4'-oxybenzyliden)-5-sulfo 1-Äthyl-3-(4'-oxy-3'-sulfobenzyliden)-5-sulfo-* u. *1-Octadecyl-3-(3'-methoxy-4'-oxybenzyliden)-5-sulfooxindol.* (**D. B. P. 901 498** Kl. 57b vom 18/11. 1951, ausg. 11/1. 1954. A. Prior.18/11. 1950.) Kalix. 8613

Johannes Rzymkowski, Beuel bei Bonn, *Zusätze zu photographischen Bädern.* Den Lsgg. für Entwickler, Verstärker, Abschwächer, Tonungs- u. Desensibilisierungsbäder werden Komplexverbb. wechselwertiger Metalle mit Polycarbonsäuren zugesetzt, die Thioäthergruppen enthalten u. die allg. Formel Alk·$(RCOO)_y$·Me_z besitzen. Hierin ist Alk = Na, K oder NH_4, R eine Thioäthergruppe u. Me das Zentralatom des Komplexes, **x**, y u. z sind die Anzahl der vorhandenen Gruppen oder Atome. Geeignet sind z. B.: *Thiodiglykolsäure, Trithiodilactylsäure, Thiophendicarbonsäure-(2.5)* u. *(2.4), Tetrahydrothiophendicarbonsäure, Äthylen-bis-thioglykolsäure, α.α'-Dithiodiglykolsäure, α.α'-Dithiodibrenzweinsäure* u. *Carboxymethylmercaptobernsteinsäure*, bzw. ihre Komplexverbb. mit Fe, Ti, Cu, Co usw. Reduzierende Verbb. dieser Art werden der Entw. zugesetzt, oxydierende Verbb. den übrigen Bädern. (**D. B. P. 901 497** Kl. 57b vom 9/5. 1951, ausg. 11/1. 1954.) Kalix. 8619

Fernseh G. m. b. H. (Erfinder: **Horst Zschau**), Darmstadt, *Trocken-Schnellentwicklung lichtempfindlicher Schichten.* Auf einem Träger (Glas, Film oder Papier) befindet sich eine lichtempfindliche Schicht (I) u. darüber, gegebenenfalls durch eine Zwischenschicht von I getrennt, eine oder mehrere Schichten, die die Entwicklerkomponenten enthalten. Die Entw. erfolgt durch Einw. von Dampf von der Schichtseite aus. (**D. B. P. 902 937** Kl. 57b vom 14/8. 1940, ausg. 28/1. 1954.) Kalix. 8619

General Aniline & Film Corp., V. St. A. (Erfinder: **Robert H. Zappert**), *Regenerieren von erschöpften photographischen Bleichflüssigkeiten.* Man versetzt die erschöpfte, Alkaliferricyanid, Ferrocyanidionen u. Alkalibromid enthaltende Lsg. mit Na-Hypobromit oder einem Gemisch von 1 (Mol) $KBrO_3$ u. 6 HBr oder einem Gemisch von 1 (Mol) $KBrO_3$, 5 KBr u. 6—7 $NaHSO_4$ oder 6—7 Sulfaminsäure oder ca. 3,5 H_2SO_4 in Form einer wss. 20%ig. Lösung. — 4 Beispiele. (**F. P. 1 030 282** vom 29/12. 1950, ausg. 11/6. 1953. A. Prior. 30/12. 1949.) Oppermann. 8621

Agfa Akt.-Ges. für Photofabrikation, Leverkusen (Erfinder: **Wilhelm Schneider** und **Alfred Fröhlich,** Dessau), *Farbentwicklung.* Als Farbbildner werden Pyrazolone (**I**) verwendet, die in 3-Stellung ein aliphat. C-Atom tragen, das derart substituiert ist, daß höchstens ein freies H-Atom vorhanden ist. Geeignet sind z. B. folgende **I**: *1-Phenyl-3-α-methylheptadecyl-5-***I***-3'-sulfosäure, 1-Phenyl-3-di-n-octylmethylen-5-***I***, 1-Phenyl-3-α-äthylheptadecyl-***I***-3'-sulfosäure, 1-(3'-Abietinylamino)-3-α.α'-diäthylmethylen-***I***-4'-sulfosäure, 1-(3'-Octadecylamino)-phenyl-3-tert.-isobutyl-5-***I***-4'-carbonsäure.* (**D. B. P. 902 820** Kl. 57b vom 20/11. 1941, ausg. 28/1. 1954.) KALIX. 8631

Agfa Akt.-Ges. für Photofabrikation, Leverkusen, *Farbige Entwicklung.* Als Farbbildner werden solche Heterocyclen mit akt. Methylengruppen verwendet, deren Diffusionsechtheit gegen Gelatine durch Zusammenwirken von 2 durch Heteroatome verbundenen aromat. Ringen oder Ringsystemen mit anderen, diffusionserschwerenden Substituenten (**I**) entsteht, u. die gegebenenfalls wasserlösl. machende Gruppen enthalten. Geeignet sind z. B. Verbb. der allg. Formel **I**. Hierin ist R = **II**, Y ein Heteroatom, u. Z u. X sind beliebig substituierte aromat. Kerne, wie z. B. in **II**. (**D. B. P. 902 821** Kl. 57b vom 17/2. 1942, ausg. 28/1. 1954.) KALIX. 8631

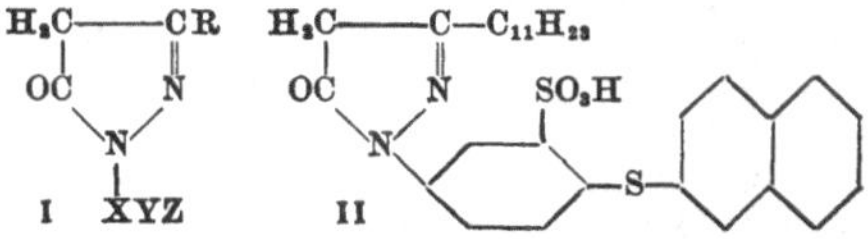

I II

Agfa Akt.-Ges. für Photofabrikation, Leverkusen, *Farbfilm-Entwicklung.* Als Farbkuppler für Rot werden ω-Cyanacetophenonderivv. der allg. Formel R—X—CO—CH_2—CN verwendet; hierin bedeutet R einen gegebenenfalls substituierten aromat. Rest u. X eine aliphat. Kette mit mindestens 2 C-Atomen, die Doppel- oder Dreifachbindungen enthält, u. aliphat. oder aromat. substituiert sein kann. — Beispiele: C_6H_5—CH=CH—CO—CH_2—CN, C_6H_5—CH = CH—CH=CH—CO—CH_2—CN, C_6H_5 — C≡C—CO—CH_2—CN, C_6H_5—C(CH_3)= CH—CO—CH_2—CN, C_6H_5—C(=CH_2)—CO — CH_2—CN. Die Verbb. sind auch für Azokupplungen geeignet. (**D. B. P. 902 939** Kl. 57b vom 1/4. 1943, ausg. 28/1. 1954.) KALIX. 8631

Agfa Akt.-Ges. für Photofabrikation, Leverkusen, *Farbstoffbildner aus Küpenfarbstoffen.* Die lichtempfindliche Schicht wird nach dem Entwickeln u. Fixieren mit einer Lsg. behandelt, die den Ester einer Leukobase (**I**) enthält u. außerdem eine Verb. (**II**), die zugleich das Bildsilber zu einer lösl. Verb. oxydiert u. den **I** zum entsprechenden Küpenfarbstoff, was nur an den silberfreien Stellen eintritt, so daß an die Stelle des Ag-Bildes ein umgekehrtes Farbstoffbild entsteht. Als **II** verwendet man die bekannten photograph. Ag-Bleichmittel, wie $FeCl_3$, HNO_2, K-Ferricyanid usw. mit einem Zusatz starker Mineralsäuren oder organ. Säuren. Bei Anwendung von $Na_2Cr_2O_7$ als Bleichmittel entsteht das Farbstoffbild an den Silberstellen. (**D. B. P. 902 940** Kl. 57b vom 18/2. 1942, ausg. 28/1. 1954.) KALIX. 8631

Agfa Akt.-Ges. für Photofabrikation, Leverkusen, *Farbkuppler.* Den Halogensilberemulsionen werden Reaktionsprodd. aus OH-Gruppen enthaltenden Polymerisaten oder Aldehyden mit aromat. Oxyaldehyden zugesetzt. Die OH-Gruppen können auch acyliert, bes. acetyliert sein, die verwendeten Aldehyde können selbst Farbbildner sein. Anstatt der Reaktionsprodd. mit Oxyaldehyden können auch solche mit prim. oder sek. Aminen oder leicht in solche überführbare NO_2-Verbb., ferner auch Acetale verwendet werden. (**D. B. P. 887735** Kl. 57b vom 10/5. 1939, ausg. 27/8. 1953.) KALIX. 8631

Hans von Fraunhofer, Finchley bei London, und **Richard Henry Bomback,** North Harrow, England, *Mehrfarbenbilder.* Zur Aufnahme wird ein Negativmaterial verwendet, das 3 übereinanderliegende Halogensilberemulsionsschichten enthält, von denen die oberste abziehbar ist, wobei die 3 Schichten für die 3 Grundfarben empfindlich sind. Das in der obersten Schicht entwickelte Bild wird dann kopiert, solange diese noch mit den beiden anderen Schichten vereinigt ist, erst dann wird sie abgezogen. (**D. B. P. 851 721** vom 10/2. 1951, ausg. 6/10. 1952. E. Prior. 9/2. 1950. **E. P. 684 248** vom 9/2. 1950, ausg. 17/12. 1952.) KALIX. 8631

Cinetechnik Akt.-Ges., Zürich, Schweiz (Erfinder: **Pierre Cuvier**), *Zweifarbenfilm.* Zunächst werden 2 Teilfarbennegative hergestellt, mit Blaugrün- u. mit Gelbfilter, u. von diesen Teilfarbenpositive. Diese werden ausgebleicht u. mit Beizenfarbstoffen angefärbt, das 1. mit einem Gemisch von Rot u. Gelb, das 2. mit Blaugrün. Rot u. Gelb werden dabei so gewählt, daß sie gegen Hydrosulfit eine stark unterschiedliche Beständigkeit zeigen, so daß eine selektive Ausbleichung möglich ist. Man verwendet z. B. ein Gemisch aus Rosanilin u. Auramin u. bleicht so lange, bis an den entsprechenden Bildstellen reines Gelb entstanden ist. (**Schwz. P. 288 181** vom 6/7. 1949, ausg. 1/5. 1953.) KALIX. 8631

I. G. Farbenindustrie Akt.-Ges., Frankfurt/M. (Erfinder: **Erwin Trabert** und **Erich Reckziegel,** Leverkusen), *Fixierbäder für mehrfarbig entwickelte Bilder.* Zur

Herbeiführung einer für die Verhinderung der Bldg. von Ag_2S nötigen Acidität ohne Verwendung von Na_2SO_3 werden Härtefixier- u. Fixierbädern, die in Ggw. von Azomethin- oder Oxazinfarbstoffen angewandt werden, aliphat. oder aromat. Sulfinsäuren zugesetzt, deren p_H-Wert durch Puffersubstanzen auf 3,5—7 eingestellt worden ist. — Beispiel: 200 (g) $Na_2S_2O_3$, 9 KH_2PO_4, 1 Na_2HPO_4, 1 toluolsulfinsaures Na in 1 Liter Wasser. (**D. R. P. 762 524** Kl. 57b vom 28/11. 1942, ausg. 26/5. 1953.) KALIX. 8631

Karl Schenk und **Friedrich Wolf** (Erfinder: **Karl Schenk**), München, *Herstellung von Lichtrichtfiltern.* Auf einen beiderseitig mit lichtempfindlichen Emulsionen u. Lichthof-Schutzschichten versehenen Träger werden Strichraster kopiert, die in Deckung zueinander liegen oder gegeneinander versetzt sein können. Die Kopien werden in der üblichen Weise entwickelt u. fixiert u. gegebenenfalls abgezogen u. auf eine andere Unterlage übertragen. (**D. B. P. 901 374** Kl. 57b vom 7/5. 1942, ausg. 11/1. 1954.) KALIX. 8633

British Tricolour Processes Ltd., London, *Herstellung eines Tonstreifens* auf einem Kinofarbfilm, der bis auf diesen fertig vorliegt. Man versieht den für den Tonstreifen vorgesehenen Teil des Films mit einer Halogensilberemulsion (Koll.: Ag. nicht mehr als 1,5 : 1), kopiert die Tonaufzeichnung u. nimmt ihre Entw. u. Stabilisierung mit Bädern vor, deren p_H mindestens 4,5 beträgt. (**Schwz. P. 269 527** vom 25/7. 1947, ausg. 16/10. 1950. E. Priorr. 25/7. 1946 u. 14/7. 1947.) OPPERMANN. 8641

Imperial Chemical Industries Ltd., England (Erfinder: **Karl Otto Ganguin** und **Norman Hulton Haddock**), *Herstellung von negativen Duplikaten, bes. von kinematographischen Farbaufnahmen,* wobei die Farben nicht alle ident. u. nicht immer komplementär zu denen des Originals sind. Die Duplikate bestehen aus einem transparenten Film mit drei getrennten Schichten für ein Cyan-, ein Magenta- u. ein Gelbbild, wobei die Magentabildschicht ein gelbes Azomarkierungsbild u./oder die Cyanbildschicht ein gelbes, rotes oder Magenta-Azomaskierungsbild enthält. Man kann die Maskierungsbilder nach einem der üblichen Verff. herstellen oder bei gelben Maskierungsbildern, falls die chromogene Verb. in ihrer Mol.-Struktur die Gruppe —CO—CH_2—CO— in einer offenen Atomkette enthält, die Mehrfarbenschicht einem Umkehrverf. unterwerfen, dann mit einem Gelatinehärtungsmittel u. hierauf mit einer Diazoverb. behandeln. (**F. P. 1 019 193** vom 23/2. 1950, ausg. 19/1. 1953. E. Prior. 23/2. 1949.) OPPERMANN. 8641

Jones Graphic Products Co., Albuquerque, New Mex. (Erfinder: **Clarence A. Brown**, Toledo, O.), V. St. A., *Lichtempfindliche Schicht zur Herstellung von Flachdruckplatten.* Es wird eine lichtempfindliche Schicht verwendet, die bei Bestrahlung gehärtete, oleophile Flächenelemente u. auswaschbare Flächenteile bildet. Sie erhält eine Unterschicht, die aus einer wss. Lsg. hergestellt wurde, die 7—20% Harnstoff-CH_2O-Harz, 19—36% hochpolymerisierten Polyvinylalkohol u. 56—82% eines Gemisches aus $Ca_3(PO_4)_2$ u. Kaolin 1 : 3 enthält. Nach Erhärtung dieser Schicht wird eine Lsg. der lichtempfindlichen Schicht aufgegossen, die etwas in die Unterschicht eindringt, so daß auch beim Kopieren von Strichnegativen auf der lichtempfindlichen Schicht Halbtonbilder entstehen. (**A. P. 2550326** vom 12/1. 1949, ausg. 24/4. 1951.) KALIX. 8645

Bernhard Ostersetzer und **Wilhelm Mauss**, Deutschland (Erfinder: **Wilhelm Mauss** und **Max Kuhl**), *Herstellung von Kopien, insbesondere Druckformen, mittels Diazoverbindungen.* Man verwendet Diazonaphtholsulfonamide oder -carboxylamide von der allg. Formel R—SO_2—N(X)(Y) u. R—CO—N(X)(Y), worin R einen 2-Diazonaphthol-(1)- oder 1-Diazonaphthol-(2)-Rest bedeutet u. X, Y z. B. H oder Alkyl-, Aryl- oder Aralkylgruppen sind. Man kann auch aliphat. oder aromat. Ester der Sulfon- oder Carbonsäuren obiger Diazonaphthole verwenden. Ferner können die photosensiblen Schichten 10—30% in Alkali lösl. Naturharze (Kolophonium, Schellack), Kunstharze oder Fettsäuren, z. B. Stearinsäure, enthalten, oder man beschichtet den aus Zn, oberflächlich oxydiertem Al, Glas oder Stein bestehenden Träger zuerst mit einer Harz- oder Fettsäureschicht u. dann mit der photosensiblen Schicht. (**F. P. 1 031 581** vom 21/7. 1950, ausg. 24/6. 1953. D. Priorr. 23/7., 13/9. 1949 u. 9/6. 1950.) OPPERMANN. 8645

Kalle & Co. Akt.-Ges. (Erfinder: **Gottlieb von Poser** und **Maximilian Paul Schmidt**), Wiesbaden, *Diazotypie-Reflexkopien.* Ohne Filter u. Raster erhält man kontrastreiche Reflexkopien durch Verwendung farbloser Diazoverbb. der Benzolreihe, zusammen mit solchen Azokomponenten, die zu gelben Farbstoffen führen, welche im Bereich von 3500—3900 AE stark absorbieren. Bes. geeignet sind Diazophenoläther, die sich von Anisidinen, Phenetidinen u. entsprechenden Alkoxyresorcinverbb. ableiten, ferner die Diazoverbb. von Sulfanilsäure u. 6-Amino-2-methylpseudoazimidobenzol. Als Azokomponenten sind alle wasserlösl. Verbb., bes. Phenole, geeignet, die zu gelben Farbstoffen führen. (**D. B. P. 894 198** Kl. 57b vom 19/6. 1938, ausg. 22/10. 1953.) KALIX. 8647

Patentrückzitate.

Nachfolgend stehen diejenigen Patente, die nicht im Textteil referiert sind, da ihr Inhalt bereits in einem Patent eines anderen Landes wiedergegeben wurde.

Die 1. Spalte enthält die Patentnummer.
Die 2. Spalte enthält das Land, in welchem das identische Patent herausgegeben ist.
Die 3. Spalte gibt die Nummer des identischen Patentes an.
Die 4. Spalte enthält die Zentralblattstelle, an der das identische Patent referiert ist und die 5. Spalte gibt, soweit es die römischen Ziffern betrifft, die Untergruppen der Abteilung H. Angewandte Chemie bzw. F. Pharmazie oder G. Analyse an, z. B. heißt X, daß es sich um ein Patent handelt, das die Färberei betrifft. Bezüglich der römischen Kapitelnummern vgl. die Kapitelübersicht im Autoren- und Patentregister 1953.

Wichtig für den Benutzer!

Die in der Zusammenstellung der Patentrückzitate 1953, Seite 9705—9726 veröffentlichten Patente werden wie die nachfolgenden Patentrückzitate im Register der Patentnummern 1954 erfaßt.

Deutsche Patente [München] (D.B.P.).

802571	Oest.	166927	C. 51. I. 624	F
833518	Eng.	669775	C. 52. 7550	III
843548	Frz.	912837	C. 46. I. 1777	IX
847746	Oest.	165045	C. 50. II. 1721	F
894	Schwz.	279107	C. 53. 1690	F
851720	Frz.	961137	C. 50. II. 2515	XXIV
863113	Amer.	2539737	C. 52. 4537	X
864016	Oest.	164558	C. 50. II. 2113	VII
117	Schwz.	272390	C. 52. 4670	III
865499	Frz.	955917	C. 50. II. 1057	X
867724	Frz.	894410	C. 46. I. 1320	X
871014	Schwz.	279019	C. 52. 5643	VIII
800	Amer.	2534112	C. 52. 4688	IX
873731	Amer.	2538018	C. 52. 2720	F
874186	Amer.	2410079	C. 47. 700	XXII
875202	Oest.	170631	C. 52. 7381	F
359	Oest.	165327	C. 50. II. 1378	F
411	Frz.	867109	C. 42. I. 2828	XI
992	Frz.	909412	C. 46. I. 1589	F
876543	Eng.	653691	C. 52. 923	VIII
732	Schwz.	201007	C. 39. I. 5146	XXII
877450	Eng.	658240	C. 52. 6128	IX
879135	Eng.	580642	C. 46. I. 1103	X
880144	Frz.	975079	C. 52. 8036	VII
286	Amer.	2573080	C. 53. 2326	F
296	Can.	465401	C. 50. II. 2488	IX
881190	Norw.	77701	C. 52. 4205	V
259	Oest.	165536	C. 50. II. 1752	XIb
501	Oest.	166331	C. 50. II. 2003	IX
512	Amer.	2502151	C. 51. I. 91	F
652	Eng.	672370	C. 53. 1056	F
713	Frz.	812734	C. 37. II. 4068	F
882693	Frz.	953838	C. 50. II. 208	I
883150	Amer.	2595196	C. 53. 1691	F
336	D. [DDR]	57	C. 52. 4391	XVIIIa
629	Frz.	957992	C. 50. II. 2754	XVIIIb
884455	Finn.	24238	C. 51. I. 1246	XVIIIa
602	Amer.	2385762	C. 46. I. 1354	XXIV
679	Oest.	169351	C. 52. 7591	XVII
733	Can.	464655	C. 51. I. 1260	XXIV
795	Frz.	956240	C. 50. II. 701	IX
857	Schwz.	225069	C. 44. II. 778	F
885398	Frz.	956189	C. 51. I. 548	XIX
541	Amer.	2557051	C. 53. 2358	IX
701	Eng.	535062	C. 42. II. 2315	IX
994	Amer.	2537830	C. 52. 1903	VIII
886300	Amer.	2575927	C. 52. 6114	V
302	It.	348211	C. 38. I. 1517	XIX
409	Frz.	988219	C. 52. 7757	XVIIIa
900	Amer.	2542937	C. 52. 6577	F
948	Amer.	2566793	C. 53. 954	XIX
887495	Frz.	951294	C. 50. II. 1874	IX
733	Frz.	879995	C. 43. II. 2131	XXIV
887857	Frz.	906056	C. 46. I. 1496	XVII
940	Norw.	77619	C. 52. 442	VIII
888093	Frz.	824914	C. 39. I. 306	XIX
696	Amer.	2535190	C. 52. 6469	XIX
767	Amer.	2512606	C. 51. I. 1251	XVIIIb
995	Oest.	169566	C. 52. 2234	I
889154	Amer.	2568597	C. 53. 1215	F
155	Amer.	2512572	C. 51. I. 1498	F
197	Frz.	905327	C. 46. I. 554	X
198	Frz.	908338	C. 46. I. 1630	X
498	Frz.	956209	C. 50. II. 1057	X
890043	Schwz.	273949	C. 52. 2751	IX
044	Amer.	2472493	C. 49. E. 477	XI
105	Frz.	897367	C. 46. I. 674	X
186	Amer.	2393666	C. 46. I. 141	XIX
345	Amer.	2594271	C. 53. 1530	F
346	Can.	464671	C. 51. I. 1378	IX
505	Amer.	2510853	C. 51. I. 653	IX
891259	Amer.	2557920	C. 52. 7091	IX
262	Schwd.	124817	C. 50. I. 2414	IX
357	Amer.	2542060	C. 52. 3104	XVIIIa
448	Schwd.	127222	C. 51. I. 808	XVIIIb
743	Amer.	2515686	C. 51. I. 1670	XIb
892224	Amer.	2538152	C. 52. 136	X
586	Frz.	894535	C. 46. I. 387	VII
893584	Amer.	2497454	C. 51. I. 949	XVIIIb
894103	Frz.	951678	C. 50. II. 2143	XIX
249	Norw.	76300	C. 51. I. 3562	VIII
392	Frz.	981473	C. 53. 4604	IX
	Amer.	2499488	C. 51. I. 1664	IX
599	Frz.	811071	C. 39. II. 4128	XVII
770	Amer.	2552551	C. 52. 4697	XIb
841	Amer.	2564365	C. 52. 4044	V
895812	Frz.	889238	C. 44. II. 586	X
815	Frz.	880343	C. 43. II. 1158	XVII
959	Amer.	2571319	C. 53. 311	XVIIIb
979	Amer.	2579138	C. 53. 2204	XIb
896196	Amer.	2559617	C. 52. 3408	IX
355	Oest.	165529	C. 50. II. 2610	VIII
492	Oest.	168063	C. 51. II. 865	F
852	Amer.	2558728	C. 52. 5340	XIb
897155	Eng.	664841	C. 53. 1546	VI
156	Amer.	2556721	C. 52. 4697	XIb
159	Frz.	832424	C. 39. I. 2477	VI
423	Oest.	167094	C. 51. II. 1057	VIII
700	Frz.	832967	C. 39. II. 297	XIX
898	Amer.	2596820	C. 53. 2360	X
899	Amer.	2430771	C. 48. II. 662	X
898066	Can.	464867	C. 51. I. 148	XIX
308	Amer.	2576082	C. 52. 5964	VII
		2576081	C. 52. 5805	VII
316	Frz.	968546	C. 51. II. 133	VIII
708	Amer.	2537114	C. 52. 464	XVIIIa

898845	Schwz.	273713	C. 52. 1114	XXIV	901536	Frz.	977454	C. 52. 3391	V
913	Schwz.	277680	C. 53. 307	XVIIIa	752	Frz.	977775	C. 52. I. 3394	VI
962	Frz.	952828	C. 50. II. 600	XVIIIb	902369	Frz.	813766	C. 38. I. 237	XIX
899258	Amer.	2560053	C. 53. 779	XIb	490	Amer.	2541186	C. 52. 1599	XIX
614	Frz.	962659	C. 50. II. 2392	XX	904230	Frz.	949985	C. 50. II. 1747	X
659	Frz.	966046	C. 51. I. 1659	VIII	346	Amer.	2561010	C. 52. 4858	XVI
796	Eng.	579363	C. 48. II. 538	IX	408	Norw.	76648	C. 51. II. 602	IX
900389	Can.	463906	C. 50. II. 1750	XIb	824	Finn.	24228	C. 51. I. 1085	XIb
390	Frz.	54650	C. 50. II. 2379	XIb	905066	Norw.	78873	C. 52. 7584	XII
599	Frz.	959883	C. 51. I. 408	XVII	189	Schwz.	262269	C. 50. II. 227	IX
901172	Frz.	894746	C. 46. I. 2144	IX	850	Frz.	857622	C. 41. I. 3147	IX
173	Amer.	2394003	C. 46. E. 2278	F	906376	Can.	474643	C. 52. 300	XIb
223	Amer.	2216658	C. 36. I. 875	IX	483	Eng.	472757	C. 38. I. 1462	X
289	Amer.	2591736	C. 53. 1084	IX	484	Eng.	472757	C. 38. I. 1462	X
416	Frz.	967704	C. 51. I. 1959	XVIIIb	908615	Oest.	171711	C. 53. 740	F

Deutsche Reichs-Patente (D.R.P.).

752283	Frz.	896360	C. 46. I. 399	IX	757948	Frz.	875872	C. 43. I. 1004	X
376	Frz.	899868	C. 46. I. 394	VIII	763688	Frz.	841030	C. 40. I. 967	XIV
757288	Frz.	879117	C. 43. II. 1157	XVII	765842	Frz.	956192	C. 51. I. 954	XIX

Amerikanische Patente.

2316809	Frz.	860132	C. 41. II. 2142	X	2606185	Oest.	165310	C. 51. I. 525	X
860	Can.	462727	C. 50. II. 1510	IX	858	Frz.	968095	C. 51. I. 1219	VII
2320661	DRP.	676918	C. 39. II. 1548	V	888	Frz.	962067	C. 51. I. 264	XIb
847	Eng.	486992	C. 39. I. 1603	F	889	Oest.	172060	C. 53. 2532	XIb
2503873	Eng.	654730	C. 52. 5179	XIb	910	Frz.	926593	C. 47. E. 601	VII
2544670	DBP.	827147	C. 52. 4528	VIII	930	DBP.	818350	C. 52. 417	F
2555973	Eng.	653356	C. 52. 6442	X	2609407	Schwz.	274602	C. 52. 2732	III
2556315	Schwz.	277982	C. 52. 6437	IX	2610384	Eng.	656013	C. 52. 4834	VI
325	DBP.	817921	C. 52. 3570	IX	2612444	DBP.	846553	C. 53. 922	VIII
2559331	Oest.	165298	C. 50. II. 1178	X	484	Eng.	673443	C. 53. 2684	XIb
2562813	Frz.	975444	C. 53. 2514	VIII	2614094	Frz.	954199	C. 50. II. 713	XII
2568208	Frz.	961137	C. 50. II. 2515	XXIV	2615860	DBP.	847491	C. 53. 1728	XIb
2570052	Oest.	163181	C. 50. II. 1178	X	2616803	DBP.	832594	C. 52. 5011	X
085	Frz.	962914	C. 51. I. 788	X	2617829	Frz.	957416	C. 50. II. 1744	IX
2572394	Schwz.	270833	C. 51. I. 1968	X	2618018	Eng.	658777	C. 52. 5496	XIb
		274135			020	Can.	464499	C. 50. II. 2496	XIb
		bis 138	C. 52. 1408	X	554	Eng.	655016	C. 52. 320	XXIV
2574782	Schwz.	272833	C. 52. 7098	X	573	Norw.	77692	C. 52. 2612	XXIII
2575733	Schwz.	268295	C. 51. I. 2487	III	2619419	DBP.	812874	C. 52. 1115	XXIV
2576768	Oest.	165077	C. 51. I. 395	X	2620268	Frz.	978685	C. 53. 601	VIII
2578757	DBP.	814149	C. 52. 262	F	271	Can.	462696	C. 50. II. 1301	XVIIIa
2581402	Can.	479128	C. 53. 1093	XII	598	Frz.	965214	C. 51. I. 1513	VI
741	Frz.	970080	C. 51. I. 2518	XIV	2621124	Can.	468386	C. 51. I. 1246	XVIIIa
2592034	DBP.	838062	C. 52. 6449	XIb	126	Finn.	25298	C. 52. 5020	XVI
2595581	DBP.	816759	C. 52. 1251	XIb	151	Schwd.	126373	C. 50. II. 2993	XIX
2598796	Schwd.	127036	C. 52. 131	VIII	166	DBP.	838652	C. 53. 459	XII
2599147	Oest.	166452	C. 51. I. 526	X	211	DBP.	859155	C. 53. 2647	F
364	DBP.	803235	C. 51. II. 2775	F	2622075	Frz.	956501	C. 50. II. 467	X
365	DBP.	803235	C. 51. II. 2775	F	076	DBP.	818425	C. 52. 3743	XIb
2600080	Frz.	956523	C. 50. II. 703	IX	962	DBP.	839855	C. 53. 1423	XVIIIb
695	DBP.	821554	C. 52. 4066	XIb	994	Frz.	973902	C. 52. 6461	XVIIIb
2601251	Frz.	996447	C. 52. 4541	XIb	995	Frz.	973902	C. 52. 6461	XVIIIb
287	DBP.	833961	C. 52. 7540	F	2623047	DBP.	844780	C. 53. 2526	X
2602031	DBP.	838061	C. 52. 6943	XIb	859	DBP.	828575	C. 52. 5797	III
080	Engl.	656755	C. 52. 6766	X	865	DBP.	813205	C. 52. 4854	XIb
081	DBP.	812809	C. 52. 3250	X	872	DBP.	807211	C. 52. 296	X
788	Frz.	959426	C. 51. I. 526	X	882	DBP.	820306	C. 52. 3245	IX
2603560	Frz.	971025	C. 52. 1231	VII	891	Eng.	653501	C. 52. 1251	XIb
622	DBP.	802893	C. 51. II. 3099	XIb	896	DBP.	811952	C. 52. 2425	IX
628	DBP.	837928	C. 52. 7103	XIb	2624674	Frz.	959922	C. 51. I. 2387	XXIV
631	DBP.	832181	C. 52. 5653	X	702	DBP.	840002	C. 52. 6601	VIII
2604454	Schwz.	261950	C. 50. I. 637	XVII	710	Dän.	72127	C. 52. 4394	XVIIIb
2605812	Can.	476273	C. 53. 2064	XXIV	745	DBP.	814297	C. 52. 3725	VII
2606117	DBP.	838689	C. 53. 960	XXIV	2625523	Schwz.	280479	C. 53. 1587	XIX
184	Oest.	166451	C. 51. I. 526	X	537	Can.	479129	C. 53. 1257	XII

2626228	DBP.	835499	C. 52.	6577	F
266	DBP.	830644	C. 52.	6438	IX
866	DBP.	849955	C. 53.	1592	XXIV
931	Oest.	169914	C. 52.	4542	XIb
933	DBP.	821423	C. 52.	4856	XII
2628155	Eng.	662654	C. 52.	7116	XVIIIa
242	DBP.	845514	C. 53.	1401	IX
976	DBP.	831240	C. 52.	6928	IX
979	DBP.	824943	C. 52.	5006	IX
2629718	DBP.	831432	C. 52.	7262	X
2631920	Oest.	169071	C. 52.	1246	X
943	Frz.	970371	C. 52.	1928	XVIIIa
2632012	DBP.	837533	C. 52.	6576	F
025	Oest.	169807	C. 52.	5140	F
686	Schwz.	279590	C. 52.	7919	XVIIIb
711	DBP.	820266	C. 52.	3071	VI
717	Frz.	960594	C. 50. II.	1894	XVIIIb
740	DBP.	844886	C. 53.	1423	XVIIIb
765	Frz.	962155	C. 51. I.	548	XIX
921	DBP.	844348	C. 53.	933	XIa
2633445	DBP.	831582	C. 52.	4818	F
2634280	DBP.	845501	C. 52.	8030	V
2635085	DBP.	820755	C. 52.	6267	III
104	DBP.	836982	C. 52.	5186	XVII
2636024	DBP.	842406	C. 53.	1253	XIb
052	DBP.	847592	C. 53.	783	XIII
860	Schwz.	270970	C. 51. II.	284	III
2638462	Schwd.	124960	C. 50. II.	686	III
2639966	Eng.	664157	C. 52.	6789	XVIIIb
986	Norw.	76558	C. 51. II.	619	XVIIIa
2641589	Frz.	979605	C. 52.	2433	XIb
2642335	Eng.	667101	C. 53.	1227	V
411	Frz.	979605	C. 52.	2433	XIb
2643939	Eng.	655591	C. 53.	475	XIX
948	DBP.	825094	C. 52.	4521	VII
2644001	DBP.	812332	C. 52.	4852	XIa
815	Finn.	25082	C. 52.	414	F
2645589	DBP.	804907	C. 51. II.	2125	XIV
653	DBP.	832889	C. 52.	5460	F
2647112	DBP.	858436	C. 53.	2525	X
131	Schwd.	134199	C. 53.	2806	F
136	DBP.	824048	C. 52.	3901	IX
138	Eng.	665218	C. 53.	1383	I
157	Eng.	664775	C. 52.	7550	III
867	DBP.	842792	C. 52.	7893	IX
873	DBP.	832031	C. 52.	5195	XIX
911	DBP.	840158	C. 52.	7580	XIb
2649386	Eng.	664049	C. 52.	6785	XVIIIa
624	Eng.	675001	C. 53.	1901	XVII
2650186	DBP.	816928	C. 52.	1396	VII
483	DBP.	810398	C. 52.	425	I
910	DBP.	833707	C. 52.	6450	XIb
2651669	Eng.	660989	C. 52.	6912	III
2652406	DBP.	820300	C. 52.	6300	XIII
433	Eng.	670764	C. 53.	2491	F
2653157	Schwz.	278408	C. 52.	6901	F
		281041			
		u. 042	C. 53.	1213	F
921	Oest.	171430	C. 52.	7580	XIb
944	DBP.	844009	C. 53.	1245	IX
2654668	DBP.	841761	C. 53.	2827	VII
2655431	Eng.	672320	C. 53.	2821	V
497	Frz.	956832	C. 50. II.	2100	F
2656266	DBP.	812434	C. 52.	1230	VII
298	Eng.	665073	C. 53.	2808	F
383	DBP.	823445	C. 52.	4845	IX
2657151	DBP.	819086	C. 52.	1761	XVIIIb
190	Frz.	995249	C. 52.	7270	XII
221	DBP.	825865	C. 53.	610	X
234	DBP.	832891	C. 52.	6762	IX
235	Oest.	171711	C. 53.	740	F
979	Schwz.	272248	C. 52.	1065	V
2658020	DBP.	820787	C. 52.	2389	F
896	DBP.	839499	C. 52.	7702	F

Belgische Patente.

493822	Norw.	79091	C. 53.	626	XVII
967	DBP.	820836	C. 52.	5185	XVI
494201	DBP.	807918	C. 52.	145	XIV
704	Frz.	959841	C. 50. II.	1890	XVII
874	Norw.	79091	C. 53.	626	XVII
920	Eng.	661472	C. 52.	7754	XVI
495431	DBP.	837908	C. 52.	8078	XXII
797	DBP.	820788	C. 52.	6099	F
496486	DBP.	858293	C. 53.	1855	F
662	DBP.	836982	C. 52.	5186	XVII
497350	Amer.	2563794	C. 53.	2649	F
498398	DBP.	832385	C. 52.	4390	XVII
499518	DBP.	825544	C. 52.	5169	IX
500504	DBP.	849737	C. 53.	944	XVII
662	DBP.	855406	C. 53.	1903	XVIIIa
501025	DBP.	835928	C. 52.	5460	F
502551	DBP.	814770	C. 52.	732	
		830826	C. 52.	4026	F
504657	DBP.	834079	C. 52.	5670	XVIIIa
833	DBP.	837834	C. 52.	5663	XIV
505206	DBP.	836788	C. 52.	6621	XVI
809	DBP.	846510	C. 53.	151	XVIIIa
924	DBP.	820676	C. 52.	3921	XVIIIa

Canadische Patente.

473406	Amer.	2511072	C. 51. I.	508	V
409	Schwz.	272813	C. 52.	2084	X
410	Frz.	953801	C. 50. II.	584	X
411	Frz.	953801	C. 50. II.	584	X
421	DBP.	837388	C. 52.	5470	I
468	Belg.	446289	C. 43. II	759	III
482	Amer.	2501337	C. 52.	4080	XVIIIb
557	Frz.	863554	C. 42. I	697	XVIII
577	Amer.	2489033	C. 50. II.	95	VI
623	Amer.	2442969	C. 48. II.	1362	XVI
474543	Amer.	2410397	C. 47.	1241	IX
544	Amer.	2410397	C. 47.	1241	IX
545	Amer.	2406578	C. 47.	384	IX
633	Amer.	2459955	C. 49. E.	347	XXII
474635	Amer.	2404452	C. 47.	428	XIX
637	Amer.	2502151	C. 51. I.	91	F
475498	Frz.	946098	C. 49. E.	310	IX
624	Amer.	2405151	C. 47.	270	X
625	Amer.	2409127	C. 47.	525	X
630	Amer.	2441512	C. 48. II.	1130	X
650	Amer.	2391011	C. 51. I.	2086	X
653	Frz.	804229	C. 37. I.	3675	F
671	Frz.	952618	C. 49. E.	620	IX
672	Amer.	2479815	C. 49. E.	123	VII
476041	Amer.	2478366	C. 50. II.	370	XXIV
044	Amer.	2541400	C. 52.	3763	XXIV
412	Frz.	970313	C. 52.	3898	VIII
477450	Schwd.	131862	C. 53.	2064	XXIV

478886	Amer.	2516303	C. 51. II. 1067	X
888	Amer.	2516302	C. 51. II. 1067	X
479310	Amer.	2548693	C. 52. 6315	XX
445	Amer.	2457556	C. 49. II. 824	XIX
461	Amer.	2540804	C. 52. 1913	XIa
494	Amer.	2550914	C. 52. 2390	F
480022	Frz.	971204	C. 52. 1905	VIII
147	Amer.	2531137	C. 51. II. 1647	V
167	Amer.	2553449	C. 52. 6126	VIII
206	Amer.	2469694	C. 50. I. 1894	IV
228	Amer.	2527230	C. 51. II. 2932	I
245	Amer.	2527393	C. 51. II. 2394	XII
249	Amer.	2558634	C. 52. 7280	XVIIIa
250	Amer.	2559874	C. 53. 2832	VIII
266	Eng.	653360	C. 51. II. 3634	F
319	Amer.	2551481	C. 52. 4698	XIb
855	Amer.	2406650	C. 47. 553	XVI
481029	Amer.	2533994	C. 51. II. 2830	XXII
030	Amer.	2468920	C. 49. E. 320	XIa
056	Frz.	947572	C. 50. I. 2400	V
088	Frz.	949983	C. 49. E. 310	IX
107	Amer.	2443485	C. 48. II. 1108	F
111	Amer.	2449080	C. 49. I. 1014	F
166	Amer.	2516863	C. 51. I. 1511	V
167	Amer.	2556912	C. 53. 1080	VIII
168	Amer.	2532295	C. 52. 909	V
337	Amer.	2467858	C. 50. I. 2290	XIa
392	Amer.	2555825	C. 53. 441	VIII
665	DBP.	821759	C. 52. 4400	XXIV
689	Amer.	2488564	C. 50. II. 1980	F
690	Amer.	2488565	C. 50. II. 1980	F
708	Schwz.	269507	C. 51. II. 138	IX
482126	Amer.	2529178	C. 51. II. 2257	XIa
129	Schwz.	275790	C. 52. 2561	I
179	Amer.	2510034	C. 51. I. 914	V
323	DBP.	815145	C. 52. 1258	XVI
334	Amer.	2564726	C. 52. 8080	XXIV
457	Frz.	950928	C. 50. II. 959	XVIIIb
482	Amer.	2542048	C. 52. 6296	XIb
502	DBP.	820141	C. 52. 5303	F
519	Schwd.	110292	C. 45. II. 264	F
536	Amer.	2487309	C. 50. II. 1634	XIb
884	Amer.	2537262	C. 52. 1249	XIa
917	Amer.	2467402	C. 50. I. 636	XVII
961	Amer.	2445654	C. 49. I. 132	XI
968	Frz.	968479	C. 51. I. 2110	XIX
969	Eng.	663038	C. 52. 5355	XIX
970	Eng.	669553	C. 53. 1749	XIX
483193	Amer.	2412832	C. 47. 1344	XVIII
195	Amer.	2530175	C. 51. II. 3113	XVIIIb
387	Amer.	2543094	C. 52. 777	XIb
388	Frz.	949581	C. 50. II. 236	XIb
476	Amer.	2560016	C. 52. 3230	V
550	DBP.	804281	C. 51. II. 2658	VIII
569	Amer.	2496386	C. 51. I. 2363	X
594	Amer.	2470115	C. 50. I. 351	XII
484831	Frz.	913737	C. 46. I. 546	IX
838	Schwz.	273629	C. 52. 264	F
839	Schwz.	281276	C. 53. 1531	F
853	Amer.	2439098	C. 49. I. 160	XXIV
485046	Schwz.	262430	C. 50. I. 1886	F
054	Amer.	2506345	C. 51. I. 92	F
056	Amer.	2568154	C. 52. 7095	IX
059	Amer.	2510386	C. 51. I. 229	F
060	Amer.	2531756	C. 51. II. 3069	F
061	Amer.	2543748	C. 52. 573	F
065	Amer.	2510487	C. 51. I. 229	F
083	Frz.	944300	C. 50. I. 1664	IX
111	Amer.	2486803	C. 50. II. 2990	XVIIIb
112	Amer.	2486805	C. 50. II. 2989	XVIIIb
117	Amer.	2508713	C. 51. I. 277	XVIIIb
118	Amer.	2508713	C. 51. I. 277	XVIIIb
985	Amer.	2564546	C. 53. 441	VIII
486048	Amer.	2500732	C. 51. I. 256	IX
055	DBP.	813460	C. 52. 3909	XIb
063	Schwz.	267118	C. 51. I. 2664	XII
098	Amer.	2547605	C. 52. 2593	XII
705	Amer.	2447611	C. 49. I. 251	XI
706	Amer.	2528615	C. 51. II. 2122	XIb
707	Amer.	2517777	C. 51. II. 2261	XIb
757	Amer.	2488502	C. 50. II. 2742	XIb
758	Amer.	2488503	C. 50. II. 2743	XIb
487034	Oest.	168074	C. 51. II. 3069	F
090	Amer.	2399742	C. 47. 233	F
091	Amer.	2406902	C. 47. 412	XVII
092	Amer.	2411090	C. 47. 951	XVII
098	Amer.	2316512	C. 45. II. 1850	XVII
241	Amer.	2534652	C. 51. II. 125	VI
279	DBP.	817581	C. 52. 615	XVI
385	DBP.	844744	C. 53. 1057	F
444	DBP.	822086	C. 52. 3571	IX
495	Frz.	943239	C. 50. I. 1146	IX
548	Amer.	2445538	C. 49. I. 247	X
549	Amer.	2499918	C. 51. I. 121	IX
550	Amer.	2515444	C. 51. II. 1207	IX
578	Amer.	2516971	C. 51. I. 2082	IX
580	Amer.	2482725	C. 49. E. 135	IX
581	Schwz.	273391	C. 52. 1241	IX
630	Amer.	2580730	C. 53. 768	IX
668	Schwd.	128186	C. 51. I. 2345	III
669	DBP.	828695	C. 52. 7383	F
680	Amer.	2559551	C. 52. 3586	XVI
681	Amer.	2524619	C. 51. I. 2354	VIII
698	Frz.	880558	C. 44. I. 368	F
705	DBP.	806520	C. 51. II. 2399	XVI
755	Amer.	2595278	C. 53. 2492	F
773	Amer.	2439426	C. 49. I. 835	IX
785	DBP.	848793	C. 53. 773	X
788	Amer.	2479481	C. 49. E. 637	XVI
808	Amer.	2578790	C. 52. 7241	VI
833	Amer.	2474206	C. 49. E. 474	IX
841	Amer.	2521234	C. 51. I. 3279	XVII
913	Amer.	2462277	C. 50. I. 1293	XIV
924	DBP.	831252	C. 52. 5172	IX
929	Amer.	2570391	C. 53. 2648	F
975	DBP.	763770	C. 53. 2224	XIX
993	Frz.	979317	C. 53. 918	VII
488005	Amer.	2511063	C. 51. I. 2816	XIb
008	Amer.	2562510	C. 52. 6423	IV
033	Amer.	2403267	C. 47. 163	XIX
670	Schwd.	127566	C. 51. I. 1666	
		129371	C. 51. II. 2223	F
672	Norw.	76239	C. 51. I. 3590	XIX
687	Amer.	2528751	C. 51. II. 2371	V
712	Amer.	2501708	C. 51. I. 117	IX
717	Amer.	2493964	C. 52. 3903	IX
723	Frz.	950207	C. 49. E. 306	IX
730	Eng.	571137	C. 47. 1706	IX
764	Amer.	2574693	C. 53. 2195	IX
835	Amer.	2505744	C. 51. I. 261	XIa
848	Amer.	2515913	C. 51. I. 2833	XXIV
859	Schwd.	122181	C. 50. I. 1256	F
860	Schwz.	262432	C. 50. I. 1256	F
861	Schwz.	258714	C. 50. I. 755	F
878	Amer.	2563835	C. 52. 5020	XVI
889	Amer.	2513999	C. 51. I. 1042	F
916	Frz.	957416	C. 50. II. 1744	IX
917	DBP.	859352	C. 53. 2491	F
919	Amer.	2511163	C. 51. II. 898	IX
925	Amer.	2496640	C. 51. I. 1408	XXI
956	Finn.	25161	C. 52. 2257	IX
957	Frz.	970527	C. 52. 2425	IX
489026	Amer.	2520381	C. 51. I. 2382	XVIIIb
037	Amer.	2506386	C. 51. I. 2082	IX
050	Eng.	666589	C. 53. 771	IX
051	Schwz.	279291	C. 53. 1559	IX

489094	Amer.	2400975	C. 47. 1059	XX
097	Amer.	2404405	C. 47. 424	XIX
108	Schwd.	125742	C. 50. I. 1663	IX
111	Amer.	2489880	C. 49. E. 638	XVI
137	DRP.	710678	C. 42. I. 386	F
138	Amer.	2401369	C. 47. 823	XIX
192	Amer.	2529466	C. 51. II. 2517	VII
196	Amer.	2459420	C. 50. I. 790	IX
225	Amer.	2507631	C. 51. I. 229	F
241	Amer.	2534028	C. 52. 4231	XIb
253	Amer.	2581919	C. 52. 7902	XII
259	Frz.	957002	C. 51. I. 1805	IX
296	Amer.	2495071	C. 51. I. 1682	XVII
307	Schwd.	130684	C. 52. 1744	XIb
489323	Amer.	2534366	C. 52. 4231	XIb
577	Frz.	938723	C. 49. II. 1428	F
586	Schwd.	124215	C. 50. I. 1911	IX
638	Schwd.	127553	C. 51. I. 1823	XVIIIb
737	Amer.	2478043	C. 49. E. 491	XVI
771	Amer.	2519310	C. 51. I. 2475	F
495241	Amer.	2412819	C. 47. 1051	XVII
246	Amer.	2540946	C. 52. 5139	F
283	Amer.	2567541	C. 52. 5647	IX
284	Amer.	2550256		
		2550264	C. 52. 2099	XVI
285	Amer.	2550259		
		2550269	C. 52. 1753	XVI
299	Frz.	942671	C. 50. I. 768	I

Dänische Patente.

73094	Norw.	78670	C. 52. 7569	VIII
74045	Norw.	76315	C. 51. I. 3592	XXIV
046	Norw.	76318	C. 51. I. 3592	XXIV
098	Schwd.	131816	C. 52. 7872	III
099	Norw.	79070	C. 53. 1088	XIa
174	Schwd.	131883	C. 52. 8049	IX
210	Norw.	77604	C. 52. 906	III
235	Schwd.	131511	C. 52. 5139	F
245	Schwd.	130260	C. 51. II. 3376	VIII
266	Norw.	77543	C. 52. 792	XIX
268	Schwd.	129930	C. 52. 431	V
270	Finn.	24611	C. 51. I. 2083	IX
283	Schwd.	128455	C. 51. II. 450	VIII
294	Finn.	25687	C. 53. 109	I
74295	Schwd.	123557	C. 48. E. 624	F
312	Norw.	77977	C. 52. 3108	XVIIIb
341	Finn.	24635	C. 51. I. 1774	F
370	Norw.	76447	C. 51. II. 432	I
382	Norw.	77149	C. 51. II. 1990	XIX
397	Schwd.	128814	C. 51. II. 168	XX
409	Norw.	76804	C. 51. II. 1355	VIII
474	Finn.	24802	C. 51. II. 1505	VIII
593	Norw.	76687	C. 51. II. 479	XXIV
653	Norw.	77194	C. 51. II. 2411	XXIV
665	Norw.	77528	C. 52. 466	XVIIIb
675	Norw.	78509	C. 52. 7715	III
748	Norw.	79233	C. 53. 304	XVI
779	Norw.	78973	C. 53. 1118	XXIV

Englische Patente.

634130	Frz.	952841	C. 50. II. 1285	X
436	Amer.	2542364	C. 52. 1227	VI
488	Schwz.	261840	C. 50. II. 823	X
602	Frz.	952659	C. 50. II. 2144	XIX
844	Dän.	72564	C. 53. 4598	VIII
951	Amer.	2513923	C. 51. I. 1668	X
635234	Schwd.	130617	C. 52. 1052	F
621	Schwz.	259340	C. 50. II. 343	X
959	Amer.	2568364	C. 52. 8041	VIII
965	Amer.	2537830	C. 52. 1903	VIII
636006	Frz.	944765	C. 50. I. 1666	X
037	Schwz.	268240	C. 51. I. 3114	VIII
681	Oest.	163181	C. 50. II. 1178	X
771	Frz.	954319	C. 50. II. 707	X
637167	DBP.	849863	C. 53. 1701	III
387	Amer.	2500112	C. 52. 4715	XXIV
404	Frz.	953594	C. 50. II. 585	X
934	Schwz.	261845	C. 50. II. 822	X
638399	Schwz.	274241	C. 52. 5820	XIa
640145	Frz.	981500	C. 52. 3554	V
170	Schwd.	131225	C. 52. 3886	V
348	Frz.	971339		
		u. 344	C. 52. 3068	V
363	Amer.	2503641	C. 51. I. 1378	IX
438	Amer.	2560970	C. 52. 7875	V
576	Frz.	961391	C. 51. I. 396	X
641738	Schwd.	130720	C. 52. 1235	VIII
642050	DBP.	815844	C. 52. 1583	XII
086	Amer.	2446759	C. 49. I. 119	VIII
329	Frz.	953622	C. 50. II. 585	X
514	Amer.	2534112	C. 52. 4688	IX
797	DBP.	848201	C. 53. 1579	XVIIIa
836	Frz.	962152	C. 52. 1930	XVIIIb
643354	Schwz.	261974	C. 50. II. 231	X
452	Schwz.	261374	C. 50. I. 651	XXI
503	Frz.	956067	C. 50. II. 701	IX
535	Frz.	959426	C. 51. I. 526	X
539	Schwz.	272891	C. 51. II. 1819	XIa
603	DBP.	839952	C. 52. 5632	III
644378	Amer.	2527186	C. 52. 1564	VIII
665	Frz.	965313		
		u. 314	C. 51. I. 1070	IX
897	DBP.	818669	C. 52. 1087	XIa
916	Frz.	949082	C. 50. II. 225	IX
645040	Schwd.	124851	C. 50. I. 651	XXI
134	Schwd.	130900	C. 52. 2257	IX
192	Amer.	2496244	C. 50. II. 1755	XIV
413	DBP.	814901	C. 52. 465	XVIIIb
862	Oest.	168826	C. 52. 4054	VIII
646789	Schwd.	130730	C. 52. 1235	VIII
989	Amer.	2496863	C. 51. I. 385	VIII
647079	Frz.	962948	C. 50. II. 2270	XIX
493	Frz.	951675	C. 50. II. 1878	IX
648463	Frz.	961365	C. 51. I. 1070	IX
690	Amer.	2558775	C. 52. 5988	XIV
891	Schwz.	274832	C. 52. 3063	I
649021	Schwd.	129583	C. 51. II. 3657	VIII
039	Frz.	959539	C. 51. I. 403	XII
584	Schwd.	130900	C. 52. 2257	IX
656	Oest.	165532	C. 51. I. 526	X
974	Amer.	2552130	C. 52. 6637	XXI
650159	DBP.	818069	C. 52. 3090	XIa
202	DBP.	815108	C. 52. 442	VIII
326	Schwd.	127445	C. 51. I. 1544	XVII
532	Schwd.	131628	C. 52. 6756	VIII
843	Frz.	822955	C. 38. I. 3570	XIX

650887	Oest.	166246	C. 50. II.	2468	F
909	Amer.	2543952	C. 52.	2079	IX
651067	Frz.	968581	C. 51. I.	2960	VIII
596	Oest.	164533	C. 50. II.	2947	F
712	Can.	468189	C. 51. I.	1223	IX
652543	Amer.	2498010	C. 51. I.	673	XVIIIa
624	Amer.	2541673	C. 52.	444	IX
738	Amer.	2563942	C. 52.	6946	XIV
766	Frz.	984627	C. 53.	1566	XIa
814	Can.	473201	C. 52.	1235	VIII
653003	Schwz.	276044	C. 52.	1712	I
097	DBP.	850136	C. 53.	2840	X
546	DBP.	840000	C. 52.	7583	XII
654931	Schwz.	272286	C. 53.	639	XXIV
655455	Frz.	940075	C. 48. E.	491	IX
656614	Frz.	975444	C. 53.	2514	VIII
681	Frz.	968716	C. 51. I.	2944	III
746	Finn.	25579	C. 53.	1882	IX
838	Schwz.	272250	C. 52.	2923	IX
658203	DBP.	839641	C. 53.	2328	F
659288	Amer.	2546431	C. 53.	2191	IX
	Schwz.	280834	C. 53.	129	IX
682	Amer.	2552576	C. 52.	5334	IX
695	Schwz.	273404	C. 52.	1740	X
660079	DBP.	821978	C. 52.	2428	X
196	Frz.	971104	C. 52.	1247	X
472	Schwz.	279206	C. 53.	607	IX
817	DBP.	822992	C. 52.	4814	F
661105	Can.	478935	C. 53.	604	IX
176	Frz.	958126	C. 50. II.	1080	XXI
877	Schwz.	277575	C. 52.	5637	VI
662253	Schwz.	272570	C. 52.	3905	X
283	DBP.	818805	C. 53.	1562	IX
488	Amer.	2513026	C. 51. I.	1042	F
664026	Amer.	2548025	C. 52.	3083	IX
471	DBP.	818947	C. 52.	5304	F
665542	Amer.	2563942	C. 52.	6946	XIV
666057	Schwz.	275089	C. 52.	1575	X
140	DBP.	818146	C. 53.	284	XIa
713	DBP.	818940	C. 52.	5817	IX
669820	DBP.	822061	C. 52.	6125	VIII
281	Schwd.	130492	C. 52.	1731	VIII
739	Amer.	2558053	C. 52.	5819	X
952	DBP.	820303	C. 52.	3405	IX
670769	DBP.	846553	C. 53.	922	VIII
899	Amer.	2563327	C. 52.	4390	XVII
900	Frz.	985140	C. 52.	7885	VIII
671616	DBP.	830839	C. 53.	602	VIII
825	Schwz.	275260	C. 52.	4513	III
672122	Frz.	990051	C. 52.	7872	III
734	DBP.	821979	C. 52.	2260	X
674236	DBP.	829302	C. 53.	1555	VIII
300	DBP.	836191	C. 52.	7540	F
325	DBP.	828695	C. 52.	7383	F
445	Oest.	171407	C. 53.	764	VIII
490	DBP.	828626	C. 52.	4519	VI
707	Schwd.	131087	C. 52.	4378	X
939	Amer.	2526108			
		u. 109	C. 52.	4342	F
675238	Schwz.	276474	C. 53.	2024	VIII
290	Amer.	2534235			
		bis 247	C. 52.	4343	F
676756	DBP.	828575	C. 52.	5797	III
763	Frz.	957186	C. 50. II.	2376	XIa
812	DBP.	842203	C. 53.	261	F
677064	DBP.	829459	C. 52.	6266	I
686	Oest.	168589	C. 52.	4055	VIII
733	DBP.	847491	C. 53.	1728	XIb
816	Amer.	2571194	C. 53.	769	IX
922	DBP.	830217	C. 52.	7072	III
678943	DBP.	829222	C. 53.	453	XIb
679108	DBP.	841452	C. 52.	6748	V
419	DBP.	830858	C. 52.	4519	VI

679443	Can.	488880	C. 53.	6369	XIb
675	Amer.	2526108			
		u. 109	C. 52.	4342	F
680123	Frz.	996845	C. 53.	2187	VIII
218	DBP.	853694	C. 53.	2671	VIII
226	DBP.	848255	C. 53.	295	XIb
681156	Frz.	987195	C. 52.	1566	VIII
183	Frz.	997028	C. 52.	4058	IX
503	Amer.	2530416	C. 51. II.	866	F
805	DBP.	821351	C. 52.	4529	IX
876	DBP.	841005	C. 52.	7250	VIII
682061	Frz.	961137	C. 50. II.	2515	XXIV
179	DBP.	824259	C. 52.	5327	VIII
678	Amer.	2542220	C. 52.	288	VIII
821	DBP.	817458	C. 52.	1554	V
683141	DBP.	825840	C. 52.	7383	F
236	Amer.	2534235			
		bis 247	C. 52.	4343	F
488	DBP.	816860	C. 52.	1729	VIII
557	Amer.	2527287	C. 52.	2748	VIII
783	Amer.	2534235			
		bis 247	C. 52.	4343	F
684134	DBP.	844648	C. 53.	914	VI
910	DBP.	841939	C. 52.	7078	VI
977	DBP.	845801	C. 53.	2804	F
685063	DBP.	814983	C. 52.	2750	VIII
390	DBP.	832392	C. 52.	6478	XXIV
523	Schwz.	276552	C. 52.	6098	F
865	Schwz.	279642	C. 53.	1070	IV
954	Amer.	2554899	C. 53.	1103	XVIIIa
973	DBP.	835928	C. 52.	5460	F
686023	Amer.	2515206	C. 51. I.	1548	XVIIIb
106	Oest.	170290	C. 53.	1715	VIII
232	DBP.	821554	C. 52.	4066	XIb
250	Norw.	79018	C. 53.	791	XVIIIa
381	Amer.	2542542	C. 52.	2286	XIX
542	DBP.	836250	C. 52.	8042	VIII
585	DBP.	836250	C. 52.	8042	VIII
631	DBP.	820004	C. 52.	4342	F
639	Amer.	2560053	C. 53.	779	XIb
708	DBP.	812455	C. 52.	432	VI
709	Amer.	2528654	C. 51. II.	2795	VII
727	Oest.	170883	C. 53.	578	F
687005	Frz.	987569	C. 53.	949	XVIIIb
113	Amer.	2535925	C. 52.	152	XVIIIa
265	DBP.	838509	C. 52.	8055	XIb
273	DBP.	838062	C. 52.	6449	XIb
526	Amer.	2568659	C. 53.	2368	XII
694	Amer.	2547939	C. 52.	442	VIII
921	Schwz.	273546	C. 51. II.	3634	F
961	Amer.	2589900	C. 53.	2537	XVI
980	DBP.	859622	C. 53.	1855	F
993	DBP.	805645	C. 51. II.	2662	IX
688017	Amer.	2591736	C. 53.	1084	IX
135	DBP.	843240	C. 53.	949	XVIIIb
252	DBP.	833417	C. 52.	8042	VIII
317	DBP.	842405	C. 53.	1569	XIb
449	Amer.	2581350	C. 53.	1058	F
737	Amer.	2552874	C. 52.	7731	VIII
742	DBP.	843754	C. 53.	125	VIII
752	Amer.	2566501	C. 52.	4241	XVII
754	Amer.	2568334	C. 52.	6150	XVII
799	Amer.	2573426	C. 53.	454	XIb
817	Amer.	2584751	C. 53.	771	IX
825	DBP.	818379	C. 52.	2402	III
864	DBP.	817655	C. 52.	289	VIII
689115	DBP.	839797	C. 53.	130	IX
233	Schwz.	277478	C. 52.	7060	F
242	Amer.	2564634	C. 52.	6636	XIX
246	Amer.	2584701	C. 53.	2048	XVII
319	DBP.	825686	C. 52.	4978	F
423	Amer.	2555407	C. 52.	5179	XI
533	DBP.	852120	C. 53.	2002	

689570	DBP.	832948	C. 52.	5987	XII
607	Amer.	2563044	C. 53.	2191	IX
608	DBP.	832150	C. 52.	6284	IX
		838139	C. 52.	7414	IX
852	DBP.	830642	C. 52.	7703	F
872	DBP.	859012	C. 53.	2836	IX
690006	DBP.	830690	C. 52.	7416	X
046	Amer.	2540534	C. 52.	1109	XIX
193	DBP.	835925	C. 52.	5622	F
372	Frz.	962022	C. 51. II.	132	VIII
591	DBP.	845510	C. 53.	317	XIX
682	Schwz.	276419	C. 52.	8052	X
691038	DBP.	813080	C. 52.	6294	XIb
053	Amer.	2564925	C. 53.	2366	XIb
114	Amer.	2592616	C. 53.	2531	XIb
115	Amer.	2568963	C. 52.	6924	VIII
248	Frz.	982131	C. 52.	3405	IX
269	DBP.	811952	C. 52.	2425	IX
305	Oest.	169192	C. 52.	4041	III
374	DBP.	818352	C. 52.	3246	IX
442	Amer.	2595359	C. 53.	1563	X
920	DBP.	833498	C. 52.	5805	VII
692071	DBP.	829162	C. 52.	5474	V
087	Schwz.	273899	C. 52.	4994	VI
088	DBP.	813676	C. 52.	1068	VI
142	DBP.	821423	C. 52.	4856	XII
165	Amer.	2567651	C. 53.	2328	F
221	DBP.	847592	C. 53.	783	XIII
251	Schwz.	278950	C. 53.	1549	VII
253	Schwz.	278299	C. 52.	5639	VII
256	Schwz.	272073	C. 52.	1383	III
262	Amer.	2576080			
		u. 081	C. 52.	5805	VII
		2576082	C. 52.	5964	XII
419	Amer.	2523000	C. 51. I.	1375	VIII
440	Amer.	2576020	C. 52.	7574	IX
639	DBP.	844440	C. 52.	7572	IX
651	DBP.	830507	C. 52.	6928	IX
693103	Frz.	979606	C. 52.	2433	XIb
232	DBP.	809852	C. 52.	761	VIII
693376	Schwz.	281096	C. 53.	1270	XVIIIb
557	Amer.	2576997	C. 53.	1879	VIII
633	Amer.	2548282	C. 52.	3093	XIb
757	DBP.	821980	C. 52.	2260	X
792	Can.	481203	C. 53.	926	IX
912	DBP.	815192	C. 52.	5322	VII
694161	Frz.	988629	C. 53.	581	F
162	Amer.	2540946	C. 52.	5139	F
190	Amer.	2567671	C. 53.	958	XXII
271	Amer.	2586322	C. 53.	1408	XIb
305	Amer.	2538943	C. 51. II.	3353	F
530	DBP.	852591	C. 53.	1692	F
597	Amer.	2550726	C. 52.	3101	XVI
602	DBP.	840992	C. 53.	418	F
695105	DBP.	832148	C. 52.	5484	IX
383	DBP.	834105	C. 53.	2005	F
636	Amer.	2526676	C. 52.	4687	IX
792	Frz.	988093	C. 52.	8033	VI
824	DBP.	832396	C. 52.	5360	XXIV
696114	DBP.	855098	C. 53.	2012	I
322	Amer.	2535852	C. 52.	4399	XXII
622	DBP.	829645	C. 52.	6626	XVII
943	DBP.	838744	C. 52.	8030	V
975	Amer.	2553781	C. 52.	2281	XVIIIb
697252	DBP.	843397	C. 53.	1269	XVIIIb
334	Amer.	2558675	C. 52.	7255	IX
453	DBP.	817152	C. 52.	415	F
516	Amer.	2585356	C. 53.	1709	VII
619	DBP.	819032	C. 52.	7731	VIII
673	DBP.	841315	C. 52.	7238	V
700	DBP.	841332	C. 52.	8019	F
698113	Amer.	2538140	C. 52.	735	F
393	DBP.	830243	C. 52.	6256	F
770	Amer.	2571693	C. 52.	6408	F
699149	DBP.	844779	C. 53.	2526	X
479	Amer.	2577840	C. 52.	7759	XVIIIb
557	Amer.	2577485	C. 52.	7874	V
571	Norw.	79091	C. 53.	626	XVII
667	Amer.	2567950	C. 53.	1894	XII
882	Amer.	2567227	C. 52.	4835	VII

Finnische Patente.

26261	Norw.	76240	C. 51. II.	105	F
332	Norw.	78856	C. 52.	7571	IX
26333	Schwd.	131140	C. 52.	2259	IX
654	Amer.	2516080	C. 51. I.	1917	F

Französische Patente.

54684	Schwz.	272260	C. 52.	4068	XIb
771	Amer.	2445794	C. 49. I.	545	XII
56057	Schwz.	266418	C. 50. II.	2116	VIII
567	Schwd.	129366	C. 51. II.	2790	V
718	Schwd.	131648	C. 52.	7101	XIa
784	Schwz.	267445	C. 51. I.	115	VIII
785	Schwz.	267446	C. 51. I.	115	VIII
786	Schwz.	267447	C. 51. I.	115	VIII
57112	Amer.	2558177	C. 52.	5015	XIb
931667	Finn.	25298	C. 52.	5020	XVI
946070	Amer.	2432615	C. 48. II.	1006	VIII
964223	Amer.	2503820	C. 51. I.	758	F
975354	DBP.	842313	C. 53.	2383	XX
976318	Amer.	2568364	C. 52.	8041	VIII
979351	Amer.	2586675	C. 53.	2691	XVI
980225	Oest.	166694	C. 51. I.	365	F
981066	DBP.	834885	C. 52.	6258	F
150	DBP.	816703	C. 52.	1243	IX
982254	DBP.	819695	C. 52.	3735	IX
982751	Oest.	167640			
		u. 641	C. 51. I.	3432	XII
797	Oest.	167640			
		u. 641	C. 51. I.	3432	XII
983204	Eng.	657870	C. 52.	1563	VIII
984210	Amer.	2586287	C. 53.	1413	XIII
985852	Amer.	2541027	C. 52.	7102	XIa
990099	DBP.	818221	C. 52.	1911	X
959	Amer.	2490327	C. 50. II.	337	VIII
991564	Amer.	2553375	C. 52.	6441	X
995128	Amer.	2548366			
		2550466			
		bis 469	C. 53.	1590	XXIII
149	Amer.	2548366			
		2550466			
		bis 469	C. 53.	1590	XXIII
996425	Eng.	654035	C. 53.	2838	IX
518	DBP.	807211	C. 52.	296	X
781	DBP.	800665	C. 51. I.	2965	IX

997706	DBP.	810107	C. 52. 956	XXIV
998355	DBP.	807381	C. 51. II. 2674	XVI
608	Amer.	2539365		
		u. 366	C. 52. 6309	XVIIIb
883	Schwz.	270037	C. 51. II. 472	XVIIIb
887	DBP.	815073	C. 52. 1875	F
999053	Eng.	665073	C. 53. 2808	F
613	Schwz.	279022	C. 53. 466	XVIIIa
636	Schwz.	279699	C. 53. 627	XVIIIa
989	Amer.	2505053	C. 51. II. 1175	F
990	Eng.	661970	C. 53. 2968	F
1000390	DBP.	814439	C. 52. 1061	I
501	Schwz.	263274	C. 50. II. 569	V
669	DBP.	823741	C. 52. 5480	VIII
1001704	DBP.	802071	C. 51. II. 606	X
1002395	Amer.	2501059	C. 50. II. 698	VIII
666	Eng.	654331	C. 52. 2951	XXII
1003129	Schwd.	132018	C. 53. 2341	VI
427	Eng.	660158	C. 53. 2350	VIII
1004589	Amer.	2514649	C. 51. II. 1840	XXIV
1005260	DBP.	845857	C. 53. 612	XIa
514	DBP.	818386	C. 52. 2602	XVII
573	DBP.	815044	C. 52. 2059	I
891	DBP.	812424	C. 52. 599	IX
1006043	Norw.	67856	C. 45. II. 191	XI
110	DBP.	800662	C. 51. I. 3566	IX
634	Schwz.	275162	C. 52. 3732	VIII
950	Eng.	655649	C. 52. 2720	F
983	DBP.	846553	C. 53. 922	VIII
1007218	DBP.	806467	C. 51. II. 2359	F
301	DBP.	827493	C. 52. 6097	F
302	Eng.	660833	C. 53. 2327	F
349	DBP.	825204	C. 53. 1120	XXIV
395	Eng.	655648	C. 52. 2720	F
702	DBP.	816087	C. 52. 6462	XVIIIb
704	DBP.	801993	C. 51. II. 1360	IX
1008337	Amer.	2590140		
		u. 141	C. 53. 1856	F
395	DBP.	800576	C. 51. I. 2216	VIII
403	DBP.	820304	C. 52. 4220	IX
443	Amer.	2520479	C. 51. I. 1915	F
506	DBP.	821351	C. 52. 4529	IX
721	DBP.	831245	C. 52. 5977	IX
788	Amer.	2487850	C. 50. II. 1653	XXIV
1009089	Oest.	168268	C. 51. II. 3224	VI
265	DBP.	831576	C. 52. 6000	XIX
438	Eng.	660778	C. 52. 7396	V
481	Schwz.	273747	C. 52. 5482	VIII
1010242	DBP.	833538	C. 52. 6470	XIX
264	DBP.	835036	C. 52. 5622	F
750	DBP.	802463	C. 51. II. 326	XIX
837	DBP.	802630	C. 51. II. 3674	XVIIIb
867	Schwz.	276474	C. 53. 2024	VIII
1011240	DBP.	810096	C. 52. 2421	VIII
558	Eng.	664436	C. 52. 6408	F
687	DBP.	819861	C. 52. 5631	III
1012485	DBP.	827539	C. 52. 4518	VI
733	DBP.	819400	C. 52. 1540	F
766	Schwz.	273548	C. 52. 264	F
993	Schwz.	274536	C. 52. 3243	VIII
1013474	Schwz.	278131	C. 52. 7539	F
694	DBP.	844886	C. 53. 1423	XVIIIb
714	DBP.	832594	C. 52. 5011	X
816	Eng.	672370	C. 53. 1056	F
987	Amer.	2496864	C. 51. I. 1386	XIb
1014002	Eng.	666628	C. 53. 2504	V
015	Norw.	78281	C. 52. 4817	F
574	Amer.	2506345	C. 51. I. 92	F
1015054	Oest.	170253	C. 52. 6437	IX
150	DBP.	814996	C. 53. 322	XXIV
297	DBP.	849904	C. 53. 2831	VIII
410	DBP.	802620	C. 51. II. 1951	VI
604	DBP.	821935	C. 52. 6766	X
1015660	Eng.	684035	C. 53. 5272	XVII
828	Schwz.	273546	C. 51. II. 3634	F
837	DBP.	829168	C. 52. 7254	IX
888	Oest.	168590	C. 52. 4055	VIII
893	Eng.	675620	C. 53. 5439	XIX
1016012	Amer.	2519382	C. 51. I. 2672	XVIIIb
085	DBP.	830950	C. 52. 5485	IX
389	Eng.	668793	C. 52. 5643	VIII
562	DBP.	818355	C. 52. 953	XIX
971	Eng.	672405	C. 53. 2224	XIX
1017044	Eng.	664851	C. 53. 109	I
148	Norw.	78993	C. 53. 2507	VI
242	DBP.	810629	C. 52. 1052	F
243	DBP.	818350	C. 52. 417	F
245	DBP.	810628	C. 52. 1052	F
538	Eng.	671728		
		u. 729	C. 53. 2362	XIa
583	Amer.	2541113	C. 52. 2598	XVI
768	Oest.	170900	C. 53. 452	XIb
831	DBP.	850228	C. 53. 1890	XIb
1018205	DBP.	815541	C. 52. 6463	XVIIIb
256	Amer.	2461922	C. 50. I. 2007	F
319	DBP.	829217	C. 52. 6614	XIb
358	Amer.	2504835	C. 50. II. 2871	XVIIIb
361	Amer.	2552247	C. 52. 5181	XIb
362	Eng.	671747	C. 53. 2035	XIa
363	DBP.	821237	C. 52. 2764	XII
397	Amer.	2521366	C. 51. I. 3255	VII
430	DBP.	837908	C. 52. 8078	XXII
620	DBP.	833498	C. 52. 5805	VII
635	DBP.	828913	C. 53. 311	XVIIIb
651	DBP.	831553	C. 52. 6471	XIX
666	Amer.	2515206	C. 51. I. 1548	XVIIIb
755	Amer.	2408639	C. 47. 1108	I
760	Schwd.	125444	C. 50. I. 1760	F
764	DBP.	854245	C. 53. 2490	F
767	DBP.	810534	C. 52. 1875	F
899	DBP.	853585	C. 53. 1723	X
956	DBP.	827554	C. 52. 6448	XIb
971	DBP.	818693	C. 52. 6448	XIb
1019224	Oest.	166126	C. 50. II. 1654	XXIV
259	DBP.	816284	C. 52. 1106	XIX
291	DBP.	816443	C. 52. 3880	G
292	DBP.	811016	C. 52. 3880	G
417	Schwz.	277085	C. 52. 4077	XVIIIa
445	Schwz.	272073	C. 52. 1383	III
663	DBP.	832591	C. 52. 6308	XVIIIb
741	Amer.	2547013	C. 52 6446	XIb
759	Oest.	171728	C. 53. 614	XIb
917	DBP.	817551	C. 52. 629	XXIV
927	Amer.	2516080	C. 51. I. 1917	F
1020151	Can.	475195	C. 53. 777	XIb
169	DBP.	810812	C. 52. 1578	XIb
170	DBP.	805567	C. 51. II. 3239	XIb
190	Eng.	667342	C. 52. 7074	V
337	DBP.	812947	C. 52. 1269	XIX
364	Amer.	2535189	C. 52. 3909	XIb
389	DBP.	818694	C.52. 6141	XIb
416	DBP.	840002	C. 52. 6601	VIII
425	Amer.	2556373	C. 53. 1713	VIII
440	Amer.	2548282	C. 52. 3093	XIb
510	DBP.	845394	C. 52. 8055	XIb
547	DBP.	808788	C. 52. 454	XIb
826	DBP.	831587	C. 52. 6411	F
875	Amer.	2538355	C. 52. 5497	XII
886	DBP.	826641	C. 53. 1254	XIb
1021422	Oest.	170284	C. 52. 7268	XIb
578	DBP.	825865	C. 53. 610	X
693	DBP.	842104	C. 53. 1886	X
786	Oest.	171430	C. 52. 7580	XIb
888	Amer.	2553718	C. 52. 2951	XXII
1022052	Oest.	170040	C. 52. 4540	XIb
064	Oest.	168263	C. 52. 450	X

1022098	Amer.	2515758	C. 51. I.	1534	XIb
292	Amer.	2514635	C. 51. I.	3567	IX
295	Norw.	78379	C. 53.	290	X
316	DBP.	808786	C. 51. II.	3522	XIb
588	Amer.	2541804	C. 52.	315	XVIIIb
672	DBP.	802846	C. 51. II.	2668	XIb
807	Schwz.	276777	C. 53.	924	VIII
809	Amer.	2537876	C. 52.	167	XXIV
840	DBP.	833707	C. 52.	6450	XIb
880	DBP.	849401	C. 53.	949	XVIIIb
952	Norw.	78643	C. 52.	8051	X
1023072	DBP.	828575	C. 52.	5797	III
316	DBP.	838829	C. 53.	2362	XIa
504	DBP.	810797	C. 52.	4381	XIa
648	Schwz.	281096	C. 53.	1270	XVIIIb
892	Schwd.	131087	C. 52.	4378	X
898	DBP.	811175	C. 52.	1733	VIII
931	DBP.	841744	C. 52.	7713	I
976	Oest.	171730	C. 53.	1891	XIb
1024160	DBP.	828277	C. 52.	6445	XIa
220	Amer.	2537114	C. 52.	464	XVIIIa
315	DBP.	845327	C. 53.	758	VI
340	DBP.	828243	C. 52.	6747	V
381	Schwz.	279640	C. 52.	7537	F
507	DBP.	839865	C. 52.	6617	XIb
1025011	DBP.	850296	C. 53.	2503	V
136	Amer.	2538051	C. 52.	1090	XIb
218	DBP.	826592	C. 53.	2501	III
679	DBP.	846794	C. 53.	1569	XIb
738	Amer.	2572227	C. 52.	5497	XII
833	DBP.	832495	C. 52.	6770	XIb
850	DBP.	829964	C. 52.	5640	XII
1026003	Eng.	673336	C. 53.	2687	XII
406	Schwz.	279247	C. 53.	156	XVIIIb
407	Schwz.	277611	C. 52.	6464	XVIIIb
596	Schwz.	278618	C. 52.	6628	XVIIIa
794	Amer.	2595977	C. 53.	2698	XVIIIb
890	DBP.	848255	C. 53.	295	XIb
1026970	Amer.	2540146	C. 52.	2591	XIb
1027255	Schwz.	277270	C. 53.	466	XVIIIa
349	Amer.	2559752	C. 52.	4852	XIb
365	Amer.	2548169	C. 52.	2088	XIb
366	Oest.	170902	C. 53.	779	XIb
421	DBP.	842406	C. 53.	1253	XIb
612	DBP.	818199	C. 52.	1395	VII
654	DBP.	837837	C. 52.	6453	XV
995	DBP.	848687	C. 53.	630	XVIIIb
1028024	DBP.	830648	C. 52.	7106	XIb
189	DBP.	842966	C. 53.	910	III
220	DBP.	835728	C. 52.	6472	XX
453	Oest.	168887	C. 52.	3256	XIb
		171177	C. 53.	1255	XIb
560	DBP.	833702	C. 52.	7747	XII
840	Oest.	169835	C. 52.	5659	XIb
1030116	DBP.	846095	C. 53.	908	I
186	DBP.	810108	C. 52.	1116	XXIV
276	DBP.	850524	C. 53.	935	XIb
342	Finn.	25784	C. 53.	945	XVIIIa
708	DBP.	833940	C. 52.	6301	XV
1031322	DBP.	848354	C. 53.	128	IX
512	DBP.	835273	C. 52.	6769	XIa
1032714	Amer.	2542827	C. 52.	3093	XIb
806	Oest.	170286	C. 52.	7422	XIb
955	DBP.	832437	C. 52.	4849	X
1033006	DBP.	838419	C. 52.	6780	XVI
287	DBP.	833253	C. 52.	6942	XIb
700	Oest.	170625	C. 52.	6949	XVI
866	DBP.	835870	C. 53.	1388	VI
1034444	DBP.	825293	C. 52.	4857	XIII
584	DBP.	848680	C. 53.	1737	XVII
959	DBP.	834068	C. 52.	6637	XXI
1035659	DBP.	811460	C. 52.	7428	XIV
904	Amer.	2553781	C. 52.	2281	XVIIIb
1036034	DBP.	817155	C. 52.	923	VIII
419	Amer.	2573426	C. 53.	454	XIb
1038988	Amer.	2579572	C. 53.	2530	XIb

Norwegische Patente.

79660	Schwz.	273815	C. 52.	1704	F
691	Schwd.	129651	C. 51. II.	3379	IX
80165	Finn.	25210	C. 52.	1540	F
182	Schwd.	130127	C. 52.	107	F
80205	Schwd.	130901	C. 52.	6132	IX
238	Finn.	25630	C. 52.	7716	III
277	Finn.	25066	C. 52.	618	XVIIIa

Österreichische Patente.

169327	DBP.	814296	C. 52.	1242	IX
567	DBP.	814149	C. 52.	262	F
578	DBP.	827751	C. 53.	164	XXIV
977	DBP.	830217	C. 52.	7072	III
172261	DBP.	833675	C. 52.	4676	VI
293	DBP.	815067	C. 52.	1888	III
173957	Frz.	941429	C. 50. I.	248	XXIV
174210	Amer.	2543041	C. 52.	289	VIII
624	Amer.	2432615	C. 48. II.	1006	VIII
625	Amer.	2432618	C. 48. II.	1006	VIII
935	Can.	470083	C. 51. II.	1659	VIII
175068	DBP.	815975	C. 52.	2578	VIII
201	Frz.	957234	C. 50. II.	2237	VI
738	Schwz.	272772	C. 52.	916	VII
756	DBP.	831051	C. 52.	7252	VIII
854	DBP.	849982	C. 53.	1877	VIII
863	Frz.	982288	C. 52.	4061	X
865	Frz.	974681	C. 52.	3593	XVIIIb
872	Frz.	954627	C. 50. II.	364	XVIIIb
175899	DBP.	832885	C. 52.	5347	XVIIIa
954	DBP.	815617	C. 52.	1758	XVIIIa
955	DBP.	813362	C. 52.	3412	XIa
963	DBP.	814769	C. 52.	1104	XVIIIb
176019	DBP.	848415	C. 53.	1091	XIb
021	Schwz.	277661	C. 52.	6291	XIa
025	DBP.	827070	C. 52.	3241	VIII
067	Dän.	72993	C. 53.	2828	VII
168	DBP.	836764	C. 53.	2383	XX
272	Schwz.	278476	C. 52.	7578	XIa
275	DBP.	835272	C. 52.	5655	XIa
304	Norw.	77954	C. 52.	5139	F
305	Schwd.	131510	C. 52.	5139	F
551	DBP.	858103	C. 53.	1863	I
851	DBP.	845498	C. 53.	1227	V
177136	DBP.	824197	C. 52.	3554	V
142	DBP.	831241	C. 52.	5487	IX
219	DBP.	835928	C. 52.	5460	F
884	DBP.	831583	C. 52.	4817	F

Schwedische Patente.

131909	Norw.	76779	C. 51. II. 468	XVIIIa
133162	Oest.	165069	C. 50. II. 2948	F
134607	Oest.	165043	C. 51. I. 394	X
135679	Norw.	77661	C. 52. 750	VI
136212	Norw.	77142	C. 51. II. 1837	XIX
217	Amer.	2540284	C. 52. 898	F
219	DBP.	820949	C. 52. 2050	F
299	Norw.	77130	C. 51. II. 2095	V
326	Finn.	24872	C. 51. II. 1524	XVII
348	Norw.	76893	C. 51. II. 1517	XIb
369	Norw.	76860	C. 52. 5035	XXIV
137172	Norw.	77740	C. 52. 1732	VIII
178	Norw.	76562	C. 51. II. 480	XXIV
137199	Amer.	2510748	C. 51. II. 1676	XIV
425	Norw.	77422	C. 52. 762	VIII
461	Norw.	76240	C. 51. II. 105	F
498	Schwz.	268987	C. 51. I. 3089	F
499	Norw.	76401	C. 51. II. 432	I
715	DBP.	815073	C. 52. 1875	F
779	Amer.	2534244	C. 52. 4343	F
138061	Norw.	76873	C. 51. II. 1369	XIV
189	Norw.	76863	C. 52. 5035	XXIV
356	Schwz.	281125	C. 53. 929	IX
462	Norw.	76447	C. 51. II. 432	I
499	Schwz.	275964	C. 52. 2889	F
670	Norw.	78215	C. 52. 5017	XIb

Schweizer Patente.

230594	Belg.	436362	C. 41. I. 1094	IX
623	Frz.	874279	C. 43. I. 1821	IX
696	Frz.	878625	C. 43. I. 2348	X
839	Eng.	462184	C. 37. II. 1485	XVIII
844	Frz.	874522	C. 43. II. 1234	X
847	Schwd.	127222	C. 51. I. 808	XVIIIb
855	Frz.	848175	C. 40. I. 3179	IX
856	Frz.	848175	C. 40. I. 3179	IX
891	DRP.	738763	C. 43. II. 2010	X
903	Belg.	440532	C. 42. I. 1811	IX
904	Eng.	571369	C. 46. I. 1500	XVIII
913	Belg.	446058	C. 44. I. 726	XVIII
914	Frz.	884299	C. 44. II. 1025	XVIII
932	Frz.	957479	C. 50. II. 2234	IV
231010	DRP.	693353	C. 40. II. 2681	IX
011	DRP.	697805	C. 41. I. 799	F
018	Frz.	893144	C. 45. II. 1772	F
019	Frz.	893144	C. 45. II. 1772	F
020	Frz.	893144	C. 45. II. 1772	F
054	Norw.	67314	C. 45. II. 198	XV
059	Frz.	872522	C. 43. II. 1387	F
060	Amer.	2411495	C. 47. 619	F
062	Schwd.	108635	C. 45. I. 1539	IX
063	Schwd.	131799	C. 52. 5974	IX
064	Schwd.	108636	C. 45. I. 1179	IX
065	Frz.	885739	C. 44. I. 1428	IX
066	Frz.	883286	C. 45. I. 348	X
068	It.	371054	C. 40. I. 3993	XI
069	Schwd.	108915	C. 45. I. 1308	XI
071	Norw.	67434	C. 45. II. 222	XXI
072	Frz.	976584	C. 52. 3417	XII
123	Frz.	884327	C. 44. I. 782	I
146	Belg.	446647	C. 43. II. 2077	F
179	Belg.	423826	C. 39. I. 4224	F
180	Belg.	423826	C. 39. I. 4224	F
181	Belg.	423826	C. 39. I. 4224	F
182	Frz.	884841	C. 44. I. 1236	X
183	Frz.	884841	C. 44. I. 1236	X
184	Frz.	884841	C. 44. I. 1236	X
185	Frz.	884841	C. 44. I. 1236	X
186	Frz.	884841	C. 44. I. 1236	X
187	Frz.	884841	C. 44. I. 1236	X
190	Amer.	2386852	C. 48. I. 928	F
191	Amer.	2386852	C. 48. I. 928	F
192	Amer.	2386852	C. 48. I. 928	F
193	Amer.	2386852	C. 48. I. 928	F
194	Amer.	2386852	C. 48. I. 928	F
195	Amer.	2386852	C. 48. I. 928	F
232	Frz.	890131	C. 45. I. 1320	XVIII
239	Belg.	448068	C. 45. I. 245	XVIII
246	Frz.	878985	C. 43. I. 2250	XV
252	Belg.	446793	C. 43. II. 1672	IX
253	Belg.	446922	C. 44. I. 318	IX
257	It.	394904	C. 43. II. 1674	X
258	Frz.	893394	C. 45. II. 1670	X
231260	Belg.	444201	C. 43. I. 2269	XXII
401	DRP.	743075	C. 44. I. 891	IX
492	Belg.	428411	C. 39. II. 909	F
495	Frz.	889238	C. 44. II. 586	X
498	Belg.	444764	C. 44. I. 1140	XII
500	Frz.	890360	C. 46. I. 1785	XI
508	Belg.	447815	C. 44. I. 1268	XXIV
602	Fr.	883596	C. 44. II. 342	F
605	Frz.	884569	C. 44. II. 367	IX
643	DRP.	719572	C. 42. II. 567	F
647	Eng.	491493	C. 39. I. 810	X
648	Frz.	52097	C. 45. I. 103	X
649	Frz.	52097	C. 45. I. 103	X
650	Frz.	52097	C. 45. I. 103	X
651	Frz.	52097	C. 45. I. 103	X
652	Frz.	52097	C. 45. I. 103	X
653	Frz.	52097	C. 45. I. 103	X
654	Frz.	52097	C. 45. I. 103	X
655	Frz.	52097	C. 45. I. 103	X
662	Frz.	867697	C. 42. I. 2561	F
663	Frz.	893144	C. 45. II. 1772	F
668	DRP.	725391	C. 43. I. 1695	F
679	Frz.	865757	C. 42. II. 1168	VI
680	DRP.	746439	C. 45. I. 1523	VI
705	Norw.	67694	C. 45. I. 1282	V
707	Frz.	52475	C. 46. I. 543	IX
710	Frz.	889071	C. 45. I. 605	X
713	Frz.	898141	C. 46. I. 409	XI
833	Norw.	63307	C. 41. II. 1882	F
834	Norw.	63307	C. 41. II. 1882	F
835	Norw.	63307	C. 41. II. 1882	F
839	Norw.	63307	C. 41. II. 1882	F
840	Norw.	63307	C. 41. II. 1882	F
841	Norw.	63884	C. 42. I. 1939	IX
843	Schwd.	107227	C. 44. I. 390	X
881	Belg.	445543	C. 43. II. 762	V
883	Frz.	874100	C. 43. I. 909	XVIII
884	Frz.	888849	C. 44. II. 271	IX
885	Schwd.	108135	C. 45. I. 1315	XVII
886	Frz.	885877	C. 44. II. 73	IX
887	Frz.	890730	C. 44. II. 1119	IX
888	Schwd.	109096	C. 45. I. 1307	XIa
889	DRP.	744821	C. 45. II. 186	IX
890	Frz.	877331	C. 43. I. 2349	X
891	Frz.	889785	C. 45. I. 723	X
892	Frz.	889328	C. 44. II. 586	X
894	DRP.	739050	C. 43. II. 2213	X
897	Frz.	889090	C. 44. II. 717	XIX
899	Frz.	879253	C. 43. II. 589	XVIII
939	Belg.	442159	C. 43. I. 1019	XVIII
995	Frz.	894030	C. 46. I. 1268	F
996	Schwd.	107827	C. 44. I. 808	IX
232034	Frz.	885793	C. 44. I. 1238	X
035	Frz.	885793	C. 44. I. 1238	X
036	Frz.	885793	C. 44. I. 1238	X

232037	Frz.	885793	C. 44. I. 1238	X
038	Frz.	885793	C. 44. I. 1238	X
039	Frz.	885793	C. 44. I. 1238	X
040	Frz.	885793	C. 44. I. 1238	X
041	Frz.	885793	C. 44. I. 1238	X
049	Frz.	896038	C. 46. I. 123	X
050	Frz.	896038	C. 46. I. 123	X
051	Frz.	896038	C. 46. I. 123	X
052	Frz.	52072	C. 44. II. 483	XIV
107	Frz.	885723	C. 44. I. 787	III
110	Amer.	2221826	C. 41. I. 3114	F
111	Holl.	53337	C. 43. I. 909	XVIII
113	DRP.	721785	C. 42. II. 1421	XVIII
114	Frz.	889395	C. 44. II. 181	XVII
115	Frz.	878554	C. 43. II. 1048	IX
116	Frz.	881452	C. 44. I. 1441	XIV
117	Belg.	446734	C. 44. II. 163	IX
119	Frz.	887974	C. 44. II. 268	IX
126	Frz.	890421	C. 44. II. 280	XIII
127	Frz.	885181	C. 44. I. 337	XXI
129	Frz.	889392	C. 45. I. 1430	XII
130	Frz.	878855	C. 43. II. 377	XI
131	Frz.	882147	C. 44. II. 700	XI
132	Amer.	2405863	C. 47. 937	XI
133	Frz.	884091	C. 44. I. 1043	XI
135	Frz.	886735	C. 44. I. 705	XI
173	Frz.	875697	C. 43. I. 594	XXI
236	Frz.	881023	C. 44. I. 487	IX
268	Frz.	877090	C. 43. I. 1731	XVII
269	Frz.	877090	C. 43. I. 1731	XVII
274	Belg.	423826	C. 39. I. 4224	F
275	Belg.	423826	C. 39. I. 4224	F
276	Frz.	878028	C. 43. I. 2465	XVIII
277	Frz.	885003	C. 44. II. 86	XVII
278	Frz.	885003	C. 44. II. 86	XVII
279	Frz.	885003	C. 44. II. 86	XVII
280	Frz.	885003	C. 44. II. 86	XVII
281	Frz.	885003	C. 44. II. 86	XVII
282	Frz.	885003	C. 44. II. 86	XVII
283	Frz.	885003	C. 44. II. 86	XVII
284	Frz.	885003	C. 44. II. 86	XVII
285	Frz.	885003	C. 44. II. 86	XVII
286	Frz.	879199	C. 43. II. 571	IX
287	Frz.	879199	C. 43. II. 571	IX
288	Frz.	879199	C. 43. II. 571	IX
289	Frz.	879199	C. 43. II. 571	IX
293	Frz.	877321	C. 43. I. 1523	X
297	Frz.	884885	C. 44. I. 811	X
298	Frz.	884885	C. 44. I. 811	X
299	Frz.	884885	C. 44. I. 811	X
300	Frz.	884885	C. 44. I. 811	X
309	Dän.	72590	C. 52. 6256	F
311	Frz.	876081	C. 43. I. 2008	F
358	Frz.	858127	C. 41. I. 3258	F
361	It.	393729	C. 44. II. 796	IX
362	Belg.	444049	C. 43. II. 869	IX
363	Frz.	885534	C. 44. I. 485	IX
364	Frz.	886293	C. 44. II. 75	IX
366	Frz.	907495	C. 48. II. 517	F
368	DRP.	744758	C. 44. II. 367	IX
369	DRP.	744757	C. 44. II. 367	IX
385	Belg.	446495	C. 45. I. 1456	XXIV
462	DRP.	722109	C. 42. II. 2177	F
485	Oest.	166713	C. 51. I. 759	F
486	Oest.	166713	C. 51. I. 759	F
487	Belg.	423826	C. 39. I. 4224	F
492	Frz.	878021	C. 43. I. 2350	X
493	Frz.	878021	C. 43. I. 2350	X
494	Frz.	878021	C. 43. I. 2350	X
495	Frz.	878021	C. 43. I. 2350	X
496	Frz.	878021	C. 43. I. 2350	X
497	Frz.	878021	C. 43. I. 2350	X
498	Frz.	878021	C. 43. I. 2350	X
232499	Frz.	878021	C. 43. I. 2350	X
500	Frz.	878021	C. 43. I. 2350	X
501	Frz.	878021	C. 43. I. 2350	X
504	Schwd.	107227	C. 44. I. 390	X
506	Schwd.	107227	C. 44. I. 390	X
507	Schwd.	107227	C. 44. I. 390	X
508	Schwd.	107227	C. 44. I. 390	X
511	Frz.	874950	C. 43. I. 895	X
512	Frz.	874950	C. 43. I. 895	X
513	Frz.	874950	C. 43. I. 895	X
514	It.	378073	C. 42. I. 2713	X
515	It.	378073	C. 42. I. 2713	X
516	It.	378073	C. 42. I. 2713	X
517	It.	378073	C. 42. I. 2713	X
519	It.	382756	C. 42. I. 224	XI
574	Schwd.	110823	C. 45. II. 213	XVIII
575	DBP.	830543	C. 52. 6309	XVIIIb
594	Belg.	448395	C. 44. I. 1433	IX
597	Eng.	580642	C. 46. I. 1103	X
598	Belg.	445839	C. 43. II. 2031	XVIII
599	Frz.	883583	C. 44. I. 809	X
601	Frz.	875674	C. 43. I. 449	IX
602	Frz.	876343	C. 43. I. 1219	IX
608	Frz.	900124	C. 46. I. 1780	X
609	Holl.	55038	C. 44. I. 171	F
611	Belg.	440109	C. 42. I. 2333	XI
671	Belg.	448878	C. 45. I. 1295	VIII
825	Frz.	880290	C. 43. II. 870	X
836	Frz.	857123	C. 41. I. 1228	IX
844	Schwd.	126316	C. 50. II. 2960	VII
878	Dän.	61862	C. 45. I. 1434	
	Norw.	66513	C. 45. I. 1434	XVI
885	Frz.	884272	C. 44. I. 1038	IX
891	It.	394740	C. 43. II. 1778	XXIII
893	Holl.	48628	C. 41. I. 972	XII
896	Belg.	446700	C. 44. I. 819	XI
897	Frz.	887694	C. 45. I. 1430	XII
899	Frz.	881656	C. 44. I. 1138	XI
900	Frz.	890741	C. 46. I. 1331	XII
902	Schwd.	109742	C. 45. I. 1534	VIII
233083	Schwd.	107227	C. 44. I. 390	X
098	Belg.	449546	C. 45. II. 385	I
152	Belg.	446835	C. 44. I. 199	XVIII
154	Frz.	890129	C. 45. I. 1320	XVIII
169	Norw.	67466	C. 45. II. 429	XV
179	Norw.	67657	C. 45. II. 298	IX
185	Frz.	875740	C. 43. I. 786	X
186	Oest.	166920	C. 51. I. 789	X
188	DRP.	722422	C. 42. II. 2961	XVII
192	Belg.	445324	C. 43. II. 597	XXI
193	Belg.	445771	C. 44. I. 393	XI
194	Frz.	885497	C. 44. I. 1451	XVIII
196	Frz.	890130	C. 45. I. 1320	XVIII
244	Frz.	972903	C. 52. 934	XIb
302	Frz.	877888	C. 44. I. 1039	IX
322	Frz.	893108	C. 46. I. 1788	XI
349	Frz.	883286	C. 45. I. 348	X
350	Frz.	883286	C. 45. I. 348	X
351	Frz.	883286	C. 45. I. 348	X
352	Frz.	883286	C. 45. I. 348	X
359	Frz.	893394	C. 45. II. 1670	X
360	Frz.	893394	C. 45. II. 1670	X
367	DRP.	741533	C. 44. I. 952	F
368	DRP.	767192	C. 53. 577	F
390	Frz.	888111	C. 44. II. 1118	IX
396	Amer.	2224037	C. 41. II. 2740	XI
397	Amer.	2524424	C. 51. II. 2812	XII
500	Belg.	440208	C. 42. II. 1522	XI
501	Belg.	440208	C. 42. II. 1522	XI
502	Belg.	440208	C. 42. II. 1522	XI
549	Dän.	61615	C. 45. I. 1196	
	Norw.	67020	C. 45. I. 1196	XVI
556	Belg.	449853	C. 45. II. 44	I

233558	DRP.	705024	C. 41. II. 843	XIX
566	Frz.	890317	C. 46. I. 544	IX
568	Frz.	893431	C. 48. I. 765	XVIII
569	DRP.	733850	C. 43. II. 1413	IX
570	Frz.	890049	C. 45. I. 723	X
576	DRP.	706904	C. 41. II. 2620	XI
578	Frz.	890168	C. 44. II. 489	XVII
580	Frz.	890162	C. 45. I. 1191	XII
581	Belg.	449507	C. 44. II. 1330	XI
585	Belg.	449294	C. 45. I. 1065	VIII
586	Frz.	889732	C. 45. I. 1439	XVIII
592	Schwd.	128692	C. 51. II. 480	XXIV
681	Frz.	906126	C. 46. I. 1427	F
683	Amer.	2366611	C. 45. II. 1637	F
684	Frz.	882813	C. 44. I. 446	F
685	Oest.	162899	C. 49. E. 446	F
688	Frz.	888684	C. 44. II. 675	F
729	Frz.	894060	C. 46. I. 1751	F
730	Frz.	894060	C. 46. I. 1751	F
731	Frz.	894060	C. 46. I. 1751	F
732	Frz.	894060	C. 46. I. 1751	F
733	Frz.	894060	C. 46. I. 1751	F
734	Frz.	894060	C. 46. I. 1751	F
735	Frz.	894060	C. 46. I. 1751	F
736	Frz.	894060	C. 46. I. 1751	F
737	Frz.	894060	C. 46. I. 1751	F
738	Frz.	894060	C. 46. I. 1751	F
739	Frz.	894060	C. 46. I. 1751	F
740	Frz.	894060	C. 46. I. 1751	F
741	Frz.	874524	C. 43. II. 1322	X
742	Frz.	874524	C. 43. II. 1322	X
743	Frz.	874524	C. 43. II. 1322	X
750	DRP.	704300	C. 41. I. 3444	X
752	Frz.	884590	C. 44. I. 701	X
753	Frz.	884590	C. 44. I. 701	X
754	Frz.	884590	C. 44. I. 701	X
755	Frz.	884590	C. 44. I. 701	X
756	Frz.	884590	C. 44. I. 701	X
795	Frz.	876383	C. 43. I. 2130	VI
828	Frz.	891582	C. 46. I. 1795	XVIII
846	Frz.	898679	C. 46. I. 1954	X
847	Frz.	899924	C. 46. I. 1628	X
848	Frz.	901795	C. 46. I. 2455	X
849	Frz.	891366	C. 46. I. 554	X
852	Dän.	61507	C. 45. I. 1206	XVIII
853	Frz.	887625	C. 45. I. 1428	XI
855	Frz.	892087	C. 47. 1422	XII
858	Frz.	888541	C. 45. I. 1280	IV
906	Frz.	890981	C. 45. II. 180	VIII
234083	Frz.	890180	C. 44. II. 285	XVII
097	Frz.	890190	C. 45. I. 964	XVI
132	Frz.	885376	C. 44. I. 631	XXIV
133	Frz.	890864	C. 45. I. 1336	XXIV
254	DRP.	732502	C. 43. II. 1296	F
256	Frz.	888936	C. 44. II. 141	F
259	Frz.	888936	C. 44. II. 141	F
294	Frz.	878021	C. 43. I. 2350	X
295	It.	378073	C. 42. I. 2713	X
302	DRP.	741533	C. 44. I. 952	F
358	Belg.	446061	C. 43. II. 1519	XXI
360	Belg.	451208	C. 45. II. 55	VI
451	Oest.	166693	C. 50. II. 2833	F
452	Amer.	2404588	C. 47. 230	F
453	Oest	162887	C. 49. E. 276	F
507	Belg.	446822	C. 43. II. 1672	IX
509	DRP.	735478	C. 43. II. 2212	X
510	DRP.	735478	C. 43. II. 2212	X
511	DRP.	722639	C. 42. II. 2205	XI
531	It.	394904	C. 43. II. 1674	X
532	It.	394904	C. 43. II. 1674	X
575	Frz.	886708	C. 44. I. 906	XVI
673	Frz.	894391	C. 46. I. 1315	IX
944	Frz.	875740	C. 43. I. 786	X
234945	Frz.	875740	C. 43. I. 786	X
946	Frz.	875740	C. 43. I. 786	X
947	Frz.	875740	C. 43. I. 786	X
948	Frz.	875740	C. 43. I. 786	X
949	Oest.	166920	C. 51. I. 789	X
950	Frz.	900124	C. 46. I. 1781	X
951	Frz.	900124	C. 46. I. 1781	X
977	Frz.	853735	C. 40. II. 691	IX
978	Frz.	853735	C. 40. II. 691	IX
979	Frz.	853735	C. 40. II. 691	IX
980	Frz.	853735	C. 40. II. 691	IX
981	Frz.	853735	C. 40. II. 691	IX
982	Frz.	853735	C. 40. II. 691	IX
983	Frz.	853735	C. 40. II. 691	IX
984	Frz.	853735	C. 40. II. 691	IX
985	Frz.	853735	C. 40. II. 691	IX
986	Frz.	853735	C. 40. II. 691	IX
987	Frz.	853735	C. 40. II. 691	IX
988	Frz.	853735	C. 40. II. 691	IX
989	Frz.	853735	C. 40. II. 691	IX
990	Frz.	853735	C. 40. II. 691	IX
991	Frz.	853735	C. 40. II. 691	IX
992	Frz.	853735	C. 40. II. 691	IX
235013	Norw.	66535	C. 45. I. 966	XVII
039	Belg.	447389	C. 44. I. 250	IX
188	Frz.	52849	C. 46. I. 1652	XVIII
191	Frz.	888825	C. 44. II. 1203	F
192	Frz.	888825	C. 44. II. 1203	F
193	Frz.	888825	C. 44. II. 1203	F
227	Frz.	894508	C. 46. I. 1589	F
228	Frz.	894508	C. 46. I. 1589	F
269	Belg.	451009	C. 45. I. 971	XVIII
278	Frz.	883926	C. 44. I. 308	V
287	Belg.	449353	C. 44. II. 371	XI
289	Schwd.	111410	C. 45. II. 735	XI
383	Schwd.	109611	C. 45. I. 1147	F
387	Schwd.	108774	C. 45. I. 1420	IX
430	Holl.	52489	C. 42. II. 1534	XVIII
436	Eng.	529055	C. 41. II. 2841	F
437	Eng.	529055	C. 41. II. 2841	F
438	Eng.	529055	C. 41. II. 2841	F
445	Frz.	889071	C. 45. I. 605	X
446	Frz.	889071	C. 45. I. 605	X
447	Frz.	889071	C. 45. I. 605	X
448	Frz.	889071	C. 45. I. 605	X
466	Frz.	874950	C. 43. I. 895	X
504	DRP.	721746	C. 42. II. 2057	F
509	Schwd.	111590	C. 47. 1871	F
510	Schwd.	111590	C. 47. 1871	F
511	Schwd.	111590	C. 47. 1871	F
512	Schwd.	111590	C. 47. 1871	F
513	Schwd.	111590	C. 47. 1871	F
551	Belg.	450898	C. 45. I. 1202	XVIII
561	Amer.	2209934	C. 41. I. 1444	F
562	Can.	462403	C. 50. II. 1197	XIX
571	Frz.	900124	C. 46. I. 1781	X
572	Frz.	885225	C. 44. I. 490	XI
578	Frz.	882322	C. 44. I. 1139	XI
579	Belg.	451833	C. 45. I. 1073	XI
703	Frz.	889238	C. 44. II. 586	X
704	Frz.	889238	C. 44. II. 586	X
705	Frz.	889238	C. 44. II. 586	X
706	Frz.	889238	C. 44. II. 586	X
707	Frz.	889238	C. 44. II. 586	X
708	Frz.	889238	C. 44. II. 586	X
709	Frz.	889238	C. 44. II. 586	X
710	Frz.	889238	C. 44. II. 586	X
711	Frz.	889238	C. 44. II. 586	X
712	Frz.	889238	C. 44. II. 586	X
713	Frz.	889238	C. 44. II. 586	X
717	Belg.	446773	C. 44. I. 1414	IV
719	Frz.	894030	C. 46. I. 1268	F
720	Frz.	899892	C. 46. I. 1430	F

235759	Amer.	2515335	C. 51. I. 1813	XII
761	Frz.	884170	C. 44. I. 1429	IX
766	Schwd.	131505	C. 52. 7255	IX
768	DRP.	727109	C. 43. II. 672	IX
774	Frz.	889290	C. 45. I. 1321	XVIII
775	Belg.	449975	C. 45. I. 1323	XVIII
776	DRP.	744401	C. 44. I. 1244	XI
777	Norw.	67658	C. 45. II. 394	IV
863	Frz.	883920	C. 44. I. 1025	F
919	Frz.	877331	C. 43. I. 2349	X
920	Frz.	877331	C. 43. I. 2349	X
921	Frz.	877331	C. 43. I. 2349	X
922	Frz.	877331	C. 43. I. 2349	X
923	Frz.	877331	C. 43. I. 2349	X
924	Frz.	877331	C. 43. I. 2349	X
925	Frz.	877331	C. 43. I. 2349	X
926	Frz.	877331	C. 43. I. 2349	X
927	Frz.	877331	C. 43. I. 2349	X
934	Frz.	867853	C. 42. I. 2801	F
935	Frz.	867853	C. 42. I. 2801	F
936	Frz.	867853	C. 42 I. 2801	F
937	Frz.	867853	C. 42. I. 2801	F
938	Frz.	867853	C. 42. I. 2801	F
939	Frz.	867853	C. 42. I. 2801	F
940	Frz.	867853	C. 42. I. 2801	F
941	Frz.	867853	C. 42. I. 2801	F
951	Frz.	853735	C. 40. II. 691	IX
952	Frz.	853735	C. 40. II. 691	IX
953	Frz.	853735	C. 40. II. 691	IX
954	Frz.	853735	C. 40. II. 691	IX
955	Frz.	853735	C. 40. II. 691	IX
996	Belg.	450505	C. 45. I. 1440	XVIII
999	Frz.	886650	C. 44. I. 719	XVII
236004	Belg.	450236	C. 45. I. 852	XIV
011	Frz.	878700	C. 43. II. 356	III
015	Frz.	885914	C. 44. II. 267	IX
016	Schwd.	110424	C. 45. II. 418	IX
019	DRP.	755295	C. 52. 7703	F
023	DRP.	743089	C. 44. I. 847	XXI
024	Belg.	452278	C. 45. I. 1308	XI
025	Belg.	452001	C. 45. I. 235	XI
071	Schwd.	110538	C. 45. II. 923	XVIII
129	Frz.	884569	C. 44. II, 367	IX
164	Can.	463906	C. 50. II. 1750	XIb
168	Frz.	887703	C. 44. II. 142	F
224	Schwd.	109630		
	Norw.	67191	C. 45. I. 1297	IX
225	Belg.	447392	C. 44. II. 162	IX
230	Frz.	901949	C. 46. I. 406	X
231	Frz.	875880	C. 43. I. 1420	X
234	DRP.	754401	C. 53. 2864	XIX
238	Belg.	447942	C. 44. I. 834	XVIII
239	Frz.	890583	C. 45. I. 959	XI
240	Belg.	452992	C. 45. I. 1073	XI
310	DBP.	863805	C. 53. 3767	F
312	Frz.	897453	C. 46. I. 1271	F
354	Oest.	166693	C. 50. II. 2833	F
383	Frz.	877120	C. 43. I. 1718	IX
384	Frz.	892870	C. 48. I. 170	IX
387	Belg.	452221	C. 45. I. 344	IX
388	Frz.	888774	C. 44. II. 164	IX
390	Frz.	905327	C. 46. I. 553	X
446	Belg.	451895	C. 45. II. 444	XVIII
491	Norw.	67049	C. 45. I. 1267	F
526	Frz	890049	C. 45. I. 723	X
532	Frz.	898679	C. 46. I. 1954	X
533	Frz.	898679	C. 46. I. 1954	X
563	Belg.	451672	C. 45 I. 1205	XVIII
565	Schwd.	110798	C 45. II. 87	XVI
566	Belg.	451661	C. 45. I. 1316	XVII
593	Belg.	451828	C. 45. I. 608	XI
594	Oest.	165036	C. 50. II. 1885	XIb
595	Belg.	449402	C. 44. II. 58	IV
236602	Frz.	887489	C. 45. I. 1333	XXIV
627	Frz.	887906	C. 45. I. 1323	XVIII
628	Belg.	452063	C. 45. I. 956	XI
681	Frz.	885996	C. 44. II. 267	IX
682	It.	384511	C. 42. II. 225	XI
683	Eng.	580642	C. 46. I. 1103	X
684	Eng.	580642	C. 46. I. 1103	X
685	Eng.	580642	C. 46. I. 1103	X
686	Eng.	580642	C. 46. I. 1103	X
687	Eng.	580642	C. 46. I. 1103	X
688	Eng.	580642	C. 46. I. 1103	X
693	Frz.	901795	C. 46. I. 2455	X
694	Frz.	901795	C. 46. I. 2455	X
697	Frz.	889238	C. 44. II. 586	X
712	Frz.	853735	C. 40. II. 691	IX
752	Norw.	67167	C. 45. I. 1435	XVI
761	Frz.	889543	C. 45. II. 298	IX
918	Frz.	51795	C. 44. I. 1151	XVII
919	Frz.	51795	C. 44. I. 1151	XVII
920	Frz.	51795	C. 44. I. 1151	XVII
921	Frz.	51795	C. 44. I. 1151	XVII
922	Frz.	874523	C. 43. II. 1234	X
923	Frz.	874523	C. 43. II. 1234	X
924	Frz.	874523	C. 43. II. 1234	X
925	Schwd.	107226	C. 44. I. 390	X
926	Oest.	167284	C. 51. I. 2085	X
928	Oest.	167284	C. 51. I. 2085	X
929	Oest.	167284	C. 51. I. 2085	X
930	Oest.	167284	C. 51. I. 2085	X
931	Oest.	167284	C. 51. I. 2085	X
932	Oest.	167284	C. 51. I. 2085	X
933	Oest.	167284	C. 51. I. 2085	X
942	DRP.	751602	C. 53. 3483	XIb
975	Frz.	875433	C. 43. I. 465	XVII
985	Frz.	977622	C. 52. 7910	XVI
991	Frz.	883593	C. 44. I. 319	IX
993	Schwd.	111666	C. 45. II. 1257	IX
994	Frz.	886084	C. 44. II. 166	IX
237048	It.	384187	C. 42. II. 227	XII
169	Belg.	451318	C. 45. I. 1558	XVIII
170	Belg.	451319	C. 45. I. 1087	XVIII
175	Amer.	2356794	C. 45. II. 1552	X
184	Frz.	874560	C. 43. I. 448	IX
185	DRP.	753127	C. 53. 4444	IX
365	Frz.	891987	C. 47. 1634	XVIII
366	Belg.	450900	C. 45. I. 255	XXII
385	Frz.	874756	C. 43. I. 448	IX
389	Frz.	900781	C. 46. I. 1307	IX
390	Frz.	886824	C. 44. I. 1229	IX
393	Frz.	893452	C. 48. I. 173	IX
397	Frz.	904283	C. 46. I. 674	X
506	Schwd.	124149	C. 50. I. 1632	F
511	Schwd.	125671	C. 50. II. 80	F
568	Frz.	887703	C. 44. II. 142	F
569	Frz.	887703	C. 44. II. 142	F
570	Frz.	887703	C. 44. II. 142	F
620	Frz.	874770	C. 43. I. 449	IX
626	Belg.	449533	C. 45. II. 329	XIX
627	Dän.	62131	C. 45. II. 305	XI
781	DBP.	843131	C. 53. 1250	XIa
785	Belg.	451568	C. 45. I. 356	XVII
787	Frz.	887033	C. 44. II. 350	III
965	Amer.	2215727	C. 41. I. 1444	F
968	Can.	464839	C. 50. II. 2852	IX
969	Amer.	2467013	C. 50. I. 2411	IX
238056	DRP.	713916	C. 42. I. 2038	F
143	Amer.	2375740	C. 45. II. 1384	F
149	Frz.	908769	C. 46. I. 1477	X
151	Belg.	452082	C. 45. I. 254	XXII
258	Frz.	838916	C. 39. II. 170	F
261	Frz.	53113	C. 48. II. 542	XI
262	Frz.	53113	C. 48. II. 542	XI
263	Frz.	53113	C. 48. II. 542	XI

238264	Schwd.	107226	C. 44. I. 390	X
265	Frz.	905327	C. 46. I. 553	X
266	Frz.	905327	C. 46. I. 554	X
267	Frz.	905327	C. 46. I. 554	X
268	Frz.	905327	C. 46 I. 554	X
269	Frz.	905327	C. 46. I. 554	X
270	Amer.	2412790	C. 47. 1122	X
271	Amer.	2412790	C. 47. 1122	X
272	Amer.	2412790	C. 47. 1122	X
273	Amer.	2412790	C. 47. 1122	X
274	Amer.	2412790	C. 47. 1122	X
282	DRP.	728188	C. 43. I. 1297	F
283	DRP.	734923	C. 43 II. 747	F
518	Frz.	911004	C. 46. I. 123	X
627	Frz.	875880	C. 43. I. 1420	X
628	Frz.	875880	C. 43. I. 1420	X
629	Frz.	875880	C. 43. I. 1420	X
630	Frz.	875880	C. 43. I. 1420	X
631	Frz.	875880	C. 43. I. 1420	X
633	Frz.	875880	C. 43. I. 1420	X
634	Frz.	875880	C. 43. I. 1420	X
635	Frz.	875880	C. 43. I. 1420	X
636	Frz.	875880	C. 43. I. 1420	X
687	Frz.	885169	C. 44. I. 1434	IX
691	Belg.	450819	C. 45. I. 492	IX
693	Frz.	868232	C. 42. I. 2616	XIX
694	Frz.	52418	C. 45. II. 1674	XI
695	Belg.	452729	C. 45. I. 469	IV
766	DRP.	742233	C. 45. II. 45	II
804	Belg.	450855	C. 45. I. 1406	VII
805	Belg.	450853	C. 45. I. 1406	VII
843	Frz.	903870	C. 46. I. 1660	XXII
239322	Oest.	166698	C. 51. I. 788	X
323	Oest.	166698	C. 51. I. 788	X
324	Oest.	166698	C. 51. I. 788	X
325	Oest.	166698	C. 51. I. 788	X
326	Oest.	166698	C. 51. I. 788	X
327	Oest.	166698	C. 51. I. 788	X
328	Oest.	166698	C. 51. I. 788	X
329	Oest.	166698	C. 51. I. 788	X
330	Oest.	166698	C. 51. I. 788	X
331	Oest.	166698	C. 51. I. 788	X
332	Oest.	166698	C. 51. I. 788	X
333	Oest.	166698	C. 51. I. 788	X
342	Frz.	904283	C. 46. I. 674	X
343	Frz.	904283	C. 46. I. 674	X
344	Frz.	904283	C. 46. I. 674	X
345	Frz.	904283	C. 46. I. 674	X
510	Belg.	452879	C. 45. II. 280	VI
537	It.	393734	C. 44. II. 796	IX
757	Frz.	897521	C. 46. I. 267	X
761	Frz.	868244	C. 42. I. 1710	XXI
763	Amer.	2508801	C. 51. I. 128	XIb
888	Holl.	59686	C. 48. I. 395	VII
948	Oest.	168068	C. 51. II. 3635	F
953	Amer.	2439626	C. 49. II. 360	X
958	Frz.	905918	C. 46. I. 1787	XI
240129	Frz.	875880	C. 43. I. 1420	X
225	Amer.	2460618	C. 50. I. 1414	X
229	Frz.	907470	C. 46. I. 1292	VII
380	Oest.	162887	C. 49. E. 276	F
381	Oest.	162887	C. 49. E. 276	F
382	Oest.	162887	C. 49. E. 276	F
383	Oest.	162887	C. 49. E. 276	F
384	Oest.	162887	C. 49. E. 276	F
385	Oest.	162887	C. 49. E. 276	F
386	Oest.	162887	C. 49. E. 276	F
387	Oest.	162887	C. 49. E. 276	F
388	Oest.	162887	C. 49. E. 276	F
389	Oest.	162887	C. 49. E. 276	F
390	Oest.	162887	C. 49. E. 276	F
391	Oest.	162887	C. 49. E. 276	F
392	Oest.	162887	C. 49. E. 276	F
240393	Oest.	162887	C. 49. E. 276	F
394	Oest.	162887	C. 49. E. 276	F
395	Oest.	162887	C. 49. E. 276	F
396	Oest.	162887	C. 49. E. 276	F
397	Oest.	162887	C. 49. E. 276	F
398	Oest.	162887	C. 49. E. 276	F
399	Oest.	162887	C. 49. E. 276	F
400	Oest.	162887	C. 49. E. 276	F
401	Oest.	162887	C. 49. E. 276	F
402	Oest.	162887	C. 49. E. 276	F
457	Oest.	169583	C. 52. 4029	F
459	Frz.	895785	C. 46. I. 1621	IX
580	Schwd.	108500	C. 45. I. 1267	F
618	Frz.	908797	C. 46. I. 1476	X
620	Belg.	452224	C. 45. I. 608	XI
797	Frz.	910544	C. 46. I. 1480	X
798	Oest.	168055	C. 51. II. 2528	X
799	Eng.	572366	C. 46. I. 556	XI
802	Frz.	884565	C. 44. I. 1046	XII
970	Frz.	862946	C. 41. II. 1682	X
990	Holl.	58279	C. 48. I. 278	IX
997	Oest.	170851	C. 52. 7429	XIV
241998	Amer.	2451686	C. 49. II. 603	XIV
145	Frz.	904633	C. 46. I. 1479	X
210	Frz.	892304	C. 47. 1711	XI
212	Schwd.	133636	C. 53. 3482	XIb
346	Schwd.	107226	C. 44. I. 390	X
347	Oest.	167284	C. 51. I. 2085	X
412	Belg.	450821	C 45. I. 343	IX
418	Holl.	59180	C. 48. II. 264	XIX
634	Holl.	57980	C. 48. I. 863	XVIII
651	Amer.	2539325	C. 52. 602	IX
654	Frz.	903169	C. 46. I. 1659	XIX
655	Belg.	447653	C. 44. I. 264	XXI
900	DBP.	849840	C. 53. 944	XVII
901	Amer.	2497601	C. 50. II. 2613	IX
903	Frz.	909579	C. 46. I. 1479	X
242908	Amer.	2518286	C. 51. I. 2350	VII
015	Belg.	451314	C. 45. I. 203	III
052	Frz.	892554	C. 47. 1391	F
162	Amer.	2443322	C. 49. I. 1320	XIX
166	Schwd.	130381	C. 51. II. 3535	XVIIIb
287	Amer.	2404588	C. 47. 230	F
288	Amer.	2404588	C. 47. 230	F
289	Amer.	2404588	C. 47. 230	F
326	Frz.	884083	C. 44. I. 1137	XI
349	Frz.	896605	C. 46. I. 1757	I
405	Frz.	917038	C. 46. I. 1490	XII
459	Frz.	906192	C. 46. I. 1593	F
546	It.	392777	C. 43. II. 2192	III
605	Frz.	910024	C. 46. I. 1499	XVIII
611	Frz.	908797	C. 46. I. 1476	X
668	Oest.	167349	C. 51. II. 1356	VIII
841	Oest.	166699	C. 51. I. 1077	X
845	Frz.	54893	C. 51. I. 3268	X
847	Schwd.	111195	C. 45. II. 578	XI
995	Amer.	2460618	C. 50. I. 1414	X
996	Amer.	2460618	C. 50. I. 1414	X
243997	Amer.	2460618	C. 50. I. 1414	X
074	Frz.	904962	C. 46. I. 1800	XVIII
278	Belg.	451648	C. 45. I. 863	XXII
513	Frz.	904773	C. 46. I. 1786	XI
849	Belg.	448972	C. 44. II. 1329	XI
932	Oest.	164016	C. 50. II. 2599	III
244510	Frz.	897489	C. 46. I. 1101	X
511	Frz.	897489	C. 46. I. 1101	X
512	Frz.	897489	C. 46. I. 1101	X
513	Frz.	897489	C. 46. I. 1101	X
514	Frz.	897489	C. 46. I. 1101	X
515	Frz.	897489	C. 46. I. 1101	X
245070	Frz.	895506	C. 46. I. 408	XI
077	DBP.	845392	C. 53. 1388	VI
205	Oest.	165288	C. 50. II. 2484	VIII

245371	Frz.	913945	C. 46. I. 1786	XI
372	Amer.	2470761	C. 50. I. 2421	XIb
373	Amer.	2551702	C. 52. 4698	XIb
577	Oest.	168055	C. 51. II. 2528	X
578	Belg.	449402	C. 44. II. 58	IV
579	Belg.	449402	C. 44. II. 58	IV
580	Belg.	449402	C. 44. II. 58	IV
700	Schwd.	128828	C. 51. I. 3583	XVIIIa
246185	Frz.	54893	C. 51. I. 3268	X
188	Frz.	54893	C. 51. I. 3268	X
189	Frz.	54893	C. 51. I. 3268	X
190	DBP.	836385	C. 53. 931	X
247	Finn.	19356	C. 43. I. 796	XVI
260	Belg.	451789	C. 45. II. 452	XIX
298	Frz.	895717	C. 46. I. 1631	XI
424	Oest.	166699	C. 51. I. 1077	X
425	Oest.	166699	C. 51. I. 1077	X
426	Oest.	166699	C. 51. I. 1077	X
427	Oest.	166699	C. 51. I. 1077	X
991	Amer.	2448809	C. 49. II. 146	II
995	Frz.	948192	C. 49. E. 485	XIb
247226	Frz.	899801	C. 46. I. 1593	F
229	Amer.	2409832	C. 47. 657	IX
598	Eng.	597542	C. 49. I. 934	X
599	Eng.	597542	C. 49. I. 934	X
987	Eng.	597478	C. 49. II. 254	X
249288	Eng.	597130	C. 49. II. 702	X
289	Eng.	597130	C. 49. II. 702	X
290	Eng.	597130	C. 49. II. 702	X
505	Belg.	453185	C. 45. II. 49	III
958	Schwd.	110674	C. 45. II. 390	III
250135	Amer.	2532941	C. 51. II. 2531	XIb
872	DBP.	828580	C. 52. 6463	XVIIIb
251104	Frz.	941148	C. 50. I. 234	XIb
283	DBP.	837278	C. 52. 7739	X
284	DBP.	837278	C. 52. 7739	X
285	DBP.	837278	C. 52. 7739	X
286	DBP.	837278	C. 52. 7739	X
287	DBP.	837278	C. 52. 7739	X
288	DBP.	837278	C. 52. 7739	X
289	DBP.	837278	C. 52. 7739	X
290	DBP.	837278	C. 52. 7739	X
291	DBP.	837278	C. 52. 7739	X
368	Finn.	24588		
	Schwd	127422	C. 51. I. 1400	XVIIIa
640	Can.	465531	C. 50. II. 1284	IX
642	Frz.	889471	C. 45. I. 1546	XI
885	Schwd.	131613	C. 52. 6153	XVIIIa
252133	Schwd.	106010	C. 43. II. 94	XVIII
343	Frz.	991621	C. 52. 7280	XVIIIa
536	Dän.	72127	C. 52. 4394	XVIIIb
253454	Amer.	2494810	C. 51. I. 125	XIa
478	DBP.	834881	C. 52. 6767	X
479	Frz.	957187	C. 51. I. 3422	X
955	Frz.	954102	C. 50. II. 823	X
254237	Frz.	957416	C. 50. II. 1744	IX
535	Schwd.	129257	C. 51. II. 3220	III
255106	Frz.	988422	C. 52. 5329	VIII
418	DBP.	818573	C. 52. 5018	XII
479	Norw.	76197	C. 51. II. 134	VIII
256505	Schwd.	131797	C. 52. 7234	I
530	Norw.	77193	C. 51. II. 1984	XVIIIa
763	Frz.	942248	C. 50. I. 642	XVIIIb
842	Oest.	163622	C. 50. II. 1722	F
846	Schwd.	128370	C. 51. I. 2804	IX
257009	Schwd.	107228	C. 44. I. 390	X
010	Schwd.	107228	C. 44. I. 390	X
011	Schwd.	107228	C. 44. I. 390	X
014	Schwd.	107228	C. 44. I. 290	X
015	Schwd.	107225	C. 44. I. 389	X
016	Schwd.	107225	C. 44. I. 389	X
019	Schwd.	107228	C. 44. I. 390	X
020	Schwd.	107228	C. 44. I. 390	X
257057	Schwd.	124141	C. 50. I. 1132	III
113	Amer.	2543610	C. 52. 930	X
175	Frz.	899336	C. 46. I. 1634	XI
635	Oest.	162887	C. 49. E. 276	F
636	Oest.	162887	C. 49. E. 276	F
638	Oest.	162887	C. 49. E. 276	F
713	Frz.	966051	C. 52. 1930	XVIIIb
735	DBP.	822528	C. 52. 6113	IV
938	Frz.	875880	C. 43. I. 1420	X
939	Frz.	875880	C. 43. I. 1420	X
940	Frz.	875880	C. 43. I. 1420	X
941	Frz.	875880	C. 43. I. 1420	X
258012	Schwd.	128947	C. 51. II. 1365	XIa
260077	Frz.	945167	C. 50. I. 1891	III
082	Eng.	655431	C. 52. 5347	XVIIIa
191	Oest.	166032	C. 50. II. 2483	VIII
279	Frz.	952090	C. 50. II. 838	XVIIIb
303	Can.	467139	C. 51. I. 1226	IX
585	Frz.	963516	C. 51. I. 530	XIb
646	Frz.	945245	C. 49. E. 614	VIII
261608	DBP.	821999	C 52. 3755	XVIIIb
631	Frz.	947324	C. 49. E. 475	IX
262076	Oest.	166877	C. 51. I. 769	III
360	Frz.	943491	C. 50. I. 2169	XIb
395	DBP.	815062	C. 52. 1550	III
479	Norw.	76147	C. 51. II. 477	XXII
803	Frz.	889368	C. 45. II. 331	XXI
804	Amer.	2466434	C. 50. I. 1767	III
805	Frz.	994299	C. 52. 7425	XII
905	Schwd.	126391	C. 50. II. 2956	III
263194	Holl.	60261	C. 48. II. 1225	VII
275	Amer.	2404163	C. 47. 788	IX
276	Norw.	77093	C. 51. II. 1962	IX
294	Amer.	2402192	C. 47. 248	V
489	Amer.	2488289	C. 50. II. 2753	XVIIb
490	Amer.	2488289	C. 50. II. 2753	XVIIIb
493	Amer.	2488289	C. 50. II. 2753	XVIIIb
570	Frz.	943460	C. 50. I. 918	IX
627	Frz.	963371	C. 51. I. 2671	XVIIIb
646	Frz.	949082	C. 50. II. 225	IX
647	Frz.	954671	C. 50. II. 224	IX
649	Dän.	72100	C. 52. 2755	IX
657	Schwd.	129504	C. 52. 165	XXII
659	Schwd.	125491	C. 50. I. 1406	IX
662	Frz.	958893	C. 50. II. 1633	XIb
664	Frz.	953174	C. 50. II. 239	XIb
770	DBP.	827665	C. 52. 4202	III
771	Oest.	165245	C. 50. II. 1386	III
876	Oest.	169822	C. 52. 4997	VII
975	Frz.	953794	C. 50. II. 339	IX
986	Can.	469162	C. 51. I. 1385	XIb
987	Amer.	2548376	C. 52. 3092	XIb
988	Oest.	168613	C. 51. II. 3103	XII
264029	Amer.	2497529	C. 50. II. 816	VIII
187	Frz.	952090	C. 50. II. 838	XVIIIb
188	Frz.	952090	C. 50. II. 838	XVIIIb
189	Frz.	952090	C. 50. II. 838	XVIIIb
192	Norw.	76878	C. 51. II. 1331	F
193	Norw.	76878	C. 51. II. 1331	F
201	Amer.	2471023	C. 50. I. 1418	XIb
291	DBP.	842055	C. 53. 2677	IX
292	DBP.	843405	C. 53. 1086	X
294	Schwd.	128077	C. 51. I. 2334	F
298	Amer.	2513698	C. 51. I. 900	F
307	Schwd.	129304	C. 51. II. 2809	XIb
308	DBP.	813554	C. 52. 284	VII
451	Amer.	2446102	C. 49. I. 96	F
454	Dän.	72943	C. 52. 6932	IX
455	Amer.	2513698	C. 51. I. 900	F
597	Frz.	950904	C. 50. II. 1182	XIb
607	Frz.	942028	C. 50. I. 1917	XIb
609	Frz.	942259	C. 50. I. 627	XIb
611	Frz.	944063	C. 50. I. 1155	XIb

264612	Oest.	168264	C. 51. II. 1822	XII
615	Frz.	944710	C. 50. I. 1780	VIII
674	Schwd.	126620	C. 50. II. 2965	VIII
690	Frz.	964894	C. 51. I. 3431	XII
755	Eng.	666546	C. 53. 3605	F
818	Norw.	76174	C. 51. II. 477	XXII
834	Schwd.	131741	C. 52. 6276	VII
919	DBP.	823522	C. 52. 5482	VIII
921	Amer.	2464596	C. 49. E. 304	VIII
936	DBP.	824887	C. 53. I. 1119	XXIV
972	Frz.	942885	C. 50. I. 1145	VIII
265041	Schwd.	124370	C. 50. I. 1768	III
050	Oest.	164023	C. 49. E. 456	III
053	Frz.	957242	C. 51. I. 1350	F
055	Amer.	2513698	C. 51. I. 900	F
116	Schwd.	128901	C. 51. II. 2355	F
117	Schwd.	128901	C. 51. II. 2355	F
118	Schwd.	128901	C. 51. II. 2355	F
119	Schwd.	128901	C. 51. II. 2355	F
120	Schwd.	128901	C. 51. II. 2355	F
121	Schwd.	128901	C. 51. II. 2355	F
124	Eng.	660305	C. 53. 4270	VII
163	Dän.	72467	C. 52. 4552	XVIIIb
176	Frz.	945527	C. 50. I. 2180	XVIIIb
177	Schwd.	130896	C. 52. 2090	XIb
193	DBP.	825267	C. 52. 3406	IX
195	Frz.	946040	C. 50. I. 2282	IX
197	Amer.	2410793	C. 47. 483	F
199	Schwd.	129057	C. 52. 165	XXIII
200	Norw.	76907	C. 51. II. 1497	VI
201	Amer.	2456496	C. 50. I. 147	XIX
202	Frz.	947255	C. 49. E. 627	XIb
395	Frz.	949336	C. 50. II. 106	IX
514	Frz.	946098	C. 49. E. 310	IX
515	Frz.	957901	C. 51. I. 2662	XIb
516	Frz.	979706	C. 53. 1400	IX
521	Frz.	960920	C. 51. I. 263	XIb
716	Frz.	952090	C. 50. II. 838	XVIIIb
717	Schwd.	124150	C. 50. I. 1632	F
766	Amer.	2523420	C. 51. II. 1050	VII
768	Frz.	952634	C. 50. II. 457	VII
808	DBP.	833102	C. 52. 6310	XVIIIb
832	Frz.	949965	C. 49. E. 289	V
837	Schwd.	127810	C. 51. I. 2360	IX
840	Frz.	969472	C. 51. I. 2671	XVIIIb
843	Eng.	654153	C. 52. 4058	IX
847	Frz.	960635	C. 51. I. 3289	XIX
850	DBP.	838828	C. 53. 311	XVIIIb
851	Amer.	2512463	C. 51. I. 2974	XIb
852	Frz.	846426	C. 40. II. 1219	XI
977	Frz.	946854	C. 50. I. 1631	F
266092	Frz.	913908	C. 46. I. 1473	IX
093	Frz.	959116	C. 51. I. 1043	F
094	Amer.	2560921	C. 53. 1557	IX
096	Amer.	2542796	C. 52. 734	F
097	Frz.	913736	C. 46. I. 546	IX
098	DBP.	813709	C. 52. 1084	IX
106	Amer.	2230654	C. 41. II. 2146	XI
107	Frz.	954975	C. 50. II. 1184	XIb
108	Schwd.	130476	C. 52. 1749	XII
237	Oest.	167282	C. 51. I. 1527	IX
283	Norw.	77275	C. 51. II. 2080	F
359	DBP.	832845	C. 52. 4702	XVI
367	Amer.	2566231	C. 53. 3638	IX
369	Schwd.	129650	C. 51. II. 2496	F
370	Frz.	953692	C. 50. II. 589	XIb
376	Amer.	2505229	C. 51. I. 1537	XII
378	DBP.	844886	C. 53. 1423	XVIIIb
507	Schwd.	131510	C. 52. 5139	F
512	Frz.	941207	C. 50. I. 94	F
571	Schwd.	130882	C. 52. 2275	XVI
634	Frz.	946910	C. 50. I. 2146	V
640	Schwd.	128314	C. 51. I. 3279	XVII
266644	Amer.	2495120	C. 51. I. 2819	XII
771	Norw.	76990	C. 51. II. 2356	F
772	Amer.	2442667	C. 48. II. 1215	F
888	Schwd.	130652	C. 52. 747	V
267038	Frz.	964896	C. 51. I. 2477	F
091	Frz.	944099	C. 50. I. 2056	XVIIIa
109	Schwd.	130418	C. 52. 1735	IX
110	Frz.	960299	C. 51. I. 2223	IX
113	Amer.	2512551	C. 51. I. 1528	IX
114	Amer.	2573374	C. 53. 1558	IX
222	Oest.	167282	C. 51. I. 1527	IX
295	DBP.	812809	C. 52. 3250	X
296	DBP.	812809	C. 52. 3250	X
300	DBP.	807290	C. 51. II. 2664	X
301	DBP.	807290	C. 51. II. 2664	X
302	DBP.	807290	C. 51. II. 2664	X
303	DBP.	807290	C. 51. II. 2664	X
304	DBP.	807290	C. 51. II. 2664	X
319	Amer.	2524524	C. 51. II. 2388	X
320	Amer.	2524524	C. 51. II. 2388	X
380	Frz.	949567	C. 50. II. 89	I
382	DBP.	803831	C. 52. 430	V
383	Frz.	916656	C. 46. I. 1788	XI
385	Schwd.	133692	C. 53. 4117	IX
388	Frz.	950895	C. 50. II. 1174	IX
389	Schwd.	127426	C. 51. I. 1552	XIX
394	Oest.	166247	C. 50. II. 1289	XIb
395	Can.	465527	C. 51. I. 263	XIb
396	Schwd.	130938	C. 52. 2092	XII
476	Frz.	944098	C. 50. I. 1683	XVIIIb
524	DBP.	834885	C. 52. 6258	F
559	Schwd.	127728	C. 51. I. 228	F
579	Schwd.	127728	C. 51. I. 228	F
582	Frz.	963371	C. 51. I. 2671	XVIIIb
583	Frz.	963371	C. 51. I. 2671	XVIIIb
584	Frz.	963371	C. 51. I. 2671	XVIIIb
585	Frz.	963371	C. 51. I. 2671	XVIIIb
630	Oest.	164533	C. 50. II. 2947	F
631	Oest.	164533	C. 50. II. 2947	F
632	Oest.	164533	C. 50. II. 2947	F
633	Oest.	164533	C. 50. II. 2947	F
635	Oest.	162888	C. 49. E. 446	F
685	Amer.	2407376	C. 47. 797	XI
686	Schwd.	124150	C. 50. I. 1632	F
687	Eng.	639218	C. 53. 6361	IX
688	Frz.	943413	C. 50. I. 918	IX
689	DBP.	820897	C. 52. 5009	IX
690	Eng.	653356	C. 52. 6442	X
692	Frz.	941203	C. 50. I. 2041	XIb
730	DBP.	800503	C. 51. II. 309	XIa
754	Schwd.	124272	C. 50. I. 2178	XVIIIa
811	Frz.	956652	C. 50. II. 943	IX
814	Finn.	25093	C. 52. 2427	IX
861	Frz.	959835	C. 51. I. 3423	X
870	Frz.	959835	C. 51. I. 3423	X
872	Frz.	959835	C. 51. I. 3423	X
876	Frz.	959835	C. 51. I. 3423	X
877	Frz.	959835	C. 51. I. 3423	X
947	Amer.	2529959	C. 51. II. 2816	XVI
949	DBP.	844969	C. 53. 636	XIX
952	Frz.	959117	C. 51. I. 1195	F
953	Frz.	959117	C. 51. I. 1195	F
959	Amer.	2439222	C. 49. I. 739	XI
962	Oest.	167854	C. 51. II. 146	XIb
268051	Dän.	73380	C. 53. 4088	F
148	Amer.	2583269	C. 53. 2841	X
159	Frz.	960585	C. 51. I. 401	XIb
169	DBP.	812433	C. 52. 590	VII
289	DBP.	818203	C. 52. 2060	III
294	DBP.	808053	C. 52. 1383	III
323	Schwd.	125765	C. 50. I. 1639	F
331	DBP.	803297	C. 51. II. 2775	F
386	Frz.	902241	C. 46. I. 559	XII

268446	Amer.	2545317	C. 52. 1250	XIb
449	Frz.	906284	C. 50. I. 2384	F
450	Frz.	906284	C. 50. I. 2384	F
451	Frz.	906284	C. 50. I. 2384	F
452	Frz.	906284	C. 50. I. 2384	F
453	Frz.	906284	C. 50. I. 2384	F
454	Frz.	906284	C. 50. I. 2384	F
455	Frz.	906284	C. 50. I. 2384	F
456	Frz.	906284	C. 50. I. 2384	F
457	Frz.	906284	C. 50. I. 2384	F
458	Frz.	906284	C. 50. I. 2384	F
459	Frz.	906284	C. 50. I. 2384	F
463	Frz.	915095	C. 48. II. 436	VII
510	Frz.	948595	C. 50. I. 2432	XVIIIb
526	DBP.	862606	C. 53. 2520	IX
527	Schwd.	126819	C. 51. I. 119	IX
533	Frz.	951790	C. 50. II. 1877	IX
535	Can.	468604	C. 51. I. 1555	XX
537	Amer.	2445727	C. 49. II. 1346	XI
538	Frz.	961934	C. 50. II. 2376	XIa
539	Frz.	962067	C. 51. I. 264	XIb
611	Frz.	944160	C. 50. I. 1291	XII
655	Norw.	79293	C. 53. 3296	III
685	Norw.	76402	C. 51. II. 423	F
688	Amer.	2461922	C. 50. I. 2007	F
852	Oest.	167092	C. 52. 1570	IX
853	Schwd.	129283	C. 51. II. 2828	XIX
269179	Oest.	167112	C. 52. I. 1599	XIX
410	Amer.	2443796	C. 49. I. 94	F
411	Amer.	2443796	C. 49. I. 94	F
412	Amer.	2443796	C. 49. I. 94	F
413	Amer.	2443796	C. 49. I. 94	F
428	Frz.	941323	C. 50. I. 582	F
429	Frz.	941323	C. 50. I. 582	F
430	Frz.	941323	C. 50. I. 582	F
431	Frz.	941323	C. 50. I. 582	F
432	Frz.	941323	C. 50. I. 582	F
433	Frz.	941323	C. 50. I. 582	F
505	Frz.	966218	C. 51. I. 2221	IX
653	Norw.	76834	C. 51. II. 2356	F
793	Frz.	942260	C. 50. I. 584	F
993	DBP.	828843	C. 52. 6594	VII
270035	Frz.	963867	C. 51. I. 3441	XVIIIb
174	Frz.	953635	C. 50. II. 703	IX
250	Frz.	943239	C. 50. I. 1146	IX
252	Frz.	955416	C. 51. I. 931	IX
544	Frz.	966190	C. 51. I. 2110	XIX
843	Frz.	971529	C. 52. 1915	XIb
271106	DBP.	807813	C. 51. II. 2508	I
385	DBP.	824886		
	Amer.	2561299	C. 52. 4400	XXIV
639	Amer.	2459803	C. 50. I. 642	XVIIIb
923	Frz.	956737	C. 51. I. 2055	F
928	DBP.	842195	C. 53. 446	IX
272242	Norw.	77204	C. 51. II. 1645	I
258	Frz.	970949	C. 52. 5357	XX
576	Frz.	955015	C. 51. I. 2971	XIb
273402	Frz.	971311	C. 52. 2425	IX
427	Frz.	953306	C. 50. II. 2151	XXIV
547	DBP.	824057	C. 52. 3052	F
549	DBP.	814445	C. 52. 4814	F
749	DBP.	837317	C. 53. 1396	VIII
274249	Oest.	165551	C. 50. II. 2485	VIII
517	Frz.	958910	C. 50. II. 1877	IX
933	Frz.	969052	C. 51. II. 2118	XIb
275441	Frz.	953562	C. 50. II. 489	XIX
442	DBP.	860982	C. 53. 2864	XIX
276216	Frz.	964023	C. 51. I. 1538	XII
277044	Frz.	959577	C. 50. II. 1424	XXIV
271	Schwd.	124766	C. 50. I. 2170	XIb
295	Finn.	25159	C. 52. 1715	III
384	Frz.	962058	C. 51. I. 1651	VI
385	Amer.	2362875	C. 46. I. 1298	VIII
277452	Schwd.	130025	C. 52. 905	III
456	DBP.	820755	C. 52. 6267	III
545	DBP.	832897	C. 52. 5478	VII
648	Norw.	77034	C. 51. II. 1795	I
667	Frz.	993704	C. 53. 3645	XIb
980	Amer.	2541074	C. 52. 106	F
985	Norw.	78993	C. 53. 2507	VI
278113	Frz.	956434	C. 50. II. 1039	III
120	Frz.	974924	C. 52. 2579	VIII
953	Oest.	170283	C. 52. 6473	XXIII
966	Norw.	78263	C. 52. 4715	XXIV
279279	Eng.	653354	C. 52. 747	V
915	DBP.	813893	C. 52. 2270	XII
926	Amer.	2545125	C. 52. 2612	XXIII
280031	DBP.	848685	C. 53. 1270	XVIIIb
172	Frz.	942671	C. 50. I. 768	I
193	Amer.	2561915	C. 52. 6141	XIb
196	Amer.	2579138	C. 53. 2204	XIb
484	DBP.	821554	C. 52. 4066	XIb
489	Eng.	662660	C. 53. 5736	VIII
516	Can.	475865	C. 52. 1436	XXIV
520	Amer.	2500487	C. 51. I. 3593	XXIV
841	Oest.	170891	C. 53. 1730	XIb
949	Amer.	2545866	C. 52. 7568	VIII
281449	DBP.	805213	C. 51. II. 2381	VIII
748	DBP.	846542	C. 53. 1067	I
773	Norw.	78974	C. 53. 640	XXIV
809	Norw.	77221	C. 51. II. 1959	VIII
282074	Eng.	664376	C. 52. 4040	I
075	DBP.	805399	C. 51. II. 2233	I
212	Oest.	166254	C. 50. II. 1847	F
264	Amer.	2567822	C. 53. 1248	X
452	Frz.	955333	C. 51. I. 3564	VIII
470	Frz.	960228	C. 50. II. 2986	XVIIIa
513	Frz.	970767	C. 52. 2931	XIb
633	Amer.	2567822	C. 53. 1248	X
634	Amer.	2567822	C. 53. 1248	X
635	Amer.	2567822	C. 53. 1248	X
636	Amer.	2567822	C. 53. 1248	X
788	DBP.	806171	C. 51. II. 3657	VIII
841	Frz.	970041	C. 51. II. 118	III
842	Frz.	974833	C. 52. 4989	III
283457	Can.	474964	C. 52. 168	XXIV
552	Oest.	167792	C. 51. II. 2788	III
572	DBP.	830217	C. 52. 7072	III
724	DBP.	825419	C. 52. 6153	XVIIIa
912	Oest.	165086	C. 50. II. 2465	F
993	Frz.	987380		
		u. 650	C. 52. 6795	XXI
284086	DBP.	827225	C. 52. 6795	XXI
313	DBP.	820266	C. 52. 3071	VI
367	Frz.	948938	C. 50. II. 836	XVII
400	Oest.	171152	C. 53. 4098	I
403	DBP.	838288	C. 52. 6605	IX
408	DBP.	847592	C. 53. 783	XIII
500	Can.	475637	C. 52. 3565	VIII
506	Schwd.	131628	C. 52. 6756	VIII
708	Finn.	24355	C. 51. II. 599	VIII
797	Frz.	957820	C. 50. II. 2014	XIb
800	DBP.	818348	C. 52. 416	F
801	Frz.	962969	C. 51. I. 660	XIa
865	DBP.	832424	C. 52. 6750	VI
922	DBP.	833089	C. 52. 6267	III
986	Schwz.	275315		
		u. 686	C. 52. 2554	F
989	DBP.	825410	C. 53. 2839	IX
990	DBP.	825410	C. 53. 2839	IX
285010	DBP.	825865	C. 53. 610	X
018	DBP.	825264	C. 52. 5620	F
024	DBP.	825264	C. 52. 5620	F
073	DBP.	812455	C. 52. 432	VI
127	DBP.	823590	C. 52. 6439	IX
146	Eng.	660358	C. 53. 2685	XIb

285165	DBP.	824884	C. 52.	5036	XXIV
166	Can.	474965	C. 52.	1115	XXIV
204	DBP.	860073	C. 53.	3472	VIII
219	Amer.	2557379	C. 52.	5164	VIII
292	Amer.	2574889	C. 52.	5141	F
424	DBP.	809847	C. 51. II.	3505	VI
475	Eng.	653588	C. 52.	926	IX
480	DBP.	835149	C. 52.	5678	XIX
485	DBP.	814984	C. 52.	1905	VIII
545	Frz.	990808	C. 52.	7117	XVIIIa
676	DBP.	841913	C. 53.	142	XIII
677	DBP.	841913	C. 53.	142	XIII
678	DBP.	841913	C. 53.	142	XIII
679	DBP.	841913	C. 53.	142	XIII
680	DBP.	841913	C. 53.	142	XIII
681	DBP.	841913	C. 53.	142	XIII
682	DBP.	841913	C. 53.	142	XIII
683	DBP.	807210	C. 51. II.	2527	X
770	Frz.	982131	C. 52.	3405	IX
775	DBP.	831432	C. 52.	7262	X
788	Oest.	169916	C. 53.	3147	VIII
856	Frz.	982789	C. 52.	6757	VIII
882	DBP.	815617	C. 52.	1758	XVIIIa
943	Can.	468687	C. 51. I.	366	F
944	DBP.	835324	C. 52.	6409	F
946	Amer.	2534235 bis 247	C. 52.	4343	F
286081	Oest.	169572	C. 52.	1927	XVII
106	DBP.	814450	C. 52.	1571	IX
111	Amer.	2537337	C. 52.	134	IX
367	DBP.	818941	C. 52.	4661	F
405	DBP.	817719	C. 53.	594	VI
477	DBP.	826740	C. 52.	5830	XV
493	Amer.	2497062	C. 51. I.	1497	F
510	DBP.	830859	C. 52.	6124	VIII
511	Amer.	2587216	C. 52.	7253	VIII
675	Eng.	661248	C. 53.	300	XIII
854	DBP.	819092	C. 52.	2923	IX
862	DBP.	818355	C. 52.	953	XIX
866	Frz.	983726	C. 52.	5812	VIII
287020	DBP.	825287	C. 52.	3552	III
026	DBP.	818244	C. 52.	1875	F
084	Holl.	79201	C. 53.	2521	IX
139	DBP.	819998	C. 53.	2346	VII
762	Schwd.	133599	C. 51. I.	2351	VII
764	Frz.	957821	C. 50. II.	1769	XIX
765	Frz.	957821	C. 50. II.	1769	XIX
873	DBP.	823912	C. 53.	2198	X
874	Frz.	961391	C. 51. I.	396	X
879	Frz.	960044	C. 51. I.	131	XIb
881	Amer.	2496864	C. 51. I.	1386	XIb
288082	Amer.	2515898	C. 51. I.	1778	F
083	Eng.	649743	C. 53.	2165	F
141	DBP.	837917	C. 52.	6305	XVII
157	Eng.	664889	C. 52.	7555	V
159	DBP.	842640	C. 52.	7718	V
163	DBP.	818349	C. 52.	734	F
165	DBP.	823591	C. 52.	4028	F
174	DBP.	810797	C. 52.	4381	XIa
183	DBP.	838698	C. 53.	1280	XXIV
314	DBP.	818937	C. 52.	5943	F
315	Eng.	667275	C. 53.	2165	F
434	DBP.	829798	C. 52.	5015	XIb
288435	DBP.	853517	C. 53.	2367	XIb
506	Schwd.	130107	C. 52.	131	VIII
645	Schwd.	130653	C. 52.	734	F
722	Oest.	170036	C. 52.	5007	IX
723	DBP.	819690	C. 52.	6280	VIII
724	Schwd.	134022	C. 53.	4086	F
726	Amer.	2576020	C. 52.	7574	IX
735	DBP.	817455	C. 52.	1559	VII
885	Amer.	2547782	C. 52.	4979	F
996	Oest.	165086	C. 50. II.	2465	F
289057	DBP.	864396	C. 53.	3653	XIV
061	Oest.	169566	C. 52.	2234	I
072	DBP.	827102	C. 52.	6766	X
077	DBP.	810667	C. 52.	1091	XIb
263	DBP.	836221	C. 52.	5490	X
264	DBP.	836221	C. 52.	5490	X
289	DBP.	824816	C. 53.	1405	X
290	DBP.	824816	C. 53.	1405	X
291	DBP.	824816	C. 53.	1405	X
292	DBP.	824816	C. 53.	1405	X
293	DBP.	824816	C. 53.	1405	X
324	DBP.	819892	C. 52.	3070	VI
377	DBP.	834103	C. 53.	1561	IX
379	DBP.	838823	C. 52.	7749	XII
539	DBP.	825993	C. 52.	7892	IX
681	DBP.	812549	C. 52.	5007	IX
686	DBP.	825262	C. 52.	4059	IX
689	Frz.	962845	C. 51. I.	1669	XIa
693	Schwd.	134293	C. 53.	3507	XXI
697	DBP.	849754	C. 53.	2366	XIb
706	DBP.	808519	C. 51. II.	3514	VIII
838	Eng.	665073	C. 53.	2808	F
899	Frz.	967704	C. 51. I.	1959	XVIIIb
916	DBP.	855567	C. 53.	3946	VII
967	DBP.	821483	C. 52.	1425	XVIIIb
983	DBP.	819991	C. 52.	6930	IX
993	DBP.	842101	C. 53.	449	X
290141	DBP.	848816	C. 53.	1856	F
279	Amer.	2543209	C. 52.	1924	XVI
290	DBP.	842195	C. 53.	446	IX
304	Oest.	169835	C. 52.	5659	XIb
492	DBP.	837700	C. 53.	2030	IX
507	DBP.	836066	C. 53.	774	X
510	DBP.	836066	C. 53.	774	X
511	DBP.	836066	C. 53.	774	X
533	DBP.	829270	C. 52.	5802	VI
582	DBP.	806454	C. 52.	446	IX
588	Frz.	977151	C. 53.	1588	XXI
589	Frz.	989062	C. 52.	3579	XIb
742	DBP.	833961	C. 52.	7540	F
776	DBP.	820300	C. 52.	6300	XIII
777	DBP.	820300	C. 52.	6300	XIII
778	DBP.	820300	C. 52.	6300	XIII
887	DBP.	844440	C. 52.	7572	IX
896	Eng.	648722	C. 53.	2212	XVII
900	DBP.	852296	C. 53.	3324	XII
962	DBP.	849856	C. 53.	1555	VIII
291045	DBP.	820788	C. 52.	6099	F
204	DBP.	850667	C. 53.	778	XIb
205	DBP.	854844	C. 53.	3322	XIb
207	DBP.	842544	C. 52.	7744	XIb
208	Frz.	988058	C. 52.	3271	XVIIIb
209	DBP.	833707	C. 52.	6450	XIb

**Herausgeber u. verantwortlich für den Inhalt: Prof. Dr. Maximilian Pflücke, Berlin NW 7, Schiffbauerdamm 19, Fernsprecher: 42 55 71. Redaktion: Chefredakteure Dr. Eugen Klever und Prof. Dr. Maximilian Pflücke. Verlag: Akademie-Verlag GmbH, Berlin W 8, Mohrenstraße 39 (Fernsprecher 20 03 86, Postscheckkonto Berlin 350 21), u. Verlag Chemie GmbH, Weinheim/Bergstraße (Postscheckkonto Frankfurt/M. 145314 u.Berlin [West] 7430, Fernsprecher: Weinheim 2017). Bestell- u. Verlags-Nr. dieses Heftes: 1007/125/26. Das Chemische Zentralblatt erscheint wöchentlich. Satz u. Druck: VEB Leipziger Druckhaus, Leipzig, III/18/203. VI. 54.
Veröffentlicht unter der Lizenznummer 1212 des Amtes für Literatur und Verlagswesen der Deutschen Demokratischen Republik
Printed in Germany.**

FSC
www.fsc.org
MIX
Papier | Fördert
gute Waldnutzung
FSC® C083411

Kolibri 360 GmbH
Ferdinand-Jühlke-Straße 7
99095 Erfurt, Deutschland
produktsicherheit@kolibri360.de